과년도 출제문제 중심

에너지관리 기사 필기

김영배 · 김증식 · 손금두 공저

일진사

머리말

현대사회에서 에너지 산업은 매우 중요한 비중을 차지하고 있습니다. 특히, 지하자원이 넉넉하지 못한 우리에게는 국가적인 차원에서 지속적인 관심과 투자를 하고 있는 분야입니다.

특히, 2013년 1월 1일 부로 에너지 관련법에서 검사대상기기 조종자 자격 범위가 강화되어 (증기보일러 용량 10T/h 초과인 경우에는 에너지관리 산업기사 이상 자격증 소지자, 30T/h 초과인 경우에는 에너지관리 기사 또는 에너지관리 기능장 자격증 소지자) 현재 에너지관련 분야에 근무하고 계시거나 관심을 가지고 국가기술 자격 취득을 준비하는 분들을 위하여 조금이나마 도움이 되어 드리고자 본 책을 출간하였습니다.

한국산업인력공단의 출제 기준에 맞춰 본문을 정리하였고, 예상문제 및 기출문제에는 자세한 해설을 달아 시험 준비에 많은 도움이 될 수 있도록 하였습니다.

오랜 강의 경험과 현장 실무 경력을 바탕으로 최선을 다했으나 부족한 부분들은 계속해서 수정·보완할 것을 약속드립니다. 아울러 이 분야 전문가의 아낌없는 격려와 지도 편달을 바라며 독자 여러분의 합격의 영광이 있으시길 기원합니다.

끝으로 이 책의 출간을 위하여 적극적인 후원을 해 주신 도서출판 **일진사** 임직원 여러분께 진심으로 감사드립니다.

저자 씀

에너지관리기사 출제기준 (필기)

직무분야	환경·에너지	중직무분야	에너지·기상	자격종목	에너지관리기사	적용기간	2013.1.1 ~ 2015.12.31

■ 직무내용 : 각종 산업, 건물 등에 동력이나 냉·난방을 위한 열을 공급하기 위하여 보일러 등 열사용 기자재 및 신재생 에너지 설비의 설계, 제작, 설치, 시공, 감독을 하고 보일러 및 관련 장비를 안전하고 효율적으로 운전할 수 있도록 지도, 점검, 진단, 보수 등의 업무를 수행하는 직무

필기검정방법	객관식	문제수	100	시험시간	2시간 30분

필기과목명	문제수	주요항목	세부항목
연소공학	20	1. 연소이론	1. 연소기초
			2. 연소계산
		2. 연소설비	1. 연소 장치의 개요
			2. 연소 장치 설계
			3. 통풍장치
			4. 공해방지 장치
		3. 연소안전 및 안전장치	1. 연소안전 장치
			2. 연료누설
			3. 화재 및 폭발
열역학	20	1. 열역학의 기초사항	1. 열역학적 상태량
			2. 일 및 에너지
		2. 열역학 법칙	1. 열역학 제1법칙
			2. 열역학 제2법칙
		3. 이상기체 및 관련 사이클	1. 기체의 상태변화
			2. 기체동력기관의 기본 사이클
		4. 증기 및 증기동력 사이클	1. 증기의 성질
			2. 증기 동력기관
		5. 냉동사이클	1. 냉매
			2. 냉동사이클

계측방법	20	1. 계측의 원리	1. 단위계와 표준
			2. 측정의 종류와 방식
			3. 측정의 오차
		2. 계측계의 구성 및 제어	1. 계측계의 구성
			2. 측정의 제어회로 및 장치
		3. 유체 측정	1. 압력
			2. 유량
			3. 액면
			4. 가스
		4. 열 측정	1. 온도
			2. 열량
			3. 습도
열설비 재료 및 관계 법규	20	1. 요로	1. 요로의 개요
			2. 요로의 종류 및 특징
		2. 내화물, 단열재, 보온재	1. 내화물
			2. 단열재
			3. 보온재
		3. 배관 및 밸브	1. 배관
			2. 밸브
		4. 에너지 관계법규	1. 에너지이용 및 신재생에너지 관련 법령에 관한 사항
		5. 신재생 및 기타 에너지	1. 신재생 에너지의 개요
			2. 신재생 설비 기초일반
열설비 설계	20	1. 열설비	1. 열설비 일반
			2. 열설비 설계
			3. 열전달
			4. 열정산
		2. 수질관리	1. 급수의 성질
			2. 급수 처리
		3. 안전관리	1. 보일러 정비
			2. 사고 예방 및 진단

제1편 연소 공학

제1장 연소 이론

1. 연소 기초 ·········· 12
   - 1-1 연소의 정의 ·········· 12
   - 1-2 연료의 종류 및 특성 ·········· 12
   - 1-3 연소의 종류와 상태 ·········· 21
   - 1-4 연소 속도 ·········· 22
   - ■ 예상문제 및 기출문제 ·········· 24

2. 연소 계산 ·········· 33
   - 2-1 연소 현상 이론 ·········· 33
   - 2-2 이론 및 실제 공기량, 배기 가스량 ·· 34
   - 2-3 공기비 및 완전 연소 조건 ·········· 40
   - 2-4 발열량 및 연소 효율 ·········· 44
   - 2-5 화염 온도(연소 온도) ·········· 46
   - 2-6 화염 전파 이론 등 ·········· 47
   - ■ 예상문제 및 기출문제 ·········· 48

제2장 연소 설비

1. 연소 장치의 개요 ·········· 69
   - 1-1 연료별 연소 장치 ·········· 69
   - 1-2 연소 방법 ·········· 71
   - 1-3 연소기의 부품 ·········· 73
   - 1-4 연료의 저장 및 공급 장치 ·········· 78
   - ■ 예상문제 및 기출문제 ·········· 82

2. 연소 장치 설계 ·········· 88
   - 2-1 고부하 연소 기술 ·········· 88
   - 2-2 저공해 연소 기술 ·········· 89
   - 2-3 연소 부하 산출 ·········· 90

3. 통풍 장치 ·········· 92
   - 3-1 통풍 방법 ·········· 92
   - 3-2 통풍 장치 ·········· 93
   - 3-3 송풍기의 종류 및 특징 ·········· 93
   - ■ 예상문제 및 기출문제 ·········· 96

4. 공해 방지 장치 ·········· 102
   - 4-1 공해 물질의 종류 ·········· 102
   - 4-2 공해 오염 물질의 농도 측정 ·········· 103
   - 4-3 공해 방지 장치의 종류 및 특징 ···· 106
   - ■ 예상문제 및 기출문제 ·········· 111

제3장 연소 안전 및 안전 장치

1. 연소 안전 장치 ·········· 115
   - 1-1 점화 장치 ·········· 115
   - 1-2 화염 검출 장치 ·········· 115
   - 1-3 연소 제어 장치 ·········· 117
   - 1-4 연료 차단 장치 ·········· 117
   - 1-5 경보 장치 ·········· 117

2. 화재 및 폭발 ·········· 120
   - 2-1 화재 및 폭발 이론 ·········· 120
   - 2-2 가스폭발 : 블레비 ·········· 122
   - 2-3 유증기 폭발 ·········· 122
   - 2-4 덕트 폭발 ·········· 123
   - 2-5 자연 발화 ·········· 123
   - ■ 예상문제 및 기출문제 ·········· 125

제2편 · 열역학

제1장 열역학의 기초 사항

1. 열역학의 상태량 ················ 128
    1-1 온도 ························ 128
    1-2 비체적, 비중량, 밀도 ······· 129
    1-3 압력 ························ 131
2. 일 및 에너지 ····················· 134
    2-1 열과 일당량 ················ 134
    2-2 동력 ························ 136
    ▪ 예상문제 및 기출문제 ········· 137

제2장 열역학 법칙

1. 열역학 제1법칙 ·················· 142
    1-1 내부 에너지 ················ 142
    1-2 엔탈피 ······················ 144
    1-3 에너지식 ···················· 144
2. 열역학 제2법칙 ·················· 147
    2-1 엔트로피 ···················· 147
    2-2 유효 에너지와 무효 에너지 ··· 148
    ▪ 예상문제 및 기출문제 ········· 149

제3장 이상 기체 및 관련 사이클

1. 기체의 상태 변화 ··············· 159
    1-1 정압 및 정적 변화 ········· 159
    1-2 등온 및 단열 변화 ········· 163
    1-3 폴리트로픽 변화 ············ 165
    ▪ 예상문제 및 기출문제 ········· 166
2. 기체 동력 기관의 기본 사이클 ··· 178
    2-1 기체 사이클의 특성 ········ 178
    2-2 기체 사이클의 비교 ········ 179
    ▪ 예상문제 및 기출문제 ········· 185

제4장 증기 및 증기 동력 사이클

1. 증기의 성질 ····················· 191
    1-1 증기의 열적 상태량 ········ 191
    1-2 증기의 상태 변화 ·········· 193
    ▪ 예상문제 및 기출문제 ········· 197
2. 증기 동력 기관 ·················· 207
    2-1 증기 사이클의 종류 ········ 207
    2-2 증기 동력 사이클의 특성 및 비교,
         열효율 ······················ 207
    2-3 증기 소비율, 열소비율 ···· 215
    ▪ 예상문제 및 기출문제 ········· 216

제5장 냉동 사이클

1. 냉매 ······························· 220
    1-1 냉매의 종류 ················ 220
    1-2 냉매의 열역학적 특성 ····· 221
2. 냉동 사이클 ····················· 223
    2-1 냉동 사이클의 종류 ········ 223
    2-2 냉동 사이클의 특성 ········ 223
    2-3 냉동 능력, 냉동률, 성능 계수(C.O.P)
         ······························ 229
    ▪ 예상문제 및 기출문제 ········· 234

제3편 · 계측 방법

제1장 계측의 원리

1. 단위계와 표준 ··················· 242
    1-1 단위 및 단위계 ············ 242
    1-2 단위의 정의 ················ 243
    1-3 단위의 종류 ················ 244
    1-4 단위계 ······················ 247
    1-5 힘의 단위 ·················· 247
2. 측정의 오차 ····················· 249
    2-1 오차의 종류 ················ 249

2-2 정확도와 정밀도 ····· 251
2-3 정도와 감도 ····· 251
　■ 예상문제 및 기출문제 ····· 252

제2장 계측계의 구성 및 제어

1. 자동 제어의 개요 ····· 255
　1-1 자동 제어의 개념 ····· 255
　1-2 자동 제어의 블록 선도(피드백 제어의
　　　 기본 회로) ····· 255
　1-3 자동 제어의 종류 및 특성 ····· 257
　1-4 제어 기기의 일반 ····· 261
2. 보일러 자동 제어 ····· 264
　2-1 보일러 자동 제어의 목적 ····· 264
　2-2 자동 제어의 용어 해설 ····· 264
　■ 예상문제 및 기출문제 ····· 266

제3장 유체 측정

1. 압 력 ····· 275
　1-1 압력 측정 방법 ····· 275
　1-2 압력계의 종류 및 특징 ····· 275
2. 유 량 ····· 282

2-1 유량 측정 방법 ····· 282
2-2 유량계의 종류 및 특징 ····· 282
3. 액 면 ····· 292
　3-1 액면 측정 방법 ····· 292
　3-2 액면계의 종류 및 특징 ····· 293
4. 가 스 ····· 296
　4-1 가스의 분석 방법 ····· 296
　4-2 가스 분석계의 종류 ····· 298
　■ 예상문제 및 기출문제 ····· 305

제4장 열 측정

1. 온 도 ····· 321
　1-1 온도 측정 방법 ····· 321
　1-2 온도계의 종류 및 특징 ····· 322
2. 열 량 ····· 335
　2-1 열량 측정 방법 ····· 335
　2-2 열량계의 종류 및 특징 ····· 335
3. 습 도 ····· 337
　3-1 습도계의 종류 및 특징 ····· 337
　■ 예상문제 및 기출문제 ····· 338

제4편　열설비 재료 및 관계법규

제1장 요로(kiln&furnace)

1. 요로의 개요 ····· 348
　1-1 요로의 정의 ····· 348
　1-2 요로(가마)의 분류 ····· 348
　1-3 요로 일반 ····· 350
2. 요로의 종류 및 특징 ····· 352
　2-1 철강용로의 구조 및 특징 ····· 352
　2-2 제강로의 구조 및 특징 ····· 354
　2-3 주물용해로의 구조 및 특징 ····· 357
　2-4 금속 가열 열처리로의 구조 및
　　　 특징 ····· 359
　2-5 요의 구조 및 특징 ····· 361
　■ 예상문제 및 기출문제 ····· 368

제2장 내화물, 단열재, 보온재

1. 내화물(耐火物) ····· 374
　1-1 내화물의 일반 ····· 374
　1-2 내화물의 종류 및 특성 ····· 379
　1-3 부정형 내화물 ····· 384
2. 단열재 ····· 386
　2-1 단열재의 일반 ····· 386
3. 보온재 ····· 388
　3-1 보온재의 일반 ····· 388
　3-2 보온재의 종류 및 특성 ····· 389
　■ 예상문제 및 기출문제 ····· 393

제3장 배관 및 밸브

1. 배 관 ·· 403
   - 1-1 배관 자재 및 용도 ················· 403
   - 1-2 신축 이음 ······························· 409
   - 1-3 관 지지구(관 지지쇠) ············· 410
   - 1-4 패킹 ··· 413
2. 밸 브 ·· 415
   - 2-1 밸브의 종류 및 용도 ············· 415
   - ▪ 예상문제 및 기출문제 ················ 417

제4장 에너지 관계 법규

1. 에너지법 ·· 424
2. 에너지법 시행령 ······························· 426
3. 에너지법 시행규칙 ··························· 428
4. 에너지이용 합리화법 ······················· 430
5. 에너지이용 합리화법 시행령 ·········· 444
6. 에너지이용 합리화법 시행규칙 ······· 452
7. 저탄소 녹색성장 기본법 ·················· 470
8. 저탄소 녹색성장 기본법 시행령 ······ 477
9. 신에너지 및 재생에너지 개발·이용·
   보급 촉진법 ····································· 482
10. 신에너지 및 재생에너지 개발·이용·
    보급 촉진법 시행령 ······················ 493
11. 신에너지 및 재생에너지 개발·이용·
    보급 촉진법 시행규칙 ··················· 499
   - ▪ 예상문제 및 기출문제 ················ 502

제5편 · 열설비 설계

제1장 열설비

1. 열설비 일반 ······································ 534
   - 1-1 보일러의 종류 및 특징 ·········· 534
   - 1-2 보일러 부속 장치의 역할 및 종류 · 548
   - 1-3 열교환기의 종류 및 특징 ······· 574
   - 1-4 기타 열사용 기자재의 종류 및
         특징 ··· 576
2. 열설비 설계 ······································ 578
   - 2-1 열사용 기자재의 용량 ············ 578
   - 2-2 열설비 ······································ 581
   - 2-3 관의 설계 및 규정 ·················· 591
   - 2-4 용접 및 리벳 이음의 설계 ····· 596
3. 열전달 ·· 601
   - 3-1 열전달 이론 ····························· 601
4. 열정산 ·· 606
   - 4-1 열정산의 개요 ························· 606
   - 4-2 입열, 출열, 손실열 ·················· 607
   - 4-3 열효율 ······································ 609
   - ▪ 예상문제 및 기출문제 ················ 610

제2장 수질 관리

1. 급수의 성질 ······································ 649
   - 1-1 수질의 기준 ····························· 649
   - 1-2 불순물의 형태 및 장해 ·········· 650
2. 급수 처리 ·· 653
   - 2-1 보일러 외처리법 ····················· 653
   - 2-2 보일러 내처리법 ····················· 654
   - 2-3 보일러수의 분출 ····················· 655
   - ▪ 예상문제 및 기출문제 ················ 657

제3장 안전 관리

1. 보일러 정비 ······································ 662
   - 1-1 보일러의 분해 및 정비 ·········· 662
   - 1-2 보일러의 보존 ························· 665
2. 사고 예방 및 진단 ··························· 667
   - 2-1 보일러 및 압력 용기 사고 원인 및
         대책 ··· 667
   - 2-2 보일러 및 압력 용기 취급 요령 ···· 676
   - ▪ 예상문제 및 기출문제 ················ 680

부록 · 과년도 기출문제

- **2009년 에너지관리기사** ··· 694
  - 2009.3.1 시행 ··· 694
  - 2009.5.10 시행 ··· 710
  - 2009.8.30 시행 ··· 727
- **2010년 에너지관리기사** ··· 743
  - 2010.3.7 시행 ··· 743
  - 2010.5.9 시행 ··· 760
  - 2010.9.5 시행 ··· 778
- **2011년 에너지관리기사** ··· 795
  - 2011.3.20 시행 ··· 795
  - 2011.6.12 시행 ··· 812
  - 2011.10.2 시행 ··· 829
- **2012년 에너지관리기사** ··· 847
  - 2012.3.5 시행 ··· 847
  - 2012.5.22 시행 ··· 864
  - 2012.9.15 시행 ··· 882
- **2013년 에너지관리기사** ··· 899
  - 2013.3.10 시행 ··· 899
  - 2013.6.2 시행 ··· 915
  - 2013.9.28 시행 ··· 933
- **2014년 에너지관리기사** ··· 950
  - 2014.3.2 시행 ··· 950
  - 2014.5.25 시행 ··· 966
  - 2014.9.20 시행 ··· 982
- **2015년 에너지관리기사** ··· 998
  - 2015.3.8 시행 ··· 998

제 **1** 편 연소 공학

Engineer Energy Management

- **제1장** 연소 이론
- **제2장** 연소 설비
- **제3장** 연소 안전 및 안전 장치

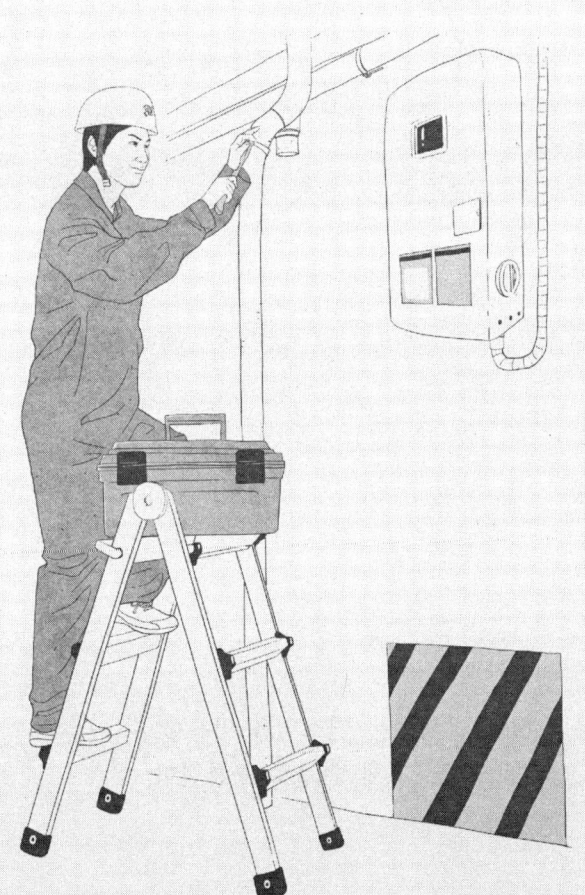

Chapter 1. 연소 이론

1. 연소 기초

1-1. 연소의 정의

연료의 구성 원소인 C, H, O, S, N 등을 함유한 물질이 공기 중의 산소(O_2)와 화합하면서 열과 빛을 발하는 현상을 말한다.

참고

- **연소의 3요소**
  ① 가연물 ② 산소 공급원 ③ 점화원

- **좋은 가연물이란**
  ① 산소와 화합할 때 발열량이 클 것
  ② 산소와 화합할 때 열전도율이 작을 것
  ③ 활성화 에너지가 작을 것
  ④ 흡열 반응을 일으키지 않을 것

- **질소가 가연물이 아닌 이유**
  질소는 산화 반응은 하나 흡열 반응을 하기 때문이다.
  예) $N_2 + O_2 \rightarrow 2NO - Q$(흡열 반응)

1-2. 연료의 종류 및 특성

연료(fuel)란 공기 중의 산소와 산화 반응을 하여 발생하는 연소열을 이용할 수 있는 물질을 말하며, 상온(20℃)에서 고체 연료, 액체 연료, 기체 연료로 구분한다.

(1) 연료의 구비 조건

① 연소가 용이하고 발열량이 클 것
② 저장, 운반, 취급이 용이할 것
③ 저장 또는 사용 시 위험성이 적을 것
④ 점화 및 소화가 쉬울 것
⑤ 연소 시 배출물(회분 등)이 적을 것
⑥ 가격이 싸고 양이 풍부할 것
⑦ 적은 과잉 공기량으로 완전 연소가 가능할 것
⑧ 인체에 유독성이 적고 매연 발생 등 공해 요인이 적을 것

(2) 연료의 조성

① 원소 분석에 의하면 연료의 조성은 탄소(C), 수소(H), 산소(O), 황(S), 질소(N)이다.
  (가) 주성분 : C, H, O
  (나) 가연 성분 : C, H, S
  (다) 불순물 : W(수분), A(회분), N, P 등

참고 ● 연료의 조성

연료의 종류	탄소(%)	수소(%)	산소 및 기타(%)	C/H
고체 연료	95~50	6~3	44~2	15~20
액체 연료	87~85	15~13	2~0	5~10
기체 연료	75~0	100~0	57~0	1~3

② 연료의 성분에 따른 영향
  (가) 탄소 : 연료의 고유 성분으로 발열량이 높고 연료의 가치 판정에 영향을 미친다.
  $$C + O_2 \rightarrow CO_2 + 8100 \text{ kcal/kg}$$
  (나) 수소 : 연료의 주요 성분으로 기체 연료에 많으며, 발열량이 높고 고위 발열량과 저위 발열량의 판정 요소가 된다.
  $$H_2 + \frac{1}{2}O_2 \rightarrow H_2O(액체) + 34000 \text{ kcal/kg}$$
  $$H_2 + \frac{1}{2}O_2 \rightarrow H_2O(기체) + 28600 \text{ kcal/kg}$$
  (다) 산소 : 함유량은 극히 적으나 발열량에는 도움이 없고, 연소를 도우며 탄소나 수소와 결합하여 오히려 발열량을 저하시킨다.
  (라) 질소 : 극히 적은 양을 함유하며, 반응 시 가스화하여 암모니아를 만든다. 반응

시 흡열 반응에 의해 발열량을 감소시킨다.
- (마) 유황 : 소량 함유 (석탄 중 1~3 %)하고 있으며, 유독성 물질로 철판의 부식 또는 대기 오염의 원인이 되고 발열량에 도움을 주는 가연성 원소이다.

  $S + O_2 \rightarrow SO_2 + 2500 \text{kcal/kg}$

  $SO_2 + \frac{1}{2}O_2 \rightarrow SO_3,\ SO_3 + H_2O \rightarrow H_2SO_4$ (저온 부식)

- (바) 수분 : 착화를 방해하고 기화 잠열로 인한 열손실이 많으며 분탄화와 재날림을 방지한다 (소량 함유).
- (사) 회분 : 고체 연료에 많으며 발열량을 저하시키고 클링커(clinker)를 만들기 쉬우며, 많으면 연소를 방해하여 불완전 연소의 원인이 된다.

> **참고 ◦ 연료 사용의 4원칙**
> ① 연료를 가능한 한 완전 연소시킬 것   ② 연소열을 최대한 이용할 것
> ③ 열의 손실을 최소화시킬 것   ④ 잔열 및 폐열(여열)을 최대한 이용할 것

(3) 고체 연료

고체 상태의 연료이며 식물이 변질되어 갈탄, 역청탄, 무연탄 등으로 되어 있는 것으로, 천연물 그대로 사용할 수도 있고 보통은 이것들을 가공하여 사용한다.

고체 연료는 공업 분석으로 수분, 휘발분, 회분, 고정 탄소 4가지로 분석한다.

① 고체 연료의 특징
  - (가) 장점
    - ㉮ 연료비가 저렴하다.
    - ㉯ 연료의 유지관리가 용이하다.
    - ㉰ 연료를 구하기 쉽다.
    - ㉱ 설비비 및 인건비가 적게 든다.
  - (나) 단점
    - ㉮ 완전 연소가 불가능하고 연소효율이 낮다.
    - ㉯ 점화 및 소화가 곤란하고 온도 조절이 어렵다.
    - ㉰ 부하변동에 응하기 어렵고 고온을 얻을 수 없다.
    - ㉱ 연료의 품질이 균일하지 않다.
    - ㉲ 운반 및 저장이 불편하다.
    - ㉳ 공기비가 크며, 매연 발생이 심하다.

② 고체 연료의 종류
  - (가) 코크스 (cokes) : 점결탄 (역청탄)을 주성분으로 하는 원탄을 1000℃ 내외에서 건류하여 얻어지는 인공 연료 (2차 연료)이다.

(나) 미분탄 연료 : 미분탄 연료란 석탄을 200 mesh 이하로 미립화시킨 탄을 말하며, 미분탄 연료의 장점과 단점은 다음과 같다.
  ㉮ 장점
    ㉠ 미분탄은 표면적이 커서 연소용 공기와의 접촉면이 넓어 적은 공기비(m = 1.2 ~ 1.4 정도)로 연소시킬 수 있다.
    ㉡ 연소용 공기를 예열시켜 사용함으로써 연소 효율을 상승시킬 수 있다.
    ㉢ 점화, 소화, 연소 조절이 용이하고 부하 변동에 응할 수 있다.
    ㉣ 대용량 보일러에 적당하다.
  ㉯ 단점
    ㉠ 연소실이 고온이므로 노재의 손상이 우려된다.
    ㉡ 비산회(fly ash)가 많아서 집진 장치가 반드시 필요하다.
    ㉢ 역화 및 폭발 위험성이 크다.
    ㉣ 설비비, 유지비가 많이 든다.
    ㉤ 동력 소모가 많으며 소규모 보일러에는 사용이 불가능하다.
③ 고체 연료의 공업 분석에 따른 각 성분이 연소에 미치는 영향
  (가) 수분
    ㉮ 진동(맥동) 연소를 일으킨다.
    ㉯ 착화(점화)가 어려워진다.
    ㉰ 기화 잠열로 열손실을 가져온다.
    ㉱ 단염(불꽃이 짧게)이 된다.
    ㉲ 연소 속도를 증가시킨다.
    ㉳ 화층의 균일을 방해하여 통풍이 불량해진다.
  (나) 회분
    ㉮ 연소 생성물로, 열손실이 크다.
    ㉯ 클링커(clinker)의 생성으로 통풍 저항을 초래한다.
    ㉰ 고온 부식의 원인이 된다 [원인 인자 : V(바나듐)].
    ㉱ 연소 효율을 낮춘다.
  (다) 휘발분
    ㉮ 연소 시 그을음 발생(매연)을 일으킨다.
    ㉯ 착화(점화)가 쉽다.
    ㉰ 장염(불꽃이 길게)이 된다.
    ㉱ 역화를 일으키기 쉽다.
  (라) 고정 탄소
    ㉮ 많이 함유할수록 발열량이 높고 매연 발생을 적게 일으킨다.
    ㉯ 단염(불꽃이 짧게)이 되기 쉽다.

㈐ 착화(점화)성이 나쁘다.
㈑ 복사선의 강도가 크다.

> **참고 ◦ 맥동 연소 (pulsating combustion)**
> 연소실 내에서 연소가 주기적인 압력 변동을 일으키면서 연소 상태가 불안정한 상태로, 연료 속에 수분이 포함된 경우와 연소 속도가 느린 경우에 발생한다.

(4) 액체 연료

액체 연료(liquid fuel)의 주종은 석유류이며, 천연의 원유는 대부분 비중이 대략 0.78~0.97 정도인 탄화수소의 혼합물이다. 원소 조성은 C(83~87%), H(10~15%), S(0.1~4%), O(0~3%), N(0.05~0.8%) 정도이다.

① 액체 연료의 특징
  ㈎ 장점
    ㉮ 연소 효율 및 열효율이 높다.
    ㉯ 과잉 공기량이 적다.
    ㉰ 품질이 균일하며 발열량이 높다.
    ㉱ 저장, 운반이 용이하고 점화, 소화 및 연소 조절이 용이하다.
    ㉲ 구입 시 일정한 품질을 얻기 쉽다.
    ㉳ 계량 기록이 용이하다.
    ㉴ 회분 생성이 적다.
  ㈏ 단점
    ㉮ 연소 온도가 높기 때문에 국부적인 과열을 일으키기 쉽다.
    ㉯ 화재, 역화(back fire)의 위험이 크다.
    ㉰ 버너의 종류에 따라 연소할 때 소음이 난다.
    ㉱ 재속의 금속 산화물이 장애의 원인이 될 수 있다.
    ㉲ 국내 자원이 없고 수입에만 의존한다.

② 액체 연료의 종류
  ㈎ 원유(crude oil) : 흑갈색이 많으며 담황색 또는 황갈색을 띠고 탄화수소 (C_mH_{2n+2})의 혼합물이다.
  ㈏ 가솔린(휘발유, gasoline) : 원유를 증류시킬 경우 비등점이 가장 낮은 휘발성 탄화수소 화합물의(C_8~C_{11}) 석유 제품이다.
    ㉠ 인화점 : -43~-20℃ (액체 연료 중 인화점이 가장 낮다.)
    ㉡ 비점 : 30~200℃
    ㉢ 착화점 : 300℃

② 비중 : 0.7~0.8
⑩ 고위 발열량 : 11000~11500 kcal/kg

(다) 등유 (kerosene) : 원유에서 가솔린 다음으로 추출하는 것으로 $C_{10} \sim C_{14}$ 정도의 탄화수소로 소형 내연기관, 석유 발동기, 석유 스토브, 도료의 용제에 사용된다.
  ㉠ 인화점 : 30~60℃
  ㉡ 비점 : 160~250℃
  ㉢ 착화점 : 254℃
  ㉣ 비중 : 0.79~0.85
  ㉤ 고위 발열량 : 10500~11000 kcal/kg

(라) 경유 (diesel oil) : 등유보다 조금 높은 비점에서 유출되는 $C_{11} \sim C_{19}$ 정도의 탄화수소로 직류 경유와 분해 경유가 있으며, 고속 디젤 엔진용으로 많이 사용된다.
  ㉠ 인화점 : 50~70℃
  ㉡ 비점 : 200~350℃
  ㉢ 착화점 : 257℃
  ㉣ 비중 : 0.83~0.88
  ㉤ 고위 발열량 : 10500~11000 kcal/kg

(마) 중유 (heavy oil) : 상당히 높은 비점에서 유출되는 석유계 탄화수소의 연료이며, 직류 중유와 분해 중유가 있고 보일러에서 많이 사용되고 있다 (특히, C중유).
  ㉮ 중유의 분류
    ㉠ 정제 과정 : 직류 중유, 분해 중유
    ㉡ 점도 : A 중유 (B－A 유), B 중유 (B－B 유), C 중유 (B－C 유)
    ㉢ 유황분 함량 : A급 중유 (1, 2호), B·C급 중유 (1, 2, 3, 4호)의 7종류로 구분
  ㉯ 중유의 성질
    ㉠ 인화점 : 60~150℃
    ㉡ 비점 : 300~350℃
    ㉢ 착화점 : 530℃~580℃
    ㉣ 비중 : 0.85~0.98
    ㉤ 조성 : C=84~87 %, H=10 %, S=0.2~0.5 %
           O=1~2 %, N=0.3~1 %, A=0~0.5 %
    ㉥ 고위 발열량 : 10000~11000 kcal/kg

참고

① 중유의 예열 온도 = 인화점 − 5℃
② 중유의 유동점 = 응고점 + 2.5℃
③

중유의 점도가 낮을 경우 (예열 온도가 너무 높을 경우)	중유의 점도가 높을 경우 (예열 온도가 너무 낮을 경우)
• 분사량 과다로 매연 발생 • 불완전 연소의 원인 • 역화(back fire)의 원인 • 연료 소비량 과다 • 관내에서 기름이 열분해를 일으킴	• 송유가 곤란 • 분무성 및 무화성 불량 • 연소 상태 불량 • 카본(탄화물) 생성의 원인 • 연소 시 화염의 스파크 발생 • 그을음 생성 및 분진 발생 • 점화 불량의 원인

④ A 중유는 예열이 필요 없으며, B 중유 및 C 중유의 적정 예열 온도는 80~90℃ 정도이다.

참고

■ 비중 시험 방법

액체 연료의 비중 시험 방법에는 치환법, 비중 병법, 비중 천평법, 비중 부평법 등이 있으며, 시료의 성상 및 측정 조건에 따라 방법을 선택하고 저점도유나 중점도유의 비중을 신속히 구하고자 할 때는 비중 천평법이나 비중 부평법을 사용한다. 또한, 석유 제품의 비중을 측정할 때 4℃ 물에 대한 15℃ 기름(석유)의 무게비로 측정한다.

■ 비중(specific gravity) 표시 방법

비중 $\frac{60}{60}$°F, 비중 t/t[℃], 비중 15/4℃ 이다.

① API(American petroleum institute)도 = $\dfrac{141.5}{\text{비중}\left(\dfrac{60}{60}°F\right)} - 131.5$

∴ 비중$\left(\dfrac{60}{60}°F\right) = \dfrac{141.5}{\text{API도} + 131.5}$

② 보메(Baume)도 = $\dfrac{140}{\text{비중}\left(\dfrac{60}{60}°F\right)} - 130$

∴ 비중$\left(\dfrac{60}{60}°F\right) = \dfrac{140}{\text{보메도} + 130}$

(5) 기체 연료

기체 연료(gaseous fuel)는 석유계에서 얻는 유전가스와 석탄계의 탄전가스인 천연가스, 석탄을 가공하여 만든 인공가스 및 제철 과정에서 생성되는 부생가스가 있다. 주성분은 메탄(CH_4)이며 도시가스 및 특수 용도에 이용되고 있다.

① 기체 연료의 특징
  (가) 장점
    ㉮ 자동 제어에 의한 연소에 적합하다.
    ㉯ 노(爐) 내의 온도 분포를 쉽게 조절할 수 있다.
    ㉰ 연소 효율이 높아 적은 과잉 공기로 완전 연소가 가능하다.
    ㉱ 연소용 공기뿐만 아니라 연료 자체도 예열할 수 있어 저발열량의 연료로도 고온을 얻을 수 있다.
    ㉲ 노벽, 전열면, 연도 등을 오손시키지 않는다.
    ㉳ 연소 조절 및 점화, 소화가 용이하다.
    ㉴ 회분이나 매연 등이 없어 청결하다.
  (나) 단점
    ㉮ 누출되기 쉽고, 화재 및 폭발 위험성이 크다.
    ㉯ 수송 및 저장이 불편하다.
    ㉰ 시설비, 유지비가 많이 든다.
    ㉱ 발열량당 다른 연료에 비해 가격이 비싸다.

② 기체 연료의 성분
  (가) 가연성: 메탄(CH_4), 프로판(C_3H_8), 일산화탄소(CO), 수소(H), 중탄화수소(C_2H_4, C_3H_6) 등
  (나) 불연성: 탄산가스(CO_2), 질소(N_2), 수분(W) 등

③ 기체 연료의 종류
  (가) 석유계 기체 연료
    ㉮ 천연가스(NG : natural gas): 천연에서 발생되는 탄화수소(주로 CH_4)를 주성분으로 하는 가연성 가스로서 성상에 따라 건성가스와 습성가스로 구분된다.
    ㉯ 액화 천연가스(LNG : liquefied natural gas): 천연가스와 거의 동일하지만 냉각액화시킬 경우 제진, 탈황, 탈탄산, 탈수 등으로 불순물을 제거하므로 LNG를 다시 기화시킬 경우에 청결, 양질, 무해한 가스가 된다.
      ㉠ 주성분: CH_4 (메탄)
      ㉡ 임계 온도: -80℃
      ㉢ 액체 비중: 0.42 kg/L
      ㉣ 기화 잠열: 90 kcal/kg

ⓜ 저장 시 온도 : -162℃
　　ⓗ -161.5℃에서는 무색 투명한 액체이며, -182.5℃에서는 무색 고체이다.
　　ⓢ 발열량 : 11000 kcal/Nm³

> **참고**
> ① 습성가스 : CH_4(80%), C_2H_6(10~15%), 약간의 C_3H_8, C_4H_{10}
> ② 건성가스 : CH_4

　(나) 액화 석유 가스(LPG : liquefied petroleum gas) : 습성 천연가스 또는 분해 가스로부터 분리시켜 상온(20℃)에서 6~7 kgf/cm²로 가압 액화시켜 만든 석유계 탄화수소이다.
　　㉠ 주성분 : 프로판(C_3H_8), 부탄(C_4H_{10}), 프로필렌(C_3H_6)
　　㉡ 액화 압력 : 상온(20℃)에서 C_3H_8은 6~7 kgf/cm², C_4H_{10}은 2 kg/cm²
　　㉢ 발열량 : 25000~30000 kcal/Nm³
　　㉣ 폭발 범위(연소 범위) : 2.2~9.5%
　　㉤ 증기 비중 : 1.52
　　㉥ 기화 잠열 : 90~100 kcal/kg
　　㉦ 액체 비중(15℃) : 0.65 kg/L
　　㉧ 비체적 : 0.537 m³/kg
　　㉨ 착화 온도 : 440~480℃
　　㉩ LPG 소화제 : 탄산가스 드라이케미컬

(나) 석탄계 기체 연료
　(가) 석탄 가스 : 석탄을 1000~1100℃ 정도로 10~15시간 건류시켜 코크스를 제조할 때 얻어지는 기체 연료이다.
　　㉠ 발열량 : 5000 kcal/Nm³
　　㉡ 주성분 : H_2(51%), CH_4(32%), CO(8%)
　(나) 발생로 가스 : 석탄, 코크스, 목재 등을 화상에 넣고 공기 또는 수증기 혼합 기체를 공급하여 불완전 연소시켜 일산화탄소(CO)를 함유한 가스이다.
　　㉠ 발열량 : 1000~1600 kcal/Nm³
　　㉡ 주성분 : N_2(55.8%), CO(25.4%), H_2(13%)
　(다) 수성(水性) 가스 : 고온으로 가열된 무연탄이나 코크스에 수증기를 작용시켜 얻는 기체 연료이다.
　　㉠ 발열량 : 2700 kcal/Nm³
　　㉡ 주성분 : H_2(52%), CO(38%), N_2(5.3%)

㉣ 도시가스 : 수소 및 일산화탄소를 주체로 하는 가스 성분에 메탄(CH_4)을 주성분으로 하는 탄화수소의 혼합물이다.
  ㉠ 발열량 : 4500 kcal/Nm^3
  ㉡ 주원료 : 천연가스, LPG, LNG, 수성 가스, 석탄 가스, 오일 가스
  ㉢ 천연가스나 LPG를 도시가스로 사용할 때에는 공기로 희석해서 공급한다.

1-3. 연소의 종류와 상태

(1) 고체 연료의 연소 종류와 상태

① 표면 연소 : 코크스, 목탄 같은 것이 고온으로 되면 표면이 빨갛게 빛나면서 연소한다. 이때, 반응이 고체 표면에서 생기기 때문에 표면 연소라 한다.
② 분해 연소 : 석탄, 장작, 중유 등과 같이 연소 초기에 화염을 내면서 연소하는 것을 분해 연소라 한다(분해 연소는 매연이 발생하기 쉽다.).

(2) 액체 연료의 연소 종류와 상태

① 증발 연소 : 증발하기 쉬운 액체 연료인 알코올, 가솔린, 등유, 경유 등에 점화하면 화염을 내면서 연소한다. 이때, 액면에서 증발하면서 연소하므로 증발 연소라 한다(대개의 액체 연료).
② 분해 연소 : 중유와 타르 등의 연소 형태이다.

(3) 기체 연료의 연소 종류와 상태

① 확산 연소 : 연료와 연소용 공기를 각각 노내에 분출시켜 확산 혼합하면서 연소시키는 방식이다.
② 예혼합 연소 : 연료와 연소용 공기를 노 밖에서 미리 균일하게 혼합시킨 후 분사시켜 연소시키는 방식이다.

1-4. 연소 속도

연소 속도는 가연물과 산소와의 반응 속도를 말한다. 보통 분자량이 적은 물질일수록 연소 속도가 빠르다.

> **참고** ○ 가연 물질의 연소 속도
>
> | 가연 물질 | 연소 속도(cm/s) | 가연 물질 | 연소 속도(cm/s) |
> |---|---|---|---|
> | 수 소 | 291 | 프로판 | 43 |
> | 아세틸렌 | 154 | 메틸알코올 | 55 |
> | 일산화탄소 | 43 | 가솔린 | 38 |
> | 메 탄 | 37 | 등 유 | 37 |

(1) 연소 속도에 영향을 미치는 인자

 (가) 반응 물질의 온도

 (나) 산소의 농도

 (다) 촉매 물질

 (라) 활성화 에너지

 (마) 산소와의 혼합비

 (바) 연소 압력

 (사) 연료의 입자

> **참고** ○ 기체 연료의 연소 속도와 온도, 압력과의 관계
>
> 통상 온도가 높을수록, 압력이 높을수록 연소 속도가 빠르다.

(2) 연소 과정과 연소 속도와의 관계

연료에 공기가 공급되어 연소가 시작되면 연소로 인하여 생성된 연소 생성물(CO_2, H_2O, N_2)의 농도가 높아지게 되고, 이로 인해 산소와 연료의 접촉이 방해되어 연소 속도는 느려지게 된다.

(3) 반응 속도론

① 1차 반응 (방사성 원소의 붕괴)

A → B

$$\frac{-dc}{dt} = kC, \quad \frac{-dc}{c} = kdt$$

$$-\int_{C_o}^{C} \frac{dC}{C} = k\int_0^t dt$$

$$-\ln\frac{C}{C_o} = kt, \quad \ln\frac{C}{C_o} = -kt, \quad \frac{C}{C_o} = e^{-k\cdot t}$$

$$\therefore C = C_o \cdot e^{-k\cdot t}$$

여기서, C_o : 초기 농도(ppm), C : t시간 후의 농도(ppm)
  k : 속도 상수(/hr), t : 시간(hr)

② 2차 반응

A + B → 생성물

$$\frac{-dc}{dt} = kC^2, \quad \frac{-dc}{c^2} = kdt$$

$$-\int_{C_o}^{C} \frac{dC}{C^2} = k\int_0^t dt$$

$$\frac{1}{C} - \frac{1}{C_o} = kt$$

(4) 연소 평형

어떤 화학 반응이 가역적일 때, 정반응 속도와 역반응 속도가 같을 때 연소 평형을 이루었다고 한다.

$aA + bB \rightleftarrows cC + dD$ 반응이 있다고 가정할 때, 평형 상수(K)는 다음과 같다.

$$K = \frac{[C]^c \cdot [D]^d}{[A]^a \cdot [B]^b}$$

여기서, K : 평형 상수
  $[A], [B], [C], [D]$: 각 물질의 농도(kmol/m³)
  a, b, c, d : 각 물질의 kmol 수

예상문제 및 기출문제

1. 다음 연료 성분 중 가연 성분이 아닌 것은?
㉮ 탄소 ㉯ 수소 ㉰ 황 ㉱ 수분

[해설] ① 가연 성분 : C, H, S
② 주성분 : C, H, O

2. 연료를 구성하는 가연원소로만 나열된 것은 어느 것인가?
㉮ 질소, 탄소, 산소   ㉯ 질소, 수소, 황
㉰ 탄소, 질소, 불소   ㉱ 탄소, 수소, 황

[해설] 1번 해설 참조

3. 다음 중 연소의 정의를 가장 옳게 나타낸 것은?
㉮ 연료가 환원하면서 발열하는 현상
㉯ 온도가 높은 분위기 속에서 산소와 화합하여 빛과 열을 발생하는 현상
㉰ 물질의 산화로 에너지의 전부가 직접 빛으로 변하는 현상
㉱ 화학 변화에서 산화로 인한 흡열 반응

[해설] 연소란 연료의 가연 성분이 공기 중의 산소(O_2)와 화합하면서 열과 빛을 발하는 현상을 말한다.

4. 연료(fuel)가 갖추어야 할 구비 조건이 아닌 것은?
㉮ 조달이 용이하고 풍부해야 한다.
㉯ 저장과 운반이 편리해야 한다.
㉰ 연소 시 배출물이 많아야 한다.
㉱ 취급이 용이하고 안전하며 무해하여야 한다.

[해설] 연소 시 배출물(회분 등)이 적어야 한다.

5. 다음 중 고체나 액체 연료의 성분에 소량 함유되어 있고, 연소된 물질은 유동성 물질로 철판 부식 및 대기 오염의 원인이 되는 성분은?
㉮ 탄소 ㉯ 수소 ㉰ 황 ㉱ 질소

[해설] 황(S)성분은 저온 부식 및 대기 오염 물질이다.

6. 연료의 황(S)분에 의한 저온 부식을 방지하는 방법으로 옳은 것은?
㉮ 과잉 공기를 적게 하면서 절탄기부의 배기가스 온도를 올린다.
㉯ 과잉 공기를 적게 하면서 절탄기부의 배기가스 온도를 낮춘다.
㉰ 과잉 공기를 많게 하면서 절탄기부의 배기가스 온도를 올린다.
㉱ 과잉 공기를 많게 하면서 절탄기부의 배기가스 온도를 낮춘다.

[해설] 저온 부식을 일으키는 온도는 150~170℃ 정도이므로 배기가스 온도가 낮지 않도록 해야 한다.

7. 연료 중에 회분이 많은 경우 연소에 미치는 영향으로 옳은 것은?
㉮ 발열량이 증가한다.
㉯ 연소 상태가 고르게 된다.
㉰ 클링커의 발생으로 통풍을 방해한다.
㉱ 완전 연소되어 잔류물을 남기지 않는다.

[해설] 회분은 발열량을 저하시키고 클링커(clinker)의 발생으로 통풍을 방해하여 불완전 연소의 원인이 된다.

정답 1. ㉱ 2. ㉱ 3. ㉯ 4. ㉰ 5. ㉰ 6. ㉮ 7. ㉰

8. 고체 연료의 일반적인 특징을 설명한 것은?
- ㉮ 완전 연소가 가능하며 연소 효율이 높다.
- ㉯ 연료의 품질이 균일하다.
- ㉰ 점화 및 소화가 쉽다.
- ㉱ 석탄의 주성분은 C, H, O 이다.

[해설] 고체 연료는 완전 연소가 불가능하고 연소 효율이 낮다. 또한, 연료의 품질이 균일하지 못하고 점화 및 소화가 어렵다.

9. 품질이 좋은 고체 연료의 조건으로 옳은 것은?
- ㉮ 회분이 많을 것
- ㉯ 고정 탄소가 많을 것
- ㉰ 황분이 많을 것
- ㉱ 수분이 많을 것

[해설] 고정 탄소가 많을수록 발열량이 높고 매연 발생이 적으며 단염이 되기 쉽다.

10. 연료가 연소할 때 고온 부식의 원인이 되는 연료 성분은?
- ㉮ 황   ㉯ 수소   ㉰ 바나듐   ㉱ 탄소

[해설] 고온 부식을 일으키는 성분은 연료 중 V(바나듐)이며, 저온 부식을 일으키는 성분은 연료 중 S(황)이다.

11. 연소에서 고온 부식의 발생에 대한 설명으로 옳은 것은?
- ㉮ 연료 중 황분의 산화에 의해서 일어난다.
- ㉯ 연료의 연소 후 생기는 수분이 응축해서 일어난다.
- ㉰ 연료 중 수소의 산화에 의해서 일어난다.
- ㉱ 연료 중 바나듐의 산화에 의해서 일어난다.

[해설] 10번 해설 참조

12. 다음 중 회(灰)의 부착으로 인하여 고온 부식이 잘 생기는 곳은?
- ㉮ 절탄기   ㉯ 과열기
- ㉰ 보일러 본체   ㉱ 공기 예열기

[해설] 회분 중 바나듐 성분으로 인한 고온 부식(500℃ 이상)이 잘 생기는 곳은 과열기와 재열기이고, 황 성분으로 인한 저온 부식(150℃ 이하)이 잘 생기는 곳은 절단기와 공기 예열기이다.

13. 고체 연료의 공업 분석에서 고정 탄소를 산출하는 식은?
- ㉮ 고정 탄소(%) = 100 - [수분(%) + 회분(%) + 황분(%)]
- ㉯ 고정 탄소(%) = 100 - [수분(%) + 회분(%) + 질소(%)]
- ㉰ 고정 탄소(%) = 100 - [수분(%) + 회분(%) + 휘발분(%)]
- ㉱ 고정 탄소(%) = 100 - [수분(%) + 황분(%) + 휘발분(%)]

14. 다음 중 고체 연료의 공업 분석에서 계산으로 산출되는 것은?
- ㉮ 회분   ㉯ 수분
- ㉰ 휘발분   ㉱ 고정 탄소

[해설] 12번 해설 참조

15. 석탄의 분석 결과 아래의 결과를 얻었다면 고정 탄소분은 약 몇 %인가?

- 수분을 측정하였을 때의 시료의 양은 2.0030 g이고, 감량은 0.0432 g
- 회분을 측정하였을 때의 시료의 양은 2.0070 g이고, 감량은 0.8872 g
- 휘발분을 측정하였을 때의 시료의 양은 1.9998 g이고, 감량은 0.5432 g이다.

정답 8. ㉱ 9. ㉯ 10. ㉰ 11. ㉱ 12. ㉯ 13. ㉰ 14. ㉱ 15. ㉯

㉮ 2.16 % ㉯ 26.47 %
㉰ 44.21 % ㉱ 53.17 %

[해설] 수분(%) = $\frac{0.0432}{2.0030} \times 100 = 2.16 \%$

회분(%) = $\frac{0.8872}{2.0070} \times 100 = 44.21 \%$

휘발분(%) = $\frac{0.5432}{1.9998} \times 100 = 27.16 \%$

고정 탄소(%) = $100 - (2.16 + 44.21 + 27.16)$
$= 26.47 \%$

16. 고체 연료의 연료비를 식으로 바르게 나타낸 것은?

㉮ 연료비 = $\frac{회분(\%)}{휘발분(\%)}$

㉯ 연료비 = $\frac{고정 탄소(\%)}{회분(\%)}$

㉰ 연료비 = $\frac{고정 탄소(\%)}{휘발분(\%)}$

㉱ 연료비 = $\frac{가연성 성분 중 탄소(\%)}{유리 수소(\%)}$

[해설] 연료비 = $\frac{고정 탄소(\%)}{휘발분(\%)}$ 로 나타낸다.

17. 다음 석탄류 중 연료비가 가장 높은 것은?

㉮ 갈탄 ㉯ 무연탄
㉰ 반역청탄 ㉱ 반무연탄

[해설] 연료비가 높은 것은 탄화도가 큰 것이다. 무연탄은 약 12 정도이다.

18. 연료비가 크면 나타나는 일반적인 현상이 아닌 것은?

㉮ 고정 탄소량이 증가한다.
㉯ 불꽃은 짧은 단염이 된다.
㉰ 매연의 발생이 적다.
㉱ 착화 온도가 낮아진다.

[해설] 연료비가 증가하면 수분, 휘발분이 감소하고, 고정 탄소가 증가하므로 착화 온도가 높아지며, 단염이며, 발열량이 증가한다.

19. 석탄을 분석한 결과가 아래와 같을 때 연소성 황은 몇 %인가?

> 탄소 65.42 %, 수소 3.76 %, 전체 황 0.72 %, 불연성황 0.21 %, 회분 22.31 %, 수분 2.45 %

㉮ 0.82 ㉯ 0.70
㉰ 0.65 ㉱ 0.53

[해설] 연소성 황
= 전황 × $\frac{100}{100 - 수분}$ − 불연성 황
= $0.72 \times \frac{100}{100 - 2.45} - 0.21 = 0.528 \%$

20. 고체 연료의 전황분 측정 방법에 해당되는 것은?

㉮ 에슈카법 ㉯ 쉐필드 고온법
㉰ 중량법 ㉱ 리비히법

[해설] 전황분 측정 방법에는 에슈카법, 산소 봄브법, 연소 용량법이 있고, 불연성 황정량에는 연소 중량법이 있다. 그리고 탄소, 수소 정량에는 리비히법, 쉐필드 고온법이 있다.

21. 석탄에 함유되어 있는 성분 중 ① 수분, ② 휘발분, ③ 황분이 연소에 미치는 영향을 위 번호에 맞게 나열한 것은?

㉮ ① 매연 발생, ② 대기 오염, ③ 착화 및 연소 방해
㉯ ① 발열량 감소, ② 매연 발생, ③ 연소 기관의 부식
㉰ ① 연소 방해, ② 발열량 감소, ③ 매연발생
㉱ ① 매연 발생, ② 발열량 감소, ③ 점화 방해

정답 16. ㉰ 17. ㉯ 18. ㉱ 19. ㉱ 20. ㉮ 21. ㉯

[해설] ① 수분 : 발열량 감소
② 휘발분 : 불꽃과 매연 발생 유발
③ 황분 : 저온 부식 초래

22. 고체 연료인 석탄의 성질에 대한 설명 중 틀린 것은?
㉮ 휘발분이 증가하면 비열이 증가한다.
㉯ 탄수소비가 증가하면 비열도 상승한다.
㉰ 열전도율은 0.12～0.29 kcal/mh℃ 정도로 작다.
㉱ 탄화도가 진행하면 착화온도가 상승하는 경향이 있다.
[해설] 탄수소비(C/H)가 증가하면 비열과 발열량이 감소한다.

23. 석탄을 완전 연소시키기 위하여 필요한 조건에 대한 설명 중 틀린 것은?
㉮ 공기를 적당하게 보내 피연물과 잘 접촉시킨다.
㉯ 연료를 착화 온도 이하로 유지한다.
㉰ 통풍력을 좋게 한다.
㉱ 공기를 예열한다.
[해설] 노내를 고온으로 하여 연료를 착화 온도 이상으로 유지시켜야 한다.

24. 다음 중 착화온도(ignition temperature)가 가장 높은 것은?
㉮ 탄소   ㉯ 목탄
㉰ 역청탄   ㉱ 무연탄
[해설] ① 탄소의 착화 온도 : 약 800℃
② 목탄 : 320～370℃
③ 역청탄 : 325～400℃
④ 무연탄 : 440～500℃

25. 코크스 고온 건류 온도(℃)는?
㉮ 500～600℃   ㉯ 1000～1200℃
㉰ 1500～1800℃   ㉱ 2000～2500℃
[해설] 코크스는 점결탄(역청탄)을 1000℃ 이상에서 건류시켜 만든 2차 연료이다.

26. 액체 연료의 장점에 대한 일반적인 설명 중 옳지 않은 것은?
㉮ 화재, 역화 등의 위험이 적다.
㉯ 회분이 거의 없다.
㉰ 연소 효율 및 열효율이 좋다.
㉱ 저장 운반이 용이하다.
[해설] 액체 연료는 고체 연료보다 화재, 역화의 위험이 크다.

27. 다음 중 중유 연소의 장점이 아닌 것은?
㉮ 발열량이 석탄보다 크고, 과잉 공기가 적어도 완전 연소시킬 수 있다.
㉯ 점화 및 소화가 용이하며, 화력의 가감이 자유로워서 부하 변동에 적용이 용이하다.
㉰ 재가 적게 남으며, 발열량, 품질 등이 고체 연료에 비해 일정하다.
㉱ 회분을 전혀 함유하지 않으므로 이것에 의한 여러 가지 장해가 없다.
[해설] 중유 연소는 재속의 금속 산화물이 장애의 원인이 될 수 있다.

28. 중유의 탄수소비가 증가함에 따른 발열량의 변화는?
㉮ 감소한다.
㉯ 증가한다.
㉰ 무관하다.
㉱ 초기에 증가하다 차츰 감소한다.
[해설] C (8100 kcal/kg) 발열량보다 H (34000 kcal/kg) 발열량이 많다. 즉, 탄수소비(C/H)가 증가하면 전체 발열량은 감소한다.

정답 22. ㉯ 23. ㉯ 24. ㉮ 25. ㉯ 26. ㉮ 27. ㉱ 28. ㉮

29. 중유 연소 과정에서 발생하는 그을음의 주원인은?

㉮ 연료 중 불순물의 연소 때문에 발생
㉯ 연료 중 미립 탄소의 불완전 연소 때문에 발생
㉰ 연료 중 회분과 수분의 중합 때문에 발생
㉱ 중유 중의 파라핀 성분 때문에 발생

[해설] 그을음(soot)은 연료의 불완전 연소에 의해 생긴 미립 탄소분이다.

30. 중유를 A급, B급, C급으로 구분하는 기준은 무엇인가?

㉮ 발열량   ㉯ 인화점
㉰ 착화점   ㉱ 점도

[해설] 중유는 점도에 따라 A 중유, B 중유, C 중유로 구분한다.

31. 중유의 점도(粘度)가 높아질수록 연소에 미치는 영향에 대한 설명 중 틀린 것은?

㉮ 기름 탱크로부터 버너까지의 송유가 곤란해진다.
㉯ 버너의 연소 상태가 나빠진다.
㉰ 기름의 분무 현상(atomization)이 양호해진다.
㉱ 버너 화구(火口)에 탄소(C)가 생긴다.

[해설] 점도가 높아질수록 분무성 및 무화성이 불량해진다.

32. 중유에 대한 일반적인 설명 중 옳지 않은 것은?

㉮ A 중유는 예열이 필요치 않다.
㉯ C 중유는 소형 디젤 기관 및 보일러에 사용된다.
㉰ 중유 중 가장 중요한 성질은 점도이다.
㉱ A 중유는 발열량이 크다.

[해설] C 중유는 보일러에 주로 사용하고, 소형 디젤 기관에는 경유가 사용된다.

33. 가연성 액체에서 발생한 증기가 공기 중 농도가 연소 범위 내에 있을 경우 불꽃을 접근시키면 불이 붙는데, 이때 필요 최저 온도를 무엇이라고 하는가?

㉮ 기화 온도   ㉯ 인화 온도
㉰ 착화 온도   ㉱ 임계 온도

[해설] 인화점은 불씨(점화원)에 의해 비로소 불이 붙는 최저 온도를 말한다.

34. 중유의 성질에 대한 설명 중 옳은 것은?

㉮ 점도에 따라 1, 2, 3급 중유로 구분한다.
㉯ 원소 조성은 H가 가장 많다.
㉰ 비중은 약 0.72~0.76 정도이다.
㉱ 인화점은 약 60~150℃ 정도이다.

[해설] ① 중유의 비중 : 0.85~0.98 정도
② 중유의 조성 : C가 85% 정도
③ 중유의 인화점 : 60~150℃ 정도
④ 중유의 착화점 : 530~580℃ 정도
⑤ 중유의 평균 비열 : 0.55 kcal/kg℃

35. 중유의 착화 온도(℃)는?

㉮ 250~300   ㉯ 325~400
㉰ 400~440   ㉱ 530~580

36. 인화점이 50℃ 이상의 원유, 경유, 중유 등에 사용되는 인화점 시험 방법은?

㉮ 태그 밀폐식
㉯ 아벨펜스키 밀폐식
㉰ 클리블랜드 개방식
㉱ 펜스키마텐스 밀폐식

[해설] ㉮ : 인화점 80℃ 이하인 석유 제품에 사용

정답 29. ㉯ 30. ㉱ 31. ㉰ 32. ㉯ 33. ㉯ 34. ㉱ 35. ㉱ 36. ㉱

㉰ : 인화점 50℃ 이하인 석유 제품에 사용
㉱ : 주로 아스팔트 인화점 측정에 사용

37. 다음 중 액체 연료 관리를 위해 최저의 온도로 위험도를 표시하는 인화점 시험 방법이 아닌 것은?

㉮ 태그식(tag type) 시험법
㉯ 봄브식(Bomb type) 시험법
㉰ 클리블랜드식(Cleveland type) 시험법
㉱ 아벨펜스키식(Abel Pensky type) 시험법

[해설] 봄브식은 발열량을 측정하는 데 사용한다.

38. 로 또는 보일러에 사용하는 연소용 중유의 성질을 조사한 것 중 틀린 것은?

㉮ 비중 : 일반적으로 큰 것
㉯ 점도 : 사용 지역에 적합한 것
㉰ 인화점 : 낮은 것은 화재 위험성이 있으므로 예열 온도보다 5℃ 정도 높은 것
㉱ 잔류 탄소 : 많은 것을 택할 것

[해설] 잔류 탄소가 적은 것을 택한다.

39. 액체 연료 중 고온 건류하여 얻은 타르계 중유의 특징이 아닌 것은?

㉮ 화염의 방사율이 크다.
㉯ 황의 영향이 적다.
㉰ 슬러지를 발생시킨다.
㉱ 단위 용적당의 발열량이 극히 적다.

[해설] 타르계 중유는 다른 중유에 비해 발열량이 크다.

40. 일반적인 유류의 비중 시험 방법이 아닌 것은?

㉮ 비중 점도법 ㉯ 치환법
㉰ 비중 천평법 ㉱ 비중 부평법

[해설] 액체 연료의 비중 시험 방법에는 치환법, 비중병법, 비중 천평법, 비중 부평법 등이 있다.

41. 다음 기체 연료에 대한 설명 중 가장 거리가 먼 것은?

㉮ 회분 및 유해 물질의 배출량이 적다.
㉯ 연소 조절 및 점화, 소화가 용이하다.
㉰ 인화의 위험성이 적고 연소 장치가 간단하다.
㉱ 하나의 가스원으로 다수의 연소 장치에 쉽게 공급할 수 있다.

[해설] 기체 연료는 누설과 인화 위험성이 크다.

42. 기체 연료에 대한 설명 중 틀린 것은?

㉮ 연소 조절 및 점화, 소화가 용이하다.
㉯ 연료의 예열이 쉽고 전열효율이 좋다.
㉰ 고온 연소에 의한 국부 가열의 염려가 크다.
㉱ 적은 공기로 완전 연소시킬 수 있으며 연소 효율이 높다.

[해설] ㉰항은 액체 연료의 단점이다.

43. 다음 중 기체 연료의 장점이 아닌 것은?

㉮ 운반과 저장이 용이하다.
㉯ 대기 오염이 적다.
㉰ 연소 조절이 용이하다.
㉱ 적은 공기로 완전 연소가 가능하다.

[해설] 안전 관리 측면에서 보면 수송 및 저장이 불편하다 (위험하다).

44. 기체 연료의 일반적인 특징에 대한 설명 중 틀린 것은?

㉮ 화염 온도의 상승이 비교적 용이하다.
㉯ 연소 장치의 온도 및 온도 분포의 조절이 어렵다.

정답 37. ㉯ 38. ㉱ 39. ㉱ 40. ㉮ 41. ㉰ 42. ㉰ 43. ㉮ 44. ㉯

㈐ 다량으로 사용하는 경우 수송 및 저장이 어렵다.
㈑ 연소 후에 유해 성분의 잔류가 거의 없다.
[해설] 기체 연료는 연소량 제어가 용이하므로 온도 조절이 쉽다.

45. 기체 연료의 특징에 대한 설명 중 가장 거리가 먼 것은?
㈎ 연소 효율이 높다.
㈏ 단위 용적당 발열량이 크다.
㈐ 고온을 얻기 쉽다.
㈑ 자동 제어에 의한 연소에 적합하다.
[해설] 기체 연료는 단위 질량당 발열량은 크지만 단위 용적당 발열량은 크지 않다.

46. 다음 중 천연가스(LNG)의 주성분은 어느 것인가?
㈎ CH_4 ㈏ C_2H_6
㈐ C_3H_8 ㈑ C_4H_{10}
[해설] ① 액화천연가스(LNG) : CH_4
② 액화석유가스(LPG) : C_3H_8, C_4H_{10}

47. 천연가스(natural)에 대한 설명 중 옳지 않은 것은?
㈎ 주성분은 메탄이다.
㈏ LNG는 대기압 하에서 비등점이 −162℃인 액체이다.
㈐ 프로판 가스보다 무겁다.
㈑ 총 발열량은 10000 kcal/Nm³ 정도이다.
[해설] 천연가스의 주성분인 메탄(CH_4)은 분자량이 16이므로 프로판 가스보다 가볍다.

48. 액화 석유 가스의 성질에 대한 설명 중 틀린 것은?

㈎ 가스의 비중은 공기보다 무겁다.
㈏ 상온, 상압에서는 액체이다.
㈐ 천연고무를 잘 용해시킨다.
㈑ 물에는 잘 녹지 않는다.
[해설] 액화 석유 가스(LPG)는 상온, 상압에서 기체이다.

49. 다음 중 대규모 화력 발전용 보일러의 주연료로 사용되고 있지 않은 것은?
㈎ LNG   ㈏ LPG
㈐ 미분탄   ㈑ 중유
[해설] 대규모 화력 발전용 보일러의 주연료는 LNG, 미분탄, 중유이고, LPG는 주로 소형 연소 장치에 사용된다.

50. 어떤 기체 연료의 고발열량이 24160 kcal/kg이고 표준 상태에서 1 Nm³당 중량이 1.96 kg이었다. 다음 중 이 기체는?
㈎ 메탄   ㈏ 에탄
㈐ 프로판 ㈑ 부탄
[해설] $1\,Nm^3 : 1.96\,kg$
$22.4\,Nm^3 : x\,kg$
$\therefore x = \dfrac{22.4 \times 1.96}{1} = 43.9$ (분자량)

51. 다음 연료 중 단위 중량당 발열량이 가장 높은 것은?
㈎ LPG   ㈏ 무연탄
㈐ LNG   ㈑ 중유
[해설] 각 연료당 발열량
① LPG : $25000\,kcal/Nm^3 \times \dfrac{22.4\,Nm^3}{44\,kg}$
   $= 12727\,kcal/kg$
② 무연탄 : $5000 \sim 7500\,kcal/kg$
③ LNG : $11000\,kcal/Nm^3 \times \dfrac{22.4\,Nm^3}{16\,kg}$
   $= 15400\,kcal/kg$
④ 중유 : $10000 \sim 11000\,kcal/kg$

[정답] 45. ㈏ 46. ㈎ 47. ㈐ 48. ㈏ 49. ㈏ 50. ㈐ 51. ㈐

52. 다음 연료 중 발열량(kcal/kg)이 가장 큰 것은?

㉮ 중유 ㉯ 프로판 ㉰ 석탄 ㉱ 코크스

[해설] 발열량 순
기체 연료 > 액체 연료 > 고체 연료

53. 다음 가스 연료 중에서 발열량(kcal/Nm³)이 가장 큰 것은?

㉮ 발생로 가스 ㉯ 수성 가스
㉰ 메탄 가스 ㉱ 프로판 가스

[해설] 기체 연료 중 체적당 발열량(kcal/Nm³)은 프로판이 가장 크다.

54. 다음 설명 중 옳지 못한 것은?

㉮ 역청탄의 착화 온도는 300~400℃이다.
㉯ 중유의 인화점은 60~140℃이다.
㉰ 가솔린의 비점은 30~200℃이다.
㉱ 발생로 가스의 발열량은 5670 kcal/Nm³ 정도이다.

[해설] 발생로 가스는 코크스 또는 석탄에 공기를 적게 공급하여 불완전 연소시켜 얻어지는 인공 가스로 주성분은 N_2, CO, H_2이다. N_2 성분이 많아 발열량은 매우 적은 데 약 1000~1600℃ kcal/Nm³ 정도이다.

55. 부생 가스가 아닌 것은?

㉮ 코크스로 가스 ㉯ 고로 가스
㉰ 발생로 가스 ㉱ 전로 가스

[해설] 54번 해설 참조

56. 다음 중 연소 속도와 가장 밀접한 관계가 있는 것은?

㉮ 염의 발생 속도 ㉯ 착화 속도
㉰ 산화 속도 ㉱ 환원 속도

[해설] 연소 속도는 산화 반응 속도이다.

57. 일반적인 정상 연소에 있어서 연소 속도를 지배하는 요인은?

㉮ 화학 반응의 속도
㉯ 공기(산소)의 확산 속도
㉰ 연료의 착화 온도
㉱ 배기가스 중의 CO_2 농도

[해설] 연소 속도는 산화 속도이므로 산소의 확산 속도가 연소를 지배한다.

58. 분젠 버너를 사용할 때 가스의 유출 속도를 점차 빠르게 하면 불꽃의 모양은 어떻게 되는가?

㉮ 불꽃이 엉클어지면서 짧아진다.
㉯ 불꽃이 엉클어지면서 길어진다.
㉰ 불꽃의 형태는 변화 없고 밝아진다.
㉱ 별다른 변화를 찾기 어렵다.

[해설] 가스 버너(분젠 버너)에서 가스의 유출 속도를 점차 빠르게 하면 불꽃이 엉클어지면서 짧아진다.

59. 연소 생성물(CO_2, N_2) 등의 농도가 높아지면 연소 속도에 미치는 영향은?

㉮ 연소 속도가 빨라진다.
㉯ 연소 속도가 저하된다.
㉰ 연소 속도가 변화 없다.
㉱ 처음에는 저하되나, 나중에는 빨라진다.

[해설] 연소 생성물의 농도가 높아지면 연료가 공기 중 산소와 접촉이 방해되어 연소 속도가 저하된다.

60. 연료가스의 성분 분석이 순서대로 게재된 것은?

㉮ $CO_2 \rightarrow CO \rightarrow C_mH_n \rightarrow O_2 \rightarrow H_2 \rightarrow CH_4 \rightarrow N_2$

[정답] 52. ㉯ 53. ㉱ 54. ㉱ 55. ㉰ 56. ㉰ 57. ㉯ 58. ㉮ 59. ㉯ 60. ㉰

㉯ $C_mH_n \to CH_4 \to H_2 \to CO_2 \to O_2 \to CO \to N_2$

㉰ $CO_2 \to C_mH_n \to O_2 \to CO \to H_2 \to CH_4 \to N_2$

㉱ $C_mH_n \to CO_2 \to CO \to O_2 \to H_2 \to CH_4 \to N_2$

[해설] 분석 순서는 $CO_2 \to C_mH_n \to O_2 \to CO \to H_2 \to CH_4 \to N_2$ 순이다.

61. 연소 가스 중에 들어 있는 성분을 이산화탄소(CO_2), 중탄화수소(C_mH_n), 산소(O_2) 등의 순서로 흡수제에 접촉 분리시킨 후 체적 변화로 조성을 구하고, 이어 잔류 가스에 공기나 산소를 혼합 연소시켜 성분을 분석하는 기체 연료 분석 방법은?

㉮ 치환법 ㉯ 헴펠법
㉰ 리비히법 ㉱ 에슈카법

[해설] 헴펠법의 분석 방법은 $CO_2 \to C_mH_n \to O_2 \to CO$ 순이다.

62. 다음 연소에 대한 설명 중 틀린 것은?

㉮ 연소의 목적은 연소에 의해 생기는 열을 이용하는 것이다.
㉯ 연료의 성분은 주로 탄소와 수소이며 공기 중의 산소와 반응한다.
㉰ 연소가 일어나기 위해서는 착화 온도 이하에서 충분한 산소의 공급이 있어야 한다.
㉱ 가연 물질이 공기 중의 산소와 반응을 일으키며 산화열을 발생시키는 현상을 연소라 한다.

[해설] 완전 연소시키기 위해서는 연소실 내의 온도가 착화온도 이상이고 충분한 산소 공급이 있어야 한다.

63. 연소를 계속 유지시키는 데 필요한 조건을 바르게 나타낸 것은?

㉮ 연료에 산소를 공급하고 착화온도 이하로 억제한다.
㉯ 연료에 발화온도 미만의 저온 분위기를 유지시킨다.
㉰ 연료에 산소를 공급하고 착화온도 이상으로 유지한다.
㉱ 연료에 공기를 접촉시켜 연소 속도를 저하시킨다.

[해설] 62번 해설 참조

64. 액체 연료가 증기로 변하여 확산에 의해 공기와 혼합되어 불꽃 연소하는 것을 ( )라 한다. ( ) 안에 알맞은 것은?

㉮ 혼합기 연소
㉯ 증발 연소
㉰ 표면 연소
㉱ 분해 연소

[해설] 액체 연료의 연소 중 증발 연소의 설명이다.

2. 연소 계산

2-1. 연소 현상 이론

(1) 연소 반응

① 산화 반응 : 발열 반응이 이에 해당된다.

  예) $C + O_2 \rightarrow CO_2 + 97200$ kcal/kmol

  $H_2 + \dfrac{1}{2}O_2 \rightarrow H_2O + 68000$ kcal/kmol

  $S + O_2 \rightarrow SO_2 + 80000$ kcal/kmol

② 환원 반응 : 흡열 반응이 일부 이에 해당된다.

  예) $C + CO_2 \rightarrow 2CO - 39300$ kcal/kmol

  $C + H_2O \rightarrow CO + H_2 - 28200$ kcal/kmol

(2) 착화 온도 (발화 온도 = 착화점 = 발화점)

공기 존재 하에서 가연성 물질을 가열할 경우에 어느 일정 온도에 도달하면 외부의 열원을 개입하지 않아도 연소를 개시하는 현상을 착화(발화)라 하며, 이 경우의 최저 온도를 착화 온도 또는 발화 온도라 한다. 착화 온도가 낮아지는 경우는 다음과 같다.

① 발열량이 높을수록
② 분자 구조가 복잡할수록
③ 산소 농도가 짙을수록
④ 압력이 높을수록
⑤ 반응 활성도가 클수록
⑥ 가스 압력이나 습도가 낮을수록

(3) 화학적 성상에 따른 화염의 종류

① 산화염 : 과잉 공기의 상태로 연소시킬 경우 다량의 산소(O_2)가 함유된 화염
② 환원염 : 공기가 부족한 상태로 연소시킬 경우 발생한 일산화탄소(CO) 등의 미연분을 함유한 화염

> **참고**
> ① 환원염은 피열물을 환원시키는 불꽃이며 금속 가열로 같은 곳에서 환원성 염을 요구할 때가 많다.
> ② 노내의 분위기를 확인하는 방법에는 화염 색깔, 노내 온도 분포, 연소 가스 분석 등의 방법이 있는데, 연소 가스 중의 CO 함량을 분석하면 가장 확실하게 알 수 있다. CO 가스가 많으면 환원성 분위기이고, 다량의 O_2가 많으면 산화성 분위기이다.

(4) 연소용 공기의 공급 방식

연료의 공기 공급 방식에는 1차 공기 공급 방식과 2차 공기 공급 방식이 있다.

① 1차 공기 공급 방식 : 연료의 무화 또는 연료가 산화 반응하여 연소에 필요한 공기를 연소실로 연료와 함께 공급하는 공기이며, 일반적으로 액체 연료는 버너에서 공급되고 고체 연료는 화격자 밑에서 직접 공급되는 공기이다.

② 2차 공기 공급 방식 : 연료를 완전 연소시키기 위하여 1차 공기에 의해 부족한 공기를 추가로 공급하는 공기이며, 액체 연료인 경우에는 연소실로 직접 공급되고 고체 연료인 경우에는 화상 상부로 공급되는 공기이다.

2-2 이론 및 실제 공기량, 배기 가스량

연소 반응도 일종의 산화 반응이므로 연소 계산에 있어서도 화학 반응에 대한 일반적인 법칙과 원리를 그대로 적용하여 연소에 관계되는 반응 물질과 생성 물질 간의 양적 관계를 규명할 수가 있다. 연료는 탄소(C), 수소(H), 산소(O), 황(S), 질소(N), 회분(A), 수분(W) 등으로 구성되어 있는데, 산소(O_2)와 화합하여 연소할 수 있는 원소, 즉 가연 원소에는 탄소, 수소, 황의 세 가지 원소가 있다.

분자량에 g을 붙인 것을 1 mol이라 하고 kg을 붙인 것을 1 kmol이라 하는데 모든 물질 1 mol은 표준 상태(0℃, 1기압) 하에서 22.4 L를 차지하며, 그 무게는 분자량에 g을 붙인 것이다. 또, 반응 전후에 있어서 질량은 변화하지 않는다. 따라서, 반응 전후의 원소 수는 서로 같아야 한다.

(1) 공기의 조성

① 공기는 여러 물질의 혼합체로 구성되어 있지만, 질소(N)와 산소(O)를 제외한 물질은 미량이므로 체적을 질소(79 %), 산소(21 %)로 간주하여 연소량을 계산한다.

② 공기의 조성

구분	체적(%)	중량(%)
산소(O)	21	23.2
질소(N)	79	76.8

③ 공기의 성분 : N_2 (78 %), O_2 (21 %), CO_2 (0.93 %), Ar (0.03 %), He, Ne, Xe, Kr, Rn, H_2, H_2O 등이다.

(2) 각 원소의 원자량 및 분자량

원소명	원소 기호	원자량	분자식	분자량	원소명	분자식	분자량
탄소	C	12	C	12	메탄	CH_4	16
수소	H	1	H_2	2	에탄	C_2H_6	30
산소	O	16	O_2	32	프로판	C_3H_8	44
질소	N	14	N_2	28	탄산가스	CO_2	44
황	S	32	S	32	물분자	H_2O	18
공기	O_2, N_2, Ar 혼합물			29	아황산가스	SO_2	64
					일산화탄소	CO	28

참고

① 여기서 H, O, N은 1원자만으로는 다른 원소와 화합이 불가능하므로 항상 원자 2개가 합하여 화합한다.
② 모든 기체 1 kmol의 표준 상태에서 부피는 아보가드로(Avogadro) 법칙에 의하여 22.4 Nm^3이다 (1 mol이 차지하는 부피는 22.4 L).

(3) 고체 및 액체 연료의 연소

연료의 성분 중 가연성 성분은 C, H, S이며, 반응식은 다음과 같다.

- 탄소(C)가 완전 연소 시

    $C + O_2 \rightarrow CO_2 + 97200$ kcal/kmol

- 탄소(C)가 불완전 연소 시

    $C + \dfrac{1}{2}O_2 \rightarrow CO + 29200$ kcal/kmol

- 수소(H)의 연소 반응

    $H_2 + \dfrac{1}{2}O_2 \rightarrow H_2O(액체) + 68000 \text{ kcal/kmol}$

    $H_2 + \dfrac{1}{2}O_2 \rightarrow H_2O(기체) + 57200 \text{ kcal/kmol}$

- 황(S)의 연소 반응

    $S + O_2 \rightarrow SO_2 + 80000 \text{ kcal/kmol}$

① 탄소의 연소

  ㈎ 탄소가 완전 연소한다고 할 때

$$C + O_2 \rightarrow CO_2 + 97200 \text{kcal/kmol}$$

1kmol	1kmol	1kmol	97200kcal/kmol
12kg	32kg	44kg	
1kg	$\dfrac{32}{12} = 2.667$kg	$\dfrac{44}{12} = 3.667$kg	$\dfrac{97200}{12} = 8100$kcal/kg

즉, 탄소 1 kg 연소 시 필요한 산소량은 2.667 kg이며, 이때 생기는 CO_2 가스양은 3.667 kg이고 1 kg당 발열량은 8100 kcal이다.

  ㈏ 탄소가 불완전 연소할 때

$$C + \dfrac{1}{2}O_2 \rightarrow CO + 29200 \text{kcal/kmol}$$

12kg 16kg 28kg
      11.2Nm³ 22.4Nm³

② 수소의 연소

$$H_2 + \dfrac{1}{2}O_2 \rightarrow H_2O(액체) + 68000 \text{kcal/kmol}$$

1kmol $\dfrac{1}{2}$kmol   1kmol
2kg   16kg   18kg
1kg   8kg   9kg   34000kcal/kg

③ 황의 연소

$$S + O_2 \rightarrow SO_2 + 8000 \text{kcal/kmol}$$

1kmol 1kmol 1kmol
32kg   32kg   64kg
1kg   1kg   2kg   2500kcal/kg

(4) 가연원소의 연소 계산

① 탄소의 연소

(가) 중량으로 구할 때

$$C \quad + \quad O_2(+N_2) \quad = \quad CO_2(+N_2)$$

$$12\text{kg} \quad\quad 32\text{kg} \quad\quad\quad\quad 44\text{kg}$$

$$1\text{kg} \quad\quad \frac{32}{12}\text{kg}\left(\frac{32}{12}\right)\left(\frac{0.768}{0.232}\right) \quad\quad \left(\frac{44}{12}\right)$$

$$\quad\quad 2.67\text{kg}(+8.83\text{kg}) \quad\quad 3.67\text{kg}(+8.83\text{kg})$$

공급 공기량 = 11.50 kg/kg   연소 가스양 = 12.5 kg/kg

(나) 체적으로 구할 때

$$C \quad + \quad O_2(+N_2) \quad = \quad CO_2(+N_2)$$

$$12\text{kg} \quad\quad 22.4\text{Nm}^3 \quad\quad\quad 22.4\text{Nm}^3$$

$$1\text{kg} \quad\quad 1.87\text{Nm}^3(+7.02\text{Nm}^3) \quad\quad 1.87\text{Nm}^3(+7.02\text{Nm}^3)$$

공급 공기량 = 8.89 Nm³/kg   연소 가스양 = 8.89 Nm³/kg

② 수소의 연소

(가) 중량으로 구할 때

$$H_2 \quad + \quad \frac{1}{2}O_2(+N_2) \quad = \quad H_2O(+N_2)$$

$$2\text{kg} \quad\quad 16\text{kg} \quad\quad\quad\quad 18\text{kg}$$

$$1\text{kg} \quad\quad 8\text{kg}(+26.5\text{kg}) \quad\quad 9\text{kg}(+26.5\text{kg})$$

$$\quad\quad\quad 34.5\text{kg} \quad\quad\quad\quad 35.5\text{kg}$$

(나) 체적으로 구할 때

$$H_2 \quad + \quad \frac{1}{2}O_2(+N_2) \quad = \quad H_2O(+N_2)$$

$$2\text{kg} \quad\quad 11.2\text{Nm}^3 \quad\quad\quad 22.4\text{Nm}^3$$

$$1\text{kg} \quad\quad 5.6\text{Nm}^3(+21.07\text{Nm}^3) \quad\quad 11.2\text{Nm}^3(+21.07\text{Nm}^3)$$

공기량 = 26.67 Nm³/kg   연소가스량 = 32.27 Nm³/kg

③ 황의 연소

(가) 중량으로 구할 때

$$S \quad + \quad O_2(+N_2) \quad = \quad SO_2(+N_2)$$

$$32\text{kg} \quad\quad 32\text{kg} \quad\quad\quad\quad 64\text{kg}$$

$$1\text{kg} \quad\quad 1\text{kg}(+3.31\text{kg}) \quad\quad 2\text{kg}(+3.31\text{kg})$$

공기량 = 4.31 kg/kg   연소가스량 = 5.31 kg

(나) 체적으로 구할 때

$$S \quad + \quad O_2(+N_2) \quad = \quad SO_2(+N_2)$$

$$32\text{kg} \quad\quad 22.4\text{Nm}^3 \quad\quad\quad 22.4\text{Nm}^3$$

$$1\text{kg} \quad\quad 0.7\text{Nm}^3(+2.63\text{Nm}^3) \quad\quad 0.7\text{Nm}^3(+2.63\text{Nm}^3)$$

공기량 = 3.33 Nm³/kg   연소가스량 = 3.33 Nm³/kg

(5) 이론 산소량(O_0)과 이론 공기량(A_0)의 계산

① 이론 산소량(O_0)

어떤 연료를 완전 연소시키는 데 필요한 산소량을 말하며, 연료의 성분 중 가연성분인 탄소, 수소, 황이 연소할 때 필요로 하는 산소량만의 합을 구하면 된다.

(가) 체적으로 구할 때

$$O_0[\text{Nm}^3/\text{kg}] = \frac{22.4}{12}C + \frac{11.2}{2}\left(H - \frac{O}{8}\right) + \frac{22.4}{32}S$$

여기서, C, H, O, S : 고체, 액체 연료 중의 각 성분 $\frac{\%}{100}$

(나) 중량으로 구할 때

$$O_0[\text{kg/kg}] = \frac{32}{12}C + \frac{16}{2}\left(H - \frac{O}{8}\right) + \frac{32}{32}S$$

② 이론 공기량(A_0)

연료의 종류에 따라 가연성분이 달라지므로 이에 따르는 연소용 공기량도 달라지게 되는데, 어떤 연료를 완전 연소시키는 데 필요한 공기량을 이론 공기량이라 한다. 이론 공기량(A_0)은 공기 중의 산소량이 일정하므로 이론 산소량(O_0)으로부터 구할 수 있다. 즉, 이론 공기량은 중량으로 구할 경우 $\frac{1}{0.232}O_0$, 체적으로 구할 경우 $\frac{1}{0.21}O_0$로 계산된다.

(가) 원소 분석에 의한 이론 공기량(A_0)

㉮ 고체 및 액체 연료의 이론 공기량

㉠ 체적으로 구할 경우

$$A_0[\text{Nm}^3/\text{kg}] = \frac{1}{0.21}\left[\frac{22.4}{12}C + \frac{11.2}{2}\left(H - \frac{O}{8}\right) + \frac{22.4}{32}S\right]$$

㉡ 중량으로 구할 경우

$$A_0[\text{kg/kg}] = \frac{1}{0.232}\left[\frac{32}{12}C + \frac{16}{2}\left(H - \frac{O}{8}\right) + \frac{32}{32}S\right]$$

㉯ 기체 연료의 이론 공기량

㉠ 이론 산소량

$$O_0[\text{Nm}^3/\text{Nm}^3] = 0.5CO + 0.5H_2 + 2CH_4 + 3C_2H_4 + 5C_3H_8 - O_2$$

㉡ 이론 공기량

$$A_0[\text{Nm}^3/\text{Nm}^3] = \frac{1}{0.21}(0.5CO + 0.5H_2 + 2CH_4 + 3C_2H_4 + 5C_3H_8 - O_2)$$

여기서, $CO, H_2, CH_4, C_2H_4, C_3H_8, O_2$: 기체 연료 중의 각 성분 $\frac{\%}{100}$

참고 ○ 각종 연료의 이론 공기량 개략치

연료	A_0[Nm³/kg]	연료	A_0[Nm³/kg]
천연가스 (습성)	11.4~12.1	연료유	10~13
천연가스 (건성)	8.8~9.0	역청탄	7.5~8.5
오일가스	4.5~11.0	무연탄	9~10
액화석유가스	29.7	코크스	8.5
석탄가스	4.5~5.5	목탄	4~5
고로가스	0.7~0.9	중유	10.8~11.0
발생로가스	0.9~1.2	가솔린	11.3~11.5

③ 실제 공기량 (A)

실제로 연료를 연소하는 경우에는 그 연료의 이론 공기량만으로 완전히 연소되기는 거의 불가능하며 불완전 연소가 되기 쉽다. 그것은 연료의 가연 성분과 공기 중의 산소와의 접촉이 순간적으로 이루어지는 것이 곤란하기 때문이다. 따라서, 여분의 공기를 보내어 가연 성분과 산소와의 접촉을 양호하게 하여 연소에 완벽을 기하지 않으면 안 된다. 실제로 사용한 공기량(그 속에는 여분의 공기도 포함한다)이 그 이론량의 몇 배에 상당하는가를 보이는 계수를 공기비라 하고 m으로 나타낸다.

따라서, 실제의 연소에 사용한 공기량 (A)은 이론 공기량 (A_0)에 공기비 (m)를 곱한 것이 된다.

$$m = \frac{A}{A_0}, \quad A = mA_0 \text{ [Nm}^3\text{]}$$

(가) 과잉 공기 ($A - A_0$) : 연료가 실제로 연소하는 데는 이론 공기보다 더 많은 공기가 필요하다. 이때, 이론 공기보다 더 공급된 여분의 공기를 과잉 공기라 한다.

과잉 공기 = 실제 공기 (A) - 이론 공기 (A_0)

(나) 과잉 공기율 (%) = 이론 공기량에 대한 과잉 공기량을 %로 표시한다.

과잉 공기율 (%) = $(m-1) \times 100$

여기서, $(m-1)$: 과잉 공기비

④ 이론 건연소 가스량 (G_{od}), 실제 건연소 가스량 (G_d)

(가) 고체, 액체 연료에서 Nm³/kg으로 구할 때

$$G_d[\text{Nm}^3/\text{kg}] = G_{od} + (m-1)A_0$$

$$G_{od}[\text{Nm}^3/\text{kg}] = \left(\frac{22.4}{12}C + \frac{22.4}{32}S + \frac{22.4}{28}N\right) + 0.79A_0$$

$$A_0[\text{Nm}^3/\text{kg}] = \frac{1}{0.21}\left(\frac{22.4}{12}C + \frac{11.2}{2}\left(H - \frac{O}{8}\right) + \frac{22.4}{32}S\right)$$

(나) 고체, 액체 연료에서 kg/kg으로 구할 때

$$G_d[\text{kg/kg}] = G_{od} + (m-1)A_0$$

$$G_{od}[\text{kg/kg}] = \left(\frac{44}{12}C + \frac{64}{32}S + \frac{28}{28}N\right) + 0.768A_0$$

$$A_0[\text{kg/kg}] = \frac{1}{0.232}\left(\frac{32}{12}C + \frac{16}{2}\left(H - \frac{O}{8}\right) + \frac{32}{32}S\right)$$

(다) 기체 연료에서 Nm^3/Nm^3으로 구할 때

※ 반드시 화학 반응식을 세워서 구해야 한다.

$$G_d[Nm^3/Nm^3] = G_{od} + (m-1)A_0$$

$$G_{od}[Nm^3/Nm^3] = (CO + CH_4 + 2C_2H_4 + 3C_3H_8) + 0.79A_0$$

$$A_0[Nm^3/Nm^3] = \frac{1}{0.21}(0.5CO + 0.5H_2 + 2CH_4 + 3C_2H_4 + 5C_3H_8 - O_2)$$

⑤ 이론 습연소 가스량(G_{ow}), 실제 습연소 가스량(G_w)

(가) 고체 또는 액체 연료에서 Nm^3/kg으로 구할 때

$$G_w[Nm^3/kg] = G_d + \frac{22.4}{18}(9H + W)$$

(나) 고체 또는 액체 연료에서 kg/kg으로 구할 때

$$G_w[\text{kg/kg}] = G_d + (9H + W)$$

여기서, H : 고체, 액체 연료 중의 수소 $\frac{\%}{100}$

W : 고체, 액체 연료 중의 수분 $\frac{\%}{100}$

(다) 기체 연료인 경우

$$G_w[Nm^3/Nm^3] = G_{ow} + (m-1)A_0$$

여기서, G_{ow}는 반응식을 세워 계산하여야 한다.

즉, 이론적으로 생길 수 있는 CO_2, H_2O, 들러리의 질소를 계산하여야 한다.

$$G_{ow}[Nm^3/Nm^3] = (CO + H_2 + 3CH_4 + 4C_2H_4 + 7C_3H_8) + 0.79A_0$$

$$A_0[Nm^3/Nm^3] = \frac{1}{0.21}(0.5CO + 0.5H_2 + 2CH_4 + 3C_2H_4 + 5C_3H_8 - O_2)$$

2-3 공기비 및 완전 연소 조건

(1) 공기비(m) 구하는 법

연료를 연소시킬 때 이론 공기량(A_0)으로만 완전 연소시킨다는 것은 실제로 거의 불가능하므로 이론 공기량 보다 많은 공기량 (과잉 공기량)을 공급해 주는데, 이들의 비를 공기비(m)이라하고 다음 식으로 정리한다.

① $m = \dfrac{A}{A_0}$

② 완전 연소 시(배기가스 분석 결과 CO가 없을 때)

$$m = \dfrac{실제\ 공기량(A)}{이론\ 공기량(A_0)} = \dfrac{실제\ 공기량}{실제\ 공기량 - 과잉\ 공기량}$$

여기서, 실제 공기량 $= \dfrac{N_2}{0.79}$, 과잉 공기량 $= \dfrac{O_2}{0.21}$

$$\therefore\ 공기비(m) = \dfrac{\dfrac{N_2}{0.79}}{\dfrac{N_2}{0.79} - \dfrac{O_2}{0.21}} = \dfrac{N_2}{N_2 - 3.76 O_2}$$

③ 불완전 연소 시(배기가스 분석 결과 CO가 있을 때)

$$m = \dfrac{N_2}{N_2 - 3.76(O_2 - 0.5 CO)}$$

④ 배기가스 분석 결과 O_2 [%]만 알고서 공기비를 구할 때

$$m = \dfrac{실제\ 공기량}{실제\ 공기량 - 과잉\ 공기량} = \dfrac{\dfrac{N_2}{0.79}}{\dfrac{N_2}{0.79} - \dfrac{O_2}{0.21}} \fallingdotseq \dfrac{21}{21 - O_2}$$

⑤ $CO_{2\max}$ %를 알고 있을 때

$$m = \dfrac{CO_{2\max}(\%)}{CO_2(\%)}$$

참고

대개 공기비(m)는 노의 종류 및 구조에 따라 다르지만, 보일러인 경우 기체 연료의 $m=$ 1.1~1.3, 액체 연료의 $m=1.2$~1.4, 미분탄 연료의 $m=1.2$~1.4, 고체 연료의 $m=$ 1.4~2.0 정도가 적당하다.

연소 장치	m	연소 장치	m
수분식 수평 화격자	1.7~2.0	미분탄 버너	1.2~1.4
산포식 스토커 수평 화격자	1.4~1.7	중유 버너	1.2~1.4
이동 화격자 스토커	1.3~1.5	가스 버너	1.1~1.3

(2) 공기비(m)가 연소에 미치는 영향

① 공기비가 클 경우(과잉 공기량이 많을 경우) 연소에 미치는 영향

㈎ 연소실 온도가 낮아지며 연소 온도가 저하한다.

㈏ 배기가스양의 증가로 열손실이 많아지며, 연료 소비량이 증가한다.

㈐ 배기가스 중 CO_2 [%]가 낮아진다 (O_2 [%]는 증가한다).
㈑ 배기가스 중 SO_3의 함유량이 증가하며, 저온 부식이 촉진된다.
㈒ 배기가스 중 NO_2의 발생이 심하여 대기오염을 일으킨다.

② 공기비가 작을 경우 (공기량이 부족할 경우) 연소에 미치는 영향
㈎ 연료가 불완전 연소하여 매연 발생이 심하다.
㈏ 미연분에 의한 열손실이 증가한다.
㈐ 미연소 가스 폭발 사고를 유발하기 쉽다.
㈑ 배기가스 중 CO [%]가 증가한다.

(3) 탄화수소 (C_mH_n)의 연소반응식 및 이론 공기량 (A_0)

① 탄화수소의 연소 반응식

$$C_mH_n + \left(m + \frac{n}{4}\right)O_2 \rightarrow mCO_2 + \left(\frac{n}{2}\right)H_2O$$

② 기체 연료의 이론 공기량

㈎ 메탄 (CH_4)의 이론 공기량

$$CH_4 + 2O_2 \rightarrow CO_2 + 2H_2O$$
1kmol 2kmol
16kg $2 \times 22.4 Nm^3$
1kg $\dfrac{2 \times 22.4}{16} Nm^3$

$$A_0[Nm^3/kg] = \frac{1}{0.21} \times O_0 = \frac{1}{0.21} \times \frac{2 \times 22.4}{16} = 13.33 \ Nm^3/kg$$

㈏ 프로판 (C_3H_8)의 이론 공기량

$$C_3H_8 + 5O_2 \rightarrow 3CO_2 + 4H_2O$$
1kmol 5kmol
44kg $5 \times 22.4 Nm^3$
1kg $\dfrac{5 \times 22.4}{44} Nm^3$

$$A_0[Nm^3/kg] = \frac{1}{0.21} \times O_0 = \frac{1}{0.21} \times \frac{5 \times 22.4}{44} = 12.12 \ Nm^3/kg$$

(4) 최대 탄산 가스율 (CO_{2max})(%)

최대 탄산 가스율이란 연료 중의 탄소를 이론적으로 완전히 연소시킬 때 발생한 이론 건연소 가스에 대한 최대 CO_2 [%]를 말한다.

① 배기가스 성분 중 CO_2 [%]와 공기비를 알고 있을 때

$$CO_{2max} \ [\%] = CO_2 \times m$$

여기서, m : 공기비

② 완전 연소 시(배기가스 분석결과 CO [%]가 없을 때)

$$CO_{2max} [\%] = CO_2 \times \frac{21}{21 - O_2}$$

여기서, CO_2, O_2 : 배기가스 성분 중 % 농도

③ 불완전 연소 시(배기 가스 분석 결과 CO [%]가 있을 때)

$$CO_{2max} [\%] = \frac{(CO_2 + CO) \times 21}{21 - O_2 + 0.395 CO}$$

④ 이론 건배기 가스량[Nm/kg]과 CO_2 [Nm³/kg]을 알고 있을 때

$$CO_{2max} [\%] = \frac{CO_2}{G_{od}} \times 100$$

⑤ 연료의 원소 조성을 알고 있을 때

$$CO_{2max} [\%] = \frac{\frac{22.4}{12}C + \frac{22.4}{32}S}{G_{od}} \times 100$$

참고 ◦ 연료의 CO_{2max} [%] 개략치

구분	고체 연료	액체 연료	기체 연료
CO_{2max} [%]	10~14 %	11~15 %	8~20 %

(5) 배기가스 조성에 관한 계산

배기가스 조성은 산소(O_2), 탄산가스(CO_2), 아황산가스(SO_2), 질소(N_2) 및 수증기(H_2O)이다. 배기가스 조성(%)을 구한 값과 오르사트 가스 분석 시의 값은 항상 같아야하므로 기준 배기가스양은 건배기가스양을 이용하고, 아황산가스는 오르사트 분석 시 수산화칼륨(KOH) 용액에 흡수되므로 탄산가스(CO_2)에 합산하여 계산하여야 한다. 따라서, 다음과 같이 정리할 수 있다.

① $O_2[\%] = \dfrac{0.21(m-1)A_0}{G_d} \times 100$

② $CO_2[\%] = \dfrac{\frac{22.4}{12}C + \frac{22.4}{32}S}{G_d} \times 100$

③ $N_2[\%] = \dfrac{0.79mA_0 + \frac{22.4}{28}N}{G_d} \times 100$

또는 $N_2[\%] = 100 - (CO_2 + O_2 + CO)$

(6) 완전 연소의 구비 조건

- (가) 연소실 온도를 고온으로 유지시킬 것
- (나) 연료 및 연소용 공기를 예열하여 공급할 것
- (다) 연료와 연소용 공기의 혼합을 잘 시킬 것
- (라) 연소실 용적은 연료가 완전 연소되는 데 필요한 용적 이상일 것
- (마) 가능한 한 질이 좋은 연료를 사용할 것
- (바) 연료를 착화 온도 이상으로 유지할 것
- (사) 통풍력을 좋게 할 것

2-4 발열량 및 연소 효율

(1) 발열량의 단위

고체 및 액체 연료의 발열량 단위는 kcal/kg, 기체 연료의 발열량 단위는 $kcal/Nm^3$ 이며, 발열량은 열정산 시 원칙적으로 고위(총)발열량으로 한다.

(2) 발열량의 종류

수증기의 증발 잠열을 포함한 고위(= 고 = 총) 발열량과, 고위 발열량에서 수증기 증발잠열을 제외한 저위(= 저 = 진)발열량이 있다.

> **참고**
> ① 고위 발열량 (H_h) = 고발열량 = 총발열량
> ② 저위 발열량 (H_l) = 저발열량 = 진발열량
> ③ $H_l = H_h -$ 증발잠열 $= H_h - 600(9H + W)$

(3) 발열량의 계산 방법

① 고체 및 액체 연료의 발열량 계산 (원소 분석에 의한 계산)

(가) 고위 발열량 (H_h) = 총발열량

$$H_h = 8100C + 34000\left(H - \frac{O}{8}\right) + 2500S \, [kcal/kg]$$

(나) 저위 발열량 (H_l) = 진발열량

$$H_l = H_h - 600(9H + W) \, [kcal/kg]$$

여기서, C, H, O, S, W : 연료 1 kg당 함유된 각 성분의 양을 kg으로 표시한 것 또는 $\frac{\%}{100}$ 값

② 기체 연료의 발열량 계산 : 기체 연료는 일산화탄소(CO), 수소(H_2), 메탄(CH_4) 등의 여러 가지 가스가 혼합되어 있으므로 다음 식과 같이 계산한다.

(가) $H_h = 3035CO + 3050H_2 + 9530CH_4 + 15280C_2H_4 + 24370C_3H_8 + 32010C_4H_{10}\,[kcal/Nm^3]$

(나) $H_l = 3035CO + 2570H_2 + 8570CH_4 + 14320C_2H_4 + 22350C_3H_8 + 29610C_4H_{10}\,[kcal/Nm^3]$

> **참고**
>
> $H_l\,[kcal/Nm^3] = H_h\,[kcal/Nm^3] - 480\sum H_2O$
> 여기서, $\sum H_2O$: 연료 $1\,Nm^3$당 발생한 수증기량(Nm^3)

(4) 연소 효율

① 화격자 연소율

화격자 단위 면적 $1\,m^2$당 매시 연료(석탄)의 사용량을 말한다.

$$\text{화격자 연소율} = \frac{\text{매시 석탄 사용량(kg/h)}}{\text{화격자 면적}(m^2)}\,[kg/m^2 \cdot h]$$

② 버너 연소율

$$\text{버너 연소율} = \frac{\text{전 연료 사용량(kg)}}{\text{버너 가동 시간(h)}}\,[kg/h]$$

③ 연소실 열발생률

연소실 열발생률을 연소실 열부하라고도 하며, 연소실 용적을 $V\,[m^3]$, 연료의 저위 발열량을 $H_l\,[kcal/kg]$, 매시 연료 사용량을 $G_f\,[kg/h]$라고 하면,

$$\text{연소실 열발생률} = \frac{G_f \times (H_l + \text{공기의 현열} + \text{연료의 현열})}{V}\,[kcal/m^3 \cdot h]$$

④ 연소 효율

$$\text{연소 효율}(\eta) = \frac{\text{연소실에서 실제 발생한 열량}}{\text{매시 연료 사용량} \times \text{연료의 저위발열량}} \times 100\% = \frac{Q}{G_f \times H_l} \times 100$$

⑤ 보일러 효율을 구하는 방법

(가) $\text{연소 효율} = \dfrac{\text{연소실에서 실제 발생한 열량}}{\text{매시 연료 사용량} \times \text{연료의 저위발열량}} \times 100\% = \dfrac{Q}{G_f \times H_l} \times 100$

(나) $\text{전열 효율} = \dfrac{\text{열출력(발생 증기가 보유한 열량)}}{\text{연소실에서 실제 발생한 열량}} \times 100\%$

$= \dfrac{G_a(h_2 - h_1)}{\text{실제 발생한 열량}} \times 100\% = \dfrac{G_a(h_2 - h_1)}{Q} \times 100$

(다) 보일러 효율 = 연소 효율 × 전열 효율

(라) $\eta = \dfrac{G_a(h_2-h_1)}{G_f \times H_l} \times 100\%$

여기서, G_a : 매시 실제 증발량(kg/h), h_2 : 발생증기의 엔탈피(kcal/kg)
h_1 : 급수의 엔탈피(kcal/kg), G_f : 매시 연료 사용량(kg/h)
H_l : 연료의 저위 발열량(kcal/kg)

2-5 화염 온도 (연소 온도)

연료의 연소가 시작되면 발생하는 열량과 외부로의 방산열량이 평형을 유지하면서, 연소가 지속되는 온도를 말한다. 즉, 연료를 연소시키는데 필요한 이론 공기량(A_0)을 공급하여 완전 연소시켰을 때 발생하는 최고의 온도를 이론 연소 온도(배기가스 온도)라 한다.

(1) 연소 온도에 영향을 미치는 요인

① 공기비 : 공기비가 클수록 연소 가스량이 많아지므로 연소 온도는 낮아진다(가장 큰 영향을 미친다).
② 산소 농도 : 공기 중에 산소 농도가 높으면 공기량이 적어져서 연소 가스량도 적어지므로 연소 온도가 높아진다.
③ 연료의 저위 발열량 : 연료의 발열량이 높을수록 연소 온도는 높아진다.

> **참고 ◦ 연료 연소 시 연소 온도를 높게 하기 위한 조건**
> ① 발열량이 높은 연료를 사용할 것
> ② 연료 또는 공기를 예열해서 공급할 것(연소 속도를 증가시키기 위하여)
> ③ 연료를 될 수 있는 한 완전 연소시킬 것
> ④ 과잉 공기량을 될 수 있는 한 적게 할 것
> ⑤ 복사열 손실을 줄일 것

(2) 연소 온도 계산

$H_l = G\, C_P (t_2 - t_1)$

$\therefore\ t_2 = \dfrac{H_l}{G\, C_P} + t_1$

여기서, t_2 : 이론 연소 온도(℃), t_1 : 기준 온도(℃)
H_l : 저위 발열량(kcal/Sm³), C_P : 평균 정압 비열(kcal/Sm³·℃)
G : 이론 연소 가스량(Sm³/Sm³)

2-6. 화염 전파 이론 등

연소 범위 내에 있는 혼합기에 점화하면 화염면이 퍼져 나가는데 이 진행 속도를 화염 전파 속도라 한다.

화염 전파 속도는 온도, 압력, 난류에 의해 영향을 받게 되나 CO 가스와 공기의 혼합기로 약 1 m/s 정도의 값이다.

참고 ○ 열의 전달

① 전도 : 고체 간의 열전달(푸리에의 법칙)
② 대류 : 유체 간의 열전달(뉴턴의 냉각법칙)
③ 복사 : 전자파에 의한 열전달(스테판 볼츠만의 법칙)
※ 복사는 절대 온도 4승에 비례한다.

예상문제 및 기출문제

1. 포화탄화수소 계열의 기체 연료에서 탄소 원자수($C_1 \sim C_4$)가 증가할 때에 대한 설명으로 옳은 것은?
㉮ 연료 중의 수소분이 증가한다.
㉯ 연소 범위가 넓어진다.
㉰ 발열량(J/m^3)이 감소한다.
㉱ 발화 온도가 낮아진다.
[해설] 분자 구조가 복잡할수록 발화 온도가 낮아진다.

2. 1차, 2차 연소 중 2차 연소란 어떤 것을 말하는가?
㉮ 공기보다 먼저 연료를 공급했을 경우 1차, 2차 반응에 의해서 연소하는 것
㉯ 불완전 연소에 의해 발생한 미연 가스가 연도 내에서 다시 연소하는 것
㉰ 완전 연소에 의한 연소 가스가 2차 공기에 의해서 폭발되는 현상
㉱ 점화할 때 착화가 늦었을 경우 재점화에 의해서 연소하는 것
[해설] 2차 연소란 1차 연소에서 불완전 연소로 발생한 미연소 가스를 재차 연소시키는 것이다.

3. 연소 진행에 따라 생기는 다음 반응 중 흡열 반응은 어느 것인가?
㉮ $C + \frac{1}{2}O_2 = CO$
㉯ $CO + \frac{1}{2}O_2 = CO_2$
㉰ $C + CO_2 = 2CO$
㉱ $H_2 + \frac{1}{2}O_2 = H_2O$

[해설] $C + CO_2 \rightarrow 2CO - 39300 kcal/kmol$ (흡열 반응)

4. 다음 중 연소에 사용되는 일반 공기 성분의 체적 비율은?
㉮ 산소 21%, 질소 79%
㉯ 산소 23%, 질소 77%
㉰ 산소 25%, 질소 75%
㉱ 산소 30%, 질소 70%
[해설] ① 체적 비율: 산소 21%, 질소 79%
② 중량 비율: 산소 23.2%, 질소 76.8%

5. 산소 $1 m^3$를 이용하려면 공기 몇 m^3을 써야 하는가?
㉮ 1.9   ㉯ 2.8   ㉰ 3.7   ㉱ 4.8
[해설] 공기 : 산소 = 1 : 0.21
$x m^3 : 1 m^3$
$\therefore x = \frac{1}{0.21} \times 1 = 4.76 m^3$

6. 표준 상태에 있는 공기 $1 m^3$ 속에 산소는 약 몇 g이 함유되어 있는가?
㉮ 100   ㉯ 200   ㉰ 300   ㉱ 400
[해설] 산소 체적 = $1000L \times 0.21 = 210L$
$22.4L : 32g$
$210L : x g$
$\therefore x = \frac{210 \times 32}{22.4} = 300g$

7. 연소 가스가 30℃, 101.325 kPa에서 조성이 부피 %로 CO_2 30%, CO 5%, O_2 10%, N_2 55%로 되어 있다. 이것을 무게

[정답] 1. ㉱ 2. ㉯ 3. ㉰ 4. ㉮ 5. ㉱ 6. ㉰ 7. ㉰

%로 환산하면 CO_2는 약 몇 %인가?

㉮ 20　㉯ 30　㉰ 40　㉱ 50

[해설]
$$CO_2 \text{ 무게 \%} = \frac{\frac{44}{22.4} \times 0.3}{\left[\frac{44}{22.4} \times 0.3 + \frac{28}{22.4} \times 0.05 + \frac{32}{22.4} \times 0.1 + \frac{28}{22.4} \times 0.55\right]} \times 100$$
$$= 39.7\%$$

8. 압력 120 kPa, 온도가 40℃인 배기가스 분석결과 N_2 : 70 v%, CO_2 : 15 v%, O_2 : 11 v%, CO : 4 v%를 얻었을 때 혼합물 $0.2 m^3$의 질량은 몇 kg인가?

㉮ 0.28　㉯ 0.25
㉰ 0.13　㉱ 0.01

[해설] 우선 산술 평균하여 평균 분자량을 구하면 평균 분자량
$$= \frac{70 \times 28 + 15 \times 44 + 11 \times 32 + 4 \times 28}{70 + 15 + 11 + 4}$$
$$= 30.84$$
질량
$$= \frac{30.84 kg}{22.4 m^3} \times 0.2 m^3 \times \frac{273}{273+40} \times \frac{120}{101.325}$$
$$= 0.284 kg$$

9. 중량비로서 H_2가 10 %, CO_2가 90 %인 혼합 가스의 압력이 180 kPa일 때 CO_2의 분압은 몇 kPa인가?

㉮ 52.25　㉯ 78.55
㉰ 101.45　㉱ 127.75

[해설] CO_2의 분압
$$= \frac{\frac{22.4}{44} \times 0.9}{\frac{22.4}{2} \times 0.1 + \frac{22.4}{44} \times 0.9} \times 180 kPa$$
$$= 52.258 kPa$$

10. 공기는 부피로 산소 21 %와 질소 79 %로 되어 있다 공기가 표준 대기압 하에 있을 때 질소의 분압(mmHg)은?

㉮ 400　㉯ 500　㉰ 600　㉱ 700

[해설] N_2의 분압 $= 760 \times \frac{79}{21+79}$
$$= 600.4 mmHg$$

11. 탄소(C) $\frac{1}{12}$ kmol을 완전 연소시키는 데 필요한 이론 산소량은?

㉮ $\frac{1}{12}$ kmol　㉯ $\frac{1}{2}$ kmol
㉰ 1 kmol　㉱ 2 kmol

[해설]　C　+　O_2　→　CO_2
　　　1 kmol　:　1 kmol
　　　$\frac{1}{12}$ kmol　:　x kmol
$$\therefore x = \frac{1}{12} \text{ kmol}$$

12. 황 1 kg을 완전 연소시키는 데 필요한 산소의 양은 몇 Nm^3인가? (단, S의 원자량은 32이다)

㉮ 0.70　㉯ 1.00　㉰ 2.63　㉱ 3.33

[해설]　S　+　O_2　→　SO_2
　　　32 kg　　22.4 Nm^3
　　　1 kg　　$x Nm^3$
$$\therefore O_0 = x = \frac{22.4}{32} = 0.7 Nm^3/kg$$

13. 어떤 연료를 분석한 결과를 탄소(C), 수소(H), 산소(O) 및 황(S) 등으로 나낼 때 이 연료를 연소시키는 데 필요한 이론산소량(O_0)을 계산하는 식은? (단, 각 원소의 원자량은 산소 16, 수소 1, 탄소 12, 황 32이다)

㉮ $1.867C + 5.6\left(H + \dfrac{O}{8}\right) + 0.7S$ [kg/kg 연료]

㉯ $1.867C + 5.6\left(H - \dfrac{O}{8}\right) + 0.7S$ [Nm³/kg 연료]

㉰ $1.867C + 11.2\left(H + \dfrac{O}{8}\right) + 0.7S$ [kg/kg 연료]

㉱ $1.867C + 11.2\left(H - \dfrac{O}{8}\right) + 0.7S$ [Nm³/kg 연료]

[해설] O_0[Nm³/kg]
$= \dfrac{22.4}{12}C + \dfrac{11.2}{2}\left(H - \dfrac{O}{8}\right) + \dfrac{22.4}{32}S$

14. 중량비가 C : 86 %, H : 4 %, O : 8 %, S : 1.4 %의 조성을 갖는 석탄을 연소시킬 경우 필요한 이론 산소량은?

㉮ 1.49 Nm³/kg
㉯ 1.78 Nm³/kg
㉰ 2.03 Nm³/kg
㉱ 2.45 Nm³/kg

[해설] O_0[Nm³/kg]
$= \dfrac{22.4}{12} \times 0.86 + \dfrac{11.2}{2}\left(0.04 - \dfrac{0.08}{8}\right)$
$\quad + \dfrac{22.4}{32} \times 0.014$
$= 1.783$ Nm³/kg

15. 메탄(CH_4) 32 kg을 연소시킬 때 이론적으로 필요한 산소량은 몇 kg·mol인가?

㉮ 1 ㉯ 2 ㉰ 3 ㉱ 4

[해설] CH_4 + $2O_2$ → CO_2 + $2H_2O$
 1kg·mol   2kg·mol
 16kg   2kg·mol
 32kg x kg·mol
∴ $x = 4$ kg·mol

16. 다음 연소 반응식 중에서 틀린 것은?

㉮ $CH_4 + 2O_2 \rightarrow CO_2 + 2H_2O$
㉯ $C_2H_6 + 3\dfrac{1}{2}O_2 \rightarrow 2CO_2 + 3H_2O$
㉰ $C_3H_8 + 5O_2 \rightarrow 3CO_2 + 4H_2O$
㉱ $C_4H_{10} + 9O_2 \rightarrow 4CO_2 + 5H_2O$

[해설] 부탄 완전 연소 반응식
$C_4H_{10} + 6.5O_2 \rightarrow 4CO_2 + 5H_2O$

17. 어떤 가스를 분석하였더니 보기와 같았다. 이 가스 1 Nm³를 연소시키는 데 필요한 이론 산소량은 몇 Nm³인가?

[보기]
수소 : 40 %, 일산화탄소 : 10 %, 메탄 : 10 %, 이산화탄소 : 10 %, 질소 : 25 %, 산소 : 5 %

㉮ 0.2   ㉯ 0.4
㉰ 0.6   ㉱ 0.8

[해설] ① $H_2 + \dfrac{1}{2}O_2 \rightarrow H_2O$
    1   0.5
② $CO + \dfrac{1}{2}O_2 \rightarrow CO_2$
    1   0.5
③ $CH_4 + 2O_2 \rightarrow CO_2 + 2H_2O$
    1   2

$O_0 = 0.5H_2 + 0.5CO + 2CH_4 - O_2$
$= 0.5 \times 0.4 + 0.5 \times 0.1 + 2 \times 0.1 - 0.05$
$= 0.4$ Nm³/Nm³

18. 이론 공기량에 관한 옳은 설명은?

㉮ 완전 연소에 필요한 1차 공기량
㉯ 완전 연소에 필요한 2차 공기량
㉰ 완전 연소에 필요한 최대 공기량
㉱ 완전 연소에 필요한 최소 공기량

[해설] 이론 공기량이란 어떤 연료를 완전 연소시키는 데 필요한 최소 공기량을 말한다.

정답 14. ㉯   15. ㉱   16. ㉱   17. ㉯   18. ㉱

19. 탄소 1 kg을 연소시키는 데 필요한 공기량은?

㉮ 1.87 Nm³
㉯ 3.93 Nm³
㉰ 8.89 Nm³
㉱ 13.51 Nm³

[해설] $A_0 = \dfrac{1}{0.21} \times \left(\dfrac{22.4}{12} C\right)$
$= \dfrac{1}{0.21} \times \left(\dfrac{22.4}{12} \times 1\right)$
$= 8.888 \, \text{Nm}^3/\text{kg}$

20. 다음 조성의 액체 원료를 완전 연소시키기 위해 필요한 이론 공기량은 약 몇 Nm³/kg인가?

C : 0.70 kg, H : 0.10 kg, O : 0.05 kg,
S : 0.05 kg, N : 0.09 kg, ash : 0.01 kg

㉮ 8.9   ㉯ 11.5
㉰ 15.7   ㉱ 18.9

[해설]
$A_0 = \dfrac{1}{0.21} \times \left\{ \dfrac{22.4}{12} \times 0.7 + \dfrac{11.2}{2}\left(0.1 - \dfrac{0.05}{8}\right) \right.$
$\left. + \dfrac{22.4}{32} \times 0.05 \right\}$
$= 8.88 \, \text{Nm}^3$

21. 고체 및 액체 연료의 연소 계산식 중 $H - \dfrac{O}{8}$의 의미는?

㉮ 수소와 산소의 결합 상태
㉯ 수소와 산소가 독립적으로 유리(遊離)되어 있는 것
㉰ 공기 중의 산소와 결합할 수 있는 유효 수소의 양
㉱ 연소하지 않는 화합수

[해설] $H - \dfrac{O}{8}$를 유효 수소라 한다.

22. 어떤 연료의 성분이 아래와 같을 때 이론 공기량(Nm³/kg)은?

C = 0.85, H = 0.13, O = 0.02

㉮ 8.24   ㉯ 9.32
㉰ 10.96   ㉱ 11.98

23. 연료의 중량분율이 다음 조성과 같은 갈탄을 연소시키기 위한 이론 공기량은 약 몇 Nm³/(kg 갈탄)인가?

[조성]
탄소 : 0.30, 수소 : 0.025, 산소 : 0.10,
질소 : 0.005, 황 : 0.01, 회분 : 0.06,
수분 : 0.50

㉮ 2.37   ㉯ 2.67
㉰ 3.03   ㉱ 3.92

[해설] $A_0 = \dfrac{1}{0.21} \times \left\{ \dfrac{22.4}{12} \times 0.3 + \right.$
$\left. \dfrac{11.2}{2}\left(0.025 - \dfrac{0.1}{8}\right) + \dfrac{22.4}{32} \times 0.01 \right\}$
$= 3.033 \, \text{Nm}^3/(\text{kg 갈탄})$

24. C 84 w%, H 12 w%, 수분 4 w%의 중량 조성을 갖는 액체 연료에서 수분을 완전히 제거한 다음 1시간당 5 kg씩을 완전 연소시키는 데 필요한 이론 공기량은 약 몇 Nm³/h인가?

㉮ 55.6   ㉯ 65.8
㉰ 73.5   ㉱ 89.2

[해설] $A_0 = \dfrac{1}{0.21} \times \left\{ \dfrac{22.4}{12} \times 0.84 + \right.$
$\left. \dfrac{11.2}{2}\left(0.12 - \dfrac{0}{8}\right) + \dfrac{22.4}{32} \times 0 \right\}$
$= 10.666 \, \text{Nm}^3/\text{kg}$
$A_0' = A_0 \times G_f = 10.666 \, \text{Nm}^3/\text{kg} \times 5 \, \text{kg/hr}$
$= 53.33 \, \text{Nm}^3/\text{hr}$

정답 19. ㉰ 20. ㉮ 21. ㉰ 22. ㉰ 23. ㉰ 24. ㉮

25. 일산화탄소 1 Nm³을 연소시키는 데 필요한 공기량(Nm³)은?

㉮ $\dfrac{1}{0.232}$ ㉯ $\dfrac{1}{0.232} \times \dfrac{1}{2}$

㉰ $\dfrac{1}{0.21}$ ㉱ $\dfrac{1}{0.21} \times \dfrac{1}{2}$

[해설] $CO + \dfrac{1}{2}O_2 \rightarrow CO_2$
$\quad\quad 1 \quad\quad \dfrac{1}{2}$

$A_0 = \dfrac{1}{0.21} \times O_0 = \dfrac{1}{0.21} \times \dfrac{1}{2}\, Nm^3/Nm^3$

26. 일산화탄소 1 Nm³을 완전 연소시키는 데 필요한 이론 공기량(Nm³)은?

㉮ 2.38 ㉯ 2.67 ㉰ 4.31 ㉱ 4.76

[해설] $CO + \dfrac{1}{2}O_2 \rightarrow CO_2$
$\quad 22.4\,Nm^3 \quad \dfrac{1}{2} \times 22.4\,Nm^3$
$\quad 1\,Nm^3 \quad\quad x\,Nm^3$

∴ $A_0 = \dfrac{1}{0.21} \times O_0 = \dfrac{1}{0.21} \times x$

$= \dfrac{1}{0.21} \times \dfrac{\dfrac{1}{2} \times 22.4}{22.4} = 2.38\,Nm^3/Nm^3$

27. 상온, 상압에서 프로판-공기의 가연성 혼합 기체를 완전 연소시킬 때 프로판 1 kg을 연소시키기 위하여 공기는 몇 kg이 필요한가?(단, 공기 중 산소는 23.15 [Wt%] 이다.)

㉮ 3.6 ㉯ 15.7 ㉰ 17.3 ㉱ 19.2

[해설] $C_3H_8 + 5O_2 \rightarrow 3CO_2 + 4H_2O$
$\quad 44\,kg \quad 5 \times 32\,kg$
$\quad 1\,kg \quad\quad x\,kg$

∴ $A_0 = \dfrac{1}{0.2315} \times O_0 = \dfrac{1}{0.2315} \times x$

$= \dfrac{1}{0.2315} \times \dfrac{5 \times 32}{44} = 15.70\,kg/kg$

28. H_2 50 %, CO 50%인 기체 연료의 연소에 필요한 이론 공기량(Nm³/Nm³)은 얼마인가?

㉮ 0.50 ㉯ 1.00 ㉰ 2.38 ㉱ 3.30

[해설] ① $H_2 + \dfrac{1}{2}O_2 \rightarrow H_2O$
$\quad\quad 1 \quad\quad 0.5$

② $CO + \dfrac{1}{2}O_2 \rightarrow CO_2$
$\quad 1 \quad\quad 0.5$

$A_0 = \dfrac{1}{0.21} \times (0.5H_2 + 0.5CO)$

$= \dfrac{1}{0.21} \times (0.5 \times 0.5 + 0.5 \times 0.5)$

$= 2.380\,Nm^3/Nm^3$

29. 분자식 C_mH_n으로 표시되는 탄화수소 1 Nm³을 연소하는 데 필요한 이론 공기량은?

㉮ $4.76m + 1.19n$ ㉯ $3.76m + 1.19n$
㉰ $4.76m + 4.76n$ ㉱ $1.19m + 1.19n$

[해설] $C_mH_n + \left(m + \dfrac{n}{4}\right)O_2 \rightarrow mCO_2 + \dfrac{n}{2}H_2O$

$A_0 = \dfrac{1}{0.21} \times O_0 = \dfrac{1}{0.21} \times \left(m + \dfrac{n}{4}\right)$

$= 4.76m + 1.19n\,[Nm^3/Nm^3]$

30. C_mH_n 1Nm³를 완전 연소시켰을 때 생기는 H_2O의 양(Nm³)은? (단, 분자식의 첨자 m, n과 답항의 n은 상수이다.)

㉮ $\dfrac{n}{4}$ ㉯ $\dfrac{n}{2}$

㉰ n ㉱ $2n$

[해설] 29번 해설 참조

31. 기체 연료의 체적 분석 결과 H_2가 45 %, CO가 40 %, CH_4가 15 %이다. 이 연

[정답] 25. ㉱ 26. ㉮ 27. ㉰ 28. ㉰ 29. ㉮ 30. ㉯ 31. ㉰

료 1 m³를 연소하는 데 필요한 이론 공기량은 몇 m³인가? (단, 공기 중의 산소 : 질소의 체적비는 1 : 3.77이다.)

㉮ 3.12 ㉯ 2.14
㉰ 3.46 ㉱ 4.43

[해설] $A_0[\text{Nm}^3/\text{Nm}^3]$
$= \frac{1}{0.21} \times \{0.5\text{H}_2 + 0.5\text{CO} + 2\text{CH}_4\}$
$= \frac{1}{0.21} \times \{0.5 \times 0.45 + 0.5 \times 0.4 + 2 \times 0.15\}$
$= 3.452 \text{ Nm}^3/\text{Nm}^3$

32. 옥탄(C_8H_{18})이 연소할 때 이론적인 공기와 연료의 질량비는 약 얼마인가? (단, 공기의 분자량은 29, 공기 중의 산소는 21 v%이다.)

㉮ 1 : 1 ㉯ 3 : 1
㉰ 15 : 1 ㉱ 47 : 1

[해설] 공연비(AFR) = $\frac{\text{공기의 질량}}{\text{연료의 질량}}$

$C_8H_{18} + 12.5O_2 \rightarrow 8CO_2 + 9H_2O$
114 kg   12.5 × 32 kg

$\text{AFR} = \frac{\frac{12.5 \times 32 \text{kg}}{0.232}}{114 \text{kg}} = 15.1$

33. 공기비(m)에 대한 식으로 옳은 것은?

㉮ $m = \frac{\text{실제 공기량}}{\text{이론 공기량}}$

㉯ $m = \frac{\text{이론 공기량}}{\text{실제 공기량}}$

㉰ $m = 1 - \frac{\text{과잉 공기량}}{\text{이론 공기량}}$

㉱ $m = \frac{\text{실제 공기량}}{\text{과잉 공기량}} - 1$

[해설] 공기비(m)란 이론 공기량에 대한 실제 공기량의 비를 말한다.

34. 연소 배기가스를 분석한 결과 O_2의 측정치가 4%일 때 공기비(m)는?

㉮ 1.10 ㉯ 1.24 ㉰ 1.30 ㉱ 1.34

[해설] $m = \frac{21}{21 - O_2\%}$ 에서
$m = \frac{21}{21 - 4} = 1.235$

35. 연소 가스 분석 결과 CO_2 농도가 $CO_{2\max}$ 값과 같을 때 공기비(m)는?

㉮ $m = 1.0$ ㉯ $m = 1.1$
㉰ $m = 1.2$ ㉱ $m = 1.4$

[해설] 공기비(m) = $\frac{CO_{2\max}(\%)}{CO_2(\%)}$

36. 연소 가스 분석 결과가 CO_2 15%, O_2 8%, CO 0%일 때 공기 과잉 계수 m은 얼마인가? (단, $CO_{2\max}$는 21%)

㉮ 1.22 ㉯ 1.42 ㉰ 1.4 ㉱ 1.82

37. 연소 배기가스의 분석결과 CO_2의 함량이 13.4%였다. 벙커C유(55 L/h)의 연소에 필요한 공기량은 약 몇 Nm^3/min인가? (단, 벙커C유의 이론 공기량은 12.5 Nm^3/kg이고, 밀도는 0.93 g/cm³이며 $CO_{2\max}$는 15.5%이다.)

㉮ 12.33 ㉯ 49.30
㉰ 63.12 ㉱ 73.99

[해설] $m = \frac{CO_{2\max}}{CO_2} = \frac{15.5}{13.4} = 1.156$

$A' = mA_0 \times G_f$
$= 1.156 \times 12.5 \text{Nm}^3/\text{kg} \times 55\text{L/hr}$
$\times 0.93 \text{kg/L} \times \text{hr}/60\text{min}$
$= 12.318 \text{Nm}^3/\text{min}$

정답 32. ㉰ 33. ㉮ 34. ㉯ 35. ㉮ 36. ㉰ 37. ㉮

38. 공기비 2.3으로 연소시키는 석탄 연소로에서 실제 공기량이 11.96 Nm³/kg일 때 이론 공기량은 약 몇 Nm³/kg인가?

㉮ 5.2 ㉯ 10.4 ㉰ 13.8 ㉱ 27.5

[해설] 공기비$(m) = \dfrac{\text{실제 공기량}}{\text{이론 공기량}}$ 에서

이론 공기량 $= \dfrac{11.96}{2.3} = 5.2 \, \text{Nm}^3/\text{kg}$

39. 과잉 공기의 설명으로 맞는 것은?

㉮ 불완전 연소 공기량과 완전 연소 공기량의 차
㉯ 연소를 위해 필요한 이론 공기량보다 과잉된 공기
㉰ 완전 연소를 하기 위한 공기
㉱ 1차 공기가 부족하였을 때 더 공급해 주는 공기

[해설] 과잉 공기 $= (m-1)A_0$

40. 석탄을 공기로 연소하여 연소 가스를 분석한 결과 O_2 4.5%, CO_2 12.5%, 나머지는 질소였다. 연소에 사용한 과잉 공기율은?

㉮ 0.26 ㉯ 0.36 ㉰ 0.18 ㉱ 0.13

[해설] $N_2 = 100 - (CO_2 + O_2)$
$= 100 - (12.5 + 4.5) = 83\%$

공기비$(m) = \dfrac{N_2}{N_2 - 3.76 O_2}$

$= \dfrac{83}{83 - 3.76 \times 4.5} = 1.256$

∴ 과잉 공기율 $= (m-1) \times 100$
$= (1.256 - 1) \times 100 = 25.6\%$

41. 탄소 100 kg을 50%의 과잉 공기로 완전 연소시키고자 할 때 공급하여야 할 공기의 양은 약 몇 Nm³인가?

㉮ 187 ㉯ 280
㉰ 1334 ㉱ 1500

[해설] $C + O_2 \rightarrow CO_2$
　　　12kg　22.4Nm³
　　　100kg　x Nm³

$A = mA_0 = m \times \dfrac{1}{0.21} \times O_0 = m \times \dfrac{1}{0.21} \times x$

$= 1.5 \times \dfrac{1}{0.21} \times \dfrac{100 \times 22.4}{12}$

$= 1333.3 \, \text{Nm}^3$

42. C(85%), H(15%)의 조성을 가진 중유를 10 kg/h의 비율로 연소시키는 가열로가 있다. 오르사트 분석 결과가 다음과 같았다면 연소 시 필요한 시간당 실제 공기량(Nm³)은?(단, $CO_2 = 12.5\%$, $O_2 = 3.2\%$, $N_2 = 84.3\%$ 이다.)

㉮ 121 ㉯ 124 ㉰ 135 ㉱ 143

[해설] $m = \dfrac{N_2}{N_2 - 3.76 \times O_2}$

$= \dfrac{84.3}{84.3 - 3.76 \times 3.2} = 1.166$

$A_0[\text{Nm}^3/\text{kg}] = \dfrac{1}{0.21} \times \left\{ \dfrac{22.4}{12} \times 0.85 \right.$

$\left. + \dfrac{11.2}{2}\left(0.15 - \dfrac{0}{8}\right) + \dfrac{22.4}{32} \times 0 \right\}$

$= 11.555 \, \text{Nm}^3/\text{kg}$

$A' = mA_0 \times G_f$
$= 1.16 \times 11.555 \, \text{Nm}^3/\text{kg} \times 10 \, \text{kg/hr}$
$= 134.0 \, \text{Nm}^3/\text{hr}$

43. 순수한 CH_4를 건조 공기로 연소시키고 난 기체 화합물을 응축기로 보내 수증기를 제거한 다음 나머지 기체를 Orsat법으로 분석한 결과, 부피비로 CO_2가 8.21%, CO가 0.91%, O_2가 5.02%, N_2가 85.86% 이었다. CH_4 1 kgmol당 몇 kgmol의 건조 공기가 필요한가?

[정답] 38. ㉮　39. ㉯　40. ㉮　41. ㉰　42. ㉰　43. ㉱

㉮ 7.3 ㉯ 8.5
㉰ 10.3 ㉱ 11.9

[해설] 우선 공기비를 구하면

$$m = \frac{N_2}{N_2 - 3.76(O_2 - 0.5CO)}$$
$$= \frac{85.86}{85.86 - 3.76(5.02 - 0.5 \times 0.91)}$$
$$= 1.249$$

$$CH_4 + 2O_2 \rightarrow CO_2 + 2H_2O$$
$$\quad 1 \quad\; 2$$

$$A_0 \text{[kmol/kmol]} = \frac{1}{0.21} \times 2$$
$$= 9.523 \text{ kmol/kmol}$$

$$\therefore A_0 = mA_0 = 1.249 \times 9.523$$
$$= 11.89 \text{ kmol/kmol}$$

44. 다음 표와 같은 조성을 갖는 수성 가스를 20 % 과잉 공기로 연소시킬 때의 실제 공기량(Nm^3/Nm^3)은?

성분	CO_2	O_2	CO	H_2	CH_4	N_2
함량 (%)	8.0	0.2	35.0	49.0	1.0	6.8

㉮ 2.50 ㉯ 4.91
㉰ 6.57 ㉱ 8.46

[해설] ① $CO + \frac{1}{2}O_2 \rightarrow CO_2$
$\quad\quad\; 1 \quad\; 0.5$

② $H_2 + \frac{1}{2}O_2 \rightarrow H_2O$
$\quad\quad 1 \quad\; 0.5$

③ $CH_4 + 2O_2 \rightarrow CO_2 + 2H_2O$
$\quad\quad\; 1 \quad\; 2$

$$A_0 = \frac{1}{0.21} \times \{0.5CO + 0.5H_2 + 2CH_4 - O_2\}$$
$$= \frac{1}{0.21} \times \{0.5 \times 0.35 + 0.5 \times 0.49$$
$$+ 2 \times 0.01 - 0.002\}$$
$$= 2.085 \text{ Nm}^3/\text{Nm}^3$$

$$\therefore A = mA_0 = 1.2 \times 2.085$$
$$= 2.502 \text{ Nm}^3/\text{Nm}^3$$

45. 다음 조성의 수성 가스를 건조 공기를 써서 연소시킬 때의 공기량(Nm^3/Nm^3)은? (단, 여기서 공기 과잉률은 1.30, 조성은 CO_2 (4.5 %), O_2 (0.2 %), CO (38.0 %), H_2 (52.0 %), N_2 (5.3 %))

㉮ 1.95 ㉯ 2.77
㉰ 3.67 ㉱ 4.09

46. 보일러에 공급되는 연료의 조성과 중량비가 아래와 같을 때 150 %의 공기 과잉률로 연소시킨다면 연료 1 kg당 공급되는 공기량은?(단, C : 78 %, H_2 : 6 %, O_2 : 9 %, ash : 7 %)

㉮ 16.67 kg/kg 연료
㉯ 14.73 kg/kg 연료
㉰ 11.56 kg/kg 연료
㉱ 15.95 kg/kg 연료

[해설]
$$A_0 = \frac{1}{0.232} \times \left\{ \frac{32}{12} \times 0.78 + \frac{16}{2}\left(0.06 - \frac{0.09}{8}\right) \right.$$
$$\left. + \frac{32}{32} \times 0 \right\}$$
$$= 10.646 \text{ kg/kg}$$

$A = mA_0 = 1.5 \times 10.646 = 15.969 \text{ kg/kg}$

47. 탄소 1 kg을 이론 공기량으로 완전 연소시켰을 때 나오는 연소 가스량(Nm^3)은?

㉮ 8.90 Nm^3
㉯ 1.87 Nm^3
㉰ 16.67 Nm^3
㉱ 22.40 Nm^3

[해설] $A_0 = \frac{1}{0.21} \times \frac{22.4}{12} \times 1 = 8.888 \text{ Nm}^3/\text{kg}$

$$G_{od} = \frac{22.4}{12} \times 1 + 0.79 \times 8.888$$
$$= 8.888 \text{ Nm}^3/\text{kg}$$

[정답] 44. ㉱ 45. ㉯ 46. ㉱ 47. ㉮

48. 황(S) 1 kg을 이론 공기량으로 완전 연소시켰을 때 발생하는 연소 가스량(Nm³)은?

㉮ 0.70 ㉯ 2.00
㉰ 2.63 ㉱ 3.33

[해설]
$$S + O_2 \rightarrow SO_2$$
1kmol 1kmol 1kmol
32kg 22.4Nm³ 22.4Nm³
1kg x_1 Nm³ x_2 Nm³

$$A_0 = \frac{1}{0.21} \times O_0 = \frac{1}{0.21} \times x_1$$
$$= \frac{1}{0.21} \times \frac{22.4}{32} = 3.333 \text{ Nm}^3/\text{kg}$$
$$G_{od} = x_2 + 0.79 A_0$$
$$= \frac{22.4}{32} + 0.79 \times 3.333$$
$$= 3.333 \text{ Nm}^3/\text{kg}$$

49. C 85 %, H 12 %, S 3 %의 조성으로 되어 있는 중유를 공기비 1.1로 연소할 때 건연소 가스량은 약 몇 Nm³/kg인가?

㉮ 9.7 ㉯ 10.5
㉰ 11.3 ㉱ 12.1

[해설] $A_0 = \frac{1}{0.21} \times \left\{ \frac{22.4}{12} \times 0.85 + \frac{11.2}{2}\left(0.12 - \frac{0}{8}\right) + \frac{22.4}{32} \times 0.03 \right\}$
$= 10.855 \text{Nm}^3/\text{kg}$

$G_{od} = \frac{22.4}{12} \times 0.85 + \frac{22.4}{32} \times 0.03 + \frac{22.4}{28} \times 0 + 0.79 \times 10.855$
$= 10.183 \text{Nm}^3/\text{kg}$

$G_d = G_{od} + (m-1) A_0$
$= 10.183 + (1.1-1) \times 10.855$
$= 11.26 \text{Nm}^3/\text{kg}$

50. 순수한 탄소 1 kg을 이론공기량으로 완전 연소시켜서 나오는 연소 가스량(kg/kg)은 얼마인가?

㉮ 8.59 ㉯ 10.59
㉰ 12.59 ㉱ 14.59

[해설] $A_0 = \frac{1}{0.232} \times \frac{32}{12} \times 1 = 11.494 \text{ kg/kg}$

$G_{od} [\text{kg/kg}] = \frac{44}{12} \times 1 + 0.768 \times 11.494$
$= 12.49 \text{ kg/kg}$

51. 아래와 같은 조성을 가진 액체 연료의 연소 시 생성되는 이론 건연소 가스량(Nm³)은 어느 것인가?

| 탄소 = 1.20 kg, 산소 = 0.2 kg, |
| 질소 = 0.17 kg, 수소 = 0.31 kg, |
| 황 = 0.2 kg |

㉮ 13.5 ㉯ 17.5 ㉰ 21.4 ㉱ 29.4

[해설] $A_0 = \frac{1}{0.21} \times \left\{ \frac{22.4}{12} \times 1.2 + \frac{11.2}{2}\left(0.31 - \frac{0.2}{8}\right) + \frac{22.4}{32} \times 0.2 \right\}$
$= 18.933 \text{ Nm}^3$

$G_{od} = \frac{22.4}{12} \times 1.2 + \frac{22.4}{32} \times 0.2 + \frac{22.4}{28} \times 0.17 + 0.79 \times 18.933$
$= 17.47 \text{Nm}^3$

52. C (84 %), H (12 %) 및 S (4 %)의 조성으로 되어 있는 중유를 공기비 1.1로 연소할 때 건(乾)연소 가스량(Nm³/kg)은?

㉮ 6.1 ㉯ 7.5 ㉰ 9.3 ㉱ 11.2

[해설] $A_0 = \frac{1}{0.21} \times \left\{ \frac{22.4}{12} \times 0.84 + \frac{11.2}{2}\left(0.12 - \frac{0}{8}\right) + \frac{22.4}{32} \times 0.04 \right\}$
$= 10.8 \text{Nm}^3/\text{kg}$

$G_{od} = \frac{22.4}{12} \times 0.84 + \frac{22.4}{32} \times 0.04 + \frac{22.4}{28} \times 0 + 0.79 \times 10.8$
$= 10.128 \text{ Nm}^3/\text{kg}$

정답 48. ㉱ 49. ㉰ 50. ㉰ 51. ㉯ 52. ㉱

$$G_d = G_{od} + (m-1)A_0$$
$$= 10.128 + (1.1-1) \times 10.8$$
$$= 11.208 \, \text{Nm}^3/\text{kg}$$

53. 연소 반응에서 수소와 연소용 산소 및 연소 가스(물)의 kmol 관계가 옳은 것은?

㉮ 1 : 1 : 1   ㉯ 2 : 1 : 2
㉰ 1 : 2 : 1   ㉱ 2 : 1 : 3

[해설] $H_2 + \dfrac{1}{2}O_2 \rightarrow H_2O$

1 kmol $\dfrac{1}{2}$ kmol   1 kmol
2 kmol   1 kmol   2 kmol

54. 수소 1 kg을 공기 중에서 연소시켰을 때 생성된 건폐가스(혹은 건연소 가스) 양은 몇 m³인가? (단, 공기 중의 산소와 질소의 체적 함유비는 각 21 %와 79 %이다.)

㉮ 15.07   ㉯ 17.07
㉰ 19.07   ㉱ 21.07

[해설] $H_2 + \dfrac{1}{2}O_2 \rightarrow H_2O$

2 kg $\dfrac{1}{2} \times 22.4 \, \text{Nm}^3$
1 kg $x \, \text{Nm}^3$

$A_0 = \dfrac{1}{0.21} \times O_0 = \dfrac{1}{0.21} \times x$

$= \dfrac{1}{0.21} \times \dfrac{\dfrac{1}{2} \times 22.4}{2}$

$= 26.666 \, \text{Nm}^3/\text{kg}$

$G_{od} = 0.79 A_0 = 0.79 \times 26.666$
$= 21.066 \, \text{Nm}^3/\text{kg}$

55. 연소 배기가스 중에 가장 많이 포함된 기체는?

㉮ O_2 ㉯ N_2 ㉰ CO_2 ㉱ SO_2

[해설] $N_2 = 0.79 A_0$이므로 연소 배기가스 중 가장 많은 것은 N_2이다.

56. 일산화탄소(CO) 1 Nm³를 이론 공기량으로 완전 연소시켰을 때의 연소 가스량 (Nm³)은?

㉮ 1.8   ㉯ 2.6
㉰ 3.4   ㉱ 4.2

[해설] $CO + \dfrac{1}{2}O_2 \rightarrow CO_2$

1 Nm³ $\dfrac{1}{2}$ Nm³   1 Nm³

$G_{od} = 1 + 0.79 \times \dfrac{1}{0.21} \times \dfrac{1}{2}$
$= 2.88 \, \text{Nm}^3/\text{Nm}^3$

57. C_3H_8 1 Nm³를 완전 연소했을 때의 건연소 가스량은 약 몇 m³인가? (단, 공기 중 산소는 21 v%이다.)

㉮ 17.4   ㉯ 19.8
㉰ 21.8   ㉱ 24.4

[해설] $C_3H_8 + 5O_2 \rightarrow 3CO_2 + 4H_2O$
   1   5   3   4

$G_{od} = 3 + 0.79 A_0 = 3 + 0.79 \times \dfrac{1}{0.21} \times 5$
$= 21.80 \, \text{Nm}^3/\text{Nm}^3$

58. 프로판(C_3H_8) 5 Nm³를 이론 산소량으로 완전 연소시켰을 때 건연소 가스량 (Nm³)은?

㉮ 5   ㉯ 10
㉰ 15   ㉱ 20

[해설] 이론 산소량임에 주의해야 한다.
$C_3H_8 + 5O_2 \rightarrow 3CO_2 + 4H_2O$
1 Nm³   3 Nm³
5 Nm³ x Nm³
∴ $x = 3 \times 5 = 15 \, \text{Nm}^3$

59. 프로판 1 Nm³를 공기비 1.1로서 완전 연소시킬 경우 건연소 가스량은 몇 Nm³인가?

㉮ 24.2 ㉯ 26.2
㉰ 20.2 ㉱ 33.2

[해설] $G_{od} = 3 + 0.79 \times \dfrac{1}{0.21} \times 5$
$= 21.80 \, \text{Nm}^3/\text{Nm}^3$
$G_d = G_{od} + (m-1)A_0$
$= 21.80 + (1.1-1) \times \dfrac{1}{0.21} \times 5$
$= 24.18 \, \text{Nm}^3/\text{Nm}^3$

60. 다음 조성의 발생로 가스를 15 %의 과잉 공기로 완전 연소시켰을 때의 건연소 가스량(Nm³/Nm³)은? (단, 발생로 가스의 조성은 CO (31.3 %), CH₄ (2.4 %), H₂ (6.3 %), CO₂ (0.7 %), N₂ (59.3 %)이다.)

㉮ 1.99 ㉯ 2.54
㉰ 2.87 ㉱ 3.01

[해설] $CO + \dfrac{1}{2}O_2 \to CO_2$,
$CH_4 + 2O_2 \to CO_2 + 2H_2O$,
$H_2 + \dfrac{1}{2}O_2 \to H_2O$
$A_0 = \dfrac{1}{0.21} \times (0.5CO + 2CH_4 + 0.5H_2)$
$= \dfrac{1}{0.21} \times (0.5 \times 0.313 + 2 \times 0.024 + 0.5 \times 0.063)$
$= 1.1238 \, \text{Nm}^3/\text{Nm}^3$
$G_{od} = CO + CH_4 + 0.79A_0 + CO_2 + N_2$
$= 0.313 + 0.024 + 0.79 \times 1.1238$
$\quad + 0.007 + 0.593$
$= 1.824 \, \text{Nm}^3/\text{Nm}^3$
$G_d = G_{od} + (m-1)A_0$
$= 1.824 + (1.15-1) \times 1.1238$
$= 1.992 \, \text{Nm}^3/\text{Nm}^3$

61. 연소 시 배기가스량을 구하는 식으로 옳은 것은? (G : 배기가스량, G_0 : 이론배기가스량, A_0 : 이론 공기량, m : 공기비)

㉮ $G = G_0 + (m-1)A_0$
㉯ $G = G_0 + (m+1)A_0$
㉰ $G = G_0 - (m-1)A_0$
㉱ $G = G_0 + (1-m)A_0$

[해설] $G_w = G_{ow} + (m-1)A_0$

62. 고체 연료의 연소 가스 관계식으로 맞는 것은? (G : 연소 가스량, G_0 : 이론 연소 가스량, m : 공기비, L : 실제 공기량, L_0 : 이론 공기량, a : 연소 생성 수증기량)

㉮ $G_0 = L_0 + 1 - a$
㉯ $G = G_0 - L + L_0$
㉰ $G = G_0 + L - L_0$
㉱ $G_0 = L_0 - 1 + a$

[해설] $G_w = G_{ow} + (m-1)A_0$
실제 연소 가스량 = 이론 연소 가스량 + 과잉 공기량

63. 이론 습연소 가스량 $G[\text{Nm}^3/\text{kg}]$와 이론 건연소 가스량 $G'[\text{Nm}^3/\text{kg}]$의 관계를 옳게 나타낸 식은? (단, H는 수소, W는 수분을 나타낸다.)

㉮ $G' = G + 1.25(9H + W)$
㉯ $G' = G - 1.25(9H + W)$
㉰ $G' = G + (9H + W)$
㉱ $G' = G - (9H + W)$

[해설] $G_{ow} = G_{od} + \dfrac{22.4}{18} \times (9H + W)$
$G_{od} = G_{ow} - \dfrac{22.4}{18} \times (9H + W)$

64. 수분을 함유하는 연소 가스량(G'')과 건연소 가스량(G') 사이에는 아래와 같은 식이 성립한다. 여기서 X의 값은?

$$G'' = G' + X(9H + W)\,\text{Nm}^3/\text{kg}$$

㉮ 0.62   ㉯ 0.70
㉰ 1.00   ㉱ 1.25

[해설] $G_w = G_d + \dfrac{22.4}{18}(9H + W)$

65. 고체 및 액체 연료에서 연료 중 수소(H : kg)와 수분(W : kg)이 연소에 의하여 발생하는 연소 생성 수증기량(Nm³/kg)은?

㉮ 11.2H + 1.25W   ㉯ 1.4H + 1.12W
㉰ 1.4H + 1.25W   ㉱ 11.2H + 1.22W

[해설] $H_2O = \dfrac{22.4}{18}(9H + W)$
$= 11.2H + 1.25W$

66. 연료 1 kg당 탄소, 수소, 산소 및 수분이 각각 80, 10, 2 및 3 %라면 이 연료가 연소하였을 때 발생되는 습배기가스 중에 수증기량은 몇 Nm³인가?

㉮ 0.93   ㉯ 1.16
㉰ 2.91   ㉱ 4.48

[해설] $H_2O = \dfrac{22.4}{18}(9H + W)$
$= \dfrac{22.4}{18}(9 \times 0.1 + 0.03)$
$= 1.157\ \text{Nm}^3$

67. CH_4 1Nm³가 완전 연소할 때 생기는 H_2O의 양은?

㉮ 0.8 kg   ㉯ 0.9 kg
㉰ 1.6 kg   ㉱ 1.8 kg

[해설] $CH_4 + 2O_2 \rightarrow CO_2 + 2H_2O$
  22.4Nm³   2×18kg
  1Nm³ x kg

∴ $x = \dfrac{1 \times 2 \times 18}{22.4} = 1.60\ \text{kg}$

68. 수소 1 Nm³를 공기 중에서 연소시킬 때 생성되는 전체 연소 가스량(Nm³)은?

㉮ 1.00   ㉯ 1.88
㉰ 2.88   ㉱ 42.13

[해설] $H_2 + \dfrac{1}{2}O_2 \rightarrow H_2O$
$G_{ow} = 1 + 0.79 A_0$
$= 1 + 0.79 \times \dfrac{1}{0.21} \times \dfrac{1}{2}$
$= 2.880\ \text{Nm}^3/\text{Nm}^3$

69. 1 Nm³ CH_4 가스를 30 % 과잉 공기로 연소시킬 때 연소 가스량은 몇 Nm³인가?

㉮ 2.38   ㉯ 13.36
㉰ 23.18 ㉱ 82.31

[해설] $CH_4 + 2O_2 \rightarrow CO_2 + 2H_2O$
  1   2   1   2

$G_{ow} = 1 + 2 + 0.79 \times \dfrac{1}{0.21} \times 2$
$= 10.5238\ \text{Nm}^3/\text{Nm}^3$
$G_w = G_{ow} + (m-1)A_0$
$= 10.5238 + (1.3-1) \times \dfrac{1}{0.21} \times 2$
$= 13.380\ \text{Nm}^3/\text{Nm}^3$

70. C_3H_8 1 Nm³를 연소했을 때의 습연소 가스량(m³)은 얼마인가? (단, 공기 중의 산소는 21 %이다.)

㉮ 21.8   ㉯ 24.8   ㉰ 25.8   ㉱ 27.8

[해설] $C_3H_8 + 5O_2 \rightarrow 3CO_2 + 4H_2O$
  1   5   3   4

$G_{ow} = 3 + 4 + 0.79 \times \dfrac{1}{0.21} \times 5$
$= 25.80\ \text{Nm}^3/\text{Nm}^3$

71. 프로판 가스 1 Nm³를 공기 과잉률 1.1로 완전 연소시켰을 때의 습연소 가스량은 약 몇 Nm³인가?

정답 65. ㉮   66. ㉰   67. ㉰   68. ㉰   69. ㉯   70. ㉰   71. ㉱

㉮ 22.2 ㉯ 24.2
㉰ 26.2 ㉱ 28.2

[해설] 70번 해설 참조
$G_{ow} = 25.80 \text{ Nm}^3/\text{Nm}^3$
$G_w = G_{ow} + (m-1)A_0$
$= 25.80(1.1-1) \times \dfrac{1}{0.21} \times 5$
$= 28.18 \text{ Nm}^3/\text{Nm}^3$

72. 11 g의 프로판이 완전 연소 시 몇 g의 물이 생성되는가? (단, $C_3H_8 + 5O_2 \rightarrow 3CO_2 + 4H_2O$)

㉮ 44 g ㉯ 34 g ㉰ 28 g ㉱ 18 g

[해설]
$C_3H_8 + 5O_2 \rightarrow 3CO_2 + 4H_2O$
44g   4×18g
11g   x g

$\therefore x = \dfrac{11 \times 4 \times 18}{44} = 18 \text{ g}$

73. 부탄(C_4H_{10}) 1 kg의 이론 습배기가스량은 약 몇 Nm^3/kg인가?

㉮ 10 ㉯ 13 ㉰ 16 ㉱ 19

[해설]
$C_4H_{10} + 6.5O_2 \rightarrow 4CO_2 + 5H_2O$
58kg   6.5×22.4Nm³ 4×22.4Nm³ 5×22.4Nm³
1kg x_1 x_2 x_3

$G_{ow} = x_2 + x_3 + 0.79A_0$
$= x_2 + x_3 + 0.79 \times \dfrac{1}{0.21} \times x_1$
$= \dfrac{4 \times 22.4}{58} + \dfrac{5 \times 22.4}{58} + 0.79 \times \dfrac{1}{0.21} \times \dfrac{6.5 \times 22.4}{58}$
$= 12.9 \text{ Nm}^3/\text{kg}$

74. C_2H_6 1 Nm^3를 연소했을 때의 건연소 가스량(m^3)은? (단, 공기 중의 산소는 21%이다.)

㉮ 4.5 ㉯ 15.2
㉰ 18.1 ㉱ 22.4

[해설] $C_2H_6 + 3.5O_2 \rightarrow 2CO_2 + 3H_2O$
        1   3.5   2

$G_{od} = 2 + 0.79 \times \dfrac{1}{0.21} \times 3.5$
$= 15.16 \text{ Nm}^3/\text{Nm}^3$

75. 다음과 같은 조성의 석탄 가스를 연소시켰을 때의 이론 습연소 가스량(Nm^3/Nm^3)은?

성분	CO	CO_2	H_2	CH_4	N_2
부피(%)	8	1	50	37	1

㉮ 5.61 ㉯ 4.61
㉰ 3.94 ㉱ 2.94

[해설] $A_0 = \dfrac{1}{0.21} \times (0.5 \times 0.08 + 0.5 \times 0.5 + 2 \times 0.37)$
$= 4.904 \text{ Nm}^3/\text{Nm}^3$
$G_{ow} = CO + H_2 + 3CH_4 + 0.79A_0 + CO_2 + N_2$
$= 0.08 + 0.5 + 3 \times 0.37 + 0.79 \times 4.904 + 0.01 + 0.01$
$= 5.584 \text{ Nm}^3/\text{Nm}^3$

76. 아래와 같은 부피 조성을 가진 석탄 가스의 연소 시 발생되는 이론 습연소 가스량은?

H_2 26.5%, CH_4 18.2%, CO_2 5.2%, CO 4.8%, C_2H_4 13.1%, O_2 6.0%, N_2 26.2%

㉮ 0.891 Nm^3/Nm^3 ㉯ 3.016 Nm^3/Nm^3
㉰ 4.905 Nm^3/Nm^3 ㉱ 6.801 Nm^3/Nm^3

[해설] $A_0 = \dfrac{1}{0.21} \times (0.5 \times 0.265 + 2 \times 0.182 + 0.5 \times 0.048 + 3 \times 0.131 - 0.06)$
$= 4.064 \text{ Nm}^3/\text{Nm}^3$

정답 72. ㉱ 73. ㉯ 74. ㉰ 75. ㉮ 76. ㉰

$$G_{ow} = H_2 + 3CH_4 + CO + 4C_2H_4 + 0.79A_0$$
$$+ CO_2 + N_2$$
$$= 0.265 + 3 \times 0.182 + 0.048 + 4 \times 0.131$$
$$+ 0.79 \times 4.064 + 0.052 + 0.262$$
$$= 4.907 \text{ Nm}^3/\text{Nm}^3$$

77. 10 Nm³ 단일 기체를 연소 가스 분석 결과 H_2O 20 Nm³, CO 2Nm³, CO_2 8 Nm³를 얻었다면 이 기체 연료는?

㉮ CH_4 ㉯ C_2H_6
㉰ C_2H_2 ㉱ C_3H_8

[해설]
$10CH_4 + 19O_2 \rightarrow 8CO_2 + 2CO + 20H_2O$
10Nm³ 19Nm³ 8Nm³ 2Nm³ 20Nm³

78. 탄소(C) 86%, 수소(H_2) 12%, 황(S) 2%의 조성을 갖는 중유 100 kg을 표준 상태(0℃, 101.325 kPa)에서 완전 연소시킬 때 C는 CO_2가 되고, H는 H_2O가 되며, S는 SO_2가 되었다고 하면 압력 101.325 kPa, 온도 590 K에서 연소 가스의 체적은 약 몇 m³인가?

㉮ 2000   ㉯ 2200
㉰ 2500   ㉱ 2800

[해설] $G_{ow} = G_{od} + \dfrac{22.4}{18}(9H + W)$

$G_{od} = \dfrac{22.4}{12}C + \dfrac{22.4}{32}S + \dfrac{22.4}{28}N + 0.79A_0$

$A_0 = \dfrac{1}{0.21} \times \left\{\dfrac{22.4}{12}C + \dfrac{11.2}{2}\left(H - \dfrac{O}{8}\right)\right.$
$\left. + \dfrac{22.4}{32}S\right\}$

$= \dfrac{1}{0.21} \times \left\{\dfrac{22.4}{12} \times 0.86 + \dfrac{11.2}{2}\left(0.12 - \dfrac{0}{8}\right) \right.$
$\left. + \dfrac{22.4}{32} \times 0.02\right\}$

$= 10.9111 \text{ Nm}^3/\text{kg}$

$G_{od} = \dfrac{22.4}{12} \times 0.86 + \dfrac{22.4}{32} \times 0.02 + \dfrac{22.4}{28} \times$
$0 + 0.79 \times 10.9111$
$= 10.2391 \text{ Nm}^3/\text{kg}$

$G_{ow} = 10.2391 + \dfrac{22.4}{18} \times (9 \times 0.12 + 0)$
$= 11.5831 \text{ Nm}^3/\text{kg}$

∴ $G_{ow}[\text{m}^3]$
$= 11.5831 \text{Nm}^3/\text{kg} \times 100\text{kg} \times \dfrac{590\text{K}}{273\text{K}}$
$= 2503 \text{ m}^3$

79. 기체 연료가 완전 연소할 경우 배기가스의 분석 결과에 따르면(CO_2)가 생성된다. 이 때 $(CO_2)_{max}$를 옳게 나타낸 식은?

㉮ $\dfrac{21(O_2)}{(CO_2) - 21}$ ㉯ $\dfrac{21(CO_2)}{21 - (O_2)}$

㉰ $\dfrac{21(O_2)}{21 - (CO_2)}$ ㉱ $\dfrac{21(CO_2)}{(O_2) - 21}$

[해설] 완전 연소 시 $CO_{2max}(\%) = \dfrac{21 \times CO_2}{21 - O_2}$

80. 연도 가스 분석 결과 CO_2가 12.6%, O_2가 6.4%, CO가 0.0%였다. $(CO_2)_{max}$는 얼마인가?

㉮ 18.1%   ㉯ 19.5%
㉰ 12.6%   ㉱ 15.0%

[해설] $CO_{2max} = \dfrac{21 \times 12.6}{21 - 6.4}$
$= 18.12\%$

81. 연소 가스를 분석한 결과 CO_2가 12.5%, O_2가 3.0%일 때 $(CO_2)_{max}$%는?

㉮ 12.62   ㉯ 13.45
㉰ 14.58   ㉱ 15.03

정답 77. ㉮ 78. ㉰ 79. ㉯ 80. ㉮ 81. ㉰

82. 연료 연소 시 탄산가스 최대치($CO_{2\max}$)가 가장 높은 것은?
- ㉮ 연료유
- ㉯ 코크스로 가스
- ㉰ 역청탄
- ㉱ 탄소

[해설] 같은 질량이면 순수한 탄소일 때 탄소가 가장 많은 연료이므로 당연히 $CO_{2\max}$가 가장 높다.

83. 탄소(C) 86 %, 수소(H) 14 %의 중유를 완전 연소시켰을 때 $CO_{2\max}$ [%]는?
- ㉮ 15.1 ㉯ 17.2 ㉰ 19.1 ㉱ 21.1

[해설] $CO_{2\max}[\%] = \dfrac{CO_2}{G_{od}} \times 100$

$A_0 = \dfrac{1}{0.21} \times \left\{ \dfrac{22.4}{12} \times 0.86 + \dfrac{11.2}{2}\left(0.14 - \dfrac{0}{8}\right) + \dfrac{22.4}{32} \times 0 \right\}$

$= 11.377 \, Nm^3/kg$

$G_{od} = \dfrac{22.4}{12} \times 0.86 + \dfrac{22.4}{32} \times 0 + \dfrac{22.4}{28} \times 0 + 0.79 \times 11.377$

$= 10.593 \, Nm^3/kg$

$\therefore CO_{2\max}[\%] = \dfrac{\frac{22.4}{12} \times 0.86}{10.593} \times 100$

$= 15.15 \%$

84. CO_2와 연료 중의 탄소분을 알고 있을 때 건연소 가스량(G')을 구하는 식은?
- ㉮ $\dfrac{1.867 \cdot C}{(CO_2)}$ [Nm^3/kg]
- ㉯ $\dfrac{(CO_2)}{1.867 \cdot C}$ [Nm^3/kg]
- ㉰ $\dfrac{1.867 \cdot C}{21 \cdot (CO_2)}$ [Nm^3/kg]
- ㉱ $\dfrac{21 \cdot (CO_2)}{1.867 \cdot C}$ [Nm^3/kg]

[해설] $CO_2[\%] = \dfrac{\frac{22.4}{12}C}{G_d} \times 100$

$\therefore G_d = \dfrac{1.867 C}{CO_2[\%]} \times 100$

85. 경유의 탄소 함량이 80 %일 때, 이것 1 kg을 완전 연소시켰을 때 건가스 중에 CO_2가 15 %였다면 건연소 가스량은?
- ㉮ 9.96 Nm^3/kg
- ㉯ 7.48 Nm^3/kg
- ㉰ 11.93 Nm^3/kg
- ㉱ 6.95 Nm^3/kg

[해설] $G_d = \dfrac{\frac{22.4}{12} \times 0.8}{15\%} \times 100 = 9.955 \, Nm^3/kg$

86. 연소 가스의 조성에서 O_2를 옳게 나타낸 식은? (단, Lo : 이론 공기량, G' : 실제 습연소 가스량, m : 공기비)
- ㉮ $\dfrac{L_o}{G'} \times 100$
- ㉯ $\dfrac{0.21 L_o}{G'} \times 100$
- ㉰ $\dfrac{(m-1) L_o}{G'} \times 100$
- ㉱ $\dfrac{0.21(m-1) L_o}{G'} \times 100$

[해설] $O_2[\%] = \dfrac{0.21(m-1)A_0}{G_w}$

87. 다음 식 중에서 틀린 것은?
- ㉮ $(CO_2) = \dfrac{1.867C - (CO)}{G} \times 100$
- ㉯ $(O_2) = \dfrac{0.21(m-1) L_o}{G} \times 100$
- ㉰ $(N_2) = 0.8 \dfrac{N + 0.79 m L_o}{G} \times 100$

정답 82. ㉱ 83. ㉮ 84. ㉮ 85. ㉮ 86. ㉱ 87. ㉮

라 $(CO_2)_{max} = \dfrac{1.867C + 0.7S}{G_o \times 100} \times 100$

해설 $CO_2[\%] = \dfrac{\dfrac{22.4}{12}C + \dfrac{22.4}{32}S}{G} \times 100$

88. 메탄을 이론 공기비로 연소시켰을 경우 생성물의 압력이 100 kPa일 때 생성물 중 질소의 분압은 몇 kPa인가? (단, 메탄과 공기는 100 kPa, 25℃에서 공급되고 있다.)

가 6.2 나 9.5 다 18.7 라 71.5

해설 기체의 분압은 기체의 부피에 비례한다.

$CH_4 + 2O_2 \rightarrow CO_2 + 2H_2O$
  1   2   1   2

질소의 분압 = $\dfrac{0.79 A_0}{G_{ow}} \times P_t$

$= \dfrac{0.79 \times \dfrac{1}{0.21} \times 2}{1 + 2 + 0.79 \times \dfrac{1}{0.21} \times 2} \times 100 \text{ kPa}$

$= 71.49 \text{ kPa}$

89. 탄화수소계 연료(C_xH_y)를 연소시켜 얻은 연소 생성물을 분석한 결과 CO_2 9%, CO 1%, O_2 8%, N_2 82%의 체적비를 얻었다. 이 탄화 수소계 연료는 다음 중 어느 것인가?

가 $C_{10}H_{16.2}$ 나 $C_{10}H_{17.2}$
다 $C_{10}H_{18.2}$ 라 $C_{10}H_{19.2}$

해설 $C_xH_y + AO_2 + 82N_2$
$\rightarrow 9CO_2 + CO + BH_2O + 8O_2 + 82N_2$

$82 = 3.76A$

$\therefore A = \dfrac{82}{3.76} = 21.8085$

산소 원자몰수 = 21.8085×2
$= 9 \times 2 + 1 + B + 8 \times 2$

$\therefore B = 21.8085 \times 2 - 9 \times 2 - 1 - 8 \times 2$
$= 8.617$

$\therefore y = 8.617 \times 2 = 17.234$

즉, $C_xH_y = C_{10}H_{17.234}$

90. 연소에 있어서 과잉 공기가 지나칠 때 나타나는 현상으로 틀린 설명은?

가 연소실 온도가 저하되고 완전 연소 곤란
나 배기가스에 의한 열손실 증가
다 배기가스 온도가 높아지고 매연 증가
라 열효율이 감소되고 연료 소비량이 증가

해설 과잉 공기가 지나치면 배기가스 온도가 낮아진다.

91. 과잉 공기량이 많을 때 일어나는 현상으로 옳은 것은?

가 배기가스에 의한 열손실이 감소한다.
나 연소실의 온도가 높아진다.
다 연료 소비량이 작아진다.
라 불완전 연소물의 발생이 적어진다.

해설 과잉 공기량이 많으면 불완전 연소의 우려가 감소한다.

92. 완전 연소를 위해서 연소별로 과잉 공기가 많이 드는 순서로 배열한 것은?

가 고체 연료 → 기체 연료 → 액체 연료
나 액체 연료 → 고체 연료 → 기체 연료
다 액체 연료 → 기체 연료 → 고체 연료
라 고체 연료 → 액체 연료 → 기체 연료

해설 과잉 공기가 많이 필요한 순서
고체 연료 > 액체 연료 > 기체 연료

93. 기체 연료가 다른 연료에 비하여 연소용 공기가 적게 소요되는 가장 큰 이유는?

가 인화가 용이하므로
나 착화 온도가 낮으므로
다 열전도도가 크므로
라 확산 연소가 되므로

정답 88. 라 89. 나 90. 다 91. 라 92. 라 93. 라

[해설] 기체 연료는 확산 연소하므로 연료와 공기 중의 산소가 혼합이 잘 되기 때문이다.

94. 화염(火炎) 온도를 높이려고 할 때 틀린 조작은?

㉮ 공기를 예열한다.
㉯ 과잉 공기를 사용한다.
㉰ 연료를 완전히 연소시킨다.
㉱ 로벽(爐壁) 등의 열손실을 막는다.

[해설] 과잉 공기가 지나치면 화염 온도(연소실 내의 온도)가 낮아진다.

95. 다음은 공기나 연료의 예열 효과를 설명한 글이다. 잘못된 것은?

㉮ 착화열을 감소시켜 연료를 절약
㉯ 연소실 온도를 높게 유지
㉰ 연소 효율 향상과 연소 상태의 안정
㉱ 더 작은 이론 공기량으로도 연소 가능

[해설] 더 적은 과잉 공기량으로도 연소가 가능하다.

96. C중유 사용 시 그을음이 많이 나오기 때문에 원인을 체크하고 있다. 다음 중 틀린 것은?

㉮ 화염이 닿고 있지 않은지 체크
㉯ 연소실 온도가 너무 높지 않은지 체크
㉰ 연소실 열부하가 많지 않은지 체크
㉱ 통풍력이 부족하지 않은지 체크

[해설] 연소실 온도가 낮을 때 불완전 연소로 그을음이 생긴다.

97. 일산화탄소를 공기 중에서 연소할 때 과잉 공기의 양이 많을수록 연소 평형 생성물은 어떻게 되는가?

㉮ 이산화탄소의 양이 증가한다.
㉯ 일산화탄소의 양이 증가한다.
㉰ 일산화탄소와 이산화탄소의 양이 증가한다.
㉱ 일산화탄소와 이산화탄소의 양이 불변한다.

[해설] 일산화탄소는 가연성 가스이므로 산소와 반응하여 이산화탄소가 된다.
즉, $CO + \dfrac{1}{2}O_2 \rightarrow CO_2$ 와 같은 화학식이 성립한다.

98. 다음 중 연료의 발열량을 측정하는 방법이 아닌 것은?

㉮ 열량계에 의한 방법
㉯ 미분탄 연소 방식에 의한 방법
㉰ 공업 분석에 의한 방법
㉱ 원소 분석에 의한 방법

[해설] 연료의 발열량 측정 방법 3가지는 ㉮, ㉰, ㉱ 항이다.

99. 중유 1 kg 속에 수소 0.15 kg, 수분 0.003 kg이 들어 있다면 이 중유 발열량이 10^4 kcal/kg일 때, 중유 2 kg의 총 저위 발열량은 약 몇 kcal인가?

㉮ 12000   ㉯ 16000
㉰ 18400   ㉱ 20000

[해설] $H_l = H_h - 600(9H + W)$
$= 10^4 - 600(9 \times 0.15 + 0.003)$
$= 9188.2 \text{ kcal/kg}$
$\therefore H_{l'} = H_l \times G_f$
$= 9188.2 \text{ kcal/kg} \times 2 \text{ kg}$
$= 18376.4 \text{ kcal}$

100. A회사에 입하된 석탄의 성질을 조사하였더니 회분 6 %, 수분 3 %, 수소 5 % 및 고위 발열량이 6000kcal/kg이었다. 실제 사용할 때의 저발열량은 몇 kcal/kg인가?

㉮ 3341   ㉯ 4341

정답 94. ㉯ 95. ㉱ 96. ㉯ 97. ㉮ 98. ㉯ 99. ㉰ 100. ㉰

㉢ 5712　　㉣ 6341

101. 아래의 무게 조성을 가진 중유의 저발열량은?

$$C : 84\%, \ H : 13\%, \ O : 0.5\%, \\ S : 2\%, \ N : 0.5\%$$

㉮ 8600 kcal/kg　㉯ 10550 kcal/kg
㉢ 13606 kcal/kg　㉣ 17606 kcal/kg

[해설] $H_l = H_h - 600(9H + W)$
$= 8100C + 34000\left(H - \dfrac{O}{8}\right) + 2500S$
$\quad - 600(9H + W)$
$= 8100 \times 0.84 + 34000 \times \left(0.13 - \dfrac{0.005}{8}\right)$
$\quad + 2500 \times 0.02 - 600 \times (9 \times 0.13 + 0)$
$= 10550.7 \ \text{kcal/kg}$

102. 고위 발열량과 저위 발열량의 차이는 어떤 성분 때문인가?

㉮ 황　　㉯ 탄소
㉢ 질소　㉣ 수소

[해설] $H_l = H_h - 600(9H + W)$

103. 연소에서 1 mol의 물이 생성될 때 고발열량과 저발열량의 차이는 얼마인가?

㉮ 80 cal/g　　㉯ 539 cal/g·mol
㉢ 9205 cal/g　㉣ 9702 cal/g·mol

[해설] $600(9H + W)$
$= 600 \text{cal/g} \times 18 \text{g/g·mol}$
$= 10800 \ \text{cal/g·mol}$

104. 연료의 성분이 어떤 경우에 총(고위) 발열량과 진(저위) 발열량이 같아지는가?

㉮ 수소만인 경우
㉯ 수소와 일산화탄소인 경우
㉢ 일산화탄소와 메탄인 경우
㉣ 일산화탄소와 질소의 경우

[해설] H 성분이 없는 연료는 고위 발열량과 저위 발열량이 같다.

105. 메탄(CH_4) 가스를 공기 중에 연소시키려 한다. CH_4의 저위 발열량이 11970 kcal/kg 이라면 고위 발열량(kcal/kg)은 약 얼마인가? (단, 물의 증발잠열은 600 kcal/kg으로 한다.)

㉮ 13320　㉯ 10740
㉢ 2450　　㉣ 1210

[해설] $CH_4 + 2O_2 \rightarrow CO_2 + 2H_2O$
　　　16kg　　　　　　　　2×18kg
　　　1kg　　　　　　　　　x kg
$\therefore x = \dfrac{2 \times 18}{16} = 2.25 \ \text{kg}$
$H_h = H_l + 600 \times$ 생성된 물
$= 11970 \text{kcal/kg} + 600 \text{kcal/kg} \times 2.25 \text{kg/kg}$
$= 13320 \ \text{kcal/kg}$

106. B중유 5 kg을 완전 연소시켰을 때 저위 발열량은 몇 kcal인가? (단, B중유의 고위 발열량은 10000 kcal/kg, 중유 1 kg에는 수소 H는 0.2 kg, 수증기 W는 0.1 kg 함유되어 있다.)

㉮ 14300　㉯ 24300
㉢ 3430　　㉣ 44300

[해설] $H_l = H_h - 600(9H + W)$
$= 10000 - 600 \times (9 \times 0.2 + 0.1)$
$= 8860 \text{kcal/kg}$
$H_l' = H_l \times G_f = 8860 \text{kcal/kg} \times 5 \text{kg}$
$= 44300 \text{kcal}$

107. 다음 반응식으로부터 프로판 1 kg의 발열량을 계산하면 약 몇 kcal인가?

정답　101. ㉯　102. ㉣　103. ㉣　104. ㉣　105. ㉮　106. ㉣　107. ㉢

$$C + O_2 \rightleftarrows CO_2 + 97.0 \text{ kcal}$$
$$H_2 + \frac{1}{2}O_2 \rightleftarrows H_2O + 57.6 \text{ kcal}$$

㉮ 7910 ㉯ 9550
㉰ 11850 ㉱ 15710

[해설] 프로판 1kg당 발열량

$= C\ 1\text{kg당 발열량} \times \dfrac{C_3H_8\ \text{중 C의 양}}{C_3H_8\ \text{분자량}}$

$\quad + H\ 1\text{kg당 발열량} \times \dfrac{C_3H_8\ \text{중 H의 양}}{C_3H_8\ \text{분자량}}$

$= 97000 \text{kcal/kmol} \times 1\text{kmol}/12\text{kg} \times \dfrac{12 \times 3}{44}$

$\quad + 57600 \text{kcal/kmol} \times 1\text{kmol}/2\text{kg} \times \dfrac{1 \times 8}{44}$

$= 11850 \text{ kcal/kg}$

108. 어떤 기체 연료 1 Nm³의 고위 발열량이 14160 kcal/Nm³이고 질량이 2.58 kg이었다. 다음 중 이 기체는?

㉮ 메탄 ㉯ 에탄
㉰ 프로판 ㉱ 부탄

[해설] ① 메탄 비중량 $= \dfrac{16}{22.4} = 0.714 \text{ kg/Nm}^3$

② 에탄 비중량 $= \dfrac{30}{22.4} = 1.339 \text{ kg/Nm}^3$

③ 프로판 비중량 $= \dfrac{44}{22.4} = 1.964 \text{ kg/Nm}^3$

④ 부탄 비중량 $= \dfrac{58}{22.4} = 2.589 \text{ kg/Nm}^3$

109. 일산화탄소 1 kmol과 산소 2 kmol로 충전된 용기가 있다. 연소 전 온도는 300 K, 압력은 0.1 MPa이고 연소 후의 생성물의 온도는 1200 K으로 되었다. 정상 상태에서 완전 연소가 일어났다고 가정했을 때 열전달량의 크기는 약 몇 MJ인가? (단, 반응물 및 생성물의 총 엔탈피는 각각 −110529 kJ, −293338 kJ이다.)

㉮ 200 ㉯ 230
㉰ 340 ㉱ 403

[해설] 반응물 → 생성물 + Q
$-110{,}529 \text{kJ} = -293{,}338 \text{kJ} + Q[\text{kJ}]$
$\therefore Q = 293338 - 110529 = 182809 \text{kJ}$
$\fallingdotseq 200 \text{MJ}$

110. 연소에 관한 용어, 단위 및 수식의 표현이 올바른 것은?

㉮ 연소실 열발생률의 단위 : kcal/m²h
㉯ 화격자(火格子) 연소율의 단위 : kcal/m²h
㉰ 공기비$(m) = \dfrac{\text{이론 공기량}(A_0)}{\text{실제 공기량}(A)}$
$(m > 1.0)$
㉱ 고체 연료의 저발열량(H_l)과 발열량(H_h)의 관계식 : $H_h = H_l - 600(9H - W)$ [kcal/kg]

[해설] ① 연소실 열발생률의 단위 : kcal/m³h
② 공기비 $m = \dfrac{A}{A_0}$
③ $H_l = H_h - 600(9H + W)$ (kcal/kg)

111. 연료 소비량이 50 kg/h인 노(爐)의 연소실 체적이 35 m³, 사용 연료의 저위 발열량이 5400 kcal/kg라 할 때 연소실 열 발생률은 얼마인가? (단, 공기의 예열 온도에 의한 영향은 무시한다.)

㉮ 9000 [m³/kcal·h]
㉯ 7714 [kcal/(m³·h)]
㉰ 5000 [m³/(kcal·h)]
㉱ 6714 [kcal/(m³·h)]

[해설] 연소실 열 발생률 $= \dfrac{G_f \times H_l}{V}$

$= \dfrac{50 \text{kg/h} \times 5400 \text{kcal/kg}}{35 \text{m}^3}$

$= 7714 \text{ kcal/m}^3 \cdot \text{h}$

정답 108. ㉱ 109. ㉮ 110. ㉯ 111. ㉯

112. 매시간 1584 kg의 석탄을 연소시켜서 11200 kg/h의 증기를 발생시키는 보일러의 효율을 구하면? (단, 석탄의 발열량은 6040 kcal/kg이고, 증기의 엔탈피는 742 kcal/kg, 급수의 엔탈피는 23 kcal/kg이다.)

㉮ 약 10 % ㉯ 약 74 %
㉰ 약 84 % ㉱ 약 94 %

[해설] $\eta = \dfrac{G_a \times (h_2 - h_1)}{G_f \times H_l} \times 100$

$= \dfrac{11200 \times (742 - 23)}{1584 \times 6040} \times 100$

$= 84.1\%$

113. 다음 중 열정산의 목적이 아닌 것은?

㉮ 열효율을 알 수 있다.
㉯ 장치의 효율 향상을 위한 개조 또는 운전조건개선 등의 자료를 얻을 수 있다.
㉰ 장치의 구조를 알 수 있다.
㉱ 새로운 장치 설계를 위한 기초 자료를 얻을 수 있다.

[해설] 열의 손실 파악 및 열의 행방을 파악할 수 있다.

114. 아래 그림은 어떤 노의 열정산도이다. 발열량이 2000 kcal/Nm³인 연료를 이 가열로에서 연소시켰을 때 강재가 함유하는 열량(kcal/Nm³)은?

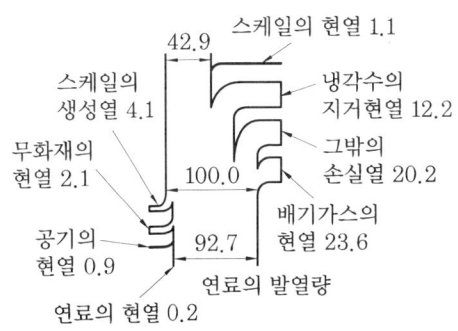

㉮ 259.75 ㉯ 592.25
㉰ 867.43 ㉱ 925.57

[해설] 2000 : 92.7
$\quad x$: 42.9

$\therefore x = \dfrac{2000 \times 42.9}{92.7}$

$= 925.566 \text{ kcal/Nm}^3$

115. 보일러의 급수 및 발생 증기의 엔탈피를 각각 150670 (kcal/kg)이라고 할 때 20000 kg/h의 증기를 얻으려면 공급 열량은 몇 kcal/h인가?

㉮ 9.6×10^6 ㉯ 10.4×10^6
㉰ 11.7×10^6 ㉱ 12.2×10^6

[해설] 보일러 효율을 100 %로 본다면

$\eta = \dfrac{G_a \times (h_2 - h_1)}{G_f \times H_l} \times 100$

공급열량 $(G_f \times H_l) = G_a \times (h_2 - h_1)$
$= 20000 \times (670 - 150)$
$= 10.4 \times 10^6 \text{ kcal/h}$

116. 이론 연소 온도(t_r)식을 옳게 나타낸 것은? (단, H_l은 저발열량, G는 연소 가스량, Q는 연소용 공기의 보유열, C_{pm}은 연소 가스의 평균 비열)

㉮ $t_r = \dfrac{H_l}{G \times C_{pm}}$

㉯ $t_r = \dfrac{H_l + Q}{G \times C_{pm}}$

㉰ $t_r = \dfrac{H_l - Q}{G \times C_{pm}}$

㉱ $t_r = \dfrac{Q}{G \times C_{pm}}$

[해설] $t_2 = \dfrac{H_l + Q}{G \times C_{pm}} + t_1$

정답 112. ㉰ 113. ㉰ 114. ㉱ 115. ㉯ 116. ㉯

117. 연소 가스량이 10 Nm³/kg이고, 비열은 0.32 kcal/Nm³℃일 때 연료의 저발열량이 6500 kcal/kg였다면 이론 연소 온도는 약 몇 ℃가 되겠는가?

㉮ 1000℃ ㉯ 1500℃
㉰ 2000℃ ㉱ 2500℃

[해설]
$$t_2 = \frac{6500\,\text{kcal/kg}}{10\,\text{Nm}^3/\text{kg} \times 0.32\,\text{kcal/Nm}^3℃} + 0℃$$
$$= 2031.25℃$$

118. 프로판(C_3H_8)가스를 30 % 과잉공기로 연소시킬 때 이론상 도달할 최고 온도는 몇 ℃인가? (단, 프로판의 저발열량은 22390 kcal/Nm³로 하고, 기준 온도는 0℃, 수증기를 함유한 배기가스의 평균 비열은 0.395 kcal/Nm³·℃로 하며 고온에 대한 열분해는 없는 것으로 한다.)

㉮ 23290℃ ㉯ 5161.2℃
㉰ 2316.1℃ ㉱ 1720℃

[해설] $C_3H_8 + 5O_2 \rightarrow 3CO_2 + 4H_2O$
   1   5   3   4

$$G_{ow} = 3 + 4 + 0.79 \times \frac{1}{0.21} \times 5 = 25.809$$
$$G_w = G_{ow} + (m-1)A_0$$
$$= 25.809 + (1.3 - 1) \times \frac{1}{0.21} \times 5$$
$$= 32.951\ \text{Nm}^3/\text{Nm}^3$$
$$t_2 = \frac{22390}{32.951 \times 0.395} + 0 = 1720.2℃$$

연소 설비

1. 연소 장치의 개요

1-1 연료별 연소 장치

(1) 고체 연료의 연소 장치

고체 연료의 연소 장치에는 화격자와 스토커가 있으며 미분탄 연소 장치로는 미분탄 버너가 있다.

(2) 액체 연료의 연소 장치

액체 연료는 등유, 경유 연소에 사용되는 증발식(기화식) 버너와 중유 연소에 사용되는 오일 버너로 무화 연소시킨다.

(3) 기체 연료의 연소 장치

① 확산 연소 방식에 의한 장치
　(가) 포트형 : 노와 마찬가지로 내화 재료로 만든 단면적이 넓은 화구로부터 공기와 가스를 연소실에 보내는 방식으로 특징은 다음과 같다.
　　㉮ 가스와 공기를 고온으로 예열할 수 있다.
　　㉯ 탄화수소가 비교적 적고 발생로 가스 및 고로 가스가 사용된다.
　　㉰ 대형 가마에 적합하다.
　(나) 버너형 : 공기와 가스를 가이드 베인을 통하여 혼합시키는 연소 형식이며 선회형 버너와 방사형 버너가 있다.
　　㉮ 선회형 버너 : 저질의 가스를 사용할 경우에 사용한다.
　　㉯ 방사형 버너 : 천연가스와 같은 고발열량의 가스를 사용할 경우에 사용한다.
② 예혼합 연소 방식에 의한 장치
　(가) 저압 버너(공기 흡인) : 도시가스 연소에는 가스 압력이 70~160 mmH$_2$O 정도이면 충분히 공기를 빨아들여 연소할 수 있으므로, 특히 송풍기를 쓰지 않아도 되고 가정용·소공업용으로 널리 쓰인다. 일반적으로 저압 버너는 압력이 낮으므

로 버너 화구의 속도를 크게 할 수가 없다. 따라서 역화 방지의 점에서 1차 공기량을 이론 공기량의 약 60 % 흡입하도록 한다.

(나) 고압 버너 : 가스 압력을 0.2 MPa 이상으로 한다. 압축 도시가스, 봄베 충전의 LP가스, 부탄가스 등과 공기를 혼합하는 경우에는 붙여진 노내가 다소 정압(正壓)이라도 1차 공기의 출입량을 충분히 얻을 수 있으므로 소형의 고온로에 쓸 수가 있다.

(다) 송풍 버너 : 연소용 공기를 가압하여 집어넣는 형식의 버너로서 고압 버너와 마찬가지로 공기를 노즐로부터 불어냄과 동시에 가스를 흡인, 혼합하여 집어넣는 형식의 것, 가스와 연소용 공기를 혼합하여 1대의 송풍기로 집어넣는 형식의 것 등이 있다. 가스와 공기를 혼합하여 1대의 송풍기로 집어넣는 경우에는 가스와 공기의 혼합 비율에 따라 폭발성이 되지 않도록 주의해야 한다.

참고◦ 가스 버너의 특징

① 연소 장치가 간단하고 보수가 양호하다.
② 고부하 연소가 가능하다.
③ 저질 가스의 사용에도 유효하다.
④ 가스와 공기의 조절비 제어가 간단하다.
⑤ 연소 조절 범위가 넓다.

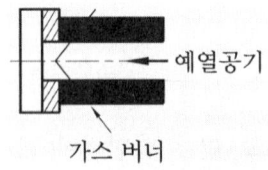

포트형

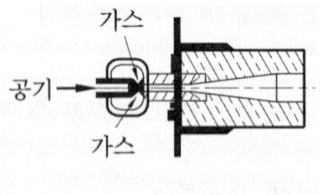
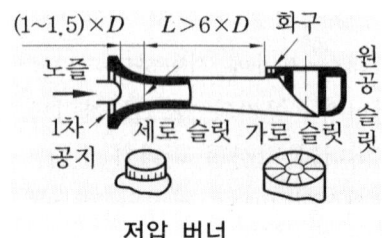

고압 버너   저압 버너

1-2. 연소 방법

(1) 고체 연료의 연소 방법

고체 연료의 연소 방식에는 화격자 연소 방법, 스토커 연소 방법, 미분탄 연소 방법, 유동층 연소 방법이 있으며 연료의 공급 방식에 따라 다음과 같이 구분한다.

① 화격자 연소 방법(fire grate combustion) : 석탄 등을 화격자(로스터) 위에 고르게 공급하고 연소용 공기를 공급하는 방식
② 미분탄 연소 방법(pulverized coal combustion) : 석탄을 200 mesh 이하로 미분쇄하여 1차 공기와 함께 미분탄 버너에 공급하여 연소시키는 방식
③ 유동층 연소 방법(fluized bed combustion) : 화격자 연소 방법과 미분탄 연소 방법의 중간 형태로 연소시키는 방법이며, 화격자 상부의 탄층을 유동층 상태로 만들어 연소시키는 방법

(2) 미분탄 연료의 연소 방법

① U형 연소 : 편평류 버너를 일렬로 나란히 배치하여 노의 상부로부터 2차 공기와 같이 연료를 분사 연소한다.
② L형 연소 : 선회류 버너를 사용하는 것으로 공기와 연료의 혼합이 양호하므로 화염이 비교적 짧다.
③ 코너 탭 연소 : 정사각형 노의 네 모퉁이에서 연료를 분사하여 연소한다 (우각연소).
④ 슬래그 탭 연소(slag tap furnace) : 슬래그 탭 연소 방식은 노(연소실)를 1차 및 2차 연소로로 구분하여 연소하는 방식으로 재의 80 %가 용융하여 노저로 배출되며, 특징은 다음과 같다.
 ㈎ 공기비가 적어 배기가스에 의한 열손실이 적으므로 보일러 효율이 높다.
 ㈏ 비산회(fly ash)가 적어서 전열면 오손이 적다.
 ㈐ 연속 운전 시간이 길다.
 ㈑ 고온도의 연소 가스가 얻어진다.
 ㈒ 특별한 노의 구조가 필요하다 (노의 온도를 고온으로 유지시키기 위하여).

> **참고**
> 미분탄 버너로는 1차 공기와 혼합된 미분탄의 흐름이 2차 공기와 함께 선회하면서 노내에 분사되는 선회류식 버너와 노를 구성하는 수랭벽 사이에 설치되어 화염이 편평한 편평류식 버너가 있으며 편평류식 버너는 화염이 길다.

(3) 액체 연료의 연소 방법

① 무화 연소 방법(atombustion combustion) : 액체 연료의 연소는 주로 무화 연소방식이 사용된다. 작은 분구에서 액체 연료의 입경을 작게 하고 액 표면적을 크게 하기 위해 마치 안개와 같이 분사 연소시키는 방식으로 중질유(중유)의 연소가 여기에 해당한다.

② 기화 연소 방법(vaporization combustion) : 연료를 고온의 물체에 접촉 또는 충돌시켜 액체를 기체의 가연증기로 바꾸어 연소시키는 방식으로 경질유(등유, 경유)의 연소에 해당한다.

> **참고。 액체 연료의 무화 목적과 무화·기화 연소 방법**
>
> (1) 무화 목적
>   ① 연료 단위 중량당 표면적을 크게 하기 위하여
>   ② 연료와 연소용 공기의 혼합을 고르게 하기 위하여
>   ③ 연소 효율을 높이기 위하여
>   ④ 연소실 열부하(연소실 열발생률)를 높게 하기 위하여
>   ⑤ 완전 연소가 가능하게 하기 위하여
> (2) 무화 방법
>   ① 유압 무화식 : 연료 자체에 압을 가하여 분출 무화시키는 방법
>   ② 이류체 무화식 : 압축 공기 및 압축 증기를 이용하여 무화시키는 방법
>   ③ 회전 이류체 무화식 : 고속으로 회전하는 분무컵(무화컵)에 의하여 연료에 원심력을 주어 무화시키는 방법
>   ④ 충돌 무화식 : 금속판에 연료를 고속으로 충돌시켜 무화시키는 방법
>   ⑤ 진동 무화식 : 음파 또는 초음파에 의하여 연료를 진동 무화시키는 방법
> (3) 기화 연소 방법
>   ① 포트형
>   ② 심지형
>   ③ 증발형

(4) 기체 연료의 연소방법

① 확산 연소 방법 : 노와 같이 내화 재료로 만든 단면이 넓은 화구에 공기와 가스를 송입하는 포트형과 고로 가스 등과 같이 저품위 가스와 공기를 선회익을 통하여 혼합 공급하는 선회형(guide vane) 버너와 고발열량 가스에 사용되는 방사형 버너가 있다.

② 예혼합 연소 방법 : 저압 버너, 고압 버너, 송풍 버너를 사용하여 도시가스 및 LPG의 연소에 많이 사용된다.

> **참고ㅇ 기체 연료의 확산 연소 방법과 예혼합 연소 방법**
>
> (1) 확산 연소 방법
>   ① 조작 범위가 넓고 역화의 위험성이 적다.
>   ② 가스와 공기를 예열하여 사용할 수 있다.
>   ③ 장염이다.
>   ④ 탄화수소가 적은 가스에 사용한다 (고로 가스 및 발생로 가스 등).
> (2) 예혼합 연소 방법
>   ① 화염의 온도가 높고 역화의 위험성이 크다.
>   ② 연소 부하가 크다.
>   ③ 단염이다.
>   ④ 조작 범위가 좁다.
>   ⑤ 가스와 공기를 고온으로 예열할 때에 위험성이 있다.
>   ⑥ 탄화수소가 큰 가스에 사용한다 (LP가스, 천연가스, 도시가스용).

1-3 연소기의 부품

(1) 오일 버너(oil burner)의 선정 기준

① 버너 용량이 보일러 용량에 적합할 것
② 노의 구조에 적합할 것
③ 자동 제어 시 버너의 형식과 관계를 고려할 것
④ 노내 압력, 분위기 등에 따른 가열 조건에 적합할 것
⑤ 부하 변동에 따른 유조절 범위를 고려할 것
⑥ 사용 연료의 성상에 따라 적합할 것

(2) 오일 버너의 용량

$$\text{버너 용량(L/h)} = \frac{G_s \times 539}{H_l \times d \times \eta} = \frac{\text{정격 출력(kcal/h)}}{H_l \times d \times \eta}$$

여기서, G_s : 정격 용량(kg/h)
  H_l : 연료의 저위 발열량(kcal/kg)
  d : 15℃일 때 연료의 비중
  η : 버너 효율
    정격 용량×539 = 정격 출력(kcal/h)

(3) 오일 버너의 종류 및 특징

액체 연료의 연소 장치로는 버너(burner)가 사용되며, 종류 및 특징은 다음과 같다.

① 유압 분무식 버너 : 압력분무식 버너라고도 하며, 연료유에 0.5~2 MPa (5~20 kgf/cm^2) 정도의 압력을 가하여 노즐로부터 고속으로 분출 무화시키는 방식으로 연료유의 점도가 큰 경우 무화가 곤란하다. 한편, 유압 분무식 버너의 특징을 살펴보면 다음과 같다.

　㉮ 대용량의 것으로 제작이 용이하다 (연료의 사용 범위 30~3000 L/h 정도).
　㉯ 처리 능력이 크고 운전에 요하는 경비가 비교적 적다.
　㉰ 분무 각도가 분무압, 기름의 점도에 따라 다르며 40~90° 정도의 넓은 각도이다.
　㉱ 유량 조절 범위가 좁다 (환류식인 경우 1 : 3, 비환류식인 경우 1 : 15).
　㉲ 유압이 0.5 MPa (5 kgf/cm^2) 이하이거나 기름의 점도가 너무 높으면 무화가 나빠진다.
　㉳ 분무류에 의한 주위 공기의 흡인 효과가 적어 보염 장치가 필요하다.
　㉴ 유지 및 보수가 간단하다.
　㉵ 무화 매체가 필요 없고 잡음이 없다.
　㉶ 유량은 유압의 평방근에 거의 비례한다.
　㉷ 연료의 되돌림 방식에 따라 리턴식(환류식)과 논리턴식(비환류식)으로 구분한다.

> **참고** ○ 유압식 오일 버너에서의 유량 조절 방법
> ① 버너 수를 가감하여 조절한다 (가장 좋은 방법).
> ② 환류식(return type) 압력 분무 버너를 사용한다.
> ③ 플런저식(plunger type) 압력 분무 버너를 사용한다.
> ④ 버너 칩(burner chip)을 교환하여 사용한다.

② 공기분무식 버너 : 기류분무식 버너라고도 하며 고압기류식과 저압기류식으로 나뉘는데, 공기와 중유와의 혼합방식에 따라 내부혼합식과 외부혼합식으로 구분한다.

　㉮ 고압기류식 버너 : 0.2~0.8 MPa (2~8 kgf/cm^2)의 고압공기를 사용하여 중유를 무화시키는 형식으로 무화매체로 소요되는 공기량은 이론공기량의 7~12 % 정도이다.
　　㉠ 분무각도가 30° 정도로 작다.
　　㉡ 유량 조절범위가 크다 (1 : 10 정도로, 부하변동이 큰 보일러에 적합하다).
　　㉢ 외부혼합식보다 내부혼합식이 무화가 잘 된다.
　　㉣ 점도가 높아도 무화가 가능하다.
　　㉤ 연소 시 소음이 발생된다.
　　㉥ 용량이 20 t/h 이상의 보일러에 적합하다.

㉯ 저압기류식 버너 : 0.005~0.02 MPa (0.05~0.2 kgf/cm^2) 정도의 저압 공기를 사용하여 무화시키는 방식으로 무화 매체로 사용되는 공기량은 이론 공기량의 30~50 % 정도이다.
  ㉠ 분무 각도가 30~60° 정도이다.
  ㉡ 분무에 사용되는 무화 공기가 많아 단염이 되기 쉽다.
  ㉢ 유량 조절 범위가 비교적 크다 (1 : 5 정도).
  ㉣ 공기압을 높일수록 무화 공기량이 줄어든다.
③ 증기 분무식 버너 : 공기 분무식 버너의 공기 대신 증기를 사용해 분무 입도가 미세하고 저부하에서도 무화 효과가 저하하지 않으며, 증기의 열 및 압력 에너지를 무화에 이용하므로 점도가 높은 오일도 쉽게 무화시킬 수 있으나 설비가 비교적 복잡하다.
④ 회전식 버너 : 3500~10000 rpm 정도로 회전하는 컵 모양의 회전체에 송입되는 중유를 원심력으로 비산시킴과 동시에 블로어에서의 공기에 의해 분무되는데, 중유와 공기의 혼합이 양호하며 그 용량이 10~1000 kg/h 정도이다. 유압식 버너에 비해 분무입자가 비교적 크므로 중유의 점도가 작을수록 분무 상태가 좋아진다.
  ㉮ 부속 설비가 없으며 화염이 짧고 안정한 연소를 얻을 수 있다.
  ㉯ 분무각이 40~80° 정도로 크며, 자동 제어에 편리한 구조로 되어 있다.
  ㉰ 연료는 0.03~0.05 MPa (0.3~0.5 kgf/cm^2) 정도로 가압하여 공급하며 점도가 작을수록 무화가 좋다.
  ㉱ 유량 조절 범위가 1 : 5 정도이다.

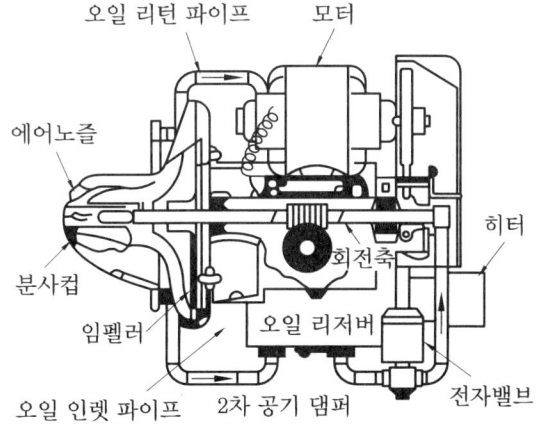

회전식 버너

⑤ 건 타입 버너 : 유압식과 공기 분무식을 병합한 것으로 유압은 보통 0.7 MPa (7 kgf/cm^2) 이상이며, 오일 펌프 속에 있는 유압 조절 밸브에서 조절 공급되는데, 연소가 양호하고 소형이며 전자동연소가 가능하다는 특징이 있다.

⑥ 비례 조절 버너 : 저압 버너의 일종이며 그 특징은 다음과 같다.
  ㉮ 자동 연소 제어가 용이하며, 유량을 미량으로 조절할 수 있다.
  ㉯ 유의 조절 범위가 1 : 8 정도로 넓다.
⑦ 증발식(기화식) 버너
  ㉮ 사용 연료는 등유 및 경유로 제한한다.
  ㉯ 부하 변동에 대한 응답성이 불량하므로 공업용 버너로는 부적합하다.
  ㉰ 유량 조절 범위는 1 : 5 정도이다.
  ㉱ 최대의 연료 사용량은 10 L/h 정도이다.
  ㉲ 종류에는 포트형, 심지형, 월 플레임형 버너가 있다.

참고. 연료유 (중유)의 각종 첨가제(조연제)

종류		첨가제의 기능 및 역할
슬러지 분산제 (안정제)		중유 중에 생성하는 슬러지를 용해 또는 표면 활성 작용에 의해 분산시켜 연소실에 양호하게 분무 무화시켜 연료의 완전 연소를 촉진시킨다.
수분 분리제 (탈수제)		수분이 혼입하여 에멀션을 형성하고 있는 중유에 첨가하여 에멀션을 파괴하고 수분을 분리 침강시킨다.
연소 촉진제		촉매 작용에 의해 중유를 완전 연소시키고 연소실 내의 탄소의 축적을 방지하여 매연의 발생을 억제한다.
유동점 강하제		중유의 유동점을 내리고 저온에 있어서도 유동이 가능하게 한다.
부식 방지제	고온 부식 (회분개질제)	중유에 함유되어 있는 바나듐과 부가 화합물을 만들고 회분의 융점을 상승시켜서 수관 등에 부착하는 것을 방지하고 바나듐의 부식을 억제한다.
	저온 부식	연소 가스 중의 무수황산과 반응하여 부식되지 않은 물질로 바꾸며, 따라서 그 부식 작용을 방지한다.

참고. 오일 버너의 종류 및 특징

오일 버너의 종류	유압 (kg/cm²)	분무 (무화) 각도	유(기름) 조절 범위	무화 방법	특 징
유압 (압력) 분무식 버너	5~20	40°~90°	1 : 3	유압에 의함	• 분사량이 크므로 (3000 L/h) 대용량 보일러에 적합하다. • 유조절 범위가 좁아서(1 : 3) 부하 변동이 큰 보일러에는 부적합하다.

버너 종류		유압(kg/cm²)	분무각도	유량조절비	분무방식	특징
						• 오일 버너 중 유압이 가장 높고 분무 각도가 가장 크다. • 유압이 5 kg/cm² 이하일 때는 무화 상태가 불량하다. • 유량(Q)은 유압(P)의 평방근에 비례한다($Q \propto \sqrt{P}$). • 버너수를 가감하여 분사량을 조절하는 방법이 가장 좋다.
기류식 버너	고압기류식 (고압증기, 공기분무식) 버너	2~8	30°	1:10	압력이 있는 (2~8 kg/cm²) 이류체(공기 또는 증기)를 이용	• 분무(무화) 각도가 가장 좁다. • 중질유(벙커 C유 등) 연소에 적합하다. • 유조절 범위가 가장 넓고 부하 변동이 큰 보일러에 적합하다. • 연소 시 소음 발생을 일으킨다. 대용량 보일러(20 T/h)에 적합하다. • 분무에 사용되는 공기량은 연료 연소용 이론 공기량의 7~12% 정도이다.
	저압기류식 (저압 공기분무식) 버너	0.05~0.15	30°~60°	1:5	저압의 공기를 이용	• 공기압을 높일수록 무화용 공기량을 줄일 수 있다. • 분무(무화)에 사용되는 공기량은 연료 연소용 이론 공기량의 30~50% 정도이다.
로터리(회전식) 버너		0.3~0.5	40°~80°	1:5	분무컵(무화컵)의 고속 회전에 의한 원심력을 이용	• 분무컵(무화컵)의 회전수가 3500~10000 rpm까지 다양하게 있다. • 중, 소형 보일러에서 가장 많이 사용한다. • 자동 연소 제어에 적합하다. • 연소 상태가 안정적이다.
건(Gun) 타입 버너		7kg/cm² 정도			유압과 공기압을 이용	• 유압식 버너와 기류식 버너를 합친 형식이다. • 전자동이며 소형이다. • 연소 상태가 안정적이다.
증발(기화)식 버너				1:5		• 사용 연료는 경유 또는 등유로 제한한다. • 공업용 버너로는 부적합하다. • 종류로는 심지형, 포트형, 월플레임형이 있다.

1-4 연료의 저장 및 공급 장치

(1) 액체 연료의 저장 및 공급 장치

① 급유 계통 : 연료를 연소시키기 위해서 중유 저장 탱크로부터 버너까지 이송되는 장치를 말하며, 이송 순서는 다음과 같다.

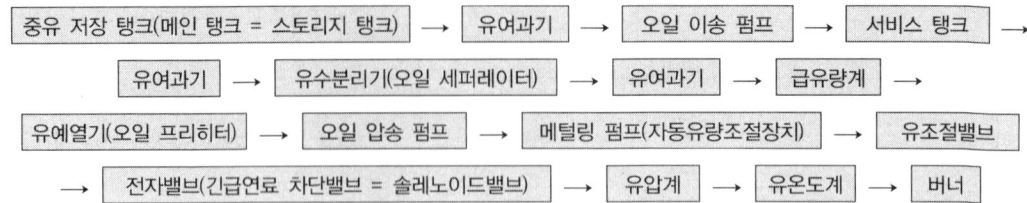

참고 급유 배관 계통도

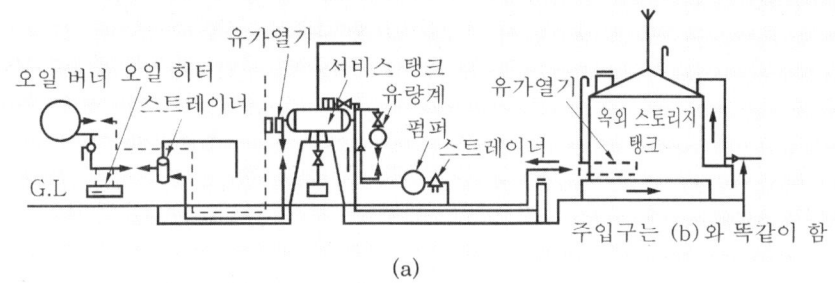

(a)

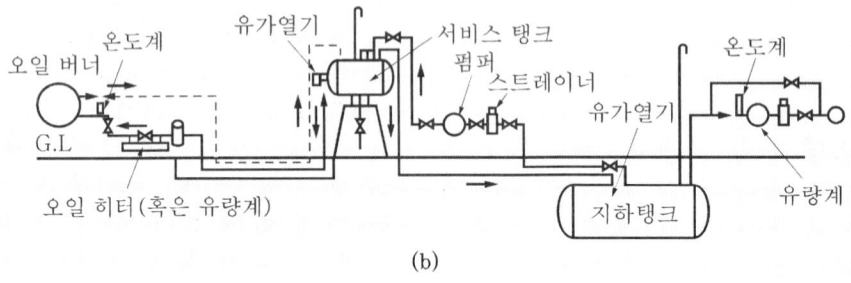

(b)

(가) 메인 탱크(main tank) : 일명 storage tank로, 저장 탱크의 부피 표준은 사용량의 10~14일분 정도이나, 운반이 편리한 지역은 2~3일분도 관계없다. 저장 방법으로서는 지상 설치(세로 원통형)와 지하 설치(가로 원통형)가 있다.

참고 저유 탱크의 부속 설비

유면계, 통기관, 가열장치, 드레인 밸브, 송유관, 피뢰 설비, 맨홀, 오버 플로관, 플로트 스위치, 온도 조절 밸브

㈏ 서비스 탱크(service tank) : 서비스 탱크는 스토리지 탱크에서 연료유를 적당량만 수용하고 분연 버너에 공급하는 탱크이며, 그 용량은 분연 버너 소비량의 2~3시간 정도의 크기가 알맞다.
  ㉮ 설치 위치는 보일러로부터 2 m 이상 떨어져야 하며 설치 높이는 버너 선단으로부터 1.5 m 이상 되어야 하고 서비스 탱크 내의 오일 온도는 약 333 K (60℃) 정도가 좋다.
  ㉯ 압송펌프 없이 자연 유하식인 경우 버너로부터 수직 거리 3 m 이상으로 높이 설치한다.

참고

(1) 서비스 탱크

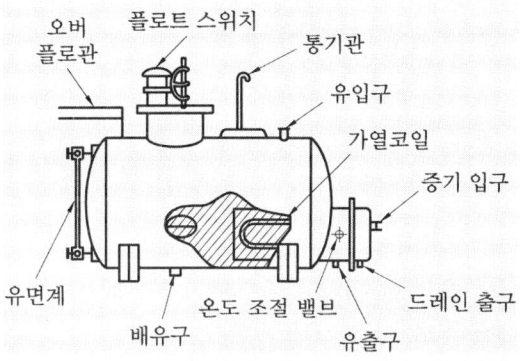

(2) 연료 저장 탱크
① 통기관 안지름은 최소 40 mm 이상일 것
② 통기관에는 일체의 밸브를 부착해서는 안 된다.
③ 개구부에는 40° 이상의 굽힘을 주어야 하며 인화 방지를 위하여 금속제 망을 씌운다.
④ 개구부의 높이는 지상에서 5 m 이상이어야 하며 반드시 옥외에 있어야 한다.

㈐ 기름 배관(oil pipe, 송유관) : 중유 저장 탱크에서 버너까지 연료를 운반시키는 관으로 운반 도중 기름 온도의 저하를 방지하기 위해 2중관 또는 주위를 보온한다. 일반적으로 관내의 유속은 0.5~1.0 m/s 정도이다.
㈑ 여과기(strainer) : 연료 속에 함유되어 있는 이물질이나 불순물을 제거하여 유량계의 손상을 방지하는 동시에 버너의 무화를 양호하게 해 준다. 일반적으로 여과기의 여과망은 유량계의 입구에서는 20~30 mesh 정도이고, 버너 입구에서는 60~120 mesh 정도가 좋다.

> **참고**
> ① 여과기 전후에 압력계를 부착하여 압력차가 0.02 MPa (0.2 kgf/cm²) 이상 나타날 때 여과기를 청소해야 한다.
> ② 여과기는 반드시 병렬로 설치해야 한다.
> ③ 형상에 따라 Y형 여과기, U형 여과기, V형 여과기가 있다.

⑷ 유예열기(oil preheater) : 버너 입구 직전에 설치하여 연료를 가열하여 점도를 낮추어 유동성과 분무성을 좋게 함으로써 버너의 연소 효율을 상승시키는 장치로 그 종류에는 가열원에 따라 전기식, 증기식, 온수식이 있으며 전기식이 제일 많이 사용된다. 유예열기(oil preheater)의 용량을 구하는 식은 다음과 같다.

㉮ 열원이 전기인 경우

$$\frac{G_f \times C_f \times (t_2 - t_1)}{860 \times \eta} \ [\text{kWh}]$$

㉯ 열원이 증기인 경우

$$\frac{G_f \times C_f \times (t_2 - t_1)}{h_r \times \eta} \ [\text{kg/h}]$$

여기서, G_f : 연료량(kg/h)
C_f : 연료의 비열(kcal/kg·℃)
t_2 : 히터 출구의 유온(℃)
t_1 : 히터 입구의 유온(℃)
η : 유가열기의 효율
h_r : 증기의 증발잠열(kcal/kg)
860 : 1 kW·h에 상당하는 열량(kcal)

⑸ 유조절 밸브 : 연료의 양을 조절하는 밸브로서 발생 증기량의 상태에 따라 연료 공급을 조절하여 증기의 공급량을 일정하게 하며 동시에 압력도 일정하게 유지하는 밸브이다.

⑹ 유전자 밸브(solenoid valve) : 압력 차단 장치, 저수위 경보기, 화염 검출기, 송풍기의 작동 여하에 따라 작동하며, 정전 시나 상기 기기의 이상 발생 시 급히 연료 공급을 차단하여 연료 누설에 따른 미연소 가스로 인한 폭발을 방지함에 그 목적이 있다.

> 참고 ○ 전자 밸브의 내부도

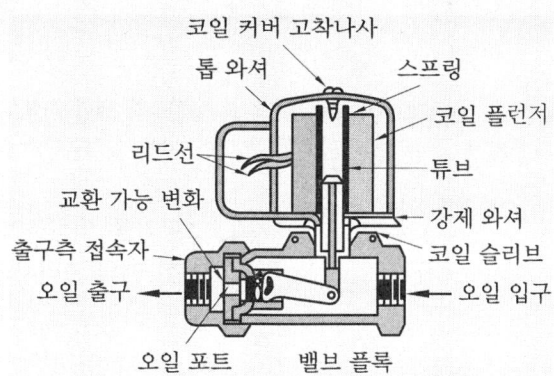

  (아) 유량계 : 보일러가 가동되고 있는 동안 연료 소비량을 알기 위해서 설치하는 계기로서 주로 용적식 유량계인 오발 유량계가 많이 사용되고 있다.

> 참고 ○
> 유량계의 계량 단위 L를 사용하며, 특히 유량계 앞에는 여과기를 꼭 설치하여야 한다.

  (자) 유온도계 : 버너로 급유되는 기름의 온도를 측정하는 계기로서 이때 기름의 온도는 80~90℃가 좋다.

(2) 기체 연료의 저장 및 공급 장치

  기체 연료의 제조량과 공급량을 조정하며 품질을 균일하게 유지하고 압력을 일정하게 유지하기 위하여 가스 홀더(gas holder)에 저장하는데, 가스 홀더의 종류 세 가지는 다음과 같다.
  ① 유수식 홀더 : 수조 중에 원통을 엎어놓은 것으로 단식과 여러 층으로 신축할 수 있는 양식이 있으며, 가스량에 따라 용적이 변화하고 대개 300mm H_2O 이하의 압력으로 저장된다.
  ② 무수식 홀더 : 원통형 또는 다각형의 외통과 그 내벽을 상하로 움직이는 평판상의 피스톤 및 바닥판, 지붕판으로 구성되어 있고 가스는 피스톤 아래에 저장되며 저장 가스의 압력은 600 mmH_2O 정도이다.
  ③ 고압 홀더 : 원통형 또는 구형의 내압 홀더로서 일반적으로 가스는 수기압으로 저장되며, 가스 저장량은 압력 변화에 따라 증감하고 저장 가스는 수분을 동반하지 않는 장점이 있다.

예상문제 및 기출문제

1. 고체 연료의 연소 방법 중 미분탄 연소의 특징이 아닌 것은?
㉮ 연소실의 공간을 유효하게 이용할 수 있다.
㉯ 부하변동에 대한 응답성이 우수하다.
㉰ 소형의 연소로에 적합하다.
㉱ 낮은 공기비로 높은 연소 효율을 얻을 수 있다.
[해설] 동력 소모가 많으며 소형 연소로에는 부적합하다.

2. 미분탄 연소의 일반적인 특징에 대한 설명 중 틀린 것은?
㉮ 사용 연료의 범위가 좁다.
㉯ 소량의 과잉 공기로 단시간에 완전 연소가 되므로 연소, 효율이 높다.
㉰ 부하 변동에 대한 적응성이 좋다.
㉱ 회(灰), 먼지 등이 많이 발생하여 집진 장치가 필요하다.
[해설] 미분탄은 사용 연료의 선택 범위가 넓다.

3. 미분탄 연소의 장단점에 관한 다음 설명 중 잘못된 것은?
㉮ 부하 변동에 대한 적응성이 없으며 연소의 조절이 어렵다.
㉯ 소량의 과잉 공기로 단시간에 완전 연소가 되므로 연소 효율이 좋다.
㉰ 큰 연소실을 필요로 하며, 또 노벽 냉각의 특별 장치가 필요하다.
㉱ 미분탄의 자연 발화나 점화 시의 노내 탄진 폭발 등의 위험이 있다.
[해설] 미분탄 연소는 버너를 이용하므로 부하 변동에 대한 적응성이 좋으며 연소의 조절이 쉽다.

4. 스토커를 이용하여 무연탄을 연소시키고자 할 때의 고려사항으로서 잘못된 것은?
㉮ 미분탄 상태로 하고 공기는 예열한다.
㉯ 스토커 후부에 착화아치를 설치한다.
㉰ 연소 장치는 산포식 스토커가 적합하다.
㉱ 충분한 연소가 되도록 2차 공기를 넣어 준다.
[해설] 스토커 전부에 착화아치를 설치한다.

5. 산포식 스토커로 석탄을 연소시킬 때 연소층은 어떤 순서로 형성되는가?
㉮ 건조층 → 환원층 → 산화층 → 회층
㉯ 환원층 → 건조층 → 산화층 → 회층
㉰ 회층 → 건조층 → 환원층 → 산화층
㉱ 산화층 → 환원층 → 건조층 → 회층
[해설] 연소층은 위로부터 새로운 석탄층 → 건조층 → 환원층 → 산화층 → 회층 순서로 형성된다.

6. 연소 장치에 따른 공기 과잉 계수의 대수가 옳게 표시된 것은?
㉮ 수동 수평화격자＞산포식 스토커＞이동화격자 스토커
㉯ 산포식 스토커＞이동화격자 스토커＞수동 수평화격자
㉰ 이동화격자 스토커＞수동 수평화격자＞산포식 스토커
㉱ 수동 수평화격자＞이동화격자 스토커＞산포식 스토커

정답 1. ㉰ 2. ㉮ 3. ㉮ 4. ㉯ 5. ㉮ 6. ㉮

[해설] 과잉 공기 계수의 크기 순은 수동 수평화격자 > 산포식 스토커 > 이동화격자 스토커 순이다.

7. 연소 장치에 따른 공기비 크기가 옳게 표시된 것은?

㉮ 산포식 스토커 < 수분 수평화격자 < 이동화격자 스토커
㉯ 수분 수평화격자 < 이동화격자 스토커 < 산포식 스토커
㉰ 이동화격자 스토커 < 산포식 스토커 < 수분 수평화격자
㉱ 산포식 스토커 < 이동화격자 스토커 < 수분 수평화격자

[해설] 6번 해설 참조

8. 고체 연료의 유동층 연소 방법의 특징으로 틀린 것은?

㉮ 가압 연소가 가능하다.
㉯ 폭발 위험성이 크다.
㉰ 석회석 분말을 주입, 황산화물의 발생을 억제할 수 있다.
㉱ 저품질 석탄의 연소가 가능하다.

[해설] 유동층 연소 방법은 화격자 연소 방식과 미분탄 연소 방식의 중간 형태이므로 폭발 위험성은 적다.

9. 생활 폐기물의 소각을 위한 연소기의 종류 중 다음에 설명하는 것에 해당하는 것은?

- 밑에서 가스를 주입하여 불활성층을 띄운 후 이를 가열시키고 상부에서 폐기물을 주입하여 태우는 것이다.
- 폐기물은 순간적으로 연소하고 열효율이 좋다.
- 폐기물을 주입하기 전에 파쇄하여야 한다.

㉮ 다단로식 소각로
㉯ 스토커(stoker)식 소각로
㉰ 유동층식 소각로
㉱ 로터리킬른식 소각로

10. 액체 연료의 연소 방법 중 틀린 것은?

㉮ 유동층 연소 ㉯ 등심 연소
㉰ 분무 연소   ㉱ 증발 연소

[해설] 유동층 연소는 고체 연료의 연소 방법이다.

11. 다음 중 중유 연소의 장점이 아닌 것은?

㉮ 발열량이 석탄보다 크고, 과잉 공기가 적어도 완전 연소시킬 수 있다.
㉯ 점화 및 소화가 용이하며, 화력의 가감이 자유로워서 부하 변동에 적용이 용이하다.
㉰ 재가 적게 남으며, 발열량, 품질 등이 고체 연료에 비해 일정하다.
㉱ 회분을 전혀 함유하지 않으므로 이것에 의한 여러 가지 장해가 없다.

[해설] 금속 산화물(V_2O_5)에 의한 장애가 있다.

12. 중유 연료의 연소 시 무화에 수증기를 사용하는 경우 틀린 설명은?

㉮ 고압 무화가 가능하므로 무화의 효율이 좋다.
㉯ 고압 무화를 할수록 무화 매체량이 적어도 되므로 큰 용량 보일러에 사용된다.
㉰ 높은 점도의 기름에 유리하다.
㉱ 소형 보일러 및 중소 요로(窯爐)용에는 공기 무화보다 유리하다.

[해설] 소형 보일러의 경우 수증기 무화보다 공기 무화가 유리하다.

정답 7. ㉰ 8. ㉯ 9. ㉰ 10. ㉮ 11. ㉱ 12. ㉱

13. 중유 연소에 있어서 화염이 불안정하게 되는 원인이 아닌 것은?
- ㉮ 물 및 기타 협잡물에 의한 분무의 단속(斷續)
- ㉯ 유압의 변동
- ㉰ 노내 온도가 너무 높을 때
- ㉱ 연소용 공기의 과다(過多)

[해설] 노내 온도가 높을 때는 낮을 때보다 완전 연소가 잘되어 화염이 안정하다.

14. 다음 중 액체의 인화점에 크게 영향을 미치지 못하는 것은?
- ㉮ 온도
- ㉯ 압력
- ㉰ 발화 지연 시간
- ㉱ 수용액의 농도

[해설] 발화 지연 시간과 인화점은 관계 없다.

15. 압력(유압) 분무식 버너의 장점에 대한 기술 중 잘못된 것은?
- ㉮ 기름의 점도가 높으면 무화가 나빠진다.
- ㉯ 운전에 필요한 경비가 비교적 적게 든다.
- ㉰ 대용량의 버너 제작이 용이하다.
- ㉱ 분무 유량 조절의 범위가 넓다.

[해설] 유량 조절 범위가 좁다 (환류식인 경우 1 : 3, 비환류식인 경우 1 : 1.5).

16. 다음 중 기름 연소에 사용되는 유압식 버너의 종류에 속하지 않는 것은?
- ㉮ 직접 분사형
- ㉯ 로터리형
- ㉰ 반송유형
- ㉱ 플런저형

[해설] 로터리형 버너는 회전식 버너를 말한다.

17. 분무 각도가 30° 정도로 작고 유량 조절 범위가 크며 점도가 높은 연료로 무화가 가능한 버너는?
- ㉮ 고압 기류식 버너
- ㉯ 압력 분무식 버너
- ㉰ 회전식 버너
- ㉱ 건타입 버너

[해설] 고압 기류식 버너의 특징
① 분무(무화) 각도 : 30°
② 유량 조절 범위 : 1 : 10
③ 점도가 높은 연료도 무화가 가능
④ 연소 시 소음이 발생한다.

18. 다음 중 무화에 필요한 유압을 높게 할 필요가 없고, 점도가 높은 연료의 무화에 가능한 버너는?
- ㉮ 고압기류식 버너
- ㉯ 압력분무식 버너
- ㉰ 회전식 버너
- ㉱ 건타입 버너

[해설] 17번 해설 참조

19. 저압 공기 분무식 버너의 장점을 잘못 설명한 것은?
- ㉮ 구조가 간단하여 취급이 간편하다.
- ㉯ 공기압이 높으면 무화가 양호해진다.
- ㉰ 점도가 낮은 중유도 연소할 수 있다.
- ㉱ 연소 때 버너의 화염은 가늘고 길다.

[해설] 저압 공기 분무식의 경우 분무 각도가 30~60° 정도이다. 화염이 가늘고 긴 것은 건타입 버너이다.

20. 로터리 버너를 쓰는 데 로벽에 카본이 많이 붙었다. 그 주된 원인은?
- ㉮ 연소실 온도가 너무 높다.
- ㉯ 공기비가 너무 크다.
- ㉰ 화염이 닿는 곳이 있다.
- ㉱ 중유의 예열 온도가 너무 높다.

[해설] 화염이 노벽에 닿게 되면 불완전 연소의 원인이 된다.

정답 13. ㉰ 14. ㉰ 15. ㉱ 16. ㉯ 17. ㉮ 18. ㉮ 19. ㉱ 20. ㉰

21. 로터리 버너(rotary burner)로 벙커 C유를 연소시킬 때 분무가 잘 되게 하기 위한 조치로서 가장 거리가 먼 것은?

㉮ 점도를 낮추기 위하여 중유를 예열한다.
㉯ 중유 중의 수분을 분리, 제거한다.
㉰ 버너 입구 배관부에 스트레이너를 설치한다.
㉱ 버너 입구의 오일 압력을 100 kPa 이상으로 한다.

[해설] 회전식 버너에서는 연료를 30~50 kPa (0.3~0.5 kgf/cm²) 정도로 가압하여 공급한다.

22. 액체 연료 장치 중 회전식 버너의 특징으로 옳은 것은?

㉮ 분사각은 20~50° 정도이다.
㉯ 유량 조절 범위는 1 : 3 정도이다.
㉰ 사용 유압은 0.3~0.5 kg/cm² 정도이다.
㉱ 화염이 길어 연소가 불안정하다.

[해설] ① 분사각은 40~80°이다.
② 유량 조절 범위는 1 : 5 정도이다.
③ 연소 상태가 안정적이다.

23. 액체 연료 연소 장치 중 회전 분무식 버너의 특징에 대한 설명으로 틀린 것은?

㉮ 분무각은 10~40° 정도이다.
㉯ 유량 조절 범위는 1 : 5 정도이다.
㉰ 회전수는 3000~10000 rpm 정도이다.
㉱ 점도가 작을수록 분무상태가 좋아진다.

[해설] 22번 해설 참조

24. 등유, 경유 등 휘발성이 큰 연료를 접시 모양의 용기에 넣어 증발 연소시키는 방식은 어느 것인가?

㉮ 분해 연소   ㉯ 확산 연소
㉰ 분무 연소   ㉱ 포트식 연소

[해설] 증발(기화) 연소 방법에 포트식과 심지식이 있다.

25. 가솔린 기관 내의 연소와 같이 간헐적인 연소를 일정 주기 반복하여 연소시키는 방식은?

㉮ Pulse 연소   ㉯ EGR 연소
㉰ Blast 연소   ㉱ Slit 연소

26. 분젠 버너의 가스 유속을 빠르게 했을 때 불꽃이 짧아지는 이유는?

㉮ 층류현상이 생기기 때문에
㉯ 난류현상으로 연소가 빨라지기 때문에
㉰ 가스와 공기의 혼합이 잘 안되기 때문에
㉱ 유속이 빨라서 미처 연소를 못하기 때문에

[해설] 분젠 버너(가스 버너)의 가스 유속을 빠르게 하면 난류 현상으로 인해 불꽃이 짧아진다.

27. 저탄장 바닥의 구배와 실외에서의 탄층 높이로 적절한 것은?

㉮ 구배 $\frac{1}{50} \sim \frac{1}{100}$, 높이 2 m 이하
㉯ 구배 $\frac{1}{50} \sim \frac{1}{100}$, 높이 4 m 이하
㉰ 구배 $\frac{1}{150} \sim \frac{1}{200}$, 높이 2 m 이하
㉱ 구배 $\frac{1}{200} \sim \frac{1}{250}$, 높이 4 m 이하

[해설] 저탄장의 바닥의 구배(기울기)는 $\frac{1}{50} \sim \frac{1}{100}$ 정도이고, 탄층 높이는 4 m 이하로 한다(단, 옥내 저장은 2 m 이하).

28. 저탄장에서 석탄의 자연 발화를 막기 위하여 탄층 내부 온도는 최대 몇 ℃ 이하로 유지하여야 하는가?

정답 21. ㉱ 22. ㉰ 23. ㉮ 24. ㉱ 25. ㉮ 26. ㉯ 27. ㉯ 28. ㉯

㉮ 30 ㉯ 60
㉰ 90 ㉱ 120

[해설] 탄층 중의 온도를 측정하여 60℃가 넘으면 다시 쌓는다.

29. 저탄장에서 이용할 수 있는 석탄의 발화 방지법에 대한 설명으로 가장 거리가 먼 것은?

㉮ 공기와의 접촉을 피하도록 다진다.
㉯ 새로운 탄과 오래된 탄을 혼합시켜 저장한다.
㉰ 탄층 중의 온도를 측정하여 60℃가 넘으면 다시 쌓는다.
㉱ 탄층의 중간에 속이 빈 철파이프를 삽입하여 탄층을 냉각시킨다.

[해설] 신탄과 구탄을 구별하여 저장한다.

30. 건조한 석탄층을 공기 중에 오래 방치할 때 일어나는 현상으로 틀린 것은?

㉮ 공기 중 산소를 흡수하여 서서히 발열량이 감소한다.
㉯ 점결탄의 경우 점결력이 감소한다.
㉰ 불순물이 증발하여 발열량이 증가한다.
㉱ 산소에 의하여 산화되면서 열을 발생시켜 자연 발화할 수도 있다.

[해설] 탄의 광택을 잃고 발열량이 감소한다.

31. 옥내 저탄장의 탄층 높이로 적절한 것은 어느 것인가?

㉮ 1m 이하 ㉯ 2m 이하
㉰ 3m 이하 ㉱ 4m 이하

[해설] 27번 해설 참조

32. 다음 중 기체 연료의 저장 방식이 아닌 것은?

㉮ 유수식 ㉯ 고압식
㉰ 가열식 ㉱ 무수식

[해설] 기체 연료의 저장 방식에는 고압식(고압 홀더), 저압식(유수식, 무수식)이 있다.

33. 기체 연료를 홀더에 저장하는 주목적은?

㉮ 최소 보유 시간을 위해서
㉯ 품질을 균일하게 하고 압력을 일정하게 하기 위해서
㉰ 저장의 편리를 위해서
㉱ 보안상 안전을 도모하기 위해서

[해설] 홀더는 품질을 균일하게, 압력을 일정하게 유지시킬 수 있다.

34. 다음 중 일반 가스의 저장에 사용되지 않는 홀더는?

㉮ 유수식 홀더 ㉯ 무수식 홀더
㉰ 고압 홀더 ㉱ 저온식 홀더

[해설] 32번 해설 참조

35. 가스 저장을 하기 위한 설비로서 원통형 또는 다각형의 외통과 그 내벽을 위, 아래로 유동하는 평판상의 피스톤, 저판 및 지붕판으로 구성되어 있는 홀더는?

㉮ 유수식 홀더 ㉯ 무수식 홀더
㉰ 고압 홀더 ㉱ 저압 홀더

36. 일정한 체적의 저장 용기에 담겨져 있는 기체 연료의 재고 관리상 확인해야 할 사항으로 다음 중 적당한 것은?

㉮ 부피와 온도 ㉯ 압력과 부피
㉰ 온도와 압력 ㉱ 압력과 습도

[해설] 기체의 체적은 절대 온도에 비례하고 절대 압력에 반비례한다.

정답 29. ㉯ 30. ㉰ 31. ㉯ 32. ㉰ 33. ㉯ 34. ㉱ 35. ㉯ 36. ㉰

37. 연소 가스의 노점(dew piont)은 다음 중 어느 것에 가장 영향을 많이 받는가?

㉮ 연료의 연소 온도
㉯ 연소 가스 중의 수분 함량
㉰ 과잉공기 계수
㉱ 배기가스의 열회수율

[해설] 연소 가스의 노점(이슬점)은 연소 가스 중의 수분 함량에 가장 큰 영향을 받는다.

38. 극저온으로 유지되는 압력 용기 내에 LNG가 [그림]과 같이 저장되어 있을 때 액면계의 높이가 1 m 낮아지도록 용기 밑부분의 밸브를 열어 LNG를 뽑아낸다면 이때 방출되는 LNG의 질량은 약 몇 kg인가? (단, 용기의 단면적 10 m², 온도와 압력 각각 186 K, 4.0 MPa로 유지되며 LNG 액체 및 기체의 비체적은 각각 0.00408 m³/kg, 0.01156m³/kg이다.)

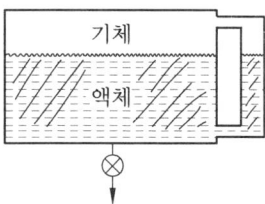

㉮ 332　　㉯ 806
㉰ 1586　　㉱ 2450

[해설] 방출전 LPG 질량=1m에 대한 액체의 질량 − 1m에 대한 기체의 질량 (액체가 빠진 만큼 기체로 채워지므로)

$$= \frac{1\text{m} \times 10\text{m}^2}{0.00408\text{m}^3/\text{kg}} - \frac{1\text{m} \times 10\text{m}^2}{0.01156\text{m}^3/\text{kg}}$$
$$= 1585.9 \text{ kg}$$

2. 연소 장치 설계

2-1. 고부하 연소 기술

(1) 고부하 연소

고부하 연소란 고온, 고속, 급속 가열, 연소 분위기 조정 등으로 높은 열발생률(열부하)을 갖는 연소를 말한다.

(2) 맥동 연소

맥동 연소란 연소실 내에서 주기적으로 압력이 변동할 때, 불안정한 연소가 일어나는 것을 말한다.

맥동 연소는 고부하 연소일 때 잘 발생하며, 연소실 내의 압력 변동으로 진동이나 소음이 발생할 수 있다.

특히, 오일 버너에서 유속이 빠르고, 분무각이 클 때 발생하기 쉽다.

그래서 맥동 연소를 방지하기 위해서는 유속을 느리게, 분무 각도를 작게하며, 화염이 길게 되도록 한다.

> **참고**
> 고부하 연소가 용이한 연소 방법에는 예혼합 연소가 있다.

(3) 산소 고부하 연소

① 산소 고부하 연소 : 공기 중에서 약 21 %의 체적을 가지는 산소 농도를 22~30 % 정도로 높게 유지시켜 연료를 연소시키는 것을 말한다.

② 산소 고부하 연소에 의한 이점
　(가) 화염의 온도를 높일 수 있다.
　(나) 노내온도를 높게 유지시키므로 완전 연소시킬 수 있다.
　(다) 연소성을 향상시킬 수 있다.
　(라) 공기 중의 질소량을 감소시킬 수 있어 배기가스량의 감소로 배기가스에 의한 열손실을 줄일 수 있다.

> **참고**
> 통상 2 %의 산소 부하로서 공기의 공급량을 8~9 % 감소시키고 연료를 10~15 % 정도 절감할 수 있다.

2-2 · 저공해 연소 기술

(1) 질소산화물(NO_x) 억제 연소 방법

① 저산소 연소

공기비(m)를 1.05~1.1 정도로 하면 질소와 산소가 반응할 수 있는 기회가 줄어들므로 NO_x 생성을 억제할 수 있다. 이때 잘못하면 불완전 연소로 인한 CO와 그을음이 생길 수 있으므로 주의해야 한다.

② 저온 연소

NO_x의 발생은 높은 연소실 온도로 인해 발생할 수 있으므로 연소실 온도를 낮게 조절하면 NO_x 발생을 억제할 수 있다.

③ 2단 연소

버너 부분에서 이론 공기량의 95 %를 투입하고(1차 공기) 나머지 공기(2차 공기)는 연소실 상부의 공기 구멍으로 투입하여(2차 공기) 단계적으로 연소시켜 연소실 최고 화염 온도를 낮추는 방법으로 NO_x 발생을 억제할 수 있다. 이 방법은 보통 연소 때보다 NO_x를 10~30 % 줄일 수 있다.

④ 배기가스 재순환 연소

가장 실용적인 방법이다. 재순환시키는 배기가스량은 소요 공기량의 10~15 % 정도이고, 이 방법은 저산소 연소와 저온 연소를 동시에 이룰 수 있는 가장 좋은 방법이다.

⑤ 저질소 성분 연료 우선 연소

고체 연료보다 액체 연료를, 액체 연료보다 기체 연료를 연소시키는 것이 NO_x 발생을 억제할 수 있다.

⑥ 버너 및 연소실의 구조 개량

(2) 황산화물(SO_x) 억제 연소 방법

- 촉매 산화법(접촉 산화법) : 이 방법에서 사용하는 촉매는 V_2O_5, K_2SO_4, Pt 중 하나이다.

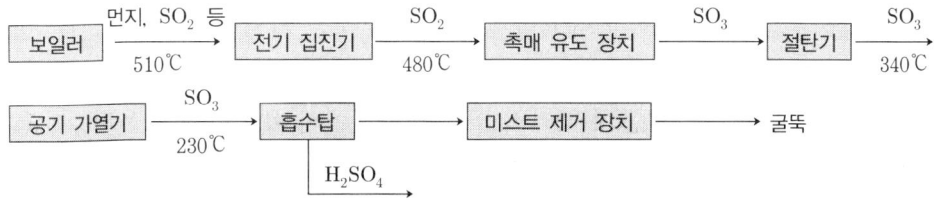

보일러에서 배기가스를 510℃ 정도로 배출시킨 후 전기 집진 장치에서 먼저 먼저를 포집한다. 이때 송풍기(blower)에 의해 배기가스의 온도가 480℃로 떨어지고 이 가스가

촉매 유도 장치로 투입되어 촉매에 의해 아황산가스(SO_2)가 무수황산(SO_3)으로 산화된 후 절탄기(economizer)를 거치면 배기가스의 온도가 340℃ 정도로 떨어진다. 또 공기 가열기를 거치면 230℃ 정도로 떨어져 흡수탑에 투입되게 된다. 흡수탑에서는 SO_3와 H_2O가 서로 반응하여 80% 정도의 순도를 가진 황산(H_2SO_4)으로 회수하게 된다.

그리고 미처 회수되지 못한 황산 미스트는 미스트 제거 장치에서 제거되고 황산화물이 제거된 배기가스는 굴뚝을 통해 배출된다.

2-3 연소 부하 산출

(1) 연소 부하율 (열발생률)

연소 부하율이란 연소실의 단위 용적당 단위 시간의 발생열량(kcal/m³·h)을 말한다.

$$\text{연소실 부하율 (kcal/m}^3 \cdot \text{hr)} = \frac{G_f \times H_l}{V}$$

여기서, G_f : 매시간당 연료 소비량 (kg/hr) 또는 (Nm³/hr)
H_l : 저위 발열량 (kcal/kg) 또는 (kcal/Sm³)
V : 연소실의 체적(m³)

(2) 연소 효율

연소로 인한 열손실 중에 불 찌꺼기 속의 미연탄소에 의한 손실 L_c와 불완전 연소에 의한 손실 L_i는 연료의 저발열량 H_l의 일부가 실제로는 열로 변환되지 않는다는 것을 뜻하고 있다. 따라서, 실제로 발생된 연소열 Q_r은

$$Q_r = H_l - (L_c + L_i)$$

로서, 이것의 발열량에 대한 비율을 연소 효율이라 하고, η_c로 나타낸다.

$$\eta_c = \frac{H_l - (L_c + L_i)}{H_l} \times 100\%$$

(3) 전열효율

상기한 연소열 Q_r은 전부가 유효하게 이용되는 것은 아니다. 즉, 배기가스가 가지고 나가는 열, 방사, 전도 등에 의한 열손실 등이 있다. 유효열 Q_o는 전술한 바와 같이 피열물의 종류, 작업의 종류 등에 따라서 어떤 약속하에서 유효하게 이용되었다고 간주되는 열이지만, 여기서는 피열물이 그 장치 밖으로 가지고 나가는 열을 유효열로 삼는다.

발생된 열 가운데 유효하게 이용되는 비율을 전열효율이라 하고 η_f로 나타낸다.

$$\eta_f = \frac{Q_o}{Q_r} \times 100\%$$

> **참고**
>
> 연소 효율을 높이려면 연소 가스에서 피열물로의 전열을 좋게 하고, 노벽으로부터 방산되는 열량을 극히 적게 한다.

(4) 열정산에 의한 보일러 효율의 정산 방식

① 입·출열법에 따른 보일러 효율

$$보일러\ 효율 = \left(\frac{유효\ 출열}{총입열}\right) \times 100\ \%$$

② 열손실법에 따른 보일러 효율

$$보일러\ 효율 = \left(\frac{총입열 - 손실\ 출열합}{총입열}\right) \times 100$$

$$= \left(1 - \frac{손실출열합}{총입열}\right) \times 100\ \%$$

(5) 열효율 향상 대책

① 손실열을 가급적 적게 한다.
② 장치의 설계 조건과 운전 조건을 일치시키도록 노력한다. 또 장치 개개에 대해서도 적정 연료, 적정 조업 조건을 연구한다.
③ 전열량이 증가되는 방법을 취한다. 그 때문에 가령 공기, 피열물 또는 연료를 폐열 회수에 의하여 예열하고, 연소 가스 온도를 높인다.
④ 조업이 불연속식인 경우에는 축열로 인한 손실이 많으므로 될수록 연속으로 조업할 수 있게 한다.

3. 통풍 장치

3-1 통풍 방법

(1) 통풍 방법

통풍 방법에는 자연 통풍 방법과 강제(인공) 통풍 방법의 두 종류가 있으며, 강제(인공) 통풍 방법은 노의 조작법에 따라 압입(가압) 통풍, 흡입(흡인=유인=흡출) 통풍, 평형 통풍으로 구분한다.

① **자연 통풍**(natural draft) : 연도에서 연소 가스와 외부 공기의 밀도차에 의해서 생기는 압력차를 이용하는 것으로 연돌에 의존하며, 노내압은 부압 상태이고 배기가스의 유속은 3~4 m/s 정도이다.

② **압입 통풍**(forced draft) : 가압 통풍이라고도 하는데, 노 앞에 설치된 송풍기에 의해 연소용 공기를 노 안으로 압입하는 방식으로 노내의 압력이 대기압보다 높으므로 그 구조가 가스의 기밀을 유지하여야 하며 노내압은 정압이고 배기가스의 유속은 8 m/s 정도이다.

③ **흡입 통풍**(induced draft) : 유인 통풍이라고도 하며 연소 가스를 배풍기로 빨아들여 연도 끝에서 배출하도록 하는 방식으로 노내의 압력은 대기압보다 낮으며(부압 상태) 배기가스의 유속은 10 m/s 정도이다.

④ **평형 통풍**(balanced draft) : 노 앞과 연도 끝에 통풍팬을 달아서 노내의 압력을 임의로 조정할 수 있는 방식으로 항상 안전한 연소를 할 수 있으나 설비비가 많이 들고 강한 통풍력을 얻을 수 있으며 배기가스의 유속은 10 m/s 이상이다.

(2) 통풍력(draft power)

① 통풍력이 증가되는 조건(배기가 잘 되는 조건)
  (가) 연돌이 높고 단면적이 클수록 증가된다.
  (나) 외기의 온도가 낮고 연소 가스의 온도가 높을수록 증가된다.
  (다) 연도의 길이가 짧고 굴곡부가 적을수록 증가된다.
  (라) 공기의 습도가 낮을수록 증가된다.
  (마) 연도 및 연돌로 냉기의 침입이 없어야 증가된다.
  (바) 연도 및 연돌의 벽에서 연소 가스의 열방사가 적어야 증가된다.
  (사) 외기의 비중량이 크고 배기가스의 비중량이 적을수록 증가된다.
  (아) 송풍기의 용량을 증대시킨다.

② 이론 통풍력 계산 : 연돌 높이 H [m], 외기의 비중량 r_a [kg/m³], 배기가스의 비중량 r_g [kg/m³], 외기의 표준상태 비중량 γ_{a_o} [kg/Nm³], 배기가스의 표준상태 비중

량 r_{g_o}[kg/Nm³], 외기의 절대온도 T_a [K], 배기가스의 평균 절대 온도 T_g [K], 통풍력 Z [mmH₂O][mmAq]라면

(가) $Z = H(r_a - r_g)$ [mmH₂O][mmAq]

(나) $Z = 273 \times H \left(\dfrac{r_{a_o}}{T_a} - \dfrac{r_{g_o}}{T_g} \right)$ [mmH₂O][mmAq]

(다) $Z = 355 \times H \left(\dfrac{1}{T_a} - \dfrac{1}{T_g} \right)$ [mmH₂O][mmAq]

3-2 통풍 장치

통풍 장치란 연소 기기(보일러 등)에서 발생하는 연소 가스(배기가스)를 배출하기 위한 장치를 말한다. 자연 통풍 방법에서는 연도와 굴뚝만을 이용하고 강제 통풍 방법에서는 압입 통풍이나 흡입 통풍 또는 양자를 병용한 방법으로 장치 내에 압입식(송풍기)이나 흡입식(배풍기)의 통풍기(팬, 블로어)가 내장되어 사용된다.

3-3 송풍기의 종류 및 특징

(1) 송풍기의 종류 및 특징

① 원심력 송풍기 : 원심력에 의하여 송풍을 하는 형식으로 그 종류는 다음과 같다.
  (가) 터보형 송풍기 : 후향 날개 형식으로 된 송풍기로 임펠러의 회전에 의하여 원심력을 얻는 공기는 주위의 케이싱에 부딪쳐 압력 에너지로 전환되어 풍압을 얻는 형식이다.
   ㉮ 후향 날개로 되어 있다 (16~24개).
   ㉯ 효율이 좋다 (60~75 %).
   ㉰ 적은 동력으로 사용이 가능하다.
   ㉱ 풍압이 높다 (200~400 mmH₂O).
   ㉲ 고압, 대용량에 적합하다.
   ㉳ 가압 연소용 송풍기로 사용한다 (보일러).
   ㉴ 형상이 크고 고가이다.
  (나) 플레이트형 송풍기 : 방사형 날개를 6~12개 정도 부착한 송풍기이다.
   ㉮ 효율이 비교적 좋다 (50~60 %).
   ㉯ 풍량이 많고 흡인 송풍기로 사용한다 (가장 많이 사용).
   ㉰ 플레이트의 교체가 쉽다.

㈑ 마모에 강하다.
㈒ 풍압이 400 mmH$_2$O 이하이다.
㈓ 대용량에 적합하다.
㈐ 다익형(시로코형) 송풍기 : 전향 날개(60~90개)로 되어 있으며 날개 폭이 좁은 것을 많이 설치한 송풍기이다.
㈎ 풍량은 많으나 효율이 낮다 (40~50 %).
㈏ 많은 동력이 필요하다.
㈐ 흡인용 송풍기로 적당하다 (풍량 5000 m^3/min).
㈑ 구조상 고압·고온에 사용 불가능하다.
㈒ 풍압이 낮다 (120 mmH$_2$O).
㈓ 구조가 간단하며 소형, 경량이다.
② 축류형 송풍기 : 일종의 프로펠러형의 송풍기라고 하며, 판을 여러 개 설치한 송풍기로서 주로 환기 배기용으로 많이 사용한다.
㈎ 대용량이 요구되는 곳에 사용한다.
㈏ 흡인용으로 적당하다.
㈐ 풍압은 낮으나 효율이 비교적 좋다 (50~70 %).
㈑ 풍량은 많으나 소음이 크다.
㈒ 다단식으로 할 경우 풍압을 높일 수 있다.
㈓ 풍량이 0일 때 풍압이 최고로 되고, 풍량의 증가에 따라 풍압이 낮아진다.

(2) 송풍기의 용량 및 성능

① 송풍기의 용량
송풍량 Q [m^3/s], 풍압 ΔP[mmH$_2$O][kg/m^2], 송풍기의 효율을 η이라면

㈎ 송풍기 마력 $= Q \times \dfrac{\Delta P}{76 \times \eta}$ [Hp][PS]

㈏ 송풍기 동력 $= \dfrac{Q \times \Delta P}{102 \times \eta}$ [kW]

참고

① 1Hp = 76 kg·m/s   ② 1kW = 102 kg·m/s   ③ 1mmH$_2$O = 1 kg/m^2
④ 1mmHg = 1 torr   ⑤ 1N/m^2 = 1 Pa

② 송풍기의 성능
㈎ 원심식 송풍기에서 회전수의 변화에 따라 풍량, 풍압, 동력 및 마력은 다음과 같이 변한다.

㉮ 풍량은 회전수에 비례한다.
㉯ 풍압은 회전수의 제곱에 비례한다.
㉰ 동력 및 마력은 회전수의 3제곱에 비례한다.
(나) 송풍기의 회전수 N_1 [rpm]에서 N_2로 변환시키면 다음의 관계식이 성립한다.

㉮ 풍량 $Q_2 = Q_1 \left(\dfrac{N_2}{N_1}\right)^1$ [m³/min]

㉯ 풍압 $\Delta P_2 = \Delta P_1 \left(\dfrac{N_2}{N_1}\right)^2$ [mmH₂O]

㉰ 마력 $HP_2 = HP_1 \left(\dfrac{N_2}{N_1}\right)^3$ [Hp]

여기서, N_1 : 변화 전 송풍기의 회전수
N_2 : 변화 후 송풍기의 회전수
Q_1, ΔP_1, HP_1 : 변화 전 풍량, 풍압, 마력
Q_2, ΔP_2, HP_2 : 변화 후 풍량, 풍압, 마력

(3) 댐퍼(damper)

① 연도 댐퍼의 설치 목적
  ㈎ 통풍량을 조절하여 통풍력을 좋게 한다.
  ㈏ 가스의 흐름을 차단한다.
  ㈐ 주연도, 부연도가 있을 경우 가스의 흐름을 전환한다.
② 보일러의 댐퍼 형상에 따른 분류
  ㈎ 버터플라이 댐퍼(butter-fly damper) : 소형 덕트에 많이 사용
  ㈏ 시로코형 댐퍼(다익형, sirocco damper) : 대형 덕트에 많이 사용
  ㈐ 스플리티 댐퍼(splity damper) : 풍량 조절용으로 많이 사용
③ 작동법에 따라 회전식과 승강식이 있다 (주로 회전식이 사용).

참고

① 버터플라이 댐퍼 ② 시로코형 댐퍼 ③ 스플리티 댐퍼

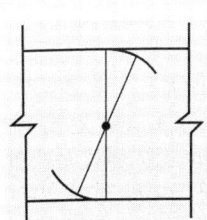
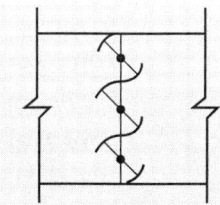
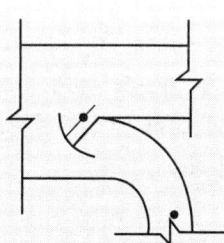

예상문제 및 기출문제

1. 연료를 공기 중에서 연소시킬 때 질소 산화물에서 가장 많이 발생하는 오염 물질은?
㉮ NO ㉯ NO_2
㉰ N_2O ㉱ NO_3
[해설] 발생하는 NO_x 중 NO가 90%, NO_2가 10% 정도 발생한다.

2. 대도시의 광화학 스모그(smog) 발생의 원인 물질로 문제가 되는 것은? (단, 첨자 x는 상수이다.)
㉮ NO_x ㉯ SO_x ㉰ CO ㉱ CO_2
[해설] 주로 자동차 배기가스로 발생하는 NO_x는 대기 중에서 광화학 반응을 하여 O_3를 만든다.

3. 연소 가스 중의 질소 산화물 생성을 억제하기 위한 방법으로 틀린 것은?
㉮ 2단 연소
㉯ 고온 연소
㉰ 수증기 분사 연소
㉱ 배기가스 재순환 연소
[해설] NO_x는 주로 고온에서 발생한다.

4. 연소 시 질소 산화물(NO_x)의 발생을 줄이는 방법이 아닌 것은?
㉮ 과잉 공기를 적게 한다.
㉯ 배기가스의 일부를 재순환한다.
㉰ 연소 온도를 가급적 높게 한다.
㉱ 2단 연소와 대향 연소를 한다.
[해설] 3번 해설 참조

5. NO_x의 배출을 최소화할 수 있는 방법이 아닌 것은?
㉮ 미연소분을 최소화하도록 한다.
㉯ 연료와 공기의 혼합을 양호하게 하여 연소 온도를 낮춘다.
㉰ 저온 배출 가스 일부를 연소용 공기에 혼입해서 연소용 공기 중의 산소 농도를 저하시킨다.
㉱ 버너 부근의 화염 온도는 높이고 배기 가스 온도는 낮춘다.
[해설] 3번 해설 참조

6. 질소 산화물을 경감시키는 방법으로 틀린 것은?
㉮ 과잉 공기량을 감소시킨다.
㉯ 연소 온도를 낮게 유지한다.
㉰ 노내 가스의 잔류 시간을 늘려준다.
㉱ 질소 성분을 함유하지 않은 연료를 사용한다.
[해설] 노내 가스의 잔류 시간을 짧게 하여 질소가 산소와 반응하는 시간을 줄인다.

7. 연소 가스 중의 질소 산화물 생성을 억제하기 위한 방법으로 틀린 것은?
㉮ 2단 연소
㉯ 고온 연소
㉰ 저공기비 연소
㉱ 배가스 재순환 연소
[해설] 질소 산화물(NO_x) 억제 연소 방법에는 저산소 연소, 저온 연소, 2단 연소, 배기가스 재순환 연소, 저질소 성분 연료 우선 연소, 버너 및 연소실의 구조 개량 등이 있다.

정답 1. ㉮ 2. ㉮ 3. ㉯ 4. ㉰ 5. ㉱ 6. ㉰ 7. ㉯

8. 다음 중 배출가스 탈황법에 사용되는 물질이 아닌 것은?

㉮ 수산화나트륨 ㉯ 석회석
㉰ 백운석 ㉱ 암모니아

[해설] S는 SO_2로 변하여 배출되므로 알칼리를 이용하여 제거시킨다.

9. 연소 가스 중 황산화물을 제거하는 방법이 아닌 것은?

㉮ 용매 추출법 ㉯ 석회 첨가법
㉰ 아황산 석회법 ㉱ 활성탄 흡착법

[해설] SO_2 제거 방법에는 알카리 약품 사용 또는 활성탄 흡착법이 있다.

10. 산포식 스토커(stoker)를 이용한 강제 통풍일 때의 화격자 부하는 어느 정도인가?

㉮ 80~110 kg/m²h
㉯ 150~200 kg/m²h
㉰ 100~150 kg/m²h
㉱ 50~80 kg/m²h

[해설] 산포식 스토커의 화격자 부하는 150~200 kg/m²h 정도이다.

11. 조건이 아래일 때 연소 효율(E_c)을 옳게 표시한 식은? (단, H_l : 진발열량, L_w : 노에 흡수된 손실, L_c : 미연탄소분에 의한 손실, L_r : 복사 전도에 따른 손실, L_i : 불완전 연소에 따른 손실, L_s : 배기 가스의 현열 손실)

㉮ $E_c = \dfrac{H_l - L_c - L_r}{H_l} \times 100$ (%)

㉯ $E_c = \dfrac{H_l - L_c - L_w}{H_l} \times 100$ (%)

㉰ $E_c = \dfrac{H_l - L_c - L_s}{H_l} \times 100$ (%)

㉱ $E_c = \dfrac{H_l - L_c - L_i}{H_l} \times 100$ (%)

[해설] $\eta_c = \dfrac{H_l - (L_c + L_i)}{H_l} \times 100$

12. 다음 중 연소 효율(ηc)을 옳게 나타낸 식은? (단, H_L : 저위 발열량, L_i : 불완전 연소에 따른 손실열, L_C : 탄 찌꺼기 속의 미연탄소분에 의한 손실열이다.)

㉮ $\dfrac{H_L - (L_C + L_i)}{H_L}$

㉯ $\dfrac{H_L + (L_C - L_i)}{H_L}$

㉰ $\dfrac{H_L}{H_L + (L_C + L_i)}$

㉱ $\dfrac{H_L}{H_L - (L_C - L_i)}$

[해설] 11번 해설 참조

13. 가열실의 이론 효율(E_1)을 옳게 나타낸 식은? (단, t_r : 이론 연소 온도, t_i : 피열물의 온도)

㉮ $E_1 = \dfrac{t_r + t_i}{t_r}$ ㉯ $E_1 = \dfrac{t_r - t_i}{t_r}$

㉰ $E_1 = \dfrac{t_i - t_r}{t_i}$ ㉱ $E_1 = \dfrac{t_i + t_r}{t_i}$

[해설] $\eta = \dfrac{Q_1 - Q_2}{Q_1}$

14. 연소 장치의 연소 효율(E_c) 식이 $E_c = \dfrac{H_c - H_1 - H_2}{H_c}$ 일 때 식에서 H_c는 연료의

정답 8. ㉰ 9. ㉮ 10. ㉯ 11. ㉱ 12. ㉮ 13. ㉯ 14. ㉰

발열량, H_1은 연재 중의 미연탄소에 의한 손실을 의미한다면 H_2는 무엇을 뜻하는가?

㉮ 연료의 저발열량
㉯ 전열손실
㉰ 불완전 연소에 따른 손실
㉱ 현열 손실

[해설] 여기서, H_2는 불완전 연소에 따른 손실을 말한다.

15. 연소 관리에 있어서 과잉 공기량 조절 시 다음 중에서 최소가 되게 조절하여야 할 것은? (단, L_s : 배기가스에 의한 열손실량, L_i : 불완전 연소에 의한 열손실량, L_c : 연소에 의한 열손실량, L_r : 열복사에 의한 열손실량일 때)

㉮ L_i
㉯ $L_s + L_r$
㉰ $L_s + L_i$
㉱ $L_i + L_c$

[해설] 열효율을 높이기 위해서는 가장 많은 손실열을 가진 배기가스에 의한 열손실량과 불완전 연소에 의한 열손실량을 줄여야 한다.

16. 연료의 방열량이 H_l, 피열물에 준 열량이 Q_p일 때 열효율(E_t)의 식은?

㉮ $1 - \dfrac{Q_p}{H_l}$
㉯ $H_l - Q_p$
㉰ $\dfrac{H_l}{H_l - Q_p}$
㉱ $\dfrac{Q_p}{H_l}$

[해설] $E_t = \dfrac{Q_p}{H_l}$

17. 중유의 저위 발열량이 10000 kcal/kg 인 원료 1 kg을 연소시킨 결과 연소열이 7500 kcal/kg이고, 유효 출열이 7230 kcal/kg이었다면 전열 효율과 연소 효율을 구한 값은?

㉮ 전열 효율 : 75 %, 연소 효율 : 96.4 %
㉯ 전열 효율 : 96.4 %, 연소 효율 : 75 %
㉰ 전열 효율 : 72.3 %, 연소 효율 : 75 %
㉱ 전열 효율 : 72.3 %, 연소 효율 : 96.4 %

[해설] ① 전열 효율 $= \dfrac{7230}{7500} \times 100 = 96.4\%$

② 연소 효율 $= \dfrac{7500}{10000} \times 100 = 75\%$

18. 연료의 저발열량이 10500 kcal/kg인 중유를 사용하여 연료 소비율 200 g/PSh로 운전하는 디젤 엔진의 열효율(%)은?

㉮ 30.11
㉯ 32.55
㉰ 38.53
㉱ 46.51

[해설] 열효율 $= \dfrac{\text{유효출열}}{\text{총입열}} \times 100$

$= \dfrac{1\text{PSh} \times 632 \text{kcal/PSh}}{0.2\text{kg} \times 10500 \text{kcal/kg}} \times 100$

$= 30.095\%$

19. 다음 식 중 입열 항목이 아닌 것은? (단, h_1^2 = 과열 증기 엔탈피, h_1 = 급수 엔탈피, h_2 = 분입 증기의 엔탈피, h_0 = 외기 온도에서의 증기 엔탈피, t_a = 공기의 온도, t_o = 외기 온도, t_s = 연료의 온도, G_w = 연료 1 kg 연소 시 분입 증기량, G = 연료 1 kg당 증기 발생량)

㉮ $G(h_1^2 - h_1)$
㉯ $C_{pa}(t_a - t_o)$
㉰ $C_{ps}(t_s - t_o)$
㉱ $G_w(h_2 - h_o)$

[해설] 증기의 총 열량은 출열 항목이다.

20. 연소 부하의 감소 시 조치 사항으로 거리가 먼 것은?

[정답] 15. ㉰ 16. ㉱ 17. ㉯ 18. ㉮ 19. ㉮ 20. ㉮

㉮ 연료의 품질 개량
㉯ 연소실의 구조 개량
㉰ 노상 면적 축소
㉱ 연소 방식 개조

[해설] 연소 부하를 증가시키기 위해서는 연소실을 개량하거나 노상 면적을 축소 또는 연소 방식을 바꾸어야 한다.

21. 열관리의 의의를 가장 잘 설명한 것은?

㉮ 연료의 완전 연소를 목적으로 관리 방법 및 기술의 양면을 다룬다.
㉯ 열을 유효하게 사용할 목적으로 관리 방법을 다룬다.
㉰ 연료 및 열의 효율적인 사용을 목적으로 관리 방법 및 기술의 양면을 다룬다.
㉱ 열 사용 장치의 효율 향상을 목적으로 관리 기술을 다룬다.

[해설] 열 관리의 목적은 열효율 향상을 위한 관리 및 기술을 말한다.

22. 다음 중 공기 예열기를 부착하여 통풍할 수 있는 특징을 가진 통풍 방식은?

㉮ 자연 통풍   ㉯ 압입(가압) 통풍
㉰ 흡입(흡출) 통풍   ㉱ 평형 통풍

[해설] 압입 통풍은 노 앞에 설치된 송풍기에 의해 연소용 공기를 노 안으로 압입하는 방식이므로 공기 예열기의 부착이 가능하다.

23. 통풍 방식 중 평형 통풍에 대한 설명으로 틀린 것은?

㉮ 안정한 연소를 유지할 수 있다.
㉯ 노 내 정압을 임의로 조절할 수 있다.
㉰ 중형 이상 보일러에는 사용할 수 없다.
㉱ 통풍력이 커서 소음이 심하다.

[해설] 평형 통풍 방식은 강한 통풍력을 얻을 수 있어 중, 대형 보일러에서 사용한다.

24. 연돌에 의한 통풍력의 설명으로 옳은 것은 어느 것인가?

㉮ 연돌 높이의 평방근에 비례한다.
㉯ 연돌 높이의 제곱에 비례한다.
㉰ 연돌 높이에 반비례한다.
㉱ 연돌 높이에 비례한다.

[해설] 자연 통풍력에서
이론 통풍력 $Z = H \times (\gamma_a - \gamma_g)$ 이다.

25. 연돌의 통풍력은 외기 온도에 따라 변화한다. 만일 다른 조건이 일정하게 유지되고 외기 온도만 높아진다면 통풍력은 어떻게 되겠는가?

㉮ 통풍력은 증가한다.
㉯ 통풍력은 변화하지 않는다.
㉰ 통풍력은 감소한다.
㉱ 통풍력은 증가하다 감소한다.

[해설] $Z = 355 \times H \times \left\{ \dfrac{1}{T_a} - \dfrac{1}{T_g} \right\}$ 에서
T_a가 커지면 Z는 감소한다.

26. 연돌 내의 배기가스 밀도가 ρ_1 [kg/m³], 외기 밀도가 ρ_2 [kg/m³], 연돌의 높이가 H [m]일 때 연돌의 이론 통풍력 Z [Pa]은? (단, g는 중력 가속도이다.)

㉮ $Z = (\rho_1 - \rho_2) \div H \times g$
㉯ $Z = (\rho_1 + \rho_2) \times H \times g$
㉰ $Z = (\rho_2 - \rho_1) \div H \times g$
㉱ $Z = (\rho_2 - \rho_1) \times H \times g$

[해설] $Z = H(\gamma_a - \gamma_g) = H(\rho_a - \rho_g) \times g$

27. 굴뚝의 이론 통풍력(Z_t)을 다음 식으로 표시할 때 δ는 어떤 값인가? (단, 식에서 T는 절대 온도 (K), H는 굴뚝 높이(m), γ

정답 21. ㉰ 22. ㉯ 23. ㉰ 24. ㉱ 25. ㉰ 26. ㉱ 27. ㉯

는 비중량(kg/m³), 첨자 a, g는 공기, 가스를 의미한다.)

$$Z_1 = 353\left[\left(\frac{1}{T_a}\right) - \left(\frac{\delta}{T_g}\right)\right] \cdot H[\text{mmH}_2\text{O}]$$

㉮ 표준상태하의 $\dfrac{\gamma_a}{\gamma_g}$

㉯ 표준상태하의 $\dfrac{\gamma_g}{\gamma_a}$

㉰ 배기상태하의 $\dfrac{\gamma_g}{\gamma_a}$

㉱ 배기상태하의 $\dfrac{\gamma_a}{\gamma_g}$

[해설] γ_g : 배기가스의 비중량, γ_a : 공기의 비중량

28. 연돌 높이 200 m, 배기가스의 평균 온도 127℃, 외기 온도 27℃라고 할 때의 통풍력은 몇 mmH_2O 인가? (단, 표준상태하에서 대기의 비중량은 3 kg/Nm³, 가스의 비중량은 2 kg/Nm³이다.)

㉮ 0 ㉯ 128.4
㉰ 136.5 ㉱ 273

[해설] $Z = 273 \times H \times \left\{\dfrac{\gamma_{a_o}}{T_a} - \dfrac{\gamma_{g_o}}{T_g}\right\}$

$= 273 \times 200 \times \left\{\dfrac{3}{273+27} - \dfrac{2}{273+127}\right\}$

$= 273 \text{ mmH}_2\text{O}$

29. 연돌의 출구가스 유속을 $W[\text{m/s}]$, 출구가스의 온도를 $t[℃]$, 전연소 가스량을 $G[\text{Nm/h}]$라 할 때 연돌의 상부 단면적 $F[\text{m}^2]$를 구하는 식은?

㉮ $F = \dfrac{t(1+0.0037G)}{3600W}$

㉯ $F = \dfrac{t(1+0.0037W)}{3600G}$

㉰ $F = \dfrac{W(1+0.0037t)}{3600G}$

㉱ $F = \dfrac{G(1+0.0037t)}{3600W}$

[해설] $G = F \cdot W$에서

$\dfrac{G \times \dfrac{273+t}{273}}{3600} = F \cdot W$

$\therefore F = \dfrac{G(1+0.0037t)}{3600W}$

30. 보일러 흡인 통풍(induced draft) 방식에 가장 많이 사용하는 송풍기의 형식은?

㉮ 터보형 ㉯ 플레이트형
㉰ 축류형 ㉱ 다익식

[해설] 터보형 송풍기는 풍압이 높으며 압입 송풍기로 많이 사용하고, 플레이트형 송풍기는 풍량이 많으며 흡입(흡인) 송풍기로 많이 사용한다.

31. 풍량이 증가하면 동력이 감소하는 경향을 나타내며, 집진기에도 설치가 가능한 송풍기는?

㉮ 다익형 송풍기
㉯ 플레이트 송풍기
㉰ 터보형 송풍기
㉱ 축류형 송풍기

[해설] 축류형 송풍기는 풍량이 증가하면 다른 송풍기보다 동력이 감소하는 경향이 있다.

32. 연소용 공기의 공급 방식으로는 자연 통풍 방식과 강제 통풍 방식이 있으며, 강제 통풍 방식은 송풍기에 의해 공급된다. 송풍기의 풍량 조절 방법이 아닌 것은?

[정답] 28. ㉱ 29. ㉱ 30. ㉯ 31. ㉱ 32. ㉱

㉮ speed control
㉯ damper control
㉰ vane control
㉱ governor control

[해설] 가버너는 도시가스의 정압기이다. 즉, 송풍기의 풍량 조절과는 관계없다.

33. 보일러 송풍기 입구 공기가 15℃, 1기압으로 매분 1000 m³가 공기 예열로 들어가면, 같은 압력으로 200℃로 예열된 공기는 매분 얼마만한 양(m³)으로 나오는가?

㉮ 1153　　㉯ 1399
㉰ 1642　　㉱ 1912

[해설] 샤를의 법칙을 이용하면

$$\frac{V_1}{T_1} = \frac{V_2}{T_2}$$

$$\therefore V_2 = V_1 \times \frac{T_2}{T_1} = 1000 \times \frac{273+200}{273+15}$$

$$= 1642 \text{ m}^3$$

34. 환열실의 전열 면적(m²)과 전열량(kcal/h) 사이의 관계는? (단, 전열 면적은 F, 전열량은 Q, 총괄 전열 계수는 V이며, Δt_m은 평균 온도 차이다.)

㉮ $Q = F \times V \times \Delta t_m$

㉯ $Q = \dfrac{F}{\Delta t_m}$

㉰ $Q = F \times \Delta t_m$

㉱ $Q = \dfrac{V}{F \times \Delta t_m}$

[해설] 전열량＝전열 면적×총괄 전열 계수×평균 온도 차

[정답] 33. ㉰　34. ㉮

4. 공해 방지 장치

4-1. 공해 물질의 종류

(1) 대기 오염 물질

대기 환경 보전법 시행 규칙 [별표1]에서 정한 대기 오염 물질은 61종이 있다.

1. 입자상물질
2. 브롬 및 그 화합물
3. 알루미늄 및 그 화합물
4. 바나듐 및 그 화합물
5. 망간화합물
6. 철 및 그 화합물
7. 아연 및 그 화합물
8. 셀렌 및 그 화합물
9. 안티몬 및 그 화합물
10. 주석 및 그 화합물
11. 텔루륨 및 그 화합물
12. 바륨 및 그 화합물
13. 일산화탄소
14. 암모니아
15. 질소산화물
16. 황산화물
17. 황화수소
18. 황화메틸
19. 이황화메틸
20. 메르캅탄류
21. 아민류
22. 사염화탄소
23. 이황화탄소
24. 탄화수소
25. 인 및 그 화합물
26. 붕소화합물
27. 아닐린
28. 벤젠
29. 스틸렌
30. 아크롤레인
31. 카드뮴 및 그 화합물
32. 시안화물
33. 납 및 그 화합물
34. 크롬 및 그 화합물
35. 비소 및 그 화합물
36. 수은 및 그 화합물
37. 구리 및 그 화합물
38. 염소 및 그 화합물
39. 불소화물
40. 석면
41. 니켈 및 그 화합물
42. 염화비닐
43. 다이옥신
44. 페놀 및 그 화합물
45. 베릴륨 및 그 화합물
46. 프로필렌옥사이드
47. 폴리염화비페닐
48. 클로로포름
49. 포름알데히드
50. 아세트알데히드
51. 벤지딘
52. 1,3-부타디엔
53. 다환 방향족 탄화수소류
54. 에틸렌옥사이드
55. 디클로로메탄
56. 테트라클로로에틸렌
57. 1,2-디클로로에탄
58. 에틸벤젠
59. 트리클로로에틸렌
60. 아크릴로니트릴
61. 히드라진

(2) 특정 대기 유해 물질

대기 환경 보전법 시행 규칙 [별표2]에서 정한 특정대기 유해물질은 35종이 있다.

1. 카드뮴 및 그 화합물
2. 시안화수소
3. 납 및 그 화합물
4. 폴리염화비페닐
5. 크롬 및 그 화합물
6. 비소 및 그 화합물
7. 수은 및 그 화합물
8. 프로필렌 옥사이드
9. 염소 및 염화수소
10. 불소화물
11. 석면
12. 니켈 및 그 화합물
13. 염화비닐
14. 다이옥신
15. 페놀 및 그 화합물
16. 베릴륨 및 그 화합물
17. 벤젠
18. 사염화탄소
19. 이황화메틸
20. 아닐린
21. 클로로포름
22. 포름알데히드
23. 아세트알데히드
24. 벤지딘
25. 1,3-부타디엔
26. 다환 방향족 탄화수소류
27. 에틸렌옥사이드
28. 디클로로메탄
29. 스틸렌
30. 테트라클로로에틸렌
31. 1,2-디클로로메탄
32. 에틸벤젠
33. 트리클로로에틸렌
34. 아크릴로니트릴
35. 히드라진

4-2 공해 오염 물질의 농도 측정

(1) 매연 농도의 측정 장치

① 링겔만 농도표에 의한 매연 측정 : 다음 그림에서와 같이 가로 20 cm, 세로 14 cm의 0~5도까지로 구분된 농도표를 측정자로부터 16 m 정도 떨어진 곳에 놓고 연돌에서 30~39 m 떨어져서 연기가 흐르는 방향과 직각으로 선 후 연돌의 정상보다 30~45 cm 정도 떨어진 위치의 매연 농도를 비교 측정한다. 이때 측정자는 태양광선에 직면해서 측정해서는 안 되며 연돌 출구의 배경에 장애물이 없어야 한다. 매연 농도율(%)은 다음과 같이 계산할 수 있다.

(가) 농도율 = $\dfrac{총 매연치}{측정 시간(분)} \times 20$ (%)

(나) 농도율 = $\dfrac{총 매연치}{측정 시간(분)} \times \dfrac{20}{비탁도}$ (%)

여기서, 20은 상수이며 링겔만 농도 1도의 연기가 태양 광선을 차단하는 비율을 가리킨다.

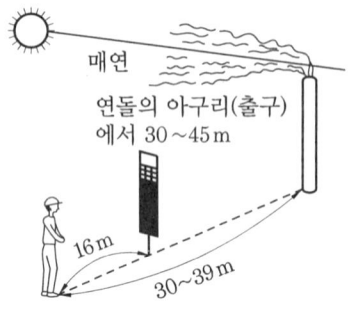
링겔만 농도표의 사용 방법

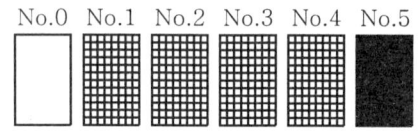
링겔만 매연 농도표

농도 구분	0	1	2	3	4	5
농도율 (%)	0	20	40	60	80	100
연기 색깔	무색	엷은 회색	회색	엷은 흑색	흑색	암흑색
연소 상태	과잉공기 과다	매우 양호	양호	불량	불량	매우 불량

> **참고**
>
> 링겔만 농도표는 0~5도(번)까지 6종류로 구분되며, 0도 때는 과잉 공기량이 많은 상태이고, 1도 때는 연소 상태가 가장 양호한 때이며 5도 때는 연소 상태가 가장 불량한 상태이다.

② 바카르크 스모크 테스터(Bacharch smoke tester) : 함진 가스를 흡인 펌프 내 여과지로 흡인하여 매진의 농도를 농도 규격표와 비교해 농도를 측정하는 장치로 매연 농도를 신속하게 측정할 수 있다. 농도 규격 표시는 10종이며 보일러 운전 중 스모크 스케일 4 이하로 유지되어야 한다.

③ 빛의 투과율 측정에 의한 매연 농도계 : 연도 속의 빛의 빔을 보내어 그 빛의 투과율을 측정하여 매연 농도를 지시, 기록한다.

④ 매진량 자동 연속 측정 장치 : 매진을 포함한 가스를 가스 채취관으로부터 흡인 펌프로 장치 속에 도입하여 종이를 통과시키고 매진 포집 전후의 여지(濾紙) 중량을 전기출력으로 변화시켜 연속적으로 지시, 기록하는 것이다. 여지의 보급, 건조, 계량, 매진, 포집, 계량, 배출 등 일련의 조작은 모두 자동적으로 한다.

참고

(1) 매연의 종류
  ① 황화물 : SO_2, SO_3 등의 황산화물
  ② 질화물 : NO, NO_2 등의 질소산화물
  ③ 일산화탄소 (CO) 및 그을음과 분진, 다이옥신 등

(2) 보일러 가동 중 연기색(유류용 보일러)
  ① 엷은 회색 : 공기의 공급량이 알맞다 (화염은 오렌지색이며 온도는 1000℃ 정도).
  ② 흑색 또는 암흑색 : 공기의 공급이 부족하다 (화염은 암적색이며 온도는 600~700℃ 정도).
  ③ 백색 또는 무색 : 공기가 너무 많이 공급되었다 (화염은 회백색이며 온도는 1500℃ 정도).

(3) 보일러 가동 중 매연 농도 한계치
  보일러 가동 중 매연 농도는 링겔만 농도표 2도 (농도율 : 40 %) 이하가 되도록 연소 상태를 유지하여야 한다.

(2) 매연 발생의 원인

① 통풍력이 부족하거나 과대할 때
② 무리하게 연소하였을 때
③ 연소실 용적이 작을 때
④ 연료의 질이 나쁘거나 연소 장치가 불량할 때
⑤ 연소실 온도가 낮을 때
⑥ 연료의 연소 방법이 미숙할 때
⑦ 노의 구조 및 연소 장치가 사용 연료와 맞지 않을 때
⑧ 유압과 유온이 적당하지 않을 때
⑨ 연료와 연소용 공기의 혼합이 불량할 때

(3) 매연 발생의 방지법

① 통풍력을 적절히 유지할 것
② 무리한 분소를 하지 말 것
③ 연소 장치 및 연소실을 개선할 것
④ 연소실 온도를 적절히 유지할 것 (고온으로 유지할 것)
⑤ 연소 기술을 개선할 것
⑥ 양질의 연료를 사용하고 집진 장치를 설치할 것
⑦ 유압과 유온을 적당히 유지시킬 것
⑧ 연료와 연소용 공기의 혼합이 잘 되도록 할 것

(4) 입자상 물질과 가스상 물질의 농도 단위

대기 환경 보전법 시행령[별표5]에 정한 법으로, 먼지(입자상 물질)의 배출 농도 단위는 세제곱미터당 밀리그램(mg/Sm^3)으로 하고 그 밖의 오염 물질(가스상 물질)의 배출 농도 단위는 피피엠(ppm)으로 한다.

(5) 가스상 오염물질의 농도 측정 방법

① 가스 크로마토그래피법(gas chromatography)
② 이온 크로마토그래피법(ion chromatography)
③ 흡광광도법(absorptiometric analysis)
④ 원자흡광광도법(atomic absorption spectrophotometry)
⑤ 비분산 적외선 분석법(nondispersive infrared analysis)
⑥ 흡광차분광법(differential optical absorption spectroscopy)

4-3 공해 방지 장치의 종류 및 특징

(1) 입자상 물질 집진 장치의 종류 및 특징

집진 장치는 사이클론(cyclone), 멀티클론(multiclone), 백 필터(bag filter) 등과 같은 건식 집진 장치와 사이클론 스크러버(cyclone scrubber), 벤투리 스크러버(venturi scrubber), 충전탑 등의 습식 집진 장치, 그리고 코트렐(cottrell) 집진기와 같은 전기식 집진기로 대별된다.

① 중력 집진 장치 : 분진을 함유하고 있는 연도 가스를 고속으로 흘려보내어 속도를 갑자기 1~2 m/s 정도로 감속시켜 입자가 지닌 중력에 의해서 자연 침강하게 하여 분리시키는 방법이다. $20\mu m$ 정도까지의 입자를 분리할 수 있다(압력 손실은 10~15 mmH$_2$O 정도이고 집진효율은 40~60 % 정도이다).

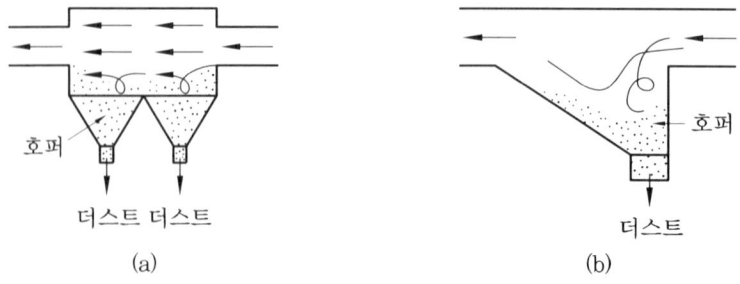

중력 집진 장치

② 관성력 집진 장치 : 기류의 방향을 급격하게 변화를 주면 입자들은 관성력에 의해 기류에서 이탈하게 되는 현상을 이용한 것으로 배플식 관성 집진기, 루버형 집진기 등이 있다. 유속은 2~30 m/s를 사용하며, 압력 손실이 30~70 mmH₂O로 비교적 압력손실이 적다(집진 효율은 50~70 %).

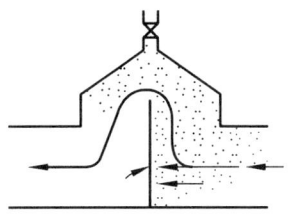

배플식 관성 비산회 분리기

③ 원심력 집진 장치 : 분진을 포함하고 있는 가스를 선회시켜 입자에 원심력을 주어 분리시키는 방법으로 여러 방면에서 가장 많이 이용되고 있다. 입자의 크기가 50~60 μ 정도의 것은 100 % 가까이 분리해낼 수 있다. 사이클론에서 가스의 속도는 원통부 상부에서 10~20 m/s로 접선 방향으로 주어진다. 그런데 원통의 지름이 너무 커지면 집진 효율이 저하되므로 여러 개를 병렬로 조합하여 사용하는데, 이것을 멀티클론이라고 한다. 또, 물의 분무를 병용하는 사이클론 스크러버도 있다(압력 손실은 50~150 mmH₂O, 사이클론식은 집진 효율이 60~80 % 정도이고, 멀티클론식은 집진 효율이 70~90 % 정도이다).

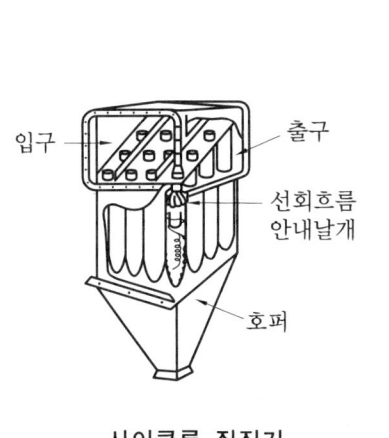

사이클론 집진기

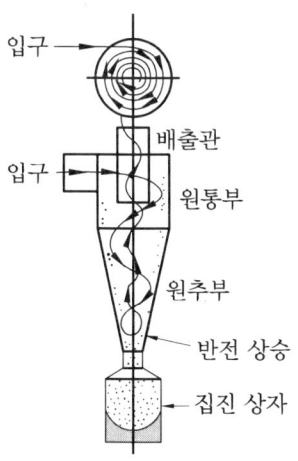

멀티클론

④ 여과 집진 장치 : 분진을 포함한 가스를 여과포를 통과시켜 분진을 제거시키는 여과 분리 방식으로 여과포 표면에 부착하여 쌓인 분진이 여과층을 형성하여 미립자까지 분리할 수 있는데, 90 % 이상의 높은 분리 효율을 얻을 수 있다. 대개 0.1~0.4 μm 범위의 입자, 크기에 대해 적용된다. 여기에는 백 필터가 있는데, 여과실 내에 지름 15~50 cm의 원통형 백을 매달아 밑에서 가스를 내부로 보내며 가스 속도는 3~5 m/s가 적당하다 (압력 손실은 100~200 mmH$_2$O 정도).

참고

여과 집진 장치는 여과재의 형상에 따라 원통식(tube type)과 평판식(flate screen type)이 있으며 완전 자동형인 역기류 분사식(pulse air collection)이 있다.

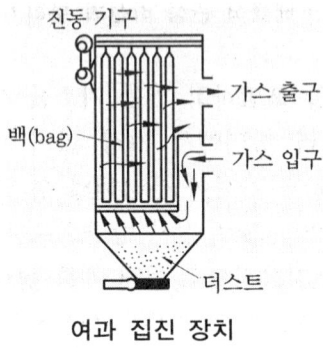

여과 집진 장치

⑤ 습식 집진 장치(세정 집진 장치) : 분진을 포함한 가스를 세정액과 충돌 혹은 접촉시켜서 입자를 액중에 포집하는 방식으로 스크러버라고 한다. 습식 집진 장치는 세정액의 접촉 방법에 따라 유수식, 가압수식, 회전식으로 분류되어 유수식에는 전류형 스크러버, 피보디 스크러버, 에어 텀블러, 가압수식에는 벤투리 스크러버, 사이클론 스크러버, 제트 스크러버, 충전탑, 회전식에는 타이젠 와셔, 임펄스 스크러버 등이 있다.

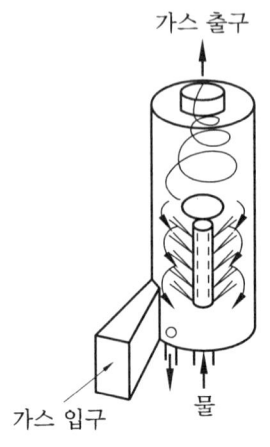

사이클론 스크러버

> **참고**
>
> 벤투리 스크러버인 경우 압력 손실은 300~800 mmH$_2$O 정도이며, 집진 효율은 80~95 % 정도이다.

⑥ 전기 집진 장치 : 코트렐 집진 장치라고도 불리는데, 양극 사이에 코로나 방전에 의해서 방전극 주위의 기체를 이온화하여 (−) 이온화된 입자를 강한 전장 속에서 정전기력 인력에 의해 양(+)극에 집진되도록 하는 장치이다. 방전극에는 5~7만 V의 고전압이 주어지며 방전 전극으로는 1~4 mm의 가는 철사가 쓰이는데 집진 효율이 매우 좋다 (90~99.5 %). 전기식 집진 장치의 특징은 다음과 같다.

㈎ 0.1 μm 이하에 미세 입자까지 포집할 수 있다.

㈏ 집진 효율이 90~99.5 %이고 압력 손실이 10~20 mmH$_2$O이다.

㈐ 분진 농도 30g/m^3 이하, 처리 가스 온도 500℃, 습도 100 %인 것까지도 처리가 가능하다.

㈑ 처리 용량이 커서 대형 보일러에 이용되고 신뢰성이 높다.

㈒ 보수비, 운전비는 싼 편이나 설비비가 비싸다.

㈓ 입자가 작을수록 집진 효율이 좋아진다.

㈔ 고온 가스 (약 773 K (500℃)) 처리에 적합하다.

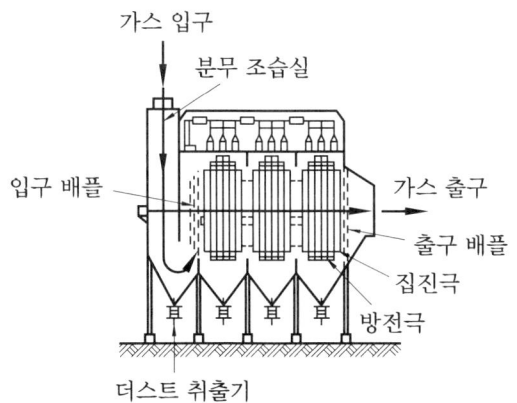

전기 집진기(코트렐 집진기)

(2) 가스상 물질 처리 기술

① 흡수법

② 흡착법

③ 연소 (산화)법

(3) 가스상 물질 집진 장치

① 액분산형 흡수 장치 : 충전탑, 분무탑, 벤투리 스크러버, 사이클론 스크러버, 제트 스크러버 등
② 가스 분산형 흡수 장치 : 다공판탑, 포종탑, 기포탑, 단탑

참고
① 가스측 저항이 큰 경우는 액분산형 흡수 장치를 주로 사용한다.
② 액측 저항이 큰 경우는 가스 분산형 흡수 장치를 주로 사용한다.

③ 흡착 장치 : 고정층 흡착 장치, 이동층 흡착 장치, 유동층 흡착 장치

참고. 흡착제의 종류
활성탄, 실리카겔, 합성알루미나, 합성제오라이트

④ 연소(산화)법 : 직접 연소법(아프터 버너법), 가열 연소법, 촉매 연소법

예상문제 및 기출문제

1. 연료 사용 설비의 배기가스에 대한 대기 오염을 방지하는 방법으로 가장 거리가 먼 것은?

㉮ 집진 장치를 설치한다.
㉯ 공기비를 높인다.
㉰ 연료유의 불순물을 제거한다.
㉱ 연소 장치를 정기적으로 청소한다.

[해설] 공기비를 높이면 CO, HC는 줄일 수 있으나 NO_x는 크게 발생한다.

2. 다음 중 배출가스 탈황법에 사용되는 물질이 아닌 것은?

㉮ 수산화나트륨 ㉯ 석회석
㉰ 헬륨 또는 네온 ㉱ 암모니아

[해설] SO_2는 알카리 약품을 이용하여 제거한다.

3. 다음 대기오염물 제거 방법 중에서 분진의 제거 방법으로 적당하지 않은 것은?

㉮ 습식 세정법
㉯ 원심 분리법
㉰ 촉매 산화법
㉱ 중력 침전법

[해설] 촉매 산화법은 SO_2를 H_2SO_4로 만들어 제거하는 방법이다.

4. 링겔만 농도표는 어떤 목적으로 사용되는 것인가?

㉮ 연돌에서 배출되는 매연 농도 측정
㉯ 보일러수의 pH 측정
㉰ 연소 가스 중의 탄산가스 농도 측정
㉱ 연소 가스 중의 SO_3 농도 측정

[해설] 매연 농도 측정 장치
① 링겔만 농도표
② 바카르크 스모그 테스터
③ 빛의 투과율 측정 매연 농도계
④ 매진량 자동 연속 측정 장치

5. 링겔만 매연 농도표를 이용한 측정 방법에 대한 설명으로 틀린 것은?

㉮ 농도표는 측정자의 눈위치와 동일한 높이로 설치한다.
㉯ 농도표는 측정자로부터 23 m 정도 떨어진 곳에 설치한다.
㉰ 측정자는 굴뚝으로부터 30~39 m 정도 떨어진 위치에서 측정한다.
㉱ 연기의 색도 측정 위치는 연돌의 정상으로부터 30~45 cm 정도 떨어진 부분으로 한다.

[해설] 농도표는 측정자로부터 16 m 앞에 두고 측정한다.

6. 연돌에서 배출되는 연기와 농도를 1시간 동안 측정한 결과가 다음과 같을 때 매연의 농도율(%)은?

측정 결과	
• 농도 4도 : 10분	• 농도 3도 : 15분
• 농도 2도 : 15분	• 농도 1도 : 20분

㉮ 25 %   ㉯ 35 %
㉰ 45 %   ㉱ 55 %

[해설] 농도율 = $\dfrac{\text{총 매연치}}{\text{측정 시간(분)}} \times 20\,(\%)$

$= \dfrac{10\times4+15\times3+15\times2+1\times20}{10+15+15+20}\times20$

$= 45\,\%$

정답 1. ㉯ 2. ㉰ 3. ㉰ 4. ㉮ 5. ㉯ 6. ㉰

7. 다음 분진의 중력 침강 속도에 대한 설명 중 틀린 것은?

㉮ 중력 가속도에 비례한다.
㉯ 입자 직경의 제곱에 비례한다.
㉰ 점도에 반비례한다.
㉱ 밀도차에 반비례한다.

[해설] $V_s = \dfrac{g(\rho_p - \rho_a)d_p^2}{18\mu}$

즉, 밀도차에 비례한다.

8. 관성력 집진 장치의 집진율을 높이는 방법이 아닌 것은?

㉮ 방해판이 많을수록 제진 효율이 우수하다.
㉯ 충돌 직전 처리 가스 속도가 느릴수록 좋다.
㉰ 출구 가스 속도가 느릴수록 미세한 입자가 제거된다.
㉱ 기류의 방향 전환 각도가 작고, 전환횟수가 많을수록 제진 효율이 증가한다.

[해설] 관성력 집진 장치에서 충돌 직전 처리 가스 속도는 빠르게 하고, 충돌 후 출구 가스 속도는 느릴수록 좋다.

9. 다음 집진 장치 중 압력 손실이 가장 큰 것은?

㉮ 중력 집진기   ㉯ 원심 분리기
㉰ 전기 집진기   ㉱ 분무탑

[해설] 각종 집진 장치 압력 손실
① 중력 집진기 : 10~15 mmH$_2$O
② 원심 분리기 : 50~150 mmH$_2$O
③ 전기 집진기 : 10~20 mmH$_2$O
④ 분무탑 : 30 mmH$_2$O

10. 5 t/h의 보일러에 벙커C유를 연소시키는데, 매연이 발생하므로 집진 장치를 설치하려 한다. 다음 중 집진 효율을 80 % 정도로 하며 시설비가 가장 싼 것은?

㉮ 전기식 집진 장치(코트렐)
㉯ 벤투리 스크러버(ventury scrubber)식
㉰ 사이클론(cyclon)식
㉱ 백필터(bag filter)식

[해설] 사이클론(원심력) 집진 장치의 집진 효율은 60~80 % 정도이고 설비비가 싸다.

11. 백필터(bag-filter)에 대한 설명으로 틀린 것은?

㉮ 여과면의 가스 유속은 미세한 더스트일수록 적게 한다.
㉯ 더스트 부하가 클수록 집진율은 커진다.
㉰ 여포면의 더스트 일차 부착층이 형성되면 집진율은 낮아진다.
㉱ 백의 밑에서 가스백 내부로 송입하여 집진한다.

[해설] 일차 부착층이 형성되면 집진율은 높아진다.

12. 다음 중 건식 집진 장치가 아닌 것은?

㉮ 사이클론(cyclon)
㉯ 백필터(bag filter)
㉰ 멀티클론(multiclone)
㉱ 사이클론 스크러버(cyclon scrubber)

[해설] 스크러버는 모두 습식이다.

13. 다음 중 습한 함진가스에 가장 부적당한 집진 장치는?

㉮ 사이클론
㉯ 멀티클론
㉰ 여과식 집진기
㉱ 스크러버

[해설] 습한 함진 가스는 여포를 폐쇄시킨다.

정답 7. ㉱ 8. ㉰ 9. ㉰ 10. ㉰ 11. ㉰ 12. ㉱ 13. ㉰

14. 대기 오염 방지를 위한 집진 장치 중 습식 집진 장치에 해당하지 않는 것은?

㉮ 백필터
㉯ 충전탑
㉰ 벤투리 스크러버
㉱ 사이클론 스크러버

[해설] 백필터(여과 집진 장치)는 건식 집진 장치이다.

15. 세정 집진 장치의 입자 포집 원리에 대한 설명 중 틀린 것은?

㉮ 액적에 입자가 충돌하여 부착한다.
㉯ 미립자의 확산에 의하여 액적과의 접촉을 좋게 한다.
㉰ 배기의 습도 감소에 의하여 입자가 서로 응집한다.
㉱ 입자를 핵으로 한 증기의 응결에 의하여 응집성을 증가시킨다.

[해설] 세정(습식) 집진 장치는 배기가스의 습도 증가에 의하여 입자가 서로 응집한다.

16. 세정식 집진 장치에서 분리되는 원리로서 가장 거리가 먼 것은?

㉮ 액방울, 액막과 같은 작은 매진과 관성에 의한 충돌 부착
㉯ 큰 매진의 확산에 의한 부착
㉰ 습기 증가로 입자의 응집성 증가에 의한 부착
㉱ 매진을 핵으로 한 증기의 응결

[해설] 큰 매진의 확산은 없다.

17. 집진 장치는 일반적으로 압력 손실을 초래하는 데 비해 승압 효과를 나타내는 것은?

㉮ 제트 스크러버(jet scrubber)
㉯ 사이클론 스크러버(cyclone scrubber)
㉰ 분무탑(spray tower)
㉱ 멀티 사이클론(multi cyclone)

[해설] 제트 스크러버는 승압효과가 있기 때문에 송풍기가 필요 없다.

18. 전기식 집진 장치에 대한 설명 중 틀린 것은?

㉮ 포집 입자의 직경은 30~50 μm 정도이다.
㉯ 집진 효율이 커서 90~99.9%에 이른다.
㉰ 광범위한 온도 범위에서 설계가 가능하다.
㉱ 낮은 압력 손실로 대량의 가스 처리가 가능하다.

[해설] 전기식 집진 장치
① 0.1 μm 이하의 미세한 입자도 포집 가능하다.
② 압력 손실이 10~20 mmH_2O 정도이다.
③ 가스 온도는 약 500℃ 까지도 처리 가능하다.

19. 다음 집진 장치에 대한 설명 중 틀린 것은?

㉮ 전기 집진기는 방전극을 부(負), 집진극을 양(陽)으로 한다.
㉯ 전기집진은 쿨롱(coulomb)력에 의해 포집된다.
㉰ 소형 사이클론을 직렬시킨 원심력 분리 장치를 멀티스크러버(multi-scrubber)라 한다.
㉱ 여과 집진기는 함진 가스를 여과재에 통과시키면서 입자를 분리하는 장치이다.

[해설] 소형 사이클론을 여러 개 조합시킨 집진 장치를 멀티클론이라 한다.

[정답] 14. ㉮ 15. ㉰ 16. ㉯ 17. ㉮ 18. ㉮ 19. ㉰

20. 99 % 집진을 요구하는 어느 공장에서 70 % 효율을 가진 전처리 장치를 이미 설치하였다. 주처리 장치는 몇 %의 효율을 가진 것이어야 하는가?

㉮ 29.7 %　　㉯ 41.4 %
㉰ 72.5 %　　㉱ 96.7 %

[해설] $\eta_t = 1 - (1-\eta_1) \times (1-\eta_2)$
$0.99 = 1 - (1-0.7) \times (1-x)$
$x = 1 - \dfrac{(1-0.99)}{(1-0.7)}$
$\quad = 0.9666$
$\quad = 96.66\%$

21. 유효 굴뚝 높이(H_e)와 지표상의 최고 농도($C_{\max}$)와의 관계에 있어서 일반적으로 H_e가 2배가 될 때 $C_{\max}$는?

㉮ 2배　㉯ 4배　㉰ $\dfrac{1}{2}$　㉱ $\dfrac{1}{4}$

[해설] $C_{\max} = \dfrac{2Q}{\pi e u H_e^2} \cdot \left(\dfrac{C_z}{C_y}\right)$ 에서

$C_{\max} \propto \dfrac{1}{H_e^2}$

$1 \;:\; \dfrac{1}{1^2}$

$x \;:\; \dfrac{1}{2^2}$

$x = \dfrac{1}{2^2} = \dfrac{1}{4}$

정답　20. ㉱　21. ㉱

Chapter 3. 연소 안전 및 안전 장치

1. 연소 안전 장치

1-1. 점화 장치

점화 장치란 버너 연소 장치를 가동할 때 주버너에 점화시키기 위한 불씨를 만드는 장치를 말한다.

이것은 스파크 발생 장치와 점화 버너로 구성되어 있는데 스파크 발생 장치의 전기 불꽃에 의해 점화 버너의 연료가 점화되는 것이다. 그리고 이 점화 버너의 화염에 의해 주버너에 점화되는 것이다.

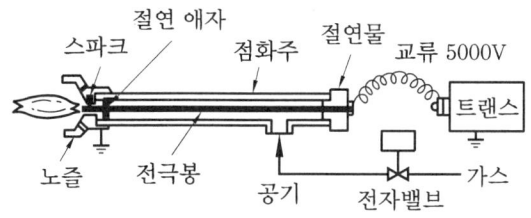

1-2. 화염 검출 장치

화염 검출 장치란 연소실에 자동 제어 방식의 중유 연소 장치 또는 가스 연소 장치가 설치되어 있을 경우, 이 연소 장치에 점화를 할 때 점화 장치에 의해 주버너에 순조롭게 점화되었는지를 검출하는 장치를 말한다.

만약 주버너에 잘 점화되지 않고 연소되지 않은 가스가 연소실에 가득 찼을 때 점화가 되면 연소 장치가 폭발할 수도 있으므로 반드시 화염 검출 장치가 필요하다.

화염 검출기(불꽃 검출기)는 연소실 내의 화염 상태가 불안정하거나 실화 시에 전자 밸브로 하여금 자동으로 연료 공급을 차단시켜 역화(back fire)나 가스 폭발 사고를 사전에 방지해 주는 안전 장치로서 화염(불꽃) 검출기의 종류는 다음과 같다.

(1) 플레임 아이

화염의 발광체를 이용한 것이며 화염의 복사선을 광전관이 잡아 화염의 유무를 검출해 준다 (자외선 광전관, 적외선 광전관, 황화카드뮴 셀, 황화납 셀이 있다). → 가스 및 기름 버너에서 주로 사용한다.

> **참고**
>
> 플레임 아이는 불꽃의 중심을 향하여 설치해야 하며, 장치 주위 온도는 50℃ 이상이 되지 않도록 해야 하고 광전관식은 유리나 렌즈를 매주 1회 이상 청소하여 감도를 유지해야 한다.

(2) 플레임 로드

화염의 이온화를 이용한 것이며 고온의 가스는 양이온과 자유 전자로 전리되어 있다. 여기에 전극을 접촉시키면 전류가 흐르므로 전류의 유무에 의하여 화염의 상태를 파악한다 (플레임 로드는 화염이 갖는 도전성을 이용한 도전식과 로드와 버너와의 화염에 접하는 면적 차이에 의한 정류 효과를 이용한 정류식이 있다). → 가스 점화 버너에서 주로 사용한다.

> **참고**
>
> 플레임 로드는 화염 검출기 중 가장 높은 온도에서 사용할 수 있으며, 검출부가 불꽃에 직접 접하므로 소손에 유의하고 자주 청소를 해 주어야 한다.

(3) 스택 스위치

연소 가스의 발열체를 이용한 것이며 연도를 흐르는 가스 온도에 따라 바이메탈 (감열소자)의 신축으로 화염의 유무를 검출해 준다. → 가격이 싸고 구조도 간단하지만 거의 사용하지 않는다.

> **참고**
>
> ① 스택 스위치는 화염 검출의 응답이 느리므로 많이 사용하고 있지 않으며, 주로 소용량 온수 보일러에서 사용한다.
> ② 화염 검출기에서 화염 검출 방법에는 열적 검출 방법, 광학적 검출 방법, 전기 전도적 검출 방법이 있다.

1-3. 연소 제어 장치(automatic conbustion control ; ACC)

연소 제어 장치란 공급되는 연료량, 공기량을 제어하여 공연비를 최적의 상태로 유지시키는 장치를 말한다.

보일러의 연소 제어(ACC)에서 제어 대상은 증기 압력과 노내 압력이다. 그리고 조작량에는 공기량, 연료량, 연소 가스량이 있다.

제어 방식에는 위치식과 측정식이 있고 증기 압력을 제어하는 주 조절계는 연료와 연소용 공기량을 조작한다.

1-4. 연료 차단 장치

연료 차단 장치란 보일러의 연소 장치에서 자동 제어 방식일 때 증기 압력이 목표의 기준보다 높아지면 위험하기 때문에 자동적으로 연료를 차단시켜 주는 장치이다. 또 과잉의 저수위가 되었을 때도 적용된다.

(1) 전자 밸브 (솔레노이드 밸브 : solenoid valve)

보일러 가동 중 정전 시, 압력 초과 시, 이상 감수 시, 화염 실화 시, 송풍기 고장 시 등 이상 발생 시에 급히 자동으로 연료 공급을 차단시켜 주는 안전 장치이다.

(2) 압력 제한기(압력 차단기, 압력 차단 장치)

보일러 내부 증기 압력이 스프링 조정 압력보다 높을 경우 제한기 내부의 벨로스가 신축하여 수은등 스위치를 작동하게 하여 전자 밸브로 하여금 자동으로 연료 공급을 중단하게 함으로써 압력 초과로 인한 보일러 파열 사고를 방지해 주는 안전 장치이다.

1-5. 경보 장치

(1) 고·저수위 경보기(수위 검출기, 저수위 경보 장치)

보일러 드럼 내의 수위가 최저 수위(안전 수위) 이하로 내려가기 직전에 1차적으로 50~100초 동안 경보를 발하고, 수위가 더 내려가면 2차적으로 전자 밸브로 하여금 자동으로 연료 공급을 차단시켜 이상 감수로 인한 과열 및 보일러 파열 사고를 미연에 방지해 주는 안전 장치이다.

① 설치 개요
  (가) 최고 사용 압력 0.1 MPa을 초과하는 증기 보일러에는 다음의 저수위 안전 장치를 설치해야 한다 (다만, 소용량 보일러는 제외한다).

㉮ 보일러를 안전하게 쓸 수 있는 수위(이하 '안전 수위'라 한다)의 최저 수위까지 내려가기 직전에 자동으로 경보가 울리는 장치이다.
㉯ 보일러의 수위가 안전 수위까지 내려가기 직전에 연소실 내에 공급하는 연료를 자동적으로 차단하는 장치이다.
㉰ 열매체 보일러 및 사용 온도가 393 K (120℃) 이상인 온수 보일러에는 작동 유체의 온도가 최고 사용 온도를 초과하지 않도록 온도-연소 제어 장치를 설치해야 한다.
㉱ 최고 사용 압력이 0.1 MPa (수두압, 10 m)을 초과하는 주철제 온수 보일러에는 온수 온도가 388 K (115℃)을 초과할 때는 연료 공급을 차단하든가, 파일럿 연소를 할 수 있는 장치를 설치해야 한다.

② 고·저수위 경보기의 종류(수위 검출기의 종류)
㉮ 기계식 : 부표(float)의 위치 변위에 따라 밸브가 열려 경보를 발한다.
㉯ 전기식
  ㉮ 부표(플로트)식
   • 맥도널식 : 부표의 위치 변위에 따라 수은 스위치를 작동시켜 경보를 발하고 전자 밸브로 하여금 연료 공급을 차단시킨다.
   • 자석식 : 부표의 위치 변위에 따라 자석으로 하여금 수은 스위치를 작동시켜 경보를 발하고 전자 밸브로 하여금 연료 공급을 차단시킨다.
  ㉯ 전극식 : 보일러 수(水)의 전기 전도성을 이용한 것

참고
전극식 저수위 경보기에서 전극봉은 3개월마다 청소하여야 한다.

③ 수위 제어 방식
㉮ 1요소식(단요소식) : 보일러 드럼 내의 수위만을 검출하여 제어하는 방식
㉯ 2요소식 : 수위와 증기 유량을 동시에 검출하여 제어하는 방식
㉰ 3요소식 : 수위, 증기 유량, 급수 유량을 검출하여 제어하는 방식

참고
3요소식은 고온, 고압, 대용량 보일러 이외에는 별로 사용하지 않는다.

참고 ○ 저수위 경보기의 종류

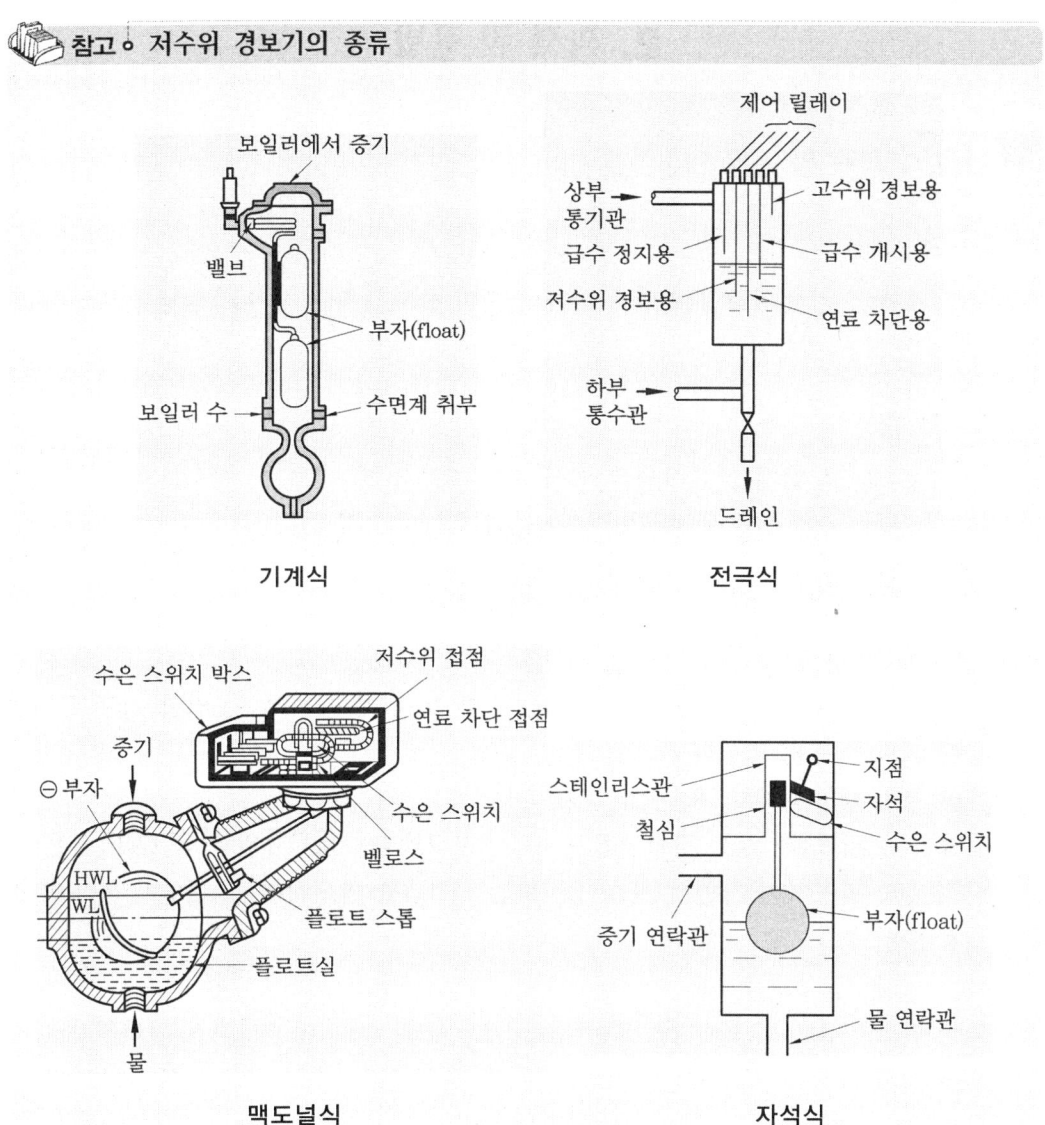

(2) 가스 경보 장치(gas alarm system)

가스 경보 장치는 가스 누설 검지기가 2개 이상 설비되어 있는 것을 말하며, 1개소에서 농도를 측정하고, 위험 범위에 근접했을 때는 경보를 발하는 장치를 말한다.

2. 화재 및 폭발

2-1. 화재 및 폭발 이론

(1) 화재의 정의

화재란 자연 또는 인위적인 원인에 의하여 불이 물체를 연소시키고 인명과 재산에 손해를 주는 현상을 말한다.

(2) 화재의 종류

① 일반 화재(A급 화재) : 표시색은 백색
　종이, 목재, 플라스틱 등의 일반 가연물의 화재를 말한다.
② 유류 화재(B급 화재) : 표시색은 황색
　일반 유류(제4류 위험물 등)의 화재를 말한다.
③ 전기 화재(C급 화재) : 표시색은 청색
　전기선의 합선(단락), 누전, 배선 불량, 스파크, 전기의 과부하, 전열 기구의 과열 등에 의한 화재를 말한다.
④ 금속 화재(D급 화재) : 표시색은 없음
　칼륨(K), 나트륨(Na), 카바이드(CaC_2), 마그네슘(Mg) 등의 금속 분말이 물 또는 수분과 반응하여 가연성 가스(H_2 또는 C_2H_2)를 발생시켜 그 가연성 가스의 화재를 말한다.
⑤ 가스 화재(E급 화재)
　액화 가스(C_3H_8, C_4H_{10} 등) 또는 압축 가스(H_2, CH_4 등)가 직접 점화원과 접촉하여 발생하는 화재를 말한다.

(3) 가연성 가스의 폭발 범위(연소 범위 = 가연 범위 = 폭발 한계 = 연소 한계 = 가연 한계)

① 정의 : 연소가 일어나는 가연성 가스와 공기 또는 산소와의 혼합 가스 범위로, 연소 하한계와 연소 상한계가 있다.

> **참고 ◦ 연소 범위와 화재의 위험성**
> ① 연소 범위 하한계가 낮을수록 화재의 위험성이 크다.
> ② 연소 범위 상한계가 클수록 화재의 위험성이 크다.
> ③ 연소 범위가 넓을수록 화재의 위험성이 크다.
> ④ 통상 온도가 높을수록, 압력이 높을수록 화재의 위험성이 크다. 단, 일산화 탄소는 압력 상승 시 연소 범위가 오히려 감소한다.

② 공기 중의 연소 범위

가스	하한계(%)	상한계(%)
아세틸렌(C_2H_2)	2.5	81.0
수소(H_2)	4.0	75.0
암모니아(NH_3)	15.0	28.0
프로판(C_3H_8)	2.1	9.5
부탄(C_4H_{10})	1.8	8.4
메탄(CH_4)	5.0	15.0
에탄(C_2H_6)	3.0	12.4
일산화탄소(CO)	12.5	74.0

③ 위험도

$$H = \frac{U-L}{L}$$

여기서 U : 연소 상한계, L : 연소 하한계

참고

위험도 값이 클수록 화재의 위험성은 크다.

④ 혼합 가스의 연소 범위(르샤틀리에의 법칙)

$$\frac{100}{L_m} = \frac{V_1}{L_1} + \frac{V_2}{L_2} + \frac{V_3}{L_3} \cdots \frac{V_n}{L_n}$$

$$\therefore L_m = \frac{100}{\left\{\dfrac{V_1}{L_1} + \dfrac{V_2}{L_2} + \dfrac{V_3}{L_3} \cdots \dfrac{V_n}{L_n}\right\}}$$

여기서, L_m : 혼합 가스의 연소 범위 하한계 또는 상한계(%)
$L_1, L_2, L_3 \cdots L_n$: 각 성분의 연소 범위 하한계 또는 상한계(%)
$V_1, V_2, V_3 \cdots V_n$: 각 성분의 부피(%)

(4) 폭굉(일반적으로 폭발이라 하는 용어)

① 정의 : 연소 범위 내의 어떤 특정 농도 범위에서 연소의 속도보다 수백 내지 수천 배 빠른 연소를 말한다.

> **참고**
>
> 일반적인 연소 속도 : 0.1~10 m/s
> 폭굉의 연소 속도 : 1000~3500 m/s

 ② 폭굉 유도 거리가 짧아지는 경우
  ㉮ 정상적인 연소 속도가 큰 혼합물의 경우
  ㉯ 점화원의 에너지가 클 경우
  ㉰ 주위 조건이 고압의 경우
  ㉱ 노즐의 관경이 작을 경우
  ㉲ 관속에 방해물이 있을 경우

(5) 분진 폭발

미세한 분말의 금속(마그네슘, 알루미늄, 아연 등) 또는 미세한 분말의 유기물(밀가루, 담뱃가루, 커피가루, 전분 등)이 공기 중에서 점화원에 의해 폭발하는 현상을 말한다.

2-2 가스폭발 : 블레비(BLEVE : boilling liguid expanding vapor explosion)

블레비란 액화 가스 또는 압축 가스 저장 탱크에서 탱크 내지 파이프의 누설로 부유 또는 확산된 가연성 가스가 점화원과 접촉하여 공기 중으로 확산되면서 연소 내지 폭발하는 현상을 말한다.

2-3 유증기 폭발

(1) 정의

연료유, 윤활유, 유압기유 등이 미세한 틈 사이로 고압으로 분사되거나, 기기 혹은 배관 등으로부터 유출되어 주위의 높은 온도로 기화된 후 점화원에 의해 폭발하는 것을 말한다.

> **참고**
>
> 유증기(oil mist)란 입자의 크기가 1~10 μm인 기름 방울이 안개 모양으로 공기 중에 분포되어 있는 상태를 말한다.

(2) 유류 탱크에서 발생하는 현상

① 보일 오버(boil over) : 중질유 탱크에서 장시간 연소될 때 중질유 아래로 열이 전달되어 탱크 저부에 고여 있는 물이 먼저 비등하면서 중질유가 탱크 밖으로 화재를 수반해 분출되면서 계속 연소되는 현상을 말한다.
② 슬롭 오버(slop over) : 물방울이 뜨거운 유면과 만나면 기름과 함께 탱크 밖으로 튀어나가는 현상을 말한다.
③ 프로스 오버(froth over) : 중질유 탱크의 가열로 인해 탱크 저부에 고여 있는 물이 먼저 비등하면서 중질유가 탱크 밖으로 화재를 수반하지 않고 넘쳐 흐르는 현상을 말한다.

2-4 덕트 폭발

덕트 내에서 이송 중인 미세한 분진이 전기 스파크 등의 점화원에 의해 일어나는 폭발을 말한다. 일종의 분진 폭발이다.

2-5 자연 발화

(1) 정의
물질이 천천히 산화되어 축적된 산화열이 발화되어 화재가 되는 것을 말한다.

(2) 자연 발화의 형태
① 산화열에 의한 발열 : 석탄, 건성유 등이 산화되어 발열한다.
② 분해열에 의한 발열 : 셀룰로이드, 니트로 셀룰로오스 등의 5류 위험물이 높은 온도에서 분해되어 발열한다.
③ 흡착열에 의한 발열 : 활성탄, 숯 등이 고열물에서 방출되는 열을 흡착하여 발열한다.
④ 미생물에 의한 발열 : 퇴비, 먼지 속에 살고 있는 혐기성 미생물의 활동에너지의 축적으로 발열한다.

(3) 자연 발화가 될 수 있는 조건
① 발열량이 큰 가연물일 때
② 열전도율이 적은 가연물일 때
③ 주위의 온도가 높을 때
④ 표면적이 넓은 가연물일 때

(4) 자연 발화를 일으키는 인자

① 열의 전도율
② 열의 축척
③ 공기의 유동
④ 수분
⑤ 발열량
⑥ 퇴적 방법

(5) 자연 발화의 방지법

① 습도가 높은 것을 피할 것 (석탄의 경우)
② 저장실 온도를 낮출 것 (셀룰로이드의 경우)
③ 통풍을 잘 시킬 것 (퇴비의 경우)
④ 열이 쌓이지 않게 할 것 (퇴비 또는 활성탄, 숯의 경우)

예상문제 및 기출문제

1. 가스의 연소 시 연소파의 유무 및 전파속도에 따라 연소 상태를 몇 가지 유형으로 구분하는데, 이 중 연소파의 전파 속도가 초음속이 되는 경우는?

㉮ 폭발 연소 ㉯ 충격파 연소
㉰ 디플라그레이션 ㉱ 디토네이션

[해설] ① 연소 속도 : 10 m/sec 이하
② 폭굉(디토네이션)속도 : 1000~3000 m/sec 정도

2. 비례식 자동 제어를 할 때에 보일러 효율이 높아지는 가장 큰 이유는?

㉮ 증기압에 큰 변동이 없기 때문
㉯ 급수의 시간 격차가 작아지기 때문
㉰ 보일러의 수위가 합리적인 선에 유지되기 때문
㉱ 연료량과 공기량이 일정한 비율로 자동 제어되기 때문

[해설] 비례식 자동 제어는 연료량과 공기량이 일정한 비율로 자동 제어됨에 따라 보일러 효율이 높아진다.

3. 석탄 연소 시 발생하는 버드네스트(birdnest) 현상은 어느 전열면에서 가장 많은 피해를 일으키는가?

㉮ 과열기 ㉯ 공기 예열기
㉰ 급수 예열기 ㉱ 화격자

[해설] 버드네스트 현상(재가 전열면에 융착)은 고온의 과열기, 재열기 전열면에 피해를 일으킨다.

4. 메탄 50 v%, 에탄 25 v%, 프로판 25 v%가 섞여 있는 혼합 기체의 공기 중에서의 연소하 한계는 몇 %인가? (단, 메탄, 에탄, 프로판의 연소 하한계는 각각 5 v%, 3 v%, 2.1 v%이다.)

㉮ 2.3 ㉯ 3.3
㉰ 4.3 ㉱ 5.3

[해설] $\dfrac{100}{L_m} = \dfrac{V_1}{L_1} + \dfrac{V_2}{L_2} + \dfrac{V_3}{L_3}$

$\therefore L_m = \dfrac{100}{\left\{\dfrac{50}{5} + \dfrac{25}{3} + \dfrac{25}{2.1}\right\}} = 3.30\ \%$

5. 연소 자동 제어에서 점화전에 연소실 가스를 몰아내는 환기를 무엇이라 하는가?

㉮ 프리퍼지(prepurge)
㉯ 로터리 킬른(rotary kiln)
㉰ 벤투리 스크러버(venturi scrubber)
㉱ 멀티클론(multiclone)

[해설] 프리퍼지란 미연소 가스에 의한 폭발 사고를 미연에 방지하기 위하여 점화전에 연소실의 미연소 가스를 몰아내는 환기 작업이다.

정답 1. ㉱ 2. ㉱ 3. ㉮ 4. ㉯ 5. ㉮

제 2 편 열역학

Engineer Energy Management

- **제1장** 열역학의 기초사항
- **제2장** 열역학 법칙
- **제3장** 이상기체 및 관련 사이클
- **제4장** 증기 및 증기 동력 사이클
- **제5장** 냉동 사이클

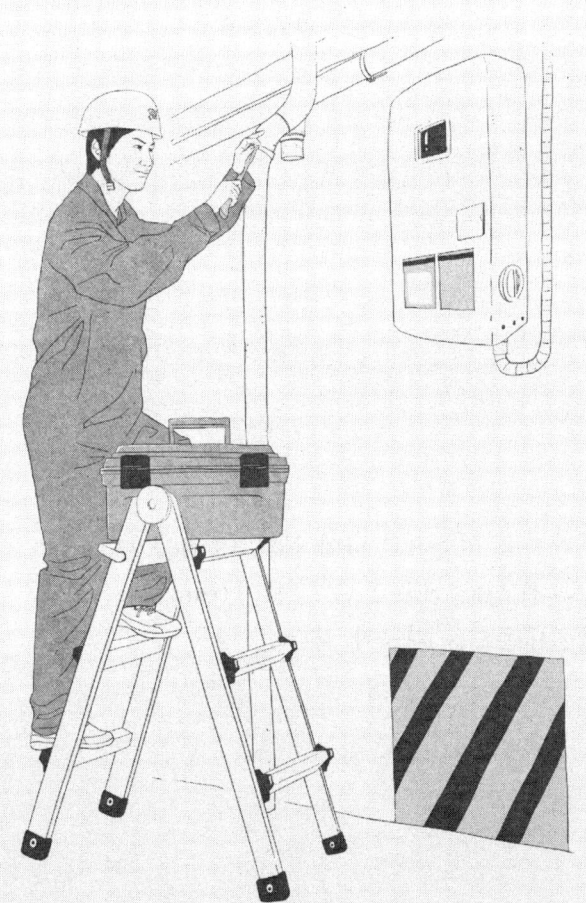

열역학의 기초 사항

1. 열역학의 상태량

1-1. 온도(temperature)

온도란 물체가 가지는 온랭의 정도를 수량적으로 나타내는 척도이며, 표시하는 단위로서 섭씨(celsius or centigrade) 온도와 화씨(fahrenheit) 온도가 있는데, 표준 대기압(760 mmHg, 1.0332 kg/cm²) 하에서 빙점을 0℃, 비등점을 100℃로 하여 100등분한 것을 섭씨온도(℃)라 하고, 빙점을 32°F, 비등점을 212°F로 하여 두 점 사이를 180등분한 것을 화씨온도(°F)라 한다.

섭씨온도를 $t[℃]$, 화씨온도를 $t[°F]$라고 할 때, 이들 사이의 관계식은,

$$\frac{t[℃]}{100} = \frac{t[°F] - 32}{180}$$ 에서,

① $t[℃] = \frac{100}{180}(t[°F] - 32)$

$\qquad = \frac{9}{5}(t[°F] - 32)$

② $t[°F] = \frac{180}{100}t[℃] + 32$

$\qquad = \frac{9}{5}t[℃] + 32$

❖ 절대 온도(absolute temperature)

열역학적으로 물체가 도달할 수 있는 최저 온도를 기준으로 하여 물의 3중점을 273.16 K(0.01℃)으로 정한 온도이며, 절대 온도를 $T[K]$ (kelvin) 온도, $T[°R]$ (rankin) 온도로 나타내면 섭씨온도 및 화씨온도에 대한 절대온도는 다음과 같다.

① $T[K] = (t[℃] + 273.15)[K]$

$\qquad ≒ (t[℃] + 273)[K]$

② $T[°R] = (t[°F] + 459.67)[°R]$

$\qquad ≒ (t[°F] + 460)[°R]$

참고 ◦ 온도 눈금의 비교

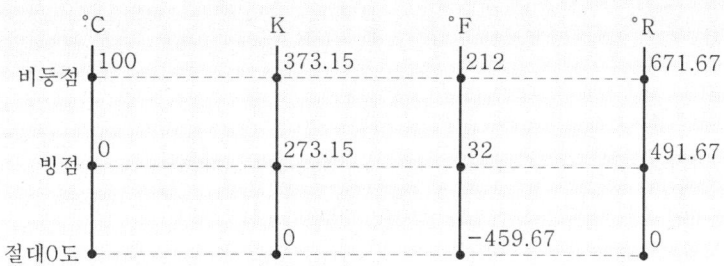

① 최근 섭씨온도의 정의는 물의 3중점(고체, 액체, 기체가 공존하는 점)을 $0.01℃$ (= $273.16\ K$)로 정한다.
② 섭씨온도와 화씨온도가 같은 온도는 $-40℃$이다.

1-2. 비체적, 비중량, 밀도

(1) 비체적

$$비체적(m^3/kg) = \frac{체적}{질량} = \frac{1}{\frac{질량}{체적}} = \frac{1}{밀도}$$

$$V_s = \frac{V}{m} = \frac{1}{\frac{m}{V}} = \frac{1}{\rho}$$

여기서, V_s : 비체적(m^3/kg), m : 질량(kg)
V : 체적(m^3), ρ (로) : 밀도(kg/m^3)

(2) 비중량 (kgf/m^3)

$$비중량 = \frac{중량}{체적}$$

$$\gamma = \frac{F}{V}$$

여기서, γ : 비중량(kgf/m^3), F : 중량(kgf), V : 체적(m^3)

참고 ◦

공학에서는 중량(kgf)과 질량(kg)을 값이 같게 두므로 비중량(kgf/m^3)을 밀도(kg/m^3)라 해도 된다(중량= 무게= 힘).

(3) 밀도(kg/m³)와 비중

$$밀도 = \frac{질량}{체적}$$

$$\rho = \frac{m}{V}$$

여기서, ρ : 밀도(kg/m³), m : 질량(kg), V : 체적(m³)

① 고체, 액체에서의 밀도 : 직접 측정해야 한다.

$$밀도 = \frac{질량}{체적} \text{ (g/cm}^3 = \text{g/cc} = \text{g/mL} = \text{kg/L} = \text{ton/m}^3)$$

참고

① 4℃ 물의 밀도 : $1\,\text{g/cm}^3 = 1\,\text{g/cc} = 1\,\text{g/mL} = 1\,\text{kg/L} = 1\,\text{ton/m}^3$
② 수은의 밀도 : $13.6\,\text{g/cm}^3$

② 고체, 액체에서의 비중

$$비중 = \frac{어떤\ 액체의\ 밀도(\text{g/cm}^3)}{4℃\ 물의\ 밀도(\text{g/cm}^3)} = \frac{어떤\ 액체의\ 밀도}{1} = 어떤\ 액체의\ 밀도$$

참고

고체, 액체에서의 비중은 밀도와 값이 같다. 단, 비중은 단위가 없고 밀도는 단위가 있다.

③ 기체에서의 밀도

$$밀도 = \frac{질량}{체적} \text{ (kg/m}^3\text{)}$$

㈎ S.T.P(0℃, 1atm)에서의 기체의 밀도 : 간단한 계산식으로 구할 수 있다.

$$밀도 = \frac{기체의\ 분자량}{22.4} \text{ (kg/Nm}^3 \text{ 또는 g/L)}$$

㈏ S.T.P(0℃, 1atm)가 아닌 상태에서의 기체의 밀도 : 이상 기체 상태 방정식을 이용하여 구할 수 있다.

$$PV = \frac{W}{M}RT$$

$$PM = \frac{W}{V}RT$$

$$\frac{W}{V} = \frac{PM}{RT}$$

$$\rho = \frac{PM}{RT}$$

여기서, P : 기체의 절대 압력(atm)
V : 밀폐 용기의 체적=기체의 체적(m^3 또는 L)
W : 기체의 질량(kg 또는 g)
M : 기체의 분자량(kg/kmol 또는 g/mol)
R : 이상 기체의 상수 ($0.082 \text{ atm}\cdot m^3/\text{kmol}\cdot K$)
T : 기체의 절대 온도(K)
ρ : 밀도 (kg/m^3 또는 g/L)

④ 기체의 비중

$$비중 = \frac{어떤 기체의 밀도(kg/m^3)}{공기의 밀도(kg/m^3)}$$

㉮ S.T.P(0℃, 1 atm)에서의 기체의 비중 : 간단한 계산식으로 구할 수 있다.

$$비중 = \frac{\frac{M}{22.4}(kg/m^3)}{\frac{29}{22.4}(kg/m^3)} = \frac{M}{29}$$

여기서, M : 기체의 분자량(kg/kmol 또는 g/mol)
29 : 공기의 평균 분자량(kg/kmol 또는 g/mol)

㉯ S.T.P(0℃, 1 atm)가 아닌 상태에서의 기체의 밀도

$$비중 = \frac{\text{STP가 아닌 상태에서의 기체의 밀도}(kg/m^3)}{\text{STP 상태에서의 공기의 밀도}(kg/m^3)} = \frac{\frac{PM}{RT}}{\frac{29}{22.4}}$$

1-3 압력(pressure)

압력이란 단위 면적당 수직 방향으로 작용하는 힘의 세기를 말하며, 압력 = $\frac{힘}{면적}$ 이다.

(1) 표준 대기압 (atm)

$1 \text{ atm} = 760 \text{ mmHg} = 760 \text{ torr} = 76 \text{ cmHg}$
$= 29.92 \text{ inHg} = 1.0332 \text{ kgf/cm}^2 = 10332 \text{ kgf/m}^2$
$= 10.332 \text{ mH}_2\text{O} (= 10.332 \text{ mAq}) = 1033.2 \text{ cmH}_2\text{O} = 10332 \text{ mmH}_2\text{O}$
$= 14.7 \text{ lb/in}^2 (= 14.7 \text{ psi}) = 1013 \text{ mmbar} = 1.013 \text{ bar} = 101325 \text{ Pa} = 101325 \text{ N/m}^2$

(2) 공학 (공업)기압 (at)

$1 \text{ at} = 1 \text{ kgf/cm}^2 = 10000 \text{ kgf/m}^2 = 10 \text{ mH}_2\text{O} \ (= 10 \text{ mAq})$
$= 10000 \text{ mmH}_2\text{O} = 735.56 \text{ mmHg} = 735.56 \text{ torr}$
$= 14.2 \text{ lb/in}^2 (= 14.2 \text{ psi}) = 980.64 \text{ mmbar}$

(3) 게이지 압력(atg, g)

대기압을 0으로 기준한 압력이다 (보일러 압력계가 나타내는 압력).

(4) 절대 압력(abs, ata)

절대 진공을 0으로 기준한 압력이다 (포화 증기표가 나타내는 압력).

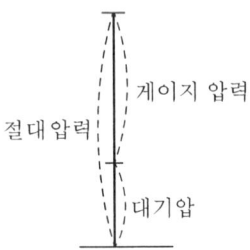

절대 압력＝대기압＋게이지 압력
절대 압력－대기압＝게이지 압력
절대 압력－게이지 압력＝대기압

(5) 진공압 (atv)

진공압이란 대기압보다 낮은 압력을 말하며, 단위는 mmHg를 주로 사용한다.

① 진공도란 진공 상태를 나타내는 정도이며, 진공도＝$\dfrac{진공압}{대기압}\times 100\%$

② 절대압＝대기압－진공압

참고

① $1\,kg/cm^2 = 10000\,kg/m^2 = 10\,mH_2O = 10000\,mmH_2O$
② $1\,kg/m^2 = 1\,mmH_2O$ ③ $1\,mmHg = 1\,torr$
④ $1\,Pa = 1\,N/m^2$ ⑤ $1\,kgf/cm^2 = 0.1\,MPa$
⑥ 압력의 단위 : atm, mmHg, cmHg, torr, inHg, kgf/cm^2, mH_2O(mAq), cmH_2O, lb/in^2(psi), mmbar, Pa, N/m^2, $dyne/cm^2$

(6) 고체, 액체에서의 게이지 압력 구하는 법

① 고체에서의 게이지 압력

$$P = \dfrac{F}{A}\,[kg/cm^2]$$

여기서, P : 게이지압 (kg/cm^2), F : 누르는 힘(kg), A : 밑면적(cm^2)

② 액체에서의 게이지 압력

$$P = \gamma h$$

여기서, P : 게이지압 (kg/m^2), γ : 액체의 비중량 (kg/m^3), h : 액체의 높이(m)

(7) 기체에서의 절대 압력 구하는 법(이상 기체 상태 방정식 이용)

$$PV = \frac{W}{M}RT$$

$$P = \frac{WRT}{V \cdot M}$$

여기서, P : 기체의 절대 압력(atm)
V : 밀폐된 용기의 체적 = 기체의 체적(m^3 또는 L)
W : 기체의 질량(kg 또는 g)
M : 기체의 분자량(kg/kmol 또는 g/mol)
R : 이상 기체 상태 방정식(0.082 atm·m^3/kmol·K 또는 0.082 atm·L/mol)
T : 기체의 절대 온도(K)

2. 일 및 에너지

2-1. 열과 일당량

(1) 일(work)

일이란 어떤 물체에 F만큼의 힘(중량)을 가해 S만큼의 거리를 이동했을 때를 말한다. 즉, $W = F \cdot S \, [\text{kgf} \cdot \text{m}]$ 만큼 일을 했다고 말한다.

힘이 물체에 대해 일을 W만큼 하면 그 물체의 운동 에너지와 위치 에너지는 W만큼 증가한다(일은 에너지로 표현할 수 있다).

(2) 열량 (quantity of heat)

열은 물질의 분자 운동에 의한 에너지의 한 형태이며, 물체가 보유하는 열의 양(즉, 에너지의 양)을 열량이라고 한다.

① 1 kcal (kilo-calorie) : 표준 대기압 하에서 순수한 물 1 kg을 14.5℃에서 15.5℃로 1℃ 높이는 데 필요한 열량을 말한다.

② 1 BTU (british thermal unit) : 순수한 물 1 lb를 61.5°F에서 62.5°F로 1°F 높이는 데 필요한 열량을 말한다.

③ 1 CHU (centigrade heat unit) : 순수한 물 1 lb 14.5℃에서 15.5℃로 1℃ 높이는 데 필요한 열량을 말한다.

열량의 단위 비교

kcal	BTU	CHU	kJ
1	3.968	2.205	4.18673
0.252	1	0.5556	1.05504
0.4536	1.8	1	1.89908
0.23885	0.94783	0.52657	1

참고

① 100000 BTU를 1섬(therm)이라고 하며, 미국, 영국 등에서 대열량 단위로 사용되고 있다.
② 1 kcal = 4.2 kJ, 1 cal = 4.2 J, 1 J = 0.24 cal

(3) 열용량과 비열

① 열용량(heat capacity) : 열용량이란 어떤 물체의 온도를 1℃ 높이는 데 필요한 열량을 말한다.

⑺ 열용량= 질량×비열
㈏ 열용량의 단위 : kcal/℃ (cal/℃)
② 비열(specific heat) : 어떤 물질 1 kg을 1℃ 높이는 데 필요한 열량(kcal)을 말한다.
  ㈎ 비열의 단위 : kcal/kg·℃(cal/g·℃), CHU/lb·℃, BTU/lb·℉
  ㈏ 비열
    ㉮ 정압 비열(C_p) : 압력을 일정하게 하였을 때 비열
    ㉯ 정적 비열(C_v) : 부피를 일정하게 하였을 때 비열
  ㈐ 비열비(k) : 정압 비열과 정적 비열의 비

$$비열비(k) = \frac{정압\ 비열(C_p)}{정적\ 비열(C_v)} > 1$$

참고

① 비열비(k)는 항상 1보다 크다 ($\because C_p > C_v$ 이므로)
② 고체 및 액체 중에서는 물의 비열이 가장 크며, 기체 중에서는 수소(H)의 비열이 가장 크다.

③ 열량을 구하는 식
  ㈎ 현열 구하는 식
    현열(감열)이란 물질의 상태 변화는 없고 온도 변화에만 소요되는 열량을 말한다.

$$Q = G \cdot C \cdot \Delta t = G \cdot C \cdot (t_2 - t_1)$$

여기서, Q : 열량(kcal 또는 cal) G : 질량(kg 또는 g)
        C : 비열(kcal/kg℃, cal/g℃) Δt : 온도차(℃)
        t_2 : 상승된 온도(℃) t_1 : 최초 온도(℃)

  ㈏ 잠열 구하는 식
    잠열(숨은열)이란 물질의 온도 변화는 없고 상태 변화에만 소요되는 열량을 말한다.

$$Q = G\gamma$$

여기서, Q : 열량(kcal 또는 cal)
        G : 질량(kg 또는 g)
        γ : 잠열(kcal/kg 또는 cal/g)

참고

① 물의 증발 잠열(증발열= 기화 잠열= 기화열)= 539 kcal/kg= 539 cal/g
② 얼음의 융해 잠열(융해열)= 80 kcal/kg= 80 cal/g

(4) 열의 일당량, 일의 열당량

① 열의 일당량(J) : 열을 일로 환산하는 값

$J = 427$ kg·m/kcal

② 일의 열당량(A) : 일을 열로 환산하는 값

$A = \dfrac{1}{427}$ kcal/kg·m

2-2 동력(power)

일률(kg·m/s)이란 일을 얼마나 효율적으로 했는가를 나타내는 값이다. 즉, 일에 시간을 나눈 값이다.

여기서, 일률은 동력(kW), 마력(HP, PS) 등으로 나타낸다.

1 kW = 102 kg/m·s

1 HP = 76 kg/m·s

1 PS = 75 kg/m·s (국제 마력)

예상문제 및 기출문제

1. 그림은 물의 압력대 온도 도면(P-T diagram)을 나타낸 것이다. 곡선 AB는 승화 곡선, BC는 증발 곡선, BD는 용융 곡선일 때 점 B는?

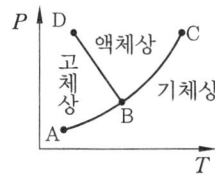

㉮ 임계점 ㉯ 삼중점
㉰ 승화점 ㉱ 용융점

[해설] 삼중점이란 고체, 액체, 기체가 공존하는 온도이다.

2. 다음에서 물의 삼중점(三重點)의 온도는?

㉮ 0℃ ㉯ 273.16℃
㉰ 73 K ㉱ 273.16 K

[해설] 물의 삼중점은 0.01℃이다. 절대 온도로 나타내면 273.15 + 0.01 = 273.16 K이다.

3. 80℃의 물 50 kg과 50℃의 물 100 kg을 혼합한 물의 온도는 몇 ℃인가?

㉮ 50 ㉯ 60
㉰ 70 ㉱ 80

[해설] 산술 평균하면
$$t℃ = \frac{G_1 t_1 + G_2 t_2}{G_1 + G_2}$$
$$= \frac{50 \times 80 + 100 \times 50}{50 + 100}$$
$$= 60℃$$

4. 물에 관한 다음 설명 중 틀린 것은?

㉮ 물은 4℃ 부근에서 비체적이 최대가 된다.
㉯ 물이 얼어 고체가 되면 밀도가 감소한다.
㉰ 임계 온도보다 높은 온도에서는 액상과 기상을 구분할 수 없다.
㉱ 액체 상태의 물을 가열하여 온도가 상승하는 경우, 이때 공급한 열을 현열이라고 한다.

[해설] 물은 4℃ 부근에서 비중량(1000 kgf/m^3)이 최대가 된다.

5. 프로판(C_3H_8) 15 kg의 표준 상태에서의 체적은 약 얼마가 되는가?

㉮ 7.64 m^3 ㉯ 10 m^3
㉰ 15 m^3 ㉱ 20 m^3

[해설] $44 \text{kg} : 22.4 \text{m}^3$
$15 \text{kg} : x \text{m}^3$
$$\therefore x = \frac{15 \times 22.4}{44} = 7.636 \text{ m}^3$$

6. 기체 프로판(C_3H_8)을 강철 실린더에 저장하기 위하여 액화한다. 표준 상태에서 500L의 부피를 갖는 이 가스를 액화하면 대략 몇 g의 액체 프로판을 얻겠는가?

㉮ 659 ㉯ 799
㉰ 887 ㉱ 982

[해설] $44 \text{g} : 22.4 \text{L}$
$x \text{g} : 500 \text{L}$
$$\therefore x = \frac{44 \times 500}{22.4} = 982.1 \text{ g}$$

정답 1. ㉯ 2. ㉱ 3. ㉯ 4. ㉮ 5. ㉮ 6. ㉱

7. 분자량이 16, 28, 32 및 44인 이상 기체를 각각 같은 용적으로 혼합하였다. 이 혼합 가스의 평균 분자량은 얼마인가?

㉮ 33 ㉯ 35
㉰ 30 ㉱ 40

[해설] 같은 용적이므로 각각 1L라 가정하고 산술 평균하면
$$M = \frac{V_1 M_1 + V_2 M_2 + V_3 M_3 + V_4 M_4}{V_1 + V_2 + V_3 + V_4}$$
$$= \frac{1 \times 16 + 1 \times 28 + 1 \times 32 + 1 \times 44}{1+1+1+1} = 30$$

8. 공기 온도가 15℃, 대기압이 758.7 mmHg인 때에 습도계로 공기 중의 증기 분압이 9.5 mmHg임을 알았다. 건조 공기의 밀도는 얼마인가? (단, 0℃, 760 mmHg일 때의 건조 공기의 밀도는 1.293 kg/m³ 이다.)

㉮ 1.020 kg/m³
㉯ 1.208 kg/m³
㉰ 1.403 kg/m³
㉱ 1.600 kg/m³

[해설] $\rho = \rho_o \left[\dfrac{kg}{Nm^3}\right] \times \dfrac{1}{\dfrac{T'}{T} \times \dfrac{P}{P'}}$
$= \rho_o \times \dfrac{T}{T'} \times \dfrac{P'}{P}$
$= 1.293 \times \dfrac{273}{273+15} \times \dfrac{758.7-9.5}{760}$
$= 1.208 \text{ kg/m}^3$

9. 비압축성 유체에 있어서 체적 팽창 계수 β의 값은 얼마인가?

㉮ $\beta = 0$ ㉯ $\beta = 1$
㉰ $\beta < 0$ ㉱ $\beta > 0$

[해설] $\beta = -\dfrac{\Delta P}{\dfrac{\Delta P}{V}}$ 에서 비압축성 유체이므로 $\Delta V = 0$이고, $\beta = 0$ 이다.

10. 지름 1 cm의 피스톤을 가진 사하중압력계 위에 6.14 kg (피스톤, 팬 포함)의 질량을 주면 평형을 이룬다. 중력 가속도가 9.8 m/s² 이라면 측정하려는 계기 압력은 얼마인가?

㉮ 9.82 N/cm² ㉯ 6.14 N/cm²
㉰ 60.30 N/cm² ㉱ 76.61 N/cm²

[해설] 고체의 압력 $P = \dfrac{F}{A}$
$= \dfrac{F}{\dfrac{3.14 \times D^2}{4}}$
$= \dfrac{6.14 \text{kg} \times 9.8 \text{m/s}^2}{\dfrac{3.14 \times 1^2}{4} \text{cm}^2}$
$= 76.65 \text{ N/cm}^2$

11. 공기가 표준 대기압 하에 있을 때의 산소의 분압(mmHg)을 구하면?

㉮ 128.8 ㉯ 159.6
㉰ 176.4 ㉱ 185.3

[해설] 산소의 분압 $= 760 \times \dfrac{21}{21+79}$
$= 159.6 \text{ mmHg}$

12. 체적 V와 온도 T를 유지하고 있는 고압 용기에 이상 기체가 들어 있다. 면적이 A인 아주 작은 구멍을 통해 기체가 새고 있을 때, 시간에 따른 용기 압력을 옳게 나타낸 것은? (단, 외기압은 충분히 낮다.)

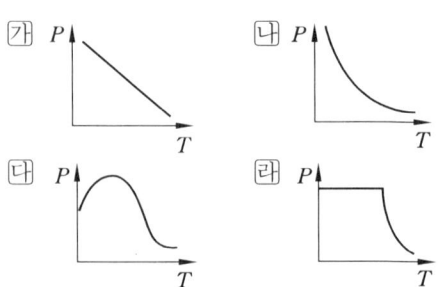

[해설] 기체가 새고 있을 때 시간의 경과에 따른 압력의 저하는 ㉯항 상태로 변화한다.

제1장 열역학의 기초사항 139

13. CO_2의 가스 상수는 몇 kJ/kg·K인가?

㉮ 0.095 ㉯ 0.189
㉰ 8.314 ㉱ 44.0

[해설] CO_2의 분자량이 44이므로

$R = \dfrac{8.314}{44} = 0.1889$ kJ/kg·K이다.

14. 다음 중 종량 성질(시량 특성치, extensive property)은?

㉮ 체적 ㉯ 조성
㉰ 압력 ㉱ 절대 온도

[해설] 체적(V), 엔탈피(H), 엔트로피(S), 내부에너지(U) 등은 물질의 질량에 따라 그 크기가 결정되는 종량성 상태량이다.

15. 다음 중 세기 성질(intensive property)이 아닌 것은?

㉮ 압력 ㉯ 밀도
㉰ 비체적 ㉱ 체적

[해설] 강도성 상태량은 온도, 압력, 밀도, 비체적 등이 있다.

16. $\int F \cdot dx$는 어떤 에너지를 나타내는 식인가? (단, F는 힘을 나타낸다.)

㉮ 일 ㉯ 열
㉰ 유동일 ㉱ 위치 에너지

[해설] $W = F \cdot S$ [kgf·m]

17. 다음 중 열역학적 경로 함수는?

㉮ 밀도 ㉯ 압력
㉰ 일 ㉱ 점도

[해설] 일과 열은 경로 함수이다.

18. 직경 25 cm의 피스톤이 9 atm의 압력에 대항하여 15 cm 움직였을 때 한 일은 약 몇 L·atm인가?

㉮ 66.27 ㉯ 88.54
㉰ 98.86 ㉱ 105.04

[해설] $W = P\Delta V$

$= 9\text{atm} \times \left(\dfrac{3.14 \times 25^2}{4} \times 15 - 0\right)\text{cm}^3 \times 10^{-3} \text{ cm}^3$

$= 66.234$ L·atm (절대일)

19. 유체가 펌프 내에서 압출될 때 소요되는 일(W)을 표시하는 식으로 올바른 것은? (단, P는 압력, V는 체적을 표시)

㉮ $-\int PdV$ ㉯ $-\int PVdV$
㉰ $-\int VdP$ ㉱ $-\int PVdP$

[해설] 펌프는 압축일이므로 공업일(개방계)이다.

공업일 $W_t = -\int_1^2 VdP$이다.

[참고] 절대일[밀폐계, 팽창일, 비유동일(내연기관), 가역일] $W_a = \int_1^2 PdV$이다.

20. 평균 유효 압력이 5 kgf/cm²이고 행정체적이 2000 cc 가솔린 엔진에서 사이클당 이 엔진이 하는 일을 kcal로 환산했을 때의 근사값으로 맞는 것은?

㉮ 1.0 ㉯ 0.75
㉰ 0.50 ㉱ 0.25

[해설] $W = P\Delta V$

$W = P\Delta V$

$= 5\text{kg/cm}^2 \times (2000 - 0)\text{cm}^3 \times$

$10^{-2}\text{m/cm} \times \dfrac{1}{427}$ kcal/kg·m

$= 0.234$ kcal

21. 지름 4 cm의 피스톤 위에 추를 올려놓아서 기체가 실린더 속에 가득 차 있다. 추

[정답] 13. ㉯ 14. ㉮ 15. ㉱ 16. ㉮ 17. ㉰ 18. ㉮ 19. ㉰ 20. ㉱ 21. ㉮

와 피스톤의 질량은 3 kg이며, 이때 기체를 가열할 경우 피스톤 및 추가 50 cm 높이까지 올라간다면 이때 한 일은 몇 J인가? (단, 이곳에 중력이 9.5 m/s², 표준 대기압 하에 마찰은 없는 것으로 한다.)

㉮ 14.25 ㉯ 1.425
㉰ 142.5 ㉱ 0.1425

[해설] $W = P\Delta V = G \cdot \Delta h = m \cdot g \cdot \Delta h$
$= 3\text{kg} \times 9.5 \text{m/s}^2 \times (0.5-0)\text{m}$
$= 14.25 \text{ kg} \cdot \text{m/s}^2 \cdot \text{m} = 14.25 \text{ N} \cdot \text{m}$
$= 14.25 \text{ J}$

22. 동력 100 Ps인 원동기가 2분간에 행하는 일의 열상당량은?

㉮ 5760.8 kcal
㉯ 1650.8 kcal
㉰ 2808.6 kcal
㉱ 2107.7 kcal

[해설] $Q = 100\text{PS} \times 2\text{min}$
$= 100\text{PS} \times \dfrac{75\text{kg} \cdot \text{m/s}}{\text{Ps}} \times 2$
$\times 60\text{s} \times \dfrac{1}{427} \text{ kcal/kg} \cdot \text{m}$
$= 2107.72 \text{ kcal}$

23. 발전소 보일러실에서 소비되는 석탄의 양이 6시간 동안 20톤이라고 한다. 석탄 1 kg의 연소에 의한 열량은 7000 kcal이다. 석탄에서 얻을 수 있는 열의 20 %가 전기에너지로 변한다고 하면 이 발전소에서 발전되는 전력은?

㉮ 5426 kW ㉯ 10862 kW
㉰ 23220 kW ㉱ 32560 kW

[해설] $\text{kW} = 20\text{ton}/6\text{hr} \times 10^3 \text{kg/ton}$
$\times 7000\text{kcal/kg} \times 0.2 \times \dfrac{1\text{kW/h}}{860\text{kcal}}$
$= 5426.3 \text{ kW}$

24. 20℃의 물 10 kg을 대기압 하에서 100℃의 수증기로 완전히 증발시키는 데 필요한 열량은 약 몇 kJ인가?

㉮ 800   ㉯ 6190
㉰ 25930 ㉱ 61900

[해설] $Q = GC\Delta t + G\gamma$
$= \{10 \times 1 \times (100-20) + 10 \times 539\}\text{kcal}$
$\times 4.187 \text{kJ/kcal}$
$= 25917 \text{ kJ}$

25. 다음 중 상온에서 비열비 값이 가장 큰 기체는?

㉮ He   ㉯ O_2
㉰ CO_2 ㉱ CH_4

[해설] 비열비$(\kappa) = \dfrac{\text{정압 비열}}{\text{정적 비열}} > 1$이며,

① 1원자 분자인 경우 $\kappa = \dfrac{5}{3} = 1.666$

② 2원자 분자인 경우 $\kappa = \dfrac{7}{5} = 1.4$

③ 3원자 이상 분자인 경우 $\kappa = \dfrac{4}{3} = 1.333$

26. 헬륨의 가스 정수(gas constant)는 211.9 kgf·m/kg·K이고 정압 비열 C_P는 1.251 kcal/kg·K이다. 이 가스의 정적 비열 C_V의 근사치로서 합당한 것은?

㉮ 1.72 kcal/kg·K
㉯ 1.21 kcal/kg·K
㉰ 0.76 kcal/kg·K
㉱ 0.52 kcal/kg·K

[해설] $R = C_P - C_V$
$\therefore C_V = C_P - R$
$= 1.251 \text{kcal/kg} \cdot \text{K} - 211.9 \text{kgf} \cdot \text{m/kg} \cdot \text{K}$
$\times \dfrac{1}{427} \text{kcal/kgf} \cdot \text{m}$
$= 0.754 \text{ kcal/kg} \cdot \text{K}$

27. 정압에 있는 5 kg 공기에 20 kcal의 열을 전달하여 10℃에서 30℃로 온도를 올렸다. 이 온도 범위에서 공기의 평균 비열(kcal/kg·℃)을 구하면?

㉮ 0.1　　㉯ 0.2
㉰ 0.3　　㉱ 0.4

[해설] $Q = G C_P \Delta t$

$\therefore C_P = \dfrac{Q}{G \cdot \Delta t} = \dfrac{20 \text{kcal}}{5 \text{kg} \times (30-10)℃}$
$= 0.2 \text{ kcal/kg} \cdot ℃$

28. 높이 50 m인 폭포에서 낙하한 물의 온도는 1 kg당 몇 ℃ 높아지는가? (단, 낙하에 의한 에너지는 모두 열로 변환된다.)

㉮ 0.02℃　　㉯ 0.12℃
㉰ 0.22℃　　㉱ 0.32℃

[해설] $Q = AGh = GC\Delta t$

$= \dfrac{1}{427} \text{kcal/kg} \cdot \text{m} \times 1 \text{kg} \times 50 \text{m}$
$= 1 \text{kg} \times 1 \text{kcal/kg}℃ \times \Delta t ℃$

$\therefore \Delta t = \dfrac{\frac{1}{427} \times 1 \times 50}{1 \times 1} = 0.117℃$

29. 열화학반응식에 대한 설명으로 옳지 않은 것은?

㉮ 일반적으로 물질의 상태를 표시한다.
㉯ 일반적으로 물리적 조건(온도, 압력)을 명시한다.
㉰ 발열 반응에서 평형 반응률은 온도 상승과 더불어 저하한다.
㉱ 일반적으로 반응열을 화학 반응식에 붙여 쓸 때 발열인 경우는 −부호를, 흡열인 경우는 +부호를 표시한다.

[해설] 발열인 경우는 +부호를, 흡열인 경우는 −부호를 표시한다.

[참고] ① $C + O_2 \rightarrow CO_2 + 97200$ [kcal/kmol]
② $C + CO_2 \rightarrow 2CO - 39300$ [kcal/kmol]

30. 표준 반응열을 계산하는 법칙은?

㉮ Lewis의 법칙　　㉯ Hess의 법칙
㉰ Dalton의 법칙　　㉱ Amagat의 법칙

[해설] Hess의 법칙은 "어떤 화학 반응이 일어날 때, 처음 상태와 나중 상태가 결정되면 반응 경로에 관계없이 반응열의 총합은 항상 일정하다."라고 한 법칙이다.

[정답] 27. ㉯　28. ㉯　29. ㉱　30. ㉯

Chapter 2 열역학 법칙

1. 열역학 제1법칙

1-1 내부 에너지

(1) 열역학 제0법칙(열평형의 법칙)

온도가 높은 물체와 온도가 낮은 물체를 접촉시키면 온도가 높은 물체는 온도가 내려가고 온도가 낮은 물체는 온도가 상승하여, 결국은 두 물체의 온도가 같게 되어 열평형을 이루고 열평형 상태에 있게 된다.

(2) 열역학 제1법칙(에너지 보존의 법칙)

열과 일은 하나의 에너지이고 열을 일로 바꿀 수 있고, 일 또한 열로 바꿀 수 있으며 열량과 일량은 항상 일정하다.

열역학 제1법칙에서 일의 열당량을 $A\left(\dfrac{1}{427}\text{kcal/kg}\cdot\text{m}\right)$, 열의 일당량을 $J(427\,\text{kg}\cdot\text{m/kcal})$, 일량을 $W\,[\text{kg}\cdot\text{m}]$, 열량을 $Q\,[\text{kcal}]$라고 할 때 열과 일과의 관계는 다음과 같다.

$$Q = A \cdot W, \quad W = \dfrac{Q}{A} = \dfrac{1}{A} \times Q$$

또한, $\dfrac{1}{A} = J$이므로 $W = J \cdot Q$이다.

$$\therefore J = \dfrac{W}{Q}$$

① $1\text{Hp}\cdot\text{h}(\text{Ps}\cdot\text{h}) = \dfrac{1}{427}\text{kcal/kg}\cdot\text{m} \times 75\,\text{kg}\cdot\text{m/s} \times 3600\,\text{s} ≒ 632\,\text{kcal}$

② $1\text{kW}\cdot\text{h} = \dfrac{1}{427}\text{kcal/kg}\cdot\text{m} \times 102\,\text{kg}\cdot\text{m/s} \times 3600\,\text{s} ≒ 860\,\text{kcal}$

③ $1\text{cal} = 4.2\,\text{J}$ $\qquad \therefore 1\text{J} = \dfrac{1}{4.2}\text{cal} = 0.24\,\text{cal}$

④ $1\text{J} = 0.102\,\text{kg}\cdot\text{m}$ $\qquad \therefore 1\text{kg}\cdot\text{m} = 9.8\,\text{J}$

> **참고**
> ① 열역학 제1법칙은 일과 열은 서로 변할 수 있는 에너지로서 항상 보존이 된다(에너지 보존의 법칙).
> ② 에너지는 따로 생성되지도 않고 또한 소멸되지도 않는다(에너지 불멸의 법칙).
> ③ 에너지는 다만 한 형태에서 다른 형태로 바뀔 뿐이다(상태 변화의 법칙).

(3) 내부 에너지

열역학 제1법칙에서 기체에 공급된 열에너지는 기체의 내부에너지 증가와 기체가 외부에 한 일(외부에너지)의 합과 같다.

열에너지 = 내부에너지 + 외부에너지

$$Q = \Delta U + AW$$

내부에너지의 변화가 없다면

$$Q = AW$$

여기서 Q : 열에너지(총열량)(kcal)
ΔU : 내부에너지 변화(kcal)
A : 일의 열당량 $\left(\dfrac{1}{427} \text{kcal/kg} \cdot \text{m}\right)$
W : 일량(kg·m)

즉, 내부에너지는 물체 내부에 축적되어 있는 에너지를 말한다.
그리고 내부에너지는 온도만의 함수이다.

$$U = C_V dT$$

> **참고**
> 일(W) : ① 외부에 일을 했을 때는 +값
>   ② 외부에서 일을 받았을 때는 -값
> 열(Q) : ① 외부에서 열을 받았을 때는 +값
>   ② 외부에 열을 방출했을 때는 -값

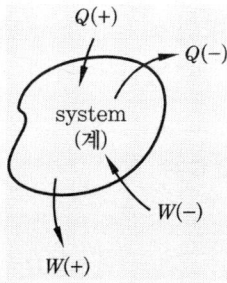

1-2 엔탈피(Enthalpy)

엔탈피란 증기, 공기, 연소 가스 등이 가진 열에너지를 표시하는 열역학 상태량의 하나로서 다음 식으로 표시되는 열역학적 함수 H [kcal]를 말한다.

$$H = U + APV$$
$$h = u + APv$$

여기서, H : 엔탈피(kcal), U : 내부에너지(kcal), A : 일의 열당량 (kcal/kg·m)
P : 절대압력(kg/m^2), V : 체적(m^3), h : 비엔탈피(kcal/kg)
u : 비내부에너지(kcal/kg), v : 비체적(m^3/kg)

그리고 엔탈피는 온도만의 함수이다.

$$H = C_P dT$$

1-3 에너지식

(1) 정지 유체에 대한 일반 에너지식(밀폐계)

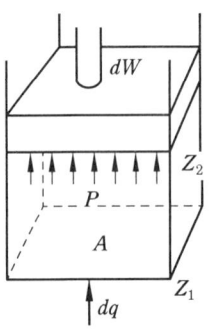

피스톤의 열과 일의 관계

어떤 밀폐된 계(system)에 열을 가하면 그 계는 온도가 상승하며 동시에 외부에 대하여 일을 한다. 즉, Q만큼 열을 가하면 ΔU만큼 내부에너지가 증가하고 외부에 대하여 W 만큼 일을 한다면 Q는 열역학 제1법칙에 의해 다음 식이 성립한다.

$$Q = \Delta U + AW \text{ [kcal]}$$

이 식을 미분형으로 표시하면 다음과 같다.

$$dQ = dU + AdW$$
$$= dU + APdV \text{ [kcal]}$$
$$dq = du + APdv \text{ [kcal/kg]}$$

열량 계산식으로 나타내면 다음과 같다.
$$_1Q_2 = (U_2 - U_1) + A_1W_2 \text{ [kcal]}$$
$$_1q_2 = (u_2 - u_1) + A_1w_2 \text{ [kcal/kg]}$$

그리고 엔탈피 식에서 $h = u + Pv \cdots$ SI 단위이므로 이 식을 미분형으로 표시하면 다음과 같다.

$$dh = du + d(Pv)$$
$$= du + Pdv + vdP$$
$$= dq + vdP$$
$$\therefore dq = dh - vdP \text{ [kJ/kg]}$$

(2) 정상 유동 유체에 대한 일반 에너지식(개방계)

정상 유동이란 어떤 관로의 한 점에서 압력(P), 속도(w), 밀도(ρ), 온도(T)가 시간에 관계없이 일정한 값을 가지는 유동을 말한다.

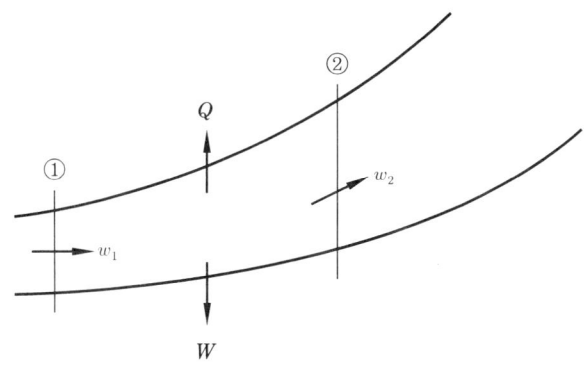

정상 유동

단면 ①에서 압력을 $P_1 \text{ [kg/m}^2\text{]}$, 비체적을 $v_1 \text{ [m}^3\text{/kg]}$, 비내부에너지를 u_1 [kcal/kg], 속도를 $w_1 \text{ [m/s]}$, 위치를 $Z_1 \text{ [m]}$이라 하고, 단면 ②에서 압력을 P_2 [kg/m^2], 비체적을 $v_2 \text{ [m}^3\text{/kg]}$, 비내부에너지를 u_2 [kcal/kg], 속도를 $w_2 \text{ [m/s]}$, 위치를 $Z_2 \text{ [m]}$라 할 때, 단면 ①에 유입되는 단위 중량당 에너지 E_1은 다음과 같다.

$$E_1 = u_1 + AP_1v_1 + A\frac{w_1^2}{2g} + AZ_1$$

단면 ②에서의 단위 중량당 에너지 E_2는 다음과 같다.

$$E_2 = u_2 + AP_2v_2 + A\frac{w_2^2}{2g} + AZ_2$$

여기서, 단면 ①과 ② 사이에 외부에서 유동계에 q [kcal/kg]의 열을 가했고, 또 계가 외부에 대해 $W\,[\text{kg}\cdot\text{m}]$의 일을 했다고 하면 열역학 제1법칙에 의하여 한 계에 흘러들어온 에너지와 빠져나간 에너지는 같으므로 다음과 같은 식이 성립한다.

$$E_1 + q = E_2 + AW$$

위 식에 E_1과 E_2식을 대입하면 다음과 같은 식이 성립한다.

$$u_1 + AP_1 v_1 + A\frac{w_1^2}{2g} + AZ_1 + q = u_2 + AP_2 v_2 + A\frac{w_2^2}{2g} + AZ_2 + AW$$

여기서, 비엔탈피 $h = u + APv$이므로 위 식은 다음과 같다.

$$h_1 + A\frac{w_1^2}{2g} + AZ_1 + q = h_2 + A\frac{w_2^2}{2g} + AZ_2 + AW$$

위의 식을 정상 유동 유체에 대한 일반 에너지식이라 한다. 여기서, Z_1과 Z_2가 그다지 높지 않다면 $Z_1 \fallingdotseq Z_2$라 볼 수 있으므로 아래와 같은 식이 성립한다.

$$h_1 + A\frac{w_1^2}{2g} + q = h_2 + A\frac{w_2^2}{2g} + AW$$

$$q = (h_2 - h_1) + A\frac{1}{2g}(w_2^2 - w_1^2) + AW$$

여기서, 유속이 30~50 m/s 이하인 경우 입구와 출구의 속도는 그다지 크지 않으므로 w_1, w_2를 무시해도 된다. 따라서, q는 다음과 같다.

$$q = (h_2 - h_1) + AW$$

또한, 단열($q = 0$) 유동인 경우라면 두 단면 사이를 지나는 동안 발생한 일의 양은 다음과 같다.

$$AW = h_1 - h_2$$

2. 열역학 제2법칙

2-1. 엔트로피(entropy)

(1) 열역학 제2법칙(영구 기관 제작 불가능 법칙)

일이 전부 열로 바뀔 수 없고, 또한 열이 전부 일로 바뀐다는 것은 불가능하기 때문에 100%의 효율을 가지는 기관의 제작은 불가능하다.

> **참고 ◦ 열역학 제2법칙**
> ① 열은 그 자신만으로는 저온 물체에서 고온 물체로 이동할 수 없다(Clausius의 표현).
> ② 열기관(heat engine)에서 그 작업 유체로 하여금 일을 시키려면 그보다 저온의 물체를 필요로 한다(Kelvin의 표현).
> ③ 제2종 영구 기관은 불가능하다. 즉, 고열원으로부터 열을 흡수하여 외부에 어떠한 영향도 미치지 않고 열을 기계적인 에너지 또는 일로 변환시킬 수 없다(Ostwald의 표현). 다시 말하면, 일이 전부 열로 바뀔 수 없고, 열이 전부 일로 바뀐다는 것은 불가능하기 때문에 100%의 효율을 가진 기관의 제작은 불가능하다.

(2) 엔트로피(entropy)

엔트로피란 무질서의 정도를 나타내는 상태량이다.

$$\text{엔트로피 } dS = \frac{dQ}{T} = \frac{GC\,dT}{T}$$

$$\text{비엔트로피 } ds = \frac{dq}{T} = \frac{C\,dT}{T}$$

여기서, dS : 물질계가 열을 흡수하는 동안의 엔트로피 변화량(kcal/k 또는 kcal/kg·K)
dQ : 물질계가 흡수하는 열량(kcal 또는 kcal/kg)
T : 절대 온도(K)
G : 질량(kg)
C : 비열(kcal/kg℃)
dT : 온도 변화(℃)

모든 과정이 가역적일 때, 엔트로피(S)는 일정하다. 즉, $dS=0$이다. 반면, 비가역적(자연적 과정)인 경우, 엔트로피는 항상 증가한다. 즉, $dS>0$이다.

2-2 유효 에너지와 무효 에너지

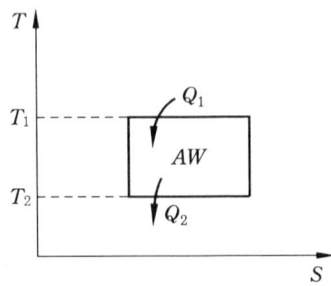

온도 T_1의 고열원에서 열량 Q_1을 얻고, 온도 T_2인 저열원에 Q_2로 방출하여 일을 얻을 때 이용할 수 있는 유효 열에너지 $Q_a = Q_1 - Q_2$이다.

가역적 과정에서 열효율 (η)은 다음과 같다.

$\eta = \dfrac{Q_1 - Q_2}{Q_1} = \dfrac{T_1 - T_2}{T_1} = \dfrac{AW}{Q_1}$ 이다.

여기서, $Q_a = Q_1 - Q_2 = Q_1 \times \dfrac{T_1 - T_2}{T_1} = Q_1 \times \eta$이다.

결과적으로 Q_a를 유효 에너지라 하고 Q_2는 무효 에너지라 한다.

예상문제 및 기출문제

1. 다음 중 에너지 보존의 법칙은?
㉮ 열역학 제0법칙   ㉯ 열역학 제1법칙
㉰ 열역학 제2법칙   ㉱ 열역학 제3법칙

2. 물체 A와 B가 각각 물체 C와 열평형을 이루었다면 A와 B도 서로 열평형을 이룬다는 열역학 법칙은?
㉮ 제0법칙   ㉯ 제1법칙
㉰ 제2법칙   ㉱ 제3법칙
[해설] 열평형의 법칙은 열역학 제0법칙이다.

3. 평형에 대한 설명 중 틀린 것은?
㉮ 압력이 일정한 것은 기계적인 평형에 속한다.
㉯ 감온 온도와 압력에 있는 여러 상은 각 성분의 화학 포텐셜이 모든 상에서 같게 될 때 평형에 있게 된다.
㉰ 화학 반응에의 평형은 화학적 친화력이 같은 것이다.
㉱ 열적 평형은 열역학 제1법칙이다.
[해설] 온도가 다른 두 물체를 접촉시키면 결국은 두 물체의 온도가 같게 되어 열평형 상태에 있게 된다. 이것을 열역학 제0 법칙이라 한다.

4. 헬륨의 기체 상수는 2.08 kJ/kg·K이고 정압 비열 C_P는 5.24 kJ/kg·K일 때 이 가스의 정적 비열 C_V의 값은?
㉮ 7.20 kJ/kg·K   ㉯ 5.07 kJ/kg·K
㉰ 3.16 kJ/kg·K   ㉱ 2.18 kJ/kg·K
[해설] $C_P - C_V = R$에서
$C_V = C_P - R = 5.24 - 2.08 = 3.16$ kJ/kg·K

5. 완전 가스의 내부 에너지 변화 dU는 정압 비열(C_P), 정적 비열(C_V) 및 온도(T)로 나타낼 때 어떻게 표시되는가?
㉮ $\dfrac{C_P}{W}dT$ ㉯ $C_V dT$
㉰ $C_P dT$ ㉱ $C_V C_P dT$
[해설] $dU = C_V dT$ (온도만의 함수)

6. 공기 3 kg을 일정 압력 하에 100℃에서 900℃까지 가열할 때 공기의 정압 비열 $C_P = 0.241$ kcal/kg℃, 정적 비열 $C_V = 0.127$ kcal/kg℃라고 하면 엔탈피 변화는 얼마인가?
㉮ 270 kcal   ㉯ 578 kcal
㉰ 366 kcal   ㉱ 216 kcal
[해설] $\Delta H = G C_P \Delta t$
$= G C_P (t_2 - t_1)$
$= 3\text{kg} \times 0.241 \text{kcal/kg℃} \times (900-100)℃$
$= 578.4 \text{kcal}$

7. 10 ata 0℃의 공기 15 Nm³와 동일 압력으로서 100℃의 공기 15 Nm³와의 엔탈피 차는 몇 kcal가 되겠는가? (단, 공기의 가스 정수는 29 kg·m/kg·K, C_P는 0.24 kcal/kg℃로 한다.)
㉮ 366 kcal   ㉯ 466 kcal
㉰ 4658 kcal   ㉱ 10440 kcal
[해설] $\Delta H = G C_P \Delta t$
$= 15 \text{Nm}^3 \times \dfrac{29 \text{kg}}{22.4 \text{Nm}^3} \times 0.24 \text{kcal/kg℃}$
$\times (100-0)℃$
$= 466.0 \text{ kcal}$

정답 1. ㉯ 2. ㉮ 3. ㉱ 4. ㉰ 5. ㉯ 6. ㉯ 7. ㉯

8. 기체 2 kg을 압력이 일정한 과정으로 50℃에서 150℃로 가열할 때, 필요한 열량은 몇 kJ인가? (단, 이 기체의 정적 비열은 3.1 kJ/kg·K이고 기체 상수는 2.1 kJ/kg·K이다.)

㉮ 210　　㉯ 310
㉰ 620　　㉱ 1040

[해설] $Q = GC_P \Delta t \cdots ①$
$C_P - C_V = R \cdots ②$
$C_P = R + C_V$
이것을 ①식에 대입하면
∴ $Q = 2 \times (2.1 + 3.1) \times (150 - 50)$
$= 1040$ kJ

9. 엔탈피에 대한 설명 중 잘못된 것은?

㉮ 경로에 따라 변화하는 값이다.
㉯ 정압 과정에서는 엔탈피 변화량이 열량을 나타낸다.
㉰ $H = U + PV$로 정의된다.
㉱ 계를 형성하는 물질의 양에 따라서 변화하는 값이다.

[해설] $H = U + APV$

10. 밀폐계가 3 bar의 압력으로 유지하면서 체적이 0.2 m³에서 0.5 m³로 증가하였고 과정 간 내부에너지는 10 kJ만큼 증가하였다. 이때 과정 간 계의 이동 열량은 몇 kJ인가?

㉮ 90　　㉯ 100
㉰ 9　　㉱ 10

[해설] $\Delta H = \Delta U + AP\Delta V$
$= 10\text{kJ} + \dfrac{1}{427\text{kg} \cdot \text{m/kcal}} \times$
$3\text{bar} \dfrac{10332\text{kg/m}^2}{1.01325\text{bar}} \times (0.5 - 0.2)\text{m}^3$
$\times 4.167\text{kJ/kcal}$
$= 99.5$ kJ

11. 일정한 압력 3 kg/cm²로 체적 0.5 m³의 공기가 외부로부터 40 kcal의 열을 받아 그 체적이 0.8 m³로 팽창하였다. 내부에너지의 증가는 얼마인가?

㉮ 9 kcal　　㉯ 19 kcal
㉰ 29 kcal　　㉱ 39 kcal

[해설] $\Delta U = \Delta H - AP\Delta V$
$= 40\text{kcal} - \dfrac{1}{427}\text{kcal/kg}\cdot\text{m} \times 30000\text{kg/m}^2$
$\times (0.8 - 0.5)\text{m}^3$
$= 18.9$ kcal

12. 열역학적계란 고려하고자 하는 에너지 변화에 관계되는 물체를 포함하는 영역을 말하는데, 이중 폐쇄계(closed system)는 어떤 양의 교환이 없는 계를 말하는가?

㉮ 에너지　㉯ 질량　㉰ 압력　㉱ 온도

[해설] 폐쇄계에서는 질량의 교환(변화)이 없다.

13. 프로판 1 mol을 1 atm의 압력 하의 흐름 공정에서 25℃에서 400℃까지 온도를 올리는 데 필요한 열량은 얼마인가? (단, $C_P^1 = 2.410 + 57.195 \times 10^{-3}T - 17.533 \times 10^{-6}T^2$ cal/mol·K이며, 위치 에너지와 운동 에너지의 변화는 무시하고 이상 기체로 가정한다.)

㉮ 4620 cal/mol　　㉯ 8020 cal/mol
㉰ 9690 cal/mol　　㉱ 16850 cal/mol

[해설] $q = \displaystyle\int_{25℃}^{400℃} C_P \, dT$
$= 2.410 \times (673 - 298) + 57.195 \times 10^{-3}$
$\times \left(\dfrac{673^2 - 298^2}{2}\right) - 17.533 \times 10^{-6}$
$\times \left(\dfrac{673^3 - 298^3}{3}\right)$
$= 9689.9$ cal/mol

정답 8. ㉱　9. ㉮　10. ㉯　11. ㉯　12. ㉯　13. ㉰

14. 공기 1 mol을 400℃에서 1000℃까지 가열할 때 다음의 비열식을 이용하여 엔탈피 차 ΔH를 구하면 약 몇 cal/mol인가? (단, 비열 C_P의 단위는 cal/mol·℃이고 온도 T의 단위는 ℃이다.)

$$C_P = 6.917 + \frac{0.09911}{10^2}T + \frac{0.07627}{10^5}T^2 - \frac{0.4696}{10^9}T^3$$

㉮ 2680 ㉯ 3680
㉰ 4690 ㉱ 5690

[해설] $\Delta H = \int_{400℃}^{1000℃} C_P dT$
$= 6.917 \times (1000 - 400)$
$+ \frac{0.09911}{10^2} \times \left(\frac{1000^2 - 400^2}{2}\right)$
$+ \frac{0.07627}{10^5} \times \left(\frac{1000^3 - 400^3}{3}\right)$
$- \frac{0.4696}{10^9} \times \left(\frac{1000^4 - 400^4}{4}\right)$
$= 4690\,\text{cal/mol}$

15. 표에 나타난 특성치를 갖는 기체 1kmol의 온도를 298 K에서 308 K로 일정 압력 하에서 증가시키는 데 필요한 열은?

온도 (K)	내부에너지 (J/kmol)	엔탈피 (J/kmol)
298	0	24.78×10^4
308	2.917×10^4	28.53×10^4

㉮ 2.75×10^4 J ㉯ 2.917×10^4 J
㉰ 3.75×10^4 J ㉱ 4.325×10^4 J

[해설] $\Delta H = H_1 - H_2$
$= 28.53 \times 10^4 - 24.78 \times 10^4$
$= 3.75 \times 10^4$ J

16. 어느 기체의 압력과 부피의 관계가 $P = 3V + 60$일 때 부피가 초기 상태(V_1)에서 최종 상태(V_2)로 2배 팽창하였다면 이때 행해진 일은?

㉮ $\frac{5}{2}V_1^2 + 60V_1$ ㉯ $\frac{9}{2}V_1^2 + 60V_1$
㉰ $\frac{3}{2}V_1^3 + 60V_1^2$ ㉱ $V_1^2 + V_1$

[해설] $_1W_2 = \int_1^2 PdV = \int_1^2 (3V+60)dV$
$= \frac{3}{2} \times \{(2V_1)^2 - V_1^2\} + 60(2V_1 - V_1)$
$= \frac{3}{2} \times 3V_1^2 + 60V_1$
$= \frac{9}{2}V_1^2 + 60V_1$

17. 정적 비열이 0.17 kcal/kg·℃인 공기 2 kg이 피스톤이 부착된 실린더 내에 있다. 피스톤을 통하여 실린더 내의 공기로 20000 kgf·m의 일이 전달되어 공기의 온도가 25℃로부터 150℃로 상승되었다. 이때 열량은 어떻게 되는가? (단, 1 kcal = 427 kgf·m이다.)

㉮ 실린더 내의 공기로 4.3 kcal가 전달된다.
㉯ 실린더 내의 공기로부터 4.3 kcal가 방출된다.
㉰ 실린더 내의 공기로 89.3 kcal가 전달된다.
㉱ 실린더 내의 공기로부터 89.3 kcal가 방출된다.

[해설] $_1Q_2 = Q_1 - Q_2$
$= \frac{1}{427}\text{kcal/kg·m} \times 20000\,\text{kg·m}$
$- 2\text{kg} \times 0.17\,\text{kcal/kg℃} \times (150-25)\,℃$
$= 4.33$ kcal (방출)

[정답] 14. ㉰ 15. ㉰ 16. ㉯ 17. ㉯

18. 정상 상태(steady state) 흐름 공정의 설명으로 옳은 것은?

㉮ 특정 위치에서만 에너지와 질량의 축적이 같다.
㉯ 모든 위치에서 열역학 함수값이 같다.
㉰ 열역학적 함수값은 시간에 따라 변하기도 한다.
㉱ 입구와 출구에서의 유체 물성이 시간에 따라 변하지 않는다.

[해설] 정상류란 어느 지점에서 측정한 압력, 밀도, 속도, 온도가 시간에 따라 변하지 않는 흐름을 말한다.

19. 아음속(亞音速) 유동에서 유체가 팽창하여 가속되려면 노즐 단면적은 유동 방향에 따라 어떻게 되어야 하는가?

㉮ 감소되어야 한다.
㉯ 변화없이 유지되어야 한다.
㉰ 증대되어야 한다.
㉱ 단면적과는 무관하다.

[해설] 아음속 유동에서는 노즐 단면적이 감소하면 유속이 빨라지고, 정압은 감소한다.

20. 말단 확대 노즐 건조 포화 증기가 단열적으로 흘러가고, 그 사이에 엔탈피가 118 kcal/kg만큼 감소한다. 노즐 입구에서의 속도가 무시할 수 있을 정도로 작을 때 노즐 출구에서의 속도는 약 몇 m/s인가?

㉮ 994 ㉯ 1294
㉰ 1524 ㉱ 2123

[해설] $w_2 = \sqrt{\dfrac{2g}{A} \cdot (h_1 - h_2)}$

$\left(\dfrac{1}{A} = J = 427 \, \text{kg} \cdot \text{m/kcal}\right)$

$= \sqrt{2g \cdot J \cdot (h_1 - h_2)}$

$= \sqrt{2 \times 9.8 \text{m/s}^2 \times 427 \text{kg} \cdot \text{m/kcal} \times 118 \text{kcal/kg}}$

$= 993.7 \, \text{m/s}$

21. 엔탈피 78 kcal/kg인 어떤 기체가 노즐을 통하여 단열적으로 팽창되어 엔탈피 77 kcal/kg으로 되어 나간다. 유입 속도를 무시할 때 유출 속도는 몇 m/s인가?

㉮ 4.4   ㉯ 22.6
㉰ 64.7 ㉱ 91.5

[해설] $w_2 = \sqrt{\dfrac{2g}{A} \cdot (h_1 - h_2)}$

(w_1의 속도는 무시한다.)

$= \sqrt{2g \cdot J \cdot (h_1 - h_2)}$

$= \sqrt{2 \times 9.8 \text{m/s}^2 \times 427 \text{kg} \cdot \text{m/kcal} \times (78-77) \text{kcal/kg}}$

$= 91.48 \, \text{m/s}$

22. 노즐을 통해 증기를 단열 팽창시켜 300 m/s의 속력을 얻으려면 최소 열낙차를 몇 [kcal/kg]으로 해야 하는가?

㉮ 2.59 ㉯ 15.4
㉰ 21.5 ㉱ 10.8

[해설] $w_2 = \sqrt{2g \cdot J \cdot (h_1 - h_2)}$

$300 = \sqrt{2 \times 9.8 \times 427 \times (h_1 - h_2)}$

$\therefore h_1 - h_2 = \dfrac{300^2}{2 \times 9.8 \times 427}$

$= 10.75 \, \text{kcal/kg}$

23. 노즐을 통해 증기를 단열 팽창시켜 300 m/s의 속력을 얻기 위한 노즐 입구와 출구에서의 엔탈피 차이는 몇 kJ/kg인가?

㉮ 15 ㉯ 25
㉰ 35 ㉱ 45

[해설] $w_2 = \sqrt{2000(h_1 - h_2) \text{kJ/kg}}$

$w_2^2 = 2000 \times (h_1 - h_2)$

$\therefore h_1 - h_2 = \dfrac{w_2^2}{2000}$

$= \dfrac{300^2}{2000} = 45 \, \text{kJ/kg}$

정답 18. ㉱ 19. ㉮ 20. ㉮ 21. ㉱ 22. ㉱ 23. ㉱

24. 다음은 열역학 기본 법칙을 설명한 것이다. 0법칙, 1법칙, 2법칙, 3법칙 순으로 옳게 나열된 것은?

> ① 에너지 보존에 관한 법칙이다.
> ② 에너지 전환 방향에 관한 법칙이다.
> ③ 절대 온도 0K에서 완전 결정질의 절대 엔트로피는 0이다.
> ④ 시스템 A가 시스템 B와 열적 평형을 이루고 동시에 시스템 C와도 열적 평형을 이룰 때 시스템 B와 C의 온도는 동일하다.

㉮ ①-②-③-④ ㉯ ④-①-②-③
㉰ ③-④-①-② ㉱ ②-③-④-①

[해설] ① : 1법칙, ② : 2법칙, ③ : 3법칙, ④ : 0법칙

25. 공급받은 열을 모두 일로 바꿀 수 없다는 것은 다음 중 어느 열역학 법칙과 가장 관련이 있는가?

㉮ 제0법칙   ㉯ 제1법칙
㉰ 제2법칙   ㉱ 제3법칙

[해설] 일을 전부 열로 바꿀 수 없고, 또한 열이 전부 일로 바꿀 수 없다는 법칙은 열역학 제2법칙이다.

26. 다음과 관계있는 법칙은?

> 계가 흡수한 열을 완전히 일로 전환할 수 있는 장치는 없다.

㉮ 열역학 제3법칙   ㉯ 열역학 제2법칙
㉰ 열역학 제1법칙   ㉱ 열역학 제0법칙

[해설] "제2종 영구 기관은 불가능하다."라는 것은 열역학 제2법칙이다.

27. 열역학 제2법칙의 내용과 직접적인 관련이 없는 것은?

㉮ 엔트로피(entropy)의 정의
㉯ 가역 열기관의 효율
㉰ 자연 발생적인 열의 흐름 방향
㉱ 내부 에너지의 정의

[해설] 내부 에너지의 정의는 열역학 제1법칙이다.

28. 임의의 과정에 대한 가역성과 비가역성을 논의하는 데 적용되는 법칙은?

㉮ 열역학 제0법칙을 적용한다.
㉯ 열역학 제1법칙을 적용한다.
㉰ 열역학 제2법칙을 적용한다.
㉱ 열역학 제3법칙을 적용한다.

[해설] 열역학 제2법칙에서 가역일 때 엔트로피(S)는 일정하고 ($ds=0$), 비가역일 때 엔트로피는 항상 증가한다($ds>0$).

29. 다음 중 온도의 증가 함수로 표현되지 않는 것은?

㉮ 증발열   ㉯ 내부 에너지
㉰ 엔탈피   ㉱ 엔트로피

[해설] 온도만의 함수
① 내부 에너지($dU = C_V dT$)
② 엔탈피($dH = C_P dT$)
③ 엔트로피($dS = \dfrac{dQ}{T}$)

30. 엔트로피에 대한 설명으로 틀린 것은?

㉮ 엔트로피는 자연 현상의 비가역성을 나타내는 척도가 된다.
㉯ 엔트로피는 상태 함수이다.
㉰ 우주의 모든 현상은 총 엔트로피가 증가하는 방향으로 진행되고 있다.
㉱ 자유 팽창, 종류가 다른 가스의 혼합, 액체 내 분자의 확산 등의 과정에서 엔트로피가 변하지 않는다.

[정답] 24. ㉯ 25. ㉰ 26. ㉯ 27. ㉱ 28. ㉰ 29. ㉮ 30. ㉱

[해설] 자유 팽창, 혼합, 확산, 교축, 팽창 및 수축은 비가역 과정이기 때문에 엔트로피가 증가한다.

31. 엔트로피에 관한 설명으로 옳은 것은?

㉮ 비가역 사이클에서는 클라우지우스(Clausius)의 적분은 영이다.
㉯ 엔트로피를 구하는 적분 경로는 반드시 가역 변화라야 한다.
㉰ 엔트로피는 상태량이 아니다.
㉱ 우주는 전체 엔트로피가 궁극적으로 최대가 되는 방향으로 이동하지 않는다.

[해설] $\oint_{가역} \dfrac{dQ}{T} = 0$

32. 다음 식 중 열역학 제 2 법칙을 옳게 나타낸 것은?

㉮ $\oint_{가역} \dfrac{dQ}{T} = 0$ ㉯ $\oint_{비가역} \dfrac{dQ}{T} = 0$
㉰ $\oint_{비가역} \dfrac{dQ}{T} < 0$ ㉱ $\oint_{가역} \dfrac{dQ}{T} < 0$

[해설] 열역학 제 2 법칙에서 가역일 때, $\Delta S = 0$ 이고, 비가역일 때 $\Delta S > 0$ 이다.

33. 가역 단열 과정에서 엔트로피 변화는 어떻게 되는가?

㉮ 불변 ㉯ 증가
㉰ 감소 ㉱ 증가 후 감소

[해설] 32번 해설 참조

34. 단열계에서 엔트로피 변화에 대한 설명 중 맞는 것은?

㉮ 가역 변화 시 계의 전 엔트로피는 증가 된다.
㉯ 가역 변화 시 계의 전 엔트로피는 감소 한다.
㉰ 가역 변화 시 계의 전 엔트로피는 변하지 않는다.
㉱ 가역 변화 시 계의 전 엔트로피의 변화량은 비가역 변화 시보다 일반적으로 크다.

[해설] 32번 해설 참조

35. 등엔트로피 과정은 다음 중 어느 것인가?

㉮ 단열 과정
㉯ 단열 가역 과정
㉰ polytrope 과정
㉱ Joule-Thomson 과정

[해설] 32번 해설 참조

36. 격리된 계(isolated system)의 엔트로피(entropy)는 어떻게 변할 수 있는가?

㉮ 감소만 가능
㉯ 증가만 가능
㉰ 항상 일정
㉱ 일정하거나 또는 증가

[해설] 격리된 계(고립계)에서는 엔트로피가 항상 증가하거나 불변이다.

37. 단열 비가역 변화를 할 때 전 엔트로피는 어떻게 변하는가?

㉮ 감소한다.
㉯ 반드시 증가한다.
㉰ 변화가 없다.
㉱ 상관 관계가 없다.

[해설] 32번 해설 참조

38. 기체가 단열 팽창을 할 경우 실제의 엔트로피 변화는?

㉮ 증가한다. ㉯ 감소한다.
㉰ 일정하다. ㉱ 무관하다.

[해설] 30번 해설 참조

정답 31. ㉯ 32. ㉮ 33. ㉮ 34. ㉰ 35. ㉯ 36. ㉱ 37. ㉯ 38. ㉮

39. 온도가 300℃, 압력이 2기압인 공기가 탱크에 밀착되어 대기 공기로 냉각되었다. 이때, 탱크 내 공기의 엔트로피 변화량은 ΔS_1, 대기 공기의 엔트로피 변화량은 ΔS_2라 하면 엔트로피 증가의 원리를 이 경우에 해당시키면 아래 어느 것이 되는가?

㉮ $\Delta S_1 > 0$ ㉯ $\Delta S_2 > 0$
㉰ $\Delta S_1 + \Delta S_2 > 0$ ㉱ $\Delta S_1 + \Delta S_2 = 0$

[해설] 30번 해설 참조

40. 상태량에서의 관계식 $TdS = dH - VdP$ 일 때 이 중 용량성 상태량(extensive property)이 아닌 것은? (단, S : 엔트로피, H : 엔탈피, V : 체적, P : 압력, T : 절대 온도이다.)

㉮ S ㉯ H ㉰ V ㉱ P

[해설] 압력은 강도성 상태량이다 (여기서, 용량성 상태량=종량성 상태량).

41. 상태량 간의 관계식 $TdS = dH - VdP$ 에 관한 설명으로 옳지 않은 것은? (T는 절대 온도, S는 엔트로피, H는 엔탈피, V는 체적, P는 압력이다.)

㉮ 이 식은 가역 과정에 대해서 성립한다.
㉯ 이 식은 비가역 과정에 대해서도 성립 한다.
㉰ 이 식은 가역 과정의 경로에 따라 적분 할 수 있다.
㉱ 이 식은 비가역 과정의 경로에 대하여 도 적분할 수 있다.

[해설] 엔트로피를 구하는 적분 경로는 반드시 가역 변화라야 한다.

42. 물 1 kg이 110℃에서 증발할 때 엔트로 피 변화는? (단, 110℃에서 물의 증발 잠 열은 530 kcal/kg이다.)

㉮ 1.384 kcal/(kg·K)
㉯ 1.941 kcal/(kg·K)
㉰ 3.252 kcal/(kg·K)
㉱ 4.818 kcal/(kg·K)

[해설] $\Delta S = \dfrac{dQ}{T} = \dfrac{530}{273+110}$
$= 1.3838 \text{ kcal/kg} \cdot K$

43. 100℃ 포화수의 증발 엔탈피는 538.8 kcal/kg이다. 이때 100℃의 포화 증기와 포화수의 엔트로피의 차이는 약 얼마인가?

㉮ 1.60 kcal/kg·K ㉯ 1.44 kcal/kg·K
㉰ 1.38 kcal/kg·K ㉱ 1.22 kcal/kg·K

[해설] $\Delta S = \dfrac{dQ}{T} = \dfrac{538.8}{273+100}$
$= 1.444 \text{ kcal/kg} \cdot K$

44. 27℃의 물 1 g을 1 atm 하에서 100℃의 물이 되도록 가열할 때 엔트로피의 변화는 몇 cal/K인가? (단, 물은 액체상태로 상변 화는 일어나지 않는다.)

㉮ 0.118 ㉯ 0.218
㉰ 0.318 ㉱ 0.418

[해설] $\Delta S = \int_1^2 \dfrac{dQ}{T} = GC_P \int_1^2 \dfrac{dT}{T}$
$= GC_P \ln \dfrac{T_2}{T_1}$
$= 1\text{g} \times 1 \text{cal/g}℃ \times \ln \dfrac{(273+100)}{(273+27)}$
$= 0.2177 \text{ cal/K}$

45. 1 atm, 25℃인 N_2 1 mol의 열용량이 6.9 cal/℃이면 1 atm, 150℃인 N_2 1 mol 의 엔트로피는 약 얼마인가?

㉮ 1.21 cal/℃ ㉯ 2.42 cal/℃

정답 39. ㉰ 40. ㉱ 41. ㉱ 42. ㉮ 43. ㉯ 44. ㉯ 45. ㉯

대 3.45 cal/℃   라 6.21 cal/℃

[해설] $\Delta S = \int_1^2 \frac{dQ}{T} = GC_P \int_1^2 \frac{dT}{T}$
$= GC_P \ln \frac{T_2}{T_1}$
$= 6.9 \text{cal/℃} \times \ln \frac{(273+150)}{(273+25)}$
$= 2.416 \text{ cal/℃}$

[참고] 열용량 $= G \cdot C_P$

46. 물 10 kg을 0℃에서 100℃까지 가열할 때 물의 엔트로피 상승은 약 몇 kcal/℃인가?

㉮ 3.12   ㉯ 3.32   ㉰ 3.52   ㉱ 3.72

[해설] $\Delta S = GC_P \ln \frac{T_2}{T_1}$
$= 10 \text{kg} \times 1 \text{kcal/kg℃} \times \ln \frac{(273+100)}{273}$
$= 3.121 \text{ kcal/℃}$

47. 어느 밀폐계가 아래 온도에서 동일한 열량을 대기 중에 방출하였을 때, 이 계(system)의 엔트로피 변화량이 가장 큰 것은 어느 것인가?

㉮ 30℃   ㉯ 50℃
㉰ 100℃   ㉱ 200℃

[해설] $\Delta S = \frac{dQ}{T}$ 이므로 T가 작을 때 ΔS는 커진다.

48. 온도가 800 K이고 질량이 10 kg인 구리를, 단열된 용기 내에 담겨 있는 온도 290 K인 100 kg의 물속에 넣었을 때 이 계 전체의 엔트로피 변화는? (단, 구리와 물의 열용량은 각각 0.398 kJ/kg·K, 4.185 kJ/kg·K)

㉮ −3.973 kJ/K   ㉯ 2.897 kJ/K

㉰ 4.424 kJ/kg·K   ㉱ 6.870 kJ/K

[해설] 우선, 평균 온도 $t = \frac{G_1 C_1 t_1 + G_2 C_2 t_2}{G_1 C_1 + G_2 C_2}$
$= \frac{10 \times 0.398 \times 527 + 100 \times 4.185 \times 17}{10 \times 0.398 + 100 \times 4.185}$
$= 21.80 ℃$

① 물의 경우 $\Delta S_1 = GC \ln \frac{T_2}{T_1}$
$= 100 \times 4.185 \times \ln \frac{273+21.8}{273+17} = 6.870 \text{ kJ/K}$

② 구리의 경우 $\Delta S_2 = GC \ln \frac{T_2}{T_1}$
$= 10 \times 0.398 \times \ln \frac{273+21.8}{273+527}$
$= -3.973 \text{ kJ/K}$

$\Delta S \text{ total} = \Delta S_1 + \Delta S_2 = 6.870 - 3.973$
$= 2.897 \text{ kJ/K}$

49. 이상 기체 1몰이 온도 T[K]에서 체적이 V_1에서 V_2로 등온 가역적으로 팽창될 때 엔트로피 변화를 구한 식은? (단, $R =$ 기체 상수, $P =$ 압력, $S =$ 엔트로피)

㉮ $\Delta S = R \ln \frac{P_1}{P_2}$ ㉯ $\Delta S = \frac{V_2}{V_1} \ln R$

㉰ $\Delta S = -R \ln \frac{V_2}{V_1}$ ㉱ $\Delta S = T \ln \frac{V_2}{V_1}$

[해설] 등온 과정에서
$dQ = dU + PdV (dU = 0)$
$dQ = PdV$
$\Delta S = \frac{dQ}{T} = \frac{PdV}{T} \left(P = \frac{RT}{V} \right)$
$= \frac{RT}{T} \cdot \frac{dV}{V}$
$= R \int_1^2 \frac{dV}{V}$
$= R \ln \left(\frac{V_2}{V_1} \right) = R \ln \left(\frac{P_1}{P_2} \right)$

[참고] $\frac{V_2}{V_1} = \frac{P_1}{P_2}$

[정답] 46. ㉮   47. ㉮   48. ㉯   49. ㉮

50. 공기가 압력 1 MPa, 체적 0.4 m³인 상태에서 50℃의 등온 과정으로 팽창하여 체적이 4배로 되었다. 엔트로피의 변화는 약 몇 kJ/K인가?

㉮ 1.72 ㉯ 5.46
㉰ 7.32 ㉱ 8.83

[해설] $\Delta S = \int_1^2 dS = \int_1^2 \frac{dQ}{T} = \frac{1}{T} \cdot Q_{12}$
$= \frac{1}{T} \times GRT \ln \frac{V_2}{V_1} = GR \ln\left(\frac{V_2}{V_1}\right)$

우선 질량부터 구하면 $PV = GRT$에서
$G = \frac{PV}{RT}$
$= \frac{1000 kN/m^2 \times 0.4 m^3}{\frac{8.314}{29} kN \cdot m/kg \cdot K \times (273+50)K}$
$= 4.3196 kg$

$\therefore \Delta S = 4.3196 kg \times \frac{8.314}{29} kJ/kg \cdot K \times \ln\left(\frac{4}{1}\right)$
$= 1.716 kJ/K$

51. 96.9℃에 유지되고 있는 항온 탱크가 온도 26.9℃의 방 안에 놓여 있다. 어떤 시간 동안에 1000 cal의 열이 항온 탱크로부터 방 안 공기로 방출됐다면 항온 탱크 속 물질의 엔트로피의 변화는 얼마인가?

㉮ 270 cal/K ㉯ -2.70 cal/K
㉰ -0.27 cal/K ㉱ 2700 cal/K

[해설] $\Delta S = \frac{dQ}{T} = \frac{-1000}{273+96.9} = -2.70$ cal/K
(열방출이면 (-) 부호 사용)

52. 대기압 하에서 1몰의 CO_2를 0℃에서 1000℃까지 가열하였을 때 엔트로피 변화는? (단, CO_2의 $C_P = 6.85 + 0.008533 T - 2.475 \times 10^{-6} T^2$ [cal/mol·K]이다.)

㉮ 18.10 kcal/deg·mol
㉯ 21.25 kcal/deg·mol
㉰ 25.17 kcal/deg·mol
㉱ 29.25 kcal/deg·mol

[해설] 우선 C_P부터 구하면
$C_P = \int_1^2 (6.85 + 0.008533 T - 2.475 \times 10^{-6} T^2) dT$
$= 6.85 \times (1273 - 273) + 0.008533$
$\quad \times \frac{(1273^2 - 273^2)}{2} - 2.475 \times 10^{-6}$
$\quad \times \frac{(1273^3 - 273^3)}{3}$
$= 11760$ cal/deg·mol

$\Delta S = C_P \ln \frac{T_2}{T_1}$
$= 11760 \times \ln \frac{1273}{273}$
$= 18106$ cal/deg·mol
$= 18.10$ kcal/deg·mol

53. 정상 상태에 있는 열린계(open system)에 대한 에너지식을 다음과 같이 표현할 경우 밑줄친 부분에 들어가야 할 변수의 의미에 해당하는 것은? (단, ΔU는 속도 변화, ΔZ는 기준면으로부터의 높이 변화, Q는 계에 가해진 열량, W_s는 축일이다.)

$$Q = m\left[\Delta\underline{\quad} + \frac{1}{2}\Delta U^2 + g\Delta Z\right] + W_s$$

㉮ 내부에너지
㉯ 깁스(Gibbs) 자유에너지
㉰ 엔트로피
㉱ 엔탈피

[해설] 정상 유동 유체에 대한 일반 에너지식(개방계)에서
$h_1 + A\frac{w_1^2}{2g} + AZ_1 + q = h_2 + A\frac{w_2^2}{2g} + AZ_2 + AW$
이므로
$q = \Delta h + A\frac{\Delta w^2}{2g} + A\Delta Z + AW$ 가 된다.

정답 50. ㉮ 51. ㉯ 52. ㉮ 53. ㉱

54. 수은의 정상 비등점은 356.9℃이다. 이 온도와 25℃ 사이에서 작동하는 수은 열기관의 최대 이론 열효율은 약 얼마인가?

㉮ 0.450 ㉯ 0.527
㉰ 0.635 ㉱ 0.735

[해설] $\eta = \dfrac{Q_1 - Q_2}{Q_1} = \dfrac{T_1 - T_2}{T_1}$

$= \dfrac{(356.9 - 25)}{(273 + 356.9)} = 0.5269$

55. 최고 온도 500℃와 최저 온도 30℃ 사이에서 작동되는 열기관의 이론적 효율은 어느 것인가?

㉮ 6 % ㉯ 39 %
㉰ 61 % ㉱ 94 %

56. 에너지 전환 효율을 높이기 위하여 취하는 조치 중 가장 거리가 먼 것은?

㉮ 부하 변동폭을 가급적 크게 한다.
㉯ 고온 측의 압력을 높인다.
㉰ 고온 측과 저온 측의 온도차를 크게 한다.
㉱ 필요에 따라서는 2유체 사이클로 한다.

[해설] 부하 변동폭을 가급적 적게 해야 에너지 전환 효율을 높일 수 있다.

57. 하나의 열기관 사이클을 그림과 같은 $T-S$선도를 나타낼 때 이 열기관의 이론적 열효율은 몇 %인가?

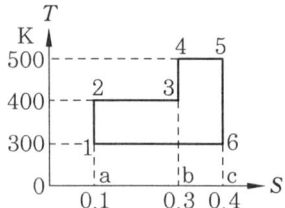

㉮ 43.5 ㉯ 38.9
㉰ 35.2 ㉱ 30.8

[해설] $\eta = \dfrac{Q_1 - Q_2}{Q_1} = 1 - \dfrac{Q_2}{Q_1}$

$= 1 - \dfrac{300 \times (0.4 - 0.1)}{\{400 \times (0.4 - 0.1) + (500 - 400) \times (0.4 - 0.3)\}}$

$= 0.3076 = 30.76\%$

[참고] $Q_1 = a \to 2 \to 3 \to 4 \to 5 \to c$
$Q_2 = a \to 1 \to 6 \to c$

58. 상온(20℃) 기준으로 설계된 에어덕트를 그대로 사용하여 연소용 공기를 200℃로 예열하여 보낸다면 공기량은 얼마나 부족하겠는가? (단, 공기 유속은 6 m/s에서 8 m/s로 높였으며, 공기압의 변화는 없는 것으로 한다.)

㉮ 17.4 % ㉯ 21.0 %
㉰ 28.1 % ㉱ 33.3 %

[해설] 공기 부족량(%) $= \dfrac{Q_1 - Q_2}{Q_1} \times 100$

$= \dfrac{A \times 6 \times \dfrac{273}{273+20} - A \times 8 \times \dfrac{273}{273+200}}{A \times 6 \times \dfrac{273}{273+20}} \times 100$

$= 17.40\ \%$

[참고] 여기서 Q_1, Q_2는 유량이고, A는 에어덕트의 단면적이다.

Chapter 3. 이상 기체 및 관련 사이클

1. 기체의 상태 변화

1-1. 정압 및 정적 변화

(1) 이상 기체 상태 방정식

$$PV = nRT$$

$$PV = \frac{W}{M}RT$$

여기서, P : 절대 압력(atm)
V : 밀폐 용기의 체적(m^3 또는 L)
n : 기체의 kmol수 또는 mol수 (kmol 또는 mol)
R : 이상 기체 상수 (0.082 atm·m^3/kmol·K 또는 0.082 atm·L/mol·K)
T : 절대 온도 (K)
W : 기체의 질량 (kg 또는 g)
M : 기체의 분자량 (kg/kmol 또는 g/mol)

> **참고** ○ 다르게 푸는 이상 기체 상태 방정식
>
> $PV = GRT$를 사용하는 것이 편리할 수 있다.
>
> 여기서, P : 절대 압력(kg/m^2)
> V : 밀폐 용기의 체적(m^3)
> G : 기체의 질량 (kg)
> R : 이상 기체 상수 $\left(\frac{848}{M} \text{kg·m/kg·K}\right)$
> M : 기체의 분자량 (kg/kmol)
> T : 절대온도 (K)

(2) 보일(Boyle)의 법칙

온도가 일정할 때 압력의 증가에 반비례하여 부피는 감소한다. 이상 기체의 상태 방정식에서

$$P_1 V_1 = GRT_1 \quad \cdots\cdots \text{①}$$
$$P_2 V_2 = GRT_2 \quad \cdots\cdots \text{②}$$

그런데 $T_1 = T_2$ 이므로,

$$P_1 V_1 = P_2 V_2 = PV = \text{일정}$$

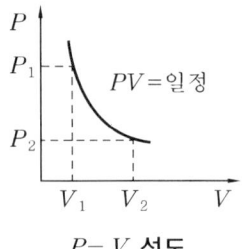

$P-V$ 선도

(3) 샤를(Charles)의 법칙

압력이 일정할 때 체적 V는 절대 온도 T에 비례한다. 이상 기체의 상태 방정식에서,

$$P_1 V_1 = GRT_1 \quad \cdots\cdots \text{①}$$
$$P_2 V_2 = GRT_2 \quad \cdots\cdots \text{②}$$

그런데 $P_1 = P_2$ 이므로, ②÷①을 하면,

$$\frac{V_2}{V_1} = \frac{T_2}{T_1} \quad \text{혹은} \quad \frac{V_1}{T_1} = \frac{V_2}{T_2} = \frac{V}{T} = \text{일정}$$

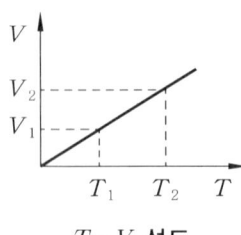

$T-V$ 선도

(4) 보일-샤를의 법칙

압력 P와 체적 V, 온도 T와의 관계를 규정한 것으로, 앞의 보일의 법칙과 샤를의 법칙을 결합시킨 것이다. 즉, 아래와 같은 식이 성립한다.

$$P_1 V_1 = GRT_1 \quad \cdots\cdots \text{①}$$
$$P_2 V_2 = GRT_2 \quad \cdots\cdots \text{②}$$

위의 ①, ② 식에서,

$$GR = \frac{P_1 V_1}{T_1} = \frac{P_2 V_2}{T_2}$$

그런데 GR은 상수이므로,

$$\frac{P_1 V_1}{T_1} = \frac{P_2 V_2}{T_2} = \frac{PV}{T} = \text{일정}$$

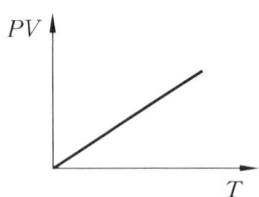

보일-샤를의 법칙

(5) 완전 가스의 상태 방정식

① 1 kg에 대하여 : $PV = RT \left(\dfrac{P_1 V_1}{T_1} = \dfrac{P_2 V_2}{T_2} = R \right)$

여기서, R : 가스 상수 $(\text{kg} \cdot \text{m}/\text{kg} \cdot \text{K})$

② G kg에 대하여 : $PV = GRT$

③ 중력 단위 : $R = \dfrac{848}{M}$ [kg·m/kg·K]

④ SI 단위 : $R = \dfrac{8314.3}{M}$ [J/kg·K]

(6) 가스 비열과 정수와의 관계

① $C_P = C_V + A \cdot R$

② $C_P = \dfrac{k}{k-1} \cdot A \cdot R$

③ $C_V = \dfrac{1}{k-1} \cdot A \cdot R$

> **참고** ◦ 완전 가스의 상태 변화
> ① 가역 변화 : 정압 변화, 정적 변화, 등온 변화, 단열 변화, 폴리트로픽 변화
> ② 비가역 변화 : 단열 변화, 교축 변화, 가스 혼합

> **참고** ◦ 완전 가스의 상태 방정식에 의한 기초식
> ① 완전 가스의 상태 방정식 : $Pv = RT$
> ② 열역학 제1법칙 : $dq = du + APdv = dh - AvdP$
> ③ 엔탈피의 정의식 : $h = u + APv$

(7) 정압 변화

① P, v, T의 상호 관계

$$\dfrac{v_1}{T_1} = \dfrac{v_2}{T_2} = \dfrac{v}{T} = 일정$$

② 절대일

$$W_a = \int_1^2 P dv = P(v_2 - v_1)$$
$$= R(T_2 - T_1)$$

③ 공업일

$$W_t = -\int_1^2 v dP = 0 \,(\because dP = 0)$$

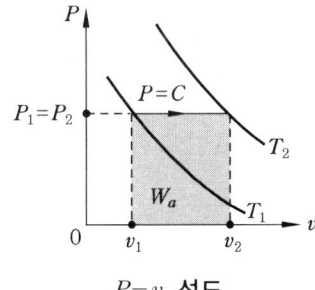

$P-v$ 선도

④ 내부에너지 변화
$$du = u_2 - u_1 = C_V(T_2 - T_1)$$
⑤ 엔탈피 변화
$$dh = h_2 - h_1 = C_P(T_2 - T_1)$$
$$(\because \delta q = dh - AvdP)$$
⑥ 열량
$$\delta q = du + APdv = dh - AvdP$$
$$\therefore {}_1q_2 = \Delta h = h_2 - h_1$$

즉, 가열량은 모두 엔탈피 변화로 나타낸다.

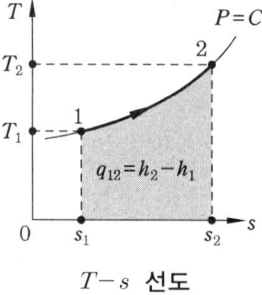

$T-s$ 선도

(8) 정적 변화

① P, v, T의 상호 관계
$$\frac{P_1}{T_1} = \frac{P_2}{T_2} = \frac{P}{T} = 일정$$

② 절대일
$$W_a = \int_1^2 Pdv = 0 \,(\because dv = 0)$$

③ 공업일
$$W_t = -\int_1^2 vdP = -v(P_2 - P_1)$$
$$= v(P_1 - P_2) = R(T_1 - T_2)$$

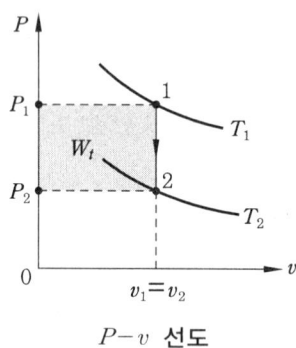

$P-v$ 선도

④ 내부 에너지 변화
$$du = u_2 - u_1$$
$$= C_V(T_2 - T_1) = dq - Pdv = dq \,(\because dv = 0)$$

⑤ 엔탈피 변화
$$\Delta h = C_P(T_2 - T_1)$$

⑥ 열량
$$\delta q = du + APdv$$
$$= dh - AvdP$$
$$\therefore {}_1q_2 = \Delta u = u_2 - u_1 = C_V(T_2 - T_1)$$

즉, 가열량 전부가 내부 에너지 변화로 표시된다.

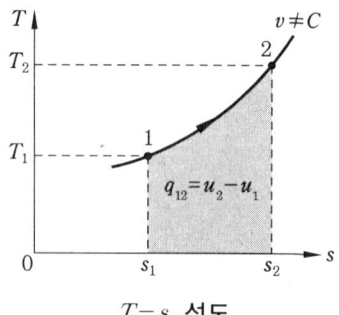

$T-s$ 선도

1-2 · 등온 및 단열 변화

(1) 등온 변화

① P, v, T의 상호 관계

$$P_1 v_1 = P_2 v_2 = Pv = 일정$$

② 절대일

$$W_a = \int_1^2 Pdv = \int_1^2 P_1 v_1 \frac{dv}{v}$$

$$(P_1 v_1 = Pv \text{에서}, \ P = \frac{P_1 v_1}{v})$$

$$W_a = RT_1 \ln \frac{v_2}{v_1} = RT_1 \ln \frac{P_1}{P_2}$$

$$= P_1 v_1 \ln \frac{v_2}{v_1} = P_1 v_1 \ln \frac{P_1}{P_2}$$

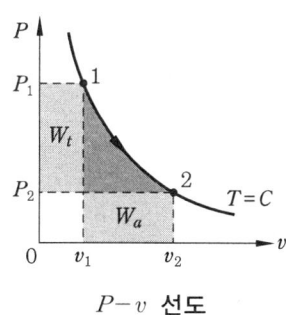

$P-v$ 선도

③ 공업일

$$W_t = -\int_1^2 vdP = -\int_1^2 P_1 v_1 \frac{dP}{P} (P_1 v_1 = Pv \text{에서}, \ v = \frac{P_1 v_1}{P})$$

$$\therefore W_t = -P_1 v_1 \ln \frac{P_2}{P_1} = P_1 v_1 \ln \frac{P_1}{P_2} = P_1 v_1 \ln \frac{v_2}{v_1} (P_1 v_1 = RT_1)$$

$$\therefore W_a = W_t = C$$

즉, 등온 변화에서 절대일과 공업일은 서로 같다.

④ 내부 에너지 변화

$$du = u_2 - u_1 = \int_1^2 C_V dT$$

$$= C_V (T_2 - T_1) = 0$$

⑤ 엔탈피 변화

$$dh = h_2 - h_1 = \int_1^2 C_P dT$$

$$= C_P (T_2 - T_1) = 0$$

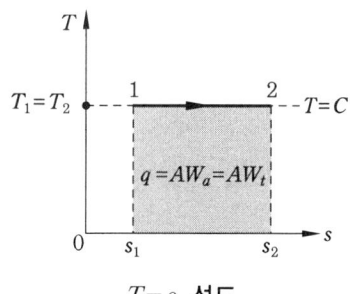

$T-s$ 선도

⑥ 열량

$$\delta q = du + APdv = dh - AvdP$$

$$= C_V dT + A\delta W_a = C_P dT + A\delta W_t$$

결국, 가열량($_1 q_2$) = 절대일(AW_a) = 공업일(AW_t)

즉, 가열한 열량은 전부 일로 변한다.

(2) 단열 변화

① P, v, T 관계 : $\dfrac{T_2}{T_1} = \left(\dfrac{V_1}{V_2}\right)^{k-1} = \left(\dfrac{P_2}{P_1}\right)^{\frac{k-1}{k}}$

② 절대일

$W_a = \int_1^2 P dv$ 이고, $dq = du + P dv = 0$ 에서

$P dv = -du$ 이므로,

$$W_a = \int_1^2 P dv = -\int_1^2 du = -\int_1^2 C_V dT$$

$$= -C_V(T_2 - T_1) = C_V(T_1 - T_2)$$

$$= \dfrac{R}{k-1}(T_1 - T_2) = \dfrac{P_1 v_1}{k-1}\left(1 - \dfrac{T_2}{T_1}\right)$$

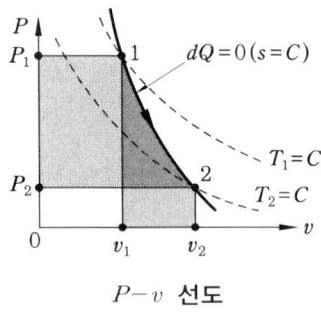

$P-v$ 선도

③ 공업일

$W_t = -\int_1^2 v dp$ 이고, $dq = dh - v dP = 0$ 에서, $v dp = dh$ 이므로,

$$W_t = -\int_1^2 v dP = -\int_1^2 dh = \int_1^2 C_P dT = -C_P(T_2 - T_1) = C_P(T_1 - T_2)$$

$$= \dfrac{kR}{k-1}(T_1 - T_2) = \dfrac{kP_1 v_1}{k-1}\left(1 - \dfrac{T_2}{T_1}\right)$$

∴ $W_t = k W_a$ (단열 변화에서 공업일은 절대일과 비열비의 곱과 같다.)

④ 내부에너지 변화량

$du = C_V dT = -P dv$ 에서,

$\Delta u = u_2 - u_1 = C_V(T_2 - T_1) = -A W_a$

즉, 내부 에너지 변화량은 절대일량과 같다.

⑤ 엔탈피 변화

$dh = C_P(T_2 - T_1) = -A W_t$

즉, 엔탈피 변화량은 공업일량과 같다.

⑥ 열량

$q = C$

즉, $\delta q = 0$ 이므로 열의 이동이 없다.

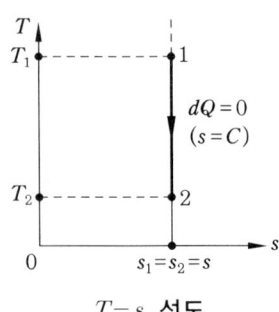

$T-s$ 선도

1-3 · 폴리트로픽 변화(polytropic change)

① P, v, T 관계

$$Pv^n = C\,(P_1v_1^n = P_2v_2^n = 일정\,)$$
$$Tv^{n-1} = C\,(T_1v_1^{n-1} = T_2v_2^{n-1} = 일정\,)$$
$$T^n P^{1-n} = C\,(T_1^n P_1^{1-n} = T_2^n P_2^{1-n} = 일정\,)$$

여기서, n : 폴리트로픽 지수

② 절대일

$$W_a = \frac{1}{n-1}(P_1v_1 - P_2v_2)$$
$$= \frac{R}{n-1}(T_1 - T_2)$$

③ 공업일

$$W_t = \frac{n}{n-1}(P_1v_1 - P_2v_2)$$
$$= \frac{nR}{n-1}(T_1 - T_2)$$
$$= n \cdot W_a$$

④ 내부 에너지 변화

$$u = u_2 - u_1 = C_V(T_2 - T_2)$$

⑤ 엔탈피 변화

$$h = h_2 - h_1 = C_P(T_2 - T_1)$$

⑥ 열량

$$\delta q = du + APdv$$
$$= C_n(T_2 - T_1)$$
$$= \left(\frac{n-k}{n-1}\right)C_V(T_2 - T_1)$$

여기서, 폴리트로픽 비열 $C_n = \left(\dfrac{n-k}{n-1}\right)C_V$

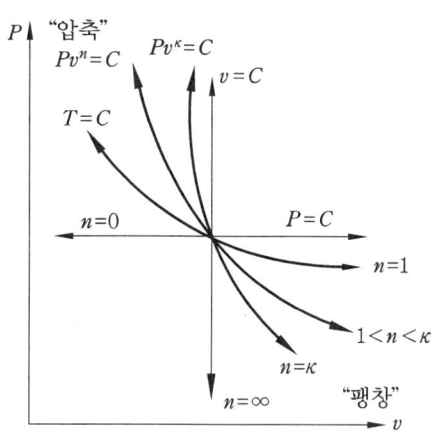

$P-v$ 선도

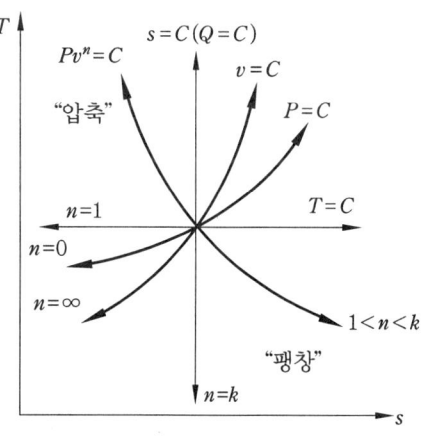

$T-s$ 선도

예상문제 및 기출문제

1. 다음 중 이상 기체(Ideal gas)의 정의로서 틀린 것은?

㉮ 분자 자신의 부피를 무시할 수 있는 기체
㉯ 분자 간의 반발력을 무시할 수 있는 기체
㉰ 이상 기체 법칙을 만족하는 기체
㉱ 분자 운동이 없는 기체

[해설] 이상 기체는 서로 충돌하더라도 운동량과 운동 에너지가 보존되는 기체이며 완전 탄성 충돌하는 기체라 가정한다.

2. 이상 기체에 대한 설명이다. 틀린 것은?

㉮ 분자와 분자 사이 거리가 무한대이다.
㉯ 분자 사이의 인력이 없다.
㉰ 압축 인자가 1이다.
㉱ 내부 에너지는 온도와 무관하고 압력과 부피의 함수로 이루어진다.

[해설] 이상 기체의 내부 에너지는 온도만의 함수이다 ($du = C_v dT$).

3. 다음 중에서 이상 기체 상수(R)의 값이 다른 것은?

㉮ 82.05 cc·atm/mol·K
㉯ 8.314 joule/mol·K
㉰ 1.987 cal/mol·K
㉱ 0.8205 erg/mol·K

[해설] $R = 0.082$ atm·L/mol·K
  $= 82.05$ cc·atm/mol·K
  $= 8.314$ joule/mol·K
  $= 1.987$ cal/mol·K

[참고] 1 joule = 10^7 erg

4. 다음 중 완전 기체(perfect gas) 법칙에 해당되지 않는 것은?

㉮ PV = const (등온 상태)
㉯ 보일(Boyle)의 법칙
㉰ 보일-샤를(Boyle-Charle)의 법칙
㉱ $\left(P + \dfrac{a}{V^2}\right)(V - b) = $ const

[해설] Van der Waals 상태 방정식(실제 기체 방정식)
$$\left(P + \dfrac{a}{V^2}\right)(V - b) = RT$$
여기서, a : 분자 사이의 인력(반발력)
  b : 분자 자신의 부피

5. 기체의 상태 방정식이 아닌 것은?

㉮ 오일러(Euler) 방정식
㉯ 비리얼(Virial) 방정식
㉰ 반데르발스(Van der Waals) 방정식
㉱ 비티 브리지만(Beattie-bridgeman) 방정식

[해설] 오일러의 방정식은 유체의 방정식이다.

6. 실제 기체의 거동이 이상 기체 법칙으로 표현될 수 있는 상태는?

㉮ 압력이 낮고 온도가 임계 온도 이상인 상태
㉯ 압력과 온도가 모두 낮은 상태
㉰ 압력은 임계 압력 이상이고 온도가 낮은 상태
㉱ 압력과 온도가 모두 임계점 이상인 상태

[해설] 실제 기체가 압력이 낮고 온도가 임계 온도 이상인 상태일 때 이상 기체에 가까워진다.

정답 1. ㉱ 2. ㉱ 3. ㉱ 4. ㉱ 5. ㉮ 6. ㉮

7. 실제 기체가 이상 기체(ideal gas)에 가깝게 될 조건은?

㉮ 압력이 낮고 온도가 높을 때
㉯ 압력이 높고 온도가 낮을 때
㉰ 온도, 압력이 모두 높을 때
㉱ 온도, 압력이 모두 낮을 때

[해설] 6번 해설 참조

8. 50℃ 3 MPa 상태의 1 m³의 질소 기체를 6 MPa로 압축시켜 온도를 −50℃로 냉각시킬 때 최종 상태의 체적은 약 몇 m³인가? (단, 초기 상태의 압축성 인자는 1.001이고, 최종 상태의 압축성 인자는 0.93이다.)

㉮ 0.25 ㉯ 0.32
㉰ 0.53 ㉱ 0.79

[해설] 보일-샤를의 법칙을 이용하면

$$V_2 = V_1 \times \frac{T_2}{T_1} \times \frac{P_1}{P_2}$$
$$= 1 \times \frac{(273-50)}{(273+50)} \times \frac{3}{6} \times 0.93$$
$$= 0.321 \, m^3$$

9. 용기 속에 절대 압력이 8.5 kgf/cm², 온도 52℃인 이상 기체가 49 kg 들어 있다. 이 기체의 일부가 누출되어 용기 내 절대 압력이 4.15 kgf/cm² 온도 27℃가 되었다면 밖으로 누출된 기체는 약 몇 kg인가?

㉮ 10.4   ㉯ 23.1
㉰ 35.9   ㉱ 47.6

[해설] 나중 상태의 질량을 구하면

$$P_1 V = G_1 R T_1$$
$$P_2 V = G_2 R T_2$$
$$\therefore G_2 = G_1 \times \frac{P_2}{P_1} \times \frac{T_1}{T_2}$$
$$= 49 \times \frac{4.15}{8.5} \times \frac{(273+52)}{(273+27)}$$
$$= 25.917 \, kg$$

누출된 기체의 질량 $= G_1 - G_2$
$= 49 - 25.917$
$= 23.08 \, kg$

10. 20℃, 5atm의 공기가 들어 있는 2m³ 체적인 탱크가 있다. 탱크 속의 공기 압력을 일정하게 유지하면서 온도 40℃가 되도록 하려면 몇 kg의 공기를 밖으로 내보내야 하는가?

㉮ 1.14   ㉯ 11.67   ㉰ 0.99   ㉱ 0.77

[해설] $PV = GRT$에서
밖으로 내보내는 공기 $G_1 - G_2$

$$= \frac{P_1 V_1}{R T_1} - \frac{P_2 V_2}{R T_2}$$
$$= \frac{5 \times 10332 \times 2}{\frac{848}{29} \times (273+20)} - \frac{5 \times 10332 \times 2}{\frac{848}{29} \times (273+40)}$$
$$= 0.770 \, kg$$

11. 그림과 같이 부피가 일정하고 완전 단열된 통기 속에 A, B 기체가 칸막이로 격리되어 있다. 초기 상태는 $V_A = V_B = 0.14 \, m^3$, $P_A = 17 \, atm$, $P_B = 10.2 \, atm$, $t_A = 338$ ℃, $t_B = 282$ ℃, 그리고 $C_{VA} = 0.335$ cal/g·K, $C_{VB} = 0.157$ cal/g·K이다. A 속에 들어 있는 H_2O의 양은?

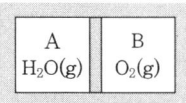

㉮ 0.047 kg·mol   ㉯ 0.091 kg·mol
㉰ 0.136 kg·mol   ㉱ 0.182 kg·mol

[해설] $PV = GRT$

$$G = \frac{PV}{RT}$$
$$= \frac{17 \times 10332 \, kg/m^2 \times 0.14 \, m^3}{848 \, kg \cdot m/kgmol \cdot K \times (273+338) K}$$
$$= 0.0474 \, kgmol$$

12. 이상 기체에서 $C_V + R = C_P$일 때 올바른 관계식은?

㉮ $C_V dT = RT \dfrac{dP}{P}$

㉯ $C_P dT = RT \dfrac{dP}{P}$

㉰ $C_v Dt = RT dP$

㉱ $C_p dT = RT dP$

[해설] 단열 변화에서
$\Delta S = C_P \dfrac{dT}{T} - \dfrac{v}{T} dP$, $\Delta S = 0$ 이므로
$C_P \dfrac{dT}{T} = \dfrac{v}{T} dP \left(\dfrac{v}{T} = \dfrac{R}{P}\right)$
$C_P \dfrac{dT}{T} = \dfrac{R}{P} dP$ 양변에 T를 곱하면
$C_P dT = RT \dfrac{dP}{P}$

13. 그림에서 임계점 이하 증기가 Van Der Waals의 식을 만족하는 온도 일정의 곡선은 어느 것인가?

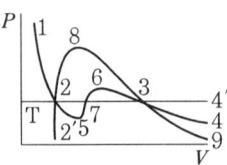

㉮ 12734
㉯ 1′2734′
㉰ 1257634
㉱ 1′257634′

[해설] 반데르발스식
$\left(P + \dfrac{a}{V^2}\right)(V-b) = RT$

14. Van der Waals식 $\left(P + \dfrac{a}{V^2}\right)(V-b) = RT$에 있어서 a, b를 구할 때 다음 중 어느 임계점 관계식을 사용하는가?

㉮ $\left(\dfrac{\partial P}{\partial T}\right)_{T_c} = RT$, $\left(\dfrac{\partial^2 P}{\partial V^2}\right)_{T_c} = 0$

㉯ $\left(\dfrac{\partial P}{\partial V}\right)_{T_c} = 0$, $\left(\dfrac{\partial^2 P}{\partial V^2}\right)_{T_c} = 0$

㉰ $\left(\dfrac{\partial P}{\partial T}\right)_{T_c} = \dfrac{R}{V}$, $\left(\dfrac{\partial^2 P}{\partial T^2}\right)_{T_c} = 0$

㉱ $\left(\dfrac{\partial P}{\partial T}\right)_{T_c} = R$, $\left(\dfrac{\partial^2 P}{\partial T^2}\right)_{T_c} = 0$

[해설] a : 반데르발스 상수, b : 기체 자신의 부피 임계점 관계식은 다음과 같다.
$\left(\dfrac{\partial P}{\partial V}\right)_{T_c} = 0$, $\left(\dfrac{\partial^2 P}{\partial V^2}\right)_{T_c} = 0$

15. 공기 50 kg을 일정 압력 하에서 100℃에서 700℃까지 가열할 때 엔탈피 변화는 얼마인가? (단, $C_P = 0.241$ kcal/kg·℃, $C_V = 0.127$ kcal/kg·℃이다.)

㉮ 3810 kcal
㉯ 4810 kcal
㉰ 7230 kcal
㉱ 8230 kcal

[해설] $\Delta H = G C_P \Delta t$
$= 50\text{kg} \times 0.241 \text{kcal/kg℃} \times (700-100)℃$
$= 7230$ kcal

16. 정압 과정(constant pressure process)에서 한 계(system)에 전달된 열량은 그 계의 어떠한 성질 변화와 같은가?

㉮ 내부 에너지 변화
㉯ 엔트로피 변화
㉰ 엔탈피 변화
㉱ 퓨개시티(fugacity) 변화

[해설] 정압 과정에서 가열량은 전부 엔탈피 변화로 나타난다.
$_1 Q_2 = \Delta h = h_2 - h_1$

정답 12. ㉯ 13. ㉰ 14. ㉯ 15. ㉰ 16. ㉰

17. 공기 10 Nm³을 1기압의 등압 하에서 0℃로부터 80℃로 가열하는 데 필요한 열량은 약 몇 kcal인가? (단, 공기의 정압 비열은 0.24 kcal/kg·℃이고, 정적 비열은 0.17 kcal/kg℃이며, 공기의 분자량은 28.96 kg/kmol이다.)

㉮ 238　　㉯ 248
㉰ 258　　㉱ 268

[해설] 등압 변화에서

$$Q = GC_P \Delta t = \frac{PV}{RT} \cdot C_P \cdot \Delta t$$

$$= \frac{1\,atm \times 10\,m^3}{\frac{0.082}{28.96}\,atm \cdot m^3/kg \cdot K \times (273+0) \cdot K}$$
$$\times 0.24\,kcal/kg℃ \times (80-0)℃$$
$$= 248.3\,kcal$$

18. 25℃에서 다음 반응의 정압 반응열은 326.7 kcal이다. 같은 온도에서 정적 반응열(kcal)은 얼마인가?

$$[C_2H_5OH(l) + 3O_2(g) \rightarrow 3H_2O(l) + 2CO_2(g)]$$

㉮ 304.7　　㉯ 326.1
㉰ 347.3　　㉱ 378.7

[해설] $Q_V = Q_P - \Delta nRT$
$= 326.7\,kcal - 1\,mol \times 1.987\,cal/mol \cdot K$
$\quad \times 10^{-3}\,kcal/cal \times (273+25)K$
$= 326.10\,kcal$

19. 500 K, 1 MPa의 이상 기체 1 mol이 1000 K, 1 MPa으로 팽창할 때 이상 기체의 엔트로피 변화는 몇 kJ/K인가? (단, 정압 비열 C_P는 28 kJ/mol·K이다.)

㉮ 14.3　　㉯ 19.4
㉰ 24.3　　㉱ 39.4

[해설] 정압 과정이므로

$$\Delta S = C_P \ln \frac{T_2}{T_1} \left(\frac{V_1}{T_1} = \frac{V_2}{T_2},\ \frac{T_2}{T_1} = \frac{V_2}{V_1} \right)$$
$$= C_P \ln \frac{V_2}{V_1}$$

여기서, $V_2 = V_1 \times \frac{T_2}{T_1}$
$= 1\,mol \times \frac{1000}{500} = 2\,mol$

$\therefore \Delta S = C_P \ln \frac{V_2}{V_1} = 28\,kJ/mol \cdot K \times \ln \frac{2}{1}$
$= 19.40\,kJ/mol \cdot K$

20. 유체의 어느 밀폐계가 어떤 과정을 거칠 때 그 에너지식은 $\Delta U_{12} = Q_{12}$로 기술된다. 이 계가 거쳐간 과정은? (단, U는 내부 에너지를, Q는 전달된 열량을 나타낸다.)

㉮ 등온 과정(isothermal process)
㉯ 등압 과정(constant pressure process)
㉰ 등적 과정(constant volume proess)
㉱ 단열 과정(adiabatic process)

[해설] 정적 변화(등적 변화)에서
$_1Q_2 = du + APdV(APdV = 0)$
$\therefore {_1Q_2} = {_1U_2}$
즉, 가열량 전부가 내부 에너지 변화로 표시된다.

21. 용적 1.5 m³의 밀폐된 용기 속 공기를 $t_1 = 17℃$, $P_1 = 4\,kg/cm^2$의 상태에서 $t_2 = 452℃$까지 가열하였다. 이때의 압력은 몇 kg/cm²인가? (단, 공기는 이상 기체라고 가정한다.)

㉮ 8.85　　㉯ 10
㉰ 100　　㉱ 885

[해설] 정적 과정이므로

$$\frac{P_1}{T_1} = \frac{P_2}{T_2}$$

[정답] 17. ㉯　18. ㉯　19. ㉯　20. ㉰　21. ㉯

$$\therefore P_2 = P_1 \times \frac{T_2}{T_1} = 4 \times \frac{(273+452)}{(273+17)}$$
$$= 10 \, \text{kg/cm}^2$$

22. 이상 기체 1몰이 A상태(T_A, P_A)에서 B상태(T_B, P_B)로 변화하였다. C_P가 일정할 경우 엔트로피의 변화는?

㉮ $\Delta S = C_P \ln \dfrac{T_A}{T_B} + R \ln \dfrac{P_B}{P_A}$

㉯ $\Delta S = C_P \ln \dfrac{T_B}{T_A} + R \ln \dfrac{P_B}{P_A}$

㉰ $\Delta S = C_P \ln \dfrac{T_A}{T_B} - R \ln \dfrac{P_B}{P_A}$

㉱ $\Delta S = C_P \ln \dfrac{T_B}{T_A} - R \ln \dfrac{P_B}{P_A}$

[해설] 정적 변화에서
$$dq = du + Pdv$$
$$= dh - vdP \left(v = \frac{RT}{P} \right)$$
$$\Delta S = C_P \ln \frac{T_2}{T_1} - \frac{RT}{T} \ln \frac{P_2}{P_1}$$
$$= C_P \ln \frac{T_2}{T_1} - R \ln \frac{P_2}{P_1}$$

23. 초기 조건이 1 atm, 60℃인 공기를 정적 과정을 통해 가열한 후 정압에서 냉각 과정을 통하여 5 atm, 60℃로 냉각할 때 이 과정에서 전체 열량의 변화는 약 몇 kcal/kmol인가? (단, C_V = 5 kcal/kmol·℃, C_P = 7 kcal/kmol·℃이며, 이상기체로 가정한다.)

㉮ −964 ㉯ −1964
㉰ −2664 ㉱ −3664

[해설] 정적과정에서 T_2를 구하면
$$\frac{P_1}{T_1} = \frac{P_2}{T_2}$$

$$\therefore T_2 = T_1 \times \left(\frac{P_2}{P_1} \right) = (273+60) \times \left(\frac{5}{1} \right)$$
$$= 1665 \, \text{K}$$

정적 과정에서 열량 변화
$$Q_1 = C_V(T_2 - T_1) = 5 \, \text{kcal/kmol} \cdot \text{℃}$$
$$\times \{1665 - (273+60)\} \text{K}$$
$$= 6660 \, \text{kcal/kmol}$$

정압 과정에서 열량 변화
$$Q_2 = C_P(T_3 - T_2)$$
$$= 7 \, \text{kcal/kmol} \cdot \text{℃} \times \{(273+60) - 1665\} \text{K}$$
$$= -9324 \, \text{kcal/kmol}$$
$$Q_{total} = Q_1 + Q_2 = 6660 - 9324$$
$$= -2664 \, \text{kcal/kmol}$$

24. 이상 기체의 상태 변화에서 내부 에너지가 일정한 상태 변화에 해당하는 것은?

㉮ 등온 변화 ㉯ 등압 변화
㉰ 단열 변화 ㉱ 등적 변화

[해설] 등온 변화에서 $T_1 = T_2$이므로
$P_1 V_1 = P_2 V_2 = PV =$ 일정
제1법칙에서 $dT = 0$이므로 $du = 0$
즉, $U_1 = U_2$

25. 밀폐 시스템 내의 이상 기체에 대하여 일(W)은 아래와 같은 식으로 표시될 때 이 식은 어떤 과정에 대하여 적용할 수 있는가? (단, q는 열, R은 기체 상수, T는 온도, V는 체적임)

$$W = q = RT \ln \frac{V_2}{V_1}$$

㉮ 단열 과정 ㉯ 등압 과정
㉰ 등온 과정 ㉱ 등적 과정

[해설] 등온변화에서 절대일
$$W_a = \int_1^2 P dV \left(PV = RT, \, P = \frac{RT}{V} \right)$$
$$= \int_1^2 RT \frac{dV}{V} = RT \ln \frac{V_2}{V_1}$$

정답 22. ㉱ 23. ㉰ 24. ㉮ 25. ㉰

26. $W = nRT\ln\left(\dfrac{V_2}{V_1}\right)$의 식은 이상 기체의 밀폐계에 대한 압축일을 나타낸다. 이 식이 적용될 수 있는 과정으로 다음 중 옳은 것은 어느 것인가?

㉮ 등온 과정(isothermal process)
㉯ 등압 과정(constant pressure process)
㉰ 단열 과정(adiabatic process)
㉱ 등적 과정(constant volume process)

[해설] 25번 해설 참조

27. 실린더 내에 있는 17℃의 공기 1 kg을 등온압축할 때 냉각된 열량이 134 kJ이라면 공기의 최종 체적은 초기 체적을 V라 할 때 얼마가 되는가? (단, 이 과정은 이상 기체의 가역 과정이며, 공기의 기체 상수는 0.287 kJ/kg·K이다.)

㉮ $\dfrac{1}{2}V$ ㉯ $\dfrac{1}{5}V$ ㉰ $\dfrac{1}{7}V$ ㉱ $\dfrac{1}{9}V$

[해설] 등온 변화에서 열량은 절대일과 같으므로

$$W_a = RT\ln\dfrac{V_2}{V_1}$$

$$\ln\dfrac{V_2}{V_1} = \dfrac{W_a}{RT}$$

$$= \dfrac{-134\,\text{kJ}}{0.287\,\text{kJ/kg·K}\times(273+17)}$$

$$= -1.61$$

$$\dfrac{V_2}{V_1} = e^{-1.61} = \dfrac{1}{5}$$

$$\therefore V_2 = \dfrac{1}{5}V_1$$

28. 폐쇄계의 등온 과정에서 이상 기체가 행한 일(W)은? (단, 압력 P, 부피 V, 온도 T는 제1계에서 제2계로 변하며 R은 상수)

㉮ $RT\ln\left(\dfrac{P_1}{P_2}\right)$ ㉯ $RT\ln\left(\dfrac{V_1}{V_2}\right)$

㉰ $P(V_2 - V_1)$ ㉱ $R\ln\left(\dfrac{P_1}{P_2}\right)$

[해설] 등온 과정에서

$$W_a = RT\ln\left(\dfrac{V_2}{V_1}\right) = RT\ln\left(\dfrac{P_1}{P_2}\right)$$

여기서, $P_1V_1 = P_2V_2$, $\dfrac{V_2}{V_1} = \dfrac{P_1}{P_2}$이다.

29. 다음 중 등온 압축 계수 K를 옳게 표시한 것은?

㉮ $K = -\dfrac{1}{V}\left(\dfrac{dP}{dT}\right)_V$

㉯ $K = -\dfrac{1}{V}\left(\dfrac{dV}{dP}\right)_T$

㉰ $K = \dfrac{1}{V}\left(\dfrac{dP}{dT}\right)_V$

㉱ $K = \dfrac{1}{V}\left(\dfrac{dV}{dP}\right)_T$

[해설] $K = -\dfrac{V_2-V_1}{V_1(P_2-P_1)} = -\dfrac{1}{V}\left(\dfrac{dV}{dP}\right)_T$

[참고] 팽창 계수 $= \dfrac{V_2-V_1}{V_1(T_2-T_1)} = \dfrac{1}{V}\left(\dfrac{dV}{dT}\right)_P$

30. 다음 중 각 과정을 표시한 것으로 틀린 것은? (단, Q는 열량, H는 엔탈피, W는 일, U는 내부 에너지)

㉮ 등온 과정에서 $Q = W$
㉯ 단열 과정에서 $Q = -W$
㉰ 정압 과정에서 $Q = \Delta H$
㉱ 등적 과정에서 $Q = \Delta U$

[해설] 단열 과정에서 $Q = C$ (일정)
즉, $dQ = 0$ 이므로 열의 이동이 없다.

31. 압력 P_1, 온도 T_1인 이상 기체 가스를 압력 P_2까지 단열 압축하였다. 이때, 온도

T에 대하여 $T = T_1 \left(\dfrac{P_2}{P_1}\right)^{\frac{\gamma-1}{\gamma}}$ 로 계산할 수 있는 경우는? (단, γ는 비열비)

㉮ 가역 단열 압축이고 γ는 일정
㉯ 비가역 단열 압축이고 γ는 온도에 따라 변화
㉰ 가역 단열 압축이고 γ는 온도에 따라 변화
㉱ 비가역 단열 압축이고 γ는 일정

[해설] 단열 변화
상태 변화를 하는 동안에 외부와 계간에 열의 이동이 전혀 없는 변화를 말한다.
P, v, T의 관계를 설명하면
$dq = du + Pdv = C_V dT + Pdv$ ······ ①
$Pv = RT$에서 양변을 미분하면
$Pdv + vdp = RdT$
$dT = \dfrac{Pdv}{R} + \dfrac{vdp}{R}$ ······ ②

$dq = 0$인 단열 변화에서 ②식을 ①식에 대입하면

$dq = C_V \left(\dfrac{Pdv}{R} + \dfrac{vdp}{R}\right) + Pdv = 0$

$C_V \cdot \dfrac{Pdv}{R} + C_V \cdot \dfrac{vdp}{R} + Pdv = 0$

$C_V \cdot \dfrac{Pdv}{R} + Pdv + C_V \cdot \dfrac{vdp}{R} = 0$

$\left(C_V \cdot \dfrac{1}{R} + 1\right) Pdv + C_V \cdot \dfrac{vdp}{R} = 0$

양변에 R을 곱하면
$(C_V + R) Pdv + C_V \cdot Vdp = 0$

양변을 $C_V P_v$로 나누면
$\left(1 + \dfrac{R}{C_V}\right)\dfrac{dv}{v} + \dfrac{dP}{P} = 0$

$\left(k = \dfrac{C_P}{C_V} = \dfrac{C_V + R}{C_V} = 1 + \dfrac{R}{C_V}\text{이므로}\right)$

$k \cdot \dfrac{dv}{v} + \dfrac{dP}{P} = 0$ 양변을 적분하면

$k \int \dfrac{dv}{v} + \int \dfrac{dP}{P} = k\ln v + \ln P$
$\qquad\qquad\qquad\quad = \ln v^k + \ln P = \ln C$

$\therefore Pv^k = C$

$Pv_1^k = P v_2^k$

$\left(P_1 = \dfrac{RT_1}{v_1},\ P_2 = \dfrac{RT_2}{v_2}\text{를 대입하면}\right)$

$\dfrac{RT_1}{v_1} \cdot v_1^k = \dfrac{RT_2}{v_2} \cdot v_2^k$

$T_1 \cdot v_1^{k-1} = T_2 \cdot v_2^{k-1}$

$\dfrac{T_2}{T_1} = \left(\dfrac{v_1}{v_2}\right)^{k-1}$

$\therefore Tv^{k-1} = C$

$\left(v_1 = \dfrac{RT_1}{P_1},\ v_2 = \dfrac{RT_2}{P_2}\text{를 대입하면}\right)$

$T_1 \cdot \left(\dfrac{RT_1}{P_1}\right)^{k-1} = T_2 \cdot \left(\dfrac{RT_2}{P_2}\right)^{k-1}$

$T_1 \cdot T_1^{k-1} \cdot P_1^{-(k-1)} = T_2 \cdot T_2^{k-1} \cdot P_2^{-(k-1)}$

$T_1^k \cdot P_1^{1-k} = T_2^k \cdot P_2^{1-k}$

$T_1 \cdot P_1^{\frac{1-k}{k}} = T_2 \cdot P_2^{\frac{1-k}{k}}$

$\dfrac{T_2}{T_1} = \left(\dfrac{P_1}{P_2}\right)^{\frac{1-k}{k}}$

$\therefore \dfrac{T_2}{T_1} = \left(\dfrac{P_2}{P_1}\right)^{\frac{k-1}{k}}$

$T \cdot P^{\frac{k-1}{k}} = C$

$\therefore \dfrac{T_2}{T_1} = \left(\dfrac{V_1}{V_2}\right)^{k-1} = \left(\dfrac{P_2}{P_1}\right)^{\frac{k-1}{k}}$

32. 이상 기체에 대한 가역 단열 과정에서 온도(T), 압력(P), 부피(V)의 관계를 표시한 것으로 다음 중 옳은 것은 어느 것인가? (단, $\gamma = \dfrac{C_P}{C_V}$이다.)

㉮ $\dfrac{T_1}{T_2} = \left(\dfrac{P_1}{P_2}\right)^{\frac{\gamma-1}{\gamma}}$ ㉯ $\dfrac{P_1}{P_2} = \left(\dfrac{V_1}{V_2}\right)^2$

㉰ $\dfrac{T_1}{T_2} = \left(\dfrac{V_1}{V_2}\right)^{\gamma-1}$ ㉱ $\dfrac{P_1}{P_2} = \dfrac{V_1}{V_2}$

[해설] 31번 해설 참조

정답 32. ㉮

33. 다음 식 중 이상 기체 상태에서의 단열 과정을 나타내는 식으로 옳지 않은 것은? (단, k는 비열비이다.)

㉮ $\left(\dfrac{T_2}{T_1}\right) = \left(\dfrac{V_1}{V_2}\right)^{k-1}$ ㉯ $\left(\dfrac{V_1}{V_2}\right) = \left(\dfrac{P_2}{P_1}\right)^{\frac{1}{k}}$

㉰ $P_1 V_1^k = P_2 V_2^k$ ㉱ $\left(\dfrac{T_2}{T_1}\right) = \left(\dfrac{P_2}{P_1}\right)$

[해설] 31번 해설 참조

34. 다음 설명 중 옳지 않은 것은?

㉮ 이상 기체의 등온 가역 과정에서는 $PV=$ 일정이다.
㉯ 이상 기체의 경우 $C_P - C_V = AR$ 이다.
㉰ 이상 기체의 단열 가역 과정에서는 $PV=$ 일정이다.
㉱ 이상 기체의 열역학적 정의는 $\left(\dfrac{\partial E}{\partial V}\right)$ 이고, $PV = nRT$의 식을 만족하는 기체이다.

[해설] 단열 가역 과정에서 $PV^k =$ 일정이다.

35. 어느 기체 혼합물을 10 kPa, 20℃, 0.2 m³인 초기 상태로부터 0.1 m³로 실린더 내에서 가역 단열 압축할 때 최종 상태의 온도는 약 몇 K인가? (단, 이 혼합 가스의 정적 비열은 0.7157 kJ/kg·K, 기체 상수는 0.2695 kJ/kg·K이다.)

㉮ 381 ㉯ 387
㉰ 397 ㉱ 400

[해설] 가역 단열 변화이므로

비열비 $k = \dfrac{C_P}{C_V} = \dfrac{C_V + R}{C_V}$

$= \dfrac{0.7157 + 0.2695}{0.7157} = 1.376$

$T_2 = T_1 \times \left(\dfrac{V_1}{V_2}\right)^{k-1}$

$= (273 + 20) \times \left(\dfrac{0.2}{0.1}\right)^{1.376-1}$

$= 380.2 \text{K}$

36. 2 kg, 30℃인 이상 기체가 1 bar에서 3 bar까지 가역 단열 과정으로 압축되었고 이 기체의 정적 비열 C_V는 750 J/kg·K, 정압비열 C_P는 1000 J/kg·K라면 최종 온도는 약 몇 ℃인가?

㉮ 99   ㉯ 126
㉰ 267 ㉱ 399

[해설] 우선 비열비 $k = \dfrac{C_P}{C_V} = \dfrac{1000}{750} = 1.333$

가역 단열 과정에서

$T_2 = T_1 \times \left(\dfrac{P_2}{P_1}\right)^{\frac{k-1}{k}}$

$= (273 + 30) \times \left(\dfrac{3}{1}\right)^{\frac{1.333-1}{1.333}}$

$= 398.68 \text{K} = 125.6 ℃$

37. −30℃로 냉각한 200 atm의 질소를 단열적으로 5 atm까지 팽창했을 때의 온도는? (단, 이상 기체의 가역 공정이고 질소의 $\dfrac{C_P}{C_V}$는 1.41이다.)

㉮ 6℃   ㉯ 83℃
㉰ −170℃ ㉱ −190℃

[해설] $T_2 = T_1 \times \left(\dfrac{P_2}{P_1}\right)^{\frac{k-1}{k}}$

$= (273 - 30) \times \left(\dfrac{5}{200}\right)^{\frac{1.41-1}{1.41}}$

$= 83.1 \text{K} = -189.9 ℃$

정답 33. ㉱ 34. ㉰ 35. ㉮ 36. ㉯ 37. ㉱

38. 1 mol의 이상 기체가 25℃, 2 MPa로부터 100 kPa까지 단열 가역적으로 팽창하였을 때 최종 온도는 약 몇 K인가? (단, 정적 비열 C_V는 $\frac{3}{2}R$이다.)

㉮ 90 ㉯ 80
㉰ 70 ㉱ 60

[해설] 우선 K부터 구하면

$$K = \frac{C_P}{C_V} = \frac{C_V+R}{C_V} = \frac{\frac{3}{2}R+R}{\frac{3}{2}R} = \frac{\frac{5}{2}}{\frac{3}{2}}$$

$$= \frac{5}{3} = 1.666$$

$$T_2 = T_1 \times \left(\frac{P_2}{P_1}\right)^{\frac{k-1}{k}}$$

$$= (273+25) \times \left(\frac{100}{2000}\right)^{\frac{1.666-1}{1.666}} = 89.9 \text{ K}$$

39. 다음 중 각 과정을 표시한 것으로 틀린 것은? (단, Q는 열량, H는 엔탈피, W는 일, U는 내부 에너지이다.)

㉮ 등온 과정에서 $Q=W$
㉯ 단열 과정에서 $Q=WQ$
㉰ 정압 과정에서 $Q=\Delta H$
㉱ 등적 과정에서 $Q=\Delta U$

[해설] 단열 과정에서 $Q=C$, $\Delta Q=0$

40. 1 kg/cm², 60℃에서 질소 2.3 kg, 산소 1.8 kg의 기체 혼합물이 등엔트로피 상태로 압축되어 3.5 kg/cm²로 되었다. 이때 내부에너지 변화는 약 얼마인가? (단, $C_V=0.17$ kcal/kg·℃, $C_P=0.24$ kcal/kg·℃이고, 이때 비열비(k)는 1.4이다.)

㉮ 80.31 kcal ㉯ 99.89 kcal
㉰ 105.37 kcal ㉱ 109.36 kcal

[해설] 등엔트로피는 단열 과정이다.

$$\Delta U = U_2 - U_1 = GC_V(T_2-T_1)$$

$$T_2 = T_1 \times \left(\frac{P_2}{P_1}\right)^{\frac{k-1}{k}}$$

$$= (273+60) \times \left(\frac{3.5}{1}\right)^{\frac{1.4-1}{1.4}}$$

$$= 476 \text{K} = 203 \text{℃}$$

$$\therefore \Delta U = (2.3+1.8)\text{kg} \times 0.17 \text{kcal/kg℃}$$
$$\times (203-60)\text{℃}$$
$$= 99.67 \text{ kcal}$$

41. 이상 기체($C_P=7$ J/mol·K, $C_V=5$ J/mol·K)가 단열 가역적으로 $P_1=10$ atm, $V_1=600$ L로부터 $P_2=1$ atm로 변한다. 이 과정에 대한 일(W)과 열량(Q)을 계산하면?

㉮ $W=0$ cal, $Q=1.7\times 10^5$ cal
㉯ $W=1.7\times 10^5$ cal, $Q=1.7\times 10^5$ cal
㉰ $W=1.7\times 10^5$ cal, $Q=0$ cal
㉱ $W=0$ cal, $Q=0$ cal

[해설] 단열 과정에서 절대일

$$W_a = \int_1^2 Pdv, \quad dq = du + Pdv = 0$$

$$Pdv = -du \text{ 이므로}$$

$$W_a = -\int_1^2 du = -\int_1^2 C_V dT$$

$$= -C_V(T_2-T_1) = C_V(T_1-T_2)$$

$$= \frac{R}{k-1}(T_1-T_2)$$

$$= \frac{P_1v_1}{(k-1)\cdot T_1} \cdot (T_1-T_2)$$

$$= \frac{P_1v_1}{k-1} \cdot \left(1-\frac{T_2}{T_1}\right)$$

$$= \frac{P_1v_1}{k-1} \cdot \left[1-\left(\frac{P_2}{P_1}\right)^{\frac{k-1}{k}}\right]$$

$$= \frac{10\times 10332 \times 0.6}{1.4-1}\left[1-\left(\frac{1}{10}\right)^{\frac{1.4-1}{1.4}}\right]\times\frac{1}{427}$$

정답 38. ㉮ 39. ㉯ 40. ㉯ 41. ㉰

$= 174\,\text{kcal} = 1.7 \times 10^5\,\text{cal}$

$\left(k = \dfrac{C_P}{C_V} = \dfrac{7}{5} = 1.4\right)$

또한, 열량 변화 $\Delta Q = 0$

42. 1 kg·mol의 이상 기체(C_P는 7 kcal/(kmol·K), C_V는 5 kcal/(kmol·K))가 단열 가역적으로 P_1은 10 atm, V_1은 600L에서 P_2는 1 atm으로 변한다. 이 과정에 대한 일(W) 및 내부 에너지 변화(ΔU)를 계산하면?

㉮ $W = 175 \times 10^3$ cal,
    $\Delta U = 175 \times 10^3$ cal
㉯ $W = 175 \times 10^3$ cal,
    $\Delta U = -175 \times 10^3$ cal
㉰ $W = 0$ cal, $\Delta U = 175 \times 10^3$ cal
㉱ $W = -175 \times 10^3$ cal, $\Delta U = 0$ cal

[해설] 41번 해설 참조
단열 과정에서 $\Delta U = -W_a$이다.

43. 비열비 k가 1.41인 이상 기체가 1 MPa, 600 L로부터 단열 가역 과정으로 100 kPa로 변할 때 이 과정에서 한 일은 약 몇 kJ인가?

㉮ 526 ㉯ 625
㉰ 715 ㉱ 825

[해설] 단열 과정에서 절대일

$W_a = \dfrac{P_1 v_1}{k-1} \cdot \left[1 - \left(\dfrac{P_2}{P_1}\right)^{\frac{k-1}{k}}\right]$

$= \dfrac{1000v_1\,\text{kN/m}^2 \times 0.6\,\text{m}^3}{1.41 - 1}$

$\times \left[1 - \left(\dfrac{100}{1000}\right)^{\frac{1.41-1}{1.41}}\right]$

$= 714.2\,\text{kJ}$

44. [그림]은 단열, 등압, 등온, 등적을 표시하는 $P-V$, $T-S$ 선도이다. 각 과정에 대한 설명으로 옳은 것은?

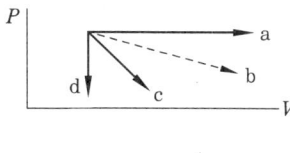

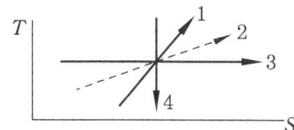

㉮ a는 등적 과정이고 4는 가역 단열 과정이다.
㉯ b는 등온 과정이고 3은 가역 단열 과정이다.
㉰ c는 등적 과정이고 2는 등압 과정이다.
㉱ d는 등적 과정이고 4는 가역 단열 과정이다.

[해설] d는 등적 과정이고 4는 등엔트로피 과정이므로 가역 단열 과정이다.

45. 폴리트로픽 과정에서 폴리트로픽 지수 n과 관련하여 옳은 것은? (단, k는 비열)

㉮ $n = \infty$: 단열 과정
㉯ $n = 0$: 정압 과정
㉰ $n = k$: 등온 과정
㉱ $n = 1$: 등엔트로피 과정

[해설]

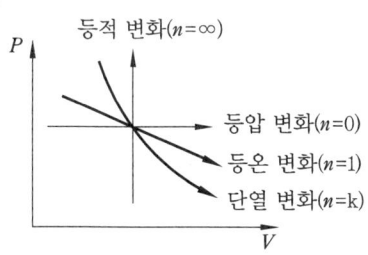

$PV^n = C$에서 $n = 0$이면 $P = C$가 된다.

정답 42. ㉯ 43. ㉰ 44. ㉱ 45. ㉯

46. 폴리트로픽 과정에서의 지수(polytropic exponent)가 비열비와 같을 때의 변화는?

㉮ 등적 변화   ㉯ 가역 단열 변화
㉰ 등온 변화   ㉱ 등압 변화

[해설] $n=k$이면 $PV^k=C$ 이므로 단열 변화이다.

47. 폴리트로픽(polytropic) 지수 n에 대한 설명 중 옳은 것은? (단, γ는 비열비이다.)

㉮ $n=0$이면 단열 변화
㉯ $n=1$이면 등온 변화
㉰ $n=\gamma$이면 정적 변화
㉱ $n=\infty$이면 등압 변화

[해설] $n=1$이면 $PV^1=C$ 이므로 $PV=C$가 된다. 이때는 등온 변화이다.

48. 비열비를 $k=\dfrac{C_P}{C_V}$, 폴리트로프 지수를 n이라 할 때 폴리트로프 비열(C_n)은 어떻게 표시되는가?

㉮ $C_n = C_V \dfrac{n}{n-k}$ ㉯ $C_n = C_V \dfrac{n}{n-1}$
㉰ $C_n = C_V \dfrac{k-1}{n-1}$ ㉱ $C_n = C_V \dfrac{n-k}{n-1}$

[해설] 폴리트로프 비열 $C_n = \left(\dfrac{n-k}{n-1}\right) \cdot C_V$

49. polytropic 변화에 대한 엔트로피 값 중 틀린 것은?

㉮ $S_2 - S_1 = C_V \ln \dfrac{T_2}{T_1} + AR \ln \dfrac{V_2}{V_1}$
㉯ $S_2 - S_1 = \dfrac{K-n}{n-1} C_V \dfrac{T_2}{T_1}$
㉰ $S_2 - S_1 = \dfrac{n-K}{n-1} C_V \ln \dfrac{T_2}{T_1}$
㉱ $S_2 - S_1 = \dfrac{n-K}{n} C_V \ln \dfrac{P_1}{P_2}$

[해설] $\Delta S = C_n \ln \dfrac{T_2}{T_1} = \left(\dfrac{n-k}{n-1}\right) \cdot C_V \ln \dfrac{T_2}{T_1}$

50. 교축(throttling) 과정은 다음 중 어느 과정이라고 할 수 있는가?

㉮ 등온 과정   ㉯ 등압 과정
㉰ 등엔트로피 과정   ㉱ 등엔탈피 과정

[해설] 교축 과정을 통해서 엔탈피가 일정하게 유지되며 교축은 등엔탈피 팽창이다.
[참고] 교축 과정에서 엔트로피는 증가하나 압력 및 온도는 강하한다.

51. 다음 중 교축 과정(throttling process)에서 생기는 현상과 무관한 것은?

㉮ 엔탈피 일정   ㉯ 압력 강하
㉰ 온도 강하   ㉱ 엔트로피 불변

[해설] 교축 과정에서 엔트로피는 증가하나 압력 및 온도는 강하한다. 엔트로피가 불변인 과정은 단열 과정이다.

52. 폐쇄계(system)에서 경로 A→C→B를 따라 100 J의 열이 계로 들어오고 40 J의 일을 외부에 할 경우 B→D→A를 따라 계가 되돌아올 때 계가 30 J의 일을 받는다면 이 과정에서 계는 얼마의 열을 방출 또는 흡수하는가?

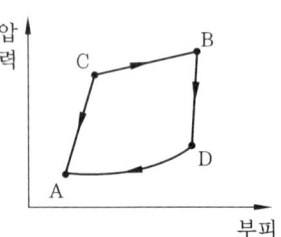

㉮ 30 J 흡수   ㉯ 30 J 방출
㉰ 90 J 흡수   ㉱ 90 J 방출

정답 46. ㉯ 47. ㉯ 48. ㉱ 49. ㉯ 50. ㉱ 51. ㉱ 52. ㉱

[해설] (100 − 40) + 30 = 90 J (방출)

53. 그림의 PV 선도에서 A → C의 등압 과정 중 계는 50 J의 일을 받아들이고 25 J의 열을 방출하며, C → B의 등적 과정 중 75 J의 열을 받아들인다면, B → A의 과정이 단열일 때 얼마의 일(J)을 방출하겠는가?

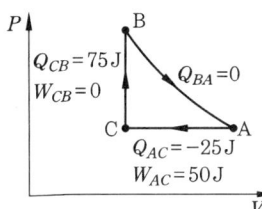

㉮ 25 J ㉯ 50 J ㉰ 75 J ㉱ 100 J
[해설] 50 − 25 + 75 = 100 J (방출)

54. 그림에서 이상 기체를 가역적으로 단열 압축시킨 후 정용하에서 냉각시키는 과정에 해당되는 것은?

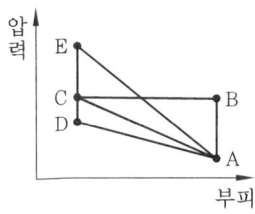

㉮ A → B → C   ㉯ A → C
㉰ A → D → C   ㉱ A → E → C
[해설] 단열 압축은 A → E, 정용(정적) 하에서 냉각은 E → C이다.

55. 아래 내용과 관계있는 법칙은?

> 실제 기체를 다공 물질(다수의 작은 구멍을 갖는다.)을 통하여 고압에서 저압측으로 연속적으로 팽창시킬 때 온도는 변화한다.

㉮ 줄의 법칙
㉯ 샤를의 법칙
㉰ 돌턴의 법칙
㉱ 줄·톰슨의 법칙
[해설] 실제 기체를 다공 물질을 통하여 팽창시킬 때 온도와 압력은 동시에 하강한다. 이 법칙을 줄·톰슨의 법칙이라 한다.

56. 20 MPa, 0℃의 공기를 10 MPa로 줄-톰슨 팽창시켰을 때의 온도는 약 몇 ℃인가? (단, 엔탈피는 20 MPa, 0℃에서 439 kJ/kg, 10 MPa, 0℃에서 485 kJ/kg이고, 압력이 10 MPa인 등압 과정에서 평균 비열은 1.0 kJ/kg℃이다.)

㉮ −11 ㉯ −22 ㉰ −36 ㉱ −46
[해설] 줄-톰슨 팽창은 단열 변화이므로
$$\frac{T_2}{T_1} = \left(\frac{P_2}{P_1}\right)^{\frac{k-1}{k}}$$
$$\therefore T_2 = (273 + 0) \times \left(\frac{10}{20}\right)^{\frac{1.4-1}{1.4}}$$
$$= 223.9 K = -49.1℃$$
[참고] 다른 계산 방법
$\Delta h = C_P dT$
$h_2 - h_1 = C_P(T_1 - T_2)$
$485 - 439 = 1 \times (0 - T_2)$
$T_2 = -\frac{(485 - 439)}{1} = -46℃$

57. 상율에 대한 설명 중 틀린 것은?
㉮ 평형에서만 존재하는 관계식이다.
㉯ 평형이든 비평형이든 무관하게 존재하는 관계식이다.
㉰ 개방계에서 존재하는 관계식이다.
㉱ 시간 변수들이 주로 결정되는 관계식이다.
[해설] 상율이란 여러 개의 상이 평형을 이루고 있는 계의 자유도 수를 정하는 법칙이다 (깁스의 발표).

정답 53. ㉱ 54. ㉱ 55. ㉱ 56. ㉱ 57. ㉯

2. 기체 동력 기관의 기본 사이클

2-1 기체 사이클의 특성

단일상의 작동 가스가 보유하고 있는 열에너지를 유효한 동력으로 전환시키는 사이클이다.

(1) 기체 동력 사이클

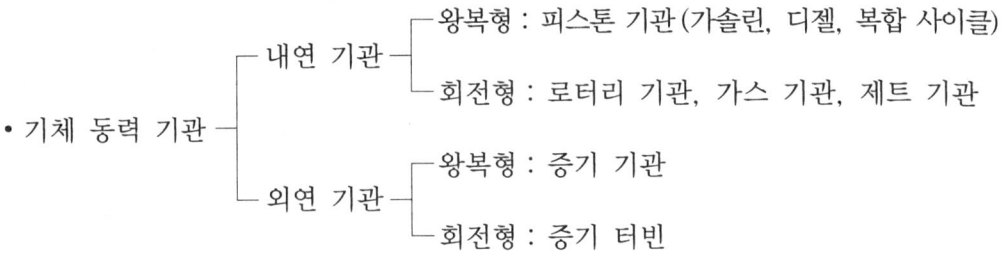

(2) 이론 공기 사이클의 해석상 가정
① 작동 가스는 공기이며, 비열과 비중량이 일정한 완전 가스이다.
② 가역 과정이다.
③ 연소 과정에서 열해리 현상과 열손실은 없다.
④ 팽창과 압축은 단열 과정이다.

(3) 카르노 사이클(Carnot cycle)

가장 이상적인 이론 사이클이며, 열기관 사이클의 이론적 비교의 기준이 되는 사이클로서 열역학 제2법칙과 엔트로피의 기초가 되는 사이클이다.

① 카르노 사이클의 $P-v$, $T-s$ 선도

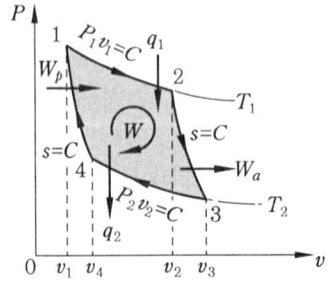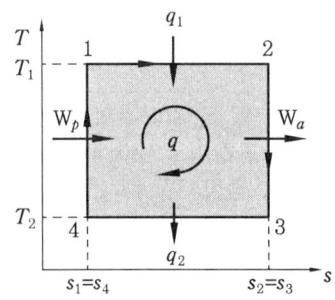

② 열효율

㈎ 가열량

$$q_1 = q_{12} = AP_1V_1 \ln\frac{P_1}{P_2} = ART_1 \ln\frac{P_1}{P_2} \text{ [kcal/kg]}$$

㈏ 방열량

$$q_2 = q_{34} = ART_2 \ln\frac{v_3}{v_4} = ART_2 \ln\frac{P_4}{P_3} \text{ [kcal/kg]}$$

㈐ 유효일량

$$AW_a = A \oint Pdv = q_1 - q_2 \text{ [kcal/kg]}$$

㈑ 열효율

$$\eta_c = \frac{\text{유효한 일량}}{\text{공급한 열량}}$$
$$= \frac{AW_a}{q_1} = \frac{q_1 - q_2}{q_1} = 1 - \frac{q_2}{q_1} = 1 - \frac{T_2}{T_1}$$

참고 ○

카르노 사이클의 열효율은 작동 유체의 종류와는 무관하며, 단지 고·저 양 열원의 온도 레벨에 의해서 결정되므로 온도만의 함수이다.

2-2 기체 사이클의 비교

(1) 오토 사이클 (Otto cycle)

가솔린 기관, 즉 전기 점화 기관의 기본 사이클로서 동작 가스에 대한 열의 출입이 정적하에서 이루어지므로 정적 사이클이라고도 하며, 고속 가솔린 기관의 기본 사이클이며 2개의 정적 과정과 2개의 단열 과정으로 구성된다.

① 오토 사이클의 $P-v$, $T-s$ 선도

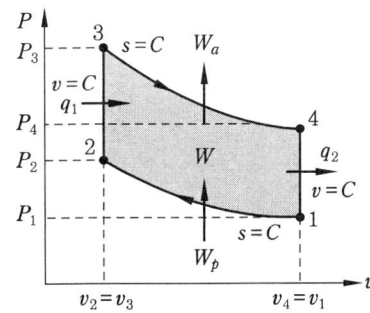 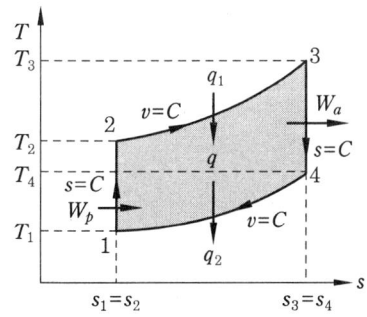

② 열효율

㈎ 가열량
$$q_1 = q_{23} = \int_2^3 dq = \int_2^3 du + A\int_2^3 Pdv = \int_2^3 du = \int_2^3 C_V dT$$
$$= C_v(T_3 - T_2) \text{ [kcal/kg]}$$

㈏ 방열량
$$q_2 = q_{14} = \int_1^4 dq = \int_1^4 du + A\int_1^4 Pdv = \int_1^4 du = \int_1^4 C_V dT$$
$$= C_V(T_4 - T_1) \text{ [kcal/kg]}$$

㈐ 유효일량
$$AW_a = q_1 - q_2 = q_{23} - q_{41} \text{ [kcal/kg]}$$

㈑ 오토 사이클의 열효율
$$\eta_0 = \frac{\text{유효한 일량}}{\text{공급한 열량}} = \frac{AW_a}{q_1} = \frac{q_1 - q_2}{q_1} = 1 - \frac{q_2}{q_1}$$
$$= 1 - \frac{C_V(T_4 - T_1)}{C_V(T_3 - T_2)} = 1 - \frac{(T_4 - T_1)}{(T_3 - T_2)}$$

㈒ 압축비의 함수로 표시된 오토 사이클의 열효율
$$\eta_0 = 1 - \frac{(T_4 - T_1)}{(T_3 - T_2)} = 1 - \left(\frac{v_3}{v_4}\right)^{k-1} = 1 - \left(\frac{v_2}{v_1}\right)^{k-1}$$
$$= 1 - \left(\frac{1}{\varepsilon}\right)^{k-1}$$

여기서, 압축비(compression ratio) $\varepsilon = \dfrac{v_1}{v_2}$ 이다.

③ 오토 사이클의 이론 평균 유효 압력
$$P_{mo} = \frac{\text{1사이클 중에 이루어지는 일}}{\text{행정 체적}} = \frac{W}{v_s} = \frac{AW}{A(v_1 - v_2)}$$
$$= \frac{\eta_0 \cdot q_1}{Av_1\left(1 - \dfrac{1}{\varepsilon}\right)} = \frac{P_1 \cdot q_1 \cdot \left\{1 - \left(\dfrac{1}{\varepsilon}\right)^{k-1}\right\}}{ART_1\left\{1 - \left(\dfrac{1}{\varepsilon}\right)\right\}}$$
$$= \frac{C_V[T_3 - T_2 - T_4 + T_1]}{Av_1\left[1 - \dfrac{1}{\varepsilon}\right]}$$
$$= P_1 \frac{(\alpha - 1)(\varepsilon^k - \varepsilon)}{(k-1) \cdot (\varepsilon - 1)} \text{ [kg/cm}^2\text{]}$$

여기서, 압력비(pressure ratio) $\alpha = \dfrac{p_3}{p_2}$ 이다.

(2) 디젤 사이클(Diesel cycle)

디젤 사이클은 2개의 단열 과정과 1개의 정적 과정, 1개의 등압 과정으로 구성된 사이클이며 정압하에서 가열하므로 정압(등압) 사이클이라고도 한다. 또한 저속 디젤 기관의 기본 사이클이다.

① 디젤 사이클의 $P-v$, $T-s$ 선도

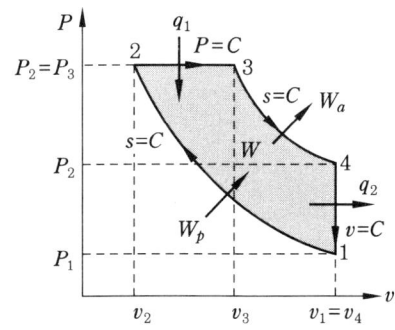 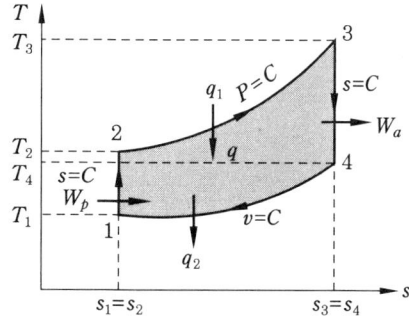

② 열효율

(가) 가열량

$$q_1 = q_{23} = \int_2^3 dq = \int_2^3 dh = h_3 - h_2 = C_P(T_3 - T_2) \ [\text{kcal/kg}]$$

(나) 방열량

$$q_2 = q_{14} = \int_1^4 dq = \int_1^4 du = u_4 - u_1 = C_V(T_4 - T_1) \ [\text{kcal/kg}]$$

(다) 유효열량

$$A W_a = q_1 - q_2 \ [\text{kcal/kg}]$$

(라) 디젤 사이클의 열효율

$$\eta_d = \frac{\text{유효한 일량}}{\text{공급한 열량}} = \frac{A W_a}{q_1} = \frac{q_1 - q_2}{q_1}$$

$$= 1 - \frac{q_2}{q_1} = 1 - \frac{C_V(T_4 - T_1)}{C_P(T_3 - T_2)} = 1 - \frac{(T_4 - T_1)}{k(T_3 - T_2)}$$

㉮ 1→2 과정 : 단열 압축이므로

$$\frac{T_2}{T_1} = \left(\frac{v_1}{v_2}\right)^{k-1} = \varepsilon^{k-1}$$

압축비 $\varepsilon = \dfrac{v_1}{v_2}$ 이다 (등압 연소).

∴ $T_2 = T_1 \cdot \varepsilon^{k-1}$

㉯ 2→3 과정 : 등압 가열이므로 $v \propto T$

$$\frac{T_3}{T_2} = \frac{v_3}{v_2} = \sigma = \text{절단비, 차단비, 체절비, 단절비}$$

$$\therefore T_3 = T_2 \cdot \sigma = T_1 \cdot \sigma \cdot \varepsilon^{k-1}$$

㉰ 3→4 과정 : 단열 팽창이므로

$$\frac{T_4}{T_3} = \left(\frac{v_3}{v_4}\right)^{k-1}$$

$$\therefore T_4 = T_3 \cdot \left(\frac{v_3}{v_4}\right)^{k-1} = T_3 \cdot \left(\frac{v_3}{v_2} \cdot \frac{v_2}{v_4}\right)^{k-1}$$

$$= T_3 \cdot \left(\frac{v_3}{v_2} \cdot \frac{v_2}{v_1}\right)^{k-1}$$

$$= \left(\sigma \cdot \frac{1}{\varepsilon}\right)^{k-1} \cdot \sigma \cdot \varepsilon^{k-1} \cdot T_1 = \sigma^k \cdot T_1$$

따라서, 디젤 사이클의 열효율 η_d는

$$\eta_d = 1 - \frac{(T_4 - T_1)}{k(T_3 - T_2)} = 1 - \frac{\sigma^k \cdot T_1 - T_1}{k(T_1 \cdot \sigma \cdot \varepsilon^{k-1} - T_1 \cdot \varepsilon^{k-1})}$$

$$= 1 - \frac{T_1(\sigma^k - 1)}{T_1 \cdot k \cdot \varepsilon^{k-1}(\sigma - 1)}$$

$$= 1 - \left(\frac{1}{\varepsilon}\right)^{k-1} \cdot \frac{\sigma^k - 1}{k(\sigma - 1)}$$

③ 디젤 사이클의 이론 평균 유효 압력

$$P_{md} = \frac{\text{유효 일량}}{\text{행정 체적}} = \frac{W_e}{v_s} = \frac{AW_a}{A(v_1 - v_2)} = \frac{\eta_d \cdot q_1}{A(v_1 - v_2)}$$

$$= \frac{P_1 \cdot q_1}{ART_1} \cdot \frac{1 - \left(\frac{1}{\varepsilon}\right)^{k-1} \cdot \frac{(\sigma^k - 1)}{k(\sigma - 1)}}{1 - \left(\frac{1}{\varepsilon}\right)}$$

$$= P_1 \cdot \frac{\varepsilon^k \cdot k \cdot (\sigma - 1) - \varepsilon(\sigma^k - 1)}{(k-1) \cdot (\varepsilon - 1)} \; [\text{kg/cm}^2]$$

(3) 사바테 사이클 (Sabathe cycle)

사바테 사이클은 오토 사이클과 디젤 사이클을 합성한 사이클로 합성 사이클, 정압 및 정적하에서 연소하므로 정압-정적 사이클, 이중 연소 사이클이라 한다.

① 사바테 사이클의 $P-v$, $T-s$ 선도

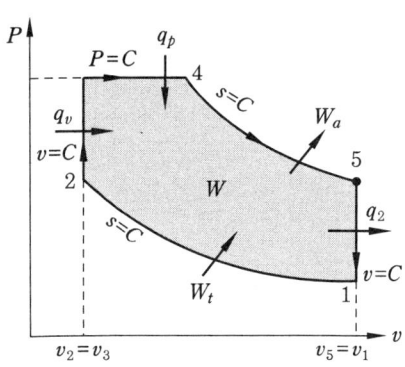 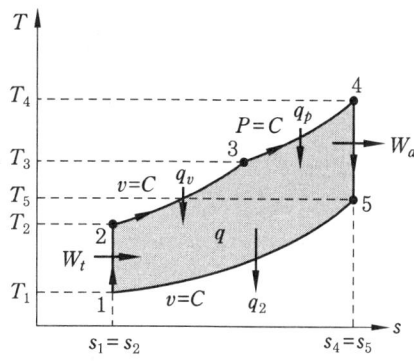

② 이론 열효율

(개) 가열량
$$q_1 = C_V(T_3 - T_2) + C_P(T_4 - T_3) \text{ [kcal/kg]}$$

(나) 방열량
$$q_2 = u_5 - u_1 = C_V(T_5 - T_1) \text{ [kcal/kg]}$$

(다) 유효일량
$$AW_a = q_1 - q_2 = (q_{23} + q_{34}) - q_{15} \text{ [kcal/kg]}$$

(라) 열효율
$$\eta_s = \frac{\text{행한 일량}}{\text{공급한 열량}} = \frac{AW_a}{q_1} = \frac{q_1 - q_2}{q_1} = 1 - \frac{q_2}{q_1}$$
$$= 1 - \frac{(T_5 - T_1)}{(T_3 - T_2) + k(T_4 - T_3)}$$
$$= 1 - \left(\frac{1}{\varepsilon}\right)^{k-1} \cdot \frac{(\alpha \cdot \sigma^k - 1)}{(\alpha - 1) + k \cdot \alpha(\sigma - 1)}$$

(마) 단열 압축 과정(1 → 2 과정)
$$\frac{T_2}{T_1} = \left(\frac{v_1}{v_2}\right)^{k-1}$$
$$\therefore T_2 = T_1\left(\frac{v_1}{v_2}\right)^{k-1} = \varepsilon^{k-1} \cdot T_1$$

③ 사바테 사이클의 이론 평균 유효 압력
$$P_{ms} = \frac{1\text{사이클 중에 이루어지는 일}}{\text{행정 체적}}$$
$$= \frac{W}{v_s} = \frac{q_1 - q_2}{A(v_1 - v_2)} = \frac{q_1 \cdot \eta_s}{A(v_1 - v_2)}$$
$$= P_1 \cdot \frac{\varepsilon^k[(\alpha - 1) + k \cdot \alpha \cdot (\sigma - 1)] - \varepsilon(\sigma^k \cdot \alpha - 1)}{(\varepsilon - 1) \cdot (k - 1)} \text{ [kg/cm}^2\text{]}$$

(4) 브레이턴 사이클(Brayton cycle)

브레이턴 사이클은 2개의 단열 과정과 2개의 등압 과정으로 이루어진 가스 터빈의 이상적인 사이클이다.

역브레이턴 사이클은 NG, LNG, LPG 가스의 액화용 냉동기의 기본 사이클로 사용된다.

① 브레이턴 사이클의 $P-v$, $T-s$ 선도

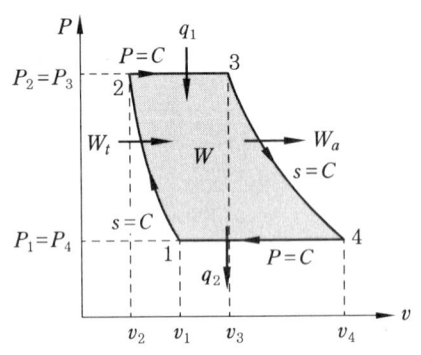 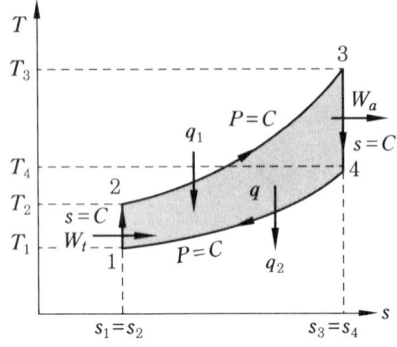

② 열효율

(가) 가열량

$$q_1 = \int_2^3 dq = \int_2^3 dh = \int_2^3 C_P dT = C_P(T_3 - T_2) \text{ [kcal/kg]}$$

(나) 방열량

$$q_2 = \int_1^4 C_P dT = C_P(T_4 - T_1) \text{ [kcal/kg]}$$

(다) 유효일의 열당량

$$AW_a = q_1 - q_2 = q_{23} - q_{41} \text{ [kcal/kg]}$$

(라) 열효율

$$\eta_B = \frac{AW_a}{q_1} = \frac{q_1 - q_2}{q_1} = 1 - \frac{q_2}{q_1} = 1 - \frac{C_P(T_4 - T_1)}{C_P(T_3 - T_2)}$$

$$= 1 - \frac{T_4 - T_1}{T_3 - T_2} \text{ (온도를 함수로 할 때)}$$

$$\eta_B = 1 - \frac{T_4 - T_1}{T_3 - T_2} = 1 - \left(\frac{P_1}{P_2}\right)^{\frac{k-1}{k}}$$

$$= 1 - \left(\frac{1}{\phi}\right)^{\frac{k-1}{k}} \text{ (압력을 함수로 할 때)}$$

여기서, 압력비(pressure ratio) $\phi = \dfrac{P_2}{P_1}$ 이다.

예상문제 및 기출문제

1. 다음 카르노사이클 그림에서 열의 방출은 어느 변화에서 일어나는가?

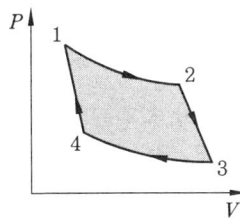

㉮ 1 → 2 ㉯ 2 → 3
㉰ 3 → 4 ㉱ 4 → 1

[해설] 1→2 : 등온 팽창(열 공급)
2→3 : 단열 팽창
3→4 : 등온 압축(열 방출)
4→1 : 단열 압축

2. 카르노 사이클은 다음의 각각 2개의 가역 과정으로 이루어진 사이클이다. 이에 해당하는 것은?

㉮ 등온 과정과 등압 과정
㉯ 등온 과정과 단열 과정
㉰ 등압 과정과 단열 과정
㉱ 등적 과정과 단열 과정

[해설] 1번 해설 참조

3. 다음 이상 기체에 대한 Carnot cycle 중 등엔트로피 선도를 나타내는 것은?

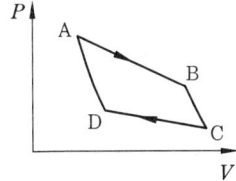

㉮ A-B, B-C ㉯ B-C, C-D
㉰ D-A, B-C ㉱ A-B, D-C

[해설] 등엔트로피 과정은 단열과정이다.

4. 열역학적 사이클에서 사이클의 효율이 고열원과 저열원의 온도만으로 결정되는 것은 어느 것인가?

㉮ 카르노 사이클 ㉯ 랭킨 사이클
㉰ 재열 사이클 ㉱ 재생 사이클

[해설] $\eta_c = \dfrac{T_1 - T_2}{T_1} = \dfrac{Q_1 - Q_2}{Q_1} = \dfrac{AW_a}{Q_1}$

5. 카르노 사이클에서 고열원의 온도 T로부터 열량 Q를 흡수하고, 저열원의 온도 T_0로 열을 방출할 때, 방출 열량 Q_0에 대한 표현으로 옳은 것은? (단, η_c는 열효율이다.)

㉮ $\left(1 - \dfrac{T_0}{T}\right)Q$ ㉯ $(1 + \eta_c)Q$

㉰ $(1 - \eta_c)Q$ ㉱ $\left(1 + \dfrac{T_0}{T}\right)Q$

[해설] $\eta_c = \dfrac{Q - Q_0}{Q} = 1 - \dfrac{Q_0}{Q}$

$\dfrac{Q_0}{Q} = 1 - \eta_c$

∴ $Q_0 = (1 - \eta_c)Q$

6. 동일한 최고 온도, 최저 온도 사이에 작동하는 사이클 중 최대의 효율을 나타내는 이상적인 사이클은?

㉮ 오토 사이클
㉯ 디젤 사이클

정답 1. ㉰ 2. ㉯ 3. ㉰ 4. ㉮ 5. ㉰ 6. ㉰

㉰ 카르노 사이클
㉱ 브레이턴 사이클

[해설] 카르노 사이클은 사이클 중 최대의 효율을 나타내는 이상적인 사이클이다.

7. 다음 그림은 Otto cycle의 $P-V$ 도표를 나타낸 것이다. 이 중 일(work) 생산 과정에 해당하는 것은?

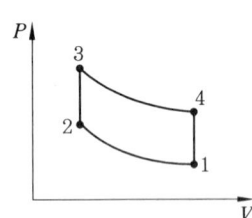

㉮ $1 \rightarrow 2$ ㉯ $2 \rightarrow 3$
㉰ $3 \rightarrow 4$ ㉱ $4 \rightarrow 1$

[해설] ① $1 \rightarrow 2$: 일을 받는 과정
② $2 \rightarrow 3$: 고온부에서 열 흡수
③ $3 \rightarrow 4$: 일을 하는 과정
④ $4 \rightarrow 1$: 저온부에서 방열

8. 가솔린 기관의 이론 표준 사이클인 오토 사이클(Otto cycle)에 대한 설명 중 옳은 설명을 모두 나타낸 것은?

① 압축비가 증가할수록 열효율이 증가한다.
② 가열 과정은 일정한 체적하에서 이루어진다.
③ 팽창 과정은 단열 상태에서 이루어진다.

㉮ ①, ②   ㉯ ①, ③
㉰ ②, ③   ㉱ ①, ②, ③

[해설] ①, ②, ③항의 내용은 모두 Otto Cycle의 특징이다.

9. 그림은 Otto cycle의 $P-V$ 도표를 나타낸 것이다. 이 중 일 생산 과정은?

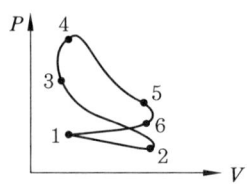

㉮ $1 \rightarrow 2$ ㉯ $3 \rightarrow 4$
㉰ $4 \rightarrow 5$ ㉱ $5 \rightarrow 6$

[해설] 7번 해설 참조

10. 오토(Otto) 사이클의 열효율에 대한 설명으로 옳은 것은?

㉮ 압축비가 증가하면 열효율은 증가한다.
㉯ 압축비가 증가하면 열효율은 감소한다.
㉰ Carnot cycle의 열효율보다 높다.
㉱ 압축비는 열효율과 무관하다.

[해설] 8번 해설 참조

11. Otto cycle에서 압축비가 8일 때 열효율(%)은? (단, $k=1.4$ 이다.)

㉮ 26.4   ㉯ 36.4
㉰ 46.4   ㉱ 56.4

[해설] $\eta_0 = 1 - \left(\dfrac{1}{\varepsilon}\right)^{k-1}$
$= 1 - \left(\dfrac{1}{8}\right)^{1.4-1}$
$= 0.5647 = 56.47\%$

12. 15% 실린더 극간(cylinder clearance)을 갖는 Otto 사이클의 효율은? (단, $k = 1.4$ 이다.)

㉮ 61.7 %   ㉯ 55.7 %
㉰ 40.4 %   ㉱ 72 %

[해설] $\eta_0 = 1 - \left(\dfrac{1}{\varepsilon}\right)^{k-1}$

$\dfrac{V_c}{V_s} = 0.15$ (V_s가 1일 때 V_c는 0.15)

[정답] 7. ㉰   8. ㉱   9. ㉰   10. ㉮   11. ㉱   12. ㉯

(V_S : 행정 체적, V_c : 극간 (공극) 체적)

$$\varepsilon = \frac{V_c + V_S}{V_c} = \frac{0.15 + 1}{0.15} = 7.666$$

$$\eta_0 = 1 - \left(\frac{1}{7.666}\right)^{1.4-1} = 0.5572 = 55.72\,\%$$

13. 20 %의 공극을 갖는 오토 사이클은 10 %의 공극을 갖는 오토 사이클보다 공기 표준 효율은 몇 배 정도인가? (단, $\gamma = 1.4$)

㉮ $\frac{1}{2}$ 배 ㉯ 2배

㉰ 0.8배 ㉱ 1.25배

[해설] V_c가 20 %일 때 $\varepsilon = \frac{0.2 + 1}{0.2} = 6$

$$\eta_0 = 1 - \left(\frac{1}{6}\right)^{1.4-1} = 0.5116$$

V_c가 10 %일 때 $\varepsilon = \frac{0.1 + 1}{0.1} = 11$

$$\eta_0 = 1 - \left(\frac{1}{11}\right)^{1.4-1} = 0.6167$$

∴ 0.6167 : 1
 0.5116 : x

∴ $x = \frac{0.5116}{0.6167} = 0.82$ 배

14. $k = 1.3$의 고온 공기를 작동 물질로 하는 압축비 5의 오토 사이클에 있어서 압축의 압력이 2.06 kg/cm²이고 최고 압력이 54 kg/cm²일 때 평균 유효 압력은 몇 kg/cm²인가?

㉮ 5.94 ㉯ 7.94
㉰ 11.88 ㉱ 13.85

[해설] 우선 압력비

$$\alpha = \frac{P_3}{P_2} = \frac{P_3}{P_1 \times \varepsilon^k} = \frac{54}{2.06 \times 5^{1.3}} = 3.23$$

평균 유효 압력

$$P_{mo} = P_1 \times \frac{(\alpha - 1) \cdot (\varepsilon^k - \varepsilon)}{(k-1) \cdot (\varepsilon - 1)}$$

$$= 2.06 \times \frac{(3.23 - 1) \cdot (5^{1.3} - 5)}{(1.3 - 1) \cdot (5 - 1)}$$

$$= 11.879 \text{ kg/cm}^2$$

15. 표준 공기 디젤 사이클 (air-standard diesel cycle)은?

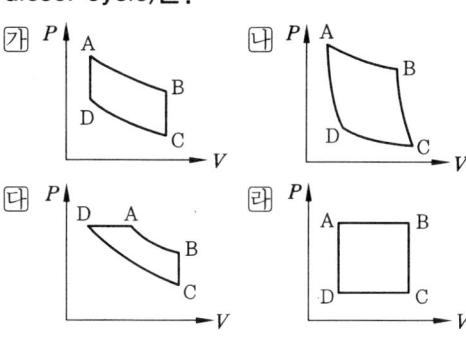

[해설] 디젤 사이클의 선도

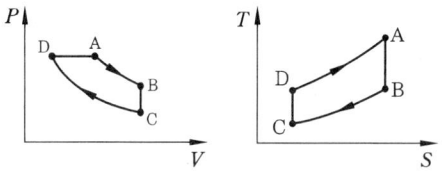

① C→D : 단열 압축
② D→A : 등압 가열
③ A→B : 단열 팽창
④ B→C : 등적 방열

16. 공기 표준 디젤 사이클에서 1 bar, 30℃에서 압축이 시작되어 압축 후의 압력이 38 bar였다. 계내 공기의 질량은 0.07 kg이며 사이클당 열 압력을 43 kJ이라할 때 압축비와 단절비는? (단, $k = 1.3$인 고온 공기로 생각한다.)

㉮ 16.4, 1.87 ㉯ 15.2, 1.50
㉰ 13.9, 1.31 ㉱ 1.95, 1.61

[해설] 압축비(ε)는

$$\frac{T_2}{T_1} = \varepsilon^{k-1}$$ 이므로

$$\frac{T_2}{T_1} = \left(\frac{P_2}{P_1}\right)^{\frac{k-1}{k}} = \varepsilon^{k-1}$$

$$\therefore \varepsilon = \left(\frac{P_2}{P_1}\right)^{\frac{1}{k}} = \left(\frac{38}{1}\right)^{\frac{1}{1.3}} = 16.41$$

단절비(σ)는

$$\frac{T_2}{T_1} = \left(\frac{v_1}{v_2}\right)^{k-1} = \varepsilon^{k-1}, \quad \sigma = \frac{T_3}{T_2} \text{ 이므로}$$

$$\therefore T_2 = T_1 \times \varepsilon^{k-1} = (273+30) \times 16.41^{1.3-1}$$
$$= 701.4 \text{ K}$$

$Q = GC(T_3 - T_2)$ 에서

$$\therefore T_3 = \frac{Q}{G \cdot C} + T_2$$
$$= \frac{43 \text{kJ}}{0.07 \text{kg} \times 1.005 \text{kJ/kg} \cdot \text{K}} + 701.4$$
$$= 1312.6 \text{ K}$$

$$\therefore \sigma = \frac{T_3}{T_2} = \frac{1312.6}{701.4} = 1.871$$

17. 디젤 사이클에서 압축비가 20, 단절비 (cut-off radio)가 1.7일 때 열효율을 구하면 약 몇 %인가? (단, 비열비는 1.4)

㉮ 43 ㉯ 66 ㉰ 72 ㉱ 84

[해설] $\eta_d = 1 - \left(\frac{1}{\varepsilon}\right)^{k-1} \cdot \frac{\sigma^k - 1}{k(\sigma - 1)}$

$$= 1 - \left(\frac{1}{20}\right)^{1.4-1} \cdot \frac{1.7^{1.4} - 1}{1.4 \times (1.7 - 1)}$$
$$= 0.660 = 66\%$$

18. 디젤 사이클에 있어서 열효율 η_d를 58%로 하려 한다. 압축비를 얼마로 해야 하는가? (단, 단절비 1.5, 단열 지수 1.4)

㉮ 8 ㉯ 11 ㉰ 16 ㉱ 9

[해설] $\eta_d = 1 - \left(\frac{1}{\varepsilon}\right)^{k-1} \cdot \frac{\sigma^k - 1}{k(\sigma - 1)}$

$$0.58 = 1 - \left(\frac{1}{\varepsilon}\right)^{1.4-1} \cdot \frac{1.5^{1.4} - 1}{1.4 \times (1.5 - 1)}$$

$$\left(\frac{1}{\varepsilon}\right)^{1.4-1} = \frac{1 - 0.58}{\frac{1.5^{1.4} - 1}{1.4 \times (1.5 - 1)}}$$

$$\frac{1}{\varepsilon} = \left(\frac{1 - 0.58}{\frac{1.5^{1.4} - 1}{1.4 \times (1.5 - 1)}}\right)^{\frac{1}{0.4}}$$

$$\therefore \epsilon = \frac{1}{\left(\frac{1 - 0.58}{\frac{1.5^{1.4} - 1}{1.4 \times (1.5 - 1)}}\right)^{\frac{1}{0.4}}}$$

$$= 10.89$$

19. 가열량 및 압축비가 같을 경우 다음 사이클의 효율을 큰 순서대로 옳게 나타낸 것은 어느 것인가?

㉮ 오토사이클＞디젤 사이클＞사바테 사이클
㉯ 사바테 사이클＞오토 사이클＞디젤 사이클
㉰ 디젤 사이클＞오토 사이클＞사바테 사이클
㉱ 오토 사이클＞사바테 사이클＞디젤 사이클

[해설] ① 가열량 및 압축비가 일정할 경우 : 오토 사이클＞사바테 사이클＞디젤 사이클
② 가열량 및 최대 압력을 일정하게 할 경우 : 디젤 사이클＞사바테 사이클＞오토 사이클

20. 브레이턴 사이클(Brayton cycle)은 어떤 기관에 대한 이상적인 cycle인가?

㉮ 가스 터빈 기관
㉯ 증기 기관
㉰ 가솔린 기관
㉱ 디젤 기관

[해설] 브레이턴 사이클은 2개의 단열 과정과 2개의 등압 과정으로 이루어진 가스 터빈의 이상적인 사이클이다.

21. 다음 열역학 사이클 중 정압 연소 과정을 포함하는 가스 사이클은?

㉮ 스털링(Stirling) 사이클
㉯ 오토 (Otto) 사이클
㉰ 브레이턴 (Brayton) 사이클
㉱ 랭킨 (Rankine) 사이클

[해설] 가스 터빈 사이클에는 정적 연소 사이클과 정압 연소 사이클이 있으나 정압 연소 사이클이 실용화되어 있다. 브레이턴 사이클이 대표적인 정압 연소 사이클이다.

22. 가스 사이클에 대한 설명으로 틀린 것은?

㉮ 오토 사이클의 이론 열효율은 작동 유체의 비열비와 압축비에 의해 결정된다.
㉯ 카르노 사이클의 실현을 위해서 고안된 사이클이 스터링 사이클이다.
㉰ 사바테 사이클의 가열 과정은 정적 과정에만 있다.
㉱ 디젤 사이클에서는 가열 시에 작동 유체가 등압 변화를 한다.

[해설] 사바테 사이클은 정적 과정, 정압 과정의 2단계로 이루어지는 합성 연소 사이클로서 이중 연소 사이클이라고도 한다.

23. 열병합 발전에 있어서 가스 터빈 방식을 택하는 것이 유리한 경우에 해당되는 것은 어느 것인가?

㉮ 열의 이용 온도를 높게 해야 하는 경우
㉯ 장비의 크기를 최소로 하여 운전해야 하는 경우
㉰ 저압으로 운전이 필요한 경우
㉱ 작은 출력을 필요로 하는 경우

[해설] 열병합 발전에 있어서 열의 이용 온도를 높게 해야 하는 경우에는 가스터빈 방식이 유리하다.

24. 다음에서 가역 단열 압축 → 정압 가열 → 가역 단열 팽창 → 정압 냉각의 4개 과정으로 이루어지는 사이클은?

㉮ Otto 사이클   ㉯ Diesel 사이클
㉰ Sabathe 사이클   ㉱ Brayton 사이클

[해설] Brayton cycle의 T-S 선도 및 각 과정의 상태 변화는 다음과 같다.

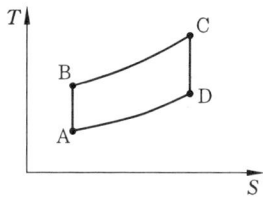

① A→B : 가역 단열 압축
② B→C : 정압 가열
③ C→D : 가역 단열 팽창
④ D→A : 정압 냉각

25. T-S 선도에서 그림과 같은 사이클은 어느 사이클인가? (단, 1-2, 3-4 과정에서는 일정 엔트로피이고, 2-3, 4-1 과정에서는 일정 압력이다.)

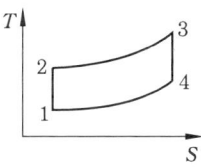

㉮ 오토 사이클   ㉯ 디젤 사이클
㉰ 가스 터빈 사이클   ㉱ 랭킨 사이클

[해설] 24번 해설 참조

26. 다음 중 가스 터빈에 대한 이상적인 공기 표준 사이클로서 정압 연소 사이클은 어느 것인가?

㉮ Stirling 사이클   ㉯ Ericsson 사이클
㉰ Diesel 사이클   ㉱ Brayton 사이클

[해설] 24번 해설 참조

27. 다음 중 브레이턴 사이클과 관계되는 것은 어느 것인가?

㉮ 가스 터빈의 이상 사이클
㉯ 증기 원동소의 이상 사이클
㉰ 가솔린 기관의 이상 사이클
㉱ 압축 점화 기관의 이상 사이클

[해설] 20번 해설 참조

28. 가스 터빈 사이클(gas turbine cycle)의 이상적인 사이클은?

㉮ Ericsson cycle
㉯ Brayton cycle
㉰ Alkinson cycle
㉱ Stirling cycle

[해설] 20번 해설 참조

29. 그림을 보고 Brayton cycle의 열효율을 구하면? (단, $C_P = 0.241$ kcal/kg℃, $T_1 = 155$℃, $T_2 = 536$℃, $T_3 = 927$℃, $T_4 = 323$℃이다.)

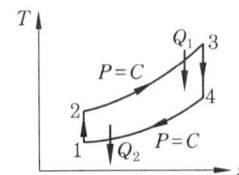

㉮ 57 % ㉯ 65 %
㉰ 69 % ㉱ 78 %

[해설] $\eta_B = \dfrac{AW}{Q_1} = \dfrac{Q_1 - Q_2}{Q_1}$

$= 1 - \dfrac{Q_2}{Q_1}$

$= 1 - \dfrac{(T_4 - T_1)}{(T_3 - T_2)}$

$= 1 - \dfrac{(T_4 - T_1)}{(T_3 - T_2)}$

$= 1 - \dfrac{(323 - 155)}{(927 - 536)}$

$= 0.570 = 57\%$

30. 공기 표준 브레이턴(Brayton) 사이클에서 공기의 등엔트로피 압축으로 1기압 20℃의 공기를 다음 중 어느 압력까지 압축하였을 때 효율이 가장 높은가?

㉮ 2기압 ㉯ 3기압 ㉰ 4기압 ㉱ 5기압

[해설] $\eta_B = 1 - \left(\dfrac{1}{\phi}\right)^{\frac{k-1}{k}}$

여기서, 압력비 $\phi = \dfrac{P_2}{P_1}$ 이다.

즉, 압축비가 클 때 효율이 높다.

31. 에릭슨(Ericsson) 사이클이란 다음 중 어느 과정을 거치는 사이클인가?

㉮ 등온 압축 → 정압 가열 → 등온 팽창 → 정압 냉각
㉯ 등온 압축 → 정압 가열 → 단열 팽창 → 정압 냉각
㉰ 등온 압축 → 정압 가열 → 단열 팽창 → 정압 냉각
㉱ 등온 압축 → 정압 가열 → 등온 팽창 → 정적 비열

[해설] Ericsson cycle은 2개의 정압 과정과 2개의 등온 과정으로 구성된 가스 터빈 사이클로서 T-S 선도 및 과정은 다음과 같다.

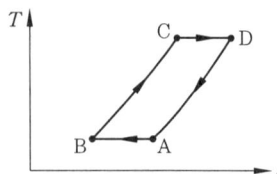

① A → B : 등온 압축
② B → C : 정압 가열
③ C → D : 등온 팽창
④ D → A : 정압 냉각

[정답] 27. ㉮ 28. ㉯ 29. ㉮ 30. ㉱ 31. ㉮

Chapter 4. 증기 및 증기 동력 사이클

1. 증기의 성질

(1) 증기
증기는 하나의 화학 조성을 가지고 있으나 1개 이상의 상(phase)으로 존재할 수 있는 물질, 또는 화학적으로 균일하고 화학적 성분이 고정된 물질이다. 증기는 열에너지를 주고 받았을 때 쉽게 액화 또는 기화되는 물질이고, $f(P, v, T) = 0$의 값에 의해 완전히 상태값이 결정된다.

(2) 공업용 증기의 종류
수증기, 냉동기(냉장고)의 암모니아, 할로겐화탄화수소(일명 프레온 가스) 등의 각종 냉매, 탄화수소, 알코올 등이 공업용 증기로 이용되고 있다.

1-1. 증기의 열적 상태량

(1) 포화수(포화액)의 상태량
① 액체열
$$q_l = \int_o^{T_s} C\,dT \text{ [kcal/kg]}$$
$$q_l = (u' - u_o) + P(v' - v_o) = h' - h_o$$

② 포화수의 엔트로피
$$S' = S_o + \int_{273}^{T_s} C \cdot \frac{dT}{T}$$
$$\therefore S' - S_o = \int_{273}^{T_s} C \cdot \frac{dT}{T} = C\ln\left(\frac{T_s}{273}\right) \text{ [kcal/kg·K]}$$

압력 P인 포화수의 엔트로피 S'는 포화수의 절대 온도에 대한 함수이다.

(2) 습증기(습포화 증기)의 상태량

① 습포화증기의 $T-s$ 선도

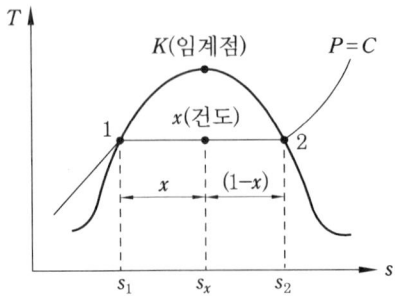

② 습증기의 건조도(건도)

$$x = \frac{\text{습증기 중에 건포화 증기의 무게}}{\text{습증기의 무게}}$$

$$= \frac{G''}{G_x} = 1 - \frac{G'}{G_x}$$

③ 습증기의 습도

$$y = (1-x) = \frac{G'}{G_x}$$

④ 습증기의 비체적, 비엔트로피, 비내부에너지, 비엔탈피 : 건도 x인 습증기의 비체적 v_x, 비엔탈피 h_x, 비내부에너지 u_x, 비엔트로피 s_x는 다음 식으로 구한다.

$$v_x = v' + x(v'' - v') \, [\text{m}^3/\text{kg}]$$
$$h_x = h' + x(h'' - h') \, [\text{kcal/kg}]$$
$$u_x = u' + x(u'' - u') \, [\text{kcal/kg}]$$
$$s_x = s' + x(s'' - s') \, [\text{kcal/kg} \cdot \text{K}]$$

(3) 건포화 증기의 상태량

증발열 $r\,[\text{kcal/kg}]$는 등압하에서 1 kg의 포화액을 모두 건포화 증기로 증발시키는 데 필요한 열량이며, $T-s$ 선도 상에서는 면적 $12s_1s_2$이다.

$$r = \int_1^2 du + AP \int_1^2 dv$$
$$= (u'' - u') + AP(v'' - v')$$
$$= (u'' + APv'') - (u' + APv')$$
$$= h'' - h'$$
$$= \text{건포화 증기의 엔탈피} - \text{포화액의 엔탈피}$$

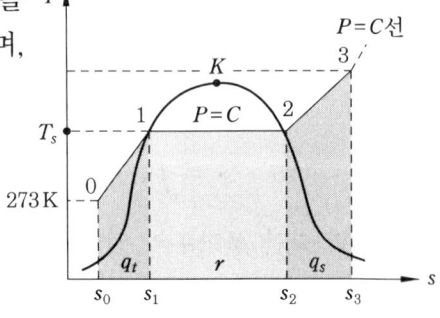

증기의 열적 상태량

(4) 과열 증기의 상태량

① 과열 증기의 열
$$q_s = \int_{T_s}^{T} C_P dT = C_P(T - T_s) \text{ [kcal/kg]}$$

② 과열 증기의 엔탈피
$$h = h'' + q_s = h'' + \int_{T_s}^{T} C_P dT = h'' + C_P(T - T_s) \text{ [kcal/kg]}$$

③ 과열 증기의 엔트로피
$$s = s'' + \int_{T_s}^{t} C_P \cdot \frac{dT}{T} \text{ [kcal/kg·K]}$$

④ 과열 증기의 내부 에너지
$$u = h - pv = u'' + \int_{T_s}^{t} C_V \cdot dT \text{ [kcal/kg]}$$

1-2 증기의 상태 변화

(1) 정적 변화 ($dv = 0$, $v_1 = v_2 = v = $ 일정)

체적이 일정한 밀폐 용기에 습증기를 넣고 가열하여 상태 변화하는 경우로서 증기 원동소의 보일러에 해당된다.

① $P-v$, $T-s$, $h-s$ 선도

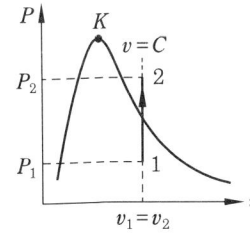 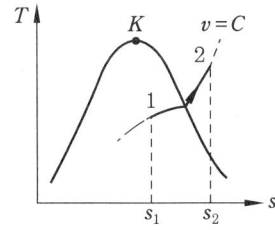 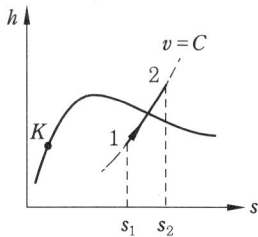

② 가열량 : $dq = du + Pdv$ 에서
$$q = \int_{1}^{2} du = u_2 - u_1 = \{u_2' + (u_2'' - u_2')x_2\} - \{u_1' + (u_1'' - u_1')x_1\} \text{ [kcal/kg]}$$

③ 절대일(팽창일) : 정적하에서 절대일은 없다.
$$W_a = \int_{1}^{2} Pdv = 0$$

④ 공업일(압축일) : 비체적과 압력의 함수이다.
$$W_t = -\int_1^2 v\,dP = -v(P_2 - P_1) = v(P_1 - P_2)\ [\text{kg}\cdot\text{m/kg}]$$

등적 과정에서 절대일은 없고, 가열량은 내부에너지로만 변화한다.

(2) 등압 변화 ($dP=0,\ P_1 = P_2 = P =$ 일정) : 복수기, 증발기, 응축기

① $P-v$, $T-s$, $h-s$ 선도

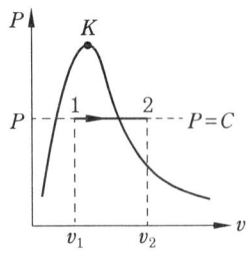 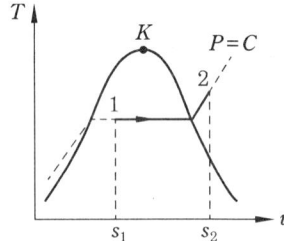 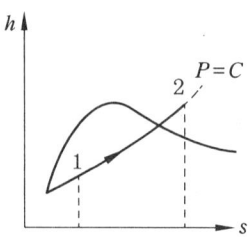

② 가열량 : 엔탈피 변화량과 같다.
$$dq = du + A\,dw = du + AP\,dv$$
$$q_{12} = \int_1^2 du + \int_1^2 AP\,dv = (u_2 - u_1) + AP(v_2 - v_1)$$
$$= (u_2 + APv_2) - (u_1 + APv_1) = h_2 - h_1$$
$$= \{h_2' + x_2(h_2'' - h_2')\} + \{h_1' + x_1(h_1'' - h_1')\}$$
$$\therefore\ q = (u_2 - u_1) + P(v_2 - v_1) = h_2 - h_1 = (x_2 - x_1)\cdot r\ [\text{kcal/kg}]$$

③ 내부에너지 증가량 : 상태 변화 전후의 건조도의 차와 내부 증발열의 곱과 같다.
$$\Delta u = u_2 - u_1 = (x_2 - x_1)\rho\ [\text{kcal/kg}]$$

④ 절대일(팽창일) : 압력과 비체적의 함수이고, 상태 변화 전후의 건도와 외부 증발열의 함수이다.
$$W_a = \int_1^2 P\,dv = P(v_2 - v_1) = P(x_2 - x_1)(v'' - v')$$
$$= \frac{(x_2 - x_1)\cdot\psi}{A}\ [\text{kg}\cdot\text{m/kg}]$$

⑤ 공업일(압축일) : 증기의 공업일은 없다.
$$W_t = -\int_1^2 v\,dP = 0$$

(3) 등온 변화 ($dT=0$, $T_1 = T_2 = T =$ 일정)

① $P-v$, $T-s$, $h-s$ 선도

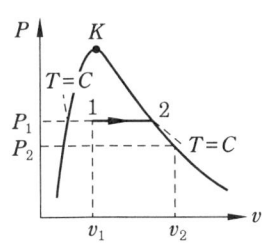 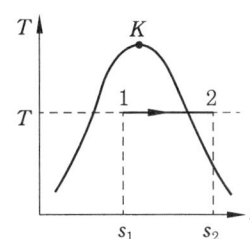 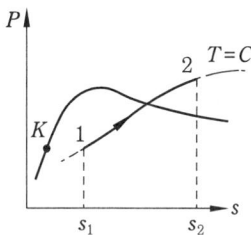

② 가열량 : 내부에너지 변화량과 팽창일의 함수이고, 또한 절대온도와 엔트로피 변화량의 함수이다.

$$q = (u_2 - u_1) + AP(v_2 - v_1) \text{ [kcal/kg]}$$

$$q = \int_1^2 Tds = T(s_2 - s_1) \text{ [kcal/kg]}$$

③ 절대일(팽창일)

$$W_a = \int_1^2 Pdv = \frac{1}{A}\{q_{12} - (u_2 - u_1)\} = \frac{1}{A}\{T(s_2 - s_1) - (u_2 - u_1)\}$$

$$= \frac{1}{A}[T(s_2 - s_1) - \{(h_2 - h_1) - A(P_2v_2 - P_1v_1)\}] \text{ [kg·m/kg]}$$

④ 공업일(압축일)

$$W_t = -\int_1^2 vdP$$

$$= \frac{1}{A}\{q_{12} - (h_2 - h_1)\} = \frac{1}{A}\{T(s_2 - s_1) - (h_2 - h_1)\}$$

$$= \frac{1}{A}[T(s_2 - s_1) - \{(u_2 - u_1) + A(P_2v_2 - P_1v_1)\}] \text{ [kg·m/kg]}$$

(4) 단열 변화 ($dq=0$, $s_1 = s_2 = s =$ 일정)

① $P-v$, $T-s$, $h-s$ 선도

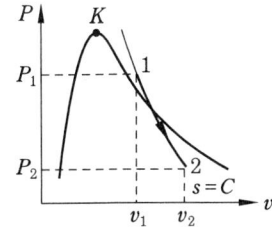 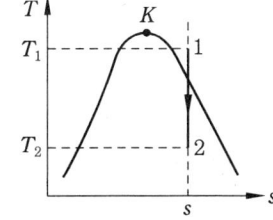 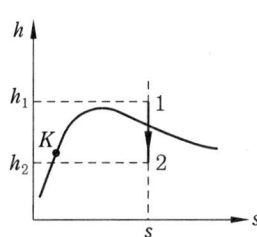

② 가열량 : $dq=0$이므로 가열량은 없다.
③ 절대일(팽창일) : 내부에너지의 감소량과 열의 일당량의 곱과 같다.

$$dq = du + APdv = 0$$

$$W_a = -\frac{1}{A}\int_1^2 du = \frac{1}{A}(u_1 - u_2)$$

$$= \frac{1}{A}\{(h_1-h_2) - A(P_1v_1 - P_2v_2)\} \,[\text{kg}\cdot\text{m/kg}]$$

④ 공업일(압축일) : 열의 일당량과 엔탈피 감소량의 곱과 같다.

$$h = u + APv$$

$$dh = du + APdv + AvdP = dq + AvdP = AvdP$$

$$W_t = -\int_1^2 vdP = -\frac{1}{A}\int_1^2 dh = \frac{1}{A}(h_1 - h_2)\,[\text{kg}\cdot\text{m/kg}]$$

(5) 교축 변화 (등엔탈피 변화)

① $P-v$, $T-s$, $h-s$ 선도

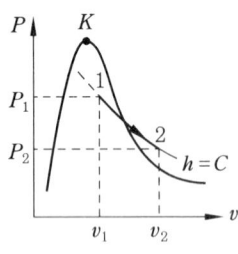
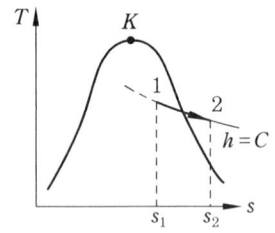
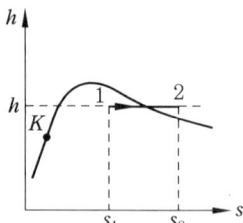

② 습포화 증기의 교축 : 습포화 증기가 교축하면 나중 건도 x_2, 처음 건도 x_1, 포화액의 엔탈피 h_1', h_2', 증발 잠열 r_1, r_2의 함수이다.

$$h_1 = h_1' + x_1 r_1 = h_2' + x_2 \cdot r_2$$

$$x_2 = x_1 \frac{r_1}{r_2} + \frac{h_1' - h_2'}{r_2}$$

③ 건도 $x=1$인 증기의 교축 : 교축 밸브를 통하여 교축 후에는 과열 증기로 된다.

교축 전 건도 $x_1 = \dfrac{h_2 - h_1'}{r_1}$

교축 후 건도 $x_2 = \dfrac{h_1 - h_2'}{r_2}$

④ 과열 증기의 교축 : $Pv^k = C$이며, 교축 과정에서 $dh = C_P dT = 0$에서 $dT=0$이므로 등온이 되어 $P_1 v_1 = P_2 v_2$가 성립된다.

예상문제 및 기출문제

1. 다음 증기에 대한 설명 중 틀린 것은?

㉮ 포화액 1 kg을 정압하에서 가열하여 포화증기로 만드는 데 필요한 열량을 증발 잠열이라 한다.
㉯ 포화 증기를 일정 체적하에 압력을 상승시키면 과열 증기가 된다.
㉰ 온도가 높아지면 내부에너지가 커진다.
㉱ 압력이 높아지면 증발 잠열이 커진다.

[해설] 압력이 높아지면 현열은 증가하고 증발 잠열은 감소한다.

2. 다음 중 물의 증발 잠열에 관한 사항은?

㉮ 포화 압력이 낮으면 증가한다.
㉯ 포화 압력이 높으면 증가한다.
㉰ 포화 온도가 높으면 증가한다.
㉱ 온도와 압력에 무관하다.

[해설] 증발 잠열은 포화 압력이 낮으면 증가한다.

3. 다음 중 아래 압력의 포화수를 가열하여 동일 압력의 건포화 증기로 만드는 데 소요되는 증발열이 가장 큰 것은?

㉮ 0.5 kgf/cm² ㉯ 1.0 kgf/cm²
㉰ 10 kgf/cm² ㉱ 100 kgf/cm²

[해설] 2번 해설 참조

4. 압력 1 MPa, 온도 210℃인 증기는 어떤 상태의 증기인가? (단, 1 MPa에서의 포화 온도는 179℃이다.)

㉮ 과열 증기 ㉯ 포화 증기
㉰ 건포화 증기 ㉱ 습증기

[해설] 일정한 압력하에서 건포화 증기보다 온도가 높은 상태의 증기를 과열 증기라 한다.

5. 다음 중 과열 증기에 대한 설명으로 올바른 것은?

㉮ 압력은 일정하고 온도만 증가된 상태의 증기
㉯ 온도는 일정하고 압력만 증가된 상태의 증기
㉰ 온도, 압력이 모두 증가된 상태의 증기
㉱ 주어진 온도에서 증발이 일어났을 때의 증기

[해설] 4번 해설 참조

6. 다음 중 과열 수증기(superheated steam)의 상태가 아닌 것은?

㉮ 주어진 압력에서 포화 증기 온도보다 높은 온도
㉯ 주어진 체적에서 포화 증기 압력보다 높은 압력
㉰ 주어진 온도에서 포화 증기 체적보다 낮은 체적
㉱ 주어진 온도에서 포화 증기 엔탈피보다 큰 엔탈피

[해설] 포화 증기와 과열 증기의 관계는 같은 압력이므로 체적 변화는 없다.

7. 다음 설명 중 틀린 것은?

㉮ 포화수보다 포화 증기는 온도가 높다.
㉯ 건포화 증기를 가열한 것이 과열 증기이다.

정답 1. ㉱ 2. ㉮ 3. ㉮ 4. ㉮ 5. ㉮ 6. ㉰ 7. ㉮

㉰ 과열 증기는 건포화 증기보다 온도가 높다.
㉱ 습포화 증기와 건포화 증기는 온도가 같다.

[해설] 포화수와 포화 증기의 온도는 같다.

8. 다음 중 과열도(degree of superheat)에 대한 설명으로 맞는 것은?

㉮ 과열 증기 온도와 포화 온도와의 차
㉯ 과열 증기 온도와 압축수 온도의 차
㉰ 포화 온도와 압축수 온도의 차
㉱ 포화 온도와 습증기 온도의 차

[해설] 과열도＝과열 증기 온도－포화 증기 온도

9. 절대 압력 10 kg/cm²의 포화 온도는 180℃이다. 이때 과열 증기의 온도가 220℃라면 과열도는 얼마인가?

㉮ 4.1 %   ㉯ 0.41 %
㉰ 40℃   ㉱ 4.1℃

[해설] 과열도 $= 220 - 180 = 40\,℃$

10. 어느 과열 증기의 온도가 325℃일 때 과열도를 구하면? (단, 이 증기의 포화 온도는 495 K이다.)

㉮ 93   ㉯ 103
㉰ 113   ㉱ 123

[해설] 과열도 $= 325 - (495 - 273) = 103\,℃$

11. 건포화 증기의 건도는 얼마인가?

㉮ 0   ㉯ 0.5
㉰ 0.7   ㉱ 1.0

[해설] 건도(건조도)를 x라면
① 건포화 증기: $x = 1$
② 포화수: $x = 0$
③ 습포화 증기: $0 < x < 1$

12. 건포화 증기에 있어서 건도는 얼마인가?

㉮ 0 %   ㉯ 50 %
㉰ 100 % ㉱ 120 %

[해설] 11번 해설 참조

13. 동일한 온도, 압력의 포화수 1 kg과 포화 증기 4 kg을 혼합하였을 때 이 증기의 건도는 얼마인가?

㉮ 20 %   ㉯ 25 %
㉰ 75 %   ㉱ 80 %

[해설] 건도 $= \dfrac{4}{1+4} = 0.8 = 80\,\%$

14. [그림]은 물의 압력 대 체적선도($P-V$ diagram)를 나타낸다. $A'ACBB'$ 곡선은 상들 사이의 경계를 나타내며 나머지는 각각 일정한 온도 T_1, T_2 및 T_3에서의 물의 $P-V$ 관계를 나타내는 등온곡선들이다. 이 [그림]에서 점 C는 무엇인가?

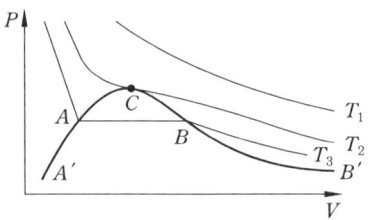

㉮ 변곡점   ㉯ 극대점
㉰ 심중점   ㉱ 임계점

[해설] A': 포화액, C: 임계점, T_3: 과열증기

15. 임계점(critical point)을 초과한 수증기의 성질을 설명한 것 중 틀린 것은?

㉮ 임계 온도 이상에서도 압력이 충분히 높으면 액화된다.
㉯ 임계 온도 이상에서도 압력이 충분히 낮으면 기화된다.

정답 8. ㉮ 9. ㉰ 10. ㉯ 11. ㉱ 12. ㉰ 13. ㉱ 14. ㉱ 15. ㉮

㉰ 임계 압력 이상이라도 온도가 낮으면 액화된다.
㉱ 임계 압력 이하에서는 온도가 높으면 기화된다.
[해설] 임계 온도 이상에서는 아무리 압력을 높여도 액화되지 않는다.

16. 다음 중 물에 대한 임계점에서의 압력과 온도에 가장 가까운 것은?
㉮ 22 MPa, 350.15℃
㉯ 22.09 MPa, 374.15℃
㉰ 29.02 MPa, 350.15℃
㉱ 29.02 MPa, 374.15℃
[해설] ① 물의 임계 압력=22.09 MPa
② 물의 임계 온도=374.15℃
③ 물의 임계점에서의 잠열=0 kcal/kg

17. 한 용기 내에 적당량의 순수 물질 액체가 갇혀 있을 때, 어느 특정 조건하에서 이 물질의 액체상과 기체상의 구별이 없어질 수 있다. 이러한 상태가 유지되기 위한 필요 충분 조건은?
㉮ 임계 압력보다 낮고, 임계 온도보다 높을 것
㉯ 임계 압력보다 낮을 것
㉰ 임계 온도보다 낮을 것
㉱ 임계 압력보다 높고, 임계 온도보다 높을 것
[해설] 임계점에서는 순간적으로 액체에서 기체로 바뀐다.

18. 그림은 온도차와 열전달 계수와의 관계 도표이다. C점에서의 온도차를 임계 온도차(critical temperature drop)라 하면 B-C 구간은?

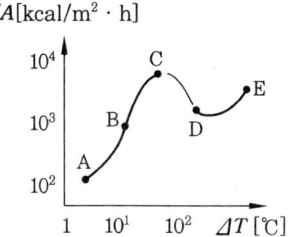

㉮ 전이비등(transition boiling)
㉯ 막비등(film boiling)
㉰ 핵비등(nucleate boiling)
㉱ 자연대류에 의한 열전달이 일어나는 구간
[해설] B-C 구간을 핵비등이라 한다.

19. 액화 공정을 나타낸 그래프에서 ①, ②, ③ 과정 중 액화가 불가능한 공정은?

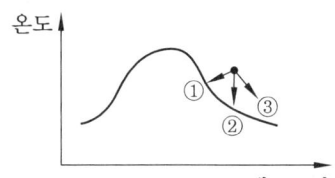

㉮ ①
㉯ ②
㉰ ③
㉱ 모두 액화가 불가능하다.
[해설] ①, ②는 액화가 가능한 데, ③은 액화가 불가능하다.

20. 기체를 액화하는 방법이 아닌 것은?
㉮ 가압한 다음 냉각시킨다.
㉯ 등엔트로피 팽창시킨다.
㉰ 일정한 압력에서 냉각시킨다.
㉱ 가열 및 가압한다.
[해설] 가열하면 액화가 되지 않는다.

정답 16. ㉯ 17. ㉱ 18. ㉰ 19. ㉰ 20. ㉱

21. 다음 중 가스의 액화 과정과 관계가 있는 것은?

㉮ 등엔트로피 압축 과정
㉯ 등압 냉각 과정
㉰ 줄-톰슨 팽창 과정
㉱ 등온 팽창 과정

[해설] 19번 그림 참조

22. 포화 증기를 단열 압축시켰을 때의 설명으로 옳은 것은?

㉮ 압력과 온도가 올라간다.
㉯ 압력은 올라가고 온도는 떨어진다.
㉰ 온도는 불변이며 압력은 올라간다.
㉱ 압력과 온도 모두 변하지 않는다.

[해설] 포화 증기를 단열 압축시키면 압력과 온도가 높아져서 과열 증기가 된다.

23. 포화 증기를 단열 압축시켰을 때의 설명으로 맞는 것은?

㉮ 압력과 온도가 올라가며 과열 증기가 된다.
㉯ 압력은 올라가고 온도는 떨어져서 압축 액체가 된다.
㉰ 온도는 불변이며 압력은 올라간다.
㉱ 압력과 온도 모두 변하지 않는다.

[해설] 22번 해설 참조

24. 게이지압으로 10 kg/cm² 의 포화 수증기가 등온 상태에서 압력이 7 kg/cm² (게이지압)까지 내려갈 때 이 수증기의 상태는 다음 중 어떤 것인가?

㉮ 과열 수증기   ㉯ 습윤 수증기
㉰ 포화 수증기   ㉱ 과포화 수증기

[해설] 등온 상태에서 압력을 감소시키면 포화 증기는 과열 증기가 된다 (비점이 내려가기 때문).

25. 포화 증기를 단열 팽창시키면 상태는?

㉮ 과열 증기가 된다.
㉯ 과냉액이 된다.
㉰ 포화수가 된다.
㉱ 포화액이 된다.

[해설] 포화 증기를 단열 팽창시키면 과열 증기가 된다.

26. 다음 증기의 $h-s$ 선도 (Mollier-chart)에서 과열 증기의 단열 팽창 과정은 어느 것인가?

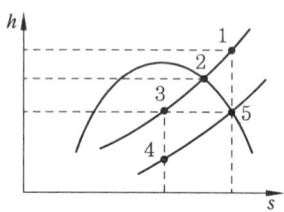

㉮ 1 → 2   ㉯ 2 → 3
㉰ 3 → 5   ㉱ 1 → 5

[해설] 단열이며 마찰이 없는 팽창은 등엔트로피 과정, 즉 과열 증기가 단열이고 마찰이 없는 팽창 과정은 1→5선을 말한다. 참고로 교축 과정은 엔탈피가 일정하게 유지되므로 5→3 과정이다.

27. Mollier chart에서 가역 단열 과정은?

㉮ 엔탈피축에 평행하다.
㉯ 기울기가 (+)인 곡선이다.
㉰ 기울기가 (-)인 곡선이다.
㉱ 엔트로피축에 평행하다.

[해설] $h-s$ 선도에서 가역 단열 과정은 등엔트로피 과정이므로 h (엔탈피) 축에 평행하다.

[참고] $h-s$ 선도에서 교축 과정은 등엔탈피 변화이므로 h축에 수직선이다.

28. 다음의 열역학 선도 중 몰리에르 선도 (Mollier chart)를 나타낸 것은?

[정답] 21. ㉯   22. ㉮   23. ㉮   24. ㉮   25. ㉮   26. ㉱   27. ㉮   28. ㉱

㉮ $P-V$ ㉯ $T-S$
㉰ $H-P$ ㉱ $H-S$

[해설] 몰리에르 선도는 증기의 $H-S$ 선도(엔탈피-엔트로피) 선도이다. 이 선도에서는 포화수 엔탈피는 잘 알 수 없다.

29. 다음 중 증기 선도(몰리에르 선도)에서 잘 알 수 없는 것은?

㉮ 습증기의 엔트로피
㉯ 포화수의 엔탈피
㉰ 습증기의 엔탈피
㉱ 과열 증기의 엔트로피

[해설] 해설 참조

30. 온도 100℃인 5 kg의 수증기의 엔탈피는 몇 kcal인가? (단, 증발 잠열은 539.3 kcal/kg이고, 기준은 0℃로 한다.)

㉮ 639.3   ㉯ 689.3
㉰ 2067.9   ㉱ 3196.5

[해설] $Q = GC\Delta t + Gr$
$= 5\text{kcal} \times 1\text{kcal/℃} \times (100-0)℃$
$+ 5\text{kg} \times 539.3\text{kcal/kg}$
$= 3196.5 \text{ kcal}$

31. 60℃의 물 200 kg과 100℃의 포화 증기를 적당량 혼합하여 90℃의 물이 되었을 때 혼합하여야 할 포화증기의 양은 약 몇 kg인가? (단, 물의 비열은 4.184 kJ/kg·K이며, 100℃에서의 증발 잠열은 2257 kJ/kg·K이다.)

㉮ 2.5   ㉯ 10.9
㉰ 28.2   ㉱ 66.7

[해설] $GC\Delta t = G'C\Delta t' + Gr$
$GC\Delta t = G'(C\Delta t' + r)$
$G' = \dfrac{GC\Delta t}{C\Delta t' + r}$

$= \dfrac{200 \times 4.184 \times (90-60)}{\{4.184 \times (100-90) + 2257\}}$
$= 10.92 \text{kg}$

32. 동일한 압력하에서 포화수, 건포화 증기의 비체적을 각각 V', V''로 하고 건도 X의 습증기의 비체적을 V_x로 할 때 건도 X는 어떻게 표시되는가?

㉮ $X = \dfrac{V'' - V'}{V_x + V'}$ ㉯ $X = \dfrac{V_x + V'}{V'' - V'}$

㉰ $X = \dfrac{V'' - V'}{V_x + V'}$ ㉱ $X = \dfrac{V_x - V'}{V'' - V'}$

[해설] $V_x = V' + (V'' - V')X$에서
$X = \dfrac{V_x - V'}{V'' - V'}$ 이다.

33. 습증기의 건도 X와 엔탈피 H의 관계를 옳게 나타낸 것은? (단, H_f는 포화액의 엔탈피, H_g는 포화 증기의 엔탈피이다.)

㉮ $H = H_f + (H_f - H_g)X$
㉯ $H = H_g(1-X) + H_f X$
㉰ $H = H_f + (H_g - H_f)X$
㉱ $H = H_g + (H_g - H_f)X$

[해설] '습포화 증기의 엔탈피 = 포화액의 엔탈피 + 잠열×건도'이므로 $H = H_f + (H_g - H_f)X$ 이다.

34. 압력 10 kgf/cm²에서 공급되는 보일러로부터의 수증기가 건도 0.95로 알려져 있다. 이 수증기 1 kg 당의 엔탈피는 약 몇 kcal인가? (단, 10 kgf/cm²에서 포화수의 엔탈피는 181.2 kcal/kg, 포화 증기의 엔탈피는 662.9 kcal/kg이다.)

㉮ 457.6   ㉯ 638.8
㉰ 810.9   ㉱ 1120.5

[정답] 29. ㉯ 30. ㉱ 31. ㉯ 32. ㉱ 33. ㉰ 34. ㉯

[해설] 습포화 증기 엔탈피
$= 181.2 + (662.9 - 181.2) \times 0.95$
$= 638.82 \text{kcal}$

35. 보일러의 급수 및 발생 증기의 엔탈피를 각각 150670 kcal/kg이라고 할 때 20000 kg/h의 증기를 얻으려면 공급 열량은 얼마인가?

㉮ 9.6×10^6 [kcal/h]
㉯ 10.4×10^6 [kcal/h]
㉰ 11.7×10^6 [kcal/h]
㉱ 12.2×10^6 [kcal/h]

[해설] $Q = G(h_2 - h_1)$
$= 20000 \text{kg/h} \times (670 - 150) \text{kcal/kg}$
$= 10.4 \times 10^6 \text{ kcal/h}$

36. 엔탈피 25 kcal/kg인 물을 보일러에서 가열, 엔탈피 756 kcal/kg인 증기를 10 ton/h의 비율로 만들어 이것 전체를 증기 터빈에 송입하였더니 출구 엔탈피는 596 kcal/kg였다. 보일러의 가열량은 약 얼마인가?

㉮ 2.6×10^6 [kcal/h]
㉯ 7.3×10^6 [kcal/h]
㉰ 13.8×10^6 [kcal/h]
㉱ 25.0×10^6 [kcal/h]

[해설] $Q = G(h_2 - h_1)$
$= 10000 \text{kg/h} \times (756 - 25) \text{kcal/kg}$
$= 7.31 \times 10^6 \text{ kcal/h}$

37. 압력 10 atm, 건도 0.9의 습증기 100 kg의 총열량은? (단, 10 atm의 포화 증기의 엔탈피는 662.9 kcal/kg, 포화수의 엔탈피는 181.25 kcal/kg으로 한다.)

㉮ 57661 kcal   ㉯ 48165 kcal
㉰ 61474 kcal   ㉱ 82600 kcal

[해설] $Q = G \times \{h' + (h'' - h')x\}$
$= 100 \text{kg} \times \{181.25 + (662.9 - 181.25) \times 0.9\} \text{kcal/kg}$
$= 61473.5 \text{ kcal}$

38. 과열 증기의 압력이 10 atm이고, 온도가 380℃일 때 포화 온도는 179.1℃, 평균 비열은 0.529 kcal/kg℃, 포화 증기의 엔탈피는 663 kcal/kg이다. 이 과열 증기의 엔탈피(kcal/kg)는 얼마인가?

㉮ 769.5   ㉯ 556.9
㉰ 383.8   ㉱ 106.3

[해설] 과열 증기 엔탈피 $= h'' + C(t_2 - t_1)$
$= 663 + 0.529 \times (380 - 179.1)$
$= 769.27 \text{ kcal/kg}$

39. 10기압 200℃와 10기압 300℃의 과열 증기의 엔탈피는 각각 675 kcal/kg, 728.9 kcal/kg이다. 이 구간에서의 평균 정압 비열의 근사치로는 어느 것이 적당한가?

㉮ 0.68 kcal/kg℃   ㉯ 0.53 kcal/kg℃
㉰ 0.42 kcal/kg℃   ㉱ 0.30 kcal/kg℃

[해설] 과열 증기 엔탈피(300℃) = 과열 증기 엔탈피(200℃) + $C(t_2 - t_1)$
$\therefore C = \dfrac{728.9 - 675}{300 - 200} = 0.539 \text{ kcal/kg℃}$

40. 체적 500 L인 탱크 내에 건도 0.95의 수증기가 압력 15 bar로 들어 있을 때 이 수증기는 약 몇 kg인가? (단, 이 압력하에서 건포화 증기의 비체적(Vg)은 0.132 m³/kg이고 포화액의 비체적(V_l)은 0.001 m³/kg이다.)

㉮ 0.199   ㉯ 1.475
㉰ 2.783   ㉱ 3.986

[해설] ① 건도 0.95인 습증기의 비체적
$= 0.001 + (0.132 - 0.001) \times 0.95$
$= 0.12545 \, \text{m}^3/\text{kg}$
② 탱크 내의 수증기 중량은 탱크의 용적을 비체적으로 나눈 값이므로 $\dfrac{0.5 \, \text{m}^3}{0.12545 \, \text{m}^3/\text{kg}}$
$= 3.986 \, \text{kg}$

41. 압력 500 kPa, 온도 240°C인 과열 증기에 압력 500 kPa의 포화수를 주입하여 같은 압력의 포화 증기로 만드는 경우 1 kg의 과열 증기에 대하여 필요한 포화수의 양을 구하면 약 몇 kg인가? (단, 과열 증기의 엔탈피는 3063 kJ/kg이고, 포화수의 엔탈피는 636 kJ/kg, 증발열은 2109 kJ/kg이다.)

㉮ 0.15 ㉯ 0.45
㉰ 1.12 ㉱ 1.15

[해설]
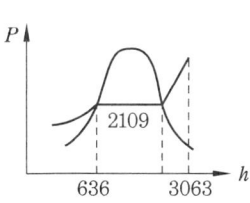

$G \times 2109 = 1 \times \{3063 - (636 + 2109)\}$
$\therefore G = \dfrac{1 \times \{3036 - (636 + 2109)\}}{2109}$
$= 0.15 \, \text{kg}$

42. 절대 압력 10 kg/cm²의 포화수가 증기 트랩에서 760 mmHg의 압력으로 대기 중에 방출될 때 포화수 1 kg당 몇 kg의 증기가 발생하는가? (단, 방출 전의 포화수 엔탈피는 181.2 kcal/kg이다.)

㉮ 0.15 ㉯ 0.27
㉰ 0.34 ㉱ 0.44

[해설] 포화수로 760 mmHg인 증기를 만들 수 있는 열량=증기의 잠열량

$1 \, \text{kg} \times (181.2 - 100) \, \text{kcal/kg}$
$= x \, \text{kg} \times 539 \, \text{kcal/kg}$
$\therefore x = \dfrac{1 \times (181.2 - 100)}{539} = 0.15 \, \text{kg}$

43. 압력 10 kg/cm²의 포화수가 증기 트랩으로부터 압력 760 mmHg의 대기 중으로 방출될 때 포화수 1 kg당 발생되는 증기의 양(kg)은? (단, 이 압력에서 포화수 온도는 179°C)

㉮ 2.928 ㉯ 0.147
㉰ 1.726 ㉱ 3.115

[해설] 증기를 만들 수 있는 열량
$= 179 - 100 = 79°C = 79 \, \text{kcal}$
$1 \, \text{kg} \times 79 \, \text{kcal/kg} = x \, \text{kg} \times 539 \, \text{kcal/kg}$
$\therefore x = \dfrac{1 \times 79}{539} = 0.1465 \, \text{kg}$

44. 잘 보온된 10 kg/cm²의 포화수를 9 kg/cm²로 감압할 때 1 ton의 포화수에서 발생하는 증기량은? (단, 절대압 10 kg/cm²인 포화수와 건포화 증기의 엔탈피는 각각 181.19 kcal/kg, 663.2 kcal/kg이고, 9 kg/cm² 때의 포화수 및 건포화 증기의 엔탈피는 각각 176.45 kcal/kg, 662.2 kcal/kg이다.)

㉮ 6.99 kg ㉯ 7.98 kg
㉰ 8.07 kg ㉱ 9.75 kg

[해설] $1000 \, \text{kg} \times (181.19 - 176.45) \, \text{kcal/kg}$
$= x \, \text{kg} \times (662.2 - 176.45) \, \text{kcal/kg}$
$\therefore x = \dfrac{1000 \times (181.19 - 176.45)}{(662.2 - 176.45)}$
$= 9.758 \, \text{kg}$

45. 대기압이 758 mmHg일 때 보일러의 압력이 10.5 atg였다. 이 증기의 포화 온도는 얼마인가? (단, $P = 11$ ata에서 $ts = 183.20°C$,

$P = 12$ata에서 $ts = 187.08°C$이다.)

㉮ 187.08°C ㉯ 115.30°C
㉰ 185.26°C ㉱ 183.21°C

[해설] 포화 온도 $= 183.20 + \dfrac{187.08 - 183.20}{2}$
$= 185.14°C$

46. 100 kPa, 100°C에서의 물의 증발열은 2260 kJ/kg이다. 100 kPa, 80°C에서의 증발열을 구하면 약 몇 kJ/kg인가? (단, 80°C에서 100°C 사이의 물과 수증기의 평균 비열은 각각 4.18 kJ/kg°C와 1.92 kJ/kg°C이다.)

㉮ 335   ㉯ 2060
㉰ 2305   ㉱ 3464

[해설] 상변화에 생긴 열량 변화만큼 잠열로 바뀐다.
$Q = C_1 \Delta t - C_2 \Delta t + 100°C$ 에서의 증발열
$= 4.18 \times (100 - 80) - 1.92 \times (100 - 80) + 2260$
$= 2305.2$ kJ/kg

47. 용기에 25°C의 물 150 kg이 들어 있다. 이 용기에 수증기를 통과시켜 70°C가 되도록 하였을 때, 물의 최종량이 315 kg가 되었다면 공급한 수증기의 엔탈피는 얼마인가? (단, 열용량, 열손실은 무시하고, 25°C 150 kg의 엔탈피는 16.7 kcal/kg이고, 70°C 315 kg의 엔탈피는 72.4 kcal/kg이다.)

㉮ 103 kcal/kg   ㉯ 113 kcal/kg
㉰ 123 kcal/kg   ㉱ 133 kcal/kg

[해설] $G(h_1 - h) = G'(h_2 - h_1)$
$150\text{kg} \times (72.4 - 16.7) \text{kcal/kg}$
$= (315 - 150) \text{kg} \times (x - 72.4) \text{kcal/kg}$
$\therefore x = \dfrac{150 \times (72.4 - 16.7)}{(315 - 150)} + 72.4$
$= 123.0 \text{kcal/kg}$

48. 압력이 10 kg/cm² 인 증기의 엔트로피가 1.2 kcal/kg·K일 때 이 증기의 엔탈피는 몇 kcal/kg인가? (단, 압력 기준의 $S' = 0.5086$, $S'' = 1.5745$ kcal/kg·K이고 $h' = 181.19$, $h'' = 663.2$ kcal/kg이다.)

㉮ 429   ㉯ 457
㉰ 463   ㉱ 494

[해설] ① 습증기 엔트로피 $S = S' + (S'' - S')x$ 에서
$x = \dfrac{S - S'}{S'' - S'} = \dfrac{1.2 - 0.5086}{1.5745 - 0.5086} = 0.64865$
② 습증기엔탈피 $h = h' + (h'' - h')x$ 에서
$h = 181.19 + (663.2 - 181.19) \times 0.64865$
$= 493.77$ kcal/kg

49. 1 atm의 포화수를 5 atm까지 단열 압축하는 데 필요한 펌프 일은 몇 kg·m/kg인가? (단, 1 atm에서 $V' = 0.001048$, $V'' = 1.725$ m³/kg이다.)

㉮ 41.72   ㉯ 21.44
㉰ 16.91   ㉱ 5.21

[해설] 공업일(압축일)
$W_t = -\displaystyle\int_1^2 v\, dP$
$= -v \times (P_2 - P_1)$
$= -0.001048 \text{m}^3/\text{kg} \times (5 - 1) \text{atm}$
$\quad \times 10332 \text{kg·m/atm}$
$= -43.31$ kg·m/kg

50. 1 atm의 포화액을 10 atm까지 단열 압축시키는 데 필요한 펌프의 일은? (단, $V = 0.001$ m³/kg)

㉮ 92.97 kgf·m/kg
㉯ 95.05 kgf·m/kg
㉰ 98.17 kgf·m/kg
㉱ 101.17 kgf·m/kg

51. 다음 중 상대 습도(relation humidity)를 가장 쉽고 빠르게 측정할 수 있는 방법은 어느 것인가?

㉮ 건구 온도와 습구 온도를 측정한 다음 습공기 선도에서 상대 습도를 읽는다.
㉯ 건구 온도와 습구 온도를 측정한 다음 두 값 중 큰 값으로 작은 값을 나눈다.
㉰ 건구 온도와 습구 온도를 측정한 다음 Mollier chart에서 읽는다.
㉱ 대기압을 측정한 다음 습도 곡선에서 읽는다.

[해설] 건구 온도와 습구 온도를 측정하고 습공기 선도에서 상대 습도를 읽는 방법이다.

52. 부피로 아세톤 14.8 %를 함유하고 있는 아세톤과 질소의 혼합물이 있다. 20℃, 745 mmHg 때의 그 혼합물의 상대 습도로 옳은 것은? (단, 20℃ 때의 아세톤의 포화 증기압은 184.8 mmHg임)

㉮ 29.9 % ㉯ 38.9 %
㉰ 59.7 % ㉱ 73.6 %

[해설] 상대 습도
$$\phi = \frac{P_w}{P_s} \times 100 = \frac{745 \times 0.148}{184.8} \times 100 = 59.66\%$$

53. 20℃, 100 kPa에서 상대 습도가 80 %인 공기의 몰 습도는 약 얼마인가? (단, 20℃에서 물의 포화 증기압은 2.3 kPa이다.)

㉮ 0.019 ㉯ 0.023
㉰ 0.035 ㉱ 0.041

[해설] 몰 습도 = $\dfrac{수증기의\ 몰\ 수}{건조공기의\ 몰\ 수}$

$$= \frac{2.3 \times 0.8}{(100 - 2.3 \times 0.8)} = 0.0187$$

54. 노점 온도(dew temperature)를 가장 옳게 설명한 것은?

㉮ 공기, 수증기의 혼합물에서 수증기의 분압에 대한 수증기 과열 상태 온도
㉯ 공기, 가스의 혼합물에서 가스의 분압에 대한 가스의 과냉 상태 온도
㉰ 공기, 수증기의 혼합물을 가열시켰을 때 증기가 없어지는 온도
㉱ 공기, 수증기의 혼합물에서 수증기의 분압에 해당하는 수증기 포화 온도

[해설] 공기의 온도가 낮아지면 공기 중의 수분이 응축 결로되기 시작하는 온도를 노점 온도라 한다. 즉, 습공기의 수증기 분압과 동일한 분압을 갖는 포화 습공기의 온도를 말한다.

55. 다음 중 증기의 교축 과정과 관계있는 것은?

㉮ 습증기 구역에서 포화 온도가 일정한 과정
㉯ 습증기 구역에서 포화 압력이 일정한 과정
㉰ 가역 과정에서 엔트로피가 일정한 과정
㉱ 엔탈피가 일정한 비가역 정상류 과정

[해설] 교축 과정(throttling)은 비가역 정상류 과정으로 엔탈피가 일정하게 유지된다.

56. 증기의 교축 효과를 설명한 것으로 틀린 것은?

㉮ 습증기가 건조된다.
㉯ 압력은 감소한다.
㉰ 과열 증기를 얻을 수 있다.
㉱ 온도 변화에 의해 엔탈피가 변화한다.

[해설] 교축 과정에서 엔탈피는 일정하게 유지되고 온도 및 압력은 강하하며 엔트로피는 증가한다.

정답 51. ㉮   52. ㉰   53. ㉮   54. ㉱   55. ㉱   56. ㉱

57. 스로틀 과정에서 다음 중 어느 상태치가 일정한 값을 유지하는가?

㉮ 압력
㉯ 비체적
㉰ 엔탈피
㉱ 엔트로피

[해설] 56번 해설 참조

58. 200 atm, 0℃의 공기를 1 atm으로 줄-톰슨(Joule-Thomson) 팽창시켰다면 최종 온도는? (단, 1 atm의 평균 비열을 6.95 cal/g·mol℃로 하고, 200 atm, 0℃의 엔탈피는 105 kcal/kg, 1 atm, 0℃의 엔탈피는 116 kcal/kg)

㉮ −11℃
㉯ −22℃
㉰ −35.8℃
㉱ −45.9℃

[해설] $C(t_2 - t_1) = h_1 - h_2$
$$t_2 = \frac{(105 - 116) \text{kcal/kg}}{\left(\frac{6.95}{29}\right) \text{kcal/kg℃}} + 0℃ = -45.89℃$$

59. 압력 7 kg/cm², 온도 250℃의 과열 증기가 내경 100 mm의 관 속을 40 m/s로 흐를 경우에 레이놀즈수는? (단, 과열증기의 동점성 계수는 0.7×10^{-5} m²/s이다.)

㉮ 4.2×10^4　㉯ 2.6×10^5
㉰ 5.7×10^5　㉱ 6.3×10^6

[해설] $Re = \dfrac{\rho \cdot v \cdot d}{\mu} = \dfrac{v \cdot d}{\nu}$
$= \dfrac{40 \text{m/s} \times 0.1 \text{m}}{0.7 \times 10^{-5} \text{m}^2/\text{s}}$
$= 5.71 \times 10^5$

60. 불완전 기체의 열역학적 취급 방법에서 압력 대신 새로운 열역학 상태 함수의 관계식 표현으로 옳지 않은 것은? (단, $G°$일 때 $P° = 1$ atm이다.)

㉮ $G = G° + RT \ln P$
㉯ $dG = RT d\ln P$
㉰ $G = G° + RT \ln P_1 / V_1$
㉱ $Z = PV/RT$

[해설] 불완전 기체의 열역학 상태 함수의 관계식
① $G = G° + RT \ln P$
② $dG = RT d\ln P$
③ $Z = \dfrac{PV}{RT}$

정답 57. ㉰ 58. ㉱ 59. ㉰ 60. ㉰

2. 증기 동력 기관

2-1. 증기 사이클의 종류

① 랭킨 사이클 (Rankine cycle)
② 재열 사이클 (reheat cycle)
③ 재생 사이클 (regenerative cycle)
④ 재열-재생 사이클

2-2. 증기 동력 사이클의 특성 및 비교, 열효율

(1) 랭킨 사이클 (Rankine cycle)

① 랭킨 사이클

랭킨 사이클은 1854년 영국인 랭킨에 의하여 고안되었으며, 2개의 단열 변화와 2개의 정압 변화로 이루어지는 사이클이다.

② 랭킨 사이클의 계통도와 구성 요소

랭킨 사이클은 보일러(boiler), 과열기(super-heater), 터빈(turbine), 복수기(condenser) 및 급수 펌프(feed water pump)로 구성된다.

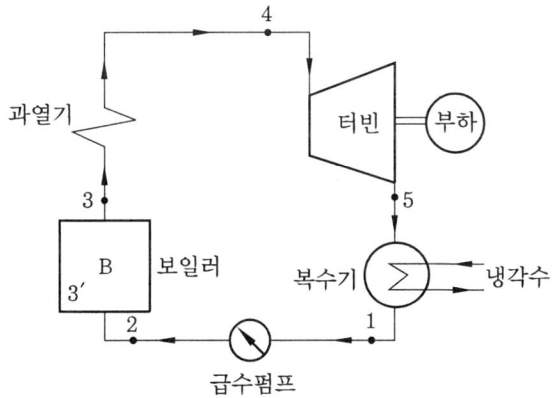

랭킨 사이클의 계통도

③ 랭킨 사이클의 $P-v$, $T-s$, $h-s$ 선도

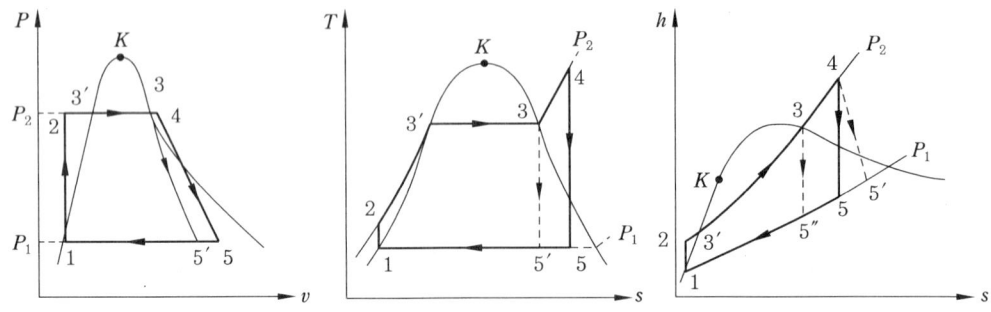

④ 랭킨 사이클의 상태 변화 과정
  ㈎ 1→2 : 급수 펌프에서 가역 단열 압축 과정(정적 압축 과정 : 복수기에서 응축된 포화수→ 압축수)
  ㈏ 2→3 : 보일러에서 정압 가열 과정(포화수→ 건포화 증기)
  ㈐ 3→4 : 과열기에서 정압 가열 과정(건포화 증기→ 과열 증기)
  ㈑ 4→5 : 터빈에서 가역 단열 팽창 과정(과열 증기→ 습증기)
  ㈒ 5→1 : 복수기에서 정압 방열 과정(습증기→ 포화수)

⑤ 랭킨 사이클의 열효율

초온(터빈 입구 온도), 초압(터빈의 입구 압력)이 높을수록, 배압(복수기 입구 압력)이 낮을수록 효율이 커진다.

  ㈎ 고열원으로부터 공급받는 열량
  $$q_1 = \text{보일러에서 가열량}(q_B) + \text{과열기에서 가열량}(q_S)$$
  $$= (h_3 - h_2) + (h_4 - h_3)$$
  $$= h_4 - h_2 \ [\text{kcal/kg}]$$

  ㈏ 복수기에서 방출한 열량
  $$q_2 = h_5 - h_1 \ [\text{kcal/kg}]$$

  ㈐ 터빈에서 증기가 외부로 행한 일의 열상당량
  $$AW_T = h_4 - h_5 \ [\text{kcal/kg}]$$

  ㈑ 급수 펌프에서 포화수를 압축하는 데 소비하는 일의 열상당량
  $$AW_P = h_2 - h_1 = Av_1(P_2 - P_1) \ [\text{kcal/kg}]$$

  ㈒ 증기 1 kg당 유효일의 열상당량
  $$AW_{net} = AW_T - AW_P$$
  $$= (h_4 - h_5) - (h_2 - h_1) \ [\text{kcal/kg}]$$

(바) 랭킨 사이클의 이론 열효율

$$\eta_R = \frac{q_1 - q_2}{q_1} = 1 - \frac{q_2}{q_1}$$

$$= \frac{A W_{net}}{q_1} = \frac{A W_T - A W_P}{q_B + q_S}$$

$$= \frac{(h_4 - h_5) - (h_2 - h_1)}{h_4 - h_2} \text{ (펌프일 고려)}$$

$$\eta_R = \frac{A W_T}{q_1} = \frac{h_4 - h_5}{h_4 - h_2} \text{ (펌프일 무시)}$$

(2) 재열 사이클 (reheat cycle)

① 재열 사이클의 계통도

 랭킨 사이클에서 열효율을 높이기 위하여 초온·초압을 높게 하면 터빈에서 팽창 중인 증기의 건도가 저하되어 터빈 날개를 부식시키게 된다. 그러므로 재열 사이클은 팽창일을 증대시키고 터빈 출구의 습도를 감소(건도 증가)시키기 위하여 터빈 후의 증기를 가열 장치로 보내어 재가열한 후 다시 터빈에 보내는데, 이러한 사이클을 재열 사이클이라 하며, 열효율도 개선된다. 터빈은 재열기의 개수보다 하나 더 많다.

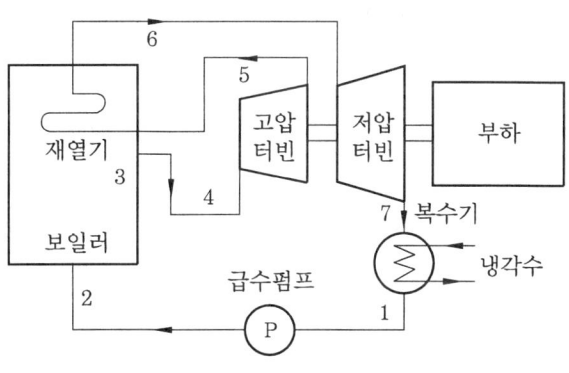

재열 사이클의 계통도

② 재열 사이클의 $P-v$, $T-s$, $h-s$ 선도

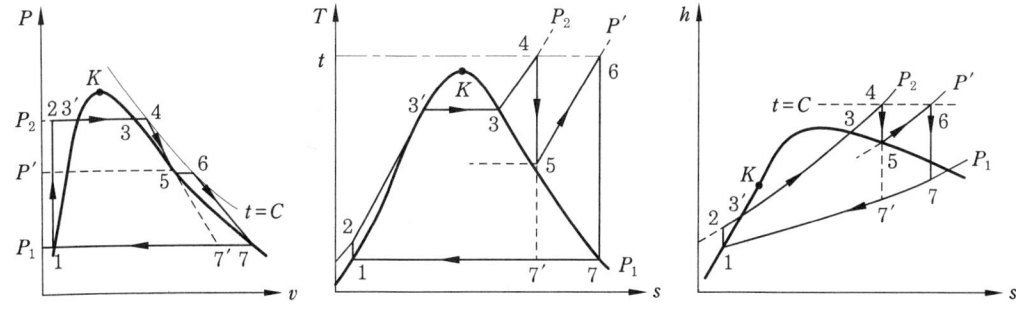

③ 재열 사이클의 상태 변화 과정
  (가) 1→2 : 급수 펌프에서 단열 압축 과정(포화수 → 압축수)
  (나) 2→3 : 보일러에서 정압 가열 과정(압축수 → 건포화 증기)
  (다) 3→4 : 과열기에서 정압 가열 과정(건포화 증기 → 과열 증기)
  (라) 4→5 : 고압 터빈에서 단열 팽창 과정(과열 증기 → 건포화 증기)
  (마) 5→6 : 재열기에서 정압 가열 과정(건포화 증기 → 가열 증기)
  (바) 6→7 : 저압 터빈에서 단열 팽창 과정(과열 증기 → 습증기)
  (사) 7→1 : 복수기에서 정압 방열 과정(습증기 → 포화수)

④ 열효율
  (가) 고열원으로부터 공급받은 열량

  q_1 = 보일러에서의 흡열량(q_B) + 과열기에서의 흡열량(q_S)
      + 재열기에서의 흡열량(q_{RH})
  $= (h_3 - h_2) + (h_4 - h_3) + (h_6 - h_5)$
  $= (h_4 - h_2) + (h_6 - h_5)$ [kcal/kg]

  (나) 복수기에서 방출 열량

  $q_2 = h_7 - h_1$ [kcal/kg]

  (다) 터빈일의 열상당량

  AW_T = 고압 터빈일의 열상당량(AW_{T_1}) + 저압 터빈일의 열상당량(AW_{T_2})
  $= (h_4 - h_5) + (h_6 - h_7)$ [kcal/kg]

  (라) 급수 펌프일의 열상당량

  $AW_P = h_2 - h_1$ [kcal/kg]

  (마) 증기 1 kg당 유효일의 열상당량

  $AW = AW_{T_1} + AW_{T_2} - AW_P$
  $= (h_4 - h_5) + (h_6 - h_7) - (h_2 - h_1)$ [kcal/kg]

  (바) 재열 사이클의 이론 열효율

  $$\eta_{RH} = 1 - \frac{q_2}{q_1} = \frac{AW}{q_1}$$
  $$= \frac{(h_4 - h_5) + (h_6 - h_7) - (h_2 - h_1)}{(h_4 - h_2) + (h_6 - h_5)}$$

  펌프일을 무시하는 경우 보일러에서 흡열량(q_B)은 $q_B = h_3 - h_1$이므로 이론 열효율은

  $$\eta_{RH} = \frac{AW_{T_1} + AW_{T_2}}{q_1} = \frac{(h_4 - h_5) + (h_6 - h_7)}{(h_3 - h_1) + (h_6 - h_5)}$$

(3) 재생 사이클 (regenerative cycle)

재생 사이클의 구성 요소는 보일러, 과열기, 터빈, 복수기, 저압 급수 펌프, 급수 가열기, 고압 급수 펌프이다.

① 개방형 1단 재생 사이클의 계통도

터빈에서 나오는 증기의 온도가 낮으므로 팽창 도중의 증기를 일부 추출해 급수의 가열에 이용하여 복수기에서 방출되는 열량의 감소만큼 열효율을 개선하여 공급 열량을 가능한 한 적게 함으로써 열효율을 향상시키고 연료를 절감한다.

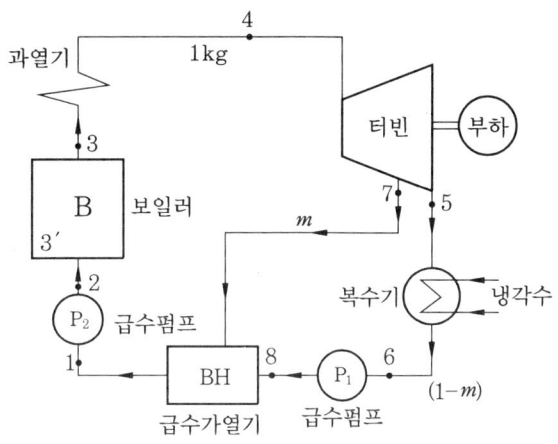

개방형 1단 재생 사이클의 계통도

② 개방형 1단 재생 사이클의 $P-v$, $T-s$, $h-s$ 선도

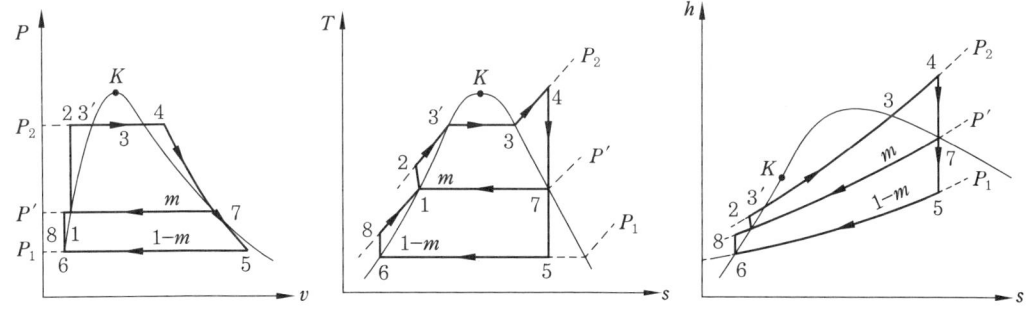

③ 재생 사이클의 상태 변화 과정
  (가) $1 \rightarrow 2$: 제2고압 펌프에서 단열 압축 과정(포화수 → 압축수)
  (나) $2 \rightarrow 3$: 보일러에서 정압 가열 과정(압축수 → 건포화 증기)
  (다) $3 \rightarrow 4$: 과열기에서 정압 가열 과정(건포화 증기 → 과열 증기)
  (라) $4 \rightarrow 7 \rightarrow 5$: 터빈에서 단열 팽창 과정(과열 증기 → 습증기)
  (마) $5 \rightarrow 6$: 복수기에서 증기$(1-m)$ [kg]이 정압하에서 방열 과정(습증기 → 포화수)
  (바) $6 \rightarrow 8$: 저압 펌프에서 단열 압축 과정(포화수 → 압축수)

(사) $8 \rightarrow 1$: 급수 가열기에서 정압하에 $(1-m)+m$이 되는 과정(압축수 → 포화수)

(아) $7 \rightarrow 1$: 급수 가열기에서 추기량 m의 정압 방열 과정(포화수)

④ 열효율

 (가) 추기량

$$m = \frac{h_1 - h_8}{h_7 - h_8} \; [\text{kg/kg}']$$

 (나) 제1(저압) 급수 펌프와 제2(고압) 급수 펌프에서 압축일의 열상당량

$$AW_P = AW_{P_1} + AW_{P_2}$$
$$= (1-m)(h_8 - h_6) + (h_2 - h_1) \; [\text{kcal/kg}]$$

 (다) 고열원에서 공급받은 열량

q_1 = 보일러에서의 흡열량(q_B) + 과열기에서의 흡열량(q_S)
$$= (h_3 - h_2) + (h_4 - h_3) = (h_4 - h_2) \; [\text{kcal/kg}]$$

 (라) 터빈에서 팽창일의 열당량

$$AW_T = (h_4 - h_5) - m(h_7 - h_5) \; [\text{kcal/kg}]$$

 (마) 복수기에서의 방열량

$$q_2 = (1-m)(h_5 - h_6) \; [\text{kcal/kg}]$$

 (바) 증기 1 kg당 유효일의 열상당량

$$AW = AW_T - AW_P$$

 (사) 열효율

$$\eta_{RG} = \frac{AW}{q_1} = \frac{AW_T - (AW_{P_1} + AW_{P_2})}{q_B + q_S}$$
$$= \frac{(h_4 - h_5) - m(h_7 - h_5) - (1-m)(h_8 - h_6) - (h_2 - h_1)}{h_4 - h_2}$$

펌프일을 무시하면 보일러에서 흡열량은 $q_B = h_3 - h_1 \; [\text{kcal/kg}]$이고

$$m = \frac{(h_1 - h_8)}{(h_7 - h_8)}$$

$$\eta_{RG} = \frac{AW_T}{q_1} = \frac{(h_4 - h_5) - m(h_7 - h_5)}{h_4 - h_2}$$

(4) 재열 – 재생 사이클

① 재열 – 재생 사이클 계통도

 재열 사이클은 실제에서 생기는 내부 손실을 작게 하고 효율비를 높이는 특징이 있고, 재생 사이클은 열효율을 열역학적으로 증가시키는 특징이 있으므로 동일한 사이클에 이용하여 증기 원동소 전체의 사이클 효율을 증진시킬 수 있다.

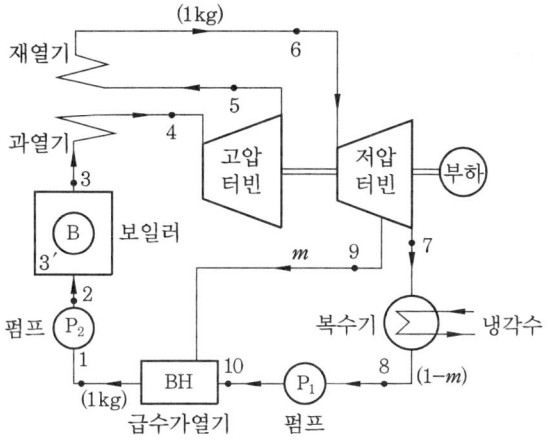

재열-재생 사이클의 계통도

  1단 재열-재생 사이클의 구성 요소는 보일러, 과열기, 고압 터빈, 재열기, 저압 터빈, 복수기, 저압 펌프, 급수 가열기, 고압 펌프로 되어 있다.

② 재열-재생 사이클의 $P-v$, $T-s$, $h-s$ 선도

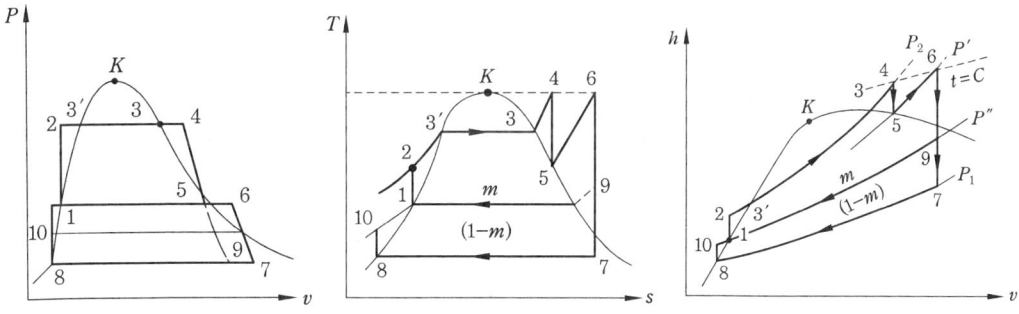

③ 재열-재생 사이클의 상태 변화 과정
  ① 1→2 : 제2 고압 급수 펌프로 단열 압축 과정(포화수→ 압축수)
  ② 2→3 : 보일러에서 정압 가열 과정(압축수→ 건포화 증기)
  ③ 3→4 : 과열기에서 정압 가열 과정(건포화 증기 → 과열 증기)
  ④ 4→5 : 고압 터빈에서 단열 팽창 과정(과열 증기 → 건포화 증기)
  ⑤ 5→6 : 재열기에서 정압 가열 과정(건포화 증기 → 과열 증기)
  ⑥ 6→7 : 저압 터빈에서 단열 팽창 과정(과열 증기 → 습증기)
  ⑦ 7→8 : 복수기에서 증기$(1-m)$ [kg]의 정압 방열 과정(습증기 → 포화수)
  ⑧ 8→10 : 제1 급수 펌프에서 단열 압축 과정
  ⑨ 10→1 : 급수 가열기에서 정압 가열 과정
  ⑩ 9→10 : 저압 터빈에서 추기량 m [kg]의 열교환 과정

④ 재열 – 재생 사이클의 열효율

   (가) 고열원에서 흡열량

$$q_1 = \text{보일러에서의 흡열량}(q_B) + \text{과열기에서의 흡열량}(q_S)$$
$$+ \text{재열기에서의 흡열량}(q_{RH})$$
$$= (h_3 - h_2) + (h_4 - h_3) + (h_6 - h_5)$$
$$= (h_4 - h_2) + (h_6 - h_5) \ [\text{kcal/kg}]$$

   (나) 터빈일의 열상당량

$$AW_T = \text{고압 터빈일의 열상당량}(AW_{T_1}) + \text{저압 터빈일의 열상당량}(AW_{T_2})$$
$$= (h_4 - h_5) + (h_6 - h_7)$$
$$= h_4 - h_7 \ [\text{kcal/kg}]$$

   (다) 급수 펌프 압축일의 열상당량

$$AW_P = \text{제1 급수 펌프일}(AW_{P_1}) + \text{제2 급수 펌프일}(AW_{P_2})$$
$$= (1-m)(h_{10} - h_8) + (h_2 - h_1) \ [\text{kcal/kg}]$$

   (라) 복수기의 방열량

$$q_2 = (1-m)(h_7 - h_8) \ [\text{kcal/kg}]$$

   (마) 추기량

$$m(h_9 - h_1) = (1-m)(h_1 - h_{10})$$
$$m = \frac{h_1 - h_{10}}{h_9 - h_{10}} \ [\text{kg/kg}']$$

   (바) 이론 열효율(펌프일 고려 시)

$$\eta_{GH} = \frac{AW}{q_1} = \frac{(AW_{T_1} + AW_{T_2}) - (AW_{P_1} + AW_{P_2})}{q_B + q_S + q_{RH}}$$
$$= \frac{(h_4 - h_5) + \{(h_6 - h_7) - m(h_9 - h_7)\} - (1-m)(h_{10} - h_8) - (h_2 - h_1)}{(h_4 - h_2) + (h_6 - h_5)}$$

   (사) 이론 열효율(펌프일을 무시할 때)

$$\eta_{GH} = \frac{AW_T}{q_1} = \frac{AW_{T_1} + AW_{T_2}}{q_S + q_B + q_{RH}}$$
$$= \frac{(h_4 - h_5) + \{(h_6 - h_7) - m(h_9 - h_7)\}}{(h_4 - h_2) + (h_6 - h_5)}$$

   단, 보일러의 가열량 $q_B = h_3 - h_2$ [kcal/kg] 이고,

      추기량 $m = \dfrac{h_1 - h_{10}}{h_9 - h_{10}}$ [kg/kg′]

2-3 증기 소비율, 열소비율

(1) 증기 소비율 (SR)

증기 소비율이란 1 kWh 또는 1 Psh당 소비되는 증기의 양(kg)을 말한다. 단위는 kg/kWh, kg/Psh로 나타낸다.

$$SR = \frac{1}{\text{정미일}} = \frac{860}{AW_{net}} = \frac{860}{AW_T - AW_P} = \frac{860}{h_2 - h_3} \text{ [kg/kWh]}$$

$$= \frac{632}{AW_{net}} = \frac{632}{AW_T - AW_P} = \frac{632}{h_2 - h_3} \text{ [kg/Psh]}$$

(2) 열소비율 (HR)

열소비율이란 1 kWh 또는 1 Psh당 증기에 의해 소비되는 열량(kcal)을 말한다. 단위는 kcal/kWh, kcal/Psh로 나타낸다.

$$HR = \frac{860}{\eta_{th}} \text{ [kcal/kWh]}$$

여기서, η_{th} : 이론 열효율
  q : 증기 1 kg당 소비하고 열량(kcal/kg)

$$HR = \frac{632}{\eta_{th}} \text{ [kcal/Psh]} = q \times SR$$

$$AW_{net} = AW_T - AW_P$$

여기서 펌프일을 무시하면 $AW_{net} = AW_T = h_2 - h_3$ 이므로

$$\eta_{th} = \frac{AW}{q_1} = \frac{h_2 - h_3}{h_2 - h_4} \text{ (펌프일을 무시할 경우)}$$

> **참고**
>
> 1 kW = 1.36 Ps = 1 kJ/s
> 1 kW·s = 1.36 Ps·s = 1 kJ
> 1 kcal = 4.187 kJ, 1 kW = 860 kcal/h = 102 kg·m/s
> 1 Ps = 632 kcal/h = 75 kg·m/s, 1 J = 1 N·m

예상문제 및 기출문제

1. 다음 중 랭킨(Rankine) 사이클과 관계되는 것은?

㉮ 가스 터빈　　㉯ 증기 원동소
㉰ Carnot 열기관　㉱ 가솔린 기관

[해설] 1854년 랭킨에 의해서 고안된 증기 원동소의 이상 사이클이다.

2. 다음 중 수증기를 사용하는 화력 발전소의 열역학 사이클로 가장 관계가 깊은 것은?

㉮ 랭킨 사이클　　㉯ 오토 사이클
㉰ 브레이턴 사이클　㉱ 디젤 사이클

[해설] 수증기를 사용하는 화력 발전소에서 사용한 사이클은 증기 원동소의 이상 사이클인 랭킨 사이클이다.

3. 다음 사이클(cycle) 중 수증기를 사용하는 동력 플랜트로 적합한 것은?

㉮ 오토 사이클　　㉯ 디젤 사이클
㉰ 브레이턴 사이클　㉱ 랭킨 사이클

4. 단순 랭킨사이클의 효율을 높이기 위한 실제적 방법이 아닌 것은?

㉮ 카르노 사이클(carnot cycle)
㉯ 과열 랭킨사이클(rankine cycle with superheat)
㉰ 재가열 사이클(reheat cycle)
㉱ 재생 사이클(regenerative cycle)

[해설] 랭킨 사이클의 효율을 높이기 위한 사이클
① 과열 랭킨 사이클
② 재가열 사이클
③ 재생 사이클
④ 재열-재생 사이클

카르노 사이클은 내연기관의 기본 사이클이다.

5. 다음 중 랭킨 사이클을 개선한 사이클이 아닌 것은?

㉮ 재열 사이클(reheat cycle)
㉯ 재생 사이클(regenerative cycle)
㉰ 추기 사이클(bleeding cycle)
㉱ 사바테 사이클(sabathe's cycle)

[해설] 사바테 사이클은 내연 기관의 사이클이다.

6. 랭킨(Rankine) 사이클에 대한 설명이다. 틀린 것은?

㉮ 랭킨 사이클에도 단점이 존재한다.
㉯ 카르노 사이클(Carnot cycle)보다 효율이 낮다.
㉰ reheat cycle의 단점을 개선한 Cycle이다.
㉱ 포화 수증기를 생산하는 사이클이다.

[해설] 랭킨 사이클의 단점을 개선한 사이클이 재열 사이클(reheat cycle)이다.

7. 랭킨(Rankine) 사이클에서 재열을 사용하는 목적은?

㉮ 응축기 온도를 높이기 위해서
㉯ 터빈 압력을 높이기 위해서
㉰ 보일러 압력을 낮추기 위해서
㉱ 열효율을 개선하기 위해서

[해설] 재열 사이클은 열효율을 높이기 위해 랭킨 사이클을 개선시킨 사이클이다.

정답 1. ㉯　2. ㉮　3. ㉱　4. ㉮　5. ㉱　6. ㉰　7. ㉱

8. 다음 그림은 어떤 사이클에 가장 가까운가?

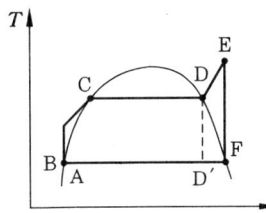

㉮ 디젤 사이클 ㉯ 냉동 사이클
㉰ Otto 사이클 ㉱ Rankine 사이클

[해설] Rankine Cycle의 $T-s$ 선도이며 각 과정의 상태변화는 다음과 같다.
① A→B : 단열압축
② B→C→D : 등압가열
③ D→E : 등압가열
④ E→F : 단열팽창
⑤ F→A : 등압냉각

9. 그림은 재생 과정이 있는 랭킨 사이클이다. 주기에 의하여 급수가 가열되는 과정은?

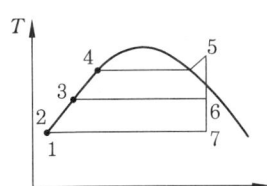

㉮ 1-2   ㉯ 2-3
㉰ 5-6   ㉱ 6-3

[해설] 재생 사이클에서
 2→3 : 정압급수가열
 3→4 : 펌프의 고압 (단열)
 4→5 : 보일러 가열
 5→6 : 터빈단열팽창
 7→1 : 복수기의 등온등압방열

10. 도면의 한 랭킨 사이클(Rankine cycle)의 $T-s$ 도면이다. 여기서 사선 부분 4→5→6→7→4는 무엇을 나타내는가?

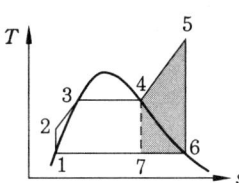

㉮ 수증기의 과열에 의한 추가적 일(work)
㉯ 수증기 과열을 위한 추가적 열량
㉰ 응축기에서 제거되어야 할 열량
㉱ 보일러(boiler)의 열부하

[해설] 수증기의 과열에 의한 추가적인 일이다.

11. 그림과 같은 랭킨 사이클의 이론 열효율 η는 어떻게 표시되는가? (단, 펌프일은 생략하며, i는 엔탈피를 표시)

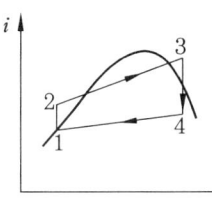

㉮ $\eta = \dfrac{i_3 - i_4}{i_3 - i_1}$ ㉯ $\eta = \dfrac{i_4 - i_2}{i_3 - i_2}$

㉰ $\eta = \dfrac{i_3 - i_1}{i_3 - i_4}$ ㉱ $\eta = \dfrac{i_3 - i_2}{i_3 - i_4}$

[해설] $\eta_R = \dfrac{i_3 - i_4}{i_3 - i_1}$ (펌프일 무시)

$\eta_R = \dfrac{i_3 - i_4}{i_3 - i_2}$ (펌프일 고려)

12. 그림은 어떤 순환 공정에 대한 것인가?

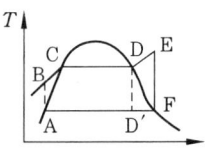

㉮ 디젤 순환

[정답] 8. ㉱ 9. ㉯ 10. ㉮ 11. ㉮ 12. ㉱

㉯ 냉동 순환
㉰ Otto 순환
㉱ 과열된 Rankine 순환
[해설] 10번 해설 참조

13. 랭킨 사이클에서 재열을 사용하는 주목적은?

㉮ 연료를 절약하기 위해서
㉯ 터빈 압력을 높이기 위해서
㉰ 보일러 압력을 낮추기 위해서
㉱ 터빈 출구의 건도를 조절하기 위해서

[해설] 재열사이클은 터빈 출구의 건도를 조절하기 위해 랭킨사이클에서 팽창 도중에 증기를 뽑아내어 가열장치로 보내 재가열 후 다시 터빈으로 보낸다.

14. 랭킨(Rankine) 사이클에서 복수기의 압력을 낮출 때 나타나는 현상으로 옳은 것은 어느 것인가?

㉮ 이론 열효율이 낮아진다.
㉯ 터빈 출구의 증기건도가 낮아진다.
㉰ 복수기의 포화온도가 높아진다.
㉱ 복수기 내의 절대압력이 증가한다.

[해설] 랭킨 사이클에서 복수기의 압력을 낮추면 터빈 출구의 증기건도가 낮아진다.

15. 증기터빈에서 상태 1의 증기를 규정된 압력까지 단열팽창시켰다. 이때 증기터빈 출구에서의 증기 상태는 각각 그림의 2, 3, 4, 5였다. 어느 경우가 터빈의 효율이 가장 양호한가?

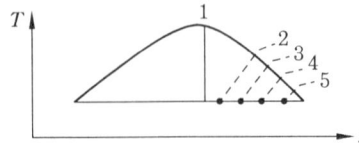

㉮ 2   ㉯ 3   ㉰ 4   ㉱ 5

[해설] 터빈의 효율이 좋아지는 것은 터빈 출구의 증기 건도가 낮아질 때이다.

16. 랭킨 사이클에서 터빈 복수기의 진공도를 높일 때 나타나는 현상으로 올바른 것은 어느 것인가?

㉮ 이론 열효율이 낮아진다.
㉯ 복수기의 포화 온도가 높아진다.
㉰ 터빈 출구의 증기 건도가 낮아진다.
㉱ 터빈 출구의 증기 건도가 높아진다.

[해설] 복수기의 압력과 온도를 낮추면 증기 건도가 낮아진다.

17. 랭킨(Rankine) 사이클의 열효율을 높이기 위한 것이 아닌 것은?

㉮ 과열 수증기의 사용
㉯ 재열(reheat) 사이클 사용
㉰ 터빈에서 수증기 배출 압력을 높임
㉱ 재생(regenerative) 사이클 이용

[해설] 효율을 높이기 위하여 초온, 초압이 높고 배압이 낮아야 한다.

18. 이상적인 단순 랭킨 사이클로 작동되는 증기 원동소에서 펌프 입구, 보일러 입구, 터빈 입구, 응축기 입구의 비엔탈피를 각각 h_1, h_2, h_3, h_4라고 할 때 열효율은?

㉮ $1 - \dfrac{h_4 - h_1}{h_3 - h_2}$ ㉯ $1 - \dfrac{h_4 - h_2}{h_3 - h_2}$

㉰ $1 - \dfrac{h_4 - h_2}{h_3 - h_1}$ ㉱ $1 - \dfrac{h_4 - h_1}{h_3 - h_1}$

[해설] $\eta_R = \dfrac{AW_T - AW_P}{Q_1}$

$= \dfrac{(h_3 - h_4) - (h_2 - h_1)}{h_3 - h_2}$

정답 13. ㉱   14. ㉯   15. ㉮   16. ㉰   17. ㉰   18. ㉮

$$= 1 - \frac{h_4 - h_1}{h_3 - h_2}$$

19. 다음 그림은 어떠한 사이클과 가장 가까운가?

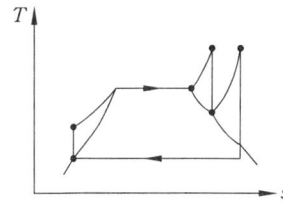

㉮ 디젤(Diesel) 사이클
㉯ 재열(reheat) 사이클
㉰ 합성(composite) 사이클
㉱ 재생(regenerative) 사이클
[해설] 재열 사이클의 $T-s$ 선도이다.

20. 다음 중 터빈에서 증기의 일부를 배출하여 급수를 가열하는 증기 사이클은?

㉮ 사바테 사이클
㉯ 재생 사이클
㉰ 디젤 사이클
㉱ 오토 사이클
[해설] 재생 사이클은 팽창 중인 증기의 일부를 빼내어 급수를 가열해 주는 사이클을 말한다.

21. 증기 터빈 노즐에서 분출하는 수증기의 이론 속도와 실제 속도를 각각 C_t, C_a로 표시할 때 초속을 무시하면 노즐 효율 η_n 과는 어떠한 관계가 있는가?

㉮ $\eta_n = \dfrac{C_a}{C_t}$ ㉯ $\eta_n = \left(\dfrac{C_a}{C_t}\right)^2$

㉰ $\eta_n = \sqrt{\dfrac{C_a}{C_t}}$ ㉱ $\eta_n = \left(\dfrac{C_a}{C_t}\right)^3$

[해설] 노즐 효율 $\eta_n = \phi^2 = \left(\dfrac{w_2'}{w_2}\right)^2$

여기서, ϕ : 속도 계수

22. 수증기 터빈을 출입하는 증기의 엔탈피가 각각 1000 kcal/kg, 1349 kcal/kg이다. 열손실은 수증기 kg당 5 kcal이고 운동 에너지와 위치 에너지는 무시한다. 수증기 kg당 터빈이 한 일을 구하면?

㉮ 344 kcal   ㉯ −344 kcal
㉰ −349 kcal ㉱ 349 kcal

[해설] 이론 일량 = 1 kg × (1349−1000) kcal/kg
         = 349 kcal
실제 일량 = 이론 일량 − 열손실
         = 349 − 5
         = 344 kcal

Chapter 5 냉동 사이클

1. 냉매

1-1. 냉매의 종류

냉매는 냉동 사이클을 순환하면서 저온부의 열을 고온부로 운반하는 작동 유체이다.

(1) 냉매의 구비 조건

① 물리적인 조건
  - ㈎ 저온에서도 대기 압력 이상의 압력으로 증발하고 상온에서도 비교적 저압으로 응축 액화할 것
  - ㈏ 임계 온도가 높을 것
  - ㈐ 응고점이 낮을 것
  - ㈑ 증발열이 크고, 액체 비열이 적을 것
  - ㈒ 윤활유와 작용하여 영향이 없을 것
  - ㈓ 누설 탐지가 쉽고, 누설 시 피해가 없을 것
  - ㈔ 수분과 혼합하여 영향이 적을 것
  - ㈕ 비열비가 적을 것 (단열 지수값)
  - ㈖ 절연 내력이 크고, 전기 절연 물질을 침식시키지 않을 것
  - ㈗ 패킹 재료에 영향이 없을 것
  - ㈘ 점도가 낮고 전열이 양호하며 표면 장력이 작을 것

② 화학적인 조건
  - ㈎ 화학적으로 결합이 양호하고 안정하며 분해하는 일이 없을 것
  - ㈏ 금속을 부식하는 성질이 없을 것
  - ㈐ 인화 및 폭발성이 없을 것

③ 생물학적인 조건
  - ㈎ 인체에 무해하고 누설 시 냉장품에 손상이 없을 것
  - ㈏ 악취가 없고 독성이 없을 것

④ 경제적인 조건
  (개) 가격이 저렴하고 구입이 용이할 것
  (내) 동일 냉동 능력에 비하여 소요 동력이 적을 것
  (대) 자동 운전이 가능할 것

(2) 냉매의 종류

① NH_3 냉매
② Freon 냉매
③ 브라인(brine) : 냉각 물질에 열전달의 중계 역할을 하는 부동액
   물, $CaCl_2$ (염화칼슘), $NaCl$ (염화나트륨), $MgCl_2$ (염화마그네슘), 에틸렌글리콜, 프로필렌글리콜, 에틸알코올 등

1-2 냉매의 열역학적 특성

(1) 냉동의 정의

어느 공간 또는 특정한 물체의 온도를 현재의 온도보다 낮게(0℃ 이하) 하고, 낮게 한 온도를 계속 유지시켜 나가는 것, 즉 물체의 열의 결핍을 냉동(refrigeration)이라 한다.

① 냉각 : 어떤 물체의 온도를 낮게만 내려주는 것
② 냉장 : 어떤 물체가 얼지 않을 정도의 상태에서 저장하는 것
③ 동결 : 수분이 있는 물질을 상하지 않도록 동결점 이하의 온도까지 얼려 버리는 것
④ 제빙 : 상온의 물을 -9℃ 정도의 얼음으로 만드는 것
⑤ 저빙 : 상품화된 얼음을 저장하는 것
⑥ 제습 : 공기나 제품의 습기를 제거하는 것

(2) 습도의 종류

① 상대 습도 : 습공기의 비중량과 그것과 같은 온도의 포화 습공기의 수증기 비중량과의 비
② 절대 습도 : 건조 공기 1 kg에 포함되어 있는 수증기의 질량
③ 노점 온도 : 대기 중의 수증기가 응축하기 시작하는 온도(이슬점 온도)

(3) 냉동의 기초

① 냉동 효과(냉동력, 냉동량) : 압축기 흡입 가스 엔탈피에서 팽창 밸브 직전 엔탈피를 뺀 값, 즉 냉매 1 kg이 증발기에서 흡수하는 열량이다.

> **참고**

기준 냉동 사이클에서 냉동 효과(kcal/kg)는 다음과 같다.
- 암모니아 : 269 • R-22 : 40.2 • R-11 : 38.6 • R-113 : 30.9
- R-12 : 29.6 • R-114 : 25.1 • R-21 : 50.9 • R-500 : 34

② 냉동 능력 : 단위 시간에 증발기에서 흡수하는 열량을 냉동능력이라 한다 (단위 : kcal/h).

③ 1냉동톤(RT) : 0℃의 물 1 ton을 24시간에 0℃의 얼음으로 만드는 데 제거할 열량이다.

$$1RT = 79680 \text{ kcal/24h} = 3320 \text{ kcal/h}$$

④ 1 USRT (미국 RT) : 32°F의 물 2000 lb를 24시간에 32°F의 얼음으로 만드는 데 제거할 열량이다.

$$1 \text{ USRT} = 288000 \text{ BTU/24h} = 12000 \text{ BTU/h} = 3024 \text{ kcal/h}$$

⑤ 제빙 능력 : 하루 동안 제빙 공장에서 생산되는 양을 톤으로 나타낸 것이다. 25℃의 물 1 ton을 24시간 동안에 -9℃의 얼음으로 만드는 데 제거하는 냉동 능력은 다음과 같이 계산한다.

(가) 25℃ 물 1 ton → 0℃의 물
$1000 \times 1 \times 25 = 25000$ kcal/24 h

(나) 0℃의 물 1 ton → 0℃의 얼음
$1000 \times 79.68 = 79680$ kcal/24 h

(다) 0℃ 얼음 1 ton → -9℃ 얼음
$1000 \times 0.5 \times 9 = 4500$ kcal/24 h
총 열량 $= 25000 + 79680 + 4500$ kcal/24 h
$= 109180$ kcal/24 h

(라) 열손실 20 %
$109180 \times 1.2 = 131016$ kcal/24 h
RT로 고치면 $131016 \div 79680 = 1.642$ RT
즉, 1제빙톤 = 1.642 RT이고, 한국 1제빙톤은 1.65 RT로 한다.

제빙에 따른 냉동톤

원수 온도(℃)	냉동톤
5	1.44
10	1.5
15	1.56
20	1.62
25	1.64
30	1.72
35	1.78
40	1.84

> **참고**

결빙 시간 $H = \dfrac{0.564 t^2}{-(t_b)}$

여기서, t : 얼음 두께(cm), t_b : 브라인 온도(℃)

2. 냉동 사이클

2-1 냉동 사이클의 종류

① 액펌프식 냉동 사이클
② 2단 압축 냉동 사이클
③ 2원 냉동 사이클
④ 원심식 냉동 사이클
⑤ 히트 펌프(heat pump)

2-2 냉동 사이클의 특성

(1) 기본 냉동 사이클

냉동 사이클은 증발, 압축, 응축, 팽창의 4요소를 순환하면서 냉매를 액체에서 기체로, 기체에서 액체로 반복하면서 이루어진다.

① 증발
  (개) 증발기(evaporator) 내의 액냉매는 기화하면서 냉각관 주위에 있는 공기 또는 물질로부터 증발에 필요한 열을 흡수한다.
  (내) 열을 빼앗긴 공기는 냉각되어 온도가 낮아진 상태에서 자연 대류 또는 fan에 의하여 강제 대류되어 냉장고 내에 퍼져 저온으로 유지시킨다.
  (대) 팽창 밸브를 통하여 감압되어 저온도로 되며 증발하는 과정에서는 압력과 온도가 일정한 관계를 유지하면서 변화가 없다.
  (래) 외부로부터 열을 흡수하는 장치이다.

② 압축
  (개) 냉매를 상온에서 액화하기 쉬운 상태로 만든다.
  (내) 증발기에서 낮은 온도를 유지하기 위하여 기화된 냉매를 압축기로 흡수시켜서 냉매 압력을 낮게 유지시킨다.

③ 응축
  (개) 압축기에서 나온 과열 증기를 물 또는 공기와 열교환시켜서 액화시킨다.
  (내) 외부와 열교환하여 방출하는 열을 응축열이라 하고 이 열은 증발기에서 흡수한 열과 압축하기 위하여 가해진 일의 열당량을 합한 값이다.
  (대) 응축기에는 냉매 기체와 액체가 공존하고 있는 상태이며, 기체에서 액체로 변화하는 동안에 압력과 온도가 일정한 관계를 유지한다.

(라) 응축기에서 액화되는 과정은 압력과 온도가 일정하나 응축기 전체에서는 온도가 감소한다.

④ 팽창

(가) 액화한 냉매를 증발기에서 기화하기 쉬운 상태의 압력으로 조절하는 감압 장치이다.

(나) 감압 작용을 함과 동시에 증발 온도에 따라서 필요한 냉매량을 조절하여 공급하는 유량 제어 장치이다.

(2) 액펌프식 냉동 사이클

냉동 장치가 대용량이 되면 증발기 한 개의 냉매 배관 길이가 매우 길어지게 되어 배관 저항이 증대하고 장치의 능률이 낮아지므로 액펌프를 사용하여 강제로 냉매를 증발기에 공급하는 방법이다.

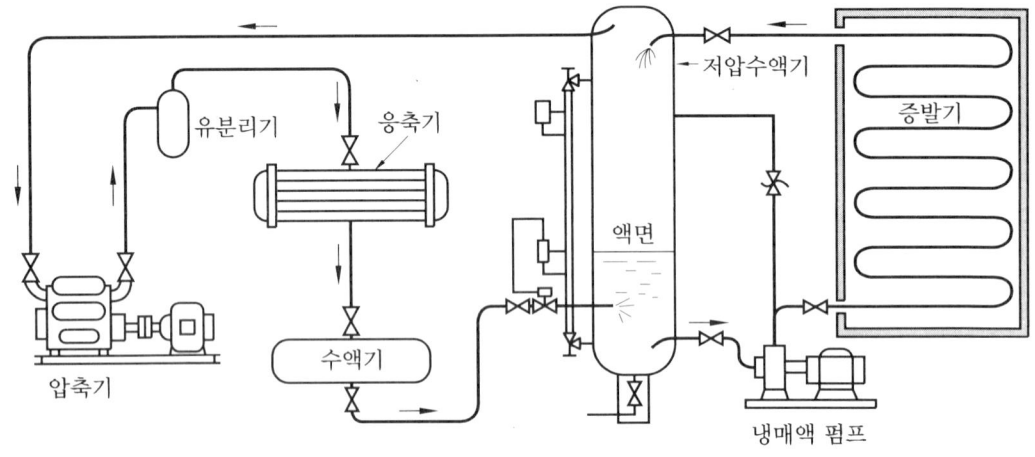

액펌프식 냉동 사이클

① 타 증발기에서 증발하는 액냉매량의 4~5배를 강제로 공급한다.
② 팽창밸브는 부자식을 사용하여 저압수액기의 액면이 일정하게 되도록 한다.

(3) 2단 압축 냉동 사이클

① NH_3 장치는 증발온도가 −35℃ 이하이고 압축비가 6 이상일 때 채용한다.
② Freon 장치는 증발온도가 −50℃ 이하이고 압축비가 9 이상일 때 채용한다.

③ 2단 압축 1단 팽창 밸브의 장치도와 $P-i$ 선도

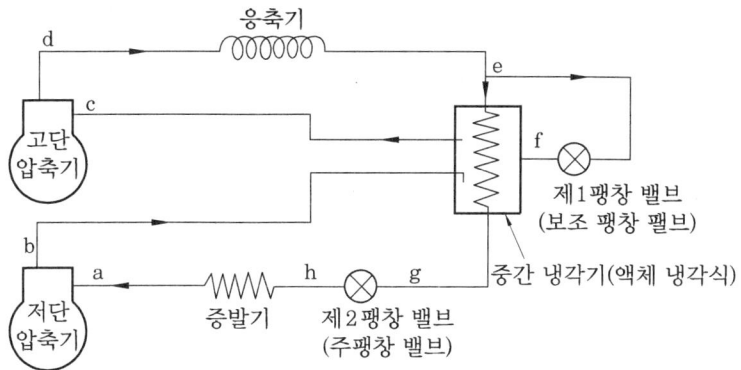

2단 압축 1단 팽창 장치도

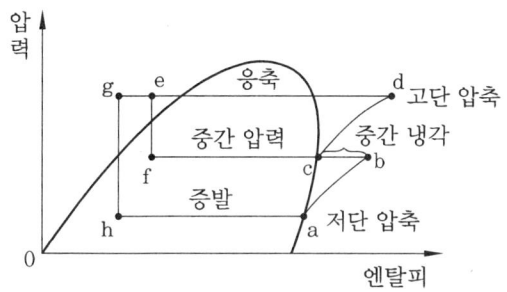

2단 압축 1단 팽창 $P \sim i$ 선도

④ 2단 압축 2단 팽창 밸브의 장치도와 $P-i$ 선도

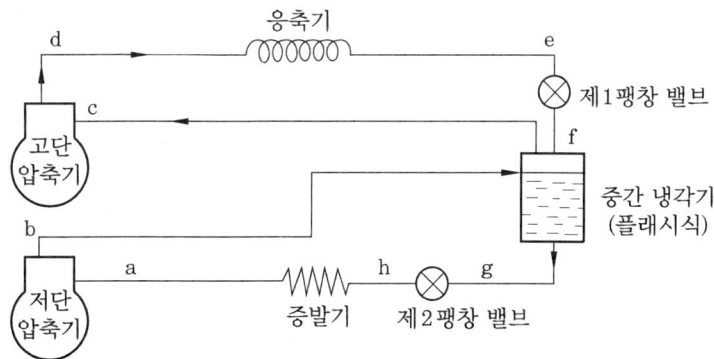

2단 압축 팽창 장치도

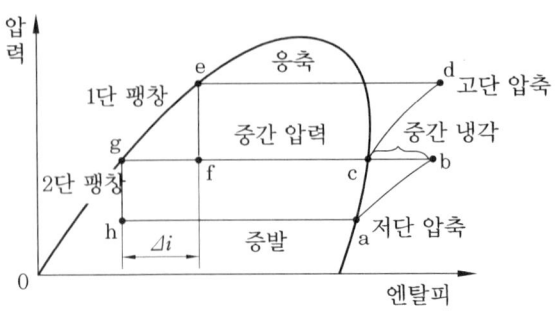

2단 압축 2단 팽창 $P \sim i$ 선도

⑤ 중간 냉각기의 역할
  ㈎ 저단 압축기 토출 가스 온도의 과열도를 제거하여 고단 압축기 과열 압축을 방지해서 토출 가스 온도 상승을 감소시킨다.
  ㈏ 팽창 밸브 직전의 액냉매를 과냉각시켜 플래시 가스의 발생량을 감소시켜서 냉동 효과를 향상시킨다.
  ㈐ 고단 압축기 액압축을 방지한다.
⑥ 중간 냉각기의 종류
  ㈎ 플래시식 (NH_3)
  ㈏ 액체 냉각식 (NH_3)
  ㈐ 직접 팽창식 (Freon)

(4) 2원 냉동 사이클

① 목적 : 증발 온도가 −80 ∼ −120℃ 이하가 되면 일반 냉매는 증발 압력이 현저히 낮아 압축비가 증대하여 다단 압축을 실현해도 −80 ∼ −120℃ 이하의 온도를 얻기 어렵다. 그러나 2원 냉동 장치로는 실현할 수 있다.
② 구조 (cascade condenser) : 저온 냉동 사이클의 응축기와 고온 냉동 사이클의 증발기가 조합되어 열 교환을 하는 구조로 되어 있다.
③ 사용 냉매
  ㈎ 고온측 : R−12, R−22, R−500, R−501, R−502, R−290 (C_3H_8) 등
  ㈏ 저온측 : R−13, R−14, R−503, C_3H_8, C_2H_4, C_2H_6, CH_4 등
④ 팽창 탱크 : 저온측 압축기를 정지하였을 때 초저온 냉매의 증발로 인한 압력이 냉동 장치 배관 등을 파괴하는 일이 있는데, 이를 방지하기 위해 일정압력 이상이 되면 팽창 탱크로 가스를 저장하는 장치이다.

⑤ 2원 냉동 장치도와 $P \sim i$ 선도

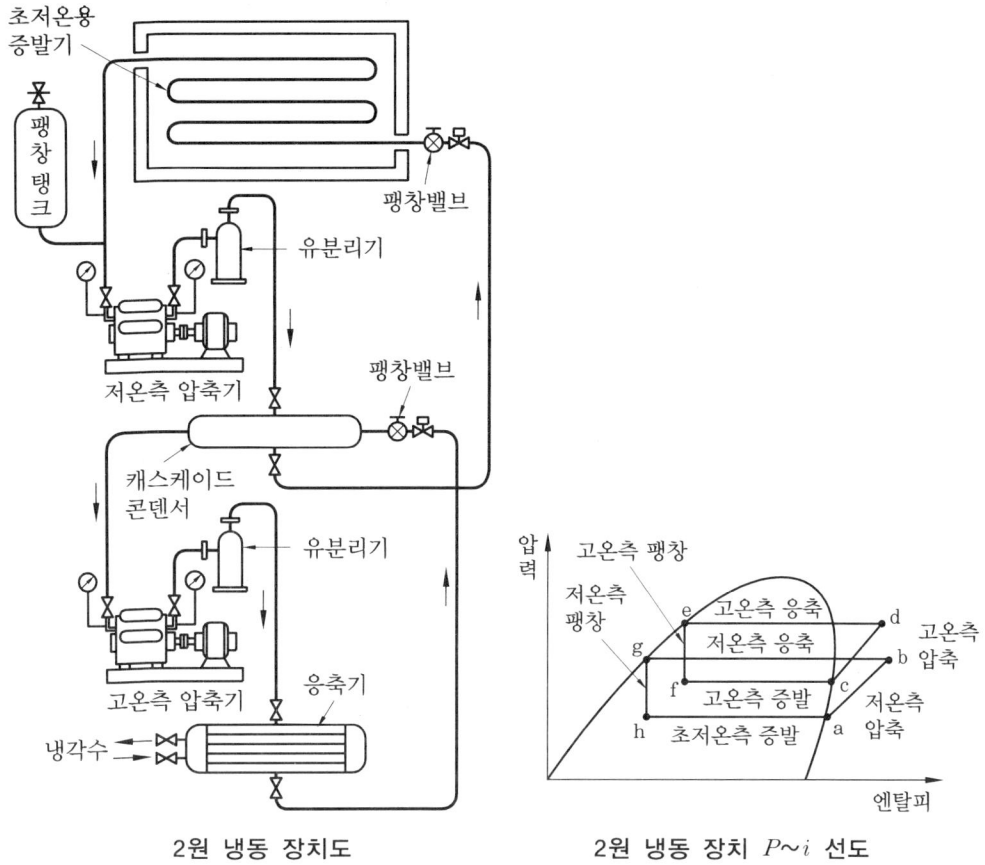

2원 냉동 장치도   2원 냉동 장치 $P \sim i$ 선도

(5) 원심식 냉동 사이클

① 압축기 : 증발기의 저온 저압의 기체 냉매를 이용해 임펠러를 회전운동시킴으로써 원심력을 주어 디퓨저에서 속력 에너지를 압력 에너지로 전환시키는 방식이며, 압축기 단수는 사용 냉매에 따라서 1단, 2단, 3단, 다단으로 구성된다.

② 응축기 : 횡형 shell and tube 식의 수랭식을 사용

③ 팽창밸브 : 2개의 부자실로 되어 있고 제1부자실은 액면 높이가 높아지면 밸브가 열려 중간 압력으로 팽창되어 제2부자실로 유입되며, 이 때 발생되는 플래시 가스 (flash gas)는 상단에 모아서 2단 임펠러로 유출시킨다. 제2부자실을 일명 economizer (이코노마이저 ; 절약기)라 한다.

④ 증발기 : 횡형 shell and tube 만액식 증발기이며 shell 속에 냉매가 있고 배관 내에 냉수(brine)가 흐르는 구조이다. 상부에 액냉매 유출을 방지하는 eliminator (일리미네이터)가 설치되어 액립을 분리하여 기체 냉매만 압축기로 흡입되게 한다.

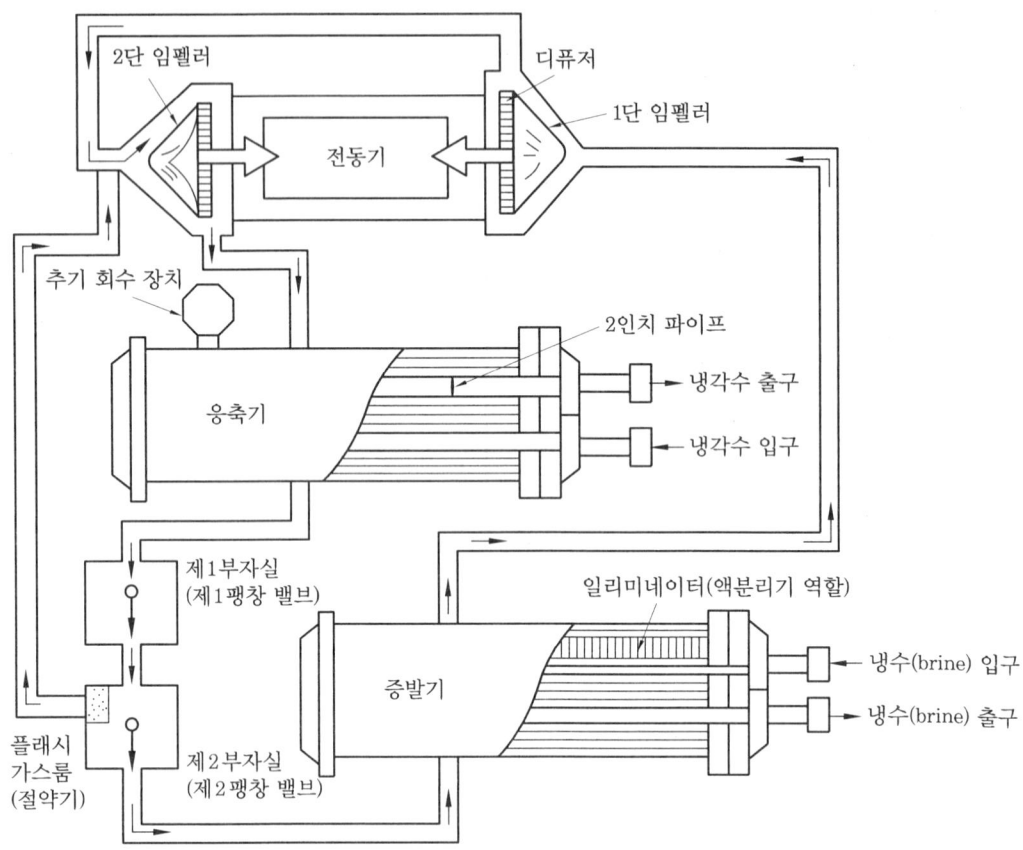

터보 냉동기 장치도

⑤ 장치에 사용되는 냉매가 4~5℃에서 증발할 경우 증발 압력이 대기 압력 이하인 진공 상태가 되므로 외부 공기가 침투하여 불응축 가스의 생성 원인이 되며, 응축기 상부에 모여 전열 면적을 감소시켜 응축 압력과 온도가 상승하게 하여 서징(surging) 현상을 유발하므로 운전 중에 공기를 자동 배출시키는 추기 회수 장치를 둔다.

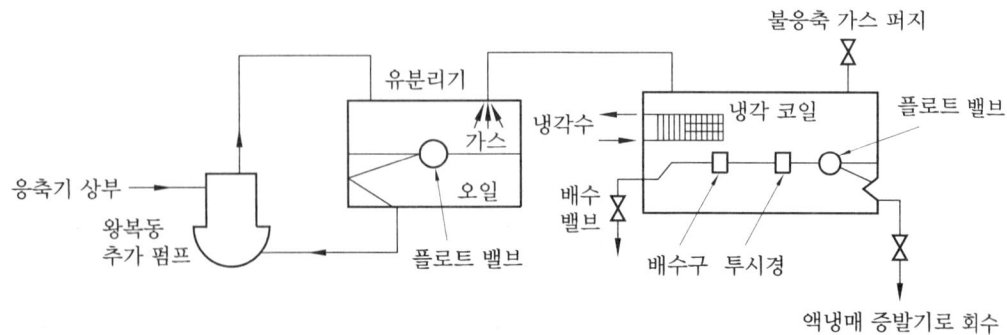

추기 회수 장치도

(6) 히트 펌프 (heat pump)

① 응축기의 방열 작용을 이용하여 난방을 한다.
② 실내측과 실외측에 각각의 열교환기를 두고 실내측 열교환기는 여름에 증발기로 사용하고 겨울에는 응축기로 사용한다.
③ 냉동 장치의 1 kW 전력 소비로 3~4 kW의 전력 소비의 전열기와 동등한 난방을 할 수 있다.
④ 히트 펌프의 겨울철 저온측 열원으로, 공기, 정수(井水) 및 지열 등을 이용한다.

2-3 · 냉동 능력, 냉동률, 성능 계수 (C.O.P)

(1) P~i 선도 (몰리에르르 선도 ; Mollier diagram)

냉매 1 kg이 냉동 장치를 순환하면서 일어나는 열 및 물리적 변화를 그래프에 나타낸 것이다.

① 과냉각액 구역 : 동일 압력하에서 포화 온도 이하로 냉각된 액의 구역
② 과열 증기 구역 : 건조 포화 증기를 더욱 가열하여 포화온도 이상으로 상승시킨 구역
③ 습포화 증기 구역 : 포화액이 동일 압력하에서 동일 온도의 증기와 공존할 때의 상태 구역
④ 포화액선 : 포화 온도 압력이 일치하는 비등 직전 상태의 액선
⑤ 건조 포화 증기선 : 포화액이 증발하여 포화 온도의 가스로 전환한 상태의 선

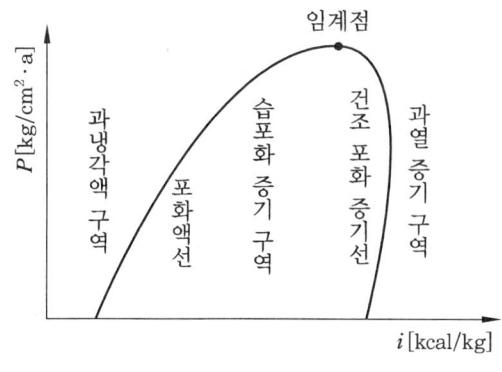

P-i 선도

(2) 기준 냉동 사이클의 P~i 선도

① 기준 냉동 사이클
　(가) 증발 온도 : -15℃
　(나) 응축 온도 : 30℃

(다) 압축기 흡입 가스 : -15℃의 건조 포화 증기
(라) 팽창 밸브 직전 온도 : 25℃

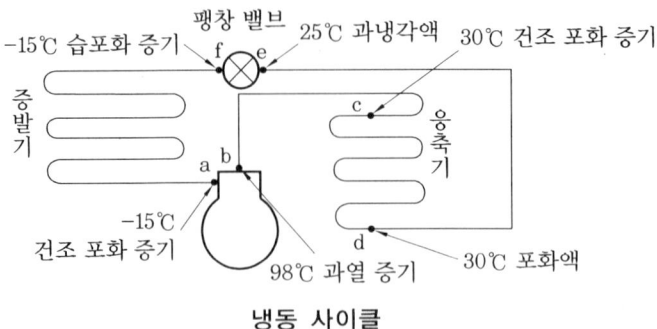

냉동 사이클

② 몰리에르르 선도
 (가) a → b : 압축기 → 압축 과정
 (나) b → e : 응축기 →
    (b~c) → 과열 제거 과정
    (c~d) → 응축 과정
    (d~e) → 과냉각 과정
 (다) e → f : 팽창 밸브 → 팽창 과정
 (라) g → a : 증발기 → 증발 과정
 (마) f → a : 냉동 효과(냉동력)
 (바) g → f : 팽창 직후 플래시 가스(flash gas) 발생량

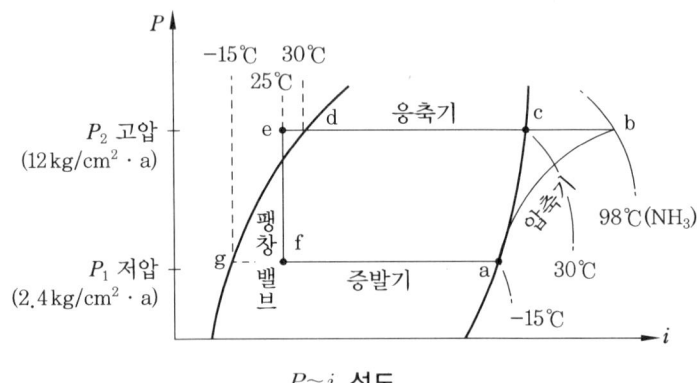

$P \sim i$ 선도

(3) 냉동 장치 $P \sim i$ 선도 계산

① 1단 냉동 사이클
 (가) 냉동 효과(냉동력) : 냉매 1 kg이 증발기에서 흡수하는 열량
$$q_e = i_a - i_f \text{ [kcal/kg]}$$

(나) 압축일의 열당량

$$AW = i_b - i_a \text{ [kcal/kg]}$$

(다) 응축기 방출 열량

$$q_c = q_e + AW = i_b - i_e \text{ [kcal/kg]}$$

(라) 증발 잠열

$$q = i_a - i_g \text{ [kcal/kg]}$$

(마) 팽창 밸브 통과 직후(증발기 입구) 플래시 가스 발생량

$$q_f = i_f - i_g \text{ [kcal/kg]}$$

(바) 팽창 밸브 통과 직후 건조도 x는 선도에서 f점의 건조도를 찾는다.

$$x = 1 - y = \frac{q_f}{q} = \frac{i_f - i_g}{i_a - i_g}$$

(사) 팽창 밸브 통과 직후의 습도

$$y = 1 - x = \frac{q_e}{q} = \frac{i_a - i_f}{i_a - i_g}$$

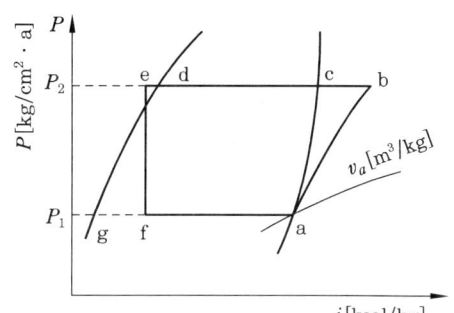

1단 냉동 사이클

(아) 성적 계수

  ㉮ 이상적 성적 계수 : $COP = \dfrac{T_2}{T_1 - T_2}$

  ㉯ 이론적 성적 계수 : $COP = \dfrac{q_e}{AW}$

  ㉰ 실제적 성적 계수 : $COP = \dfrac{q_e}{AW}\eta_c\eta_m = \dfrac{Q_e}{N}$

  여기서, T_1 : 고압(응축) 절대 온도(K), T_2 : 저압(증발) 절대 온도(K)
  η_c : 압축 효율, η_m : 기계 효율, Q_e : 냉동 능력(kcal/h), N : 축동력(kcal/h)

(자) 냉매 순환량 : 시간당 냉동 장치를 순환하는 냉매의 질량

$$G = \frac{Q_e}{q_e} = \frac{V}{v_a}\eta_v = \frac{Q_c}{q_c} = \frac{N}{AW} \text{ [kg/h]}$$

여기서, V : 피스톤 압출량(m³/h)
v_a : 흡입 가스 비체적(m³/kg)
η_v : 체적 효율

(가)~(사) 까지의 양에 냉매 순환량을 곱하면 시간당 능력의 계산이 된다.

(차) 냉동 능력 : 증발기에서 시간당 흡수하는 열량

$$Q_e = Gq_e = G(i_a - i_e) = \frac{V}{v_a}\eta_v(i_a - i_e) \text{ [kcal/h]}$$

(카) 냉동톤

$$RT = \frac{Q_e}{3320} = \frac{Gq_e}{3320} = \frac{V(i_a - i_e)}{3320v_a}\eta_v \text{ [RT]}$$

(타) 압축비

$$a = \frac{P_2}{P_1}$$

> **참고**
>
> 법정 냉동 능력 $R = \dfrac{V}{C}$
>
> 여기서, V : 피스톤 압출량(m³/h), C : 정수

② 2단 냉동 사이클

(가) 냉동 효과

$$q_e = i_a - i_h \text{ [kcal/kg]}$$

(나) 저단 압축기 냉매 순환량

$$G_L = \frac{Q_e}{q_e} = \frac{V_L}{v_a}\eta_{v_L} \text{ [kg/h]}$$

(다) 중간 냉각기 냉매 순환량

$$G_0 = G_L \cdot \frac{(i_b' - i_c) + (i_e - i_g)}{i_c - i_e} \text{ [kg/h]}$$

(라) 고단 냉매 순환량

$$G_H = G_L + G_0 = \frac{V_H}{v_c}\eta_{v_H}$$

$$= G_L \frac{i_b' - i_g}{i_c - i_e} \text{ [kg/h]}$$

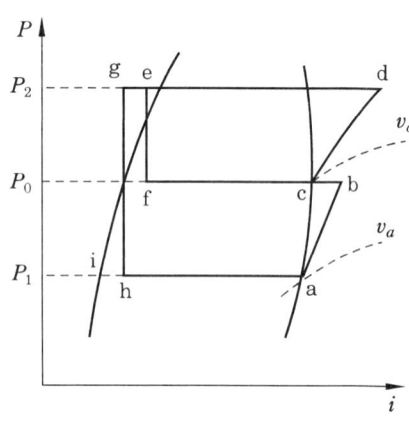

2단 압축 1단 팽창

> **참고**
>
> $i_b' = i_a + \dfrac{i_b - i_a}{\eta_{c_L}}$ [kcal/h]

(마) 저단 압축일의 열당량

$$N_L = \frac{G_L(i_b - i_a)}{\eta_{c_L}\eta_{m_L}} \text{ [kcal/h]}$$

(바) 고단 압축일의 열당량

$$N_H = \frac{G_H(i_d - i_c)}{\eta_{c_H}\eta_{m_H}} \text{ [kcal/h]}$$

(사) 성적 계수

$$COP = \frac{Q_e}{N_L + N_H}$$

(아) 압축비

$$a = \sqrt{\frac{P_2}{P_1}}$$

(자) 중간 압력

$$P_0 = \sqrt{P_1 P_2} \text{ [kg/cm}^2 \cdot \text{a]}$$

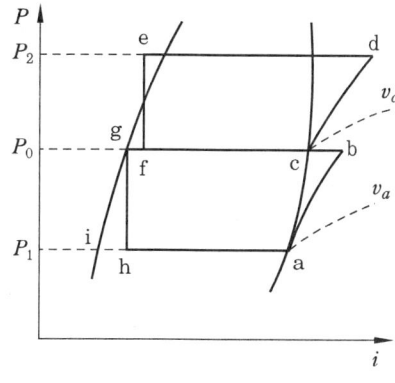

2단 압축 2단 팽창

③ 2원 냉동 장치

고온측 냉매와 저온측 냉매를 사용하는 두 개의 냉동 사이클을 조합하는 형태로 된 초저온 장치로서 한 개의 선도상에 표현할 수 없으나 순수한 온도만으로 그린다면 다음 선도와 같으며, 계산식은 2단 냉동 장치와 동일하다.

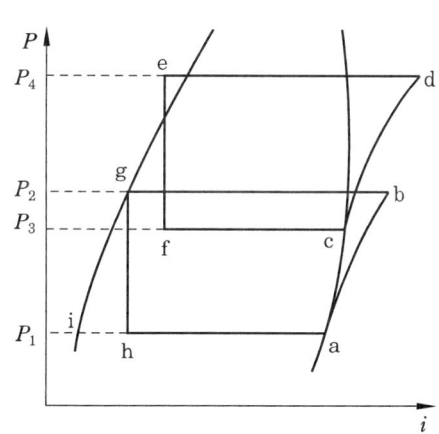

2원 냉동 장치

❖ 압축비

(가) 저온측 압축비 $= \dfrac{P_2}{P_1}$

(나) 고온측 압축비 $= \dfrac{P_4}{P_3}$

예상문제 및 기출문제

1. 냉동 사이클에서 냉매의 구비 조건으로 가장 거리가 먼 것은?

㉮ 임계 온도가 높을 것
㉯ 증발열이 클 것
㉰ 인화 및 폭발의 위험성이 낮을 것
㉱ 저온, 저압에서 응축이 되지 않을 것

[해설] 응고점이 낮고 저온, 저압에서도 응축 액화할 수 있어야 한다.

2. 냉동기의 증기 압축 장치에 쓸 수 있는 냉동제가 갖추어야 할 특성이 아닌 것은?

㉮ 응축기 내부의 증기압이 과중하면 안 된다.
㉯ 증발기 내부의 증기압은 대기압 이하이어야 한다.
㉰ 증발 잠열은 크고 액체의 열용량은 적어야 한다.
㉱ 임계 압력은 최고 조작 압력보다도 더 높아야 한다.

[해설] 증발이 잘 되는 물질이 증기압도 크다.

3. 냉동기의 냉매로서 갖추어야 할 요구 조건 중 적당하지 않은 것은?

㉮ 불활성이고 안정해야 한다.
㉯ 비체적이 커야 한다.
㉰ 증발 온도에서 높은 잠열을 가져야 한다.
㉱ 열전도율이 커야 한다.

[해설] 비체적이 적어야 한다.

4. 다음 중 표준 냉동 사이클에서의 냉동 능력이 가장 좋은 냉매는?

㉮ 암모니아
㉯ R-12
㉰ R-22
㉱ R-113

[해설] 증발 잠열이 큰 냉매가 냉동 능력이 좋으며 15℃에서 증발 잠열(kcal/kg)은 다음과 같다.
① 암모니아 : 313.5
② R-12 : 38.6
③ R-22 : 51.9
④ R-113 : 39.2

5. 다음 중 냉동제로 쓰이지 않는 것은?

㉮ 암모니아
㉯ CO
㉰ CO_2
㉱ Freon 화합물

[해설] CO는 냉매로 사용하지 않는다.

6. 다음 중 일반적으로 냉매(refriegerant)로 사용되지 않는 것은?

㉮ 암모니아 (ammonia)
㉯ 프레온 (freon)
㉰ 이산화탄소
㉱ 오산화인

[해설] 오산화인은 흡습제로 사용된다.

7. 0℃의 물 1 ton을 24시간 동안에 0℃의 얼음으로 냉각하는 냉동 능력은 몇 kcal/h인가? (단, 얼음의 융해열은 79.68 kcal/kg이다.)

㉮ 1
㉯ 79680
㉰ 7968
㉱ 3320

[해설] $Q = \dfrac{1000 \text{kg} \times 79.68 \text{kcal/kg}}{24 \text{h}}$
$= 3320 \text{kcal/h}$

정답 1. ㉱ 2. ㉰ 3. ㉯ 4. ㉮ 5. ㉯ 6. ㉱ 7. ㉱

8. 1냉동톤이란 물 1톤을 24시간 동안 0℃의 얼음으로 냉동시키는 능력으로 정의된다. 물 1 kg의 융해열이 79.68 kcal/kg이라면 1 냉동톤은?

㉮ 79.68 kcal/h ㉯ 1912 kcal/h
㉰ 2400 kcal/h ㉱ 3320 kcal/h

[해설] 7번 해설 참조

9. 냉동기의 용량을 표시하는 단위인 1 냉동톤을 바르게 설명한 것은?

㉮ 1시간에 0℃의 물 1톤을 0℃로 얼게 만들 수 있는 용량의 냉동기
㉯ 1시간에 1톤의 냉각수를 사용하는 냉동기
㉰ 24시간에 1톤의 냉각수를 사용하는 냉동기
㉱ 24시간에 0℃의 물 1톤을 0℃로 얼게 만들 수 있는 용량의 냉동기

[해설] 7번 해설 참조

10. 냉동 능력을 나타내는 단위로 0℃의 물을 24시간 동안에 0℃의 얼음으로 만드는 능력을 무엇이라 하는가?

㉮ 냉동 효과 ㉯ 냉동 마력
㉰ 냉동톤   ㉱ 냉동률

[해설] 7번 해설 참조

11. 카르노(Carnot) 냉동 사이클의 설명 중 틀린 것은?

㉮ 가장 효율이 높다.
㉯ 실제적인 냉동 사이클이다.
㉰ 카르노(Carnot) 열기관 사이클의 역이다.
㉱ 냉동 사이클의 기준이 된다.

[해설] 카르노 냉동 사이클은 열기관의 이상적인 사이클이다.

12. 냉장고가 저온체에서 30 kW의 열을 흡수하여 고온체로 40 kW의 열을 방출한다. 이 냉장고의 성능 계수는 얼마인가?

㉮ 2   ㉯ 3
㉰ 4   ㉱ 5

[해설] $COP = \dfrac{T_2}{T_1 - T_2} = \dfrac{Q_2}{Q_1 - Q_2}$
$= \dfrac{30}{40 - 30}$
$= 3$

13. 그림은 Carnot 냉동 사이클을 나타낸 것이다. 성능 계수를 옳게 표현한 것은?

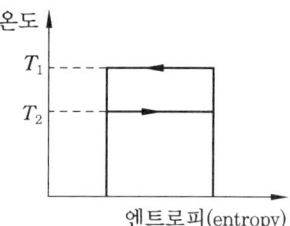

㉮ $\dfrac{T_1 - T_2}{T_1}$ ㉯ $\dfrac{T_1 - T_2}{T_2}$

㉰ $\dfrac{T_2}{T_1 - T_2}$ ㉱ $\dfrac{T_1}{T_1 - T_2}$

[해설] 12번 해설 참조

14. 그림은 카르노 사이클 순환을 나타낸다. 여기서 성적계수(COP)는 어떻게 나타낼 수 있는가?

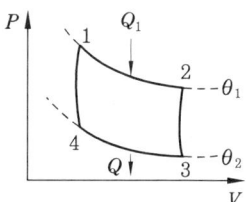

㉮ $\dfrac{Q_1 - Q_2}{Q_1}$ ㉯ $\dfrac{Q_2}{Q_1 - Q_2}$

정답 8. ㉱ 9. ㉱ 10. ㉰ 11. ㉯ 12. ㉯ 13. ㉰ 14. ㉯

㉰ $\dfrac{Q_2}{Q_1}$ ㉯ $\dfrac{Q_1}{Q_2}$

[해설] 12번 해설 참조

15. 카르노(Carnot) 사이클의 냉동기가 저온에서 80 kcal를 흡수하고 고온에서 120 kcal를 방출할 때 성능 계수(COP)는 얼마인가?

㉮ 0 ㉯ 1
㉰ 2 ㉱ 3

[해설] $COP = \dfrac{T_2}{T_1 - T_2} = \dfrac{Q_2}{Q_1 - Q_2}$
$= \dfrac{80}{120 - 80}$
$= 2$

16. 냉장고가 저온에서 400 kcal/h의 열을 흡수하고, 고온체에 560 kcal/h로 열을 방출한다. 이 냉장고의 성능 계수(COP)는?

㉮ 0.5 ㉯ 1.5
㉰ 2.5 ㉱ 20

17. 성능 계수가 4.3인 냉동기가 시간당 30 MJ의 열을 흡수한다. 이 냉동기를 작동하기 위한 동력은 약 몇 kW인가?

㉮ 0.25 ㉯ 1.94
㉰ 6.24 ㉱ 10.4

[해설] $COP = \dfrac{Q_2}{Q_1 - Q_2} = \dfrac{Q_2}{AW}$
$\therefore AW = \dfrac{Q_2}{COP}$
$= \dfrac{30 \times 10^3 \text{kJ}/3600\text{s} \times \dfrac{1\text{kW}}{1\text{kJ/s}}}{4.3}$
$= 1.937 \text{kW}$

18. 냉동 용량 5냉동톤인 냉동기의 성능 계수가 2.4이다. 이 냉동기를 작동하는 데 필요한 동력은 약 몇 kW인가? (단, 1냉동톤은 3.52 kW이다.)

㉮ 3.3 ㉯ 5.7
㉰ 7.3 ㉱ 42.2

[해설] $COP = \dfrac{T_2}{T_1 - T_2} = \dfrac{Q_2}{Q_1 - Q_2}$
$2.4 = \dfrac{5 \times 3.52}{AW}$
$\therefore AW = \dfrac{5 \times 3.52}{2.4}$
$= 7.33 \text{kW}$

19. -5℃와 35℃ 사이에서 작동하는 카르노 사이클 냉동기의 성적 계수는 얼마인가?

㉮ 6.7 ㉯ 1.15
㉰ 0.87 ㉱ 0.13

[해설] $COP = \dfrac{T_2}{T_1 - T_2}$
$= \dfrac{(273 - 5)}{(273 + 35) - (273 - 5)}$
$= 6.7$

20. 냉장고가 저온체에서 300 kcal/h의 비율로 열을 흡수하여 고온체에서 400 kcal/h의 비율로 열을 방출한다. 이 냉장고의 성능 계수는?

㉮ 4.0 ㉯ 3.0
㉰ 2.0 ㉱ 5.0

21. 0℃와 100℃ 사이에서 조작되는 Carnot 냉동기의 성적 계수(CP 또는 COP)는 얼마인가?

㉮ 1.69 ㉯ 2.73
㉰ 3.56 ㉱ 4.20

정답 15. ㉰ 16. ㉰ 17. ㉯ 18. ㉰ 19. ㉮ 20. ㉯ 21. ㉰

22. 냉동 사이클에서 압축기 입구의 냉매 엔탈피가 h_1, 응축기 입구의 냉매 엔탈피가 h_2, 증발기 입구의 엔탈피가 h_3 라고 할 때, 냉동 사이클의 성능 계수는 어떻게 표시되는가?

㉮ $\dfrac{h_1 - h_3}{h_2 - h_1}$ ㉯ $\dfrac{h_2 - h_3}{h_2 - h_1}$

㉰ $\dfrac{h_2 - h_1}{h_2 - h_3}$ ㉱ $\dfrac{h_2 - h_3}{h_1 - h_3}$

[해설] $COP = \dfrac{Q_2}{AW} = \dfrac{h_1 - h_3}{h_2 - h_1}$

23. 암모니아 냉동기의 기화기 입구의 엔탈피가 90 kcal/kg, 출구의 엔탈피가 398.3 kcal/kg 이며 응축기 입구의 엔탈피가 452.3 kcal/kg인 이 냉동기의 성능 계수는 약 얼마인가?

㉮ 4.44 ㉯ 5.71
㉰ 6.90 ㉱ 9.84

[해설] $COP = \dfrac{Q_2}{AW} = \dfrac{h_1 - h_3}{h_2 - h_1}$
$= \dfrac{398.3 - 90}{452.3 - 398.3} = 5.709$

24. 증기 압축 냉동 사이클에서 응축 온도는 동일하고 증발 온도가 각각 아래와 같을 때 어느 경우에 이 사이클의 성능 계수가 가장 큰가?

㉮ -20℃ ㉯ -25℃
㉰ -30℃ ㉱ -40℃

[해설] $COP = \dfrac{T_2}{T_1 - T_2}$ 이므로 증발 온도가 높을수록 COP가 크다.

25. 0℃의 물 1000 kg을 24시간 동안에 0℃의 얼음으로 냉각하는 냉동 능력은 약 몇 kW인가? (단, 얼음의 융해열은 335 kJ/kg이다.)

㉮ 2.15 ㉯ 3.88
㉰ 14 ㉱ 14000

[해설] 냉동 능력(kW)
$= \dfrac{1000 \text{kg} \times 335 \text{kJ/kg}}{24 \text{hr} \times \dfrac{1 \text{J/s}}{\text{kW}} \times 3600 \text{s/hr}}$
$= 3.877 \text{kW}$

26. 실온이 25℃인 방에서 카르노 사이클 냉동기가 작동하고 있다. 냉동 공간은 -30℃로 유지되며, 이 온도를 유지하기 위해 작동 유체가 냉동 공간으로부터 100 kW를 전열(혹은 흡열)하려 할 때 약 몇 kW의 일을 전동기가 해야 하는가?

㉮ 22.6 ㉯ 81.5
㉰ 207 ㉱ 414

[해설] $COP = \dfrac{T_2}{T_1 - T_2} = \dfrac{Q_2}{Q_1 - Q_2} = \dfrac{Q_2}{AW}$
$COP = \dfrac{(273 - 30)}{(273 + 25) - (273 - 30)} = 4.418$
$COP = \dfrac{Q_2}{AW}$
$\therefore AW = \dfrac{Q_2}{COP} = \dfrac{100 \text{kW}}{4.418} = 22.63 \text{ kW}$

27. 그림과 같은 계의 성능 계수(COP)는 어떻게 나타낼 수 있겠는가?

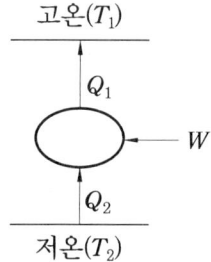

㉮ $\dfrac{W}{Q_2}$ ㉯ $\dfrac{Q_2}{W}$

㉰ $\dfrac{T_1 - T_2}{T_2}$ ㉱ $T_2(T_2 - T_1)$

[해설] $COP = \dfrac{Q_2}{AW}$

28. 성적 계수 4.8인 증기 압축 냉동기의 1냉동톤당 이론 압축기 구동 마력은? (단, 1냉동톤은 3320 kcal/h으로 계산하시오.)

㉮ 1.45 PS   ㉯ 1.04 PS
㉰ 1.16 PS   ㉱ 1.09 PS

[해설] $COP = \dfrac{Q_2}{AW}$

$AW = \dfrac{Q_2}{COP}$

$= \dfrac{3320\,\text{kcal/h} \times 1\text{PSh}/632\text{kcal}}{4.8}$

$= 1.094\,\text{PS}$

29. 냉동(refrigeration) 사이클에 대한 성능 계수(COP)는 다음 중 어느 것을 해준 일(Work Input)로 나누어 준 것인가?

㉮ 저온 측에서 방출된 열량
㉯ 저온 측에서 흡수한 열량
㉰ 고온 측에서 방출된 열량
㉱ 고온 측에서 흡수한 열량

[해설] $COP = \dfrac{T_2}{T_1 - T_2} = \dfrac{Q_2}{AW}$

30. 성능계수가 5.0, 압축일의 열당량이 56 kcal/kg인 냉동기의 1냉동톤당 냉매의 순환량(kg/h)은?

㉮ 5.46   ㉯ 11.86
㉰ 23.72   ㉱ 30.54

[해설] $COP = \dfrac{Q_2}{AW}$

$5 = \dfrac{3320\,\text{kcal/h}}{x\,\text{kg/h} \times 56\text{kcal/kg}}$

$\therefore x = \dfrac{3320}{5 \times 56} = 11.857\,\text{kg/h}$

31. 증기 압축 냉동 사이클에서 증발기 입·출구에서의 냉매의 엔탈피는 각각 29.2, 306.8 kcal/kg이다. 1시간에 1냉동톤당의 냉매 순환량(kg/h·RT)은 얼마인가? (단, 1냉동톤은 3320 kcal/h로 한다.)

㉮ 15.04   ㉯ 11.96   ㉰ 13.85   ㉱ 14.06

[해설] $\dfrac{3320\,\text{kcal/h}}{RT}$

$= x\,\text{kg/h}\cdot\text{RT} \times (306.8 - 29.2)\,\text{kcal/kg}$

$\therefore x = \dfrac{3320}{(306.8 - 29.2)} = 11.959\,\text{kg/h}\cdot\text{RT}$

32. 카르노 사이클로 작용하는 냉동기를 사용하여 냉동실의 온도를 −8℃로 유지시키는 데 5.4×10^6 J/h의 일이 소비되었다. 외기의 온도가 5℃라 할 때, 냉동기에서 냉동톤(RT)은 약 얼마인가? (단, 1RT = 3320 kcal/h이다.)

㉮ 2.4   ㉯ 5.8   ㉰ 7.9   ㉱ 12.4

[해설] $COP = \dfrac{Q_2}{AW}$

$\therefore Q_2 = COP \times AW$

$= \dfrac{(273-8)}{(273+5)-(273-8)} \times 5.4 \times 10^6\,\text{J/h}$

$= 110076923.1\,\text{J/h}$

$\therefore RT = \dfrac{110076.9231\,\text{kJ/h} \times \dfrac{1\text{kcal}}{4.2\text{kJ}}}{\dfrac{3320\,\text{kcal/h}}{RT}}$

$= 7.89\,RT$

33. 가역적으로 움직이는 열 엔진이 260℃에서 252.0 kcal의 열을 흡수하여야 37.8

정답 28. ㉱ 29. ㉰ 30. ㉯ 31. ㉰ 32. ㉰ 33. ㉱

℃로 배출한다. 37.8℃의 열 흡수원에서 흡수한 열량은 몇 kcal인가?

㉮ 0 ㉯ 52.0
㉰ 105.1 ㉱ 146.9

[해설] $COP = \dfrac{T_2}{T_1 - T_2} = \dfrac{Q_2}{Q_1 - Q_2}$

$\dfrac{(273 + 37.8)}{(260 - 37.8)} = \dfrac{Q_2}{252 - Q_2}$

$1.398 = \dfrac{Q_2}{252 - Q_2}$

$1.398 \times 252 - 1.398\,Q_2 = Q_2$

$\therefore Q_2 = \dfrac{1.398 \times 252}{(1 + 1.398)} = 146.9\ \text{kcal}$

34. 중간 냉각기를 사용하여 다단 압축을 하는 이유로서 다음 중 가장 적합한 것은?

㉮ 공기가 너무 뜨거워지면 위험하기 때문이다.
㉯ 압축기의 일을 적게 할 수 있기 때문이다.
㉰ 압축기의 크기가 제한되어 있기 때문이다.
㉱ 1단 압축을 할 경우 위험하기 때문이다.

[해설] 다단 압축을 하는 이유
① 압축일량을 적게 하기 위하여
② 각종 이용 효율을 향상시키기 위하여
③ 토출 가스의 온도 상승을 피하기 위하여

35. 다음 중 냉동 사이클의 운전 특성을 잘 나타내고 사이클의 해석을 하는 데에 가장 많이 사용되는 선도는?

㉮ 온도 – 체적 선도
㉯ 압력 – 엔탈피 선도
㉰ 압력 – 체적 선도
㉱ 압력 – 온도 선도

[해설] 냉동 사이클의 성적 계수를 계산할 때 가장 편리한 선도는 압력 – 엔탈피(P-i) 선도이다.

36. 다음 중 일반적으로 팽창 밸브(expansion valve) 과정은 어디에 속하는가?

㉮ 등온 팽창 과정 ㉯ 정압 팽창 과정
㉰ 등엔트로피 과정 ㉱ 등엔탈피 과정

[해설] 팽창 밸브에서는 엔탈피가 일정하다.

37. 열 펌프(heat pump) 사이클에 대한 성능 계수(COP)는 다음 중 어느 것을 입력일(work input)로 나누어 준 것인가?

㉮ 저온부 압력 ㉯ 고온부 온도
㉰ 고온부 방출열 ㉱ 저온부 부피

[해설] 열 펌프의 $COP = \dfrac{T_1}{T_1 - T_2} = \dfrac{Q_1}{Q_1 - Q_2}$

$= \dfrac{Q_1}{AW} = \dfrac{\text{고온부 방출열}}{\text{입력일}}$

38. 열 펌프의 성능 계수(coefficient of performance)를 나타내는 것으로 맞는 것은? (단, Q_1 : 고열원의 열량, Q_2 : 저열원의 열량, AW : cycle에 공급된 일)

㉮ $\dfrac{Q_2}{AW}$ ㉯ $\dfrac{Q_2}{Q_1 - Q_2}$

㉰ $\dfrac{Q_1}{Q_1 - Q_2}$ ㉱ $\dfrac{Q_1 - Q_2}{Q_1}$

[해설] 37번 해설 참조

39. 다음 중 열 펌프의 성능 계수는?

㉮ 고온체에서 방출한 열량과 기계적인 입력의 비
㉯ 저온체에서 흡수한 열량과 기계적인 입력의 비
㉰ 역냉동 사이클의 효율
㉱ 저온체와 고온체의 절대 온도만의 함수

[해설] 37번 해설 참조

정답 34. ㉯ 35. ㉯ 36. ㉱ 37. ㉰ 38. ㉰ 39. ㉮

 MEMO

Engineer Energy Management

제3편 계측 방법

제1장 계측의 원리
제2장 계측계의 구성 및 제어
제3장 유체 측정
제4장 열 측정

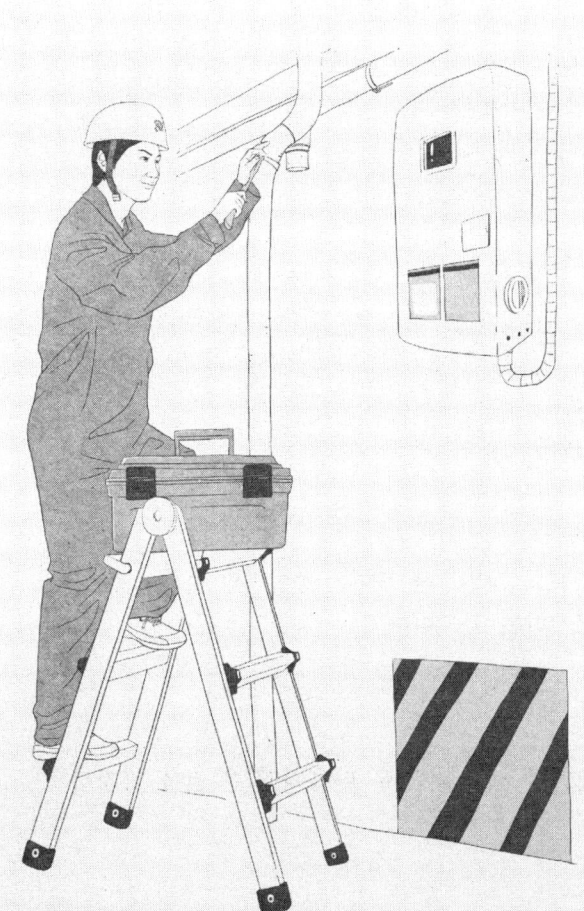

Chapter 1 계측의 원리

1. 단위계와 표준

1-1 단위 및 단위계

(1) 계측과 제어의 목적

열설비를 포함 일반 프로세스(process)에서 여러 가지 공업량을 측정하기 위한 계측과 제어의 목적은 다음과 같다.
① 조업 조건의 안정화
② 안전 위생 관리
③ 작업의 고효율화
④ 작업 인원의 절감
⑤ 제품의 품질 향상

(2) 공업 계측기기의 구비 조건

① 설치 장소의 주위 조건에 대하여 내구성이 있을 것
② 견고하고 신뢰성이 높을 것
③ 보수가 용이할 것
④ 경제적일 것
⑤ 원거리 지시 및 기록이 가능하고 연속적일 것

> **참고 ㅇ 정도(精度)**
> 계측기가 나타낸 값 또는 측정 결과의 정확도와 정밀도를 포함한 종합적인 결과의 좋고 나쁨을 나타내며 신뢰도를 수량적으로 표시하는 척도이다.

(3) 계기의 선택

공업량을 정확히 측정 제어할 목적으로 계기를 선택할 경우 다음과 같은 것을 고려하여 신중히 선택해야 한다.

① 측정 범위
② 정도(정확도)
③ 측정 대상 및 사용 조건
④ 주위의 조건을 적절히 파악
⑤ 사용 목적에 따른 효과가 경제적일 것

(4) 계기의 보전

계기의 보전은 면밀한 보전관리 계획에 의하여 행하여져야 하며 각 기기의 중요도에 따라서 보전관리도 단계를 붙이는 등 보수 코스트와 장치의 생산 효율의 관계를 가장 적합하도록 하여야 한다.

✜ 계측기의 보존 요점
① 정기 점검, 일상 점검
② 검사 및 수리
③ 시험, 교정
④ 예비 부품, 예비 계기의 상비
⑤ 보전 요원의 교육
⑥ 관리 자료의 계기

1-2 단위의 정의

측정의 기준을 정하고 기준이 되는 양을 정의하고 그 양을 정량적으로 나타내기 위한 척도를 말한다.

(1) 단위의 요건

① 정확한 기준이 있을 것
② 사용하기 편리하고 알기 쉬울 것
③ 보편적이고 확고한 기반을 가진 안정된 원기(原器)가 있을 것

(2) 표준기

단위를 구체적으로 정확하게 표시하기 위하여 만들어진 장치로서 표준기의 구비 조건은 다음과 같다.
① 경연 변화가 적을 것
② 안정성이 있을 것
③ 외부의 물리적 조건 등에 대하여 변형이 적을 것
④ 정도가 높고 단위의 현시가 가능할 것

1-3 단위의 종류

단위의 종류에는 질량, 시간, 온도, 광도, 길이, 전류, 넓이, 부피, 속도, 가속도 및 압력, 공률, 열량, 비중, 내화도 등이 있다. 기본 단위(계량 단위)란 기준이 되는 단위를 말하며, 그 종류는 다음과 같다.

(1) 기본 단위(계량 단위, 기본 계량 단위)

없어서는 안 될 기본적인 양의 단위로서 6종이 있으나 이 외에 물질의 단위로서 mol이 추가된다 (특히, 기본 단위는 MKS 단위를 채택하여 표시한다.).

기본 단위

공업량	단위	표준 정의
길이	m	크립톤의 동위 원소인 크립톤 86($_{36}Kr^{86}$)이 방사하는 주황색 광이 진공하에서 갖는 파장의 1650763.73배를 1m(미터, meter)로 한다. $10^3 m = 1km, 10^{-2}m = 1cm, 10^{-3}m = 1mm$
질량	kg	프랑스의 국제 도량형국에 보관되어 있는 국제 킬로그램 원기가 갖는 질량을 1kg (킬로그램, kilogram)으로 한다. 이원기는 1기압, 4℃에서 $10^{-3}m^3$ (1L인 순수한 물의 질량을 1kg이라 하고 이것을 기준으로 하여 만들어졌다.) $10^3 kg = 1t, 10^{-3} kg = 1g$
시간	s	세슘(Cs) 원자의 방사 주기가 9192931770번 진동하는 시간을 1s(초, second)로 한다. 60s=1 min, 36×10^2s= 1h
전류	A	진공 속에서 1m의 간격을 두고 평행하고 무한히 작은 원형 단면을 가진 2개의 무한정인 직선 모양의 도체에 각각 전류를 흐르게 하였을 때 그 도체의 길이가 1m에 대해서 2×10^{-7} N (뉴턴)의 힘이 미치는 일정한 전류의 크기를 1A (암페어, ampere)로 한다.
온도	K	물의 열역학적 평형 온도인 3중점을 기준으로 하여 온도를 정한다. 도(K : Kelvin)는 표준 압력(1.013250 bar)하에서 공기로 포화되어 있는 물과 얼음과의 평형 온도를 273.16 K (100℃)으로 한다.
광도	cd	표준 상태의 압력(101.325 N/m^2)하에서 백금이 융점 1769℃에서 완전 흑체가 표면 $10^{-4} m^3$에서 수직 방향으로 내는 빛의 밝기의 6×10^{-1}배를 1 cd (칸델라, candela)로 정한다.

(2) 유도 단위 (조립 단위)

기본 단위를 기준으로 하여 물리학 법칙과 정의에 의하여 파생 유도되어 나온 단위로서 현재 44종으로 정해져 있다.

유도 단위

물질의 상태량	계량 단위	물질의 상태량	계량 단위
넓이	제곱미터	전기량	쿨롱
부피	세제곱미터	전압	볼트
속도	미터매초	기전력	볼트
가속도	미터매초제곱	전계의 강도	볼트매미터
힘	뉴턴, 킬로그램힘	전기저항	옴
압력	뉴턴매제곱미터	정전용량	패럿
	킬로그램힘매제곱미터,	인덕턴스	헨리
	수은주미터, 수주미터, 기압	자속	웨버
작업	줄, 와트초, 킬로그램미터힘	자속밀도	테슬라, 웨버매제곱미터
공률	와트, 킬로그램힘미터매초	기자력	암페어, 암페어회수
열량	줄, 와트초, 킬로그램힘미터, 칼로리	자계의 강도	암페어매미터, 암페어회수매미터
		무효전력	바
주파수	사이클매초, 사이클, 헤르츠	각도	도, 라디안
전력량	와트초, 줄	각속도	라디안매초
전력	와트	피상전력량	볼트암페어초
각가속도	라디안매초제곱	열전도율	와트매미터매켈빈
입체각	스테라디안	비열	줄매킬로그램켈빈
유량	세제곱미터매초	엔트로피	줄매켈빈
질량	킬로그램매초	방사강도	와트매스테디언
점도	뉴턴매초제곱미터	광속	루멘
동점도	제곱미터매초	휘도	칸델라매제곱미터
밀도	킬로그램매세제곱미터	조도	럭스
농도	질량 백분율, 부피 백분율, 물농도, 킬로그램매초미터, 피에이치	방사능	붕괴매초
		중성자방출률	중성자매초
파수	미터	조사선량	뢴트겐
무효전력량	바초	소음레벨	폰, 데시벨
피상전력	볼트암페어	–	–

(3) 보조 단위(보조 계량 단위)

기본 단위와 유도 단위의 사용상 편의를 위하여 정수배 또는 정수분하여 나눈 단위로서 다음과 같은 것이 있다.

보조 단위

공업량	계측 단위	보조 단위	공업량	계측 단위	보조 단위	공업량	계측 단위	보조 단위
길이	m	μ	속도	m/s	cm/s	각도	도	초, 분
질량	kg	g, t	힘	N	dyn	유량	m^3/s	L/s, L/min, L/h, m^3/min, m^3/h
시간	s	min, h	무게	kgf	gf, tf			
온도	K	℃	압력	N/m^2	g/m^2			
넓이	m^2	a	열량	J	erg	질량	kg/s	g/s, g/min, g/h, t/s, t/min, t/h
부피	m^3	L	전력량	W·s	W·h			

(4) 특수 단위

특수한 계량 용도에 쓰이는 단위로서, 중요한 것은 입도, 굴절도, 습도, 비중, 역률 및 내화도, 방사선 계통의 단위이다.

(5) 단위 간의 환산율

중요한 SI 단위와 현용 단위와의 환산율은 다음과 같다.

양	SI 단위계	중력 단위계
힘	뉴턴	= kgf/9.807 = 0.10197 kgf
압력	바	= $(kgf/cm^2)/0.9807 = 1.0197 kgf/cm^2$
열	줄	= kcal/4.186 = 0.2389 kcal

주 9.807은 중력 가속도의 국제 표준값으로서 $9.8065 m/s^2$를 반올림한 것이다.

참고 ∘ SI 접두어

배수 및 분수	접두어	기호	배수 및 분수	접두어	기호
10^{12}	tera (테라)	T	10^{-2}	centi (센티)	c
10^{9}	giga (기가)	G	10^{-3}	milli (밀리)	m
10^{6}	mega (메가)	M	10^{-6}	micro (마이크로)	μ
10^{3}	kilo (킬로)	k	10^{-9}	nano (나노)	n
10^{2}	hecto (헥토)	h	10^{-12}	pico (피코)	p
10^{1}	deca (데카)	da	10^{-15}	femto (펨토)	f
10^{-1}	deci (데시)	d	10^{-18}	atto (아토)	a

1-4 단위계

단위를 형성하는 하나의 단위군을 뜻하며 또한 단위를 정하는 법을 말한다. 공업 계측 분야의 단위계는 다음과 같다.

(1) 절대 단위계

질량을 물질량의 기준으로 한다. 즉, 질량(M), 길이(L), 시간(T)을 기준으로 하여 이를 MLT 단위계라고도 한다.

① MKS 단위계 : 길이(m), 질량(kg), 시간(s)
② CGS 단위계 : 길이(cm), 질량(g), 시간(s)
③ MTS 단위계 : MKS 단위계 중에서 질량의 단위(t)만으로 표시한 단위
④ MKSA 단위계 : MKS 단위계에 전자기적 형사을 다루기 위한 전류의 단위(A)를 첨가한 것
⑤ SI 단위계 : MKSA 단위계에 온도의 단위로서 켈빈(K), 광도의 단위로서 칸델라(cd), 물질의 단위로서 몰(mol)을 사용한 것

(2) 중력 단위계

무게를 기준으로 한 단위이다. 즉, 중력 힘(F)을 길이(L), 시간(T)을 기준으로 하고 FLT 단위계라고도 한다.

> **참고**
> 공학적으로 gf, kgf로 사용 한다.

(3) 공학 단위계(조합 단위계)

기계 공학 분야에는 중력 단위계를 사용하고 화학 공학 분야에는 절대 단위계와 중력 단위계를 병용해서 사용한다.

1-5 힘의 단위

(1) CGS 단위계

dyn으로 표시하며, 1 dyn은 질량 1g의 물체에 작용하여 $1\,cm/s^2$의 가속도를 생기게 하는 힘을 말한다.

$$1\,dyn = 1\,g \cdot cm/s^2$$

(2) KMS 단위계

뉴턴(Newton), 즉 N으로 표시하며 1 N은 질량 1 kg의 물체에 작용하여 1 m/s^2의 가속도를 생기게 하는 힘을 말한다.

$$1 \text{ N} = 1 \text{ kg} \cdot \text{m/s}^2$$

$$\therefore \ 1 \text{ N} = 10^5 \text{ dyn}$$

(3) 중력 단위계

힘은 질량 1 kg의 물체에 중력 가속도에 해당하는 9.80665 m/s^2의 가속도를 얻게 하는 힘으로써 1 kg·w(킬로그램힘)이라 한다.

$$1 \text{kg} \cdot \text{w} = 1 \text{ kg} \times 9.8 \text{ m/s}^2 = 9.8 \text{ kg} \cdot \text{m/s}^2 = 9.8 \text{ N}$$

$$\therefore \ 중력\ 가속도 = 9.8 \text{ m/s}^2 = 980 \text{ cm/s}^2$$

(4) 공학 단위계

힘은 중량 단위계에 kgf를 사용하므로 뉴턴의 제2법칙인 가속도 법칙에 의하여

$$힘(F) = ma$$

여기서, m : 질량(kg), a : 가속도(m/s^2)

2. 측정의 오차

오차(error) : 측정 조작 중에 생기는 불확실도, 즉 측정값과 참값(진실치)의 차이

$$\text{오차} = \text{측정값} - \text{참값}, \quad \text{오차율 (상대 오차)} \% = \frac{\text{측정값} - \text{참값}}{\text{참값}} \times 100$$

2-1. 오차의 종류

오차는 그 발생 원인을 기준으로 하여 분류하면 다음과 같다.

```
                   ┌ 계기 오차
       ┌ 계통적 오차 ┤ 환경 오차
       │           │ 이론 오차
오차 ──┤           └ 개인 오차
       ├ 우연 오차
       └ 과오에 의한 오차
```

(1) 계통적 오차(고정 오차)

측정값에 어떤 일정한 영향을 주는 원인에 의하여 생기는 오차이다. 즉, 평균값을 구하더라도 참값과는 차이가 있는데, 이 차이를 편위라 하고 편위에 의하여 생기는 오차를 계통적 오차라고 한다. 이 오차는 정확도를 표시한다.

① 특징
  (가) 참값에 대하여 양(+), 음(−)의 한쪽에 치우친다.
  (나) 측정 조건 변화에 따라 규칙적으로 발생한다.
  (다) 원인을 알 수 있고 제거가 가능하다(보정).

참고

편위로서 정확도를 표시한다.

② 종류
  (가) 계기 오차 : 측정기가 불완전하거나 내부적 요인(마찰 경연 변화)의 설치 상황에 따른 영향, 사용상의 제한 등으로 생기는 오차를 말한다.
  (나) 환경 오차 : 온도, 압력, 습도 등 측정 환경의 변화에 의하여 측정기나 측정량이 규칙적으로 변화하기 때문에 생기는 오차를 말한다.
  (다) 개인 오차(판단 오차) : 개인의 습관적인 판단 양식에서 비롯되는 오차를 말한다. (동일 측정을 2인 이상으로 하면 어느 정도 막을 수 있다.)

㈑ 이론 오차(방법 오차) : 사용하는 공식이나 근사, 계산 등으로 생기는 오차를 말한다.

> **참고 ○ 오차를 제거하는 방법**
> ① 외부적인 조건을 공업 표준 조건으로 유지한다(온도 20℃, 기압 760 mmHg, 습도 58 %).
> ② 진동, 충격 등을 제거한다(항온, 항습실을 사용).
> ③ 제작시부터 생긴 기차는 보정한다.

(2) 우연 오차

우연하고도 필연적으로 생기는 오차로서 이 오차는 아무리 노력하여도 피할 수 없고 상대적인 분포 현상을 가진 측정값을 나타낸다. 이러한 분포 현상을 산포라 하고 산포에 의하여 일어나는 오차를 우연 오차라고 말하며 정밀도를 표시한다.

① 특징
  ㈎ 양(+), 음(-)의 오차가 동일한 분포 상태이다(측정 치수가 많으면 양, 음의 우연 오차는 기회가 같아지고 오차는 서로 상쇄되어 그 총합은 0이 된다).
  ㈏ 원인을 찾을 수 없다(온도, 습도, 먼지, 조명, 기압, 진동 등이 원인이 될 수 있다).
  ㈐ 완전한 제거가 불가능하다.
② 발생 원인
  ㈎ 측정기의 산포
  ㈏ 측정자의 산포 및 관측의 오차와 시차
  ㈐ 측정 환경에 의한 산포
  ㈑ 온도, 습도, 진동 등의 조건에 의한 오차
③ 오차를 줄이는 방법 : 우연 오차로서 계측기의 정밀도를 표시하므로, 오차를 줄이기 위하여 측정값의 산술 평균값을 구한다. 또한, 평균값과 측정값의 차를 편차라 하고 이 편차의 크기를 일반적으로 표준 편차로 표시한다.
  ㈎ 평균값 : 측정값을 전부 합하여 측정 횟수로 나눈 값
  ㈏ 표준 편차 : 측정값에서 평균값을 뺀 값(편차)의 제곱의 산술 평균의 제곱근

(3) 과오에 의한 오차

측정자의 부주의로 인하여 발생하는 오차이다.

2-2. 정확도와 정밀도

(1) 정확도

편위가 작은 정도 즉, 참값으로부터 기울어진 정도를 의미하며 편위의 정도로서 정확도를 표시한다.

(2) 정밀도

우연 오차가 작은 정도 즉, 평균값으로부터 측정값의 상대적인 분포 여하를 말한다.

> **참고 ◦ 오차를 제거하는 방법**
> ① 일반적으로 오차가 크면 정확도가 나쁘고, 오차가 작으면 정확도가 좋다.
> ② 우연 오차가 정규 분포를 나타낼 때 그 표준 편차를 정밀도라 하고, 이것을 측정의 정도라고 할 때도 있다. 우연 오차(산포)가 작을수록 정밀도가 좋다.

2-3. 정도와 감도

(1) 정도(精度)

계측기가 나타내는 값, 또는 측정 결과의 정확도가 정밀도를 포함한 종합적인 결과가 양호한 상태를 말한다. 즉, 측정 결과에 대한 신뢰도를 수량적으로 표시한 척도이다.

① 표시 방법
  (가) 일반적으로 무지침식 계기의 오차에 대한 최대 한도로 한다.
  (나) 지침식 계기의 오차율로 한다.

② 정도 표기 : 계량법상 정도 표기란 그 계량기의 기차가 검정 공차보다 작은 경우 계량기의 잘 보이는 부분에 $\frac{1}{2}$ 또는 $\frac{1}{4}$ 로 표시할 때를 말한다.

(2) 감도(感度)

계측기가 측정량의 변화에 민감한 정도를 말하며 측정량의 변화에 대한 지시량 변화의 비로 나타낸다.

① 감도 = 지시량 변화/측정량 변화
  예 전압계 전압 1 V, 전압 변화에 바늘 끝이 15 mm 변화하면 감도는 15 mm/V이다.
② 감도가 좋으면 측정 시간이 길어지고 측정 범위가 좁아진다.
③ 감도의 표시는 지시계의 감도와 눈금 나비(인접한 눈금의 중심 간격), 또는 눈금량으로 표시한다.

예상문제 및 기출문제

1. 다음은 계측과 제어의 목적을 설명한 것이다. 적당하지 않은 것은?

㉮ 조업 조건의 단순화를 위한 것이다.
㉯ 조업 조건의 안정화를 가하기 위한 것이다.
㉰ 조업 조건의 고효율화를 기하기 위한 것이다.
㉱ 조업 조건의 안전 위생 관리를 기하기 위한 것이다.

[해설] 계측과 제어의 목적은 조업 조건의 안정화와 작업 인원의 절감이다.

2. 계측기의 구비조건에 해당되지 않는 것은 어느 것인가?

㉮ 견고성과 신뢰성이 높고 경제적일 것
㉯ 근거리시의 지시 및 기록이 가능하고 구조가 복잡할 것
㉰ 설치 장소와 주위 조건에 대해 내구성이 있을 것
㉱ 정밀도가 높고 취급 및 보수가 용이할 것

[해설] 계측기는 원거리 지시 및 기록이 가능하고 구조가 간단해야 한다.

3. 계측기의 구비 조건 중 관계가 먼 것은 어느 것인가?

㉮ 견고하고 신뢰성이 있을 것
㉯ 보수가 용이하고 취급이 간단할 것
㉰ 기록은 가능한 수동으로 기록될 것
㉱ 유지비가 저렴하고 내구성이 있을 것

[해설] 계측기에서 기록은 가능한 한 자동으로 되어야 한다.

4. 계기의 보존을 위하여 필요한 사항이다. 적당하지 않는 것은?

㉮ 정기 점검 및 일상 점검을 한다.
㉯ 내면적인 성능 검사와 기능 회복을 위한 수리를 한다.
㉰ 계기의 지시를 항상 신뢰할 수 있도록 정기적으로 성능 시험과 교정을 한다.
㉱ 개개의 이력과 변동 사항을 기억하여 교대 근무자에게 구두로 전달 또는 확인시킨다.

[해설] 계기의 이력을 기록해 두어야 한다.

5. 계기를 선택할 경우 고려해야 할 사항 중 거리가 먼 것은?

㉮ 정도(정확도)
㉯ 측정 대상 및 사용 조건
㉰ 취급자의 지식
㉱ 측정 범위 및 주위 조건

[해설] ㉮, ㉯, ㉱ 항 외에 사용 목적에 따른 효과가 경제적일 것

6. 다음 중 SI 단위(국제단위)계의 기본 단위가 아닌 것은?

㉮ 길이(m)   ㉯ 시간(s)
㉰ 부피(L)   ㉱ 온도(K)

[해설] 기본 단위
길이(m), 시간(s), 온도(K), 질량(kg), 전류(A), 광도(cd)

7. 다음 중 SI 기본 단위에 속하지 않는 것은?

㉮ 길이   ㉯ 시간

정답 1. ㉮ 2. ㉯ 3. ㉰ 4. ㉱ 5. ㉰ 6. ㉰ 7. ㉱

㉰ 광도　　　㉱ 열량

[해설] SI 기본 단위
길이, 시간, 광도, 질량, 전류, 온도, 물질량 등

8. SI 기본 단위계에서 열역학적 온도의 단위는 어느 것인가?

㉮ K　　　㉯ ℃
㉰ °F　　　㉱ cd

[해설] SI 기본 단위
온도(K), 광도(cd), 시간(s), 전류(A), 질량(kg), 길이(m), 물질량(mol)

9. 물리학적 법칙에 의하여 기본 단위로부터 만들어지는 것은?

㉮ 절대 단위　　　㉯ 유도 단위
㉰ 특수 단위　　　㉱ 보조 단위

[해설] 유도 단위(조립 단위)는 기본 단위로부터 물리학 법칙과 정의에 의하여 파생 유도되어 나온 단위이다.

10. 다음 중 유도 단위는?

㉮ 시간　　　㉯ 압력
㉰ 길이　　　㉱ 전류

[해설] ① 기본 단위 : 길이(m), 질량(kg), 시간(s), 전류(A), 온도(K), 광도(cd)
② 유도 단위(조립 단위) : 압력, 열량, 넓이, 부피, 속도 등

11. 유도 단위는 어느 단위에서 유도되는가?

㉮ 절대 단위　　　㉯ 중력 단위
㉰ 특수 단위　　　㉱ 기본 단위

[해설] 단위는 기본 단위를 기초로 하여 유도 단위(조립 단위), 보조 단위(보조 계량 단위), 특수 단위 등이 있다.

12. 공업 계측의 가장 기본이 되는 측정은?

㉮ 길이 측정　　　㉯ 부피 측정
㉰ 시간 측정　　　㉱ 전기 측정

[해설] 길이 측정이 공업 계측의 기본이다.

13. 다음 중 고유 오차에 해당되는 것은?

㉮ 기차(器差)
㉯ 히스테리시스차
㉰ 이론 오차
㉱ 개인 오차

[해설] ① 기차 : 측정기의 표시값에서 참값을 끌어낸 값으로 주로 고유 오차이다(instrumental error).
② 히스테리시스차(hysteresis error) : 시차(視差), 또는 반복 오차이다.
③ 이론 오차 : 블록 게이지의 열팽창에 의한 오차
④ 개인 오차(personal error) : 측정자의 습관적인 판단 양식(버릇)에서 비롯되는 오차

14. 다음 중 특수 단위가 아닌 것은?

㉮ 점도, 경도, 입도
㉯ 충격값, 내화도, 굴절도
㉰ 습도, 비중, 역률
㉱ 넓이, 부피, 속도

[해설] ㉱항은 유도 단위이다.

15. 측정기로 측정할 때 여러 번 측정하여 평균한 값이 참값에 가깝다면, 즉 우연 오차가 작다면 이 측정기는 어떠한가?

㉮ 정밀도가 높다.
㉯ 정확도가 높다.
㉰ 감도가 좋다.
㉱ 치우침이 적다

정답 8. ㉮　9. ㉯　10. ㉯　11. ㉱　12. ㉮　13. ㉮　14. ㉱　15. ㉮

[해설] 우연 오차는 정밀도를 표시하며 계통적 (고정) 오차는 정확도를 표시한다.

16. 정밀도(precision degree)에 대한 설명 중 옳은 것은?
㉮ 산포가 작은 측정은 정밀도가 높다.
㉯ 산포가 많은 것은 정밀도가 높다.
㉰ 오차가 작은 측정은 정밀도가 높다.
㉱ 오차가 많은 것은 정밀도가 높다.
[해설] 오차가 작은 것은 정확도가 높고 산포가 작은 것은 정밀도가 높다.

17. 측정기의 우연 오차와 관계되는 것은?
㉮ 감도 ㉯ 부주의
㉰ 조정 ㉱ 산포
[해설] 산포의 의하여 일어나는 오차를 우연 오차라고 하며 정밀도를 표시한다.

18. 다음 중 개인 오차(personal error)에 해당되는 것은?
㉮ 마이크로미터의 라체트 스토퍼의 사용 방법
㉯ 기압에 의한 미소 변화에 대한 오차
㉰ 눈금을 읽을 때의 시선의 방향에 따른 오차
㉱ 다이얼 게이지의 치차와 피치 차이에서 오는 오차
[해설] ㉮ 개인 오차
㉯ 우연 오차
㉰ 시차 (視差, parallax)
㉱ 고유 오차

19. 계량 계측 기기의 정도를 확보 유지하기 위한 제도 중 강제 제도가 아닌 것은?
㉮ 검정 제도 ㉯ 정기 검사
㉰ 비교 검사 ㉱ 수시 검사

[해설] 비교 검사는 강제 제도가 아니다.

20. 오차율에 대한 것 중 맞는 것은?
㉮ (참값 − 측정값)×100
㉯ (측정값 − 참값)×100
㉰ $\left(\dfrac{측정값 - 참값}{참값}\right) \times 100$
㉱ $\left(\dfrac{참값 - 측정값}{참값}\right) \times 100$

[해설] 오차율 $= \left(\dfrac{측정값-참값}{참값}\right) \times 100$
$= \left(\dfrac{오차}{참값}\right) \times 100\%$

21. 계량 계측기의 교정이라 함은?
㉮ 계량 계측기의 지시값과 참값과의 차를 구하여 주는 것
㉯ 계량 계측기의 지시값을 참값과 일치하도록 수정하여 주는 것
㉰ 계량 계측기를 수리하여 지시값과 참값과의 차가 없도록 하여주는 것
㉱ 계량 계측기의 지시값과 표준기의 지시값과의 차를 구하여 주는 것
[해설] 교정이란 계량, 계측기의 지시 값과 표준기의 지시 값과의 차를 구하는 것을 말하며 계기의 지시를 항상 신뢰할 수 있도록 정기적으로 성능시험과 교정을 해야 한다.

22. 국제적인 실용 온도 눈금 중 평형수소의 3중점은 얼마인가?
㉮ 0K ㉯ 13.81K
㉰ 54.36K ㉱ 273.16K
[해설] ① 평형 수소의 3중점 = −259.34℃
= 13.814K
② 물의 3중점 = 0.01℃ = 273.16K

정답 16. ㉮ 17. ㉱ 18. ㉮ 19. ㉰ 20. ㉰ 21. ㉱ 22. ㉯

Chapter 2 계측계의 구성 및 제어

1. 자동 제어의 개요

1-1. 자동 제어의 개념

(1) 자동 제어

제어(control)는 수동 제어와 자동 제어로 크게 나눌 수 있으며, 자동 제어에 의해 얻을 수 있는 이점은 다음과 같다.
① 인건비를 절약할 수 있다.
② 작업 능률을 향상시킬 수 있다.
③ 작업에 의한 위험도를 감소시킬 수 있다.
④ 제품의 품질을 향상시킬 수 있다.
⑤ 경제적인 운영에 의한 원료 및 연료를 절약할 수 있다.

(2) 자동 제어의 일반적인 동작 순서

검출 → 비교 → 판단 → 조작
① 검출 : 제어 대상을 계측기를 사용하여 검출한다.
② 비교 : 목표값으로 이미 정한 물리량과 비교한다.
③ 판단 : 비교하여 결과에 따른 편차가 있으면 판단하여 조절한다.
④ 조작 : 판단된 조작량을 조작기에서 증감한다.

1-2. 자동 제어의 블록 선도 (피드백 제어의 기본 회로)

① 목표값 : 입력이라고도 하며 제어량을 어떠한 크기로 하는가 하는 목표값이 되는 값으로서 이 제어계에 외부로부터 부여된 값을 말한다.
② 설정부 : 주로 정치 제어일 때 사용되는데, 목표값과 주피드백 양이 같은 종류의 양이 아니면 비교할 수가 없다.

③ 기준 입력 : 목표값, 주피드백 양과 같은 종류의 신호로 목표값을 변환하여 제어계의 폐루프에 부여되는 입력 신호이다. 이 목표값으로부터 기준 입력에의 변환은 설정부에 의하여 이루어진다.
④ 비교부 : 기준 입력과 주피드백 양과의 차를 구하는 부분이다. 즉, 제어량의 현재값이 목표값과 얼마만큼 차이가 나는가를 판단하는 기구이다.
⑤ 동작 신호(편차 입력 또는 편차 신호) : 비교부에 의해서 얻어진 기준 입력과 주피드백 양과의 차로서 제어 동작을 일으키는 신호이며, 이것이 바탕이 되어 정정할 수 있는 작용을 만들어내게 된다.
⑥ 제어부(조절부) : 동작 신호를 여러 가지 동작으로 처리해서 조작 신호를 만들어내는 부분이다.
⑦ 조작 신호 : 제어부에서 처리된 뒤 조작부에서 작용시키는 신호를 말한다.
⑧ 조작부 : 실제로 제어 대상에 대하여 작용을 걸어오는 부분으로 조작 신호를 받아 이것을 조작량으로 바꾸는 부분이다.
⑨ 조작량 : 제어량을 지배하기 위해 조작부가 제어 대상에 부여하는 양을 말한다.
⑩ 제어 대상 : 자동 제어 장치를 장착하는 대상이 되는 물체를 말하며, 기계 또는 프로세스의 부분 등이다.
⑪ 제어량 : 출력이라고도 하며, 제어하고자 하는 양으로서 목표값과 같은 종류의 양이다.
⑫ 검출부 : 제어량의 현상을 알기 위해 목표값 또는 기준 입력과 비교할 수 있도록 같은 종류의 양으로 변환하는 부분이다.

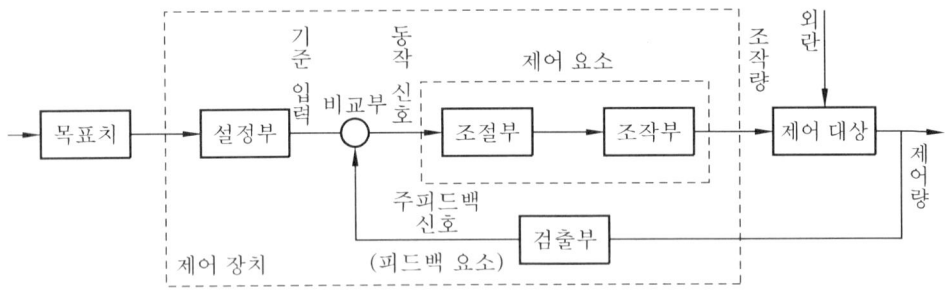

⑬ 주피드백(feedback) 양 : 제어량의 값을 목표값(기준 입력)과 비교하기 위한 피드백 신호이며, 피드백이랑 폐루프를 형성하여 출력 측의 신호를 입력 측에 되돌리는 것을 말한다.
⑭ 외란(disturbance) : 제어계의 상태를 혼란시키는 잡음과 같은 것이다. 즉, 외란이 가해지면 당연히 제어량이 변화해서 목표값과 어긋나게 되고 제어 편차가 생긴다. 그 종류로는 유출량, 탱크 주위의 온도, 가스 공급압, 가스 공급 온도, 목표값 변경이 있다.

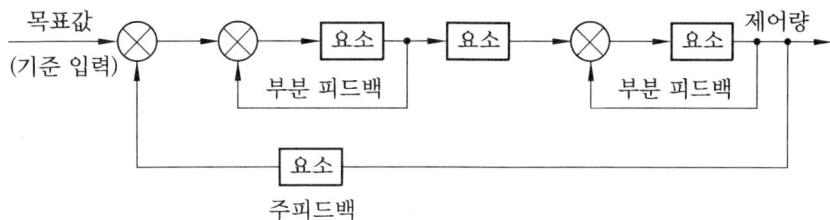

주피드백과 부분 피드백

1-3 자동 제어의 종류 및 특성

(1) 목표값에 따른 분류

① 정치 제어(constant valve control) : 목표값이 일정한 제어를 말한다.
② 추치 제어 : 목표값이 변화되는 자동 제어로서 목표값을 측정하면서 제어량을 목표값에 맞추는 제어 방식이다.
　(개) 추종 제어(follow up control) : 목표값이 시간적(임의적)으로 변화하는 제어로서 이것을 일명 자기 조정 제어라도로 한다.
　(내) 비율 제어(rate control) : 목표값이 다른 양과 일정한 비율 관계에서 변화되는 추치 제어를 말한다(유량 비율 제어, 공기비 제어가 이에 해당된다).
　(대) 프로그램 제어(program control) : 목표값이 이미 정해진 계획에 따라 시간적으로 변화하는 제어를 말한다.
③ 캐스케이드 제어 : 측정 제어라고도 하며 2개의 제어계를 조합하여 제어량을 1차 조절계로 측정하고, 그 조작 출력으로 2차 조절계의 목표값을 설정한다. 캐스케이드 제어는 단일 루프 제어에 비하여 외란의 영향을 줄이고, 계 전체의 지연을 적게 하여 효과를 높이는 데 유효하기 때문에 출력 측에 낭비 시간이나 큰 지연이 있는 프로세스 제어에 잘 이용되고 있다.

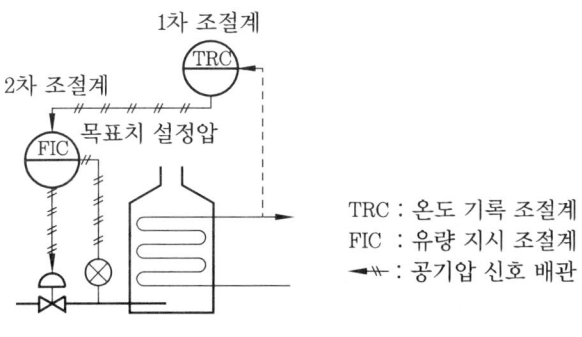

캐스케이드 제어

(2) 제어 동작에 따른 분류 및 특성

① 불연속 동작

(가) 2위치 동작(on-off 동작) : 제어량이 설정값에 어긋나면 조작부를 전폐하여 운전을 정지하거나, 반대로 전개하여 운동을 시동하는 동작을 말한다.

㉮ 편차의 정부(+, -)에 의해 조작 신호가 최대, 최소가 되는 제어 동작이다.

㉯ 반응 속도가 빠른 프로세스에서 시간 지연과 부하 변화가 크고 빈도가 많은 경우에 적합하다.

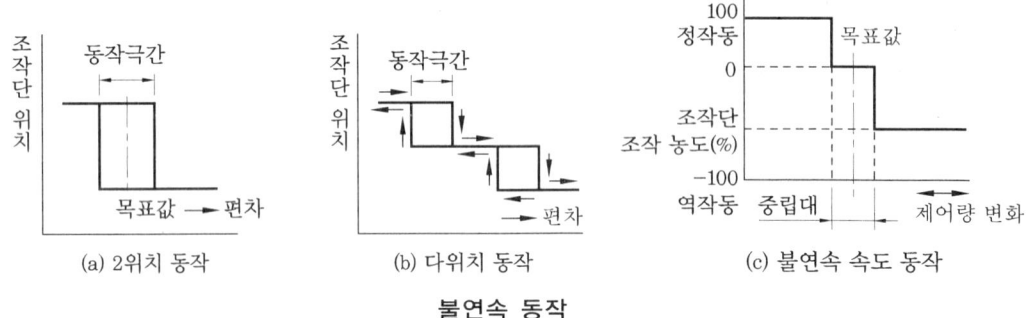

불연속 동작

(나) 다위치 동작 : 제어량이 변화했을 때 제어 장치의 조작 위치가 3위치 이상이 있어 제어량 편차의 크기에 따라 그 중 하나의 위치를 택하는 것이다.

(다) 불연속 속도 동작 (부동 제어) : 제어량 편차의 과소에 의하여 조작단을 일정한 속도로 정작동, 역작동 방향으로 움직이게 하는 동작이다.

> **참고**
>
> ① 정작동 : 제어량이 목표값보다 커짐에 따라서 증가하는 방향으로 움직이는 경우를 정작동이라 한다.
> ② 역작동 : 출력이 감소하는 방향으로 움직이는 것을 역작동이라 한다.

② 연속 동작

연속 동작이란 제어 동작이 연속적으로 일어나는 것으로 그 종류는 다음과 같다.

(가) 비례 동작(P 동작, proportional action) : 제어 편차량이 검출되면 거기에 비례하여 조작량을 가감하는 조절 동작이다 (제어량의 편차에 비례하는 동작).

㉮ 비례 동작 특성식

$$Y = kpe + m_0$$

여기서, Y : 출력, e : 제어 편차
kp : 비례 감도(게인)이며 상수
m_0 : 제어 명령을 하는 동작 신호의 크기
(제어 편차가 없을 때)

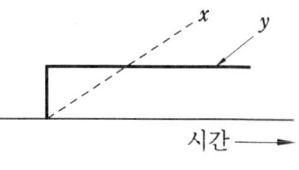

비례 동작(P 동작)

㈐ 특징
　㉠ 부하가 변화하는 등 외란이 있으면 잔류 편차(offset)가 생긴다.
　㉡ 프로세스의 반응 속도가 소(小) 또는 중(中)이다.
　㉢ 부하 변화가 작은 프로세스에 적용된다.

㈏ 적분 동작(I 동작, integral action) : 제어량에 편차가 생겼을 경우 편차의 적분차를 가감해서 조작량의 이동 속도가 비례하는 동작으로 편차의 크기와 지속 시간에 비례하는 동작이다.

㉮ 적분 동작 특성식

$$Y = K_1 \int e\, dt$$

여기서, K_1 : 비례 상수

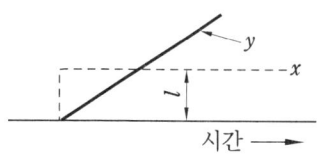

적분 동작(I 동작)

㉯ 특징
　㉠ 잔류 편차가 제거된다.
　㉡ 제어의 안정성이 떨어진다.
　㉢ 일반적으로 진동하는 경향이 있다.

㈐ 미분 동작(D 동작, derivative action) : 출력 편차의 시간 변화에 비례하여 제어 편차가 검출된 경우에 편차가 변화하는 속도에 비례하여 조작량을 증가하도록 작용하는 제어 동작이다.

㉮ 미분 동작 특성식

$$Y = K_D \frac{dy}{dt}$$

여기서, Y : 출력,　　K_D : 비례 상수

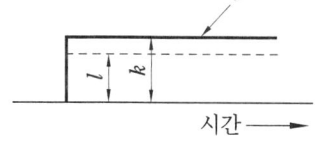

미분 동작(D 동작)

㉯ 미분 동작은 단독으로 쓰이지 않고 언제나 비례 동작과 함께 쓰이며, 일반적으로 진동이 제어되어 빨리 안정된다.

㈑ 중합 동작(multiple action) : PID 동작 중에서 두 가지 이상이 적당히 조합된 동작으로 비례 적분 동작(PI 동작), 비례 미분 동작(PD 동작), 비례 적분 미분 동작(PID 동작) 등이 있다.

㉮ 비례 + 적분 동작(PI 동작) : 비례 동작의 결점을 줄이기 위해 비례 동작과 적분 동작을 합한 조절 동작이다.

　㉠ 비례 + 적분 동작 특성식

$$Y = kp\left(e + \frac{1}{T_1} \int e\, dt\right)$$

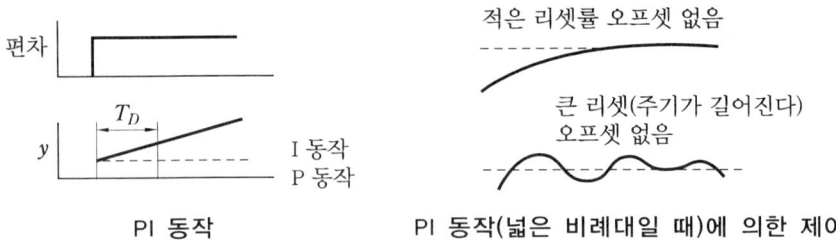

(ㄴ) 특징
- 부하 변화가 커도 잔류 편차(offset)가 남지 않는다.
- 전달 느림이나 쓸모없는 시간이 크면 사이클링의 주기가 커진다.
- 급변할 때는 큰 진동이 생긴다.
- 반응 속도가 빠른 프로세스나 느린 프로세스에 사용된다.

참고

적분 동작이 비례 동작에 곁들여 있는 경우에는 T_1을 리셋 시간, $\dfrac{1}{T_1}$을 리셋률이라고 한다.

㉯ 비례 + 미분 동작 (PD 동작) : 미분 시간이 크면 클수록 미분 동작이 강하며 실제의 기기에서는 다소 변형을 가한 미분 동작으로 비례 동작과 합친 동작이다.

$$Y = kp\left(e + T_D \dfrac{de}{dt} + m_0\right)$$

여기서, T_D : 미분 시간을 나타내는 상수

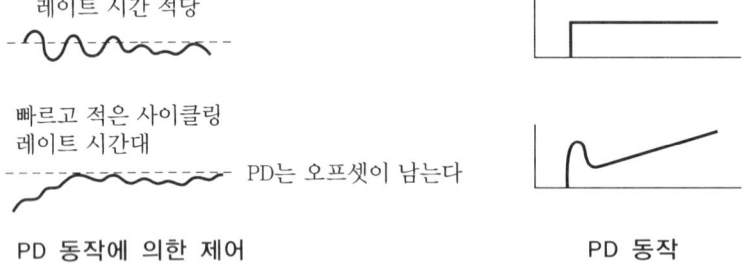

㉰ 비례 + 적분 + 미분 동작 (PID 동작) : 이 동작의 조절기는 다른 동작의 조절기에 비하여 값이 싸고, 조절 효과도 좋으며 조절 속도가 빨라서 널리 이용된다.
　(ㄱ) 비례 + 적분 + 미분 동작 특성식

$$Y = kp\left(e + \dfrac{1}{T_1}\int e\,dt + T_D \dfrac{de}{dt}\right)$$

　(ㄴ) 특징 : 반응 속도가 느리고 빠름에도, 쓸모없는 시간이나 전달 느림이 있는 경우에도 사이클링을 일으키지 않아 넓은 범위의 특성 프로세스에도 적용할 수 있다 (PID 동작은 제어계의 난이도가 큰 경우에 적합하다)

> **참고**

1. 미분 동작의 특징
    ① 단독으로는 사용하지 않는다.
    ② 항상 비례 동작(P 동작)과 함께 사용된다.
    ③ 일반적으로 진동이 제어되어 빨리 안정된다.
2. 적분 동작의 특징
    ① 잔류 편차가 제거된다.
    ② 제어의 안정성이 떨어진다.
    ③ 일반적으로 진동하는 경향이 있다.
3. 비례 동작의 특징
    ① 잔류 편차가 생긴다.
    ② 프로세스의 반응 속도가 소(小) 또는 중(中)이다.
    ③ 부하 변화가 작은 프로세스에 적용된다.

1-4. 제어 기기의 일반

(1) 신호 전송 방법(신호 전달 방식)

① 공기식 : 출력 신호에 공기압을 이용해서 신호를 보내는 것

장 점	단 점
• 공기압 신호는 0.2~1.0 kgf/cm^{2}의 압력을 사용한다. • 전송 거리는 100~150 m 정도이다. • 위험성이 있는 곳에 사용된다. • 배관 작업이 용이하다. • 조작부의 동특성이 양호하다. • 공기압의 범위가 통일되어 있어 취급이 간단하다. • 온도 제어에 적합하다.	• 신호 전송에 시간 지연이 있다. • 희망 특성을 살리기 어렵다. • 계장 공사의 변경이 용이하지 못하다. • 배관을 필요로 한다. • 조작에 지연이 생긴다. • 제습·제진의 공기가 필요하다.

② 유압식 : 출력 신호에 유압을 이용해서 신호를 보내는 것

장 점	단 점
• 전송 거리는 최고 300 m이다. • 조작 속도가 빠르고 장치가 견고하다. • 조작력이 크고 전송에 지연이 적다. • 희망 특성의 것을 만들기가 용이하다. • 조작부의 동특성이 좁다.	• 기름의 누설로 더러워지거나 위험성이 있다. • 배관이 까다롭다. • 주위 온도의 영향을 받는다. • 수기압의 유압원을 필요로 한다. • 기름의 유동 저항을 고려해야 한다.

③ 전기식 : 출력 신호에 전기적인 힘을 이용해서 신호를 보내는 것

장 점	단 점
• 4~20 mA, 10~50 mA의 DC 전류를 많이 사용한다. • 전송에 시간 지연이 없다. • 전송 거리는 10 km까지 가능하고, 무선 통신을 할 수 있다. • 조작력이 크게 요구될 때 사용된다. • 복잡한 신호에 용이하다. • 배선 설비가 용이하다. • on-off가 극히 간단하다. • 특수한 동작원이 필요 없다.	• 방폭이 요구되는 경우에는 방폭시설을 해야 한다. • 고온, 다습한 곳은 곤란하다. • 조절 밸브 모터의 동작에 관성이 크다. • 보수 및 취급에 기술을 요한다. • 조작 속도가 빠른 비례 조작부를 만들기가 곤란하다.

(2) 조절기

제어량과 목표값의 차에 해당하는 편차 신호에 적당한 연산을 하여 제어량이 목표값에 신속하고 정확하게 일치하도록 조작부에 신호를 가하는 계기를 말한다. 입력 신호의 전송 방법에 따라 공기식, 유압식, 전기식으로 분류하며, 공기식과 전기식이 널리 사용되고 있다.

(3) 수위 제어 방식

보일러 드럼 내부의 수위를 일정하게 유지하도록 하는 제어 장치로서 급수량을 조절하는 방법은 다음과 같다.
- 1요소식 : 수위만 검출
- 2요소식 : 수위와 증기 유량 검출
- 3요소식 : 수위, 증기 유량, 급수 유량 검출

① 1요소식(단요소식) : 가장 간단한 수위 제어 방식이지만 수위 시정수가 작은 중용량 이상의 수관식 보일러인 경우에는 부하 변동 때 생기는 잔류 편차(offset)가 크게 되어 부하의 전 범위에서 허용 수위가 변동 범위 내에서 수위를 유지할 수 없는 결점을 가지고 있다.

② 2요소식 : 수위 외에 증기 유량도 검출하여 부하 변동이 없더라도 급수 조절 밸브의 개도를 변화시켜 잔류 편차를 경감하도록 한 것이 2요소식이다 (급수 유량을 검출하지 않아 증기 유량과 급수 유량을 정확히 일치시킬 수가 없으므로 그 오차에 의하여 수위가 변동하는 특징이 있다).

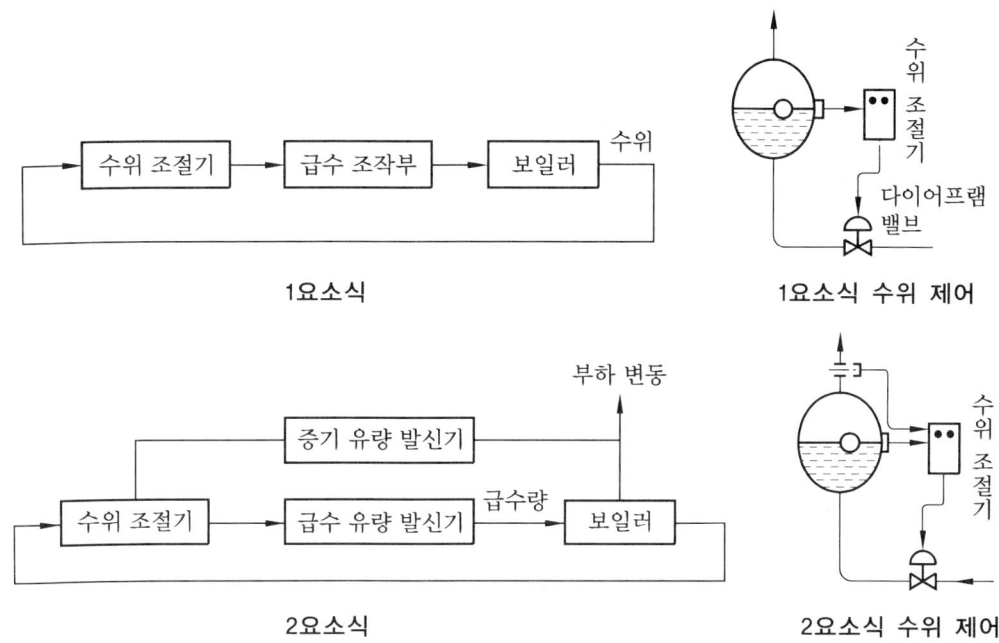

③ 3요소식 : 수위와 증기 유량 외에 다시 급수 유량을 검출하며 급수 유량이 일치하도록 급수 조절 밸브의 개도를 조절할 수 있도록 한 것이 3요소식이다 (가장 완전한 방식이나 구성이 복잡하며 보전 관리에 고도의 기술을 요하고, 부하 변동이 민감하여 보일러의 수위 변동에 많은 영향을 주게 되는 고압, 고온, 대용량 보일러 이외에는 별로 사용하지 않는다).

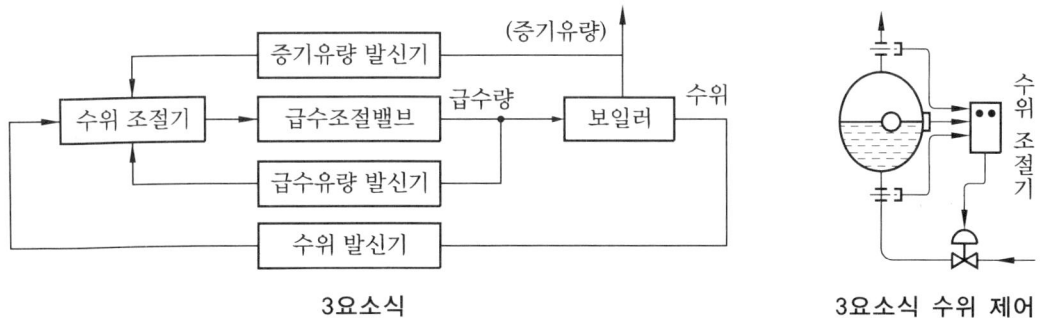

(4) 수위 검출 기구

① U자관식 압력계 방법
② 차압식 압력계 방법
③ 전극식
④ 플로트식 : 맥도널식, 맘모스식, 웨어로버트식, 자석식
⑤ 열팽창식 : 금속 팽창식(코프스식), 액체 팽창식(베일리식)

2. 보일러 자동 제어

2-1 보일러 자동 제어의 목적

① 압력과 온도가 일정한 증기를 얻기 위하여
② 경제적으로 증기를 얻기 위하여
③ 효율이 양호한 상태로 보일러를 운전하여 연료비를 절약하기 위하여
④ 자동화에 따른 취급자의 절감으로 인건비를 절약하기 위하여
⑤ 보일러 운전을 안전하게 하기 위하여

2-2 자동 제어의 용어 해설

(1) 피드백 제어

① 피드백 제어의 원리 : 폐회로를 형성하여 제어량의 크기와 목표값의 비교를 피드백 신호에 의해 행하는 자동 제어이다.
   (가) 자동 제어에 있어서는 피드백 제어(폐회로, feedback control)가 기본이다.
   (나) 출력 측의 신호를 입력 측으로 되돌리는 것을 말한다.
   (다) 피드백에 의하여 제어량의 값을 목표값과 비교하여 그것들을 일치시키도록 정정 동작을 행하는 제어이다.

② 보일러 자동 제어(ABC : automatic boiler control)

종류와 약칭	제어 대상	조작량	비 고
증기 온도 제어 (STC)	증기 온도	전열량	[steam temperature control] 감온기를 사용하여 직접 주수 또는 간접 냉각에 의하여 과열기 출구의 증가 온도를 제어한다.
급수 제어 (FWC)	보일러 수위	급수량	[feed water control] 제어 방식에는 1요소식, 2요소식, 3요소식 제어가 있다.
연소 제어 (ACC)	증기 압력 노내 압력	공기량 연료량 연소 가스량	[automatic combustion control] • 제어 방식에는 위치식과 측정식이 있다. • 증기 압력을 제어하는 주조절계는 연료, 연소용 공기량을 조작한다.

(2) 시퀀스 제어

미리 정해진 순서에 따라서 제어의 각 단계가 순차적으로 진행되는 제어를 말하며, 전기세탁기, 자동판매기, 승강기, 신호등, 전기밥솥 등의 제어가 이에 속하며 순차제어라고도 한다.

(3) 인터록(interlock)

제어 결과에 따라 현재 진행 중인 제어 동작을 다음 단계로 옮겨가지 못하도록 차단하는 장치를 뜻하며, 자동 제어에서도 꼭 필요한 안전 장치이다. 이는 위험성을 배제하기 위하여 전(前) 동작이 행해지지 않으면 다음 동작으로 행하지 못하도록 하는 장치로, 그 종류는 다음과 같다.

① 저수위 인터록 : 수위가 소정의 수위 이하인 때에는 전자 밸브를 닫아서 연소를 저지한다.

② 압력 초과 인터록 : 증기 압력이 소정의 압력을 초과할 때에는 전자 밸브를 닫아서 연소를 저지한다.

③ 불착화 인터록 : 버너에서 연료를 분사한 후, 소정의 시간이 경과하여도 착화를 볼 수 없을 때와 연소 중 어떠한 원인으로 화염이 소멸한 때에는 전자 밸브를 닫아서 버너에서의 연료 분사가 중단된다.

④ 저연소 인터록 : 유량 조절 밸브가 저연소 상태로 되지 않으면 전자 밸브를 열지 않아 점화를 저지한다.

⑤ 프리퍼지 인터록 : 대형 보일러인 경우에 송풍기가 작동되지 않으면 전자 밸브가 열리지 않고 점화를 저지한다.

예상문제 및 기출문제

1. 자동 제어계의 동작 순서로 맞는 것은?

㉮ 비교 – 판단 – 조작 – 검출
㉯ 조작 – 비교 – 검출 – 판단
㉰ 검출 – 비교 – 판단 – 조작
㉱ 판단 – 비교 – 검출 – 조작

[해설] ① 검출 : 제어 대상을 계측기를 이용하여 검출한다.
② 비교 : 목표치를 물리량과 비교한다.
③ 판단 : 비교 결과 편차가 있으면 판단하여 조절한다.
④ 조작 : 판단된 조작량을 조작기에서 증감한다.

2. 출력 측의 신호를 입력 측에 되돌려 비교하는 제어 방법은?

㉮ 인터록 (interlock)
㉯ 시퀀스 (sequence)
㉰ 피드백 (feedback)
㉱ 리셋 (reset)

[해설] 피드백 제어 : 폐회로를 형성하여 출력 측의 신호를 입력 측에 되돌려 정정 동작을 행하는 제어이다(자동 제어에서 가장 기본이 되는 제어).

3. 폐(閉)루프를 형성하여 출력 측의 신호를 입력 측에 되돌리는 제어를 의미하는 것은 어느 것인가?

㉮ 시퀀스   ㉯ 뱅뱅
㉰ 피드백   ㉱ 리셋

[해설] feedback 제어를 의미한다.
[참고] 시퀀스 제어는 순차 제어를 의미하며 뱅뱅 제어는 2위치(on-off) 동작을 의미한다.

4. 제어 장치 중 기본 입력과 검출부 출력의 차를 조작부에 신호로 전하는 부분은?

㉮ 조절부   ㉯ 검출부
㉰ 비교부   ㉱ 제어부

[해설] 기준 입력과 검출부 출력과의 차로 주어지는 동작 신호에 따라 조작부에 신호를 보내는 부분은 조절부이다.

5. 자동 제어계에서 제어량을 지배하기 위해 제어 대상에 가하는 양은 무엇인가?

㉮ 조작량   ㉯ 제어량
㉰ 제어 편차   ㉱ 제어 동작 신호

[해설] ① 조작량 : 제어 대상에 가하는 양
② 제어량 : 제어하고자 하는 양으로 목표치와 같은 종류의 양

6. 다음 중 피드백 자동 제어에서 동작 신호를 받아 규정된 동작을 하기 위해 조작 신호를 만드는 부분은?

㉮ 비교부   ㉯ 조절부
㉰ 검출부   ㉱ 조작부

[해설] 조절부란 동작을 하는 데 필요한 신호를 만들어 조작부에 전달하는 부분을 말한다.
[참고] 조작부란 조작 신호를 받아 이것을 조작량으로 바꾸는 부분이다.

7. 보일러에서 가장 기본이 되는 제어는?

㉮ 수치 제어   ㉯ 시퀀스 제어
㉰ 피드백 제어   ㉱ 자동 조절

[해설] 자동 보일러의 기본 제어는 피드백(feedback)제어이며 자동 연소 제어는 시퀀스(순차) 제어와 인터록으로 된다.

정답 1. ㉰ 2. ㉰ 3. ㉰ 4. ㉮ 5. ㉮ 6. ㉯ 7. ㉰

8. 다음 [그림]은 피드백 제어계의 구성을 나타낸 것이다. ( ) 안에 가장 적절한 것은?

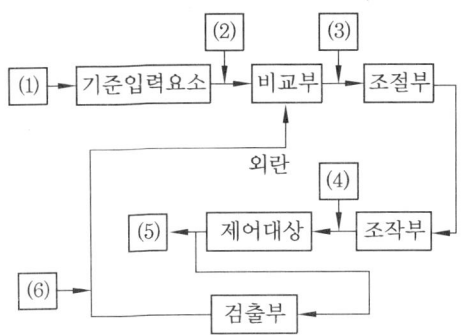

㉮ (1) 조작량 (2) 동작 신호 (3) 목표치 (4) 기준 입력 신호 (5) 제어 편차 (6) 제어량
㉯ (1) 목표치 (2) 기준 입력 신호 (3) 동작 신호 (4) 조작량 (5) 제어량 (6) 주피드백 신호
㉰ (1) 동작 신호 (2) 오프셋 (3) 조작량 (4) 목표치 (5) 제어량 (6) 설정 신호
㉱ (1) 목표치 (2) 설정 신호 (3) 동작 신호 (4) 오프셋 (5) 제어량 (6) 주피드백 신호

9. 자동 제어 장치의 검출부에 대하여 옳게 설명한 것은?

㉮ 압력, 온도, 유량 등의 제어량을 측정하여 그 값을 전기 등의 신호로 변환시켜 비교부로 전송하는 부분
㉯ 제어량의 값을 기준 입력과 비교하기 위한 신호 부분
㉰ 기준 입력과 피드백된 양을 비교하여 얻은 편차량의 신호 부분
㉱ 제어 대상에 대하여 실제로 작용을 걸어오는 부분

[해설] 검출부 : 제어량을 검출하여 비교부로 신호를 준다.

10. 편차의 정(+), 부(-)에 의해서 조작신호가 최대, 최소가 되는 제어동작은?

㉮ 다위치 동작 ㉯ 적분 동작
㉰ 비례 동작 ㉱ 온-오프 동작

[해설] 2위치(on-off) 동작은 편차의 양과 음(+, -)에 의해 조작 신호가 최대, 최소가 되는 대표적인 불연속 제어 동작이다.

11. 송풍량을 200 Nm³/h로 정하고 일정하게 공급하려고 할 때 가장 적당한 제어 방식은 어느 것인가?

㉮ 비율 제어
㉯ 프로그램(program) 제어
㉰ 추종(追從) 제어
㉱ 정치(定値) 제어

[해설] 목표값이 일정한 정치 제어가 가장 적당하다.

12. 다음 중 적분(I) 동작이 가장 많이 사용되는 제어는?

㉮ 증기 압력 ㉯ 유량 압력
㉰ 유량 제어 ㉱ 레벨 제어

[해설] 유량 제어에는 적분(I) 동작이 가장 많이 사용된다.

13. 조절계의 동작에는 연속, 불연속 동작을 이용한다. 다음 중 불연속 동작을 이용하는 것은?

㉮ on/off 동작 ㉯ 비례 동작
㉰ 적분 동작 ㉱ 미분 동작

[해설] 불연속 동작에는 on-off (2위치)동작, 다위치 동작, 불연속 속도 동작이 있다.

14. 탱크의 액위를 제어하는 방법으로 주로 이용되며 뱅뱅 제어라고도 하는 것은?

정답 8. ㉯ 9. ㉮ 10. ㉱ 11. ㉱ 12. ㉰ 13. ㉮ 14. ㉱

㉮ PD 동작   ㉯ PI 동작
㉰ P 동작   ㉱ 온·오프 동작

[해설] 불연속동작인 2위치(on-off) 동작을 뱅뱅 제어라고도 한다.

15. 목표치가 변하는 추치 제어 중 이미 정해진 계획에 따라 시간적으로 변화하는 제어는 무엇인가?

㉮ 추종 제어   ㉯ 비율 제어
㉰ 프로그램 제어 ㉱ 프로세스 제어

[해설] 목표치가 변하는 추치 제어
① 추종 제어 : 목표치가 임의의 시간적으로 변하는 제어
② 비율 제어 : 목표치가 다른 양과 일정한 비율 관계를 가지며 변하는 제어
③ 프로그램 제어 : 목표치가 이미 정해진 계획에 따라 시간적으로 변화하는 제어

16. 보일러 자동 제어에서 1차 제어 장치가 제어 명령을 하고 2차 제어 장치가 1차 명령을 바탕으로 제어량을 조절하는 측정 제어는?

㉮ 프로그램 제어   ㉯ 정치제어
㉰ 캐스케이드 제어 ㉱ 비율 제어

[해설] 캐스케이드 제어 : 측정 제어라고도 하며 2개의 제어계를 조합하여 제어량을 1차 조절계로 측정하고 그 조작 출력으로 2차 조절계의 목표값을 설정한다.

17. 다음 중 연속 동작에 해당되지 않는 제어는 어느 것인가?

㉮ 2위치(on-off) 동작
㉯ 비례(P) 동작
㉰ 적분(I) 동작
㉱ 미분(D) 동작

[해설] 2위치 동작, 다위치 동작, 불연속 속도 동작은 불연속 동작에 해당된다.

18. 설정값에 대한 제어편차가 정(+), 부(-)의 값을 가짐에 따라 미리 정해진 일정한 조작량이 제어 대상에 가해지는 불연속 제어 동작의 대표적인 것은?

㉮ 온오프 동작   ㉯ 미분 동작
㉰ 적분 동작   ㉱ 다위치 동작

[해설] 대표적인 불연속 동작은 온오프(2위치) 동작이다.

19. 보일러 자동 연소 제어에 적합한 제어는 무엇인가?

㉮ 추종 제어   ㉯ 프로그램 제어
㉰ 비율 제어   ㉱ 정치 제어

[해설] 보일러 자동 연소 제어에서는 연료량과 공기량이 일정한 비율 관계를 가지면서 제어가 된다.

20. 조절기의 제어 동작 중 비례 적분 동작을 나타내는 기호는?

㉮ P   ㉯ PI   ㉰ PID   ㉱ PD

[해설] 비례(P) 동작, 적분(I) 동작, 미분(D) 동작, 비례 분(PI) 동작, 비례 미분(PD) 동작, 비례 적분 미분(PID) 동작

21. 자동 제어에서 미분 동작을 가장 옳게 설명한 것은?

㉮ 조절계의 출력 변화가 편차에 비례하는 동작
㉯ 조절계의 출력 변화의 속도가 편차에 비례하는 동작
㉰ 조절계의 출력 변화가 편차의 변화 속도에 비례하는 동작
㉱ 조작량이 어떤 동작 신호 값을 경계로 완전히 전개 또는 전폐되는 동작

[해설] ① 비례(P) 동작 : 출력 변화가 제어량의 편차에 비례하는 동작

정답 15. ㉰ 16. ㉰ 17. ㉮ 18. ㉮ 19. ㉰ 20. ㉯ 21. ㉰

② 적분(I) 동작 : 출력 변화가 편차의 크기와 지속 시간에 비례하는 동작
③ 미분(D) 동작 : 출력 변화가 편차의 변화 속도에 비례하는 동작

22. 다음 중 적분 동작(I 동작)을 가장 바르게 설명한 것은?

㉮ 출력 변화의 속도가 편차에 비례하는 동작
㉯ 출력 변화가 편차의 제곱근에 비례하는 동작
㉰ 출력 변화가 편차의 제곱근에 반비례하는 동작
㉱ 조작량이 동작 신호의 값을 경계로 완전 개폐되는 동작

[해설] ㉮ 항이 적분(I) 동작에 대한 설명이다.

23. 제어량에 편차가 생겼을 경우 편차의 적분치를 가감해서 조작량의 이동 속도가 비례하는 동작으로서 잔류 편차가 제거되나 제어의 안정성은 떨어지는 특징을 가진 동작은 어느 것인가?

㉮ 비례 동작   ㉯ 적분 동작
㉰ 미분 동작   ㉱ 비례 적분 동작

[해설] 비례(P) 동작에서는 잔류 편차(offset)가 발생되며 적분(I) 동작에서는 잔류 편차가 제거되나 제어의 안정성이 떨어지며 진동을 일으키는 경향이 있다.

24. 다음 중 정상 편차(offset) 현상이 발생하는 제어 동작은?

㉮ 온-오프(on-off)의 2위치 동작
㉯ 비례 동작 (P 동작)
㉰ 비례 적분 동작 (PI 동작)
㉱ 비례 적분 미분 동작 (PID 동작)

[해설] 비례(P) 동작에서는 offset이 발생되고 적분(I) 동작에서는 offset을 제거해 준다.

25. 제어계의 난이도가 큰 경우 가장 적합한 제어 동작은?

㉮ 헌팅 동작   ㉯ PID 동작
㉰ PD 동작   ㉱ ID 동작

[해설] PID 동작은 I 동작으로 잔류 편차를 없애고 D 동작에 의해 안정화를 주므로 난이도가 큰 경우에 적합하다.

26. 다음 중 그림과 같은 조작량 변화는?

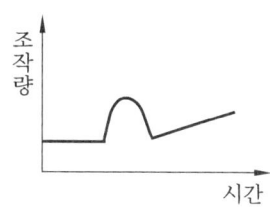

㉮ PI 동작   ㉯ 2위치 동작
㉰ PID 동작   ㉱ PD 동작

[해설]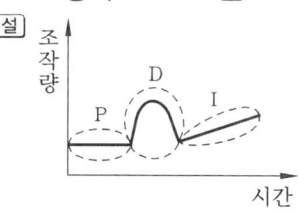

27. 다음 [보기]의 특징을 가지는 제어 동작은 어느 것인가?

┌─ 보기 ─
- 부하 변화가 커도 잔류 편차가 남지 않는다.
- 전달 느림이나 쓸모없는 시간이 크면 사이클링의 주기가 커진다.
- 급변할 때는 큰 진동이 생긴다.
- 반응 속도가 빠른 프로세스나 느린 프로세스에 사용된다.

㉮ PID 동작   ㉯ on-off 동작
㉰ PI 동작   ㉱ P 동작

[해설] PI (비례 적분) 동작의 특징이다.

[정답] 22. ㉮ 23. ㉰ 24. ㉯ 25. ㉯ 26. ㉰ 27. ㉰

28. 편차의 변화 속도에 비례하여 제어 동작을 하는 것은?

㉮ 비례 동작   ㉯ 2위치 동작
㉰ 적분 동작   ㉱ 미분 동작

[해설] ① 비례(P) 동작 : 제어량의 편차에 비례하여 제어 동작을 한다.
② 적분(I) 동작 : 편차의 크기와 지속 시간에 비례하여 제어 동작을 한다.

29. 다음 그림과 같은 조작량의 변화는 어느 동작을 나타내는가?

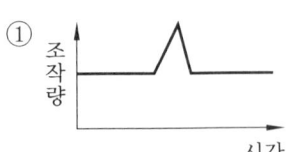

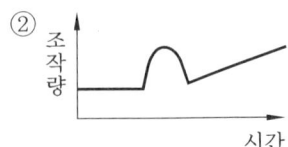

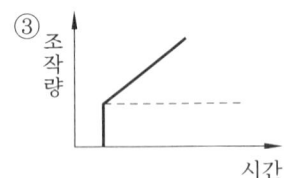

㉮ ① PI 동작, ② PID 동작, ③ PD 동작
㉯ ① PID 동작, ② PI 동작, ③ PD 동작
㉰ ① PD 동작, ② PID 동작, ③ PI 동작
㉱ ① PD 동작, ② PI 동작, ③ PID 동작

[해설] 조작량이 일정한 부분은 P 동작을, 직선적으로 증가하는 것은 I 동작을, 갑자기 증가하였다가 감소되는 것은 D 동작을 나타낸다.

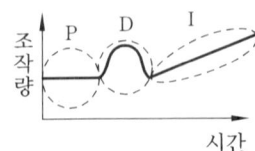

30. 다음은 PID 동작의 특성식이다. 여기서 리셋률이란?

$$Y = kp\left(e + \frac{1}{T_1}\int e\,dt + TD\frac{de}{dt}\right)$$

㉮ kp ㉯ TD ㉰ e ㉱ $\frac{1}{T_1}$

[해설] ① Y = 조작량, ② kp = 비례 감도(gain)
③ TD = 미분 시간, ④ e = 편차
⑤ $\frac{1}{T_1}$ = 리셋률, ⑥ T_1 = 리셋 시간

31. 자동 제어에서 다음 [그림]과 같은 조작량 변화를 나타내는 동작은?

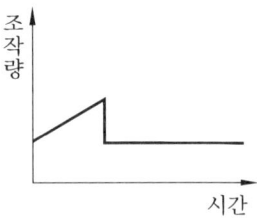

㉮ PD 동작   ㉯ D 동작
㉰ P 동작   ㉱ PID 동작

[해설] 조작량이 갑자기 증가하였다가 감소되는 것은 D 동작을 나타내며, 조작량이 일정한 것은 P 동작을 나타낸다.

[참고]

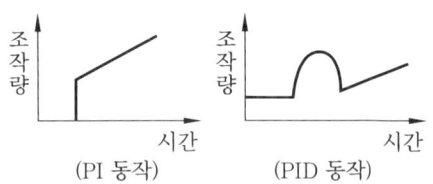

32. 다음 제어 방식 중 잔류 편차(off set)를 제거하고 응답 시간이 가장 빠르며 진동이 제거되는 제어 방식은?

㉮ P   ㉯ PI
㉰ I   ㉱ PID

정답 28. ㉱ 29. ㉰ 30. ㉱ 31. ㉮ 32. ㉱

[해설] 비례 적분 미분(PID) 동작은 적분(I) 동작으로 잔류 편차를 제거하고 미분(D) 동작으로 진동이 제거되는 가장 이상적인 중합 동작이다.

33. 석유 화학, 화약 공장과 같은 화기의 위험성이 있는 곳에 사용되어 신뢰성이 높은 입력 신호 전송 방식은?

㉮ 공기압식
㉯ 유압식
㉰ 전기식
㉱ 유압식과 전기식의 결합 방식

[해설] 공기압식
위험성이 있는 곳에 사용되며 신뢰성이 높은 신호 방식이다.

34. 신호 전달 방식에서 전송 거리가 먼 것부터 바르게 나열된 것은?

㉮ 공기식-유압식-전기식
㉯ 전기식-유압식-공기식
㉰ 유압식-전기식-공기식
㉱ 전기식-공기식-유압식

[해설] ① 공기식 : 전송 거리 100~150 m 정도
② 유압식 : 전송 거리 300 m 정도
③ 전기식 : 전송 거리 10 km 정도

35. 보일러 급수 자동 제어 방식 중 2요소식이란 다음 중 어떤 양을 검출하여 급수량을 조절하는 것인가?

㉮ 급수와 수위   ㉯ 급수와 압력
㉰ 수위와 온도   ㉱ 수위와 증기량

[해설] 수위 제어 방식
① 1요소식(단요소식) : 수위만을 검출하여 제어
② 2요소식 : 수위, 증기 유량을 동시에 검출하여 제어
③ 3요소식 : 수위, 증기 유량, 급수 유량을 검출하여 제어

36. 단요소식 수위 제어에 대한 설명으로 옳은 것은?

㉮ 보일러의 수위만을 검출하여 급수량을 조절하는 방식이다.
㉯ 발전용 고압 대용량 보일러의 수위 제어에 사용되는 방식이다.
㉰ 수위 조절기의 제어 동작은 PID 동작이다.
㉱ 부하 변동에 의한 수위 변화 폭이 대단히 적다.

[해설] 단요소식(1요소식)
수위만을 검출하여 급수량을 조절하는 방식이며 부하 변화가 적은 중·소형 보일러에서 사용된다.

37. 보일러 자동 제어 신호 전달 방식 중 공기압 신호 전송의 특징에 대한 설명으로 틀린 것은?

㉮ 배관이 용이하고 보존이 비교적 쉽다.
㉯ 내열성이 우수하나 압축성이므로 신호 전달에 지연이 된다.
㉰ 신호 전달 거리가 100 ~ 150 m 정도이다.
㉱ 온도 제어 등에 부적합하고 위험성이 크다.

[해설] 공기식은 온도 제어에 적합하며 위험성이 있는 곳에 사용된다.

38. 다음 그림은 몇 요소 수위 제어를 나타낸 것인가?

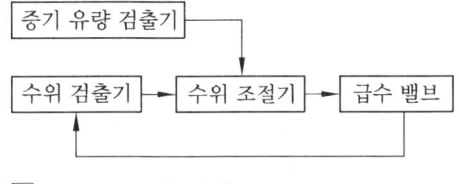

㉮ 1요소 수위 제어

정답 33. ㉮ 34. ㉯ 35. ㉱ 36. ㉮ 37. ㉱ 38. ㉯

㈏ 2요소 수위 제어
㈐ 3요소 수위 제어
㈑ 4요소 수위 제어
[해설] 수위와 증기 유량을 검출하여 급수 조절 밸브의 개도를 변화시켜 잔류 편차를 경감하도록 한 2요소식이다.

39. 다음 중 공기식 조절기의 가장 큰 단점은 무엇인가?

㈎ 정도(精度) ㈏ 전송 지연
㈐ 안전도 ㈑ 압력
[해설] 공기식 조절기 : 전송 거리가 가장 짧고 전송 지연이 가장 크다.

40. 수위(水位)의 역응답(逆應答)에 대한 설명 중 틀린 것은?

㈎ 증기 유량이 증가하고 수위가 약간 상승하는 현상
㈏ 증기 유량이 감소하고 수위가 약간 하강하는 현상
㈐ 보일러 물속에 점유하고 있는 기포의 체적 변화에 의해 발생하는 현상
㈑ 프라이밍(priming)이나 포밍(forming)에 의해 발생하는 현상
[해설] 보일러수 중에 기체의 체적은 발열량에 거의 비례하므로 보일러 부하(負荷)에 따라 기체의 체적도 변하니까 보일러 수위가 거의 역방향으로 변하는 현상을 보일러 수위의 역응답이라고 하며 포밍, 프라이밍 현상과는 관계가 없다.

41. 보일러 자동 제어의 종류가 아닌 것은?

㈎ 온도 제어 ㈏ 급수 제어
㈐ 연소 제어 ㈑ 위치 제어
[해설] 보일러 자동 제어(ABC : automatic boiler control)
① 증기 온도 제어(STC : steam temperature control)
② 급수 제어(FWC : feed water control)
③ 연소 제어(ACC : automatic combustion control)

42. 다음 중 자동 연소 제어의 조작량에 해당되지 않는 것은?

㈎ 연소 가스량 ㈏ 공기 공급량
㈐ 연료 공급량 ㈑ 급수량
[해설] 자동 연소 제어의 조작량은 공기량, 연료량, 연소 가스량이다.

43. 보일러 증기 압력의 자동 제어는 어느 것을 제어하여 작동하는가?

㈎ 연료량과 증기 압력
㈏ 연료량과 보일러 수위
㈐ 연료량과 공기량
㈑ 증기 압력과 보일러 수위
[해설] 증기 압력은 연료량과 공기량을 제어하고 증기 온도는 전열량을 제어한다.

44. 보일러 자동 제어에서 제어량과 조작량을 표시하였다. 잘못된 것은?

㈎ 노내압 – 연소 가스량
㈏ 보일러 수위 – 급수량
㈐ 증기 온도 – 수위량
㈑ 증기 압력 – 연료량, 공기량
[해설] 증기 온도는 전열량으로 조작해야 한다.

45. 자동 제어에서 각 단계가 순차적으로 진행되는 제어는 무엇인가?

㈎ 피드백 제어 ㈏ 프로세스 제어
㈐ 시퀀스 제어 ㈑ 적분 제어
[해설] 시퀀스 제어(순차 제어) : 각 단계가 순차적으로 진행되는 제어이다.

정답 39. ㈏ 40. ㈑ 41. ㈑ 42. ㈑ 43. ㈐ 44. ㈐ 45. ㈐

46. 제어 장치에서 인터록(interlock)이란 무엇인가?
   - ㉮ 정해진 순서에 따라 차례로 진행하는 것
   - ㉯ 구비 조건에 맞지 않을 때 작동을 정지시키는 것
   - ㉰ 증기 압력의 연료량, 공기량을 조절하는 것
   - ㉱ 제어량과 목표값을 비교하여 동작시키는 것

   [해설] 인터록이란 어느 조건이 구비되지 않으면 현재 진행 중인 제어 동작의 그 다음 동작을 정지시키는 장치이다.

47. 보일러 자동제어에서 인터록(interlock)의 종류가 아닌 것은?
   - ㉮ 저온도 인터록
   - ㉯ 불착화 인터록
   - ㉰ 저수위 인터록
   - ㉱ 압력 초과 인터록

   [해설] 인터록의 종류에는 ㉯, ㉰, ㉱항 외에 저연소 인터록, 프리퍼지 인터록이 있다.

48. 자동 제어 용어에 관한 설명 중 틀린 것은 어느 것인가?
   - ㉮ 피드백(feedback) : 결과를 원인 쪽으로 되돌려 입력과 출력과의 편차를 수정
   - ㉯ 시퀀스(sequence) : 정해진 순서에 따라 제어 단계 진행
   - ㉰ 인터록(interlock) : 앞쪽의 조건이 충족되지 않으면 다음 단계의 동작을 정지
   - ㉱ 블록(block) 선도 : 온도, 압력, 수위에 관한 선도

   [해설] 블록(block) 선도란 제어 신호의 전달 경로를 블록과 화살표가 붙은 선으로 표시한 것이다.

49. 프로세스 제어의 난이 정도를 표시하는 값인 dead time (L)과 시정수 (T)와의 비 (L/T)를 옳게 설명한 것은?
   - ㉮ 클수록 제어하기 쉽다.
   - ㉯ 작을수록 제어하기 쉽다.
   - ㉰ 작거나 크거나 제어에는 관계없다.
   - ㉱ L/T의 값이 항상 1이어야 한다.

   [해설] L/T이 커지면 응답 속도가 느려지므로 편차의 수정 동작이 느려진다. 따라서 L/T이 작을수록 제어하기 쉽다.

50. 다음은 증기 압력 제어의 병렬제어방식의 구성을 나타낸 것이다. ( ) 안에 알맞은 용어는?

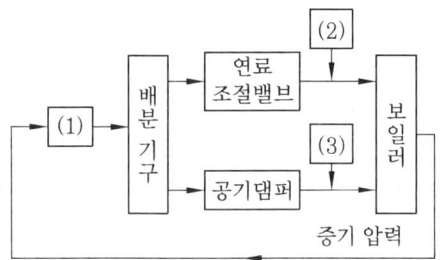

   - ㉮ (1) 동작 신호 (2) 목표치 (3) 제어량
   - ㉯ (1) 제어량 (2) 설정 신호 (3) 공기량
   - ㉰ (1) 압력 조절기 (2) 연료 공급량 (3) 공기량
   - ㉱ (1) 압력 조절기 (2) 공기량 (3) 연료 공급량

51. 데드 타임(dead time) L과 시정수 T와의 비 L/T는 제어의 난이도와 어떤 관계가 있는가?
   - ㉮ 무관하게 일정하다.
   - ㉯ 클수록 제어가 용이하다.
   - ㉰ 조작 정도에 따라 다르다.
   - ㉱ 작을수록 제어가 용이하다.

정답 46. ㉯ 47. ㉮ 48. ㉱ 49. ㉯ 50. ㉰ 51. ㉱

[해설] L/T이 커지면 응답 속도가 느려지므로 편차의 수정 동작이 느려진다. 따라서, L/T이 작을수록 제어가 용이하다.

52. 제어 시스템에서 응답이 계단 변화가 도입된 후에 얻게 될 최종적인 값을 얼마나 초과하게 되는지를 나타내는 척도는?

㉮ 오프셋
㉯ 응답 시간
㉰ 오버슈트
㉱ 쇠퇴비

[해설] 오버슈트(over shoot : 최대 편차량) 제어량이 목표값을 초과하여 최초로 나타나는 최댓값이며 이 양은 자동 제어계의 안정성의 척도가 되는 양이다.

53. 스텝(step)과 응답이 아래 그림처럼 표시되는 요소를 무엇이라고 하는가?

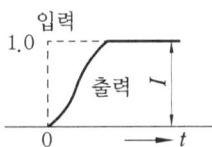

㉮ 낭비 시간 요소
㉯ 일차 지연 요소
㉰ 적분 요소
㉱ 2차 지연 요소

[해설] 입력이 0.63까지일 때를 1차 지연 요소라 하며 입력이 1일 때까지를 2차 지연 요소라 한다.

[참고] 1차 지연 요소

54. 제어계가 불안정해서 제어량이 주기적으로 변화하는 좋지 못한 상태를 무엇이라 하는가?

㉮ 오버슈트   ㉯ 헌팅
㉰ 외란   ㉱ 스텝 응답

[해설] 헌팅(난조)에 관한 내용이다.

[참고] 오버슈트(최대 편차량) : 제어량이 목표값을 초과하여 최초로 나타내는 최댓값이다.

55. 제어 시스템에서 제어 결과가 [그림]과 같은 동작은?

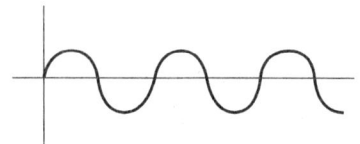

㉮ on-off 동작   ㉯ 비례 동작
㉰ 적분 동작   ㉱ 미분 동작

[해설] ①

on-off 동작

②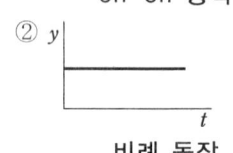
비례 동작

③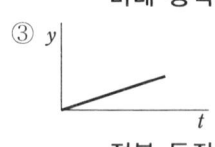
적분 동작

④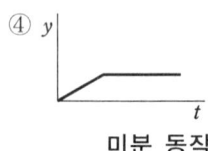
미분 동작

Chapter 3 유체 측정

1. 압력

1-1. 압력 측정 방법

(1) 알고 있는 힘과 측정하려는 압력을 일치시켜 압력을 측정하는 법
  ① 액주를 이용하는 법 : 액주식 압력계, 링 밸런스식(환상 천평식) 압력계
  ② 피스톤 저면에 작용하는 압력을 사용하는 법 : 분동식 압력계
  ③ 침종을 이용하는 법 : 침종식 압력계

(2) 압력의 강약에 의한 물체의 탄성 변위량을 이용하는 법 : 부르동관 압력계, 벨로스 압력계, 다이어프램 압력계

(3) 물리적 현상을 이용하는 법 : 전기 저항식 압력계, 기체 압력계, 압전기식 압력계

1-2. 압력계의 종류 및 특징

(1) 액주식 압력계

액주로서 수주, 수은주 등을 사용하여 용기 저면에 미치는 압력을 밀도와 액주의 높이를 가지고 산정하여 구하고 이것과 맞추어 압력을 측정하는 방법으로 계기에 따라 차압을 측정할 수 있다.

① 액주의 구비 조건
  ㈎ 항상 액면은 수평으로 만들 것
  ㈏ 온도 변화에 의한 밀도의 변화가 적을 것
  ㈐ 액주의 높이를 정확히 읽을 수 있을 것
  ㈑ 점도, 팽창 계수가 적을 것
  ㈒ 모세관 현상이 적을 것
  ㈓ 화학적으로 안정되고 휘발성, 흡수성이 적을 것

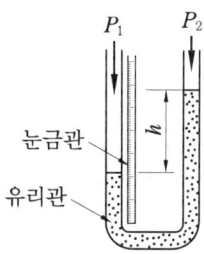

U자관 압력계

② 종류

㈎ U자관 압력계 : 유리관을 U자형으로 굽혀 수은, 물 및 기름 등을 넣고 한쪽 끝에 측정 압력을 도입하여 압력을 측정한다. 차압을 측정할 때에는 양단에 각기의 압력을 가하여 압력차는 양액면의 높이 차를 읽음으로써 측정할 수 있다.
  - 정도 : ±0.05 mmH$_2$O
  - 용도 : 통풍계로 사용한다.
  - 특징 : 절대 압력을 측정할 수 있다.

> **참고**
>
> U자관의 크기는 취급의 용이성, 읽기의 용이성 등의 점에서 특수 용도를 제외하고는 통상 2 m 정도의 것이 한도이다.
>
> $P_1 > P_2$이면 $P_1 - P_2 = \gamma H$
>
> ∴ $P_1 = P_2 + \gamma H$
>
> 여기서, γ : 액체의 비중

㈏ 단관식 압력계 : 이 압력계는 U자관의 변형으로 상형 압력계라고도 한다.
  - 측정 범위 : 10~200 mmH$_2$O
  - 용도 : 차압계로 사용한다.
  - 정도 : ±0.1 mmH$_2$O

㈐ 경사관식 압력계 : 단관식 압력계와 비슷하나 수직관은 각도 θ만큼 경사를 두어 눈금을 $\dfrac{1}{\sin\theta}$만큼 크게 하여 압력을 읽을 수 있도록 한 것이다.

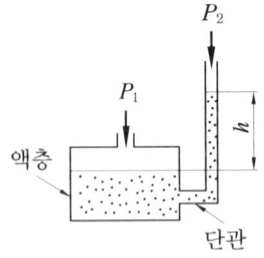
단관식 압력계

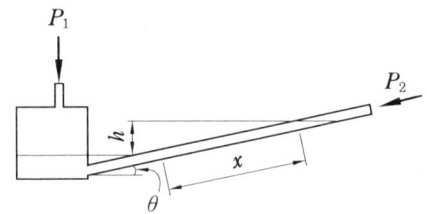
경사관 압력계

$P_1 = P_2 + \gamma h$ 에서 $h = (x \sin\theta)$

∴ $P_1 = P_2 + rx\sin\theta$

여기서, γ : 액체의 비중, x : 눈금 읽는 값, θ : 각도

- 측정 범위 : 10~50 mmH$_2$O
- 정도 : 0.05 mmH$_2$O
- 특징
  - 통풍계로도 사용한다.
  - 압력계 가운데 정도가 가장 좋다.
  - 미세압 측정에 가장 적합하다.

㈑ 링 밸런스식(환상 천평식) 압력계 : 원상의 관상부에 두 개의 구멍을 뚫고 대기압과 측정 압력의 도입공으로 한다. 그림과 같이 내부에 물, 기름, 수은 등의 봉입액을 약 반 정도 주입하고 링의 중심은 피벗으로 지지해서 하부에 중량이 걸리도록 한다. 도입관에 의해 양면에 압력이 가해지면 가한 압력만큼 링이 회전할 때 회전각에 의해 압력을 나타내는 방식이다.
- 측정 범위 : 25~3000 mmAq
- 정도 : ±1~2 %
- 용도 : 저압 가스의 압력 측정 및 드래프트 게이지(통풍계)로 사용
- 특징
  - 원격 전송을 할 수 있다.
  - 회전력이 커서 기록이 쉽다.
  - 평형추의 증감이나 취부 장치의 이동에 의하여 측정 범위를 변경할 수 있다.

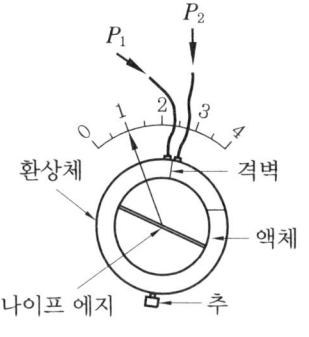

링 밸런스식 압력계

참고

1. 링 밸런스식 압력계의 설치 시 주의할 점
   ① 진동, 충격 등이 없는 장소에 수평, 수직으로 설치할 것
   ② 온도 변화가 적고 부식성 가스나 습기가 적은 장소에 설치할 것
   ③ 지시 값은 눈의 높이로 설치하되 계기가 잘 보이고 보수, 점검이 용이한 장소에 설치할 것
   ④ 도압관은 굵고 짧게 하며 될 수 있는 대로 압력원에 가깝도록 설치할 것
2. 링 밸런스식 압력계의 사용상 주의 사항
   ① 봉입 물질이 액체이므로 액의 압력 측정에는 사용할 수 없으며 기체 측정에 사용한다.
   ② 봉입액은 규정량이어야 한다.
   ③ 지시도 시험 시 측정 횟수는 적어도 2회 이상 하는 것이 좋다.
   ④ 사용 전 작동 시험을 2~3회 실시한 후 확실한 작동을 계획한 뒤 사용한다.

(2) 물체의 탄성 변위량을 이용한 방법(탄성체 압력계)

물체에 힘을 가하면 변형이 생긴다. 즉, 훅의 법칙에 의해 작용하는 힘과 변형은 비례하므로 이 원리를 이용하여 압력을 받는 부분에 탄성체를 사용하여 압력을 측정한다.

① 부르동관 압력계 : 단면이 원통 또는 타원형인 관을 C자형, 나선형(헬리컬형), 와권형(스파이럴) 등으로 구부려 앞의 자유단은 밀폐시키고 고정판 끝부분으로 압력을 작용시키면 관의 단면이 원형에 가까워지며 자유단이 이동한다. 이때, 변위는 거의 압력에 비례하므로 링과 기어 등으로 압력을 나타낸다.

 (개) 측정 범위 : 1.0~2000 kg/cm^2

 (내) 정확도 : ±1~3 %

 (대) 특징
- 탄성체 압력계로서 보일러에 가장 많이 사용한다.
- 가장 높은 압력을 측정하지만 정확도는 가장 나쁘다.

참고

① 압력계로 가는 증기관 : 황동관, 동관은 6.5 mm 이상, 강관은 12.7 mm 이상(증기 온도가 210℃를 넘으면 황동관 및 동관을 사용할 수 없다.)

② 사이펀관(siphone-tube) : 압력계 내의 부르동관을 보호하기 위하여 설치한다 (사이펀관의 안지름은 6.5 mm 이상이어야 한다).

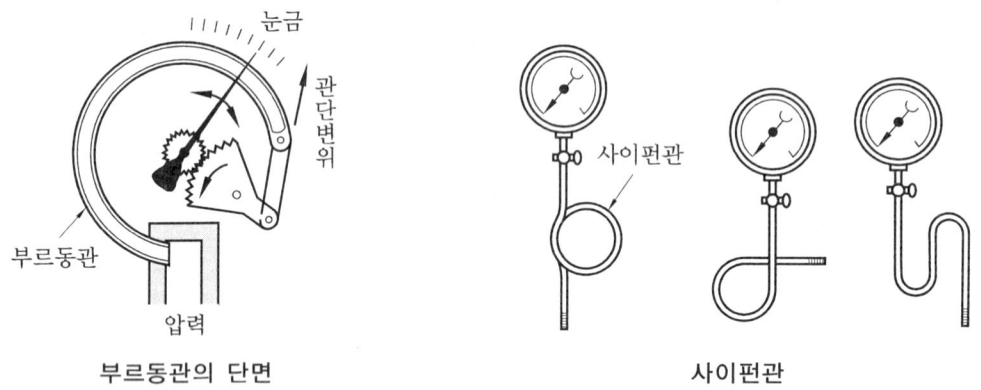

부르동관의 단면   사이펀관

② 벨로스식 압력계 : 얇은 금속판으로 만들어진 원통에 옆으로 주름이 생기게 만든 것을 주름통 또는 벨로스라 하며, 이 벨로스의 탄성을 이용하여 압력을 측정할 수 있는 것을 말한다. 벨로스 자체도 탄성이 있지만 압력이 가해지면 히스테리시스(hysteresis) 현상에 의하여 원위치로 돌아가기 어렵기 때문에 스프링을 조합하여 사용한다.

 (개) 측정 압력 : 0.001~10 kg/cm^2 정도

 (내) 정도 : ±1~2 %

 (대) 용도 : 진공압 및 차압에 사용한다.

㈑ 재질 : 인청동, 스테인리스

참고 ○ 측정 시 주의할 점

① 주위 온도의 오차에 대하여 충분한 주의를 할 것
② 액화하기 쉬운 기체의 압력을 측정할 경우 도입관을 보온하여 기화점 이상으로 유지할 것

③ 다이어프램 압력계(박막식 압력계) : 얇은 금속 격막의 다이어프램을 사용하여 그 변위량에 의해 압력을 측정한다.
  ㈎ 정도 : 1~2 %
  ㈏ 재질
   • 저압용 : 고무, 종이
   • 고압용 : 양은, 인청동, 스테인리스, 박판
  ㈐ 특징
   • 대기압 차가 작은 미소 압력을 측정할 때 사용한다.
   • 측정 범위 : 20~5000 mmH$_2$O (공업용), 20kg/cm^2 (금속식 다이어프램계)
   • 연소로의 드래프트 게이지로 사용한다.
   • 감도가 좋고 정확성이 높다.

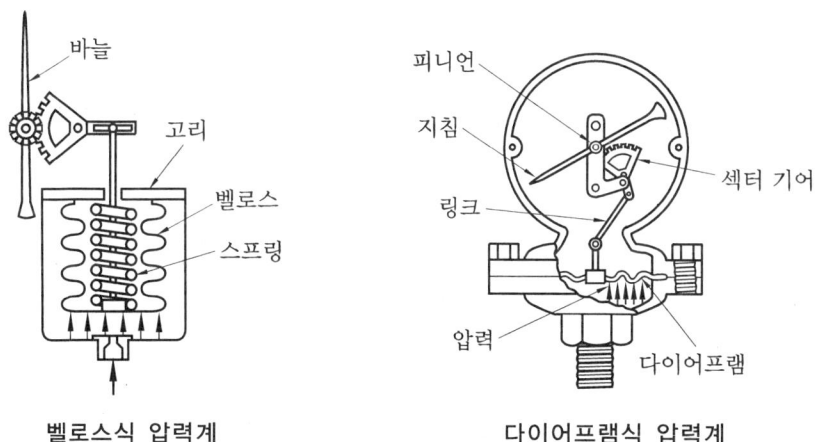

벨로스식 압력계 　　　　　다이어프램식 압력계

참고 ○ 드래프트 게이지(통풍력 측정 압력계)의 종류

U자관 압력계, 링 밸런스식 압력계(환상 천평식), 경사관식 압력계

(3) 피스톤형 압력계

① 기준 분동식 압력계(정하중 시험기) : 액체를 사용하는 압력계로 액체의 압력을 분동에 의하여 균형시키는 압력계를 표준 압력계라 하며 분동을 사용하면 분동식 압

력계, 피스톤의 작용에 의하여 압력을 측정하는 것을 피스톤식 압력계라 한다.
(가) 특징
- 측정 정도가 높아 탄성체 압력계의 교정용으로 사용한다.
- 측정 압력이 대단히 높다 (5000 kg/cm^2).
- 사용 압력이 높으면 기름 압력이 높아지므로 점도가 큰 기름이 사용된다.

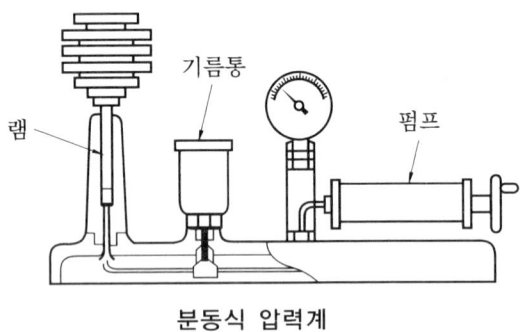

분동식 압력계

참고 ◦ 분동식 압력계에 사용되는 액체의 종류

① 경유($40 \sim 100 \text{ kg/cm}^2$)
② 스핀들유, 피마자유($100 \sim 1000 \text{ kg/cm}^2$)
③ 모빌유(3000 kg/cm^2 이상)

(4) 침종식 압력계

종 모양과 같이 생긴 플롯을 액체 속에 담근 것으로 압력이 낮은 기체의 압력 측정에 적당하며 단종식과 복종식이 있다. 즉, 아르키메데스의 원리를 이용한 것으로 사용액은 수은, 물, 기름 등이고 정밀도는 $1 \sim 2 \%$이다.

① 측정 범위 : 복종식은 $5 \sim 30 \text{ mmH}_2\text{O}$이고, 단종식일 경우는 $100 \text{ mmH}_2\text{O}$이다.
② 특징 : 진동 충격의 영향이 적고 미소 차압의 측정이 가능하며 저압 가스의 유량을 측정하는 데 많이 쓰인다.

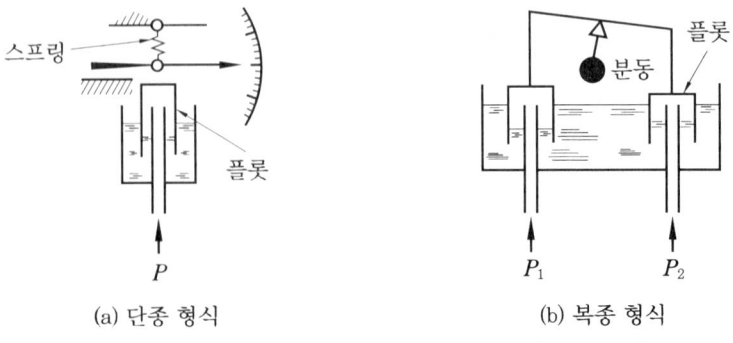

(a) 단종 형식   (b) 복종 형식

침종식 압력계

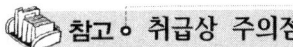
참고 ◦ 취급상 주의점
① 봉입액은 자주 세정, 교환하여 청정하도록 유지한다.
② 계기 설치는 똑바로, 수평으로 한다.
③ 봉입액은 양은 규정량이어야 한다(변화 시 0점 이동의 원인이 된다).
④ 과대 압력과 과대 차압을 피해야 한다.
⑤ 압력 취출구에서 압력계까지의 배관은 짧게 하는 것이 좋다 (침종식은 미소 압력 측정이므로 배관이 길면 측정값의 지연이 생겨서 좋지 않다).

(5) 전기식 압력계
이것은 비틀림 게이지, 자기 비틀림 변환, 압전 변환 등 압력을 전기량으로의 변환을 이용한 압력계이다.
① 특징
　(가) 정도가 높다.
　(나) 자동 계측이나 제어가 용이하다.
　(다) 확대, 지시하기 쉽고 기록 장치와의 조합이 용이하다.
　(라) 측정 시에 시간의 지연이 적다.
　(마) 장치가 비교적 소형이므로 가볍다.
② 종류 : 전기 저항선 압력계, 자기 비틀림 압력계, 압전 압력계

참고 ◦ 압력계의 성능 시험
시험할 때의 시험 조건은 내열 시험을 제외하고는 상온에서 시험하는 것을 원칙으로 하고 영점 조절 장치가 있는 압력계의 시험은 영점을 조절한 후에 시험을 행한다. 그리고 압력계의 시도 시험은 기준 분동식 표준 압력계를 사용하는 데 진동을 주어서는 안 된다. 압력계는 다음의 각 시험에 합격하여야 한다.
① 시도 시험 : 최대 압력으로 30분간 지속할 때 기차는 $\pm\frac{1}{2}$ 눈금 이하가 되어야 하고 왕복의 차는 $\frac{1}{2}$ 눈금 이하로 한다.
② 정압 시험 : 최대 압력으로 72시간 지속할 때 크리프 현상은 $\frac{1}{2}$ 눈금 이하가 되어야 한다.
③ 내충격 시험 : 보통형, 내열형은 30 cm에서 낙하하고 내진형은 50 cm에서 낙하하여도 이상이 없어야 한다.
④ 내열 시험 : 100℃에서 최대 압력은 $\frac{2}{3}$의 압력으로 30분간 방치한 후 이 온도에서 $0 \sim \frac{2}{3}$ 압력에서 시도 시험을 한다.

2. 유량

2-1. 유량 측정 방법

① 용적을 측정하는 방법
② 순간치 유량을 측정하는 방법
③ 유속을 측정하는 방법
④ 적산 유량을 측정하는 방법

2-2. 유량계의 종류 및 특징

(1) 차압식 유량계 (조리개 기구식)

흐르는 관로 도중에 교축 기구 (조리개)를 넣어서 앞과 뒤에 차압을 발생시켜 이것을 차압 지시계나 차압 발진기로 차압을 측정하는 베르누이 정리를 이용하여 유량을 측정한다.

차압식 유량계의 종류로는 오리피스 유량계, 플로 노즐 유량계, 벤투리 유량계가 있다.

① 오리피스 유량계

넓은 관에 각형 또는 예리한 변을 갖는 구멍(orifice)을 뚫은 것으로 관에 부착하여 유량을 측정한다.

 (가) 장점
- 값이 싸다.
- 교체가 용이하다.
- 설치 장소가 협소해도 좋다.
- 고압에 적당하다.

 (가) 단점
- 압력 손실이 가장 크다.
- 침전물이 생성된다.
- 내구성이 적다.

※ 조리개 비$(m) = \left(\dfrac{d}{D}\right)^2$

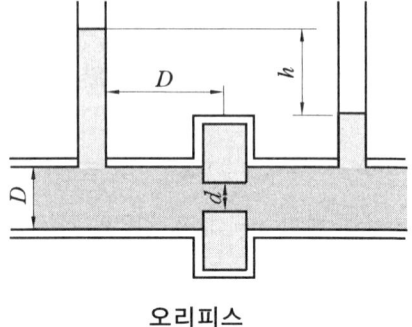

오리피스

참고 ㅇ 탭(tap)의 종류 및 특징

① 코너 탭(coner tap) : 교축 기구 직전 직후의 정압 P_1, P_2를 뽑아내는 방식
② 플랜지 탭(flange tap) : 교축 기구로부터 차압 취출 위치가 각각 25 mm 전후인 곳에서 차압을 취출하는 방식으로 비교적 작은 관에 이용되고 있다 (75 mm 이하 관).
③ 베너 탭(vena tap) : 교축 기구를 중심으로 유입측은 배관 안지름 만큼의 거리에서, 유출 측 위치는 가장 낮은 압력이 되는 위치(0.2~0.8 D)에서 취출하는 방식으로 교축탭이라고도 한다. 주로 관지름이 큰 배관에 사용된다.

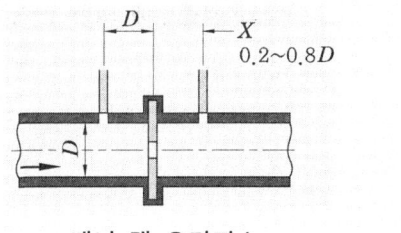
베너 탭 오리피스

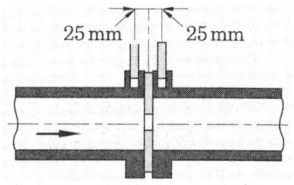
플랜지 탭 오리피스

② 플로 노즐

조리개부를 유선형으로 하여 유체의 교단을 적게 하고 압력 손실과 마모가 오리피스보다 감소되도록 고안한 조리개 형식이다.

㈎ 특징
- 고속 고압 (50~300 kg/cm^2)에 적당하다.
- 레이놀즈수가 높은 때에 사용한다.
- 구조가 복잡하고 설계 및 가공이 어렵다.
- 레이놀즈수가 낮아지면 유량 계수가 감소한다.
- 침전물의 영향이 오리피스보다 적다.

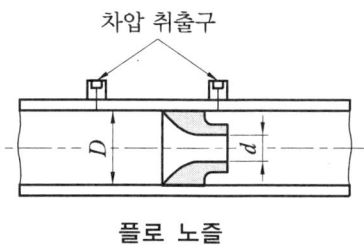
플로 노즐

③ 벤투리관식 유량계

이것은 조리개부가 유선형에 가까운 형상으로 설계되어 축류(縮流)의 영향도 비교적 적게 하고, 조리개에 의한 압력 손실을 최대한으로 줄인 조리개 형식의 유량계이다.

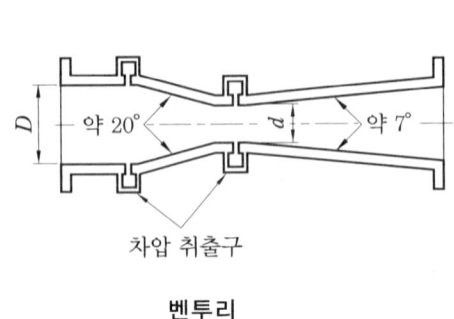

벤투리

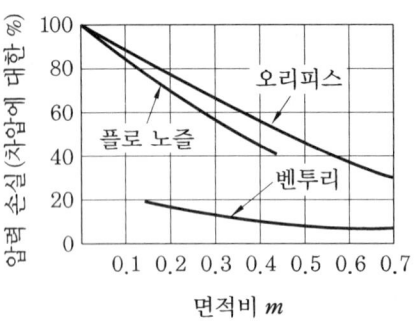

차압 검출부에 의한 압력 손실

(가) 장점
- 압력 손실이 가장 적다.
- 침전물이 생기지 않는다.
- 내구성이 좋고 정확도가 높다.
- 협잡물을 포함한 유체의 측정에 적합하다.

(나) 단점
- 가격이 비싸다.
- 설치 시 관을 절단하며 접속 및 교환이 곤란하다.

(다) 압력 손실이 큰 순서 : 오리피스 > 플로 노즐 > 벤투리

(라) 차압식 유량계에서 교축 기구의 전후 관계

$$Q = 0.01252 m\alpha D^2 \sqrt{(P_1 - P_2)/\gamma_1} \; [\text{m}^3/\text{h}]$$

$$W = 0.01252 m\alpha D^2 \sqrt{(P_1 - P_2) \cdot \gamma_1} \; [\text{kg/h}]$$

여기서, Q : 체적 유량(m³/h), W : 중량 유량(kg/h), γ_1 : 유체 비중량(kg/m³)
α : 유량 계수, m : 조리개비, D : 관 안지름(m)
P_1 : 조리개 기구 전의 압력(kg/m²)
P_2 : 조리개 기구 뒤의 압력(kg/m²)

- 유량은 차압의 제곱근에 비례한다.
- 유량은 관지름의 제곱에 비례한다.
- 유량은 조리개비에 비례한다.
- 유량은 유량 계수에 비례한다.

(마) 차압식 유량계의 일반적 주의 사항
- 조리개 장치를 통과할 때의 유체는 단일상일 것
- 레이놀즈수가 10^5 정도 이하에서는 유량 계수가 무너진다.
- 조리개 기구의 전후에 상당한 직관부가 필요하다.
- 맥동 유체나 고점도 유체의 측정은 오차가 생긴다.
- 유량이 적을 때는 정도가 떨어지고 측정 범위를 넓게 잡을 수가 없다.

(2) 용적식 유량계

용적식 유량계는 유체의 흐름에 따라서 그 용적을 일정한 용기로 연속 측정하는 방법이며, 유체의 밀도에는 무관하고, 부피 유량을 측정하게 된다.

일정 부피의 유체를 차례로 이동 운반하는 동작 기구를 가지고 있으므로 이동식 유량계라고도 불리우며, 또 어떤 시간 내의 유량에 대한 적분값을 표시할 때가 많아서 적산체적계라고도 불리운다.

① 용적식 유량계의 특징
  (개) 적산 정도가 ±0.2~0.5%로 높고 거래용에도 사용한다.
  (내) 고점도의 유체나 점도 변화가 있는 유체에 적합하다.
  (대) 맥동의 영향이 적고 압력 손실도 적다.
  (라) 고형물의 혼입을 막기 위하여 반드시 스트레이너를 입구측에 마련할 필요가 있다.

② 용적식 유량계의 종류
  (개) 오벌(oval) 기어식 유량계 : 회전 날개가 2개의 난형 기어로 되어 있다. 이들의 유입구로부터 유입되는 유체 압력에 의하여 각각 0, 0′를 중심으로 서로 물고 회전한다. 그 때 회전자와 케이스 사이에 생기는 반달형 공간에 충만된 유체를 출구로 밀어 보내고 기어의 회전이 유량에 비례하는 것을 이용한 유량계이다.
  (내) 루트(loots) 유량계 : 오벌 유량계와 같은 구조를 가지고 있으나 양회전자가 서로 굴림 접촉을 하지 않기 때문에 회전자에는 기어가 없는 것이 오벌 유량계와 다른 점이다(회전력이 입구와 출구 사이의 압력차에 의하는 것은 오벌식과 같다.).

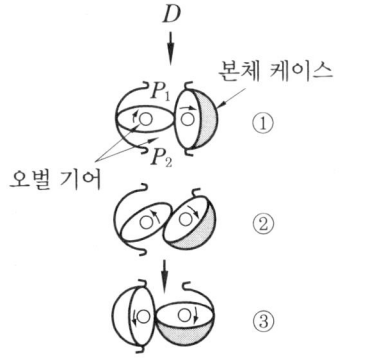

오벌형 유량계의 작동 원리

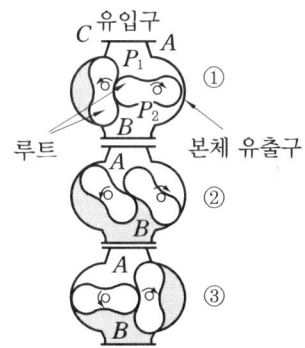

루트형 유량계의 작동 원리

  (대) 로터리 피스톤식 유량계 : 회전자는 유입구에서 들어오는 유체에 의하여 회전하며 유입 측에 충만되어 있는 유체를 유출구로 밀어 보낸다. 그 회전 속도에 의하여 유량을 구하는 형식이다.(특히 수도 미터로 많이 사용하고 있다.)

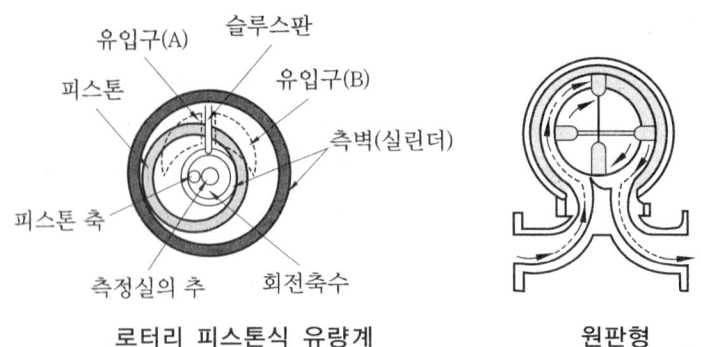

로터리 피스톤식 유량계   원판형

㈃ 원판형 유량계 : 원판형 유량계는 둥근 축을 가지는 원판이 유량실의 중심에 위치하여 둥근 축을 중심으로 목 운동을 한다. 입구로부터 윗부분에 있는 유량실에 들어온 유체는 원판을 눌러 목 운동을 시키면서 반회전해 밑부분의 유량실을 통하여 배출된다. 원판의 회전에 의하여 유체의 통과량을 측정하는 형식이다.

㈄ 가스미터 : 기체의 측정에만 사용되는 것으로서 드럼의 내용적이 일정하여 이 드럼의 회전수에 의하여 통과 유량을 체적으로 구하는 형식이다. 그 종류에는 습식과 건식이 있다.

- 습식 가스미터(드럼형) : 계량실이 4개인 회전 드럼을 외통 용기에 넣고, U형 송입관으로 유입된 기체의 압력에 의하여 드럼이 회전되며, 회전수에 따라 통과 기체를 적산하고 원통 내부에는 물을 넣고 일정 수면을 유지시켜야 한다. 건식 가스미터 검사 및 대량 가스 계량에 사용된다.
- 건식 가스미터(격막식) : 수평 격막 상측에 운동자와 하측에 4개의 계량실이 있고 계량실 내에는 계량막이 설치되어 있으며 가스의 도입 및 배출은 미터의 출입구에 가스 압력차로 작용된다. 즉, 박판, 크랭크, 슬라이딩 밸브의 연동 작용에 의해 계량실이 상호 팽창 수축 운동을 하고 위엄에 의해 지시 기구가 유량을 적산한다.

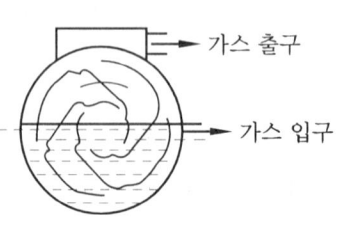

습식 가스미터

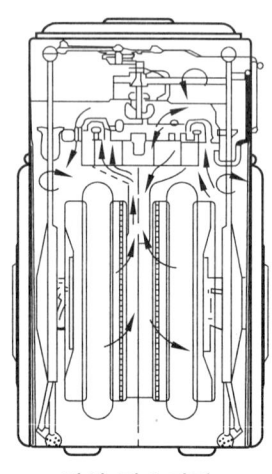

건식 가스미터

(3) 면적식 유량계

관로에 있는 조리개 전후의 차압이 일정해지도록 조리개의 넓이를 바꿔 그 넓이로부터 유량을 구하는 것이다.

① 면적식 유량계의 특징

　㈎ 유량 계수가 비교적 낮은 레이놀즈수의 범위까지 일정하므로 고점도 유체나 소유량에 대한 측정이 가능하다.

　㈏ 압력 손실이 적다.

　㈐ 측정값은 균등 유량 눈금을 얻을 수 있다.

　㈑ 슬러리 유체나 부식성 액체의 측정도 가능하다.

　㈒ 정도는 ±1~2 % 정도이다.

② 면적식 유량계의 종류

　㈎ 로터미터 : 유체가 흐르는 단면적을 변화시키는 1차 요소를 넣어 유체의 흐르는 압력과 플롯(float)에 작용하는 외력이 균형을 이루었을 때 그 역학적인 관계로부터 유량을 측정할 수 있다. 이때 1차 요소 앞뒤의 압력차는 일정하다. 수직 유리관 속에 원뿔 모양의 플롯을 넣어 관 속으로 흐르는 유체의 유량에 의해 밀어올리는 위치를 눈금으로 구할 수 있는 계기를 로터미터라 한다.

　　• 부표의 재질
　　　- 액체용 : 포금이나 스테인리스
　　　- 기체용 : 합성수지

　　• 측정관의 재질 : 특수 경질유리, 합성수지, 스테인리스 등이 유체 종류에 따라 선택된다.

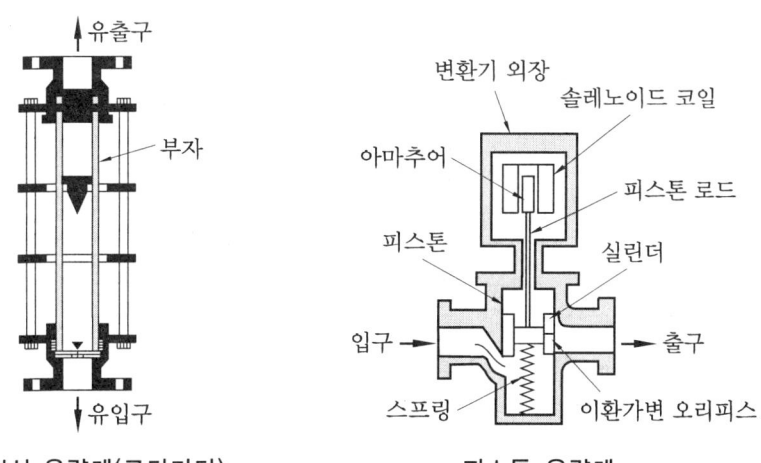

면적식 유량계(로터미터)　　　피스톤 유량계

　㈏ 피스톤식 : 유량에 대응하는 압력으로 피스톤(piston)이 변위하고 그것이 유로의 조리개 넓이를 변화시키는 개폐 밸브 역할을 하도록 한 것으로 피스톤의 위치는

압력차와 피스톤에 연결한 스프링의 복원력과 평행으로 정하여진다 (피스톤 속의 선단에 철심 등을 달아 전자적 변환기 방법으로 유량 신호를 멀리 전달할 수도 있다.).

③ 특징

㈎ 유량 계수가 비교적 낮은 레이놀즈수의 범위까지 일정하므로 고점도 유체나 소유량에 대한 측정이 가능하다.

㈏ 압력 손실이 적고 측정값은 균등 유량 눈금을 얻을 수 있다.

㈐ 슬러리 유체나 부식성 액체의 측정도 가능하다.

㈑ 정도는 ±1~2 % 정도이다.

(4) 유속 측정에 의한 유량계

관로 내를 흐르는 유체의 유속을 측정하고 그 값에 관로의 단면적을 곱하여 유량을 측정한다. 그 종류에는 피토관식과 열선식, 아뉴바 등이 있다.

① 피토관 : 유속이 일정한 장소에 피토관을 설치하여 전압과 정압과의 차이를 측정해 베르누이 법칙에 따라 속도 수두에 따른 유속을 구하여 유량을 구하는 형식이다.

$$V = \sqrt{2g(P_t - P_s)/\gamma}$$

여기서, V : 유속(m/s), g : 중력 가속도(9.8m/S^2)

P_1 : 전압(kg/m^2), P_s : 정압(kg/m^2)

γ : 유체 비중량(kg/m^3)

$$Q = A \times C \times V$$
$$= A \times C \times \sqrt{2g(P_t - P_s)/\gamma}$$

여기서, Q : 유량(m^3/s), C : 유량 계수

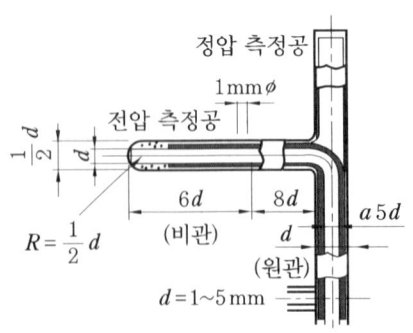

구멍수는 비관(鼻管)의 반지름을 mm로 나타낸 수로 하고 그 위치는 원주 위에 정점을 기점으로 하여 등간격으로 분포하는 것으로 한다.

T형 피토관

> **참고 ㅇ 피토관 측정 시 주의사항**
> ① 5 m/s 이하인 기체에는 적용할 수 없다.
> ② 더스트(먼지), 미스트(안개) 등이 많은 유체에는 부적당하다.
> ③ 피토관 두부를 흐름의 방향에 대하여 평행으로 붙인다.
> ④ 흐름에 대하여 충분한 강도를 가질 것
> ⑤ 피토관 앞에는 관지름 20배 이상 거리의 직관부가 필요하다.

② 아뉴바 유량계 : 관 속의 평균 유속을 구하여 유량을 측정하는 것으로 사용법이 간단하고 값도 싸다.

③ 열선식 유량계 : 저항선에 전류를 흐르게 하여 열을 발생시키고 여기에 직각으로 유체를 흐르게 하여 생기는 온도 변화율로부터 유속을 측정하는 방법과 유체의 온도를 전열로 일정 온도 상승시키는 데 필요한 전기량을 측정하는 방법 등이 있으며 그 종류에는 미풍계, 토마스계, 서멀(themal) 유량계 등이 있다.

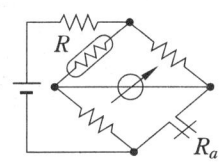
(a) 측온 저항체를 사용하는
열선식 유량 측정 회로

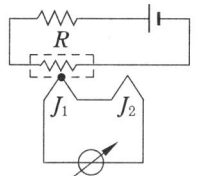
(b) 열전대를 사용하는
열선식 유량 측정 회로

열선식 유량 측정 회로

(5) 임펠러(impeller)식 유량계

유체 속에 프로펠러나 터빈을 두어 그 회전수로부터 유량을 측정하는 유량계로서 적산 유량을 측정하며 임펠러에는 임펠러의 축이 흐르는 방향과 일치하는 축류형과 흐르는 방향이 직각인 접선식이 있는데, 그 특징은 다음과 같다.

㈎ 특징
- 구조가 간단하고 보수가 용이하다.
- 직관 부분이 필요하다.
- 측정 정도는 ±0.5 % 정도이다.
- 부식성이 강한 액체에도 사용할 수 있다.
- 내구력이 좋다.

㈏ 종류 : 수도 미터, 터빈 유량계

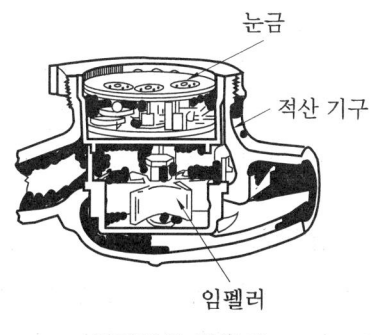

임펠러식 유량계

(6) 전자유량계

파이프 내에 흐르는 유체에 유체가 흐르는 방향과 직각으로 자장을 형성시키고 자장과 유체가 흐르는 방향과 직각 방향으로 전극을 설치하여 주면 패러데이(Faraday)의 전자 유도 법칙에 의해 기전력 $E(V)$가 발생하고 이 기전력 E를 측정하면 유량을 알 수 있다. 즉, 지름이 D인 파이프에 도전성 유체가 평균 속도 V로 흐르고 자장의 세기가 H라 하면 체적 유량 Q는 다음 식으로 표시된다.

$$Q = C \times D \times \frac{E}{H}, \quad E = \epsilon BDV \times 10^{-8}$$

ϵ : 자속 분포의 수정 계수
B : 자속 밀도(Gaus)
V : 유속(cm/s)
D : 관경(cm)

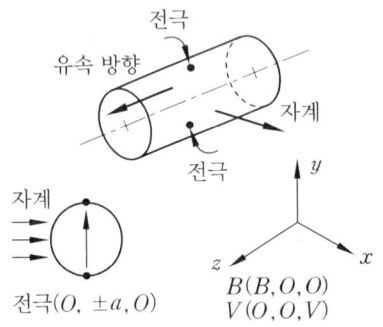
전자 유량계의 원리

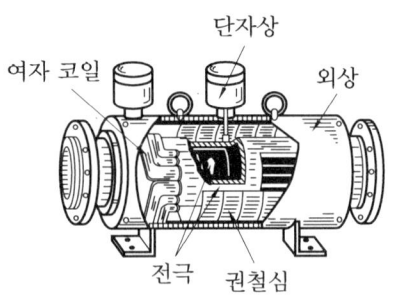
전자 유량계의 구조

① 특징
  (가) 압력 손실이 전혀 없다.
  (나) 슬러지가 들어 있거나, 고점도 액체의 측정에도 가능하다.
  (다) 관 내에 적당한 재료를 라이닝함으로써 높은 내식성을 유지할 수 있다.
  (라) 정도(精度)가 1 % 정도이며 미소한 측정 전압에 대하여 고성능의 증폭기가 필요하다.
  (마) 도전성 액체에만 유효하다.
  (바) 응답이 매우 빠르다.
  (사) 값이 비싼 결점이 있다.

(7) 와유량계

유체 중에 인위적인 와류(소용돌이)를 일으켜 와류의 발생수, 즉 주파수가 유속에 비례한다는 사실을 응용하여 유량을 측정한다.

① 종류
    (가) 델타 유량계
    (나) 스와르 미터
    (다) 카르만 유량계

참고

연도와 같은 악조건 하에서의 유량 측정에는 퍼지(purge)식 와유량계, 서멀 유량계, 아뉴바 유량계 등이 연속 측정용으로 사용되며, 휴대용으로는 비산되는 재가 적을 때는 고온용 열선 풍속계식 유량계, 웨스턴형 유량계, 피토관 등이 사용된다.

(8) 초음파 유량계

도플러 효과를 이용하여 유량을 측정한다.

참고 ○ 도플러 효과

달리는 기차의 기적 소리는 관측자 옆을 통과하는 순간을 경계로 하여 높은 소리로 들렸다가 낮은 소리로 변한다. 이와 같이 일반적으로 파원과 관측자의 운동 상태에 따라서 들리는 소리의 높이가 변하는 현상을 도플러 효과라 한다.

3. 액 면

3-1 액면 측정 방법

(1) 액면의 측정 방법

① 직접법 : 게이지 글라스나 플로트(부표), 검척봉 등을 사용하여 직접 액면의 변화를 검출한다.

② 간접법 : 탱크 밑변의 압력이 액면의 위치와 일정한 관계가 있는 것을 이용하여 액면을 검출하는 방법으로서 그 종류는 다음과 같다.

　(가) 압력식 액면계

　(나) 방사선식(isotope) 액면계

　(다) 정전 용량식 액면계

　(라) 다이어프램식 액면계

(2) 공업용 액면계의 구비 조건

① 연속 측정이 가능할 것

② 지시, 기록 또는 원격 측정이 가능할 것

③ 자동 제어 장치에 적용이 가능할 것

④ 구조가 간단하고 조작이 용이할 것

⑤ 요구 정도를 만족하게 얻을 수 있을 것

⑥ 액면의 상하 한계보를 간단히 할 수 있든가, 또는 적용이 용이한 방식일 것

⑦ 고압 고온에 견딜 것

⑧ 내식성이 있을 것

⑨ 값이 싸고 보수가 용이할 것

⑩ 온도·압력 등의 조건변화에 견딜 것

(3) 액면의 검출 방법

① 액면의 검출에는 액체 중의 특별한 1점을 검출하는 경우와 여러 점을 검출하는 방법이 있다.

② 액의 위치를 연속적으로 측정하는 경우

③ 종류가 다른 두 액체의 접합점을 검출하는 경우

3-2. 액면계의 종류 및 특징

(1) 직접식 액면계

① 유리관식(gauge glass) 액면계 : 탱크에 가는 유리관을 붙이면 탱크의 액면과 같은 높이의 액체가 유리관 속에도 차게 된다. 이때의 높이를 유리관에 붙인 눈금의 길이로 읽으면 액면의 높이가 된다 (대개 개방되어 있는 액체용 탱크에 많이 사용된다.).

 (개) 측정 원리
- 직진성 굴절을 이용 : 투시형 액면계, 평형투시식 액면계
- 반사성 굴절을 이용 : 평행 반사식 액면계(90° 각의 삼각홈)
- 굴절성을 이용 : 2색 액면계

> **참고. 모세관 현상을 방지하기 위한 글라스의 안지름**
> ① 탱크 용량 1000L 이하 : 13 mm 이상
> ② 탱크 용량 1000 L 초과 : 20 mm 이상

② 검척식 액면계 : 직접 액면의 길이를 재어 액면을 측정하는 것으로 개방 탱크나 저수 탱크 등과 같이 액면 변동이 많지 않는 곳에서 널리 쓰인다.

③ 플로트 (부표)식 액면계 : 액면에 띄운 박자의 위치를 직접 측정하는 활차식 액면계와 비교적 좁은 측정 범위에서 주로 경보용, 제어용으로 사용되는 볼 플로트가 있는 외에 디스프레스먼트 액면계도 흔히 사용된다.

 (개) 종류
- 부표와 자석을 이용한 액면계 : 탱크 내부에 비자성 파이프를 설치하고, 파이프 안내를 받아 상하로 움직이는 반지 모양의 자석이 부착한 부표를 설치하고 액면 변위를 부표의 상하 운동으로 전환하여 내부 자석과 자기 결합된 외부 자석에 의하여 액면 변화를 검출하는 액면계이다.
  - 개방 밀폐 탱크에 사용한다.
  - 고압 부식성 유체를 측정한다.
  - 자기 결합으로 고온에는 자력이 약화되므로 사용 온도에 제한을 받는다.
  - 측정 방법 : 확대 기구에 의하여 결정하며 정도는 ±1~2 %이다.
- 부표와 레버를 사용한 액면계 : 탱크 내부에 부표를 띄우고 부표의 상하 움직임을 레버를 사용하여 회전 운동으로 변화시켜 액면의 위치를 측정하는 액면계로서 자동 제어 장치에 많이 사용되며, 그 특징은 다음과 같다.

- 고압 탱크, 진공 탱크에 사용한다.
- 수은 스위치 설치가 가능하다 (맥도널식, 경보용).
- 측정 범위 : 해버 길이에 따라 결정 0~150 mm에서 최고 1500 mm이다.
- 정도 : 최대 눈금 범위의 ±2 %

(2) 간접식 액면계

① 압력식 액면계 : 압력계를 사용하여 유체의 액면을 측정할 때에는 개방 탱크의 경우와 윗부분의 압력이 일정한 밀폐 탱크의 경우로 나누어 생각할 수 있다.

(가) 개방 탱크

$P = \gamma h$

여기서, P : 측정 압력, γ : 유체의 비중량

$h = H - H_1 + H_2$

(나) 밀폐 탱크

$P = \gamma h + P_0$

여기서, P_0 : 밀폐 탱크 상부의 압력 (특히 이것은 계산식에 의해서 구해진다.)

(다) 차압에 의한 액면 측정 : 탱크 내의 액면 측정 원리는 일정한 액면의 위치를 유지하고 있는 기준기의 정압과 탱크 내의 유체의 부압과의 차를 차압계에 의해서 유체의 액면을 측정하는데, 특히 고압 밀폐 탱크의 측정에 적합하다.

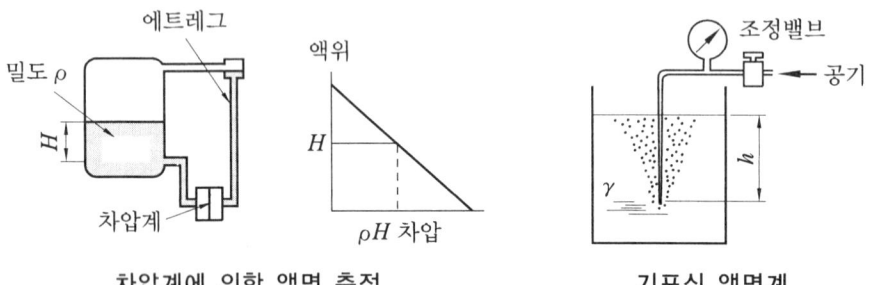

차압계에 의한 액면 측정   기포식 액면계

② 퍼지식 액면계 : 탱크 속의 파이프를 삽입하고 여기에 일정 소유량의 공기를 보내어 파이프 선단으로부터 액면까지의 높이와 액체 밀도의 곱에 비례한다. 이 공기 압력을 압력계로 측정하여 액의 위치를 측정한다. 개방 탱크에 사용되며, 부식성이 강하거나 점도가 높은 액체일 경우에 좋다.

③ 방사선식 액면계 : 액면에 띄운 플로트에 방사선원을 붙여 탱크 천장에 설치선 전리조 또는 가이거 계수관 등의 검출기로, 액면의 변동에 의한 방사선의 세기의 변화를 측정하는 방법이다. 방사선원으로서는 Co(코발트), Cs(세슘)의 γ 선을 이용한다.

(가) 종류 : 조사식, 투과식, 가반식

(나) 특징
- 측정 범위는 25 m 정도이다.
- 측정 범위를 크게 하기 위하여 2조 이상 사용한다.
- 액체에 접촉하지 않고 측정이 가능하다.
- 측정이 불가능한 장소에 적당하다.
- 부분이 없다.
- 가격이 비싸다.
- 방사선에 의한 인체에 해가 있다.

(다) 용도
- 고온 고압의 액체(용광로 내 레벨 측정)이다.
- 고점도 부식성 액체를 측정한다.

④ 초음파 액면계 : 초음파 펄스를 탱크의 밑에서 액면에 발사하여 액면에서 반사하여 되돌아올 때까지의 시간을 측정하여 액면의 높이를 구하는 형식이다. 단, 이 경우 액 중의 음속이 일정하고 불변이어야 한다. 주로 액면 제어용으로 사용하고 있다.

⑤ 정전 용량식 액면계(靜電容量式液面計) : 정전 용량 검출 프로브(probe)를 액 중에 넣어, 검출되는 정전 용량으로 액의 양 및 액의 위치를 측정하는 것이다.

- 특징
  - 구조가 간단하며 수리가 용이하다.
  - 습기가 있는 곳에는 부적당하다.
  - 온도가 변화되는 곳에는 사용이 불가능하다.

4. 가스

4-1 가스의 분석 방법

연도 가스 분석(flue gas analysis)이란 보통은 보일러 연돌의 밑에서 취출한 연도 가스의 시료(샘플)에 대하여, 그 수증기를 제거한 건연소 가스로서 가스량 성분 CO_2, CO, O_2를 분석하여 측정하는 것이다.

- 연도 가스 분석값에서 CO (일산화탄소) %가 많으면 연소 상태는 불완전 연소이다.
- O_2 % 성분이 많으면 과잉 공기가 많다.
- CO_2 % 성분이 많으면 완전 연소이다.

일반적으로 '오르사트' 분석기 등을 사용하는 수동식의 화학적 연도 '가스' 분석은 시간과 노력이 많이 들고 또 연속적인 측정이 불가능하나, 비교적 정확한 측정 결과를 얻게 되므로 자동 분석기에 대한 검정용(檢定用)으로 사용될 수 있다. 특히, 오르사트 분석기는 휴대할 수 있으므로 편리하다.

일반적으로 연도 가스 분석에 있어 가장 어려운 문제는 가장 정확한 평균적 시료를 가스 시료로 채취하는 것이다. 따라서 보일러 연도와 같이 가스 통로가 넓을 때에는 통로의 같은 단면적상의 몇 곳에서 시료를 취해야 하며 공기의 누입(漏入)을 주의해야 한다.

(1) 가스 시료 채취 장치

다스피레이터로 흡인된 가스는 1차 필터, 가스 냉각기, 2차 필터를 통과하여 분석기에 들어간다. 가스 유량이 적당한가 아닌가는 유량계로 체크할 수 있다.

1차 필터는 제진성(除塵性)이 좋은 카보런덤, 소결 금속 등 내열성 필터를 사용하는데, 이 1차 필터의 양부는 측정상으로도, 보수상으로도 매우 중요하다. 그리고 정기적으로 강하게 공기를 관내부로부터 불어 넣어 청소할 필요가 있다. 2차 필터에는 솜, 유리솜 등이 사용된다.

다음 그림은 고온 다진용(多塵用) 가스 채취 장치에서 O_2계를 설치한 보기이다. 채취 프로브에는 수랭 수세식의 2중관 ①이 쓰이고 스팀·이젝터 ②로 가스를 흡입한다. 콘덴서 ③, 습분 분리기 ④를 거쳐서 먼지는 물과 함께 제거된다. 물 트랩 ⑤는 완전히 물을 제거하고 가스는 계기에 들어간다. 유량 조정용인 감압판 ⑥ 이외에 측정 시의 시간 지연을 줄이기 위하여 바이패스 ⑦이 부가되어 있다.

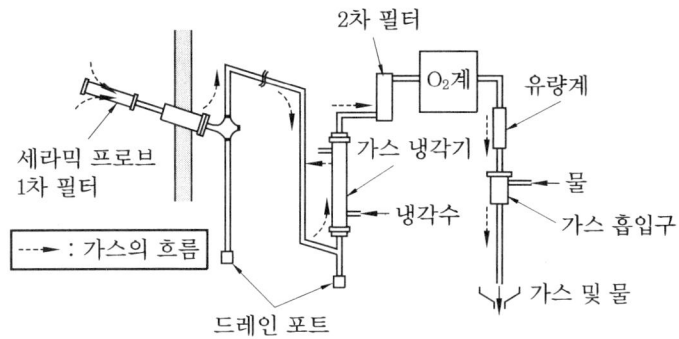

가스의 시료 채취 장치

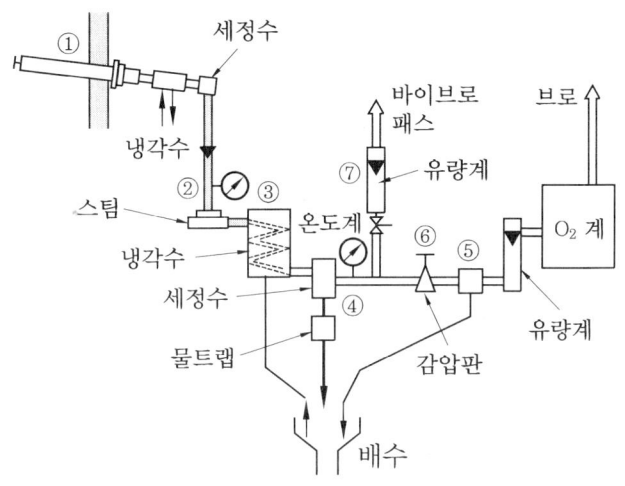

고온 다진용 가스 채취 장치

(2) 가스 시료 채취 장치의 일반적인 유의 사항

① 시료 가스 채취구의 위치에 주의하고 공기 등의 침입이 없도록 한다. 가령 연소 가스의 채취는 연소의 중심부에서 하고 벽에 가까운 가스는 피한다.
② 가스 성분과 화학 반응을 일으키는 배관 부품은 사용하지 않는다 (가령 600℃ 이상의 부분에는 철관을 사용하지 않는다.).
③ 시료 가스 분석기에 닿을 때까지의 시간 지연을 적게 한다 (즉, 시료 가스 배관을 짧게 한다.).
④ 배관에는 경사를 붙이고 최저부에는 드레인(drain) 빼기를 마련한다.
⑤ 정기적으로 점검 청소를 할 필요가 있는 가스 채취 프로브 필터 설치는 보수가 쉽게 되도록 설치 장소를 고려한다.

(3) 배기 가스를 분석하는 목적

① 연소 가스의 조성을 알기 위해서이다.
② 연소 가스의 조성에 따라서 연소 상태를 알 수 있고 산소량에 의한 과잉 공기량도 알 수 있다.

4-2. 가스 분석계의 종류

구분		측정법	측정 대상	선택성	정량 범위	비고
화학적 가스 분석계	A	자동 오르사트법	적당한 흡수액에 쉽게 흡수되는 기체(CO_2, CO, O_2)	○	0.5~50 % 정도	자동 화화식 CO_2계 간헐 자동 측정식
	A	연소열법	H_2, CO, C_mH_n 등의 가연성 기체 및 산소	○	10^{-3}~25% 정도	미연소 가스계 ($CO_2 + H_2$계) 연소식 O_2계
물리적 가스 분석계	B	밀도법	어느 정도 밀도가 다른 2성분 또는 2성분이라 간주되는 혼합기체(연도가스 중 CO_2)	×	1~100 %	라너렉스계 라우타계
	B	열전도율법	어느 정도 열전도율이 다른 2성분 또는 2성분으로 볼 수 있는 혼합 기체(연도 가스 중 CO_2)	×	0.01~100 %	전기식 CO_2계
	B	가스 크로마토그래피법	기체 및 비점 300℃ 이하의 액체	◎	0.1~100 %	간헐 자동 측정식
	C	도전율법	물 또는 용액에 녹아서 도전율이 달라지는 기체	○	1 ppm~100 %	저농도 가스 측정
	C	세라믹법	O_2 가스	○	0.1 ppm~100 %	지르코니아식
	D	자화율법	주로 O_2 가스	◎	0.1~100 %	자기식 산소계
	E	적외선 흡수법	단원자 분자, 대칭성 2원자 분자(H_2, O_2, N_2) 이외의 가스	◎	10 ppm~100 %	—

㈜ A : 화학 반응을 이용한 분석법,   B : 물성 상수 측정에 의한 분석법
　　C : 전기적 성질을 이용한 분석법,   D : 자기적 성질을 이용한 분석법
　　E : 광학적 성질을 이용한 분석법
　　◎ : 선택성 우수, ○ : 선택성이 좋음, × : 선택성이 나쁨

① 오르사트 가스 분석계
　(가) 원리 : 배기가스 중에 함유되어 있는 CO_2, O_2, CO 3가지 성분을 이 순서대로 측정하는 기구로서 연료의 배기가스 분석 시 화학적으로 액 속에 흡수시켜 그 용량의 감소로써 분석하며 그림과 같이 3개의 흡수 피펫과 1개의 가스 뷰렛이 있다.
　(나) 각 성분 흡수제 : 각 성분 흡수제는 헴펠식 분석계의 흡수제와 동일하다.
　　• CO_2 : KOH 30% 수용액(본액 1cc에 40cc의 CO_2가 흡수된다)
　　• O_2 : 알칼리성 피로갈롤 용액, 황인, 차아황산소다 (열본액 1cc에 8cc의 O_2가 흡수된다).
　　• CO : 암모니아성 염화제일구리 용액(본액 1cc에 10cc가 흡수된다.)
　　• N_2는 전부 흡수되고 남는 것을 질소로 본다.
　(다) 특징
　　• 구조가 간단하며 취급이 용이하다.
　　• 수분은 분석할 수 없다.
　　• 숙련되면 고정도를 얻을 수 있다.
　　• 분석 순서가 틀리면 오차가 발생한다.
　　• 수동 조작에 의한 측정이다.
　(라) 오르사트 분석기에 의한 배기가스 각 성분 % 계산
　　• $CO_2[\%] = \dfrac{\text{KOH 30\% 용액 흡수량}}{\text{시료 채취량}} \times 100$
　　• $O_2[\%] = \dfrac{\text{피로갈롤 용액 흡수량}}{\text{시료 채취량}} \times 100$
　　• $CO[\%] = \dfrac{\text{염화제일구리 용액 흡수량}}{\text{시료 채취량}} \times 100$
　　• $N_2[\%] = 100 - (CO_2[\%] + O_2[\%] + CO[\%])$

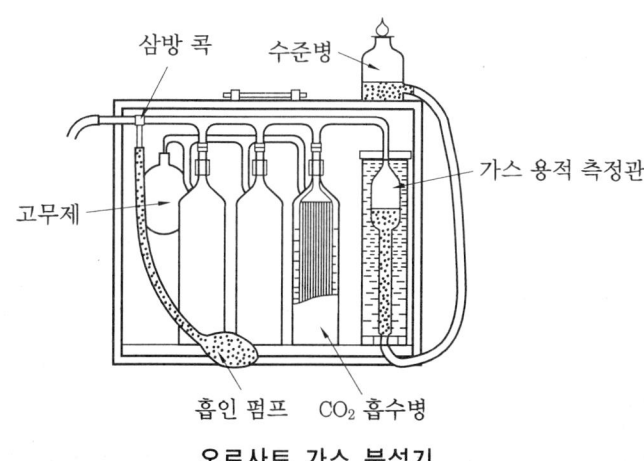

오르사트 가스 분석기

② 헴펠식 가스 분석법
   (가) 원리 : 오르사트와 같은 방법으로 분석하며 단지 CO_2와 O_2 사이에 C_mH_n(중탄화 수소)를 분석하며 그 흡수액은 발연황산 또는 취소수이다.
      • 흡수 순서 : CO_2, C_mH_n, O_2, CO
③ 자동화학식 CO_2 가스 분석기
   (가) 원리 : 오르사트법과 원리는 같지만 유리 실린더를 이용, 시료 가스를 연속적으로 흡인 흡수제에 흡수시켜 시료의 용적 변화로부터 연속 측정한다.
   (나) 특징
      • 조작은 모두 자동화로 되어 있다.
      • 비교적 선택성이 양호하다.
      • 조성 가스가 다종류인 경우에도 높은 정도로 측정할 수 있다
        (흡수액 선정에 따라 O_2 및 CO 분석계로도 사용 가능).
      • 유리 부분이 파손되기 쉬우며, 점검과 소모품의 보수에 잔손이 많이 든다.
④ 가스 크로마토그래피 가스 분석계
   (가) 원리 : 활성탄, 실리카겔, 활성 알루미나 등의 흡착제를 충전한 통(카람)의 한쪽으로부터 시료를 공급하고 N_2, H_2, He, Ar 등의 캐리어 가스로 시료를 이동시킬 때 친화력과 흡착력이 각 가스마다 다르기 때문에 이동 속도 차이로 분리되어 측정실 내로 도입해 휘트스톤 브리지 회로를 측정한다.
   (나) 특징
      • 분리 능력이 극히 좋고 선택성이 우수하다.
      • 캐리어 가스가 필요하며, 기체 및 비점 300℃ 이하의 액체에 사용한다.
      • 다성분의 전분석을 1대의 장치로 할 수 있다.
      • 응답 속도가 늦고 동일한 가스의 연속 측정이 불가능하다.
      • 연구실용과 공업용으로 많이 사용한다.

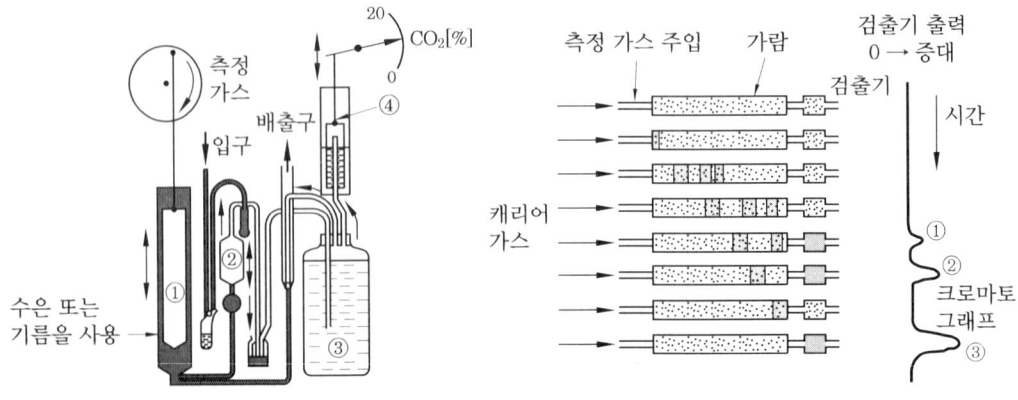

자동화학식 CO_2계의 구조   가스 크로마토그래피의 원리

⑤ 열전도율형 CO_2계(전기식 CO_2계)

　㈎ 원리 : CO_2의 열전도율이 공기에 비하여 매우 낮다는 것을 이용하여 연소 가스의 CO_2 측정에 널리 사용되고 있다.

　㈏ 사용상 주의사항
　　• 브리지 공급 전류의 점검을 확실히 한다.
　　• 셀의 주위 온도와 측정 가스 온도를 거의 일정하게 유지하고 온도 상승을 피한다.
　　• 가스 유속을 거의 일정하게 한다. 과도한 유속 증가는 지시를 떨어뜨린다.
　　• 가스 압력 변동은 지시에 영향을 주는 일이 있다.
　　• H_2의 혼입은 지시를 떨어뜨린다.

　㈐ 특징
　　• 원리나 장치가 간단하며 취급이 용이하다.
　　• 연소 방식과 차동 방식이 있다.
　　• N_2, O_2, CO 농도 변화에 대한 CO_2 지시 오차가 거의 없다.
　　• H_2, SO_2를 분석할 수 있는 계기도 있다.
　　• 열전도율이 극히 큰 H_2가 혼입된 경우에는 CO_2 측정에 오차가 심하다.

가스 열전도율

가스	열전도율 $[\times 10^{-4} cal/cm \cdot sec \cdot deg]$	
	0℃	100℃
공기	0.556(1.00)	0.179
O_2	0.584(1.03)	0.743
N_2	0.568(1.003)	0.718
CO_2	0.349(0.616)	0.496
H_2	3.965(7.01)	4.99
CO	0.552(0.975)	
SO_2	0.195(0.344)	
CH_4	0.734(1.30)	

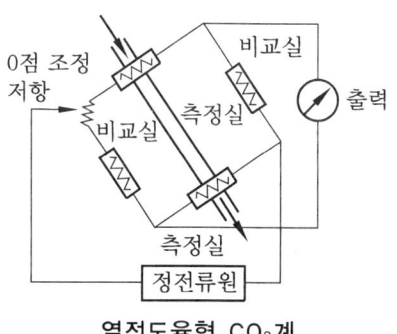

열전도율형 CO_2계

⑥ 밀도식 CO_2계

　㈎ 원리 : CO_2의 밀도가 공기에 비하여 현저히 크다는 것을 이용한 분석계이다.

　㈏ 특징
　　• 구조적으로 견고하고 보수 취급이 비교적 용이하다.
　　• 측정은 가스의 공기에 대한 밀도비로 이루어지므로 양자의 압력과 온도가 같으면 오차가 생기지 않는다.

각종 가스의 밀도와 비중(0°C, 1atm)

가스의 종류	밀도 [kg/N·m³]	비중 (공기=1)
공기	1.2928	1.000
H_2	0.0899	0.070
수증기	0.8043	0.622
N_2	1.2506	0.967
CO	1.2500	0.967
O_2	1.4289	1.105
CO_2	1.9768	1.529
SO_2	2.9263	2.264

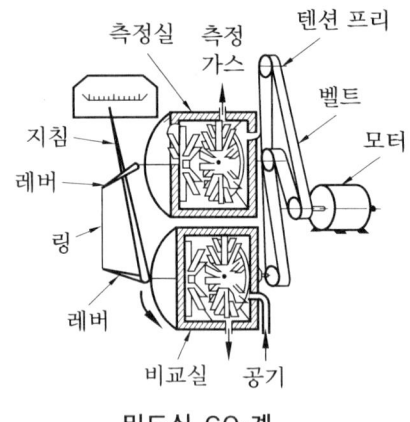

밀도식 CO_2계

(다) 취급상 주의사항
- 가스 통로의 막힘에 주의한다.
- 시료 가스의 압력을 일정하게 유지한다.
- 물탱크 내의 수위에 주의한다.

⑦ 적외선 가스 분석계
(가) 원리 : H_2, N_2, O_2 등의 대칭 2원자 분자를 제외한 CO, CO_2, CH_4 등은 거의 모든 분자가 각기 특유한 적외선 흡수 스펙트럼을 가지고 있다는 것을 이용한 것이며, 파장 선택의 방법에 따라서 양(+) 필터형, 음(-) 필터형이 있다.

(나) 특징
- 선택성이 뛰어나고 대상 범위가 넓다.
- 저농도의 분석에 적합하다.
- 측정 가스의 더스트 방지나 탈습에는 충분한 배려가 필요하다.

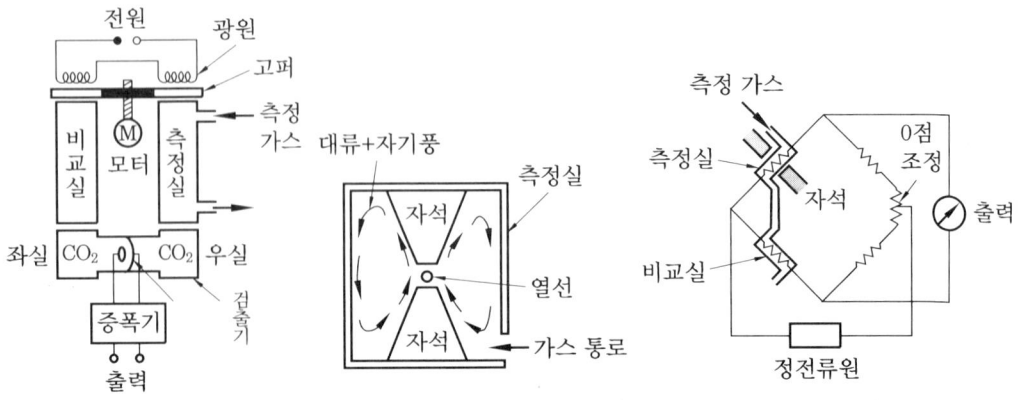

적외선 가스 분석계   자기풍의 발생 원리   자기식 O_2계의 원리

⑧ 자기식 O_2계
  (가) 원리 : O_2는 다른 가스에 비하여 강한 상자성체이므로 자장에 대하여 흡인되는 특성을 가지고 있다는 것을 이용하여 분석하고 있다.
  (나) 분석계의 종류
    • 흡입력을 이용한 것
    • 자기풍 또는 계면 압력을 이용한 것
  (다) 특징
    • 가동 부분이 없고 구조도 비교적 간단하며 취급이 수월하다.
    • 가스의 유량, 압력, 점성의 변화에 대하여 지시 오차가 거의 생기지 않는다.
    • 열선은 유리로 피복되어 있어 측정 가스 중의 가연성 가스에 대하여 백금의 촉매 작용을 막을 수가 있다.

⑨ 연소식 O_2계
  (가) 원리 : 일정량의 측정 가스와 H_2 등의 가연성 가스를 혼합하여 이 혼합 가스를 촉매하에서 연소시킨다. 이때 발생하는 반응열이 측정 가스 중의 O_2 농도에 비례하는 것을 이용한다.
  (나) 특징
    • 원리가 간단하고 취급이 비교적 용이하다.
    • 상당한 선택성을 가지고 있다.
    • H_2 등의 연료 가스를 따로 준비해 둘 필요가 있다.
    • 측정 가스의 유량 변동은 그대로 오차에 연관되므로 이 유량은 압력 조정 밸브 또는 압력 조정핀 등을 마련하여 항상 일정하게 유지할 필요가 있다.

⑩ 미연소 가스계(H_2+CO계)
  (가) 원리 : 연소식 O_2계와 같은 원리로, 연도 가스 중 미연 성분의 H_2, CO를 측정한다.
  (나) 특징
    • 비교실은 실온 변동으로 말미암은 오차를 없애기 위하여 측정실과 동일한 구조로 해야 한다.
    • 백금선 자체가 촉매 작용을 하기 위하여 열선에 상당한 부담이 걸리기 때문에 내구성에 유의하여야 한다.

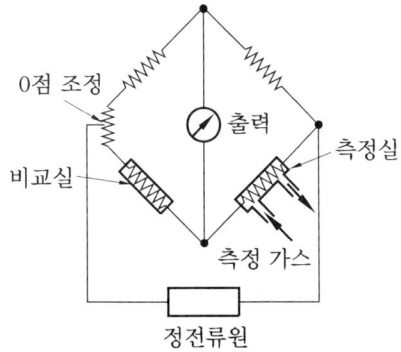

미연소 가스계의 원리

⑪ 세라믹 O_2계

(개) 원리 : 지르코니아(ZrO_2)를 주원료로 한 특수한 세라믹은 온도를 높이면 산소 이온만을 통과시키는 성질을 이용(기전력을 이용하여 측정)한 것이다.

(내) 특징
- 비교적 응답이 빠르다(5~30초).
- 측정 가스 유량이나 설치 장소의 주위 온도 변화에 의한 영향이 적다.
- 측정 범위도 광범위하게 조절할 수 있다(ppm으로부터 % 까지).
- 측정 부위의 온도 유지를 위하여 온도를 조절할 전기로가 필요하다.
- 측정 가스 중에 가연성 가스가 있는 경우에는 연소에 의한 O_2량의 저하가 생기므로 사용할 수가 없다.

⑫ 도전율식 가스 분석계

(개) 원리 : 분석하려고 하는 가스를 적당한 반응액에 화학 반응 또는 용해시켜 그 용액의 도전율 변화를 액에 적신 전극 간 저항값으로 측정하여 이것과 대응하는 가스 농도를 측정하는 방법이다.

(내) 특징
- 어느 정도 선택성이 있다.
- 연소 측정의 경우에는 가스와 용액의 유량을 일정하게 하고 측정부의 액온도를 일정하게 유지할 필요가 있다.
- 특히 저농도 가스 분석에 적합하다.
- 대기오염 관리 등에 사용된다.

⑬ 갈바니 전기식 O_2계

(개) 원리 : 전해질 용액 중 산소 농도는 온도가 일정하면 그것에 접하는 가스의 산소분압에 비례하므로 평형 상태가 된 검출 셀을 흐르는 전류는 시료 가스의 산소 농도에만 대응해서 증감한다. 이 전류를 저항을 통해서 전위차를 얻어 산소 농도를 측정한다.

(내) 특징
- 수 ppm~수백 ppm의 산소 농도에 대해서 안정하다.
- 고농도의 산소를 직접 도입할 수는 없다.
- 휴대용으로 적합하다.
- 반응 속도가 빠르다.

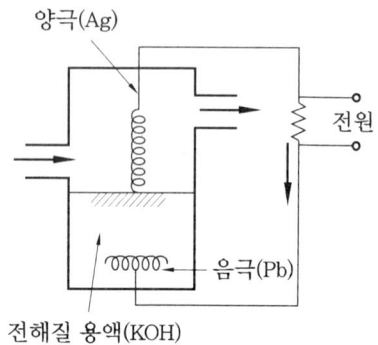

갈바니 전기식 O_2계

예상문제 및 기출문제

1. 다음 중 압력의 값이 1 atm이 아닌 것은?
- ㉮ 101302 Pa
- ㉯ 1013 mbar
- ㉰ 29.92 inHg
- ㉱ 760 mmH$_2$O

[해설] 1 atm = 760 mmHg = 10.332 mmH$_2$O

2. 1 kgf/cm^{2}의 압력을 수주(mmH$_2$O)로 옳게 표시한 것은?
- ㉮ 10^3
- ㉯ 10^{-3}
- ㉰ 10^4
- ㉱ 10^{-4}

[해설] 1 kgf/cm^2 = 10 mH$_2$O = 10000 mmH$_2$O
     = 10^4 mmH$_2$O

3. 압력계의 게이지 압력과 절대 압력에 관한 식을 표시한 것으로 옳은 것은? (단, 게이지 압력은 A, 절대 압력은 B, 대기압은 C이다.)
- ㉮ B = C ÷ A
- ㉯ B = C × A
- ㉰ B = A − C
- ㉱ B = A + C

[해설] 절대 압력 = 대기압 + 게이지 압력

4. 개방형 마노미터로 측정한 공기의 압력은 15 mmH$_2$O이었다. 이 공기의 절대 압력은 약 얼마인가?
- ㉮ 150 kg/m^2
- ㉯ 150 kg/cm^2
- ㉰ 151.033 kg/cm^2
- ㉱ 10480 kg/m^2

[해설] 절대 압력 = 대기압 + 계기압이며
1 atm = 10.332 mH$_2$O = 10332 mmH$_2$O
∴ 10332 + 150 = 10482 mmH$_2$O
           = 10482 kg/m^2

5. 수은 압력계를 사용하여 어떤 탱크 내의 압력을 측정한 결과 압력계의 눈금 차가 80 mmHg였다. 만일 대기압이 750 mmHg라면 실제 탱크 내 압력은 몇 mmHg인가?
- ㉮ 50
- ㉯ 750
- ㉰ 800
- ㉱ 1550

[해설] 750 + 800 = 1550 mmHg

6. 표준 대기압 760 mmHg를 SI 단위로 변환하면 몇 kPa인가?
- ㉮ 1.0132
- ㉯ 10.132
- ㉰ 101.32
- ㉱ 1013.2

[해설] 1 atm = 760 mmHg
         = 101325 Pa
         = 101.325 kPa
         = 101325 N/m^2

7. 절대 압력 700 mmHg는 약 몇 kPa인가?
- ㉮ 93
- ㉯ 103
- ㉰ 113
- ㉱ 123

[해설] 760 mmHg = 101325 Pa = 101.325 kPa이므로
$\dfrac{101.325 \times 700}{760} = 93.3$ kPa

8. 대기압하에서 보일러의 계기에 나타난 압력이 6 kg/cm^{2}이다. 이를 절대 압력으로 표시할 때 가장 가까운 값은?
- ㉮ 3 kg/cm^2
- ㉯ 5 kg/cm^2
- ㉰ 6 kg/cm^2
- ㉱ 7 kg/cm^2

[해설] 보일러 압력은 게이지 압력이며, 절대 압력 = 대기압 + 게이지 압력이다.

정답 1. ㉱ 2. ㉰ 3. ㉱ 4. ㉱ 5. ㉱ 6. ㉰ 7. ㉮ 8. ㉱

9. 액주식 압력계에 사용되는 액체의 구비 조건이 아닌 것은?

㉮ 온도 변화에 의한 밀도 변화가 커야 한다.
㉯ 항상 액면은 수평이 되어야 한다.
㉰ 점도와 팽창 계수가 적어야 한다.
㉱ 모세관 현상이 적어야 한다.

[해설] 온도 변화에 의한 밀도 변화가 적어야 한다.

10. U자관 압력계에 사용되는 액주의 구비 조건에 대한 설명 중 틀린 것은?

㉮ 열팽창 계수가 작을 것
㉯ 점도가 클 것
㉰ 모세관 현상이 적을 것
㉱ 일정한 화학 성분일 것

[해설] ① 점도 및 열팽창 계수가 작을 것
② 온도 변화에 의한 밀도 변화가 적을 것
③ 휘발성, 흡수성이 적을 것

11. U자관 압력계에 관한 설명으로 틀린 것은 어느 것인가?

㉮ 관 속에 수은, 물 등을 넣고 한 쪽 끝에 측정 압력을 도입하여 압력을 측정한다.
㉯ 차압을 측정할 경우에는 한 쪽 끝에만 압력을 가한다.
㉰ 측정 시 메니스커스, 모세관 현상 등의 영향을 받으므로 이에 대한 보정이 필요하다.
㉱ U자관의 크기는 특수한 용도를 제외하고는 보통 2m 정도의 것이 한도이다.

[해설] 차압을 측정할 경우에는 양단에 각기의 압력을 가하여 압력 또는 압력 차는 양액면의 높이차로 측정할 수 있다.

12. [그림]과 같은 U자관에서 유도되는 식은?

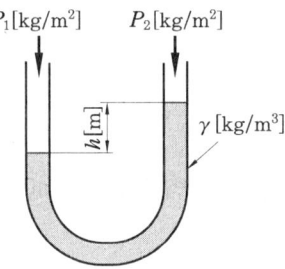

㉮ $P_1 = P_2 - h$　　㉯ $h = \gamma(P_1 - P_2)$
㉰ $P_1 + P_2 = \gamma h$　　㉱ $h = \dfrac{P_1 - P_2}{\gamma}$

[해설] $P_1 = P_2 + \gamma h$에서 $h = \dfrac{P_1 - P_2}{\gamma}$

13. 다음 액주계에서 r, r_1이 비중을 표시할 때 압력(P_x)을 구하는 식은?

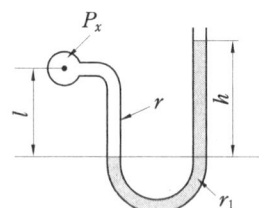

㉮ $P_x = r_1 h + rl$　　㉯ $P_x = r_1 h - rl$
㉰ $P_x = r_1 l - rh$　　㉱ $P_x = r_1 l = rh$

[해설] $P_x + rl = r_1 h$에서 $P_x = r_1 h - rl$이다.

14. 보일러의 통풍 등 폐압력에 사용되며 미세압을 측정하는 데 가장 적당한 압력계는?

㉮ 경사관식 액주형 압력계
㉯ 분동식 액주형 압력계
㉰ 부르동관식 압력계
㉱ 단관식 압력계

[해설] 경사관식 액주형 압력계
① 정확하다.
② 미세압을 측정한다.
③ 정도가 0.05 mmAq

정답　9. ㉮　10. ㉯　11. ㉯　12. ㉱　13. ㉯　14. ㉮

15. 다음 압력계 중 정도가 가장 높은 것은?

㉮ 경사관 압력계
㉯ 부르동관식 압력계
㉰ 다이어프램식 압력계
㉱ 링밸런스식 압력계

[해설] 경사관식 압력계
① 정도가 0.05 mmAq 정도로서 매우 높다.
② 측정 범위는 10~50 mmAq 정도이다.
③ 정확하며 미세한 압을 측정할 수 있다.

16. 다음 그림과 같은 경사관식 압력계에서 P_2는 50 kg/m² 일 때 측정 압력 P_1은 약 몇 kg/m² 인가? (단, 액체의 비중은 1이다.)

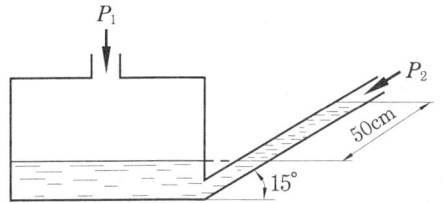

㉮ 130   ㉯ 180
㉰ 320   ㉱ 530

[해설] $P_1 = P_2 + \gamma h$ 에서 $h = x \cdot \sin\theta$ 이므로
$P_1 = P_2 + \gamma \cdot x \cdot \sin\theta$ 이다.
$P_1 = 50 + 1000 \times 0.5 \times \sin 15 = 179.4 \, \text{kg/m}^2$

[참고] 비중량(γ)=비중×1000

17. 환상천평식(링밸런스식) 압력계에 대한 설명으로 옳은 것은?

㉮ 경사관식 압력계의 일종이다.
㉯ 히스테리시스 현상을 이용한 압력계이다.
㉰ 저압 가스의 압력 측정이나 드레프트 게이지로 주로 이용된다.
㉱ 압력에 따른 금속의 신축성을 이용한 것이다.

[해설] 환상 천평식 압력계
① 측정 범위 : 25~3000 mmAq
② 정도 : ±1~2 %
③ 용도 : 저압 가스 압력 측정 및 drgft gauge (통풍계)로 주로 사용

18. 링밸런스식 압력계에 대한 설명으로 옳은 것은?

㉮ 부식성 가스나 습기가 많은 곳에서도 정도가 좋다.
㉯ 도압관은 가늘고 긴 것이 좋다.
㉰ 측정 대상 유체는 주로 액체이다.
㉱ 압력원에 접근하도록 계기를 설치하여야 한다.

[해설] 저압 가스 압력에 사용하며 설치 시 도입관은 굵고 짧게 하며 될 수 있는 대로 압력 원에 가깝도록 설치하여야 한다.

19. 다음 중 탄성 압력계에 속하지 않는 것은?

㉮ 부자식 압력계
㉯ 다이어프램 압력계
㉰ 벨로스식 압력계
㉱ 부르동관 압력계

[해설] 탄성식 압력계의 종류는 ㉯, ㉰, ㉱ 항이다.

20. 탄성 압력계에서 압력 검출단의 탄성체로 쓰이지 않는 것은?

㉮ 다이어프램(diaphragm)
㉯ 부르동관(bourdon tube)
㉰ 벨로스 (bellows)
㉱ 바이메탈 (bimetal)

[해설] 탄성체로 쓰이는 것은 ㉮, ㉯, ㉰ 항이다.

21. 다음 중 가장 높은 압력을 측정할 수 있는 압력계는?

㉮ 부르동관 (Bourdon tube) 압력계
㉯ 다이어프램(diaphragm) 압력계

[정답] 15. ㉮   16. ㉯   17. ㉰   18. ㉱   19. ㉮   20. ㉱   21. ㉮

㈐ 벨로스 (bellows) 압력계
㈑ 링밸런스 (ring balance) 압력계
[해설] 부르동관식 압력계는 가장 높은 압력 (1~2000 kg/cm² 정도)을 측정할 수 있으나 정확도(±1~3 %)는 나쁘다.
[참고] 보일러 및 압력 용기에서 가장 많이 사용되는 압력계는 부르동관식 압력계이다.

22. 벨로스식 압력계에 대한 설명 중 틀린 것은 어느 것인가?
㈎ 구조가 비교적 간단하다.
㈏ 금속 벨로스의 압력에 의한 신축을 이용한 것이다.
㈐ 측정 압력은 2.5~1000 kg/cm² 정도로 아주 넓다.
㈑ 재질로는 인청동, 스테인리스가 주로 사용된다.
[해설] ① 측정 압력 : 0.001~10 kg/cm² 정도
② 정도 : ±1~2 %
③ 용도 : 진공압 및 차압 측정용

23. 압력 측정 범위가 0.1~1000 kPa 정도인 탄성식 압력계로서 진공압 및 차압 측정용으로 주로 사용되는 것은?
㈎ 벨로스식
㈏ 부르동관식
㈐ 금속 격막식
㈑ 비금속 격막식
[해설] 벨로스식 압력계
① 측정 압력 : 0.01~10 kg/cm²
② 정도 : ±1~2%
③ 용도 : 진공압 및 차압 측정용

24. 연소 가스의 통풍계로 주로 사용되는 압력계는?
㈎ 다이어프램식 압력계
㈏ 벨로스 압력계
㈐ 링밸런스식 압력계
㈑ 분동식 압력계
[해설] 다이어프램식(박막식) 압력계의 특징
① 감도가 좋고 정확성이 높다 (정도 : 1~2 %).
② 측정 범위 : 20~5000 mmH₂O
③ 연소로의 통풍계(드래프트 게이지)로 많이 사용한다.

25. 램, 실린더, 기름 탱크, 가압 펌프 등으로 구성되어 있으며 탄성식 압력계의 일반 교정용으로 주로 사용되는 압력계는?
㈎ 분동식 압력계
㈏ 격막식 압력계
㈐ 벨로스식 압력계
㈑ 침종식 압력계
[해설] 분동식 압력계(정하중 시험기)는 다른 탄성식 압력계의 시험용, 교정용으로 사용한다.

26. 경유를 사용한 분동식 압력계의 사용 압력(kg/cm²) 범위는?
㈎ 40~100　　㈏ 100~300
㈐ 300~500　　㈑ 500~1000
[해설] 사용하는 기름의 종류와 압력
① 경유 : 40~100 kg/cm²
② 스핀들유, 피마자유, 마진유 : 100~1000 kg/cm²
③ 모빌유 : 3000 kg/cm²

27. 다음 침종식 압력계에 대한 설명 중 틀린 것은?
㈎ 플로트 (float) 편위는 액체의 내부 압력에 비례한다.
㈏ 편위를 직접 지시하거나 또는 그 위치를 전기적인 신호로 변환하여 원격 전송하는 방식이 가능하다.
㈐ 측정 범위에 따라 내부의 액체로 오일 또는 수은 등을 선택할 수 없다.

정답 22. ㈐　23. ㈎　24. ㈎　25. ㈎　26. ㈎　27. ㈐

라 플로트의 내, 외면에 압력을 설정할 수 있는 구조로 하여 차압계로도 사용할 수 있다.
[해설] 침종식 압력계는 아르키메데스의 원리를 이용한 것으로 사용액은 수은, 물, 기름 등이고 정밀도는 1~2 %이다.

28. 진동·충격의 영향이 적고, 미소 차압의 측정이 가능하며 저압 가스의 유량을 측정하는 데 주로 사용되는 압력계는?
가 압전식 압력계
나 부르동관식 압력계
다 침종식 압력계
라 분동식 압력계
[해설] 침종식 압력계의 특징
① 진동, 충격의 영향이 적고 미소 차압 측정이 가능하다.
② 저압 가스의 유량을 측정하는 데 많이 사용한다.

29. 다음 전기식 압력계의 측정에 대한 설명 중 틀린 것은?
가 원격 측정이 가능하다.
나 반응 속도가 느리다.
다 지시 및 기록이 쉽다.
라 정밀도가 좋다.
[해설] 전기식 압력계는 시간의 지연이 적으므로 반응 속도가 빠르다.

30. 다음 중 압전 효과를 이용한 압력계는?
가 액주형 압력계
나 아네로이드 압력계
다 박막식 압력계
라 스트레인 게이지식 압력계
[해설] 스트레인 게이지식 압력계 : 압전 효과를 이용하여 압력을 기전력으로 변화하는 압력계이다.

31. 액주에 의한 압력 측정에서 정밀 측정을 위한 보정(補正)으로 반드시 필요하지 않은 것은?
가 모세관 현상의 보정
나 중력의 보정
다 온도의 보정
라 높이의 보정
[해설] 액주식 압력계에서 정밀한 측정을 위해 필요로 하는 보정은 가, 나, 다항이다.

32. 진공에 대한 폐관식 압력계로서 측정하려고 하는 기체를 압축하여 수은주로 읽게 하여 그 체적 변화로부터의 원래 압력을 측정하는 형식의 진공계는?
가 눗슨 (Knudsen) 식
나 피라니(Pirani) 식
다 맥클라우드 (Macleod) 식
라 밸로스 (Bellows) 식
[해설] 맥클라우드식 진공계의 원리이며 표준 진공계로 사용된다(측정 범위 : $10^{-4} \sim 10^{-6}$ mmHg).

33. 다음 중 가장 높은 진공도를 측정할 수 있는 계기는?
가 Mcleed 진공계   나 Pirani 진공계
다 열전대 진공계   라 전리 진공계
[해설] ① Meleed 진공계 : $10^{-4} \sim 10^{-6}$ mmHg
② Pirani 진공계 : $10 \sim 10^{-6}$ mmHg
③ 열전대 진공계 : $1 \sim 10^{-3}$ mmHg
④ 전리 진공계 : $10^{-3} \sim 10^{-8}$ mmHg

34. 차압식 유량계의 특징이 아닌 것은?
가 조리개 전후에는 지름이 동일한 직관이 필요하다.
나 고온 고압의 유체를 측정할 수 있다.

정답 28. 다 29. 나 30. 라 31. 라 32. 다 33. 라 34. 라

㉰ 레이놀즈수 10^5 이하는 유량 계수가 변화한다.
㉱ 압력 손실이 작다.

[해설] 차압식 유량계는 압력 손실이 크며 압력 손실이 큰 순서는 오리피스 > 플로 노즐 > 벤투리

35. 차압식 유량계에 관한 설명으로 옳은 것은 어느 것인가?

㉮ 유량은 교축기구 전후의 차압에 비례한다.
㉯ 유량은 교축기구 전후의 차압의 평방근에 비례한다.
㉰ 유량은 교축기구 전후의 차압의 근사값이다.
㉱ 유량은 교축기구 전후의 차압에 반비례한다.

[해설] ① 유량은 차압의 평방근에 비례
② 유량은 관지름의 제곱에 비례
③ 유량은 조리개비 및 유량계수에 비례

36. 차압식 유량계의 압력손실의 크기를 바르게 나열한 것은?

㉮ 오리피스 < 벤투리 < 플로 노즐
㉯ 벤투리 < 플로 노즐 < 오리피스
㉰ 플로 노즐 < 벤투리 < 오리피스
㉱ 벤투리 < 오리피스 < 플로 노즐

[해설] 차압식 유량계의 압력 손실이 큰 순서 오리피스 > 플로 노즐 > 벤투리

37. 고속, 고압 유제의 유량측정에 적당하며 레이놀즈수가 높을 때 주로 사용되는 차압식 유량계는?

㉮ 벤투리미터   ㉯ 플로 노즐
㉰ 오리피스   ㉱ 피토관

[해설] 플로 노즐
압력 손실은 중간 정도로 고속, 고압 (50~300 kg/cm²)에 적당하다.

38. 차압식 유량계에서 압력차가 처음보다 2배 커지고, 관의 직경이 $\frac{1}{2}$ 로 되었다면, 나중 유량(Q_2)과 처음 유량(Q_1)의 관계로 가장 옳은 것은? (단, 나머지 조건은 모두 동일하다.)

㉮ $Q_2 = 0.3535 Q_1$
㉯ $Q_2 = \frac{1}{4} Q_1$
㉰ $Q_2 = 1.4142 Q_1$
㉱ $Q_2 = 0.707 Q_1$

[해설] $Q = AV = \frac{\pi d^2}{4} \times V$ 이고 $V \propto \sqrt{\Delta P}$ 이므로 유량 Q는 관지름의 제곱과 차압의 평방근에 비례하므로

$$\frac{Q_1}{Q_2} = \frac{d_1^2 \sqrt{\Delta P_1}}{d_2^2 \sqrt{\Delta P_2}} \text{에서}$$

$$\frac{Q_1}{Q_2} = \frac{d_1^2}{\left(\frac{d_1}{2}\right)^2} \times \frac{\sqrt{\Delta P_1}}{\sqrt{2\Delta P_2}} = \frac{4}{\sqrt{2}}$$

$$\therefore Q_2 = \frac{\sqrt{2}}{4} \cdot Q_1 = 0.3535 Q_1$$

39. 차압식 유량계에서 차압이 18972 Pa일 때 유량이 22 m³/h이었다. 차압이 10035 Pa일 때의 유량은 약 몇 m³/h인가?

㉮ 12   ㉯ 16
㉰ 20   ㉱ 24

[해설] 유량은 차압의 평방근에 비례하므로

$$Q_2 = Q_1 \times \frac{\sqrt{P_2}}{\sqrt{P_1}} \text{에서}$$

$$Q_2 = 22 \times \frac{\sqrt{10035}}{\sqrt{18972}} = 16 \text{ m}^3/\text{s}$$

40. 유로에 고정된 교축 기구를 두어 그 전후의 압력 차를 측정하여 유량을 구하는 유량계의 형식이 아닌 것은?
㉮ 오리피스미터 ㉯ 벤투리미터
㉰ 로터미터 ㉱ 플로 노즐

[해설] ㉮, ㉯, ㉱의 유량계는 차압식 유량계이며 로터 미터는 면적식 유량계이다.

41. 다음 중 레이놀즈수를 나타낸 식으로 옳은 것은? (단, D는 관의 내경, μ는 유체의 점도, ρ는 유체의 밀도, U는 유체의 속도이다.)

㉮ $\dfrac{D\mu U}{\rho}$ ㉯ $\dfrac{\mu\rho U}{D}$
㉰ $\dfrac{D\mu\rho}{U}$ ㉱ $\dfrac{DU\rho}{\mu}$

[해설] ① $Re = \dfrac{\left[\begin{array}{c}\text{관의 내경}(m) \times \text{유체의 속도}(m/s)\\ \times \text{유체의 밀도}(kg/m^3)\end{array}\right]}{\text{유체의 절대점도}(kg/m\cdot s)}$

② $Re = \dfrac{\text{유체의 속도}(m/s) \times \text{관의 내경}(m)}{\text{유체의 동점도}(m^2/s)}$

42. 내경 300 mm인 원관 내에 3 kg/s의 공기가 유입되고 있다. 이때 관내의 압력 200 kPa, 온도 25℃, 공기 기체 상수는 287 J/kg·K이라고 할 때 공기 평균 속도는 약 몇 m/s인가?
㉮ 1.8 ㉯ 2.4
㉰ 18.2 ㉱ 23.5

[해설] $PV = GRT$에서
$V = \dfrac{3 \times 0.287 \times (25+273)}{200}$
$= 1.28289 \, m^3/s$
∴ 속도 $= \dfrac{1.28289}{\dfrac{\pi \times (0.3)^2}{4}} = 18.16 \, m/s$

43. 베르누이 방정식을 적용할 수 있는 가정으로 옳게 나열된 것은?
㉮ 무마찰, 압축성 유체, 정상 상태
㉯ 비점성 유체, 등유속, 비정상 상태
㉰ 뉴턴 유체, 비압축성 유체, 정상 상태
㉱ 비점성 유체, 비압축성 유체, 정상 상태

[해설] ① 내부 마찰 및 점성 저항이 없는 유체일 것
② 비압축성 유체일 것
③ 유동은 변함이 없을 것
④ 외력은 중력만 작용할 것

44. 다음 중 질량 유량 W [kg/s]에 대하여 옳게 표현한 식은? (단, V [m³/s]는 부피 유량, ρ [kg/m³]는 유체의 밀도이다.)

㉮ $W = V \cdot \rho$ ㉯ $W = \dfrac{V}{\rho}$
㉰ $W = \dfrac{1}{V \cdot \rho}$ ㉱ $W = \dfrac{\rho}{V}$

[해설] 관로의 단면적을 A [m²], 유속을 V'' [m/s]라면
$W = e \cdot A \cdot V''$, $V = A \cdot V''$ 이므로
$W = V \cdot \rho$ 이다.

45. 내경 10 cm의 관내 흐름에서 임계레이놀즈수가 2300일 때 20℃인 물의 임계 속도는 약 몇 m/s인가? (단, 20℃ 물에서의 동점성 계수는 1.01×10^{-4} m²/s이다.)
㉮ 0.232 ㉯ 0.282
㉰ 2.32 ㉱ 2.82

[해설] 임계레이놀즈수 $= \dfrac{\text{유속} \times \text{관경}}{\text{동점성 계수}}$에서
유속 $= \dfrac{2300 \times 1.01 \times 10^{-4}}{0.1}$
$= 2.32 \, m/s$

46. 용적식 유량계에 대한 설명으로 옳은 것은 어느 것인가?

정답 40. ㉰ 41. ㉱ 42. ㉰ 43. ㉱ 44. ㉮ 45. ㉰ 46. ㉮

㉮ 적산 유량의 측정에 적합하다.
㉯ 고점도에는 사용할 수 없다.
㉰ 발신기 전후에 직관부가 필요하다.
㉱ 측정 유체의 맥동에 의한 영향이 크다.
[해설] 용적식 유량계의 특징
① 적산 정도가 ±0.2~0.5%로 높고 거래용에도 사용한다.
② 고점도의 유체나 점도 변화가 있는 유체에 적합하다.
③ 맥동의 영향이 적고 압력 손실도 적다.
④ 고형물의 혼입을 막기 위하여 반드시 스트레이너를 입구측에 마련할 필요가 있다.

47. 용적식 유량계의 일반적인 특징에 대한 설명 중 틀린 것은?

㉮ 정도(精度)가 높다.
㉯ 고점도의 유체 측정이 가능하다.
㉰ 맥동에 의한 영향이 없다.
㉱ 구조가 간단하다.
[해설] 용적식 유량계는 구조가 복잡하다.

48. 오벌(oval)식 유량계의 특징에 대한 설명 중 틀린 것은?

㉮ 타원형 치차의 맞물림을 이용하므로 비교적 측정 정도가 높다.
㉯ 기체 유량 측정은 불가능하다.
㉰ 유량계 전부(前部)에 여과기(strainer)를 설치하지 않아도 된다.
㉱ 설치가 간단하고 내구력이 있다.
[해설] 유량계 전부에 반드시 여과기를 설치해야 한다.

49. 열관리 측정 기기 중 oval 미터는 주로 무엇을 측정하기 위한 것인가?

㉮ 온도　　㉯ 액면
㉰ 위치　　㉱ 유량
[해설] oval 유량계는 용적식 유량계이다.

50. 다음 중 용적식 유량계에 해당되는 것은?

㉮ 피토관　　㉯ 습식 가스미터
㉰ 로터미터　　㉱ 오리피스미터
[해설] 용적식 유량계 종류
　가스미터, 오벌 기어식, 루트식, 로터리 피스톤식

51. 도시가스 미터에서 일반적으로 사용되는 계량기의 형태는?

㉮ oval type
㉯ drum type
㉰ diaphragm type
㉱ nozzle type
[해설] 격막식 가스미터는 (건식 가스미터) 도시가스 계량기로 사용되며 드럼형 가스미터(습식 가스미터)는 건식 가스미터 검사 및 대량 가스 계량에 사용된다.

52. 가스미터의 표준기로도 이용되는 가스미터의 형식은?

㉮ 오벌(oval)형
㉯ 드럼(drum)형
㉰ 다이어프램(diaphragm)형
㉱ 로터리 피스톤(rotary piston)형
[해설] 가스 미터의 기본형은 드럼형이다.

53. 다음 중 도시가스 미터에 사용되는 유량계의 형태는?

㉮ oval type
㉯ drum type
㉰ diaphragm type
㉱ nozzle type
[해설] 막식(다이어프램식) 유량계가 도시가스 미터에 많이 사용된다.
[참고] 오벌식 유량계는 기체 유량 측정이 불가능하다.

정답　47. ㉱　48. ㉰　49. ㉱　50. ㉯　51. ㉰　52. ㉯　53. ㉰

54. 면적식 유량계의 특징에 대한 설명 중 틀린 것은?

㉮ 측정치가 균등 눈금으로 얻어진다.
㉯ 고점도 유체의 측정이 가능하다.
㉰ 적은 유량도 측정이 가능하다.
㉱ 정도는 ±0.01 % 정도로 아주 좋다.
[해설] 정도는 ±1~2 % 정도이다.

55. 열선식 유량계에 대한 설명으로 틀린 것은 어느 것인가?

㉮ 열선의 전기저항이 감소하는 것을 이용한 유량계를 열선 풍속계라 한다.
㉯ 유체가 필요로 하는 열량이 유체의 양에 비례하는 것을 이용한 유량계는 토마스식 유량계이다.
㉰ 기체의 종류가 바뀌거나 조성이 변해도 정도가 높다.
㉱ 기체의 질량 유량을 직접 측정이 가능하다.
[해설] 기체의 종류가 바뀌거나 조성이 변하면 정도가 낮아진다.
[참고] 열선식 유량계 종류
미풍계, 토마스계, 서벌 유량계

56. 속도의 수두차를 측정하는 유량계가 아닌 것은?

㉮ 피토관(Pitot tube)
㉯ 로터미터(Rota meter)
㉰ 오리피스미터(Orifice meter)
㉱ 벤투리미터(Venturi meter)
[해설] 로터미터는 면적식 유량계이다.

57. 부표(float)와 관의 단면적 차이를 이용하여 측정하는 면적식 유량계는?

㉮ 오리피스미터   ㉯ 피토관
㉰ 벤투리미터   ㉱ 로터미터
[해설] 면적식 유량계 중에서 float형에 속하는 rotameter가 일반적으로 사용된다.

58. 유속 5 m/s의 물 흐름 속에 피토관을 세웠을 때 수주의 높이는 약 몇 m인가?

㉮ 1.03   ㉯ 1.28
㉰ 1.65   ㉱ 1.94
[해설] $V = \sqrt{2gh}$ 에서
$$h = \frac{V^2}{2g} = \frac{5^2}{2 \times 9.8} = 1.276 \, m$$

59. 피토관(Pitot tube)의 사용 시 주의사항으로 틀린 것은?

㉮ 5m/s 이하 기체에는 적용할 수 없다.
㉯ 더스트(dust), 미스트(mist) 등이 많은 유체에 적합하다.
㉰ 피토관의 헤드 부분은 유동 방향에 대해 평행하게 부착한다.
㉱ 흐름에 대하여 충분한 강도를 가져야 한다.
[해설] dust, mist 등이 많은 유체에 부적합하다.

60. 다음 중 피토관의 장점이 아닌 것은?

㉮ 제작비가 싸다.
㉯ 구조가 간단하다.
㉰ 정도(精度)가 높다.
㉱ 부착이 용이하다.
[해설] 피토관식 유량계는 측정 시 주의사항이 많으므로 오차가 발생하기 쉽다.

61. 보일러 공기 예열기의 공기 유량을 측정하는 데 가장 적합한 유량계는?

㉮ 면적식 유량계   ㉯ 열선식 유량계
㉰ 차압식 유량계   ㉱ 용적식 유량계

정답 54. ㉱ 55. ㉰ 56. ㉯ 57. ㉱ 58. ㉯ 59. ㉯ 60. ㉰ 61. ㉯

[해설] 연도와 같은 악조건에서 비산되는 재가 적을 때는 열선 풍속계식 유량계가 적합하다.

62. 전자(電磁) 유량계로 유량을 구하기 위해서 직접 계측하는 것은?
㉮ 유체 내에 생기는 자속(磁束)
㉯ 유체에 생기는 과전류(過電流)에 의한 온도 상승
㉰ 유체에 생기는 압력 상승
㉱ 유체에 생기는 기전력
[해설] 전자 유량계는 페레데이(Faraday)의 전자 유도 법칙에 의해 발생되는 기전력을 계측한다.

63. 다음 전자 유량계에 대한 설명 중 틀린 것은?
㉮ 압력 손실이 거의 없다.
㉯ 고점도 유체에 대하여도 측정이 가능하다.
㉰ 쿨롱의 전자 유도 법칙을 이용한 것이다.
㉱ 증폭기가 필요하다.
[해설] 전자 유량계는 Faraday의 전자 유도 법칙을 이용한 것이다.

64. 전자 유량계의 특징에 대한 설명 중 틀린 것은?
㉮ 압력 손실이 거의 없다.
㉯ 내식성 유지가 곤란하다.
㉰ 전도성 액체에 한하여 사용할 수 있다.
㉱ 미소한 측정 전압에 대하여 고성능 증폭기를 필요로 한다.
[해설] 전자 유량계는 관내에 네오프렌, 유리 등으로 라이닝함으로써 높은 내식성을 얻을 수 있으며 고점도 액체 측정도 가능하다.

65. 다음 전자 유량계에 대한 설명 중 틀린 것은?
㉮ 유량계의 관내에 적당한 재료를 라이닝(lining)하므로 높은 내식성을 유지시킬 수 있다.
㉯ 미소한 측정 전압에 대하여 고성능 증폭기를 필요로 한다.
㉰ 압력 손실이 높고 점도가 높은 유체나 슬러리(slurry)에는 사용할 수 없다.
㉱ 도전성 유체에만 사용한다.
[해설] 전자 유량계는 압력 손실이 없고 슬러리가 들어 있거나 고점도 유체에도 사용이 가능하다.

66. 전자 유량계의 특징에 대한 설명 중 틀린 것은?
㉮ 압력 손실이 거의 없다.
㉯ 응답이 매우 빠르다.
㉰ 높은 내식성을 유지할 수 있다.
㉱ 모든 액체의 유량 측정이 가능하다.
[해설] 전자 유량계는 도전성 액체에만 유효하다.

67. 전자 유량계에서 안지름이 4 cm인 파이프에 3 L/s의 액체가 흐르고, 자속 밀도 1000 gauss의 평등 자계 내에 있다면 이때 검출되는 전압은 약 몇 mV인가? (단, 자속 분포의 수정 계수는 1이고, 액체의 비중은 1이다.)
㉮ 5.5   ㉯ 7.5
㉰ 9.5   ㉱ 11.5
[해설] 자속 분포의 수정 계수를 ε, 자속 밀도를 B[gauss], 유체의 속도를 V[m/s], 관경은 D[cm]라 할 때,
기전력 $E(V) = \varepsilon BDV \times 10^{-8}$에서 먼저 유속 V를 구하면
$$V = \frac{0.003}{\frac{\pi \times (0.04)^2}{4}} = 2.38 \text{m/s} = 238 \text{cm/s}$$

정답 62. ㉱ 63. ㉰ 64. ㉯ 65. ㉰ 66. ㉱ 67. ㉰

$$\therefore E = 1 \times 1000 \times 4 \times 238 \times 10^{-8}$$
$$= 0.00952\,V$$
$$= 9.52\,mV$$

68. 유체의 와류를 이용한 와유량계가 아닌 것은?
- ㉮ 스와르 미터
- ㉯ 칼만형
- ㉰ 델타
- ㉱ 게이트형

[해설] 와유량계의 종류는 ㉮, ㉯, ㉰항이며 게이트형은 면적식 유량계이다.

69. 다음 중 액면 측정 방법이 아닌 것은?
- ㉮ 부자식(浮子式)
- ㉯ 액압(液壓) 측정식
- ㉰ 정전(靜電) 용량식
- ㉱ 박막식(薄膜式)

[해설] 액면 측정 방법에는 ㉮, ㉰, ㉱ 외에 검척식, 편위식, 방사선식 등이 있다.

70. 다음 중 직접식 액위계에 해당하는 것은?
- ㉮ 플로트식
- ㉯ 초음파식
- ㉰ 방사선식
- ㉱ 정전용량식

[해설] 직접식 액위계의 종류에는 플로트식, 검척식, 유리관식이 있으며 간접식 액위계의 종류에는 초음파식, 방사선식, 정전용량식, 압력식이 있다.

71. 구조와 원리가 간단하여 고압 밀폐 탱크의 액면 제어용으로 주로 사용되는 액면계는 어느 것인가?
- ㉮ 편위식 액면계
- ㉯ 차압식 액면계
- ㉰ 부자식 액면계
- ㉱ 기포식 액면계

[해설] 부자(float)식 액면계는 구조가 간단하고 액면 제어용으로 주로 사용한다.

72. 부자(float)식 액면계의 특징으로 틀린 것은?
- ㉮ 원리 및 구조가 간단하다.
- ㉯ 고온, 고압에도 사용할 수 있다.
- ㉰ 액면이 심하게 움직이는 곳에 사용하기 좋다.
- ㉱ 액면 상, 하한계에 경보용 리미트 스위치를 설치할 수 있다.

[해설] 부자식 액면계는 측정 범위를 크게 할 수 있으며 액면이 심하게 움직이는 곳에는 사용하기 곤란하다.

73. 정전 용량식 액면계의 특징에 대한 설명 중 틀린 것은?
- ㉮ 측정 범위가 넓다.
- ㉯ 구조가 간단하고 보수가 용이하다.
- ㉰ 유전율이 온도에 따라 변화되는 곳에도 사용할 수 있다.
- ㉱ 습기가 있거나 전극에 피측정체를 부착하는 곳에는 부적당하다.

[해설] 유전율이 온도에 따라 변화되는 곳에서는 사용할 수 없다.

74. 다음 그림과 같이 수은을 넣은 차압계를 이용하는 액면계에 있어서 수은면의 높이차(h)가 50.0 mm일 때 상부의 압력 취출구에서 탱크 내 액면까지의 높이(H)는 약 몇 mm인가? (단, 액의 밀도(r)는 999 kg/m³, 수은의 밀도(r_0)는 13550 kg/m³이다.)

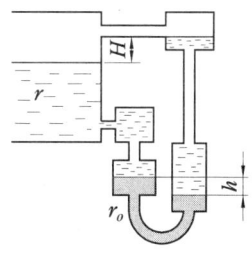

⑦ 578 ④ 628
④ 678 ④ 728

[해설] $13550 \times 0.05 - 999 \times 0.05$
$= 627.55 \text{ kg/m}^2$
∴ $H = \dfrac{627.55}{999} = 0.6282 \text{ m} = 628.2 \text{ mm}$

75. 아르키메데스의 원리를 이용한 액면 측정 방식은?

⑦ 차압식 ④ 기포식
④ 편위식 ④ 검자식

[해설] 편위식 액면계는 아르키메데스의 원리를 이용한 액면계이며 고압, 진공 탱크에 많이 사용한다.

76. 가스 분석에서 시료 가스 채취 시의 주의사항으로 잘못된 것은?

⑦ 고온 가스의 채취관은 석영관, 자기 관을 사용한다.
④ 저온 가스의 채취관은 동관, 황동관을 사용한다.
④ 시료 가스는 채취구로부터 공기의 침입이 없어야 한다.
④ 시료 가스의 배관을 길게 하고, 벽에 가까운 가스를 채취한다.

[해설] 시료 가스의 배관을 짧게 하고 연도 중앙 부분의 가스를 채취한다.

77. 가스 시료 채취 장치의 1차 필터의 종류에 맞지 않는 것은?

⑦ 카보런덤
④ 알런덤
④ 소결 금속 합금
④ 석면

[해설] 1차 필터로 알런덤, 카보런덤, 소결 금속 합금이 사용되며, 2차 필터로 면, 솜, 유리솜, 석면이 사용된다.

78. 가스 분석계 중 물리적 방법에 속하지 않는 것은?

⑦ 밀도법
④ 가스 크로마토그래피법
④ 자동 화학식 CO_2계
④ 열전도율법

[해설] 자동 화학식 CO_2계는 화학적 가스 분석계이다.

79. 다음 측정 방법 중 화학적 가스 분석 방법은?

⑦ 열전도율법 ④ 도전율법
④ 적외선 흡수법 ④ 연소열법

[해설] 화학적 가스 분석 방법에는 연소열법과 오르사트법이 있다.

80. 가스 분석계의 측정법 중 전기적 성질을 이용한 것은?

⑦ 세리믹식 측정 방법
④ 연소열식 측정 방법
④ 자동 오르사트법
④ 가스크로마토그래피법

[해설] 세라믹 O_2계
지르코니아(ZrO_2)를 주원료로한 특수 세라믹으로 열기전력을 이용한 가스 분석계이다.

81. 기체 연료의 시험 방법 중 CO_2는 어느 흡수액에 흡수시키는가?

⑦ 수산화칼륨 수용액
④ 암모니아성 염화 제1구리 용액
④ 알칼리성 피로갈롤 용액
④ 발연 황산액

[해설] ④ : CO 흡수액, ④ : O_2 흡수액, ④ : C_mH_n 흡수액

정답 75. ④ 76. ④ 77. ④ 78. ④ 79. ④ 80. ⑦ 81. ⑦

82. 시료 가스 중의 CO_2, 탄화 수소, 산소, CO 및 질소 성분을 분석할 수 있는 방법으로 흡수법 및 연소법의 조합인 분석법은?

㉮ 분젠 – 실링법
㉯ 헴펠(Hempel)식 분석법
㉰ Junkers식 분석 방법
㉱ 오르사트 (Orsat) 분석법

[해설] 헴펠식 가스 분석계의 분석 순서
$CO_2 \rightarrow C_mH_n$(탄화수소)$\rightarrow O_2 \rightarrow CO$

83. 다음 중 오르사트식 가스 분석계로 측정하기 곤란한 것은?

㉮ O_2 ㉯ CO_2 ㉰ CH_4 ㉱ CO

[해설] $CO_2 \rightarrow O_2 \rightarrow CO$ 성분을 순서대로 분석 측정한다.

84. 다음 중 오르사트 (Orsat) 분석기에서 CO_2의 흡수액은?

㉮ 산성 염화 제1 구리 용액
㉯ 알칼리성 염화 제1 구리 용액
㉰ 염화암모늄 용액
㉱ 수산화칼륨 용액

[해설] ① CO_2 흡수액 : 30 % 수산화칼륨 (KOH) 용액
② O_2 흡수액 : 알칼리성 피로갈롤 용액
③ CO 흡수액 : 암모니아성 염화 제1 구리 용액

85. 가스크로마토그래피(GC)는 다음 중 어떤 원리를 응용한 것인가?

㉮ 증발 ㉯ 증류
㉰ 흡착 ㉱ 건조

[해설] 가스크로마토그래피 가스 분석계
카람 (통)속에 활성탄, 실리카 겔, 활성 알루미나 등의 흡착제를 충전한다.

86. 가스크로마토그래피의 특징에 대한 설명으로 옳지 않은 것은?

㉮ 1대의 장치로 여러 가지 가스를 분석할 수 없다.
㉯ 미량 성분의 분석이 가능하다.
㉰ 분리 성능이 좋고 선택성이 우수하다.
㉱ 응답 속도가 다소 느리고 동일한 가스의 연속 측정이 불가능하다.

[해설] 다성분의 전분석을 1대의 장치로 할 수 있다.

87. 다음 중 기체 및 비점 300℃ 이하의 액체를 측정하는 물리적 가스 분석계로 선택성이 우수한 가스 분석계는?

㉮ 밀도법
㉯ 가스크로마토그래피법
㉰ 세라믹법
㉱ 오르사트법

[해설] 가스크로마토그래피 가스 분석계의 특징
① 기체 및 비점 300℃ 이하의 액체에 사용
② 분리 능력이 좋고 선택성이 우수하다.
③ 응답 속도가 늦고 연속 측정이 불가능하다.

88. 다음 중 열전도율이 가장 큰 것은?

㉮ O_2 ㉯ CO
㉰ CO_2 ㉱ H_2

[해설] 가스의 열전도율 ($\times 10^{-4}$ cal/cm·s·deg) [0℃ 기준]
① H_2 : 3.965 (7.01)
② O_2 : 0.584 (1.03)
③ CO : 0.552 (0.975)
④ CO_2 : 0.349 (0.616)
⑤ N_2 : 0.568 (1.003)

89. 다음 중 열전도율이 가장 적은 것은? (단, 0℃ 기준이다.)

[정답] 82. ㉯ 83. ㉰ 84. ㉱ 85. ㉰ 86. ㉮ 87. ㉯ 88. ㉱ 89. ㉯

㉮ H_2 ㉯ SO_2
㉰ 공기 ㉱ O_2

[해설] 열전도율 (단위 : $\times 10^{-4}$ cal/cm·s·deg)
① H_2 : 3.965 ② O_2 : 0.584
③ 공기 : 0.556 ④ SO_2 : 0.195

90. 열전도율형 CO_2 분석계의 사용 시 주의사항에 대한 설명 중 틀린 것은?

㉮ 브리지의 공급 전류의 점검을 확실하게 한다.
㉯ 셀의 주위 온도와 측정 가스 온도는 거의 일정하게 유지시키고 온도의 과도한 상승은 피한다.
㉰ H_2의 혼입은 지시를 높여 준다.
㉱ 가스 유속은 거의 일정하게 하여야 한다.

[해설] ① H_2의 혼입은 지시를 떨어뜨린다.
② 가스 압력 변동은 지시에 영향을 주는 일이 있다.

91. 대칭성 2원자 분자를 제외한 CO_2, CH_4 등 거의 대부분 가스를 분석할 수 있으며, 선택성이 우수하고, 연속 분석이 가능한 가스 분석법은?

㉮ 적외선법 ㉯ 음향법
㉰ 열전도율법 ㉱ 도전율법

[해설] 적외선 가스 분석계는 H_2, N_2, O_2 등의 대칭 2원자를 제외한 CO, CO_2, CH_4 등 대부분의 가스 분석이 가능하고 선택성이 우수하다.

92. 다음 가스 분석계 중 산소를 분석할 수 없는 것은?

㉮ 연소식 ㉯ 자기식
㉰ 적외선식 ㉱ 지르코니아식

[해설] 적외선 가스 분석계는 O_2, H_2, N_2 등의 대칭 2원자 분자를 제외한 CO, CO_2, CH_4 등을 분석할 수 있다.

93. 다음 [보기]의 특징을 가지는 가스 분석계는?

[보기]
- 가동 부분이 없고 구조도 비교적 간단하며, 취급이 쉽다.
- 가스의 유량, 압력, 점성의 변화에 대하여 지시 오차가 거의 발생하지 않는다.
- 열선은 유리로 피복되어 있어 측정 가스 중의 가연성 가스에 대한 백금의 촉매 작용을 막아 준다.

㉮ 연소식 O_2계
㉯ 적외선 가스 분석계
㉰ 자기식 O_2계
㉱ 밀도식 CO_2계

[해설] 자기식 O_2계의 특징이다.

94. 연소 가스 중의 CO와 H_2의 측정에 주로 사용되는 가스 분석계는?

㉮ 과잉 공기계 ㉯ 질소 가스계
㉰ 미연소 가스계 ㉱ 탄산 가스계

[해설] 미연소 가스계(H_2+CO계)는 연소 가스 중 미연 성분의 H_2, CO를 측정한다.

95. 미연소 가스계에서 촉매로 사용되는 것은 어느 것인가?

㉮ 구리 ㉯ 니켈
㉰ 은 ㉱ 백금

[해설] 촉매로 백금선이 사용된다.

96. 연소 가스 측정 기기 중 과잉 공기계라고 불리는 것은?

[정답] 90. ㉰ 91. ㉮ 92. ㉰ 93. ㉰ 94. ㉰ 95. ㉱ 96. ㉯

㉮ CO_2 측정기
㉯ O_2 측정기
㉰ N_2 측정기
㉱ $CO + H_2$ 측정기

[해설] 연소식 O_2계를 일명 과잉 공기계라고 하며 연소의 반응열을 이용한 가스 분석계이다.

97. 다음 중 세라믹식 O_2계의 주원료는?

㉮ CH_4 ㉯ KOH
㉰ ZrO_2 ㉱ HCl

[해설] 세라믹식 O_2계
지르코니아 (ZrO_2)를 주원료로 한 특수한 세라믹은 온도를 높이면 산소 이온만을 통과 시키는 성질을 이용한다.

98. 다음 세라믹식 O_2계의 특징에 대한 설명 중 틀린 것은?

㉮ 측정 가스의 유량이나 설치 장소 주위의 온도 변화에 의한 영향이 적다.
㉯ 연속 측정이 가능하며, 측정 범위가 넓다.
㉰ 측정부의 온도 유지를 위해 온도 조절용 전기로가 필요하다.
㉱ 저농도 가연성 가스의 분석에 적합하고 대기 오염 관리 등에서 사용된다.

[해설] 세라믹식 O_2는 가연성 가스가 있는 경우에는 연소에 의한 O_2량의 저하가 생기므로 사용할 수가 없다.

99. 산소의 농도를 측정할 때 기전력을 이용하여 분석, 계측하는 분석계는?

㉮ 자기식 O_2계
㉯ 세라믹식 O_2계
㉰ 연소식 O_2계
㉱ 밀도식 O_2계

[해설] 세라믹 O_2계는 지르코니아 (ZrO_2)를 주원료로 한 특수세라믹은 온도를 높이면 산소 이온만을 통과시키는 성질(기전력)을 이용한 것이다.

100. 가스크로마토그래피법에서 사용하는 검출기 중 수소염이온화검출기를 의미하는 것은 어느 것인가?

㉮ ECD ㉯ FID
㉰ HCD ㉱ FTD

[해설] 검출기(detector)의 종류 및 특징
① TCD (열전도도 검출기)
  ㉠ 가장 널리 사용되며 구조가 간단하고 취급이 용이하다.
  ㉡ 운반 가스 이외의 모든 성분의 검출이 가능하다.
  ㉢ 농도 검출기이므로 운반 가스의 유량이 변동하면 감도가 변한다.
  ㉣ 유기 화합물에 대해서는 감도가 FID에 비해 뒤진다.
② FID (수소염 이온화 검출기)
  ㉠ 감도가 높고 정량 범위가 넓으므로 유기 화합물 분석에 가장 널리 사용된다.
  ㉡ 정량 검출기이므로 운반 가스 유량이 변동하여도 감도가 변하지 않는다.
③ ECD (전자 포획형 검출기) : 유기 할로겐 화합물, 니트로 화합물 및 유기 금속 화합물을 선택적으로 검출할 수 있다.
④ FPD (염광광도형 검출기) : 인 또는 유황 화합물을 선택적으로 검출할 수 있다.
⑤ FTD (알칼리열 이온화 검출기)
  유기 질소 화합물 및 유기인화합물을 선택적으로 검출할 수 있다.

101. 가스크로마토그래피법에 사용되는 검출기 중 물에 대하여 감도를 나타내지 않기 때문에 자연수 중에 들어있는 오염 물질을 검출하는 데 유용한 검출기는?

[정답] 97. ㉰ 98. ㉱ 99. ㉯ 100. ㉯ 101. ㉮

㉮ 불꽃이온화검출기
㉯ 열전도도검출기
㉰ 전자포획검출기
㉱ 원자방출검출기

[해설] 수소 불꽃 이온화 검출기(FID)는 오염 물질을 검출하는 데 유용하며 가장 많이 사용되는 검출기는 열전도도 검출기(TCD)이다.

102. 검출기 중에서 가장 많이 사용되는 것은 어느 것인가?

㉮ TCD (열전도도 검출기)
㉯ FID (수소염 이온화 검출기)
㉰ ECD (전자포획형 검출기)
㉱ FPD (염광광도형 검출기)

[해설] 문제 100 해설 참조

103. 황화합물과 인화합물에 대하여 선택성이 높은 검출기는?

㉮ 불꽃 이온 검출기(FID)
㉯ 열전도도 검출기(TCD)
㉰ 전자 포획 검출기(ECD)
㉱ 염광광도 검출기(FPD)

[해설] 문제 100 해설 참조

[정답] 102. ㉮ 103. ㉱

Chapter 4. 열 측정

1. 온 도

1-1. 온도 측정 방법

(1) 접촉식 온도 측정 방법

측정기의 감온부를 직접 접촉시켜 양자 사이에 열수수를 행하게 하여 평형이 되었을 때 검출부의 온도에서 대상물의 온도를 측정하는 방법이다.

① 열팽창을 이용한 것
　㈎ 팽창에 의한 부피 변화 이용 : 유리제 봉입식 온도계, 바이메탈 온도계
　㈏ 팽창에 의한 압력 변화 이용 : 압력식 온도계

② 전기 저항 변화를 이용한 것(전기 저항체 온도계)
　㈎ 금속선의 저항 변화 이용 : 백금(Pt), 니켈(Ni), 구리(Cu)선 등 이용
　㈏ 반도체의 저항 변화 이용 : 서미스터(thermistor)

③ 열전기력을 이용한 것(열전대 온도계)
　㈎ 금속 열전대 : PR 열전대, IC 열전대, CC 열전대
　㈏ 비금속 열전대 : CA 열전대

④ 상태 변화를 이용한 것
　㈎ 제겔 콘
　㈏ 서모 컬러(thermo color)

> **참고 ◦ 접촉식 온도계의 특징**
>
> ① 정확한 온도 측정이 가능하다.
> ② 감온부는 측정체와 같은 온도가 되므로 감열부의 소모, 또는 재질의 내열성 관계로 최고 측정 온도의 제한을 받는다.
> ③ 1000℃ 이하의 측온에 적당하다.

(2) 비접촉식 온도 측정 방법

측온체와 접촉하지 않고 물체에서 방사하는 열복사의 강도 및 에너지를 측정하여 온도를 측정하는 방법이다.

① 전방사 에너지를 이용한 것 : 방사 온도계
② 단파장(가시광선) 에너지를 이용한 것 : 광고 온도계, 광전관 온도계, 색온도계

> **참고** ○ 비접촉식 온도계의 특징
>
> ① 내열성 문제가 전혀 없어 고온 측정이 가능하다.
> ② 이동하는 물체의 온도 측정이 가능(방사온도계)하다.
> ③ 물체의 표면 온도만 측정 가능하다.
> ④ 1000℃ 이상의 고온 측정에 적당하다.
> ⑤ 방사율의 보정이 필요하다.
> ⑥ 접촉에 의하여 열을 빼앗기는 일이 없고 피측정물의 열적 조건을 교란하는 일이 없다.
> ⑦ 응답이 빠르다.

1-2 온도계의 종류 및 특징

(1) 접촉식 온도계의 종류

① 유리제 온도계 : 유리 온도계는 액체를 넣는 구부와 가는 유리관으로 되어 있으며 열에 의한 액체의 변화를 이용한 것으로 관에 대한 겉보기 팽창을 눈금으로 읽는다.

　(가) 수은 온도계 : 모세관 내에서 수은의 열팽창을 이용
- 측정 범위 : −35~350℃
- 정도 : ±0.2~1℃
- 특징
  − 응답 속도가 비교적 빠르다.
  − 경연 변화에 의한 오차가 생긴다.
  − 팽창 계수가 적다.
  − 비열이 적다.
  − 질소 충전한 것은 650℃까지 사용 가능하다.

　(나) 알코올 온도계 : 모세관 내에서 알코올의 열팽창을 이용
- 측정 범위 : −100~100℃
- 정도 : ±0.5~1.0℃

- 특징
  - 저온 측정에 적합하다.
  - 표면 장력이 작아 모세관 현상이 크다.
  - 열팽창 계수가 크다.
  - 열전도율이 나쁘다.
  - 액주가 상승한 후 하강하는 데 시간이 걸린다.

㈐ 베크만 온도계 : 모세관 상부에 보조 구부를 설치하고 사용 온도에 따라 수은량을 조절할 수 있으며 0.01~0.005℃ 정도까지의 미세한 온도차를 측정할 수 있다.

- 특징
  - 최고 사용 온도는 150℃
  - 실험 시험용 및 열량계로도 사용한다.
  - 미세한 온도차의 측정용이다.
  - 구조가 간단하고 즉시 눈금을 읽을 수 있다.

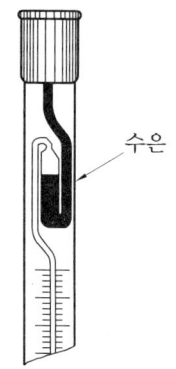

베크만 온도계

㈑ 유점 온도계 : 유점을 가진 온도계로서 최고 온도계이다. 모세관 곡부에 유점을 두어 온도 상승 시 수은이 올라가지만 내려올 때는 유점이 막혀 내려옴을 막는다.

- 특징 : 체온계로 많이 사용한다.

㈒ 유기성 액체 봉입 온도계 : 수은 온도계와 같지만 감온액을 유기성 액체인 알코올, 톨루엔, 펜탄 등을 사용하고 저온용으로 사용한다.

- 사용 온도
  - 알코올 : -100~100℃
  - 톨루엔 : -100~100℃
  - 펜탄 : -200~300℃
- 특징
  - 저온 측정에 유효하다.
  - 착색하여 읽기 좋다.
  - 팽창 계수가 수은보다 크다.
  - 메카니커의 하단을 읽는다.

② 바이메탈 온도계 : 선팽창 계수가 다른 2종의 금속을 결합시켜 1개의 금속판으로 만든 것을 바이메탈이라 하고 이러한 바이메탈은 온도에 따라 굽히는 정도가 다른 점을 이용한다. 바이메탈 온도계를 외형상으로 분류하면 나선형, 와권형, 요철형, 원호형이 있다.

㈎ 측정 범위 : -50~500℃
㈏ 정도 : ±1 %

㈐ 특징
- 히스테리시스 오차가 발생한다.
- 온도 변화에 대한 응답이 빠르다.
- 온도 조절 스위치를 사용한다.
- 작용하는 힘이 크다.
- 온도 자동 기록 장치에 사용된다.
- 압력계, 저울 등의 온도 보상용이다.

③ 압력식 온도계 : 수은, 알코올, 아닐린 등 액체나 기체를 밀폐한 관중에 봉입하고 열을 가하면 관내의 압력이 증대한다. 이 압력을 이용하여 측정하는 형식으로 감온부, 도압부, 감압부로 구성되어 있다.

㈎ 액체 압력식(액체 팽창식) 온도계 : 구형의 감온부, 모세관으로 된 도압부, 부르동관으로 이루어진 감압부로 구성되어 있으며 감압부에 액체를 봉입하여 온도에 따른 부피 팽창으로 감온부가 온도를 지시하는 것으로 도압부는 50 m 정도까지 늘일 수 있다.

- 사용 액체 : 수은(-30~600℃), 알코올(200℃ 이하), 아닐린(400℃ 이하)
- 정도 : 최소 눈금의 $\frac{1}{2}$
- 특징
  - 원격 측정(50 m 정도)이 용이하다.
  - 자동 제어와 연결하여 사용한다.
  - 감도가 좋고 읽기가 용이하다.
  - 감온부와 계기 위치에 따른 영향이 있다.

㈏ 기체 압력식(기체 팽창식) 온도계 : 질소, 헬륨 등 불활성 가스를 봉입하고 이 압력이 절대 온도에 비례한다는 것을 이용하여 온도를 측정하는 것으로 높은 온도에서는 기체가 금속에 침투될 우려가 있으므로 500℃ 이하에서 사용한다.

- 측정 범위 : -130~430℃
- 정도 : 최고 눈금의 $\frac{1}{2}$
- 특징
  - 순전히 가스로만 충전한다.
  - 고온에서 모세관에 가스가 침투한다.
  - 모세관 주위 온도에 영향을 받는다.
  - 감도가 약간 나쁘다.
  - 감압부 위치와 계기의 위치에 영향이 없다.
  - 원격 측정이 가능하다(50~90 m).

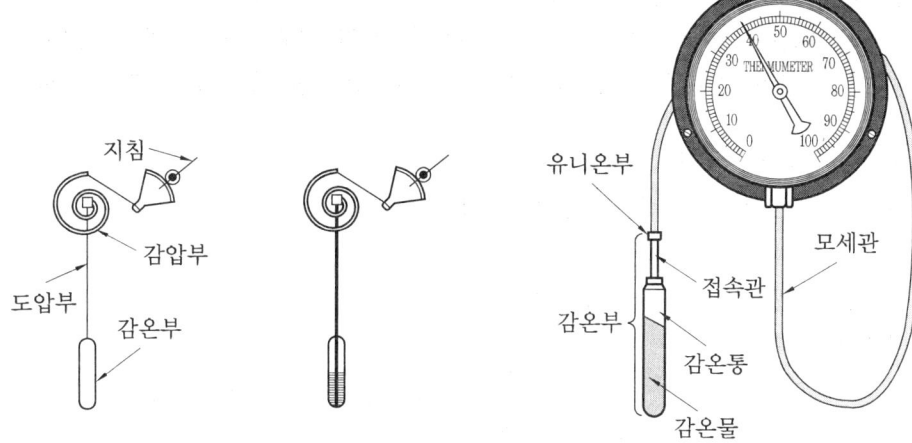

액체 팽창식 온도계   가스 팽창식 온도계   압력식 온도계(수은식)

㈐ 증기 압력식(증기 팽창식) 온도계 : 액체의 증기압과 그 온도 사이에 일정한 관계가 있는 것을 이용하여 온도를 측정하는 것으로 임계온도 이하에서 사용된다.
- 측정 범위 : -20~340℃
- 사용 물질 : 프레온(비점 -30℃), 에틸에테르(비점 34.6℃), 염화메틸(비점 -24℃), 톨루엔(비점 110.8℃), 아닐린(비점 183.4℃), 염화에틸(비점 12.2℃)
- 정도 : 최소 눈금의 $\frac{1}{2}$
- 특징
  - 감도는 약간 느리다.
  - 모세관이 온도의 영향을 받는다.
  - 일반적인 측정 범위는 -45~320℃ 정도이다.
  - 원격 측정(50 m 정도)이 가능하다.
  - 계기 위치, 감온부 위치에 따라 압력 변화가 발생한다.

참고 ◦ 압력식 온도계의 특징

① 장점
- 진동 충격에 비교적 강하다.
- 특히 저온 측정에 유리하다.
- 원격 측정이 가능하고 연속 사용이 가능하다.

② 단점
- 미소한 온도 변화나 600℃ 이상의 고온 측정은 불가능하다.
- 경연 변화가 있으므로 때때로 검사를 할 필요가 있다.
- 모세관이 도중에 파손될 우려가 있다.
- 외기 온도나 유도관 온도에 의한 영향으로 온도 지시가 느리다.

④ 전기 저항식 온도계 : 일반적으로 금속은 온도가 상승하면 이에 대응하여 전기 저항 값이 증가한다. 저항 온도계는 금속 세선을 절연물 위에 감아 만든 측온 저항체의 저항값을 재어 온도를 측정한다(비교적 낮은 온도를 측정하는 데 적합하다).

참고 ○ 저항체의 구비 조건

① 온도에 의한 전기 저항의 변화(온도 계수)가 클 것
② 화학적, 물리적으로 안정될 것
③ 동일 특성의 것을 얻기 쉬운 금속일 것
④ 내식성이 클 것

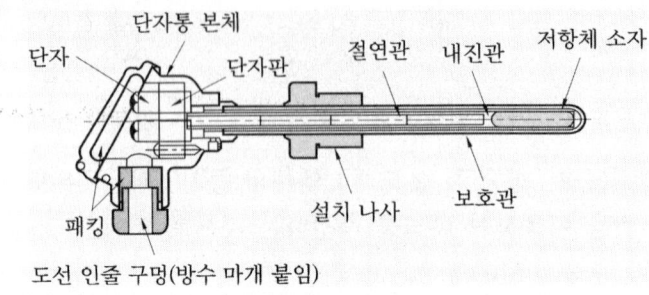

저항체의 구조

㈎ 동 측온 저항체 온도계
- 측정 범위 : 0℃~120℃
- 특징
  - 가격이 싸고 비례성이 좋다.
  - 저항률이 낮아 선을 길게 감아야 한다.
  - 고온에서 산화하므로 상온 부근의 온도 측정에 사용한다.

㈏ 니켈 측온 저항체 온도계
- 측정 범위 : -50~150℃ (0℃에서 500Ω 정도 저항값을 갖는다.)
- 특징
  - 상온에서 대단히 안정되지만 온도 계수가 백금보다 크다.
  - 감도는 좋으나 사용 온도 범위가 백금보다 좁다.

㈐ 서미스터 저항체 온도계
- 측정 범위 : -100~300℃
- 특징
  - 온도 변화에 따라 저항값이 크게 변하는 반도체이다.
  - 금속 산화물계를 사용하여 압축, 소결시켜 만든다.
  - 사용 원료는 Ni, Co, Mn, Fe, Cu 등의 금속 산화물을 조합한 2원계 또는 3원계 합금이다.

- 응답이 빠른 감열 소자를 이용할 수 있다.
- 절대 온도의 제곱에 반비례하는 계수를 가지고 있다.
- 국부적인 온도 측정에 적합하다.

> **참고** 서미스터 온도계의 장단점

① 장점
- 매우 소형이므로 좁은 장소 측정에 유리하다.
- 응답이 빠르다.
- 저항 변화가 크므로 (온도 계수, 백금의 10배) 약간의 온도 변화도 알아낼 수 있다.
- 보통 금속과 달리 저항은 온도 상승에 따라 감소한다.

② 단점
- 소자의 온도 특성인 균일성을 얻기 힘들다.
- 재현성이 없다.
- 흡습 등으로 열화되기 쉽다.

(라) 백금 측온 저항체 온도계
- 측정 범위 : $-200 \sim 500\,℃$
- 장점
  - 안전성, 재현성이 가장 뛰어나다.
  - 균일한 가는 소선을 얻기 수월하다.
  - 측온 저항체 소선으로 널리 쓰인다.
  - 고온에서 열화가 적다.
- 단점
  - 온도 계수가 비교적 낮다.
  - 측온 시간의 지연이 크다.

> **참고**

$0\,℃$에서의 저항값이 $50\,\Omega$, 또는 $100\,\Omega$의 것이 표준적인 측온 저항체로 사용된다.

⑤ 열전대 온도계 : 2종의 금속선 양단을 접합시켜 그림과 같은 열전대(熱電對)를 만들고 양단 접점에 온도차를 주면, 이 온도차에 따른 열기전력이 생긴다. 이 현상을 제베크(Seebeck) 효과라고 한다. 열전대 온도계는 열전대를 측온체로 사용하고, 열기전력을 직류 밀리 볼트계 또는 전위차계로 측정하여 온도를 표시하는 온도계이다.

(가) 구성
- 열전대 : 열전기력을 발생시킬 목적으로 금속선 2종류의 한쪽 끝을 전기적으로 접속시킨 것으로서 열전대의 구비 조건은 다음과 같다.

- 열기전력이 크고 상승 온도에 따라 연속적으로 상승할 것
- 열기전력 특성이 안정되고 장시간 사용해도 변형이 없을 것
- 내열성이 크고 고온에서 기계적 강도가 클 것
- 재생도가 크고 가공이 용이할 것
- 전기 저항 온도 계수와 열전도율이 낮을 것
• 보상도선 : 열전대의 단자 부분이 가지는 온도 변화에 따라 생기는 오차를 보상하기 위하여 사용되는 선으로 상온을 포함한 적당한 온도 범위에 있어서 조합할 열전대와 거의 동일한 열전적 특성을 가진 한 쌍의 도체에 절연한 것을 말하며, 이 보상도선은 단자와 기준 접점과의 사이에 접속한다.

참고

보상도선은 일반용과 내열용이 있는데, 일반용은 비닐 피복으로 105℃까지 견디고 침수되어도 절연이 저하되지 않는 것이며, 내열용은 200℃까지 견디는 글라스울로 절연된다. 절연은 500 V 직류전압하에서 3 MΩ~10 MΩ이다.

• 측온 접점(열접점) : 열전대의 소선을 접합한 점으로 온도를 측정할 위치에 놓는다.

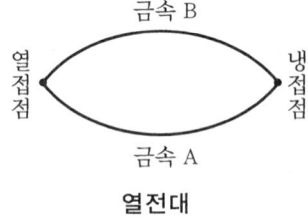

열전대

• 기준 접점(냉접점) : 열전대와 도선 또는 보상도선과 접합점을 일정한 온도로 유지하도록 한 점으로 듀워병에 얼음과 증류수 등의 혼합물을 채운 냉각기를 사용하여 0℃로 유지한다.
• 보호관 : 측온 접점이나 소선이 피측온물 또는 분위기 등에 직접 접촉하지 않도록 보호하기 위하여 쓰여지는 관을 말하며 구비 조건은 다음과 같다.
  - 고온에서도 기계적 강도를 지니고 온도의 급변에도 견딜 것
  - 내열성이 뛰어나고 가스에 대하여 기밀하며 부식하지 않을 것
  - 내압력이 충분하고 진동이나 충격에 견딜 것
  - 관자체로부터 열전대에 유해한 가스를 발생시키지 말 것
  - 외부의 온도 변화를 신속히 열전대에 전할 것
  - 가격이 저렴하고 쉽게 구입할 수 있을 것

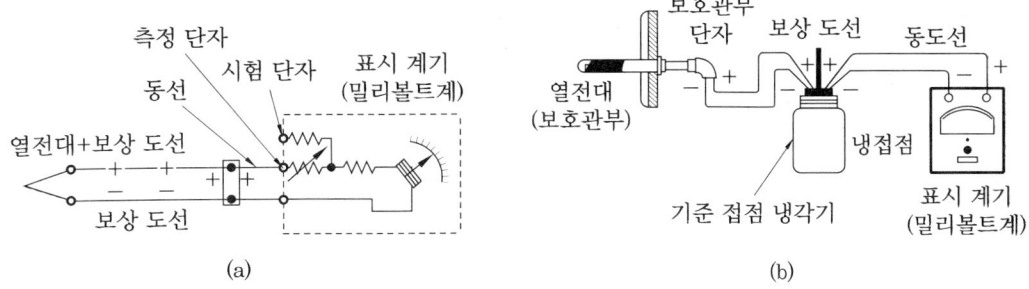

열전대 온도계의 구성

(나) 열전대 온도계의 종류 및 특성
  ㉮ CC(구리-콘스탄탄) : T형
   • 측정 범위 : -180~300℃
   • 특징
     - 열기전력이 크고 저항 및 온도 계수가 작다.
     - 수분에 의한 부식이 강하므로 저온 측정에 적합하다.
     - 주로 비교적 저온의 실험용으로 사용된다.
  ㉯ IC(철-콘스탄탄) : J형
   • 측정 범위 : -20~800℃
   • 특징
     - 가격이 싸고 열기전력은 높지만 호환성이 좋지 않다.
     - 환원성 분위기에는 강하나 산화성 분위기에는 약하다.
     - 선의 지름이 큰 것을 사용하면 800℃까지 사용할 수 있다.
  ㉰ CA(크로멜 - 알루멜) : K형
   • 측정 범위 : -20~1200℃
   • 특징
     - 대표적인 비금속 열전대로서 내열성, 호환성, 정도 등이 PR 열전대 다음으로 좋다.
     - 산화성 분위기에서는 열화가 빠르다 (환원성에는 강하다.).
  ㉱ PR(백금-백금 로듐) : R형
   • 측정 범위 : 0~1600℃
   • 특징
     - 정도가 높고 내열성이 강하며 가격이 비싸다.
     - 접촉식으로 가장 높은 온도를 측정할 수 있어 공업용으로 많이 사용한다.
     - 환원성 분위기에 약하고 금속 증기 등에 침식하기 쉽다.

열전대의 극성과 재질

종류	+ 측	− 측
철−콘스탄탄	순철	콘스탄탄 (Cu : 55 %, Ni : 45 %)
크로멜−알루멜	크로멜(검다) (Ni : 90 %, Cr : 10 %)	알루멜 (푸른기가 있다) Ni : 94 %, Mn : 2.5 %, Al : 2 %, Fe : 0.5 % 등
구리−콘스탄탄	순동	콘스탄탄 (Cu : 55 %, Ni : 45 %)
백금−백금로듐	백금 로듐(Rh : 13 %, Pt : 87 %)	순백금 (부드럽다)

(다) 열대전 온도계의 측정 시 주의사항
- 열전대를 측정하고자 하는 곳에 바르게 삽입한다.
- 계기 취급에 조심하고 변형을 일으키지 않게 한다.
- 표준계기와 자주 비교 검정하여 지시차를 교정한다.
- 지시계로 도선 접촉선에 영점 보정을 한다.
- 온도계의 사용 범위에 알맞은 범위에서 쓴다.
- 냉접점은 항시 0℃로 유지한다.
- 단자의 ⊕, ⊖를 보상도선의 ⊕, ⊖와 일치하도록 연결시킨다.
- 계기에 충격을 피하고 습기, 일광, 먼지 등에 주의한다.

(라) 보호관의 종류
  ㉮ 금속 보호관의 종류

종류	상용사용 온도 [℃]	최고사용 온도 [℃]	비 고
황동관	400	650	증기 등 저온 측정에 쓰인다.
연강관	600	800	값싸고 기계적 강도가 크고 내산성도 있다.
13Cr강관	800	950	기계적 강도가 크고 산화염, 환원염에도 사용할 수 있다.
13Cr카로 라이즈강관	900	1100	상기의 것에 카로라이즈하여 내열 내식성을 증가시킨 것으로 환원 가스에 약하다.
SUS−27 SUS−32	850	1100	내열성보다 내식성에 중점을 둘 때에 사용되며 유황가스, 환원염에 약하다.
내열강 SEH−5	1050	1200	Cr 25 %, Ni 20 %를 포함하고 내식, 내열성, 기계적 강도가 크고 유황을 포함하는 산화염, 환원염에도 사용할 수 있다.

㉯ 비금속 보호관의 종류

종류	상용사용 온도[℃]	최고사용 온도[℃]	비 고
석영관	1000	1050	급랭, 급열에 견디고, 알칼리에는 약하지만, 산에는 강하다. 환원 가스에 다소 기밀성이 떨어진다.
자기관	1450	1550	급랭, 급열에 특히 약하다. 알칼리에 약하다. 용융 금속, 연소 가스에 강하다. 기밀성 알루미나 Al_2O_3(60%)+멀라이트 SiO_3(40%)
자기관	1600	1750	고알루미나로서 알루미나 Al_2O_3가 99% 이상에서 급랭, 급열에 특히 약하다. 알칼리에는 약하나 용융 금속, 연소 가스에 강하다.
카보런덤	1600	1700	다공질로서 급랭, 급열에 강하다. 방사 고온제용 탄만관, 2중 보호관의 외관으로 사용된다.

(2) 비접촉식 온도계의 종류

① 광고온도계 : 고온의 물체로부터 방사되는 에너지 중의 특정한 광파장(보통 0.65μ)의 방사 에너지, 즉 휘도를 표준 온도의 고온 물체(전구의 필라멘트)와 비교하여 온도를 측정한다.

㈎ 측정 범위 : 700~3000℃

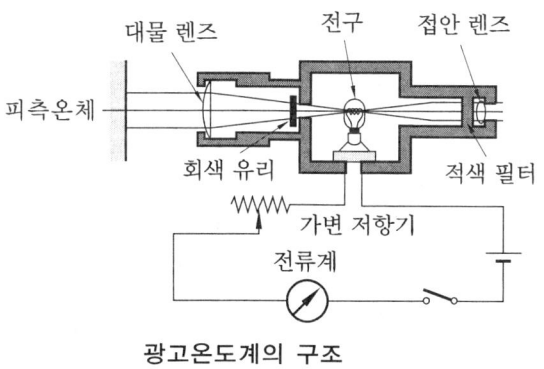

광고온도계의 구조

㈏ 특징
- 광고온도계는 방사 온도계에 비하여 방사율에 의한 보정량이 적다.
- 측정에 사람의 손이 필요한 결점이 있고, 따라서 개인 오차가 생긴다.
- 비접촉식 중 가장 정확한 온도 측정이 가능하며 휴대 및 취급이 용이하다.
- 적외선 흡수 물질에 따른 오차가 생기며 기록이나 자동 제어가 불가능하다.

> **참고 ○ 광고온도계의 사용상 주의 사항**
> ① 광학계의 먼지, 상처 등을 점검한다.
> ② 개인차가 다소 있으므로 정밀한 측정은 여러 사람이 하는 것이 좋다.
> ③ 측정하는 위치, 각도를 같은 조건으로 하고 시야의 중앙을 목적이 맞는 곳에 맞춘다.
> ④ 피측정체와 사이에 연기, 먼지 등이 적도록 주의한다.
> ⑤ 1000℃ 이하에서는 필라멘트에 시간 지연이 있으므로 미리 그 온도 부근에 전류를 흘려두면 좋다.
> ⑥ 때때로 표면 전구에 의하여 검사를 한다.

② 광전관식 온도계 : 광고온도계가 수동이라는 점을 보완한 것으로 눈으로 보는 대신 2개의 광전관을 배열하여 각각 측온 물체로부터 빛과 전구의 필라멘트 빛이 같도록 하고, 비교 증폭기가 조정하여 전구의 필라멘트 전류에 의해 온도를 지시하도록 되어 있다.

  (가) 측정 범위 : 700~3000℃
  (나) 특징
   • 응답 속도가 빠르다.
   • 이동 물체의 온도 측정이 가능하다.
   • 기록 제어가 가능하다.
   • 구조가 복잡하다.

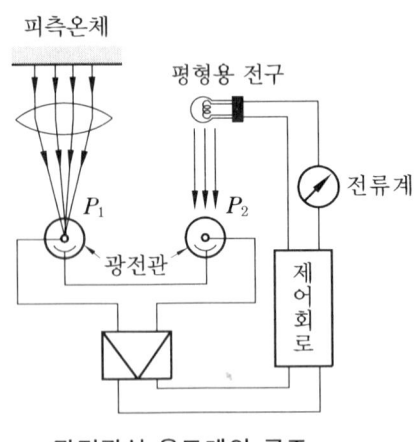
광전관식 온도계의 구조

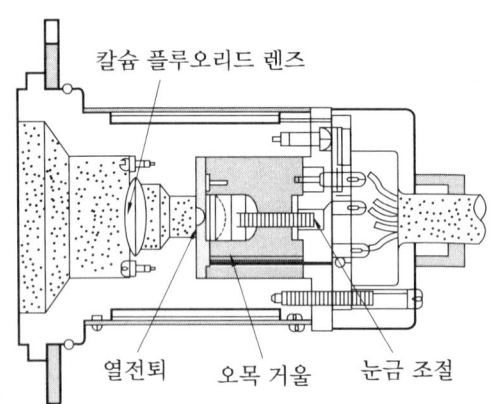
방사 온도계의 구조

③ 방사 온도계 : 고온도에 있는 물체는 그 열에너지를 빛과 같은 파동 에너지로 바꾸고 방사 에너지로서 외부로 방출한다. 이 방사의 양 및 파장 분포는 온도에 따라서 다르고, 같은 온도라도 물질의 종류에 따라서 다른 것을 이용하여 온도를 측정한다.

  (가) 측정 범위 : 50~3000℃

(나) 장점
- 주로 고온 및 이동 물체의 측정이 용이하다.
- 연속 측정을 할 수 있고 기록이나 제어에 적합하다.
- 측정 시간의 지연이 적다.
- 측정 조건을 별로 혼란시키지 않는다.

(다) 단점
- 측정 거리에 따라 오차가 발생하기가 쉽다.
- 광도에 먼지나 연기 등이 있으면 정확한 측정이 곤란하다.
- 특히 수증기나 탄산 가스 흡수에 유의하여야 한다.
- 방사 발신기에 의한 오차가 발생되기 쉽다.
- 높은 온도를 연속 측정하려면 물로 본체를 냉각시키거나 에어퍼지(air-purge)를 실시하여 냉각시켜 주어야 한다.
- 방사율에 의한 보정량이 크고 정확한 보정이 어렵다.

$$\therefore Q = 4.88 \times E \times \left(\frac{T}{100}\right)^4 \, [\text{kcal/m}^2 \cdot \text{h}]$$

여기서, Q : 방출된 방사열, E : 방사율, T : 피측정체의 온도(K)

> **참고**
>
> 방사 온도계에는 거리 계수가 지정되어 있어 측정 거리와 측정 대상의 크기와의 비는 어느 한도 이상으로 할 수 없기 때문에 설치 시 주의해야 한다.

④ 색온도계 : 일반적으로 물체는 600℃ 이상의 온도가 되면 암적색으로 발광하기 시작하고, 온도 상승과 더불어 짧은 파장의 에너지를 많이 방사한다. 색은 다음 표와 같은 변화를 보인다. 이 색의 변화(밝기와는 관계가 없다)와 온도는 일원적인 관계가 있고, 보통의 물체에서는 거의 이 관계가 비슷하기 때문에 색으로부터 온도를 측정할 수가 있으며 이것은 색온도계와 2색 온도계로 분리할 수 있다.

온도와 색과의 관계

온도(℃)	색
600	어두운색
800	붉은색
1000	오렌지색
1200	노란색
1500	눈부신 황백색
2000	매우 눈부신 흰색
2500	푸른기가 있는 흰빛색

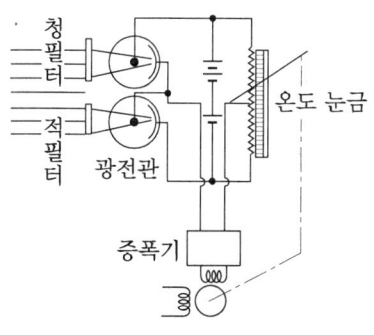

자동 평형 색온도계

(가) 색온도계 : 색필터를 통하여 고온체를 보면서 필터를 조절하여 고온체의 시야 내에 있는 다른 기준색과 합치시켜 그때의 필터 조절 위치로부터 고온체의 온도를 아는 것이다.
- 특징
  - 다른 방사 온도계보다 정도가 좋다.
  - 연속 지시가 가능하지만 측정이 어렵다.

(나) 2색 온도계 : 방사되는 각 파장 중에서 2가지의 파장으로 골라 그 파장이 가진 방사 에너지의 비가 온도에 따라 변화한다는 것을 이용하여 온도를 측정한다.

(3) 기타 온도계

① 제겔 콘 온도계(seger cone) : 점토, 규석질, 내열성 금속 산화물 등을 적당한 재료와 배합하여 만든 삼각추이다.
  (가) 측정 범위 : 600~2000℃
  (나) 용도 : 벽돌의 내화도 측정

② 서모 컬러(thermo color) : 온도에 따라 색이 변화되는 도료의 일종으로 측정하고자 하는 물체의 표면에 도포하여 그 점의 온도 변화를 감시해 온도를 측정하는 것으로 특징은 다음과 같다.
  (가) 표면의 열분포나 열의 전도 속도를 조사하는 데 용이하다.
  (나) 변색이 가역성인 것과 비가역성인 것이 있다.

2. 열량

2-1. 열량 측정 방법

연료의 발열량 측정 방법에는
① 열량계에 의한 방법
② 원소 분석에 의한 방법
③ 공업 분석에 의한 방법이 있다.

2-2. 열량계의 종류 및 특징

(1) 정용형 봄브(bomb) 열량계

단열식과 비단열식이 있으며 액체 연료의 발열량 측정에 사용한다.

(2) 윤켈스식 유수형 열량계

기체 연료의 발열량 측정에 많이 사용한다.

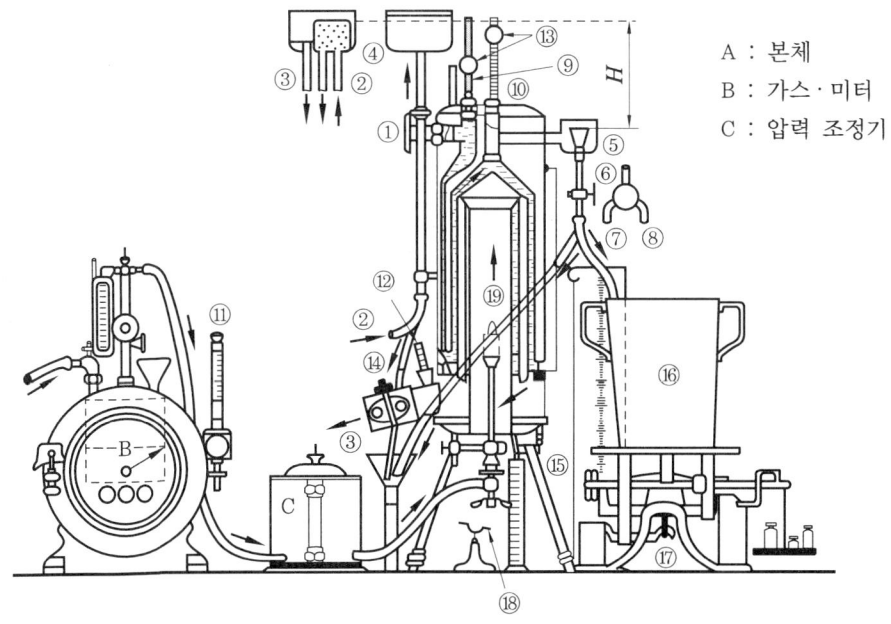

A : 본체
B : 가스 · 미터
C : 압력 조정기

① 수류 조정판　② 급수 입구　③ 오버프로　④ 오버프로 장치
⑤ 유수 분배기　⑥ 유수 절환판　⑦ 측정 용수관　⑧ 배수관
⑨ 온도계　⑩ 온도계　⑪ 온도계　⑫ 온도계
⑬ 확대경　⑭ 배기구　⑮ 응축수 배출관　⑯ 측정용 수수기
⑰ 저울　⑱ 반사경　⑲ 연소실

(3) 시그마 열량계

장치가 간단하며 기체 연료의 발열량 측정에 일부 사용된다.

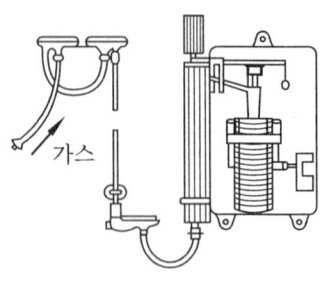

시그마 열량계

3. 습 도

3-1. 습도계의 종류 및 특징

(1) 건습구 습도계

2개의 수은 유리 온도계를 사용하여 상대 습도를 구할 수 있는 습도계이며 종류에는 ① 간이 건습구 습도계 ② 통풍형 건습구 습도계(대표적인 것 : 아스만 통풍 건습구 습도계) ③ 저항 온도계식 건습구 습도계가 있다.

(2) 모발 습도계

모발은 수분을 흡수하면 신축하는 성질을 이용한 것이며 가정용 실내 습도 조절용으로 많이 사용된다 (모발의 유효 작용 기간은 2년).

(3) 저항식 습도계

건습구 습도계와 같은 원리지만 수은 유리 온도계 대신에 전기 저항 온도계나 열전대를 사용하여 상대 습도를 측정한다.

(4) 냉각식 노점계

에테르 등을 사용하여 증발열로 금속면을 냉각시켜 공기 중 수분이 이슬 모양으로 경면에 붙었을 때의 온도를 측정한다.

(5) 가열식 노점계

염화리튬의 포화 수용액이 포화 증기압 보다 낮다는 점을 이용한 것이며 고온에서 사용이 가능하고 저온에서도 정도가 좋은 노점계이다.

예상문제 및 기출문제

1. 30°C를 랭킨 온도로 나타내면 몇 °R인가?

㉮ 456 ㉯ 460
㉰ 546 ㉱ 640

[해설] $30 \times \dfrac{9}{5} + 32 = 86°F$

∴ $86 + 460 = 546°R$

2. 200°C는 화씨 온도로 몇 °F인가?

㉮ 79   ㉯ 93
㉰ 392 ㉱ 473

[해설] $200 \times \dfrac{9}{5} + 32 = 392°F$

3. 화씨(°F)와 섭씨(°C)의 눈금이 같게 되는 온도는 몇 °C인가?

㉮ 40   ㉯ 20
㉰ -20 ㉱ -40

[해설] $\dfrac{°C}{100} = \dfrac{°F - 32}{180}$ 에서

°C와 °F를 x로 두면

$\dfrac{x}{100} = \dfrac{x-32}{180}$ 이므로 $x = -40°$

4. 다음 중 온도계의 구성 부분이 아닌 것은?

㉮ 감온부 ㉯ 연결부
㉰ 지시부 ㉱ 도압부

[해설] ① 온도계의 구성 부분은 감온부(감응부), 연결부, 지시부
② 압력식 온도계의 구성은 감온부, 도압부, 감압부

5. 수은 및 알코올 온도계를 사용하여 온도를 측정할 때 계측의 기본 원리는 무엇인가?

㉮ 비열   ㉯ 열팽창 ㉰ 압력   ㉱ 점도

[해설] 수은 및 알코올 온도계는 유리관 속에 들어있는 액체의 열팽창에 따른 체적 변화를 이용한 온도계이다.

6. 다음 중에서 액체 팽창식 압력 온도계의 봉입액으로 사용되지 않는 것은?

㉮ 알코올 ㉯ 아닐린
㉰ 톨루엔 ㉱ 수은

[해설] ① 액체 팽창식 압력계의 봉입액 : 수은, 알코올, 아닐린
② 기체 팽창식 압력계의 봉입액 : 프레온, 톨루엔, 에틸에테르

7. 고체의 열팽창 계수가 다른 특성을 응용한 온도계는?

㉮ 백금 저항 온도계
㉯ 열전쌍 온도계
㉰ 광학 온도계
㉱ 바이메탈 온도계

[해설] 바이메탈 온도계는 열팽창 계수가 다른 2종의 금속을 1개의 금속판으로 결합시켜 온도에 따라 굽히는 정도가 다른 점을 이용한 온도계이다.

8. 다음은 바이메탈 온도계의 특징을 열거한 것이다. 틀린 것은?

㉮ 정도가 높다.
㉯ 온도 변화에 대하여 응답이 빠르다.
㉰ 기구가 간단하다.
㉱ 온도 자동 조절이나 온도 보정 장치에 이용된다.

정답 1. ㉰ 2. ㉰ 3. ㉱ 4. ㉱ 5. ㉯ 6. ㉰ 7. ㉱ 8. ㉮

[해설] 바이메탈 온도계는 구조가 간단하고 보수가 용이하며 온도 변화에 대하여 응답이 빨라서 온도 자동 조절이나 온도 보정 장치 등으로 이용된다.

9. 바이메탈 온도계에서 자유단의 변위 거리 δ의 값을 구하는 식은? (단, K는 정수, t는 온도 변화, α는 선팽창 계수이다.)

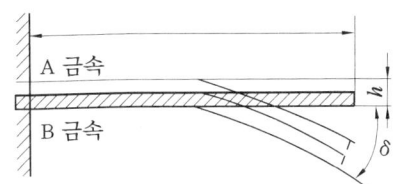

㉮ $\delta = \dfrac{K(\alpha_A - \alpha_B)L^2 t^2}{h}$

㉯ $\delta = \dfrac{K(\alpha_A - \alpha_B)L^2 t}{h}$

㉰ $\delta = \dfrac{(\alpha_A - \alpha_B)L^2 t^2}{Kh}$

㉱ $\delta = \dfrac{(\alpha_A - \alpha_B)L^2 t}{Kh}$

[해설] 각 금속의 두께비와 영률의 비가 모두 1이면 처짐은 다음과 같다.
$$\delta = \dfrac{0.75 L^2 (d_A - d_B) t}{h}$$

10. 고체 팽창식 온도계에는 두 개의 선팽창 계수가 다른 물질을 넣어주는데 다음 중 선팽창 계수가 큰 재질로 사용되는 것은?

㉮ 인바 (invar)   ㉯ 황동
㉰ 석영봉   ㉱ 산화철

[해설] 선팽창 계수가 적은 재질로 사용되는 것은 인바, 석영봉이다.

11. 전기 저항식 온도계 중 백금(Pt) 측온 저항체에 대한 설명으로 틀린 것은?

㉮ 0℃에서 500Ω을 표준으로 한다.
㉯ 측정 온도는 최고 500℃ 정도이다.
㉰ 저항온도계수는 작으나 안정성이 좋다.
㉱ 온도 측정 시 시간 지연의 결점이 있다.

[해설] 백금(Pt) 측온 저항체는 0℃에서 50 Ω, 100 Ω의 저항치를 갖는다.

[참고] 니켈(Ni) 측온 저항체는 0℃에서 500 Ω의 저항치를 갖는다.

12. 응답이 빠르고 감도가 높으며, 도선 저항에 의한 오차를 작게 할 수 있으나 특성을 고르게 얻기가 어려우며, 흡습 등으로 열화되기 쉬운 특징을 가진 온도계는?

㉮ 광고온계
㉯ 열전대 온도계
㉰ 서미스터 저항체 온도계
㉱ 금속측온 저항체 온도계

[해설] 서미스터 저항 온도계의 특징
 ① 감도가 높으며 응답이 빠르다.
 ② 소자의 온도 특성인 균일성을 얻기 힘들다.
 ③ 재현성이 없으며 흡습 등으로 열화되기 쉽다.

13. 서미스터(thermistor) 저항체 온도계의 특성에 대한 설명으로 옳은 것은?

㉮ 재현성이 좋다.
㉯ 응답이 느리다.
㉰ 저항 온도 계수가 부특성(負特性)이다.
㉱ 저항 온도 계수는 섭씨 온도의 제곱에 비례한다.

[해설] ① 재현성이 없다.
 ② 응답이 빠르다.
 ③ 저항 온도 계수는 절대 온도에 반비례한다.
 ④ 저항 온도 계수가 온도 상승에 따라 감소한다.

14. −200~500°C의 측정 범위를 가지며 측온 저항체 소선으로 주로 사용되는 저항 소자(抵抗素子)는?

㉮ 구리선(銅線)
㉯ 백금선(白金線)
㉰ Ni선(nickel線)
㉱ 서미스터(thermistor)

[해설] ① 구리선 : 0~120°C
② Ni선 : −50~300°C
③ 백금선 : −200~500°C
④ 서미스터 : −100~300°C

15. 서미스터(thermistor) 온도계의 성질에 대한 설명 중 틀린 것은?

㉮ 소형 제작에 가능하여 좁은 범위에서 사용이 편리하다.
㉯ 응답이 빠르다.
㉰ 온도가 높아지면 저항치가 커지고, 온도 계수 구배가 커진다.
㉱ 온도 계수가 금속에 비하여 크다.

[해설] 온도가 높아지면 저항치가 감소한다.

16. 서미스터 온도계에 대한 설명 중 틀린 것은 어느 것인가?

㉮ 온도에 의한 저항 변화를 이용한다.
㉯ 응답이 빠르다.
㉰ 재현성이 좋다.
㉱ 좁은 장소의 측온에 유리하다.

[해설] 서미스터 온도계의 장단점
① 장점
 • 매우 소형이므로 좁은 장소 측정에 유리하다.
 • 응답이 빠르다.
 • 저항 변화가 크므로 (온도 계수, 백금의 10배) 약간의 온도 변화도 알아낼 수 있다.
 • 보통 금속과 달리 저항은 온도 상승에 따라 감소한다.

② 단점
 • 소자의 온도 특성인 균일성을 얻기가 힘들다.
 • 재현성이 없다.
 • 흡습 등으로 열화되기 쉽다.

17. 다음 중 저항 온도계에 대한 설명으로 옳은 것은?

㉮ 일반적으로 온도가 증가함에 따라 금속의 전기 저항이 감소하는 현상을 이용한 것이다.
㉯ 저항체는 저항온도계수가 적어야 한다.
㉰ 일정 온도에서 일정한 저항을 가져야 한다.
㉱ 저항체로서 주로 Fe가 사용된다.

[해설] ① 온도가 상승하면 전기 저항값이 증가하는 현상을 이용한다.
② 저항체로 Cu, Ni, Pt이 사용되며 온도 계수가 커야 한다.

18. 다음 중 저온에 대한 정밀 측정에 가장 적합한 온도계는?

㉮ 열전대 온도계
㉯ 저항 온도계
㉰ 광고 온계
㉱ 방사 온도계

[해설] 저항(전기 저항) 온도계는 저온에 대한 정밀 측정에 적합하다.

19. 다음 중 열전대 온도계의 구성 부분이 아닌 것은?

㉮ 보상도선
㉯ 저항 코일과 저항선
㉰ 감온접점
㉱ 보호관

[해설] 열전대 온도계의 구성
 열전대, 보상도선, 감온접점, 보호관

[정답] 14. ㉯ 15. ㉰ 16. ㉰ 17. ㉰ 18. ㉯ 19. ㉯

20. 아래 그림은 열전대의 결선 방법과 냉접점을 나타낸 그림이다. 냉접점을 표시하는 기호는 어느 것인가?

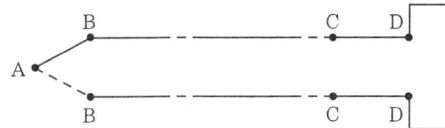

㉮ C ㉯ D
㉰ A ㉱ B

[해설] AB : 열전대, BC : 보상도선, C : 냉접점(기준 접점), D : 측정 단자

21. 다음 중 구리로 되어 있는 열전대의 소선(素線)은?

㉮ R형 열전대의 ⊖단자
㉯ K형 열전대의 ⊕단자
㉰ J형 열전대의 ⊖단자
㉱ T형 열전대의 ⊕단자

[해설]

종류	⊕단자	⊖단자
T형(C-C)	구리	콘스탄탄
J형(I-C)	순철	콘스탄탄
K형(C-A)	크로멜	알루멜
R형(P-R)	백금로듐	백금

22. 다음 중 가장 높은 온도의 측정에 사용되는 열전대의 형식은?

㉮ T형 ㉯ K형
㉰ R형 ㉱ J형

[해설] ① 백금-백금 로듐(R형) : 0~1600°C
② 크로멜-알루멜(K형) : -20~1200°C
③ 철-콘스탄탄(J형) : -20~800°C
④ 구리-콘스탄탄(T형) : -180~300°C

23. 열전대(thermocouple)의 구비 조건으로 틀린 것은?

㉮ 열전도율이 작을 것
㉯ 전기 저항과 온도 계수가 클 것
㉰ 기계적 강도가 크고 내열성, 내식성이 있을 것
㉱ 온도 상승에 따라 열기전력이 클 것

[해설] 열전대는 전기 저항 온도 계수와 열전도율이 작아야 한다.

24. 열전대 온도계에서 열전대의 구비 조건 중 틀린 것은?

㉮ 열기전력이 크고 온도 상승에 따라 연속적으로 상승할 것
㉯ 장시간 사용하여도 변형이 없을 것
㉰ 재생도가 높고 가공이 용이할 것
㉱ 전기 저항, 저항 온도 계수와 열전도율이 클 것

[해설] 전기 저항 온도 계수와 열전도율이 적어야 한다.

25. 시스(sheath) 열전대의 특징이 아닌 것은 어느 것인가?

㉮ 응답 속도가 빠르다.
㉯ 국부적인 온도 측정에 적합하다.
㉰ 피측온체의 온도 저하 없이 측정할 수 있다.
㉱ 매우 가늘어서 진동이 심한 곳에는 사용할 수 없다.

[해설] 시스 열전대는 열전대의 보호관 중에 마그네시아, 알루미나를 넣고 다져서 길게 만든 것으로 진동이 심한 곳에 사용된다.

26. 열전대 온도계에서 주위 온도에 의한 오차를 전기적으로 보상할 때 주로 사용되는 저항선은 무엇인가?

㉮ 서미스터(thermistor)
㉯ 구리(Cu) 저항선

㉰ 백금 (Pt) 저항선
㉱ 알루미늄 (Al) 저항선

[해설] 보상도선으로 구리 또는 구리-니켈 합금 저항선을 사용한다.

27. 다음 열전대 온도계 중 가장 높은 온도를 측정할 수 있는 것은?

㉮ 동-콘스탄탄   ㉯ 크로멜-알루멜
㉰ 백금-백금 로듐   ㉱ 철-콘스탄탄

[해설]

종류	온도 측정 범위(℃)	종류	온도 측정 범위(℃)
PR	0~1600	IC	-20~800
CA	-20~1200	CC	-180~300

28. 다음 중 정도가 높고 안정성은 뛰어나지만 환원성인 분위기에 약하고 금속 증기에 침해되기 쉬운 열전대는?

㉮ 크로멜-알루멜형
㉯ 백금-백금·로듐형
㉰ 철-콘스탄탄형
㉱ 구리-콘스탄탄형

[해설] P-R 열전대 온도계는 내열성이 강하고 정도는 높으나 환원성에 약하다.

29. 백금-백금·로듐 열전대 온도계에 대한 설명으로 옳은 것은?

㉮ 측정 최고 온도는 크로멜-알루멜 열전대보다 낮다.
㉯ 다른 열전대에 비하여 정밀 측정용에 사용된다.
㉰ 열기전력이 다른 열전대에 비하여 가장 높다.
㉱ 200℃ 이하의 온도 측정에 적당하다.

[해설] P-R 열전대 온도계의 특징
① 측정 범위가 0~1600℃로 열전대 온도계 중에서 가장 높다.
② 내열성이 크고 정도가 높으나 환원성에 약하다.

[참고] 열전대 온도계 중에서 열기전력이 가장 큰 것은 1-C 열전대 온도계이다.

30. 다음 중 비접촉식 온도계가 아닌 것은?

㉮ 서미스터 온도계
㉯ 광고온계
㉰ 방사온도계
㉱ 색온도계

[해설] 비접촉식 온도계의 종류에는 ㉯, ㉰, ㉱ 외에 광전관식 온도계가 있다.

31. 열전대 온도계의 보호관으로 석영관을 사용하였을 때의 특징으로 틀린 것은?

㉮ 급랭, 급열에 잘 견딘다.
㉯ 기계적 충격에 약하다.
㉰ 산성에 대하여 약하다.
㉱ 알칼리에 대하여 약하다.

[해설] 석영관은 (최고 사용 온도 1050℃) 산성에는 강하며 환원 가스에는 다소 기밀성이 떨어진다.

[참고] 자기관은 알칼리에 약하며 급랭, 급열에는 특히 약하다.

32. 비금속 보호관의 최고 사용 온도 관계로 맞는 것은? (단, 자기관은 Al_2O_3 60% + SiO_2 40%임)

㉮ 석영관>자기관>카보런덤관
㉯ 자기관>석영관>카보런덤관
㉰ 카보런덤관>석영관>자기관
㉱ 카보런덤관>자기관>석영관

[해설] ① 카보런덤관 : 1700℃
② 자기관(Al_2O_3 60%+SiO_2 40%) : 1550℃
③ 석영관 : 1050℃

정답 27. ㉰ 28. ㉯ 29. ㉯ 30. ㉮ 31. ㉰ 32. ㉱

33. 열전대 보호관 중 다공질로서 급랭, 급열에 강하며 방사 온도계용 단망관, 2중 보호관의 외관으로 주로 사용되는 것은?

㉮ 카보런덤관 ㉯ 자기관
㉰ 석영관 ㉱ 황동관

[해설] 보호관 중 급열, 급랭에 강한 것은 카보런덤관이며 급열, 급랭에 약한 것은 자기관이다.

34. 광고온계(optical pyrometer)의 특징에 대한 설명 중 옳지 않은 것은?

㉮ 측정 시 시간의 지연이 있다.
㉯ 비접촉법으로서 정확하다.
㉰ 방사온도계보다 방사 보정량이 크다.
㉱ 저온(700℃ 이하) 물체의 측정은 곤란하다.

[해설] 광고온도계는 방사 온도계에 비하여 방사율에 의한 보정량이 적다.

35. 광고온계의 특징에 대한 설명으로 옳은 것은?

㉮ 고온에서 방사되는 에너지 중 가시광선을 이용한다.
㉯ 넓은 측정 온도(0~3000℃) 범위를 갖는다.
㉰ 측정이 자동적으로 이루어져 개인 오차가 발생하지 않는다.
㉱ 방사 온도계에 비하여 방사율에 대한 보정량이 크다.

[해설] 광고온계
① 측정 온도 범위는 700~3000℃
② 개인 오차가 발생한다.
③ 방사 온도계에 비하여 방사율에 대한 보정량이 적다.

36. 다음 중 광고온계의 측정 원리는?

㉮ 열에 의한 금속 팽창을 이용하여 측정

㉯ 이종(異種)금속 접합점의 온도차에 따른 열기전력을 측정
㉰ 피측정물의 전파장의 복사 에너지를 열전대로 측정
㉱ 피측정물의 휘도와 전구의 휘도를 비교하여 측정

[해설] 광고온계의 측정 원리는 고온체로부터 방사되는 에너지와 표준 온도의 고온 물체(전구의 필라멘트)의 휘도와 비교하여 측정한다.

37. 방사 온도계의 특징에 대한 설명으로 옳은 것은?

㉮ 측정대상의 온도에 영향이 크다.
㉯ 이동 물체에 대한 온도 측정이 가능하다.
㉰ 저온도에 대한 측정에 적합하다.
㉱ 응답 속도가 느리다.

[해설] 방사 온도계는 고온 및 이동 물체의 온도 측정이 용이하다.

38. 방사고온계는 다음 중 어느 이론을 응용한 것인가?

㉮ 제백 효과
㉯ 필터 효과
㉰ 스테판-볼츠만의 법칙
㉱ 윈-프랑크의 법칙

[해설] 방사고온계는 방사 에너지가 절대 온도의 4제곱에 비례한다는 스테판-볼츠만의 법칙을 응용한 온도계이다.

39. 방사 온도계의 측정 원리는 어떤 원리(법칙)를 응용한 것인가?

㉮ 빈의 법칙(Wien's law)
㉯ 스테판-볼츠만의 법칙(Stefan-Boltzman's law)
㉰ 라울의 법칙(Raoult's law)

정답 33. ㉮ 34. ㉰ 35. ㉮ 36. ㉱ 37. ㉯ 38. ㉰ 39. ㉯

㉣ 본드의 법칙(Bond's law)

[해설] 스테판-볼츠만의 법칙을 응용한 온도계는 복사(방사) 온도계이다.

[참고] $Q = 4.88 \times E \times \left(\dfrac{T}{1000}\right)^4$

40. 다음 [보기]에서 설명하는 온도계는?

┌─ 보기 ─────────────────┐
• 이동 물체의 온도 측정이 가능하다.
• 응답 시간이 매우 빠르다.
• 온도의 연속 기록 및 자동 제어가 용이하다.
• 비교 증폭기가 부착되어 있다.
└────────────────────────┘

㉠ 광전관식 온도계
㉡ 광고온계
㉢ 색온도계
㉣ 게겔콘 온도계

[해설] 광전관식 온도계에 대한 설명이다.

41. 복사 온도계에서 전복사 에너지는 절대 온도의 몇 승에 비례하는가?

㉠ 2   ㉡ 3
㉢ 4   ㉣ 5

[해설] 복사(방사) 온도계는 전복사 에너지는 절대 온도의 4승에 비례한다는 스테판-볼츠만 법칙을 이용한 온도계이다.

[참고] $Q = 4.88 \times \epsilon \times \left(\dfrac{T}{1000}\right)^4 \, [\text{kcal/m}^2\text{h}]$

여기서, Q : 방사열, ϵ : 방사율, T : 피측정체의 온도 (K)

42. 색온도계(color pyrometer)에 대한 설명으로 옳은 것은?

㉠ 온도에 따라 색이 변하는 일원적인 관계로부터 온도를 측정한다.
㉡ 바이메탈 온도계의 일종이다.
㉢ 유체의 팽창 정도를 이용하여 온도를 측정한다.
㉣ 기전력의 변화를 이용하여 온도를 측정한다.

43. 다음 색온도계에서 온도와 색과의 관계로서 맞은 것은?

㉠ 600℃ - 붉은색
㉡ 800℃ - 오렌지색
㉢ 1200℃ - 노란색
㉣ 2000℃ - 푸른기가 있는 흰빛색

[해설] 600℃ - 어두운 색, 800℃ - 붉은색, 1200℃ - 노란색, 2000℃ - 매우 눈부신 흰색

44. 물체의 형상 변화를 이용하여 온도를 측정하는 온도계는?

㉠ 저항 온도계   ㉡ 광고온계
㉢ 제겔콘   ㉣ 열전대 온도계

[해설] 제겔콘 온도계는 점토, 규석질, 내열성 금속 산화물 등을 배합한 삼각추의 성분 비율에 따라 연화 변화하는 온도가 다른 점을 이용한 온도계로 내화도 측정에 사용한다.

45. 측정 범위가 약 600~2000℃이며 점토, 규석질 등 내열의 금속 산화물을 배합하여 만든 삼각추로서 소성 온도에서는 연화 변형으로 각 단계에서 온도를 얻을 수 있도록 제작된 온도계는?

㉠ 광고온도계   ㉡ 저항 온도계
㉢ 제겔콘 온도계 ㉣ 서모컬러

[해설] 제겔콘 온도계(seger cone)
점토, 규석질, 내열성 금속 산화물 등을 적당한 재료와 배합하여 만든 삼각추이다.
• 측정 범위 : 600~2000℃
• 용도 : 벽돌의 내화도 측정

46. 접촉식 온도계의 일종으로 온도에 따라 색이 변화하는 도료를 피측정물의 표면에 도포하여 그 점의 온도 변화를 감시하는 온도계는?

㉮ seger cone ㉯ 열전대 온도계
㉰ thermo color ㉱ 복사 온도계

[해설] 서모 컬러(thermo color)
온도에 따라 색이 변화되는 도료의 일종으로 측정하고자 하는 물체의 표면에 도포하여 그 점의 온도 변화를 감시해 온도를 측정하는 것으로 특징은 다음과 같다.
① 표면의 열분포나 열의 전도 속도를 조사하는 데 용이하다.
② 변색이 가역성인 것과 비가역성인 것이 있다.

47. 다음 계측기 중 열관리용에 사용되지 않는 것은?

㉮ 유량계 ㉯ 온도계
㉰ 부르동관 압력계 ㉱ 다이얼 게이지

[해설] 다이얼 게이지(dial gauge)는 평면도, 원통도, 진원도, 축의 흔들림을 측정할 때 사용한다.

48. 연료의 발열량 측정 방법이 아닌 것은?

㉮ 열량계에 의한 방법
㉯ 원소 분석에 의한 방법
㉰ 공업 분석에 의한 방법
㉱ 보일러 부하에 의한 방법

[해설] 연료의 발열량 측정 방법에는 ㉮, ㉯, ㉰ 항 3가지가 있다.

49. 액체 연료의 발열량 측정에 사용되며 단열식과 비단열식이 있는 열량계는?

㉮ 시그마 열량계
㉯ 봄브 열량계
㉰ 윤켈스식 유수형 열량계
㉱ 바이메탈 열량계

[해설] 정용형 봄브 열량계는 액체 연료의 발열량에 사용되며 시그마 열량계와 윤켈스식 유수형 열량계는 기체연료의 발열량에 사용된다.

50. 장치가 간단하며 기체 연료의 발열량 측정에 사용되는 열량계는?

㉮ 시그마 열량계
㉯ 봄브 열량계
㉰ 바이메탈 열량계
㉱ 전기 열량계

[해설] 문제 49 해설 참조

51. 다음 중 건습구 습도계의 종류로서 틀린 것은?

㉮ 저항 온도계식 건습구 습도계
㉯ 통풍형 건습구 습도계
㉰ 간이 건습구 습도계
㉱ 가열식 건습구 습도계

[해설] 건습구 습도계의 종류로는 ㉮, ㉯, ㉰ 항 3가지가 있다.

52. 다음 중 실내 습도 조절용으로 많이 사용되는 습도계는?

㉮ 모발 습도계
㉯ 건습구 습도계
㉰ 저항식 습도계
㉱ 냉각식 노점계

[해설] 가정용 실내 습도 조절용으로 모발 습도계가 많이 사용된다.

53. 다음은 통풍형 건습구 습도계에 대한 설명이다. 틀린 것은?

㉮ 휴대가 간편하며 취급이 용이하다.
㉯ 대표적인 아스만 통풍 건습구 습도계가 있다.

정답 46. ㉰ 47. ㉱ 48. ㉱ 49. ㉯ 50. ㉮ 51. ㉱ 52. ㉮ 53. ㉱

㉰ 시계 장치로 팬을 돌려 약 2.5 m/sec 의 바람을 흡인하여 건습구에 통풍을 한다.
㉱ 구조가 복잡하고 가격이 비싸다.
[해설] 구조가 간단하고 가격이 싸다.

54. 다음은 모발 습도계의 특징이다. 틀린 것은 어느 것인가?

㉮ 구조가 간단하고 연속 지시를 할 수 있다.
㉯ 상대 습도를 바로 나타낸다.
㉰ 재현성이 좋기 때문에 상대 습도계의 감습 소자로 이용된다.
㉱ 응답이 빠르고 정도가 높다.
[해설] 응답이 느리며 정도가 낮은 편이다.

55. 모발 습도계에서 모발의 유효 작용 기간 으로 알맞은 것은?

㉮ 1년 ㉯ 2년
㉰ 3년 ㉱ 6개월

[해설] 모발의 유효 작용기간은 2년이다.

56. 다음과 같은 특징을 갖는 습도계는?

┌─ 보기 ─────────────────┐
① 응답이 빠르며 저온도의 측정이 가능하다.
② 교류 전압에 의하여 저항치를 재어 상대 습도를 표시한다.
③ 연속 기록, 원격 측정, 자동 제어에 이용된다.
└──────────────────────┘

㉮ 모발 습도계   ㉯ 저항식 습도계
㉰ 건습구 습도계 ㉱ 냉각식 노점계

[정답] 54. ㉱ 55. ㉯ 56. ㉯

제 4 편 열설비 재료 및 관계 법규

Engineer Energy Management

- **제1장** 요로 (kiln & furnace)
- **제2장** 내화물, 단열재, 보온재
- **제3장** 배관 및 밸브
- **제4장** 에너지 관계 법규

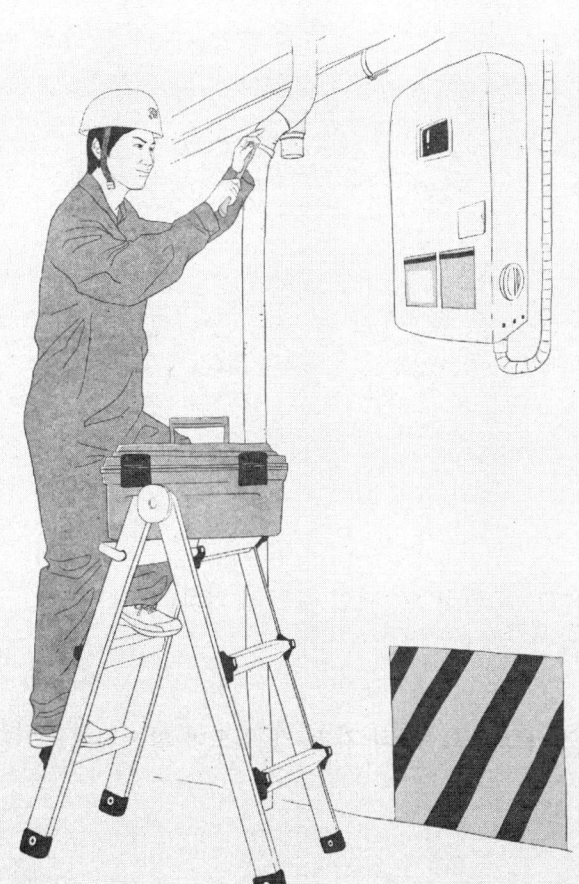

Chapter 1. 요로 (kiln & furnace)

1. 요로의 개요

1-1. 요로의 정의

물체를 가열하여 용융, 소성하는 공업적인 장치를 말한다.

(1) 요(窯 ; kiln) : 물체를 가열 소성하여 생활용품을 만드는 장치이다 (도자기, 벽돌, 기와 등을 소성).

(2) 로(爐 ; furnace) : 물체를 가열 용융시켜 공업 용품을 만드는 장치이다 (선철, 주철, 강, 합금 등을 용융 제조).

> **참고**
> (1) 일반적으로 통상 요로를 가마(솥)라고 한다.
> (2) 요로는 열원에 따라 3 종류로 나눈다.
>   ① 연료의 발열 반응(연소열)을 이용하는 장치
>   ② 전열(電熱)을 이용하는 가열 장치
>   ③ 연료의 환원 반응을 이용하는 장치

1-2. 요로(가마)의 분류

(1) 조업 방식(작업 방식)에 의한 분류

① 불연속식 요 : 승염식 요 (오름 불꽃식 가마), 도염식 요 (꺾임 불꽃식 가마), 횡염식 요 (옆불꽃식 가마)가 있으며 열손실이 제일 크다.

② 반연속식 요 : 셔틀요, 등요 (오름 가마)

③ 연속식 요 : 터널요 (tunnel kiln : 터널 가마), 윤요 (고리 가마)가 있으며 열손실이 제일 적다.

(2) 열원(熱源)에 의한 분류 (사용 연료의 종류에 따라서)

석탄로, 중유로, 가스(gas)로, 전기로, 장작로 등

(3) 전열 방식(가열 방법)에 의한 분류

① 직화식 로(直火式 爐 : 직접 가열식)
② 머플로(muffle furnace ; 간접 가열식) : 가장 양질의 제품을 얻을 수 있는 전열 방식
③ 반머플로(semi muffle furnace ; 반간접 가열식)

(4) 화염(불꽃)의 진행 방법에 의한 분류

① 횡염식 요(옆 불꽃식 가마)
② 승염식 요(오름 불꽃식 가마)
③ 도염식 요(꺾임 불꽃식 가마)

(5) 연료 투입 방식에 의한 분류

① 상분식(上焚式)
② 하분식(下焚式)
③ 측방분식(側方焚式)

(6) 폐열 회수(廢熱回收)에 따라서 축열식(蓄熱式), 환열식(換熱式) 등이 있다.

(7) 사용 목적(使用目的)에 따라서 가열(加熱), 용융(熔融), 소결(燒結), 분해(分解), 용광(鎔鑛 : 고로), gas 발생로, 균열로(均熱爐) 등이 있다.

(8) 형상(形狀)에 의한 분류

원(圓), 각(角), 고(高), 실(室), 윤(輪), 평(平), 견(堅), 조(槽), 터널(tunnel)요 등이 있다.

(9) 업종(業種別)에 의한 분류

고로(高爐), 전로, 평로, 가열로 등이 있다.

(10) 용도에 의한 분류

유소요, 채소요, 상회요, 프릿요.

> **참고**
> ① 소성 : 도자기를 경화시켜 요구하는 목적의 성질을 갖게 하는 가장 중요한 제조 공정을 말한다.
> ② 소결 : 도자기를 고온으로 소성하면 단단하게 고화(固化)되는데 이러한 현상을 말한다.

형상에 의한 분류

분류	용도
원요 (둥근 가마)	도자기, 내화물, 연마 제품을 소성하는 데 사용
각요 (각 가마)	도기 및 자기 제품, 내화물 등을 소성하는 데 사용
견요	생석회를 소성하는 데 사용
회전요 (rotary kiln) 로터리 킬른	도기 및 자기 제품(특히, 고온)을 소성하는 데 사용
셔틀요	도기 및 자기 제품(특히, 고온)을 소성하는 데 사용
윤요 (고리 가마)	건축 자재(타일 등)를 소성하는 데 사용

소성 작업에 의한 분류 (조업 방식에 의한 분류)

구분	형태	용도
불연속 요	• 횡염식 요(옆 불꽃식 가마) 원요 • 승염식 요(오름 불꽃식 가마) 각요 • 도염식 요(꺽임 불꽃식 가마)	• 토관류 제품 • 석회석 소화 • 도자기 전반
반연속 요	• 등요 (오름 가마) • 샤틀요	• 옹기소성에 사용, 도자기 제조 • 도자기 전반
연속 요	• 윤요 (고리 가마) • 터널 요 (터널 가마)	• 건축재료, 벽돌류 • 도자기 내화물

1-3 요로 일반

(1) 가열 조건

① 가열 온도 : 가열 온도는 가열 온도 허용 범위가 매우 중요하며 열 경제면이나 로의 보전면에서 가열 온도를 무조건 올리는 것은 좋지 않으므로 필요한 온도 범위에서 가열할 필요가 있다.

② 가열 시간 : 피열물의 상태가 얇고 열전도율이 클 때의 가열에서는 피열물 표면에서의 열전도율이 가열 시간을 결정해 주며, 피열물의 상태가 두껍고 열전도율이 적을 때의 가열에서는 피열물을 가열해야 할 온도차가 가열 시간을 결정한다.

균일도를 높일수록 가열 시간은 길어지며 열 경제면에서는 가열 시간이 짧은 것이 유리하다.

(2) 가열 목적

① 유효한 가열
  ㈎ 화염과 연소 가스의 온도를 고온으로 한다.
  ㈏ 화염의 방사율을 크게 한다.
  ㈐ 연소용 공기를 예열시킨다.
  ㈑ 피열물의 충진 방법과 투입 방법을 적당히 한다.
  ㈒ 가열 속도를 적당히 한다.

② 균일 가열
  ㈎ 장염을 쓰거나 축차 연소를 시킨다.
  ㈏ 연소 가스량을 많게 한다.
  ㈐ 간접 가열을 한다.
  ㈑ 벽으로부터의 방사 전열을 이용한다.
  ㈒ 연소 가스의 통로를 균일하게 한다.
  ㈓ 가열 시간을 되도록 길게 한다.

(3) 열 경제적 가열

① 열효율을 높인다 (연료, 공기, 피열물을 예열하며 노벽으로부터 방사되는 손실열을 줄이며 과잉 공기량을 줄인다).
② 연속 조업을 한다.
③ 노의 구조에 맞는 연료를 사용해야 하며 연소 장치를 개선하도록 한다.

2. 요로의 종류 및 특징

2-1 철강용로의 구조 및 특징

(1) 용광로 (일명 고로)

① 철광석을 환원하여 선철을 만드는 주요 열설비이다.

  ㈎ 철광석의 종류 : 적철광(Fe_2O_3), 자철광(Fe_3O_4), 갈철광($2Fe_2O_3$, $3H_2O$), 능철광($FeCO_3$) 등이며, 사철, 분광, 황산재 등도 특수 처리에 의하여 사용된다.

  ㈏ 선철의 종류 : 목탄 선철, 무연탄 선철, 코크스 선철

> **참고**
>
> 철광석은 철분 함유량이 40% 이상이고 유황은 0.1% 이하, 규소 함유량은 10% 이하이어야 경제성이 있다고 할 수 있다.

  ㈐ 제선법(製銑法) : 용광로의 장입구에 ① 철광석, ② 코크스, ③ 석회석, ④ 망간 광석 등을 교대로 장입하고 송풍구(tuyere)에서 공급된 열풍으로 고열을 발생시킨다. 일반적으로 송풍구는 2~8개이고 열풍은 500~900℃이다. 열풍은 송풍구에서 6~8초 후 노내를 통과하여 250~400℃의 가스로 되어 배출된다. 노내에서 탄소(C)가 연소하여 1500~1600℃의 고온으로 되고 철광석이 용해된다.

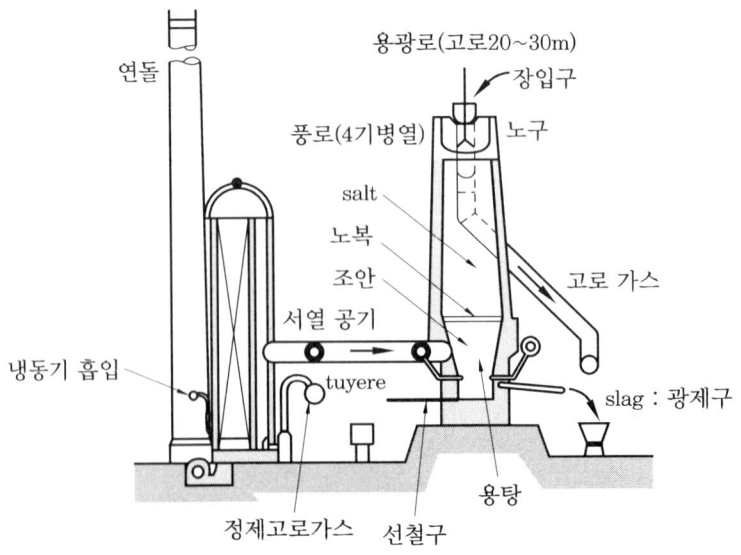

제철용 용광로

참고

용광로의 로체 형식에는 철대로 보호하고 있는 철대식(독일식)과 노흉부를 철피로 보호하고 그 철피로 하여금 노정부의 하중을 지탱하는 철피식(미국식) 그리고 절충식이 있다. 또 지주가 없는 프리 스탠딩식이 있다.

참고 ◦ 제선원료의 역할

① 코크스(cokes) : 열원, 환원 작용으로 열공급 작용을 하며, 일부는 선철에 흡수된다.
② 석회석(생석회) : 용제로 사용되며 철과 불순물을 분리하여 염기성 슬래그(slag)를 조성한다(철광의 SiO_2, P 등을 흡수).
③ 망간 광석 : 탈산 및 탈황 작용

㈑ 용광로 표시 방법 : 1일(24시간)에 산출된 선철의 무게(ton/day, ton/1일, ton/24시간)로 표시한다.

(2) 배소로(rooster)

용광로 이전에 설치하여 광석을 융해되지 않을 정도로 가열하여 화학적, 물리적 변화를 일으킨다.
① 배소 : 광석을 융해점 이하까지 가열하여 그 화학적 조성을 변화시키는 야금상의 준비·조작이다.
② 종류
  ㈎ 유동 배소로
  ㈏ 다단 상형 유화강 배소로
③ 배소의 목적
  ㈎ 화합수(化合水)와 탄산염의 분해
  ㈏ 산화도(酸化度)의 변화
  ㈐ 유해 성분 제거(P, S 등)
  ㈑ 물리적 변화(균열 촉진)

(3) 괴상화 용로

용광로 이전에 설치하여 분말 광석을 일정한 덩어리로 만든다. 분상 철광석을 용광로에 장입하면 용광로의 능률에 악영향을 미치므로 분광은 괴상화(일정한 덩어리로 만드는 것)할 필요가 있다.

■ 분말 광석 괴상화의 장점
① 용광로의 능률을 향상시킬 수 있다.
② 통풍 관계를 개선할 수 있다.

(4) 혼선로 (mixer furnace)

혼선로는 용광로 제강 공장의 중간에서 용광로로 부터 나온 용융 선철을 일시 저장하고 보온, 성분 조정을 목적으로 하는 열설비이다 (보온을 위하여 보조 버너가 설치되어 있다).

혼선로

2-2 제강로의 구조 및 특징

(1) 평로 (平爐)

평로는 좌우 대칭으로 축열실을 가진 일종의 반사로, 선철 및 고철을 장입하여 용융시켜 강을 제조하는 노이다. 구조상 상부와 하부로 나누어지며, 상부는 용해정련을 하는 용해실이며 하부는 공기를 예열하는 축열 기능이나 배기가스의 유도 기능을 가지고 있다.

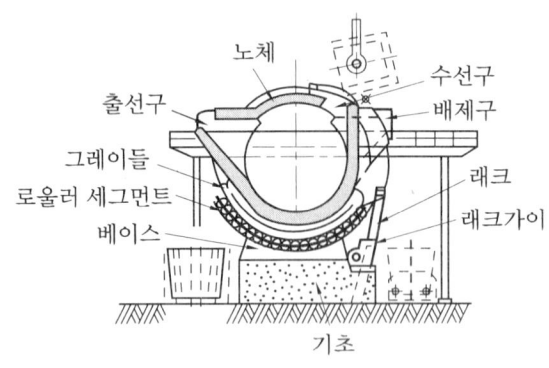

평 로

① 특징
  ㈎ 대량 생산에 적합하다 (아울러 대규모 설비가 요구된다).
  ㈏ 선철 및 고철의 혼합물을 원료로 강을 제조한다.
  ㈐ 연료는 가스 발생로에서 만들어지는 가스나 중유를 사용한다.
  ㈑ 노상의 라이닝(lining) 재료에 따른 분류
    ㉮ 염기성법 : 노상의 라이닝(lining)에 마그네시아 내화물을 사용하므로 염기성법이라 하며 P, S 등의 불순물을 잘 제거시킬 수 있다 (대부분이 이 방법을 채택).

㉮ 산성법 : 노상의 라이닝(lining) 재료로서 규석 내화물을 사용하므로 산성법이라 하며 석회석을 사용할 수 없으므로 P, S 등의 불순물이 적은 우수한 선철을 선택해야 한다.
② 용량 표시 방법 : ton/1회
③ 축열실 : 내화 벽돌을 사용하며 배기가스 보유열을 이용하여 공기나 연료를 예열시켜 주는 장치를 말하며 연소 온도를 상승시켜 주고 또한 연료를 절약할 수 있다.
④ 종류 : 산성 평로, 염기성 평로, 가스식 평로, 중유식 평로

(2) 전로 (轉爐)

① 공기 중의 산소와 원료 중에 포함된 Si, Mn, C 등이 산화하여 연소열을 방출(즉, 고순도의 산화)하므로 연료가 필요 없다.

참고

- L.D법 : 순산소 가스를 사용하는 법(많이 사용)
- 예전에는 발열 원료인 인광석을 사용했다.

② 용량은 통상 15~30 [ton/회]

■ 노 내의 내화물 종류에 따른 분류

㈎ 산성 전로법 : 노내의 내화물로 산성 내화물을 사용했기 때문에 탈황, 탈인이 잘 안되므로, 고규소 저인선인 (Si=1.5~2%, P=0.05%) 베세머 선철을 사용하므로 베세머법이라 한다.

㈏ 염기성 전로법 : 노내의 내화물로 염기성 내화물을 사용했기 때문에 염기성 전로법이라 한다. 탈황, 탈인이 잘 되므로 고인 저규소인(P=2%, Si=1%) 토마스 선철을 사용하므로 토마스법이라 한다.

③ 전로의 종류

㈎ LD 전로 : 순 산소 상취(上吹) 전로라고도 하며, 노저로부터 공기를 불어넣는 것이 아니라 순 산소를 위로부터 용선면에 불어 붙이는 것으로서, 오스트레일리아의 린드 공장에서 개발된 기술이다. 순 산소를 사용하므로 질소 가스에 의한 방해 없이 양(좋은) 품질의 강을 생산할 수 있다. 배가스를 노정으로부터 방출하지 않고, 미연소인 채로 회수하는 OG 방식에 의한 전로 설비이다.

LD 전로에서 제조하기 용이한 강은 림드강, 세미 킬드강, 냉간 가공이 용이한 강이며, 제조하기 어려운 강은 고탄소강이다. 또한, LD 전로에서의 취련(吹鍊) 시간은 15~20분이다.

㈏ 칼드 전로 : 스웨덴에서 개발된 노체 회전식의 전로로, 반응이 조기에 종료된다.

㈐ LD-AC로 : 벨기에와 프랑스에서 전혀 별개로 연구가 진행되어 성공한 것으로

서, 취입 산소 중에 석회 분말을 혼입하면 반응성이 좋은 강색이 신속히 형성되어, 조업 시간이 단축된다.

(3) 전기로 (electric furnace)

전기를 열원으로 하여 철, 강 등을 용해 정련하는 노를 말한다.

① 특징

 (가) 장점

  ㉮ 연소용 공기가 필요 없다 (연소실이 필요 없다).
  ㉯ 온도 조절이 자유롭고 온도 분포가 균일하다.
  ㉰ 설치 면적이 좁다.
  ㉱ 열효율이 비교적 좋다.
  ㉲ 소성실이 깨끗하고 설비가 간단하다.
  ㉳ 인건비가 절약된다.

 (나) 단점

  ㉮ 전력 소비량이 많다.
  ㉯ 유지비가 많이 든다.
  ㉰ 시설비가 고가이므로 제품도 비교적 고가이다.

② 종류

 (가) 저항로

  ㉮ 직접 가열식 : 피열물에 직접 전류를 통해서 피가열물 내에 줄열을 발생시켜 가열하는 노이며, 대용량, 저전압, 대전류의 것이 많고 종류에는 흑연화로, 탄화규소로, 카바이드로, 합금철로, 알루미늄 전해로 등이 있다.
  ㉯ 간접 가열식 : 발열체를 열원으로 해서 노내를 가열하고 피가열물을 가열하며 그 종류에는 함형로, 대차형로, 벨형로, 종형로 (피트형 로), 포트형로, 관상로, 연속형로 (푸셔형워킹 빔형, 콘베이어형, 회전로상형) 등이 있다.

 (나) 아크로 (호광로)

  ㉮ 직접 가열식 : 아크 전류가 피열물을 흐를 때 발생하는 아크 열로 가열하는 방식으로, 제강, 주철의 용해, 합금철, 구리, 주석, 아연 등의 비철금속과 내화물의 용해에 사용된다.
  ㉯ 간접 가열식 : 아크 전류가 피열물 내를 흐르지 않고 전극 상호간에 발생한 아아크 열로부터 전열에 의해서 피열물로 전해지는 가열 방식으로, 구리 및 구리 합금의 용해에 사용된다.

 (다) 유도로 : 전기 유도 작용에 의해 도전성의 피열물 또는 용기에 전류를 유기(誘起)시켜 가열하는 노이며 그 종류에는 저주파 유도 가열로와 고주파 유도 가열로가 있다.

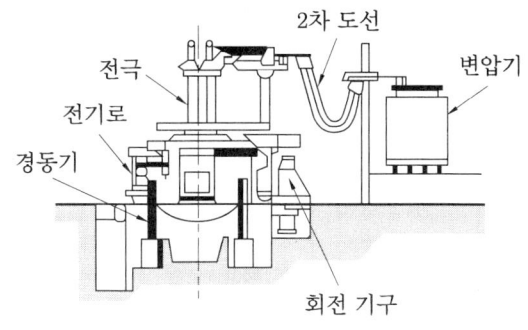

전기로의 구조

2-3 · 주물용해로의 구조 및 특징

(1) 용선로 (cupola ; 큐폴라)

용광로에서 제조된 주물용 선철을 용해하여 주물을 만드는 노이다. 노내에 코크스, 선철, 석회석 순으로 장입하며 코크스를 연소시켜서(바람 구멍으로 바람을 불어넣음) 주물을 제조한다.

① 특징
 (가) 용해시키는 시간이 빠르다.
 (나) 효율이 좋다.
 (다) 대량 생산이 가능하다.
② 용량 표시 방법 : ton/h (시간당 용해량)

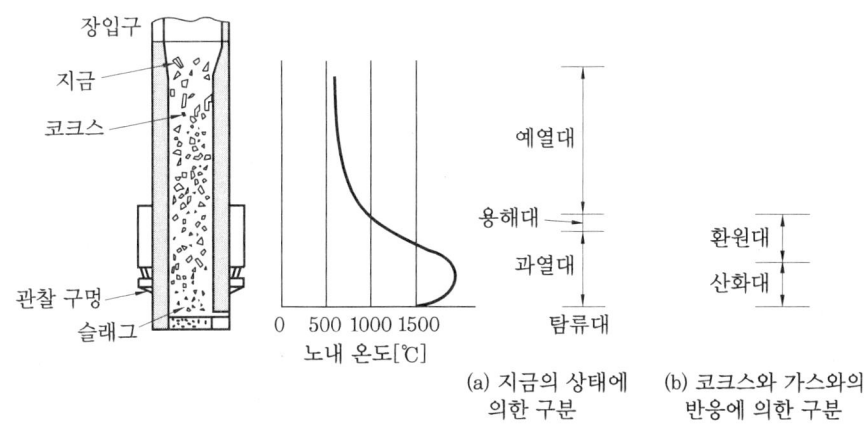

용선로 단면도

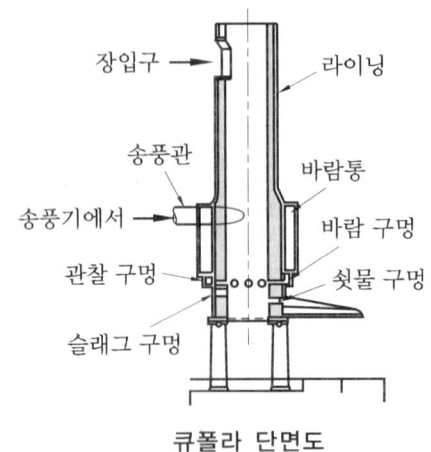

큐폴라 단면도

(2) 반사로

비교적 대형의 칠드롤러(압연용 등의 롤러로 사용)제조에 적합하다. 천정 및 탕면을 가열하기 쉽게 하여 벽의 방사를 유효하게 전하기 위해 천정을 낮게, 천정면적을 크게, 탕조를 얕게하는 구조로 되어 있다.

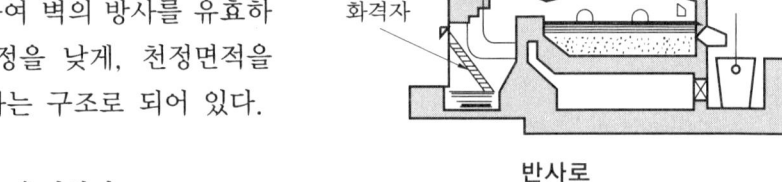

반사로

① 장점
 ㈎ 온도 조절이 용이하다.
 ㈏ 큰 재료를 비교적 단시간에 용해할 수 있다.
 ㈐ 용해 도중에 성분을 조정할 수 있다.
② 단점 : 열효율이 좋지 않으므로 폐가스의 열회수를 행할 필요가 있다.

(3) 회전로

회전로는 노체의 구동, 경동 장치를 갖고, 노체의 1단에 스윙이 가능한 중유 연소용 고압 버너를 갖춘 것으로서, 회전에 의해서 노내 라이닝으로부터 피열물로의 전열이 유효하게 행하여져 승온이 빠르고, 급속 용해가 가능하며 용탕의 교반에 의한 성분의 균일화, 탈가스, 탈황 등이 촉진되는 장점이 있다.

(4) 도가니로 (crucible furnace)

① 제련을 목적으로 하지 않고 단순히 녹여서 청동, 황동, 특수강, 경합금 등 양질의 강을 제조하는 노이다. 원료로는 선철 또는 저탄소강을 적당히 혼합하며, 특히 특수강을 만들 때는 다시 합금철을 가하여 이들의 원료를 도가니 안에 넣고 가열한다. 원료로는 석탄가스 또는 양질의 코크스를 사용한다.

② 용해 시간은 통상 3~4시간 정도이다.
③ 도가니로의 용량 표시 방법 : 1회 용해할 수 있는 구리(Cu)의 중량(kg)으로 표시, 즉 n[kg]을 용해할 수 있는 도가니를 n번 도가니라고 한다.
   [예] 10번 도가니는 10kg을 용해할 수 있는 도가니를 말한다.
④ 도가니로의 재료
   (가) 흑연질 : 특수강, 유리 용융로로 많이 사용한다.
   (나) 주철제 : 일반 합금 용해용으로 많이 사용한다.
   (다) 철제 : 알루미늄, 화이트 메탈 용해용으로 많이 사용한다.

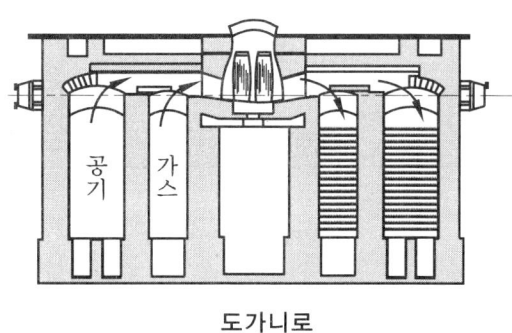

도가니로

2-4 · 금속 가열 열처리로의 구조 및 특징

(1) 균열로

균열로(均熱爐)는 제강과 분괴 압연(分塊壓延)의 중간에 위치하여, 강괴표면(鋼塊表面)의 과열을 최소로 하고 압연 가능 온도까지 강괴를 균일 가열하기 위하여 필요한 것이며 상부 연소식과 하부 연소식이 있으나 신설의 경우 상부 연소식을 택하고 있다.

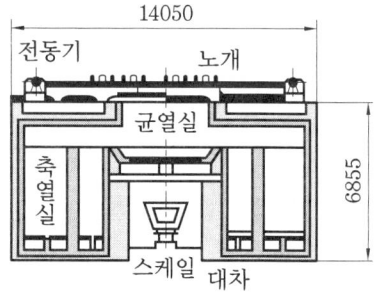

축열실 균열로

■ 균열로의 종류
   ① 단파식과 복파식 균열로
   ② 축열식 균열로
   ③ 환열식 균열로
   ④ 상부 연소식과 하부 연소식 균열로

(2) 가열로(加熱爐)

압연 공장에서 강괴(ingot : 강의 덩어리), 강편(鋼片)의 가열을 압연 직전에 행하기 위하여 사용하는 것이다(즉, 압연 강편을 압연 온도에 맞도록 하는 것).

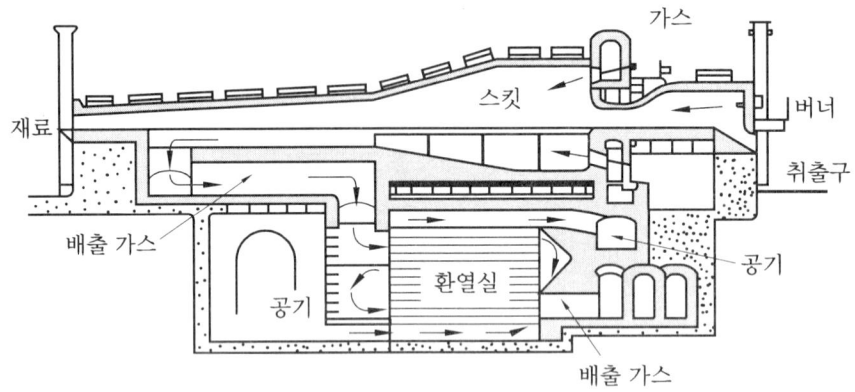

철강재 연속 가열로

① 이송에 따른 강재(鋼材)의 종류
  (가) 푸셔(pusher)식 : 이 가열로는 강편을 제입측(製入側)으로부터 푸셔로 밀어 압출구(壓出口)에 이동시키는 동안에 가열되는 형식의 노(爐)이며, 과거에 많이 사용된 노이다.
  (나) 워킹 하스(walking hearth)식 가열로 : 푸셔식에서 처리 곤란한 얇은 재료나 강관 등의 가열을 목적으로 하는 노이다.
  (다) 워킹 빔(walking beam)식 가열로는 수냉(水冷)된 워킹 빔을 갖춘 가열로이며 장입된 강재는 빔을 원형 또는 구형 모양으로 주기 운동시킴으로써 이송되므로 푸셔 식과 같이 재료의 포개짐 현상이 일어나지 않고, 미끄럼에 의해 저온부가 고정되는 경우도 없다.

② 형식에 따른 가열로의 종류
  (가) 비치로
  (나) 압형로(푸셔형 연속 가열로)
  (다) 워킹 빔로
  (라) 회전로 상로

(3) 열처리로

금속의 기계적인 성질을 개량하기 위하여 사용되며 용도에 따라 분류하면 담금질로, 불림로, 풀림로(소둔로), 뜨임로, 침탄로, 염욕로 등으로 분류한다. 또한, 구조에 따라 분류하면 상형로, 대차로, 회전로로 분류할 수 있다.

2-5. 요의 구조 및 특징

(1) 연속요 (연속 가마)

작업이 연속적으로 행하여질 수 있도록 만든 가마이며 다른 가마에 비해 다음과 같은 특징이 있다.

- 작업 능률 향상
- 연료 절약
- 대량 제품의 생산

① 터널요(tunnel kiln : 터널 가마) : 대표적인 연속요이다. 가늘고 긴 터널형이며 내벽의 고온부는 내화 벽돌, 기타 부분은 붉은 벽돌로 축조되어 있다. 또한 피열물을 올려 놓은 대차(kiln car)가 레일 위를 지나면서 예열대, 소성대, 냉각대를 거쳐 제품이 완성되도록 되어 있다.

> **참고**
> 터널요는 도자기나 내화 벽돌 소성에 널리 사용되며 노의 길이는 70~100m 이상이다. 제품을 균일하게 소성하며 연료가 적게 든다는 특징이 있다.

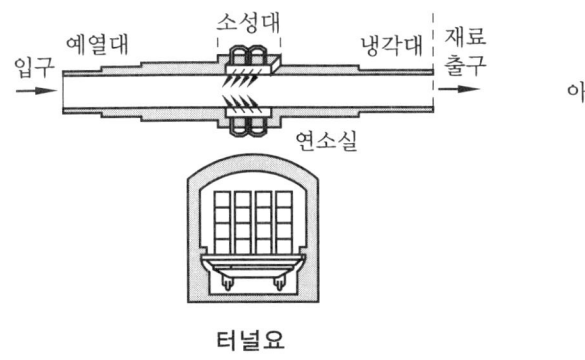
터널요

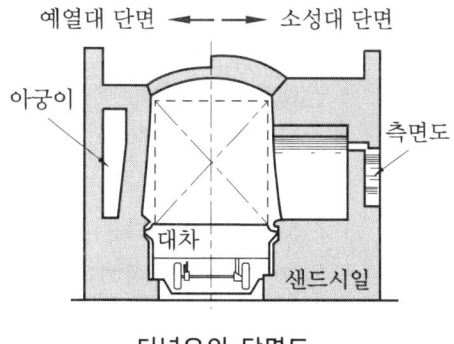
터널요의 단면도

㈎ 구조
- ㉮ 예열대 : 대차 입구로부터 소성대 입구까지
- ㉯ 소성대 : 가마의 중앙부 양쪽에 2~20개의 아궁이 설치
- ㉰ 냉각대 : 소성대 출구로부터 대차 출구까지
- ㉱ 대차 : 피소성품의 운반차
- ㉲ 푸셔 : 대차를 밀어넣는 장치
- ㉳ 샌드실 : 고온부의 열이 레일 위치부, 즉 저온부로 이동하지 않도록 하기 위하여 설치
- ㉴ 공기 재순환 장치 : 여열 이용을 위하여 공기 순환 장치 설치

> **참고**
> ① 구조 : 예열대, 소성대, 냉각대
> ② 구성 부분 3요소 : 푸셔(pusher), 대차(kiln car), 샌드 실(sand seal)

 (나) 종류 : 소성 형식에 따라
  ㉮ 직화식
   • 화염식 : 드레슬러 하로프 케라식
   • 도염식 : 리처드슨식, 드레이튼식
  ㉯ 머플식 : 아메리카 드레슬러식, 패들릿식
  ㉰ 반머플식
  ㉱ 전기식
 (다) 용도
  ㉮ 직화식 : 자기, 건축용 벽돌 소성
  ㉯ 머플식(muffle) : 환원 소성이 부적당하며, 산화염 소성인 위생도기, 건축 용도기
 (라) 특징
  ㉮ 장점
   • 열효율이 좋다.
   • 열손실이 적다.
   • 연료가 절약된다.
   • 소성을 균일하게 할 수 있다.
   • 대량 생산이 가능하며 설비 면적이 적게 든다.
   • 소성 시간이 짧다.
   • 온도 조절이 용이하다(자동화).
  ㉯ 단점
   • 생산량 조정이 어렵고 다종 소량 생산에는 부적당하다.
   • 능력에 비해 설비비가 비싸다.
   • 제품을 연속적으로 처리할 수 있는 시설을 갖추어야 한다.
   • 제품 구성에 제한을 받는다.
② 윤요(ring kiln ; 고리 가마) : 고리 주위에 12~18개 정도의 소성실을 마련하여 종이 칸막이를 옮겨 가면서 소성을 연속적으로 진행시킨다.

종이 칸막이는 윤요의 구성 부분이다. 특히, 윤요(고리 가마)는 건축 자재(타일 등)에 널리 쓰이는 요이다.

 (가) 종류 : 해리슨, 호프만, 복스형 가마가 있다.
 (나) 특징
  ㉮ 종이 칸막이가 있으며 건축 자재에 널리 사용된다.
  ㉯ 소성실이 12~18개 정도이며, 14개 정도가 가장 이상적이다.
  ㉰ 소성실은 원형과 타원형 2가지가 있다.
  ㉱ 배기가스의 아황산가스(SO_3)로 인해 제품을 손상시킬 염려가 있다.
  ㉲ 배기가스의 현열로 제품을 예열시킨다.
  ㉳ 제품의 현열로 연소용 2차 공기를 예열시킨다.
  ㉴ 연료가 단독 가마보다 절약된다 (65 %).
 (다) 용도 : 건축 자재, 소성(타일 등)

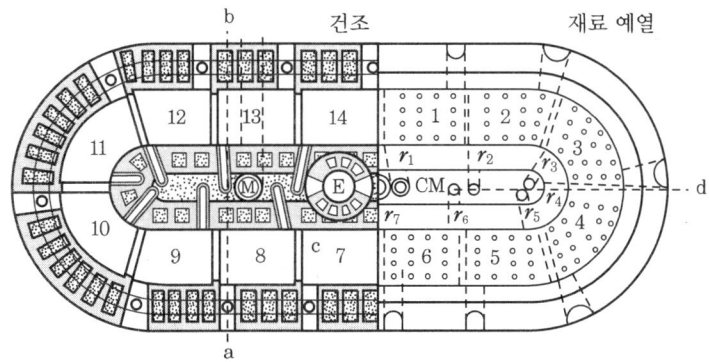

종이 칸막이 호프만(Hoffmann)식 윤요의 단면도

(2) 반 연속식요 (반연속식 가마)

① 등요(오름가마) : 언덕 경사도가 $\frac{3}{10} \sim \frac{5}{10}$ 정도이며 소성실이 4~5개 정도이다. 앞 소성실의 배기가스와 고온 피열물의 보유열을 뒷 소성실에서 소성에 이용하도록 한 구조이다. 반연속식로 로서 경사진 곳에 축조하는데 피열물은 각 실에 장입되며 소성은 최하단에 있는 실로부터 시작되어 연소 가스는 차례로 위쪽실로 이동하여 연돌로 배출되는 노이다.

 (가) 특징
  ㉮ 소성실 내의 온도가 고르지 못하다.

㉯ 가마의 경사도가 $\frac{3}{10} \sim \frac{5}{10}$ 정도이나 가마의 구조나 피열물 종류에 따라 달라질 수 있다.

㉰ 노벽의 두께가 얇다.

㉱ 연소 가스나 공기가 흐를 때 경사도에 의한 통풍력의 영향을 받는다.

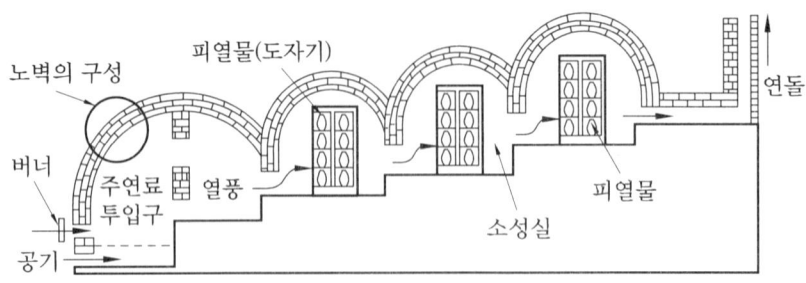

등요(오름 가마)

㈏ 용도 : 옹기, 도자기 소성

② 셔틀요(셔틀 가마 : shuttle kiln) : 1개의 가마에 2대의 대차가 설치되어 있으며 1개의 대차는 가마대임 후 소성 작업을 끝내고 다른 대차를 밀어 넣어 소성 작업을 한다.

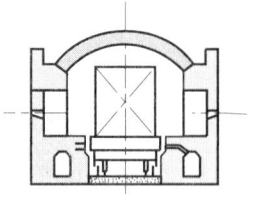

셔틀요

(3) 불연속요 (불연속식 가마)

① 횡염식요(옆 불꽃식 가마) : 연소실 내에서 발생한 화염이 소성실 안을 수평 방향으로 진행하면서 피가열물을 소성하는 가마이다.

㈎ 종류 : 경덕진 가마, 뉴우카슬 가마, 자주 가마

㈏ 특징

㉮ 가마 내의 온도가 불균일하다.

㉯ 가마의 입구측과 출구측의 온도 차가 크다.

㉰ 피가열물을 소성 온도에 적합하게 배열해야 한다.

㈐ 용도 : 토관류 및 도자기 전반

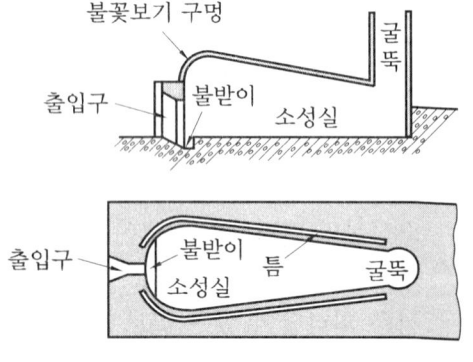

경덕진 횡염식요

② 도염식요(꺾임 불꽃식 가마) : 아궁이 쪽에서 발생한 화염이 측면과 화교(bag wall) 사이로 상승하고 천정에서 피열물 사이로 하강하여 노상의 구멍에서 연도로 빠진다.

　(개) 종류 : 원요, 각요
　(내) 특징
　　㉮ 가마 내의 온도가 균일하다.
　　㉯ 구조 부분으로 화교, 흡입공, 연도 등이 있다.
　　㉰ 연료 소비량이 적다.
　　㉱ 가마내기·재임이 편리하다.
　(대) 용도 : 토관류 제품, 석회석, 도자기 소성에 적합하다.

③ 승염식요(오름 불꽃 가마) : 연소실에서 발생한 화염이 소성실 안을 상승하면서 피가열물을 소성하는 로이다.

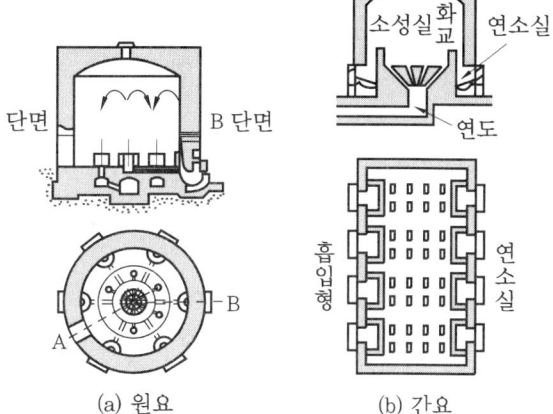

(a) 원요　　(b) 간요

도염식요

　(개) 특징
　　㉮ 구조가 간단하나 설비비가 비싸다.
　　㉯ 가마 내의 온도가 불균일하다.
　　㉰ 고온 소성에는 부적당하다.
　　㉱ 열손실이 크다.
　　㉲ 고온용 자기 소성에는 부적당하다.
　(내) 용도 : 도자기 제조에 적합하다.

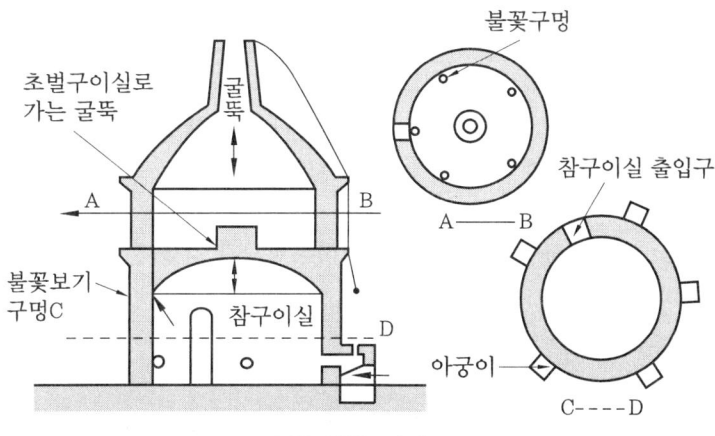

오름 불꽃 가마

(4) 시멘트 제조용 가마

① 회전요 (rotary kiln : 회전 가마) : 대부분 내열형(內熱形)이며 시멘트 소성요가 대표적이다. 주로 시멘트, 석회석 등의 소성에 널리 사용되며 연속요이다.

㈎ 특징
  ㉮ 원료는 요의 우측 끝에서 장입되고 연소 가스는 반대 방향으로 흐른다.
  ㉯ 열효율이 불량하며 연소 가스의 여열을 회수하는 장치가 필요하다.
  ㉰ 시멘트 소성 시, 소성 실내 온도는 1400℃ 이상(1400~1500℃)으로 유지되어야 한다.
  ㉱ 요의 예열 부분의 전열이 불량하여 배기가스의 온도는 800~1000℃의 고온으로 유지된다.
  ㉲ 원통형으로 제작되어 있다.
  ㉳ 가마의 경사도는 $\dfrac{5}{100}$ 정도이다.
  ㉴ 노의 길이가 110~160m 정도이다.

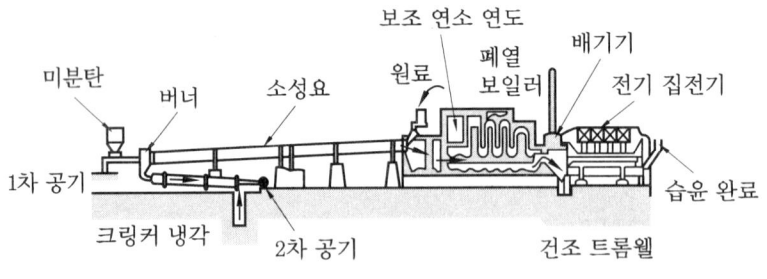

시멘트 소성 회전요

> **참고 ◦ 시멘트 소성요**
>
> 가장 많이 생산되는 시멘트는 포틀랜드 시멘트이며 석회석, 규석, 점토, 산화철을 분쇄 혼합하여 1400℃ 이상으로 소성한 후 석고를 가하여 분해한 것이다. 소성 시에는 대개 회전요(rotary kiln)가 채택되고 있다.
>
> ■ 소성법의 종류
> ① 건식법 : 원료를 조쇄하여 건조시킨 것과 미분쇄시킨 것을 혼합하여 소성요에 장입하는 소성법이다.
> ② 습식법 : 원료를 조쇄하여 미분쇄에 장입할 때 수분을 약 20 % 함유시킨 후 소성요에 장입하는 소성법이다.
> ③ 반건식법 : 건식법과 같으나 소성요에 장입하기 전에 물을 10~15 % 가하는 것이 다르다.

② 견요(shaft kiln : 선가마)
　(가) 특징
　　㉮ 건설비 및 유지비가 적게 든다.
　　㉯ 균일한 소성 및 크링커의 급랭이 곤란하다.
　　㉰ 시멘트의 품질이 좋지 못하다.
　　㉱ 소성 용량이 적다.
　(나) 용도 : 석회암, 돌마이트, 마그네시아트 등의 탄산염 원료의 가열 처리, 점토를 괴상으로 소성하는 샤모트의 제조, 시멘트의 소성 등에 쓰인다.

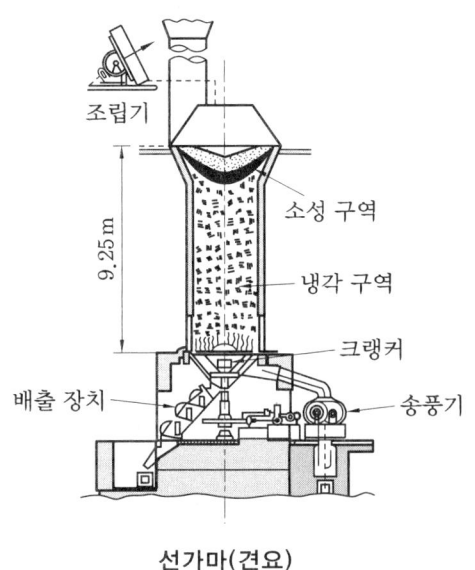

선가마(견요)

(5) 유리 용융 가마

규소(SiO_2), 장석(Al_2O_3), 붕사(B_2O_3), 불초(Na_2SO_4) 등의 원료를 고온으로 용해해서 유리를 만드는 노이다. 용해에 사용되는 노는 그 목적에 따라 용융 가마, 서랭 가마, 도가니 예열 가마로 구분한다.

예상문제 및 기출문제

1. 요로(窯爐)의 정의를 설명한 것으로 가장 적절한 것은?
㉮ 물을 가열하여 수증기를 만드는 장치이다.
㉯ 열을 이용하여 물체를 가열시켜 소성 또는 용융시키는 공업적 장치이다.
㉰ 금속을 녹이는 장치이다.
㉱ 도자기를 굽는 장치이다.
[해설] ① 요(kiln) : 물체를 가열시켜 소성하여 생활용품을 제조하는 장치이다.
② 로(furnace) : 물체를 가열, 용융시켜 공업용품을 제조하는 장치이다.

2. 다음은 요로의 정의에 대한 설명이다. ( ) 안 ①~④에 들어갈 용어로서 틀린 것은?

"요로란 물체를 가열하여 (①)시키거나 (②)을 통하여 가공 생산하는 공업 장치로서 (③)에 따라 연료의 발열 반응을 이용하는 장치, 전열을 이용하는 장치 및 연료의 (④) 반응을 이용하는 장치의 3종류로 크게 구분할 수 있다."

㉮ ①-용융   ㉯ ②-소성
㉰ ③-열원   ㉱ ④-산화
[해설] ④-환원

3. 연소 가스(화염)의 진행 방향에 따라 요로를 분류한 것은?
㉮ 연속식 가마   ㉯ 도염식 가마
㉰ 직화식 가마   ㉱ 셔틀 가마
[해설] 화염의 진행 방향에 따라 횡염식 가마, 승염식 가마, 도염식 가마로 분류한다.

4. 도자기 소성 시 노내 분위기의 순서를 바르게 나타낸 것은?
㉮ 산화성 분위기 → 환원성 분위기 → 중성 분위기
㉯ 산화성 분위기 → 중성 분위기 → 환원성 분위기
㉰ 환원성 분위기 → 중성 분위기 → 산화성 분위기
㉱ 환원성 분위기 → 산화성 분위기 → 중성 분위기

5. 다음 중 작업이 간편하고 조업 주기가 단축되며 요체의 보유열을 이용할 수 있어 경제적인 반연속식 요는?
㉮ 셔틀요   ㉯ 윤요
㉰ 터널요   ㉱ 도염식요
[해설] 반연속식요에는 등요와 셔틀요가 있으며 연속식요에는 윤요와 터널요가 있다.
[참고] 불연속식요
횡염식요, 승염식요, 도염식요

6. 도염식 가마(down draft kiln)에서 불꽃의 진행 방향으로 옳은 것은?
㉮ 불꽃이 올라가서 가마 천장에 부딪쳐 가마 바닥의 흡입공으로 빠진다.
㉯ 불꽃이 처음부터 가마 바닥과 나란하게 흘러 굴뚝으로 나간다.
㉰ 불꽃이 연소실에서 위로 올라가 천장에 닿아서 수평으로 흐른다.
㉱ 불꽃의 방향이 일정하지 않으나 대개 가마 밑에서 위로 흘러나간다.

정답 1. ㉯ 2. ㉱ 3. ㉯ 4. ㉮ 5. ㉮ 6. ㉮

[해설] 불꽃이 소성실 내로 들어가 천장에 부딪친 다음 아래로 내려가 피가열체를 가열시키고 바닥의 흡입공으로 빠진다.

7. 요·로의 열효율을 높이는 방법으로 가장 거리가 먼 것은?

㉮ 요·로의 적정 압력 유지
㉯ 폐가스의 폐열 회수
㉰ 발열량이 높은 연료 사용
㉱ 적정한 연소 장치 선택

[해설] 열효율을 높이는 방법에는 ㉮, ㉯, ㉱항 외에 단열 보온재를 사용하는 방법이 있다.

8. 소성 가마 내의 열의 전열 방법에 포함되지 않는 것은?

㉮ 복사   ㉯ 전도
㉰ 전이   ㉱ 대류

[해설] 소성 가마 내의 열의 전열 방법에는 ㉮, ㉯, ㉱항 3가지가 있다.

9. 축요(築窯) 시 가장 중요한 것은 적합한 지반(地盤)을 고르는 것이다. 다음 중 지반의 적부 결정과 가장 거리가 먼 것은?

㉮ 지내력 시험
㉯ 토질 시험
㉰ 팽창 시험
㉱ 지하 탐사

[해설] 축요 시 지반의 적부 결정 때에는 ㉮, ㉯, ㉱항 3가지이다.

10. 다음 중 노체 상부로부터 노구(throat), 샤프트(shaft), 보시(bosh) 노상(hearth)으로 구성된 노(爐)는?

㉮ 평로   ㉯ 고로
㉰ 전로   ㉱ 코크스로

[해설] 용광로(일명 : 고로)의 구성이다.

11. 용광로에 장입되는 물질 중 탈황 및 탈산을 위해 첨가하는 것은?

㉮ 철광석   ㉯ 망간광석
㉰ 코크스   ㉱ 석회석

[해설] ① 탈산 및 탈황을 위해 망간광석이나 페로(ferro)망간을 사용한다.
② 철과 불순물의 분리가 잘 되도록 석회석이나 형석이 사용된다.

12. 용광로에 장입하는 코크스의 역할이 아닌 것은?

㉮ 철광석 중의 황분을 제거
㉯ 가스 상태로 선철 중에 흡수
㉰ 선철을 제조하는 데 필요한 열원 공급
㉱ 연소 시 환원성 가스를 발생시켜 철의 환원을 도모

[해설] 탈황 및 탈산을 위해서 망간광석이 첨가된다.

13. 용광로의 원료 중 코크스의 역할로 옳은 것은?

㉮ 탈황 작용   ㉯ 흡탄 작용
㉰ 매용제(媒熔劑)   ㉱ 탈산 작용

[해설] 코크스는 열원으로 사용되며 연소 시 발생되는 H_2, CO 등의 환원성 가스에 의해 철을 환원시키고 탄소의 일부를 흡수(흡탄 작용)한다.

14. 다음 중 광석을 용해되지 않을 정도로 가열하는 배소(roasting)의 목적이 아닌 것은 어느 것인가?

㉮ 물리적 변화의 방지
㉯ 탄산염의 분해를 촉진
㉰ 황(S), 인(P) 등의 성분을 제거
㉱ 산화도를 변화시켜 제련을 용이하게 함

정답 7. ㉰ 8. ㉰ 9. ㉰ 10. ㉯ 11. ㉯ 12. ㉮ 13. ㉯ 14. ㉮

[해설] 배소의 목적은 균열 등의 물리적 변화를 시키기 위함이다.

15. 다음 중 배소(roasting)에 대한 설명으로 틀린 것은?
㉮ 화합수와 탄산염을 분해한다.
㉯ 황, 인 등의 유해 성분을 제거한다.
㉰ 산화배소는 일반적으로 흡열 반응이다.
㉱ 산화도를 변화시켜 자력선광을 할 수 있도록 한다.
[해설] 배소의 목적에는 ㉮, ㉯, ㉱항 외에 균열 등의 물리적 변화를 일으키는 데 있다.

16. 제철 및 제강 공정 중 배소로의 사용 목적으로 가장 거리가 먼 것은?
㉮ 유해 성분의 제거
㉯ 산화도(酸化度)의 변화
㉰ 분상 광석의 괴상으로의 소결
㉱ 원광석의 결합수의 제거와 탄산염의 분해
[해설] 배소로의 사용 목적은 ㉮, ㉯, ㉱항 외에 균열 등의 물리적 변화를 일으키기 위함이다.
[참고] ① 배소란 광석이 용해되지 않을 정도로 가열하는 것을 말한다.
② 분상의 철광석을 괴상으로 소결시키는 로는 괴상화용 로이다.

17. 연료를 사용하지 않고 용선의 보유열과 용선 속의 불순물의 산화열에 의해서 노내 온도를 유지하면서 용강을 얻는 것은?
㉮ 평로　　㉯ 고로
㉰ 반사로　㉱ 전로
[해설] 전로
선철을 강철로 만들기 위해 용선의 보유열과 선철 중의 C, Si, Mn, P 등의 불순물 산화열을 이용한다.

18. 다음 중 전로법에 의한 제강 작업 시의 열원은?
㉮ 가스의 연소열
㉯ 코크스의 연소열
㉰ 석회석의 반응열
㉱ 용선 내의 불순원소의 산화열
[해설] 전로의 열원은 선철 중의 C, Si, Mn, P 등의 불순물을 산화시켜 나오는 산화열이다.

19. 제강 평로에서 채용되고 있는 폐열회수 방법으로서 배기가스의 현열을 흡수하여 공기나 연료가스 예열에 이용될 수 있도록 한 장치는?
㉮ 축열기
㉯ 환열기
㉰ 폐열 보일러
㉱ 판형 열교환기
[해설] 평로에서 배기가스의 현열을 흡수하여 공기가 연소 가스 예열에 이용할 수 있도록 한 장치를 축열기(축열실)라 한다.

20. 다음 중 전기로에 해당되지 않는 것은?
㉮ 푸셔로　　㉯ 아크로
㉰ 저항로　　㉱ 유도로
[해설] 전기로를 가열 방식에 따라 분류하면 ㉯, ㉰, ㉱항 3가지가 있다.

21. 연속 가열로를 강제의 이동 방식에 따라 분류할 때 이에 해당되지 않는 것은?
㉮ 전기 저항식
㉯ 회전 노상식
㉰ 푸셔(pusher)식
㉱ 워킹·빔(walking beam)식
[해설] 강제의 이동 방식에 따라 ㉯, ㉰, ㉱항 외에 워킹 하스(walking hearth)식, 롤러 하스(roller hearth)식이 있다.

정답 15. ㉰　16. ㉰　17. ㉱　18. ㉱　19. ㉮　20. ㉮　21. ㉮

22. 중유 소성을 하는 평로에서 축열실의 역할로 가장 옳은 것은?

㉮ 연소용 공기를 예열한다.
㉯ 연소용 중유를 가열한다.
㉰ 원료를 예열한다.
㉱ 제품을 가열한다.

[해설] 축열실의 역할
배기가스의 현열을 흡수하여 공기나 연료가스를 예열할 수 있도록 한 장치이며 축열실을 사용하면 불꽃의 온도가 높고 연료 소비량이 감소된다.

23. 용선로(cupola)에 대한 설명으로 틀린 것은?

㉮ 대량 생산이 가능하다.
㉯ 용해 특성상 용탕에 탄소, 황, 인 등의 불순물이 들어가기 쉽다.
㉰ 동합금, 경합금, 동 비철금속 용해로로 주로 사용된다.
㉱ 다른 용해로에 비해 열효율이 좋고 용해 시간이 빠르다.

[해설] 용선로(큐폴로)는 주물 용해로로 사용된다.

24. 다음 중 용해로가 아닌 것은?

㉮ 큐폴라   ㉯ 도가니로
㉰ 평로   ㉱ 용광로

[해설] 용광로(일명 : 고로)는 선철 제조로이다.

25. 동합금, 경합금 등의 비철금속 용해로로 사용되고 있으며 separate형, oven형 등으로 구분되는 것은?

㉮ 반사로   ㉯ 도가니로
㉰ 고리가마   ㉱ 회전가마

[해설] 도가니로는 동합금, 경합금 등의 비철금속 용해로로 사용되고 있으며 종류로는 separate형, oven형, 금속 용융용, 유리 제조용 등이 있다.

26. 열처리로 경화된 재료를 변태점 이상의 적당한 온도로 가열한 다음 서서히 냉각하여 강의 입도를 미세화하여 조직을 연화, 내부 응력을 제거하는 로는?

㉮ 머플로   ㉯ 소성로
㉰ 풀림로   ㉱ 소결로

[해설] 풀림로(annealing furnace : 소둔로) 조직을 연화, 내부 응력을 제거하는 로이다.

27. [그림]의 균열로에서 리큐퍼레이터는 어느 곳인가?

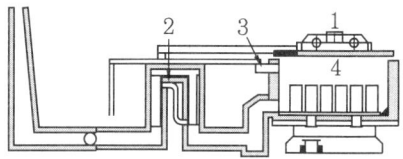

㉮ 1   ㉯ 2
㉰ 3   ㉱ 4

[해설] 리큐퍼레이터(환열기)는 연도 가까운 곳에 설치한다.

28. 광석을 공기의 존재하에서 가열하여 금속 산화물 또는 산소를 함유한 금속 화합물로 바꾸는 조작을 무엇이라고 하는가?

㉮ 염화 배소   ㉯ 환원 배소
㉰ 산화 배소   ㉱ 황산화 배소

[해설] 공기(또는 산소)의 존재하에서 황(S), 인(P) 등을 포함한 광석을 가열하여 금속 산화물로 바꾸는 조작을 산화 배소라 한다.

29. 제련에서 중금속 비화물이 균일하게 녹아 있는 인공적인 혼합물이며, 원료 중에 As, Sb 등이 다량으로 들어 있고, 이것이

환원 분위기에서 산화 제거되지 않을 때 생기는 것은?
㉮ 스파이스 ㉯ 매트
㉰ 플럭스 ㉱ 슬래그

[해설] 스파이스
원료 중에 As, Sb 등의 중금속이 제련에서 산화 제거되지 않을 때 생기는 것이다.

30. 열처리로의 구조에 따른 분류가 아닌 것은 어느 것인가?
㉮ 상형로 ㉯ 진공로
㉰ 대차로 ㉱ 회전로

[해설] 열처리로는 구조에 따라 상형로, 대차로, 회전로로 분류할 수 있다.

31. 다음 중 터널요에 대한 설명으로 옳은 것은 어느 것인가?
㉮ 예열, 소성, 냉각이 연속적으로 이루어지며 대차의 진행 방향과 같은 방향으로 연소 가스가 진행된다.
㉯ 소성 시간이 길기 때문에 소량 생산에 적합하다.
㉰ 인건비, 유지비가 많이 든다.
㉱ 온도 조절의 자동화가 쉽지만 제품의 품질, 크기, 형상 등에 제한을 받는다.

[해설] ① 대차의 진행 방향과 반대 방향으로 연소 가스가 진행된다.
② 소성시간이 짧고 대량 생산에 적합하다.
③ 인건비, 유지비가 적게 든다.

32. 다음 중 터널요의 구성 부분이 아닌 것은 어느 것인가?
㉮ 예열대 ㉯ 소성대
㉰ 소둔대 ㉱ 냉각대

[해설] 터널요의 구성은 예열대, 소성대, 냉각대 3부분으로 되어 있다.

33. 터널가마(tunnel kiln)의 장점이 아닌 것은?
㉮ 소성이 균일하여 품질이 좋다.
㉯ 온도 조절과 자동화가 용이하다.
㉰ 열효율이 좋아 연료비가 절감된다.
㉱ 사용 연료의 제한을 받지 않고 전력 소비가 적다.

[해설] ① 사용 연료에 제한을 받으며 소량 생산에는 부적합하다.
② 건설비가 비싸고 전력 소비가 많다.

34. 다음 중 회전가마(rotary kiln)에 관한 설명으로 틀린 것은?
㉮ 일반적으로 시멘트, 석회석 등의 소성에 사용된다.
㉯ 온도에 따라 소성대, 가소대, 예열대, 건조대 등으로 구분된다.
㉰ 소성대에는 황산염이 함유된 클링커가 용융되어 내화 벽돌을 침식시킨다.
㉱ 원료와 연소 가스는 서로 반대 방향으로 이동함으로써 열교환이 잘 일어난다.

[해설] 회전 가마는 시멘트의 클링커 소성, 석회 및 돌로마이트의 소성에 사용된다.

35. 다음 중 연속 가마에 해당되는 것은?
㉮ 윤요 ㉯ 회전요
㉰ 등요 ㉱ 샤틀요

[해설] 연속 가마에는 터널요와 윤요가 있다.

36. 연속요이며 종이 칸막이로 구성되어 있으며 건축 자재(붉은 벽돌, 타일 등) 소성에 주로 사용되는 가마는?
㉮ 터널요 ㉯ 회전요
㉰ 샤틀요 ㉱ 윤요

[해설] 건축 자재 소성에 주로 사용되는 가마는 윤요(고리 가마)이다.

정답 30. ㉰ 31. ㉱ 32. ㉰ 33. ㉱ 34. ㉰ 35. ㉮ 36. ㉱

37. 다음 중 반연속식 가마에 해당되는 것은?

㉮ 고리 가마
㉯ 터널 가마
㉰ 샤틀 가마
㉱ 횡염식 가마

[해설] 반연속식 가마에는 등요(오름 가마)와 샤틀요(샤틀 가마)가 있다.

38. 다음 중 불연속식 가마가 아닌 것은?

㉮ 횡염식 가마
㉯ 도염식 가마
㉰ 승염식 가마
㉱ 터널 가마

[해설] 불연속식 가마에는 ㉮, ㉯, ㉰항 3가지가 있으며, 터널 가마는 연속식 가마이다.

Chapter 2. 내화물, 단열재, 보온재

1. 내화물 (耐火物)

1-1. 내화물의 일반

내화물이란 공업 요로 등의 고온에 견디는 비금속 무기질 재료를 말한다. 또한 내화물이라 하면 여러 나라 공업 규격에서 SK 26번(용융 온도 1580℃) 이상을 말하며 미국의 ASTM에서는 PCE 19번(용융 온도 1520℃) 이상을 말한다.

(1) 내화물(노재)의 구비 조건

① 사용 온도에서 연화(軟化) 또는 변형하지 않을 것(내화도가 클 것)
② 상온(20℃) 및 사용 온도에서 압축 강도가 클 것
③ 열에 의해 팽창, 수축이 적을 것
④ 온도의 급격한 변화에 의해 파손이 적을 것(스폴링)
⑤ 마모에 견딜 것(내마모성이 클 것)
⑥ 화학적으로 침식되지 않을 것
⑦ 사용 목적에 따른 적당한 열전도율을 가질 것
⑧ 재가열(再加熱)에 의하여 수축이 적을 것

(2) 내화물의 분류 방법

① 원료에 의한 분류 : 규석질, 샤모트질, 알루미나질 등
② 주조성 광물에 의한 분류 : 멀라이트, 크로마이트, 카보런덤 등
③ 화학적 조성에 의한 분류 : 산성, 중성, 염기성

화학적 조성에 의한 분류 (주성분에 의한 분류)

분류 (화학적 성질)	종류		주원료	주요 화학 성분	주요 결정 성분
산성 내화물 (RO_2)	점토질	샤모트질	샤모트 내화점토	SiO_2, Al_2O_3	멀라이트($3Al_2O_3 \cdot 2SiO_2$)
		납석질	납석	SiO_2, Al_2O_3	멀라이트(mullite)
	규석질		납석	SiO_2	크리스토발라이트(cristobalite), 트리디마이트(tridymite)
	반규석질		납석	SiO_2 (규산질)	크리스토발라이트, 트리디마이트
	석영질(石英質)		실리카(silica)	SiO_2	용융 silica 97% 이상
중성 내화물 (R_2O_3)	고알루미나질 (alumina) 내화물		고알루미나질, 샤모트내화점토, 고알루미나부암, 보크사이트(bauxite)	Al_2O_3, SiO_2	커런덤 멀라이트 (corumdum mullite)
	크롬질 내화물		크로마이트 (chromite)	Cr_2O_3, MgO, Al_2O_3, FeO	[(FeO, MgO)·(Al, Cr, Fe)$_2O_3$]
	탄화규소질		탄화규소	SiC	탄화규소
	질화규소질		금속 실리콘	Si_2N_4	$a_2\beta - Si_2N_4$
	탄소질		흑연, 무연탄, 코크스	C	흑연
염기성 내화물 (RO)	마그네시아질 내화물		해수 마그네시아 마그네사이트	MgO	페리클레이스 (Periclase, MgO)
	크롬-마그네시아질, 마그네시아-크롬질		크로마이트 해수 마그네시아 마그네사이트	MgO, Cr_2O_3, Al_2O_3	페리클레이스, 포스테라이트($2MgO \cdot SiO_2$), Spinel$_2$
	돌로마이트질		돌로마이트 (dolomite)	CaO, MgO	석회, 페리클레이스
	포스테라이트질		고토 감람석	$MgO - SiO_2$	포스테라이트

㈜ 산성 : 금속 원소를 R로 나타낼 때 이산화규소(SiO_2)와 같이 RO_2를 주성분으로 한 것
   알칼리성 : 산화마그네슘(CaO) 등과 같이 RO를 주성분으로 한 것
   중성 : 산화알루미늄(Al_2O_3), 산화크롬(Cr_2O_3) 등과 같이 R_2O_3를 주성분으로 한 것

④ 열처리에 의한 분류 : 소성, 불소성, 용융
⑤ 내화도에 의한 분류 : 고급 (SK 34 이상), 중급 (SK 31~33), 저급 (SK 26~30)

⑥ 형상에 의한 분류 : 표준형, 이형, 부정형

참고

① 소성 내화물 : 소성에 의하여 소결시킨 내화물
② 불소성 내화물 : 화학적 결합제를 사용하여 고압에 의하여 결합시킨 내화물
③ 용융 내화물 : 주로 전기로를 이용 용융시켜 일정한 형상으로 주조하여 만든 내화물

(3) 내화물의 특성과 시험

① 내화도
 (가) 열적 성질 중 열의 작용에 견디는 성능만을 기준으로 내화물을 비교할 때 사용한다.
 (나) 시료를 0.3 mm 이하로 미분쇄하여 시험용 콘을 만들고 표준 제겔 콘과 같이 세워 가열하고 시험용 콘이 구부러져서 그 끝이 받침대에 닿을 때, 이것과 근사한 표준 제겔 콘의 번호로서 내화도를 표시한다.
 (다) 연화, 용융 상태를 나타내는 하나의 지표이고 직접 온도를 표시하지 않는다.
 (라) 내화도가 높을수록 좋으나 사용 조건, 경제적인 면 등을 고려하여 적당한 내화도의 것을 선택하여야 한다.

참고 ㅇ 제겔 콘 (seger kegel cone)의 종류

SK 022-01 ┐
SK 1-20   ├─ 59종 (21~25번은 없음)
SK 26-42 ┘

① 제겔 콘은 점토질, 규산염, 산화 금속류 등을 일정한 비율로 배합해서 삼각추로 성형한 것이며 어떤 정해진 온도에서 연화 만곡하기 때문에 온도를 측정할 수 있다.
② 제겔 콘은 80°로 세우며 PEO추는 90°로 세운다

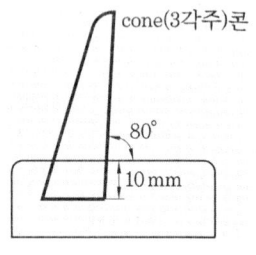

제겔 콘

제겔 콘 번호와 온도표

SK	[℃]	SK	[℃]	SK	[℃]	SK	[℃]
022	600	07a	960	9	1280	29	1650
021	650	06a	980	10	1300	30	1670
020	670	05a	1000	11	1320	31	1690
019	690	04a	1020	12	1350	32	1710
018	710	03a	1040	13	1380	33	1730
017	730	02a	1060	14	1410	34	1750
016	750	01a	1080	15	1435	35	1770
015a	790	1a	1110	16	1460	36	1790
014a	815	2a	1120	17	1480	37	1825
013a	835	3a	1140	18	1500	38	1850
012a	855	4a	1160	19	1520	39	1880
011a	880	5a	1180	20	1530	40	1920
010a	900	6a	1200	26	1580	41	1960
09a	920	7	1230	27	1610	42	2000
08a	940	8	1250	28	1630		

(4) 스폴링(spalling)

① 열적 스폴링 : 온도의 급격한 변화 또는 불균일한 가열이나 냉각 등의 열충격에 의하여 열응력이 생기고 열응력에 의하여 내화 벽돌에 균열이 가거나 표면 조각이 떨어지는 현상이다.

② 기계적 스폴링 : 내화물의 내외면 온도차로 가열된 내면은 큰 팽창이 일어나고 외면은 거의 팽창이 일어나지 않을 때, 요로의 구조상 불균형 장력이나 전달력이 작용해서 국부적인 압력에 의해 내화물이 손상을 일으키는 것을 말한다.

③ 조직적 스폴링 : 내화물의 한 면이 열작용, 슬래그의 침식 작용 또는 융제의 작용을 받아서 조직이나 결정 구조의 변화가 생기므로 그 면과 내부 간의 조직 구조, 성분, 광물상 등이 서로 틀린 층이 생기고 이것이 응력의 원인이 되어 불연속 부분에서 내화물이 손상되는 것을 말한다.

> **참고**
>
> 조직적 스폴링 = 화학적 스폴링 = 염기성 슬래그(slag)에 의한 스폴링

(5) 기타의 성질

① 마모성 : 피가열물로 인한 마찰 등에 의해서 내화물이 마모된다. 회전원판에 연마재를 공급하면서 시험편을 여기에 접촉 마모시키는 시험법, 모래를 취부해서 마모

시키는 시험법 등이 있다.

② 내식성 : 내화물은 일반적으로 고온도에 있어서 슬래그, 융해 글라스, 가스 등에 접하기 때문에 이들로 인한 침식에 견디는 성질이다.

③ 열전도성 : 방열량을 적게 하기 위하여 열전도율이 적은 것을 사용하는 경우와 전열을 좋게 하기 위하여 열전도율이 큰 것을 사용하는 경우가 있다. 열전도율은 요로의 열정산이나 노벽의 구조 설계에 직접 필요할 뿐 아니라 내 스폴링성과도 관계되는 중요한 특성이다.

④ 버스팅(bursting) : 염기성 벽돌인 크롬 마그네시아 또는 마그네시아 크롬 벽돌이 고온에서(1600℃ 이상) 산화철을 흡수하여 벽돌의 표면이 부풀어 오르는 현상을 말한다.

⑤ 슬래킹(slaking, 소화성) : 마그네시아, 돌로마이트질 내화물의 원료인 CaO, MgO 등이 수증기와 작용하여 $Mg(OH)_2$, $Ca(OH)_2$를 생성하고 이때 큰 비중 변화에 의해 부피 팽창을 일으켜 균열이 발생하거나 붕괴되는 현상이다.

(6) 비중, 기공률, 흡수율

① 참비중(true specific gravity) : (0.3 mm 이하로 미분한 시료를 50mL 비중병으로 측정한다.)

$$참비중 = \frac{G_1 - G}{(G_1 - G) - (G_3 - G_2)}$$

G : 비중병 무게(g)
G_1 : 비중병에 시료를 넣었을 때의 무게(g)
G_2 : 비중병에 증류수만 넣었을 때의 무게(g)
G_3 : 비중병에 시료와 증류수만 넣었을 때의 무게(g)

② 겉보기 비중(apparent specific gravity) : 벽돌을 105 ~ 120℃에서 건조시켰을 때 무게를 W, 이것을 물속에서 3시간 동안 끓인 다음 물속에서 유지시켰을 때의 무게를 W_1, 물속에서 끄집어내어 표면에 묻은 수분을 닦은 후의 무게를 W_2라고 하면, 다음과 같은 식이 성립한다.

㈎ 겉보기 비중 = $\dfrac{W}{W - W_1}$

㈏ 부피 비중 = $\dfrac{W}{W_2 - W_1}$

㈐ 겉보기 기공률 = $\dfrac{W_2 - W}{W_2 - W_1} \times 100 [\%]$

㈑ 흡수율 = $\dfrac{W_2 - W}{W} \times 100 [\%]$

1-2 내화물의 종류 및 특성

(1) 산성 내화물

① 점토질 벽돌 : 내화 점토를 주원료로 해서 이것을 일단 소성해서 이루어진 샤모트를 골재로 하고, 여기에 적당량의 가소성 결합 점토를 가해서 성형, 소성해서 얻은 벽돌의 총칭이다.

㈎ 샤모트 벽돌
- 원료 : 내화 점토의 주성분은 카올린($Al_2O_3 \cdot 2SiO_2 \cdot 2H_2O$)이다. 또 주성분은 카올린이지만 단단한 암질을 갖는 내화혈암(경질 내화 점토)도 사용된다. 카올린은 가열하면 500℃ 전후로 탈수하고 1000℃ 이상으로 안정된 결정 구조가 된다. 이 동안 팽창 수축이 있으므로 사전에 SK 10~18로 담금질한다. 이와 같이 한번 담금질해서 분쇄한 것을 샤모트라 한다.
- 특징
  - 알루미나(Al_2O_3)의 함유량이 많을수록 내화도가 높아진다.
  - 알루미나(Al_2O_3)의 함유량이 많을수록 기공률이 크다.
  - 비교적 낮은 온도에서 연화된다.
  - 내스폴링성, 내마모성이 크다.
  - 열전도율이 비교적 작다.
  - 고온강도가 낮다.
  - 내화도가 SK 28~34 정도이며 열전도도가 작고 가공하기가 쉽다.
  - 염기성 슬래그에 침식되기 쉽다.

㈏ 납석 벽돌
- 원료 : 납석을 원료로 한다. 납석은 파이로필라이트($Al_2O_3 \cdot 4SiO_2 \cdot H_2O$), 석영, 카오리나이트를 주성분으로 하는 것으로서, 탈수 반응은 약 450℃부터 시작하고, 약 900℃까지 서서히 행하여진다. 결정 구조는 카올린보다 안정하다.
- 특징
  - 내화도 SK 26~34 정도이다.
  - 비교적 낮은 온도에서 소결이 잘 된다.
  - 슬래그 등의 침입으로 내식성이 우수하며 흡수율이 작고 압축 강도가 크다 (하중 연화점이 낮다).
  - 가열에 의한 수축이 적고 저온용 노재로 사용된다.
  - 가스(CO)에 대한 저항이 크고 안전성이 있다.
  - 하중 연화점이 낮고 다른 벽돌에 비해 가격이 싸다.
  - 결정수가 적어서 소성 시 심한 수축을 일으키지 않는다.

② 규석 벽돌
  ㈎ 원료 : 규석을 원료로 하며 그 주성분은 무수 규산이다. 이것은 가열되면 결정 구조가 전이하기 때문에 팽창되므로, 충분히 담금질해서 될 수 있는 한 안정한 조직으로 만들어 둔다. 원료에 포함되어 있는 철분이 안정한 결정 구조로의 전이를 용이하게 하고, 또 외부로부터 소량의 첨가제를 가해서 용이하게 하는 수도 있다.
  ㈏ 특징
   - 내화도가 SK 31~33 정도이다.
   - 하중 연화점이 높다 (1750℃).
   - 저온에서 팽창이 크고 스폴링이 발생되기 쉽다.
   - 내화도가 높고 용융점 부근까지 하중에 견딘다.
   - 내마모성이 좋고 열전도율이 비교적 좋다.
   - 고온 강도가 좋고 비중이 작다.

③ 반규석질 벽돌
  ㈎ 원료 : 규석과 샤모트로 제조하며 SiO_2를 50~80 % 함유하고 있다.
  ㈏ 특징
   - 내화도가 SK 28~30 정도이다.
   - 수축과 팽창이 적으며, 저온에서 강도가 크다.
   - 내스폴링성이 크다.
   - 규석 벽돌과 점토질 벽돌이 절충형이다.
   - 가격이 싸다.

(2) 염기성 내화물
  ① 마그네시아 벽돌
   ㈎ 원료 : 해수(海水)로 만든 수산화 마그네슘 [$Mg(OH)_2$]에 철분 실리카 등의 첨화제를 가해서 담금질한 것, 또는 이들의 첨가물을 가능한 적게 하고 고온도 (1600~1900℃)로 담금질한 해수 마그네시아 크링커가 사용된다.
   ㈏ 특징
    - 대표적인 강염기성 내화물이며 소성품과 불소성품이 있다.
    - 주원료는 마그네사이트 ($MgCO_3$), 해수 마그네시아 크링커이다.
    - 염기성 슬래그에 강하며 내화도가 매우 높다 (SK 36~42).
    - 열팽창성이 크며 스폴링에 약하다.
    - 비중과 열전도율이 크다.
    - 슬래킹 현상이 일어나기 쉽다.

② 크롬 마그네시아 벽돌
  (가) 원료 : 크롬 철광과 마그네시아 크링커를 원료로 한다. 마그네시아를 50 % 미만 포함하는 것을 크롬 마그네시아 벽돌 (코라마그)이라 하며, 50 % 이상의 것을 마그네시아 크롬 벽돌 (마그크로)이라 한다.
  (나) 특징
    • 비중과 열팽창성이 크다.
    • 염기성 슬래그에 대한 저항이 크다.
    • 내화도 (SK 38~40), 하중 연화점이 높다.
    • 고온의 기계적 강도가 크지 않다.
③ 포스테라이트 벽돌
  (가) 원료 : 감람석, 사문암 등에 마그네시아 크링커를 배합해서 만든다.
    (주성분 $2MgO \cdot SiO_2$ → 포스테라이트)
  (나) 특징
    • 내화도 및 하중 연화점이 높다.
    • 스폴링성이 크다.
④ 돌로마이트 벽돌 : 백운석을 주원료로 하여 1600℃ 정도로 소성하여 제조한다. 돌로마이트는 탄산칼슘과 탄산마그네슘으로 구성되어 있다.

> **참고** ○ 반안정화 돌로마이트 크링커
>
> 돌로마이트를 조세하여 산화철 피막 후 고온 소성으로 크링커로 하여금 습기를 막는 피막을 형성한 것으로 장기간 저장은 불가능하다. 이것을 반안정화 돌로마이트라 한다.

  (가) 종류 : 반안정화 돌로마이트에 마그네시아 크링커와 타르를 배합한 것을 타르 돌로마이트 벽돌이라 한다.
  (나) 특징
    • 내침식성
    • 내스폴링성
    • 하중 연화 온도가 높다 (1700℃).
    • 산화 분위기에 약하다.
    • 슬레이크성이 약하다.
    • 내화도가 높다 (SK 36~39).

(3) 중성 내화물

① 고알루미나질 벽돌 : Al_2O_3 50 % 이상을 포함하는 $Al_2O_3 - SiO_2$ 계의 벽돌을 말한다.

　(가) 원료 : 다이어스포어($\alpha - Al_2O_3 \cdot H_2O$), 고알루미나질 혈암, 보크사이트 ($\alpha - Al_2O_3 \cdot H_2O + \gamma - Al_2O_3 \cdot 3H_2O$), 무수규산 알루미나질 어느 것이나 한 번 담금질해서 안정한 결정 구조로 한다.

　(나) 종류

　　㉮ 소성품 : 고알루미나질 샤모트 벽돌 (내화도 SK 35 이상)

　　㉯ 전주품 : 모노플랙스, 코르할트 (내화도 SK 38 이상)

　　　(ㄱ) 고알루미나질 샤모트 벽돌 : 보크사이트를 샤모트(점토질)에 혼합하여 고알루미나 샤모트 벽돌을 만든다.

　　　　• 특징
　　　　　- 입도, 소성 온도, 성형 압력에 영향을 받는다.
　　　　　- 소결 상태가 나쁘면 기공률이 증가하고 하중 연화점, 내침식성이 감소한다.
　　　　　- 원료를 하소하고 가소성이 없어 점토와 유기질 풀을 가하여 가압 성형한다.
　　　　　- 소성 온도 : SK 18~30이다.
　　　　• 용도 : 샤모트질과 비슷하지만 이 보다는 지속성이 크고 성적이 좋다.

　　　(ㄴ) 전기 용융 고알루미나질 벽돌 (전주 내화물, 전용 내화물) : 원료를 아크(전기로)에서 일단 완전히 용융하고 주형에 의하여 응고시키므로 안정한 결정 멀라이트를 얻는다.

　　　　• 특징
　　　　　- 기공률이 극히 적다 (0.5~23.42 %).
　　　　　- 조직이 매우 치밀하다.
　　　　　- 기계적 강도가 매우 크다.
　　　　　- 하중 연화점이 높다 (1600 ℃).
　　　　　- 산성, 염기성, 슬래그 용융물에 대한 내침식성이 크다.
　　　　　- 열전도율이 크다.
　　　　　- 용적 변화가 적다.
　　　　　- 내스폴링성이 크다.

② 크롬질 벽돌

　(가) 원료 : 크롬철광이 주원료이며, 대표적인 성분은 크로마이트($FeO \cdot Cr_2O_3$)이지만, 이외에 피코타이트 ($MgO \cdot Cr_2O_3$), 스피넬 ($MgO \cdot Al_2O_3$), 마그네시아페라이트($MgO \cdot Fe_2O_3$) 등을 포함하는 복잡한 고용체이다.

(나) 특징
- 비중이 크고 내화도가 높다(SK 38).
- 내마모성이 크나 하중 연화점이 낮고 스폴링을 일으키기 쉽다.
- 고온에서 강도가 크며 산화철에 약하다(즉, 고온에서 버스팅 현상이 발생하기 쉽다.).

③ 탄화규소질 벽돌
(가) 원료 : 규소 약 65 %, 탄소 30 %, 나머지는 알루미나 산화제이철 석회로 구성되어 있다.
(나) 특징
- 고온에서 하중에 대한 저항이 매우 높다.
- 내산성, 내식성, 내마모성, 내스폴링성이 크다.
- 고온에서 산화하기 쉽다.
- 열전도율과 압축 강도가 크다.
- 내화도가 크다.

④ 질화규소 내화물
(가) 원료 : 일반적으로 금속 실리콘(Si)을 원료로 한다.
(나) 특징 : 화학적으로 대단히 안정하다(중성 내지 환원 분위기로 1900℃ 부근까지 안정하지만 산소의 존재하에서는 1200℃ 부근부터 분해가 시작된다.).

⑤ 탄소질 벽돌
(가) 원료 : 천연 흑연, 인조 흑연, 코크스, 무연탄 등을 주원료로 한다.
(나) 특징
- 내화도는 SK 40 정도로 높다.
- 중성이며 슬래그에 대한 저항성이 크다.
- 내화도 및 하중 연화점이 높다.
- 열전도도가 크나 산화되기 쉽다.

참고 ○ 특수 내화물

백금, 로지움 등의 금속 등을 용융하는 도가니에 쓰이는 특수한 내화물로서, 지르코니아 내화물, 티탄계 내화물 등이 있다.
① 지르코니아 내화물 : 지르코니아, 고알루미나질 원료 등을 2200℃ 이상의 온도로 전기 용융하여 주조한다.
- 특징 : 용융점(2700±100℃)이 높고 휘발개시 온도가 높으며 내식성이 크다.
② 티탄계 내화물 : 티타니아(TiO_2)를 약 30 % 포함하는 고알루미나질 벽돌이다.
- 특징 : 내식성 및 내스폴링성이 크며 회전용으로 적합하다.

1-3 부정형 내화물

일정한 모양을 가진 노재가 아니고 미리 배합한 것을 그대로 쓰거나, 시공 현장에서 직접 물을 주어 으깨어 시공한다. 이것은 상온에서 경화되고 다시 노 안에서 소결시켜 이음매가 없는 노벽이 된다. 이러한 내화물을 부정형 내화물이라 한다.

(1) 캐스터블 내화물 (castable)

점토질 샤모트 같은 골재에 경화재로 알루미나 시멘트를 15~20 % 배합한 내화 콘크리트이다(훈련 시 물의 온도 : 20℃).

> **참고** ◦ **캐스터블 내화물의 특징**
> ① 시공 후 24시간 만에 작업 온도까지 올릴 수 있다.
> ② 현장에서 필요한 형상으로 성형할 수 있다.
> ③ 접합부 없이 노체를 구축할 수 있다.
> ④ 다른 벽돌과 같이 소성할 필요가 없다.
> ⑤ 건조 소성 시 수축이 적다.
> ⑥ 내스폴링성이 크다.

(2) 플라스틱 내화물 (plastic)

시공성 및 고온에서 강도를 갖게 하기 위한 내화성 골재에 가소성 내화 점토, 물유리(water glass), 유기질 결합제 등으로 충분히 굳게 다져서 만든 내화물이다.

> **참고** ◦
> (1) 특징
> ① 소결성이 좋고 내식성, 내마모성이 좋다.
> ② 내화도(SK 35~37) 및 하중 연화점이 높고 열전도성이 우수하다.
> ③ 캐스터블 내화물보다 고온에 적합하다.
> ④ 팽창과 수축이 적다.
> ⑤ 소결성이 좋다.
> (2) 용도 : 보일러로, 버너 입구, 금속 용해로, 가마의 응급 보수

(3) 내화 모르타르 (mortar)

내화 벽돌을 쌓아 올릴 때 접합제로 사용되는 내화 벽돌의 보조 재료로서 사용되고 있다.

① 목적
    (가) 내화 벽돌의 접합
    (나) 냉공기 유입 방지
    (다) 슬래그가 침식하기 쉬운 부분 보호

참고
고온 가스 유출 방지에 목적이 있다.

② 종류
    (가) 열경화성 내화 모르타르(비틀림이나 압축을 많이 받는 곳)
    (나) 기경화성 내화 모르타르(기밀을 요하는 곳)
    (다) 수경화성 내화 모르타르(노내의 수분이 많은 곳)

참고
내화 모르타르의 물리적, 화학적 성질은 내화 벽돌의 성질에 적합해야 한다.

③ 내화 모르타르의 구비 조건
    (가) 필요한 내화도를 가질 것(쌓는 벽돌과 같아야 한다.)
    (나) 화학 조성이 사용 벽돌과 같아야 한다.
    (다) 건조, 소성에 의한 수축, 팽창이 적어야 한다.
    (라) 시공성 및 접착성이 좋아야 한다.

2. 단열재

2-1 단열재의 일반

(1) 정의

단열재란 열전도율이 작은 재료로, 공업요로에서 방산되는 열량을 적게 하기 위하여 사용되는 공업 재료를 의미한다. 즉, 열의 차단에 사용되는 재료이다.

(2) 구비 조건

① 열전도율이 작아야 한다.
② 세포 조직이며 다공질층이며, 기공이 균일해야 한다.

> **참고 ○ 단열 효과**
> ① 축열 용량이 작아진다.
> ② 열전도가 느려진다.
> ③ 노온이 균일하다.
> ④ 스폴링을 방지하며 내화물의 수명을 연장시킨다.

(3) 제품의 종류와 특성

단열 재료에는 저온용의 보온재료로부터 고온용의 단열 내화물까지 많은 종류가 있다 (특히, 단열재라 함은 보통 단열 벽돌을 말한다).

- 단열 벽돌(insulating brick) : 노벽의 배면용 단열재
- 내화 단열 벽돌(insulating fire brick) : 노의 고온면용 단열재

① 규조토질 단열 벽돌

　(가) 제법

- 천연에 퇴적한 그대로의 규조토 괴로부터 형상을 잘라내어 800~850℃로 소성한 것이다.
- 규조토 분말에 소량의 가소성 점토 및 톱밥과 같은 가연성 물질을 가하여 혼련 성형한 다음 800~850℃로 소성한 것이다.

> **참고 ○**
> 규조토는 소성 시 결정 구조에 변화가 일어나며 그 결과 열전도율에 큰 영향을 미치게 하므로 제조할 때 소성 온도를 균일하게 하고, 1000℃를 넘지 않도록 해야 하며 사용 온도는 1000℃가 한계이다.

(나) 특징
- 압축 강도, 마모 저항 및 스폴링 저항에 약하다.
- 재가열 수축률이 크다.
- 안전 사용 온도는 800~1000℃ 정도
- 비중 : 0.45~0.7
- 기공률 : 70~80 %
- 압축 강도 : 5~30 kg/cm^2
- 열전도율 : 0.12~0.2 kcal/m·h·℃

참고

저온용 단열재로서 제일 많이 사용한다.

② 점토질 내화 단열 벽돌
(가) 제법 : 고온용 단열재로서 점토질에 톱밥 또는 발포제를 가하여 1200~1500℃ 사이에서 소성하여 제품을 만든다.
(나) 특징
- 벽돌이 경량이므로 연소실 중량이 가볍다.
- 안전 사용 온도가 높아 고온용에 적합하다 (안전 사용 온도 : 1200~1500℃ 정도).
- 스폴링 저항이 크다.
- 노벽의 배면 및 내면 어느 곳에도 사용할 수 있다.
- 열전도율 : 0.15~0.45 kcal/m·h·℃

참고 ○ 내화재·보온재·단열재의 구분

① 내화물 : 한국산업규격에서 내화도 SK 26번(1580℃) 이상의 것으로 규정하고 있으며 나라마다 산업 규격으로 규정하고 있다.
② 내화 단열재 : 내화물과 단열재 사이에 속하는 것을 내화 단열재라 하며 대체적으로 1300℃ 이상의 온도에 견디는 것을 말한다.
③ 단열재 : 800℃ 이상 1200℃ 정도까지의 온도에 견뎌야 한다.
④ 보온재 : 200℃에서 800℃ 정도까지의 온도에 견디는 무기질 보온재와 100℃에서 200℃ 까지의 온도에 견디는 유기질 보온재가 있다.
⑤ 보랭재 : 100℃ 이하의 냉온(冷溫)을 유지하는 냉동 작용을 하는 것이 있는데, 유기 고분 물질의 발포체 대부분이 여기에 속한다.

3. 보온재

3-1 보온재의 일반

(1) 보온의 정의와 목적

보온이라는 것은 단열이라는 뜻과 같은 것으로서, 어떠한 열원에서 발생되는 열의 일부가 소요되는 요소에 공급되지 않고, 외부로 방출되는 것을 차단시켜 소요의 열을 보존하여 열효율을 유지하게 하는 설비를 말한다.

그리고 보온 자체는 열원이나 열의 이동 과정에서 외부로의 열전도를 지연시켜 열손실을 최소로 하기 위한 것인데, 여기에 사용되는 재료를 총칭하여 단열재 또는 보온재라고 한다. 그러므로 보온재(단열재)라는 것은 여러 가지의 재질에 독립 기포 또는 폐공(closed pore)으로 된 다공질 또는 세포 조직을 형성시켜, 이것에 의해 열전도를 지연시켜 적절한 열효율이 나타나게끔 하는 것을 말한다.

> **참고**
> 내화재, 단열재, 보온재, 보랭재를 구분짓는 것은 안전 사용 온도를 기준으로 한다.

(2) 보온재의 구비 조건

① 보온 능력이 커야 한다(열전도율이 낮을 것).
② 불연성의 것으로 사용 온도에서 장시간 사용하여도 내구성이 있어야 하며, 변질되지 않아야 한다.
③ 가벼워야 한다(비중이 작을 것).
④ 어느 정도의 기계적 강도가 있어야 한다.
⑤ 시공이 용이하고 확실하게 할 수 있는 것이어야 한다.
⑥ 흡습성이나 흡수성이 없어야 한다.

(3) 보온재의 열전도율

일반적으로 상온(20℃)에서 열전도율이 0.1 kcal/m·h·℃ 이하인 것을 단열재 또는 보온재라 한다. 비교적 높은 온도에서 사용하는 것을 단열재 또는 보온재라 부르고 상온 이하에서 사용되는 것을 보랭재라 한다.

보온재의 열전도율은 다음의 영향을 받는다.
① 온도가 상승하면 직선적으로 증대한다.
② 비중이 클수록 증가한다.
③ 수분을 포함하면 특히 증가한다 (물의 열전도율 : 0.48 kcal/m·h·℃)

3-2. 보온재의 종류 및 특성

(1) 유기질 보온재의 종류 및 특성

유기질 보온재의 안전 사용 온도 범위는 100~150℃ 정도로서, 대체적으로 저온용 보온재(또는 보랭재)가 사용되는 수가 많다.

그 종류에는 코르크, 종이, 펄프, 면, 포, 목재, 염화비닐 폼, 우레탄 폼, 우모펠트, 양모펠트 등이 있다.

① 펠트류 : 양모, 우모를 이용하여 펠트(felt)상으로 제작한 것으로 곡면 등에도 시공이 가능하다.
  (가) 습기 존재하에서 부식, 충해를 받기 때문에 방습 처리가 필요하다.
  (나) 아스팔트로 방습한 것은 -60℃까지의 보랭용에 사용할 수 있다.
  (다) 열전도율 : 0.042~0.050 kcal/m·h·℃, 안전 사용 온도 : 100℃ 이하
② 텍스류 : 톱밥, 목재, 펄프를 원료로 해서 압축판 모양으로 제작한 것이다.
  (가) 실내벽, 천장 등의 보온 및 방음 장치에 사용한다.
  (나) 열전도율 : 0.057~0.058 kcal/m·h·℃, 안전 사용 온도 : 120℃ 이하
③ 플라스틱 폼 : 고무 또는 합성수지를 주원료로 하고 발포제를 가하든가 화학 반응에 의한 가스의 발생 또는 가압 불활성 가스 등에 의해서 다포체로 한 것이다.

성질 \ 종류	리바 폼	염화비닐 폼	폴리스틸렌 폼	우레탄 폼
부피 비중 (g/cm³)	0.07~0.1	0.03~0.3	0.02~0.35	0.02~0.3
열전도율 [70±5℃]	0.03 kcal/m·h·℃	0.03 kcal/m·h·℃	0.03 kcal/m·h·℃	0.03 kcal/m·h·℃
안전 사용 온도 (℃)	50	60	70	130

④ 탄화코르크 : 코르크 입자를 금형으로 압축 충전하고 300℃ 정도로 가열 제조한다. 방수성을 향상시키기 위해 아스팔트를 결합한 것을 탄화코르크라 하며 우수한 보랭재이다.
  ㈎ 냉장고, 건축용 보온·보랭재, 배관 보랭재, 냉수·냉매 배관, 냉각기 펌프 등의 보랭용으로 사용
  ㈏ 열전도율 : 0.046~0.049 kcal/m·h·℃
  ㈐ 안전 사용 온도 : 130℃
  ㈑ 부피 비중 : 0.18~0.2

(2) 무기질 보온재의 종류 및 특성

일반적으로 안전 사용 온도(500~800℃)의 범위가 높고, 넓으며, 강도가 높다. 종류에는 천연품(석면, 규조토, 질석, 펄라이트) 인공품(암면, 유리섬유, 광제면, 염기성 탄산마그네슘, 포유리) 등이 있다.

① 탄산마그네슘 보온재 : 염기성 탄산마그네슘 85%와 석면 15%를 배합한 것으로 물에 개서 사용하는 보온재이다. 열전도율이 가장 낮으며, 300~320℃에서 열분해한다.
  ㈎ 석면 혼합 비율에 따라 열전도율이 좌우된다.
  ㈏ 열전도율 : 0.05~0.07 kcal/m·h·℃
  ㈐ 안전 사용 온도 : 250℃ 이하
  ㈑ 부피 비중 : 0.22~0.35

② 폼그라스(발포초자) 보온재 : 유리 분말에 발포제를 가하여 가열 용융시켜 발포 용착시킨 것으로 판상, 관상으로 제조되어 있다.
  ㈎ 기계적 강도가 크며 흡수성이 작다.
  ㈏ 열전도율 : 0.05~0.06 kcal/m·h·℃
  ㈐ 안전 사용 온도 : 300℃
  ㈑ 부피 비중 : 0.16~0.18

③ 유리 섬유(glass wool) 보온재 : 용융 유리를 압축 공기나 원심력을 이용하여 섬유 형태로 제조한 것으로 보온재, 보온통, 판 등으로 성형된다.
  ㈎ 흡음률이 높다.
  ㈏ 흡습성이 크기 때문에 방수 처리를 하여야 한다.
  ㈐ 보랭·보온재로 냉장고, 일반 건축의 벽체, 덕트 등에 사용된다.
  ㈑ 열전도율 : 0.036~0.057 kcal/m·h·℃
  ㈒ 안전 사용 온도 : 350℃ 이하
  ㈓ 부피 비중 : 0.01~0.096

④ 규조토질 보온재 : 규조토 건조 분말에 석면 또는 삼여물을 혼합한 것으로 물반죽 시공을 한다.

(가) 열전도율이 다른 보온재보다 크다.
(나) 시공 후 건조 시간이 길며, 접착성이 좋다.
(다) 철사망 등 보강재를 사용하여야 한다.
(라) 열전도율 : 0.083~0.095 kcal/m·h·℃
(마) 부피 비중 : 0.5~0.6
(바) 안전 사용 온도
- 석면 : 500℃
- 마여물혼합 : 250℃

⑤ 암면 보온재(rock wool) : 안산암이나 현무암, 석회석 등의 원료 암석을 전기로에서 500~2000℃ 정도로 용융시켜 원심력 압축 공기 또는 압축 수증기로 날려 무기질 분자 구조로만 형성하여 섬유상으로 만든 것이다.
(가) 흡수성이 작고 풍화의 염려가 적다.
(나) 알칼리에는 강하나 강산에는 약하다.
(다) 400℃ 이하의 관, 덕트, 탱크 보온재로 적합하다.
(라) 열전도율 : 0.039~0.048 kcal/m·h·℃
(마) 안전 사용 온도 : 400~600℃ 이하
(바) 부피 비중 : 0.1~0.4

⑥ 광재면 보온재 : 용광로(고로)의 슬래그를 이용해서 암면 제조 방법과 같이 제조하며 특징은 암면과 비슷하다.

⑦ 석면 보온재(아스베스트) : 사교암의 클리소 타일(백색)이나 각섬암계의 아모사이트 석면(갈색)을 보온재로 사용, 석면사로 주로 제조되며 패킹, 석면판, 슬레이트 등에 사용되고 보온재로는 판, 통, 매트, 끈 등이 있다.
(가) 천연품으로 제조되며, 특히 진동이 심한 부분에 사용된다.
(나) 파이프, 탱크, 노벽 등의 보온재로 사용된다.
(다) 800℃ 정도에서 강도 및 보온성이 떨어진다.
(라) 열전도율 : 0.048~0.065 kcal/m·h·℃
(마) 안전 사용 온도 : 400℃ 이하 (400℃를 초과하면 탈수 분해된다)
(바) 부피 비중 : 0.18~0.40

⑧ 규산칼슘 보온재 : 규산질, 석회질, 암면 등을 혼합하여 수열 반응시켜 규산칼슘을 주원료로 한 결정체 보온재이다.
(가) 내수성 및 내구성이 우수하다.
(나) 곡강도가 높고 반영구적이며 시공이 간편하다.
(다) 열전도율 : 0.053~0.065 kcal/m·h·℃
(라) 안전 사용 온도 : 650℃
(마) 부피 비중 : 0.22

⑨ 펄라이트 보온재 : 흑요석, 진주암 등을 1000℃ 정도에서 팽창시켜 다공질로 하고 접착제 및 석면 등을 배합하여 판상, 통상으로 제작한 것이다.
  ㈎ 경량이고 흡습성 및 열전도율은 작고 내열도는 높다.
  ㈏ 열전도율 : 0.055~0.065 kcal/m·h·℃
  ㈐ 안전 사용 온도 : 650℃
  ㈑ 부피 비중 : 0.2~0.3
⑩ 실리카 파이버 및 세라믹 파이버 : 융해 석영을 섬유상으로 만든 실리카울이나 고석회질로 만든 탄산글라스로부터 섬유를 산처리해서 고규산으로 만든 것이다.
  ㈎ 융점이 높고 내약품성이 우수하다.
  ㈏ 열전도율 : 0.035~0.06 kcal/m·h·℃
  ㈐ 부피 비중 : 0.05~0.15
  ㈑ 안전 사용 온도·실리카 파이버 : 1100℃
  ㈒ 세라믹 파이버 : 1300℃
⑪ 팽창질석 보온재(버미클라이트) : 질석을 1000℃ 정도로 가열하여 체적을 8~20배 정도로 팽창시켜 다공질로 만든 물질이다.
  ㈎ 가볍고 단열성이 우수하다.
  ㈏ 열전도율 : 0.1~0.2 kcal/m·h·℃
  ㈐ 안전 사용 온도 : 650℃
  ㈑ 부피 비중 : 0.2~0.3

(3) 금속 보온재

금속 특유의 복사열에 대한 반사 특성을 이용하여 보온 효과를 얻는 것으로 대표적인 것은 알루미늄박(泊)이다.

알루미늄박 보온재는 판(板) 또는 박(泊)을 사용하여 공기층을 중첩시킨 것으로 그 표면은 열복사에 대한 방사능을 이용한 것이다.

알루미늄박의 공기층 두께가 100 mm 이하일 때 효과가 제일 좋다.

참고o 보온 효율 계산 공식

$$\eta = \left(\frac{Q_0 - Q}{Q_0}\right) \times 100\,(\%)$$

여기서, η : 보온 효율(%)
Q_0 : 나관의 방사 손실 열량(kcal/h)
Q : 보온면의 방사 손실 열량(kcal/h)

위 공식에서 보온 효율에 따른 손실 열량 Q_γ을 구하고자 할 때,
$Q_\gamma = (1 - 보온 효율) \times 나관의 손실 열량$

예상문제 및 기출문제

1. 내화물이란 우리나라 공업규격에서 SK 얼마 이상의 것을 말하는가?
  ㉮ 16   ㉯ 24
  ㉰ 26   ㉱ 30

[해설] 내화물(耐火物)이란 SK 26(1580℃) 이상의 것을 말한다.

2. 다음 내화물에 대한 설명 중 틀린 것은?
  ㉮ 샤모트질 벽돌은 카올린을 미리 SK 10~14 정도로 1차 소성하여 탈수 후 분쇄한 것으로서 고온에서 광물상을 안정화한 것이다.
  ㉯ 제겔콘 22번의 내화도는 1530℃이며, 내화물은 제겔콘 26번 이상의 내화도를 가진 벽돌을 말한다.
  ㉰ 중성질 내화물은 고알루미나질, 탄소질, 탄화규소질, 크롬질 내화물이 있다.
  ㉱ 용융 내화물은 원료를 일단 용융 상태로 한 다음에 주조한 내화물이다.

[해설] 제겔콘의 종류
  ① SK 022~01
  ② SK 1~20
  ③ SK 26~42

[참고] SK 022번의 내화도는 600℃이며 SK 22번은 없다.

3. 다음 중 내화물의 분류 방식으로 맞지 않는 것은?
  ㉮ 원료의 종류에 의한 분류
  ㉯ 화학 조성에 의한 분류
  ㉰ 내화도에 의한 분류
  ㉱ 소모성에 의한 분류

[해설] 내화물의 분류 방식(㉮, ㉯, ㉰항 외)
  ① 주조성 광물에 의한 분류
  ② 열처리에 의한 분류
  ③ 형상에 의한 분류

4. 내화물의 화학 조성에 의한 분류 방법은 다음 중 어느 것인가?
  ㉮ 산성 내화물, 주조 내화물, 염기성 내화물
  ㉯ 산성 내화물, 중성 내화물, 염기성 내화물
  ㉰ 소성 내화물, 불소성 내화물, 용융 내화물
  ㉱ 정형 내화물, 부정형 내화물, 특수 내화물

[해설] 화학적 조성에 따라 산성(RO_2), 중성(R_2O_3), 염기성(RO) 내화물로 분류한다.

5. 다음 중 주원료의 종류에 따라 내화물을 분류한 것은?
  ㉮ 부정형 내화물
  ㉯ 소성 내화물
  ㉰ 규석 내화물
  ㉱ 산성 내화물

[해설] 원료의 종류에 따른 분류
  점토질, 규석질, 알루미나질, 석영질, 마그네시아질, 돌로마이트질

[참고] 화학 조성에 따라 산성, 중성, 염기성 내화물이 있으며 형상에 따라 표준형, 이형, 부정형 내화물이 있다.

6. 노재의 성분에 의한 분류 중 산성 내화물에 속하는 것은?

정답 1. ㉰   2. ㉯   3. ㉱   4. ㉯   5. ㉰   6. ㉮

㉮ 규석질　　㉯ 크롬질
㉰ 탄소질　　㉱ 마그네시아질
[해설] 산성 내화물의 종류
　　규석질, 반규석질, 납석질, 샤모트질

7. 다음의 내화 벽돌 중 화학 성분이 산성을 나타내는 것은?
㉮ 샤모트질　　㉯ 크롬질
㉰ 탄소질　　　㉱ 마그네시아질
[해설] 산성 내화물에는 샤모트질, 규석질, 반규석질, 석영질 내화물이 있다.

8. 스폴링(spalling, 剝落現象)의 원인이 되지 않는 것은?
㉮ 급열, 급랭과 같은 온도변화에 의해 열응력이 일어나므로 발생한다.
㉯ 노의 구조상 장력이나 전단력이 작용하여 내화벽돌의 강도를 저하시켜 파괴시키게 된다.
㉰ 사용된 노재의 화학성분의 차이로 인하여 반응이 일어나서 용착된다.
㉱ 내화벽돌이 사용 중 가열 변화를 받거나 슬래그 침식을 받아 벽돌의 조직이 약한 층으로부터 떨어져 나간다.
[해설] 스폴링(spalling)의 종류
① 열적 스폴링
② 기계적 스폴링
③ 화학적(=조직적=염기성 슬래그에 의한) 스폴링

9. 다음 중 스폴링(spalling)의 종류가 아닌 것은?
㉮ 열적 스폴링　　㉯ 기계적 스폴링
㉰ 물리적 스폴링　㉱ 조직적 스폴링
[해설] 스폴링의 종류에는 ㉮, ㉯, ㉱항 3가지가 있다.

10. 스폴링(spalling)의 발생 원인으로 가장 거리가 먼 것은?
㉮ 온도 급변에 의한 열응력
㉯ 로재의 불순 성분 함유
㉰ 화학적 슬래그 등에 의한 부식
㉱ 장력이나 전단력에 의한 내화 벽돌의 강도 저하
[해설] 스폴링(박락 현상)
㉮ : 열적 스폴링
㉰ : 조직적 스폴링
㉱ : 기계적 스폴링

11. 버스팅(bursting) 현상을 일으키는 내화물은?
㉮ 마그네시아 크롬 벽돌
㉯ 돌로마이트질 벽돌
㉰ 탄소질 벽돌
㉱ 규석질 벽돌
[해설] 염기성 벽돌인 마그네시아 크롬 벽돌이 고온(1600℃ 이상)에서 산화철을 흡수하여 표면이 부풀어 오르는 버스팅 현상이 일어난다.

12. 염기성 내화 벽돌에서 공통적으로 일어날 수 있는 현상은?
㉮ 스폴링(spalling)　㉯ 슬래킹(slaking)
㉰ 더스팅(dusting)　㉱ 스월링(swelling)
[해설] 슬래킹(slaking, 소화성)
마그네시아, 돌로마이트질 내화물의 원료인 CaO, MgO 등이 수증기와 작용하여 $Mg(OH)_2$, $Ca(OH)_2$을 생성하고 이때 큰 비중 변화에 의해 부피 팽창을 일으켜 균열이 발생하거나 붕괴되는 현상이다.
[참고] 버스팅(bursting)
염기성 벽돌인 크롬 마그네시아 또는 마그네시아 크롬 벽돌이 고온에서(1600℃ 이상) 산화철을 흡수하여 벽돌의 표면이 부풀어 오르는 현상을 말한다.

[정답] 7. ㉮　8. ㉰　9. ㉰　10. ㉯　11. ㉮　12. ㉯

13. 염기성 내화벽돌이 수증기의 작용을 받아 생성되는 물질이 비중 변화에 의하여 체적 변화를 일으키는 현상은?

㉮ 슬래킹(slaking)
㉯ 스폴링(spalling)
㉰ 필링(peeling)
㉱ 스웰링(swelling)

[해설] 문제 12 해설 및 참고 참조

14. 샤모트질 내화 벽돌은 어떤 내화물에 해당되는가?

㉮ 산성 내화물
㉯ 중성 내화물
㉰ 염기성 내화물
㉱ 약 알칼리성 내화물

[해설] 샤모트질 내화 벽돌은 주성분이 카올린이며 산성 내화물이다.

15. 샤모트(chamotte) 벽돌에 대한 설명으로 옳은 것은?

㉮ 일반적으로 기공률이 크고 비교적 낮은 온도에서 연화되어 내스폴링성이 좋다.
㉯ 흑연질 등을 사용하며 내화도와 하중 연화점이 높고 열 및 전기전도도가 크다.
㉰ 내식성과 내마모성이 크며 내화도는 SK 35 이상으로 주로 고온부에 사용된다.
㉱ 하중 연화점이 높고 가소성이 커 염기성 제강로에 주로 사용된다.

[해설] 샤모트질 벽돌
① 열전도도가 작다.
② 내화도가 SK 28~34 정도이다.
③ 가소성이 없어 생점토를 첨가한다.

16. 샤모트(chamotte) 벽돌의 원료로서 샤모트 이외에 가소성 생점토(生粘土)를 가하는 주된 이유는?

㉮ 치수 안정을 위하여
㉯ 열전도성을 좋게 하기 위하여
㉰ 성형 및 소결성을 좋게 하기 위하여
㉱ 건조 소성, 수축을 미연에 방지하기 위하여

[해설] 샤모트 벽돌의 주성분은 카올린이지만 성형 및 소결성을 좋게 하기 위하여 가소성 생점토를 가한다.

17. 다음 규석질 벽돌의 특성에 대한 설명 중 틀린 것은?

㉮ 내마모성이 좋다.
㉯ 열전도율이 낮다.
㉰ 내화도가 높다.
㉱ 저온에서 스폴링이 발생되기 쉽다.

[해설] 저온에서 스폴링이 발생하기 쉽고 열전도율이 비교적 크다.

18. 다음 점토질 단열재의 특징에 대한 설명 중 틀린 것은?

㉮ 내스폴링성이 작다.
㉯ 노벽이 얇아져서 노의 중량이 작다.
㉰ 내화재와 단열재의 역할을 동시에 한다.
㉱ 안전 사용 온도는 1300~1500℃ 정도이다.

[해설] 내스폴링성이 크며 내화 벽돌에 비해 소요 온도까지의 가열 시간이 25~30% 단축된다.

19. 노재의 하중 연화점을 측정하는 방법으로 옳은 것은?

㉮ 소정의 온도에서 압축 강도를 측정
㉯ 하중을 일정하게 하고 온도를 높이면서 그 하중에 견디지 못하고 변형하는 온도를 측정

㉰ 하중과 온도를 동시에 변화시키면서 변형을 측정
㉱ 하중과 온도를 일정하게 하고 일정시간 후의 변형을 측정

[해설] 하중 연화점이란 일정한 하중하에서 가열할 때 연화 현상을 나타내는 온도를 말하며 시험 조건은 일반적으로 (T_2, 2 kg/cm^2)로 표시한다.

20. 벽돌을 105~120°C에서 건조시켰을 때 무게를 W, 이것을 물속에서 3시간 끓인 다음 물속에서 유지시켰을 때의 무게를 W_1, 물속에서 끄집어내어 표면에 묻은 수분을 닦은 후의 무게를 W_2라고 할 때 흡수율을 구하는 식은?

㉮ $\dfrac{W_2 - W}{W} \times 100(\%)$

㉯ $\dfrac{W_2 - W_1}{W} \times 100(\%)$

㉰ $\dfrac{W}{W_2 - W} \times 100(\%)$

㉱ $\dfrac{W}{W_2 - W_1} \times 100(\%)$

[해설] 흡수율
$= \dfrac{\text{포수 시료의 공기 중 중량} - \text{건조 중량}}{\text{건조 중량}} \times 100(\%)$

21. 석영의 고온 변태형이 아닌 것은?

㉮ 멀라이트
㉯ β-석영
㉰ 크리스토발라이트
㉱ 트리디마이트

[해설] 규석질 벽돌에서 석영을 가열하면 고온형 변태의 트리디마이트(tridymite), 크리스토발라이트(cristobalite), 및 β-석영으로 변화하여 개방형 구조로 되기 때문에 비중이나 굴절률이 저하된다.

22. 고알루미나(high alumina)질의 특성에 대한 설명으로 옳은 것은?

㉮ 내화도가 낮다.
㉯ 하중 연화 온도가 높다.
㉰ 고온에서 부피 변화가 크다.
㉱ 내마모성이 적다.

[해설] 고알루미나질 내화물의 특징
① 내화도가 높다 (SK 35~38).
② 내식성, 내마모성이 크다.
③ 고온에서 부피 변화가 적다.
④ 내침식성이 크다.

23. 마그네시아 벽돌에 대한 설명으로 틀린 것은?

㉮ 마그네사이트 또는 수산화마그네슘을 주원료로 한다.
㉯ 산성벽돌로서 비중과 열전도율이 크다.
㉰ 열팽창성이 크며 스폴링이 약하다.
㉱ 1500°C 이상으로 가열하여 소성한다.

[해설] 마그네시아 벽돌은 대표적인 염기성 내화물로서 비중과 열전도율이 크다.

24. 소화성(消火性, slaking)이 가장 큰 결점으로 나타나고 있는 내화물은?

㉮ 마그네시아질 내화물
㉯ 멀라이트 내화물
㉰ 탄화규소질 내화물
㉱ 점토질 내화물

[해설] 슬래킹(소화성)
마그네시아, 돌로마이트질 내화물이 CaO, MgO 등으로 부피 팽창 및 균열이 발생되는 현상을 말한다.

25. SK 35~38의 내화도를 가지며 내식성, 내마모성이 매우 커서 소성 가마 등에 사용되는 내화물은?

㉮ 고알루미나 벽돌
㉯ 규석질 벽돌
㉰ 샤모트질 벽돌
㉱ 마그네시아 벽돌

[해설] 중성 내화물인 고알루미나질 내화물에 대한 설명이다.

26. 다음 중 염기성 슬래그에 대한 내침식성이 가장 큰 내화물은?

㉮ 샤모트질 내화로재
㉯ 마그네시아질 내화로재
㉰ 납석질 내화로재
㉱ 고알루미나질 내화로재

[해설] 마그네시아질 내화로재는 대표적인 강염기성 내화물이며 염기성 슬래그에 강하다.

27. 해수마그네시아 침전 반응을 옳게 표현한 화학 반응식은?

㉮ $CaCO_3 + MgCO_3 \rightarrow CaMg(CO_3)_2$
㉯ $CaMg(CO_3)_2 + MgCO_3$
  $\rightarrow 2MgCO_3 + CaCO_3$
㉰ $MgCO_3 + Ca(OH)_2$
  $\rightarrow Mg(OH)_2 + CaCO_3$
㉱ $2MgO \cdot 2SiO_2 \cdot 2H_2O + 3CO_3$
  $\rightarrow 3MgCO_3 + 2SiO_2 + 2H_2O$

[해설] 해수 중의 Mg의 염에 소석회 또는 가소성 돌로마이트를 가하여 $Mg(OH)_2$를 침전시켜 수분을 제거한 후 1600~1900℃로 소성한 것이 마그네시아 클링커이다.

28. 다음 중 $MgO - SiO_2$계 내화물은?

㉮ 마그네시아질 내화물
㉯ 돌로마이트질 내화물
㉰ 마그네시아-크롬질 내화물
㉱ 포스테라이트질-내화물

[해설] 포스테라이트질 염기성 내화물의 주성분은 포스테라이트($2MgO$, SiO_2)이며 내화도 및 하중 연화점이 높다.

29. 지르콘($ZrSiO_4$) 내화물의 특징에 대한 설명 중 틀린 것은?

㉮ 열팽창률이 작다.
㉯ 내스폴링성이 크다.
㉰ 염기성 용재에 강하다.
㉱ 내화도는 일반적으로 SK 37~38 정도이다.

[해설] 지르콘 내화물은 산화성 용재에 강하며 안정화 지르코니아에 비해 가격이 싸다.

30. 다음 중 유리 용융 가마의 용융 유리와 접촉된 부분에 사용된 내화물로 적당한 것은 어느 것인가?

㉮ 부정형 내화물   ㉯ 불소성 내화물
㉰ 소성 내화물   ㉱ 전주 내화물

[해설] 전주 내화물은 전기로 주조한 내화물로서 유리 용융 가마 등에서 사용된다.

31. 다음 중 부정형 내화물의 종류가 아닌 것은 어느 것인가?

㉮ 내화 몰타르
㉯ 샤모트질 내화물
㉰ 캐스타블 내화물
㉱ 플라스틱 내화물

[해설] 부정형(不定形) 내화물의 종류에는 ㉮, ㉰, ㉱항이 있다.

32. 다음 중 내화 모르타르의 구비 조건이 아닌 것은?

㉮ 화학 성분, 광물 조성 등이 내화 벽돌과 유사해야 한다.

㉑ 시공성이 좋아야 한다.
㉒ 시공 건조에 의한 수축이 있어야 한다.
㉓ 벽돌 등과의 접착성이 양호해야 한다.
[해설] ① 건조, 소성에 의한 수축, 팽창이 적어야 한다.
② 쌓는 벽돌과 필요한 내화도를 가져야 한다.

33. 다음 중 내화 모르타르의 분류에 속하지 않는 것은?
㉮ 열결성   ㉯ 화경성
㉰ 기경성   ㉱ 수경성
[해설] 내화 모르타르는 경화시키는 방법에 따라 열경성, 기경성, 수경성으로 분류한다.

34. 캐스터블(castable) 내화물에 대한 설명 중 틀린 것은?
㉮ 사용 현장에서 필요한 형상이나 치수로 자유롭게 성형된다.
㉯ 시공 후 약 24시간 후에 건조, 승온이 가능하고 경화제로 알루미나 시멘트를 사용한다.
㉰ 잔존 수축과 열팽창이 크고 노 내 온도가 변화하면 스폴링을 잘 일으킨다.
㉱ 점토질이 많이 사용되고 용도에 따라 고알루미나질이나 크롬질도 사용된다.
[해설] 건조 소성 시 수축이 적고 내스폴링성이 크다.

35. 경화 건조 후 부피 비중이 가장 큰 캐스터블 내화물은?
㉮ 점토질   ㉯ 고알루미나질
㉰ 크롬질   ㉱ 내화단열질
[해설] 경화 건조 후 부피 비중
① 크롬질 : 2.7~2.9
② 고알루미나질 : 1.9~2.1
③ 내화단열질 : 1.0~1.3
④ 점토질 : 1.6~2.1
[참고] 고온용으로는 고알루미나질, 크롬질이 사용된다.

36. 다음 중 보온재나 단열재 및 보냉재를 구분하는 기준은?
㉮ 열전도율   ㉯ 안전 사용 온도
㉰ 압력   ㉱ 내화도
[해설] ① 보온재 : 200~800℃ 정도
② 보냉재 : 100℃ 이하
③ 단열재 : 800~1200℃ 정도
④ 내화 단열재 : 1300℃ 이상
⑤ 내화물 : 1580℃ 이상

37. 다음 중 단열의 효과로 볼 수 없는 것은?
㉮ 축열 용량이 커진다.
㉯ 열전도도가 작아진다.
㉰ 노내의 온도가 균일하게 된다.
㉱ 노벽의 온도 구배를 줄여 스폴링 현상을 방지한다.
[해설] 열확산 계수와 축열 용량이 작아진다.

38. 다음 단열 효과에 대한 설명 중 틀린 것은 어느 것인가?
㉮ 열확산 계수가 작아진다.
㉯ 열전도 계수가 작아진다.
㉰ 노 내 온도가 균일하게 유지된다.
㉱ 스폴링 현상을 촉진시킨다.
[해설] 축열 용량이 작아지며 스폴링(spalling) 현상을 방지한다.

39. 보온재의 구비 조건으로 가장 거리가 먼 것은?
㉮ 밀도가 작을 것
㉯ 열전도율이 작을 것
㉰ 재료가 부드러울 것

정답 33. ㉯ 34. ㉰ 35. ㉰ 36. ㉯ 37. ㉮ 38. ㉱ 39. ㉰

㉣ 내열, 내약품성이 있을 것
[해설] 보온재는 불연성이어야 하며 흡수성, 흡습성이 없어야 한다.

40. 다음 중 보온 및 피복 재료를 옳게 설명한 것은 어느 것인가?
㉮ 열전도율이 커야 한다.
㉯ 내구성이 뛰어나고 흡수성이 커야 한다.
㉰ 유기질 보온재는 암면, 석면, 규조토 등이 있다.
㉱ 온도가 높아질수록 열전도율이 증가한다.
[해설] ① 보온재는 열전도율이 작아야 하며, 흡수성이 작아야 보온 효과가 크다.
② 무기질 보온재는 암면, 석면, 규조토, 유리 섬유, 탄산마그네슘, 광제면 등이 있다.

41. 보온재의 열전도율에 대한 설명으로 옳은 것은?
㉮ 열전도율이 클수록 좋은 보온재이다.
㉯ 온도에 관계없이 일정하다.
㉰ 온도가 높아질수록 작아진다.
㉱ 온도가 높아질수록 커진다.
[해설] 온도가 높아질수록 열전도율이 증가하여 보온 능력이 감소한다.

42. 보온재의 열전도율에 영향을 미치는 인자로서 가장 거리가 먼 것은?
㉮ 외부 온도
㉯ 보온재의 밀도
㉰ 함유 수분
㉱ 외부 압력
[해설] 보온재의 열전도율에 영향을 미치는 요소에는 ㉮, ㉯, ㉰항 외에 보온재의 두께 및 기공률이 있다.

43. 보온재로 공기 이외의 가스를 사용하는 경우 가스 분자량이 공기의 분자량보다 적으면 보온재의 열전도율은 어떻게 되는가?
㉮ 동일하다.
㉯ 작게 된다.
㉰ 크게 된다.
㉱ 크다가 작아진다.
[해설] 가스 분자량이 공기 분자량 보다 적으면 보온재의 열전도율은 증가된다.

44. 상온(20℃)에서 공기의 열전도율은 몇 kcal/m·h·℃인가?
㉮ 0.022   ㉯ 0.22
㉰ 0.055   ㉱ 0.55
[해설] 상온에서 공기의 열전도율은 0.0216 kcal/m·h·℃ 이다.

45. 다음 보온재 중 밀도가 가장 낮은 것은?
㉮ 글라스 울   ㉯ 규조토
㉰ 펄라이트   ㉱ 석면
[해설] ① 글라스 울 : 0.01~0.1
② 규조토 : 0.5~0.6
③ 펄라이트 : 0.2~0.3
④ 석면 : 0.18~0.4
[참고] 수치는 부피 비중(g/cm³)을 나타낸다.

46. 다음 중 유기질 보온재가 아닌 것은?
㉮ 우모펠트   ㉯ 우레탄 폼
㉰ 암면   ㉱ 탄화코르크
[해설] 유기질 보온재의 종류
㉮, ㉯, ㉱항 외에 양모펠트, 염화비닐 폼 등이 있다.

47. 무기질 단열재에 해당되는 것은?
㉮ 암면   ㉯ 펠트
㉰ 코르크   ㉱ 기포성 수지

정답 40. ㉱ 41. ㉱ 42. ㉱ 43. ㉰ 44. ㉮ 45. ㉮ 46. ㉰ 47. ㉮

[해설] 무기질 단열재(보온재)의 종류
석면, 암면(로크 울), 유리섬유(글라스 울), 규조토, 탄산마그네슘 등이 있다.

48. 유리 섬유 보온재의 최고 사용 온도는?
㉮ 150℃ ㉯ 300℃
㉰ 500℃ ㉱ 800℃
[해설] 유리 섬유(glass wool) 보온재의 최고 사용 온도는 300℃ 정도이다.

49. 400℃ 이하의 관 탱크의 보온에 사용하며 진동이 있는 장치의 보온재로 쓰이는 것은?
㉮ 석면 ㉯ 펠트
㉰ 규조토 ㉱ 탄산마그네슘
[해설] 석면은 진동이 있는 곳에 사용되며, 규조토는 진동이 있는 곳에 사용할 수 없다.

50. 용융 유리를 압축 공기나 원심력을 이용하여 섬유 형태로 제조한 것으로 안전 사용 온도가 300℃ 정도인 보온재는?
㉮ 세라믹 울 ㉯ 글라스 울
㉰ 캐스라이트 ㉱ 로크 울
[해설] 글라스 울(glass wool : 유리 섬유)의 설명이다.

51. 다음 보온재 중 열전도율이 가장 작은 것은 어느 것인가?
㉮ 탄산마그네슘 ㉯ 암면
㉰ 규조토 ㉱ 석면
[해설] ① 암면 : 0.04~0.05 kcal/h·m·℃
② 탄산마그네슘 : 0.05~0.07 kcal/h·m·℃
③ 규조토 : 0.08~0.095 kcal/h·m·℃
④ 석면 : 0.048~0.065 kcal/h·m·℃
⑤ 유리 섬유 : 0.036~0.042 kcal/h·m·℃

52. 다음의 보온재 중에서 진동이 있는 곳에서 사용할 수 없는 것은?
㉮ 석면 ㉯ 탄산마그네슘
㉰ 규조토 ㉱ 유리 섬유

53. 규산칼슘 보온재에 대한 설명 중 틀린 것은 어느 것인가?
㉮ 규조토와 석회에 소량의 무기 섬유를 혼합하고 수열 반응 후 성형한다.
㉯ 플랜트설비의 탑조류, 가열로, 배관류 등의 보온 공사에 많이 사용된다.
㉰ 가볍고 단열성과 내열성은 뛰어나지만 내산성이 적고 비등수에는 쉽게 붕괴된다.
㉱ 무기계 보온재로 다공질이며 최고 안전 사용 온도는 650℃ 정도이다.
[해설] 내구성, 내산성, 내열성이 크며 내수성도 강하다.

54. 다음 중 규산칼슘 보온재의 최고 사용온도는?
㉮ 300℃ ㉯ 400℃
㉰ 500℃ ㉱ 650℃
[해설] 고온용 보온재의 종류 및 안전 사용 온도
① 규산칼슘 (650℃)
② 펄라이트 (650℃)
③ 세라믹 파이버 (1300℃)

55. 진주암, 흑석 등을 소성, 팽창시켜 다공질로 하여 접착제와 3~15 %의 석면 등과 같은 무기질 섬유를 배합하여 성형한 고온용 무기질 보온재는?
㉮ 규산칼슘 보온재
㉯ 세라믹 파이버
㉰ 유리 섬유 보온재

정답 48. ㉯ 49. ㉮ 50. ㉯ 51. ㉯ 52. ㉰ 53. ㉰ 54. ㉱ 55. ㉱

㉣ 펄라이트
[해설] 펄라이트(pearlite) 보온재의 설명이다.

56. 다음 보온재 중 저온용이 아닌 것은?
㉮ 우모펠트 ㉯ 염화비닐 폼
㉰ 폴리우레탄 폼 ㉱ 세라믹 파이버
[해설] 고온용 보온재의 종류 및 안전 사용 온도
 ① 세라믹 파이버 (1300℃ 정도)
 ② 규산칼슘 (650℃ 정도)
 ③ 펄라이트 (650℃ 정도)

57. 다음 보온재 중에서 최고 안전 사용 온도가 가장 높은 것은?
㉮ 석면 ㉯ 펄라이트
㉰ 폼 글라스 ㉱ 탄화마그네슘
[해설] ① 석면 (400℃ 정도)
 ② 펄라이트 (650℃ 정도)
 ③ 폼 글라스 (300℃ 정도)
 ④ 탄화마그네슘 (250℃ 정도)

58. 다음 보온재 중 가장 낮은 온도에서 사용될 수 있는 것은?
㉮ 석면 ㉯ 규조토
㉰ 우레탄 폼 ㉱ 탄산마그네슘
[해설] ① 석면 : 400℃ 정도
 ② 규조토 : 500℃ 정도
 ③ 탄산마그네슘 : 250℃ 이하
 ④ 우레탄 폼 : 130℃ 정도

59. 고온용 보온재가 아닌 것은?
㉮ 우모펠트 ㉯ 규산칼슘
㉰ 세라믹 파이버 ㉱ 펄라이트
[해설] 고온용 보온재의 종류와 안전 사용 온도
 ① 규산칼슘 (650℃)
 ② 펄라이트 (650℃)
 ③ 세라믹 파이버 (1300℃)

60. 고온용 무기질 보온재로서 석영을 녹여 만들며, 내약품성이 뛰어나고, 최고 사용 온도가 1100℃ 정도인 것은?
㉮ 유리 섬유 (glass wool)
㉯ 석면 (asbestos)
㉰ 펄라이트 (pearlite)
㉱ 세라믹 파이버 (ceramic fiber)
[해설] 세라믹 파이버는 융점이 높고 내약품성이 뛰어난 고온용 무기질 보온재이다.

61. 알루미늄박(箔)과 같은 금속 보온재는 주로 어떤 특성을 이용하여 보온 효과를 얻는가?
㉮ 복사열에 대한 대류 특성
㉯ 복사열에 대한 반사 특성
㉰ 복사열에 대한 흡수 특성
㉱ 전도, 대류에 대한 흡수 특성
[해설] 금속 보온재의 대표적인 알루미늄박은 금속 특유의 복사열에 대한 반사 특성을 이용한 보온재이다.

62. 보온면의 방산열량 1100 kJ/m², 나면의 방산열량 1600 kJ/m²일 때 보온재의 보온 효율은 약 몇 %인가?
㉮ 25 ㉯ 31
㉰ 45 ㉱ 69
[해설] $\eta = \dfrac{1600 - 1100}{1600} \times 100$
    $= 31.25\%$

63. 물체의 나면(裸面) 및 보온면으로부터 방산 열량이 각각 147 kJ/m², 48 kJ/m²일 때 이 보온재의 보온 효율은?
㉮ 27 % ㉯ 54 %
㉰ 67 % ㉱ 76 %

정답 56. ㉱ 57. ㉯ 58. ㉰ 59. ㉮ 60. ㉱ 61. ㉯ 62. ㉯ 63. ㉰

[해설] 보온 효율

$$= \frac{\text{나면에서 손실열} - \text{보온면에서 손실열}}{\text{나면에서 손실열}} \times 100$$

에서 $\frac{147-48}{147} \times 100 = 67\,\%$

64. 외경 76 mm의 압력 배관용 강관에 두께 50 mm, 열전도율이 0.068 kcal/m·h·℃인 보온재가 시공되어 있다. 보온재 내면 온도가 260℃이고 외면 온도가 30℃일 때 관 길이 10 m당 열손실은 약 몇 kcal/h인가?

㉮ 382　　　㉯ 541
㉰ 982　　　㉱ 1171

[해설] 보온재의 대수평균 면적

$$F_m[\text{m}^2] = \frac{F_2 - F_1}{\ln\frac{F_2}{F_1}} = \frac{\pi l (D_2 - D_1)}{\ln\frac{\pi D_2 l}{\pi D_1 l}}$$

$$= \frac{\pi \times 10 \times (0.176 - 0.076)}{\ln\frac{0.176}{0.076}}$$

$$= 3.74\,\text{m}^2$$

$$\therefore Q = \lambda \cdot F \cdot \frac{\Delta t}{b} = 0.068 \times 3.74 \times \frac{230}{0.05}$$

$$= 1170\,\text{kcal/h}$$

정답　64. ㉱

Chapter 3 배관 및 밸브

1. 배관

1-1 배관 자재 및 용도

(1) 강관 (steel pipe)

배관용 탄소 강관(SPP)에는 흑관과 백관이 있으며, 증기·기름·가스 및 공기 등에는 흑관을 사용하고, 수도용에는 아연 도금한 백관을 사용한다.

① 종류
  (개) 재질에 따라 : 탄소강 강관, 합금강 강관, 스테인리스 강관 및 주름관
  (내) 제조 방법에 따라
  • 단접 강관 : 일반 배관용
  • 이음매 없는 강관 : 고압 보일러용
  • 전기 저항 용접 강관
  (대) 도금 상태(표면 처리)에 따라 : 흑관, 백관(부식을 방지하기 위해 내·외면에 아연도금을 한 것)

② 특징
  (개) 인장 강도가 크고, 접합 작업이 용이하다.
  (내) 내충격성이 크고 굽힘이 용이하다.
  (대) 가격이 싸다.
  (래) 연(鉛)관이나 주철관에 비해 가볍다.

온수온돌 배관에는 작은 압력이 작용하므로 단접 강관으로 일반 배관용 탄소강 강관과 기계 구조용 탄소강 강관이 사용되며, 최근에는 스테인리스강 강관이 많이 사용되고 있다. 스케줄 번호(schedule No.)란 관의 두께를 나타내는 번호이다.

$$\text{스케줄 번호 (sch+No.)} = 10 \times \frac{P}{S}$$

여기서, P : 사용 압력(kgf/cm^2), S : 허용 응력(kgf/mm^2) = $\dfrac{\text{인장 강도(kgf/mm}^2\text{)}}{\text{안전율}}$

③ 용도에 따른 종류
  ㈎ 배관용 강관
   • 배관용 탄소강 강관 (SPP)·압력 배관용 탄소강 강관 (SPPS)
   • 고압 배관용 탄소강 강관 (SPPH)
   • 고온 배관용 탄소강 강관 (SPHT)
   • 배관용 아크 용접 탄소강 강관 (SPW)
   • 배관용 스테인리스 강관 (STS×TP)
  ㈏ 수도용 강관 : 수도용 아연도금 강관 (SPPW), 수도용 도복장 강관 (STPW)
  ㈐ 열전달용 강관
   • 보일러 열교환기용 강관 (STH)
   • 보일러 열교환기용 합금강 강관 (STHA)
   • 보일러 열교환기용 스테인리스 강관 (STS×TB)
   • 저온 열교환기용 강관 (STLT)
  ㈑ 구조용 강관
   • 일반 구조용 탄소강 강관 (SPS)
   • 기계 구조용 탄소강 강관 (STM)
   • 구조용 합금강 강관 (STA)

④ 강관의 종류와 KS 규격 기호 및 용도

종류		KS 규격 기호	용도
배관용	배관용 탄소강 강관	SPP	사용 압력이 낮은 증기, 물, 기름, 가스 및 공기 등의 배관용, 호칭 지름 15~500 A
	압력 배관용 탄소강 강관	SPPS	350℃ 이하에서 사용하는 압력 배관용, 관의 호칭은 호칭 지름과 두께(스케줄 번호)에 의함, 호칭 지름 6~500 A
	고압 배관용 탄소강 강관	SPPH	350℃ 이하에서 사용 압력이 높은 고압 배관용, 관지름 6~168.3 mm 정도이나 특별한 규정은 없음
	고온 배관용 탄소강 강관	SPHT	350℃ 이상 온도의 배관용(350~450℃), 관의 호칭은 호칭 지름과 스케줄 번호에 의함, 호칭 지름 6~500 A
	배관용 아크 용접 탄소강 강관	SPPY (SPW)	사용 압력 10 kg/cm^{2}의 낮은 증기, 물, 기름, 가스 및 공기 등의 배관용, 호칭 지름 350~1500 A
	배관용 합금강 강관	SPA	주로 고온도의 배관용, 두께는 스케줄 번호로 표시, 호칭 지름 6~500 A
	배관용 스테인리스 강관	STS×TP	내식용, 내열용 및 고온 배관용, 저온 배관용에도 사용. 두께는 스케줄 번호로 표시, 호칭 지름 6~300 A

	저온 배관용 탄소 강관	SPLT	빙점 이하 특히 저온도 배관용, 두께는 스케줄 번호로 표시, 호칭 지름 6~500 A
수도용	수도용 아연 도금 강관	SPPW	정수두 100 m 이하의 수두로서 주로 급수배관용, 호칭 지름 10~300 A
	수도용 도복장 강관	SBPG	정수두 100m 이하의 수두로서 주로 급수배관용, 호칭 지름 80~1500 A
열전달용	보일러·열교환기용 탄소강 강관	STBH	관의 내외에서 열의 수수를 행함을 목적으로 하는 장소, 보일러의 수관, 연관, 과열관, 공기 예열관, 화학 공업, 석유 공업의 열교환기, 가열로관 등 사용
	보일러·열교환기용 합금강 강관	STHA	
	보일러·열교환기용 스테인리스 강관	STS×TB	
	저온 열교환기용 강관	STLT	빙점 이하, 특히 낮은 온도의 관내외에서 열의 수수를 행하는 열교환기관, 콘덴서관
구조용	일반 구조용 탄소강 강관	SPS	토목, 건축, 철탑, 지주와 기타의 구조물용
	기계 구조용 탄소강 강관	STM	기계, 항공기, 자동차, 자전거 등의 기계 부품용
	구조용 합금강 강관	STA	항공기, 자동차, 기타의 구조물용

(2) 주철관 (cast iron pipe)

급수관, 배수관, 통기관, 케이블 매설관, 오수관 등에 사용되며, 일반 주철관, 고급 주철관, 구상 흑연 주철관 등이 있다.

> 참고
>
> ① 고급 주철관 : 흑연의 함량을 적게 하고 강성을 첨가하여 금속 조직을 개선하며, 기계적 성질이 좋고 강도가 크다.
> ② 구상 흑연 주철관(덕타일) : 양질의 선철(cast iron)을 강에 배합하며, 주철 중에 흑연을 구상화시켜서 질이 균일하고 치밀하며 강도가 크다. 연성이 매우 큰 고급 주철로, 덕타일 주철관 또는 노듈러라고 불리운다.

① 특징 및 개선 내용
  ㈎ 내구력이 크다.
  ㈏ 내식성이 강해 지중 매설용으로 적합하다.
  ㈐ 다른 관보다 강도가 크다.
  ㈑ 재래식에서 덕타일(ductile) 주철관으로 전환한다.
  ㈒ 납 (Pb) 코킹 이음에서 기계적 접합으로 전환한다.
  ㈓ 내식성을 주기 위한 모르타르 라이닝을 채용한다.
  ㈔ 두께가 얇은 관 및 대형관 (지름 2400 mm) 제작이 가능하다.
② 주철관의 종류
  ㈎ 수도용 원심력 사형 주철관
  ㈏ 수도용 수직형(입형) 주철관
  ㈐ 수도용 원심력 금형 주철관
  ㈑ 원심력 모르타르 라이닝 주철관 : 시멘트와 모래의 혼합비를 1 : 1.5~2 (중량비)로 하여 라이닝한다. 모르타르를 전부 제거한 다음 다습한 곳에서 7~14일 양생하여 수증기로 양생 건조시킨다.
  ㈒ 배수용 주철관 : 관 두께에 따라서 두꺼운 것은 1종 (⊘), 얇은 것은 2종 (⊘), 이형관은 ⊗와 같은 기호로 나타낸다.
  ㈓ 수도용 원심력 구상 흑연 주철관

(3) 비철금속관

① 동관(구리관, copper pipe) : 동은 전기 및 열의 전도율이 좋고 내식성이 뛰어나며, 전성과 연성이 풍부하여 가공도 용이하다. 또한, 판, 봉, 관 등으로 제조되어 전기 재료, 열교환기, 급수관 등에 사용되고 있다.
  ㈎ 동의 종류
    • 타프피치동 : 정련 구리
    • 인탈산동 : 탈산구리, 배관용
    • 무산소동 : 전자 제품용

> **참고**
>
> 동관은 주로 이음매 없는 관(일반관 : seamless pipe)으로 제조되며, 타프피치관, 인탈산동관, 무산소동관, 황동관 등이 있다. 용도는 열교환기용, 화학공업용, 급수, 급탕, 가스관, 전기용 등으로 다양하다.

(나) 특징
- 내식성, 내충격성이 좋다.
- 가공이 쉽고 시공이 용이하며 동파되지 않는다.
- 열전도율이 크다.
- 내표면에서 마찰 손실이 적다.
- 가격이 비싸다.
- 외부의 기계적 충격에 약하다.
- 알칼리성에는 강하나 산성에는 심하게 침식된다.

② 황동관 : Cu (60~70 %), Zn (30~40 %)의 합금관이고, 난간·커튼·열교환기 튜브 및 증류수에 사용하며, 극연수에는 주석(Sn) 도금을 한 것을 사용한다.

③ 규소청동관(silicon-bronze pipe and tube) : Si 2.5~3.5%를 함유한 합금관으로서 내식성이 좋고 순도가 높아 화학 공업용 관으로 많이 사용되며, 냉간 인발법 또는 압출법으로 이음매 없이 제조된다.

④ 연관(lead pipe) : 수도의 인입 분기관, 기구 배수관, 가스 배관, 화학 배관용에 사용되며, 1종 (화학 공업용), 2종 (일반용), 3종 (가스용), 4종 (통신용)으로 나뉜다.

(가) 장점
- 부식성이 적다 (내산성).
- 굴곡이 용이하며, 신축에 견딘다.

(나) 단점
- 중량이 크다.
- 횡주배관에서 휘어 늘어지기 쉽다.
- 가격이 비싸다 (가스관의 약 3배).
- 산에 강하나 알칼리에 부식된다.

⑤ 알루미늄관(aluminium pipe)

(가) 비중이 2.7로 금속 중에서 Na, Mg, Ba 다음으로 가볍다.

(나) 알루미늄의 순도가 99.0 % 이상인 관은 인장 강도가 9~11 kgf/mm^{2}이다.

(다) 구리, 규소, 철, 망간 등의 원소를 넣은 알루미늄관은 기계적 성질이 우수하여 항공기 등에 많이 쓰인다.

(라) 열전도율이 높으며 전연성이 풍부하고 가공성도 좋으며 내식성이 뛰어나 열교환기, 선박, 차량 등 특수 용도에 사용된다.

(마) 공기, 물, 증기에 강하고 아세톤, 아세틸렌, 유류에는 침식되지 않으나 알칼리에 약하고, 특히 해수, 염산, 황산, 가성소다 등에 약하다.

⑥ 스테인리스 강관(austenitic stainless pipe)

(가) 내식성이 우수하며 계속 사용 시 안지름의 축소, 저항 증대 현상이 없다.

(나) 위생적이어서 적수, 백수, 청수의 염려가 없다.

(다) 강관에 비해 기계적 성질이 우수하고 두께가 얇아 운반 및 시공이 쉽다.
(라) 저온 충격성이 크고 한랭지 배관이 가능하며 동결에 대한 저항도 크다.
(마) 나사식, 용접식, 모르코식, 플랜지 이음법 등의 특수 시공법으로 시공이 간단하다.

(4) 비금속관

① 합성수지관 (plastic pipe) : 합성수지관은 석유, 석탄, 천연가스 등으로부터 얻어지는 에틸렌, 프로필렌, 아세틸렌, 벤젠 등을 원료로 만들어지며, 경질 염화비닐관과 폴리에틸렌관으로 나누어진다.

(가) 경질 염화비닐관 (PVC ; poly vinyl chloride)

- 장점
  - 내식성이 크고 산, 알칼리 등의 부식성 약품에 대해 거의 부식되지 않는다.
  - 비중은 1.43으로 알루미늄의 약 $\frac{1}{2}$, 철의 $\frac{1}{5}$, 납의 $\frac{1}{8}$ 정도로 대단히 가볍고 운반과 취급에 편리하다. 인장력은 20℃에서 500~550 kg/cm^{2}로 기계적 강도도 비교적 크고 튼튼하다.
  - 전기 절연성이 크고 금속관과 같은 전식(電蝕) 작용을 일으키지 않으며 열의 불량도체로 열전도율은 철의 $\frac{1}{350}$ 정도이다.
  - 가공이 용이하다 (절단, 벤딩, 이음, 용접 등).
  - 다른 종류의 관에 비하여 값이 싸다.

- 단점
  - 열에 약하고 온도 상승에 따라 기계적 강도가 약해지며 약 75℃에서 연화한다.
  - 저온에 약하며 한랭지에서는 외부로부터 조금만 충격을 주어도 파괴되기 쉽다.
  - 열팽창률이 크기 때문에(강관의 7~8배) 온도 변화에 신축이 심하다.
  - 용제에 약하고, 특히 방부제(크레오소트액)과 아세톤에 약하며, 또 파이프 접착제에도 침식된다.
  - 50℃ 이상의 고온 또는 저온 장소에 배관하는 것은 부적당하다. 온도 변화가 심한 노출부의 직선 배관에는 10~20 m 마다 신축 조인트를 만들어야 한다.

(나) 폴리에틸렌관 : 전기적, 화학적 성질이 염화비닐관보다 우수하고 비중이 0.92~0.96 (염화비닐의 약 $\frac{2}{3}$배)이며, 90℃에서 연화하고 저온(-60℃)에 강하므로 한랭지 배관으로 우수하다.

② 콘크리트관(concrete pipe)
　㈎ 원심력 철근 콘크리트관 : 오스트레일리아인 흄(Hume) 형제에 의해 발명되었고, 주로 상·하수도용으로 사용된다.
　㈏ 철근 콘크리트관 : 철근을 넣은 수제 콘크리트관이며 옥외 배수용으로 사용된다.
③ 석면 시멘트관(asbestos cement pipe) : 이탈리아의 Eternit 회사가 제작한 것으로 Eternit pipe 라고도 하며, 석면과 시멘트를 중량비로 1 : 5~6비로 배합하고 물을 혼입하여 풀 형상으로 된 것을 운전기에 의해 얇은 층을 만들고 고압(5~9 kg/cm^2)을 가하여 성형한다.
④ 도관(vitrified-clay pipe) : 점토를 주원료로 하며 잘 반죽한 재료를 제관기에 걸어 직관 또는 이형관으로 성형해 자연 건조, 또는 가마 안에 넣고 소성한다. 식염가스화에 의하여 표면에 규산나트륨의 유리 피막을 입힌다.
⑤ 유리관(glass pipe) : 붕규산 유리로 만들어져 배수관으로 사용되며, 일반적으로 관지름 40~150 mm, 길이 1.5~3 m의 것이 시판되고 있다.

1-2 신축 이음

(1) 신축 이음 장치의 종류

배관의 신축으로 인한 무리를 완화시켜 주고 관 부속품의 고장을 방지하기 위하여 설치한다.
① 슬리브형(sleeve type) : 조인트 본체와 파이프로 되어 있는데, 관의 신축이 본체 속에 미끄러지는 슬리브 파이프에 흡수되는 단식과 복식의 2형식이 있으며 주로 저압 증기 배관에 사용한다.
② 만곡관형(곡관형, loop type) : 강관을 휨 가공하여 제작하였으며, 허용 길이가 가장 크고 고압 옥외 배관에 많이 사용하며 루프형과 벤드형이 있다.
③ 벨로스형(파형, bellows type) : 벨로스가 신축을 흡수하여 열응력을 받지 않으나 벨로스 내에 물이 고이면 부식을 많이 일으키고 일명 팩리스(packless) 신축 조인트라고도 한다.
④ 스위블형(swivel type) : 2개 이상의 엘보를 사용하여 나사의 회전을 이용한 것이며 방열기 입구측 배관에 설치, 사용한다 (나사맞춤이 헐거워져 누설의 우려가 크다). 회전 이음 또는 지불 이음이라 불린다.
⑤ 플렉시블 신축 이음 : 펌프 입구 및 출구에 사용한다(진동이 큰 곳에 사용한다.).

> **참고**
> ① 고압 강관 배관에서는 10~20 m마다 1개씩, 저압 강관 배관에서는 30 m마다 1개씩 신축 이음 장치를 설치한다 (단, 동관 및 PVC관은 20 m 마다 1개씩 설치한다).
> ② 신축 허용 길이가 큰 순서는 만곡관형 → 슬리브형 → 벨로스형 → 스위블형 순이다.
> ③ 신축이음의 종류 중 열응력을 제일 적게 받는 것은 벨로스형(bellows type)이다.
> ④ 만곡관형에서 조인트 곡률 반경은 관지름의 6배 이상으로 해야 한다.

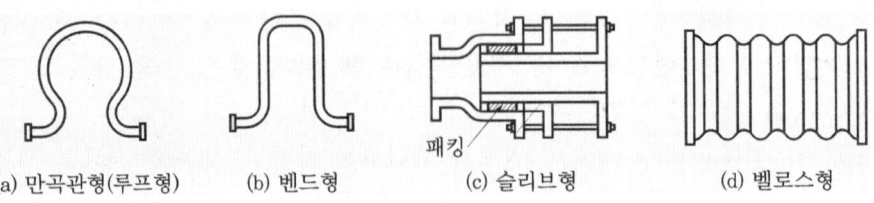

(a) 만곡관형(루프형) (b) 벤드형 (c) 슬리브형 (d) 벨로스형

1-3 관 지지구 (관 지지쇠)

(1) 행어(hanger)

배관의 하중을 위에서 걸어당겨 받치는 지지구이며, 리지드 행어, 스프링 행어, 콘스탄트 행어 등이 있다.

① **리지드 행어(rigid hanger)** : 수직 방향에 변위가 없는 곳에 사용한다. 즉, 지지점 주위 상황에 따라 이동이 다양한 곳에 사용된다 (특히, 고온 또는 저온에 잡히는 파이프 클램프나 관에 직접 접촉되는 래그(rag) 등의 재질은 관의 재질과 동등 또는 그 이상의 것을 사용할 필요가 있는 동시에 가공 후의 열처리가 필요하다.)

② **스프링 행어(spring hanger)** : 대부분의 스프링 행어는 부하 용량이 35~14000 kg 이며, 이동 거리는 0~120 mm 범위이다. 스프링 행어는 로크핀이 있으며, 하중 조정은 턴버클로 행한다.

③ **콘스탄트 행어(constant hanger)** : 지정 이동거리 범위 내에서 배관의 상하 방향의 이동에 대해 항상 일정한 하중으로 배관을 지지할 수 있는 장치에 사용하며, 그 종류에는 코일 스프링을 사용하는 것과 중추식의 두 가지가 있다.

부하 용량 (지지 하중)은 15~40000 kg 정도이고, 이동 거리 50~400 mm 정도이다.

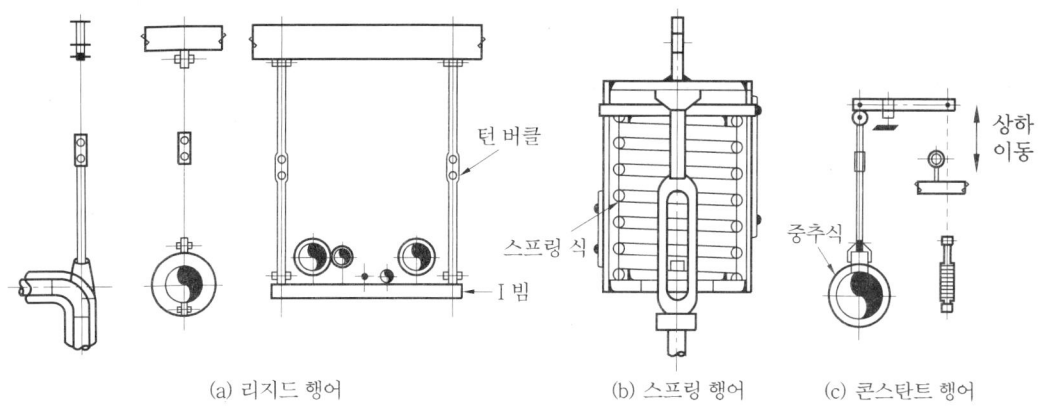

행어의 종류

(2) 서포트(support)=지지대

배관 하중을 아래에서 위로 떠받쳐 지지하는 기구로서 파이프 슈, 리지드 서포트, 롤러 서포트, 스프링 서포트 등이 있다.

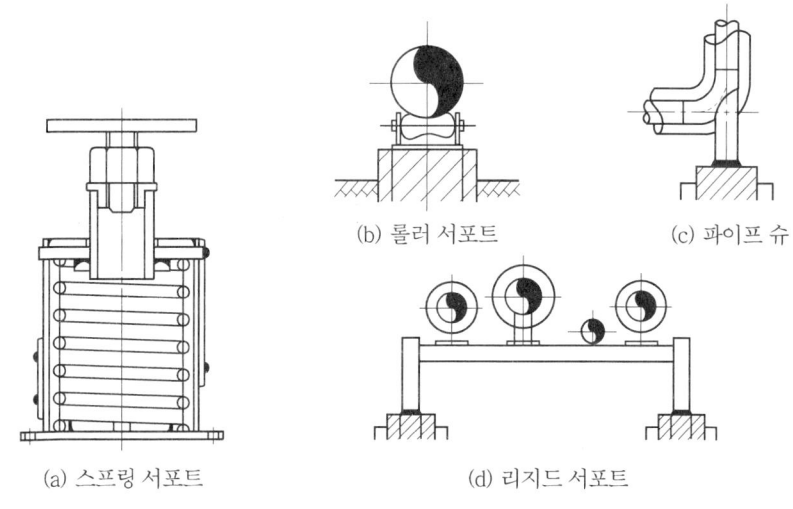

서포트

① 파이프 슈(pipe shoe) : 배관의 벤딩 부분과 수평 부분에 관으로 영구히 고정시켜 배관의 이동을 구속시키는 것이다.

② 롤러 서포트(roller support) : 관을 지지하면서 신축을 자유롭게 하는 것으로 롤러가 관을 받치고 있다.

③ 리지드 서포트(rigid support) : I 빔으로 만든 지지대의 일종으로 정유 시설의 송유관에 많이 사용한다.

④ 스프링 서포트(spring support) : 상하 이동이 자유롭고 파이프의 하중에 따라 스프링이 완충 작용을 하여 배관을 지지하는 것이다.

(3) 리스트레인트 (restraint)

신축으로 인한 배관의 상하좌우 이동을 구속하고 제한하는 목적에 사용하는 것으로서 앵커, 스톱, 가이드 등이 있다.

① 앵커(anchor) : 배관의 이동 및 회전을 방지하기 위해 지지점 위치에 완전히 고정하는 지지 금속으로, 열팽창 신축에 의한 진동이 다른 부분에 영향이 미치지 않도록 배관을 분리하여 설치하고 잘 고정해야 하며 일종의 리지드 서포트라고도 할 수 있다.

② 스토퍼(stopper) : 일정한 방향의 이동과 관이 회전하는 것을 구속하고, 나머지 방향은 자유롭게 이동할 수 있는 구조로 되어 있다.
  ㈎ 기기노즐 보호를 위한 안전 밸브에서 분출하는 유체의 추력을 받는 곳이다.
  ㈏ 신축 조인트와 내압에 의한 축방향의 힘을 받는 곳에 사용된다.

③ 가이드(guide) : 파이프 랙 위 배관의 벤딩부와 신축 이음(루프형, 슬리브형) 부분에 설치하는 것으로 축과 직각 방향의 이동을 구속하는 데 사용된다.

> **참고**
> 배관 라인의 축방향의 이동을 허용하는 안내 역할도 담당한다.

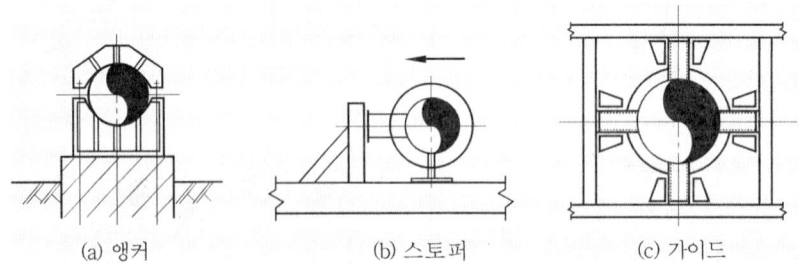

(a) 앵커　　(b) 스토퍼　　(c) 가이드

리스트레인트의 종류

(4) 브레이스 (brace)

배관 라인에 설치된 각종 펌프류, 압축기 등에서 발생되는 진동, 밸브류 등의 급속 개폐에 따른 수격 작용, 충격 및 지진 등에 의한 진동 현상을 제한하는 지지대로서 주로 진동 방지용으로 쓰이는 방진기와 충격 완화용으로 사용되는 완충기가 있다.

방진기나 완충기는 그 구조에 따라 스프링식과 유압식이 있다.

① 스프링식 : 주로 코일 스프링을 내장한 지지쇠로서 저온 배관용으로 많이 사용된다. 설치 후 배관계의 이동을 구속하게 되므로 배관 이동량이 많은 장소에는 잘 사용되지 않는다. 설치 시에는 배관의 이동을 곧바로 받는 방향으로 부착시키지 않고 그것을 도피시키는 방향으로 부착하는 것이 좋다.

② 유압식 : 공진을 피하는 곳에 특히 효과가 있으며, 배관의 열팽창에 대해서도 구속하지 않고 자유롭게 신축할 수 있어 대용량의 배관에 널리 쓰인다. 브레이스의 이동 거리를 비교적 자유롭게 조정할 수 있는 장점을 지니고 있으나 부착 장소의 주위온도에 대해 유의하여야 한다.

1-4 패킹(packing)

관의 이음매나 회전부의 접촉면에 고무, 석면, 금속판 등을 삽입하여 액체와 기체가 새지 않게 하는 것을 패킹(packing)이라 하며, 이것을 총칭하여 개스킷이라고 한다. 패킹은 플랜지 패킹, 나사 결합용 패킹, 글랜드 패킹으로 구분한다.

(1) 플랜지 패킹

① 고무 패킹
  (가) 천연고무
    ㉮ 탄성이 크고 흡수성이 없으며, 희박한 산이나 알칼리에는 침해되기 어려우나 내열성이 없어 100℃ 이상의 고온을 취급하는 배관에는 사용하기가 곤란하다.
    ㉯ -55℃에서는 경화 변질된다.
    ㉰ 내유성이 결핍되어 있고 용도로는 보통 냉수 배수 및 공기 배관 등에 사용되고 있으나 기름, 증기, 온수 및 냉매 배관 등에는 사용하지 않는다.
  (나) 네오프렌
    ㉮ 천연고무와 유사한 합성 고무이다.
    ㉯ 내유, 내오존, 내후, 내산화 및 내열성이 뛰어나다.
    ㉰ 기계적 성질이 우수하여 항장력, 인열, 마모에 강하다.
    ㉱ 일반 석유계 용매에 저항이 크다.
    ㉲ 내열도는 -46~121℃ 정도이다. 따라서, 20℃ 이하이면 거의 다 사용될 수 있으며 증기 배관을 제외하고는 물, 공기, 기름 및 냉매 배관 등에 사용된다.
② 석면 조인트 시트
  (가) 광물질로서 섬유가 미세하고 강인하며 450℃까지의 고온에 잘 견딘다.
  (나) 슈퍼 히트(super heat) 석면이 가장 많이 쓰인다.
  (다) 증기, 온수, 고온의 오일 배관에 적합하다.
③ 합성수지 패킹
  (가) 테플론은 가장 우수한 패킹제이며 기름에도 침해되지 않는다.
  (나) 내열 범위는 -260~260℃ 정도이다.
  (다) 테플론은 탄성이 부족해 석면, 고무, 웨이브형 금속 플레이트와 같이 사용한다.

④ 오일 실 패킹
  ㈎ 화지를 일정한 두께로 겹쳐 내유 가공을 한 제품이다.
  ㈏ 내열도는 낮으나 펌프, 기어 박스 등에 사용한다.
⑤ 금속 패킹
  ㈎ 철, 구리, 황동, 납, 알루미늄 등의 금속이 많이 사용된다.
  ㈏ 탄성이 적으므로 관의 팽창, 수축, 진동 등으로 누설하는 경우가 있다.

(2) 나사용 패킹

나사용 패킹으로는 페인트, 흑연, 일산화연, 액상 합성수지 등이 사용된다.
① 페인트 : 광명단을 혼합하여 사용하며, 고온의 오일 파이프를 제외하고는 모든 배관에 사용할 수 있다.
② 일산화연(litharge) : 냉매 배관에 많이 사용되며, 페인트에 소량의 일산화연을 타서 사용한다.
③ 액상 합성수지 : 화학 약품에 강하고 내유성이 크며, 내열 범위는 −30℃~130℃이다. 증기, 기름, 약품 배관에 사용한다.

(3) 글랜드 패킹

보통 밸브의 회전 부분에 사용되며, 석면 각형 패킹, 석면 얀, 아마존 패킹, 몰드 패킹 등이 있다.
① 석면 각형 패킹 : 석면사를 각형으로 짜서 흑연과 윤활유를 침투시킨 것이다. 내열성, 내산성이 좋아 대형의 밸브 글랜드에 사용한다.
② 석면 얀(yarn) : 석면사를 꼬아서 만든 것으로 소형 밸브, 수면계의 콕, 기타 소형 글랜드에 사용한다.
③ 아마존 패킹 : 면포와 내열 고무 콤파운드를 가공 성형한 것으로 압축기의 글랜드에 사용한다.
④ 몰드 패킹 : 석면, 흑연, 수지 등을 배합 성형한 것으로 압축기의 글랜드에 사용한다.

> **참고** ◦ **글랜드 패킹(gland packing)의 구조상 구비 조건**
> ① 금속을 부식시키지 않아야 한다.
> ② 마찰에 의한 마모가 적고, 마찰 계수가 작아야 한다.
> ③ 유체에 대하여 화학적으로 안정되어야 한다.
> ④ 유체가 침투하지 않는 치밀한 것이어야 한다.

2. 밸브

2-1. 밸브의 종류 및 용도

(1) 글로브 밸브 (glove valve, 구형변=옥형변) : 관 용어로 스톱 밸브라고도 한다.
  ① 기밀도가 좋아 주로 기체 배관에 사용한다.
  ② 유량 조절이 양호하여 유량 조절용 밸브로 사용한다.
  ③ 유체의 마찰 저항이 크며 찌꺼기가 체류하기 쉽다.

(2) 게이트 밸브 (gate valve, 슬루스 밸브 (sluice valve)) : 유로 개폐용으로 사용한다.
  ① 기밀도가 글로브 밸브보다 나빠서 액체 배관에 사용한다.
  ② 유량 조절이 글로브 밸브보다 떨어진다.
  ③ 유체의 마찰 저항이 적으며 찌꺼기 체류가 적다.

(3) 앵글 밸브 (angle valve)
  ① 구조상으로는 글로브 밸브와 비슷하다.
  ② 유체의 흐름 방향을 90°로 바꾸어 흐르게 한다.
  ③ 주증기 밸브나 급수 정지 밸브로 많이 사용한다.

(4) 콕 (cock)
  ① 구멍이 뚫린 원루가 90° 및 180°로 회전하여 유체의 흐름을 차단 또는 조절해 준다.
  ② 개폐가 신속하다.
  ③ 누설의 우려가 있다.

(5) 볼 밸브 (ball valve)

 밸브의 개폐 부분에 구멍이 뚫린 구 모양의 밸브가 있으며 이것을 회전시킴으로써 구멍을 막거나 열어 밸브를 개폐시킨다. 콕과 유사한 밸브이다.

(6) 체크 밸브 (역지변)

 유체의 역류를 방지하기 위해 사용되는 밸브이며 수평 배관에서만 사용하는 리프트식과 수직 및 수평 배관 모두 사용할 수 있는 스윙식이 있다.

(7) 다이어프램 밸브(diaphragm valve)

산이나 화학 약품에 사용되는 밸브이며 유량을 조절하는 특수 밸브이다.
① 유체의 마찰 저항이 적다.
② 패킹이 불필요하다.
③ 내식성이 좋다.

(8) 버터 플라이 밸브(butter fly valve)

기밀성은 나쁘지만 유체의 조름 밸브로 사용되며 스윙 밸브, 나비형 밸브, 플랩 밸브(flap valve)가 있다.

예상문제 및 기출문제

1. 다음 강관에 대한 설명 중 틀린 것은?
   ㉮ 흑관과 백관이 있다.
   ㉯ 인장 강도가 크다.
   ㉰ 내충격성이 크다.
   ㉱ 강관의 이음 방법에는 나사 이음, 압축 이음이 있다.
   [해설] 강관의 이음 방법
   ① 나사 이음
   ② 용접 이음
   ③ 플랜지 이음

2. 다음 주철관에 대한 설명 중 틀린 것은?
   ㉮ 제조 방법은 수직법과 원심력법이 있다.
   ㉯ 수도용, 배수용, 가스용으로 사용된다.
   ㉰ 주철관은 인성이 풍부하여 나사 이음과 용접 이음에 적합하다.
   ㉱ 탄소 함량이 약 2% 이상인 것을 주철로 분류한다.
   [해설] 주철관은 인장 강도가 낮으므로 소켓 이음(socket joint)과 플랜지 이음(flange joint)에 적합하다.

3. 전기와 열의 양도체로서 내식성, 굴곡성이 우수하고 내압성도 있어서 열 교환기의 내관(tube) 및 화학 공업용으로 사용되는 관(pipe)은?
   ㉮ 주철관   ㉯ 강관
   ㉰ 알루미늄관   ㉱ 동관
   [해설] 비철 금속관인 동관에 대한 설명이다.

4. 구상흑연 주철관이라고도 하며 땅속 또는 지상에 배관하여 압력 상태 또는 무압력 상태에서 물의 수송 등에 주로 사용되는 주철관은?
   ㉮ 수도용 이형 주철관
   ㉯ 덕타일 주철관
   ㉰ 수도용 원심력 금형 주철관
   ㉱ 원심력 모르타르 라이닝 주철관
   [해설] 구상흑연 주철은 노듈러(nodular) 또는 덕타일(ductile) 주철이라고도 불리우며 흑연의 모양이 구상으로 되어 있기 때문에 연성이 매우 큰 고급 주철이다.

5. 동관에 관한 설명으로 틀린 것은?
   ㉮ 전기 및 열전도율이 좋다.
   ㉯ 가볍고 가공성이 좋다.
   ㉰ 전연성이 풍부하고 마찰 저항이 작다.
   ㉱ 산성에 강하고 알칼리성에는 침식된다.
   [해설] 동관은 알칼리성에 강하고 산성에는 침식된다.

6. 수도, 가스 등의 지하 매설용 관으로 적당한 것은?
   ㉮ 강관   ㉯ 알루미늄관
   ㉰ 주철관   ㉱ 황동관
   [해설] 주철관은 내식성이 좋아 지중 매설용으로 적당하다.

7. 동관의 용도로 부적합한 배관은?
   ㉮ 냉매 배관
   ㉯ 배수 배관
   ㉰ 연료 (경유) 배관
   ㉱ 온수 방열관
   [해설] 배수 배관으로는 주철관이 사용된다.

정답 1. ㉱ 2. ㉰ 3. ㉱ 4. ㉯ 5. ㉱ 6. ㉰ 7. ㉯

8. 주철관의 용도로 부적합한 배관은?
   ㉮ 급수관   ㉯ 배수관
   ㉰ 난방 코일관   ㉱ 통기관
   [해설] 난방 코일관으로는 굴요성과 열전도성이 좋은 강관, PVC관, 동관 등을 사용한다.

9. 다음 관 재료 중 전연성이 풍부한 것은?
   ㉮ 연관   ㉯ 주철관
   ㉰ 강관   ㉱ 플라스틱관
   [해설] 전연성이 가장 좋은 관은 연관이다.

10. 알루미늄관에 관한 설명 중 틀린 것은?
   ㉮ 전연성이 풍부하고 가공성이 좋다.
   ㉯ 내식성이 우수하다.
   ㉰ 열교환기, 선박, 차량 등 특수 용도에 사용된다.
   ㉱ 동관보다 열전도율이 좋다.
   [해설] 열전도율이 좋은 순서
   은 (Ag) - 구리 (Cu) - 금 (Au) - 알루미늄 (Al)

11. 고온, 고압용에 적당하며 내식성이 우수한 관은?
   ㉮ 탄소강관   ㉯ 스테인리스관
   ㉰ 동관   ㉱ 주철관
   [해설] 고온·고압용이며 내식성이 우수한 관은 스테인리스관이다.
   [참고] 동관은 고온에 부적합하고 주철관은 고압에 부적합하다.

12. 가스 배관의 관경이 13 mm 이상, 33 mm 미만일 때 관의 고정 장치 설치 간격으로 옳은 것은?
   ㉮ 1 m 마다   ㉯ 2 m 마다
   ㉰ 3 m 마다   ㉱ 4 m 마다
   [해설] ① 13 mm 미만 : 1 m 마다
   ② 13 mm 이상 ~ 33 mm 미만 : 2 m 마다
   ③ 33 mm 이상 : 3 m 마다

13. 배관의 호칭법으로 사용되는 스케줄 번호를 산출하는 데 가장 큰 영향을 미치는 것은 어느 것인가?
   ㉮ 관의 외경
   ㉯ 관의 사용 온도
   ㉰ 관의 허용 응력
   ㉱ 관의 열팽창 계수
   [해설] 스케줄 번호(schedule no)란 관의 두께를 나타내는 번호이다.
   $$\text{sch no.} = 10 \times \frac{\text{사용 압력 (kg/cm}^2)}{\text{허용 응력 (kg/mm}^2)}$$
   [참고] 허용 응력 = $\dfrac{\text{인장 강도 (kg/mm}^2)}{\text{안전율}}$

14. 최고 사용 압력이 40 kgf/cm², 관의 인장 강도가 20 kgf/mm²인 압력 배관용 강관의 스케줄 번호(sch no)는? (단, 안전율은 4로 한다.)
   ㉮ 20   ㉯ 40
   ㉰ 60   ㉱ 80
   [해설] $10 \times \dfrac{40}{\frac{20}{4}} = 80$

15. 배관용 강관의 기호로서 틀린 것은?
   ㉮ SPP : 일반 배관용 탄소강관
   ㉯ SPPS : 압력 배관용 탄소강관
   ㉰ SPHT : 고온 배관용 탄소강관
   ㉱ STS : 저온 배관용 탄소강관
   [해설] ① SPLT : 저온 배관용 강관
   ② STS×TP : 배관용 스테인리스 강관
   ③ STS×TB : 보일러 열교환기용 스테인리스 강관

정답 8. ㉰ 9. ㉮ 10. ㉱ 11. ㉯ 12. ㉯ 13. ㉰ 14. ㉱ 15. ㉱

16. 다음 강관의 표시 기호 중 배관용 합금강 강관은?
㉮ SPPH   ㉯ SPHT
㉰ SPA   ㉱ STA

[해설] ① SPPH : 고압 배관용 탄소강 강관
② SPHT : 고온 배관용 탄소강 강관
③ STA : 구조용 합금강 강관

17. 보일러 및 열교환기용 탄소 강관의 규격 기호는?
㉮ STH   ㉯ STHA
㉰ STS   ㉱ SPS

[해설] ① STHA : 보일러 및 열교환기용 합금강 강관
② SPS : 일반 구조용 탄소강 강관
③ STS×TP : 배관용 스테인리스 강관

18. 고온 배관용 탄소 강관(SPHT)은 몇 ℃를 초과하는 온도부터 사용하는가?
㉮ 350   ㉯ 450
㉰ 550   ㉱ 650

[해설] SPHT의 사용 온도
350℃ 초과 ~ 450℃ 이하에서 사용한다.
[참고] ① SPLT : -100℃ 이상
② SPP, SPPS, SPPH : 350℃ 이하

19. 다음 중 파이프의 열 변형에 대응하기 위한 이음은?
㉮ 가스 이음   ㉯ 플랜지 이음
㉰ 신축 이음   ㉱ 소켓 이음

[해설] 신축 이음(익스펜션 조인트)은 파이프의 신축을 흡수하기 위한 부속품이다.

20. 고압 증기의 옥외 배관에 가장 적당한 신축 이음 방법은?
㉮ 오프셋형   ㉯ 벨로스형
㉰ 루프형   ㉱ 슬리브형

[해설] 고압 증기의 옥외 배관에는 루프형(곡관형)이 적합하며, 저압 증기 배관에는 슬리브형이 적합하다

21. 신축 이음에 대한 설명 중 틀린 것은?
㉮ 슬리브형은 단식과 복식의 2종류가 있으며, 고온, 고압에 사용한다.
㉯ 루프형은 고압에 잘 견디며 주로 고압 증기의 옥외 배관에 사용한다.
㉰ 벨로스형은 신축으로 인한 응력을 받지 않는다.
㉱ 스위블형은 온수 또는 저압 증기의 배관에 사용하며 큰 신축에 대하여는 누설의 염려가 있다.

[해설] 슬리브형은 단식과 복식의 2종류가 있으며 주로 저압 증기 배관에 사용한다.

22. 다음 신축 이음의 종류 중 열응력은 받지 않으나 부식의 우려가 크며 일명 팩리스(packless) 신축 이음이라고도 하는 것은?
㉮ 곡관형   ㉯ 슬리브형
㉰ 벨로스형 ㉱ 스위블형

[해설] 벨로스형 신축 이음의 특징이다.

23. 2개 이상의 엘보를 이용한 것이며 방열기 입구 측 배관에 사용하고 누설의 우려가 크며 회전 이음, 또는 지불이라 불리는 신축 이음은?
㉮ 슬리브형 ㉯ 루프형
㉰ 벨로스형 ㉱ 스위블형

[해설] 스위블형(swivel type) 신축 이음의 특징이다.

24. 다음 중 펌프 입구 및 출구에 사용하며 특히 진동이 큰 곳에 사용되는 신축 이음은?

정답 16. ㉰ 17. ㉮ 18. ㉮ 19. ㉰ 20. ㉰ 21. ㉮ 22. ㉰ 23. ㉱ 24. ㉮

㉮ 플렉시블 신축 이음
㉯ 스위블 신축 이음
㉰ 루프형 신축 이음
㉱ 벨로스형 신축 이음

[해설] 펌프 입·출구에는 플렉시블 신축 이음이 사용된다.

25. 다음 중 관의 신축량에 대한 설명으로 옳은 것은?

㉮ 신축량은 관의 열팽창 계수, 길이, 온도차에 반비례한다.
㉯ 신축량은 관의 열팽창 계수, 길이, 온도차에 비례한다.
㉰ 신축량은 관의 길이, 온도차에 비례하지만 열팽창 계수에는 반비례한다.
㉱ 신축량은 관의 열팽창 계수에 비례하고 온도차와 길이에 반비례한다.

[해설] 신축량=관 길이×열팽창 계수×온도차

26. 길이 7 m, 외경 200 mm, 내경 190 mm의 탄소 강관에 360℃ 과열 증기를 통과시키면 이때 늘어나는 관의 길이는 몇 mm인가? (단, 주위 온도는 20℃이고, 관의 선팽창 계수는 0.0000130이다.)

㉮ 21.15   ㉯ 25.71
㉰ 30.94   ㉱ 36.48

[해설] 선팽창 계수=0.000013 mm/mm·℃
=0.013 mm/m℃
∴ 7 m×0.013 mm/m℃×340℃
=30.94 mm

27. 다음 중 배관의 하중을 위에서 걸어 당겨 받치는 관 지지구는?

㉮ 서포트 (support)
㉯ 행어 (hanger)
㉰ 리스트레인트 (restraint)
㉱ 브레이스 (brace)

[해설] 행어는 위에서 걸어 당기는 지지구이며 서포트는 아래에서 위로 떠 받쳐 지지하는 지지구이다.

28. 다음 중 관 지지구인 행어(hanger)의 종류가 아닌 것은?

㉮ 롤러 행어   ㉯ 리지드 행어
㉰ 스프링 행어   ㉱ 콘스탄트 행어

[해설] 행어(hanger)의 종류는 ㉯, ㉰, ㉱항 3가지가 있다.

29. 다음 중 배관 하중을 아래에서 위로 떠 받쳐 지지하는 관 지지구는?

㉮ 브레이스 (brace)
㉯ 행어 (hanger)
㉰ 서포트 (support)
㉱ 리스트레인트 (restraint)

[해설] 문제 27 해설 참조

30. 다음 중 관 지지구인 서포트(support)의 종류가 아닌 것은?

㉮ 파이프 슈   ㉯ 롤러 서포트
㉰ 리지드 서포트 ㉱ 콘스탄트 서포트

[해설] 서포트의 종류에는 ㉮, ㉯, ㉰항 외에 스프링 서포트가 있다.

31. 신축으로 인한 배관의 상하좌우 이동을 구속하고 제한하는 목적으로 사용되는 관 지지구는?

㉮ 브레이스 (brace)
㉯ 행어 (hanger)
㉰ 서포트 (support)
㉱ 리스트레인트 (restraint)

정답 25. ㉯   26. ㉰   27. ㉯   28. ㉮   29. ㉰   30. ㉱   31. ㉱

32. 다음 중 지지구인 리스트레인트(restraint)의 종류가 아닌 것은?
㉮ 앵커(anchor)
㉯ 스톱(stop)
㉰ 가이드(guide)
㉱ 파이프 슈(pipe shoe)
[해설] 리스트레인트의 종류에는 ㉮, ㉯, ㉰항 3가지이다.

33. 배관 라인에 설치된 펌프, 압축기 등에서 발생되는 진동을 억제하는 데 사용되는 지지구는?
㉮ 브레이스(brace)
㉯ 행어(hanger)
㉰ 서포트(support)
㉱ 리스트레인트(restraint)
[해설] 브레이스에 대한 문제이며 진동을 방지하는 방진기와 충격을 완화하는 완충기가 있다.

34. 연단과 아마인유를 혼합한 방청 도료로서 밀착력이 강하고 도막(塗膜)은 질이 조밀하여 풍화에 잘 견디므로 기계류의 도장 밑칠에 사용된 도료는?
㉮ 알루미늄 도료
㉯ 광명단 도료
㉰ 산화철 도료
㉱ 합성수지 도료
[해설] 광명단 도료(연단)에 대한 문제이다.

35. 난방용 방열기 등의 외면에 도장하는 도료이며 열을 잘 반사하는 도료는?
㉮ 산화철 도료
㉯ 광명단 도료
㉰ 알루미늄 도료
㉱ 합성수지 도료

[해설] 알루미늄 도료는 은분이라고 통용되며 이 도료를 칠하면 알루미늄 도막이 형성되어 금속 광택이 생기고 열도 잘 반사하게 된다.

36. 다음 중 배관의 패킹재에 관한 설명으로 옳은 것은?
㉮ 천연고무 패킹은 내산, 내알칼리성이 작다.
㉯ 섬유가 가늘고 강한 광물질로서 450℃까지 견딜 수 있는 것은 테플론이다.
㉰ 일산화연 패킹의 내열 범위는 -260~260℃ 정도이다.
㉱ 소형 밸브, 수면계의 콕, 기타 소형 글랜드용 패킹은 석면 얀 패킹이다.
[해설] ① 천연고무 패킹은 내산, 내알칼리성은 크지만 열과 기름에 약하다.
② 섬유가 가늘고 강한 광물질로서 450℃까지 견딜 수 있는 것은 석면 조인트 시트이다.
③ 내열 범위가 -260~260℃ 정도인 것은 합성수지 패킹재이다.

37. 천연섬유로 강인한 특징이 있으며, 내열도가 450℃로 고온, 고압 증기용으로 사용되는 패킹은?
㉮ 고무 패킹
㉯ 석면조인트 시트 패킹
㉰ 합성수지 패킹
㉱ 오일 실 패킹
[해설] 석면 조인트 시트 패킹의 내열도는 450℃이다.

38. 다음 중 플랜지 패킹재에 속하지 않는 것은 어느 것인가?
㉮ 네오프렌
㉯ 석면 조인트 시트
㉰ 일산화연
㉱ 테플론

정답 32. ㉱ 33. ㉮ 34. ㉯ 35. ㉰ 36. ㉱ 37. ㉯ 38. ㉰

[해설] 일산화연은 나사용 패킹재이다.

39. 난방 배관에 최근 가장 많이 쓰이는 합성수지 패킹으로 기름에 침해되지 않고 내열범위가 −260〜260℃인 것은?
㉮ 네오프렌   ㉯ 석면
㉰ 테플론   ㉱ 액상 합성수지
[해설] 네오프렌의 내열범위는 −46〜121℃이다.

40. 다음과 같은 특징을 갖는 플랜지 패킹재는 어느 것인가?

[특징]
① 천연고무와 유사한 합성 고무이다.
② 내열도는 −46〜121℃ 정도이다.
③ 내산화성 및 내열성이 우수하다.

㉮ 네오프렌   ㉯ 테플론
㉰ 석면 얀   ㉱ 몰드 패킹
[해설] 플랜지 패킹재인 네오프렌에 대한 특징이다.

41. 다음 중 나사용 패킹재에 속하지 않는 것은 어느 것인가?
㉮ 페인트   ㉯ 액상 합성수지
㉰ 일산화연   ㉱ 네오프렌
[해설] 나사용 패킹재의 종류로는 ㉮, ㉯, ㉰항이 있으며 네오프렌은 플랜지 패킹재이다.

42. 글랜드 패킹(gland packing)재에 속하지 않는 것은?
㉮ 석면 각형 패킹
㉯ 아마존 패킹
㉰ 몰드 패킹
㉱ 액상 합성수지 패킹
[해설] 글랜드 패킹에는 ㉮, ㉯, ㉰와 석면 얀이 있다.

43. 파이프 축에 대해서 직각 방향으로 개폐되는 밸브로 유체의 흐름에 따른 마찰 저항 손실이 적으며 난방 배관 등에 주로 사용되나 유량 조절용으로는 부적합한 밸브는 어느 것인가?
㉮ 앵글 밸브   ㉯ 슬루스 밸브
㉰ 글로브 밸브 ㉱ 다이어프램 밸브
[해설] 글로브 밸브는 유량 조절용으로 적합하고 슬루스(게이트) 밸브는 유량 조절용으로 부적합하다.

44. 유량 조절용 밸브로 적합한 밸브는?
㉮ 글로브 밸브 ㉯ 게이트 밸브
㉰ 앵글 밸브   ㉱ 다이어프램 밸브
[해설] 문제 43 해설 참조

45. 유체 저항이 작고 유로를 급속하게 개폐하며 $\frac{1}{4}$ 회전으로 완전 개폐되는 것은?
㉮ 글로브 밸브 ㉯ 체크 밸브
㉰ 슬루스 밸브 ㉱ 콕

46. 밸브의 몸통이 둥근 달걀형 밸브로서 유체의 압력 감소가 크므로 압력이 필요로 하지 않을 경우나 유량 조절용이나 차단용으로 적합한 밸브는?
㉮ 글로브 밸브
㉯ 체크 밸브
㉰ 버터플라이 밸브
㉱ 슬루스 밸브
[해설] 글로브 밸브는 유량 조절용으로 슬루스 밸브는 유로 개폐용으로 사용된다.

47. 볼 밸브(ball valve)의 특징에 대한 설명으로 틀린 것은?

정답 39. ㉰ 40. ㉮ 41. ㉱ 42. ㉱ 43. ㉯ 44. ㉮ 45. ㉱ 46. ㉮ 47. ㉱

㉮ 유로가 배관과 같은 형상으로 유체의 저항이 적다.
㉯ 밸브의 개폐가 쉽고 조작이 간편하고 자동 조작 밸브로 활용된다.
㉰ 이음쇠 구조가 없기 때문에 설치 공간이 작아도 되고 보수가 쉽다.
㉱ 밸브대가 90° 회전하므로 패킹과 원주 방향 움직임이 크기 때문에 기밀성이 약하다.

[해설] 볼 밸브는 구형 밸브라고 하며 핸들을 90°로 움직여 개폐하므로 개폐 시간이 짧고 저압에서는 기밀성이 크며 가스 배관에 많이 사용한다.

48. 산(酸) 등의 화학 약품을 차단하는 데 사용하는 밸브로서 내약품성, 내열성의 고무로 만든 것을 밸브 시트에 밀어 유량을 조절하는 밸브는?

㉮ 다이어프램 밸브 ㉯ 슬루스 밸브
㉰ 버터플라이 밸브 ㉱ 체크 밸브

[해설] 다이어프램 밸브는 산 등의 화학 약품을 차단하는 데 사용되는 일종의 특수 밸브이다.
[참고] 버터플라이는 유체를 조르는 데 편리하며 조름밸브(throttle valve)로 사용된다.

49. 기밀을 유지하기 위한 패킹이 불필요하고 금속 부분이 부식될 염려가 없어 산 등의 화학 약품을 차단하는 데 주로 사용하는 밸브는?

㉮ 앵글 밸브 ㉯ 체크 밸브
㉰ 버터플라이 밸브 ㉱ 다이어프램 밸브

[해설] 다이어프램 밸브는 내열성, 내약품성을 가진 고무로 만든 다이어프램을 사용하여 산 등의 화학 약품을 차단하는 데 사용한다.

50. 유체의 역류를 방지하여 한쪽 방향으로만 흐르게 하는 것으로 리프트식과 스윙식으로 대별되는 밸브는?

㉮ 회전 밸브 ㉯ 슬루스 밸브
㉰ 체크 밸브 ㉱ 방열기 밸브

51. 다음 중 증기 배관용으로 사용하지 않는 것은?

㉮ 인라인 증기믹서
㉯ 시스탄 밸브
㉰ 사일렌서
㉱ 벨로스형 신축 관이음

[해설] 시스탄 밸브는 급수 계통에서 사용되는 밸브이다.

정답 48. ㉮ 49. ㉱ 50. ㉰ 51. ㉯

Chapter 4 에너지 관계 법규

1. 에너지법

[시행 2013.10.31] [법률 제11965호, 2013.7.30, 타법개정]

제1조(목적) 이 법은 안정적이고 효율적이며 환경친화적인 에너지 수급(需給) 구조를 실현하기 위한 에너지정책 및 에너지 관련 계획의 수립·시행에 관한 기본적인 사항을 정함으로써 국민경제의 지속가능한 발전과 국민의 복리(福利) 향상에 이바지하는 것을 목적으로 한다.
[전문개정 2010.6.8]

제2조(정의) 이 법에서 사용하는 용어의 뜻은 다음과 같다. 〈개정 2013.3.23., 2013.7.30.〉
1. "에너지"란 연료·열 및 전기를 말한다.
2. "연료"란 석유·가스·석탄, 그 밖에 열을 발생하는 열원(熱源)을 말한다. 다만, 제품의 원료로 사용되는 것은 제외한다.
3. "신·재생에너지"란 「신에너지 및 재생에너지 개발·이용·보급 촉진법」 제2조제1호 및 제2호에 따른 에너지를 말한다.
4. "에너지사용시설"이란 에너지를 사용하는 공장·사업장 등의 시설이나 에너지를 전환하여 사용하는 시설을 말한다.
5. "에너지사용자"란 에너지사용시설의 소유자 또는 관리자를 말한다.
6. "에너지공급설비"란 에너지를 생산·전환·수송 또는 저장하기 위하여 설치하는 설비를 말한다.
7. "에너지공급자"란 에너지를 생산·수입·전환·수송·저장 또는 판매하는 사업자를 말한다.
8. "에너지사용기자재"란 열사용기자재나 그 밖에 에너지를 사용하는 기자재를 말한다.
9. "열사용기자재"란 연료 및 열을 사용하는 기기, 축열식 전기기기와 단열성(斷熱性) 자재로서 산업통상자원부령으로 정하는 것을 말한다.
10. "온실가스"란 「저탄소 녹색성장 기본법」 제2조 제9호에 따른 온실가스를 말한다.
[전문개정 2010.6.8]

제3조 삭제 〈2010.1.13〉

제4조(국가 등의 책무) ① 국가는 이 법의 목적을 실현하기 위한 종합적인 시책을 수립·시행하여야 한다.
② 지방자치단체는 이 법의 목적, 국가의 에너지정책 및 시책과 지역적 특성을 고려한 지역에너지시책을 수립·시행하여야 한다. 이 경우 지역에너지시책의 수립·시행에 필요한 사항은 해당 지방자치단체의 조례로 정할 수 있다.
③ 에너지공급자와 에너지사용자는 국가와 지방자치단체의 에너지시책에 적극 참여하고 협력하여야 하며, 에너지의 생산·전환·수송·저장·이용 등의 안전성, 효율성 및 환경친화성을 극대화하도록 노력하여야 한다.
④ 모든 국민은 일상생활에서 국가와 지방자치단체의 에너지시책에 적극 참여하고 협력하여야 하며, 에너지를 합리적이고 환경친화적으로 사용하도록 노력하여야 한다.
⑤ 국가, 지방자치단체 및 에너지공급자는 빈곤층 등 모든 국민에게 에너지가 보편적으로 공급되도록 기여하여야 한다.
[전문개정 2010.6.8]

제6조 삭제 〈2010.1.13〉

제7조(지역에너지계획의 수립) ① 특별시장·광역시장·도지사 또는 특별자치도지사(이하 "시·도지사"라 한다)는 관할 구역의 지역적 특성을 고려하여 「저탄소 녹색성장 기본법」 제41조에

따른 에너지기본계획(이하 "기본계획"이라 한다)의 효율적인 달성과 지역경제의 발전을 위한 지역에너지계획(이하 "지역계획"이라 한다)을 5년마다 5년 이상을 계획기간으로 하여 수립·시행하여야 한다.
② 지역계획에는 해당 지역에 대한 다음 각 호의 사항이 포함되어야 한다.
1. 에너지 수급의 추이와 전망에 관한 사항
2. 에너지의 안정적 공급을 위한 대책에 관한 사항
3. 신·재생에너지 등 환경친화적 에너지 사용을 위한 대책에 관한 사항
4. 에너지 사용의 합리화와 이를 통한 온실가스의 배출감소를 위한 대책에 관한 사항
5. 「집단에너지사업법」 제5조제1항에 따라 집단에너지공급대상지역으로 지정된 지역의 경우 그 지역의 집단에너지 공급을 위한 대책에 관한 사항
6. 미활용 에너지원의 개발·사용을 위한 대책에 관한 사항
7. 그 밖에 에너지시책 및 관련 사업을 위하여 시·도지사가 필요하다고 인정하는 사항
③ 지역계획을 수립한 시·도지사는 이를 산업통상자원부장관에게 제출하여야 한다. 수립된 지역계획을 변경하였을 때에도 또한 같다. 〈개정 2013.3.23〉
④ 정부는 지방자치단체의 에너지시책 및 관련 사업을 촉진하기 위하여 필요한 지원시책을 마련할 수 있다.
[전문개정 2010.6.8]

제8조(비상시 에너지수급계획의 수립 등) ① 산업통상자원부장관은 에너지 수급에 중대한 차질이 발생할 경우에 대비하여 비상시 에너지수급계획(이하 "비상계획"이라 한다)을 수립하여야 한다. 〈개정 2013.3.23〉
② 비상계획은 제9조에 따른 에너지위원회의 심의를 거쳐 확정한다. 수립된 비상계획을 변경할 때에도 또한 같다.
③ 비상계획에는 다음 각 호의 사항이 포함되어야 한다.
1. 국내외 에너지 수급의 추이와 전망에 관한 사항
2. 비상시 에너지 소비 절감을 위한 대책에 관한 사항
3. 비상시 비축(備蓄)에너지의 활용 대책에 관한 사항
4. 비상시 에너지의 할당·배급 등 수급조정 대책에 관한 사항
5. 비상시 에너지 수급 안정을 위한 국제협력 대책에 관한 사항
6. 비상계획의 효율적 시행을 위한 행정계획에 관한 사항
④ 산업통상자원부장관은 국내외 에너지 사정의 변동에 따른 에너지의 수급 차질에 대비하기 위하여 에너지 사용을 제한하는 등 관계 법령에서 정하는 바에 따라 필요한 조치를 할 수 있다. 〈개정 2013.3.23〉
[전문개정 2010.6.8]

제9조(에너지위원회의 구성 및 운영) ① 정부는 주요 에너지정책 및 에너지 관련 계획에 관한 사항을 심의하기 위하여 산업통상자원부장관 소속으로 에너지위원회(이하 "위원회"라 한다)를 둔다. 〈개정 2013.3.23〉
② 위원회는 위원장 1명을 포함한 25명 이내의 위원으로 구성하고, 위원은 당연직위원과 위촉위원으로 구성한다.
③ 위원장은 산업통상자원부장관이 된다. 〈개정 2013.3.23〉
④ 당연직위원은 관계 중앙행정기관의 차관급 공무원 중 대통령령으로 정하는 사람이 된다.
⑤ 위촉위원은 에너지 분야에 관한 학식과 경험이 풍부한 사람 중에서 산업통상자원부장관이 위촉하는 사람이 된다. 이 경우 위촉위원에는 대통령령으로 정하는 바에 따라 에너지 관련 시민단체에서 추천한 사람이 5명 이상 포함되어야 한다. 〈개정 2013.3.23〉
⑥ 위촉위원의 임기는 2년으로 하고, 연임할 수 있다.
⑦ 위원회의 회의에 부칠 안건을 검토하거나 위원회가 위임한 안건을 조사·연구하기 위하여 분야별 전문위원회를 둘 수 있다.
⑧ 그 밖에 위원회 및 전문위원회의 구성·운영 등에 관하여 필요한 사항은 대통령령으로 정한다.
[전문개정 2010.6.8]

제11조(에너지기술개발계획) ① 정부는 에너지 관련 기술의 개발과 보급을 촉진하기 위하여 10년 이상을 계획기간으로 하는 에너지기술개발계획(이하 "에너지기술개발계획"이라 한다)을 5년마다 수립하고, 이에 따른 연차별 실행

계획을 수립·시행하여야 한다.
② 에너지기술개발계획은 대통령령으로 정하는 바에 따라 관계 중앙행정기관의 장의 협의와 「과학기술기본법」 제9조에 따른 국가과학기술심의회의 심의를 거쳐서 수립된다. 이 경우 위원회의 심의를 거친 것으로 본다.
〈개정 2013.3.23.〉
③ 에너지기술개발계획에는 다음 각 호의 사항이 포함되어야 한다.
1. 에너지의 효율적 사용을 위한 기술개발에 관한 사항
2. 신·재생에너지 등 환경친화적 에너지에 관련된 기술개발에 관한 사항
3. 에너지 사용에 따른 환경오염을 줄이기 위한 기술개발에 관한 사항
4. 온실가스 배출을 줄이기 위한 기술개발에 관한 사항
5. 개발된 에너지기술의 실용화의 촉진에 관한 사항
6. 국제 에너지기술 협력의 촉진에 관한 사항
7. 에너지기술에 관련된 인력·정보·시설 등 기술개발자원의 확대 및 효율적 활용에 관한 사항
[전문개정 2010.6.8]

제14조(에너지기술개발사업비) ① 관계 중앙행정기관의 장은 에너지기술개발사업을 종합적이고 효율적으로 추진하기 위하여 제11조제1항에 따른 연차별 실행계획의 시행에 필요한 에너지기술개발사업비를 조성할 수 있다.
② 제1항에 따른 에너지기술개발사업비는 정부 또는 에너지 관련 사업자 등의 출연금, 융자금, 그 밖에 대통령령으로 정하는 재원(財源)으로 조성한다.
③ 관계 중앙행정기관의 장은 평가원으로 하여금 에너지기술개발사업비의 조성 및 관리에 관한 업무를 담당하게 할 수 있다.
④ 에너지기술개발사업비는 다음 각 호의 사업 지원을 위하여 사용하여야 한다.
1. 에너지기술의 연구·개발에 관한 사항
2. 에너지기술의 수요 조사에 관한 사항
3. 에너지사용기자재와 에너지공급설비 및 그 부품에 관한 기술개발에 관한 사항
4. 에너지기술 개발 성과의 보급 및 홍보에 관한 사항
5. 에너지기술에 관한 국제협력에 관한 사항
6. 에너지에 관한 연구인력 양성에 관한 사항
7. 에너지 사용에 따른 대기오염을 줄이기 위한 기술개발에 관한 사항
8. 온실가스 배출을 줄이기 위한 기술개발에 관한 사항
9. 에너지기술에 관한 정보의 수집·분석 및 제공과 이와 관련된 학술활동에 관한 사항
10. 평가원의 에너지기술개발사업 관리에 관한 사항
⑤ 제1항부터 제4항까지의 규정에 따른 에너지기술개발사업비의 관리 및 사용에 필요한 사항은 대통령령으로 정한다.
[전문개정 2010.6.8]

제15조(에너지기술 개발 투자 등의 권고) 관계 중앙행정기관의 장은 에너지기술 개발을 촉진하기 위하여 필요한 경우 에너지 관련 사업자에게 에너지기술 개발을 위한 사업에 투자하거나 출연할 것을 권고할 수 있다.
[전문개정 2010.6.8]

2. 에너지법 시행령

[시행 2013.3.23] [대통령령 제24442호, 2013.3.23, 타법개정]

제1조(목적) 이 영은 「에너지법」에서 위임된 사항과 그 시행에 필요한 사항을 규정함을 목적으로 한다.
[전문개정 2011.9.30]

제2조(에너지위원회의 구성) ① 「에너지법」(이하 "법"이라 한다) 제9조 제4항에서 "대통령령으로 정하는 사람"이란 다음 각 호의 중앙행정기관의 차관(복수차관이 있는 중앙행정기관의

경우는 그 기관의 장이 지명하는 차관을 말한다)을 말한다. 〈개정 2013.3.23〉
1. 기획재정부
2. 미래창조과학부
3. 외교부
4. 환경부
5. 국토교통부
② 법 제9조 제5항 후단에 따른 에너지 관련 시민단체는 「비영리민간단체 지원법」 제2조에 따른 비영리민간단체 중 다음 각 호의 어느 하나의 사업을 정관에 따라 주된 사업으로 수행하고 있는 단체로 한다.
1. 에너지 절약과 이용 효율화에 관한 사업
2. 에너지와 관련된 환경 개선에 관한 사업
3. 에너지와 관련된 환경친화적 시민운동에 관한 사업
4. 에너지와 관련된 법령과 제도의 연구·개선에 관한 사업
5. 에너지와 관련된 사회적 갈등 조정과 예방에 관한 사업
③ 산업통상자원부장관은 법 제9조 제5항 후단에 따라 에너지 관련 시민단체가 위촉위원을 추천할 수 있도록 추천기간 및 제출서류 등 추천에 필요한 사항을 정하여 7일 이상 공고하여야 한다. 〈개정 2013.3.23〉
④ 법 제9조 제1항에 따른 에너지위원회(이하 "위원회"라 한다)의 사무를 처리하기 위하여 간사 1명을 두며, 간사는 산업통상자원부 소속 고위공무원단에 속하는 공무원 중에서 산업통상자원부장관이 지명하는 사람이 된다. 〈개정 2013.3.23.〉
⑤ 법 제9조 제6항에 따른 위촉위원이 궐위(闕位)된 경우 후임 위원의 임기는 전임 위원 임기의 남은 기간으로 한다.
[전문개정 2011.9.30]

제3조(위원회의 운영 등) ① 위원회의 위원장(이하 "위원장"이라 한다)은 위원회를 대표하며, 위원회의 업무를 총괄한다.
② 위원장이 부득이한 사유로 직무를 수행할 수 없을 때에는 산업통상자원부 제2차관이 그 직무를 대행한다. 〈개정 2013.3.23〉
③ 위원장은 회의를 소집하려면 회의의 일시·장소 및 안건을 회의 개최 7일 전까지 각 위원에게 알려야 한다. 다만, 긴급한 사정이나 그 밖의 부득이한 사유가 있는 경우에는 그러하지 아니하다.
④ 위원회의 회의는 재적위원 과반수의 출석으로 개의(開議)하고, 출석위원 과반수의 찬성으로 의결한다. 다만, 회의에 부치는 안건의 내용이 경미하거나 회의를 소집할 시간적 여유가 없는 등의 경우에는 문서로 의결할 수 있되, 재적위원 과반수의 찬성으로 의결한다.
⑤ 위원장은 안건을 심의하기 위하여 필요하다고 인정하면 그 안건과 관련된 「공공기관의 운영에 관한 법률」 제4조에 따른 공공기관의 장 등 이해관계인 또는 관계 전문가를 위원회에 참석시켜 의견을 제시하게 할 수 있다.
⑥ 위원장은 위원회에 회의록을 작성하여 갖추어 두어야 한다.
⑦ 제1항부터 제6항까지에서 규정한 사항 외에 위원회의 운영에 필요한 사항은 위원회의 의결을 거쳐 위원장이 정한다.
[전문개정 2011.9.30]

제12조(에너지기술 개발 투자 등의 권고) ① 법 제15조에 따른 에너지 관련 사업자는 다음 각 호의 자 중에서 산업통상자원부장관이 정하는 자로 한다. 〈개정 2013.3.23〉
1. 법 제2조 제7호에 따른 에너지공급자
2. 법 제2조 제8호에 따른 에너지사용기자재의 제조업자
3. 「공공기관의 운영에 관한 법률」 제4조에 따른 공공기관 중 에너지와 관련된 공공기관
② 산업통상자원부장관은 법 제15조에 따라 에너지 관련 사업자에게 에너지기술 개발을 위한 사업에 투자하거나 출연할 것을 권고할 때에는 그 투자 또는 출연의 방법 및 규모 등을 구체적으로 밝혀 문서로 통보하여야 한다. 〈개정 2013.3.23〉
[전문개정 2011.9.30]

제15조(에너지 관련 통계 및 에너지 총조사) ① 법 제19조 제1항에 따라 에너지 수급에 관한 통계를 작성하는 경우에는 산업통상자원부령으로 정하는 에너지열량 환산기준을 적용하여야 한다. 〈개정 2013.3.23〉
③ 법 제19조 제5항에 따른 에너지 총조사는 3년마다 실시하되, 산업통상자원부장관이 필요하다고 인정할 때에는 간이조사를 실시할 수 있다. 〈개정 2013.3.23〉
[전문개정 2011.9.30]

3. 에너지법 시행규칙

[시행 2013.3.23] [산업통상자원부령 제1호, 2013.3.23, 타법개정]

제1조(목적) 이 규칙은 「에너지법」 및 같은 법 시행령에서 위임된 사항과 그 시행에 필요한 사항을 규정함을 목적으로 한다.
[전문개정 2011.12.30]

제2조(열사용기자재) 「에너지법」(이하 "법"이라 한다) 제2조제9호에서 "산업통상자원부령으로 정하는 것"이란 「에너지이용 합리화법 시행규칙」 제1조의2에 따른 열사용기자재를 말한다.
〈개정 2012.6.28, 2013.3.23〉

[전문개정 2011.12.30]

제5조(에너지열량환산기준) ① 영 제15조 제1항에 따른 에너지열량환산기준은 별표와 같다.
② 에너지열량환산기준은 5년마다 작성하되, 산업통상자원부장관이 필요하다고 인정하는 경우에는 수시로 작성할 수 있다.
〈개정 2013.3.23〉
[전문개정 2011.12.30]

[별표] 〈개정 2011.12.30〉

에너지열량 환산기준(제5조제1항 관련)

구분	에너지원	단위	총발열량			순발열량		
			MJ	kcal	석유환산톤 (10^{-3}toe)	MJ	kcal	석유환산톤 (10^{-3}toe)
석유 (17종)	원유	kg	44.9	10,730	1.073	42.2	10,080	1.008
	휘발유	L	32.6	7,780	0.778	30.3	7,230	0.723
	등유	L	36.8	8,790	0.879	34.3	8,200	0.820
	경유	L	37.7	9,010	0.901	35.3	8,420	0.842
	B-A유	L	38.9	9,290	0.929	36.4	8,700	0.870
	B-B유	L	40.5	9,670	0.967	38.0	9,080	0.908
	B-C유	L	41.6	9,950	0.995	39.2	9,360	0.936
	프로판	kg	50.4	12,050	1.205	46.3	11,050	1.105
	부탄	kg	49.6	11,850	1.185	45.6	10,900	1.090
	나프타	L	32.3	7,710	0.771	30.0	7,160	0.716
	용제	L	33.3	7,950	0.795	31.0	7,410	0.741
	항공유	L	36.5	8,730	0.873	34.1	8,140	0.814
	아스팔트	kg	41.5	9,910	0.991	39.2	9,360	0.936
	윤활유	L	39.8	9,500	0.950	37.0	8,830	0.883
	석유코크스	kg	33.5	8,000	0.800	31.6	7,550	0.755
	부생연료유1호	L	36.9	8,800	0.880	34.3	8,200	0.820
	부생연료유2호	L	40.0	9,550	0.955	37.9	9,050	0.905

가스 (3종)	천연가스(LNG)	kg	54.6	13,040	1.304	49.3	11,780	1.178
	도시가스(LNG)	Nm^3	43.6	10,430	1.043	39.4	9,420	0.942
	도시가스(LPG)	Nm^3	62.8	15,000	1.500	57.7	13,780	1.378
석탄 (7종)	국내무연탄	kg	18.9	4,500	0.450	18.6	4,450	0.445
	연료용 수입무연탄	kg	21.0	5,020	0.502	20.6	4,920	0.492
	원료용 수입무연탄	kg	24.7	5,900	0.590	24.4	5,820	0.582
	연료용 유연탄(역청탄)	kg	25.8	6,160	0.616	24.7	5,890	0.589
	원료용 유연탄(역청탄)	kg	29.3	7,000	0.700	28.2	6,740	0.674
	아역청탄	kg	22.7	5,420	0.542	21.4	5,100	0.510
	코크스	kg	29.1	6,960	0.696	28.9	6,900	0.690
전기 등 (3종)	전기(발전기준)	kWh	8.8	2,110	0.211	8.8	2,110	0.211
	전기(소비기준)	kWh	9.6	2,300	0.230	9.6	2,300	0.230
	신탄	kg	18.8	4,500	0.450	–	–	–

〈비고〉

1. "총발열량"이란 연료의 연소과정에서 발생하는 수증기의 잠열을 포함한 발열량을 말한다.
2. "순발열량"이란 연료의 연소과정에서 발생하는 수증기의 잠열을 제외한 발열량을 말한다.
3. "석유환산톤"(toe : ton of oil equivalent)이란 원유 1톤이 갖는 열량으로 10^7kcal를 말한다.
4. 석탄의 발열량은 인수식을 기준으로 한다.
5. 최종 에너지사용자가 사용하는 전기에너지를 열에너지로 환산할 경우에는 1kWh=860kcal를 적용한다.
6. 1cal=4.1868J, Nm^{3}은 0℃ 1기압 상태의 단위체적(세제곱미터)을 말한다.
7. 에너지원별 발열량(MJ)은 소수점 아래 둘째 자리에서 반올림한 값이며, 발열량(kcal)은 발열량(MJ)으로부터 환산한 후 1의 자리에서 반올림한 값이다. 두 단위 간 상충될 경우 발열량(MJ)이 우선한다.

4. 에너지이용 합리화법

[시행 2014.4.22] [법률 제12298호, 2014.1.21, 일부개정]

제1장 총 칙

제1조(목적) 이 법은 에너지의 수급(需給)을 안정시키고 에너지의 합리적이고 효율적인 이용을 증진하며 에너지소비로 인한 환경피해를 줄임으로써 국민경제의 건전한 발전 및 국민복지의 증진과 지구온난화의 최소화에 이바지함을 목적으로 한다.

제2조(정의) 이 법에서 사용하는 용어의 뜻은 「에너지법」 제2조 각 호에서 정하는 바에 따른다. 〈개정 2010.1.13〉

제3조(정부와 에너지사용자·공급자 등의 책무) ① 정부는 에너지의 수급안정과 합리적이고 효율적인 이용을 도모하고 이를 통한 온실가스의 배출을 줄이기 위한 기본적이고 종합적인 시책을 강구하고 시행할 책무를 진다.
② 지방자치단체는 관할 지역의 특성을 고려하여 국가에너지정책의 효과적인 수행과 지역경제의 발전을 도모하기 위한 지역에너지시책을 강구하고 시행할 책무를 진다.
③ 에너지사용자와 에너지공급자는 국가나 지방자치단체의 에너지시책에 적극 참여하고 협력하여야 하며, 에너지의 생산·전환·수송·저장·이용 등에서 그 효율을 극대화하고 온실가스의 배출을 줄이도록 노력하여야 한다.
④ 에너지사용기자재와 에너지공급설비를 생산하는 제조업자는 그 기자재와 설비의 에너지효율을 높이고 온실가스의 배출을 줄이기 위한 기술의 개발과 도입을 위하여 노력하여야 한다.
⑤ 모든 국민은 일상 생활에서 에너지를 합리적으로 이용하여 온실가스의 배출을 줄이도록 노력하여야 한다.

제2장 에너지이용 합리화를 위한 계획 및 조치 등

제4조(에너지이용 합리화 기본계획) ① 산업통상자원부장관은 에너지를 합리적으로 이용하게 하기 위하여 에너지이용 합리화에 관한 기본계획(이하 "기본계획"이라 한다)을 수립하여야 한다. 〈개정 2008.2.29, 2013.3.23〉
② 기본계획에는 다음 각 호의 사항이 포함되어야 한다. 〈개정 2008.2.29, 2013.3.23〉
1. 에너지절약형 경제구조로의 전환
2. 에너지이용효율의 증대
3. 에너지이용 합리화를 위한 기술개발
4. 에너지이용 합리화를 위한 홍보 및 교육
5. 에너지원간 대체(代替)
6. 열사용기자재의 안전관리
7. 에너지이용 합리화를 위한 가격예시제(價格豫示制)의 시행에 관한 사항
8. 에너지의 합리적인 이용을 통한 온실가스의 배출을 줄이기 위한 대책
9. 그 밖에 에너지이용 합리화를 추진하기 위하여 필요한 사항으로서 산업통상자원부령으로 정하는 사항
③ 산업통상자원부장관이 제1항에 따라 기본계획을 수립하려면 관계 행정기관의 장과 협의하여야 한다. 이 경우 산업통상자원부장관은 관계 행정기관의 장에게 필요한 자료를 제출하도록 요청할 수 있다.
〈개정 2008.2.29, 2013.3.23〉

제5조(국가에너지절약추진위원회) ① 에너지절약 정책의 수립 및 추진에 관한 다음 각 호의 사항을 심의하기 위하여 산업통상자원부장관 소속으로 국가에너지절약추진위원회(이하 "위원회"라 한다)를 둔다. 〈개정 2013.3.23〉
1. 제4조에 따른 기본계획 수립에 관한 사항
2. 제6조에 따른 에너지이용 합리화 실시계획의 종합·조정 및 추진상황 점검·평가에 관한 사항
3. 제8조에 따른 국가·지방자치단체·공공기관의 에너지이용 효율화조치 등에 관한 사항
4. 그 밖에 에너지절약 정책의 수립 및 추진과 관련하여 위원장이 심의에 부치는 사항
② 위원회는 위원장을 포함하여 25명 이내의 위원으로 구성한다.
③ 위원장은 산업통상자원부장관이 되며, 위

원은 대통령으로 정하는 당연직 위원과 에너지 분야의 학식과 경험이 풍부한 사람 중에서 산업통상자원부장관이 위촉하는 위촉위원으로 구성한다. 〈개정 2013.3.23〉
④ 제3항에 따른 위촉위원의 임기는 3년으로 한다.
⑤ 위원회는 제1항 제2호에 따른 평가업무의 효과적인 수행을 위하여 관계 연구기관 등에 그 업무를 대행하도록 할 수 있다.
⑥ 그 밖에 위원회의 구성 및 운영과 제5항에 따른 평가업무 대행 등에 관하여 필요한 사항은 대통령령으로 정한다.
[전문개정 2011.7.25]

제6조(에너지이용 합리화 실시계획) ① 관계 행정기관의 장과 특별시장·광역시장·도지사 또는 특별자치도지사(이하 "시·도지사"라 한다)는 기본계획에 따라 에너지이용 합리화에 관한 실시계획을 수립하고 시행하여야 한다.
② 관계 행정기관의 장 및 시·도지사는 제1항에 따른 실시계획과 그 시행 결과를 산업통상자원부장관에게 제출하여야 한다.
〈개정 2008.2.29, 2013.3.23〉

제7조(수급안정을 위한 조치) ① 산업통상자원부장관은 국내외 에너지사정의 변동에 따른 에너지의 수급차질에 대비하기 위하여 대통령령으로 정하는 주요 에너지사용자와 에너지공급자에게 에너지저장시설을 보유하고 에너지를 저장하는 의무를 부과할 수 있다.
〈개정 2008.2.29, 2013.3.23〉
② 산업통상자원부장관은 국내외 에너지사정의 변동으로 에너지수급에 중대한 차질이 발생하거나 발생할 우려가 있다고 인정되면 에너지수급의 안정을 기하기 위하여 필요한 범위에서 에너지사용자·에너지공급자 또는 에너지사용기자재의 소유자와 관리자에게 다음 각 호의 사항에 관한 조정·명령, 그 밖에 필요한 조치를 할 수 있다. 〈개정 2008.2.29, 2013.3.23〉
1. 지역별·주요 수급자별 에너지 할당
2. 에너지공급설비의 가동 및 조업
3. 에너지의 비축과 저장
4. 에너지의 도입·수출입 및 위탁가공
5. 에너지공급자 상호 간의 에너지의 교환 또는 분배 사용
6. 에너지의 유통시설과 그 사용 및 유통경로
7. 에너지의 배급

8. 에너지의 양도·양수의 제한 또는 금지
9. 에너지사용의 시기·방법 및 에너지사용기자재의 사용 제한 또는 금지 등 대통령령으로 정하는 사항
10. 그 밖에 에너지수급을 안정시키기 위하여 대통령령으로 정하는 사항

③ 산업통상자원부장관은 제2항에 따른 조치를 시행하기 위하여 관계 행정기관의 장이나 지방자치단체의 장에게 필요한 협조를 요청할 수 있으며 관계 행정기관의 장이나 지방자치단체의 장은 이에 협조하여야 한다.
〈개정 2008.2.29, 2013.3.23〉
④ 산업통상자원부장관은 제2항에 따른 조치를 한 사유가 소멸되었다고 인정하면 지체 없이 이를 해제하여야 한다.
〈개정 2008.2.29, 2013.3.23〉

제8조(국가·지방자치단체 등의 에너지이용 효율화조치 등) ① 다음 각 호의 자는 이 법의 목적에 따라 에너지를 효율적으로 이용하고 온실가스 배출을 줄이기 위하여 필요한 조치를 추진하여야 한다.
1. 국가
2. 지방자치단체
3. 「공공기관의 운영에 관한 법률」 제4조제1항에 따른 공공기관

② 제1항에 따라 국가·지방자치단체 등이 추진하여야 하는 에너지의 효율적 이용과 온실가스의 배출 저감을 위하여 필요한 조치의 구체적인 내용은 대통령령으로 정한다.

제9조(에너지공급자의 수요관리투자계획) ① 에너지공급자 중 대통령령으로 정하는 에너지공급자는 해당 에너지의 생산·전환·수송·저장 및 이용상의 효율향상, 수요의 절감 및 온실가스배출의 감축 등을 도모하기 위한 연차별 수요관리투자계획을 수립·시행하여야 하며, 그 계획과 시행 결과를 산업통상자원부장관에게 제출하여야 한다. 연차별 수요관리투자계획을 변경하는 경우에도 또한 같다.
〈개정 2008.2.29, 2013.3.23〉
② 산업통상자원부장관은 에너지수급상황의 변화, 에너지가격의 변동, 그 밖에 대통령령으로 정하는 사유가 생긴 경우에는 제1항에 따른 수요관리투자계획을 수정·보완하여 시행하게 할 수 있다. 〈개정 2008.2.29, 2013.3.23〉
③ 제1항에 따른 에너지공급자는 연차별 수요

관리투자사업비 중 일부를 대통령령으로 정하는 수요관리전문기관에 출연할 수 있다.

④ 산업통상자원부장관은 제1항에 따른 에너지공급자의 수요관리투자를 촉진하기 위하여 수요관리투자로 인하여 에너지공급자에게 발생되는 비용과 손실을 최소화하는 방안을 수립·시행할 수 있다.
〈개정 2008.2.29, 2013.3.23〉

제10조(에너지사용계획의 협의) ① 도시개발사업이나 산업단지개발사업 등 대통령령으로 정하는 일정규모 이상의 에너지를 사용하는 사업을 실시하거나 시설을 설치하려는 자(이하 "사업주관자"라 한다)는 그 사업의 실시와 시설의 설치로 에너지수급에 미칠 영향과 에너지소비로 인한 온실가스(이산화탄소만을 말한다)의 배출에 미칠 영향을 분석하고, 소요에너지의 공급계획 및 에너지의 합리적 사용과 그 평가에 관한 계획(이하 "에너지사용계획"이라 한다)을 수립하여, 그 사업의 실시 또는 시설의 설치 전에 산업통상자원부장관에게 제출하여야 한다. 〈개정 2008.2.29, 2013.3.23〉

② 산업통상자원부장관은 제1항에 따라 제출한 에너지사용계획에 관하여 사업주관자 중 제8조제1항 각 호에 해당하는 자(이하 "공공사업주관자"라 한다)와 협의하여야 하며, 공공사업주관자 외의 자(이하 "민간사업주관자"라 한다)로부터 의견을 들을 수 있다.
〈개정 2008.2.29, 2013.3.23〉

③ 사업주관자가 제1항에 따라 제출한 에너지사용계획 중 에너지 수요예측 및 공급계획 등 대통령령으로 정한 사항을 변경하려는 경우에도 제1항과 제2항으로 정하는 바에 따른다.

④ 사업주관자는 국공립연구기관, 정부출연연구기관 등 에너지사용계획을 수립할 능력이 있는 자로 하여금 에너지사용계획의 수립을 대행하게 할 수 있다.

⑤ 제1항부터 제4항까지의 규정에 따른 에너지사용계획의 내용, 협의 및 의견청취의 절차, 대행기관의 요건, 그 밖에 필요한 사항은 대통령령으로 정한다.

⑥ 산업통상자원부장관은 제4항에 따른 에너지사용계획의 수립을 대행하는 데에 필요한 비용의 산정기준을 정하여 고시하여야 한다.
〈개정 2008.2.29, 2013.3.23〉

제11조(에너지사용계획의 검토 등) ① 산업통상자원부장관은 에너지사용계획을 검토한 결과, 그 내용이 에너지의 수급에 적절하지 아니하거나 에너지이용의 합리화와 이를 통한 온실가스(이산화탄소만을 말한다)의 배출감소 노력이 부족하다고 인정되면 대통령령으로 정하는 바에 따라 공공사업주관자에게는 에너지사용계획의 조정·보완을 요청할 수 있고, 민간사업주관자에게는 에너지사용계획의 조정·보완을 권고할 수 있다. 공공사업주관자가 조정·보완 요청을 받은 경우에는 정당한 사유가 없으면 그 요청에 따라야 한다.
〈개정 2008.2.29, 2013.3.23〉

② 산업통상자원부장관은 에너지사용계획을 검토할 때 필요하다고 인정되면 사업주관자에게 관련 자료를 제출하도록 요청할 수 있다.
〈개정 2008.2.29, 2013.3.23〉

③ 제1항에 따른 에너지사용계획의 검토기준, 검토방법, 그 밖에 필요한 사항은 산업통상자원부령으로 정한다.
〈개정 2008.2.29, 2013.3.23〉

제12조(에너지사용계획의 사후관리) ① 산업통상자원부장관은 사업주관자가 에너지사용계획 또는 제11조제1항에 따라 요청받거나 권고받은 조치를 이행하는지를 점검하거나 실태를 파악할 수 있다. 〈개정 2008.2.29, 2013.3.23〉

② 제1항에 따른 점검이나 실태파악의 방법과 그 밖에 필요한 사항은 대통령령으로 정한다.

제13조(에너지이용 합리화를 위한 홍보) 정부는 에너지이용 합리화를 위하여 정부의 에너지정책, 기본계획 및 에너지의 효율적 사용방법등에 관한 홍보방안을 강구하여야 한다.

제14조(금융·세제상의 지원) ① 정부는 에너지이용을 합리화하고 이를 통하여 온실가스의 배출을 줄이기 위하여 대통령령으로 정하는 에너지절약형 시설투자, 에너지절약형 기자재의 제조·설치·시공, 그 밖에 에너지이용 합리화와 이를 통한 온실가스배출의 감축에 관한 사업에 대하여 금융·세제상의 지원 또는 보조금의 지급, 그 밖에 필요한 지원을 할 수 있다.

② 정부는 제1항에 따른 지원을 하는 경우 「중소기업기본법」 제2조에 따른 중소기업에 대하여 우선하여 지원할 수 있다.

제3장 에너지이용 합리화 시책

제1절 에너지사용기자재 및 에너지관련기자재 관련 시책

〈개정 2013.7.30〉

제15조(효율관리기자재의 지정 등) ① 산업통상자원부장관은 에너지이용 합리화를 위하여 필요하다고 인정하는 경우에는 일반적으로 널리 보급되어 있는 에너지사용기자재(상당량의 에너지를 소비하는 기자재에 한정한다) 또는 에너지관련기자재(에너지를 사용하지 아니하나 그 구조 및 재질에 따라 열손실 방지 등으로 에너지절감에 기여하는 기자재를 말한다. 이하 같다)로서 산업통상자원부령으로 정하는 기자재(이하 "효율관리기자재"라 한다)에 대하여 다음 각 호의 사항을 정하여 고시하여야 한다. 다만, 에너지관련기자재 중 「건축법」 제2조제1항의 건축물에 고정되어 설치·이용되는 기자재 및 「자동차관리법」 제29조제2항에 따른 자동차부품을 효율관리기자재로 정하려는 경우에는 국토교통부장관과 협의한 후 다음 각 호의 사항을 공동으로 정하여 고시하여야 한다. 〈개정 2008.2.29, 2013.3.23, 2013.7.30〉
1. 에너지의 목표소비효율 또는 목표사용량의 기준
2. 에너지의 최저소비효율 또는 최대사용량의 기준
3. 에너지의 소비효율 또는 사용량의 표시
4. 에너지의 소비효율 등급기준 및 등급표시
5. 에너지의 소비효율 또는 사용량의 측정방법
6. 그 밖에 효율관리기자재의 관리에 필요한 사항으로서 산업통상자원부령으로 정하는 사항

② 효율관리기자재의 제조업자 또는 수입업자는 산업통상자원부장관이 지정하는 시험기관(이하 "효율관리시험기관"이라 한다)에서 해당 효율관리기자재의 에너지 사용량을 측정받아 에너지소비효율등급 또는 에너지소비효율을 해당 효율관리기자재에 표시하여야 한다. 다만, 산업통상자원부장관이 정하여 고시하는 시험설비 및 전문인력을 모두 갖춘 제조업자 또는 수입업자로서 산업통상자원부령으로 정하는 바에 따라 산업통상자원부장관의 승인을 받은 자는 자체측정으로 효율관리시험기관의 측정을 대체할 수 있다. 〈개정 2008.2.29, 2013.3.23〉

③ 효율관리기자재의 제조업자 또는 수입업자는 제2항에 따른 측정결과를 산업통상자원부령으로 정하는 바에 따라 산업통상자원부장관에게 신고하여야 한다. 〈개정 2008.2.29, 2013.3.23〉

④ 효율관리기자재의 제조업자·수입업자 또는 판매업자가 산업통상자원부령으로 정하는 광고매체를 이용하여 효율관리기자재의 광고를 하는 경우에는 그 광고내용에 제2항에 따른 에너지소비효율등급 또는 에너지소비효율을 포함하여야 한다. 〈개정 2008.2.29, 2013.3.23〉

⑤ 효율관리시험기관은 「국가표준기본법」 제23조에 따라 시험·검사기관으로 인정받은 기관으로서 다음 각 호의 어느 하나에 해당하는 기관이어야 한다. 〈개정 2008.2.29, 2013.3.23〉
1. 국가가 설립한 시험·연구기관
2. 「특정연구기관 육성법」 제2조에 따른 특정연구기관
3. 제1호 및 제2호의 연구기관과 동등 이상의 시험능력이 있다고 산업통상자원부장관이 인정하는 기관

제16조(효율관리기자재의 사후관리) ① 산업통상자원부장관은 효율관리기자재가 제15조제1항제1호·제3호 또는 제4호에 따라 고시한 내용에 적합하지 아니하면 그 효율관리기자재의 제조업자·수입업자 또는 판매업자에게 일정한 기간을 정하여 그 시정을 명할 수 있다. 〈개정 2008.2.29, 2013.3.23〉

② 산업통상자원부장관은 효율관리기자재가 제15조제1항제2호에 따라 고시한 최저소비효율기준에 미달하거나 최대사용량기준을 초과하는 경우에는 해당 효율관리기자재의 제조업자·수입업자 또는 판매업자에게 그 생산이나 판매의 금지를 명할 수 있다. 〈개정 2008.2.29, 2013.3.23〉

③ 산업통상자원부장관은 효율관리기자재가 제15조제1항제1호부터 제4호까지의 규정에 따라 고시한 내용에 적합하지 아니한 경우에는 그 사실을 공표할 수 있다. 〈개정 2008.2.29, 2013.3.23〉

④ 산업통상자원부장관은 제1항부터 제3항까

지의 규정에 따른 처분을 하기 위하여 필요한 경우에는 산업통상자원부령으로 정하는 바에 따라 시중에 유통되는 효율관리기자재가 제15조제1항에 따라 고시된 내용에 적합한지를 조사할 수 있다. 〈신설 2009.1.30, 2013.3.23〉

제17조(평균에너지소비효율제도) ① 산업통상자원부장관은 각 효율관리기자재의 에너지소비효율 합계를 그 기자재의 총수로 나누어 산출한 평균에너지소비효율에 대하여 총량적인 에너지효율의 개선이 특히 필요하다고 인정되는 기자재로서 「자동차관리법」 제3조제1항에 따른 승용자동차 등 산업통상자원부령으로 정하는 기자재(이하 이 조에서 "평균효율관리기자재"라 한다)를 제조하거나 수입하여 판매하는 자가 지켜야 할 평균에너지소비효율을 관계 행정기관의 장과 협의하여 고시하여야 한다. 〈개정 2008.2.29, 2013.3.23〉

② 산업통상자원부장관은 제1항에 따라 고시한 평균에너지소비효율(이하 "평균에너지소비효율기준"이라 한다)에 미달하는 평균효율관리기자재를 제조하거나 수입하여 판매하는 자에게 일정한 기간을 정하여 평균에너지소비효율의 개선을 명할 수 있다. 다만, 「자동차관리법」 제3조제1항에 따른 승용자동차 등 산업통상자원부령으로 정하는 자동차에 대해서는 그러하지 아니하다.
〈개정 2008.2.29, 2013.3.23, 2013.7.30〉

③ 산업통상자원부장관은 제2항에 따른 개선명령을 이행하지 아니하는 자에 대하여는 그 내용을 공표할 수 있다.
〈개정 2008.2.29, 2013.3.23〉

④ 평균효율관리기자재를 제조하거나 수입하여 판매하는 자는 에너지소비효율 산정에 필요하다고 인정되는 판매에 관한 자료와 효율측정에 관한 자료를 산업통상자원부장관에게 제출하여야 한다. 다만, 자동차 평균에너지소비효율 산정에 필요한 판매에 관한 자료에 대해서는 환경부장관이 산업통상자원부장관에게 제공하는 경우에는 그러하지 아니하다.
〈개정 2008.2.29, 2013.3.23, 2013.7.30〉

⑤ 평균에너지소비효율의 산정방법, 개선기간, 개선명령의 이행절차 및 공표방법 등 필요한 사항은 산업통상자원부령으로 정한다.
〈개정 2008.2.29, 2013.3.23〉

제18조(대기전력저감대상제품의 지정) 산업통상자원부장관은 외부의 전원과 연결만 되어 있고, 주기능을 수행하지 아니하거나 외부로부터 켜짐 신호를 기다리는 상태에서 소비되는 전력(이하 "대기전력"이라 한다)의 저감(低減)이 필요하다고 인정되는 에너지사용기자재로서 산업통상자원부령으로 정하는 제품(이하 "대기전력저감대상제품"이라 한다)에 대하여 다음 각 호의 사항을 정하여 고시하여야 한다.
〈개정 2008.2.29, 2009.1.30, 2013.3.23〉

1. 대기전력저감대상제품의 각 제품별 적용범위
2. 대기전력저감기준
3. 대기전력의 측정방법
4. 대기전력 저감성이 우수한 대기전력저감대상제품(이하 "대기전력저감우수제품"이라 한다)의 표시
5. 그 밖에 대기전력저감대상제품의 관리에 필요한 사항으로서 산업통상자원부령으로 정하는 사항

제19조(대기전력경고표지대상제품의 지정 등) ① 산업통상자원부장관은 대기전력저감대상제품 중 대기전력 저감을 통한 에너지이용의 효율을 높이기 위하여 제18조 제2호의 대기전력저감기준에 적합할 것이 특히 요구되는 제품으로서 산업통상자원부령으로 정하는 제품(이하 "대기전력경고표지대상제품"이라 한다)에 대하여 다음 각 호의 사항을 정하여 고시하여야 한다. 〈개정 2008.2.29, 2013.3.23〉

1. 대기전력경고표지대상제품의 각 제품별 적용범위
2. 대기전력경고표지대상제품의 경고 표시
3. 그 밖에 대기전력경고표지대상제품의 관리에 필요한 사항으로서 산업통상자원부령으로 정하는 사항

② 대기전력경고표지대상제품의 제조업자 또는 수입업자는 대기전력경고표지대상제품에 대하여 산업통상자원부장관이 지정하는 시험기관(이하 "대기전력시험기관"이라 한다)의 측정을 받아야 한다. 다만, 산업통상자원부장관이 정하여 고시하는 시험설비 및 전문인력을 모두 갖춘 제조업자 또는 수입업자로서 산업통상자원부령으로 정하는 바에 따라 산업통상자원부장관의 승인을 받은 자는 자체측정으로 대기전력시험기관의 측정을 대체할 수 있다. 〈개정 2008.2.29, 2013.3.23〉

③ 대기전력경고표지대상제품의 제조업자 또는 수입업자는 제2항에 따른 측정 결과를 산업통상자원부령으로 정하는 바에 따라 산업통상자원부장관에게 신고하여야 한다.
〈개정 2008.2.29, 2013.3.23〉

④ 대기전력경고표지대상제품의 제조업자 또는 수입업자는 제2항에 따른 측정 결과, 해당 제품이 제18조 제2호의 대기전력저감기준에 미달하는 경우에는 그 제품에 대기전력경고표지를 하여야 한다.

⑤ 제2항의 대기전력시험기관으로 지정받으려는 자는 다음 각 호의 요건을 모두 갖추어 산업통상자원부령으로 정하는 바에 따라 산업통상자원부장관에게 지정 신청을 하여야 한다.
〈개정 2008.2.29, 2013.3.23〉

1. 다음 각 목의 어느 하나에 해당할 것
   가. 국가가 설립한 시험·연구기관
   나. 「특정연구기관 육성법」 제2조에 따른 특정연구기관
   다. 「국가표준기본법」 제23조에 따라 시험·검사기관으로 인정받은 기관
   라. 가목 및 나목의 연구기관과 동등 이상의 시험능력이 있다고 산업통상자원부장관이 인정하는 기관
2. 산업통상자원부장관이 대기전력저감대상제품별로 정하여 고시하는 시험설비 및 전문인력을 갖출 것

제20조(대기전력저감우수제품의 표시 등) ① 대기전력저감대상제품의 제조업자 또는 수입업자가 해당 제품에 대기전력저감우수제품의 표시를 하려면 대기전력시험기관의 측정을 받아 해당 제품이 제18조 제2호의 대기전력저감기준에 적합하다는 판정을 받아야 한다. 다만, 제19조제2항 단서에 따라 산업통상자원부장관의 승인을 받은 자는 자체측정으로 대기전력시험기관의 측정을 대체 할 수 있다.
〈개정 2008.2.29, 2013.3.23〉

② 제1항에 따른 적합 판정을 받아 대기전력저감우수제품의 표시를 하는 제조업자 또는 수입업자는 제1항에 따른 측정 결과를 산업통상자원부령으로 정하는 바에 따라 산업통상자원부장관에게 신고하여야 한다.
〈개정 2008.2.29, 2013.3.23〉

③ 산업통상자원부장관은 대기전력저감우수제품의 보급을 촉진하기 위하여 필요하다고 인정되는 경우에는 제8조 제1항 각 호에 따른 자에 대하여 대기전력저감우수제품을 우선적으로 구매하게 하거나, 공장·사업장 및 집단주택단지 등에 대하여 대기전력저감우수제품의 설치 또는 사용을 장려할 수 있다.
〈개정 2008.2.29, 2013.3.23〉

제21조(대기전력저감대상제품의 사후관리) ① 산업통상자원부장관은 대기전력저감우수제품이 제18조 제2호의 대기전력저감기준에 미달하는 경우 산업통상자원부령으로 정하는 바에 따라 대기전력저감대상제품의 제조업자 또는 수입업자에게 일정한 기간을 정하여 그 시정을 명할 수 있다. 〈개정 2008.2.29, 2013.3.23〉

② 산업통상자원부장관은 대기전력저감대상제품의 제조업자 또는 수입업자가 제1항에 따른 시정명령을 이행하지 아니하는 경우에는 그 사실을 공표할 수 있다. 〈개정 2008.2.29, 2013.3.23〉

제23조(고효율에너지기자재의 사후관리) ① 산업통상자원부장관은 고효율에너지기자재가 제1호에 해당하는 경우에는 인증을 취소하여야 하고, 제2호에 해당하는 경우에는 인증을 취소하거나 6개월 이내의 기간을 정하여 인증을 사용하지 못하도록 명할 수 있다.
〈개정 2008.2.29, 2013.3.23〉

1. 거짓이나 그 밖의 부정한 방법으로 인증을 받은 경우
2. 고효율에너지기자재가 제22조 제1항 제2호에 따른 인증기준에 미달하는 경우

② 산업통상자원부장관은 제1항에 따라 인증이 취소된 고효율에너지기자재에 대하여 그 인증이 취소된 날부터 1년의 범위에서 산업통상자원부령으로 정하는 기간 동안 인증을 하지 아니할 수 있다.
〈개정 2008.2.29, 2013.3.23〉

제24조(시험기관의 지정취소 등) ① 산업통상자원부장관은 효율관리시험기관, 대기전력시험기관 및 고효율시험기관이 다음 각 호의 어느 하나에 해당하는 경우에는 그 지정을 취소하거나 6개월 이내의 기간을 정하여 시험업무의 정지를 명할 수 있다. 다만, 제1호 또는 제2호에 해당하면 그 지정을 취소하여야 한다.
〈개정 2008.2.29, 2013.3.23〉

1. 거짓이나 그 밖의 부정한 방법으로 지정을 받은 경우
2. 업무정지 기간 중에 시험업무를 행한 경우

3. 정당한 사유 없이 시험을 거부하거나 지연하는 경우
4. 산업통상자원부장관이 정하여 고시하는 측정방법을 위반하여 시험한 경우
5. 제15조 제5항, 제19조 제5항 또는 제22조 제7항에 따른 시험기관의 지정기준에 적합하지 아니하게 된 경우

② 산업통상자원부장관은 제15조 제2항 단서, 제19조 제2항 단서에 따라 자체측정의 승인을 받은 자가 제1호 또는 제2호에 해당하면 그 승인을 취소하여야 하고, 제3호 또는 제4호에 해당하면 그 승인을 취소하거나 6개월 이내의 기간을 정하여 자체측정업무의 정지를 명할 수 있다. 〈개정 2008.2.29, 2013.3.23〉
1. 거짓이나 그 밖의 부정한 방법으로 승인을 받은 경우
2. 업무정지 기간 중에 자체측정업무를 행한 경우
3. 산업통상자원부장관이 정하여 고시하는 측정방법을 위반하여 측정한 경우
4. 산업통상자원부장관이 정하여 고시하는 시험설비 및 전문인력 기준에 적합하지 아니하게 된 경우

제2절 산업 및 건물 관련 시책

제25조(에너지절약전문기업의 지원) ① 정부는 제3자로부터 위탁을 받아 다음 각 호의 어느 하나에 해당하는 사업을 하는 자로서 산업통상자원부장관에게 등록을 한 자(이하 "에너지절약전문기업"이라 한다)가 에너지절약사업과 이를 통한 온실가스의 배출을 줄이는 사업을 하는 데에 필요한 지원을 할 수 있다.
〈개정 2008.2.29, 2013.3.23〉
1. 에너지사용시설의 에너지절약을 위한 관리·용역사업
2. 제14조제1항에 따른 에너지절약형 시설투자에 관한 사업
3. 그 밖에 대통령령으로 정하는 에너지절약을 위한 사업

② 에너지절약전문기업으로 등록하려는 자는 대통령령으로 정하는 바에 따라 장비, 자산 및 기술인력 등의 등록기준을 갖추어 산업통상자원부장관에게 등록을 신청하여야 한다.
〈개정 2008.2.29, 2013.3.23〉

제26조(에너지절약전문기업의 등록취소 등) 산업통상자원부장관은 에너지절약전문기업이 다음 각 호의 어느 하나에 해당하면 그 등록을 취소하거나 이 법에 따른 지원을 중단할 수 있다. 다만, 제1호에 해당하는 경우에는 그 등록을 취소하여야 한다.
〈개정 2008.2.29, 2013.3.23〉
1. 거짓이나 그 밖의 부정한 방법으로 제25조 제1항에 따른 등록을 한 경우
2. 거짓이나 그 밖의 부정한 방법으로 제14조 제1항에 따른 지원을 받거나 지원받은 자금을 다른 용도로 사용한 경우
3. 에너지절약전문기업으로 등록한 업체가 그 등록의 취소를 신청한 경우
4. 타인에게 자기의 성명이나 상호를 사용하여 제25조 제1항 각 호의 어느 하나에 해당하는 사업을 수행하게 하거나 산업통상자원부장관이 에너지절약전문기업에 내준 등록증을 대여한 경우
5. 제25조 제2항에 따른 등록기준에 미달하게 된 경우
6. 제66조 제1항에 따른 보고를 하지 아니하거나 거짓으로 보고한 경우 또는 같은 항에 따른 검사를 거부·방해 또는 기피한 경우
7. 정당한 사유 없이 등록한 후 3년 이내에 사업을 시작하지 아니하거나 3년 이상 계속하여 사업수행실적이 없는 경우

제27조(에너지절약전문기업의 등록제한) 제26조에 따라 등록이 취소된 에너지절약전문기업은 등록취소일부터 2년이 지나지 아니하면 제25조제2항에 따른 등록을 할 수 없다.

제28조(자발적 협약체결기업의 지원 등) ① 정부는 에너지사용자 또는 에너지공급자로서 에너지의 절약과 합리적인 이용을 통한 온실가스의 배출을 줄이기 위한 목표와 그 이행방법 등에 관한 계획을 자발적으로 수립하여 이를 이행하기로 정부나 지방자치단체와 약속(이하 "자발적 협약"이라 한다)한 자가 에너지절약형 시설이나 그 밖에 대통령령으로 정하는 시설 등에 투자하는 경우에는 그에 필요한 지원을 할 수 있다.
② 자발적 협약의 목표, 이행방법의 기준과 평가에 관하여 필요한 사항은 환경부장관과 협의하여 산업통상자원부령으로 정한다.
〈개정 2008.2.29, 2013.3.23〉

제28조의2(에너지경영시스템의 지원 등) ① 산

업통상자원부장관은 에너지사용자 또는 에너지공급자에게 에너지효율 향상을 위한 전사적(全社的) 에너지경영시스템의 도입을 권장하여야 하며, 이를 도입하는 자에게 필요한 지원을 할 수 있다. 〈개정 2014.1.21〉
② 제1항에 따른 에너지경영시스템의 내용, 권장 대상, 지원 기준·방법 등에 관하여 필요한 사항은 산업통상자원부령으로 정한다. 〈개정 2013.3.23, 2014.1.21〉
[본조신설 2011.7.25]
[제목개정 2014.1.21]

제29조(온실가스배출 감축실적의 등록·관리)
① 정부는 에너지절약전문기업, 자발적 협약 체결기업 등이 에너지이용 합리화를 통한 온실가스배출 감축실적의 등록을 신청하는 경우 그 감축실적을 등록·관리하여야 한다.
② 제1항에 따른 신청, 등록·관리 등에 관하여 필요한 사항은 대통령령으로 정한다.

제30조(온실가스의 배출을 줄이기 위한 교육훈련 및 인력양성 등) ① 정부는 온실가스의 배출을 줄이기 위하여 필요하다고 인정하면 산업계종사자 등 온실가스배출 감축 관련 업무담당자에 대하여 교육훈련을 실시할 수 있다.
② 정부는 온실가스 배출을 줄이는 데에 필요한 전문인력을 양성하기 위하여 「고등교육법」 제29조에 따른 대학원 및 같은 법 제30조에 따른 대학원대학 중에서 대통령령으로 정하는 기준에 해당하는 대학원이나 대학원대학을 기후변화협약특성화대학원으로 지정할 수 있다.
③ 정부는 제2항에 따라 지정된 기후변화협약특성화대학원의 운영에 필요한 지원을 할 수 있다.
④ 제1항에 따른 교육훈련대상자와 교육훈련 내용, 제2항에 따른 기후변화협약특성화대학원 지정절차 및 제3항에 따른 지원내용 등에 필요한 사항은 대통령령으로 정한다.

제31조(에너지다소비사업자의 신고 등) ① 에너지사용량이 대통령령으로 정하는 기준량 이상인 자(이하 "에너지다소비사업자"라 한다)는 다음 각 호의 사항을 산업통상자원부령으로 정하는 바에 따라 매년 1월 31일까지 그 에너지사용시설이 있는 지역을 관할하는 시·도지사에게 신고하여야 한다.
〈개정 2008.2.29, 2013.3.23, 2014.1.21〉
1. 전년도의 분기별 에너지사용량·제품생산량
2. 해당 연도의 분기별 에너지사용예정량·제품생산예정량
3. 에너지사용기자재의 현황
4. 전년도의 분기별 에너지이용 합리화 실적 및 해당 연도의 분기별 계획
5. 제1호부터 제4호까지의 사항에 관한 업무를 담당하는 자(이하 "에너지관리자"라 한다)의 현황
② 시·도지사는 제1항에 따른 신고를 받으면 이를 매년 2월 말일까지 산업통상자원부장관에게 보고하여야 한다.
〈개정 2008.2.29, 2013.3.23〉
③ 산업통상자원부장관 및 시·도지사는 에너지다소비사업자가 신고한 제1항 각 호의 사항을 확인하기 위하여 필요한 경우 다음 각 호의 어느 하나에 해당하는 자에 대하여 에너지다소비사업자에게 공급한 에너지의 공급량 자료를 제출하도록 요구할 수 있다. 〈신설 2014.1.21〉
1. 「한국전력공사법」에 따른 한국전력공사
2. 「한국가스공사법」에 따른 한국가스공사
3. 「도시가스사업법」 제2조제2호에 따른 도시가스사업자
4. 「집단에너지사업법」 제2조제3호에 따른 사업자 및 같은 법 제29조에 따른 한국지역난방공사
5. 그 밖에 대통령령으로 정하는 에너지공급기관 또는 관리기관

제32조(에너지진단 등) ① 산업통상자원부장관은 관계 행정기관의 장과 협의하여 에너지다소비사업자가 에너지를 효율적으로 관리하기 위하여 필요한 기준(이하 "에너지관리기준"이라 한다)을 부문별로 정하여 고시하여야 한다.
〈개정 2008.2.29, 2013.3.23〉
② 에너지다소비사업자는 산업통상자원부장관이 지정하는 에너지진단전문기관(이하 "진단기관"이라 한다)으로부터 3년 이상의 범위에서 대통령령으로 정하는 기간마다 그 사업장의 에너지의 효율적 사용 여부에 대한 진단(이하 "에너지진단"이라 한다)을 받아야 한다. 다만, 물리적 또는 기술적으로 에너지진단을 실시할 수 없거나 에너지진단의 효과가 적은 아파트·발전소 등 산업통상자원부령으로 정하는 범위에 해당하는 사업장은 그러하지 아니하다.
〈개정 2008.2.29, 2013.3.23〉
③ 산업통상자원부장관은 대통령령으로 정하

는 바에 따라 에너지진단업무에 관한 자료제출을 요구하는 등 진단기관을 관리·감독한다. 〈개정 2008.2.29, 2013.3.23〉

④ 산업통상자원부장관은 자체에너지절감실적이 우수하다고 인정되는 에너지다소비사업자에 대하여는 산업통상자원부령으로 정하는 바에 따라 에너지진단을 면제하거나 에너지진단주기를 연장할 수 있다.
〈개정 2008.2.29, 2013.3.23〉

⑤ 산업통상자원부장관은 에너지진단 결과 에너지다소비사업자가 에너지관리기준을 지키고 있지 아니한 경우에는 에너지관리기준의 이행을 위한 지도(이하 "에너지관리지도"라 한다)를 할 수 있다. 〈개정 2008.2.29, 2013.3.23〉

⑥ 산업통상자원부장관은 에너지다소비사업자가 에너지진단을 받기 위하여 드는 비용의 전부 또는 일부를 지원할 수 있다. 이 경우 지원대상·규모 및 절차는 대통령령으로 정한다. 〈개정 2008.2.29, 2013.3.23〉

⑦ 진단기관의 지정기준은 대통령령으로 정하고, 진단기관의 지정절차와 그 밖에 필요한 사항은 산업통상자원부령으로 정한다.
〈개정 2008.2.29, 2013.3.23〉

⑧ 에너지진단의 범위와 방법, 그 밖에 필요한 사항은 산업통상자원부장관이 정하여 고시한다. 〈개정 2008.2.29, 2013.3.23〉

제33조(진단기관의 지정취소 등) 산업통상자원부장관은 진단기관의 지정을 받은 자가 다음 각 호의 어느 하나에 해당하면 그 지정을 취소하거나 2년 이내의 기간을 정하여 그 업무의 정지를 명할 수 있다. 다만, 제1호에 해당하는 경우에는 그 지정을 취소하여야 한다.
〈개정 2008.2.29, 2013.3.23, 2014.1.21〉
1. 거짓이나 그 밖의 부정한 방법으로 지정을 받은 경우
2. 에너지관리기준에 비추어 현저히 부적절하게 에너지진단을 하는 경우
3. 제32조제7항에 따른 지정기준에 적합하지 아니하게 된 경우
4. 제66조제1항에 따른 보고를 하지 아니하거나 거짓으로 보고한 경우 또는 같은 항에 따른 검사를 거부·방해 또는 기피한 경우
5. 정당한 사유 없이 3년 이상 계속하여 에너지진단업무 실적이 없는 경우

제34조(개선명령) ① 산업통상자원부장관은 에너지관리지도 결과, 에너지가 손실되는 요인을 줄이기 위하여 필요하다고 인정하면 에너지다소비사업자에게 에너지손실요인의 개선을 명할 수 있다. 〈개정 2008.2.29, 2013.3.23〉

② 제1항에 따른 개선명령의 요건 및 절차는 대통령령으로 정한다.

제35조(목표에너지원단위의 설정 등) ① 산업통상자원부장관은 에너지의 이용효율을 높이기 위하여 필요하다고 인정하면 관계 행정기관의 장과 협의하여 에너지를 사용하여 만드는 제품의 단위당 에너지사용목표량 또는 건축물의 단위면적당 에너지사용목표량(이하 "목표에너지원단위"라 한다)을 정하여 고시하여야 한다.
〈개정 2008.2.29, 2013.3.23〉

② 산업통상자원부장관은 산업통상자원부령으로 정하는 바에 따라 목표에너지원단위의 달성에 필요한 자금을 융자할 수 있다.
〈개정 2008.2.29, 2013.3.23〉

제35조의2(붙박이에너지사용기자재의 효율관리)
① 산업통상자원부장관은 건설업자(「주택법」 제9조에 따라 등록한 주택건설업자 또는 「건축법」 제2조에 따른 건축주 및 공사시공자를 말한다. 이하 같다)가 설치하여 입주자에게 공급하는 붙박이 가전제품(건축물의 난방, 냉방, 급탕, 조명, 환기를 위한 제품은 제외한다)으로서 국토교통부장관과 협의하여 산업통상자원부령으로 정하는 에너지사용기자재(이하 "붙박이에너지사용기자재"라 한다)의 에너지이용 효율을 높이기 위하여 다음 각 호의 사항을 정하여 고시하여야 한다.
1. 에너지의 최저소비효율 또는 최대사용량의 기준
2. 에너지의 소비효율등급 또는 대기전력 기준
3. 그 밖에 붙박이에너지사용기자재의 관리에 필요한 사항으로서 산업통상자원부령으로 정하는 사항

② 산업통상자원부장관은 건설업자에게 제1항에 따라 고시된 사항을 준수하도록 권고할 수 있다.

③ 산업통상자원부장관은 붙박이에너지사용기자재를 설치한 건설업자에 대하여 국토교통부장관과 협의하여 산업통상자원부령으로 정하는 바에 따라 제2항에 따른 권고의 이행 여부를 조사할 수 있다.

[본조신설 2013.7.30]

제36조(폐열의 이용) ① 에너지사용자는 사업장 안에서 발생하는 폐열을 이용하기 위하여 노력하여야 하며, 사업장 안에서 이용하지 아니하는 폐열을 타인이 사업장 밖에서 이용하기 위하여 공급받으려는 경우에는 이에 적극 협조하여야 한다.
② 산업통상자원부장관은 폐열의 이용을 촉진하기 위하여 필요하다고 인정하면 폐열을 발생시키는 에너지사용자에게 폐열의 공동이용 또는 타인에 대한 공급 등을 권고할 수 있다. 다만, 폐열의 공동이용 또는 타인에 대한 공급 등에 관하여 당사자 간에 협의가 이루어지지 아니하거나 협의를 할 수 없는 경우에는 조정을 할 수 있다. 〈개정 2008.2.29, 2013.3.23〉
③ 「집단에너지사업법」에 따른 사업자는 같은 법 제5조에 따라 집단에너지공급대상지역으로 지정된 지역에 소각시설이나 산업시설에서 발생되는 폐열을 활용하기 위하여 적극 노력하여야 한다.

제36조의2(냉난방온도제한건물의 지정 등) ① 산업통상자원부장관은 에너지의 절약 및 합리적인 이용을 위하여 필요하다고 인정하면 냉난방온도의 제한온도 및 제한기간을 정하여 다음 각 호의 건물 중에서 냉난방온도를 제한하는 건물을 지정할 수 있다. 〈개정 2013.3.23〉
 1. 제8조 제1항 각 호에 해당하는 자가 업무용으로 사용하는 건물
 2. 에너지다소비사업자의 에너지사용시설 중 에너지사용량이 대통령령으로 정하는 기준량 이상인 건물
② 산업통상자원부장관은 제1항에 따라 냉난방온도의 제한온도 및 제한기간을 정하여 냉난방온도를 제한하는 건물을 지정한 때에는 다음 각 호의 구분에 따라 통지하고 이를 고시하여야 한다. 〈개정 2013.3.23〉
 1. 제1항 제1호의 건물 : 관리기관(관리기관이 따로 없는 경우에는 그 기관의 장을 말한다. 이하 같다)에 통지
 2. 제1항제2호의 건물 : 에너지다소비사업자에게 통지
③ 제1항 및 제2항에 따라 냉난방온도를 제한하는 건물로 지정된 건물(이하 "냉난방온도제한건물"이라 한다)의 관리기관 또는 에너지다소비사업자는 해당 건물의 냉난방온도를 제한온도에 적합하도록 유지·관리하여야 한다.
④ 산업통상자원부장관은 냉난방온도제한건물의 관리기관 또는 에너지다소비사업자가 해당 건물의 냉난방온도를 제한온도에 적합하게 유지·관리하는지 여부를 점검하거나 실태를 파악할 수 있다. 〈개정 2013.3.23〉
⑤ 제1항에 따른 냉난방온도의 제한온도를 정하는 기준 및 냉난방온도제한건물의 지정기준, 제4항에 따른 점검 방법 등에 필요한 사항은 산업통상자원부령으로 정한다.
〈개정 2013.3.23〉
[본조신설 2009.1.30]

제36조의3(건물의 냉난방온도 유지·관리를 위한 조치) 산업통상자원부장관은 냉난방온도제한건물의 관리기관 또는 에너지다소비사업자가 제36조의2제3항에 따라 해당 건물의 냉난방온도를 제한온도에 적합하게 유지·관리하지 아니한 경우에는 냉난방온도의 조절 등 냉난방온도의 적합한 유지·관리에 필요한 조치를 하도록 권고하거나 시정조치를 명할 수 있다. 〈개정 2013.3.23〉
[본조신설 2009.1.30]

제4장 열사용기자재의 관리

제37조(특정열사용기자재) 열사용기자재 중 제조, 설치·시공 및 사용에서의 안전관리, 위해방지 또는 에너지이용의 효율관리가 특히 필요하다고 인정되는 것으로서 산업통상자원부령으로 정하는 열사용기자재(이하 "특정열사용기자재"라 한다)의 설치·시공이나 세관(세관 : 물이 흐르는 관 속에 낀 물때나 녹따위를 벗겨냄)을 업(이하 "시공업"이라 한다)으로 하는 자는 「건설산업기본법」 제9조 제1항에 따라 시·도지사에게 등록하여야 한다.
〈개정 2008.2.29, 2013.3.23〉

제38조(시공업등록말소 등의 요청) 산업통상자원부장관은 제37조에 따라 시공업의 등록을 한 자(이하 "시공업자"라 한다)가 고의 또는 과실로 특정열사용기자재의 설치, 시공 또는 세관을 부실하게 함으로써 시설물의 안전 또는 에너지효율 관리에 중대한 문제를 초래하면 시·도지사에게 그 등록을 말소하거나 그 시공업의 전부 또는 일부를 정지하도록 요청할 수 있

다. 〈개정 2008.2.29, 2013.3.23〉

제39조(검사대상기기의 검사) ① 특정열사용기자재 중 산업통상자원부령으로 정하는 검사대상기기(이하 "검사대상기기"라 한다)의 제조업자는 그 검사대상기기의 제조에 관하여 시·도지사의 검사를 받아야 한다.
〈개정 2008.2.29, 2013.3.23〉
② 다음 각 호의 어느 하나에 해당하는 자(이하 "검사대상기기설치자"라 한다)는 산업통상자원부령으로 정하는 바에 따라 시·도지사의 검사를 받아야 한다.
〈개정 2008.2.29, 2013.3.23〉
1. 검사대상기기를 설치하거나 개조하여 사용하려는 자
2. 검사대상기기의 설치장소를 변경하여 사용하려는 자
3. 검사대상기기를 사용중지한 후 재사용하려는 자
③ 시·도지사는 제1항이나 제2항에 따른 검사에 합격된 검사대상기기의 제조업자나 설치자에게는 지체 없이 그 검사의 유효기간을 명시한 검사증을 내주어야 한다.
④ 검사의 유효기간이 끝나는 검사대상기기를 계속 사용하려는 자는 산업통상자원부령으로 정하는 바에 따라 다시 시·도지사의 검사를 받아야 한다. 〈개정 2008.2.29, 2013.3.23〉
⑤ 제1항·제2항 또는 제4항에 따른 검사에 합격되지 아니한 검사대상기기는 사용할 수 없다. 다만, 시·도지사는 제4항에 따른 검사의 내용 중 산업통상자원부령으로 정하는 항목의 검사에 합격되지 아니한 검사대상기기에 대하여는 검사대상기기의 안전관리와 위해방지에 지장이 없는 범위에서 산업통상자원부령으로 정하는 기간 내에 그 검사에 합격할 것을 조건으로 계속 사용하게 할 수 있다.
〈개정 2008.2.29, 2013.3.23〉
⑥ 시·도지사는 제1항·제2항 및 제4항에 따른 검사에서 검사대상기기의 안전관리와 위해방지에 지장이 없는 범위에서 산업통상자원부령으로 정하는 바에 따라 그 검사의 전부 또는 일부를 면제할 수 있다.
〈개정 2008.2.29, 2013.3.23〉
⑦ 검사대상기기설치자는 다음 각 호의 어느 하나에 해당하면 산업통상자원부령으로 정하는 바에 따라 시·도지사에게 신고하여야 한다. 〈개정 2008.2.29, 2013.3.23〉
1. 검사대상기기를 폐기한 경우
2. 검사대상기기의 사용을 중지한 경우
3. 검사대상기기의 설치자가 변경된 경우
4. 제6항에 따라 검사의 전부 또는 일부가 면제된 검사대상기기 중 산업통상자원부령으로 정하는 검사대상기기를 설치한 경우
⑧ 검사대상기기에 대한 검사의 내용·기준, 그 밖에 필요한 사항은 산업통상자원부령으로 정한다. 〈개정 2008.2.29, 2013.3.23〉

제40조(검사대상기기조종자의 선임) ① 검사대상기기설치자는 검사대상기기의 안전관리, 위해방지 및 에너지이용의 효율을 관리하기 위하여 검사대상기기의 조종자(이하 "검사대상기기조종자"라 한다)를 선임하여야 한다.
② 검사대상기기조종자의 자격기준과 선임기준은 산업통상자원부령으로 정한다.
〈개정 2008.2.29, 2013.3.23〉
③ 검사대상기기설치자는 검사대상기기조종자를 선임 또는 해임하거나 검사대상기기조종자가 퇴직한 경우에는 산업통상자원부령으로 정하는 바에 따라 시·도지사에게 신고하여야 한다. 〈개정 2008.2.29, 2013.3.23〉
④ 검사대상기기설치자는 검사대상기기조종자를 해임하거나 검사대상기기조종자가 퇴직하는 경우에는 해임이나 퇴직 이전에 다른 검사대상기기조종자를 선임하여야 한다. 다만, 산업통상자원부령으로 정하는 사유에 해당하는 경우에는 시·도지사의 승인을 받아 다른 검사대상기기조종자의 선임을 연기할 수 있다.
〈개정 2008.2.29, 2013.3.23〉

제5장 시공업자단체

제41조(시공업자단체의 설립) ① 시공업자는 품위 유지, 기술 향상, 시공방법 개선, 그 밖에 시공업의 건전한 발전을 위하여 산업통상자원부장관의 인가를 받아 시공업자단체를 설립할 수 있다. 〈개정 2008.2.29, 2013.3.23〉
② 시공업자단체는 법인으로 한다.
③ 시공업자단체는 설립등기를 함으로써 성립한다.
④ 시공업자단체의 설립, 정관의 기재사항과 감독에 관하여 필요한 사항은 대통령령으로 정

한다.

제42조(시공업자단체의 회원 자격) 시공업자는 시공업자단체에 가입할 수 있다.

제43조(건의와 자문) 시공업자단체는 시공업에 관한 사항을 정부에 건의하거나 정부의 자문에 응할 수 있다.

제6장 에너지 관리공단

제45조(에너지관리공단의 설립 등) ① 에너지이용 합리화사업을 효율적으로 추진하기 위하여 에너지관리공단(이하 "공단"이라 한다)을 설립한다.

② 정부 또는 정부 외의 자는 공단의 설립·운영과 사업에 드는 자금에 충당하기 위하여 출연을 할 수 있다.

③ 제2항에 따른 출연시기, 출연방법, 그 밖에 필요한 사항은 대통령령으로 정한다.

제7장 보칙

제65조(교육) ① 산업통상자원부장관은 에너지관리의 효율적인 수행과 특정열사용기자재의 안전관리를 위하여 에너지관리자, 시공업의 기술인력 및 검사대상기기조종자에 대하여 교육을 실시하여야 한다.
〈개정 2008.2.29, 2013.3.23〉

② 에너지관리자, 시공업의 기술인력 및 검사대상기기조종자는 제1항에 따라 실시하는 교육을 받아야 한다.

③ 에너지다소비사업자, 시공업자 및 검사대상기기설치자는 그가 선임 또는 채용하고 있는 에너지관리자, 시공업의 기술인력 또는 검사대상기기조종자로 하여금 제1항에 따라 실시하는 교육을 받게 하여야 한다.

④ 제1항에 따른 교육담당기관·교육기간 및 교육과정, 그 밖에 교육에 관하여 필요한 사항은 산업통상자원부령으로 정한다.
〈개정 2008.2.29, 2013.3.23〉

제66조(보고 및 검사 등) ① 산업통상자원부장관이나 시·도지사는 이 법의 시행을 위하여 필요하면 산업통상자원부령으로 정하는 바에 따라 효율관리기자재·대기전력저감대상제품· 고효율에너지인증대상기자재의 제조업자·수입업자·판매업자 및 각 시험기관, 에너지절약전문기업, 에너지다소비사업자, 진단기관과 검사대상기기설치자에 대하여 그 업무에 관한 보고를 명하거나 소속 공무원 또는 공단으로 하여금 효율관리기자재 제조업자 등의 사무소·사업장·공장이나 창고에 출입하여 장부·서류·에너지사용기자재, 그 밖의 물건을 검사하게 할 수 있다. 〈개정 2008.2.29, 2013.3.23〉

② 제1항에 따른 검사를 하는 공무원이나 공단의 직원은 그 권한을 표시하는 증표를 지니고 이를 관계인에게 내보여야 한다.

제67조(수수료) 다음 각 호의 어느 하나에 해당하는 자는 산업통상자원부령으로 정하는 바에 따라 수수료를 내야 한다.
〈개정 2008.2.29, 2013.3.23〉

1. 제22조 제3항에 따라 고효율에너지기자재의 인증을 신청하려는 자
2. 제32조 제2항 본문에 따른 에너지진단을 받으려는 자
3. 제39조 제1항·제2항 또는 제4항에 따라 검사대상기기의 검사를 받으려는 자

제68조(청문) 산업통상자원부장관은 다음 각 호의 어느 하나에 해당하는 처분을 하려면 청문을 하여야 한다.
〈개정 2008.2.29, 2011.7.25, 2013.3.23〉

1. 제16조 제2항에 따른 효율관리기자재의 생산 또는 판매의 금지명령
2. 제23조 제1항에 따른 고효율에너지기자재의 인증 취소
3. 제24조 제1항에 따른 각 시험기관의 지정 취소
4. 제24조 제2항에 따른 자체측정을 할 수 있는 자의 승인 취소
5. 제26조에 따른 에너지절약전문기업의 등록 취소. 다만, 같은 조 제3호에 따른 등록 취소는 제외한다.
6. 제33조에 따른 진단기관의 지정 취소

제69조(권한의 위임·위탁) ① 이 법에 따른 산업통상자원부장관의 권한은 대통령령으로 정하는 바에 따라 그 일부를 시·도지사에게 위임할 수 있다. 〈개정 2008.2.29, 2013.3.23〉

② 시·도지사는 제1항에 따라 위임받은 권한의 일부를 산업통상자원부장관의 승인을 받아 시장·군수 또는 구청장(자치구의 구청장을 말

한다)에게 재위임할 수 있다.
〈개정 2008.2.29, 2013.3.23〉
③ 산업통상자원부장관 또는 시·도지사는 대통령령으로 정하는 바에 따라 다음 각 호의 업무를 공단·시공업자단체 또는 대통령령으로 정하는 기관에 위탁할 수 있다.
〈개정 2008.2.29, 2009.1.30, 2013.3.23〉
1. 제11조에 따른 에너지사용계획의 검토
2. 제12조에 따른 이행 여부의 점검 및 실태 파악
3. 제15조 제3항에 따른 효율관리기자재의 측정결과 신고의 접수
4. 제19조 제3항에 따른 대기전력경고표지대상제품의 측정결과 신고의 접수
5. 제20조 제2항에 따른 대기전력저감대상제품의 측정결과 신고의 접수
6. 제22조 제3항 및 제4항에 따른 고효율에너지기자재 인증 신청의 접수 및 인증
7. 제23조 제1항에 따른 고효율에너지기자재의 인증취소 또는 인증사용정지 명령
8. 제25조 제1항에 따른 에너지절약전문기업의 등록
9. 제29조 제1항에 따른 온실가스배출 감축실적의 등록 및 관리
10. 제31조 제1항에 따른 에너지다소비사업자 신고의 접수
11. 제32조 제3항에 따른 진단기관의 관리·감독
12. 제32조 제5항에 따른 에너지관리지도
12의2. 제36조의 2 제4항에 따른 냉난방온도의 유지·관리 여부에 대한 점검 및 실태 파악
13. 제39조 제1항부터 제4항까지 및 제7항에 따른 검사대상기기의 검사, 검사증의 교부 및 검사대상기기 폐기 등의 신고의 접수
14. 제40조 제3항 및 제4항 단서에 따른 검사대상기기조종자의 선임·해임 또는 퇴직신고의 접수 및 검사대상기기조종자의 선임기한 연기에 관한 승인

제8장 벌칙

제72조(벌칙) 다음 각 호의 어느 하나에 해당하는 자는 2년 이하의 징역 또는 2천만원 이하의 벌금에 처한다.
1. 제7조 제1항에 따른 에너지저장시설의 보유 또는 저장의무의 부과시 정당한 이유 없이 이를 거부하거나 이행하지 아니한 자
2. 제7조 제2항 제1호부터 제8호까지 또는 제10호에 따른 조정·명령 등의 조치를 위반한 자
3. 제63조를 위반하여 직무상 알게 된 비밀을 누설하거나 도용한 자

제73조(벌칙) 다음 각 호의 어느 하나에 해당하는 자는 1년 이하의 징역 또는 1천만원 이하의 벌금에 처한다.
1. 제39조 제1항·제2항 또는 제4항을 위반하여 검사대상기기의 검사를 받지 아니한 자
2. 제39조 제5항을 위반하여 검사대상기기를 사용한 자

제74조(벌칙) 제16조 제2항에 따른 생산 또는 판매 금지명령을 위반한 자는 2천만원 이하의 벌금에 처한다.

제75조(벌칙) 제40조 제1항 또는 제4항을 위반하여 검사대상기기조종자를 선임하지 아니한 자는 1천만원 이하의 벌금에 처한다.
[전문개정 2009.1.30]

제76조(벌칙) 다음 각 호의 어느 하나에 해당하는 자는 500만원 이하의 벌금에 처한다.
1. 삭제 〈2009.1.30〉
2. 제15조 제3항을 위반하여 효율관리기자재에 대한 에너지사용량의 측정결과를 신고하지 아니한 자
3. 삭제 〈2009.1.30〉
4. 제19조 제3항에 따라 대기전력경고표지대상제품에 대한 측정결과를 신고하지 아니한 자
5. 제19조 제4항에 따른 대기전력경고표지를 하지 아니한 자
6. 제20조 제1항을 위반하여 대기전력저감우수제품임을 표시하거나 거짓 표시를 한 자
7. 제21조 제1항에 따른 시정명령을 정당한 사유 없이 이행하지 아니한 자
8. 제22조 제5항을 위반하여 인증 표시를 한 자

제77조(양벌규정) 법인의 대표자나 법인 또는 개인의 대리인, 사용인, 그 밖의 종업원이 그 법인 또는 개인의 업무에 관하여 제72조부터 제76조까지의 어느 하나에 해당하는 위반행위를 하면 그 행위자를 벌하는 외에 그 법인 또는 개인에게도 해당 조문의 벌금형을 과(科)한다. 다만, 법인 또는 개인이 그 위반행위를 방지하

기 위하여 해당 업무에 관하여 상당한 주의와 감독을 게을리하지 아니한 경우에는 그러하지 아니하다.
[전문개정 2008.12.26]

제78조(과태료) ① 다음 각 호의 어느 하나에 해당하는 자에게는 2천만원 이하의 과태료를 부과한다. 〈개정 2013.7.30〉
1. 제15조 제2항을 위반하여 효율관리기자재에 대한 에너지소비효율등급 또는 에너지소비효율을 표시하지 아니하거나 거짓으로 표시를 한 자
2. 제32조 제2항을 위반하여 에너지진단을 받지 아니한 에너지다소비사업자

② 다음 각 호의 어느 하나에 해당하는 자에게는 1천만원 이하의 과태료를 부과한다.
〈개정 2009.1.30〉
1. 제10조제1항이나 제3항을 위반하여 에너지사용계획을 제출하지 아니하거나 변경하여 제출하지 아니한 자. 다만, 국가 또는 지방자치단체인 사업주관자는 제외한다.
2. 제34조에 따른 개선명령을 정당한 사유 없이 이행하지 아니한 자
3. 제66조 제1항에 따른 검사를 거부·방해 또는 기피한 자

③ 제15조 제4항에 따른 광고내용이 포함되지 아니한 광고를 한 자에게는 500만원 이하의 과태료를 부과한다.
〈신설 2009.1.30, 2013.7.30〉
1. 삭제 〈2013.7.30〉
2. 삭제 〈2013.7.30〉

④ 다음 각 호의 어느 하나에 해당하는 자에게는 300만원 이하의 과태료를 부과한다. 다만, 제1호, 제4호부터 제6호까지, 제8호, 제9호 및 제9호의2부터 제9호의 4까지의 경우에는 국가 또는 지방자치단체를 제외한다.
〈개정 2009.1.30〉
1. 제7조 제2항 제9호에 따른 에너지사용의 제한 또는 금지에 관한 조정·명령, 그 밖에 필요한 조치를 위반한 자
2. 제9조 제1항을 위반하여 정당한 이유 없이 수요관리투자계획과 시행결과를 제출하지 아니한 자
3. 제9조 제2항을 위반하여 수요관리투자계획을 수정·보완하여 시행하지 아니한 자
4. 제11조 제1항에 따른 필요한 조치의 요청을 정당한 이유 없이 거부하거나 이행하지 아니한 공공사업주관자
5. 제11조 제2항에 따른 관련 자료의 제출요청을 정당한 이유 없이 거부한 사업주관자
6. 제12조에 따른 이행 여부에 대한 점검이나 실태 파악을 정당한 이유 없이 거부·방해 또는 기피한 사업주관자
7. 제17조 제4항을 위반하여 자료를 제출하지 아니하거나 거짓으로 자료를 제출한 자
8. 제20조 제3항 또는 제22조제6항을 위반하여 정당한 이유 없이 대기전력저감우수제품 또는 고효율에너지기자재를 우선적으로 구매하지 아니한 자
9. 제31조 제1항에 따른 신고를 하지 아니하거나 거짓으로 신고를 한 자
9의2. 제36조의 2 제4항에 따른 냉난방온도의 유지·관리 여부에 대한 점검 및 실태 파악을 정당한 사유 없이 거부·방해 또는 기피한 자
9의3. 제36조의 3에 따른 시정조치명령을 정당한 사유 없이 이행하지 아니한 자
9의4. 제39조 제7항 또는 제40조 제3항에 따른 신고를 하지 아니하거나 거짓으로 신고를 한 자
10. 제50조를 위반하여 에너지관리공단 또는 이와 유사한 명칭을 사용한 자
11. 제65조 제2항을 위반하여 교육을 받지 아니한 자 또는 같은 조 제3항을 위반하여 교육을 받게 하지 아니한 자
12. 제66조 제1항에 따른 보고를 하지 아니하거나 거짓으로 보고를 한 자

⑤ 제1항부터 제4항까지의 규정에 따른 과태료는 대통령령으로 정하는 바에 따라 산업통상자원부장관이나 시·도지사가 부과·징수한다.
〈개정 2008.2.29, 2009.1.30, 2013.3.23〉
⑥ 삭제 〈2009.1.30〉
⑦ 삭제 〈2009.1.30〉
⑧ 삭제 〈2009.1.30〉

5. 에너지이용 합리화법 시행령

[시행 2014.4.29] [대통령령 제25339호, 2014.4.29, 타법개정]

제1장 총칙

제1조(목적) 이 영은 「에너지이용 합리화법」에서 위임된 사항과 그 시행에 필요한 사항을 규정함을 목적으로 한다.

제2장 에너지이용 합리화를 위한 계획 및 조치 등

제3조(에너지이용 합리화 기본계획 등) ① 산업통상자원부장관은 5년마다 법 제4조 제1항에 따른 에너지이용 합리화에 관한 기본계획(이하 "기본계획"이라 한다)을 수립하여야 한다. 〈개정 2013.3.23〉
② 관계 행정기관의 장과 특별시장·광역시장·도지사 또는 특별자치도지사(이하 "시·도지사"라 한다)는 매년 법 제6조 제1항에 따른 실시계획(이하 "실시계획"이라 한다)을 수립하고 그 계획을 해당 연도 1월 31일까지, 그 시행 결과를 다음 연도 2월 말일까지 각각 산업통상자원부장관에게 제출하여야 한다. 〈개정 2013.3.23〉
③ 산업통상자원부장관은 제2항에 따라 받은 시행 결과를 평가하고, 해당 관계 행정기관의 장과 시·도지사에게 그 평가 내용을 통보하여야 한다. 〈개정 2013.3.23〉

제4조(국가에너지절약추진위원회의 구성 및 운영) ① 법 제5조 제1항에 따른 국가에너지절약추진위원회(이하 "위원회"라 한다)의 당연직 위원은 다음 각 호의 사람으로 한다. 이 경우 복수차관이 있는 기관은 해당 기관의 장이 지정하는 차관으로 한다. 〈개정 2009.7.27, 2011.10.26, 2013.3.23〉
1. 기획재정부차관
2. 미래창조과학부차관
3. 교육부차관
4. 안전행정부차관
5. 농림축산식품부차관
6. 산업통상자원부차관
7. 환경부차관
8. 국토교통부차관
9. 해양수산부차관
10. 국무조정실 국무2차장
11. 에너지관리공단 이사장
12. 한국전력공사 사장
13. 한국가스공사 사장
14. 한국지역난방공사 사장

② 삭제 〈2011.10.26〉
③ 위원회의 위원장(이하 "위원장"이라 한다)은 위원회를 대표하고, 위원회의 사무를 총괄한다. 〈개정 2009.7.27〉
④ 위원장이 부득이한 사유로 직무를 수행할 수 없을 때에는 위원장이 미리 지명하는 위원이 그 직무를 대행한다. 〈개정 2009.7.27〉
⑤ 위원장은 위원회의 회의를 소집하고, 그 의장이 된다. 〈개정 2009.7.27〉
⑥ 위원회의 회의는 재적위원 과반수의 출석으로 개의하고, 출석위원 과반수의 찬성으로 의결한다. 〈개정 2009.7.27〉

제5조 삭제 〈2011.10.26〉

제12조(에너지저장의무 부과대상자) ① 법 제7조 제1항에 따라 산업통상자원부장관이 에너지저장의무를 부과할 수 있는 대상자는 다음 각 호와 같다. 〈개정 2010.4.13, 2013.3.23〉
1. 「전기사업법」 제2조 제2호에 따른 전기사업자
2. 「도시가스사업법」 제2조 제2호에 따른 도시가스사업자
3. 「석탄산업법」 제2조 제5호에 따른 석탄가공업자
4. 「집단에너지사업법」 제2조 제3호에 따른 집단에너지사업자
5. 연간 2만 석유환산톤(「에너지법 시행령」 제15조제1항에 따라 석유를 중심으로 환산한 단위를 말한다. 이하 "티오이"라 한다) 이상의 에너지를 사용하는 자

② 산업통상자원부장관은 제1항 각 호의 자에게 에너지저장의무를 부과할 때에는 다음 각 호의 사항을 정하여 고시하여야 한다. 〈개정

2013.3.23〉
1. 대상자
2. 저장시설의 종류 및 규모
3. 저장하여야 할 에너지의 종류 및 저장의무량
4. 그 밖에 필요한 사항

제13조(수급 안정을 위한 조치) ① 산업통상자원부장관은 법 제7조 제2항에 따른 에너지수급의 안정을 위한 조치를 하려는 경우에는 그 사유·기간 및 대상자 등을 정하여 조치 예정일 7일 이전에 에너지사용자·에너지공급자 또는 에너지사용기자재의 소유자와 관리자에게 예고하여야 한다. 〈개정 2013.3.23〉

② 에너지공급자가 그 에너지공급에 관하여 법 제7조 제2항에 따른 조치를 받은 경우에는 제1항에 따라 예고된 바대로 에너지공급을 제한하고 그 결과를 산업통상자원부장관에게 보고하여야 한다. 〈개정 2013.3.23〉

제14조(에너지사용의 제한 또는 금지) ① 법 제7조 제2항 제9호에서 "에너지사용의 시기·방법 및 에너지사용기자재의 사용제한 또는 금지 등 대통령령으로 정하는 사항"이란 다음 각 호의 사항을 말한다.
1. 에너지사용시설 및 에너지사용기자재에 사용할 에너지의 지정 및 사용 에너지의 전환
2. 위생 접객업소 및 그 밖의 에너지사용시설에 대한 에너지사용의 제한
3. 차량 등 에너지사용기자재의 사용제한
4. 에너지사용의 시기 및 방법의 제한
5. 특정 지역에 대한 에너지사용의 제한

② 산업통상자원부장관이 제1항 제1호에 따른 사용 에너지의 지정 및 전환에 관한 조치를 할 때에는 에너지원 간의 수급상황을 고려하여 에너지사용시설 및 에너지사용기자재의 소유자 또는 관리인이 이에 대한 준비를 할 수 있도록 충분한 준비기간을 설정하여 예고하여야 한다. 〈개정 2013.3.23〉

③ 산업통상자원부장관이 제1항제2호부터 제5호까지의 규정에 따른 에너지사용의 제한조치를 할 때에는 조치를 하기 7일 이전에 제한 내용을 예고하여야 한다. 다만, 긴급히 제한할 필요가 있을 때에는 그 제한 전일까지 이를 공고할 수 있다. 〈개정 2013.3.23〉

④ 산업통상자원부장관은 정당한 사유 없이 법 제7조 제2항에 따른 에너지의 사용제한 또는 금지조치를 이행하지 아니하는 자에 대하여는 에너지공급자로 하여금 에너지공급을 제한하게 할 수 있다. 〈개정 2013.3.23〉

제15조(에너지이용 효율화조치 등의 내용) 법 제8조 제1항에 따라 국가·지방자치단체 등이 에너지를 효율적으로 이용하고 온실가스의 배출을 줄이기 위하여 추진하여야 하는 필요한 조치의 구체적인 내용은 다음 각 호와 같다.
1. 에너지절약 및 온실가스 배출 감축을 위한 제도·시책의 마련 및 정비
2. 에너지의 절약 및 온실가스 배출 감축 관련 홍보 및 교육
3. 건물 및 수송 부문의 에너지이용 합리화 및 온실가스 배출 감축

제16조(에너지공급자의 수요관리투자계획) ① 법 제9조 제1항 전단에서 "대통령령으로 정하는 에너지공급자"란 다음 각 호에 해당하는 자를 말한다. 〈개정 2013.3.23〉
1. 「한국전력공사법」에 따른 한국전력공사
2. 「한국가스공사법」에 따른 한국가스공사
3. 「집단에너지사업법」에 따른 한국지역난방공사
4. 그 밖에 대량의 에너지를 공급하는 자로서 에너지 수요관리투자를 촉진하기 위하여 산업통상자원부장관이 특히 필요하다고 인정하여 지정하는 자

② 제1항에 따른 에너지공급자는 법 제9조 제1항에 따른 연차별 수요관리투자계획(이하 "투자계획"이라 한다)을 해당 연도 개시 2개월 전까지, 그 시행 결과를 다음 연도 2월 말일까지 산업통상자원부장관에게 제출하여야 하며, 제출된 투자계획을 변경하는 경우에는 그 변경한 날부터 15일 이내에 산업통상자원부장관에게 그 변경된 사항을 제출하여야 한다. 〈개정 2013.3.23〉

③ 투자계획에는 다음 각 호의 사항이 포함되어야 한다.
1. 장·단기 에너지 수요 전망
2. 에너지절약 잠재량의 추정 내용
3. 수요관리의 목표 및 그 달성 방법
4. 그 밖에 수요관리의 촉진을 위하여 필요하다고 인정하는 사항

④ 투자계획 및 그 시행 결과의 구체적인 기재 사항, 작성 방법, 그 밖에 필요한 사항은 산업통상자원부장관이 정하여 고시한다. 〈개정 2013.3.23〉

제20조(에너지사용계획의 제출 등) ① 법 제10조 제1항에 따라 에너지사용계획을 수립하여 산업통상자원부장관에게 제출하여야 하는 사업주관자는 다음 각 호의 어느 하나에 해당하는 사업을 실시하려는 자로 한다.
〈개정 2013.3.23〉
1. 도시개발사업
2. 산업단지개발사업
3. 에너지개발사업
4. 항만건설사업
5. 철도건설사업
6. 공항건설사업
7. 관광단지개발사업
8. 개발촉진지구개발사업 또는 지역종합개발사업

② 법 제10조 제1항에 따라 에너지사용계획을 수립하여 산업통상자원부장관에게 제출하여야 하는 공공사업주관자(법 제10조 제2항에 따른 공공사업주관자를 말한다. 이하 같다)는 다음 각 호의 어느 하나에 해당하는 시설을 설치하려는 자로 한다. 〈개정 2013.3.23〉
1. 연간 2천5백 티오이 이상의 연료 및 열을 사용하는 시설
2. 연간 1천만 킬로와트시 이상의 전력을 사용하는 시설

③ 법 제10조 제1항에 따라 에너지사용계획을 수립하여 산업통상자원부장관에게 제출하여야 하는 민간사업주관자(법 제10조 제2항에 따른 민간사업주관자를 말한다. 이하 같다)는 다음 각 호의 어느 하나에 해당하는 시설을 설치하려는 자로 한다. 〈개정 2013.3.23〉
1. 연간 5천 티오이 이상의 연료 및 열을 사용하는 시설
2. 연간 2천만 킬로와트시 이상의 전력을 사용하는 시설

④ 제1항부터 제3항까지의 규정에 따른 사업 또는 시설의 범위와 에너지사용계획의 제출 시기는 별표 1과 같다.

⑤ 산업통상자원부장관은 법 제10조 제1항에 따라 에너지사용계획을 제출받은 경우에는 그 날부터 30일 이내에 공공사업주관자에게는 그 협의 결과를, 민간사업주관자에게는 그 의견청취 결과를 통보하여야 한다. 다만, 산업통상자원부장관이 필요하다고 인정할 때에는 20일의 범위에서 통보를 연장할 수 있다. 〈개정 2013.3.23〉

제21조(에너지사용계획의 내용 등) ① 법 제10조 제1항에 따른 에너지사용계획(이하 "에너지사용계획"이라 한다)에는 다음 각 호의 사항이 포함되어야 한다. 〈개정 2013.3.23〉
1. 사업의 개요
2. 에너지 수요예측 및 공급계획
3. 에너지 수급에 미치게 될 영향 분석
4. 에너지 소비가 온실가스(이산화탄소만 해당한다)의 배출에 미치게 될 영향 분석
5. 에너지이용 효율 향상 방안
6. 에너지이용의 합리화를 통한 온실가스(이산화탄소만 해당한다)의 배출감소 방안
7. 사후관리계획
8. 그 밖에 에너지이용 효율 향상을 위하여 필요하다고 산업통상자원부장관이 정하는 사항

② 에너지사용계획의 구체적인 기재 사항, 작성 방법, 그 밖에 필요한 사항은 산업통상자원부장관이 정하여 고시한다. 〈개정 2013.3.23〉

③ 법 제10조 제3항에서 "대통령령으로 정한 사항을 변경하려는 경우"란 다음 각 호에 해당하는 경우를 말하며, 공공사업주관자의 경우에는 그 에너지사용계획의 변경 사항에 관하여 산업통상자원부장관에게 협의를 요청하여야 한다. 〈개정 2013.3.23〉
1. 토지나 건축물의 면적 또는 시설의 변경으로 인하여 법 제10조제1항에 따라 제출한 에너지사용계획의 에너지사용량이 100분의 10 이상 증가되는 경우
2. 집단에너지 공급계획의 변경, 냉난방 방식의 변경, 그 밖에 에너지사용계획에 큰 변동을 가져오는 사항으로서 산업통상자원부장관이 정하여 고시하는 사항이 변경되는 경우

제22조(에너지사용계획·수립대행자의 요건) 법 제10조 제4항에 따라 에너지사용계획의 수립을 대행할 수 있는 기관은 다음 각 호의 어느 하나에 해당하는 자로서 산업통상자원부장관이 정하여 고시하는 인력을 갖춘 자로 한다. 〈개정 2011.1.17, 2013.3.23〉
1. 국공립연구기관
2. 정부출연연구기관
3. 대학부설 에너지 관계 연구소
4. 「엔지니어링산업 진흥법」 제2조에 따른 엔지니어링사업자 또는 「기술사법」 제6조에 따라 기술사사무소의 개설등록을 한 기술사

5. 법 제25조제1항에 따른 에너지절약전문기업

제23조(에너지사용계획에 대한 검토) ① 산업통상자원부장관은 법 제11조 제1항에 따른 에너지사용계획의 검토 결과에 따라 다음 각 호의 사항에 관하여 필요한 조치를 하여 줄 것을 공공사업주관자에게 요청하거나 민간사업주관자에게 권고할 수 있다. 〈개정 2013.3.23〉
1. 에너지사용계획의 조정 또는 보완
2. 사업의 실시 또는 시설설치계획의 조정
3. 사업의 실시 또는 시설설치시기의 연기
4. 그 밖에 산업통상자원부장관이 그 사업의 실시 또는 시설의 설치에 관하여 에너지 수급의 적정화 및 에너지사용의 합리화와 이를 통한 온실가스(이산화탄소만 해당한다)의 배출 감소를 도모하기 위하여 필요하다고 인정하는 조치

② 공공사업주관자는 제1항 각 호의 조치 요청을 받은 경우에는 산업통상자원부령으로 정하는 바에 따라 그 조치를 이행하기 위한 계획(이하 "이행계획"이라 한다)을 작성하여 산업통상자원부장관에게 제출하여야 한다. 〈개정 2013.3.23〉

제24조(이의 신청) 공공사업주관자는 법 제11조 제1항에 따라 요청받은 조치에 대하여 이의가 있는 경우에는 산업통상자원부령으로 정하는 바에 따라 그 요청을 받은 날부터 30일 이내에 산업통상자원부장관에게 이의를 신청할 수 있다. 〈개정 2013.3.23〉

제25조(협의절차 완료 전 공사시행 금지 등) ① 공공사업주관자는 에너지사용계획에 관한 협의절차가 완료되기 전에는 그 사업 등에 관련되는 공사를 시행할 수 없다.
② 산업통상자원부장관은 공공사업주관자가 협의절차의 완료 전에 공사를 시행하는 경우에는 관계 행정기관의 장에게 그 사업 또는 시설공사의 일시 중지 등 필요한 조치를 하여 줄 것을 요청할 수 있다. 〈개정 2013.3.23〉

제26조(에너지사용계획의 사후관리 등) ① 공공사업주관자는 에너지사용계획에 대한 협의절차가 완료된 경우에는 그 에너지사용계획 및 이행계획 중 그 사업 또는 시설의 실시설계서에 반영된 내용을 그 실시설계서가 확정된 후 14일 이내에 산업통상자원부장관에게 제출하여야 한다. 〈개정 2013.3.23〉
② 산업통상자원부장관은 법 제12조에 따라 에너지사용계획 또는 제23조 제1항에 따른 조치의 이행 여부를 확인하기 위하여 필요한 경우에는 공공사업주관자에 대하여는 소속 공무원으로 하여금 현지조사 또는 실태파악을 하게 할 수 있으며, 민간사업주관자에 대하여는 권고조치의 수용 여부 등의 실태파악을 위한 관련 자료의 제출을 요구할 수 있다. 〈개정 2013.3.23〉
③ 산업통상자원부장관은 제2항에 따른 현지조사 또는 실태파악의 결과 에너지사용계획 또는 제23조 제1항에 따른 조치를 이행하지 아니한 공공사업주관자에 대하여는 그 이행을 촉구하여야 한다. 〈개정 2013.3.23〉
④ 산업통상자원부장관은 공공사업주관자가 제3항에 따른 이행의 촉구에도 불구하고 이를 이행하지 아니한 경우에는 그 사업을 관장하는 관계 행정기관의 장에게 사업 또는 시설공사의 일시 중지 등 필요한 조치를 하여 줄 것을 요청하여야 한다. 〈개정 2013.3.23〉
⑤ 제20조 제1항 제1호 또는 제2호의 사업을 하는 공공사업주관자는 그 사업으로 조성된 토지를 공급하려고 공고할 때에는 그 사업이 법 제10조에 따른 에너지사용계획의 협의대상사업이라는 사실도 함께 공고하여야 한다.

제27조(에너지절약형 시설투자 등) ① 법 제14조 제1항에 따른 에너지절약형 시설투자, 에너지절약형 기자재의 제조·설치·시공은 다음 각 호의 시설투자로서 산업통상자원부장관이 정하여 공고하는 것으로 한다.
〈개정 2013.3.23〉
1. 노후 보일러 및 산업용 요로(燎爐) 등 에너지다소비 설비의 대체
2. 집단에너지사업, 열병합발전사업, 폐열이용사업과 대체연료사용을 위한 시설 및 기기류의 설치
3. 그 밖에 에너지절약 효과 및 보급 필요성이 있다고 산업통상자원부장관이 인정하는 에너지절약형 시설투자, 에너지절약형 기자재의 제조·설치·시공

② 법 제14조 제1항에 따라 지원대상이 되는 그 밖에 에너지이용 합리화와 이를 통한 온실가스배출의 감축에 관한 사업은 다음 각 호의 사업으로서 산업통상자원부장관이 인정하는 사업으로 한다. 〈개정 2013.3.23〉
1. 에너지원의 연구개발사업

2. 에너지이용 합리화 및 이를 통하여 온실가스배출을 줄이기 위한 에너지절약시설 설치 및 에너지기술개발사업
3. 기술용역 및 기술지도사업
4. 에너지 분야에 관한 신기술·지식집약형 기업의 발굴·육성을 위한 지원사업

제3장 에너지이용 합리화 시책

제1절 에너지사용기자재 관련 시책

제28조(효율관리기자재의 사후관리 등) ① 산업통상자원부장관은 법 제16조에 따른 효율관리기자재의 사후관리를 위하여 필요한 경우에는 관계 행정기관의 장에게 필요한 자료의 제출을 요청할 수 있다. 〈개정 2013.3.23〉

② 산업통상자원부장관은 법 제16조제1항 및 제2항에 따른 시정명령 및 생산·판매금지 명령의 이행 여부를 소속 공무원 또는 에너지관리공단으로 하여금 확인하게 할 수 있다. 〈개정 2013.3.23〉

제28조의2(매출액 기준) 법 제17조의 2 제1항 본문에서 "대통령령으로 정하는 매출액"이란 평균에너지소비효율기준을 달성하지 못한 연도에 과징금 부과 대상 자동차를 판매하여 얻은 매출액을 말한다.
[본조신설 2014.2.5]

제28조의3(과징금의 부과 및 납부) ① 법 제17조의 2 제1항 본문에 따른 과징금의 부과기준은 별표 1의 2와 같다.

② 환경부장관은 법 제17조의 2 제1항에 따라 과징금을 부과할 때에는 과징금의 부과사유와 과징금의 금액을 분명하게 적어 「대기환경보전법」 제76조의 5 제2항에 따른 평균에너지소비효율을 이월·거래 또는 상환하는 기간이 지난 다음 연도에 서면으로 알려야 한다.

③ 제2항에 따라 통지를 받은 자동차 제조업자 또는 수입업자는 통지받은 해 9월 30일까지 과징금을 환경부장관이 정하는 수납기관에 내야 한다. 다만, 천재지변이나 그 밖의 부득이한 사유로 그 기간 내에 과징금을 낼 수 없는 경우에는 그 사유가 없어진 날부터 30일 이내에 내야 한다.

④ 제3항에 따라 과징금을 받은 수납기관은 그 납부자에게 영수증을 발급하여야 한다.

⑤ 제1항부터 제4항까지에서 규정한 사항 외에 과징금의 부과에 필요한 세부기준은 환경부장관이 산업통상자원부장관과 협의하여 고시한다.
[본조신설 2014.2.5]

제2절 산업 및 건물 관련 시책

제29조(에너지절약을 위한 사업) 법 제25조제1항 제3호에서 "그 밖에 대통령령으로 정하는 에너지절약을 위한 사업"이란 다음 각 호의 사업을 말한다.
1. 신에너지 및 재생에너지원의 개발 및 보급사업
2. 에너지절약형 시설 및 기자재의 연구개발사업

제30조(에너지절약전문기업의 등록 등) ① 법 제25조제1항에 따라 에너지절약전문기업으로 등록을 하려는 자는 산업통상자원부령으로 정하는 등록신청서를 산업통상자원부장관에게 제출하여야 한다. 〈개정 2013.3.23〉

② 법 제25조 제1항에 따른 에너지절약전문기업의 등록기준은 별표 2와 같다.

제30조의2(공제규정) ① 법 제27조의 2 제1항에 따른 공제조합이 같은 조 제2항 제6호에 따른 공제사업을 하려면 공제규정을 정하여야 한다.

② 제1항에 따른 공제규정에는 공제사업의 범위, 공제계약의 내용, 공제료, 공제금, 공제금에 충당하기 위한 책임준비금 등 공제사업의 운영에 필요한 사항이 포함되어야 한다.
[본조신설 2011.10.26]

제31조(에너지절약형 시설 등) 법 제28조 제1항에서 "그 밖에 대통령령으로 정하는 시설 등"이란 다음 각 호를 말한다. 〈개정 2013.3.23〉
1. 에너지절약형 공정개선을 위한 시설
2. 에너지이용 합리화를 통한 온실가스의 배출을 줄이기 위한 시설
3. 그 밖에 에너지절약이나 온실가스의 배출을 줄이기 위하여 필요하다고 산업통상자원부장관이 인정하는 시설
4. 제1호부터 제3호까지의 시설과 관련된 기술개발

제32조(온실가스배출 감축사업계획서의 제출 등) ① 법 제29조에 따라 온실가스배출 감축실적의 등록을 신청하려는 자(이하 "등록신청자"

라 한다)는 온실가스배출 감축사업계획서(이하 "사업계획서"라 한다)와 그 사업의 추진 결과에 대한 이행실적보고서를 각각 작성하여 산업통상자원부장관에게 제출하여야 한다. 〈개정 2013.3.23〉

② 등록신청자는 사업계획서 및 이행실적보고서에 대하여 산업통상자원부장관이 지정하여 고시하는 에너지절약 관련 전문기관의 타당성 평가 및 검증을 받아 산업통상자원부장관에게 감축실적의 등록을 신청하여야 한다. 〈개정 2013.3.23〉

③ 제1항 및 제2항에 관한 세부적인 사항은 산업통상자원부장관이 환경부장관과 협의를 거쳐 정하여 고시한다. 〈개정 2013.3.23〉

제33조(온실가스배출 감축 관련 교육훈련 대상 등) ① 법 제30조 제1항에 따른 교육훈련의 대상자는 다음 각 호의 어느 하나에 해당하는 자를 말한다.
1. 산업계의 온실가스배출 감축 관련 업무담당자
2. 정부 등 공공기관의 온실가스배출 감축 관련 업무담당자

② 법 제30조제1항에 따른 교육훈련의 내용은 다음 각 호와 같다.
1. 기후변화협약과 대응 방안
2. 기후변화협약 관련 국내외 동향
3. 온실가스배출 감축 관련 정책 및 감축 방법에 관한 사항

제34조(기후변화협약특성화대학원의 지정기준 등) ① 법 제30조 제2항에서 "대통령령으로 정하는 기준에 해당하는 대학원 또는 대학원대학"이란 기후변화 관련 교통정책, 환경정책, 온난화방지과학, 산업활동과 대기오염 등 산업통상자원부장관이 정하여 고시하는 과목의 강의가 3과목 이상 개설되어 있는 대학원 또는 대학원대학을 말한다. 〈개정 2013.3.23〉

② 법 제30조 제2항에 따른 기후변화협약특성화대학원으로 지정을 받으려는 대학원 또는 대학원대학은 산업통상자원부장관에게 지정신청을 하여야 한다. 〈개정 2013.3.23〉

③ 산업통상자원부장관은 법 제30조 제2항에 따라 지정된 기후변화협약특성화대학원이 그 업무를 수행하는 데에 필요한 비용을 예산의 범위에서 지원할 수 있다. 〈개정 2013.3.23〉

④ 제1항 및 제2항에 따른 지정기준 및 지정신청 절차에 관한 세부적인 사항은 산업통상자원부장관이 환경부장관, 국토교통부장관 및 해양수산부장관과의 협의를 거쳐 정하여 고시한다. 〈개정 2013.3.23〉

제35조(에너지다소비사업자) 법 제31조 제1항 각 호 외의 부분에서 "대통령령으로 정하는 기준량 이상인 자"란 연료·열 및 전력의 연간 사용량의 합계(이하 "연간 에너지사용량"이라 한다)가 2천 티오이 이상인 자(이하 "에너지다소비사업자"라 한다)를 말한다.

제36조(에너지진단주기 등) ① 법 제32조 제2항에 따라 에너지다소비사업자가 주기적으로 에너지진단을 받아야 하는 기간(이하 "에너지진단주기"라 한다)은 별표 3과 같다.

② 에너지진단주기는 월 단위로 계산하되, 에너지진단을 시작한 달의 다음 달부터 기산(起算)한다.

[별표 3] 에너지진단주기(제36조 제1항 관련)

제40조(개선명령의 요건 및 절차 등) ① 법 제34조 제1항에 따라 산업통상자원부장관이 에너지다소비사업자에게 개선명령을 할 수 있는 경우는 법 제32조 제5항에 따른 에너지관리지도 결과 10퍼센트 이상의 에너지효율 개선이 기대되고 효율 개선을 위한 투자의 경제성이 있다고 인정되는 경우로 한다.
〈개정 2013.3.23〉

② 산업통상자원부장관은 제1항의 개선명령을 하려는 경우에는 구체적인 개선 사항과 개선 기간 등을 분명히 밝혀야 한다.
〈개정 2013.3.23〉

③ 에너지다소비사업자는 제1항에 따른 개선명령을 받은 경우에는 개선명령일부터 60일 이내에 개선계획을 수립하여 산업통상자원부장관에게 제출하여야 하며, 그 결과를 개선 기간 만료일부터 15일 이내에 산업통상자원부장관에게 통보하여야 한다. 〈개정 2013.3.23〉

④ 산업통상자원부장관은 제3항에 따른 개선계획에 대하여 필요하다고 인정하는 경우에는 수정 또는 보완을 요구할 수 있다.
〈개정 2013.3.23〉

제41조(개선명령의 이행 여부 확인) 산업통상자원부장관은 법 제34조 제1항에 따른 개선명령의 이행 여부를 소속 공무원으로 하여금 확인하게 할 수 있다. 〈개정 2013.3.23〉

제42조(폐열 이용의 조정안 작성 등) ① 산업통상자원부장관은 법 제36조 제2항 단서에 따른 조정을 할 때에는 당사자로부터 의견을 듣고 조정안을 작성하여야 한다. 〈개정 2013.3.23〉
② 산업통상자원부장관은 제1항에 따라 작성된 조정안을 당사자에게 알리고 60일 이내의 기간을 정하여 그 조정안을 수락할 것을 권고할 수 있다. 〈개정 2013.3.23〉

제42조의2(냉난방온도의 제한 대상 건물 등) ① 법 제36조의 2 제1항 제2호에서 "대통령령으로 정하는 기준량 이상인 건물"이란 연간 에너지사용량이 2천티오이 이상인 건물을 말한다.
② 산업통상자원부장관은 법 제36조의 2 제2항 각 호 외의 부분에 따른 고시를 하려는 경우에는 해당 고시 내용을 고시예정일 7일 이전에 같은 항 각 호에 따른 통지 대상자에게 예고하여야 한다. 〈개정 2013.3.23〉
[본조신설 2009.7.27]

제42조의3(시정조치 명령의 방법) 법 제36조의 3에 따른 시정조치 명령은 다음 각 호의 사항을 구체적으로 밝힌 서면으로 하여야 한다.
1. 시정조치 명령의 대상 건물 및 대상자
2. 시정조치 명령의 사유 및 내용
3. 시정기한
[본조신설 2009.7.27.]

제6장 보칙

제50조(권한의 위임) 산업통상자원부장관은 법 제69조 제1항에 따라 법 제78조 제4항 제1호와 제11호에 따른 과태료의 부과·징수에 관한 권한을 시·도지사에게 위임한다.
〈개정 2009.7.27, 2013.3.23〉

제51조(업무의 위탁) ① 법 제69조제3항에 따라 산업통상자원부장관 또는 시·도지사의 업무 중 다음 각 호의 업무를 공단에 위탁한다. 〈개정 2009.7.27, 2013.3.23〉
1. 법 제11조에 따른 에너지사용계획의 검토
2. 법 제12조에 따른 이행 여부의 점검 및 실태파악
3. 법 제15조 제3항에 따른 효율관리기자재의 측정 결과 신고의 접수
4. 법 제19조 제3항에 따른 대기전력경고표지대상제품의 측정 결과 신고의 접수
5. 법 제20조 제2항에 따른 대기전력저감대상제품의 측정 결과 신고의 접수
6. 법 제22조 제3항 및 제4항에 따른 고효율에너지기자재 인증 신청의 접수 및 인증
7. 법 제23조 제1항에 따른 고효율에너지기자재의 인증취소 또는 인증사용 정지명령
8. 법 제25조에 따른 에너지절약전문기업의 등록
9. 법 제29조 제1항에 따른 온실가스배출 감축 실적의 등록 및 관리
10. 법 제31조 제1항에 따른 에너지다소비사업자 신고의 접수
11. 법 제32조 제3항에 따른 진단기관의 관리·감독
12. 법 제32조 제5항에 따른 에너지관리지도
12의2. 법 제36조의2제4항에 따른 냉난방온도의 유지·관리 여부에 대한 점검 및 실태파악
13. 법 제39조 제2항 및 제4항에 따른 검사대상기기의 검사
14. 법 제39조 제3항에 따른 검사증의 발급(제13호에 따른 검사만 해당한다)
15. 법 제39조 제7항에 따른 검사대상기기의 폐기, 사용 중지, 설치자 변경 및 검사의 전부 또는 일부가 면제된 검사대상기기의 설치에 대한 신고의 접수
16. 법 제40조 제3항에 따른 검사대상기기조종자의 선임·해임 또는 퇴직신고의 접수
② 법 제69조 제3항에 따라 시·도지사의 업무 중 다음 각 호의 업무를 공단 또는 「국가표준기본법」 제23조에 따라 인정받은 시험·검사기관 중 산업통상자원부장관이 지정하여 고시하는 기관에 위탁한다. 〈개정 2013.3.23〉
1. 법 제39조 제1항에 따른 검사대상기기의 검사
2. 법 제39조 제3항에 따른 검사증의 발급(제1호에 따른 검사만 해당한다)

제52조(보고) 제51조에 따라 권한의 위임 또는 업무의 위탁을 받은 자는 그 위임 또는 위탁받은 업무를 처리하였을 때에는 산업통상자원부장관 또는 시·도지사에게 그 처리 결과를 보고하여야 한다. 〈개정 2013.3.23〉

제53조(과태료의 부과기준) ① 법 제78조 제1항부터 제4항까지의 규정에 따른 과태료의 부과기준은 별표 5와 같다.
② 산업통상자원부장관 또는 시·도지사는 해

당 사업자의 사업 규모, 위반 정도 및 위반횟수 등을 고려하여 별표 5에 따른 과태료 금액의 3분의 1의 범위에서 그 금액을 감경할 수 있다. 〈개정 2013.3.23〉
[본조신설 2009.7.27]

[별표 3]

에너지진단주기(제36조 제1항 관련)

연간 에너지 사용량	에너지 진단주기
20만 티오이 이상	1. 전체 진단: 5년 2. 부분 진단: 3년
20만 티오이 미만	5년

〈비고〉
1. 연간 에너지 사용량은 에너지 진단을 하는 연도의 전년도 연간 에너지 사용량을 기준으로 한다.
2. 연간 에너지 사용량이 20만 티오이 이상인 자에 대해서는 10만 티오이 이상의 사용량을 기준으로 구역별로 나누어 에너지 진단(이하 "부분 진단"이라 한다)을 할 수 있으며, 1개 구역 이상에 대하여 부분 진단을 한 경우에는 에너지 진단 주기에 에너지 진단을 받은 것으로 본다.
3. 부분 진단은 10만 티오이 이상의 사용량을 기준으로 구역별로 나누어 순차적으로 실시하여야 한다.

6. 에너지이용 합리화법 시행규칙

[시행 2014.2.21] [산업통상자원부령 제52호, 2014.2.21, 일부개정]

제1조(목적) 이 규칙은 「에너지이용 합리화법」 및 같은 법 시행령에서 위임된 사항과 그 시행에 필요한 사항을 규정함을 목적으로 한다.

제1조의2(열사용기자재) 「에너지이용 합리화법」(이하 "법"이라 한다) 제2조에 따른 열사용기자재는 별표 1과 같다. 다만, 다음 각 호의 어느 하나에 해당하는 열사용기자재는 제외한다. 〈개정 2013.3.23〉
1. 「전기사업법」 제2조 제2호에 따른 전기사업자가 설치하는 발전소의 발전(發電)전용 보일러 및 압력용기. 다만, 「집단에너지사업법」의 적용을 받는 발전전용 보일러 및 압력용기는 열사용기자재에 포함된다.
2. 「철도사업법」에 따른 철도사업을 하기 위하여 설치하는 기관차 및 철도차량용 보일러
3. 「고압가스 안전관리법」 및 「액화석유가스의 안전관리 및 사업법」에 따라 검사를 받는 보일러 및 압력용기
4. 「선박안전법」에 따라 검사를 받는 선박용 보일러 및 압력용기
5. 「전기용품안전 관리법」 및 「의료기기법」의 적용을 받는 2종 압력용기
6. 이 규칙에 따라 관리하는 것이 부적합하다고 산업통상자원부장관이 인정하는 수출용 열사용기자재

[본조신설 2012.6.28]

[별표 1] 열사용기자재(제1조의2 관련)

제3조(에너지사용계획의 검토기준 및 검토방법)
① 법 제11조제1항에 따른 에너지사용계획의 검토기준은 다음 각 호와 같다.
1. 에너지의 수급 및 이용 합리화 측면에서 해당 사업의 실시 또는 시설 설치의 타당성
2. 부문별·용도별 에너지 수요의 적절성
3. 연료·열 및 전기의 공급 체계, 공급원 선택 및 관련 시설 건설계획의 적절성
4. 해당 사업에 있어서 용지의 이용 및 시설의 배치에 관한 효율화 방안의 적절성
5. 고효율에너지이용 시스템 및 설비 설치의 적절성
6. 에너지이용의 합리화를 통한 온실가스(이산화탄소만 해당한다) 배출감소 방안의 적절성
7. 폐열의 회수·활용 및 폐기물 에너지이용계획의 적절성
8. 신·재생에너지이용계획의 적절성
9. 사후 에너지관리계획의 적절성

② 산업통상자원부장관은 제1항에 따른 검토를 할 때 필요하면 관계 행정기관, 지방자치단체, 연구기관, 에너지공급자, 그 밖의 관련 기관 또는 단체에 검토를 의뢰하여 의견을 제출하게 하거나, 소속 공무원으로 하여금 현지조사를 하게 할 수 있다. 〈개정 2013.3.23〉
③ 제1항 각 호의 기준에 관한 구체적인 내용은 산업통상자원부장관이 정한다.
〈개정 2013.3.23〉

제5조(이행계획의 작성 등) 영 제23조제2항에 따른 이행계획에는 다음 각 호의 사항이 포함되어야 한다. 〈개정 2013.3.23〉
1. 영 제23조제1항 각 호의 사항에 관하여 산업통상자원부장관으로부터 요청받은 조치의 내용
2. 이행 주체
3. 이행 방법
4. 이행 시기

제6조(이의신청) 영 제24조에 따라 공공사업주관자가 이의신청을 하려는 경우에는 그 이유 및 내용을 적은 서류를 산업통상자원부장관에게 제출하여야 한다.
〈개정 2011.1.19, 2013.3.23〉

제7조(효율관리기자재) ① 법 제15조제1항에 따른 효율관리기자재(이하 "효율관리기자재"라 한다)는 다음 각 호와 같다. 〈개정 2013.3.23〉
1. 전기냉장고
2. 전기냉방기
3. 전기세탁기
4. 조명기기
5. 삼상유도전동기(三相誘導電動機)
6. 자동차
7. 그 밖에 산업통상자원부장관이 그 효율의 향상이 특히 필요하다고 인정하여 고시하는 기자재 및 설비

② 제1항 각 호의 효율관리기자재의 구체적인 범위는 산업통상자원부장관이 정하여 고시한다. 〈개정 2013.3.23〉
③ 법 제15조 제1항 제6호에서 "산업통상자원부령으로 정하는 사항"이란 다음 각 호와 같다. 〈개정 2011.12.15, 2013.3.23〉
1. 법 제15조 제2항에 따른 효율관리시험기관(이하 "효율관리시험기관"이라 한다) 또는 자체측정의 승인을 받은 자가 측정할 수 있는 효율관리기자재의 종류, 측정 결과에 관한 시험성적서의 기재 사항 및 기재 방법과 측정 결과의 기록 유지에 관한 사항
2. 이산화탄소 배출량의 표시
3. 에너지비용(일정기간 동안 효율관리기자재를 사용함으로써 발생할 수 있는 예상 전기요금이나 그 밖의 에너지요금을 말한다)

제9조(효율관리기자재 측정 결과의 신고) 법 제15조 제3항에 따라 효율관리기자재의 제조업자 또는 수입업자는 효율관리시험기관으로부터 측정 결과를 통보받은 날 또는 자체측정을 완료한 날부터 각각 60일 이내에 그 측정 결과를 법 제45조에 따른 에너지관리공단(이하 "공단"이라 한다)에 신고하여야 한다.

제11조(평균효율관리기자재) 법 제17조 제1항에서 "산업통상자원부령으로 정하는 기자재"란 「자동차관리법」 제3조 제1항에 따른 승용자동차를 말한다. 〈개정 2013.3.23〉

제12조(평균에너지소비효율의 산정 방법 등) ① 법 제17조 제1항에 따른 평균에너지소비효율의 산정 방법은 별표 1의2와 같다.
〈개정 2012.6.28〉
② 법 제17조 제2항에 따른 평균에너지소비효율의 개선 기간은 개선명령을 받은 날부터 다음 해 12월 31일까지로 한다.
③ 법 제17조 제2항에 따른 개선명령을 받은 자는 개선명령을 받은 날부터 60일 이내에 개선명령 이행계획을 수립하여 산업통상자원부장관에게 제출하여야 한다. 〈개정 2013.3.23〉
④ 제3항에 따라 개선명령이행계획을 제출한 자는 개선명령의 이행 상황을 매년 6월 말과 12월 말에 산업통상자원부장관에게 보고하여야 한다. 다만, 개선명령이행계획을 제출한 날부터 90일이 지나지 아니한 경우에는 그 다음 보고 기간에 보고할 수 있다.
〈개정 2013.3.23〉
⑤ 산업통상자원부장관은 제3항에 따른 개선명령이행계획을 검토한 결과 평균에너지소비효율의 개선계획이 미흡하다고 인정되는 경우에는 조정·보완을 요청할 수 있다.
〈개정 2013.3.23〉
⑥ 제5항에 따른 조정·보완을 요청받은 자는 정당한 사유가 없으면 30일 이내에 개선명령이행계획을 조정·보완하여 산업통상자원부장관에게 제출하여야 한다. 〈개정 2013.3.23〉
⑦ 법 제17조 제5항에 따른 평균에너지소비효율의 공표 방법은 관보 또는 일간신문에의 게재로 한다.

제12조의2(과징금 부과대상) 법 제17조의 2 제1항에서 "산업통상자원부령으로 정하는 자동차"란 「자동차관리법」 제3조 제1항 제1호의 승용자동차를 말한다.
[본조신설 2014.2.21]

제13조(대기전력저감대상제품) ① 법 제18조에 따른 대기전력저감대상제품(이하 "대기전력저감대상제품"이라 한다)은 별표 2와 같다.
② 법 제18조 제5호에서 "산업통상자원부령으로 정하는 사항"이란 법 제19조 제2항에 따른 대기전력시험기관(이하 "대기전력시험기관"이라 한다) 또는 자체측정의 승인을 받은 자가 측정할 수 있는 대기전력저감대상제품의 종류, 측정 결과에 관한 시험성적서의 기재 사항 및 기재 방법과 측정 결과의 기록 유지에 관한 사항을 말한다. 〈개정 2013.3.23〉

제14조(대기전력경고표지대상제품) ① 법 제19조 제1항에 따른 대기전력경고표지대상제품(이하 "대기전력경고표지대상제품"이라 한다)은 다음 각 호와 같다. 〈개정 2010.1.18〉
1. 컴퓨터
2. 모니터
3. 프린터
4. 복합기
5. 삭제 〈2012.4.5〉
6. 삭제 〈2014.2.21〉
7. 전자레인지
8. 팩시밀리
9. 복사기
10. 스캐너
11. 삭제 〈2014.2.21〉
12. 오디오
13. DVD플레이어

14. 라디오카세트
15. 도어폰
16. 유무선전화기
17. 비데
18. 모뎀
19. 홈 게이트웨이

② 법 제19조 제1항 제3호에서 "산업통상자원부령으로 정하는 사항"이란 법 제19조 제2항에 따른 대기전력시험기관 또는 자체측정의 승인을 받은 자가 측정할 수 있는 대기전력경고표지대상제품의 종류, 측정 결과에 관한 시험성적서의 기재 사항 및 기재 방법과 측정 결과의 기록 유지에 관한 사항을 말한다.
〈개정 2013.3.23〉
[시행일 : 2015.1.1.] 제14조 제1항 제6호

제16조(대기전력경고표지대상제품 측정 결과의 신고) 법 제19조 제3항에 따라 대기전력경고표지대상제품의 제조업자 또는 수입업자는 대기전력시험기관으로부터 측정 결과를 통보받은 날 또는 자체측정을 완료한 날부터 각각 60일 이내에 그 측정 결과를 공단에 신고하여야 한다.

제20조(고효율에너지인증대상기자재) ① 법 제22조 제1항에 따른 고효율에너지인증대상기자재(이하 "고효율에너지인증대상기자재"라 한다)는 다음 각 호와 같다. 〈개정 2013.3.23〉
1. 펌프
2. 산업건물용 보일러
3. 무정전전원장치
4. 폐열회수형 환기장치
5. 발광다이오드(LED) 등 조명기기
6. 그 밖에 산업통상자원부장관이 특히 에너지이용의 효율성이 높아 보급을 촉진할 필요가 있다고 인정하여 고시하는 기자재 및 설비

② 법 제22조 제1항 제5호에서 "산업통상자원부령으로 정하는 사항"이란 법 제22조 제2항에 따른 고효율시험기관(이하 "고효율시험기관"이라 한다)이 측정할 수 있는 고효율에너지인증대상기자재의 종류, 측정 결과에 관한 시험성적서의 기재 사항 및 기재 방법과 측정 결과의 기록 유지에 관한 사항을 말한다.
〈개정 2013.3.23〉

제24조(에너지절약전문기업의 등록신청) ① 영 제30조 제1항에 따른 에너지절약전문기업의 등록신청서 및 등록 사항을 변경하는 경우의 변경등록신청서는 별지 제6호 서식과 같다.

② 제1항에 따른 등록신청서에는 다음 각 호의 서류(변경등록의 경우에는 등록신청을 할 때 제출한 서류 중 변경된 것만을 말한다)를 첨부하여야 한다. 이 경우 신청을 받은 공단은 「전자정부법」 제36조 제1항에 따른 행정정보의 공동이용을 통하여 법인 등기사항증명서(신청인이 법인인 경우만 해당한다)를 확인하여야 한다. 〈개정 2011.1.19〉
1. 사업계획서
2. 삭제 〈2011.1.19〉
3. 영 별표 2에 따른 보유장비명세서 및 기술인력명세서(자격증명서 사본을 포함한다)
4. 「부동산 가격공시 및 감정평가에 관한 법률」에 따른 감정평가업자가 평가한 자산에 대한 감정평가서(개인인 경우만 해당한다)

제26조(자발적 협약의 이행 확인 등) ① 법 제28조에 따라 에너지사용자 또는 에너지공급자가 수립하는 계획에는 다음 각 호의 사항이 포함되어야 한다.
1. 협약 체결 전년도의 에너지소비 현황
2. 에너지를 사용하여 만드는 제품, 부가가치 등의 단위당 에너지이용효율 향상목표 또는 온실가스배출 감축목표(이하 "효율향상목표 등"이라 한다) 및 그 이행 방법
3. 에너지관리체제 및 에너지관리방법
4. 효율향상목표 등의 이행을 위한 투자계획
5. 그 밖에 효율향상목표 등을 이행하기 위하여 필요한 사항

② 법 제28조에 따른 자발적 협약의 평가기준은 다음 각 호와 같다.
1. 에너지절감량 또는 에너지의 합리적인 이용을 통한 온실가스배출 감축량
2. 계획 대비 달성률 및 투자실적
3. 자원 및 에너지의 재활용 노력
4. 그 밖에 에너지절감 또는 에너지의 합리적인 이용을 통한 온실가스배출 감축에 관한 사항

제28조(에너지진단 제외대상 사업장) 법 제32조 제2항 단서에서 "산업통상자원부령으로 정하는 범위에 해당하는 사업장"이란 다음 각 호의 어느 하나에 해당하는 사업장을 말한다. 〈개정 2011.1.19, 2013.3.23〉
1. 「전기사업법」 제2조 제2호에 따른 전기사업자가 설치하는 발전소

2. 「건축법 시행령」 별표 1 제2호 가목에 따른 아파트
3. 「건축법 시행령」 별표 1 제2호 나목에 따른 연립주택
4. 「건축법 시행령」 별표 1 제2호 다목에 따른 다세대주택
5. 「건축법 시행령」 별표 1 제7호에 따른 판매시설 중 소유자가 2명 이상이며, 공동 에너지사용설비의 연간 에너지사용량이 2천 티오이 미만인 사업장
6. 「건축법 시행령」 별표 1 제14호 나목에 따른 일반업무시설 중 오피스텔
7. 「건축법 시행령」 별표 1 제18호 가목에 따른 창고
8. 「산업집적활성화 및 공장설립에 관한 법률」 제2조제13호에 따른 지식산업센터
9. 「군사기지 및 군사시설 보호법」 제2조 제2호에 따른 군사시설
10. 「폐기물관리법」 제29조에 따라 폐기물처리의 용도만으로 설치하는 폐기물처리시설
11. 그 밖에 기술적으로 에너지진단을 실시할 수 없거나 에너지진단의 효과가 적다고 산업통상자원부장관이 인정하여 고시하는 사업장

제29조(에너지진단의 면제 등) ① 법 제32조 제4항에 따라 에너지진단을 면제하거나 에너지진단주기를 연장할 수 있는 자는 다음 각 호의 어느 하나에 해당하는 자로 한다.
〈개정 2011.3.15, 2013.3.23, 2014.2.21〉
1. 법 제28조 제1항에 따라 자발적 협약을 체결한 자로서 제26조 제2항에 따른 자발적 협약의 평가기준에 따라 자발적 협약의 이행 여부를 확인한 결과 이행실적이 우수한 사업자로 선정된 자
2. 에너지절약 유공자로서 「정부표창규정」 제10조에 따른 중앙행정기관의 장 이상의 표창권자가 준 단체표창을 받은 자
3. 에너지진단 결과를 반영하여 에너지를 효율적으로 이용하고 있다고 산업통상자원부장관이 인정하여 고시하는 자
4. 지난 연도 에너지사용량의 100분의 30 이상을 다음 각 목의 어느 하나에 해당하는 제품, 기자재 및 설비(이하 "친에너지형 설비"라 한다)를 이용하여 공급하는 자
   가. 법 제14조에 따른 금융·세제상의 지원을 받는 설비
   나. 법 제15조에 따른 효율관리기자재 중 에너지소비효율이 1등급인 제품
   다. 법 제20조에 따른 대기전력저감우수제품
   라. 법 제22조에 따라 인증 표시를 받은 고효율에너지기자재
   마. 「신에너지 및 재생에너지 개발·이용·보급 촉진법」 제13조에 따라 설비인증을 받은 신·재생에너지 설비
5. 에너지의 공급 또는 사용에 관한 관리·제어 시스템(이하 "에너지관리시스템"이라 한다)에 관하여 산업통상자원부장관이 정하는 요건을 갖춘 에너지관리시스템을 구축하여 에너지를 효율적으로 이용하고 있다고 산업통상자원부장관이 고시하는 자

② 제1항에 따라 에너지진단을 면제 또는 에너지진단주기를 연장받으려는 자는 별지 제8호의 2서식의 에너지진단 면제(에너지진단주기 연장) 신청서에 다음 각 호의 어느 하나에 해당하는 서류를 첨부하여 산업통상자원부장관에게 제출하여야 한다. 〈신설 2011.3.15, 2013.3.23, 2014.2.21〉
1. 자발적 협약 우수사업장임을 확인할 수 있는 서류
2. 중소기업임을 확인할 수 있는 서류
3. 에너지절약 유공자 표창 사본
4. 에너지진단결과를 반영한 에너지절약 투자 및 개선실적을 확인할 수 있는 서류
5. 친에너지형 설비 설치를 확인할 수 있는 서류(설비의 목록, 용량 및 설치사진 등을 말한다)
6. 에너지관리시스템 구축 내역을 확인할 수 있는 서류

③ 산업통상자원부장관은 제2항에 따른 신청을 받은 경우에는 이를 검토하여 에너지진단 면제 또는 에너지진단주기 연장 신청결과를 별지 제8호의 3 서식에 따라 신청인에게 알려 주어야 한다. 〈신설 2011.3.15, 2013.3.23〉

④ 제1항에 따른 에너지진단의 면제 또는 에너지진단주기의 연장 범위는 별표 3과 같으며, 그 밖에 필요한 사항은 산업통상자원부장관이 정하여 고시한다.
〈개정 2011.3.15, 2013.3.23〉

제30조(에너지진단전문기관의 지정절차 등) ① 법 제32조 제7항에 따라 에너지진단전문기관

(이하 "진단기관"이라 한다)으로 지정받으려는 자 또는 진단기관 지정서의 기재 내용을 변경하려는 자는 별지 제9호서식의 진단기관 지정신청서 또는 진단기관 변경지정신청서를 산업통상자원부장관에게 제출하여야 한다. 〈개정 2013.3.23〉
② 제1항에 따른 진단기관 지정신청서에는 다음 각 호의 서류(변경지정신청의 경우에는 지정신청을 할 때 제출한 서류 중 변경된 것만을 말한다)를 첨부하여야 한다. 이 경우 신청을 받은 산업통상자원부장관은 「전자정부법」 제36조제1항에 따른 행정정보의 공동이용을 통하여 법인 등기사항증명서(신청인이 법인인 경우만 해당한다)를 확인하여야 한다. 〈개정 2010.1.18, 2011.1.19, 2013.3.23〉
1. 에너지진단업무 수행계획서
2. 보유장비명세서
3. 기술인력명세서(자격증 사본, 경력증명서, 재직증명서를 포함한다)
③ 산업통상자원부장관은 진단기관을 지정한 경우에는 별지 제10호서식의 진단기관 지정서를 발급하여야 한다. 〈개정 2013.3.23〉
④ 제3항에 따라 지정서를 발급받은 자는 그 지정서를 잃어버리거나 헐어 못 쓰게 된 경우에는 산업통상자원부장관에게 재발급신청을 할 수 있다. 이 경우 지정서가 헐어 못 쓰게 되어 재발급신청을 할 때에는 그 지정서를 첨부하여야 한다. 〈개정 2013.3.23〉

제31조(진단기관의 지정취소 공고) 산업통상자원부장관은 법 제33조에 따라 진단기관의 지정을 취소하거나 그 업무의 정지를 명하였을 때에는 지체 없이 이를 관보와 인터넷 홈페이지 등에 공고하여야 한다. 〈개정 2013.3.23〉

제31조의2(냉난방온도의 제한온도 기준) 법 제36조의 2 제1항에 따른 냉난방온도의 제한온도(이하 "냉난방온도의 제한온도"라 한다)를 정하는 기준은 다음 각 호와 같다. 다만, 판매시설 및 공항의 경우에 냉방온도는 25℃ 이상으로 한다.
1. 냉방: 26℃ 이상
2. 난방: 20℃ 이하
[본조신설 2009.7.30]

제31조의3(냉난방온도제한건물의 지정기준) ① 법 제36조의 2 제1항에 따라 냉난방온도를 제한하는 건물(이하 "냉난방온도제한건물"이라 한다)은 법 제36조의 2 제1항 각 호의 건물로 한다. 다만, 법 제36조의 2 제1항 제2호의 건물 중 「산업집적활성화 및 공장설립에 관한 법률」 제2조 제1호에 따른 공장과 「건축법」 제2조 제2항 제2호에 따른 공동주택은 제외한다.
② 제1항의 본문에도 불구하고 냉난방온도제한건물 중 다음 각 호의 어느 하나에 해당하는 구역에는 냉난방온도의 제한온도를 적용하지 않을 수 있다. 〈개정 2013.3.23〉
1. 「의료법」 제3조에 따른 의료기관의 실내구역
2. 식품 등의 품질관리를 위해 냉난방온도의 제한온도 적용이 적절하지 않은 구역
3. 숙박시설 중 객실 내부구역
4. 그 밖에 관련 법령 또는 국제기준에서 특수성을 인정하거나 건물의 용도상 냉난방온도의 제한온도를 적용하는 것이 적절하지 않다고 산업통상자원부장관이 고시하는 구역
[본조신설 2009.7.30]

제31조의4(냉난방온도 점검 방법 등) ① 냉난방온도제한건물의 관리기관 및 법 제31조에 따른 에너지다소비사업자(이하 "에너지다소비사업자"라 한다)는 냉난방온도를 관리하는 책임자(이하 "관리책임자"라 한다)를 지정하여야 한다. 〈개정 2011.1.19〉
② 관리책임자는 법 제36조의 2 제4항에 따른 냉난방온도 점검 및 실태파악에 협조하여야 한다.
③ 산업통상자원부장관이 법 제36조의 2 제4항에 따라 냉난방온도를 점검하거나 실태를 파악하는 경우에는 산업통상자원부장관이 고시한 국가교정기관지정제도운영요령에서 정하는 방법에 따라 인정기관에서 교정 받은 측정기기를 사용한다. 이 경우 관리책임자가 동행하여 측정결과를 확인할 수 있다. 〈개정 2013.3.23〉
④ 그 밖에 냉난방온도 점검을 위하여 필요한 사항은 산업통상자원부장관이 정하여 고시한다. 〈개정 2013.3.23〉
[본조신설 2009.7.30]

제31조의5(특정열사용기자재) 법 제37조에 따른 특정열사용기자재 및 그 설치·시공범위는 별표 3의2와 같다.
[본조신설 2012.6.28]

제31조의6(검사대상기기) 법 제39조 제1항에 따라 검사를 받아야 하는 검사대상기기는 별표 3

의3과 같다.
[본조신설 2012.6.28]

제31조의7(검사의 종류 및 적용대상) 법 제39조 제1항·제2항 및 제4항에 따른 검사의 종류 및 적용대상은 별표 3의 4와 같다.
[본조신설 2012.6.28]

제31조의8(검사유효기간) ① 법 제39조 제2항 및 제4항에 따른 검사대상기기의 검사유효기간은 별표 3의 5와 같다.
② 제1항에 따른 검사유효기간은 검사(법 제39조 제5항 단서에 따른 검사에 합격되지 아니한 검사대상기기에 대한 검사 및 「기업활동 규제완화에 관한 특별조치법 시행령」 제19조 제1항에 따른 동시검사를 포함한다)에 합격한 날의 다음 날부터 계산한다. 다만, 검사에 합격한 날이 검사유효기간 만료일 이전 30일 이내인 경우와 제31조의 20에 따라 검사를 연기한 경우에는 검사유효기간 만료일의 다음 날부터 계산한다.
③ 산업통상자원부장관은 검사대상기기의 안전관리 또는 에너지효율 향상을 위하여 부득이하다고 인정할 때에는 제1항에 따른 검사유효기간을 조정할 수 있다. 〈개정 2013.3.23〉
[본조신설 2012.6.28]

제31조의9(검사기준) 법 제39조 제8항에 따른 검사대상기기의 검사기준은 「산업표준화법」 제12조에 따른 한국산업표준(이하 "한국산업표준"이라 한다)에 따른다. 다만, 한국산업표준이 제정되지 아니한 경우에는 산업통상자원부장관이 정하는 기준에 따른다.
〈개정 2013.3.23〉
[본조신설 2012.6.28]

제31조의10(신제품에 대한 검사기준) ① 산업통상자원부장관은 제31조의9에 따른 검사기준이 마련되지 아니한 검사대상기기(이하 "신제품"이라 한다)에 대해서는 제31조의11에 따른 열사용기자재기술위원회의 심의를 거친 검사기준으로 검사할 수 있다. 〈개정 2013.3.23〉
② 산업통상자원부장관은 제1항에 따라 신제품에 대한 검사기준을 정한 경우에는 특별시장·광역시장·도지사 또는 특별자치도지사(이하 "시·도지사"라 한다) 및 검사신청인에게 그 사실을 지체 없이 알리고, 그 검사기준을 관보에 고시하여야 한다. 〈개정 2013.3.23〉

[본조신설 2012.6.28]
제31조의13(검사의 면제) ① 법 제39조 제6항에 따라 검사의 전부 또는 일부가 면제되는 검사는 다음 각 호와 같다. 〈개정 2013.3.23〉
1. 별표 3의6에서 정한 검사
2. 다음 각 목의 요건에 해당하는 보일러 및 압력용기의 제조업자에 대한 제조검사
   가. 산업통상자원부장관이 정하는 일정기간·일정량 이상 제조한 검사대상기기의 품질수준이 제31조의9에 따른 검사기준 이상일 것
   나. 제조시설·검사시설·기술인력 등 검사대상기기의 품질을 보장하기 위하여 필요한 생산조건에 적합한 공정 및 생산능력을 갖추고 있을 것
   다. 그 밖에 산업통상자원부장관이 정하는 조건에 적합할 것
3. 「통계법」 제22조에 따라 통계청장이 고시하는 한국표준산업분류에 따른 제조업의 사업장에 설치된 다음 각 목의 요건에 해당하는 검사대상기기의 계속사용검사
   가. 검사신청일 현재 최근 3년간 사업장 안에서의 업무상 재해로 인하여 「산업재해보상보험법」 제36조 제1항에 따른 보험급여를 지급한 사실이 없는 업체에 설치된 검사대상기기
   나. 최초 설치 후 5년 이내이고 연속하여 2회 이상 검사에 합격한 검사대상기기
4. 다음 각 목의 요건에 해당하는 보일러 및 압력용기의 제조업자에 대한 제조검사 및 설치검사
   가. 별표 3의7의 요건을 갖춘 제조안전보험에 가입할 것
   나. 별표 3의8의 검사시설 및 기술인력을 보유할 것
5. 다음 각 목의 요건에 해당하는 보일러 및 압력용기의 사용자에 대한 계속사용검사, 설치장소 변경검사 및 개조검사
   가. 별표 3의7의 요건을 갖춘 사용안전보험으로서 약정보험금액이 400억원 이상인 사용안전보험에 가입할 것
   나. 보험가입일 현재 최근 2년간 사업장 안에서의 업무상 재해로 인하여 「산업재해보상보험법」 제36조 제1항에 따른 보험급여를 지급한 사실이 없을 것

② 시·도지사는 제1항 제2호에 해당되어 검사가 면제되는 제조업자에 대해서도 연 1회 이상 공단이나 영 제51조 제2항에 따라 산업통상자원부장관이 지정·고시하는 기관(이하 "검사기관"이라 한다)으로 하여금 제조검사를 하게 할 수 있다. 〈개정 2013.3.23〉

③ 제1항 제4호 또는 제5호에 따라 해당 검사를 면제받은 자는 보험계약의 효력이 발생한 날부터 15일 이내에 보험가입증명서 및 해당 요건의 증명서류를 첨부하여 보험가입 사실을 시·도지사에게 알려야 한다.

④ 제1항 제4호 또는 제5호에 따라 제조업자 또는 사용자와 보험계약을 체결한 보험사업자는 다음 각 호의 어느 하나에 해당하는 경우에는 그 사실을 15일 이내에 시·도지사에게 알려야 한다.
1. 제조업자 또는 사용자에게 보험금을 지급한 경우
2. 보험계약에 따른 보증기간이 만료한 경우
3. 보험계약이 해지된 경우
4. 그 밖에 보험계약의 효력이 상실된 경우

⑤ 공단의 이사장(이하 "공단이사장"이라 한다) 또는 검사기관의 장은 제2항에 따른 검사 결과 검사의 면제가 부적당하다고 인정될 경우에는 그 사항을 시·도지사에게 보고하여야 한다.

⑥ 시·도지사는 제5항에 따른 보고 또는 법 제66조 제1항에 따른 검사 결과 검사의 면제가 부적당하다고 인정될 경우에는 제1항에 따라 면제한 검사를 다시 하여야 한다.

⑦ 시·도지사는 제1항 제2호 또는 제4호에 따라 검사를 면제하는 경우와 제6항에 따라 면제한 검사를 다시 하는 경우에는 검사대상기기의 제조업자에게 해당 검사대상기기명 등 그 내용을 알려야 한다.

⑧ 제1항제2호부터 제5호까지의 규정에 따라 검사를 면제하는 경우와 제6항에 따라 면제한 검사를 다시 하는 경우의 면제 범위, 검사절차 및 그 밖에 필요한 사항은 산업통상자원부장관이 정한다. 〈개정 2013.3.23〉

[본조신설 2012.6.28]

제31조의19(계속사용검사신청) ① 법 제39조 제4항 및 제8항에 따라 검사대상기기의 계속사용검사를 받으려는 자는 별지 제12호 서식의 검사대상기기 계속사용검사신청서를 검사유효기간 만료 10일 전까지 공단이사장에게 제출하여야 한다.

② 제1항에 따른 신청서에는 해당 검사대상기기 설치검사증 사본을 첨부하여야 한다.

[본조신설 2012.6.28]

제31조의20(계속사용검사의 연기) ① 법 제39조 제4항에 따른 계속사용검사는 검사유효기간의 만료일이 속하는 연도의 말까지 연기할 수 있다. 다만, 검사유효기간 만료일이 9월 1일 이후인 경우에는 4개월 이내에서 계속사용검사를 연기할 수 있다.

② 제1항에 따라 계속사용검사를 연기하려는 자는 별지 제12호 서식의 검사대상기기 검사연기신청서를 공단이사장에게 제출하여야 한다.

③ 다음 각 호의 어느 하나에 해당하는 경우에는 해당 검사일까지 계속사용검사가 연기된 것으로 본다.
1. 검사대상기기의 설치자가 검사유효기간이 지난 후 1개월 이내에서 검사시기를 지정하여 검사를 받으려는 경우로서 검사유효기간 만료일 전에 검사신청을 하는 경우
2. 「기업활동 규제완화에 관한 특별조치법 시행령」 제19조 제1항에 따라 동시검사를 실시하는 경우
3. 계속사용검사 중 운전성능검사를 받으려는 경우로서 검사유효기간이 지난 후 해당 연도 말까지의 범위에서 검사시기를 지정하여 검사유효기간 만료일 전까지 검사신청을 하는 경우

[본조신설 2012.6.28.]

제31조의21(검사의 통지 등) ① 공단이사장 또는 검사기관의 장은 제31조의14부터 제31조의19까지의 규정에 따른 검사신청을 받은 경우에는 검사지정일 등을 별지 제14호서식에 따라 작성하여 검사신청인에게 알려야 한다. 이 경우 검사신청인이 검사신청을 한 날부터 7일 이내의 날을 검사일로 지정하여야 한다.

② 공단이사장 또는 검사기관의 장은 제31조의14부터 제31조의19까지의 규정에 따라 신청된 검사에 합격한 검사대상기기에 대해서는 검사신청인에게 별지 제15호서식부터 별지 제19호 서식에 따른 검사증을 검사일부터 7일 이내에 각각 발급하여야 한다. 이 경우 검사증에는 그 검사대상기기의 설계도면 또는 용접검사증을 첨부하여야 한다.

③ 공단이사장 또는 검사기관의 장은 제1항에 따른 검사에 불합격한 검사대상기기에 대해서는 불합격사유를 별지 제21호 서식에 따라 작성하여 검사일 후 7일 이내에 검사신청인에게 알려야 한다.
④ 법 제39조 제5항 단서에서 "산업통상자원부령으로 정하는 항목의 검사"란 계속사용검사 중 운전성능검사를 말한다. 〈개정 2013.3.23〉
⑤ 법 제39조 제5항 단서에서 "산업통상자원부령으로 정하는 기간"이란 제31조의7에 따른 검사에 불합격한 날부터 6개월(철금속가열로는 1년)을 말한다. 〈개정 2013.3.23〉
⑥ 제4항에 따라 계속사용검사 중 운전성능검사를 받으려는 자는 별지 제12호 서식의 검사대상기기 계속사용검사신청서에 검사대상기기 설치검사증 사본을 첨부하여 공단이사장에게 제출하여야 한다.
⑦ 제2항에 따른 검사증을 잃어버리거나 헐어 못쓰게 되어 검사증을 재발급 받으려는 자는 별지 제20호 서식의 검사대상기기검사증 재발급신청서를 공단이사장 또는 검사기관의 장에게 제출하여야 한다. 이 경우 검사증이 헐어 못 쓰게 되어 재발급을 신청하는 경우에는 그 검사증을 첨부하여야 한다.
⑧ 제31조의17 제1항에 따른 검사신청을 하려는 자가 제2항에 따라 용접검사증 또는 구조검사증을 발급받은 자로부터 용접검사증 또는 구조검사증을 제공받지 못한 경우에는 공단이사장 또는 검사기관의 장에게 해당 검사대상기기가 용접검사 또는 구조검사에 합격한 것임을 증명하는 확인서를 발급하여 줄 것을 요청할 수 있다.
[본조신설 2012.6.28]

제31조의22(검사에 필요한 조치 등) ① 공단이사장 또는 검사기관의 장은 법 제39조 제1항·제2항 및 제4항에 따른 검사를 받는 자에게 그 검사의 종류에 따라 다음 각 호 중 필요한 사항에 대한 조치를 하게 할 수 있다.
1. 기계적 시험의 준비
2. 비파괴검사의 준비
3. 검사대상기기의 정비
4. 수압시험의 준비
5. 안전밸브 및 수면측정장치의 분해·정비
6. 검사대상기기의 피복물 제거
7. 조립식인 검사대상기기의 조립 해체
8. 운전성능 측정의 준비

② 제1항에 따른 검사를 받는 자는 그 검사대상기기의 조종자(용접검사 및 구조검사의 경우에는 검사 관계자)로 하여금 검사 시 참여하도록 하여야 한다.
③ 공단이사장 또는 검사기관의 장은 다음 각 호의 어느 하나에 해당하는 사유로 인하여 검사를 하지 못한 경우에는 검사신청인에게 별지 제22호 서식의 검사대상기기 미검사통지서에 따라 그 사실을 알려야 한다.
1. 제1항 각 호에 따른 검사에 필요한 조치의 미완료
2. 제2항에 따른 검사대상기기의 조종자(용접검사 및 구조검사의 경우에는 검사 관계자)의 참여조치의 불이행
④ 제3항에 따른 통지를 받은 검사신청인 중 검사일을 변경하여 검사를 받으려는 자는 별지 제11호 서식의 검사대상기기 용접(구조)검사신청서 또는 별지 제12호 서식의 검사대상기기 설치검사(개조검사, 설치장소 변경검사, 재사용검사, 계속사용검사, 검사연기)신청서를 검사기관의 장 또는 공단이사장에게 제출하여야 한다. 이 경우 첨부서류는 제출하지 아니하여도 된다.
[본조신설 2012.6.28]

제31조의23(검사대상기기의 폐기신고 등) ① 법 제39조 제7항 제1호에 따라 검사대상기기의 설치자가 사용 중인 검사대상기기를 폐기한 경우에는 폐기한 날부터 15일 이내에 별지 제23호서식의 검사대상기기 폐기신고서를 공단이사장에게 제출하여야 한다.
② 법 제39조제7항제2호에 따라 검사대상기기의 설치자가 그 검사대상기기의 사용을 중지한 경우에는 중지한 날부터 15일 이내에 별지 제23호서식의 검사대상기기 사용중지신고서를 공단이사장에게 제출하여야 한다.
③ 제1항 및 제2항에 따른 신고서에는 검사대상기기 설치검사증을 첨부하여야 한다.
[본조신설 2012.6.28.]

제31조의24(검사대상기기의 설치자의 변경신고) ① 법 제39조 제7항 제3호에 따라 검사대상기기의 설치자가 변경된 경우 새로운 검사대상기기의 설치자는 그 변경일부터 15일 이내에 별지 제24호 서식의 검사대상기기 설치자 변경신고서를 공단이사장에게 제출하여야 한다.

② 제1항에 따른 신고서에는 검사대상기기 설치검사증 및 설치자의 변경사실을 확인할 수 있는 다음 각 호의 어느 하나에 해당하는 서류 1부를 첨부하여야 한다.
1. 법인 등기사항증명서
2. 양도 또는 합병 계약서 사본
3. 상속인(지위승계인)임을 확인할 수 있는 서류 사본
[본조신설 2012.6.28]

제31조의25(검사면제기기의 설치신고) ① 법 제39조 제7항 제4호에 따라 신고하여야 하는 검사대상기기(이하 "설치신고대상기기"라 한다)란 별표 3의6에 따른 검사대상기기 중 설치검사가 면제되는 보일러를 말한다.
② 설치신고대상기기의 설치자는 이를 설치한 날부터 30일 이내에 별지 제13호서식의 검사대상기기 설치신고서에 검사대상기기의 용접검사증 및 구조검사증 각 1부 또는 제31조의21 제8항에 따른 확인서 1부(수입한 검사대상기기는 수입면장 사본 및 법 제39조 제1항에 따른 제조검사에 갈음하는 검사를 받았음을 제조국가의 검사기관이 인정하는 제조검사에 관한 증명서류 사본 각 1부, 제31조의13 제1항에 따라 제조검사가 면제된 경우에는 자체검사기록 사본 및 설계도면 각 1부)를 첨부하여 공단이사장에게 제출하여야 한다.
③ 공단이사장은 제2항에 따라 신고된 설치신고대상기기에 대해서는 신고인에게 별지 제19호 서식의 검사대상기기 신고증명서를 발급하여야 한다.
[본조신설 2012.6.28]

제31조의26(검사대상기기 조종자의 자격 등) ① 법 제40조 제2항에 따른 검사대상기기 조종자의 자격 및 조종범위는 별표 3의9와 같다. 다만, 국방부장관이 관장하고 있는 검사대상기기의 조종자의 자격 등은 국방부장관이 정하는 바에 따른다.
② 별표 3의9의 인정검사대상기기 조종자가 받아야 할 교육과목, 과목별 시간, 교육의 유효기간 및 그 밖에 필요한 사항은 산업통상자원부장관이 정한다. 〈개정 2013.3.23〉
[본조신설 2012.6.28]

제31조의27(검사대상기기 조종자의 선임기준)
① 법 제40조 제2항에 따른 검사대상기기 조종자의 선임기준은 1구역마다 1명 이상으로 한다.
② 제1항에 따른 1구역은 검사대상기기 조종자가 한 시야로 볼 수 있는 범위 또는 중앙통제·조종설비를 갖추어 검사대상기기 조종자 1명이 통제·조종할 수 있는 범위로 한다. 다만, 압력용기의 경우에는 검사대상기기 조종자 1명이 관리할 수 있는 범위로 한다.
[본조신설 2012.6.28]

제31조의28(검사대상기기 조종자의 선임신고 등) ① 법 제40조 제3항에 따라 검사대상기기의 설치자는 검사대상기기 조종자를 선임·해임하거나 검사대상기기 조종자가 퇴직한 경우에는 별지 제25호 서식의 검사대상기기 조종자 선임(해임, 퇴직)신고서에 자격증수첩과 조종할 검사대상기기 검사증을 첨부하여 공단이사장에게 제출하여야 한다. 다만, 제31조의26 제1항 단서에 따라 국방부장관이 관장하고 있는 검사대상기기 조종자의 경우에는 국방부장관이 정하는 바에 따른다.
② 제1항에 따른 신고는 신고 사유가 발생한 날부터 30일 이내에 하여야 한다.
③ 법 제40조 제4항 단서에서 "산업통상자원부령으로 정하는 사유"란 다음 각 호의 어느 하나의 해당하는 경우를 말한다.
〈개정 2013.3.23〉
1. 검사대상기기 조종자가 천재지변 등 불의의 사고로 업무를 수행할 수 없게 되어 해임 또는 퇴직한 경우
2. 검사대상기기의 설치자가 선임을 위하여 필요한 조치를 하였으나 선임하지 못한 경우
④ 검사대상기기의 설치자는 제3항 각 호에 따른 사유가 발생한 경우에는 별지 제28호 서식의 검사대상기기 조종자 선임기한 연기신청서를 시·도지사에게 제출하여 검사대상기기 조종자의 선임기한의 연기를 신청할 수 있다.
⑤ 시·도지사는 제4항에 따른 연기신청을 받은 경우에는 그 사유가 제3항 각 호의 어느 하나에 해당되는 것으로서 연기가 부득이하다고 인정되면 그 신청인에게 검사대상기기 조종자의 선임기한 및 조치사항을 별지 제29호서식에 따라 알려야 한다.
[본조신설 2012.6.28]

제31조의30(붙박이에너지사용기자재) ① 법 제35조의2 제1항에서 "산업통상자원부령으로 정하는 에너지사용기자재"란 다음 각 호의 에너

지사용기자재를 말한다.
1. 전기냉장고
2. 전기세탁기
3. 식기세척기
4. 제1호부터 제3호까지 규정된 에너지사용기자재 외에 산업통상자원부장관이 국토교통부장관과의 협의를 거쳐 고시하는 에너지사용기자재

② 제1항 각 호의 에너지사용기자재의 구체적인 범위는 산업통상자원부장관이 국토교통부장관과 협의하여 고시한다.
③ 산업통상자원부장관은 법 제35조의2 제3항에 따라 건설업자에 대한 권고의 이행 여부를 조사하는 경우 해당 건설업자가 공급하였거나 공급할 에너지사용기자재의 종류 또는 규모 등 조사에 필요한 자료의 제출을 요청할 수 있다.
[본조신설 2014.2.21]

제32조(에너지관리자에 대한 교육) ① 법 제65조에 따른 에너지관리자에 대한 교육의 기관·기간·과정 및 대상자는 별표 4와 같다.
② 산업통상자원부장관은 제1항에 따라 교육 대상이 되는 에너지관리자에게 교육기관 및 교육과정 등에 관한 사항을 알려야 한다. 〈개정 2013.3.23〉
③ 공단이사장은 다음 연도의 교육계획을 수립하여 매년 12월 31일까지 산업통상자원부장관의 승인을 받아야 한다. 〈개정 2012.6.28, 2013.3.23〉

제32조의2(시공업의 기술인력 등에 대한 교육) ① 법 제65조에 따른 시공업의 기술인력 및 검사대상기기 조종자에 대한 교육의 기관·기간·과정 및 대상자는 별표 4의2와 같다.
② 산업통상자원부장관은 제1항에 따라 교육의 대상이 되는 시공업의 기술인력 및 검사대상기기 조종자에게 교육기관 및 교육과정 등에 관한 사항을 알려야 한다. 〈개정 2013.3.23〉
③ 제1항에 따른 교육기관의 장은 다음 연도의 교육계획을 수립하여 매년 12월 31일까지 산업통상자원부장관의 승인을 받아야 한다. 〈개정 2013.3.23〉
④ 제1항부터 제3항까지의 규정에도 불구하고 제31조의26제1항 단서에 따라 국방부장관이 관장하는 검사대상기기 조종자에 대한 교육은 국방부장관이 정하는 바에 따른다.
[본조신설 2012.6.28]

[별표 1] 〈신설 2012.6.28〉

열사용기자재(제1조의2 관련)

구분	품목명	적용 범위
보일러	강철제 보일러, 주철제 보일러	다음 각 호의 어느 하나에 해당하는 것을 말한다. 1. 1종 관류보일러: 강철제 보일러 중 헤더의 안지름이 150밀리미터 이하이고, 전열 면적이 5제곱미터 초과 10제곱미터 이하이며, 최고 사용 압력이 1MPa 이하인 관류보일러(기수분리기를 장치한 경우에는 기수분리기의 안지름이 300밀리미터 이하이고, 그 내부 부피가 0.07세제곱미터 이하인 것만 해당한다) 2. 2종 관류보일러: 강철제 보일러 중 헤더의 안지름이 150밀리미터 이하이고, 전열 면적이 5제곱미터 이하이며, 최고 사용 압력이 1MPa 이하인 관류보일러(기수분리기를 장치한 경우에는 기수분리기의 안지름이 200밀리미터 이하이고, 그 내부 부피가 0.02세제곱미터 이하인 것에 한정한다) 3. 제1호 및 제2호 외의 금속(주철을 포함한다)으로 만든 것. 다만, 소형 온수보일러·구멍탄용 온수보일러 및 축열식 전기보일러는 제외한다.
	소형 온수보일러	전열 면적이 14제곱미터 이하이고, 최고 사용 압력이 0.35MPa 이하의 온수를 발생하는 것. 다만, 구멍탄용 온수보일러·축열식 전기보일러 및 가스사용량이 17kg/h(도시가스는 232.6킬로와트) 이하인 가스용 온수보일러는 제외한다.
	구멍탄용 온수보일러	「석탄산업법 시행령」 제2조 제2호에 따른 연탄을 연료로 사용하여 온수를 발생시키는 것으로서 금속제만 해당한다.
	축열식 전기보일러	심야전력을 사용하여 온수를 발생시켜 축열조에 저장한 후 난방에 이용하는 것으로서 정격소비전력이 30킬로와트 이하이고, 최고 사용 압력이 0.35MPa 이하인 것
태양열 집열기		태양열 집열기
압력 용기	1종 압력용기	최고 사용 압력(MPa)과 내부 부피(m^3)를 곱한 수치가 0.004를 초과하는 다음 각 호의 어느 하나에 해당하는 것 1. 증기 그 밖의 열매체를 받아들이거나 증기를 발생시켜 고체 또는 액체를 가열하는 기기로서 용기 안의 압력이 대기압을 넘는 것 2. 용기 안의 화학반응에 따라 증기를 발생시키는 용기로서 용기 안의 압력이 대기압을 넘는 것 3. 용기 안의 액체의 성분을 분리하기 위하여 해당 액체를 가열하거나 증기를 발생시키는 용기로서 용기 안의 압력이 대기압을 넘는 것 4. 용기 안의 액체의 온도가 대기압에서의 비점(沸點)을 넘는 것
	2종 압력용기	최고 사용 압력이 0.2MPa를 초과하는 기체를 그 안에 보유하는 용기로서 다음 각 호의 어느 하나에 해당하는 것 1. 내부 부피가 0.04세제곱미터 이상인 것 2. 동체의 안지름이 200밀리미터 이상(증기헤더의 경우에는 동체의 안지름이 300밀리미터 초과)이고, 그 길이가 1천밀리미터 이상인 것

요로	요업요로	연속식유리용융가마·불연속식유리용융가마·유리용융도가니가마·터널가마·도염식가마·셔틀가마·회전가마 및 석회용선가마
	금속요로	용선로·비철금속용융로·금속소둔로·철금속가열로 및 금속균열로

[별표 1의2] 〈개정 2013.3.23〉

평균에너지소비효율 산정방법(제12조 제1항 관련)

$$\text{평균에너지소비효율} = \frac{\text{기자재 판매량}}{\Sigma\left(\frac{\text{기자재의 종류별 국내 판매량}}{\text{기자재의 종류별 에너지소비효율}}\right)}$$

〈비고〉 기자재의 종류별 국내 판매량 및 기자재의 종류별 에너지소비효율의 산정방법은 산업통상자원부장관이 정하여 고시한다.

[별표 3의2] 〈신설 2012.6.28〉

특정열사용기자재 및 그 설치·시공 범위(제31조의5 관련)

구분	품목명	설치·시공 범위
보일러	강철제 보일러 주철제 보일러 온수보일러 구멍탄용 온수보일러 축열식 전기보일러	해당 기기의 설치·배관 및 세관
태양열 집열기	태양열 집열기	해당 기기의 설치·배관 및 세관
압력용기	1종 압력용기 2종 압력용기	해당 기기의 설치·배관 및 세관
요업요로	연속식유리용융가마 불연속식유리용융가마 유리용융도가니가마 터널가마 도염식각가마 셔틀가마 회전가마 석회용선가마	해당 기기의 설치를 위한 시공
금속요로	용선로 비철금속용융로 금속소둔로 철금속가열로 금속균열로	해당 기기의 설치를 위한 시공

[별표 3의3] 〈신설 2012.6.28〉

검사대상기기(제31조의6 관련)

구분	검사대상기기	적용범위
보일러	강철제 보일러, 주철제 보일러	다음 각 호의 어느 하나에 해당하는 것은 제외한다. 1. 최고 사용 압력이 0.1MPa 이하이고, 동체의 안지름이 300미리미터 이하이며, 길이가 600미리미터 이하인 것 2. 최고 사용 압력이 0.1MPa 이하이고, 전열 면적이 5제곱미터 이하인 것 3. 2종 관류보일러 4. 온수를 발생시키는 보일러로서 대기개방형인 것
	소형 온수보일러	가스를 사용하는 것으로서 가스사용량이 17kg/h(도시가스는 232.6킬로와트)를 초과하는 것
압력용기	1종 압력용기 2종 압력용기	별표 1에 따른 압력용기의 적용범위에 따른다.
요로	철금속가열로	정격용량이 0.58MW를 초과하는 것

[별표 3의4] 〈개정 2013.3.23〉

검사의 종류 및 적용대상(제31조의7 관련)

검사의 종류		적용 대상
제조검사	용접검사	동체·경판 및 이와 유사한 부분을 용접으로 제조하는 경우의 검사
	구조검사	강판·관 또는 주물류를 용접·확대·조립·주조 등에 따라 제조하는 경우의 검사
설치검사		신설한 경우의 검사(사용연료의 변경에 의하여 검사대상이 아닌 보일러가 검사대상으로 되는 경우의 검사를 포함한다)
개조검사		다음 각 호의 어느 하나에 해당하는 경우의 검사 1. 증기보일러를 온수보일러로 개조하는 경우 2. 보일러 섹션의 증감에 의하여 용량을 변경하는 경우 3. 동체·돔·노통·연소실·경판·천정판·관판·관모음 또는 스테이의 변경으로서 산업통상자원부장관이 정하여 고시하는 대수리의 경우 4. 연료 또는 연소방법을 변경하는 경우 5. 철금속가열로로서 산업통상자원부장관이 정하여 고시하는 경우의 수리
설치장소 변경검사		설치장소를 변경한 경우의 검사. 다만, 이동식 검사대상기기를 제외한다.
재사용검사		사용중지 후 재사용하고자 하는 경우의 검사
계속사용 검사	안전검사	설치검사·개조검사·설치장소 변경검사 또는 재사용검사 후 안전부문에 대한 유효기간을 연장하고자 하는 경우의 검사
	운전성능검사	다음 각 호의 어느 하나에 해당하는 기기에 대한 검사로서 설치검사 후 운전성능부문에 대한 유효기간을 연장하고자 하는 경우의 검사 1. 용량이 1t/h(난방용의 경우에는 5t/h)이상인 강철제보일러 및 주철제보일러 2. 철금속가열로

[별표 3의5] 〈개정 2013.3.23〉

검사대상기기의 검사유효기간(제31조의8 제1항 관련)

검사의 종류		검사유효기간
설치검사		1. 보일러: 1년. 다만, 운전성능 부문의 경우에는 3년 1개월로 한다. 2. 압력용기 및 철금속가열로: 2년
개조검사		1. 보일러: 1년 2. 압력용기 및 철금속가열로: 2년
설치장소 변경검사		1. 보일러: 1년 2. 압력용기 및 철금속가열로: 2년
재사용검사		1. 보일러: 1년 2. 압력용기 및 철금속가열로: 2년
계속사용검사	안전검사	1. 보일러: 1년 2. 압력용기: 2년
	운전성능검사	1. 보일러: 1년 2. 철금속가열로: 2년

〈비고〉
1. 보일러의 계속사용검사 중 운전성능검사에 대한 검사유효기간은 해당 보일러가 산업통상자원부장관이 정하여 고시하는 기준에 적합한 경우에는 2년으로 한다.
2. 설치 후 3년이 지난 보일러로서 설치장소 변경검사 또는 재사용검사를 받은 보일러는 검사 후 1개월 이내에 운전성능검사를 받아야 한다.
3. 개조검사 중 연료 또는 연소방법의 변경에 따른 개조검사의 경우에는 검사유효기간을 적용하지 않는다.
4. 「고압가스 안전관리법」 제13조의2 제1항에 따른 안전성향상계획과 「산업안전보건법」 제49조의2 제1항에 따른 공정안전보고서를 작성하여야 하는 자의 검사대상기기에 대한 계속사용검사의 유효기간은 4년으로 한다. 다만, 보일러(제품을 제조·가공하는 공정에 사용되는 보일러만 해당한다) 및 압력용기의 안전검사 유효기간은 8년의 범위에서 산업통상자원부장관이 정하여 고시하는 바에 따라 연장할 수 있다.
5. 제31조의25 제1항에 따라 설치신고를 하는 검사대상기기는 신고 후 2년이 지난 날에 계속사용검사 중 안전검사(재사용검사를 포함한다)를 하며, 그 유효기간은 2년으로 한다.
6. 법 제32조 제2항에 따라 에너지진단을 받은 운전성능검사대상기기가 제31조의9에 따른 검사기준에 적합한 경우에는 에너지진단 이후 최초로 받는 운전성능검사를 에너지진단으로 갈음한다(비고 4에 해당하는 경우는 제외한다).

[별표 3의6] 〈신설 2012.6.28〉

검사의 면제대상 범위(제31조의13 제1항 제1호 관련)

검사대상 기기명	대상범위	면제되는 검사
강철제 보일러 주철제 보일러	1. 강철제 보일러 중 전열 면적이 5제곱미터 이하이고, 최고 사용 압력이 0.35MPa 이하인 것 2. 주철제 보일러 3. 1종 관류보일러 4. 온수보일러 중 전열 면적이 18제곱미터 이하이고, 최고사용 압력이 0.35MPa 이하인 것	용접검사
	주철제 보일러	구조검사
	1. 가스 외의 연료를 사용하는 1종 관류보일러 2. 전열 면적 30제곱미터 이하의 유류용 주철제 증기보일러	설치검사

	1. 전열 면적 5제곱미터 이하의 증기보일러로서 다음 각 목의 어느 하나에 해당하는 것
	  가. 대기에 개방된 안지름이 25미리미터이상인 증기관이 부착된 것
	  나. 수두압(水頭壓)이 5미터 이하이며 안지름이 25미리미터 이상인 대기에 개방된 U자형 입관이 보일러의 증기부에 부착된 것
	2. 온수보일러로서 다음 각 목의 어느 하나에 해당하는 것
	  가. 유류·가스 외의 연료를 사용하는 것으로서 전열 면적이 30제곱미터 이하인 것
	  나. 가스 외의 연료를 사용하는 주철제 보일러
		계속사용검사

소형 온수보일러	가스사용량이 17kg/h(도시가스는 232.6kW)를 초과하는 가스용 소형 온수보일러	제조검사
1종 압력용기 2종 압력용기	1. 용접이음(동체와 플랜지와의 용접이음은 제외한다)이 없는 강관을 동체로 한 헤더 2. 압력용기 중 동체의 두께가 6미리미터 미만인 것으로서 최고 사용 압력(MPa)과 내부 부피(m^3)를 곱한 수치가 0.02 이하(난방용의 경우에는 0.05 이하)인 것 3. 전열교환식인 것으로서 최고 사용 압력이 0.35MPa 이하이고, 동체의 안지름이 600미리미터 이하인 것	용접검사
	1. 2종 압력용기 및 온수탱크 2. 압력용기 중 동체의 두께가 6미리미터 미만인 것으로서 최고 사용 압력(MPa)과 내부 부피(m^3)를 곱한 수치가 0.02 이하(난방용의 경우에는 0.05 이하)인 것 3. 압력용기 중 동체의 최고 사용 압력이 0.5MPa 이하인 난방용 압력용기	설치검사 및 계속사용검사

	4. 압력용기 중 동체의 최고 사용 압력이 0.1MPa 이하인 취사용 압력용기	
철금속가열로	철금속가열로	제조검사, 재사용검사 및 계속사용검사 중 안전검사

[별표 3의9] 〈개정 2013.12.31〉

검사대상기기 조종자의 자격 및 조종범위(제31조의26 제1항 관련)

조종자의 자격	조종범위
에너지관리기능장 또는 에너지관리기사	용량이 30t/h를 초과하는 보일러
에너지관리기능장, 에너지관리기사 또는 에너지관리산업기사	용량이 10t/h를 초과하고 30t/h 이하인 보일러
에너지관리기능장, 에너지관리기사, 에너지관리산업기사 또는 에너지관리기능사	용량이 10t/h 이하인 보일러
에너지관리기능장, 에너지관리기사, 에너지관리산업기사, 에너지관리기능사 또는 인정검사대상기기 조종자의 교육을 이수한 자	1. 증기보일러로서 최고 사용 압력이 1MPa 이하이고, 전열 면적이 10제곱미터 이하인 것 2. 온수발생 및 열매체를 가열하는 보일러로서 용량이 581.5킬로와트 이하인 것 3. 압력용기

〈비고〉
1. 온수발생 및 열매체를 가열하는 보일러의 용량은 697.8킬로와트를 1t/h로 본다.
2. 제31조의27 제2항에 따른 1구역에서 가스 연료를 사용하는 1종 관류보일러의 용량은 이를 구성하는 보일러의 개별 용량을 합산한 값으로 한다.
3. 계속사용검사 중 안전검사를 실시하지 않는 검사대상기기 또는 가스 외의 연료를 사용하는 1종 관류보일러의 경우에는 검사대상기기 조종자의 자격에 제한을 두지 아니한다.
4. 가스를 연료로 사용하는 보일러의 검사대상기기 조종자의 자격은 위 표에 따른 자격을 가진 사람으로서 제31조의26 제2항에 따라 산업통상자원부장관이 정하는 관련 교육을 이수한 사람 또는 「도시가스사업법 시행령」 별표 1에 따른 특정가스사용시설의 안전관리 책임자의 자격을 가진 사람으로 한다.

[별표 4의2] 〈개정 2013.3.23〉

시공업의 기술인력 및 검사대상기기 조종자에 대한 교육(제32조의2 제1항 관련)

구분	교육과정	교육기간	교육대상자	교육기관
시공업의 기술인력	1. 난방시공업 제1종기술자과정	1일	「건설산업기본법 시행령」 별표 2에 따른 난방시공업 제1종의 기술자로 등록된 사람	법 제41조에 따라 설립된 한국열관리시공협회 및 「민법」 제32조에 따라 국토교통부장관의 허가를 받아 설립된 전국보일러설비협회
시공업의 기술인력	2. 난방시공업 제2종·제3종기술자과정	1일	「건설산업기본법 시행령」 별표 2에 따른 난방시공업 제2종 또는 난방시공업 제3종의 기술자로 등록된 사람	법 제41조에 따라 설립된 한국열관리시공협회 및 「민법」 제32조에 따라 국토교통부장관의 허가를 받아 설립된 전국보일러설비협회
검사대상기기 조종자	1. 중·대형 보일러 조종자과정	1일	법 제40조 제1항에 따른 검사대상기기 조종자로 선임된 사람으로서 용량이 1t/h(난방용의 경우에는 5t/h)를 초과하는 강철제 보일러 및 주철제 보일러의 조종자	공단 및 「민법」 제32조에 따라 산업통상자원부장관의 허가를 받아 설립된 한국에너지기술인협회
검사대상기기 조종자	2. 소형보일러·압력용기 조종자과정	1일	법 제40조 제1항에 따른 검사대상기기 조종자로 선임된 사람으로서 제1호의 보일러 조종자 과정의 대상이 되는 보일러 외의 보일러 및 압력용기 조종자	공단 및 「민법」 제32조에 따라 산업통상자원부장관의 허가를 받아 설립된 한국에너지기술인협회

〈비고〉
1. 난방시공업 제1종기술자과정 등에 대한 교육과목, 교육수수료 및 교육 통지 등에 관한 세부사항은 산업통상자원부장관이 정하여 고시한다.
2. 시공업의 기술인력은 난방시공업 제1종·제2종 또는 제3종의 기술자로 등록된 날부터, 검사대상기기 조종자는 법 제40조 제1항에 따른 검사대상기기 조종자로 선임된 날부터 6개월 이내에, 그 후에는 교육을 받은 날부터 3년마다 교육을 받아야 한다.
3. 위 교육과정 중 난방시공업 제1종기술자과정을 이수한 경우에는 난방시공업 제2종·제3종기술자과정을 이수한 것으로 보며, 중·대형보일러 조종자과정을 이수한 경우에는 소형보일러·압력용기 조종자과정을 이수한 것으로 본다.
4. 산업통상자원부장관은 제도의 변경, 기술의 발달 등 안전관리환경의 변화로 효율 향상을 위하여 추가로 교육하려는 경우에는 교육의 기관·기간·과정 등에 관한 사항을 미리 고시하여야 한다.

7. 저탄소 녹색성장 기본법

[시행 2013.10.31] [법률 제11965호, 2013.7.30, 타법개정]

제1장 총 칙

제1조(목적) 이 법은 경제와 환경의 조화로운 발전을 위하여 저탄소(低炭素) 녹색성장에 필요한 기반을 조성하고 녹색기술과 녹색산업을 새로운 성장동력으로 활용함으로써 국민경제의 발전을 도모하며 저탄소 사회 구현을 통하여 국민의 삶의 질을 높이고 국제사회에서 책임을 다하는 성숙한 선진 일류국가로 도약하는 데 이바지함을 목적으로 한다.

제2조(정의) 이 법에서 사용하는 용어의 뜻은 다음과 같다. 〈개정 2013.7.30〉

1. "저탄소"란 화석연료(化石燃料)에 대한 의존도를 낮추고 청정에너지의 사용 및 보급을 확대하며 녹색기술 연구개발, 탄소흡수원 확충 등을 통하여 온실가스를 적정수준 이하로 줄이는 것을 말한다.
2. "녹색성장"이란 에너지와 자원을 절약하고 효율적으로 사용하여 기후변화와 환경훼손을 줄이고 청정에너지와 녹색기술의 연구개발을 통하여 새로운 성장동력을 확보하며 새로운 일자리를 창출해 나가는 등 경제와 환경이 조화를 이루는 성장을 말한다.
3. "녹색기술"이란 온실가스 감축기술, 에너지 이용 효율화 기술, 청정생산기술, 청정에너지 기술, 자원순환 및 친환경 기술(관련 융합기술을 포함한다) 등 사회·경제 활동의 전 과정에 걸쳐 에너지와 자원을 절약하고 효율적으로 사용하여 온실가스 및 오염물질의 배출을 최소화하는 기술을 말한다.
4. "녹색산업"이란 경제·금융·건설·교통물류·농림수산·관광 등 경제활동 전반에 걸쳐 에너지와 자원의 효율을 높이고 환경을 개선할 수 있는 재화(財貨)의 생산 및 서비스의 제공 등을 통하여 저탄소 녹색성장을 이루기 위한 모든 산업을 말한다.
5. "녹색제품"이란 에너지·자원의 투입과 온실가스 및 오염물질의 발생을 최소화하는 제품을 말한다.
6. "녹색생활"이란 기후변화의 심각성을 인식하고 일상생활에서 에너지를 절약하여 온실가스와 오염물질의 발생을 최소화하는 생활을 말한다.
7. "녹색경영"이란 기업이 경영활동에서 자원과 에너지를 절약하고 효율적으로 이용하며 온실가스 배출 및 환경오염의 발생을 최소화하면서 사회적, 윤리적 책임을 다하는 경영을 말한다.
8. "지속가능발전"이란 「지속가능발전법」 제2조제2호에 따른 지속가능발전을 말한다.
9. "온실가스"란 이산화탄소(CO_2), 메탄(CH_4), 아산화질소(N_2O), 수소불화탄소(HFCs), 과불화탄소(PFCs), 육불화황(SF_6) 및 그 밖에 대통령령으로 정하는 것으로 적외선 복사열을 흡수하거나 재방출하여 온실효과를 유발하는 대기 중의 가스 상태의 물질을 말한다.
10. "온실가스 배출"이란 사람의 활동에 수반하여 발생하는 온실가스를 대기 중에 배출·방출 또는 누출시키는 직접배출과 다른 사람으로부터 공급된 전기 또는 열(연료 또는 전기를 열원으로 하는 것만 해당한다)을 사용함으로써 온실가스가 배출되도록 하는 간접배출을 말한다.
11. "지구온난화"란 사람의 활동에 수반하여 발생하는 온실가스가 대기 중에 축적되어 온실가스 농도를 증가시킴으로써 지구 전체적으로 지표 및 대기의 온도가 추가적으로 상승하는 현상을 말한다.
12. "기후변화"란 사람의 활동으로 인하여 온실가스의 농도가 변함으로써 상당 기간 관찰되어 온 자연적인 기후변동에 추가적으로 일어나는 기후체계의 변화를 말한다.
13. "자원순환"이란 「자원의 절약과 재활용촉진에 관한 법률」 제2조 제1호에 따른 자원순환을 말한다.
14. "신·재생에너지"란 「신에너지 및 재생에너지 개발·이용·보급 촉진법」 제2조 제1호 및 제2호에 따른 신에너지 및 재생에너지를 말한다.
15. "에너지 자립도"란 국내 총소비에너지량에

대하여 신·재생에너지 등 국내 생산에너지량 및 우리나라가 국외에서 개발(지분 취득을 포함한다)한 에너지량을 합한 양이 차지하는 비율을 말한다.

제6조(사업자의 책무) ① 사업자는 녹색경영을 선도하여야 하며 기업활동의 전 과정에서 온실가스와 오염물질의 배출을 줄이고 녹색기술 연구개발과 녹색산업에 대한 투자 및 고용을 확대하는 등 환경에 관한 사회적·윤리적 책임을 다하여야 한다.
② 사업자는 정부와 지방자치단체가 실시하는 저탄소 녹색성장에 관한 정책에 적극 참여하고 협력하여야 한다.

제7조(국민의 책무) ① 국민은 가정과 학교 및 직장 등에서 녹색생활을 적극 실천하여야 한다.
② 국민은 기업의 녹색경영에 관심을 기울이고 녹색제품의 소비 및 서비스 이용을 증대함으로써 기업의 녹색경영을 촉진한다.
③ 국민은 스스로가 인류가 직면한 심각한 기후변화, 에너지·자원 위기의 최종적인 문제해결자임을 인식하여 건강하고 쾌적한 환경을 후손에게 물려주기 위하여 녹색생활 운동에 적극 참여하여야 한다.

제8조(다른 법률과의 관계) ① 저탄소 녹색성장에 관하여는 다른 법률에 우선하여 이 법을 적용한다.
② 저탄소 녹색성장과 관련되는 다른 법률을 제정하거나 개정하는 경우에는 이 법의 목적과 기본원칙에 맞도록 하여야 한다.
③ 국가와 지방자치단체가 다른 법령에 따라 수립하는 행정계획과 정책은 제3조에 따른 저탄소 녹색성장 추진의 기본원칙 및 제9조에 따른 저탄소 녹색성장 국가전략과 조화를 이루도록 하여야 한다.

제2장 저탄소 녹색성장 국가전략

제9조(저탄소 녹색성장 국가전략) ① 정부는 국가의 저탄소 녹색성장을 위한 정책목표·추진전략·중점추진과제 등을 포함하는 저탄소 녹색성장 국가전략(이하 "녹색성장국가전략"이라 한다)을 수립·시행하여야 한다.
② 녹색성장국가전략에는 다음 각 호의 사항이 포함되어야 한다.
1. 제22조에 따른 녹색경제 체제의 구현에 관한 사항
2. 녹색기술·녹색산업에 관한 사항
3. 기후변화대응 정책, 에너지 정책 및 지속가능발전 정책에 관한 사항
4. 녹색생활, 제51조에 따른 녹색국토, 제53조에 따른 저탄소 교통체계 등에 관한 사항
5. 기후변화 등 저탄소 녹색성장과 관련된 국제협상 및 국제협력에 관한 사항
6. 그 밖에 재원조달, 조세·금융, 인력양성, 교육·홍보 등 저탄소 녹색성장을 위하여 필요하다고 인정되는 사항
③ 정부는 녹색성장국가전략을 수립하거나 변경하려는 경우 제14조에 따른 녹색성장위원회의 심의 및 국무회의의 심의를 거쳐야 한다. 다만, 대통령령으로 정하는 경미한 사항을 변경하는 경우에는 그러하지 아니한다.

제12조(추진상황 점검 및 평가) ① 국무총리는 대통령령으로 정하는 바에 따라 녹색성장국가전략과 중앙추진계획의 이행사항을 점검·평가하여야 한다. 이 경우 국무총리는 평가의 절차, 기준, 결과 등에 대하여 제14조에 따른 녹색성장위원회와 협의하여야 한다.
② 시·도지사는 대통령령으로 정하는 바에 따라 지방추진계획의 이행상황을 점검·평가하여 그 결과를 지방의회에 보고하고 지체 없이 이를 제14조에 따른 녹색성장위원회에 제출하여야 한다.

제3장 녹색성장위원회 등

제14조(녹색성장위원회의 구성 및 운영) ① 국가의 저탄소 녹색성장과 관련된 주요 정책 및 계획과 그 이행에 관한 사항을 심의하기 위하여 국무총리 소속으로 녹색성장위원회(이하 "위원회"라 한다)를 둔다. 〈개정 2013.3.23〉
② 위원회는 위원장 2명을 포함한 50명 이내의 위원으로 구성한다.
③ 위원회의 위원장은 국무총리와 제4항제2호의 위원 중에서 대통령이 지명하는 사람이 된다.
④ 위원회의 위원은 다음 각 호의 사람이 된다. 〈개정 2013.3.23〉

1. 기획재정부장관, 미래창조과학부장관, 산업통상자원부장관, 환경부장관, 국토교통부장관 등 대통령령으로 정하는 공무원
2. 기후변화, 에너지·자원, 녹색기술·녹색산업, 지속가능발전 분야 등 저탄소 녹색성장에 관한 학식과 경험이 풍부한 사람 중에서 대통령이 위촉하는 사람

⑤ 위원회의 사무를 처리하게 하기 위하여 위원회에 간사위원 1명을 두며, 간사위원의 지명에 관한 사항은 대통령령으로 정한다.
⑥ 위원장은 각자 위원회를 대표하며, 위원회의 업무를 총괄한다.
⑦ 위원장이 부득이한 사유로 직무를 수행할 수 없는 때에는 국무총리인 위원장이 미리 정한 위원이 위원장의 직무를 대행한다.
⑧ 제4항 제2호의 위원의 임기는 1년으로 하되, 연임할 수 있다.

제15조(위원회의 기능) 위원회는 다음 각 호의 사항을 심의한다.
1. 저탄소 녹색성장 정책의 기본방향에 관한 사항
2. 녹색성장국가전략의 수립·변경·시행에 관한 사항
3. 기후변화대응 기본계획, 에너지기본계획 및 지속가능발전 기본계획에 관한 사항
4. 저탄소 녹색성장 추진의 목표 관리, 점검, 실태조사 및 평가에 관한 사항
5. 관계 중앙행정기관 및 지방자치단체의 저탄소 녹색성장과 관련된 정책 조정 및 지원에 관한 사항
6. 저탄소 녹색성장과 관련된 법제도에 관한 사항
7. 저탄소 녹색성장을 위한 재원의 배분방향 및 효율적 사용에 관한 사항
8. 저탄소 녹색성장과 관련된 국제협상·국제협력, 교육·홍보, 인력양성 및 기반구축 등에 관한 사항
9. 저탄소 녹색성장과 관련된 기업 등의 고충조사, 처리, 시정권고 또는 의견표명
10. 다른 법률에서 위원회의 심의를 거치도록 한 사항
11. 그 밖에 저탄소 녹색성장과 관련하여 위원장이 필요하다고 인정하는 사항

제4장 저탄소 녹색성장의 추진

제22조(녹색경제·녹색산업 구현을 위한 기본원칙) ① 정부는 화석연료의 사용을 단계적으로 축소하고 녹색기술과 녹색산업을 육성함으로써 국가경쟁력을 강화하고 지속가능발전을 추구하는 경제(이하 "녹색경제"라 한다)를 구현하여야 한다.
② 정부는 녹색경제 정책을 수립·시행할 때 금융·산업·과학기술·환경·국토·문화 등 다양한 부문을 통합적 관점에서 균형 있게 고려하여야 한다.
③ 정부는 새로운 녹색산업의 창출, 기존 산업의 녹색산업으로의 전환 및 관련 산업과의 연계 등을 통하여 에너지·자원 다소비형 산업구조가 저탄소 녹색산업구조로 단계적으로 전환되도록 노력하여야 한다.
④ 정부는 저탄소 녹색성장을 추진할 때 지역 간 균형발전을 도모하며 저소득층이 소외되지 않도록 지원 및 배려하여야 한다.

제23조(녹색경제·녹색산업의 육성·지원) ① 정부는 녹색경제를 구현함으로써 국가경제의 건전성과 경쟁력을 강화하고 성장잠재력이 큰 새로운 녹색산업을 발굴·육성하는 등 녹색경제·녹색산업의 육성·지원 시책을 마련하여야 한다.
② 제1항에 따른 녹색경제·녹색산업의 육성·지원 시책에는 다음 각 호의 사항이 포함되어야 한다.
1. 국내외 경제여건 및 전망에 관한 사항
2. 기존 산업의 녹색산업 구조로의 단계적 전환에 관한 사항
3. 녹색산업을 촉진하기 위한 중장기·단계별 목표, 추진전략에 관한 사항
4. 녹색산업의 신성장동력으로의 육성·지원에 관한 사항
5. 전기·정보통신·교통시설 등 기존 국가기반시설의 친환경 구조로의 전환에 관한 사항
6. 녹색경영을 위한 자문서비스 산업의 육성에 관한 사항
7. 녹색산업 인력 양성 및 일자리 창출에 관한 사항
8. 그 밖에 녹색경제·녹색산업의 촉진에 관한 사항

제24조(자원순환의 촉진) ① 정부는 자원을 절

약하고 효율적으로 이용하며 폐기물의 발생을 줄이는 등 자원순환의 촉진과 자원생산성 제고를 위하여 자원순환 산업을 육성·지원하기 위한 다양한 시책을 마련하여야 한다.
② 제1항에 따른 자원순환 산업의 육성·지원 시책에는 다음 각 호의 사항이 포함되어야 한다.
1. 자원순환 촉진 및 자원생산성 제고 목표설정
2. 자원의 수급 및 관리
3. 유해하거나 재제조·재활용이 어려운 물질의 사용억제
4. 폐기물 발생의 억제 및 재제조·재활용 등 재자원화
5. 에너지자원으로 이용되는 목재, 식물, 농산물 등 바이오매스의 수집·활용
6. 자원순환 관련 기술개발 및 산업의 육성
7. 자원생산성 향상을 위한 교육훈련·인력양성 등에 관한 사항

제5장 저탄소 사회의 구현

제38조(기후변화대응의 기본원칙) 정부는 저탄소 사회를 구현하기 위하여 기후변화대응 정책 및 관련 계획을 다음 각 호의 원칙에 따라 수립·시행하여야 한다.
1. 지구온난화에 따른 기후변화 문제의 심각성을 인식하고 국가적·국민적 역량을 모아 총체적으로 대응하고 범지구적 노력에 적극 참여한다.
2. 온실가스 감축의 비용과 편익을 경제적으로 분석하고 국내 여건 등을 감안하여 국가온실가스 중장기 감축 목표를 설정하고, 가격기능과 시장원리에 기반을 둔 비용효과적 방식의 합리적 규제체제를 도입함으로써 온실가스 감축을 효율적·체계적으로 추진한다.
3. 온실가스를 획기적으로 감축하기 위하여 정보통신·나노·생명 공학 등 첨단기술 및 융합기술을 적극 개발하고 활용한다.
4. 온실가스 배출에 따른 권리·의무를 명확히 하고 이에 대한 시장거래를 허용함으로써 다양한 감축수단을 자율적으로 선택할 수 있도록 하고, 국내 탄소시장을 활성화하여 국제 탄소시장에 적극 대비한다.
5. 대규모 자연재해, 환경생태와 작물상황의 변화에 대비하는 등 기후변화로 인한 영향을 최소화하고 그 위험 및 재난으로부터 국민의 안전과 재산을 보호한다.

제39조(에너지정책 등의 기본원칙) 정부는 저탄소 녹색성장을 추진하기 위하여 에너지정책 및 에너지와 관련된 계획을 다음 각 호의 원칙에 따라 수립·시행하여야 한다.
1. 석유·석탄 등 화석연료의 사용을 단계적으로 축소하고 에너지 자립도를 획기적으로 향상시킨다.
2. 에너지 가격의 합리화, 에너지의 절약, 에너지 이용효율 제고 등 에너지 수요관리를 강화하여 지구온난화를 예방하고 환경을 보전하며, 에너지 저소비·자원순환형 경제·사회구조로 전환한다.
3. 친환경에너지인 태양에너지, 폐기물·바이오에너지, 풍력, 지열, 조력, 연료전지, 수소에너지 등 신·재생에너지의 개발·생산·이용 및 보급을 확대하고 에너지 공급원을 다변화한다.
4. 에너지가격 및 에너지산업에 대한 시장경쟁요소의 도입을 확대하고 공정거래 질서를 확립하며, 국제규범 및 외국의 법제도 등을 고려하여 에너지산업에 대한 규제를 합리적으로 도입·개선하여 새로운 시장을 창출한다.
5. 국민이 저탄소 녹색성장의 혜택을 고루 누릴 수 있도록 저소득층에 대한 에너지 이용 혜택을 확대하고 형평성을 제고하는 등 에너지와 관련한 복지를 확대한다.
6. 국외 에너지자원 확보, 에너지의 수입 다변화, 에너지 비축 등을 통하여 에너지를 안정적으로 공급함으로써 에너지에 관한 국가안보를 강화한다.

제40조(기후변화대응 기본계획) ① 정부는 기후변화대응의 기본원칙에 따라 20년을 계획기간으로 하는 기후변화대응 기본계획을 5년마다 수립·시행하여야 한다.
② 기후변화대응 기본계획을 수립하거나 변경하는 경우에는 위원회의 심의 및 국무회의 심의를 거쳐야 한다. 다만, 대통령령으로 정하는 경미한 사항을 변경하는 경우에는 그러하지 아니하다.
③ 기후변화대응 기본계획에는 다음 각 호의 사항이 포함되어야 한다.
1. 국내외 기후변화 경향 및 미래 전망과 대기 중의 온실가스 농도변화

2. 온실가스 배출·흡수 현황 및 전망
3. 온실가스 배출 중장기 감축목표 설정 및 부문별·단계별 대책
4. 기후변화대응을 위한 국제협력에 관한 사항
5. 기후변화대응을 위한 국가와 지방자치단체의 협력에 관한 사항
6. 기후변화대응 연구개발에 관한 사항
7. 기후변화대응 인력양성에 관한 사항
8. 기후변화의 감시·예측·영향·취약성평가 및 재난방지 등 적응대책에 관한 사항
9. 기후변화대응을 위한 교육·홍보에 관한 사항
10. 그 밖에 기후변화대응 추진을 위하여 필요한 사항

제41조(에너지기본계획의 수립) ① 정부는 에너지정책의 기본원칙에 따라 20년을 계획기간으로 하는 에너지기본계획(이하 이 조에서 "에너지기본계획"이라 한다)을 5년마다 수립·시행하여야 한다.
② 에너지기본계획을 수립하거나 변경하는 경우에는 「에너지법」 제9조에 따른 에너지위원회의 심의를 거친 다음 위원회와 국무회의의 심의를 거쳐야 한다. 다만, 대통령령으로 정하는 경미한 사항을 변경하는 경우에는 그러하지 아니하다.
③ 에너지기본계획에는 다음 각 호의 사항이 포함되어야 한다.
1. 국내외 에너지 수요와 공급의 추이 및 전망에 관한 사항
2. 에너지의 안정적 확보, 도입·공급 및 관리를 위한 대책에 관한 사항
3. 에너지 수요 목표, 에너지원 구성, 에너지 절약 및 에너지 이용효율 향상에 관한 사항
4. 신·재생에너지 등 환경친화적 에너지의 공급 및 사용을 위한 대책에 관한 사항
5. 에너지 안전관리를 위한 대책에 관한 사항
6. 에너지 관련 기술개발 및 보급, 전문인력 양성, 국제협력, 부존 에너지자원 개발 및 이용, 에너지 복지 등에 관한 사항

제42조(기후변화대응 및 에너지의 목표관리) ① 정부는 범지구적인 온실가스 감축에 적극 대응하고 저탄소 녹색성장을 효율적·체계적으로 추진하기 위하여 다음 각 호의 사항에 대한 중장기 및 단계별 목표를 설정하고 그 달성을 위하여 필요한 조치를 강구하여야 한다.
1. 온실가스 감축 목표
2. 에너지 절약 목표 및 에너지 이용효율 목표
3. 에너지 자립 목표
4. 신·재생에너지 보급 목표

② 정부는 제1항에 따른 목표를 설정할 때 국내 여건 및 각국의 동향 등을 고려하여야 한다.
③ 정부는 제1항에 따른 목표를 달성하기 위하여 관계 중앙행정기관, 지방자치단체 및 대통령령으로 정하는 공공기관 등에 대하여 대통령령으로 정하는 바에 따라 해당 기관별로 에너지절약 및 온실가스 감축목표를 설정하도록 하고 그 이행사항을 지도·감독할 수 있다.
④ 정부는 제1항 제1호 및 제2호에 따른 목표를 달성할 수 있도록 산업, 교통·수송, 가정·상업 등 부문별 목표를 설정하고 그 달성을 위하여 필요한 조치를 적극 마련하여야 한다.
⑤ 정부는 제1항 제1호 및 제2호에 따른 목표를 달성하기 위하여 대통령령으로 정하는 기준량 이상의 온실가스 배출업체 및 에너지 소비업체(이하 "관리업체"라 한다)별로 측정·보고·검증이 가능한 방식으로 목표를 설정·관리하여야 한다. 이 경우 정부는 관리업체와 미리 협의하여야 하며, 온실가스 배출 및 에너지 사용 등의 이력, 기술 수준, 국제경쟁력, 국가목표 등을 고려하여야 한다.
⑥ 관리업체는 제5항에 따른 목표를 준수하여야 하며, 그 실적을 대통령령으로 정하는 바에 따라 정부에 보고하여야 한다.
⑦ 정부는 제6항에 따라 보고받은 실적에 대하여 등록부를 작성하고 체계적으로 관리하여야 한다.
⑧ 정부는 관리업체의 준수실적이 제5항에 따른 목표에 미달하는 경우 목표달성을 위하여 필요한 개선을 명할 수 있다. 이 경우 관리업체는 개선명령에 따른 이행계획을 작성하여 이를 성실히 이행하여야 한다.
⑨ 관리업체는 제8항에 따른 이행결과를 측정·보고·검증이 가능한 방식으로 작성하여 대통령령으로 정하는 공신력 있는 외부 전문기관의 검증을 받아 정부에 보고하고 공개하여야 한다.
⑩ 정부는 관리업체가 제5항에 따른 목표를 달성하고 제8항에 따른 이행계획을 차질 없이 이행할 수 있도록 하기 위하여 필요한 경우 재정·세제·경영·기술지원, 실태조사 및 진단, 자료 및 정보의 제공 등을 할 수 있다.

⑪ 제5항부터 제9항까지에서 규정한 사항 외에 등록부의 관리, 관리업체의 지원 등에 필요한 사항은 대통령령으로 정한다.

제43조(온실가스 감축의 조기행동 촉진) ① 정부는 관리업체가 제42조 제5항에 따른 목표관리를 받기 전에 자발적으로 행한 실적에 대해서는 이를 목표관리 실적으로 인정하거나 그 실적을 거래할 수 있도록 하는 등 자발적으로 온실가스를 미리 감축하는 행동을 하도록 촉진하여야 한다.
② 제1항에 따른 실적을 거래할 수 있는 방법 및 절차 등에 필요한 사항은 대통령령으로 정한다.

제44조(온실가스 배출량 및 에너지 사용량 등의 보고) ① 관리업체는 사업장별로 매년 온실가스 배출량 및 에너지 소비량에 대하여 측정·보고·검증 가능한 방식으로 명세서를 작성하여 정부에 보고하여야 한다.
② 관리업체는 제1항에 따른 보고를 할 때 명세서의 신뢰성 여부에 대하여 대통령령으로 정하는 공신력 있는 외부 전문기관의 검증을 받아야 한다. 이 경우 정부는 명세서에 흠이 있거나 빠진 부분에 대하여 시정 또는 보완을 명할 수 있다.
③ 정부는 명세서를 체계적으로 관리하고 명세서에 포함된 주요 정보를 관리업체별로 공개할 수 있다. 다만, 관리업체는 정보공개로 인하여 그 관리업체의 권리나 영업상의 비밀이 현저히 침해되는 특별한 사유가 있는 경우에는 비공개를 요청할 수 있다.
④ 정부는 관리업체로부터 제3항 단서에 따른 정보의 비공개 요청을 받았을 때에는 심사위원회를 구성하여 30일 이내에 그 결과를 통지하여야 한다.
⑤ 명세서의 내용, 보고·관리, 공개방법 및 심사위원회의 구성·운영 등에 필요한 사항은 대통령령으로 정한다.

제6장 녹색생활 및 지속가능발전의 실현

제49조(녹색생활 및 지속가능발전의 기본원칙) 녹색생활 및 지속가능발전의 실현을 위한 국가의 시책은 다음 각 호의 기본원칙에 따라 추진되어야 한다.

1. 국토는 녹색성장의 터전이며 그 결과의 전시장이라는 점을 인식하고 현세대 및 미래세대가 쾌적한 삶을 영위할 수 있도록 국토의 개발 및 보전·관리가 조화될 수 있도록 한다.
2. 국토·도시공간구조와 건축·교통체제를 저탄소 녹색성장 구조로 개편하고 생산자와 소비자가 녹색제품을 자발적·적극적으로 생산하고 구매할 수 있는 여건을 조성한다.
3. 국가·지방자치단체·기업 및 국민은 지속가능발전과 관련된 국제적 합의를 성실히 이행하고, 국민의 일상생활 속에 녹색생활이 내재화되고 녹색문화가 사회전반에 정착될 수 있도록 한다.
4. 국가·지방자치단체 및 기업은 경제발전의 기초가 되는 생태학적 기반을 보호할 수 있도록 토지이용과 생산시스템을 개발·정비함으로써 환경보전을 촉진한다.

제50조(지속가능발전 기본계획의 수립·시행) ① 정부는 1992년 브라질에서 개최된 유엔환경개발회의에서 채택한 의제21, 2002년 남아프리카공화국에서 개최된 세계지속가능발전정상회의에서 채택한 이행계획 등 지속가능발전과 관련된 국제적 합의를 성실히 이행하고, 국가의 지속가능발전을 촉진하기 위하여 20년을 계획기간으로 하는 지속가능발전 기본계획을 5년마다 수립·시행하여야 한다.
② 지속가능발전 기본계획을 수립하거나 변경하는 경우에는 「지속가능발전법」 제15조에 따른 지속가능발전위원회의 심의를 거친 다음 위원회와 국무회의의 심의를 거쳐야 한다. 다만, 대통령령으로 정하는 경미한 사항을 변경하는 경우에는 그러하지 아니하다.
③ 지속가능발전 기본계획에는 다음 각 호의 사항이 포함되어야 한다.
1. 지속가능발전의 현황 및 여건변화와 전망에 관한 사항
2. 지속가능발전을 위한 비전, 목표, 추진전략과 원칙, 기본정책 방향, 주요지표에 관한 사항
3. 지속가능발전에 관련된 국제적 합의이행에 관한 사항
4. 그 밖에 지속가능발전을 위하여 필요한 사항
④ 중앙행정기관의 장은 제1항에 따른 지속가능발전 기본계획과 조화를 이루는 소관 분야의

중앙 지속가능발전 기본계획을 중앙추진계획에 포함하여 수립·시행하여야 한다.
⑤ 시·도지사는 제1항에 따른 지속가능발전 기본계획과 조화를 이루며 해당 지방자치단체의 지역적 특성과 여건을 고려한 지방 지속가능발전 기본계획을 지방추진계획에 포함하여 수립·시행하여야 한다.

제51조(녹색국토의 관리) ① 정부는 건강하고 쾌적한 환경과 아름다운 경관이 경제발전 및 사회개발과 조화를 이루는 국토(이하 "녹색국토"라 한다)를 조성하기 위하여 국토종합계획·도시·군기본계획 등 대통령령으로 정하는 계획을 제49조에 따른 녹색생활 및 지속가능발전의 기본원칙에 따라 수립·시행하여야 한다. 〈개정 2011.4.14〉
② 정부는 녹색국토를 조성하기 위하여 다음 각 호의 사항을 포함하는 시책을 마련하여야 한다.
1. 에너지·자원 자립형 탄소중립도시 조성
2. 산림·녹지의 확충 및 광역생태축 보전
3. 해양의 친환경적 개발·이용·보존
4. 저탄소 항만의 건설 및 기존 항만의 저탄소 항만으로의 전환
5. 친환경 교통체계의 확충
6. 자연재해로 인한 국토 피해의 완화
7. 그 밖에 녹색국토 조성에 관한 사항
③ 정부는 「국토기본법」에 따른 국토종합계획, 「국가균형발전 특별법」에 따른 지역발전계획 등 대통령령으로 정하는 계획을 수립할 때에는 미리 위원회의 의견을 들어야 된다.

제64조(과태료) ① 다음 각 호의 자에게는 1천만원 이하의 과태료를 부과한다.
1. 제42조 제6항·제9항 또는 제44조 제1항에 따른 보고를 하지 아니하거나 거짓으로 보고한 자
2. 제42조 제8항에 따른 개선명령을 이행하지 아니한 자
3. 제42조 제9항에 따른 공개를 하지 아니한 자
4. 제44조 제2항에 따른 시정이나 보완 명령을 이행하지 아니한 자
② 제1항에 따른 과태료는 대통령령으로 정하는 바에 따라 관계 행정기관의 장이 부과·징수한다.

8. 저탄소 녹색성장 기본법 시행령

[시행 2013.3.23] [대통령령 제24474호, 2013.3.23, 타법개정]

제1장 총 칙

제1조(목적) 이 영은 「저탄소 녹색성장 기본법」에서 위임된 사항과 그 시행에 필요한 사항을 규정함을 목적으로 한다.

제2장 저탄소 녹색성장 국가전략

제4조(저탄소 녹색성장 국가전략 5개년 계획 수립) 정부는 국가전략을 효율적·체계적으로 이행하기 위하여 5년마다 저탄소 녹색성장 국가전략 5개년 계획(이하 "5개년 계획"이라 한다)을 수립할 수 있다. 이 경우 법 제14조에 따른 녹색성장위원회(이하 "위원회"라 한다)의 심의 및 국무회의의 심의를 거쳐야 한다.

제5조(중앙추진계획의 수립) ① 중앙행정기관의 장은 법 제10조 제1항에 따라 국가전략 또는 5개년 계획이 수립되거나 변경된 날부터 3개월 이내에 국가전략 및 5개년 계획을 이행하기 위하여 다음 각 호의 사항이 포함된 소관 분야의 추진계획(이하 "중앙추진계획"이라 한다)을 5년 단위로 수립하여야 한다.
1. 소관 분야의 녹색성장 추진과 관련된 현황 분석, 국내외 동향, 추진경과 및 추진실적
2. 소관 분야의 녹색성장 비전과 정책방향, 정책과제에 관한 사항
3. 소관 분야의 연차별 추진계획
4. 그 밖에 국가전략 및 5개년 계획을 이행하기 위하여 필요한 사항

② 위원회는 중앙추진계획의 수립을 효율적으로 지원하기 위하여 관련 지침을 정하여 중앙행정기관의 장에게 통보할 수 있다.

제7조(지방추진계획의 수립 등) ① 특별시장·광역시장·도지사 또는 특별자치도지사(이하 "시·도지사"라 한다)는 법 제11조 제1항에 따라 국가전략 및 5개년 계획이 수립되거나 변경된 날부터 6개월 이내에 다음 각 호의 사항이 포함된 지방녹색성장 추진계획(이하 "지방추진계획"이라 한다)을 5년 단위로 수립하여야 한다.
1. 특별시·광역시·도 또는 특별자치도(이하 "시·도"라 한다)별 녹색성장 추진과 관련된 현황 분석, 추진 경과 및 추진 실적
2. 국가전략, 5개년 계획 및 중앙추진계획과 연계하여 지방자치단체의 특성을 반영한 비전과 전략, 정책방향 및 정책과제에 관한 사항
3. 연차별 추진계획
4. 지방추진계획의 이행을 통한 미래상 및 기대효과
5. 관할 기초자치단체와 연계한 지방녹색성장 추진체계
6. 그 밖에 지방자치단체의 저탄소 녹색성장을 이행하기 위하여 필요한 사항

② 위원회는 지방추진계획의 수립을 효율적으로 지원하기 위하여 관련 지침을 정하여 관계 시·도지사에게 통보할 수 있다.

③ 제1항 및 제2항에서 규정한 사항 외에 지방추진계획의 수립 방법 및 절차, 추진절차 등에 관하여 필요한 사항은 조례로 정한다.

④ 법 제11조 제2항 단서에서 "대통령령으로 정하는 경미한 사항을 변경하는 경우"란 지방추진계획의 본질적인 내용에 영향을 미치지 아니하는 사항으로서 정책방향의 범위에서 정책과제 내용의 일부를 변경하는 경우를 말한다.

제8조(국가전략 등 추진상황의 점검·평가) ① 국무총리는 법 제12조 제1항에 따라 「정부업무평가 기본법」에서 정하는 바에 따라 국가전략, 중앙추진계획의 이행사항을 매년 점검·평가하여야 한다.

② 관계 중앙행정기관의 장은 제1항에 따른 점검·평가 결과를 반영하여 소관 분야의 중앙추진계획을 수립·변경하거나, 관련 정책을 추진하여야 한다.

제9조(지방추진계획 추진상황의 점검·평가) ① 시·도지사는 법 제12조 제2항에 따라 지방추진계획의 이행상황을 매년 점검·평가하여야 한다.

② 시·도지사는 제1항에 따른 점검·평가 결과를 반영하여 시·도의 지방추진계획을 수립·변경하거나, 관련 정책을 추진하여야 한다.

③ 제1항의 평가를 위한 평가의 원칙, 대상 기

제3장 녹색성장위원회 등

제10조(녹색성장위원회의 구성 및 운영) ① 법 제14조 제4항 제1호에서 "기획재정부장관, 미래창조과학부장관, 산업통상자원부장관, 환경부장관, 국토교통부장관 등 대통령령으로 정하는 공무원"이란 기획재정부장관, 미래창조과학부장관, 교육부장관, 외교부장관, 안전행정부장관, 문화체육관광부장관, 농림축산식품부장관, 산업통상자원부장관, 보건복지부장관, 환경부장관, 여성가족부장관, 국토교통부장관, 해양수산부장관, 방송통신위원회위원장, 금융위원회위원장 및 국무조정실장을 말한다. 〈개정 2013.3.23〉
② 법 제14조 제5항에 따른 간사위원은 국무조정실장이 된다. 〈개정 2013.3.23〉
③ 위원장은 필요하다고 인정하는 때에는 중앙행정기관의 장으로 하여금 소관 분야의 안건과 관련하여 위원회에 참석하여 의견을 제시하게 하거나 관계 전문가를 참석하게 하여 의견을 들을 수 있다.

제5장 저탄소 사회의 구현

제23조(기후변화대응 기본계획의 변경) 법 제40조 제2항 단서에서 "대통령령으로 정하는 경미한 사항을 변경하는 경우"란 다음 각 호를 말한다.
1. 법 제40조 제3항 제1호 및 제2호(온실가스 배출·흡수 현황에 한정한다)에 관한 사항을 국내외 여건에 따라 일부를 변경하는 경우
2. 법 제40조 제3항 제6호·제7호 및 제9호에 관한 계획 중 기후변화대응 기본계획의 본질적인 내용에 영향을 미치지 아니하는 사항으로서 소요되는 총재원의 100분의 10 이내에서 기후변화대응 기본계획의 일부를 변경하는 경우

제24조(에너지기본계획의 변경) 법 제41조 제2항 단서에서 "대통령령으로 정하는 경미한 사항을 변경하는 경우"란 같은 조 제3항 각 호에 관한 계획 중 에너지기본계획의 본질적인 내용에 영향을 미치지 아니하는 사항으로서 소요되는 총재원의 100분의 10 이내에서 에너지기본계획의 일부를 변경하는 경우를 말한다.

제25조(온실가스 감축 국가목표 설정·관리) ① 법 제42조 제1항 제1호에 따른 온실가스 감축 목표는 2020년의 국가 온실가스 총배출량을 2020년의 온실가스 배출 전망치 대비 100분의 30까지 감축하는 것으로 한다.
② 위원회가 제1항에 따른 온실가스 감축 목표의 세부 감축 목표 및 법 제42조 제4항에 따른 부문별 목표의 설정 및 그 이행의 지원을 위하여 필요한 조치에 관한 사항을 심의하는 경우에는 위원회의 심의 전에 「중장기전략위원회 규정」 제2조에 따른 중장기전략위원회의 심의를 거쳐야 한다. 〈개정 2012.12.27〉
③ 위원회는 저탄소 녹색성장 정책의 기본방향을 심의할 때 제1항에 따른 감축 목표가 달성될 수 있도록 국가전략, 중앙추진계획 및 지방추진계획 간의 정합성과 법 제40조에 따른 기후변화대응 기본계획, 법 제41조에 따른 에너지기본계획 및 법 제50조에 따른 지속가능발전 기본계획이 체계적으로 연계될 수 있는 방안을 우선적으로 고려하여야 한다.

제26조(온실가스·에너지 목표관리의 원칙 및 역할) ① 환경부장관은 온실가스 감축 목표의 설정·관리 및 필요한 조치에 관하여 총괄·조정 기능을 수행한다.
② 환경부장관은 온실가스 및 에너지 목표관리의 통합·연계, 국내산업의 여건, 국제적인 동향, 이중 규제의 방지 등 관련 규제의 선진화 등을 고려하여 법 제42조 제5항에 따른 목표의 설정·관리 및 검증 등에 관한 종합적인 기준 및 지침을 마련하여 이를 관보에 고시한다. 이 경우 제3항에 따른 부문별 관계 중앙행정기관의 장(이하 "부문별 관장기관"이라 한다)과의 협의 및 위원회의 심의를 거쳐야 한다.
③ 부문별 관장기관은 다음 각 호의 구분에 따라 소관 부문별로 법 제42조 제5항에 따른 목표의 설정·관리 및 필요한 조치에 관한 사항을 관장하되, 법 제42조 제5항에 따른 목표가 제25조 제1항에 따른 온실가스 감축 목표의 세부 감축 목표 및 법 제42조 제4항에 따른 부문별 목표에 부합하도록 하여야 한다. 이 경우 부문별 관장기관은 제1항에 따른 환경부장관의 총괄·조정 업무에 최대한 협조하여야 한다. 〈개정 2012.12.27, 2013.3.23〉

1. 농림축산식품부: 농업·임업·축산 분야
2. 산업통상자원부: 산업·발전(發電) 분야
3. 환경부: 폐기물 분야
4. 국토교통부: 건물·교통 분야

④ 환경부장관은 법 제42조 제5항에 따른 목표관리의 신뢰성을 높이기 위하여 필요한 경우에는 제3항에 따른 부문별 관장기관의 소관 사무에 대하여 종합적인 점검·평가를 할 수 있으며, 그 결과에 따라 부문별 관장기관에게 법 제42조 제5항에 따른 온실가스 배출업체 및 에너지 소비업체(이하 "관리업체"라 한다)에 대한 개선명령 등 필요한 조치를 요구할 수 있고 부문별 관장기관은 특별한 사정이 없으면 이에 따라야 한다.

⑤ 환경부장관은 관리업체의 온실가스 감축 및 에너지 절약 목표 등의 이행실적, 제34조에 따른 명세서의 신뢰성 여부 등에 중대한 문제가 있다고 인정되는 경우 부문별 관장기관과 공동으로 관리업체에 대한 실태조사를 할 수 있다.

⑥ 환경부장관은 제4항에 따른 점검·평가를 위하여 부문별 관장기관에게 필요한 자료를 요청할 수 있다.

제27조(목표관리 대상 공공기관) 법 제42조 제3항에서 "대통령령으로 정하는 공공기관 등"이란 다음 각 호의 기관을 말한다.
1. 「공공기관의 운영에 관한 법률」 제4조에 따른 공공기관
2. 「지방공기업법」 제49조에 따른 지방공사 및 같은 법 제76조에 따른 지방공단
3. 「국립대학병원 설치법」, 「국립대학치과병원 설치법」, 「서울대학교병원 설치법」 및 「서울대학교치과병원 설치법」에 따른 병원
4. 「고등교육법」 제3조에 따른 국립대학 및 공립대학

제29조(관리업체 지정기준 등) ① 법 제42조 제5항에서 "대통령령으로 정하는 기준량 이상의 온실가스 배출업체 및 에너지 소비업체"란 다음 각 호의 업체를 말한다.
1. 해당 연도 1월 1일을 기준으로 최근 3년간 업체의 모든 사업장에서 배출한 온실가스와 소비한 에너지의 연평균 총량이 별표 2 및 별표 3의 기준 모두에 해당하는 업체
2. 업체의 사업장 중 최근 3년간 온실가스 배출량과 에너지 소비량의 연평균 총량이 별표 4 및 별표 5의 기준 모두에 해당하는 사업장이 있는 업체의 해당 사업장

② 부문별 관장기관은 제1항에 해당하는 업체를 관리업체의 대상으로 선정하고 관련 자료를 첨부하여 매년 4월 30일까지 환경부장관에게 통보하여야 한다. 〈개정 2012.12.27〉

③ 제2항에 따라 통보를 받은 환경부장관은 관리업체 선정의 중복·누락, 규제의 적절성 등을 확인하고 그 결과를 부문별 관장기관에게 통보하며, 통보를 받은 부문별 관장기관은 매년 6월 30일까지 관리업체를 지정하여 관보에 고시한다.

④ 관리업체는 제3항에 따른 지정에 이의가 있는 경우 고시된 날부터 30일 이내에 부문별 관장기관에게 소명 자료를 첨부하여 이의를 신청할 수 있다.

⑤ 부문별 관장기관은 제4항에 따른 이의신청을 받았을 때에는 이에 관하여 재심사하고, 환경부장관의 확인을 거쳐 이의신청을 받은 날부터 30일 이내에 그 결과를 해당 관리업체에 통보하여야 하며, 부문별 관장기관은 관리업체의 지정에 변경이 있는 경우에는 그 내용을 관보에 고시한다.

⑥ 환경부장관은 제3항에 따라 각 부문별 관장기관이 지정·고시한 관리업체를 종합하여 이를 공표할 수 있다.

제30조(관리업체에 대한 목표관리 방법 및 절차) ① 부문별 관장기관은 법 제42조 제5항에 따라 매년 9월 30일까지 관리업체의 다음 연도 온실가스 감축, 에너지 절약 및 에너지 이용효율 목표를 설정하고 이를 관리업체 및 센터에 통보한다.

② 부문별 관장기관은 관리업체의 기존 시설 폐쇄 및 미가동, 시설 신설·증설 미이행, 조직 경계 변경 등의 경우에는 제1항에 따른 목표를 수정하여 관리업체 및 센터에 통보할 수 있다. 〈신설 2012.12.27〉

③ 부문별 관장기관은 제1항에 따라 관리업체에 대한 온실가스 감축, 에너지 절약 및 에너지 이용효율 목표를 설정하는 때에는 법 제42조 제5항 후단에 따라 관계 중앙행정기관 소속 공무원, 민간 전문가 등으로 구성된 협의체를 구성·운영한다. 〈개정 2012.12.27〉

④ 제1항에 따른 목표를 통보받은 관리업체는 다음 각 호의 사항을 포함한 다음 연도 이행계

획을 전자적 방식으로 매년 12월 31일까지 부문별 관장기관에게 제출하여야 하며, 부문별 관장기관은 이를 확인하여 다음 연도 1월 31일까지 센터에 제출하여야 한다. 다만, 제2항에 따라 수정된 목표를 통보받은 관리업체는 제출한 이행계획 중 수정이 필요한 사항을 수정하여 전자적 방식으로 1개월 이내에 부문별 관장기관에 제출하여야 하며, 부문별 관장기관은 이를 확인하여 15일 이내에 센터에 제출하여야 한다. 〈개정 2012.12.27〉

1. 3년 단위의 연차별 목표와 이행계획
2. 사업장별 생산설비 현황 및 가동률
3. 사업장별 배출 온실가스의 종류·배출량 및 사용 에너지의 종류·사용량 현황
4. 사업장별 온실가스 감축, 에너지 절약 및 에너지 이용효율 목표와 이행방법
5. 주요 생산 공정별 온실가스 배출 현황 및 에너지 소비량
6. 주요 생산 공정별 온실가스 감축, 에너지 절약 및 에너지 이용효율 목표와 이행방법
7. 사업장별 온실가스 배출량 및 에너지 소비량 산정방법(계산방식 및 측정방식을 포함한다)
8. 그 밖에 법 제42조 제5항에 따른 목표의 이행을 위하여 환경부장관이 정하는 사항

⑤ 관리업체는 제4항에 따른 이행계획을 실행한 실적(제1항에 따른 목표를 설정할 때 고려하지 아니한 시설의 신설·증설이 이루어진 경우 그 실적을 포함한다)을 전자적 방식으로 다음 연도 3월 31일까지 부문별 관장기관에게 보고하여야 하며, 부문별 관장기관은 실적보고서의 정확성과 측정·보고·검증이 가능한 방식으로 작성되었는지 여부 등을 확인하고 이를 센터에 제출하여야 한다. 〈개정 2012.12.27〉

⑥ 부문별 관장기관은 제5항에 따른 관리업체의 이행실적(제1항에 따른 목표를 설정할 때 고려하지 아니한 시설의 신설·증설에 따른 실적으로서 부문별 관장기관이 해당 연도 실적으로 평가하는 것이 적절하지 아니하다고 인정하는 실적은 제외한다)을 평가하여 그 이행실적이 목표에 미치지 못하거나 보고의 내용 중 측정·보고·검증 방법의 적용에 미흡한 사실이 발견되는 경우에는 법 제42조 제8항에 따른 개선명령 등 필요한 조치를 하고, 이를 환경부장관에게 통보하여야 한다. 〈개정 2012.12.27〉

⑦ 제6항에 따라 개선명령을 받은 관리업체는 제4항에 따른 이행계획을 수립할 때 이를 반영하여야 한다. 〈개정 2012.12.27〉

제34조(명세서의 보고·관리 절차 등) ① 관리업체는 법 제44조 제1항에 따라 해당 연도(제29조 제3항에 따라 관리업체로 지정된 최초의 연도의 경우에는 과거 3년간을 말한다) 온실가스 배출량 및 에너지 소비량에 관한 명세서를 작성하고, 이에 대한 검증기관의 검증 결과를 첨부하여 부문별 관장기관에게 다음 연도 3월 31일까지 전자적 방식으로 제출하여야 한다. 〈개정 2012.12.27〉

② 제1항에 따른 명세서에는 다음 각 호의 사항이 포함되어야 한다.

1. 업체의 규모, 생산설비, 제품원료 및 생산량
2. 사업장별 배출 온실가스의 종류 및 배출량, 온실가스 배출시설의 종류·규모·수량 및 가동시간
3. 사업장별 사용 에너지의 종류 및 사용량, 사용연료의 성분, 에너지 사용시설의 종류·규모·수량 및 가동시간
4. 생산공정과 생산설비로 구분한 온실가스 배출량·종류 및 규모
5. 생산공정에서 사용된 온실가스 배출 방지시설의 종류·규모·처리효율·수량 및 가동시간
6. 포집(捕執)·처리한 온실가스의 종류 및 양
7. 제2호부터 제6호까지의 부문별 온실가스 배출량 및 에너지 사용량의 계산·측정 방법
8. 명세서에 관한 품질관리 절차
9. 삭제 〈2012.12.27〉
10. 그 밖에 관리업체의 온실가스 배출량 및 에너지 소비량의 관리를 위하여 부문별 관장기관이 환경부장관과의 협의를 거쳐 필요하다고 인정한 사항

③ 제1항에 따라 명세서를 제출받은 부문별 관장기관은 그 내용을 확인한 후 지체 없이 명세서와 관련 자료를 센터에 제출하여야 하며, 센터는 이를 제31조 제1항에 따른 등록부에 포함하여 관리한다.

④ 법 제44조 제2항에 따른 명세서의 신뢰성 검증을 위한 공신력 있는 외부 전문기관에 관하여는 제32조를 준용한다.

⑤ 제1항부터 제4항까지에서 규정한 사항 외에 명세서의 작성 방법, 보고 절차 등에 관한 사항은 부문별 관장기관과의 협의를 거쳐 환경부장관이 정하여 관보에 고시한다.

[별표 2]
관리업체지정 온실가스 배출량 기준(제29조 제1항 제1호 관련)

1. 2011년 12월 31일까지 적용되는 기준: 125 kilotonnes CO_2-eq 이상
2. 2012년 1월 1일부터 적용되는 기준: 87.5 kilotonnes CO_2-eq 이상
3. 2014년 1월 1일부터 적용되는 기준: 50 kilotonnes CO_2-eq 이상

[별표 3]
관리업체지정 에너지 소비량 기준(제29조 제1항 제1호 관련)

1. 2011년 12월 31일까지 적용되는 기준: 500 terajoules 이상
2. 2012년 1월 1일부터 적용되는 기준: 350 terajoules 이상
3. 2014년 1월 1일부터 적용되는 기준: 200 terajoules 이상

[별표 4]
관리업체지정 사업장 온실가스 배출량 기준(제29조 제1항 제2호 관련)

1. 2011년 12월 31일까지 적용되는 기준: 25 kilotonnes CO_2-eq 이상
2. 2012년 1월 1일부터 적용되는 기준: 20 kilotonnes CO_2-eq 이상
3. 2014년 1월 1일부터 적용되는 기준: 15 kliotonnes CO_2-eq 이상

[별표 5]
관리업체지정 사업장 에너지 소비량 기준(제29조 제1항 제2호 관련)

1. 2011년 12월 31일까지 적용되는 기준: 100 terajoules 이상
2. 2012년 1월 1일부터 적용되는 기준: 90 terajoules 이상
3. 2014년 1월 1일부터 적용되는 기준: 80 terajoules 이상

9. 신에너지 및 재생에너지 개발·이용·보급 촉진법

[시행 2014.4.22] [법률 제12296호, 2014.1.21, 일부개정]

제1조(목적) 이 법은 신에너지 및 재생에너지의 기술개발 및 이용·보급 촉진과 신에너지 및 재생에너지 산업의 활성화를 통하여 에너지원을 다양화하고, 에너지의 안정적인 공급, 에너지 구조의 환경친화적 전환 및 온실가스 배출의 감소를 추진함으로써 환경의 보전, 국가경제의 건전하고 지속적인 발전 및 국민복지의 증진에 이바지함을 목적으로 한다.
[전문개정 2010.4.12]

제2조(정의) 이 법에서 사용하는 용어의 뜻은 다음과 같다. 〈개정 2013.3.23, 2013.7.30, 2014.1.21〉
1. "신에너지"란 기존의 화석연료를 변환시켜 이용하거나 수소·산소 등의 화학 반응을 통하여 전기 또는 열을 이용하는 에너지로서 다음 각 목의 어느 하나에 해당하는 것을 말한다.
   가. 수소에너지
   나. 연료전지
   다. 석탄을 액화·가스화한 에너지 및 중질잔사유(重質殘渣油)를 가스화한 에너지로서 대통령령으로 정하는 기준 및 범위에 해당하는 에너지
   라. 그 밖에 석유·석탄·원자력 또는 천연가스가 아닌 에너지로서 대통령령으로 정하는 에너지
2. "재생에너지"란 햇빛·물·지열(地熱)·강수(降水)·생물유기체 등을 포함하는 재생 가능한 에너지를 변환시켜 이용하는 에너지로서 다음 각 목의 어느 하나에 해당하는 것을 말한다.
   가. 태양에너지
   나. 풍력
   다. 수력
   라. 해양에너지
   마. 지열에너지
   바. 생물자원을 변환시켜 이용하는 바이오에너지로서 대통령령으로 정하는 기준 및 범위에 해당하는 에너지
   사. 폐기물에너지로서 대통령령으로 정하는 기준 및 범위에 해당하는 에너지
   아. 그 밖에 석유·석탄·원자력 또는 천연가스가 아닌 에너지로서 대통령령으로 정하는 에너지
3. "신에너지 및 재생에너지 설비"(이하 "신·재생에너지 설비"라 한다)란 신에너지 및 재생에너지(이하 "신·재생에너지"라 한다)를 생산 또는 이용하거나 신·재생에너지의 전력계통 연계조건을 개선하기 위한 설비로서 산업통상자원부령으로 정하는 것을 말한다.
4. "신·재생에너지 발전"이란 신·재생에너지를 이용하여 전기를 생산하는 것을 말한다.
5. "신·재생에너지 발전사업자"란 「전기사업법」 제2조 제4호에 따른 발전사업자 또는 같은 조 제19호에 따른 자가용전기설비를 설치한 자로서 신·재생에너지 발전을 하는 사업자를 말한다.

[전문개정 2010.4.12]

제3조 삭제 〈2010.4.12〉

제5조(기본계획의 수립) ① 산업통상자원부장관은 관계 중앙행정기관의 장과 협의를 한 후 제8조에 따른 신·재생에너지정책심의회의 심의를 거쳐 신·재생에너지의 기술개발 및 이용·보급을 촉진하기 위한 기본계획(이하 "기본계획"이라 한다)을 5년마다 수립하여야 한다. 〈개정 2013.3.23, 2014.1.21〉
② 기본계획의 계획기간은 10년 이상으로 하며, 기본계획에는 다음 각 호의 사항이 포함되어야 한다. 〈개정 2013.3.23〉
1. 기본계획의 목표 및 기간
2. 신·재생에너지원별 기술개발 및 이용·보급의 목표
3. 총전력생산량 중 신·재생에너지 발전량이 차지하는 비율의 목표
4. 「에너지법」 제2조제10호에 따른 온실가스의 배출 감소 목표
5. 기본계획의 추진방법
6. 신·재생에너지 기술수준의 평가와 보급전망 및 기대효과
7. 신·재생에너지 기술개발 및 이용·보급에

관한 지원 방안
8. 신·재생에너지 분야 전문인력 양성계획
9. 그 밖에 기본계획의 목표달성을 위하여 산업통상자원부장관이 필요하다고 인정하는 사항

③ 산업통상자원부장관은 신·재생에너지의 기술개발 동향, 에너지 수요·공급 동향의 변화, 그 밖의 사정으로 인하여 수립된 기본계획을 변경할 필요가 있다고 인정하면 관계 중앙행정기관의 장과 협의를 한 후 제8조에 따른 신·재생에너지정책심의회의 심의를 거쳐 그 기본계획을 변경할 수 있다. 〈개정 2013.3.23〉
[전문개정 2010.4.12]

제6조(연차별 실행계획) ① 산업통상자원부장관은 기본계획에서 정한 목표를 달성하기 위하여 신·재생에너지의 종류별로 신·재생에너지의 기술개발 및 이용·보급과 신·재생에너지 발전에 의한 전기의 공급에 관한 실행계획(이하 "실행계획"이라 한다)을 매년 수립·시행하여야 한다. 〈개정 2013.3.23〉
② 산업통상자원부장관은 실행계획을 수립·시행하려면 미리 관계 중앙행정기관의 장과 협의하여야 한다. 〈개정 2013.3.23〉
③ 산업통상자원부장관은 실행계획을 수립하였을 때에는 이를 공고하여야 한다. 〈개정 2013.3.23〉
[전문개정 2010.4.12]

제7조(신·재생에너지 기술개발 등에 관한 계획의 사전협의) 국가기관, 지방자치단체, 공공기관, 그 밖에 대통령령으로 정하는 자가 신·재생에너지 기술개발 및 이용·보급에 관한 계획을 수립·시행하려면 대통령령으로 정하는 바에 따라 미리 산업통상자원부장관과 협의하여야 한다. 〈개정 2013.3.23〉
[전문개정 2010.4.12]

제10조(조성된 사업비의 사용) 산업통상자원부장관은 제9조에 따라 조성된 사업비를 다음 각 호의 사업에 사용한다. 〈개정 2013.3.23〉
1. 신·재생에너지의 자원조사, 기술수요조사 및 통계작성
2. 신·재생에너지의 연구·개발 및 기술평가
3. 신·재생에너지 이용 건축물의 인증 및 사후관리
4. 신·재생에너지 공급의무화 지원
5. 신·재생에너지 설비의 성능평가·인증 및 사후관리
6. 신·재생에너지 기술정보의 수집·분석 및 제공
7. 신·재생에너지 분야 기술지도 및 교육·홍보
8. 신·재생에너지 분야 특성화대학 및 핵심기술연구센터 육성
9. 신·재생에너지 분야 전문인력 양성
10. 신·재생에너지 설비 설치전문기업의 지원
11. 신·재생에너지 시범사업 및 보급사업
12. 신·재생에너지 이용의무화 지원
13. 신·재생에너지 관련 국제협력
14. 신·재생에너지 기술의 국제표준화 지원
15. 신·재생에너지 설비 및 그 부품의 공용화 지원
16. 그 밖에 신·재생에너지의 기술개발 및 이용·보급을 위하여 필요한 사업으로서 대통령령으로 정하는 사업
[전문개정 2010.4.12]

제12조(신·재생에너지사업에의 투자권고 및 신·재생에너지 이용의무화 등) ① 산업통상자원부장관은 신·재생에너지의 기술개발 및 이용·보급을 촉진하기 위하여 필요하다고 인정하면 에너지 관련 사업을 하는 자에 대하여 제10조 각 호의 사업을 하거나 그 사업에 투자 또는 출연할 것을 권고할 수 있다. 〈개정 2013.3.23〉
② 산업통상자원부장관은 신·재생에너지의 이용·보급을 촉진하고 신·재생에너지산업의 활성화를 위하여 필요하다고 인정하면 다음 각 호의 어느 하나에 해당하는 자가 신축·증축 또는 개축하는 건축물에 대하여 대통령령으로 정하는 바에 따라 그 설계 시 산출된 예상 에너지사용량의 일정 비율 이상을 신·재생에너지를 이용하여 공급되는 에너지를 사용하도록 신·재생에너지 설비를 의무적으로 설치하게 할 수 있다. 〈개정 2013.3.23〉
1. 국가 및 지방자치단체
2. 「공공기관의 운영에 관한 법률」 제5조에 따른 공기업(이하 "공기업"이라 한다)
3. 정부가 대통령령으로 정하는 금액 이상을 출연한 정부출연기관
4. 「국유재산법」 제2조 제6호에 따른 정부출자기업체
5. 지방자치단체 및 제2호부터 제4호까지의 규정에 따른 공기업, 정부출연기관 또는 정

부출자기업체가 대통령령으로 정하는 비율 또는 금액 이상을 출자한 법인
6. 특별법에 따라 설립된 법인

③ 산업통상자원부장관은 신·재생에너지의 활용 여건 등을 고려할 때 신·재생에너지를 이용하는 것이 적절하다고 인정되는 공장·사업장 및 집단주택단지 등에 대하여 신·재생에너지의 종류를 지정하여 이용하도록 권고하거나 그 이용설비를 설치하도록 권고할 수 있다. 〈개정 2013.3.23〉
[전문개정 2010.4.12]

제12조의2(신·재생에너지 이용 건축물에 대한 인증 등) ① 대통령령으로 정하는 일정 규모 이상의 건축물을 소유한 자는 그 건축물에 대하여 산업통상자원부장관이 지정하는 기관(이하 "건축물인증기관"이라 한다)으로부터 총에너지사용량의 일정 비율 이상을 신·재생에너지를 이용하여 공급되는 에너지를 사용한다는 신·재생에너지 이용 건축물인증(이하 "건축물인증"이라 한다)을 받을 수 있다. 〈개정 2013.3.23〉

② 제1항에 따라 건축물인증을 받으려는 자는 해당 건축물에 대하여 건축물인증기관에 건축물인증을 신청하여야 한다.

③ 산업통상자원부장관은 제31조에 따른 신·재생에너지센터나 그 밖에 신·재생에너지의 기술개발 및 이용·보급 촉진사업을 하는 자 중 건축물인증 업무에 적합하다고 인정되는 자를 건축물인증기관으로 지정할 수 있다. 〈개정 2013.3.23〉

④ 건축물인증기관은 제2항에 따른 건축물인증의 신청을 받은 경우 산업통상자원부와 국토교통부의 공동부령으로 정하는 건축물인증 심사기준에 따라 심사한 후 그 기준에 적합한 건축물에 대하여 건축물인증을 하여야 한다. 〈개정 2013.3.23〉

⑤ 산업통상자원부장관은 제27조제1항에 따른 보급사업을 추진하는 데에 있어 건축물인증을 받은 자를 우대하여 지원할 수 있다. 〈개정 2013.3.23〉

⑥ 건축물인증기관의 업무 범위, 건축물인증의 절차, 건축물인증의 사후관리, 그 밖에 건축물인증에 관하여 필요한 사항은 산업통상자원부와 국토교통부의 공동부령으로 정한다. 〈개정 2013.3.23〉

[본조신설 2010.4.12]

제12조의3(건축물인증의 표시 등) ① 제12조의2에 따라 건축물인증을 받은 자는 해당 건축물에 건축물인증의 표시를 하거나 건축물인증을 받은 것을 홍보할 수 있다.

② 건축물인증을 받지 아니한 자는 제1항에 따른 건축물인증의 표시 또는 이와 유사한 표시를 하거나 건축물인증을 받은 것으로 홍보하여서는 아니 된다.
[본조신설 2010.4.12]

제12조의4(건축물인증의 취소) 건축물인증기관은 건축물인증을 받은 자가 다음 각 호의 어느 하나에 해당하는 경우에는 그 인증을 취소할 수 있다. 다만, 제1호에 해당하는 경우에는 그 인증을 취소하여야 한다.
1. 거짓이나 그 밖의 부정한 방법으로 건축물인증을 받은 경우
2. 건축물인증을 받은 자가 그 인증서를 건축물인증기관에 반납한 경우
3. 건축물인증을 받은 건축물의 사용승인이 취소된 경우
4. 건축물인증을 받은 건축물이 제12조의 2 제4항에 따른 건축물인증 심사기준에 부적합한 것으로 발견된 경우

[본조신설 2010.4.12]

제12조의5(신·재생에너지 공급의무화 등) ① 산업통상자원부장관은 신·재생에너지의 이용·보급을 촉진하고 신·재생에너지산업의 활성화를 위하여 필요하다고 인정하면 다음 각 호의 어느 하나에 해당하는 자 중 대통령령으로 정하는 자(이하 "공급의무자"라 한다)에게 발전량의 일정량 이상을 의무적으로 신·재생에너지를 이용하여 공급하게 할 수 있다. 〈개정 2013.3.23〉
1. 「전기사업법」 제2조에 따른 발전사업자
2. 「집단에너지사업법」 제9조 및 제48조에 따라 「전기사업법」 제7조 제1항에 따른 발전사업의 허가를 받은 것으로 보는 자
3. 공공기관

② 제1항에 따라 공급의무자가 의무적으로 신·재생에너지를 이용하여 공급하여야 하는 발전량(이하 "의무공급량"이라 한다)의 합계는 총전력생산량의 10% 이내의 범위에서 연도별로 대통령령으로 정한다. 이 경우 균형 있는 이용·보급이 필요한 신·재생에너지에 대하여는 대

통령령으로 정하는 바에 따라 총의무공급량 중 일부를 해당 신·재생에너지를 이용하여 공급하게 할 수 있다.
③ 공급의무자의 의무공급량은 산업통상자원부장관이 공급의무자의 의견을 들어 공급의무자별로 정하여 고시한다. 이 경우 산업통상자원부장관은 공급의무자의 총발전량 및 발전원(發電源) 등을 고려하여야 한다. 〈개정 2013.3.23〉
④ 공급의무자는 의무공급량의 일부에 대하여 3년의 범위에서 그 공급의무의 이행을 연기할 수 있다. 〈개정 2014.1.21〉
⑤ 공급의무자는 제12조의7에 따른 신·재생에너지 공급인증서를 구매하여 의무공급량에 충당할 수 있다.
⑥ 산업통상자원부장관은 제1항에 따른 공급의무의 이행 여부를 확인하기 위하여 공급의무자에게 대통령령으로 정하는 바에 따라 필요한 자료의 제출 또는 제5항에 따라 구매하여 의무공급량에 충당하거나 제12조의 7 제1항에 따라 발급받은 신·재생에너지 공급인증서의 제출을 요구할 수 있다. 〈개정 2013.3.23〉
⑦ 제4항에 따라 공급의무의 이행을 연기할 수 있는 총량과 연차별 허용량, 그 밖에 필요한 사항은 대통령령으로 정한다.
〈신설 2014.1.21〉
[본조신설 2010.4.12]

제12조의6(신·재생에너지 공급 불이행에 대한 과징금) ① 산업통상자원부장관은 공급의무자가 의무공급량에 부족하게 신·재생에너지를 이용하여 에너지를 공급한 경우에는 대통령령으로 정하는 바에 따라 그 부족분에 제12조의7에 따른 신·재생에너지 공급인증서의 해당 연도 평균거래 가격의 100분의 150을 곱한 금액의 범위에서 과징금을 부과할 수 있다. 〈개정 2013.3.23〉
② 제1항에 따른 과징금을 납부한 공급의무자에 대하여는 그 과징금의 부과기간에 해당하는 의무공급량을 공급한 것으로 본다.
③ 산업통상자원부장관은 제1항에 따른 과징금을 납부하여야 할 자가 납부기한까지 그 과징금을 납부하지 아니한 때에는 국세 체납처분의 예를 따라 징수한다. 〈개정 2013.3.23〉
④ 제1항 및 제3항에 따라 징수한 과징금은 「전기사업법」에 따른 전력산업기반기금의 재원으로 귀속된다.
[본조신설 2010.4.12]

제12조의7(신·재생에너지 공급인증서 등) ① 신·재생에너지를 이용하여 에너지를 공급한 자(이하 "신·재생에너지 공급자"라 한다)는 산업통상자원부장관이 신·재생에너지를 이용한 에너지 공급의 증명 등을 위하여 지정하는 기관(이하 "공급인증기관"이라 한다)으로부터 그 공급 사실을 증명하는 인증서(전자문서로 된 인증서를 포함한다. 이하 "공급인증서"라 한다)를 발급받을 수 있다. 다만, 제17조에 따라 발전차액을 지원받거나 신·재생에너지 설비에 대한 지원 등 대통령령으로 정하는 정부의 지원을 받은 경우에는 대통령령으로 정하는 바에 따라 공급인증서의 발급을 제한할 수 있다. 〈개정 2013.3.23〉
② 공급인증서를 발급받으려는 자는 공급인증기관에 대통령령으로 정하는 바에 따라 공급인증서의 발급을 신청하여야 한다.
③ 공급인증기관은 제2항에 따른 신청을 받은 경우에는 신·재생에너지의 종류별 공급량 및 공급기간 등을 확인한 후 다음 각 호의 기재사항을 포함한 공급인증서를 발급하여야 한다. 이 경우 균형 있는 이용·보급과 기술개발 촉진 등이 필요한 신·재생에너지에 대하여는 대통령령으로 정하는 바에 따라 실제 공급량에 가중치를 곱한 양을 공급량으로 하는 공급인증서를 발급할 수 있다.
1. 신·재생에너지 공급자
2. 신·재생에너지의 종류별 공급량 및 공급기간
3. 유효기간
④ 공급인증서의 유효기간은 발급받은 날부터 3년으로 하되, 제12조의5 제5항 및 제6항에 따라 공급의무자가 구매하여 의무공급량에 충당하거나 발급받아 산업통상자원부장관에게 제출한 공급인증서는 그 효력을 상실한다. 이 경우 유효기간이 지나거나 효력을 상실한 해당 공급인증서는 폐기하여야 한다.
〈개정 2013.3.23〉
⑤ 공급인증서를 발급받은 자는 그 공급인증서를 거래하려면 제12조의9 제2항에 따른 공급인증서 발급 및 거래시장 운영에 관한 규칙으로 정하는 바에 따라 공급인증기관이 개설한 거래시장(이하 "거래시장"이라 한다)에서 거래하여야 한다.

⑥ 산업통상자원부장관은 다른 신·재생에너지와의 형평을 고려하여 공급인증서가 일정 규모 이상의 수력을 이용하여 에너지를 공급하고 발급된 경우 등 산업통상자원부령으로 정하는 사유에 해당할 때에는 거래시장에서 해당 공급인증서가 거래될 수 없도록 할 수 있다. 〈개정 2013.3.23〉
[본조신설 2010.4.12.]

제12조의8(공급인증기관의 지정 등) ① 산업통상자원부장관은 공급인증서 관련 업무를 전문적이고 효율적으로 실시하고 공급인증서의 공정한 거래를 위하여 다음 각 호의 어느 하나에 해당하는 자를 공급인증기관으로 지정할 수 있다. 〈개정 2013.3.23〉
1. 제31조에 따른 신·재생에너지센터
2. 「전기사업법」 제35조에 따른 한국전력거래소
3. 제12조의9에 따른 공급인증기관의 업무에 필요한 인력·기술능력·시설·장비 등 대통령령으로 정하는 기준에 맞는 자

② 제1항에 따라 공급인증기관으로 지정받으려는 자는 산업통상자원부장관에게 지정을 신청하여야 한다. 〈개정 2013.3.23〉
③ 공급인증기관의 지정방법·지정절차, 그 밖에 공급인증기관의 지정에 필요한 사항은 산업통상자원부령으로 정한다.
〈개정 2013.3.23〉
[본조신설 2010.4.12]

제12조의10(공급인증기관 지정의 취소 등) ① 산업통상자원부장관은 공급인증기관이 다음 각 호의 어느 하나에 해당하는 경우에는 산업통상자원부령으로 정하는 바에 따라 그 지정을 취소하거나 1년 이내의 기간을 정하여 그 업무의 전부 또는 일부의 정지를 명할 수 있다. 다만, 제1호 또는 제2호에 해당하는 때에는 그 지정을 취소하여야 한다. 〈개정 2013.3.23〉
1. 거짓이나 그 밖의 부정한 방법으로 지정을 받은 경우
2. 업무정지 처분을 받은 후 그 업무정지 기간에 업무를 계속한 경우
3. 제12조의8 제1항 제3호에 따른 지정기준에 부적합하게 된 경우
4. 제12조의9 제4항에 따른 시정명령을 시정기간에 이행하지 아니한 경우

② 산업통상자원부장관은 공급인증기관이 제1항 제3호 또는 제4호에 해당하여 업무정지를 명하여야 하는 경우로서 그 업무의 정지가 그 이용자 등에게 심한 불편을 주거나 그 밖에 공익을 해칠 우려가 있으면 그 업무정지 처분을 갈음하여 5천만원 이하의 과징금을 부과할 수 있다. 〈개정 2013.3.23〉
③ 제2항에 따라 과징금을 부과하는 위반행위의 종별·정도 등에 따른 과징금의 금액과 그 밖에 필요한 사항은 대통령령으로 정한다.
④ 산업통상자원부장관은 제2항에 따른 과징금을 납부하여야 할 자가 납부기한까지 그 과징금을 납부하지 아니한 때에는 국세 체납처분의 예를 따라 징수한다. 〈개정 2013.3.23〉
[본조신설 2010.4.12]

제12조의11(신·재생에너지 연료 품질기준) ① 산업통상자원부장관은 신·재생에너지 연료(신·재생에너지를 이용한 연료 중 대통령령으로 정하는 기준 및 범위에 해당하는 것을 말하며, 「폐기물관리법」 제2조 제1호에 따른 폐기물을 이용하여 제조한 것은 제외한다. 이하 같다)의 적정한 품질을 확보하기 위하여 품질기준을 정할 수 있다. 대기환경에 영향을 미치는 품질기준을 정하는 경우에는 미리 환경부장관과 협의를 하여야 한다.
② 산업통상자원부장관은 제1항에 따라 품질기준을 정한 경우에는 이를 고시하여야 한다.
③ 제1항에 따른 신·재생에너지 연료를 제조·수입 또는 판매하는 사업자(이하 "신·재생에너지 연료사업자"라 한다)는 산업통상자원부장관이 제1항에 따라 품질기준을 정한 경우에는 그 품질기준에 맞도록 신·재생에너지 연료의 품질을 유지하여야 한다.
[본조신설 2013.7.30]

제12조의12(신·재생에너지 연료 품질검사) ① 신·재생에너지 연료사업자는 제조·수입 또는 판매하는 신·재생에너지 연료가 제12조의11 제1항에 따른 품질기준에 맞는지를 확인하기 위하여 대통령령으로 정하는 신·재생에너지 품질검사기관(이하 "품질검사기관"이라 한다)의 품질검사를 받아야 한다.
② 제1항에 따른 품질검사의 방법과 절차, 그 밖에 필요한 사항은 산업통상자원부령으로 정한다.
[본조신설 2013.7.30]

제13조(신·재생에너지 설비의 인증 등) ① 신·

재생에너지 설비를 제조하거나 수입하여 판매하려는 자는 산업통상자원부장관이 신·재생에너지 설비의 인증을 위하여 지정하는 기관(이하 "설비인증기관"이라 한다)으로부터 신·재생에너지 설비에 대하여 인증(이하 "설비인증"이라 한다)을 받을 수 있다.
〈개정 2013.3.23〉
② 제1항에 따라 설비인증을 받으려는 자는 설비인증기관에 그 신·재생에너지 설비에 대한 설비인증을 신청하여야 한다.
③ 제2항에 따라 설비인증을 신청하는 경우에는 대통령령으로 정하는 지정기준에 따라 산업통상자원부장관이 지정하는 성능검사기관(이하 "성능검사기관"이라 한다)에서 성능검사를 받은 후 그 기관이 발행한 성능검사결과서를 설비인증기관에 제출하여야 한다.
〈개정 2013.3.23〉
④ 산업통상자원부장관은 제31조에 따른 신·재생에너지센터나 그 밖에 신·재생에너지의 기술개발 및 이용·보급 촉진사업을 하는 자 중 설비인증 업무에 적합하다고 인정되는 자를 설비인증기관으로 지정한다.
〈개정 2013.3.23〉
⑤ 설비인증기관은 제2항에 따라 설비인증을 신청받으면 성능검사기관이 발행한 성능검사결과서에 의하여 산업통상자원부령으로 정하는 설비인증 심사기준에 따라 심사한 후 그 기준에 적합한 신·재생에너지 설비에 대하여 설비인증을 하여야 한다. 〈개정 2013.3.23〉
⑥ 설비인증기관의 업무 범위, 설비인증의 절차, 설비인증의 사후관리, 성능검사기관의 지정 절차, 그 밖에 설비인증에 관하여 필요한 사항은 산업통상자원부령으로 정한다. 〈개정 2013.3.23〉
⑦ 산업통상자원부장관은 산업통상자원부령으로 정하는 바에 따라 제3항에 따른 성능검사에 드는 경비의 일부를 지원하거나, 제4항에 따라 지정된 설비인증기관에 대하여 지정 목적상 필요한 범위에서 행정상의 지원 등을 할 수 있다. 〈개정 2013.3.23〉
[전문개정 2010.4.12]

제13조의2(보험·공제 가입) ① 제13조에 따라 설비인증을 받은 자는 신·재생에너지 설비의 결함으로 인하여 제3자가 입을 수 있는 손해를 담보하기 위하여 보험 또는 공제에 가입하여야 한다.
② 제1항에 따른 보험 또는 공제의 기간·종류·대상 및 방법에 필요한 사항은 대통령령으로 정한다.
[본조신설 2013.7.30]

제14조(신·재생에너지 설비 인증의 표시 등) ① 제13조에 따라 설비인증을 받은 자는 그 신·재생에너지 설비에 설비인증의 표시를 하거나 설비인증을 받은 것을 홍보할 수 있다.
② 설비인증을 받지 아니한 자는 제1항에 따른 설비인증의 표시 또는 이와 유사한 표시를 하거나 설비인증을 받은 것으로 홍보하여서는 아니 된다.
[전문개정 2010.4.12]

제15조(설비인증의 취소 및 성능검사기관 지정의 취소) ① 설비인증기관은 설비인증을 받은 자가 거짓이나 부정한 방법으로 설비인증을 받은 경우에는 설비인증을 취소하여야 하며, 설비인증을 받은 후 제조하거나 수입하여 판매하는 신·재생에너지 설비가 제13조 제5항에 따른 설비인증 심사기준에 부적합한 것으로 발견된 경우에는 설비인증을 취소할 수 있다.
② 산업통상자원부장관은 성능검사기관이 다음 각 호의 어느 하나에 해당하는 경우에는 대통령령으로 정하는 바에 따라 그 지정을 취소하거나 1년 이내의 기간을 정하여 업무의 전부 또는 일부의 정지를 명할 수 있다. 다만, 제1호에 해당하는 경우에는 그 지정을 취소하여야 한다. 〈개정 2013.3.23〉
1. 거짓이나 부정한 방법으로 지정을 받은 경우
2. 정당한 사유 없이 지정을 받은 날부터 1년 이상 성능검사 업무를 시작하지 아니하거나 1년 이상 계속하여 성능검사 업무를 중단한 경우
3. 제13조 제3항에 따른 지정기준에 적합하지 아니하게 된 경우
[전문개정 2010.4.12]

제17조(신·재생에너지 발전 기준가격의 고시 및 차액 지원) ① 산업통상자원부장관은 신·재생에너지 발전에 의하여 공급되는 전기의 기준가격을 발전원별로 정한 경우에는 그 가격을 고시하여야 한다. 이 경우 기준가격의 산정기준은 대통령령으로 정한다. 〈개정 2013.3.23〉
② 산업통상자원부장관은 신·재생에너지 발전에 의하여 공급한 전기의 전력거래가격(「전기

사업법」 제33조에 따른 전력거래가격을 말한다)이 제1항에 따라 고시한 기준가격보다 낮은 경우에는 그 전기를 공급한 신·재생에너지 발전사업자에 대하여 기준가격과 전력거래가격의 차액(이하 "발전차액"이라 한다)을 「전기사업법」 제48조에 따른 전력산업기반기금에서 우선적으로 지원한다. 〈개정 2013.3.23〉

③ 산업통상자원부장관은 제1항에 따라 기준가격을 고시하는 경우에는 발전차액을 지원하는 기간을 포함하여 고시할 수 있다. 〈개정 2013.3.23〉

④ 산업통상자원부장관은 발전차액을 지원받은 신·재생에너지 발전사업자에게 결산재무제표(決算財務諸表) 등 기준가격 설정을 위하여 필요한 자료를 제출할 것을 요구할 수 있다. 〈개정 2013.3.23〉

[전문개정 2010.4.12]

[법률 제10253호(2010.4.12) 부칙 제2조 제1항의 규정에 의하여 이 조는 2011년 12월 31일까지 유효함]

제18조(지원 중단 등) ① 산업통상자원부장관은 발전차액을 지원받은 신·재생에너지 발전사업자가 다음 각 호의 어느 하나에 해당하면 산업통상자원부령으로 정하는 바에 따라 경고를 하거나 시정을 명하고, 그 시정명령에 따르지 아니하는 경우에는 발전차액의 지원을 중단할 수 있다. 〈개정 2013.3.23〉

1. 거짓이나 부정한 방법으로 발전차액을 지원받은 경우
2. 제17조 제4항에 따른 자료요구에 따르지 아니하거나 거짓으로 자료를 제출한 경우

② 산업통상자원부장관은 발전차액을 지원받은 신·재생에너지 발전사업자가 제1항제1호에 해당하면 산업통상자원부령으로 정하는 바에 따라 그 발전차액을 환수(還收)할 수 있다. 이 경우 산업통상자원부장관은 발전차액을 반환할 자가 30일 이내에 이를 반환하지 아니하면 국세 체납처분의 예에 따라 징수할 수 있다. 〈개정 2013.3.23〉

[전문개정 2010.4.12.]

제22조(신·재생에너지 설비 설치전문기업의 신고 등) ① 신·재생에너지 설비의 설치를 전문으로 하려는 자는 자본금·기술인력 등 대통령령으로 정하는 신고기준 및 절차에 따라 산업통상자원부장관에게 신고할 수 있다. 〈개정 2013.3.23〉

② 산업통상자원부장관은 제1항에 따라 신고한 신·재생에너지 설비 설치전문기업(이하 "신·재생에너지전문기업"이라 한다)에 산업통상자원부령으로 정하는 바에 따라 지체 없이 신고증명서를 발급하여야 한다. 〈개정 2013.3.23〉

③ 신·재생에너지전문기업은 이 법에 따른 지원을 받으려면 제1항에 따른 신고기준 및 절차에 따라 산업통상자원부장관에게 3년마다 다시 신고하여야 한다. 〈신설 2014.1.21〉

④ 산업통상자원부장관은 제27조에 따른 보급사업을 위하여 필요하다고 인정하면 신·재생에너지 설비의 설치 및 보수에 드는 비용의 일부를 지원하는 등 신·재생에너지전문기업에 대통령령으로 정하는 바에 따라 필요한 지원을 할 수 있다. 〈개정 2013.3.23, 2014.1.21〉

[전문개정 2010.4.12.]

제22조의2(신·재생에너지전문기업의 정보 관리) ① 산업통상자원부장관은 자본금 등 신·재생에너지전문기업에 관한 정보를 관리하여야 하며, 산업통상자원부령으로 정하는 바에 따라 그 정보를 공개할 수 있다.

② 산업통상자원부장관은 제1항에 따른 정보를 종합적·체계적으로 관리하기 위하여 신·재생에너지전문기업 관련 정보시스템을 구축·운영할 수 있다.

[본조신설 2014.1.21]

제23조 삭제 〈2010.4.12〉

제23조의2(신·재생에너지 연료 혼합의무 등) ① 산업통상자원부장관은 신·재생에너지의 이용·보급을 촉진하고 신·재생에너지 산업의 활성화를 위하여 필요하다고 인정하는 경우 대통령령으로 정하는 바에 따라 「석유 및 석유대체연료 사업법」 제2조에 따른 석유정제업자 또는 석유수출입업자(이하 "혼합의무자"라 한다)에게 일정 비율(이하 "혼합의무비율"이라 한다) 이상의 신·재생에너지 연료를 수송용연료에 혼합하게 할 수 있다.

② 산업통상자원부장관은 제1항에 따른 혼합의무의 이행 여부를 확인하기 위하여 혼합의무자에게 대통령령으로 정하는 바에 따라 필요한 자료의 제출을 요구할 수 있다.

[본조신설 2013.7.30.]

[시행일 : 2015.7.31.] 제23조의2

제23조의3(의무 불이행에 대한 과징금) ① 산업통상자원부장관은 혼합의무자가 혼합의무비율을 충족시키지 못한 경우에는 대통령령으로 정하는 바에 따라 그 부족분에 해당 연도 평균거래가격의 100분의 150을 곱한 금액의 범위에서 과징금을 부과할 수 있다.
② 산업통상자원부장관은 제1항에 따른 과징금을 납부하여야 할 자가 납부기한까지 그 과징금을 납부하지 아니한 때에는 국세 체납처분의 예에 따라 징수한다.
③ 제1항 및 제2항에 따라 징수한 과징금은 「에너지 및 자원사업 특별회계법」에 따른 에너지 및 자원사업 특별회계의 재원으로 귀속된다. 〈개정 2014.1.1.〉
[본조신설 2013.7.30.]
[시행일 : 2015.7.31.] 제23조의3

제23조의4(관리기관의 지정) ① 산업통상자원부장관은 혼합의무자의 혼합의무비율 이행을 효율적으로 관리하기 위하여 다음 각 호의 어느 하나에 해당하는 자를 혼합의무 관리기관(이하 "관리기관"이라 한다)으로 지정할 수 있다
1. 제31조에 따른 신·재생에너지센터
2. 「석유 및 석유대체연료 사업법」 제25조의2에 따른 한국석유관리원
② 관리기관으로 지정받으려는 자는 산업통상자원부장관에게 지정을 신청하여야 한다.
③ 관리기관의 신청 및 지정 기준·방법 및 절차, 그 밖에 필요한 사항은 산업통상자원부령으로 정한다.
[본조신설 2013.7.30.]
[시행일 : 2015.7.31.] 제23조의4

제23조의5(관리기관의 업무) ① 제23조의4에 따라 지정된 관리기관은 다음 각 호의 업무를 수행한다.
1. 혼합의무 이행실적의 집계 및 검증
2. 의무이행 관련 정보의 수집 및 관리
3. 그 밖에 혼합의무의 이행과 관련하여 산업통상자원부장관이 필요하다고 인정하는 업무
② 관리기관은 제1항에 따른 업무를 수행하기 위하여 필요한 기준(이하 "혼합의무 관리기준"이라 한다)을 정하여 산업통상자원부장관의 승인을 받아야 한다. 승인받은 혼합의무 관리기준을 변경하는 경우에도 또한 같다.
③ 산업통상자원부장관은 관리기관에 혼합의무 관리에 관한 계획, 실적 및 정보에 관한 보고를 명하거나 자료의 제출을 요구할 수 있다.
④ 제3항에 따른 관리기관의 보고, 자료제출 및 그 밖에 혼합의무 운영에 필요한 사항은 산업통상자원부령으로 정한다.
⑤ 산업통상자원부장관은 관리기관이 다음 각 호의 어느 하나에 해당하는 경우에는 기간을 정하여 시정을 명할 수 있다.
1. 혼합의무 관리기준을 준수하지 아니한 경우
2. 제3항에 따른 보고 또는 자료제출을 하지 아니하거나 거짓으로 보고 또는 자료제출을 한 경우
[본조신설 2013.7.30.]
[시행일 : 2015.7.31.] 제23조의5

제23조의6(관리기관의 지정 취소 등) ① 산업통상자원부장관은 관리기관이 다음 각 호의 어느 하나에 해당하는 경우에는 그 지정을 취소하거나 1년 이내의 기간을 정하여 업무의 전부 또는 일부의 정지를 명할 수 있다. 다만 제1호 또는 제2호에 해당하는 경우에는 그 지정을 취소하여야 한다.
1. 거짓이나 그 밖의 부정한 방법으로 관리기관 지정을 받은 경우
2. 업무정지 기간에 관리업무를 계속한 경우
3. 제23조의4에 따른 지정기준에 부적합하게 된 경우
4. 제23조의5제5항에 따른 시정명령을 이행하지 아니한 경우
② 산업통상자원부장관은 관리기관이 제1항제3호 또는 제4호에 해당하여 업무정지를 명하여야 하는 경우로서 그 업무의 정지가 그 이용자 등에게 심한 불편을 주거나 그 밖에 공익을 해칠 우려가 있으면 그 업무정지 처분을 갈음하여 5천만원 이하의 과징금을 부과할 수 있다.
③ 제2항에 따라 과징금을 부과하는 위반행위의 종별·정도 등에 따른 과징금의 금액과 그 밖에 필요한 사항은 대통령령으로 정한다.
④ 산업통상자원부장관은 제2항에 따른 과징금을 납부하여야 할 자가 납부기한까지 그 과징금을 납부하지 아니한 때에는 국세 체납처분의 예에 따라 징수한다.
⑤ 제1항에 따른 지정 취소, 업무정지의 기준 및 절차, 그 밖에 필요한 사항은 산업통상자원부령으로 정한다.
[본조신설 2013.7.30.]
[시행일 : 2015.7.31.] 제23조의6

제27조(보급사업) ① 산업통상자원부장관은 신·재생에너지의 이용·보급을 촉진하기 위하여 필요하다고 인정하면 대통령령으로 정하는 바에 따라 다음 각 호의 보급사업을 할 수 있다. 〈개정 2013.3.23〉
1. 신기술의 적용사업 및 시범사업
2. 환경친화적 신·재생에너지 집적화단지(集積化團地) 및 시범단지 조성사업
3. 지방자치단체와 연계한 보급사업
4. 실용화된 신·재생에너지 설비의 보급을 지원하는 사업
5. 그 밖에 신·재생에너지 기술의 이용·보급을 촉진하기 위하여 필요한 사업으로서 산업통상자원부장관이 정하는 사업

② 산업통상자원부장관은 개발된 신·재생에너지 설비가 설비인증을 받거나 신·재생에너지 기술의 국제표준화 또는 신·재생에너지 설비와 그 부품의 공용화가 이루어진 경우에는 우선적으로 제1항에 따른 보급사업을 추진할 수 있다. 〈개정 2013.3.23〉

③ 관계 중앙행정기관의 장은 환경 개선과 신·재생에너지의 보급 촉진을 위하여 필요한 협조를 할 수 있다.
[전문개정 2010.4.12]

제30조(신·재생에너지의 교육·홍보 및 전문인력 양성) ① 정부는 교육·홍보 등을 통하여 신·재생에너지의 기술개발 및 이용·보급에 관한 국민의 이해와 협력을 구하도록 노력하여야 한다.

② 산업통상자원부장관은 신·재생에너지 분야 전문인력의 양성을 위하여 신·재생에너지 분야 특성화대학 및 핵심기술연구센터를 지정하여 육성·지원할 수 있다.
〈개정 2013.3.23〉
[전문개정 2010.4.12.]

제30조의2(신·재생에너지사업자의 공제조합 가입 등) ① 신·재생에너지 발전사업자, 신·재생에너지 연료사업자, 신·재생에너지 전문기업, 신·재생에너지 설비의 제조·수입 및 판매 등의 사업을 영위하는 자(이하 "신·재생에너지사업자"라 한다)는 신·재생에너지의 기술개발 및 이용·보급에 필요한 사업(이하 "신·재생에너지사업"이라 한다)을 원활히 수행하기 위하여 「엔지니어링산업 진흥법」 제34조에 따른 공제조합의 조합원으로 가입할 수 있다.

② 제1항에 따른 공제조합은 다음 각 호의 사업을 실시할 수 있다.
1. 신·재생에너지사업에 따른 채무 또는 의무이행에 필요한 공제, 보증 및 자금의 융자
2. 신·재생에너지사업의 수출에 따른 공제 및 주거래은행의 설정에 관한 보증
3. 신·재생에너지사업의 대가로 받은 어음의 할인
4. 신·재생에너지사업에 필요한 기자재의 공동구매·조달 알선 또는 공동위탁판매
5. 조합원 및 조합원에게 고용된 자의 복지 향상을 위한 공제사업
6. 조합원의 정보처리 및 컴퓨터 운용과 관련된 서비스 제공
7. 조합원이 공동으로 이용하는 시설의 설치, 운영, 그 밖에 조합원의 편익 증진을 위한 사업
8. 그 밖에 제1호부터 제7호까지의 사업에 부대되는 사업으로서 정관으로 정하는 공제사업

③ 제2항에 따른 공제규정, 공제규정으로 정할 내용, 공제사업의 절차 및 운영 방법에 필요한 사항은 대통령령으로 정한다.
[본조신설 2013.7.30]

제31조(신·재생에너지센터) ① 산업통상자원부장관은 신·재생에너지의 이용 및 보급을 전문적이고 효율적으로 추진하기 위하여 대통령령으로 정하는 에너지 관련 기관에 신·재생에너지센터(이하 "센터"라 한다)를 두어 신·재생에너지 분야에 관한 다음 각 호의 사업을 하게 할 수 있다.
〈개정 2013.3.23, 2013.7.30〉
1. 제11조 제1항에 따른 신·재생에너지의 기술개발 및 이용·보급사업의 실시자에 대한 지원·관리
2. 제12조 제2항 및 제3항에 따른 신·재생에너지 이용의무의 이행에 관한 지원·관리
3. 제12조의2에 따른 건축물인증에 관한 지원·관리
4. 제12조의5에 따른 신·재생에너지 공급의무의 이행에 관한 지원·관리
5. 제12조의9에 따른 공급인증기관의 업무에 관한 지원·관리
6. 제13조에 따른 설비인증에 관한 지원·관리
7. 이미 보급된 신·재생에너지 설비에 대한 기술지원

8. 제20조에 따른 신·재생에너지 기술의 국제 표준화에 대한 지원·관리
9. 제21조에 따른 신·재생에너지 설비 및 그 부품의 공용화에 관한 지원·관리
10. 제22조에 따른 신·재생에너지전문기업에 대한 지원·관리
11. 제23조의2에 따른 신·재생에너지 연료 혼합의무의 이행에 관한 지원·관리
12. 제25조에 따른 통계관리
13. 제27조에 따른 신·재생에너지 보급사업의 지원·관리
14. 제28조에 따른 신·재생에너지 기술의 사업화에 관한 지원·관리
15. 제30조에 따른 교육·홍보 및 전문인력 양성에 관한 지원·관리
16. 국내외 조사·연구 및 국제협력 사업
17. 제1호·제3호 및 제5호부터 제8호까지의 사업에 딸린 사업
18. 그 밖에 신·재생에너지의 이용·보급 촉진을 위하여 필요한 사업으로서 산업통상자원부장관이 위탁하는 사업

② 산업통상자원부장관은 센터가 제1항의 사업을 하는 경우 자금 출연이나 그 밖에 필요한 지원을 할 수 있다. 〈개정 2013.3.23〉

③ 센터의 조직·인력·예산 및 운영에 관하여 필요한 사항은 산업통상자원부령으로 정한다. 〈개정 2013.3.23〉

[전문개정 2010.4.12]

제32조(권한의 위임·위탁) ① 이 법에 따른 산업통상자원부장관의 권한은 그 일부를 대통령령으로 정하는 바에 따라 소속 기관의 장, 특별시장·광역시장·도지사 또는 특별자치도지사(이하 "시·도지사"라 한다)에게 위임할 수 있다. 〈개정 2013.3.23〉

② 이 법에 따른 산업통상자원부장관 또는 시·도지사의 업무는 그 일부를 대통령령으로 정하는 바에 따라 센터 또는 「에너지법」 제13조에 따른 한국에너지기술평가원에 위탁할 수 있다. 〈개정 2013.3.23〉

[전문개정 2010.4.12]

제34조(벌칙) ① 거짓이나 부정한 방법으로 제17조에 따른 발전차액을 지원받은 자와 그 사실을 알면서 발전차액을 지급한 자는 3년 이하의 징역 또는 지원받은 금액의 3배 이하에 상당하는 벌금에 처한다.

② 거짓이나 부정한 방법으로 공급인증서를 발급받은 자와 그 사실을 알면서 공급인증서를 발급한 자는 3년 이하의 징역 또는 3천만원 이하의 벌금에 처한다.

③ 제12조의7 제5항을 위반하여 공급인증기관이 개설한 거래시장 외에서 공급인증서를 거래한 자는 2년 이하의 징역 또는 2천만원 이하의 벌금에 처한다.

④ 법인의 대표자나 법인 또는 개인의 대리인, 사용인, 그 밖의 종업원이 그 법인 또는 개인의 업무에 관하여 제1항부터 제3항까지의 어느 하나에 해당하는 위반행위를 하면 그 행위자를 벌하는 외에 그 법인 또는 개인에게도 해당 조문의 벌금형을 과(科)한다. 다만, 법인 또는 개인이 그 위반행위를 방지하기 위하여 해당 업무에 관하여 상당한 주의와 감독을 게을리하지 아니한 경우에는 그러하지 아니하다.

[전문개정 2010.4.12]

제35조(과태료) ① 다음 각 호의 어느 하나에 해당하는 자에게는 1천만원 이하의 과태료를 부과한다. 〈개정 2013.7.30, 2014.1.21〉
1. 거짓이나 부정한 방법으로 설비인증을 받은 자
2. 건축물인증기관으로부터 건축물인증을 받지 아니하고 건축물인증의 표시 또는 이와 유사한 표시를 하거나 건축물인증을 받은 것으로 홍보한 자
3. 설비인증기관으로부터 설비인증을 받지 아니하고 설비인증의 표시 또는 이와 유사한 표시를 하거나 설비인증을 받은 것으로 홍보한 자
4. 제13조의2를 위반하여 보험 또는 공제에 가입하지 아니한 자
4의2. 거짓이나 부정한 방법으로 제22조제2항에 따른 신고증명서를 발급받은 자

② 제1항에 따른 과태료는 대통령령으로 정하는 바에 따라 산업통상자원부장관이 부과·징수한다. 〈개정 2013.3.23〉

[전문개정 2010.4.12]

제35조(과태료) ① 다음 각 호의 어느 하나에 해당하는 자에게는 1천만원 이하의 과태료를 부과한다. 〈개정 2013.7.30, 2014.1.21〉
1. 거짓이나 부정한 방법으로 설비인증을 받은 자
2. 건축물인증기관으로부터 건축물인증을 받

지 아니하고 건축물인증의 표시 또는 이와 유사한 표시를 하거나 건축물인증을 받은 것으로 홍보한 자
3. 설비인증기관으로부터 설비인증을 받지 아니하고 설비인증의 표시 또는 이와 유사한 표시를 하거나 설비인증을 받은 것으로 홍보한 자
4. 제13조의2를 위반하여 보험 또는 공제에 가입하지 아니한 자
4의2. 거짓이나 부정한 방법으로 제22조 제2항에 따른 신고증명서를 발급받은 자
5. 제23조의 2 제2항에 따른 자료제출요구에 따르지 아니하거나 거짓 자료를 제출한 자

② 제1항에 따른 과태료는 대통령령으로 정하는 바에 따라 산업통상자원부장관이 부과·징수한다. 〈개정 2013.3.23〉

[전문개정 2010.4.12.]
[시행일 : 2015.7.31] 제35조 제1항 제5호

10. 신에너지 및 재생에너지 개발·이용·보급 촉진법 시행령

[시행 2014.4.24] [대통령령 제25322호, 2014.4.24, 일부개정]

제1조(목적) 이 영은 「신에너지 및 재생에너지 개발·이용·보급 촉진법」에서 위임된 사항과 그 시행에 필요한 사항을 규정함을 목적으로 한다.
[전문개정 2010.9.17]

제2조(석탄을 액화·가스화한 에너지 등의 기준 및 범위) 「신에너지 및 재생에너지 개발·이용·보급 촉진법」(이하 "법"이라 한다) 제2조 제1호 다목, 같은 조 제2호 바목 및 사목에서 "대통령령으로 정하는 기준 및 범위"란 별표 1과 같다. 〈개정 2014.1.21〉
[전문개정 2010.9.17]
[제목개정 2014.1.21]

제3조(신·재생에너지 기술개발 등에 관한 계획의 사전협의) ① 법 제7조에서 "대통령령으로 정하는 자"란 다음 각 호의 어느 하나에 해당하는 자를 말한다.
1. 정부로부터 출연금을 받은 자
2. 정부출연기관 또는 제1호에 따른 자로부터 납입자본금의 100분의 50 이상을 출자받은 자

② 법 제7조에 따라 신에너지 및 재생에너지(이하 "신·재생에너지"라 한다) 기술개발 및 이용·보급에 관한 계획을 협의하려는 자는 그 시행 사업연도 개시 4개월 전까지 산업통상자원부장관에게 계획서를 제출하여야 한다. 〈개정 2013.3.23〉

③ 산업통상자원부장관은 제2항에 따라 계획서를 받았을 때에는 다음 각 호의 사항을 검토하여 협의를 요청한 자에게 그 의견을 통보하여야 한다. 〈개정 2013.3.23〉
1. 법 제5조에 따른 신·재생에너지의 기술개발 및 이용·보급을 촉진하기 위한 기본계획(이하 "기본계획"이라 한다)과의 조화성
2. 시의성(時宜性)
3. 다른 계획과의 중복성
4. 공동연구의 가능성
[전문개정 2010.9.17.]

제4조(신·재생에너지정책심의회의 구성) ① 법 제8조 제1항에 따른 신·재생에너지정책심의회(이하 "심의회"라 한다)는 위원장 1명을 포함한 20명 이내의 위원으로 구성한다.

② 심의회의 위원장은 산업통상자원부 소속 에너지 분야의 업무를 담당하는 고위공무원단에 속하는 일반직공무원 중에서 산업통상자원부장관이 지명하는 사람으로 하고, 위원은 다음 각 호의 사람으로 한다. 〈개정 2013.3.23〉
1. 기획재정부, 미래창조과학부, 농림축산식품부, 산업통상자원부, 환경부, 국토교통부, 해양수산부의 3급 공무원 또는 고위공무원단에 속하는 일반직공무원 중 해당 기관의 장이 지명하는 사람 각 1명
2. 신·재생에너지 분야에 관한 학식과 경험이 풍부한 사람 중 산업통상자원부장관이 위촉하는 사람
[전문개정 2010.9.17]

제5조(심의회의 운영) ① 심의회의 위원장은 심의회의 회의를 소집하고 그 의장이 된다.

② 심의회의 회의는 재적위원 과반수의 출석으로 개의(開議)하고, 출석위원 과반수의 찬성으로 의결한다.
[전문개정 2010.9.17]

제6조(간사 등) ① 심의회에 간사 및 서기 각 1명을 둔다.

② 간사 및 서기는 산업통상자원부 소속 공무원 중에서 산업통상자원부장관이 지명하는 사람으로 한다. 〈개정 2013.3.23〉
[전문개정 2010.9.17]

제7조(신·재생에너지전문위원회) ① 심의회의 원활한 심의를 위하여 필요한 경우에는 심의회에 신·재생에너지전문위원회(이하 "전문위원회"라 한다)를 둘 수 있다.

② 전문위원회의 위원은 신·재생에너지 분야에 관한 전문지식을 가진 사람으로서 산업통상자원부장관이 위촉하는 사람으로 한다. 〈개정 2013.3.23〉
[전문개정 2010.9.17]

제15조(신·재생에너지 공급의무 비율 등) ① 법 제12조 제2항에 따른 예상 에너지사용량에

대한 신·재생에너지 공급의무 비율은 다음 각 호와 같다. 〈개정 2013.3.23〉
1. 「건축법 시행령」 별표 1 제5호부터 제16호까지, 제23호가목부터 다목까지, 제24호 및 제26호부터 제28호까지의 용도의 건축물로서 신축·증축 또는 개축하는 부분의 연면적이 1천제곱미터 이상인 건축물(해당 건축물의 건축 목적, 기능, 설계 조건 또는 시공 여건상의 특수성으로 인하여 신·재생에너지 설비를 설치하는 것이 불합리하다고 인정되는 경우로서 산업통상자원부장관이 정하여 고시하는 건축물은 제외한다): 별표 2에 따른 비율 이상
2. 제1호 외의 건축물: 산업통상자원부장관이 용도별 건축물의 종류로 정하여 고시하는 비율 이상
② 제1항 제1호에서 "연면적"이란 「건축법 시행령」 제119조 제1항 제4호에 따른 연면적을 말하되, 하나의 대지(垈地)에 둘 이상의 건축물이 있는 경우에는 동일한 건축허가를 받은 건축물의 연면적 합계를 말한다.
③ 제1항에 따른 건축물의 예상 에너지사용량의 산정기준 및 산정방법 등은 신·재생에너지의 균형 있는 보급과 기술개발의 촉진 및 산업 활성화 등을 고려하여 산업통상자원부장관이 정하여 고시한다. 〈개정 2013.3.23〉
[전문개정 2010.9.17]

제16조(신·재생에너지 설비 설치의무기관) ① 법 제12조 제2항 제3호에서 "대통령령으로 정하는 금액 이상"이란 연간 50억원 이상을 말한다.
② 법 제12조 제2항 제5호에서 "대통령령으로 정하는 비율 또는 금액 이상을 출자한 법인"이란 다음 각 호의 어느 하나에 해당하는 법인을 말한다.
1. 납입자본금의 100의 50 이상을 출자한 법인
2. 납입자본금으로 50억원 이상을 출자한 법인
[전문개정 2010.9.17]

제17조(신·재생에너지 설비의 설치계획서 제출 등) ① 법 제12조 제2항에 따라 같은 항 각 호의 어느 하나에 해당하는 자(이하 "설치의무기관"이라 한다)의 장 또는 대표자가 제15조제1항 각 호의 어느 하나에 해당하는 건축물을 신축·증축 또는 개축하려는 경우에는 신·재생에너지 설비의 설치계획서(이하 "설치계획서"라 한다)를 해당 건축물에 대한 건축허가를 신청하기 전에 산업통상자원부장관에게 제출하여야 한다. 〈개정 2013.3.23〉
② 산업통상자원부장관은 설치계획서를 받은 날부터 30일 이내에 타당성을 검토한 후 그 결과를 해당 설치의무기관의 장 또는 대표자에게 통보하여야 한다. 〈개정 2013.3.23〉
③ 산업통상자원부장관은 설치계획서를 검토한 결과 제15조제1항에 따른 기준에 미달한다고 판단한 경우에는 미리 그 내용을 설치의무기관의 장 또는 대표자에게 통지하여 의견을 들을 수 있다. 〈개정 2013.3.23〉
[전문개정 2010.9.17.]

제18조(신·재생에너지 설비의 설치 및 확인 등) ① 설치의무기관의 장 또는 대표자는 제17조 제2항에 따른 검토결과를 반영하여 신·재생에너지 설비를 설치하여야 하며, 설치를 완료하였을 때에는 30일 이내에 신·재생에너지 설비 설치확인신청서를 산업통상자원부장관에게 제출하여야 한다. 〈개정 2013.3.23〉
② 산업통상자원부장관은 제1항에 따른 신·재생에너지 설비 설치확인신청서를 받았을 때에는 제17조제2항에 따른 검토 결과를 반영하였는지 확인한 후 신·재생에너지 설비 설치확인서를 발급하여야 한다. 〈개정 2013.3.23〉
③ 산업통상자원부장관은 설치의무기관의 신·재생에너지 설비 설치 및 신·재생에너지 이용 현황을 주기적으로 점검하여 공표할 수 있다. 〈개정 2013.3.23〉
[전문개정 2010.9.17.]

제18조의2(신·재생에너지 이용 인증대상 건축물) 법 제12조의 2 제1항에서 "대통령령으로 정하는 일정 규모 이상의 건축물"이란 「건축법 시행령」 별표 1 각 호에 따른 건축물 중 산업통상자원부와 국토교통부가 공동부령으로 정하는 건축물로서 연면적 1천제곱미터 이상인 건축물(제17조제1항에 따라 설치계획서를 제출한 건축물은 제외한다)을 말한다.
〈개정 2013.3.23, 2014.1.21〉
[본조신설 2010.9.17.]

제18조의3(신·재생에너지 공급의무자) ① 법 제12조의 5 제1항에서 "대통령령으로 정하는 자"란 다음 각 호의 어느 하나에 해당하는 자를 말한다.
1. 법 제12조의 5 제1항 제1호 및 제2호에 해당하는 자로서 50만킬로와트 이상의 발전설

비(신·재생에너지 설비는 제외한다)를 보유하는 자
2. 「한국수자원공사법」에 따른 한국수자원공사
3. 「집단에너지사업법」 제29조에 따른 한국지역난방공사

② 산업통상자원부장관은 제1항 각 호에 해당하는 자(이하 "공급의무자"라 한다)를 공고하여야 한다. 〈개정 2013.3.23〉

[본조신설 2010.9.17.]

제18조의4(연도별 의무공급량의 합계 등) ① 법 제12조의 5 제2항 전단에 따른 의무공급량(이하 "의무공급량"이라 한다)의 연도별 합계는 공급의무자의 다음 계산식에 따른 총전력생산량에 별표 3에 따른 비율을 곱한 발전량 이상으로 한다. 이 경우 의무공급량은 법 제12조의 7에 따른 공급인증서(이하 "공급인증서"라 한다)를 기준으로 산정한다. 〈개정 2014.1.21〉

총전력생산량 = 지난 연도 총전력생산량 - (신·재생에너지 발전량 + 「전기사업법」 제2조 제16호 나목 중 산업통상자원부장관이 정하여 고시하는 설비에서 생산된 발전량)

② 산업통상자원부장관은 3년마다 신·재생에너지 관련 기술 개발의 수준 등을 고려하여 별표 3에 따른 비율을 재검토하여야 한다. 다만, 신·재생에너지의 보급 목표 및 그 달성 실적과 그 밖의 여건 변화 등을 고려하여 재검토 기간을 단축할 수 있다.
〈개정 2013.3.23, 2014.4.24〉

③ 법 제12조의5제2항 후단에 따라 공급하게 할 수 있는 신·재생에너지의 종류 및 의무공급량에 대하여 2015년 12월 31일까지 적용하는 기준은 별표 4와 같다. 이 경우 공급의무자별 의무공급량은 산업통상자원부장관이 정하여 고시한다. 〈개정 2013.3.23, 2014.4.24〉

④ 제3항에 따라 공급하는 신·재생에너지에 대해서는 산업통상자원부장관이 정하여 고시하는 비율 및 방법 등에 따라 공급인증서를 구매하여 의무공급량에 충당할 수 있다. 〈개정 2013.3.23, 2014.4.24〉

⑤ 공급의무자는 법 제12조의 5 제4항에 따라 연도별 의무공급량(공급의무의 이행이 연기된 의무공급량은 포함하지 아니한다. 이하 같다)의 100분의 20을 넘지 아니하는 범위에서 공급의무의 이행을 연기할 수 있다. 이 경우 공급의무자는 연기된 의무공급량의 공급이 완료되기까지는 그 연기된 의무공급량 중 매년 100분의 20 이상을 연도별 의무공급량에 우선하여 공급하여야 한다. 〈개정 2014.4.24〉

⑥ 공급의무자는 법 제12조의 5 제4항에 따라 공급의무의 이행을 연기하려는 경우에는 연기할 의무공급량, 연기 사유 등을 산업통상자원부장관에게 다음 연도 2월 말일까지 제출하여야 한다. 〈개정 2013.3.23〉

[본조신설 2010.9.17.]

제18조의7(신·재생에너지 공급인증서의 발급 제한 등) ① 법 제12조의 7 제1항 단서에서 "신·재생에너지 설비에 대한 지원 등 대통령령으로 정하는 정부의 지원을 받은 경우"란 법 제10조 각 호의 사업 또는 다른 법령에 따라 지원된 신·재생에너지 설비로서 그 설비에 대하여 국가나 지방자치단체로부터 무상지원금을 받은 경우를 말한다.

② 제1항에 따른 무상지원금을 받은 신·재생에너지 공급자(신·재생에너지를 이용하여 에너지를 공급한 자를 말한다)에 대해서는 지원받은 무상지원금에 해당하는 비율을 제외한 부분에 대한 공급인증서를 발급하되, 무상지원금에 해당하는 부분에 대한 공급인증서는 국가 또는 지방자치단체에 대하여 그 지원비율에 따라 발급한다.

③ 법 제12조의 7 제1항 단서에 따라 발전차액을 지원받은 신·재생에너지 공급자에 대한 공급인증서는 국가에 대하여 발급한다.

④ 제2항 및 제3항에 따라 국가에 대하여 발급된 공급인증서의 거래 및 관리에 관한 사무는 산업통상자원부장관이 담당하되, 산업통상자원부장관이 지정하는 기관으로 하여금 대행하게 할 수 있다. 〈개정 2013.3.23〉

⑤ 제4항에 따라 공급인증서를 거래하여 얻은 수익금은 「전기사업법」에 따른 전력산업기반기금의 재원(財源)으로 한다.

[본조신설 2010.9.17.]

제18조의8(신·재생에너지 공급인증서의 발급신청 등) ① 법 제12조의 7 제2항에 따라 공급인증서를 발급받으려는 자는 법 제12조의 9 제2항에 따른 공급인증서 발급 및 거래시장 운영에 관한 규칙에서 정하는 바에 따라 신·재생에너지를 공급한 날부터 90일 이내에 발급 신

청을 하여야 한다.
② 제1항에 따라 발급 신청을 받은 공급인증기관은 발급 신청을 한 날부터 30일 이내에 공급인증서를 발급하여야 한다.
[본조신설 2010.9.17]

제18조의9(신·재생에너지의 가중치) 법 제12조의 7 제3항 후단에 따른 신·재생에너지의 가중치는 해당 신·재생에너지에 대한 다음 각 호의 사항을 고려하여 산업통상자원부장관이 정하여 고시하는 바에 따른다.
〈개정 2013.3.23, 2014.4.24〉
1. 환경, 기술개발 및 산업 활성화에 미치는 영향
2. 발전 원가
3. 부존(賦存) 잠재량
4. 온실가스 배출 저감(低減)에 미치는 효과
5. 전력 수급의 안정에 미치는 영향
6. 지역주민의 수용(受容) 정도
[본조신설 2010.9.17]

제18조의11(공급의무자의 의무이행비용 보전) 정부는 공급의무자가 공급의무의 이행에 드는 추가 비용의 적정 수준을 「전기사업법」 제2조 제13호에 따른 전력시장을 통하여 보전(補塡)할 수 있도록 노력하여야 하고, 전력시장에 참여하는 같은 법 제2조 제10호에 따른 전기판매사업자가 그 비용을 전기요금에 반영하여 회수할 수 있도록 노력하여야 한다.
[본조신설 2010.9.17]

제18조의12(신·재생에너지 연료의 기준 및 범위) 법 제12조의 11 제1항에서 "대통령령으로 정하는 기준 및 범위에 해당하는 것"이란 다음 각 호의 연료(「폐기물관리법」 제2조 제1호에 따른 폐기물을 이용하여 제조한 것은 제외한다)를 말한다.
1. 수소
2. 중질잔사유를 가스화한 공정에서 얻어지는 합성가스
3. 생물유기체를 변환시킨 바이오가스, 바이오에탄올, 바이오액화유 및 합성가스
4. 동물·식물의 유지(油脂)를 변환시킨 바이오디젤
5. 생물유기체를 변환시킨 목재칩, 펠릿 및 목탄 등의 고체 연료
[본조신설 2014.1.21]

제18조의13(신·재생에너지 품질검사기관) 법 제12조의 12 제1항에서 "대통령령으로 정하는 신·재생에너지 품질검사기관"이란 다음 각 호의 기관을 말한다.
1. 「석유 및 석유대체연료 사업법」 제25조의2에 따라 설립된 한국석유관리원
2. 「고압가스 안전관리법」 제28조에 따라 설립된 한국가스안전공사
3. 「임업 및 산촌 진흥촉진에 관한 법률」 제29조의2에 따라 설립된 한국임업진흥원
[본조신설 2014.1.21]

제20조의2(보험·공제 가입 등) ① 설비인증을 받은 자가 법 제13조의 2 제1항에 따라 가입하여야 하는 보험 또는 공제는 다음 각 호의 기준을 모두 충족하는 것이어야 한다.
1. 사고당 배상한도액이 1억원 이상일 것
2. 피해자 1인당 배상한도액이 1억원 이상일 것
3. 설비인증을 받은 신·재생에너지설비의 「제조물책임법」 제2조 제2호에 따른 결함으로 인한 같은 법 제3조 제1항에 따른 손해를 보장하는 것일 것
② 법 제13조의 2 제2항에 따른 보험 또는 공제의 가입기간 및 가입대상은 다음 각 호와 같다.
1. 가입기간: 법 제13조의 1항에 따른 설비인증기관(이하 "설비인증기관"이라 한다)으로부터 부여받은 인증유효기간
2. 가입대상: 설비인증을 받은 신·재생에너지설비
③ 설비인증을 받은 자는 보험증서 또는 공제증서를 설비인증기관의 장에게 제출하여야 한다.
④ 제1항부터 제3항까지의 규정에 따른 보험 또는 공제의 가입절차, 가입금액, 보험증서 또는 공제증서의 제출시기 등에 관하여 필요한 사항은 산업통상자원부장관이 정하여 고시한다.
[본조신설 2014.1.21]

제25조의2(신·재생에너지 우수 전문기업의 선정 등) ① 산업통상자원부장관은 법 제22조 제2항에 따라 신고증명서를 발급한 신·재생에너지전문기업에 대한 평가를 실시하여 신·재생에너지 우수 전문기업을 선정할 수 있다. 〈개정 2013.3.23〉
② 제1항에 따른 신·재생에너지 우수 전문기업의 선정을 위한 평가기준은 다음 각 호와 같다. 〈개정 2013.3.23〉
1. 기술인력
2. 시공 실적

3. 기업의 신용 상태
4. 품질 및 사후관리 실적
5. 그 밖에 산업통상자원부장관이 필요하다고 인정하는 기준

③ 산업통상자원부장관은 제1항에 따라 신·재생에너지 우수 전문기업을 선정할 때에 해당 신·재생에너지전문기업이 다음 각 호의 어느 하나에 해당하는 경우에는 그 기업을 신·재생에너지 우수 전문기업으로 선정해서는 아니 된다. 〈신설 2014.4.24〉
1. 법 제22조 제1항에 따른 신고 이후 별표 7에 따른 신고기준에 맞지 아니하게 된 경우
2. 법 제22조 제3항에 따른 3년 마다 다시 하여야 하는 신고를 하지 아니한 경우

[본조신설 2010.9.17]

제26조(신·재생에너지전문기업에 대한 지원) 산업통상자원부장관은 법 제22조 제4항에 따라 신·재생에너지전문기업에 다음 각 호에 해당하는 비용의 일부를 지원할 수 있다. 〈개정 2013.3.23, 2014.4.24〉
1. 신·재생에너지 설비의 설치 및 보수(補修)에 드는 비용
2. 신·재생에너지전문기업이 공용화 품목을 사용하는 경우 공용화 품목의 비축에 드는 비용

[전문개정 2010.9.17]

제28조(공제규정) ① 법 제30조의 2 제1항에 따른 공제조합이 같은 조 제2항에 따른 공제사업을 하려면 공제규정을 정하여야 한다.
② 제1항에 따른 공제규정에는 다음 각 호의 사항이 포함되어야 한다.
1. 공제사업의 범위
2. 공제계약의 내용
3. 공제금 및 공제료
4. 공제금에 충당하기 위한 책임준비금
5. 그 밖에 공제사업의 운영에 필요한 사항

[본조신설 2014.1.21]

제29조(센터의 설치기관) 법 제31조 제1항 각 호 외의 부분에서 "대통령령으로 정하는 에너지 관련 기관"이란 「에너지이용 합리화법」 제45조 제1항에 따른 에너지관리공단(이하 "공단"이라 한다)을 말하며, 센터는 공단의 부설기관으로 한다.

[전문개정 2010.9.17]

제30조(권한의 위임·위탁) ① 산업통상자원부장관은 법 제32조 제1항에 따라 다음 각 호의 권한을 국가기술표준원장에게 위임한다. 〈개정 2013.3.23, 2013.12.11〉
1. 법 제13조 제3항에 따른 성능검사기관의 지정
2. 법 제13조 제7항에 따른 설비인증기관에 대한 행정상 지원
3. 법 제15조 제2항에 따른 성능검사기관의 지정취소 및 업무정지 처분
4. 법 제20조 제1항에 따른 설비인증기관에 대한 표준화기반 구축 및 국제활동 등의 지원
5. 법 제21조에 따른 공용화 품목의 지정
6. 법 제24조 제2호에 따른 성능검사기관의 지정취소에 관한 청문
7. 제20조 제2호에 따른 성능검사기관의 검사장비 및 전문인력 등 지정기준에 관한 고시

② 산업통상자원부장관은 법 제32조 제1항에 따라 법 제27조 제1항 제3호에 따른 보급사업에 관한 권한을 특별시장, 광역시장, 도지사 또는 특별자치도지사에게 위임한다.
〈개정 2013.3.23〉

③ 산업통상자원부장관은 법 제32조 제2항에 따라 다음 각 호의 업무를 센터에 위탁한다.
〈개정 2013.3.23, 2014.4.24〉
1. 법 제12조 제2항 및 이 영 제17조에 따른 설치계획서의 접수, 검토 결과 통보 및 의견 청취
2. 법 제12조 제2항 및 이 영 제18조에 따른 신·재생에너지 설비 설치확인신청서 접수 및 신·재생에너지 설비 설치확인서 발급
3. 법 제22조에 따른 신·재생에너지전문기업 신고서 접수 및 신고증명서 발급
4. 법 제22조의 2 제1항에 따른 신·재생에너지전문기업에 관한 정보의 관리 및 관련 정보시스템의 구축·운영

④ 산업통상자원부장관은 법 제32조 제2항에 따라 법 제11조 제1항에 따른 신·재생에너지 기술개발사업에 대한 협약체결 업무를 「에너지법」 제13조에 따른 한국에너지기술평가원에 위탁한다. 〈개정 2013.3.23〉

[전문개정 2010.9.17]

제30조의2(규제의 재검토) 산업통상자원부장관은 제25조 및 별표 7에 따른 신·재생에너지 설비 설치전문기업의 신고기준 및 절차에 대하여 2014년 1월 1일을 기준으로 3년마다(매 3년이 되는 해의 1월 1일 전까지를 말한다) 그 타당성을 검토하여 개선 등의 조치를 하여야 한다.

[본조신설 2013.12.30]

[별표 1] 〈개정 2010.9.17〉

바이오에너지 등의 기준 및 범위(제2조 관련)

에너지원의 종류별		기준 및 범위
바이오에너지	기준	1. 생물유기체를 변환시켜 얻어지는 기체, 액체 또는 고체의 연료 2. 제1호의 연료를 연소 또는 변환시켜 얻어지는 에너지 ※ 제1호 또는 제2호의 에너지가 신·재생에너지가 아닌 석유제품 등과 혼합된 경우에는 생물유기체로부터 생산된 부분만을 바이오에너지로 본다.
	범위	1. 생물유기체를 변환시킨 바이오가스, 바이오에탄올, 바이오액화유 및 합성가스 2. 쓰레기매립장의 유기성폐기물을 변환시킨 매립지가스 3. 동물·식물의 유지(油脂)를 변환시킨 바이오디젤 4. 생물유기체를 변환시킨 땔감, 목재칩, 펠릿 및 목탄 등의 고체 연료
석탄을 액화·가스화한 에너지	기준	석탄을 액화 및 가스화하여 얻어지는 에너지로서 다른 화합물과 혼합되지 않은 에너지
	범위	1. 증기 공급용 에너지 2. 발전용 에너지
중질잔사유를 가스화한 에너지	기준	1. 중질잔사유를 가스화한 공정에서 얻어지는 연료 2. 제1호의 연료를 연소 또는 변환하여 얻어지는 에너지 ※ "중질잔사유"란 원유를 정제하고 남은 최종 잔재물로서 감압증류 과정에서 나오는 감압잔사유, 아스팔트와 열분해 공정에서 나오는 코크, 타르 및 피치 등을 말한다.
	범위	합성가스
폐기물 에너지	기준	1. 각종 사업장 및 생활시설의 폐기물을 변환시켜 얻어지는 기체, 액체 또는 고체의 연료 2. 제1호의 연료를 연소 또는 변환시켜 얻어지는 에너지 3. 폐기물의 소각열을 변환시킨 에너지 ※ 제1호부터 제3호까지의 에너지가 신·재생에너지가 아닌 석유제품 등과 혼합되는 경우에는 각종 사업장 및 생활시설의 폐기물로부터 생산된 부분만을 폐기물 에너지로 본다.

[별표 2] 〈개정 2014.4.24〉

신·재생에너지의 공급의무 비율(제15조 제1항 제1호 관련)

해당 연도	2011~2012	2013	2014	2015	2016	2017	2018	2019	2020 이후
공급 의무 비율(%)	10	11	12	15	18	21	24	27	30

11. 신에너지 및 재생에너지 개발·이용·보급 촉진법 시행규칙

[시행 2014.2.4] [산업통상자원부령 제48호, 2014.2.4, 타법개정]

제1조(목적) 이 규칙은 「신에너지 및 재생에너지 개발·이용·보급 촉진법」 및 같은 법 시행령에서 위임된 사항과 그 시행에 필요한 사항을 규정함을 목적으로 한다.
[전문개정 2010.9.24]

제2조(신·재생에너지 설비) 「신에너지 및 재생에너지 개발·이용·보급 촉진법」(이하 "법"이라 한다) 제2조제2호에서 "산업통상자원부령으로 정하는 것"이란 다음 각 호의 설비 및 그 부대설비(이하 "신·재생에너지 설비"라 한다)를 말한다. 〈개정 2013.3.23〉
1. 태양에너지 설비
   가. 태양열 설비: 태양의 열에너지를 변환시켜 전기를 생산하거나 에너지원으로 이용하는 설비
   나. 태양광 설비: 태양의 빛에너지를 변환시켜 전기를 생산하거나 채광(採光)에 이용하는 설비
2. 바이오에너지 설비: 「신에너지 및 재생에너지 개발·이용·보급 촉진법 시행령」(이하 "영"이라 한다) 별표 1의 바이오에너지를 생산하거나 이를 에너지원으로 이용하는 설비
3. 풍력 설비: 바람의 에너지를 변환시켜 전기를 생산하는 설비
4. 수력 설비: 물의 유동(流動) 에너지를 변환시켜 전기를 생산하는 설비
5. 연료전지 설비: 수소와 산소의 전기화학 반응을 통하여 전기 또는 열을 생산하는 설비
6. 석탄을 액화·가스화한 에너지 및 중질잔사유(重質殘渣油)를 가스화한 에너지 설비: 석탄 및 중질잔사유의 저급 연료를 액화 또는 가스화시켜 전기 또는 열을 생산하는 설비
7. 해양에너지 설비: 해양의 조수, 파도, 해류, 온도차 등을 변환시켜 전기 또는 열을 생산하는 설비
8. 폐기물에너지 설비: 폐기물을 변환시켜 연료 및 에너지를 생산하는 설비
9. 지열에너지 설비: 물, 지하수 및 지하의 열 등의 온도차를 변환시켜 에너지를 생산하는 설비
10. 수소에너지 설비: 물이나 그 밖에 연료를 변환시켜 수소를 생산하거나 이용하는 설비
[전문개정 2010.9.24]

제2조의2(신·재생에너지 공급인증서의 거래 제한) 법 제12조의7제6항에서 "산업통상자원부령으로 정하는 사유"란 다음 각 호의 경우를 말한다. 〈개정 2013.3.23〉
1. 공급인증서가 발전소별로 5천킬로와트를 넘는 수력을 이용하여 에너지를 공급하고 발급된 경우
2. 공급인증서가 기존 방조제를 활용하여 건설된 조력(潮力)을 이용하여 에너지를 공급하고 발급된 경우
3. 공급인증서가 영 별표 1의 석탄을 액화·가스화한 에너지 또는 중질잔사유를 가스화한 에너지를 이용하여 에너지를 공급하고 발급된 경우
4. 공급인증서가 영 별표 1의 폐기물에너지 중 화석연료에서 부수적으로 발생하는 폐가스로부터 얻어지는 에너지를 이용하여 에너지를 공급하고 발급된 경우
[본조신설 2010.9.24]

제3조(설비인증기관의 업무 범위) 법 제13조제1항에 따른 설비인증기관(이하 "설비인증기관"이라 한다)의 업무범위는 다음 각 호와 같다. 〈개정 2013.3.23〉
1. 법 제13조제1항에 따른 신·재생에너지 설비에 대한 인증(이하 "설비인증"이라 한다)
2. 법 제13조제5항에 따른 심사
3. 법 제13조제6항에 따른 설비인증의 사후관리
4. 인증 현황 등 인증 업무와 관련된 각종 통계 및 자료의 유지·관리
5. 그 밖에 인증 업무와 관련하여 산업통상자원부장관이 필요하다고 인정하는 업무
[전문개정 2010.9.24]

제4조(설비인증의 대상) 설비인증기관으로부터 설비인증을 받을 수 있는 신·재생에너지 설비(신·재생에너지 설비를 구성하는 단위설비를

포함한다)는 산업통상자원부장관이 정하여 고시한다. 〈개정 2013.3.23〉
[전문개정 2010.9.24]

제5조(설비인증의 심사 일정 통보) 설비인증기관은 법 제13조제2항에 따라 설비인증의 신청을 받은 경우에는 그 신청일부터 7일 이내에 신청인에게 설비인증의 심사 일정을 통보하여야 한다.
[전문개정 2010.9.24]

제6조(성능검사기관의 지정절차) ① 법 제13조 제3항에 따른 성능검사기관(이하 "성능검사기관"이라 한다)으로 지정받으려는 자는 별지 제3호서식의 신·재생에너지 설비 성능검사기관 지정신청서(전자문서로 된 신청서를 포함한다)에 다음 각 호의 서류를 첨부하여 국가기술표준원장에게 제출하여야 한다. 〈개정 2013.12.12〉
1. 정관(법인인 경우만 해당한다)
2. 성능검사기관의 운영계획서
3. 신·재생에너지 설비의 성능검사에 필요한 조직·인력 및 장비 현황에 관한 자료

② 제1항에 따른 신청을 받은 국가기술표준원장은 「전자정부법」 제36조제1항에 따른 행정정보의 공동이용을 통하여 법인 등기사항증명서(법인인 경우만 해당한다)를 확인하여야 한다. 〈개정 2013.12.12〉

③ 국가기술표준원장은 영 제20조에 따른 성능검사기관의 지정기준에 따라 성능검사기관을 지정하였을 때에는 별지 제4호서식의 신·재생에너지 설비 성능검사기관 지정서를 신청인에게 발급하고, 다음 각 호의 사항을 공고하여야 한다. 〈개정 2013.12.12〉
1. 성능검사기관의 명칭
2. 대표자 성명
3. 사무소(주된 사무소 및 지방사무소 등 모든 사무소를 말한다)의 주소
4. 지정일
5. 지정번호
6. 성능검사 대상에 해당하는 신·재생에너지 설비의 범위
7. 업무 개시일

④ 제1항과 제3항에서 규정하는 사항 외에 성능검사기관의 지정절차 등에 관한 세부 사항은 기술표준원장이 정하여 고시한다.
[전문개정 2010.9.24]

제7조(설비인증 심사기준 및 사후관리) ① 법 제13조 제5항에 따른 설비인증 심사기준은 별표 2와 같다.

② 법 제13조 제6항에 따라 설비인증기관은 설비인증을 받은 신·재생에너지 설비에서 다음 각 호의 어느 하나에 해당하는 사유가 발생한 경우에는 그 신·재생에너지 설비가 제1항에 따른 설비인증 심사기준에 맞는지 다시 검사하여야 한다. 〈개정 2013.12.12〉
1. 성능 또는 품질에 문제가 발생한 경우
2. 생산 공장의 이전 등 국가기술표준원장이 신·재생에너지 설비의 품질 유지를 위하여 사후관리가 필요하다고 인정하는 사유가 발생한 경우

[전문개정 2010.9.24]

제8조(성능검사비용의 지원) 산업통상자원부장관은 「중소기업기본법」 제2조에 따른 중소기업이 신·재생에너지 설비에 대한 성능검사를 받는 경우에는 법 제13조 제7항에 따라 그 성능검사에 드는 비용의 일부를 성능검사기관에 지원할 수 있다. 〈개정 2013.3.23〉
[전문개정 2010.9.24]

제11조(발전차액의 지원 중단 및 환수절차) ① 산업통상자원부장관은 법 제18조 제1항에 따라 신·재생에너지 발전사업자가 법 제18조 제1항 제2호에 해당하는 행위(이하 이 항에서 "위반행위"라 한다)를 한 경우에는 다음 각 호의 구분에 따라 조치한다. 〈개정 2013.3.23〉
1. 위반행위를 1회 한 경우: 경고
2. 위반행위를 2회 한 경우: 시정명령
3. 제2호의 시정명령에 따르지 아니한 경우: 법 제17조 제2항에 따른 발전차액의 지원 중단

② 산업통상자원부장관은 법 제18조 제2항 전단에 따라 신·재생에너지 발전사업자가 법 제18조 제1항 제1호에 해당하는 행위를 한 경우에는 발전차액을 환수하여야 한다. 이 경우 산업통상자원부장관은 미리 해당 신·재생에너지 발전사업자에게 10일 이상의 기간을 정하여 의견을 제출할 기회를 주어야 한다. 〈개정 2013.3.23〉

③ 산업통상자원부장관은 제2항에 따라 발전차액을 환수하는 경우에는 위반 사실, 환수금액, 납부기간, 수납기관, 이의제기의 기간 및 방법을 구체적으로 적은 문서로 해당 신·재생

에너지 발전사업자에게 발전차액을 낼 것을 통보하여야 한다. 〈개정 2013.3.23〉
[전문개정 2010.9.24]

제13조(신·재생에너지전문기업의 신고 등) ① 영 제25조 제2항에 따른 신고서는 별지 제5호서식의 신·재생에너지전문기업 신고서와 같다.
② 영 제25조 제2항에서 "산업통상자원부령으로 정하는 서류"란 다음 각 호의 서류를 말하며, 제1항에 따른 신고를 받은 신·재생에너지센터 소장은 「전자정부법」 제36조 제1항에 따른 행정정보의 공동이용을 통하여 제2호의 서류를 확인하여야 한다. 다만, 신고인이 확인에 동의하지 아니하는 경우에는 그 서류를 첨부하게 하여야 한다. 〈개정 2013.3.23〉
1. 자본금 증명서류
2. 국가기술자격증 사본
③ 제2항 각 호의 서류는 신·재생에너지전문기업 신고서를 제출하기 전 30일 이내에 작성되거나 발행된 것이어야 한다.
④ 법 제22조 제2항에 따른 신고증명서는 별지 제6호서식과 같다.
⑤ 제4항에 따라 신고증명서를 받은 자가 신고증명서를 잃어버렸거나 헐어서 못 쓰게 되어 재발급받으려면 별지 제7호 서식의 신·재생에너지전문기업 신고증명서 재발급신청서에 다음 각 호의 서류를 첨부하여 신·재생에너지센터 소장에게 제출하여야 한다.
1. 신고증명서를 잃어버렸을 때에는 그 사유서
2. 신고증명서가 헐어서 못 쓰게 되었을 때에는 그 신고증명서
[전문개정 2010.9.24]

제14조(신·재생에너지 통계의 전문기관) 법 제25조 제2항에 따른 통계에 관한 업무를 수행하는 전문성이 있는 기관은 법 제31조 제1항에 따른 신·재생에너지센터(이하 "센터"라 한다)로 한다.
[전문개정 2010.9.24]

[별표 2] 〈개정 2010.9.24〉

설비인증 심사기준(제7조 제1항 관련)

1. 일반 심사기준
   가. 신·재생에너지 설비의 제조 및 생산 능력의 적정성
   나. 신·재생에너지 설비의 품질 유지·관리능력의 적정성
   다. 신·재생에너지 설비의 사후관리의 적정성
2. 설비 심사기준(법 제13조 제3항에 따른 성능검사결과서에 따른다)
   가. 국제 또는 국내의 성능 및 규격에의 적합성
   나. 설비의 효율성
   다. 설비의 내구성
3. 비고
   설비인증기관의 장은 기술표준원장과 협의하여 제1호 및 제2호에 관한 세부 사항에 대하여 설비인증 심사규정을 마련해야 한다.

예상문제 및 기출문제

1. 에너지법에서 정의한 용어의 설명으로 틀린 것은?
㉮ 열사용기자재라 함은 핵연료를 사용하는 기기, 축열식 전기기기와 단열성 자재로서 산업통상자원부령이 정하는 것을 말한다.
㉯ 에너지사용기자재라 함은 열사용기자재 그 밖에 에너지를 사용하는 기자재를 말한다.
㉰ 에너지공급설비라 함은 에너지를 생산·전환·수송·저장하기 위하여 설치하는 설비를 말한다.
㉱ 에너지사용시설이라 함은 에너지를 사용하는 공장·사업장 등의 시설이나 에너지를 전환하여 사용하는 시설을 말한다.
[해설] 에너지법 제2조 참조

2. 에너지법상의 연료가 아닌 것은?
㉮ 석유
㉯ 가스
㉰ 석탄
㉱ 제품의 원료로 사용되는 석탄
[해설] 에너지법 제2조 2호 참조

3. 에너지법에서 사용하는 '에너지사용자'란 용어의 정의인 것은?
㉮ 에너지를 사용하는 공장사업장의 시설
㉯ 에너지를 생산, 수입하는 사업자
㉰ 에너지사용시설의 소유자 또는 관리자
㉱ 에너지를 저장, 판매하는 자
[해설] 에너지법 제2조 제5호 참조

4. 열사용기자재는 어느 영으로 정하는가?
㉮ 대통령령 ㉯ 산업통상자원부령
㉰ 법무부령 ㉱ 시·도지사령
[해설] 에너지법 제2조 9호 참조

5. 에너지법상 에너지공급설비에 포함되지 않는 것은?
㉮ 에너지판매설비
㉯ 에너지전환설비
㉰ 에너지수송설비
㉱ 에너지생산설비
[해설] 에너지법 제2조 6호 참조

6. 에너지법에 의한 온실가스의 설명 중 맞는 것은?
㉮ 일산화탄소, 이산화탄소, 메탄, 이산화질소 등은 온실가스이다.
㉯ 자외선을 흡수하여 지표면의 온도를 올리는 기체이다.
㉰ 적외선 복사열을 흡수하여 온실효과를 유발하는 물질이다.
㉱ 자외선을 방출하여 온실효과를 유발하는 물질이다.
[해설] 에너지법 제2조 10호에 의한 저탄소 녹색성장 기본법 제2조 9호 참조

7. 에너지법에서 규정하는 온실가스가 아닌 것은?
㉮ 육불화황(SF_6)
㉯ 과불화탄소(PFCs)
㉰ 수소불화탄소(HFCs)

정답 1. ㉮ 2. ㉱ 3. ㉰ 4. ㉯ 5. ㉮ 6. ㉰ 7. ㉱

라 산소(O_2)
[해설] 에너지법 제2조 10호에 의한 저탄소 녹색성장 기본법 제2조 9호 참조

8. 에너지법에서 지역에너지계획을 수립하여야 하는 자는?

가 에너지관리공단 이사장
나 산업통상자원부 장관
다 행정자치부 장관
라 특별시장, 광역시장 또는 도지사

[해설] 에너지법 제7조 ①항 참조

9. 특별시장·광역시장 또는 도지사는 관할 구역의 지역적 특성을 고려하여 기본계획의 효율적인 달성과 지역경제의 발전을 위한 지역에너지계획을 몇 년 단위로 수립·시행하여야 하는가?

가 2 나 3 다 5 라 10

[해설] 에너지법 제7조 ①항 참조

10. 에너지법에서 에너지정책 및 에너지 관련 계획을 수립 시행하기 위한 에너지정책의 기본원칙이 아닌 것은?

가 에너지의 효율적 사용을 위한 기술개발
나 에너지의 안정적인 공급 실현
다 신·재생에너지 등 환경친화적인 에너지의 생산 및 사용 확대
라 에너지 저소비형 경제사회구조로의 전환을 위한 에너지 수요관리의 지속적 강화

[해설] 에너지법 제7조 ②항 참조

11. 산업통상자원부장관은 국내외 에너지 사정의 변동으로 에너지 수급에 중대한 차질이 발생할 우려가 있다고 인정되면 필요한 범위에서 에너지 사용자, 공급자 또는 에너지사용기자재의 소유자와 관리자 등에게 조정·명령 그 밖에 필요한 조치를 할 수 있다. 이에 해당되지 않는 항목은?

가 에너지의 개발
나 지역별 에너지 할당
다 에너지의 비축
라 에너지의 배급

[해설] 에너지법 제8조 ③항 참조

12. 에너지법상 에너지기술개발계획에 관한 설명 중 맞는 것은?

가 에너지의 안정적인 확보·도입·공급 및 관리를 위한 대책에 관한 사항을 포함한다.
나 에너지관리공단 이사장이 수립하여 국가에너지 절약추진 위원회의 심의를 거쳐야 한다.
다 10년 이상을 계획기간으로 하는 에너지 기술개발계획을 5년마다 수립하여야 한다.
라 에너지의 안전관리를 위한 대책에 관한 사항을 포함한다.

[해설] 에너지법 제11조 ①항 참조

13. 에너지법상 에너지기술개발계획에 포함되지 않는 것은?

가 온실가스 배출을 줄이기 위한 기술개발
나 에너지의 효율적인 사용을 위한 기술개발
다 환경오염을 줄이기 위한 기술개발
라 에너지 자원 개발을 위한 기술개발

[해설] 에너지법 제11조 ③항 참조

14. 에너지법상 에너지기술개발계획에 포함

정답 8. 라 9. 다 10. 가 11. 가 12. 다 13. 라 14. 라

되어야 할 사항이 아닌 것은?
㉮ 에너지의 효율적 사용을 위한 기술개발에 관한 사항
㉯ 온실가스 배출을 줄이기 위한 기술개발에 관한 사항
㉰ 개발된 에너지기술의 실용화의 촉진에 관한 사항
㉱ 에너지 수급의 추이와 전망에 관한 사항
[해설] 에너지법 제11조 ③항 참조

15. 에너지법에서 에너지기술개발계획에 포함되어야 할 사항은?
㉮ 에너지 수급의 추이와 전망에 관한 사항
㉯ 에너지의 안정적 공급을 위한 대책에 관한 사항
㉰ 온실가스 배출을 줄이기 위한 기술개발에 관한 사항
㉱ 신·재생에너지 등 환경친화적 에너지 사용을 위한 대책에 관한 사항
[해설] 에너지기본법 제11조 ③항 참조

16. 에너지법 시행령에서 산업통상자원부장관이 에너지기술개발을 위한 사업에 투자 또는 출연할 것을 권고할 수 있는 에너지 관련 사업자가 아닌 것은?
㉮ 에너지공급자
㉯ 대규모 에너지사용자
㉰ 에너지사용기자재의 제조업자
㉱ 공공기관 중 에너지와 관련된 공공기관
[해설] 에너지법 시행령 제12조 ①항 참조

17. 에너지법에서 정한 에너지기술개발 사업비로 사용될 수 없는 사항은?
㉮ 에너지에 관한 연구인력 양성
㉯ 온실가스 배출을 줄이기 위한 시설투자

㉰ 에너지사용에 따른 대기오염 저감을 위한 기술개발
㉱ 에너지기술개발 성과의 보급 및 홍보
[해설] 에너지법 제14조 제④항 참조

18. 에너지 총조사 실시에 대하여 옳지 못한 것은?
㉮ 에너지열량 환산기준을 적용한다.
㉯ 에너지 수급관리에 관한 사항에 실시한다.
㉰ 산업통상자원부 장관이 정하는 사항에 따라 실시한다.
㉱ 2년마다 실시한다.
[해설] 에너지법 시행령 제15조 참조

19. 에너지열량 환산기준은 몇 년 마다 작성하는가?
㉮ 1년   ㉯ 3년
㉰ 5년   ㉱ 10년
[해설] 에너지법 시행규칙 제5조 ②항 참조

20. 다음 중 에너지원별 에너지열량 환산기준으로 틀린 것은? (단, 총발열량기준이다.)
㉮ 원유 – 10750 kcal/kg
㉯ 천연가스 – 13040 kcal/Nm^3
㉰ 실내 등유 – 8800 kcal/L
㉱ 전력 – 860 kcal/kwh
[해설] 에너지법 시행규칙 제5조 ①항 별표 참조

21. 에너지이용 합리화법의 목적이 아닌 것은 어느 것인가?
㉮ 에너지의 합리적인 이용 증진
㉯ 국민경제의 건전한 발전에 이바지
㉰ 지구온난화의 최소화에 이바지

정답 15. ㉰ 16. ㉯ 17. ㉯ 18. ㉱ 19. ㉰ 20. ㉱ 21. ㉱

㉣ 에너지자원의 보전 및 관리와 에너지 수급 안정
[해설] 에너지이용 합리화법 제1조 참조

22. 에너지이용 합리화법의 목적으로 틀린 것은?
㉮ 에너지의 수급(需給)을 안정시킴
㉯ 에너지의 합리적이고 효율적인 이용을 증진함
㉰ 국민복지의 증진과 지구온난화의 최대화에 이바지
㉱ 에너지의 소비로 인한 환경피해를 줄임
[해설] 에너지이용 합리화법 제1조 참조

23. 에너지이용 합리화법상 국민의 책무는?
㉮ 기자재 및 설비의 에너지 효율을 높이고 온실가스의 배출을 줄이기 위한 기술의 개발과 도입을 위해 노력
㉯ 관할지역의 특성을 참작하여 국가 에너지 정책의 효과적인 수행
㉰ 일상생활에서 에너지를 합리적으로 이용하고 온실가스 배출을 줄이도록 노력
㉱ 에너지의 수급 안정과 합리적이고 효율적인 이용을 도모하고 온실가스의 배출을 줄이기 위한 시책강구 및 시행
[해설] 에너지이용 합리화법 제3조 ⑤항 참조

24. 에너지이용 합리화법상 에너지사용자와 에너지공급자의 책무로 맞는 것은?
㉮ 에너지의 생산·이용 등에서의 그 효율을 극소화
㉯ 온실가스 배출을 줄이기 위한 노력
㉰ 기자재의 에너지효율을 높이기 위한 기술개발
㉱ 지역경제 발전을 위한 시책 강구
[해설] 에너지이용 합리화법 제3조 ③항 참조

25. 에너지이용 합리화 기본계획은 누가 수립해야 하는가?
㉮ 지방자치단체장
㉯ 환경부장관
㉰ 공단 이사장
㉱ 산업통상자원부 장관
[해설] 에너지이용 합리화법 제4조 ①항 참조

26. 에너지이용 합리화 기본계획 사항에 포함되지 않는 것은?
㉮ 에너지소비형 산업구조로의 전환
㉯ 에너지원 간 대체(代替)
㉰ 열사용기자재의 안전관리
㉱ 에너지의 합리적인 이용을 통한 온실가스의 배출을 줄이기 위한 대책
[해설] 에너지이용 합리화법 제4조 ②항 참조

27. 에너지이용 합리화법에 의한 에너지이용 합리화 기본계획에 포함되어야 할 사항은 어느 것인가?
㉮ 비상시 에너지 소비절감을 위한 대책
㉯ 지역별 에너지 수급의 합리화를 위한 대책
㉰ 에너지의 합리적 이용을 통한 온실가스 배출을 줄이기 위한 대책
㉱ 에너지 공급자 상호 간의 에너지의 교환 또는 분배사용 대책
[해설] 에너지이용 합리화법 제4조 ②항 참조

28. 국가에너지절약추진위원회는 위원장을 포함하여 몇 명으로 구성되는가?
㉮ 10인 이내   ㉯ 15인 이내
㉰ 20인 이내   ㉱ 25인 이내
[해설] 에너지이용 합리화법 제5조 ②항 참조

정답 22. ㉰ 23. ㉰ 24. ㉯ 25. ㉱ 26. ㉮ 27. ㉰ 28. ㉱

29. 에너지이용 합리화법상 국가에너지 절약추진위원회의 구성과 운영 등에 관한 사항은 ( )령으로 정한다. ( )에 들어갈 자(者)는 누구인가?

㉮ 대통령
㉯ 산업통상자원부장관
㉰ 에너지관리공단 이사장
㉱ 노동부 장관

[해설] 에너지이용 합리화법 제5조 ⑥항 참조

30. 국내외 에너지사정의 변동에 따른 에너지의 수급절차에 대비하기 위하여 대통령령으로 정하는 주요 에너지사용자와 에너지공급자에게 에너지저장시설을 보유하고 에너지를 저장하는 의무를 부과할 수 있는 자는?

㉮ 환경부장관
㉯ 국무총리
㉰ 산업통상자원부장관
㉱ 지방자치단체장

[해설] 에너지이용 합리화법 제7조 ①항 참조

31. 에너지이용 합리화법상 에너지 수급안정을 위한 조치에 해당하지 않는 것은?

㉮ 에너지의 비축과 저장
㉯ 에너지 공급설비의 가동 및 조업
㉰ 에너지의 배급
㉱ 에너지 판매시설의 확충

[해설] 에너지이용 합리화법 제7조 ②항 참조

32. 에너지이용 합리화법상 국가·지방자치단체 등이 추진하여야하는 에너지의 효율적 이용과 온실가스의 배출 저감을 위하여 필요한 조치의 구체적인 내용은 무엇으로 정하는가?

㉮ 노동부령
㉯ 산업통상자원부령
㉰ 대통령령
㉱ 환경부령

[해설] 에너지이용 합리화법 제8조 ②항 참조

33. 공공사업주관자가 산업통상자원부 장관에게 에너지사용계획의 변경에 관하여 협의를 요청하는 경우에 첨부하여야 할 서류에 해당되지 않는 것은?

㉮ 사업계획의 변경이유
㉯ 사업계획의 변경내용
㉰ 사업계획의 변경시기
㉱ 사업계획의 변경에 따른 에너지사용계획의 변경내용

[해설] 첨부해야 할 서류는 ㉮, ㉯, ㉱이다.

34. 에너지사용계획의 검토기준, 검토방법, 그 밖에 필요한 사항을 정하는 영으로 맞는 것은?

㉮ 산업통상자원부령
㉯ 대통령령
㉰ 환경부령
㉱ 국무총리령

[해설] 에너지이용 합리화법 제11조 ③항 참조

35. 산업통상자원부 장관은 에너지이용 합리화를 위하여 에너지를 소비하는 에너지사용기자재 중 산업통상자원부령이 정하는 기자재에 대하여 고시할 수 있는 사항이 아닌 것은?

㉮ 에너지의 최저소비효율 또는 최대사용량의 기준
㉯ 에너지의 소비효율 또는 사용량의 표시
㉰ 에너지의 소비효율 등급기준 및 등급표시

정답 29. ㉮ 30. ㉰ 31. ㉱ 32. ㉰ 33. ㉰ 34. ㉮ 35. ㉱

라 에너지의 소비효율 또는 생산량의 측정방법
[해설] 에너지이용 합리화법 제15조 ①항 참조

36. 에너지이용 합리화법상 효율관리기자재의 에너지 사용량을 측정받아 에너지소비효율등급 또는 에너지소비효율을 해당 효율관리기자재에 표시할 수 있도록 측정하는 기관은?

㉮ 효율관리진단기관
㉯ 효율관리시험기관
㉰ 효율관리표준기관
㉱ 효율관리전문기관
[해설] 에너지이용 합리화법 제15조 ②항 참조

37. 효율관리기자재에 대한 에너지소비효율 등의 측정 시험기관은 누가 지정하는가?

㉮ 시·도지사
㉯ 에너지관리공단 이사장
㉰ 시장·군수
㉱ 산업통상자원부 장관
[해설] 에너지이용 합리화법 제15조 ②항 참조

38. 에너지이용 합리화법에서 효율관리 기자재의 제조업자 또는 수입업자가 효율관리기자재의 에너지사용량을 측정 받는 기관은 어느 곳인가?

㉮ 환경부 장관이 지정하는 진단기관
㉯ 산업통상자원부 장관이 지정하는 시험기관
㉰ 시·도지사가 지정하는 측정기관
㉱ 제조업자 또는 수입업자의 검사기관
[해설] 에너지이용 합리화법 제15조 ②항 참조

39. 효율관리기자재에 에너지소비효율 등을 표시해야 하는 옳은 것은?

㉮ 제조업자 및 시공업자
㉯ 수입업자 및 제조업자
㉰ 시공업자 및 판매업자
㉱ 수입업자 및 시공업자
[해설] 에너지이용 합리화법 제15조 ②항 참조

40. 산업통상자원부령으로 정하는 광고매체를 이용하여 효율관리기자재의 광고를 하는 경우에 그 광고의 내용에 에너지소비효율등급 또는 에너지소비효율을 포함되도록 하여야할 자가 아닌 것은?

㉮ 효율관리자재의 제조업자
㉯ 효율관리자재의 수입업자
㉰ 효율관리자재의 판매업자
㉱ 효율관리자재의 수리업자
[해설] 에너지이용 합리화법 제15조 ④항 참조

41. 산업통상자원부 장관은 효율관리기자재가 (①)에 미달하거나 (②)를(을) 초과하는 경우에는 생산 또는 판매금지를 명할 수 있다. ( )안에 각각 들어갈 말은?

㉮ ① 최대소비효율기준
　② 최저사용량기준
㉯ ① 적정소비효율기준
　② 적정사용량기준
㉰ ① 최저소비효율기준
　② 최대사용량기준
㉱ ① 최대사용량기준
　② 저소비효율기준
[해설] 에너지이용 합리화법 제16조 ②항 참조

42. 에너지이용 합리화법상 평균효율관리기자재를 제조하거나 수입하여 판매하는 자

[정답] 36. ㉯　37. ㉱　38. ㉯　39. ㉯　40. ㉱　41. ㉰　42. ㉱

는 에너지소비효율 산정에 필요하다고 인정되는 판매에 관한 자료와 효율측정에 관한 자료를 누구에게 제출하여야 하는가?

㉮ 국토해양부장관
㉯ 시·도지사
㉰ 에너지관리공단이사장
㉱ 산업통상자원부 장관

[해설] 에너지이용 합리화법 제17조 ④항 참조

43. 대기전력저감대상제품의 제조업자 또는 수입업자가 대기전력저감대상제품이 대기전력저감기준에 미달하는 경우 그 시정명령을 이행하지 아니하였을 때 그 사실을 공표할 수 있는 자는 누구인가?

㉮ 산업통상자원부 장관
㉯ 국무총리
㉰ 대통령
㉱ 환경부 장관

[해설] 에너지이용 합리화법 제21조 ②항 참조

44. 에너지이용 합리화법에서 제3자로부터 위탁을 받아 에너지사용시설의 에너지 절약을 위한 관리·용역사업을 하는 자로서 산업통상자원부 장관에게 등록을 한 자를 의미하는 용어는?

㉮ 에너지 수요관리전문기업
㉯ 자발적 협약전문기업
㉰ 에너지절약전문기업
㉱ 기술개발전문기업

[해설] 에너지이용 합리화법 제25조 참조

45. 에너지절약전문기업 등록의 취소요건이 아닌 것은?

㉮ 규정에 의한 등록기준에 미달하게 된 때
㉯ 보고를 하지 아니하거나 허위보고를 한 때
㉰ 정당한 사유 없이 등록 후 3년 이상 계속하여 사업수행 실적이 없는 때
㉱ 사업수행과 관련하여 다수의 민원을 일으킨 때

[해설] 에너지이용 합리화법 제26조 참조

46. 에너지절약전문기업의 등록이 취소된 에너지절약전문기업은 원칙적으로 등록 취소일로부터 얼마의 기간이 지나면 다시 등록을 할 수 있는가?

㉮ 1년   ㉯ 2년   ㉰ 3년   ㉱ 5년

[해설] 에너지이용 합리화법 제27조 참조

47. 에너지사용자가 에너지 절감 목표를 수립하여 정부와 이행 약속을 하는 제도는?

㉮ 에너지 절감 이행협약
㉯ 에너지사용 계획협약
㉰ 자발적 협약
㉱ 수요관리 투자협약

[해설] 에너지이용 합리화법 제28조 ①항 참조

48. 에너지이용 합리화법상 에너지다소비사업자는 에너지사용기자재의 현황을 산업통상자원부령이 정하는 바에 따라 매년 1월 31일까지 그 에너지사용시설이 있는 지역을 관할하는 누구에게 신고하여야 하는가?

㉮ 군수·면장   ㉯ 도지사·구청장
㉰ 시장·군수   ㉱ 시·도지사

[해설] 에너지이용 합리화법 제51조 ①항 10 참조

49. 에너지 다소비사업자가 매년 1월 31일까지 신고해야 할 사항에 포함되지 않는 것은 어느 것인가?

㉮ 전년도의 에너지이용 합리화 실적 및

정답 43. ㉮ 44. ㉰ 45. ㉱ 46. ㉰ 47. ㉰ 48. ㉱ 49. ㉱

해당 연도의 계획
㈐ 에너지사용기자재의 현황
㈑ 해당 연도의 에너지사용예정량·제품생산예정량
㈒ 전년도의 손익계산서
[해설] 에너지이용 합리화법 제31조 ①항 참조

50. 에너지이용 합리화법에서 에너지사용량이 연료·열 및 전력의 연간 사용량의 합계가 2천 티오이 이상인 자가 신고할 사항이 아닌 것은?
㈎ 해당 연도의 에너지사용예정량·제품생산예정량
㈏ 에너지사용기자재의 현황
㈐ 전년도의 에너지이용 합리화 실적 및 해당 연도의 계획
㈑ 해당 연도 에너지기자재 수요예측 및 공급계획
[해설] 에너지이용 합리화법 제31조 ①항 참조

51. 에너지사용량이 대통령이 정하는 기준량 이상이 되는 에너지다소비업자는 전년도의 에너지사용량·제품생산량 등의 사항을 언제까지 신고하여야 하는가?
㈎ 매년 1월 31일   ㈏ 매년 3월 31일
㈐ 매년 6월 30일   ㈑ 매년 12월 31일
[해설] 에너지이용 합리화법 제31조 ①항 참조

52. 에너지이용 합리화법에서 정한 에너지관리기준이란?
㈎ 에너지다소비업자가 에너지관리 현황에 대한 조사에 필요한 기준
㈏ 에너지다소비업자가 에너지를 효율적으로 관리하기 위하여 필요한 기준
㈐ 에너지다소비업자가 에너지사용량 및 제품생산량에 맞게 에너지를 소비하도록 만든 기준
㈑ 에너지다소비업자가 에너지관리진단 결과 손실요인을 줄이기 위해 필요한 기준
[해설] 에너지이용 합리화법 제32조 ①항 참조

53. 산업통상자원부 장관은 에너지사용자에 대한 에너지관리 상황을 조사한 결과, 에너지관리기준을 준수치 않았을 경우 에너지기준의 이행을 위해 어떤 조치를 할 수 있는가?
㈎ 과태료   ㈏ 개선 권고
㈐ 영업정지   ㈑ 지도
[해설] 에너지이용 합리화법 제32조 ⑤항 참조

54. 에너지이용 합리화법상 에너지사용자에 대해 에너지관리지도를 할 수 있는 경우는?
㈎ 에너지관리기준을 준수하고 있지 아니한 경우
㈏ 에너지소비효율 기준에 미달된 경우
㈐ 에너지사용량 신고를 하지 아니한 경우
㈑ 에너지관리 진단명령을 위반한 경우
[해설] 에너지이용 합리화법 제32조 ⑤항 참조

55. 에너지진단결과 에너지다소비사업자가 에너지관리기준을 지키고 있지 아니한 경우 에너지관리기준의 이행을 위한 에너지관리지도를 실시하는 기관은?
㈎ 한국에너지기술연구원
㈏ 한국폐기물협회
㈐ 에너지관리공단
㈑ 한국환경공단
[해설] 에너지이용 합리화법 제32조 ⑤항 및 제69조 ③항 12 참조

정답 50. ㈑ 51. ㈎ 52. ㈏ 53. ㈑ 54. ㈎ 55. ㈐

56. 에너지다소비사업자에 대하여 에너지관리지도결과 에너지손실요인이 많은 경우 산업통상자원부 장관은 어떤 조치를 할 수 있는가?

㉮ 벌금을 부과할 수 있다
㉯ 에너지손실요인의 개선을 명할 수 있다
㉰ 에너지손실요인에 대한 배상을 요청할 수 있다
㉱ 에너지사용 정지를 명할 수 있다

[해설] 에너지이용 합리화법 제34조 ①항 참조

57. 에너지이용 합리화법상 에너지의 이용효율을 높이기 위하여 관계행정기관의 장과 협의하여 건축물의 단위면적당 에너지사용목표량을 정하여 고시하여야 하는 자는 누구인가?

㉮ 산업통상자원부 장관
㉯ 환경부장관
㉰ 시·도지사
㉱ 국무총리

[해설] 에너지이용 합리화법 제35조 ①항 참조

58. 에너지이용 합리화법상 목표에너지원단위란?

㉮ 에너지를 사용하여 만드는 제품의 종류별 년간 에너지사용 목표량
㉯ 에너지를 사용하여 만드는 제품의 단위당 에너지사용 목표량
㉰ 건축물의 총 면적당 에너지사용 목표량
㉱ 자동차 등의 단위연료 당 목표 주행어리

[해설] 에너지이용 합리화법 제35조 ①항 참조

59. 다음 중 목표에너지원단위를 올바르게 설명한 것은?

㉮ 제품의 단위당 에너지생산 목표량
㉯ 제품의 단위당 에너지절감 목표량
㉰ 건축물 단위면적당 에너지사용 목표량
㉱ 건축물 단위면적당 에너지저장 목표량

[해설] 에너지이용 합리화법 제35조 ①항 참조

60. 폐열발생 사업장에서 이용하지 않는 폐열의 공동이용 또는 제3자에 대한 공급을 위한 당사자 간 협의가 불가할 경우 산업통상자원부에서 할 수 있는 조치는?

㉮ 협조통지
㉯ 벌금에 처함
㉰ 과태료에 처함
㉱ 조정안의 작성 및 수락 권고

[해설] 에너지이용 합리화법 제36조 ②항 참조

61. 산업통상자원부령이 정하는 열사용기자재(특정열사용기자재)의 시공업을 하는 자는 어떤 법령에 근거하여 누구에게 등록을 하여야 하는가?

㉮ 「건설산업기본법」, 시·도지사에게
㉯ 「건설기술관리법」, 시장·구청장에게
㉰ 「건설산업기본법」, 교육과학기술부장관에게
㉱ 「건설기술관리법」, 산업통상자원부 장관에게

[해설] 에너지이용 합리화법 제37조 참조

62. 제1종 난방시공업 등록을 한 자가 시공할 수 없는 것은?

㉮ 온수보일러
㉯ 축열식전기보일러
㉰ 1종압력용기
㉱ 금속요로

[해설] ① 난방시공업(제1종) : 에너지이용 합리화법 제37조의 규정에 의한 특정열사용기자재 중 강철제보일러, 주철제보일러, 소형온

[정답] 56. ㉯ 57. ㉮ 58. ㉯ 59. ㉰ 60. ㉱ 61. ㉮ 62. ㉱

수보일러, 구멍탄용온수보일러, 축열식전기보일러, 태양열집열기, 1종압력용기, 2종압력용기의 설치와 이와 부대되는 배관, 세관공사, 공사예정 금액 2천만원 이하의 온돌설치 공사
② 난방시공업(제2종) : 특정열사용기자재 중 태양열집열기, 용량 5만 kcal/h 이하의 온수보일러, 구멍탄용온수보일러의 설치 및 이에 부대되는 배관, 세관공사, 공사예정 금액 2천만원 이하의 온돌설치 공사
③ 난방시공업(제3종) : 특정열사용기자재 중 요업요로, 금속요로의 설치 공사

63. 건설산업기본법 시행령에서의 2종압력용기를 시공할 수 있는 난방시공 업종은?
㉮ 제1종   ㉯ 제2종
㉰ 제3종   ㉱ 제4종
[해설] 문제 62 해설 참조

64. 건설산업기본법 시행령상 온수보일러 용량이 몇 kcal/h 이하인 경우 제2종 난방시공업자가 시공할 수 있는가?
㉮ 5만 ㉯ 8만 ㉰ 10만 ㉱ 15만
[해설] 문제 62 해설 참조

65. 용량 10만 kcal/h인 온수보일러를 시공하려면 제 몇 종 시공업 등록을 해야 하는가?
㉮ 제1종   ㉯ 제2종
㉰ 제3종   ㉱ 제4종
[해설] 문제 62 해설 참조

66. 제3종 난방시공업자가 시공할 수 있는 열사용기자재 품목은?
㉮ 강철재보일러   ㉯ 주철재보일러
㉰ 2종압력용기   ㉱ 금속요로
[해설] 금속요로 및 요업요로이다.

67. 에너지이용 합리화법의 검사대상기기 설치자 범주에 속하지 않는 자는?
㉮ 검사대상기기를 설치한 자
㉯ 검사대상기기 설치장소를 변경한 자
㉰ 검사대상기기를 개조한 자
㉱ 검사대상기기를 조종하는 자
[해설] 에너지이용 합리화법 제39조 ②항 참조

68. 특정열사용기자재 중 검사대상기기를 설치하거나 개조하여 사용하려는 자는 누구의 검사를 받아야 하는가?
㉮ 검사대상기기 제조업자
㉯ 시·도지사
㉰ 에너지관리공단 이사장
㉱ 시공업자단체의 장
[해설] 에너지이용 합리화법 제39조 ②항 및 법 제69조 ③항 13 참조(위탁사항)

69. 검사대상기기조종자의 선임 의무는 누구에게 있는가?
㉮ 시·도지사
㉯ 에너지관리공단 이사장
㉰ 검사대상기기 판매자
㉱ 검사대상기기 설치자
[해설] 에너지이용 합리화법 제40조 ①항 참조

70. 검사대상기기조종자의 선임 또는 해임, 퇴직의 경우에는 누구에게 신고해야 하는가?
㉮ 산업통상자원부 장관
㉯ 시·도지사
㉰ 공단
㉱ 시공업단체
[해설] 에너지이용 합리화법 제40조 ③항에 의한 제69조 ③항 14 참조

정답 63. ㉮ 64. ㉮ 65. ㉮ 66. ㉱ 67. ㉱ 68. ㉰ 69. ㉱ 70. ㉰

71. 에너지이용 합리화법상 시공업자단체의 설립, 정관의 기재사항과 감독에 관하여 필요한 사항을 정하는 영은?
㉮ 대통령령
㉯ 산업통상자원부령
㉰ 노동부령
㉱ 환경부령
[해설] 에너지이용 합리화법 제41조 ④항 참조

72. 검사대상기기조종자를 해임하거나 조종자가 퇴직하는 경우에는 언제 다른 조종자를 선임해야 하는가?
㉮ 해임 또는 퇴직 이전
㉯ 해임 또는 퇴직 후 5일 이내
㉰ 해임 또는 퇴직 후 7일 이내
㉱ 해임 또는 퇴직 후 10일 이내
[해설] 에너지이용 합리화법 제40조 ④항 참조

73. 에너지이용 합리화법상 에너지관리공단의 설립목적은?
㉮ 에너지이용 합리화사업을 효율적으로 추진하기 위하여
㉯ 에너지 전환사업을 추진하기 위하여
㉰ 에너지절약형 기자재의 도입을 위하여
㉱ 에너지이용 합리화를 위한 기술·지도를 위하여
[해설] 에너지이용 합리화법 제45조 ①항 참조

74. 에너지이용 합리화법상 에너지의 효율적인 수행과 특정열사용기자재의 안전관리를 위하여 교육을 받아야 하는 대상이 아닌 자는?
㉮ 에너지관리자
㉯ 시공업의 기술인력
㉰ 검사대상기기조종자
㉱ 효율관리기자재 제조자
[해설] 에너지이용 합리화법 제65조 ①항 참조

75. 다음 중 에너지관리공단 이사장에게 권한이 위탁된 업무가 아닌 것은?
㉮ 에너지 관리대상자의 지정
㉯ 에너지 관리지도
㉰ 에너지 사용계획의 검토
㉱ 검사대상기기조종자의 선임·해임 신고의 접수
[해설] 에너지이용 합리화법 제69조 ③항 참조

76. 다음 중 에너지관리공단 이사장에게 권한이 위탁된 업무가 아닌 것은?
㉮ 에너지절약전문기업의 등록
㉯ 검사대상기기의 검사
㉰ 에너지다소비사업자 신고 접수
㉱ 시험기관의 지정
[해설] 에너지이용 합리화법 제69조 ③항 참조

77. 에너지 수급시설의 보유 또는 수급의무의 부과 시 정당한 사유없이 이를 거부하거나 이행하지 아니한 자에 대한 벌칙은 무엇인가?
㉮ 2년 이하의 징역 또는 2천만원 이하의 벌금
㉯ 1년 이하의 징역 또는 1천만원 이하의 벌금
㉰ 2천만원 이하의 벌금
㉱ 1천만원 이하의 벌금
[해설] 에너지이용 합리화법 제72조 참조

78. 다음 중 1년 이하 징역 또는 1천만 원 이하의 벌금에 해당하는 것은?
㉮ 검사대상기기의 검사를 받지 아니한 자

㉰ 검사를 거부·방해 또는 기피한 자
㉱ 검사대상기기조종자를 선임하지 아니한 자
㉲ 효율관리기자재에 대한 소비효율등급 등을 측정받지 아니한 제조업자·수입업자

[해설] 에너지이용 합리화법 제73조 참조

79. 검사대상기기의 검사를 받지 아니한 자에 대한 벌칙으로 맞는 것은?

㉮ 1년 이하의 징역 또는 1천만원 이하의 벌금
㉯ 2년 이하의 징역 또는 2천만원 이하의 벌금
㉰ 3년 이하의 징역 또는 3천만원 이하의 벌금
㉱ 6개월 이하의 징역 또는 5백만원 이하의 벌금

[해설] 에너지이용 합리화법 제73조 참조

80. 에너지이용 합리화법상 검사대상기기의 검사에 불합격한 기기를 사용한 자에 대한 벌칙은?

㉮ 1년 이하의 징역 또는 1천만원 이하의 벌금
㉯ 2년 이하의 징역 또는 2천만원 이하의 벌금
㉰ 300만원 이하의 벌금
㉱ 500만원 이하의 벌금

[해설] 에너지이용 합리화법 제73조 참조

81. 에너지이용 합리화법상 에너지의 최저 소비효율 기준에 미달하는 효율관리기자재의 생산 또는 판매 금지명령을 위반한 자에 대한 벌칙은?

㉮ 1년 이하의 징역 또는 1천만원 이하의 벌금
㉯ 1천만원 이하의 벌금
㉰ 2년 이하의 징역 또는 2천만원 이하의 벌금
㉱ 2천만원 이하의 벌금

[해설] 에너지이용 합리화법 제74조 참조

82. 에너지이용 합리화법에 따라 2천만원 이하의 벌금에 처하는 경우는?

㉮ 검사대상기기의 사용정지 명령에 위반한 자
㉯ 산업통상자원부 장관이 생산 또는 판매금지를 명한 효율관리기자재를 생산 또는 판매한 자
㉰ 검사대상기기의 조종자를 선임하지 아니한 자
㉱ 검사대상기기의 검사를 받지 아니한 자

[해설] 에너지이용 합리화법 제74조 참조

83. 에너지이용 합리화법상 검사대상기기 조종자를 선임하지 아니한 자에 대한 벌칙은 무엇인가?

㉮ 2천만원 이하의 벌금
㉯ 1년 이하의 징역
㉰ 1천만원 이하의 벌금
㉱ 5백만원 이하의 벌금

[해설] 에너지이용 합리화법 제75조 참조

84. 에너지이용 합리화법의 위반사항과 벌칙내용이 맞게 짝지어진 것은?

㉮ 효율관리기자재 판매 금지명령 위반시 : 1천만원 이하의 벌금
㉯ 검사대상기기조종자를 선임하지 않을 시 : 5백만원 이하의 벌금
㉰ 검사대상기기 검사의무 위반 시 : 1년

[정답] 79. ㉮ 80. ㉮ 81. ㉱ 82. ㉯ 83. ㉰ 84. ㉰

이하의 징역 또는 1천만원 이하의 벌금
라 검사대상기기조종자가 법에 정한 교육을 받지 않을 시 : 5백만원 이하의 벌금
[해설] 에너지이용 합리화법 제73조, 74조, 75조, 78조 참조

85. 에너지이용 합리화법상 효율관리기자재에 대한 에너지사용량의 측정결과를 신고하지 아니한 자에 대한 벌칙은?
　가 1천만원 이하의 벌금
　나 3백만원 이하의 과태료
　다 5백만원 이하의 벌금
　라 1백만원 이하의 과태료
[해설] 에너지이용 합리화법 제76조 2 참조

86. 다음 중 효율관리기자재의 소비효율등급을 거짓으로 표시하였을 때의 벌칙은?
　가 1년 이하의 징역 또는 1천만원 이하의 벌금
　나 2천만원 이하의 벌금
　다 1천만원 이하의 벌금
　라 5백만원 이하의 과태료
[해설] 에너지이용 합리화법 제78조 ③항 참조

87. 다음 중 벌칙이 가장 무거운 것은?
　가 에너지저장의무의 부과 시 정당한 이유 없이 거부한 자
　나 검사대상기기 검사를 받지 아니한 자
　다 검사대상기기조종자를 선임하지 아니한 자
　라 효율관리기자재에 대한 에너지사용량의 측정결과를 신고하지 아니한 자
[해설] 에너지이용 합리화법 제72조, 제73조, 제75조, 제76조 참조

88. 에너지이용 합리화법상 에너지사용의 제한 또는 금지에 관한 조정·명령 그 밖에 필요한 조치를 위반한 자에 대한 벌칙은?
　가 3백만원 이하의 과태료
　나 4백만원 이하의 과태료
　다 5백만원 이하의 과태료
　라 6백만원 이하의 과태료
[해설] 에너지이용 합리화법 제78조 ④항 참조

89. 에너지 이용 합리화법상 에너지 단위인 티오이(TOE)는?
　가 에너지환산톤
　나 원유환산톤
　다 전기환산톤
　라 석유환산톤
[해설] TOE : ton of oil equivalent

90. 에너지이용 합리화 기본계획은 누가 몇 년 마다 수립해야 하는가?
　가 시·도지사, 5년
　나 시·도지사, 10년
　다 산업통상자원부 장관, 5년
　라 산업통상자원부 장관, 10년
[해설] 에너지이용 합리화법 시행령 제3조 ①항 참조

91. 에너지수급 차질에 대비하기 위하여 산업통상자원부 장관이 에너지저장의무를 부과할 수 있는 대상에 해당되는 자의 기준은?
　가 연간 1천 티오이 이상 에너지사용자
　나 연간 5천 티오이 이상 에너지사용자
　다 연간 1만 티오이 이상 에너지사용자
　라 연간 2만 티오이 이상 에너지사용자
[해설] 에너지이용 합리화법 시행령 제12조 ①항 참조

정답 85. 다 86. 라 87. 가 88. 가 89. 라 90. 다 91. 라

92. 에너지이용 합리화법 시행령에서 산업통상자원부 장관이 에너지저장의무를 부과할 수 있는 대상자가 아닌 것은?

㉮ 「전기사업법」에 의한 전기사업자
㉯ 연간 1만 석유환산톤 이하의 에너지를 사용하는 자
㉰ 「도시가스사업법」에 의한 도시가스사업자
㉱ 「집단에너지사업법」에 의한 집단에너지사업자

[해설] 에너지이용 합리화법 시행령 제12조 ①항 참조

93. 에너지이용 합리화법 시행령상 산업통상자원부 장관은 에너지수급 안정을 위한 조치를 하고자 할 때에는 그 사유·기간 및 대상자 등을 정하여 그 조치 예정일 며칠 이전에 예고하여야 하는가?

㉮ 14일   ㉯ 10일
㉰ 7일   ㉱ 5일

[해설] 에너지이용 합리화법 시행령 제13조 ①항 참조

94. 다음 중 에너지사용계획의 수립대상 사업이 아닌 것은?

㉮ 항만건설사업
㉯ 고속도로 건설사업
㉰ 철도건설사업
㉱ 관광단지개발사업

[해설] 에너지이용 합리화법 시행령 제20조 ①항 참조

95. 공공사업주관자의 에너지사용계획 제출 대상사업의 기준은?

㉮ 연료 및 열 : 연간 5천 티오이 이상 전력 : 연간 2천만 킬로와트시 이상 사용하는 시설
㉯ 연료 및 열 : 연간 2천 오백 티오이 이상 전력 : 연간 1천만 킬로와트시 이상 사용하는 시설
㉰ 연료 및 열 : 연간 5천 티오이 이상 전력 : 연간 1천만 킬로와트시 이상 사용하는 시설
㉱ 연료 및 열 : 연간 2천 오백 티오이 이상 전력 : 연간 2천만 킬로와트시 이상 사용하는 시설

[해설] 에너지이용 합리화법 시행령 제20조 ②항 참조

96. 산업통상자원부 장관이 에너지사용계획을 제출받을 때 협의결과를 공공사업주관자에게 통보하여야 하는 기간(제출받은 날로부터의 기간)과 필요하다고 인정할 경우 이를 연장할 수 있는 기간은?

㉮ 30일 이내, 10일 범위 내
㉯ 40일 이내, 20일 범위 내
㉰ 30일 이내, 20일 범위 내
㉱ 40일 이내, 10일 범위 내

[해설] 에너지이용 합리화법 시행령 제20조 ⑤항 참조

97. 에너지이용 합리화법 시행령에서 에너지사용의 제한 또는 금지 등 대통령령이 정하는 사항 중 틀린 것은?

㉮ 위생 접객업소 기타 에너지사용시설의 에너지사용의 제한
㉯ 에너지사용의 시기 및 방법의 제한
㉰ 차량 등 에너지사용기자재의 사용제한
㉱ 특정 지역에 대한 에너지개발의 제한

[해설] 에너지이용 합리화법 시행령 제14조 ①항 참조

정답 92. ㉯   93. ㉰   94. ㉯   95. ㉯   96. ㉰   97. ㉱

98. 산업통상자원부 장관이 위생 접객업소 등에 에너지사용의 제한조치를 할 때에는 며칠 이전에 제한 내용을 공고하여야 하는가?
㉮ 7일   ㉯ 10일
㉰ 15일   ㉱ 20일
[해설] 에너지이용 합리화법 시행령 제14조 ③항 참조

99. 에너지사용계획에 포함되지 않는 사항은 어느 것인가?
㉮ 에너지 수요예측 및 공급계획
㉯ 에너지 수급에 미치게 될 영향분석
㉰ 에너지이용효율 향상 방안
㉱ 열사용기자재의 판매계획
[해설] 에너지이용 합리화법 시행령 제21조 ①항 참조

100. 에너지공급자가 제출하여야 할 수요관리 투자계획에 포함되어야 할 사항이 아닌 것은? (단, 그 밖에 수요관리의 촉진을 위하여 필요하다고 인정하는 사항은 제외한다.)
㉮ 장·단기 에너지 수요전망
㉯ 수요관리의 목표 및 그 달성방법
㉰ 에너지 연구 개발내용
㉱ 에너지절약 잠재량의 추정내용
[해설] 에너지이용 합리화법 시행령 제16조 ③항 참조

101. 산업통상자원부 장관은 에너지를 합리적으로 이용하게 하기 위하여 몇 년 마다 에너지이용 합리화에 관한 기본계획을 수립하여야 하는가?
㉮ 2년   ㉯ 3년   ㉰ 5년   ㉱ 10년
[해설] 에너지이용 합리화법 시행령 제3조 ①항 참조

102. 에너지이용 합리화 기본계획에 대한 설명으로 틀린 것은?
㉮ 산업통상자원부 장관은 매 5년 마다 수립하여야 한다.
㉯ 에너지절약형 경제구조로의 전환에 관한 사항이 포함되어야 한다.
㉰ 산업통상자원부 장관은 시행결과를 평가하고, 해당 관계 행정기관의 장과 시, 도지사에게 그 평가내용을 통보하여야 한다.
㉱ 관련행정기관의 장은 매년 실시계획을 수립하고 그 결과를 반기별로 산업통상자원부 장관에게 제출하여야 한다.
[해설] 에너지이용 합리화법 제4조 ②항 참조

103. 국가에너지절약추진위원회의 구성이 아닌 것은?
㉮ 기획재정부 차관
㉯ 교육부 차관
㉰ 에너지관리공단 이사장
㉱ 노동부 장관
[해설] 에너지이용 합리화법 시행령 제4조 ①항 참조

104. 에너지절약형 시설투자 시 세제지원이 되는 시설투자가 아닌 것은?
㉮ 노후 보일러 교체
㉯ 열병합발전사업을 위한 시설 및 기기류의 설치
㉰ 5% 이상의 에너지절약 효과가 있다고 인정되는 설비
㉱ 산업용 요로 등 에너지다소비 설비의 대체

정답 98. ㉮ 99. ㉱ 100. ㉰ 101. ㉰ 102. ㉱ 103. ㉱ 104. ㉰

[해설] 에너지이용 합리화법 시행령 제27조 ①항 참조

105. 에너지이용 합리화법 시행령에서 국가·지방자치단체 등이 에너지를 효과적으로 이용하고 온실가스의 배출을 줄이기 위하여 추진하여야 하는 조치의 구체적인 내용이 아닌 것은?

㉮ 지역별·주요 수급자별 에너지 할당
㉯ 에너지 절약추진 체계의 구축
㉰ 에너지 절약을 위한 제도 및 시책의 정비
㉱ 건물 및 수송 부분의 에너지이용 합리화

[해설] ㉮항은 에너지 수급안정을 위한 조치 사항이다.

106. 에너지이용 합리화법 시행령상 "에너지 다소비사업자"라 함은 연료·열 및 전력의 연간사용량의 합계가 몇 티오이 이상인가?

㉮ 5백 티오이   ㉯ 1천 티오이
㉰ 1천 5백 티오이   ㉱ 2천 티오이

[해설] 에너지이용 합리화법 시행령 제35조 참조

107. 다음 중 에너지다소비사업자에게 에너지관리 개선명령을 할 수 있는 경우는?

㉮ 목표원단위보다 과다하게 에너지를 사용하는 경우
㉯ 에너지 관리 지도결과 10% 이상의 에너지효율 개선이 기대되는 경우
㉰ 에너지사용 실적이 전년보다 현저히 증가한 자
㉱ 에너지사용계획 승인을 얻지 아니한 자

[해설] 에너지이용 합리화법 시행령 제40조 ①항 참조

108. 에너지관리 대상자가 에너지 손실요인의 개선명령을 받은 경우 며칠 이내에 개선계획을 제출해야 하는가?

㉮ 30일   ㉯ 45일
㉰ 50일   ㉱ 60일

[해설] 에너지이용 합리화법 시행령 제40조 ③항 참조

109. 에너지사용자가 에너지관리기준을 준수하지 않는 경우에 누가 에너지관리지도를 할 수 있는가?

㉮ 산업통상자원부 장관
㉯ 시·도지사
㉰ 행정기관장
㉱ 공단이사장

[해설] 에너지이용 합리화법 시행령 제51조 ①항 12 참조

110. 기후변화협약특성화대학원으로 지정을 받으려는 대학원은 누구에게 지정 신청을 하여야 하는가?

㉮ 에너지관리공단 이사장
㉯ 환경부 장관
㉰ 산업통상자원부 장관
㉱ 시·도지사

[해설] 에너지이용 합리화법 시행령 제34조 ②항 참조

111. 에너지절약전문기업의 등록 신청서는 누구에게 제출하여야 하는가?

㉮ 노동부 장관
㉯ 에너지관리공단 이사장
㉰ 산업통상자원부 장관
㉱ 시·도지사

[해설] 에너지이용 합리화법 시행령 제51조 ①항 8 참조

정답 105. ㉮ 106. ㉱ 107. ㉯ 108. ㉱ 109. ㉱ 110. ㉰ 111. ㉯

112. 검사대상기기설치자는 검사대상기기의 조종자를 선임 또는 해임할 경우 누구에게 신고하는가?
- ㉮ 에너지관리공단 이사장
- ㉯ 노동부장관
- ㉰ 국무총리
- ㉱ 시·군·구청장

[해설] 에너지이용 합리화법 시행령 제51조 ①항 16 참조

113. 다음 중 에너지관리공단 이사장에게 위탁된 권한은?
- ㉮ 검사대상기기의 검사
- ㉯ 에너지관리대상자의 지정
- ㉰ 특정열사용기자재 시공업 등록 말소의 요청
- ㉱ 목표에너지원단위의 지정

[해설] 에너지이용 합리화법 시행령 제51조 ①항 13 참조

114. 산업통상자원부 장관 또는 시·도지사로부터 에너지관리공단 이사장에게 권한이 위탁된 업무가 아닌 것은?
- ㉮ 에너지사용계획의 검토
- ㉯ 에너지절약전문기업의 등록
- ㉰ 검사대상기기의 설치검사
- ㉱ 효율관리기자재의 시험검사

[해설] 에너지이용 합리화법 시행령 제51조 ①항 참조

115. 산업통상자원부 장관 또는 시·도지사의 업무 중 에너지관리공단에 위탁한 업무가 아닌 것은?
- ㉮ 검사대상기기의 검사
- ㉯ 검사대상기기의 폐기·사용중지·설치자 변경에 대한 신고의 접수
- ㉰ 검사대상기기조종자의 자격기준의 제정
- ㉱ 에너지절약전문기업의 등록

[해설] 에너지이용 합리화법 시행령 제51조 ①항 참조

116. 산업통상자원부 장관 또는 시·도지사로부터 에너지관리공단 이사장에게 위탁된 업무가 아닌 것은?
- ㉮ 에너지절약전문기업의 등록
- ㉯ 온실가스 배출 감축실적의 등록 및 관리
- ㉰ 검사대상기기조종자의 선임·해임 신고의 접수
- ㉱ 에너지이용 합리화 기본계획 수립

[해설] 에너지이용 합리화법 시행령 제51조 ①항 참조

117. 특정열사용기자재 중 검사대상기기의 검사는 누가 하는가?
- ㉮ 시·도지사
- ㉯ 산업통상자원부 장관
- ㉰ 열관리시공협회 회장
- ㉱ 에너지관리공단 이사장

[해설] 에너지이용 합리화법 시행령 제51조 ①항 참조

118. 산업통상자원부 장관 또는 시·도지사로부터 에너지관리공단에 위탁된 업무가 아닌 것은?
- ㉮ 대기전력경고표지대상제품의 측정결과 신고의 접수
- ㉯ 에너지사용계획의 검토
- ㉰ 고효율시험기관의 지정
- ㉱ 대기전력저감대상제품의 측정결과 신고의 접수

[정답] 112. ㉮ 113. ㉮ 114. ㉱ 115. ㉰ 116. ㉱ 117. ㉱ 118. ㉰

[해설] 에너지이용 합리화법 시행령 제51조 ①항 참조

119. 에너지이용 합리화법에서 규정한 열사용기자재가 아닌 것은?
㉮ 구멍탄용온수보일러
㉯ 축열식전기보일러
㉰ 선박용보일러
㉱ 소형온수보일러
[해설] 에너지이용 합리화법 시행규칙 제1조의 2 별표 1 참조

120. 다음 중 열사용기자재로 분류되지 않는 것은?
㉮ 연속식유리용융가마
㉯ 셔틀가마
㉰ 태양열집열기
㉱ 철도차량용보일러
[해설] 에너지이용 합리화법 시행규칙 제1조의 2 별표 1 참조

121. 에너지이용 합리화법 시행규칙에 의한 검사대상기기 중 소형온수보일러의 검사대상기기 적용범위에 해당하는 가스사용량은 몇 kg/h를 초과하는 것부터 인가?
㉮ 15 kg/h ㉯ 17 kg/h
㉰ 20 kg/h ㉱ 25 kg/h
[해설] 에너지이용 합리화법 시행규칙 제1조의 2 별표 1 참조

122. 소형온수보일러는 전열 면적 얼마 이하를 열사용기자재로 구분하는가?
㉮ 5 m^2 ㉯ 9 m^2
㉰ 14 m^2 ㉱ 20 m^2
[해설] 에너지이용 합리화법 시행규칙 제1조의 2 별표 1 참조

123. 소형온수보일러의 적용범위를 바르게 나타낸 것은? (단, 구멍탄용온수보일러·축열식전기보일러 및 가스사용량이 17 kg/h 이하인 가스용온수보일러는 제외한다.)
㉮ 전열 면적이 10 m^2 이하이며, 최고 사용 압력이 0.35 MPa 이하의 온수를 발생하는 보일러
㉯ 전열 면적이 14 m^2 이하이며, 최고 사용 압력이 0.35 MPa 이하의 온수를 발생하는 보일러
㉰ 전열 면적이 10 m^2 이하이며, 최고 사용 압력이 0.45 MPa 이하의 온수를 발생하는 보일러
㉱ 전열 면적이 14 m^2 이하이며, 최고 사용 압력이 0.45 MPa 이하의 온수를 발생하는 보일러
[해설] 에너지이용 합리화법 시행규칙 제1조의 2 별표 1 참조

124. 축열식전기보일러는 심야전력을 사용하여 온수를 발생시켜 축열조에 저장한 후 난방에 이용하는 것으로 다음 중 그 적용범위의 기준으로 옳은 것은?
㉮ 정격소비전력이 30 kW 이하이며, 최고 사용 압력이 0.25 MPa 이하인 것
㉯ 정격소비전력이 35 kW 이하이며, 최고 사용 압력이 0.35 MPa 이하인 것
㉰ 정격소비전력이 30 kW 이하이며, 최고 사용 압력이 0.35 MPa 이하인 것
㉱ 정격소비전력이 35 kW 이하이며, 최고 사용 압력이 0.25 MPa 이하인 것
[해설] 에너지이용 합리화법 시행규칙 제1조의 2 별표 1 참조

125. 열사용기자재 중 2종압력용기의 적용범위로 옳은 것은?

정답 119. ㉰ 120. ㉱ 121. ㉯ 122. ㉰ 123. ㉯ 124. ㉰ 125. ㉯

㉮ 최고 사용 압력이 0.1 MPa를 초과하는 기체보유 용기로서 내용적이 0.05 m³ 이상인 것
㉯ 최고 사용 압력이 0.2 MPa를 초과하는 기체보유 용기로서 내용적이 0.04 m³ 이상인 것
㉰ 최고 사용 압력이 0.3 MPa를 초과하는 기체보유 용기로서 내용적이 0.03 m³ 이상인 것
㉱ 최고 사용 압력이 0.4 MPa를 초과하는 기체보유 용기로서 내용적이 0.02 m³ 이상인 것
[해설] 에너지이용 합리화법 시행규칙 제1조의 2 별표 1 참조

126. 특정열사용기자재에 해당되지 않는 것은 어느 것인가?
㉮ 강철제보일러
㉯ 주철제보일러
㉰ 구멍탄용온수보일러
㉱ 보온·보랭재
[해설] 에너지이용 합리화법 시행규칙 제31조의 5 별표 3의 2 참조

127. 열사용기자재 관리규칙에서 정한 특정열사용기자재 및 설치·시공범위의 구분에서 기관에 포함되지 않는 품목명은?
㉮ 온수보일러
㉯ 태양열집열기
㉰ 1종압력용기
㉱ 구멍탄용온수보일러
[해설] 에너지이용 합리화법 시행규칙 제31조의 5 별표 3의 2 참조

128. 에너지이용 합리화법 시행규칙상 특정열사용기자재 시공업의 범주에 들지 않는 것은?

㉮ 특정열사용기자재의 설치
㉯ 특정열사용기자재의 시공
㉰ 특정열사용기자재의 판매
㉱ 특정열사용기자재의 세관
[해설] 에너지이용 합리화법 시행규칙 제31조의 5 별표 3의 2 참조

129. 특정열사용기자재 및 설치·시공범위에서 요업요로에 해당하는 것은?
㉮ 용선로
㉯ 금속소둔로
㉰ 철금속가열로
㉱ 회전가마
[해설] 에너지이용 합리화법 시행규칙 제31조의 5 별표 3의 2 참조

130. 특정열사용기자재 중 검사대상기기가 아닌 것은?
㉮ 강철제보일러
㉯ 주철제보일러
㉰ 1종압력기
㉱ 유류용 소형온수보일러
[해설] 에너지이용 합리화법 시행규칙 제31조의 6 별표 3의 3 참조

131. 가스를 사용하는 소형온수보일러 중 검사대상기기에 해당되는 것은 가스사용량이 얼마를 초과하는 경우인가?
㉮ 13 kg/h
㉯ 17 kg/h
㉰ 25 kg/h
㉱ 38 kg/h
[해설] 에너지이용 합리화법 시행규칙 제31조의 6 별표 3의 3 참조

132. 에너지이용 합리화법 시행규칙상 가스를 사용하는 것으로서 도시가스사용량이 232.6 kW를 초과하는 검사대상기기는?
㉮ 강철제보일러
㉯ 주철제보일러

정답 126. ㉱ 127. ㉰ 128. ㉰ 129. ㉱ 130. ㉱ 131. ㉯ 132. ㉱

㉰ 철금속가열로
㉱ 소형온수보일러
[해설] 에너지이용 합리화법 시행규칙 제31조의 6 별표 3의 3 참조

133. 특정열사용기자재 중 검사대상기기에 해당되는 것은?
㉮ 온수를 발생시키는 대기 개방형 강철제보일러
㉯ 최고 사용 압력이 0.2 MPa인 주철제보일러
㉰ 축열식전기보일러
㉱ 가스사용량이 15 kg/h인 소형온수보일러
[해설] 에너지이용 합리화법 시행규칙 제31조의 6 별표 3의 3 참조

134. 다음 중 검사대상기기인 것은?
㉮ 최고 사용 압력이 0.05 MPa이고, 동체의 안지름이 300 mm이며, 길이가 500 mm인 강철제보일러
㉯ 정격용량이 0.3 MW인 철금속가열로
㉰ 내용적 0.05 m³, 최고 사용 압력 0.3 MPa인 2종압력용기
㉱ 가스사용량이 10 kg/h인 소형온수보일러
[해설] 에너지이용 합리화법 시행규칙 제31조의 6 별표 3의 3 참조

135. 다음 중 검사대상기기가 아닌 것은?
㉮ 정격용량 0.5 MW인 철금속가열로
㉯ 가스사용량이 18 kg/h인 소형온수보일러
㉰ 최고 사용 압력이 0.2 MPa이고, 전열 면적이 10 m²인 주철제보일러
㉱ 최고 사용 압력이 0.2 MPa이고, 동체의 안지름이 450 mm이며, 길이가 750 mm인 강철제보일러
[해설] 에너지이용 합리화법 시행규칙 제31조의 6 별표 3의 3 참조

136. 다음 중 검사대상기기에 해당되지 않는 것은?
㉮ 시간당 가스사용량이 18 kg인 소형온수보일러
㉯ 최고 사용 압력이 0.2 MPa, 전열 면적이 6.4 m²인 주철제보일러
㉰ 최고 사용 압력이 1 MPa, 전열 면적이 9.8 m²인 관류보일러
㉱ 정격용량이 0.36 MW인 철금속가열로
[해설] 에너지이용 합리화법 시행규칙 제31조의 6 별표 3의 3 참조

137. 에너지이용 합리화법 시행규칙에서 정한 검사대상기기에 해당되는 열사용기자재는?
㉮ 최고 사용 압력이 0.08 Mpa이고, 전열 면적이 4m²인 강철제보일러
㉯ 흡수식 냉온수기
㉰ 가스사용량이 20 kg/h인 가스사용 소형온수보일러(단, 도시가스가 아닌 가스이다)
㉱ 정격용량이 0.4 MW인 철금속가열로
[해설] 에너지이용 합리화법 시행규칙 제31조의 6 별표 3의 3 참조

138. 에너지이용 합리화법에 따른 검사대상기기 설치자가 산업통상자원부령에 따라 시도지사의 검사를 받아야 하는 검사대상기기 설치자가 아닌 것은?
㉮ 설치 또는 개조 사용하고자 하는 자
㉯ 설치장소를 변경하고 사용하고자 하는 자
㉰ 사용 중지한 후 재사용 하고자 하는 자

라 사용을 중지하고자 하는 자
[해설] 에너지이용 합리화법 시행규칙 제31조의 7 별표 3의 4 참조

139. 에너지이용 합리화법상 검사의 종류가 아닌 것은?
㉮ 설계검사   ㉯ 제조검사
㉰ 계속사용검사 ㉱ 개조검사
[해설] 에너지이용 합리화법 시행규칙 제31조의 7 별표 3의 4 참조

140. 에너지이용 합리화법 시행규칙에서 정한 검사대상기기에 대한 검사의 종류가 아닌 것은?
㉮ 계속사용검사
㉯ 개방검사
㉰ 개조검사
㉱ 설치장소변경검사
[해설] 에너지이용 합리화법 시행규칙 제31조의 7 별표 3의 4 참조

141. 검사대상기기의 검사의 종류 중 제조검사에 해당되는 것은?
㉮ 설치검사   ㉯ 용접검사
㉰ 개조검사   ㉱ 계속사용검사
[해설] 에너지이용 합리화법 시행규칙 제31조의 7 별표 3의 4 참조

142. 검사대상기기인 열사용기자재의 제조검사 종류에 포함되는 것은?
㉮ 구조검사
㉯ 안전검사
㉰ 개조검사
㉱ 운전성능검사
[해설] 에너지이용 합리화법 시행규칙 제31조의 7 별표 3의 4 참조

143. 다음 중 개조검사를 받아야 하는 경우가 아닌 것은?
㉮ 증기보일러를 온수보일러로 개조하는 경우
㉯ 보일러의 섹션 증감에 의해 용량을 변경하는 경우
㉰ 보일러의 수관과 연관을 교체하는 경우
㉱ 연료 또는 연소방법을 변경하는 경우
[해설] 에너지이용 합리화법 시행규칙 제31조의 7 별표 3의 4 참조

144. 에너지이용 합리화법 시행규칙상 검사의 종류 중 계속사용검사에 속하지 않는 것은?
㉮ 안전검사
㉯ 구조검사
㉰ 운전성능검사
㉱ 재사용검사
[해설] 에너지이용 합리화법 시행규칙 제31조의 7 별표 3의 4 참조

145. 에너지이용 합리화법 시행규칙에 의한 특정열사용기자재 중 검사를 받아야 할 검사대상기기의 검사의 종류가 아닌 것은?
㉮ 설치검사   ㉯ 유효검사
㉰ 제조검사   ㉱ 개조검사
[해설] 에너지이용 합리화법 시행규칙 제31조의 7 별표 3의 4 참조

146. 다음 중 사용연료를 변경함으로써 검사대상이 아닌 보일러가 검사대상으로 되었을 경우에 해당되는 검사는?
㉮ 구조검사   ㉯ 설치검사
㉰ 개조검사   ㉱ 재사용검사
[해설] 에너지이용 합리화법 시행규칙 제31조의 7 별표 3의 4 참조

정답 139. ㉮ 140. ㉯ 141. ㉯ 142. ㉮ 143. ㉰ 144. ㉯ 145. ㉯ 146. ㉯

147. 검사대상기기의 연료 또는 연소방법을 변경한 경우 받아야 하는 검사는?

㉮ 개조검사 ㉯ 구조검사
㉰ 설치검사 ㉱ 계속사용검사

[해설] 에너지이용 합리화법 시행규칙 제31조의 7 별표 3의 4 참조

148. 개조검사 대상이 아닌 것은?

㉮ 보일러의 설치장소를 변경하는 경우
㉯ 연료 또는 연소방법을 변경하는 경우
㉰ 증기보일러를 온수보일러로 개조하는 경우
㉱ 보일러 섹션의 증감에 의하여 용량을 변경하는 경우

[해설] 에너지이용 합리화법 시행규칙 제31조의 7 별표 3의 4 참조

149. 에너지이용 합리화법에 의한 검사대상기기의 개조검사 대상이 아닌 것은?

㉮ 증기보일러를 온수보일러로 개조
㉯ 보일러 섹션의 증감에 의한 용량의 변경
㉰ 연료 또는 연소방법의 변경
㉱ 보일러의 증설 또는 개체

[해설] 에너지이용 합리화법 시행규칙 제31조의 7 별표 3의 4 참조

150. 검사대상기기 검사 중 개조검사의 적용 대상이 아닌 것은?

㉮ 온수보일러를 증기보일러로 변경하는 경우
㉯ 보일러 섹션의 증감에 의하여 용량을 변경하는 경우
㉰ 동체·경판·관판·관모음 또는 스테이의 변경으로서 산업통상자원부 장관이 정하여 고시하는 대수리의 경우

㉱ 연료 또는 연소방법을 변경하는 경우

[해설] 에너지이용 합리화법 시행규칙 제31조의 7 별표 3의 4 참조
[참고] 증기보일러를 온수보일러로 변경하는 경우에 개조검사의 적용 대상이다.

151. 에너지이용 합리화법 시행규칙에 의한 검사대상기기인 보일러의 계속사용검사 중 재사용검사의 유효기간은?

㉮ 1년   ㉯ 1년 6개월
㉰ 2년   ㉱ 3년

[해설] 에너지이용 합리화법 시행규칙 제31조의 8 별표 3의 5 참조

152. 검사대상기기인 보일러의 계속사용검사 중 운전성능 검사의 유효기간은?

㉮ 1년 6개월 ㉯ 2년
㉰ 6개월   ㉱ 1년

[해설] 에너지이용 합리화법 시행규칙 제31조의 8 별표 3의 4 참조

153. 다음 중 에너지이용 합리화법 시행규칙에서 정한 검사의 유효기간이 다른 하나는?

㉮ 보일러 설치장소변경검사
㉯ 압력용기 및 철금속가열로 설치검사
㉰ 압력용기 및 철금속가열로 재사용검사
㉱ 철금속가열로 운전성능검사

[해설] 에너지이용 합리화법 시행규칙 제31조의 8 별표 3의 4 참조

154. 보일러의 계속사용검사 중 철금속가열로에 대한 운전성능 검사에 대한 유효기간으로 맞는 것은?

㉮ 1년 ㉯ 2년 ㉰ 3년 ㉱ 4년

[해설] 에너지이용 합리화법 시행규칙 제31조의 8 별표 3의 4 참조

정답 147. ㉮ 148. ㉮ 149. ㉱ 150. ㉮ 151. ㉮ 152. ㉱ 153. ㉮ 154. ㉯

155. 검사대상기기의 검사유효기간의 기준으로 틀린 것은?

㉮ 검사에 합격한 날의 다음 날부터 기산한다.
㉯ 검사에 합격한 날이 검사유효기간 만료일 이전 60일 이내인 경우 검사유효기간 만료일의 다음 날부터 기산한다.
㉰ 검사를 연기한 경우의 검사유효기간은 검사유효기간 만료일의 다음 날부터 기산한다.
㉱ 산업통상자원부 장관은 검사대상기기의 안전관리 또는 에너지효율 향상을 위하여 부득이하다고 인정할 때에는 유효기간을 조정할 수 있다.

[해설] 에너지이용 합리화법 시행규칙 제31조의 8 참조

156. 보일러 등의 검사유효기간에 대한 설명으로 옳은 것은?

㉮ 설치 후 3년이 경과한 보일러로서 설치장소 변경검사를 받은 기기는 검사 후 1개월 이내에 운전성능검사를 받아야 한다.
㉯ 보일러의 계속사용검사 중 운전성능검사에 대한 검사유효기간은 산업통상자원부 장관이 고시하는 기준에 적합한 경우에는 3년으로 한다.
㉰ 개조검사 중 보일러의 연료 또는 연소방법의 변경에 따른 개조검사의 경우에는 검사유효기간을 1년으로 한다.
㉱ 철금속가열로의 재사용검사는 1년으로 한다.

[해설] 에너지이용 합리화법 시행규칙 제31조의 8 별표 3의 5 〈비고〉 참조

157. 검사대상기기에 대한 설명 중 틀린 것은 어느 것인가?

㉮ 개조검사 중 연료 또는 연소방법의 변경에 따른 개조검사의 경우에는 검사유효기간을 적용치 아니한다.
㉯ 검사대상기기 검사수수료 산정에 있어 온수보일러의 용량산정은 697.8 kW를 1 t/h으로 본다.
㉰ 가스사용량이 17 kg/h 초과하는 가스용 소형온수보일러에서 면제되는 검사는 설치검사이다.
㉱ 에너지관리기사 자격소지자는 모든 검사대상기기에 대하여 조종이 가능하다.

[해설] 에너지이용 합리화법 시행규칙 제31조의 8 별표 3의 5 〈비고〉, 제31조의 13 별표 3의 6, 제31조의 26 별표 3의 9 참조

158. 용접검사가 면제되는 대상기기가 아닌 것은?

㉮ 용접이음이 없는 강관을 동체로 한 헤더
㉯ 최고 사용 압력이 0.3 MPa이고 동체의 안지름이 580 mm인 전열교환식 1종 압력용기
㉰ 전열 면적이 5.9 m²이고, 최고 사용 압력이 0.5 MPa인 강철제보일러
㉱ 전열 면적이 16.9 m²이고, 최고 사용 압력이 0.3 MPa인 온수보일러

[해설] 에너지이용 합리화법 시행규칙 제31조의 13 별표 3의 6 참조

159. 용접검사가 면제되는 대상범위에 해당되지 않는 것은?

㉮ 강철제보일러 중 전열 면적이 5 m² 이하이고, 최고 사용 압력이 0.35 MPa 이하인 것
㉰ 주철제보일러

정답 155. ㉯ 156. ㉮ 157. ㉰ 158. ㉰ 159. ㉱

대 압력용기 중 동체의 두께가 6 mm 미만으로서 최고 사용 압력(MPa)과 내용적(m³)을 곱한 수치가 0.02 이하인 것

라 온수보일러로서 전열 면적이 20 m² 이하이고, 최고 사용 압력이 0.3 MPa 이하인 것

[해설] 에너지이용 합리화법 시행규칙 제31조의 13 별표 3의 6 참조

160. 에너지이용 합리화법 시행규칙에서 정한 검사대상기기의 계속사용검사신청서는 유효기간 만료 며칠 전까지 제출해야 하는가?

가 7일 　나 10일
다 15일 　라 30일

[해설] 에너지이용 합리화법 시행규칙 제31조의 19 ①항 참조

161. 검사대상기기의 계속사용검사에 관한 설명이 틀린 것은?

가 계속사용검사신청서는 유효기간 만료 10일 전까지 제출하여야 한다.
나 유효기간 만료일이 9월 1일 이후인 경우에는 5개월 이내에서 계속사용검사를 연기할 수 있다.
다 검사대상기기 검사연기신청서는 에너지관리공단 이사장에게 제출하여야 한다.
라 계속사용검사신청서에는 해당 검사기기의 검사증을 첨부하여야 한다.

[해설] 에너지이용 합리화법 시행규칙 제31조의 20 ①항 참조

162. 에너지이용 합리화법 시행규칙상 검사대상기기의 계속사용검사 운전성능 부문이 검사에 불합격한 경우 일정기간 내에 검사를 하여 합격할 것을 조건으로 계속사용을 허용한다. 그 기간은 몇 월 이내인가?

가 6 　나 7
다 8 　라 10

[해설] 에너지이용 합리화법 시행규칙 제31조의 21 ⑤항 참조

163. 보일러 검사를 받는 자에게는 그 검사의 종류에 따라 필요한 사항에 대한 조치를 하게 할 수 있다. 그 조치에 해당되지 않는 것은?

가 비파괴검사의 준비
나 수압시험의 준비
다 피복물 제거
라 보온단열재의 열전도 시험준비

[해설] 에너지이용 합리화법 시행규칙 제31조의 22 참조

164. 검사대상기기의 설치자가 그 사용 중인 검사대상기기를 폐기한 때에는 그 폐기한 날로부터 며칠 이내에 에너지관리공단 이사장에게 신고하여야 하는가?

가 7일 　나 10일 　다 15일 　라 20일

[해설] 에너지이용 합리화법 시행규칙 제31조의 23 참조

165. 검사대상기기 설치자가 변경된 때 신설치자는 변경된 날로부터 며칠 이내에 신고해야 하는가?

가 15일 　나 20일 　다 25일 　라 30일

[해설] 에너지이용 합리화법 시행규칙 제31조의 24 ①항 참조

166. 다음 검사대상기기조종자 중 모든 검사대상기기를 조종할 수 있는 자격을 가진 조정자가 아닌 것은?

가 에너지관리 기사

정답 160. 나 161. 나 162. 가 163. 라 164. 다 165. 가 166. 라

㉯ 에너지관리 산업기사
㉰ 에너지관리 기능사
㉱ 인정검사대상기기 조종자의 교육을 이수한 자
[해설] 에너지이용 합리화법 시행규칙 제31조의 26 별표 3의 9 참조

167. 에너지이용 합리화법에 의한 검사대상기기 조종자의 자격이 아닌 것은?

㉮ 에너지관리 기사
㉯ 에너지관리 산업기사
㉰ 에너지관리 기능장
㉱ 위험물취급 기사
[해설] 에너지이용 합리화법 시행규칙 제31조의 26 별표 3의 9 참조

168. 모든 검사대상기기를 조종할 수 있는 자가 아닌 것은?

㉮ 에너지관리 기사 자격증 소지자
㉯ 에너지관리 기능사 자격증 소지자
㉰ 산업안전기사 자격증 소지자
㉱ 에너지관리 산업기사 자격증 소지자
[해설] 에너지이용 합리화법 시행규칙 제31조의 26 별표 3의 9 참조

169. 인정검사대상기기 조종자(에너지관리공단에서 검사대상기기 조종에 관한 교육 이수자)가 조종할 수 없는 검사대상기기는 어느 것인가?

㉮ 압력용기
㉯ 열매체를 가열하는 보일러로서 출력이 581.5 kW 이하인 것
㉰ 온수를 발생하는 보일러로서 출력이 581.5 kW 이하인 것
㉱ 증기보일러로서 최고 사용 압력이 1.2 MPa 이하이고 전열 면적이 5 ㎡ 이하인 것

[해설] 에너지이용 합리화법 시행규칙 제31조의 26 별표 3의 9 참조

170. 인정검사대상기기 조종자의 교육을 이수한 사람의 조종범위는 증기보일러로서 최고 사용 압력이 1 MPa 이하이고 전열 면적이 얼마 이하일 때 가능한가?

㉮ 1 ㎡   ㉯ 2 ㎡   ㉰ 5 ㎡   ㉱ 10 ㎡
[해설] 에너지이용 합리화법 시행규칙 제31조의 26 별표 3의 9 참조

171. 증기보일러의 용량이 30 t/h 초과하는 보일러인 검사대상기기 조종자 자격은?

㉮ 에너지관리 기능장 자격증 소지자
㉯ 산업안전 산업기사 자격증 소지자
㉰ 에너지관리 산업기사 자격증 소지자
㉱ 에너지관리 기능사 자격증 소지자
[해설] 에너지이용 합리화법 시행규칙 제31조의 26 별표 3의 9 참조

172. 증기보일러의 용량이 20 t/h인 검사대상기기 조종자의 자격이 아닌 것은?

㉮ 에너지관리 기능장
㉯ 에너지관리 기사
㉰ 에너지관리 산업기사
㉱ 안전관리 기사
[해설] 에너지이용 합리화법 시행규칙 제31조의 26 별표 3의 9 참조

173. 검사대상기기 조종자의 채용기준은?

㉮ 1구역당 1인 이상
㉯ 1구역당 2인 이상
㉰ 2구역당 1인 이상
㉱ 2구역당 3인 이상
[해설] 에너지이용 합리화법 시행규칙 제31조의 27 참조

정답 167. ㉱ 168. ㉰ 169. ㉱ 170. ㉱ 171. ㉮ 172. ㉱ 173. ㉮

174. 검사대상기기 조종자 채용기준에 합당한 것은?

㉮ 1구역에 보일러가 2대인 경우 1명
㉯ 1구역에 보일러가 2대인 경우 2명
㉰ 구역과 보일러의 수에 관계없이 1명
㉱ 2구역으로서 각 구역에 보일러가 1대씩일 경우 1명

[해설] 에너지이용 합리화법 시행규칙 제31조의 27 참조

175. 검사대상기기 조종자의 신고사유가 발생한 경우 발생한 날로부터 며칠 이내에 신고하여야 하는가?

㉮ 7일   ㉯ 15일
㉰ 30일 ㉱ 60일

[해설] 에너지이용 합리화법 시행규칙 제31조의 28 ②항 참조

176. 에너지이용 합리화법에 의한 에너지관리자의 기본교육과정 교육기간으로 옳은 것은?

㉮ 4시간 ㉯ 1일
㉰ 5일   ㉱ 7일

[해설] 에너지이용 합리화법 시행규칙 제32조의 2 별표 4의 2 참조

177. 에너지관리의 효율적인 수행을 위한 시공업의 기술인력 등에 대한 교육과정과 그 기간이 틀린 것은?

㉮ 난방시공업 제1종기술자 과정 : 1일
㉯ 난방시공업 제2종기술자 과정 : 1일
㉰ 소형 보일러·압력용기조종자 과정 : 1일
㉱ 중·대형 보일러조종자 과정 : 3일

[해설] 에너지이용 합리화법 시행규칙 제32조의 2 별표 4의 2 참조

178. 에너지이용 합리화법 시행규칙상 시공업의 기술인력에 대한 교육을 실시할 수 있는 기관 및 교육기간으로 맞는 것은?

㉮ 국토해양부장관의 허가를 받은 전국보일러설비협회 : 1일
㉯ 에너지관리공단 이사장의 허가를 받은 전국보일러설비협회 : 5일
㉰ 한국산업인력공단 이사장의 허가를 받은 한국열관리시공협회 : 5일
㉱ 시도지사에서 허가를 받은 한국열관리시공협회 : 3일

[해설] 에너지이용 합리화법 시행규칙 제32조의 2 별표 4의 2 참조

179. 에너지이용 합리화법 시행규칙상 검사대상기기 조종자에 대한 교육을 실시할 수 있는 기관 및 교육기간으로 맞는 것은?

㉮ 에너지관리공단 이사장의 허가를 받은 전국보일러설비협회 : 1일
㉯ 시·도지사의 허가를 받은 한국에너지기술인협회 : 2일
㉰ 산업통상자원부 장관의 허가를 받은 전국 보일러설비협회 : 2일
㉱ 산업통상자원부 장관의 허가를 받은 한국에너지기술인협회 : 1일

[해설] 에너지이용 합리화법 시행규칙 제32조의 2 별표 4의 2 참조

180. 에너지사용계획 검토기준 항목이 아닌 것은?

㉮ 폐열의 회수·활용의 적절성
㉯ 에너지수요의 적절성
㉰ 에너지관리방법의 적절성
㉱ 신·재생에너지 이용계획의 적절성

[해설] 에너지이용 합리화법 시행규칙 제3조 ①항 참조

181. 공공사업주관자에게 산업통상자원부 장관이 에너지사용계획에 대한 검토결과를 조치 요청하면 해당 공공사업주관자는 이행계획을 작성하여 제출하여야 하는데 이 이행계획에 포함되지 않는 사항은?

㉮ 이행 주체 ㉯ 이행 장소와 사유
㉰ 이행 방법 ㉱ 이행 시기

[해설] 에너지이용 합리화법 시행규칙 제5조 참조

182. 에너지이용 합리화법상의 효율관리기자재에 속하지 않는 것은?

㉮ 전기철도 ㉯ 삼상유도전동기
㉰ 전기세탁기 ㉱ 자동차

[해설] 에너지이용 합리화법 시행규칙 제7조 ① 항 참조

183. 에너지이용 합리화법상 효율관리기자재가 아닌 것은?

㉮ 삼상유도전동기 ㉯ 선박
㉰ 조명기기 ㉱ 전기냉장고

[해설] 에너지이용 합리화법 시행규칙 제7조 ① 항 참조

184. 에너지이용 합리화법 시행규칙상의 효율관리기자재가 아닌 것은?

㉮ 전기냉장고 ㉯ 자동차
㉰ 전기세탁기 ㉱ 텔레비전

[해설] 에너지이용 합리화법 시행규칙 제7조 ① 항 참조

185. 효율관리기자재의 제조업자 또는 수입업자는 효율관리시험기관으로부터 측정결과를 통보받은 날부터 며칠 이내에 누구에게 신고하여야 하는가?

㉮ 30일 이내 : 산업통상자원부 장관
㉯ 30일 이내 : 시·도지사
㉰ 60일 이내 : 에너지관리공단
㉱ 60일 이내 : 산업통상자원부 장관

[해설] 에너지이용 합리화법 시행규칙 제9조 참조

186. 산업통상자원부령으로 정하는 평균효율관리기자재는?

㉮ 전기냉장고 ㉯ 승용자동차
㉰ 텔레비전 ㉱ 전기세탁기

[해설] 에너지이용 합리화법 시행규칙 제11조 참조

187. 평균에너지 소비효율의 산정방법에 대한 내용 중 틀린 것은?

㉮ 산정방법, 개선기간, 공표방법 등 필요한 사항은 산업통상자원부령으로 정한다.
㉯ 산정방법은

$$\sum \left[\frac{\text{기자재 판매량}}{\frac{\text{기자재 종류별 국내판매량}}{\text{기자재 종류별 에너지소비효율}}} \right]$$

이다.
㉰ 평균에너지소비효율의 개선기간은 개선명령으로부터 다음해 1월 31일까지로 한다.
㉱ 개선명령을 받은 자는 개선명령일부터 60일 이내에 개선명령 이행계획을 수립하여 산업통상자원부 장관에게 제출하여야 한다.

[해설] 에너지이용 합리화법 시행규칙 제12조 참조

188. 산업통상자원부령에서 정한 평균에너지소비효율 산출식은?

㉮ $$\sum \left[\frac{\text{기자재 판매량}}{\frac{\text{기자재의 종류별 에너지소비효율}}{\text{기자재의 종류별 국내판매량}}} \right]$$

정답 181. ㉯ 182. ㉮ 183. ㉯ 184. ㉱ 185. ㉰ 186. ㉯ 187. ㉰ 188. ㉱

㉯ $\sum\left[\dfrac{\text{기자재의 종류별 국내판매량}}{\text{기자재의 종류별 에너지소비효율}}\right]$ / 기자재 판매량

㉰ $\dfrac{\text{기자재의 종류별 에너지소비효율}}{\sum\left[\dfrac{\text{기자재의 종류별 국내판매량}}{\text{기자재 판매량}}\right]}$

㉱ $\dfrac{\text{기자재 판매량}}{\sum\left[\dfrac{\text{기자재의 종류별 국내판매량}}{\text{기자재의 종류별 에너지소비효율}}\right]}$

[해설] 에너지이용 합리화법 시행규칙 제12조 별표 1 참조

189. 대기전력경고표지대상제품이 아닌 것은 어느 것인가?

㉮ 컴퓨터　㉯ 복사기
㉰ 오디오　㉱ 전기세탁기

[해설] 에너지이용 합리화법 시행규칙 제14조 ① 항 참조

190. 에너지이용 합리화법 시행규칙에 따라 검사대상기기의 검사 종류 중 운전성능검사 대상이 아닌 것은?

㉮ 철금속가열로
㉯ 용량이 1t/h인 산업용 강철제보일러
㉰ 용량이 5t/h인 난방용 주철제보일러
㉱ 용량이 3t/h인 난방용 강철제보일러

[해설] 에너지이용 합리화법 시행규칙 제31조의 7 별표 3의 4 참조

191. 에너지이용 합리화법 시행규칙에서 에너지사용자가 수립하여야 하는 자발적 협약의 이행계획에 포함되어야 할 사항이 아닌 것은?

㉮ 에너지의 수요예측 및 공급계획
㉯ 협약체결 전년도의 에너지소비 현황
㉰ 효율향상목표 등의 이행을 위한 투자계획
㉱ 에너지관리체제 및 관리방법

[해설] 에너지이용 합리화법 시행규칙 제26조 ① 항 참조

192. 자발적 협약체결 기업의 지원 등에 따른 자발적 협약의 평가기준의 항목이 아닌 것은?

㉮ 에너지절감량 또는 온실가스배출 감축량
㉯ 계획대비 달성률 및 투자실적
㉰ 자원 및 에너지의 재활용 노력
㉱ 에너지이용 합리화 자금 활용실적

[해설] 에너지이용 합리화법 시행규칙 제26조 ② 항 참조

193. 에너지진단전문기관의 지정 및 취소권자는?

㉮ 산업통상자원부 장관
㉯ 시·도지사
㉰ 공단이사장
㉱ 국토해양부장관

[해설] 에너지이용 합리화법 시행규칙 제30조, 제31조 참조

194. 냉난방온도의 제한온도로 맞는 것은? (단, 판매시설 및 공항은 제외)

㉮ 냉방: 26℃ 이상, 난방: 18℃ 이하
㉯ 냉방: 20℃ 이상, 난방: 20℃ 이하
㉰ 냉방: 26℃ 이상, 난방: 20℃ 이하
㉱ 냉방: 20℃ 이상, 난방: 18℃ 이하

[해설] 에너지이용 합리화법 시행규칙 제31조의 2 참조

195. 저탄소 녹색성장 기본법의 목적이 아닌 것은?

정답 189. ㉱　190. ㉱　191. ㉮　192. ㉱　193. ㉮　194. ㉰　195. ㉱

㉮ 저탄소 녹색성장에 필요한 기반 조성
㉯ 녹색기술과 녹색산업을 새로운 성장동력으로 활용
㉰ 성숙한 선진 일류국가로 도약
㉱ 에너지의 합리적인 이용도모
[해설] 저탄소 녹색성장 기본법 제1조 참조

196. 저탄소 녹색성장 기본법에서 화석연료에 대한 의존도를 낮추고 청정에너지의 사용 및 보급을 확대하여 녹색기술연구개발, 탄소흡수원 확충 등을 통하여 온실가스를 적정수준 이하로 줄이는 것을 말하는 용어는?

㉮ 저탄소
㉯ 녹색성장
㉰ 온실가스 배출
㉱ 녹색생활
[해설] 저탄소 녹색성장 기본법 제2조 1 참조

197. 저탄소 녹색성장 기본법에서 에너지와 자원을 절약하고 효율적으로 사용하여 기후변화와 환경훼손을 줄이고 청정에너지와 녹색기술의 연구개발을 통하여 새로운 성장동력을 확보한다는 것을 말하는 용어로 맞는 것은?

㉮ 녹색생활   ㉯ 녹색성장
㉰ 녹색산업   ㉱ 녹색경영
[해설] 저탄소 녹색성장 기본법 제2조 2 참조

198. 저탄소 녹색성장 기본법에서 온실가스가 대기 중에 축적되어 온실가스 농도를 증가시켜 지표 및 대기의 온도가 추가적으로 상승하는 현상을 말하는 용어는?

㉮ 기후변화   ㉯ 온실가스 배출
㉰ 지구온난화 ㉱ 자원순환
[해설] 저탄소 녹색성장 기본법 제2조 11 참조

199. 저탄소 녹색성장 기본법에서 규정하는 온실가스가 아닌 것은?

㉮ 아산화질소(N_2O)
㉯ 과불화탄소(PFCs)
㉰ 이산화탄소(CO_2)
㉱ 산소(O_2)
[해설] 저탄소 녹색성장 기본법 제2조 9호 참조

200. 저탄소 녹색성장 기본법에서 국민의 책무가 아닌 것은?

㉮ 녹색산업에 대한 투자 확대
㉯ 녹색생활 실천
㉰ 녹색경영 촉진
㉱ 녹색운동 참여
[해설] 저탄소 녹색성장 기본법 제6조 및 제7조 참조

201. 정부가 녹색성장 국가전략을 수립할 때 포함되는 사항이 아닌 것은?

㉮ 녹색경제 체제의 구현에 관한 사항
㉯ 녹색성장과 관련된 국제협상에 관한 사항
㉰ 기업의 녹색경영에 관한 사항
㉱ 에너지 정책 및 지속가능발전 정책에 관한 사항
[해설] 저탄소 녹색성장 기본법 제9조 참조

202. 녹색성장 국가전략과 중앙추진계획의 이행사항을 점검, 평가하는 자는 누구인가?

㉮ 대통령
㉯ 국무총리
㉰ 산업통상자원부 장관
㉱ 시·도지사
[해설] 저탄소 녹색성장 기본법 제12조 참조

정답 196. ㉮ 197. ㉯ 198. ㉰ 199. ㉱ 200. ㉮ 201. ㉰ 202. ㉯

203. 녹색성장위원회의 위원장 2명 중 1명은 국무총리가 되고 또 다른 한명은 누가 지명하는 사람이 되는가?

㉮ 대통령
㉯ 국무총리
㉰ 산업통상자원부 장관
㉱ 환경부 장관

[해설] 저탄소 녹색성장 기본법 제14조 ③항 참조

204. 정부가 녹색경제·녹색산업의 육성·지원 시책을 마련할 때 포함되어야 할 사항이 아닌 것은?

㉮ 국내외 경제여건 및 전망
㉯ 녹색산업 구조로의 단계적 전환
㉰ 녹색산업 인력양성 및 일자리 창출
㉱ 녹색기술 연구개발 및 사업화

[해설] 저탄소 녹색성장 기본법 제23조 참조

205. 정부가 자원순환 산업의 육성·지원 시책을 마련할 때 포함되어야 할 사항이 아닌 것은?

㉮ 국가기반시설의 친환경 구조로의 전환
㉯ 자원생산성 향상을 위한 교육훈련
㉰ 바이오매스의 수집, 활용
㉱ 자원의 수급 및 관리

[해설] 저탄소 녹색성장 기본법 제24조 참조

206. 정부는 기후변화대응 기본계획을 몇 년 마다 수립 시행해야 하는가?

㉮ 2년
㉯ 5년
㉰ 10년
㉱ 20년

[해설] 저탄소 녹색성장 기본법 제40조 ①항 참조

207. 기후변화대응 기본계획에 포함되어야 할 사항이 아닌 것은?

㉮ 기후변화대응 연구개발 및 인력양성
㉯ 온실가스배출 흡수 현황 및 전망
㉰ 온실가스배출 최단기 감축목표 설정
㉱ 기후변화대응을 위한 교육·홍보

[해설] 저탄소 녹색성장 기본법 제40조 ③항 참조

208. 정부는 에너지기본계획을 몇 년 마다 수립 시행해야 하는가?

㉮ 1년
㉯ 2년
㉰ 3년
㉱ 5년

[해설] 저탄소 녹색성장 제41조 ①항 참조

209. 정부가 에너지기본계획을 수립할 때 포함되어야 할 사항이 아닌 것은?

㉮ 에너지 안전관리를 위한 대책
㉯ 에너지의 안정적 확보 도입, 판매 관리
㉰ 국내외 에너지 수요와 공급의 추이 및 전망
㉱ 에너지 관련 기술개발 및 보급

[해설] 저탄소 녹색성장 기본법 제41조 ③항 참조

210. 정부는 지속가능발전 기본계획을 몇 년 마다 수립, 시행해야 하는가?

㉮ 2년
㉯ 3년
㉰ 5년
㉱ 10년

[해설] 저탄소 녹색성장 기본법 제50조 ①항 참조

211. 정부가 녹색국토를 조성하기 위하여 시책을 마련할 때 포함되어야 할 사항이 아닌 것은?

㉮ 산림녹지의 확충
㉯ 친환경 교통체계의 확충
㉰ 해양의 친환경적 개발 이용 보존
㉱ 수생태계의 보전, 관리

[해설] 저탄소 녹색성장 기본법 제51조 ②항 참조

정답 203. ㉮ 204. ㉱ 205. ㉮ 206. ㉰ 207. ㉰ 208. ㉱ 209. ㉯ 210. ㉰ 211. ㉱

212. 다음 중 신·재생에너지에 해당되지 않는 것은?
- ㉮ 태양에너지
- ㉯ 연료전지
- ㉰ 천연가스
- ㉱ 수소에너지

[해설] 신에너지 및 재생에너지 개발·이용·보급 촉진법 제2조 참조

213. 신·재생에너지 설비는 어느 령으로 정하는가?
- ㉮ 대통령령
- ㉯ 산업통상자원부령
- ㉰ 국무총리령
- ㉱ 환경부령

[해설] 신에너지 및 재생에너지 개발·이용·보급 촉진법 제2조 참조

214. 거짓이나 부정한 방법으로 발전차액을 지원받은 자의 벌칙으로 맞는 것은?
- ㉮ 3년 이하의 징역 또는 지원받은 금액의 3배 이하에 상당하는 벌금
- ㉯ 2년 이하의 징역 또는 지원받은 금액의 2배 이하에 상당하는 벌금
- ㉰ 3년 이하의 징역 또는 3천만원 이하의 벌금
- ㉱ 2년 이하의 징역 또는 2천만원 이하의 벌금

[해설] 신에너지 및 재생에너지 개발·이용·보급 촉진법 제34조 참조

215. 다음 중 1천만원 이하의 과태료 부과 대상자가 아닌 것은?
- ㉮ 거짓이나 부정한 방법으로 설비인증을 받은 자
- ㉯ 건축물인증을 받지 아니하고 건축물인증의 표시를 한 자
- ㉰ 설비인증을 받지 아니하고 설비인증의 표시를 한 자
- ㉱ 거짓이나 부정한 방법으로 공급인증서를 발급받은 자

[해설] 신에너지 및 재생에너지 개발·이용·보급 촉진법 제34조 ②항 및 제35조 참조

216. 생물자원을 변환시켜 이용하는 바이오에너지원의 종류가 아닌 것은?
- ㉮ 폐기물에너지
- ㉯ 해양에너지
- ㉰ 중질잔사유를 가스화한 에너지
- ㉱ 석탄을 액화·가스화한 에너지

[해설] 신에너지 및 재생에너지 개발·이용·보급 촉진법 시행령 제2조 별표 1 참조

217. 신·재생에너지 설비 중 태양의 열에너지를 변환시켜 전기를 생산하거나 에너지원으로 이용하는 설비로 맞는 것은?
- ㉮ 태양열 설비
- ㉯ 태양광 설비
- ㉰ 바이오에너지 설비
- ㉱ 풍력 설비

[해설] 신·재생에너지 개발·이용·보급 촉진법 시행규칙 제2조 1 참조

218. 신·재생에너지 설비 중 수소와 산소의 전기화학 반응을 통하여 전기 또는 열을 생산하는 설비는?
- ㉮ 수력 설비
- ㉯ 해양에너지 설비
- ㉰ 수소에너지 설비
- ㉱ 연료전지 설비

[해설] 신에너지 및 재생에너지 개발·이용·보급 촉진법 시행규칙 제2조 5 참조

정답 212. ㉰ 213. ㉯ 214. ㉮ 215. ㉱ 216. ㉯ 217. ㉮ 218. ㉱

제 5 편 열설비 설계

Engineer Energy Management

제1장 열설비
제2장 수질 관리
제3장 안전 관리

Chapter 1 열설비

1. 열설비 일반

1-1. 보일러의 종류 및 특징

1 보일러의 구성

보일러의 구성 3대 요소는 보일러 본체, 연소장치, 부속장치(부속설비)이다.

(1) 보일러 본체(boiler proper)

보일러를 형성하는 몸체를 말하며 증기나 온수를 발생시키는 동(드럼)을 말한다(수관 보일러에서는 수관).

보일러 통 = 보일러 동(胴 = shell) = 보일러 드럼(drum)

(2) 연소 장치(combustion equipment)

연료를 연소시키는 장치들을 말하며, 연소실(화실 = 노), 버너(burner), 화격자(로스터), 연도(煙道), 연돌(굴뚝), 연통 등이 있다.

(3) 부속 설비(attachment equipment = 부속 장치)

보일러를 안전하고 효율적으로 운전하기 위하여 사용되는 부속장치들을 말하며, 다음과 같이 분류할 수 있다.

① 안전 장치 : 안전밸브, 방출밸브, 고·저수위 경보기, 유전자밸브, 방폭문(폭발문), 화염검출기(불꽃검출기), 가용마개(용융마개), 압력제한기 등
② 지시 기구 장치 : 압력계, 수고계, 수면계, 유면계, 온도계, 급유량계, 급수량계, 통풍계(드래프트 게이지), CO_2 미터, O_2 미터 등
③ 급수 장치 : 급수 탱크, 급수 배관, 급수 펌프, 인젝터, 환원기(return tank), 급수 내관, 응축수 탱크, 급수 정지 밸브, 체크 밸브(역지 밸브) 등

④ 송기 장치 : 주증 기관, 보조 증기관, 주증기 밸브, 보조 증기 밸브, 비수 방지관, 기수 분리기, 신축 이음 장치, 증기 헤드, 증기 트랩(steam trap), 감압 밸브 등
⑤ 분출 장치 : 분출관, 분출 밸브, 분출콕 등
⑥ 여열 회수 장치(폐열 회수 장치) : 과열기, 재열기, 절탄기, 공기예열기
⑦ 통풍 장치 : 송풍기, 댐퍼, 연도, 연돌, 연통 등
⑧ 처리 장치 : 집진기, 수트 블로어(그을음 불개), 급수 처리 장치, 스트레이너(여과기), 재처리장치, 와이어 브러시 등
⑨ 연료 공급 장치 : 기름 저장 탱크, 서비스 탱크, 급유 펌프, 송유관, 유예열기(오일 프리히터)등
⑩ 동 내부 부착품 : 급수 내관, 비수 방지관, 기수 분리기 등
⑪ 제어 장치 : 압력 조절 장치, 유량 조절 장치, 온도 조절 장치, 유면 조절 장치, 급수 조절 장치, 제어 모터 등

2 보일러의 분류

(1) 사용장소에 의한 분류

① 육용(陸用) 보일러 : 육지에서 사용하는 보일러(육상용 보일러)
② 선용(船用) 보일러 : 선박에서 사용하는 보일러(해상용 보일러＝박용 보일러)

(2) 보일러 동의 축심위치에 의한 분류 (동의 설치방향에 따른 분류)

① 횡형(橫型) 보일러 : 보일러 동의 축심이 횡으로 된 보일러(horizontal type boiler)
② 입형(立型) 보일러 : 보일러 동의 축심이 수직으로 된 보일러(vertical boiler)

(3) 연소실의 위치에 의한 분류

① 내분식(內焚式) 보일러 : 보일러 본체 속에 연소실을 갖는 보일러(입형 보일러, 노통 보일러, 노통 연관 보일러)
② 외분식(外焚式) 보일러 : 보일러 본체 밖에 연소실을 갖는 보일러(횡연관 보일러, 수관 보일러, 관류 보일러)

(4) 형식에 의한 분류

① 원통형 보일러 : 보일러 본체가 원통으로 된 보일러
② 수관 보일러 : 보일러 본체가 수관으로 구성된 보일러

(5) 구조에 의한 분류

보일러의 종류			
원통형 (둥근형) 보일러	입형(직립형) 보일러		입형 횡관 보일러, 입형 연관 보일러, 코크란 보일러
	횡형(수평형) 보일러	노통 보일러	코니시 보일러, 랭커셔 보일러
		연관 보일러	횡연관 보일러, 기관차 보일러, 케와니 보일러
		노통연관 보일러	스코치 보일러, 하우덴 존슨 보일러, 노통연관 패키지 보일러
수관식 보일러	자연순환식 수관 보일러		배브콕 보일러, 스네기지 보일러, 타쿠마 보일러, 2동 수관 보일러, 2동 D형 수관보일러, 야로우 보일러, 3동 A형 수관 보일러
	강제순환식 수관 보일러		라몬트 보일러, 벨록스 보일러
	관류 보일러		벤슨 보일러, 슐처 보일러, 소형 관류 보일러, 엣모스 보일러, 람진 보일러
특수 보일러	주철제 섹셔널 보일러		주철제 증기 보일러, 주철제 온수 보일러
	특수 열매체 (액체)보일러		• 열매체의 종류 : 수은, 다우섬, 카네크롤, 모빌섬 • 종류 : 수은 보일러, 다우섬 보일러, 세큐리티 보일러
	폐열 보일러		하이네 보일러, 리 보일러
	간접가열식 (2중증발)보일러		슈미트 보일러, 뢰플러 보일러
	특수 연료 보일러		특수 연료의 종류 : 버케이스, 바크, 흑액, 소다회수
	전기 보일러		–

(6) 이동 여하에 의한 분류

① 정치 보일러 : 일정한 장소에 설치하는 보일러(육용 보일러)

② 운반 보일러 : 기관차나 선박에 설치되어 이동하는 보일러

(7) 보일러 본체의 구조에 의한 분류

① 노통 보일러 : 둥근 보일러 중에서 동(胴) 내에 노통만이 있는 보일러(코니시 보일러, 랭커셔 보일러)

② 연관 보일러 : 동 내에 노통의 유무에 관계없이 다수의 연관이 있는 보일러

> **참고**
> ① 연관 : 관 안에 연소 가스가 통하고 관 외면에 물과 접촉하는 관
> ② 수관 : 관 안에 물이 통하고 관 외면에 연소 가스가 접촉하는 관

(8) 증기의 용도에 의한 분류
① 동력 보일러 : 보일러에서 발생한 증기를 각종의 동력에 사용하는 보일러
② 난방 보일러 : 겨울철 난방에 사용하는 보일러
③ 가열용 보일러 : 단순히 화학장치나 기타 가열에 사용하는 보일러
④ 온수 보일러 : 취사(炊事)나 위생, 목욕탕 등에 사용하는 보일러

(9) 열가스의 종류에 의한 분류
① 폐열 보일러 : 시멘트로의 여열, 가스발생로 또는 제강로로부터의 폐가스를 이용해서 증기를 발생시키는 보일러
② 배기 보일러 : 디젤기관의 배기를 이용하여 가열하는 보일러

(10) 구성하는 재료에 따른 분류
① 강제 보일러 : 보일러 재질을 연강 철판으로 만든 보일러
② 주철제 보일러 : 보일러 재질을 주철로 만든 보일러

> **참고**
> 주철제 보일러는 저압난방용으로 사용한다.

(11) 물의 순환방식에 따른 분류
① 자연순환식 보일러 : 보일러 수의 비중량 차에 의하여 자연적으로 순환되는 보일러
② 강제순환식 보일러 : 순환펌프로 보일러 수를 강제로 순환시키는 보일러를 말하며, 관류 보일러도 일종의 강제순환식이다.

(12) 가열 형식에 따른 분류
① 직접가열식 보일러 : 보일러 본체 내의 물을 직접 가열시키는 형식의 보일러
② 간접가열식 보일러 : 보일러 본체 내의 물을 열교환기를 이용하여 간접적으로 가열시키는 형식의 보일러이며, 슈미트 보일러(schmidt boiler)와 뢰플러 보일러(loffler boiler)가 있다.

(13) 열매체에 따른 분류

증기 보일러, 온수 보일러, 열매체 보일러

(14) 사용 연료에 따른 분류

가스 보일러, 유류 보일러, 미분탄 보일러

> **참고**
>
> (1) 내분식 보일러와 외분식 보일러의 특징
> ① 내분식의 특징
>   ㈎ 연소실의 크기와 형상에 제한을 받는다.
>   ㈏ 연료의 종류와 질에 구애를 받는다.
>   ㈐ 완전 연소가 어렵다
>   ㈑ 복사열의 흡수가 크고 방사에 의한 열손실이 적다.
>   ㈒ 노내 온도를 낮출 수 있다.
>   ㈓ 설치 장소를 작게 차지한다.
>   ㈔ 설비비, 수리비가 적게 든다.
> ② 외분식의 특징
>   ㈎ 완전 연소가 가능하다.
>   ㈏ 설치 장소를 많이 차지한다.
>   ㈐ 노내 온도를 높일 수 있다 (연소율이 높다).
>   ㈑ 설비비, 수리비가 많이 든다.
>   ㈒ 연소실의 크기와 형상을 자유로이 할 수 있다.
>   ㈓ 노벽으로부터의 열손실이 있다 (복사열 흡수가 적다).
>   ㈔ 연료의 종류와 질에 크게 구애를 받지 않는다 (저질 연료의 연소가 용이함).
> (2) 보일러의 열효율이 좋은 순서(증기 발생 속도가 빠른 순서)
> ① 관류식 보일러→ ② 수관식 보일러→ ③ 노통 연관식 보일러→ ④ 횡연관식 보일러→ ⑤ 노통식 보일러→ ⑥ 입형식 보일러

3 원통형(둥근형) 보일러

(1) 입형(수직형 = 직립형 = 버티컬(vertical)) 보일러

① 개요 : 보일러 동(드럼)을 수직으로 세워 하부에 설치된 연소실(화실=노)에서 화염이 승염상태이며 내분식 보일러이다.

> **참고**
> 입형 보일러의 종류를 열효율이 좋은 순서대로 나열하면, ① 코크란 보일러→ ② 입형 연관 보일러→ ③ 입형 횡관(수평관) 보일러

② 특징
  (가) 장점
    ㉮ 설치 면적을 적게 차지한다.
    ㉯ 설치비가 싸다.
    ㉰ 구조가 간단하고 취급이 용이하다.
    ㉱ 급수 처리가 까다롭지 않다.
    ㉲ 내분식이므로 벽돌 쌓음이 필요없다.
  (나) 단점
    ㉮ 연소 효율이 낮다.
    ㉯ 전열 효율이 낮다.
    ㉰ 보일러 효율이 낮다.
    ㉱ 청소 및 검사가 불편하다.
    ㉲ 증기부가 좁아 습증기의 발생이 심하다.
③ 종류
  (가) 입형 횡관 보일러 : 입형 보일러 연소실 천장판에 횡관(수평관)을 2~3개 정도 설치하여 전열 면적을 증가시킨 보일러이다.

> **참고** 입형 보일러에서 횡관(수평관)을 설치하는 목적
> ① 전열 면적을 증가시키기 위하여
> ② 물의 순환을 좋게 하기 위하여
> ③ 화실 천장판과 화실 노벽을 보강하기 위하여

  (나) 입형 연관 보일러 : 연소실 천장판과 상부 관판에 많은 연관을 수직으로 배치시킨 보일러이다.
  (다) 코크란 보일러 : 수평으로 많은 연관을 배치시킨 보일러로서 입형 연관 보일러의 단점을 보강시켰으며 입형 보일러 중에서는 열효율이 제일 좋다.

(2) 노통 보일러

① 개요 : 원통형의 드럼을 본체로 하고 그 내부에 노통(flue tube)을 설치한 대표적인 내분식 보일러이며, 종류로는 노통이 1개인 코니시 보일러와 노통이 2개인 랭커셔 보일러가 있다.

㈎ 본체의 앞 경판과 뒷 경판을 노통으로 연결하였으며 열에 의한 노통의 신축을 허용하기 위해 평경판을 사용하고 거싯 버팀을 경판에 붙여 강도를 보강시켰다.

㈏ 노통 보일러에서 드럼보다 노통에 더 큰 안전율을 취해야 하는 이유는 노통에는 항상 고온 고열의 열가스를 접하고 압축 응력을 받고 있기 때문이다.

㈐ 노통 후부의 지름이 작은 이유는 벤투리관의 원리를 이용하여 열가스의 유통을 빠르게 하여 전열량을 많게 하기 위해서이다.

㈑ 노통을 편심(한쪽으로 기울어지게)으로 부착하는 이유는 물의 순환을 양호하게 하기 위해서이다.

② 특징

㈎ 장점

㉮ 보유 수량이 많아 부하(負荷)변동에 응하기 쉽다.

㉯ 구조가 간단하여 제작 및 취급이 간편하다.

㉰ 청소, 점검, 보수가 용이하다.

㉱ 양질의 물을 공급해야 하지만 수관 보일러나 관류 보일러에 비해 급수처리가 그다지 까다롭지 않다.

㉲ 보일러 수명이 길다.

③ 단점

㉮ 전열 면적에 비해 보유 수량이 많아 증기 발생에 소요되는 시간이 길다.

㉯ 보유수량이 많아 파열 시 피해가 크다.

㉰ 고압, 대용량에 부적당하다.

㉱ 내분식이므로 연소실의 크기와 형상에 제한을 받으므로 연료의 종류와 질에 구애를 받는다.

㉲ 보유수량에 비해 전열 면적이 작아서 보일러 효율이 수관 보일러에 비해 낮다.

③ 종류

㈎ 코니시 보일러(cornish boiler) : 구조가 간단하고 보유 수량이 많은 수평형 보일러로서 본체 내부에 노통을 1개 설치한 보일러이다.

㈏ 랭커셔 보일러(lancashire boiler) : 본체 내부에 노통을 2개 설치한 보일러로서 코니시 보일러보다 전열 면적이 넓으며 보일러 효율도 높다.

㈐ 브리딩 스페이스(breathing space, 완충폭, 완충 구역) : 노통 이음의 최상부와 거싯 스테이 최하부와의 거리를 말하며 최소한 230 mm 이상 유지해야 한다. 고열에 의한 노통의 신축 작용으로 노통에 압축 응력이 생기며 이를 완화시키기 위한 완충 구역을 말하며, 만

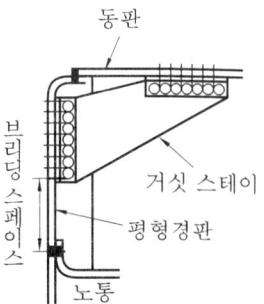

약 이를 완화시키지 않으면 그루빙(도랑 모양의 선상 부식)이 발생되며 경판을 노후하게 만든다.

경판 두께에 따른 브리딩 스페이스

경판의 두께	브리딩 스페이스	경판의 두께	브리딩 스페이스
13 mm 이하	230 mm 이상	19 mm 이하	300 mm 이상
15 mm 이하	260 mm 이상	19 mm 초과	320 mm 이상
17 mm 이하	280 mm 이상		

㈑ 노통 (flue tube) : 노통 입구는 연소실 구실을 하며, 노통으로 연소 가스가 흐르면서 보일러 수에 열이 전해지도록 되어 있으며 평형노통과 파형노통이 있다.

㉮ 평형노통 : 원통형의 노통이며, 주로 저압 보일러에서 많이 사용된다.
  ㉠ 장점
    • 내부청소 및 검사가 용이하다.
    • 파형노통에 비해 통풍저항을 적게 일으킨다.
    • 파형노통에 비해 스케일(scale, 관석) 생성이 적다.
    • 제작이 쉽고 가격이 싸다.
  ㉡ 단점
    • 열에 의한 신축성이 나쁘다.
    • 강도가 약하며 고압용으로 부적당하다.
    • 파형노통에 비해 전열 면적이 작다.

㉯ 파형노통 : 노통 표면이 파형을 이루고 있으며, 최근 노통 연관 보일러에서 많이 사용되고 피치(pitch)와 골의 깊이에 따라 여러 종류가 있다.
  ㉠ 장점
    • 열에 의한 신축성이 좋다.
    • 외압에 대한 강도가 크다.
    • 평형노통에 비해 전열 면적이 크다.
  ㉡ 단점
    • 내부청소 및 검사가 불편하다.
    • 평형노통에 비해 통풍 저항을 많이 일으킨다.
    • 스케일이 생성되기 쉽다.
    • 제작이 어렵고 가격이 비싸다.

> **참고**
> ① 겔로웨이 튜브(galloway tube)는 노통 보일러의 노통에 2~3개 정도 설치한 관을 말하며, 설치 목적은 다음과 같다.
>   ㈎ 전열 면적을 증가시키기 위하여
>   ㈏ 보일러 수의 순환을 좋게 하기 위하여
>   ㈐ 노통을 보강하기 위하여
> ② 노통의 길이 이음은 용접 이음으로 하며, 노통의 원주 이음은 애덤슨 링을 사용하여 애덤슨 이음을 하여 신축에 의한 노통의 무리가 없게 하고, 또한 소손의 위험성을 적게 하고 노통의 강도를 증가시켜 준다.
> ③ 파형 노통의 종류 : 모리슨형, 브라운형, 데이튼형, 폭스형, 리즈포지형, 파브스형

(3) 연관 보일러(smoke tube boiler)

근래에는 일반 보일러에 거의 사용되지 않고 폐열 보일러에 많이 적용되는 보일러이다.

① 개요 : 횡연관(횡치형 다관식=수평형 연관) 보일러는 동(drum) 내에 노통 대신에 연관을 설치하여 전열 면적을 증가시킨 보일러로서 원통형(둥근형) 보일러 중에서 외분식 보일러는 이 보일러뿐이다. 따라서, 연소실의 크기와 연료의 종류 및 질에 크게 제한을 받지 않으며, 노통 보일러에 비해 증기 발생이 빠르고 효율이 좋으나 청소 및 검사는 불편하다(특징은 노통 보일러의 특징과 거의 같다.).

② 종류
  ㈎ 기관차 보일러(locomotive boiler) : 기관차 보일러는 높이와 길이에 제한을 받으며, 굴뚝이 낮아서 통풍력이 약하고 구조가 복잡하여 수리가 용이하지 못하다.
  ㈏ 케와니 보일러(kewanee boiler) : 기관차 보일러를 개량시켜 육용으로 사용된 보일러이며, 효율이 비교적 좋아 난방, 온수용으로 많이 사용된다.

> **참고**
> 관판에 연관을 확관기(tube expander)로 고정시켰으며, 관판을 보강하기 위하여 튜브 스테이(tube stay, 관 버팀)를 장착하였다.

(4) 노통 연관 보일러(혼식 보일러, combination boiler)

① 개요 : 노통이 1개인 코니시 보일러와 횡연관 보일러의 장점을 취합한 보일러이며, 보일러 효율이 80~85 % 정도로서 현재 중·소형 보일러로 가장 많이 사용하고 있다.

② 특징
  ㈎ 원통형 보일러 중에서는 효율이 가장 높다.
  ㈏ 내분식 보일러이므로 방사열량은 많다.

㈐ 원통형 보일러 중에서는 구조가 복잡한 편이다.
㈑ 패키지형이므로 운반·설치가 용이하다.
③ 종류
㈎ 선박용 보일러(marine smoke tube boiler) : 대표적인 선박용 보일러로는 스코치보일러(scotch boiler)가 있으며, 동의 지름은 크지만 길이는 짧고 동 내부에 노통을 1~4개 정도 설치하여 되돌림 연관(return smoke tube)을 설치한 보일러이다.
㈏ 하우덴 존슨 보일러(Howden Johnson boiler) : 스코치 보일러의 단점을 보완하여 개량시킨 보일러이다.

4 수관 보일러 및 관류 보일러

(1) 수관 보일러

① 개요 : 수관 보일러(water bube boiler)는 지름이 작은 동(드럼)과 수관으로 구성되어 있으며 수관을 주체로 한 보일러이다. 동과 수관의 지름이 작으므로 고압용으로 사용되며, 전열 면적에 비해 보유수량이 적어 증발속도가 빠르다. 따라서 증발량이 많아 대용량에 적합하며 모두가 외분식 보일러이다.

> **참고**
>
> (1) 수관(water tube)
>   ① 강수관 : 상부 기수 드럼의 물이 하부 물 드럼으로 내려오는 관
>   ② 승수관 : 물이 가열되어 하부 물 드럼에서 상부 기수 드럼으로 올라가는 관
> (2) 동(드럼)의 유무(有無)에 따라
>   ① 무동식 : 관류 보일러(벤슨 보일러, 슐처 보일러, 엣모스 보일러, 람진 보일러)
>   ② 단동식 : 배브콕 보일러, 하이네 보일러
>   ③ 2동식 : 타쿠마 보일러, 스네기지 보일러, 2동 D형 수관 보일러 등
>   ④ 3동식 : 야로우 보일러
> (3) 수관의 경사도에 따라
>   ① 수평관식
>   ② 경사관식
>   ③ 수직관식
> (4) 수관의 형태에 따라
>   ① 직관식
>   ② 곡관식(스털링 보일러, 2동 D형 수관 보일러)
> (5) 수관을 마름모꼴로 배치하는 이유는 전열에 유리하기 때문

② 특징
　(가) 장점
　　㉮ 보일러 수의 순환이 좋고 관류 보일러 다음으로 보일러 효율이 제일 좋다.
　　㉯ 수관의 관지름이 적고 보유 수량에 비해 전열 면적이 커서 고압, 대용량에 적당하다.
　　㉰ 보유 수량이 적어서 파열 시 피해가 적다(원통형 보일러에 비하여).
　　㉱ 보유 수량은 적고 전열 면적이 커서 증발이 빠르며 급수요에 응하기 쉽다.
　　㉲ 외분식이므로 연소실의 크기와 형상을 자유로이 할 수 있어 연료의 질에 크게 구애를 받지 않는다.
　(나) 단점
　　㉮ 보유 수량에 비해 전열 면적이 크므로 압력 변화가 크고, 따라서 부하 변동에 응하기 어렵다.
　　㉯ 증발량이 많아서 수위 변동이 심하므로 급수 조절에 유의해야 한다.
　　㉰ 스케일(scale)의 생성으로 인하여 급수 처리를 철저히 해야 한다.
　　㉱ 일반적으로 구조가 복잡하므로 청소, 검사, 보수가 불편하다.
　　㉲ 취급자의 기술 숙련을 필요로 하며 제작이 어려워 가격이 원통형 보일러에 비해 비싸다.

③ 종류
　(가) 자연순환식 수관 보일러(natural circulation boiler) : 보일러 수의 온도 상승에 따라 물의 비중량 차에 의하여 자연 순환이 되는 보일러로서, 그 종류에는 배브콕 보일러, 타쿠마 보일러, 하이네 보일러, 스네기지 보일러, 야로우 보일러, 2동 D형 수관 보일러 등이 있다.

> **참고**
> 자연 순환식 보일러에서 자연 순환을 양호하게 하려면,
> ① 강수관이 가열되지 않게 한다(승수관 내 물과의 온도차를 크게 하기 위해)
> ② 수관의 관지름을 크게 한다.
> ③ 수관을 수직으로 배치한다.

　　㉮ 배브콕 보일러(Babcock boiler) : 대표적인 수관 보일러로서 기수 드럼 1개와 하부에 관모음 헤더 2개를 설치하여 수관군의 경사도를 15°로 배치한 보일러이다.
　　㉯ 타쿠마 보일러(Takumas boiler) : 상부에 기수 드럼 1개와 하부에 물 드럼 1개를 설치하여 기수 드럼과 물 드럼 사이에 수관군을 45°로 배치한 보일러이며, 다른 보일러에 비해 구조가 간단하고 열효율이 좋은 보일러이다.

㉰ 하이네 보일러 : 대표적인 폐열회수 보일러이며, 구조적으로는 배브콕 보일러와 유사하고 수관군의 경사도가 15°이다.
㉱ 스네기지 보일러 : 증기 드럼과 물 드럼의 길이가 짧고, 상부 기수 드럼 경판과 하부 물 드럼 경판에 수관군의 경사도가 30°가 되게 수관들을 배치하였으며 소형 난방용으로 사용된다.
㉲ 야로우 보일러(yarrow boiler) : 상부에 기수 드럼 1개와 하부 좌·우 측에 물 드럼 2개를 설치하여 수관군과 수관군의 각도가 60~100°가 되게 설치한 3동 A형 보일러이다.
  ㉠ 기수 드럼 1개와 물 드럼 2개가 있다.
  ㉡ 다른 수관 보일러에 비해 연료 소비량이 많고 증기 발생량은 많은 편이다.
  ㉢ 물의 순환이 나쁘며 보일러 효율이 낮은 편이다.
  ㉣ 수리, 교체가 불편하다.
㉳ 2동 D형 수관 보일러 : 다른 수관 보일러는 강수관이 승수관과 함께 2중관으로 구성되어 있으나, 이 보일러는 강수관을 별도로 마련하여 물의 순환력을 높인 보일러로서 현재 산업용 및 난방용으로 널리 사용되고 있는 보일러이다.
  ㉠ 수관이 곡관형으로 열에 의한 신축이 용이한 편이다.
  ㉡ 물의 순환력이 좋고 증발량이 많아 대용량에 적당하다.
  ㉢ 복사열 흡수가 잘된다.
  ㉣ 부하변동이 심하며 수위조절이 어렵다.
  ㉤ 구조가 복잡하여 청소, 검사, 수리가 불편하며 양질의 급수가 요구된다.
㈏ 강제순환식 수관 보일러(forced circulation boiler) : 보일러의 압력이 상승하면 포화수와 포화증기의 비중량(밀도) 차가 작아져서 보일러 수의 순환이 나빠지므로 순환펌프를 사용하여 보일러 수를 강제로 순환시켜 주는 보일러가 강제순환식 수관 보일러이며, 대표적으로 라몬트 보일러와 벨록스 보일러가 있다.

> **참고**
>
> 순환비 : 순환 수량과 발생 증기량과의 비를 말하며, 순환비 = $\dfrac{\text{순환 수량}}{\text{발생 증기량}}$ 이다.

  ㉮ 특징
    ㉠ 순환펌프가 필요하다.
    ㉡ 수관의 배치가 자유롭고 설치가 용이하다.
    ㉢ 증기 발생 속도가 빠르며 열효율이 매우 높다.
    ㉣ 취급이 까다롭고, 특히 수(水) 처리를 철저히 해야 한다.
    ㉤ 수관지름을 작게 하여도 기동이 빠르다.

㈔ 종류
　㉠ 라몬트 보일러(lamont boiler) : 대표적인 강제순환식 수관 보일러이며, 순환펌프에 의하여 물의 유속을 15 m/s 정도로 순환시키고 각 수관마다 라몬트 노즐을 설치하여 송수량을 조절한다.
　㉡ 벨록스 보일러(velox boiler) : 노내압을 높여 연소 가스 속도를 200~300 m/s 정도 유지시켜 연소실 열부하를 상승시킨 형식이며, 부하변동에 대한 적응성이 좋고 설치 면적을 작게 차지하는 보일러이다.

(2) 관류 보일러(once-through boiler)

관류 보일러는 드럼이 없고 긴 수관으로 구성되어 있으며, 급수 펌프에 의해 가열, 증발, 과열시켜 과열 증기를 발생시키는 보일러로서 초고압 대용량 보일러에 적합하며, 또한 보일러 효율이 대단히 좋다. 종류로는 벤슨(benson) 보일러와 슐처(sulzer) 보일러가 있다. 관류 보일러에서 드럼이 필요 없는 이유는 순환비가 1이기 때문이다.

① 특징
　㈎ 장점
　　㉮ 보유 수량이 적기 때문에 파열 시 피해가 적다 (수관으로만 구성되어 있으므로).
　　㉯ 관지름이 작기 때문에 고압에 적당하다 (전압이 작으므로).
　　㉰ 증발량이 많기 때문에 대용량에 적당하다 (전열 면적이 크므로).
　　㉱ 외분식이므로 연소실의 크기를 자유로이 할 수 있다.
　　㉲ 수관의 배치를 자유로이 할 수 있다.
　　㉳ 증발 속도가 빠르고 가동 시간이 짧다.
　㈏ 단점
　　㉮ 스케일로 인하여 수관이 과열되기 쉬우므로 수 관리를 철저히 해야 한다.
　　㉯ 보유 수량이 적기 때문에 부하변동에 응하기 어렵다.
　　㉰ 구조가 복잡하여 청소 및 검사가 곤란하다.
　　㉱ 열팽창으로 인하여 수관에 무리가 많이 발생한다.
　　㉲ 연소 제어 및 급수 제어를 자동 제어로 해야 한다.

> **참고**
> 관류 보일러는 드럼 없이 관으로만 구성되어 있으며, 시동 시간이 15~20분 정도로 매우 짧고 부하 변동에 따라 급수, 연료의 자동 조절을 위해 자동제어장치가 부착되어 있다.

② 종류 : 관류 보일러의 종류에는 벤슨 보일러, 슐처 보일러, 엣모스 보일러, 람진 보일러, 소형 관류 보일러(주로 저압 난방용 보일러로 사용)가 있다.

5 주철제 보일러

(1) 개요

주물로 제작한 섹션(section)을 5~14개 정도 조합해서 만든 보일러이며, 내식성이 우수하나 저압 소규모 난방용 보일러로 사용된다.

① 주철제 증기 보일러 : 최고 사용 압력이 $0.1\,\text{MPa}(1\,\text{kgf/cm}^2)$ 이하이다.

② 주철제 온수 보일러 : 최고 사용 수두압이 $50\,\text{mH}_2\text{O}$ 이하이다 (최고 사용 온수 온도는 120℃ 이하).

(2) 특징

① 장점
   - (가) 내식성이 우수하다(부식에 강하다).
   - (나) 섹션의 증감으로 용량 조절이 용이하며, 저압이므로 파열 시 피해가 적다.
   - (다) 주형으로 제작하기 때문에 복잡한 구조로 설계할 수 있다.
   - (라) 조립식이므로 운반 및 설치가 편리하다.

② 단점
   - (가) 주철은 인장 및 충격에 약하다.
   - (나) 고압 및 대용량에 부적당하다.
   - (다) 내부 청소 및 검사가 곤란하다 (구조가 복잡하므로).
   - (라) 열에 의한 부동팽창 때문에 균열이 생기기 쉬우며, 보일러 효율이 낮다.

6 특수 보일러

(1) 간접 가열식(2중 증발) 보일러

보일러 급수 속의 불순물로 인하여 스케일 등의 장애를 일으키지 않도록 하기 위하여 개발된 보일러를 간접 가열식 보일러라고 하며 슈미트 보일러와 뢰플러 보일러가 있다.

(2) 특수 열매체(특수 유체) 보일러

일반적으로 사용되는 열매체(열매)인 물은 비점이 높아 고온의 증기를 얻으려면 보일러 압력도 고압이어야 하므로 바점이 낮은 수은, 다우섬액(다우섬 A, 다우섬 E), 카네크롤, 모빌섬액, 세큐리티, 에스섬, 바렐섬, 서모에스 등을 사용하여 저압에서도 고온의 증기를 얻고자 개발된 보일러로서 급수처리장치와 청관제 약품이 필요 없다.

> **참고**
> 다우섬 : 석유류의 정제 과정에서 얻은 유기물이며 인화점은 약 70~110℃ 정도이다.

(3) 특수 연료 보일러

연료로서 가치가 없는 바크, 버케이스, 흑액 등을 사용하는 보일러이다.

(4) 폐열 보일러

용광로(고로), 제강로, 가열로 등에서 발생한 연소 가스의 폐열을 이용한 보일러로서 하이네 보일러와 리 보일러가 있다.

> **참고 ○ 폐열 보일러의 특징**
> ① 전열면의 수트(soot, 그을음) 등으로 오손을 일으키기 쉽다.
> ② 연료와 연소 장치를 필요로 하지 않는다.
> ③ 매연 분출 장치를 필요로 한다.

(5) 전기 보일러

1-2 보일러 부속 장치의 역할 및 종류

1 안전 장치의 종류

(1) 안전 밸브(safety valve)

증기(온수) 보일러에서 내부 압력이 최고 사용 압력(제한압력) 초과 시 작동하여 내부유체를 자동으로 취출시켜 압력초과로 인한 파열사고를 사전에 방지해 주는 안전장치이다.

> **참고 ○**
> (1) 용도에 따른 분류
>   ① 안전 밸브 : 증기 또는 가스 발생 장치에 사용되며 내부 압력이 기준치 초과 시 자동으로 작동한다.
>   ② 릴리프 밸브 : 주로 액체 장치에 사용되며 내부 액체의 압력이 기준치 초과 시 자동으로 작동한다.
>   ③ 안전 릴리프 밸브 : 주로 배관 계통에 사용되며 기체 및 액체 장치에 사용된다.
> (2) 최고 사용 압력(제한 압력) : 보일러 구조상 사용 가능한 최고 사용 게이지 압력이다.

① 안전 밸브에 관한 규정
　㈎ 안전 밸브의 개수 : 증기 보일러에서는 2개 이상의 안전 밸브를 설치해야 한다. 다만, 전열 면적 50 m² 이하의 증기 보일러에서는 1개 이상으로 하며, U자형 입관을 부착한 보일러는 안전 밸브를 부착하지 않아도 된다.

> **참고**
> 관류 보일러에서는 보일러와 압력 방출 장치 사이에 체크 밸브를 설치한 경우 압력 방출 장치는 2개 이상이어야 한다.

　㈏ 안전 밸브의 부착 방법 : 안전 밸브는 쉽게 검사할 수 있는 장소에 밸브축을 수직으로 하여 가능한 한 보일러 동체에 직접 부착시켜야 한다 (압력이 크게 작용하는 곳).

> **참고**
> 안전 밸브는 바이패스 (by pass) 회로를 적용시키지 않는다.

　㈐ 안전 밸브 및 압력 방출 장치의 크기 : 안전 밸브 및 압력 방출 장치의 크기는 호칭 지름 25 A 이상으로 하여야 한다 (증기 보일러에서). 다만, 다음 보일러는 호칭 지름 20 A 이상으로 할 수 있다.
　　㉮ 최고 사용 압력이 0.1 MPa 이하인 보일러
　　㉯ 최고 사용 압력이 0.5 MPa 이하인 보일러로 동체의 안지름이 500 mm 이하이며 동체의 길이가 1000 mm 이하인 보일러
　　㉰ 최고 사용 압력이 0.5 MPa 이하인 보일러로 전열 면적이 2m² 이하인 보일러
　　㉱ 최대증발량이 5 t/h 이하인 관류 보일러
　　㉲ 소용량 보일러(소용량 강철제 보일러, 소용량 주철제 보일러)

> **참고 소용량 보일러**
> 최고 사용 압력이 0.35 MPa 이하이고 전열 면적이 5m² 이하인 보일러

② 온수 발생 보일러(액상식 열매체 보일러 포함)의 방출밸브와 방출관
　㈎ 온수 보일러에는 압력이 보일러의 최고 사용 압력(열매체 보일러의 경우에는 최고 사용 압력 및 최고 사용 온도)에 달하면 즉시 작동하는 방출 밸브 또는 안전 밸브를 1개 이상 갖추어야 한다.
　㈏ 인화성 액체를 방출하는 열매체 보일러의 경우 방출 밸브 또는 방출관은 밀폐식 구조로 하든가, 보일러 밖에 안전한 장소에 방출시킬 수 있는 구조이어야 한다.

> **참고**
>
> 다우섬 열매체 보일러에서 다우섬 증기는 대단한 인화성 증기이므로 방출 밸브 또는 방출관은 밀폐식 구조로 하든가, 안전한 장소로 방출시킬 수 있는 구조로 해야 한다.

③ 온수 발생 보일러(액상식 열매체 보일러 포함)의 방출 밸브 및 안전 밸브의 크기
  (가) 액상식 열매체 보일러 및 온도 393 K (120℃) 이하의 온수 보일러에는 방출 밸브를 설치하며, 그 지름은 20 mm 이상으로 하고 보일러의 최고 사용 압력에 그 10 % (그 값이 0.035 MPa 미만인 경우에는 0.035 MPa로 한다)를 더한 값을 초과하지 않도록 지름과 개수를 정하여야 한다.
  (나) 온도 393 K (120℃)를 초과하는 온수 보일러에는 안전 밸브를 설치하여야 한다. 그 크기는 호칭 지름 20 mm 이상으로 한다.

> **참고**
>
> 방출 밸브는 스프링식 안전 밸브와 구조가 비슷하며 온수 보일러에서 안전 밸브 대용으로 사용된다.

④ 온수 발생 보일러(액상식 열매체 보일러) 방출관의 크기
  방출관은 보일러의 전열 면적에 따라 다음의 크기로 한다.

전열 면적(m^2)	10 미만	10 이상~ 15 미만	15 이상~ 20 미만	20 이상
방출관의 안지름	25 mm 이상	30 mm 이상	40 mm 이상	50 mm 이상

⑤ 안전 밸브의 종류
  안전 밸브 (safety valve)의 종류에는 스프링식(용수철식), 추식(중추식), 지렛대식(레버식) 안전 밸브가 있다.

> **참고**
>
> 보일러 및 압력 용기에는 스프링식 안전 밸브가 가장 많이 사용된다.

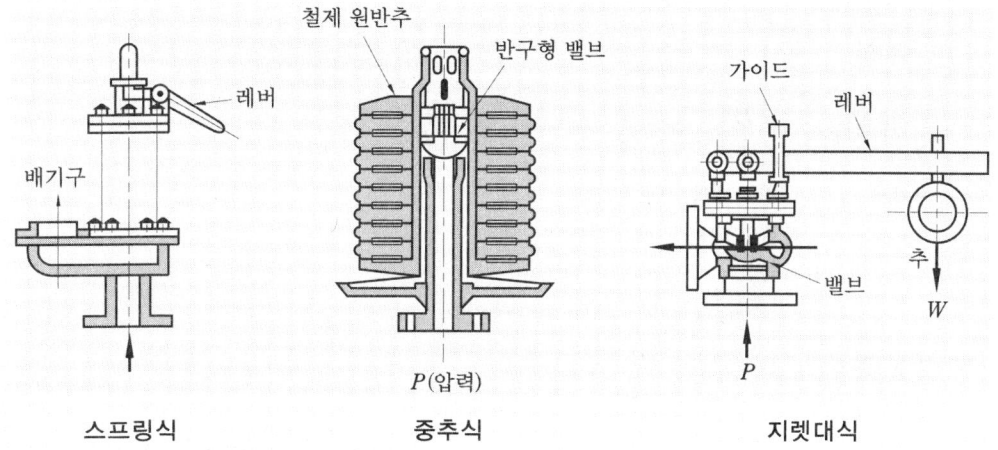

스프링식   중추식   지렛대식

㉮ 스프링식(용수철식) 안전 밸브 : 스프링식 안전 밸브는 양정(life)에 따라 4가지로 분류한다.

  ㉮ 저양정식 : 양정식 밸브 지름의 $\frac{1}{40}$ 이상 ~ $\frac{1}{15}$ 미만인 것

  ㉯ 고양정식 : 양정이 밸브 지름의 $\frac{1}{15}$ 이상 ~ $\frac{1}{7}$ 미만인 것

  ㉰ 전양정식 : 양정이 밸브 지름의 $\frac{1}{7}$ 이상인 것

  ㉱ 전양식 : 변좌구의 지름이 목부 지름의 1.15배 이상 밸브가 열렸을 때의 밸브 구경 증기 통로의 면적은 목부 면적의 1.05배 이상으로서 밸브 입구 및 관내의 최소 증기 통로의 면적이 목부 면적에 1.7배 이상의 것을 말한다.

> **참고**
>
> ① 안전 밸브의 면적(또는 구경)은 보일러의 전열 면적에는 정비례하고 증기압에는 반비례한다.
> ② 스프링식 안전 밸브의 종류를 분출 용량이 큰 순서대로 나열하면, 전양식 → 전양정식 → 고양정식 → 저양정식 순이다.

㉯ 추식(중추식) 안전 밸브 : 추의 중량과 면적에 의해 분출 압력이 조정된다.

㉰ 지렛대식(레버식) 안전 밸브 : 지지점과 안전 밸브까지와의 거리 및 추와의 거리와 추의 중량에 의해 분출 압력이 조정된다.

⑥ 안전밸브의 장력을 구하는 식

(가) 스프링식 : $2 \times \dfrac{\pi D^2}{4} \times P$

(나) 추식 : $\dfrac{\pi D^2}{4} \times P$

(다) 지렛대식 : $\dfrac{\pi D^2}{4} \times P \times \dfrac{l}{L}$

여기서, D : 안전밸브의 지름 (cm)
 P : 분출압력 (kgf/cm^2)
 L : 지지점과 추까지의 거리 (cm)
 l : 지지점과 안전 밸브까지의 거리 (cm)

⑦ 안전 밸브의 구비 조건
 (가) 밸브의 개폐 동작이 신속하고 자유로울 것
 (나) 밸브의 지름과 양정이 충분할 것
 (다) 밸브의 작동이 확실하고 증기가 누설되지 않을 것
 (라) 증기 압력이 정상으로 되면 즉시 분출이 정지될 것
 (마) 분출 용량이 충분할 것

⑧ 안전 밸브에서 증기가 누설되는 원인
 (가) 분출 조정 압력이 낮을 때
 (나) 스프링의 장력이 감쇄하였을 때
 (다) 밸브와 밸브 시트 사이에 이물질이 끼어 있을 때(또는 밸브 시트가 더러울 때)
 (라) 밸브와 밸브 시트 가공이 불량할 때(즉, 밸브와 밸브 시트가 맞지 않을 때)
 (마) 밸브축이 이완되었을 때(밸브가 밸브 시트를 균등하게 누르고 있지 않을 때)
 (바) 밸브 및 밸브 시트가 마모되었을 때

(2) 방폭문

연소실(노) 또는 연소 계통에서 미연소 가스 (탄소가 불완전 연소하여 생긴 일산화탄소 등) 폭발사고 시 그 생성 가스를 자동으로 외부에 배출시켜 보일러 손상 및 안전 사고를 예방하는 장치로서 스프링식과 스윙식이 있다.

① 스프링식
 밀폐형으로 강철제 보일러에서 사용한다 (압입 통풍 방식에 적당하다).

② 스윙식
 개방형으로 충격에 약한 주철제 보일러에서 사용한다.

(3) 가용마개(가용전, 용융 마개)

과거 석탄과 같은 고체 연료를 사용한 노통 보일러 노통 입구 상부에 설치 사용한 안전 장치로서, 주석(Sn)과 납(Pb)의 합금 금속으로 용융점이 낮은 점을 이용하여 이상 감수로 노통이 과열되기 이전에 먼저 녹아내려 위험을 알려주는 장치이다.

> **참고**
>
> 주석(Sn)과 납(Pb)의 합금 비율에 따라 용융점이 다르다.
>
> | 주석(Sn) : 납(Pb) | 용융 온도(℃, K) |
> |---|---|
> | 10 : 3 | 150℃, 423 K |
> | 3 : 3 | 200℃, 473 K |
> | 3 : 10 | 250℃, 523 K |

(4) 압력 제한기(압력 차단기, 압력 차단 장치)

보일러 내부 증기 압력이 스프링 조정 압력보다 높을 경우 제한기 내부의 벨로스가 신축하여 수은 등 스위치를 작동하게 하여 전자 밸브로 하여금 자동으로 연료 공급을 중단하게 함으로써 압력 초과로 인한 보일러 파열 사고를 방지해 주는 안전 장치이다.

> **참고**
>
> 설정압이 낮은 것부터 높은 순(작동순서)으로 열거하면 ㉮ 압력 조절기, ② 압력 제한기, ③ 안전 밸브 순이다.

(5) 고·저수위 경보기(수위 검출기, 저수위 경보 장치)

보일러 드럼 내의 수위가 최저 수위(안전 수위) 이하로 내려가기 직전에 1차적으로 50~100초 동안 경보를 발하고, 수위가 더 내려가면 2차적으로 전자 밸브로 하여금 자동으로 연료 공급을 차단시켜 이상감수로 인한 과열 및 보일러 파열 사고를 미연에 방지해 주는 안전 장치이다.

① 설치 개요
  ㉮ 최고 사용 압력 0.1 MPa을 초과하는 증기 보일러에는 다음의 저수위 안전 장치를 설치해야 한다(다만, 소용량 보일러는 제외한다).
    ㉮ 보일러를 안전하게 쓸 수 있는 수위(이하 '안전 수위'라 한다)의 최저 수위까지 내려가기 직전에 자동적으로 경보가 울리는 장치(70 dB 이상)
    ㉯ 보일러의 수위가 안전 수위까지 내려가기 직전에 연소실 내에 공급하는 연료를 자동적으로 차단하는 장치

(나) 열매체 보일러 및 사용 온도가 393 K (120℃) 이상인 온수 보일러에는 작동 유체의 온도가 최고 사용 온도를 초과하지 않도록 온도-연소 제어 장치를 설치해야 한다.

(다) 최고 사용 압력이 0.1 MPa (수두압, 10 m)를 초과하는 주철제 온수 보일러에는 온수 온도가 388 K (115℃)를 초과할 때는 연료 공급을 차단하든가, 파일럿 연소를 할 수 있는 장치를 설치해야 한다.

② 고·저수위 경보기의 종류 (수위 검출기의 종류)

(가) 기계식 : 부표 (float)의 위치 변위에 따라 밸브가 열려 경보를 발한다.

(나) 전기식

　(가) 부표 (플로트)식

　　㉠ 맥도널식 : 부표의 위치 변위에 따라 수은 스위치를 작동시켜 경보를 발하고 전자 밸브로 하여금 연료 공급을 차단시킨다.

　　㉡ 자석식 : 부표의 위치 변위에 따라 자석으로 하여금 수은 스위치를 작동시켜 경보를 발하고 전자 밸브로 하여금 연료 공급을 차단시킨다.

　(나) 전극식 : 보일러 수 (水)의 전기 전도성을 이용한 것이다.

참고

① 전극식 저수위 경보기에서 전극봉은 3개월마다 청소하여야 한다.
② 플로트식은 6개월마다 수은 스위치의 상태와 접점 단자 상태를 조사하고 플로트실을 분해, 정비하여야 한다.

③ 수위 제어 방식

(가) 1요소식 (단요소식) : 보일러 드럼 내의 수위만을 검출하여 제어하는 방식

(나) 2요소식 : 수위와 증기유량을 동시에 검출하여 제어하는 방식

(다) 3요소식 : 수위, 증기유량, 급수유량을 동시에 검출하여 제어하는 방식

참고

3요소식은 고온, 고압, 대용량, 보일러 이외에는 별로 사용하지 않는다.

참고 ○ 저수위 경보기(수위 검출기)의 종류

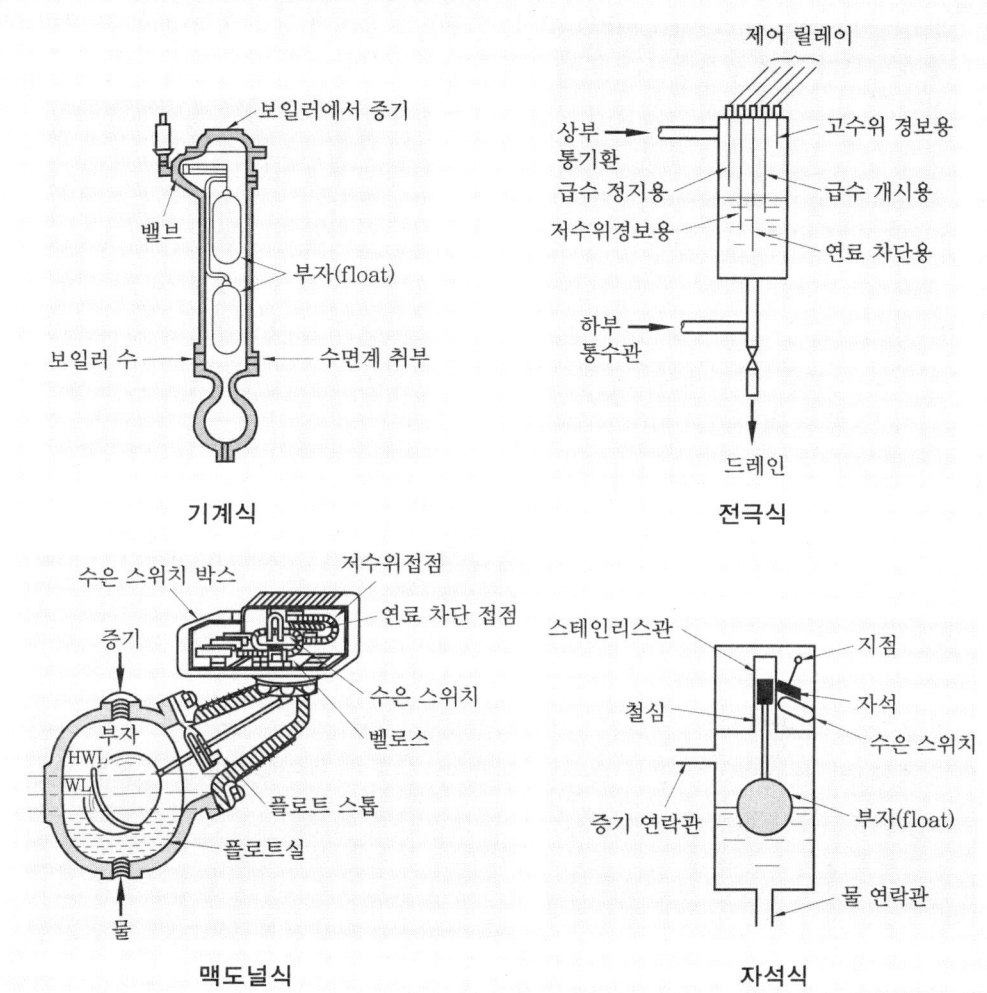

(6) 화염 검출기(flame project)

연소실 내의 화염 상태가 불안정하거나 실화 시에 전자 밸브로 하여금 자동으로 연료 공급을 차단시켜 역화(back fire)나 가스 폭발 사고를 사전에 방지해 주는 안전 장치로서 화염(불꽃) 검출기(flame project)의 종류는 다음과 같다.

① 플레임 아이(flame eye)

화염의 발광체를 이용한 것이며 화염의 복사선을 광전관이 잡아 화염의 유무를 검출해 준다(자외선 광전관, 적외선 광전관, 황화카드뮴 셀, 황화납 셀이 있다). → 가스 및 기름 버너에서 주로 사용한다.

> **참고**
> 플레임 아이는 불꽃의 중심을 향하여 설치해야 하며, 장치 주위 온도는 50℃ 이상이 되지 않도록 해야 하고 광전관식은 유리나 렌즈를 매주 1회 이상 청소하여 감도를 유지해야 한다.

② 플레임 로드(flame road)

화염의 이온화를 이용한 것이며 고온의 가스는 양이온과 자유전자로 전리되어 있다. 여기에 전극을 접촉시키면 전류가 흐르므로 전류의 유무에 의하여 화염의 상태를 파악한다 (플레임 로드는 화염이 갖는 도전성을 이용한 도전식과 로드와 버너와의 화염에 접하는 면적 차이에 의한 정류 효과를 이용한 정류식이 있다). → 연소 시간이 짧은 가스 점화 버너에서 주로 사용한다.

> **참고**
> 플레임 로드는 화염 검출기 중 가장 높은 온도에서 사용할 수 있으며, 검출부가 불꽃에 직접 접하므로 소손에 유의하고 자주 청소를 해 주어야 한다.

③ 스택 스위치(stack switch)

연소 가스의 발열체를 이용한 것이며 연도를 흐르는 가스 온도에 따라 바이메탈(감열소자)의 신축으로 화염의 유무를 검출해 준다. → 가격이 싸고 구조도 간단하지만 거의 사용하지 않는다.

> **참고**
> ① 스택 스위치는 화염검출의 응답이 느리므로 많이 사용하고 있지 않으며, 주로 소용량 온수 보일러에서 사용한다.
> ② 화염 검출기에서 화염 검출 방법에는 열적 검출 방법, 광학적 검출 방법, 전기 전도적 검출 방법이 있다.

(7) 전자 밸브

전자 밸브(솔레노이드 밸브, solenoid valve)는 보일러 가동 중 정전 시, 압력 초과 시, 이상 감수 시, 화염 실화 시, 송풍기 고장 시 등 이상 발생 시에 급히 자동으로 연료 공급을 차단시켜 주는 안전 장치이다 (작동 방식에 따라 직동식과 파이로트식이 있다.).

2 수면 장치의 종류

(1) 수면계
보일러 드럼(동) 내의 수위를 나타내주는 계측기이다.

① 수면계(water gauge)의 개수

증기 보일러에는 2개(소용량 및 소형 관류 보일러는 1개) 이상의 유리 수면계를 부착하여야 한다. 다만, 최고 사용 압력 1 MPa 이하로서 동체 안지름 750 mm 미만의 것 중 1개는 다른 종류의 수면 측정 장치로 하여도 무방하다. 특히, 압력이 높은 보일러에서는 2개 이상의 원격 지시 수면계를 시설하는 경우에 한하여 유리 수면계를 1개 이상으로 할 수가 있다.

> **참고**
> ① 다른 종류의 수면 측정 장치는 검수콕 3개를 말한다 (최고수위, 정상수위, 안전 저수위 부분에 각각 1개씩 설치).
> ② 온수 보일러와 단관식 관류 보일러에는 수면계가 필요없다.

② 수면계의 종류
  - (가) 원형 유리관식 수면계 : 최고 사용 압력이 1 MPa 이하용이다.
  - (나) 평형 반사식 수면계 : 최고 사용 압력이 2.5 MPa 이하용이며 보일러에서 가장 많이 사용한다.
  - (다) 평형 투시식 수면계 : 최고 사용 압력이 4.5 MPa 이하용과 7.5 MPa 이하용이 있다.
  - (라) 2색 수면계 : 평형 투시식 수면계에 청색 전구와 적색 전구를 설치하여 식별이 잘 되도록 한 것이다.
  - (마) 멀티포트식 수면계 : 초고압용 (21 MPa 이하용) 수면계이다.

③ 수면계 유리관의 파손 원인
  - (가) 외부로부터 충격을 받았을 때
  - (나) 유리관을 너무 오래 사용하였을 때
  - (다) 유리관 자체의 재질이 나쁠 때
  - (라) 상하의 너트를 너무 조였을 경우
  - (마) 상하의 바탕쇠 중심선이 일치하지 않을 경우

④ 수면계 부차 방법

수면계 유리관 최하부와 보일러 안전 저수위가 일치되도록 부착한다.

보일러의 종별	수면계 부착 위치(안전 저수위)
직립형 보일러(입형 보일러)	연소실 천장판 최고 부위(플랜지부를 제외) 75 mm 상방
직립형(입형) 연관 보일러	연소실 천장판 최고 부위, 연관 길이 $\frac{1}{3}$
수평 연관 보일러(횡연관)	연관의 최고 부위 75 mm 상방
노통 연관 보일러(혼식 보일러)	연관의 최고 부위 75 mm 상방 (다만, 연관 최고부보다 노통 윗면이 높은 것으로서는 노통 최고 부위(플랜지를 제외) 100 mm 상방)
노통 보일러	노통 최고 부위(플랜지를 제외) 100 mm 상방

수관 보일러 및 그 밖의 특수 보일러는 그 구조에 따른 적당한 위치가 안전 저수위이다.

⑤ 수면계의 점검 시기
　㈎ 2개의 수면계 수위가 서로 다르게 나타날 때
　㈏ 보일러 가동 중 포밍, 프라이밍 현상이 일어나 수위 교란이 일어날 때
　㈐ 수면계 수위에 의심이 갈 때
　㈑ 보일러 가동 후 압력이 오르기 시작할 때
　㈒ 보일러 가동 직전
　㈓ 수면계를 수리 또는 교체를 한 후
　㈔ 수면계 수위가 둔할 때

⑥ 수면계의 점검 순서
　증기 밸브 및 물밸브는 열려 있고 응결수 밸브는 닫혀 있는 상태이다.
　㈎ 증기 밸브, 물밸브를 잠근다.
　㈏ 응결수 밸브를 열고 내부 응결수를 취출 시험한다.
　㈐ 물밸브를 열어 관수를 취출 시험 후 잠근다.
　㈑ 증기 밸브를 열어 증기를 취출 시험한 후 잠근다.
　㈒ 응결수 밸브를 잠근다.
　㈓ 마지막으로 증기 밸브와 물밸브를 서서히 연다.

㈎ 수면계 유리관 파손 시 이상 감수와 취급자의 화상 예방을 위하여 물밸브를 먼저 잠가야 한다.
㈏ 하부 통수관에서 스케일 및 부식으로 고장을 많이 유발시킬 수 있다.

3 송기 장치의 종류

(1) 비수방지관

주로 원통형(둥근형) 보일러에서 사용하였으며, 드럼 내 증기 취출구에 부착하여 증기 속에 포함된 수분 취출을 방지해 주는 관으로 비수방지관(antipriming pipe)에 뚫린 구멍의 총면적이 증기 취출구 증기관 면적보다 1.5배 이상이어야 한다.

(2) 기수 분리기

기수 분리기(steam seperater)는 수관 보일러 기수 드럼에 부착하여 사용하고 발생되는 증기 속의 수분을 분리해 주는 장치이며, 종류는 다음과 같다.

기수 분리기의 종류	원리
사이클론형	원심력을 이용
스크러버형	파형의 강판을 다수 조합
건조 스크린형	금속망판을 이용
배플형	급격한 방향 전환을 이용

(3) 감압 밸브

① 설치 목적(설치 이유)
  ㈎ 고압의 증기를 저압의 증기로 바꾸기 위하여
  ㈏ 저압 측의 압력을 항상 일정하게 유지하기 위하여
  ㈐ 부하변동에 따른 증기의 소비량을 절감하기 위하여
② 종류(작동 방식에 따라)
  ㈎ 피스톤식
  ㈏ 벨로스식
  ㈐ 다이어프램식
③ 감압 밸브(reducing valve) 설치 시 필요 부착품
  ㈎ 고압 측 : 여과기, 정지 밸브, 압력계
  ㈏ 저압 측 : 안전 밸브, 정지 밸브, 압력계

(4) 증기 트랩

증기 트랩(steam trap)은 증기 배관 내의 공기 및 응축수를 제거하여 증기의 잠열을 최대한 이용할 수 있도록 하고 수격 작용(water hammer)을 방지하는 역할을 한다.
① 증기 트랩의 구비 조건
  ㈎ 내구력이 있을 것 (마모나 부식에 견딜 것)

(나) 마찰 저항이 적을 것
(다) 동작이 확실할 것 (압력 및 유량이 소정 내에서 변화해도)
(라) 공기를 뺄 수 있을 것
(마) 사용 중지 후에도 물이 빠질 수 있고, 워터해머에 강할 것

② 증기 트랩 설치 시 주의사항
(가) 트랩 앞에 여과기를 설치할 것
(나) 바이패스 라인(bypass line)을 설치할 것
(다) 설비와 트랩의 거리를 짧게 할 것
(라) 설비의 배수위치보다 낮게 설치할 것
(마) 파이프 관지름을 적정하게 하고 가능한 한 곡선부를 줄일 것
(바) 응축수 배출점마다 각각 트랩을 설치해야 하며 그룹 트래핑은 해서는 안된다.

③ 증기 트랩 부착 시 얻을 수 있는 이점
(가) 관내 워터해머를 방지할 수 있다.
(나) 응축수로 인한 설비의 부식을 방지할 수 있다.
(다) 관내 유체의 마찰저항을 감소시키며 열설비의 효율 저하를 방지할 수 있다.

④ 작동 원리에 따른 증기 트랩의 종류

작동 원리에 따른 종류	작동 원리	구조상에 따른 종류
기계식 트랩 (mechanical trap)	증기와 응축수와의 비중차를 이용 (플로트 또는 버킷의 부력을 이용)	상향 버킷식 하향 버킷식 레버 플로트식 자유(free) 플로트식
온도조절식 트랩 (trermostatic trap)	증기와 응축수와의 온도차를 이용 (금속의 신축을 이용)	바이메탈식 벨로스식
열역학식 트랩 (thermodynamic trap)	열역학적 특성을 이용한 것이며 증기와 응축수와의 속도 차이 즉, 운동에너지 차이에 의해 작동한다.	오리피스식 디스크식(=충격식)

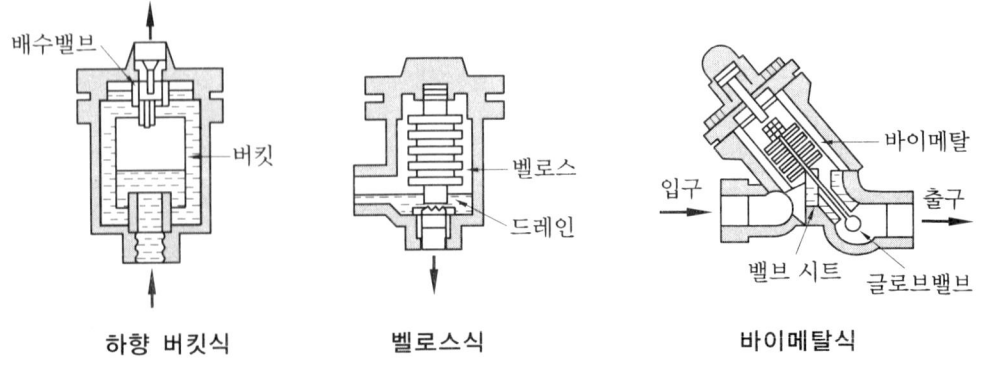

하향 버킷식   벨로스식   바이메탈식

⑤ 각종 증기 트랩의 특징
  ㈎ 상향 버킷식 트랩
    ㉠ 배관 계통에 장치하여 배출용으로 사용된다.
    ㉡ 응축수 유입구와 유출구의 차압이 적으며 80% 정도까지의 차압이라도 배출이 가능하다.
    ㉢ 가동 시 공기빼기를 해야 하고 비교적 대형이다.
    ㉣ 장치의 설치는 수평으로 한다.
    ㉤ 생증기 분출 염려가 없다.
  ㈏ 플로트식 트랩
    ㉠ 응축수량이 많은 곳에 적합하며 다량 트랩이라고도 한다.
    ㉡ 워터해머에 약하다.
    ㉢ 가동 시 공기빼기를 할 필요가 없다.
    ㉣ 부하변동에 적응성이 좋다.
    ㉤ 연속 배출이 용이하며 증기 노출이 거의 없다.
    ㉥ 겨울철에 응축수의 잔류로 동파의 위험성이 있다.
    ㉦ 에어 밴트가 내장되어 있다.
  ㈐ 벨로스식 트랩
    ㉠ 배기 능력이 우수하다.
    ㉡ 고압에 부적당하다.
    ㉢ 워터 해머에 약하다.
    ㉣ 과열 증기에 사용 불가능하다.
  ㈑ 바이메탈식 트랩
    ㉠ 구조상 고압에 적당하며 증기 누출이 없다.
    ㉡ 드레인 배출 온도를 변화시킬 수 있다.
    ㉢ 배압력이 높아도 작용하며 입구압의 80%까지 작동한다.
    ㉣ 증기 누출이 없고 체크 밸브가 필요 없다.
    ㉤ 수평이 아니어도 된다.
  ㈒ 디스크식 트랩
    ㉠ 작동 확률이 높고 소형이며 워터 해머에 강하다.
    ㉡ 가동 시 공기 배출이 필요 없다.
    ㉢ 작동이 빈번하여 내구성이 적다.
    ㉣ 고압용에는 부적당하나 과열 증기 사용에는 적합하다.
    ㉤ 설치 방법이 자유롭고 어느 정도 증기 유출이 있다.
  ㈓ 오리피스식 트랩
    ㉠ 소형이며 과열 증기 사용에 적합하다.

㈏ 증기 누설이 많다.
㈐ 배압의 허용도가 30 % 미만이다.
㈑ 정밀하여 고장 시 수리가 불편하다.
⑥ 증기 트랩의 고장 탐지 방법
㈎ 냉각 가열 상태로 판단한다.
㈏ 작동음으로 판단한다.
㈐ 청진기로 판단한다.

참고

① 열동식 트랩은 방열기에 사용되는 트랩이며 벨로스의 신축을 이용한 것으로 일명 실로폰 트랩이라고도 한다.
② 정온 트랩(thermostatic trap)은 온도 조절식 트랩을 가리키며, 금속의 열팽창 원리를 이용한 것으로 바이메탈식 트랩과 벨로스식 트랩이 있다.
③ 트랩의 배압 허용도 $= \dfrac{\text{트랩의 최대 허용 배압}(kg/cm^2)}{\text{트랩 입구압}(kg/cm^2)} \times 100\%$
④ 증기 트랩 선정 시 필요조건은 증기압력, 증기온도, 응축수의 양, 제반 설치조건이다.

(5) 스팀 어큐뮬레이터

스팀 어큐뮬레이터(steam accumulator, 증기 축열기)는 저부하 시에 잉여 증기를 일시 저장하였다가 과부하 시에 증기를 방출하여 증기 부족을 보충시키는 장치이며, 송기 계통에 설치하는 변압식과 급수 계통에 설치하는 정압식이 있다.

참고

증기를 저장하는 매체는 물이다.

(6) 플래시 탱크

탱크 외부로부터 탱크 내부보다 높은 압력 또는 온수보다 높은 열수를 받아들여 증기를 발생하는 제2종 압력 용기이다.

4 열교환(폐열 회수) 장치의 종류

폐열(여열) 회수 장치란 고온의 연소 가스가 보유하는 폐열(여열)을 이용하여 보일러 효율을 향상시키는 특수 부속 장치로서 설치 순서에 따라 과열기, 재열기, 절탄기(economizer), 공기 예열기가 있다.

(1) 과열기

보일러에서 발생한 고도의 질 습포화 증기를 압력은 일정하게 유지하면서 온도만을 높여 과열 증기로 바꾸어주는 장치이다 (고압, 대용량, 동력용 보일러에서 사용).

① 과열기(super heater) 설치 시 얻어지는 장·단점

 (가) 장점

  ㉮ 장치 내 응결수(drain)에 따른 수격 작용(water hammer)을 방지할 수 있고 부식을 경감시킬 수 있다.

  ㉯ 관로의 마찰 저항을 감소시키며 열손실을 줄일 수 있다.

  ㉰ 같은 압력의 포화 증기에 비해 보유열량이 많은 증기를 얻을 수 있고 열효율을 높일수 있다.

 (나) 단점

  ㉮ 과열기 표면에 고온 부식이 발생하기 쉽다.

  ㉯ 연소 가스 흐름에 의한 마찰 저항을 일으켜 통풍력을 약화시킬 수 있다.

  ㉰ 청소, 검사, 보수가 불편하다.

> **참고 ○ 과열 증기 사용 시 단점**
> ① 제품에 손상을 줄 우려가 있다.
> ② 가열 표면 온도를 일정하게 유지하기 어렵다.
> ③ 과열기 재질에 열응력을 일으키기 쉽다.

② 과열기의 종류

 (가) 전열 방식에 따른 과열기의 종류 (설치 장소에 따른 과열기)

  ㉮ 접촉(대류) 과열기 : 연소 가스의 대류열을 이용한 것 (연도에 설치)

  ㉯ 복사 과열기 : 연소실 측벽에 설치하여 복사열을 이용한 것

  ㉰ 복사 접촉 과열기 : 복사열과 대류열을 동시에 이용한 것

 (나) 열가스(연소 가스)의 흐름 방향에 따른 과열기의 종류

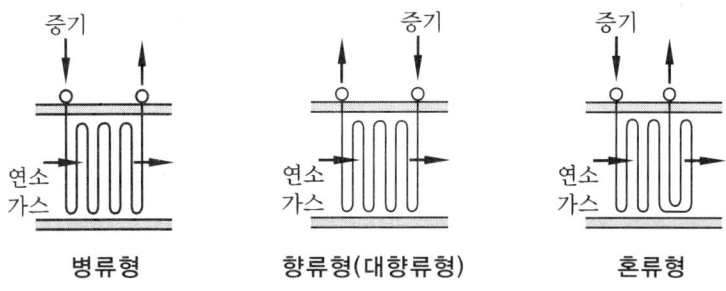

병류형   향류형(대향류형)   혼류형

㉮ 병류형(병류식) : 연소 가스와 과열기 내 증기의 흐름 방향과 같으며 가스에 의한 소손(부식)은 적으나 열의 이용도가 낮다.
㉯ 향류형(향류식) : 연소 가스와 과열기 내 증기의 흐름 방향이 반대이며 열의 이용도는 좋으나 가스에 의한 소손이 크다.
㉰ 혼류형(혼류식) : 병류형과 향류형을 조합한 것이며 열의 이용도가 양호하고 가스에 의한 소손도 적다.

> **참고** ○ **과열기 재료에 따른 사용 온도**
> ① 탄소강관 : 약 450℃ 이하
> ② 몰리브덴강 : 약 600℃ 이상
> ③ 직접가열식(별도의 연소 장치 설치)과 간접가열식(연도에 설치)이 있으며 주로 간접가열식을 사용한다.

③ 과열 증기 온도 조절 방법
㉮ 과열 저감기를 사용한다.
㉯ 과열기를 통과하는 연소 가스의 양을 댐퍼(damper)로 조절한다.
㉰ 연소실 내의 화염의 위치를 바꾼다.
㉱ 절탄기 출구 측 저온의 가스를 재순환시킨다.
㉲ 과열기 전용 화로를 설치한다.
㉳ 과열 증기에 습증기를 분무한다.

> **참고** ○ **과열 저감기**
> 과열기 속에 냉수를 분사시키거나 과열 증기 일부를 급수와 열교환시키는 장치이다.

④ 폐열 회수 장치에서의 피해
㉮ 폐열 회수 장치 중 고온 부식이 가장 많이 일어날 수 있는 장치는 과열기이며 그 다음이 재열기이다(고온 부식을 일으키는 성분은 연료 중의 바나듐(V)이다).
㉯ 폐열 회수 장치 중 저온 부식이 가장 많이 일어날 수 있는 장치는 공기 예열기이며 그 다음이 절탄기이다(저온 부식을 일으키는 성분은 연료 중의 황(S)이다).

(2) 재열기

고압(1차) 터빈에서 팽창을 끝낸 포화 상태에 가까워진 증기를 연소 가스의 폐열(여열)을 이용하여 재차 열을 가하여 과열 증기로 만들어 저압(2차) 터빈으로 보내어 나머지 일을 시키는 데 사용된다. 재열기(reheater)는 열원에 따라 열가스 재열기와 증기 재열기로 나뉜다.

(3) 절탄기

절탄기(節炭器, economizer, 급수 예열기 = 급수 가열기)란 연소 가스의 폐열(여열)을 이용하여 보일러 급수를 예열시키는 장치이다.

① 절탄기의 종류
  (가) 주철관형 절탄기 : 내식성이 좋으며 저압에 사용 (공급 물의 온도 : 50℃ 이상)
  (나) 강철관형 절탄기 : 내식성이 나쁘며 고압에 사용 (공급 물의 온도 : 70℃ 이상)

> **참고**
> 급수 가열도에 따라 증발식과 비증발식(주로사용)으로 구분한다.

② 절탄기 설치 시 장·단점
  (가) 장점
    ㉮ 급수를 예열하여 공급함으로써 연료 소비량을 감소시킬 수 있다.
    ㉯ 보일러 증발량이 증대하여 열효율을 높일 수 있다.
    ㉰ 보일러 수와 급수와의 온도차를 줄임으로써 보일러 동체의 열응력을 경감시킬 수 있다.
  (나) 단점
    ㉮ 저온 부식을 일으키기 쉽다.
    ㉯ 연소 가스 흐름에 의한 마찰 저항을 일으켜 통풍력을 약화시킬 수 있다.
    ㉰ 청소, 검사, 보수가 불편하다.

③ 절탄기 설치 사용 시 주의 사항
  (가) 절탄기 출구 측 연소 가스 온도를 443 K 이상 유지시킨다 (저온 부식 방지).
  (나) 절탄기 내 물의 유동 상태를 감시한다 (절탄기 과열 방지).
  (다) 절탄기에 공급되는 급수 속에 공기 및 불응축 가스를 제거한 후 공급한다 (가스 부식 방지)
  (라) 절탄기로 공급되는 급수 온도와 연소 가스의 온도차를 작게 한다 (열응력 방지).

(4) 공기 예열기

연도로 흐르는 연소 가스의 폐열(여열)을 이용하여 연소실에 공급되는 연소용 공기(2차 공기)를 예열시키는 장치로서 연도 끝 부분에 설치한다.

> **참고**
> ① 1차 공기란 연료의 무화용 공기이다.
> ② 2차 공기란 연료의 연소용 공기이다.

① 공기 예열기(air preheater)의 종류 (일반적인 종류)
　(가) 전열식 공기 예열기는 연소 가스의 열을 열교환기 형식으로 공기를 예열하는 장치이며 관형 공기 예열기와 판형 공기 예열기가 있다.
　(나) 증기식 공기 예열기는 가스 대신에 증기로 공기를 가열하는 형식이며 부식의 우려가 적다.
　(다) 재생식 공기 예열기를 축열식이라고도 하며, 가스와 공기를 번갈아 금속판에 접촉하도록 하여 가스 통과 쪽 금속판에 열을 축적하여 공기 통과 쪽 금속판으로 이동시켜 공기를 예열하는 방식이다. 전열 요소의 운동에 따라 회전식, 고정식, 이동식이 있으며, 대표적으로 회전식인 융스트룀(Ljungstrom) 공기 예열기가 있다.

> **참고**◦ 판형 공기 예열기

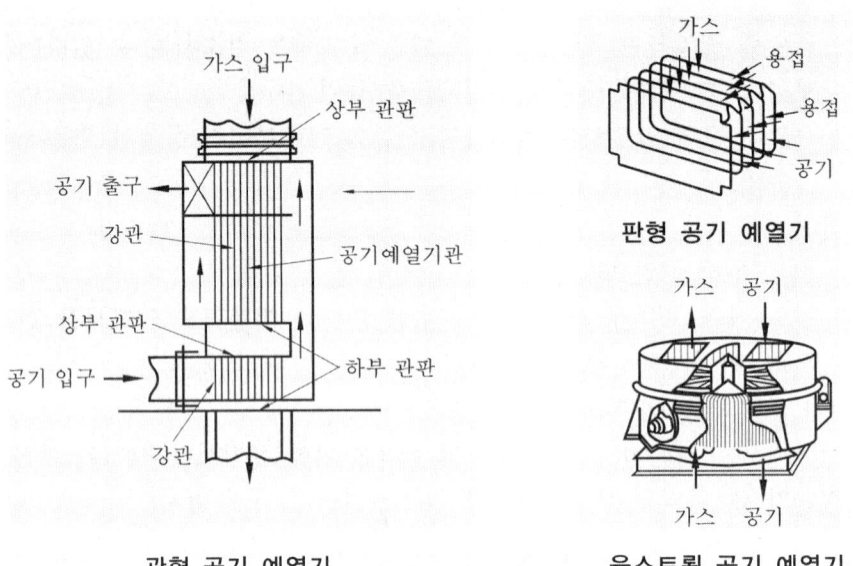

관형 공기 예열기　　　　융스트룀 공기 예열기

　(가) 관형 공기 예열기는 관의 재료로 연강을 사용하며 두께는 2~4 mm, 길이는 3~10 mm이고 판과 판 사이의 간격은 15~40 mm, 1 m^3당 전열 면적은 15 m^2 정도이다.
　(나) 재생식 공기 예열기는 다수의 금속판을 조합한 전열 요소에 가스와 공기를 서로 교대로 접촉시켜 전열하는 방식으로 축열식(畜熱式)이라고 하는데, 여기에는 일반 대형 보일러에 널리 사용되는 융스트룀 공기 예열기가 있으며 단위 면적당 전열량이 전열식에 비해 2~4배 정도 크고 소형이며 재가 적은 중유의 연소에 적합하다.

② 전열 방법에 따른 공기예열기의 분류
  ㈎ 전도식
  ㈏ 재생식
  ㈐ 히터 파이프식
③ 전열 요소의 운동에 따른 재생식(축열식) 공기 예열기의 종류
  ㈎ 회전식 : 전열 소재를 넣은 장치가 그 축 주변에서 회전한다.
  ㈏ 고정식 : 전열 소재를 넣은 장치가 고정되고 배기가스 및 공기 통로가 이동한다.
  ㈐ 이동식 : 전열 소재가 띠 모양으로 연속 이동한다.
④ 공기 예열기 설치 사용 시의 장·단점
  ㈎ 장점
    ㉮ 연소 효율을 높일 수 있다.
    ㉯ 작은 공기비(과잉 공기 계수)로 연료를 완전 연소시킬 수 있다.
    ㉰ 노내 온도를 고온으로 유지시키며 질이 낮은 연료의 연소에도 유효하다.
  ㈏ 단점
    ㉮ 저온 부식을 일으키기 쉽다.
    ㉯ 연소 가스 흐름에 의한 마찰 저항을 일으켜 통풍력을 약화시킬 수 있다.
    ㉰ 청소, 검사, 보수가 불편하다.
⑤ 공기 예열기 설치 사용 시 주의사항
  ㈎ 저온 부식을 방지하기 위하여 공기 예열기 출구 측 연소 가스 온도를 423 K 이상으로 할 것
  ㈏ 공기 예열기 과열을 방지하기 위하여 공기 예열기 입구 측 연소 가스 온도를 773 K 이하로 유지할 것
  ㈐ 점화 초기 및 저부하 운전 시에는 부연도를 사용할 것
  ㈑ 전열면에 부착한 그을음(shoot)을 자주 제거할 것
  ㈒ 회전식 공기 예열기는 보일러 점화 전에 회전시켜 과열을 방지할 것

참고

보일러에 절탄기와 공기 예열기를 설치할 경우 절탄기를 연소실 가까운 곳에 설치한다. 연소 가스와 절탄기 내의 물과 공기 예열기 내의 공기와의 열전달 계수를 비교하면 공기보다 물이 훨씬 크므로 관벽 온도는 절탄기 내의 물 쪽이 낮게 되니까 산소점 이하로 되어 부식의 우려가 크며, 공기와 물의 비중량을 비교하면 공기의 비중량이 적어서 배관 지름이 커야 한다. 따라서, 관표면으로 방사 열손실이 크므로 공기 예열기를 저온 쪽에 설치하고 절탄기를 연소실 가까운 고온 쪽에 설치하는 것이 유리하다.

5 급수 장치의 종류

(1) 급수 펌프

① 급수 펌프의 구비 조건
  (가) 작동이 확실하고 조작이 간단할 것
  (나) 고온, 고압에도 충분히 견딜 것
  (다) 보일러 부하 변동에도 대응할 수 있을 것
  (라) 펌프의 효율성이 좋을 것
  (마) 병렬 설치 시 운전에 지장이 없고 회전식은 고속 운전에서도 안전할 것
  (바) 저부하에서도 운전 효율이 좋을 것, 소형이며 경량일 것

② 급수 펌프의 종류
  (가) 원심 펌프 : 임펠러(impeller)의 원심력을 이용한 펌프이며 프라이밍을 해 주어야 하는 단점이 있으며 임펠러에 안내 깃(guide vane)이 없는 벌류트(volute) 펌프와 임펠러에 안내 깃을 부착하여 수압을 높게 한 터빈(turbine) 펌프가 있다.

> **참고**
> ① 프라이밍 작업이란 케이싱 내에 액을 채워 공회전을 방지하는 작업을 말하며, 특히 벌류트 펌프는 프라이밍 작업을 필요로 하는 결점이 있다.
> ② 터빈 펌프는 임펠러가 1개 있는 단식 터빈 펌프(stage turbine pump)와 임펠러가 2개 이상 들어있는 다단식 터빈 펌프(multistage turbine pump)로 분류된다.

  (나) 왕복동식 펌프(reciprocating pump) : 피스톤과 플런저의 왕복 운동에 의한 것이며, 워싱턴 펌프, 위어 펌프, 플런저 펌프가 있다.

> **참고**
> (1) 워싱턴 펌프의 특징
>   ① 증기압을 이용하며 고압용 고점도 액체 수송용으로 적합하다.
>   ② 유체의 흐름에 맥동을 일으킨다.
>   ③ 토출량과 토출 압력 조절이 용이하다.
> (2) 플런저 펌프의 특징
>   ① 증기압을 이용하지 않고 전동기를 사용하여 플런저가 크랭크 축의 회전에 의해 급수가 된다.
>   ② 고압용, 고점도 액체 수송용으로 사용한다.
>   ③ 유체의 흐름에 맥동을 일으킨다.
>   ④ 토출량과 토출 압력 조절이 어렵다.

(3) 워어 펌프의 특징
① 맥동이 일어난다.
② 토출압 조정이 용이하다.
③ 고점도 유체 수송에 적당하다.
④ 고압용으로 적당하다.
⑤ 급수량이 적어 예비 펌프로 많이 사용한다.

(4) 워싱턴 펌프의 토출압력 계산식

$$\text{토출 압력}(\text{kgf/cm}^2) = \frac{\text{증기 실린더 단면적}}{\text{물 실린더 단면적}} \times \text{증기 압력}(\text{kgf/cm}^2)$$

※ 증기 실린더 단면적이 물 실린더 단면적보다 2배 이상 커야 한다.

(2) 급수 밸브와 급수 체크 밸브

급수 장치의 급수관에는 보일러에 인접하여 급수 밸브와 이에 가까이 체크 밸브를 설치해야하며, 최고 사용 압력이 0.1 MPa 미만의 보일러에서는 체크 밸브를 생략할 수 있다.

(3) 급수 밸브와 급수 체크 밸브의 크기

급수 밸브와 급수 체크 밸브의 크기는 20 A 이상이어야 한다 (단, 전열 면적이 10 m² 이하인 경우에는 15 A 이상으로 할 수 있다).

(4) 펌프에서 발생할 수 있는 이상 현상

① 공동 현상 (캐비테이션 : cavitation)
② 맥동 현상 (서징 : surging)
③ 수격 작용 현상 (워터 해머 : water hammer)

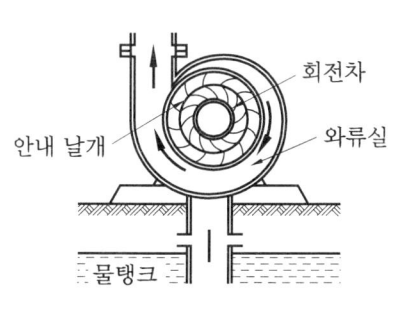

원심 터보 펌프

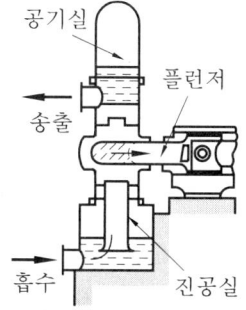

플런저 펌프

③ 펌프의 마력(hp) 및 동력(kW)을 구하는 식

(가) $hp = \dfrac{rQH}{75 \times \eta}$ (나) $kW = \dfrac{rQH}{102 \times \eta}$

여기서, r : 유체의 비중량 (kg/m³)(물의 비중량=100 kg/m³)
Q : 송수량 (m³/s)
η : 펌프의 효율
H : 전양정(m) (전양정 = 실양정 + 손실수두 = 흡입 양정 + 토출 양정)
$1\,\text{hp} : 75\,\text{kg} \cdot \text{m/s},\ 1\,\text{kW} : 102\,\text{kg} \cdot \text{m/s}$

> 참고
>
> 대기압 하에서 펌프의 최대 흡입양정은 이론상으로 10 m 정도이다.

(5) 인젝터

인젝터(injector)의 동력은 증기이다 (증기의 분사력을 이용하며 보일러 보조 급수 장치로 사용).

① 인젝터의 작동 원리 : 인젝터 내부는 증기 노즐, 혼합 노즐, 배출 (토출) 노즐로 구성되어 있다. 증기 노즐에서 열에너지를 갖는 증기가 혼합 노즐에서 물과 인젝터 본체에 열을 빼앗기며, 이때 증기의 체적 감소로 부압이 형성되어 속도 (운동) 에너지가 생겨 물이 빨려 인젝터 내부로 들어오고 다시 배출 (토출) 노즐에서 물과 증기가 압력 에너지로 변환되어 급수가 된다.

> 참고
>
> ① 증기 노즐, ② 혼합 노즐, ③ 토출 (배출) 노즐
>
>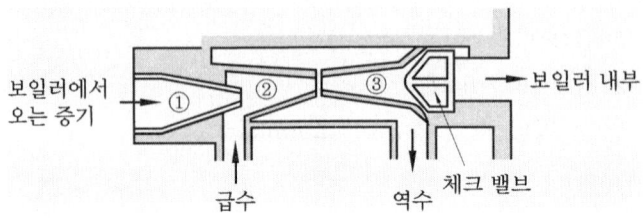

※ 인젝터는 1개월에 1회 시운전을 할 것

② 인젝터의 장·단점
  (가) 장점
    ㉮ 소형이며 구조가 간단하다.
    ㉯ 설치 장소를 적게 차지한다.
    ㉰ 증기는 필요하나 별도의 동력이 필요 없다.
    ㉱ 취급이 간단하고 급수를 예열시켜 공급한다.

(나) 단점
  ㉮ 급수 효율이 매우 낮다 (40~50 % 정도)
  ㉯ 인젝터 본체가 과열되면 작동이 불가능하다.
  ㉰ 급수 온도가 높으면 작동이 불가능하다.
  ㉱ 증기 압력이 너무 높거나 낮아지면 작동이 불가능하다.
  ㉲ 급수에 이물질로 노즐이 막히기 쉽다.
③ 인젝터 작동 불량 (고장)의 원인
  ㉮ 급수 온도가 너무 높을 때(323 K 이상)
  ㉯ 증기 압력이 너무 낮거나 (0.2 MPa 이하), 너무 높을 때(1 MPa 이상)
  ㉰ 인젝터 자체가 과열되었을 때
  ㉱ 관 또는 밸브로부터 공기가 누입되었을 때
  ㉲ 내부 노즐에 이물질이 부착하였거나 노즐이 확대되었을 때
  ㉳ 체크 밸브가 고장일 때
  ㉴ 증기에 수분이 많이 포함되었을 때

> **참고**
> 인젝터의 종류 : 메트로폴리탄형, 그레셤형

④ 인젝터의 작동 순서
  (가) 여는 순서
    ㉮ 인젝터 출구 측 급수 정지 밸브를 연다.
    ㉯ 급수 흡수 밸브를 연다.
    ㉰ 증기 정지 밸브를 연다.
    ㉱ 인젝터 핸들을 연다.
  (나) 닫는 순서
    ㉮ 인젝터 핸들을 닫는다.
    ㉯ 급수 흡수 밸브를 닫는다.
    ㉰ 증기 정지 밸브를 닫는다.
    ㉱ 인젝터 출구 측 급수 정지 밸브를 닫는다.

(6) 환원기(return tank)

일종의 급수 헤드 탱크로서 보일러보다 1 m 높게 설치하여 수두압과 보일러 증기압을 이용한 급수 장치이다 (거의 사용하지 않는다).

(7) 급수내관

보일러 급수 시 동판의 국부적 냉각으로 부동 팽창의 영향을 줄이기 위하여 구경 약 38~75 mm 정도의 관에 좌우로 구멍을 뚫고 그 구멍으로 보일러 드럼 내에 분포시키며, 보일러 안전 저수위보다 50 mm (5 cm) 아래에 설치한다.

> **참고**
> ① 급수내관 설치 시 이점
>   - 보일러 드럼의 부동 팽창의 영향을 줄일 수 있다.
>   - 급수를 산포시켜 물의 순환을 좋게 한다.
>   - 급수를 예열시켜 공급할 수 있다.
> ② 급수 내관(feed water injection pipe) 설치 위치가 높으면 캐리오버 및 워터해머 현상을 일으키기 쉽고 낮으면 동(드럼) 저부 냉각 및 물의 순환을 불량하게 한다.

6 분출장치의 종류

보일러 수(水)의 농축을 방지하여 물의 순환을 좋게 하고 스케일 생성을 방지해 주는 수저 분출 장치와 유지분, 부유물을 제거하여 포밍, 프라이밍을 방지해 주는 수면 분출 장치(blow off attachment)가 있다.

(1) 분출 장치의 종류 (설치 장소에 따라)

① 수면 분출 장치 : 수면에 떠 있는 유지분, 먼지 등의 부유성 물질을 제거한다 (부착 위치 : 정상 수위보다 1.27 cm 낮게 설치). → 수면 분출 장치는 연속 분출 장치이다.
② 수저 분출 장치 : 동 저면에 있는 스케일이나 침전물, 농축된 물 등을 밖으로 분출하여 제거한다 (동 밑부분에 부착). → 수저 분출 장치는 단속 분출 장치이다.

(2) 분출의 목적

① 포밍, 프라이밍을 방지하기 위하여
② 스케일 고착 및 슬러지 생성을 방지하기 위하여
③ 보일러 수의 pH를 조절하기 위하여
④ 불순물로 인한 보일러 수의 농축을 방지하고 물의 순환을 양호하게 하기 위하여
⑤ 고수위를 방지하기 위하여
⑥ 보일러 세관 후 폐액을 배출시키기 위하여

(3) 분출 시기

① 포밍, 프라이밍 현상을 일으킬 때

② 야간에 쉬는 보일러는 매일 아침 가동 전
③ 주야 연속 사용하는 보일러인 경우에는 부하가 가장 가벼울 때
④ 고수위일 때
⑤ 보일러 수가 정지해서 불순물이 침전하였을 때

(4) 분출 시 유의 사항
① 1회 분출량이 아무리 많아도 안전 저수위 이하로 분출시키지 말 것
② 2인 1조가 되어 분출 작업을 할 것
③ 2대의 보일러를 동시에 분출시키지 말 것

(5) 분출 방법
① 밸브 및 콕은 신속히 열 것
② 분출량은 농도 측정에 의하여 결정할 것

> 참고

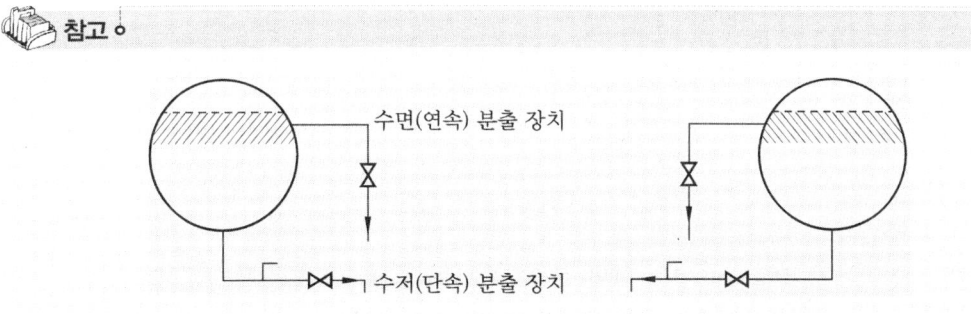

대형 고압 보일러   일반 보일러

(6) 분출 밸브 및 분출콕의 조작 순서
대형 고압 보일러의 분출 장치 설치에서 동 가까이에 분출콕, 그 다음에 분출 밸브를 설치한다.
① 여는 순서 : 콕을 먼저 열고 다음에 밸브를 연다(밸브가 분출량 조절이 용이하므로).
② 닫는 순서 : 밸브를 먼저 닫고 다음에 콕을 닫는다(단, 일반 보일러에서는 콕을 먼저 닫고 다음에 밸브를 닫는다.).

(7) 분출 밸브의 크기 및 개수
① 보일러에서는 적어도 밑에 분출관과 분출 밸브 또는 분출콕을 설치(단, 관류 보일러는 제외)한다.
② 분출 밸브의 크기는 25 A 이상이어야 한다(25 A 이상~65 A 이하)(단, 전열 면적이 $10~m^2$ 이하인 경우에는 20 A 이상으로 할 수 있다).

③ 최고 사용 압력 0.7 MPa 이상의 보일러의 분출관에는 분출 밸브 2개나 분출 밸브와 분출콕을 직렬로 설치(단, 차량용 및 이동식의 보일러에서는 제외)한다.

(8) 분출 밸브의 모양과 강도

분출 밸브는 스케일, 그 밖의 침전물이 퇴적되지 않는 구조의 것으로 보일러의 최고 사용 압력의 1.25배 또는 보일러의 최고 사용 압력에 1.5 MPa을 더한 압력 중 작은 쪽의 압력에 견디고 어떠한 경우에도 0.7 MPa 이상의 압력에 견디는 것이어야 한다.

주철제의 것은 최고 사용 압력 1.3 MPa 이하, 흑심 가단 주철제의 것은 1.9 MPa 이하의 보일러에 사용할 수 있다. 분출콕은 글랜드(gland)를 갖는 것이어야 한다.

(9) 분출률 및 분출량 계산식

보일러 관수의 허용 농도 r [ppm], 급수의 허용 농도 d [ppm], 1일 급수량 W [L/d] 응축수 회수율 $R = \dfrac{응축수\ 회수량}{실제\ 증발량} \times 100\%$ 일 때,

① 분출률 $= \dfrac{d}{r-d} \times 100\%$

② 분출량 $= \dfrac{W(1-R)d}{r-d}$ [L/d]

> **참고**
> ① 실제 증발량(lL/h)은 급수량(L/h)으로 산정한다.
> ② 위의 공식에서 W를 m³/d로 하면 분출량의 단위도 m³/d가 된다.

1-3 열교환기의 종류 및 특징

1 열교환기의 분류

(1) 사용 목적에 따른 분류
① 가열기　　② 냉각기　　③ 증발기　　④ 응축기

(2) 유체의 흐름 방향에 따른 분류(온도 효율이 높은 순서)
① 향류형　　② 직교류형　　③ 병류형

(3) 전열면의 형상에 따른 분류
① 판형(plate type)　　② 쉘 앤 튜브형(shell and tube type)

2 열교환기의 종류

(1) 관형 열교환기

① 다관식 열교환기
- 형상에 따라 고정관판식, 유동두식, u자관식이 있다.
- 고온, 고압 및 대용량에 적합하다.
- 석유 및 화학 공업에 많이 사용된다.

② 2중관식 열교환기
- 구조가 간단하며 고압에 적당하다.
- 확관부가 없으므로 고장이 적고 제작이 용이하다.
- 소용량(전열 면적 $10 \sim 15 \, m^2$ 이하)으로 많이 사용한다.

(2) 판형 열교환기

- 플레이트식과 스파이럴식이 있다.
- 압력 손실이 크며 내압성은 높다.
- 압력 손실을 줄인 라멜러식 열교환기가 있다.
- 판의 매수 조절이 가능하며 전열 면적 증감이 용이하다.
- 청소 및 조립이 간단하고 고점도, 저유속에도 적용할 수 있다.
- 다수의 파형이나 반구형의 돌기를 프레스 성형하여 판을 조합하였다.

① 플레이트식 열교환기
- 청소 및 조립이 간단하다.
- 고점도 및 저유속에도 적용할 수 있다.
- 화학 공업용으로 많이 사용된다.

② 스파이럴식 열교환기
- 압력 손실을 줄인 라멜러식 열교환기와 용기의 보온 및 보랭용으로 적합한 재킷식 열교환기가 있다.
- 열팽창을 감소시킬 수 있으며 열전달률이 크다.
- 고점도 유체에 적합하다.
- 내부 청소 및 보수가 용이하다.

1-4 기타 열사용 기자재의 종류 및 특징

1 수트 블로어(soot blower) 장치

보일러 전열면 외부나 수관 주위에 부착해 있는 그을음이나 재를 불어 제거시키는 장치이며 증기나 압축 공기가 주로 사용된다. 압축 공기식이 편리하지만 설비비, 운전비 면에서 증기 분사식이 유리하다.

> **참고**
> ① 수트(soot, 그을음) : 1~20 μm의 유리탄소 즉, 미연의 탄소 미립자이다.
> ② 수트 블로어(soot blower)의 분사 형식에는 증기 분사식, 공기 분사식, 물 분사식이 있다.

(1) 수트 블로어(매연 분출 장치)의 종류

① 롱 레트랙터블형 : 긴 분사관에는 보통 그 선단부 근처에 2개의 노즐을 마주보는 방향으로 설치하고 그 분사관을 사용 시에 연소 가스 통로 내에 진입시키는 것과 함께 회전을 주며 동시에 증기 또는 공기를 분사시켜 이물질을 제거한다. 보일러 고온부인 과열기나 수관 등의 고온의 열가스 통로 부분에 사용한다.

② 쇼트 레트랙터블형 : 분사관이 짧으며 1개의 노즐을 설치하여 연소실 노벽에 부착되어 있는 이물질을 제거한다.

③ 건형 : 보일러 노벽 부분에 타고 남은 찌꺼기를 제거하는 데 주로 사용하며 짧은 분사관을 가지고 있으며 분사관이 전·후진하고 회전을 하지 않는 형식이다. 미분탄 및 폐열 보일러 같은 연재가 많은 보일러에 사용한다.

④ 정치 회전형(로터리형 = 회전형) : 절탄기나 공기예열기, 보일러 전열면 등에 많이 사용되는 정치 회전식이다. 분사관을 정위치에 고정시키고 많은 노즐을 내부에 설치하여 관을 회전시켜 처리하는 장치이다.

⑤ 공기 예열기 클리너형 : 자동식과 수동식이 있으며, 긴 연통관 끝에 분사관이 장치되어 예열관 내에 직각으로 증기를 뿜어 처리하는 장치이며 관형 공기 예열기용에 사용되는 특수형이다.

(2) 수트 블로어(그을음 제거기)사용 시 주의사항

① 댐퍼를 완전히 열고 통풍력을 크게 한다.
② 작업하기 전에는 반드시 드레인을 행한다.

③ 한 장소에 오래 불지 않도록 한다.
④ 가능한 한 건조한 증기를 사용한다.
⑤ 보일러 부하가 50 % 이하일 때는 사용을 금한다.
⑥ 그을음을 제거하는 시기는 부하가 적을 때 선택하고 소화한 직후의 고온 연소실 내에서 하면 안된다.

2 스테이(stay, 버팀)의 종류

① 거싯 스테이(gusset stay, 거싯 버팀) : 한 장의 판으로서 경판(鏡板)을 보강하기 위하여 경판에서 동판에다 비스듬히 부착시킨 버팀이며, 노통 보일러의 평경판, 노통 연관 보일러의 경판을 보강시키는 데 사용된다.
② 튜브 스테이(tube stay, 관 버팀) : 연관군 속에 배치되어 관판(管板)을 보강하는 버팀으로 연관의 역할도 겸하며, 횡연관 보일러, 노통 연관 보일러에 사용된다.
③ 경사 스테이(oblique stay, 경사 버팀) : 둥근 막대를 경판에서 동판에다 경사지게 부착시켜 경판을 보강하는 버팀이다. 경사 버팀은 기관차형 보일러의 관판의 상부나 스코치 보일러 뒷 경판의 밑바닥을 보강하는 데 사용된다.
④ 볼트 스테이(bolt stay, 나사 버팀) : 기관차형 보일러의 화실 측판과 경판을 보강하는 데 사용한다.
⑤ 거더 스테이(girder stay, 천장 버팀=도리 스테이) : 화실 천장판을 경판에 매달아 보강하는 둥근 막대버팀으로 입형 보일러 화실 천장판이나 기관차령 보일러 내화실 천장판에 사용한다.
⑥ 봉 스테이(bar stay, 막대 버팀) : 관(pipe) 대신 연강 환봉을 사용하며 연관 보일러나 스코치 보일러 등에 사용한다.
⑦ 도그 스테이(dog stay) : 맨홀을 보강하는 데 사용된다.

2. 열설비 설계

2-1. 열사용 기자재의 용량

1 보일러 열효율

(1) 증기 보일러 용량 표시 방법

① 매시 최대 증발량 (kg/h, t/h)
② 상당 (환산) 증발량 (kg/h)
③ 최고 사용 압력 (MPa)
④ 보일러 마력
⑤ 전열 면적 (m^2)
⑥ 과열 증기 온도 (K)
⑦ 매시 실제 증발량 (kg/h, t/h)

> **참고**
> ① 가장 많이 사용하는 방법 : 매시 실제 증발량 (t/h), 상당 증발량 (kg/h)
> ② 온수 보일러 용량 표시 방법 : 매시 최대 열출력 (kcal/h, MW)

(2) 상당 (환산 = 기준) 증발량

상당 증발량이란 표준 기압 (760 mmHg)하에서 100℃ 포화수를 같은 온도의 포화 증기로 1시간 동안 변화시키는 증발량 (kg)을 말하며, 상당 (환산)증발량을 G_e [kg/h], 매시 실제 증발량을 G_a [kg/h], 발생 증기의 엔탈피를 h_2 [kcal/kg], 급수의 엔탈피를 h_1 [kcal/kg], 표준기압 하에서 물의 증발 잠열을 539 kcal/kg이라 하면 $G_e = \dfrac{G_a(h_2 - h_1)}{539}$ [kg/h]이다. 또한, 증발 계수(증발력) $= \dfrac{(h_2 - h_1)}{539}$ 이다.

> **참고**
> 매시 실제 증발량 G_a [kg/h]는 급수량 (kg/h)으로 산정하며 급수 엔탈피는 급수 온도로 알 수 있다.

(3) 보일러 마력

보일러 마력의 정의는 다음과 같다.
① 1보일러 마력은 $4.9\,kgf/cm^2 \cdot atg$(게이지압) 하에서 급수 온도 37.8℃에서 시간당 증발량이 13.6 kg의 능력을 갖는 보일러
② 표준 상태(0℃, 760 mmHg)에서 100℃의 물 15.65 kg을 1시간 동안 같은 온도인 증기로 바꿀 수 있는 능력을 갖는 보일러
③ 상당(환산) 증발량 값이 15.65 kg/h인 보일러

> **참고**
> ① 증기 보일러 열출력 = 상당 증발량 × 539 kcal/kg
> ∴ 1보일러 마력의 열출력 = 15.65 × 539 = 8435 kcal/h
> ② 보일러 마력 = $\dfrac{\text{상당(환산) 증발량}}{15.65}$ [보일러 마력]

(4) 전열면 증발률 (= 증발률)

전열면 $1\,m^2$당 1시간 동안의 증발량(kg)을 말한다.

$$증발률 = \dfrac{\text{매시 실제 증발량(kg/h)}}{\text{전열 면적}(m^2)}\,[kg/m^2 \cdot h]$$

(5) 증발배수(실제 증발배수)와 상당(환산) 증발배수

① 증발 배수(실제 증발 배수) = $\dfrac{\text{매시 실제 증발량(kg/h)}}{\text{매시 연료소모량(kg/h)}}$ [kg/kg 연료][kg/Nm³ 연료]

② 환산(상당) 증발 배수 = $\dfrac{\text{환산(상당) 증발량(kg/h)}}{\text{매시 연료소모량(kg/h)}}$ [kg/kg 연료][kg/Nm³ 연료]

(6) 화격자 연소율

화격자 단위 면적 $1m^2$당 매시 연료(석탄)의 사용량을 말한다.

$$\text{화격자 연소율} = \dfrac{\text{매시 석탄 사용량(kg/h)}}{\text{화격자 면적}(m^2)}\,[kg/m^2 \cdot h]$$

(7) 버너 연소율

$$\text{버너 연소율} = \dfrac{\text{전 연료 사용량(kg)}}{\text{버너 가동 시간(h)}}\,[kg/h]$$

(8) 연소실 열발생률

연소실 열발생률을 연소실 열부하라고도 하며, 연소실 용적을 V [m³], 연료의 저위 발열량을 H_1 [kcal/kg], 매시 연료 사용량을 G_f [kg/h]라고 하면,

$$연소실\ 열발생률 = \frac{G_f \times (H_1 + 공기의\ 현열 + 연료의\ 현열)}{V} [kg/m^3 \cdot h]$$

(9) 보일러 열출력

매시 실제 증발량을 G_a [kg/h], 발생 증기의 엔탈피를 h_2 [kcal/kg], 급수의 엔탈피를 h_1 [kcal/kg], 상당 (환산)증발량을 G_e [kg/h]라고 하면,

증기 보일러의 열출력 $= G_a(h_2 - h_1) = G_e \times 539$ kcal/h

매시 온수 발생량 G [kg/h], 보일러 출구 측 온수 온도 t_2 [℃], 보일러 입구 측 온수 온도 t_1 [℃], 온수의 평균 비열 H_c [kcal/kg·℃]라고 하면,

온수 보일러의 열출력 $= G \times H_c \times (t_2 - t_1)$ [kcal/h]

(10) 보일러 부하율

$$보일러\ 부하율 = \frac{매시\ 실제\ 증발량(kg/h)}{매시\ 최대\ 증발량(kg/h)} \times 100\ \%$$

(11) 보일러 효율

① 열 계산 기준 : 보일러 효율 시험 시 열 계산 기준은 다음과 같다.
　㈎ 측정 시간은 2시간 이상으로 하되, 측정은 10분마다 한다.
　㈏ 열 계산은 사용한 연료 1kg에 대하여 한다.
　㈐ 연료의 발열량은 (B-C유) 9750 kcal/kg으로 한다.
　㈑ 연료의 비중은 0.963으로 한다.
　㈒ 측정 시 압력변동은 ±7 % 이내로 한다.

② 보일러 효율을 구하는 방법

　㈎ 연소 효율 $= \dfrac{연소실에서\ 실제\ 발생한\ 열량}{매시\ 연료\ 사용량 \times 연료의\ 저위\ 발열량} \times 100\ \%$

　㈏ 전열 효율 $= \dfrac{열출력(발생\ 증기가\ 보유한\ 열량)}{연소실에서\ 실제\ 발생한\ 열량} \times 100\ \%$

　　　　　　$= \dfrac{G_a(h_2 - h_1)}{실제\ 발생한\ 열량} \times 100\ \%$

　㈐ 보일러 효율 = 연소 효율 × 전열 효율

　㈑ $\eta = \dfrac{G_a(h_2 - h_1)}{G_f \times H_l} \times 100\%$

여기서, G_a : 매시 실제 증발량(kg/h)
h_2 : 발생 증기의 엔탈피(kcal/kg)
h_1 : 급수의 엔탈피(kcal/kg)
G_f : 매시 연료 사용량(kg/h)
H_l : 연료의 저위 발열량(kcal/kg)

(마) ㉮ 상당(환산) 증발량(kg/h) 값으로 보일러 효율(η)을 구하는 식

$$\eta = \frac{\text{상당 증발량} \times 539}{G_f \times H_e} \times 100\%$$

㉯ 열정산에서 보일러 효율을 구하는 식

㉠ 입·출열법에 의한 보일러 효율식 $\eta = \dfrac{\text{유효출열}}{\text{총입열}} \times 100\%$

㉡ 열손실법에 의한 보일러 효율식 $\eta = \left(\dfrac{\text{총입열} - \text{손실출열합}}{\text{총입열}}\right) \times 100\%$
$= \left(1 - \dfrac{\text{손실출열합}}{\text{총입열}}\right) \times 100\%$

2-2 열설비

1 전열 면적 계산

(1) 원통형 보일러 전열 면적

① 연관 보일러 = $\pi d L n \ [\text{m}^2]$
② 코르니쉬 보일러 = $\pi D L_1 \ [\text{m}^2]$
③ 랭커셔 보일러 = $4 D L_1 \ [\text{m}^2]$
④ 입형 횡관 보일러 = $\pi D_1 (H + d_1 n_o) \ [\text{m}^2]$
⑤ 횡연관 보일러 = $\pi L_o \left(\dfrac{D}{2} + dn\right) + D^2 \ [\text{m}^2]$

단, d : 연관의 내경(m)　　　　　　L : 관의 길이(m)
　　n : 관의 수　　　　　　　　　　D : 동의 외경(m)
　　L_1 : 동의 길이(m)　　　　　　　D_1 : 화실 내경(m)
　　H : 화실 높이(m)　　　　　　　d_1 : 횡관의 외경(m)
　　n_o : 횡관의 수　　　　　　　　 L_o : 동 또는 연관의 길이(m)

(2) 수관식 보일러 전열 면적

① 스페이스 튜브 = $\pi d_o Ln \, [\text{m}^2]$

② 매입형 스페이스 튜브 = $\dfrac{\pi d_o Ln}{2} \, [\text{m}^2]$

③ 탄젠샬 튜브 = $\dfrac{\pi d_o Ln}{2} \, [\text{m}^2]$

④ 휜패널식 튜브 = $[\pi d_o + (b - d_o)\alpha] \cdot Ln \, [\text{m}^2]$

휜패널식

열전달 종류	열전달 계수(α)
양면에 접촉열을 받는 경우	0.4
한쪽면에 복사열, 다른 면에는 접촉열을 받는 경우	0.7
양면에 복사열을 받는 경우	1.0

⑤ 매입형 휜패널식 튜브 = $\left[\dfrac{\pi d_o}{2} + (b - d_o)\cdot\alpha\right] Ln \, [\text{m}^2]$

매입 휜패널식

열전달 종류	열전달 계수(α)
접촉열을 받는 경우	0.2
복사열을 받는 경우	0.5

단, d_o : 수관의 외경(m)

b : 수관의 피치(m)

α : 열전달 계수 (대류열을 받는 경우 0.2이며 복사열을 받는 경우는 0.5로 본다.)

(3) 보일러 마력을 기준으로 하는 전열 면적

① 노통 보일러 1 HP = $0.465 \, \text{m}^2 \, (5 \, \text{ft}^2)$

② 연관 보일러 및 수관 보일러 1 HP = $0.929 \, \text{m}^2 \, (10 \, \text{ft}^2)$

(4) 상당 증발량을 기준으로 하는 전열 면적

$$\dfrac{\text{상당 증발량}}{\text{전열면 상당증발률}} \, [\text{m}^2]$$

(5) 전기 보일러 전열 면적(m^2)

$0.05 \times$ 최대설비용량 (kWh)

2 강도 설계

(1) 동체(드럼 본체)

① 동체(드럼 본체) 두께의 제한: 동체의 최소 두께는 다음 값 이상이어야 한다.
  ㈎ 안지름 900mm 이하의 것은 6mm(단, 스테이를 부착한 경우는 8mm) 이상
  ㈏ 안지름 900mm를 초과 1350mm 이하의 것은 8mm 이상
  ㈐ 안지름 1350mm를 초과 1850mm 이하의 것은 10mm 이상
  ㈑ 안지름 1850mm를 초과하는 것은 12mm 이상

② 내압을 받는 동체에 생기는 응력: 두께가 지름의 10% 이하인 원통을 얇은 원통이라 하는데 내부에 압력이 작용하고 있을 때 생기는 응력을 보면 다음과 같다.

  ㈎ 길이 방향의 인장 응력 σ_1

$$\frac{\pi}{4}D^2 P = \pi D t \sigma_1$$

$$\therefore \sigma_1 = \frac{PD}{4t}$$

  여기서, P : 최고 사용 압력(kg/cm^2)
  t : 동체의 두께(cm)
  σ_1 : 길이 방향 인장 응력(kg/cm^2)

  ㈏ 원주 방향의 인장 응력 σ_2

$$PDl = 2tl\,\sigma_2$$

$$\therefore \sigma_2 = \frac{PD}{2t}$$

  여기서, σ_2 : 원주 방향 인장 응력(kg/cm^2) P : 최고 사용 압력(kg/cm^2)
  D : 동체의 안지름(cm) t : 동체의 두께(cm)
  l : 동체의 길이(cm) σ_1 : 길이 방향 인장 응력(kg/cm^2)

따라서, $\sigma_2 = 2\sigma_1$ 이므로 내압에 의한 파열은 동체의 길이 방향을 따라서 일어나게 되므로 설계에서는 σ_2의 식을 이용하여 동체를 설계한다.

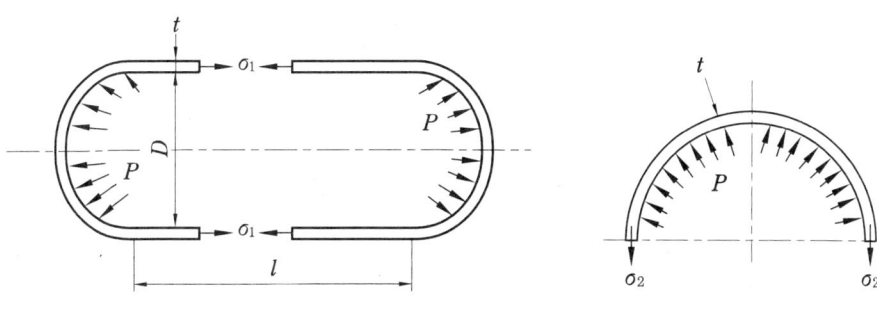

길이 방향의 응력   원주 방향의 응력

> **참고**
> ① 원주 방향 : 길이 방향 응력의 비는 2 : 1
> ② 길이 이음부 : 원주 이음부 응력의 비는 2 : 1

③ 내압을 받는 동체의 강도 : 내면에 압력을 받는 동체의 최소 두께 및 최고 사용 압력은 다음 식에 의한다.

$$t = \frac{PDS}{200\sigma\eta} + \alpha = \frac{PD}{200\sigma x\eta} + \alpha \, [\text{mm}] \rightarrow (원통 \ 압력 \ 용기의 \ 강판 \ 두께)$$

P : 최고 사용 압력(kg/cm^2)
D_o : 동체의 바깥지름(mm)
a : 부식여유(mm)
σ : 강판의 인장 강도 (kg/mm^2)
x : 안전율의 역수 ($\frac{1}{S}$)로서 인장강도에 대한 허용 인장 응력의 비이다.
D : 동체의 안지름(mm)
S : 안전율
t : 동판의 두께(mm)
η : 용접부의 이음 효율

여기서, a : 부식 여유로서 보통 1mm 정도를 취하며 내식성 재료나 부식을 고려할 필요가 없을 경우에는 $a = 0$mm로 한다.

또, JIS 및 ASME에서는 다음 식을 사용한다(단, K는 온도와 재질에 따른 계수이다.)

구분	JIS규격		ASME 규격	
	안지름 기준	바깥지름 기준	안지름 기준	바깥지름 기준
최소 두께 t[mm]	$\frac{PD}{200\sigma x\eta - 1.2P} + \alpha$	$\frac{PD_o}{200\sigma x\eta + 0.8P} + \alpha$	$\frac{PD_i}{200\sigma x\eta - 2P(1-K)} + \alpha$	$\frac{PD_o}{200\sigma x\eta + 2KP} + a$
최고 사용 압력 P [kg/cm^2]	$\frac{200\sigma x\eta(t-\alpha)}{D - 1.2(t-\alpha)}$	$\frac{200\sigma x\eta(t-\alpha)}{D_o - 0.8(t-\alpha)}$	$\frac{200\sigma x\eta(t-\alpha)}{D_i + 2(1-K)(t-\alpha)}$	$\frac{200\sigma x\eta(t-\alpha)}{D_o - 2K(t-\alpha)}$

④ 구형 용기의 최소두께 및 최고 사용 압력 : 내면에 압력을 받는 구형 용기의 최소 두께 및 최고 사용 압력은 다음 식에 따른다.

 (가) 드럼의 두께가 안반지름의 0.356배 이하의 경우

$$t = \frac{PD_i}{400\sigma x\eta - 0.4P} + \alpha = \frac{PD_i}{400\sigma_a - 0.4P} + \alpha \rightarrow (구형\ 압력\ 용기의\ 최소\ 두께)$$

$$P = \frac{400\sigma x\eta(t-\alpha)}{D_i + 0.4(t-\alpha)}$$

> **참고**
>
> σ = 인장 강도, $x = \dfrac{허용\ 인장\ 강도}{인장\ 강도}$, σ_a = 허용 인장 강도
>
> $\therefore \sigma x = \sigma_a$ 이다.

 (나) 드럼의 두께가 안반지름의 0.356배를 넘고 온도가 375℃ 이하의 경우

$$t = R(3\sqrt{Z} - 1) + \alpha$$

$$Z = \frac{2(100\sigma x\eta + P)}{200\sigma x\eta - P}$$

또는, $P = \dfrac{200\sigma x\eta(Z-1)}{Z+2}$

$$Z = \left(\frac{t-\alpha}{R} + 1\right)^3$$

  (가) (나)에서, R : 구형체의 안쪽지름(mm)

(2) 경판 및 평판

① 경판의 두께 제한 : 경판의 최소 두께는 온 반구형의 것을 제외하고, 그 경판이 부착되는 동판의 계산상 필요한 이음매 없는 드럼판의 두께 이상이어야 한다. 다만, 어떠한 경우에도 6 mm 이상으로 하고, 스테이를 부착할 경우는 8 mm 이상으로 한다.

② 경판의 강도

 (가) 중간 높이 아래면에 압력을 받고 스테이가 없는 접시 모양 또는 온 반구형 평판의 강도

  ㉮ 보강을 요하는 구멍이 없는 경우

$$t = \frac{PRW}{200\sigma a\eta - 0.2P} + \alpha$$

$$P = \frac{200\sigma a\eta(t-\alpha)}{RW + 0.2(t-\alpha)}$$

㈏ 접시형 경판의 노통을 설치할 경우

$$t = \frac{PR}{150\sigma a\eta} + 1 \,(\text{mm})$$

$$P = \frac{150\sigma a\eta(t-1)}{R} \,(\text{kg/cm}^2)$$

여기서, t : 경판의 최소 두께(mm)
P : 최고 사용 압력(kg/cm^2)
R : 온 반구형 또는 접시형, 경판의 중앙부 내면 반지름(mm)
W : 모양에 관계되는 계수 $\left[W = \frac{1}{4}\left(3 + \frac{R}{r}\right) \right]$
r : 접시형 경판 모서리 만곡부의 반지름 (mm)
σ : 재료의 인장 강도 (kg/mm^2)
η : 경판 자체의 이음 효율
α : 부식 여유 (mm)

㈐ 중간 높이 아랫면에 압력을 받는 반타원체 경판의 강도 : 중간 높이 아랫면에 압력을 받는 반타원형 경판의 최소 두께 및 최고 사용 압력은 다음에 따른다.

㉮ 보강을 요하는 구멍이 없는 경우

$$t = \frac{PDV}{200\sigma_a\eta - 0.2P} + \alpha$$

$$P = \frac{200\sigma_a\eta(t-\alpha)}{DV + 0.2(t-\alpha)}$$

여기서, t : 경판의 최소 두께(mm)
P : 최고 사용 압력(kg/cm^2)
D : 경판의 내면에서의 긴 반지름(mm)
η : 경판 자체의 이음 효율
σ_a : 재료의 허용 인장 응력
V : 모양에 관계되는 계수로서 $V = \frac{1}{6}\left[2 + \left(\frac{D}{2h}\right)^2\right]$
h : 경판의 내면에서 측정한 짧은 지름의 $\frac{1}{2}$ mm
α : 부식 여유로서 2.5 mm, 다만 최고 사용 압력이 28 kg/cm^2 이하의 경우 1 mm로 할 수가 있다.

③ 평판의 강도

㈎ 스테이로 지지되지 않는 평판의 강도

㉮ 스테이로 지지되지 않는 평경판 뚜껑판 또는 밑판 등 평판의 최소 두께 및 최고 사용 압력은 다음 식에 따른다.

• 원형 평판

$$t = d\sqrt{\frac{CP}{100\sigma_a}} + \alpha, \quad P = \frac{100\sigma_a(t-\alpha)^2}{Cd^2}$$

• 원형 이외의 평판

$$t = d\sqrt{\frac{ZCP}{100\sigma_a}} + \alpha, \quad P = \frac{100\sigma_a(t-\alpha)^2}{ZCd^2}$$

여기서, t : 평판의 최소 두께(mm)
P : 최고 사용 압력(kg/cm^2)
d : 곡률 지름 또는 최소 스팬(mm)
σ_a : 재료의 허용 인장 응력(kg/mm^2)
α : 부식 여유(mm)
$Z = 3.4 - 2.4\dfrac{d}{D}$ (최대 2.5)
D : 최소 스팬에 직각으로 측정한 최대 스팬(mm)
C : 평판의 부착 방법에 따라 정해지는 상수

(나) 스테이로 지지되는 평판의 강도 : 규칙적으로 배치된 스테이에 의해서 지지되는 평판의 최소 두께 또는 최고 사용 압력은 다음 계산식에 따른다.

$$t = p\sqrt{\frac{P}{100C\sigma_a}} + \alpha$$

$$P = \frac{100C\sigma_a(t-\alpha)^2}{p^2}$$

여기서, t : 평판의 최소 두께(mm)
P : 최고 사용 압력(kg/cm^2)
p : 스테이의 평균피치로서 스테이의 수평 및 수직 방향의 중심선간 거리의 평균치
C : 스테이의 설치 방법에 따른 계수
σ_a : 재료의 허용 인장 강도(kg/mm^2)
α : 부식 여유(mm)

(3) 관판

① 관판 확관 부착부의 최소 두께 : 관판의 확관부착부는 완전한 고리형을 이룬 접촉면의 두께가 10mm 이상이어야 한다.

② 연관 보일러 관판의 최소 두께 : 연관 보일러의 관판의 최소 두께는 별표의 값 이상으로 하며 연관의 바깥지름 38mm 내지 102mm의 경우에는 다음 식의 값 이상이어야 한다.

$$t = 5 + \frac{d}{10}$$

여기서, t : 관판의 최소 두께(mm), d : 관구멍의 지름(mm)

별표

관판의 바깥지름(mm)	관판의 최소 두께(mm)
1350 이하	10
1350 초과 1850 이하	12
1850을 초과하는 것	14

③ 연관 보일러의 관판의 강도 : 연관 보일러의 평평한 관판의 강도는 다음 식에 따른다.

$$P = \frac{Ct^2}{p^2}$$

여기서, t : 관판의 최소 두께(mm), P : 최고 사용 압력(kg/cm^2), p : 스테이의 평균피치(mm)로 스테이의 수평 및 수직 방향의 중심선간 거리의 평균치, C : 스테이의 설치 방법에 따른 계수

④ 연관 보일러의 연관의 최소 피치

$$p = \left(1 + \frac{4.5}{t}\right)d$$

여기서, p : 연관의 최소 피치, t : 관판의 두께(mm), d : 관구멍의 지름(mm)

⑤ 연소실 관판의 강도 : 연소실의 천장판 이동체에서 지지되지 않고 천장판에 가하는 하중이 관판에 가해지는 경우는 관판의 최소 두께 및 최고 사용 압력은 다음 식에 따른다.

$$t = \frac{PS_p}{1900(p-d)}, \quad P = \frac{1900(p-d)}{S_p}$$

여기서, t : 관판의 최소 두께(mm), P : 최고 사용 압력(kg/cm^2), p : 연관의 수평피치(mm), S : 관판과 이것과 맞서는 연소실판과의 간격(mm), d : 연관의 안지름(mm)

⑥ 열교환기 등 관판으로서 관스테이에 의해 지지되지 않는 것 : 열교환기 기타 이와 닮은 것의 평관판으로, 관스테이에 의해서 지지되지 않는 것의 최소 두께 또는 최고 사용 압력은 다음 식에 따른다.

$$t = \frac{CD}{20}\sqrt{\frac{P}{\sigma_b}} + \alpha \quad P = \frac{400\sigma_b(t-\alpha)^2}{(CD)^2}$$

여기서, t : 관판의 최소 두께(mm), P : 최고 사용 압력(kg/cm^2)
σ_b : 재료의 허용굽힘 응력(kg/mm^2)
C : 관 및 관판의 지지 방법에 따른 계수로서 관판이 동체와 일체가 되지 않고 있는 경우로 관에 직관이 사용될 때는 1, U자관을 사용할 때는 1.25이다.
D : 관판 바깥둘레의 고정원지름(mm)

(4) 화실 및 노통

① 화실 및 노통용판의 두께 제한 : 플랜지를 가진 화실판 또는 노통판의 두께는 8 mm 이상으로 해야 한다.

② 원통화실과 평형 노통의 강도 : 원통화실과 평형 노통의 강도는 다음 계산식에 따른다.

$$t = \frac{PD}{2400} \quad t = \frac{PD}{2400}\left\{1+\sqrt{1+\frac{1+Cl}{p(l+D)}}\right\}+2$$

$$P = \frac{2400(t-2)}{\left\{2+\frac{C}{2400}\cdot\frac{D}{(t-2)}\cdot\frac{l}{(l+D)}\right\}D}$$

여기서, t : 화실판 또는 노통판의 두께(mm)
p : 최고 사용 압력(kg/mm^2)
D : 화실 또는 노통판의 지름(mm)
l : 유효지지부의 최대 거리(mm)
C : 상수로서 횡형노통의 경우 $C=75$, 입형노통의 경우 $C=45$로 한다.

③ 아담슨 링이 있는 평형노통의 플랜지 : 플랜지의 굽힘 반지름은 화염쪽에서 측정하고 판두께의 3배 이상이어야 한다. 또, 이음부의 바깥 평평한 부분은 적어도 리벳 구멍의 2.8배 이상이어야 한다.

④ 파형노통

㈎ 파형노통의 강도 : 파형노통에서 그 끝의 평행부의 길이가 230mm 미만의 것의 최소 두께 및 사용 압력은 다음 식에 따른다.

$$t = \frac{PD}{C},\ P = \frac{C_t}{D} \quad \left(\text{단, } P[\text{MPa}]\text{일 때 } t = \frac{10PD}{C}\right)$$

여기서, t : 노통의 최소 두께(mm), P : 최고 사용 압력(kg/cm^2)
D : 노통의 평균 지름으로 모리슨 형에서는 최소 안지름에 50mm를 가한 것으로 한다.
C : 노통의 종류에 따른 상수
$C=1220$ 파형의 피치가 200 mm 이하의 리즈포지형 노통이고 골의 깊이가 57 mm 이상의 경우
$C=1100$ 파형의 피치가 200 mm 이하의 모리슨형 노통으로 작은 파형의 바깥 지름이 38 mm 이하이고 골의 길이가 38 mm 이상의 경우
$C=985$ 파형의 피치가 200 mm 이하의 디톤형 노통이고 골의 깊이가 38 mm 이상의 경우
$C=985$ 파형의 피치가 150 mm 이하의 폭크스형 노통이고 골의 깊이가 38 mm 이상의 경우
$C=985$ 돌기피치가 230 mm 미만의 퍼브스형 노통으로 돌기의 높이가 35 mm 이상의 경우
$C=985$ 파형의 피치가 230 mm 이하의 브라운형 노통이고 골의 깊이가 41 mm 이상의 경우

⑤ 노통과 연관과의 틈

노통 연관 보일러의 노통의 바깥면 (노통에 돌기를 설치하는 경우에는 돌기의 바깥면)과 이에 가까운 연관과의 사이에는 50mm 이상, 노통에 돌기를 설치하는 경우에는 30mm 이상의 틈을 내어야 한다.

(5) 스테이(stay) 및 스테이로 지지되는 판

① 스테이 볼트(stay bolt) 부착 : 스테이 볼트의 부착은 다음에 따른다.
  (가) 스테이 볼트를 판에 부착할 경우에는 나사산 2개 이상을 판면에 나오게 하고 이것을 코킹해야 한다.
  (나) 스테이 볼트를 판면에 비스듬하게 설치하는 경우에는 나사의 산 3개 이상을 판에 틀어박고 또한 그 중의 산 1개 이상을 온둘레를 완전히 틀어박아야 한다.

② 봉스테이의 부착 : 봉스테이는 다음의 한 가지에 해당하는 방법에 의해서 부착하여야 한다.
  (가) 스테이 볼트와 똑같은 방법으로 나사박음하고 코킹한다.
  (나) 판에 나사박음을 하고, 판의 바깥쪽에 너트를 장치하거나 또는 판의 내외양쪽에 와셔없이 너트를 부착한다.
  (다) 안쪽에 너트를 바깥쪽에 강 와셔와 너트를 부착한다.
  (라) 형강이나 기타의 쇠붙이를 판에 부착하고 이것에 핀으로 부착한다.

③ 길이 스테이 또는 경사 스테이의 핀이음에 의한 부착 : 길이 스테이 또는 경사 스테이를 핀이음에 의해서 부착할 경우 핀이 2면 전단을 받도록 하고 또한, 핀의 단면적을 스테이의 소요 면적의 $\frac{3}{4}$ 이상으로 하고, 스테이의 꼬리 부분의 단면적을 스테이의 소요 단면적 1.55배 이상으로 한다.

④ 스테이의 피치 제한 : 스테이를 판에 나사끼움으로 하고 한끝 또는 양끝을 코오킹한 경우에는 스테이의 수평 및 수직 방향의 피치는 다음의 값을 초과하지 않아야 한다.
  (가) 스테이를 정방향으로 배치한 경우 216 mm
  (나) 스테이를 접시 모양으로 배치한 경우 260 mm, 다만, 이 경우 스테이의 수평 및 수직 방향의 피치와의 곱은 216×216 mm² 를 초과하지 않아야 한다.

⑤ 스테이의 최소 단면적
  (가) 스테이의 최소 단면적은 다음 식에 따른다.

$$A = \frac{1.1W}{\sigma X}$$

  여기서, A : 스테이의 최소 단면적(mm²)
  W : 스테이가 지지하는 하중으로, 경사 스테이에 있어서는 그 축 방향으로 환산한 하중을 취한다.
  σ : 재료의 인장 강도(kg/mm²)
  X : 인장 강도에 대한 허용 인장 응력의 비율로 $\frac{1}{5}$

  (나) 스테이가 용접에 의해서 만들어졌을 경우에는 용접 효율을 60 %로 간주한다.

⑥ 스테이로 지지되는 판의 강도 : 규칙적으로 배치된 스테이의 볼트 그 밖의 스테이로 지지되는 평판의 최소 두께 및 최고 사용 압력은 다음 식에 따른다.

$$t = p\sqrt{\frac{P}{C}}, \quad P = \frac{Ct^2}{p^2}$$

여기서, t : 평판의 최소 두께(mm)
P : 최고 사용 압력(kg/cm^2)
p : 스테이 볼트 또는 이것과 동일한 스테이의 평균 피치로서, 스테이열의 수평 및 수직 방향의 중심선 사이 거리의 평균치(mm)
C : 스테이의 설치 방법에 따른 계수

⑦ 스테이의 최소 단면적

관스테이의 최소 단면적은 다음 식에 따른다.

$$S = \frac{(A-a)P}{5} \ [\text{mm}^2]$$

여기서, S : 관스테이의 최소 단면적(mm^2)
A : 1개의 관스테이가 지지하는 면적(cm^2)
a : A 안에서의 구멍의 합계 면적(cm^2)
P : 최고 사용 압력(kg/cm^2)

2-3 관의 설계 및 규정

1 파이프(pipe)의 설계

(1) 파이프의 내경

$$Q = \frac{\pi}{4}\left(\frac{D}{1000}\right)^2 V \ [\text{m}^3/\text{s}] 에서$$

$$\left(\frac{D}{1000}\right)^2 = \frac{Q}{\frac{\pi}{4} \times V} = \frac{4Q}{\pi V}, \quad \frac{D}{1000} = \sqrt{\frac{4Q}{\pi V}}$$

$$\therefore D = 1000\sqrt{\frac{4Q}{\pi V}} = 1000\sqrt{\frac{(2)^2 Q}{\pi V}} = 2000\sqrt{\frac{Q}{\pi V}}$$

$$= 2000\sqrt{\frac{1}{\pi} \times \frac{Q}{V}} = 2000 \cdot \sqrt{\frac{1}{\pi}} \cdot \sqrt{\frac{Q}{V}} = 1128\sqrt{\frac{Q}{V}} \ [\text{mm}]$$

여기서, A : 파이프의 단면적(m^2)
D : 파이프의 안지름(mm)
Q : 유체의 유량(m^3/s)
V : 평균 속도(m/s)

파이프의 안지름 D의 단위를 [m]으로 하면

$$Q = AV = \frac{\pi D^2}{4} \cdot V$$

$$\therefore D = \sqrt{\frac{4Q}{\pi V}} \, [\text{m}]$$

또한, $D = \sqrt{\dfrac{4Q}{\pi V}} \times 1000 \, [\text{mm}]$

(2) 파이프의 강도

① 얇은 살 두께의 원통(圓筒) $\left(\dfrac{t}{D} \leq \dfrac{1}{10}\right)$: 앞서의 리벳 이음에서 이미 다루었던 바와 같이 얇은 살 두께의 원통의 경우 강도는 다음과 같은 식으로 주어진다.

P : 원통의 내압(kg/mm^2), D : 내경(mm), t : 두께(mm)

㈎ 원주 방향 응력(hoop stress) $\sigma_1 = \dfrac{PD}{200t}$ [kg/mm^2]

㈏ 길이 방향 응력 $\sigma_2 = \dfrac{PD}{400t}$ [kg/mm^2]

위의 두 식에서 $\sigma_2 = \dfrac{1}{2}\sigma_1$, 즉 길이 방향 응력이 원주 방향 응력의 절반이므로 원주 방향으로 파괴되기 쉽기 때문에 σ_1에 대해서만 고려한다. 즉, 얇은 살두께의 원통의 두께 계산식은 다음 식에 의해 계산된다.

$$t = \frac{PD}{200\sigma}$$

그러나 실제로는 부식(腐蝕), 이음 효율, 안전 계수 등을 고려하여 다음 식에 의해 계산된다.

$$t = \frac{PDS}{200\sigma\eta} + C$$

여기서, P : 최고 사용 압력(kg/cm^2)
σ : 인장 강도(kg/mm^2)
C : 부식 여유로 파이프의 경우 대개 1mm
η : 이음 효율
S : 안전 계수

그런데, 강판의 인장 강도를 안전 계수로 나눈 값으로 표시되는 허용 인장 강도 $\sigma_a \left(= \dfrac{\sigma}{S}\right)$로 나타내면 $t = \dfrac{PD}{200\sigma_a \eta} + C$

내압을 받는 얇은 관의 허용 응력과 부식 여유

재 질		허용 인장 응력 σ_a [kg/mm²]		C[mm]
주철	보통	2.5	$t \leq 55$	$6\left(1 - \dfrac{PD}{27500}\right)$
	고급	4	$t \geq 55$	
주동(鑄銅)		6	$t \leq 55$	$6\left(1 - \dfrac{PD}{66000}\right)$
			$t \geq 55$	0
강 (鋼)		8~10		
동 (銅)		2	$D \leq 100$	1.5
			$100 < D \leq 152$	0

② 두꺼운 살 두께의 원통 : 두꺼운 원통이란 살두께가 내경의 10% 이상이고 내압이 50 kg/cm² 보다 큰 경우를 말하는데, 원주 응력 σ_n와 반경 방향의 응력 σ_r의 최대치는 다음과 같다.

$$[\sigma_{\gamma \max}]_{\gamma = \gamma_1} = -P_1$$

$$[\sigma_{t\max}]_{\gamma = \gamma_1} = \frac{P_1(\gamma_2^{\,2} + \gamma_1^{\,2})}{(\gamma_2^{\,2} - \gamma_1^{\,2})}$$

여기서, γ_1 : 내반경(mm)
γ_2 : 외반경(mm)
P_1 : 내압 (kg/mm²)
P_2 : 외압(kg/mm²)
σ_t : 원주 응력(kg/mm²)
σ_γ : 반경 응력(kg/mm²)

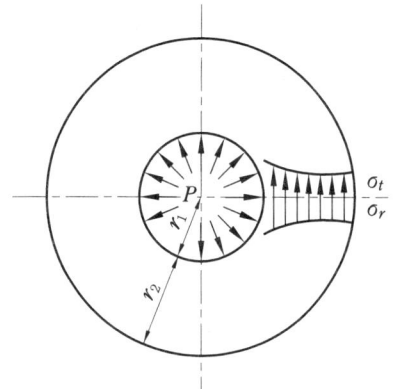

내압을 받는 두꺼운 원통

㈎ 양단이 구조적으로 개방되고 축응력이 작용하지 않는 경우 최대 응력 $\sigma_{\max}$ [kg/mm²]은 계산에 의해

$$[\sigma_{\max}]_{\gamma = \gamma_1} = \frac{P_1(0.7\gamma_1^{\,2} + 1.3\gamma_2^{\,2})}{(\gamma_2^{\,2} - \gamma_1^{\,2})}$$

여기서, $\sigma_{\max} = \sigma_a$라 놓으면

$$\frac{\gamma_2}{\gamma_1} = \sqrt{\frac{\sigma_a + 0.7P}{\sigma_a - 1.3P}}$$

또, 외경 $D = 2\gamma_2$ [mm], 두께 $t = \gamma_2 - \gamma_1$ [mm]라 하면

$$t = \frac{D}{2}\left[\sqrt{\frac{\sigma_a + 0.7P}{\sigma_a - 1.3P}} - 1\right]$$

(나) 양단이 막히고 축응력이 작용하는 경우

$$t = \frac{D}{2}\left[\sqrt{\frac{\sigma_a + 0.4P}{\sigma_a - 1.3P}} - 1\right]$$

그런데 내압력 P_1의 단위로 kg/cm²을 사용하면 두꺼운 원통의 경우 내압력의 계산은 다음 식에 의한다. 즉,

$$\sigma_t = \frac{P_1(\gamma_2^2 + \gamma_1^2)}{\gamma_2^2 - \gamma_1^2}$$

$$\therefore P_1 = \sigma_t \cdot \frac{\gamma_2^2 + \gamma_1^2}{\gamma_2^2 - \gamma_1^2} \ [\text{kg/cm}^2]$$

그런데 내압력 P_1의 단위로 kg/cm²을 사용하면

$$P_1 = 100\sigma_t \frac{\gamma_2^2 - \gamma_1^2}{\gamma_2^2 + r_1^2} \ [\text{kg/cm}^2]$$

③ 관내의 압력 손실

유체가 관내를 흐를 때 마찰로 인한 압력 손실은 유속이나 유체에 접촉하는 면적의 대소에 관계된다. 관의 마찰에 따른 압력 손실을 ΔP [kg/m²], 관의 내경을 d [m], 관의 길이를 l [m], 유속을 V [m/s], 중력의 가속도를 g [m/s²], 유체의 비중량을 γ [kg/m³]이라 하면

$$\frac{\Delta P}{\gamma} = \lambda \frac{l}{d} \cdot \frac{V^2}{2g}$$

$$\therefore \Delta P = \lambda \frac{l}{d} \cdot \frac{V^2}{2g} \cdot \gamma \ [\text{kg/m}^2]$$

여기서, λ는 관의 마찰 계수로서 관벽의 거칠기, 레이놀즈수 Re에 따라 달라지는데, 층류일 경우에는 벽면의 거칠기에 관계없이 다음 식으로 표시된다.

즉, $\lambda = \dfrac{64}{Re}$

2 각종 관의 강도 및 규정

(1) 연관의 강도

연관의 최소 두께 및 최고 사용 압력은 다음 식에 따른다.

① 연관의 외경이 150mm 이하인 경우

$$t = \frac{PD}{700} + 1.5\text{mm}, \quad P = \frac{700(t-1.5)}{d} \ [\text{kg/cm}^2]$$

여기서, t : 연관의 최소 두께(mm), P : 최고 사용 압력(kg/cm²), d : 연관의 바깥지름(mm)

② 연관의 외경이 150mm를 초과하는 경우

$$t = \frac{PD}{2400}\left(1 + \sqrt{1 + \frac{Cl}{P(l+D)}}\right) + 2 \text{ [mm]}$$

$$P = \frac{2400(t-2)}{\left(2 + \dfrac{C}{2400} \cdot \dfrac{D}{(t-2)} \cdot \dfrac{l}{(l+D)}\right)D} \text{ [kg/cm}^2\text{]}$$

여기서, P : 최고 사용 압력(kg/cm^2)
t : 화실판 또는 노통판의 두께
D : 화실 또는 노통의 내경(mm)
L : 유효지지부의 최대 거리(mm)
C : 상수로 평형 노통의 경우 75, 입형 노통의 경우 45

③ 입형 보일러의 연돌관의 경우는 다음에 따른다. 즉, 입형 보일러의 화실천장판과 경판을 연결하는 연돌관의 내경은 드럼 안지름의 $\dfrac{1}{6}$ 이상으로 하고, 강도는 다음 식에 의한다.

(가) 내통이 없는 경우 $P = \dfrac{227(t-1.6)}{D}$ [kg/cm^2]

(나) 내통이 있는 경우 $P = \dfrac{52000(t-0.8)^2}{D(L+610)}$

여기서, t : 연돌관의 두께(mm), D : 연돌관의 외경(mm), L : 연돌관의 길이(mm)

(2) 수관 및 과열관

① 수관, 과열관, 절탄기용 강관 등 내부에 압력을 받은 강관의 최소 두께 및 최고 사용 압력은 다음 식에 따른다.

$$t = \frac{Pd}{200\sigma_a + P} + 0.005d + \alpha$$

여기서, t : 강관의 최소 두께(mm), P : 최고 사용 압력(kg/cm^2)
d : 강관의 외경(mm), σ_a : 재료의 허용 인장 응력
α : 1mm관을 확대한 관시트 길이에 25mm를 더한 길이 부분의 두께가 다음 표에 나타내는 값 이상인 경우에는 $\alpha = 0$으로 하여도 좋다.

관의 바깥지름(mm)		두께(mm)
–	38.1 이하	2.3
38.1 초과	50.8 이하	2.6
50.8 초과	76.2 이하	3.2
76.2 초과	101.6 이하	3.5
101.6 초과	127 이하	4.0

② 절탄기용 주철관의 최소 두께 및 최고 사용 압력은 다음 식에 따른다.

$$t = \frac{PD}{200\sigma_a - 1.2P} + \alpha$$

$$P = \frac{200\sigma_a(t-\alpha)}{1.2(t-\alpha) + D}$$

여기서, t : 주철관의 두께(mm)
P : 급수에 지장없는 압력 또는 토출 밸브의 분출 압력(kg/cm^2)
D : 관의 안지름(mm)
σ_a : 재료의 허용 인장 응력(kg/mm^2)

2-4 용접 및 리벳 이음의 설계

1 용접 이음의 설계

(1) 용접 이음의 특징

① 장점
  ㈎ 균열등의 결함이 없다.
  ㈏ 이음 효율이 높고 제작비가 싸다.
  ㈐ 누설의 우려가 적고 기밀성이 좋다.
  ㈑ 리벳 이음에 비하여 가볍다.
  ㈒ 판의 두께에 제한이 없다.
  ㈓ 보온, 시공성이 좋다.

② 단점
  ㈎ 모재에 잔류 응력이 남고 진동에 약하다.
  ㈏ 응력 집중에 예민하고 여기에 균열이 생기면 파괴가 계속 진행된다.
  ㈐ 비파괴 검사가 어렵다.
  ㈑ 결함이 일어나기 쉽다.

(2) 용접부의 종류

① 그루브 용접(groove welding) : 접합하는 모재 사이의 홈 부분, 즉 그루브의 부분에 용접을 하는 것으로 그루브의 형상에 따라, I, V, U, X, H형 등으로 나눈다.

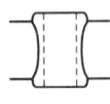
(a) I형
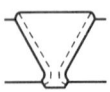
(b) V형

(c) U형
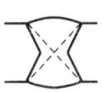
(d) X형
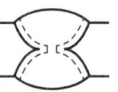
(e) H형

그루브 용접

② 필렛 용접(fillet welding) : 거의 직교하는 두 면에 삼각형 모양의 용착 금속으로 용접하는 것을 말하며 용접선의 전달 방향에 따라서 전면 필렛 용접과 측면 필렛 용접으로 나눈다.
③ 비드 용접(bead welding) : 그루브가 없이 평평한 두 모재(母材) 사이에 용착 금속(bead)을 용착시키는 용접을 말한다.
④ 플러그 용접(plug welding) : 접합하는 모재의 한쪽에 구멍을 뚫고 여기에 용착 금속을 채워 다른 쪽의 모재와 용착시키는 용접법을 말한다.

필렛 용접　　　비드 용접　　　플러그 용접

(3) 용접 이음의 강도 계산

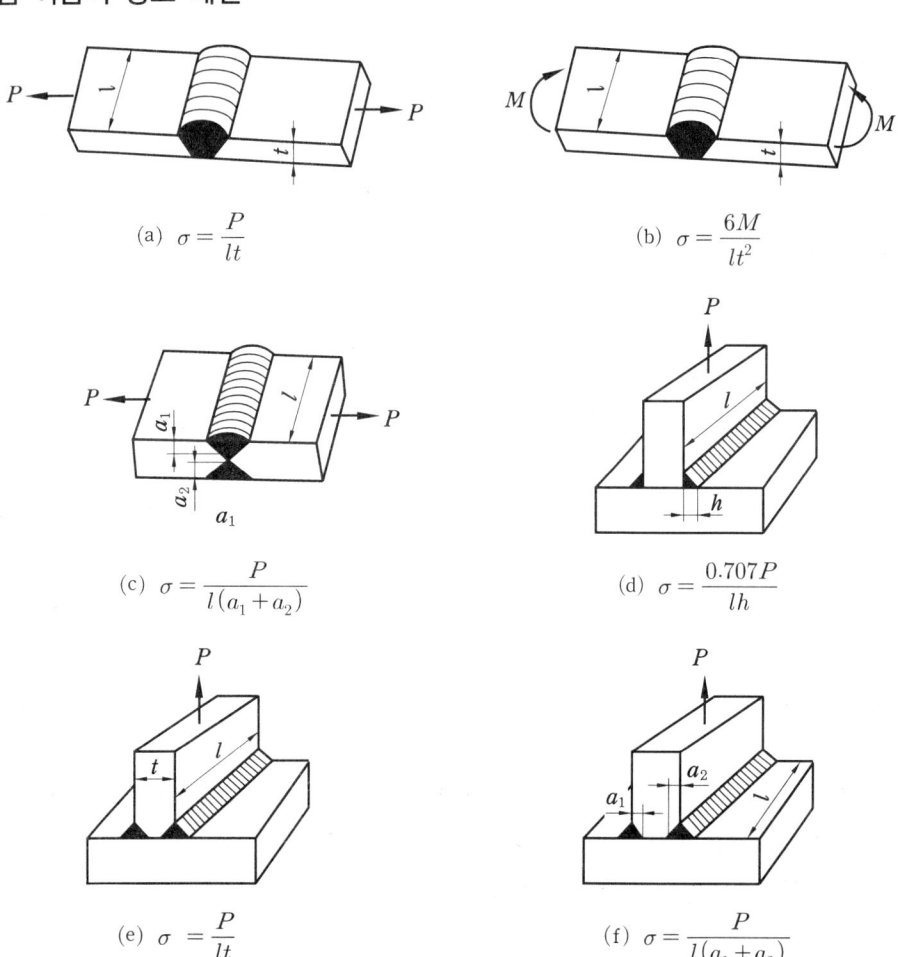

(a) $\sigma = \dfrac{P}{lt}$

(b) $\sigma = \dfrac{6M}{lt^2}$

(c) $\sigma = \dfrac{P}{l(a_1+a_2)}$

(d) $\sigma = \dfrac{0.707P}{lh}$

(e) $\sigma = \dfrac{P}{lt}$

(f) $\sigma = \dfrac{P}{l(a_1+a_2)}$

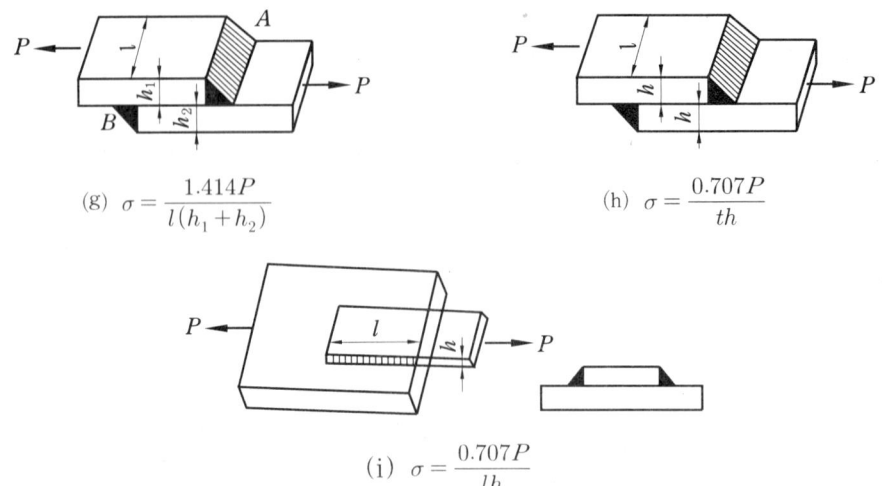

여러 가지 용접 이음의 강도 계산

(4) 끝벌림

맞대기 용접은 용접 방법에 따라 끝벌림을 만들어야 한다.

형식	I형	V형	X형	U형	H형
판의 두께(mm)	1~5	6~12	12~25	16~25	19 이상

2 리벳(riveted)이음의 설계

(1) 리벳의 종류

① 리벳 모양에 의한 분류 : 리벳의 머리 모양에 따라 둥근머리 리벳, 접시머리 리벳, 냄비머리 리벳, 둥근접시머리 리벳 등으로 나눈다.

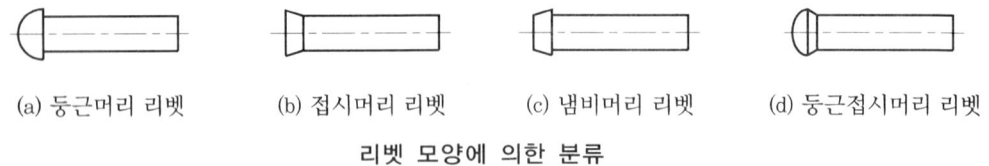

(a) 둥근머리 리벳   (b) 접시머리 리벳   (c) 냄비머리 리벳   (d) 둥근접시머리 리벳

리벳 모양에 의한 분류

② 용도에 의한 분류 : 용도에 따라 보일러용 리벳, 용기용 리벳, 구조용 리벳으로 나눈다.

③ 특수 리벳

  (가) 침두(沈頭) 리벳 : 머리가 강판의 표면 이하로 침하된 리벳으로 강도가 크며 공기 역학적으로 평활하다.

  (나) 관리벳 : 리벳의 생크 부분에 구멍이 뚫린 리벳이다.

  (다) 좀리벳 : 스냅(snap)이 없이 한쪽 혹은 양쪽에서 리베팅할 수 있도록 고안된 것으로 인장 좀리벳, 나사 좀리벳이 있다.

(2) 리벳 이음의 일반

① 리벳의 길이

피접합물의 전체 두께를 리벳의 죔두께라고 하는데, 이 죔두께를 S [mm], 리벳 구멍의 지름을 d [mm], 리벳의 길이를 l [mm]라고 하면,

$$i = S + (1.3 \sim 1.6)d$$

② 리벳 이음의 작업

⑺ 코킹(caulking) : 기밀, 수밀을 유지하기 위해서 정(chisel)과 같은 공구로 리벳 머리의 주위와 강판의 가장자리를 때리는 작업을 말하며 강판의 가장자리를 75~85°가량 경사지게 놓는다. 또, 코킹 작업에서는 아래쪽 강판에 때린 자국이 나지 않도록 주의해야 한다.

⑷ 플러링(fullering) : 코킹한 것을 더욱 기밀을 완전하게 하기 위해서 강판과 같은 나비의 플러링 공구로 때려붙이는 작업을 말하는데, 코킹할 때 강판의 두께에는 제한이 있고 강판의 두께 5mm 이하에 대해서는 효과가 없다.

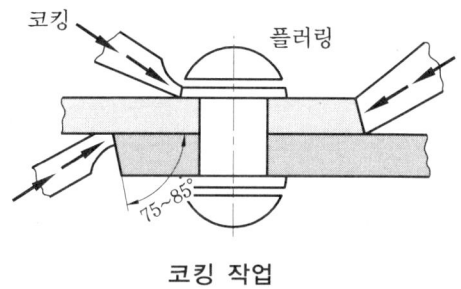

코킹 작업

(3) 리벳 이음의 강도 계산

W : 인장 하중(kg), P : 리벳의 피치(cm), t : 강판의 두께(cm)
e : 리벳의 중심에서 강판의 가장자리까지의 거리(cm),
d : 리벳 구멍의 지름(cm), τ : 리벳의 전단 응력(kg/cm^2)
τ' : 강판의 전단 응력(kg/cm^2), σ_t : 강판의 인장 응력(kg/cm^2)
σ_c : 리벳 또는 강판의 압축 응력(kg/cm^2)

① 리벳의 전단 강도

⑺ 1면 전단 리벳 이음의 경우[그림 (a) 참조]

$$W = \frac{\pi}{4}\tau d^2, \quad \tau = \frac{4W}{\pi d^2}$$

⑷ 2면 전단 리벳 이음의 경우[그림 (b) 참조]

$$W = n\frac{\pi d^2}{4}\tau, \quad n = 2$$

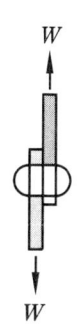 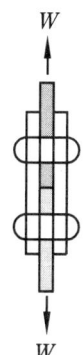

(a) 리벳의 1면 전단 (b) 2면 전단의 경우

② 리벳 구멍 사이의 강판의 절단[그림 (c) 참조]
$$W=(P-d)t\sigma_t, \qquad \sigma_t = \frac{W}{(\rho-d)t}$$

③ 리벳 구멍의 압궤[그림 (d) 참조]
$$W=td\sigma_c, \qquad \sigma_c = \frac{W}{td}$$

④ 강판의 가장자리의 전단[그림 (e) 참조]
$$W=2et\tau', \qquad \tau' = \frac{W}{2et}$$

⑤ 강판의 절개되는 경우[그림 (f) 참조]
$$W=\frac{\sigma_t}{3} \cdot \frac{t(2e-d)^2}{d}$$

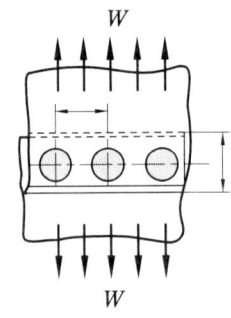

(c) 리벳 구멍 사이의 강판의 전단

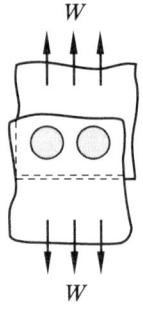

(d) 리벳 구멍의 압궤

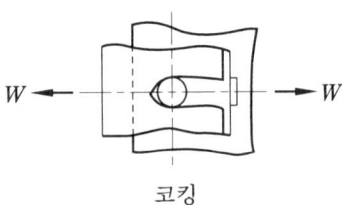

코킹

(e) 강판의 가장자리 전단

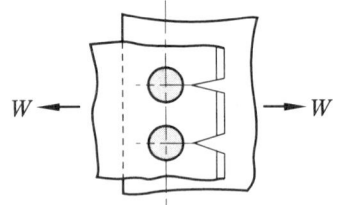

(f) 리벳과 강판의 가장자리의 전단

(4) 리벳 이음의 효율

리벳 이음의 강판의 효율 $=\dfrac{(P-d)t\delta_t}{Pt\delta_t} = \dfrac{P-d}{P} = 1-\dfrac{d}{P}$ 이다.

여기서, P : 바깥쪽 열의 리벳 구멍의 피치(mm)
d : 리벳 구멍의 지름(mm)
δ_t : 판재의 인장 강도(kg/mm^2)

3. 열전달

3-1 열전달 이론

(1) 열전도

① 평면벽을 통한 열전도

평면벽에 대하여 직각 방향으로 정상 상태(steady state)하에서 흐르는 열량 Q는 Fourie의 법칙에 의하여 다음과 같이 정리된다.

고체 평판의 양면 온도를 t_1, t_2 평판의 면적을 F [m²], 열전도율을 λ [kcal/mh℃], 두께를 b [m], t_1에서 t_2로 이동하는 열량을 Q [kcal]라고 하면,

$$Q = \lambda \cdot F \cdot \frac{(t_1 - t_2)}{b} \text{ [kcal/h]}$$

만약 열의 이동 시간(Z)을 주면

$$Q = \lambda \cdot F \cdot \frac{(t_1 - t_2)}{b} \cdot Z \text{ [kcal]}$$

또한 열저항 R[m²h℃/kcal] $= \frac{b}{\lambda}$ 이므로

$$Q = \lambda \cdot F \cdot \frac{(t_1 - t_2)}{b}$$
$$= \frac{(t_1 - t_2)}{R} \times F \text{ [kcal/h]}$$
$$= \frac{\Delta t}{R} \times F \text{ [kcal/h]}$$

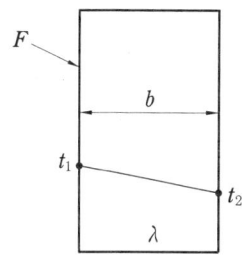

② 여러 개의 평면벽이 조합된 경우의 열전도

㉠ Ⅰ 벽에서 $Q = \lambda_1 F \frac{(t_1 - t')}{b_1}$ ……(1)

㉡ Ⅱ 벽에서 $Q = \lambda_2 F \frac{(t' - t'')}{b_2}$ ……(2)

㉢ Ⅲ 벽에서 $Q = \lambda_3 F \frac{(t'' - t_2)}{b_3}$ ……(3)

㉠, ㉡, ㉢식을 연립하여 풀면 다음 식이 정리된다.

$$Q = \frac{(t_1 - t_2)}{\frac{b_1}{\lambda_1} + \frac{b_2}{\lambda_2} + \frac{b_3}{\lambda_3}} \times F \text{ [kcal/h]}$$

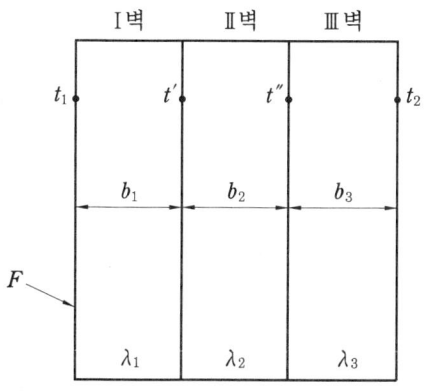

또한, 열저항 $R[\text{m}^2\text{h}℃/\text{kcal}] = \dfrac{b}{\lambda}$ 이므로

$$R_1 = \dfrac{b_1}{\lambda_1},\ R_2 = \dfrac{b_2}{\lambda_2},\ R_3 = \dfrac{b_3}{\lambda_3}\ \text{가 된다.}$$

$$\therefore R = \dfrac{b}{\lambda} = R_1 + R_2 + R_3 = \dfrac{b_1}{\lambda_1} + \dfrac{b_2}{\lambda_2} + \dfrac{b_3}{\lambda_3}$$

$$Q = \dfrac{(t_1 - t_2)}{R_1 + R_2 + R_3} \times F\ [\text{kcal/h}]$$

③ 다층벽의 평균 열전도율 $\lambda_m\,[\text{kcal/mh}℃]$이 계산되면 전열량 $Q\,[\text{kcal/h}]$는 다음과 같이 계산할 수도 있다.

$$\lambda_m = \dfrac{b_1 + b_2 + b_3}{\dfrac{b_1}{\lambda_1} + \dfrac{b_2}{\lambda_2} + \dfrac{b_3}{\lambda_3}}\ [\text{kcal/mh}℃]\ \text{이므로}$$

$$Q = \lambda_m \cdot F \cdot \dfrac{(t_1 - t_2)}{b_1 + b_2 + b_3}\ [\text{kcal/h}]$$

(2) 원통에서의 열전도

내경이 γ_1, 외경이 γ_2, 길이가 L, 내면의 온도가 t_1, 외면의 온도가 t_2, 열전달 계수가 λ인 긴 관에서 두께 $dr(\gamma_2 - \gamma_1)$을 통해서 반경 방향으로 전달되는 열량 Q는 푸리에 법칙에서

$$Q = -\lambda F \dfrac{dT}{d\gamma}$$

여기서, $F = 2\pi\gamma L$이므로

$$Q = -2\pi\gamma L \cdot \dfrac{dT}{d\gamma} \cdot \lambda$$

$$Q \cdot \dfrac{d\gamma}{\gamma} = -2\pi\lambda L dT$$

$\gamma = \gamma_1$에서 $T = t_1$

$\gamma = \gamma_2$에서 $T = t_2$이므로

$$\ln\dfrac{\gamma_2}{\gamma_1} = 2\pi\lambda L(t_1 - t_2)$$

$$\therefore Q = \dfrac{2\pi L\lambda(t_1 - t_2)}{\ln\dfrac{\gamma_2}{\gamma_1}} = \lambda \times \dfrac{2\pi L(t_1 - t_2)}{\ln\dfrac{\gamma_2}{\gamma_1}}\ [\text{kcal/h}]$$

또한 원통관의 내면, 외면의 대수 평균 면적(F_m)은

$$F_m = \frac{2\pi L(\gamma_1 - \gamma_2)}{\ln\dfrac{\gamma_2}{\gamma_1}}\,[\mathrm{m}^2]$$

$$\therefore Q = \frac{\lambda \cdot F_m(t_1 - t_2)}{\gamma_2 - \gamma_1} = \frac{2\pi L\lambda(t_1 - t_2)}{\ln\dfrac{\gamma_2}{\gamma_1}} = \lambda \cdot \frac{2\pi L(t_1 - t_2)}{\ln\dfrac{\gamma_2}{\gamma_1}}\,[\mathrm{kcal/h}]$$

원통에서의 열저항 $Rht = \dfrac{\ln\dfrac{\gamma_2}{\gamma_1}}{2\pi\lambda}$

(3) 열전달

대류 열전달(convection heat transfer) : 고체의 표면과 이에 접하는 유체 사이의 열 흐름을 말하며, 이때의 열전달은 대류가 큰 역할을 하는데 뉴턴의 냉각 법칙에 따라서 전열량 Q는 다음 식으로 표시된다.

$$Q = \alpha F(t - tw)\,[\mathrm{kcal/h}]$$

    t : 유체의 온도(℃)
    tw : 고체 표면의 온도(℃)
    F : 대류 전열 면적(m^2)
    α : 대류 열전달 계수 또는 경막 계수($\mathrm{kcal/m^2h℃}$)

(4) 열복사

유효 복사 계수(상대 복사체와의 위치에 따른 계수) $C\,[\mathrm{kcal/m^2 hK^4}]$, 복사열의 복사 및 입사체의 절대 온도를 $T_1[\mathrm{K}]$, $T_2[\mathrm{K}]$, 복사 전열 면적 $F\,[\mathrm{m}^2]$라고 하면 스테판 볼츠만 법칙에 의해 복사열 전달량

$$Q = C \cdot F \cdot \left\{\left(\frac{T_1}{100}\right)^4 - \left(\frac{T_2}{100}\right)^4\right\}\,[\mathrm{kcal/h}]\text{이다.}$$

또한, 흑체의 복사 정수 $Cb(4.88\,[\mathrm{kcal/m^2 hK^4}])$, 방사율(흑도) ε이라 하면 유효 복사 계수 $C = \epsilon \times Cb\,[\mathrm{kcal/m^2 hK^4}]$이다.

복사 열전달률 $a\gamma = 4.88 \times \epsilon \times \left\{\left(\dfrac{T_1}{100}\right)^4 - \left(\dfrac{T_2}{100}\right)^4\right\} \times \dfrac{1}{(T_1 - T_2)}$ 이며,

복사 열전달량 $Q = a\gamma \times F \times \Delta t$에서

$$Q = 4.88 \times \epsilon \times \left\{\left(\frac{T_1}{100}\right)^4 - \left(\frac{T_2}{100}\right)^4\right\} \times \frac{1}{(T_1 - T_2)} \times F \times \Delta t$$

$$= 4.88 \times \epsilon \times F \times \left\{\left(\frac{T_1}{100}\right)^4 - \left(\frac{T_2}{100}\right)^4\right\}\,[\mathrm{kcal/h}]\text{이다.}$$

(5) 열관류(열통과)

열관류(熱貫流)는 금속벽의 양측에 있는 고온 유체(t_1)와 저온 유체(t_2) 사이의 열전달을 말하는데, 전열량 Q는 다음 식에 의한다.

$$Q = KF(t_1 - t_2) \text{ (kcal/h)}$$

여기서, K : 열관류율 또는 열통과율(kcal/m^{2}h℃)
t_1, t_2 : 각각 고온 유체와 저온 유체의 온도

그런데, 열관류는 벽내부의 열전도, 그 양측에서의 두 개의 열전달이 조합된 것이므로 열관류율은 벽재료의 열전달률 λ, 양측면에서의 열전달률 α_1, α_2와 일정한 관계가 있다.

$$Q = \alpha_1(t_1 - tw_1) \cdot F \quad \cdots\cdots\cdots\cdots (1)$$

$$Q = \alpha_2(tw_1 - t_2) \cdot F \quad \cdots\cdots\cdots\cdots (2)$$

$$Q = \frac{\lambda(tw_1 - tw_2)}{b} \cdot F \quad \cdots\cdots\cdots (3)$$

(1), (2), (3)식을 연립하여 풀면

$$Q = \frac{F(t_1 - t_2)}{\dfrac{1}{\alpha_1} + \dfrac{b}{\lambda} + \dfrac{1}{\alpha_2}} = KF(t_1 - t_2) \text{ [kcal/h]}$$

$$\therefore \frac{1}{K} = \frac{1}{\alpha_1} + \frac{b}{\lambda} + \frac{1}{\alpha_2} \text{ 이며, } K = \frac{1}{\dfrac{1}{\alpha_1} + \dfrac{b}{\lambda} + \dfrac{1}{\alpha_2}} \text{ [kcal/m}^2\text{h℃]이다.}$$

(6) 열교환기의 전열량

① 열교환기의 전열량 Q [kcal/h], 열교환기의 전열면 열관류율 K [kcal/m^{2}h℃], 전열 면적 F [m^2], 열교환기의 입·출구의 대수 평균 온도차 Δt_m [℃]이라면

$$Q = K \cdot F \cdot \Delta t_m \text{ [kcal/h]}$$

② 대수평균 온도차 Δt_m (LMTD : log mean temperature difference)

전열면 입구에서의 두 유체의 온도차가 Δt_1 [℃],

전열면 출구에서의 두 유체의 온도차가 Δt_2 [℃]라면 ($\Delta t_1 > \Delta t_2$ 일 때)

$$\Delta t_m (LMTD) = \frac{\Delta t_1 - \Delta t_2}{\ln \dfrac{\Delta t_1}{\Delta t_2}} = \frac{\Delta t_1 - \Delta t_2}{2.3 \log \dfrac{\Delta t_1}{\Delta t_2}}$$

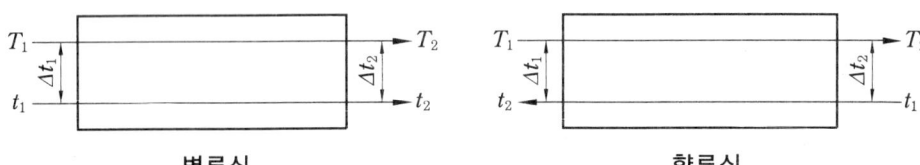

병류식   향류식

$$\therefore \text{열교환기의 전열량}(Q) = K \cdot F \cdot \Delta t_m = K \cdot F \cdot \frac{\Delta t_1 - \Delta t_2}{\ln\dfrac{\Delta t_1}{\Delta t_2}}$$

$$= K \cdot F \cdot \frac{\Delta t_1 - \Delta t_2}{2.3\log\dfrac{\Delta t_1}{\Delta t_2}}$$

참고

($\Delta t_1 < \Delta t_2$ 일 때) $\Delta t_m (\text{LMTD}) = \dfrac{\Delta t_2 - \Delta t_1}{\ln\dfrac{\Delta t_2}{\Delta t_1}}$ 이다.

③ 전열유닛수 NTU(number of heat transfer unit)는 무차원수이며 다음 식에 의한다.

$$NTU = \frac{KF}{GC}$$

그런데 $Q = KF\Delta t_m = GC\Delta t$ 이므로 $NTU = \dfrac{KF}{GC} = \dfrac{\Delta t}{\Delta t_m}$ 이다.

여기서, Q=전열량(kcal/h), K=열관류율(kcal/m^{2}h℃)
F=전열 면적(m^2), C=유체의 비열(kcal/kg℃)
Δt=유체의 온도차(℃), G=유량(kg/h)
Δt_m=대수 평균 온도차(℃)

4. 열정산

4-1 ‧ 열정산의 개요

(1) 열정산의 정의

열정산(heat balance)이란 열장치에 공급된 열량(총입열)과 소비된 열량(출열)과의 관계를 명백히 하는 것이며, 어떠한 경우에도 입열의 총량과 출열의 총량은 같아야 한다.

> **참고 ‧ 열정산의 목적**
> ① 열의 손실을 파악하기 위하여
> ② 열설비 성능을 파악하기 위하여
> ③ 열의 행방을 파악하기 위하여
> ④ 조업 방법을 개선하고 연료의 경제를 도모하기 위하여
> ⑤ 보일러 효율을 알기 위하여

(2) 열정산의 기준

① 시험 부하 : 열정산은 보일러의 실용적 또는 정상 조업 상태에 있어서 적어도 2시간 이상의 운전 결과에 따른다. 시험 부하는 정격 부하로 하고 필요에 따라 $\frac{3}{4}$, $\frac{1}{2}$, $\frac{1}{4}$ 등의 부하로 시행한다.

② 운전 상태의 결정 : 보일러의 열정산 시험을 시행할 경우에는 미리 보일러 각부를 점검하고 연료, 증기 또는 물의 누설이 없는가를 확인한다. 시험 중에는 원칙적으로 블로잉, 매연 제거 등 강제 통풍을 하지 않고 안전 밸브는 열지 않는 운전 상태를 설정한다. 만약 안전 밸브가 열릴 때는 시험을 다시 한다.

③ 시험용 보일러 : 시험은 시험용 보일러를 다른 보일러와 무관한 상태에서 시행한다.

④ 단위 : 열정산은 사용 시의 연료 단위량, 즉 고체 및 액체 연료의 경우는 1 kg, 기체 연료의 경우는 온도 0℃, 압력 1013 mb로 환산한 1 m³에 대하여 실시한다. 또한, 고체, 액체 또는 기체 연료 등 어느 것을 표시하는 경우에는 1 kg[Nm³]으로 기입한다.

⑤ 발열량 : 발열량은 원칙적으로 사용 시의 고발열량으로 한다. 저발열량을 사용하는 경우에는 기준 발열량을 분명하게 명기해야 한다.

⑥ 기준 온도 : 열정산의 기준 온도는 시험 시의 외기 온도로 한다(필요에 따라 주위 온도 또는 압입 송풍기 출구 등의 공기 온도로 할 수 있다).

⑦ 보일러의 표준 범위 : 과열기, 재열기, 절탄기 및 공기 예열기를 갖는 보일러는 그 보일러에 포함된다. 다만, 당사자 간의 협정에 의해 표준 범위를 변경해도 된다.

⑧ 공기 : 원칙적으로 수증기를 포함하는 것으로 하고, 단위량은 1 Nm³/kg[Nm³] 연료

로 표시한다.
⑨ 보일러 효율의 정산 방식

(가) 입·출열법에 따른 효율 $\eta_1 = \left(\dfrac{\text{유효 출열}}{\text{입열}}\right) \times 100\%$ (직접 열정산)

(나) 열손실법에 따른 효율 $\eta_2 = \left(1 - \dfrac{\text{손실열}}{\text{입열}}\right) \times 100\%$ (간접 열정산)

⑩ 온수 보일러의 열정산 방식은 증기 보일러의 경우에 따른다.
⑪ 증기 보일러 열출력 평가의 경우 시험 압력은 보일러 설계 압력의 80% 이상에서 시험한다.

4-2 입열, 출열, 손실열

(1) 보일러 열정산 시 입열 항목

① 연료의 발열량 : 연료 1 kg이 완전 연소 시 발생되는 열로서 H_l로 표시하며 입열(inputheat) 항목 중 가장 크다. 또한 연료의 연소열($H_l \times G_f$)도 입열 항목이다.

② 연료의 현열 : 연료를 외기 온도 이상으로 가열하였을 경우에 보유한 열이며, $G_f \times (t_2 - t_1)$로 구한다.

  여기서, G_f : 연료의 비열(고체 및 액체 연료인 경우에는 kcal/kg·℃,
         기체 연료인 경우에는 kcal/Nm³·℃)
     t_2 : 연료의 예열 온도(℃)
     t_1 : 외기 온도(℃)

③ 공기의 현열 : 연소용 공기를 외기 온도 이상으로 가열했을 경우에 보유한 열이며, $A \times C_p \times (t_2 - t_1)$으로 구한다.

  여기서, A : 연료 연소 시 실제 공기량(Nm³/kg)
     C_p : 공기의 비열(kcal/Nm³·℃)
     t_2 : 공기의 예열 온도(℃)
     t_1 : 외기 온도(℃)

④ 노내 분입 증기의 보유열 : 연료 연소 시 노내로 분입되는 증기가 보유하는 열이며, $G_w \times (h_2 - h_1)$으로 구한다.

  여기서, G_w : 연료 1 kg 연소 시 분입 증기량(kg/kg)
     h_2 : 분입 증기의 엔탈피(kcal/kg)
     h_1 : 외기 온도에서 증기의 엔탈피(kcal/kg)

(2) 유효 출열과 손실 출열

출열(output heat)에는 유효 출열(발생 증기의 보유열)과 손실 출열이 있으며, 입열의 합계와 출열의 합계는 같다.

① 유효 출열

  (가) 증기 보일러인 경우 : $G_a(h_2 - h_1)$ [kcal/kg]

      여기서, G_a : 연료 1 kg당 증기 발생량(kg/kg)
              h_2 : 발생 증기의 엔탈피(kcal/kg)
              h_1 : 급수의 엔탈피(kcal/kg)

  (나) 온수 보일러인 경우 : $G_w \times C_w \times (t_i - t_o)$ [kcal/kg]

      여기서, G_w : 연료 1 kg당 온수 발생량(kg/kg)
              C_w : 온수의 비열(kcal/kg·℃)
              t_i : 보일러 출구 측 온수 온도(℃)
              t_o : 보일러 입구 측 급수 온도(℃)

② 손실 출열 항목

  (가) 배기가스의 보유열 : 배기가스가 보유하는 열이며 손실 출열 항목 중 가장 크며, $G_g \times G_{pg} \times (t_g - t_o)$ 으로 구한다.

      여기서 G_g : 연료 1kg 연소 시 실제 습연소 가스량(Nm³/kg)
           G_{pg} : 배기가스의 비열(kcal/Nm³·℃)
           t_g : 배기가스의 온도(℃)
           t_o : 외기 온도(℃)

  (나) 불완전 연소에 의한 열손실 : 연료의 불완전 연소에 의하여 생긴 배기가스 중의 CO 1Nm³의 발열량을 알면 $G_s \times \dfrac{CO}{100} \times 3035$ kcal/kg으로 구한다.

      여기서, G_s : 연료 1 kg 연소 시 건배기 가스량(Nm³/kg)
            CO : 배기가스 중 CO량(%)

  (다) 미연분에 의한 열손실 : 연료 1 kg 연소 시 미연탄소분에 의한 손실열을 말하며, $8100 \times \dfrac{C \times A}{1 - C_a}$ 로 구한다.

      여기서, C : 연료 1 kg 중의 탄소분(kg)
            A : 연료 1 kg 중의 회분(kg)
            C_a : 탄 찌꺼기 1 kg 중의 탄소분(kg)

  (라) 이 외에도 방사 전도에 의한 열손실이 있다.

> **참고**
> ① 매시 실제 증발량은 급수량으로 산정하며 급수량을 측정할 때 허용 오차는 ±1.0%이다.
> ② 연료 사용량 측정 시 허용 오차
>   (가) 고체 연료 : ±1.5%
>   (나) 액체 연료 : ±1.0%
>   (다) 기체 연료 : ±1.6%

4-3 · 열효율

(1) 열정산에 의한 보일러 효율 정산 방식

① 입·출열법에 따른 보일러 효율

$$보일러 효율 = \left(\frac{유효 출열}{총입열}\right) \times 100\,\%$$

② 열손실법에 따른 보일러 효율

$$보일러 효율 = \left(\frac{총입열 - 손실 출열합}{총입열}\right) \times 100\,\%$$
$$= \left(1 - \frac{손실 출열합}{총입열}\right) \times 100\,\%$$

예상문제 및 기출문제

1. 보일러의 구성 3요소와 거리가 먼 것은?
- ㉮ 절탄기
- ㉯ 보일러 본체
- ㉰ 연소 장치
- ㉱ 부속 설비

[해설] 절탄기(이코노마이저=급수 예열기)는 특수 부속 장치로서 폐열(여열) 회수 장치이다.

2. 보일러의 구성 요소에 대한 설명 중 맞지 않는 것은?
- ㉮ 노는 연료를 연소시키는 부분으로서 연소 장치와 연소실로 되어 있다.
- ㉯ 연소 장치는 연료의 종류에 따라 화격자 연소 장치와 버너 연소 장치 등을 사용한다.
- ㉰ 보일러의 전열면은 보일러의 증발량을 결정하는 중요한 부분이다.
- ㉱ 원통 보일러는 본체의 $\frac{1}{3} \sim \frac{1}{2}$ 정도에 물이 채워져 있는데 이 부분을 수부라고 한다.

[해설] 원통 보일러는 본체의 $\frac{2}{3} \sim \frac{4}{5}$ 정도가 수부(수실)이다(증기 보일러인 경우).

3. 증기 보일러에서 수부(수실)가 크면 어떤 장점이 있는가?
- ㉮ 기수 공발(carry over)이 일어난다.
- ㉯ 보일러 효율이 낮아진다.
- ㉰ 습증기 발생이 일어나기 쉽고 보일러 수의 순환이 나빠진다.
- ㉱ 보일러의 부하 변동에 응하기 쉽고 압력변화가 적다.

[해설] 수부(수실)가 크면 보유 수량이 많아서 부하 변동에 응하기 쉽고 압력 변화가 적다.

4. 보일러 동(drum)을 원통형(둥근형)으로 제작하는 이유는 무엇인가?
- ㉮ 강도상 유리하기 때문에
- ㉯ 보일러 수의 순환이 좋기 때문에
- ㉰ 전열면을 증대시킬 수 있기 때문에
- ㉱ 취급 및 제작이 쉽기 때문에

[해설] 내압에 견디는 힘이 크므로 강도상 유리하기 때문에 드럼을 원통형으로 제작한다.

5. 보일러의 매체별 분류 시 해당하지 않는 것은?
- ㉮ 증기 보일러
- ㉯ 가스 보일러
- ㉰ 열매체 보일러
- ㉱ 온수 보일러

[해설] 가스 보일러는 사용 연료에 따른 분류에 해당된다.

6. 다음 중 보일러의 분류 방법이 아닌 것은 어느 것인가?
- ㉮ 동(드럼)의 축심 위치에 따라
- ㉯ 본체의 구조에 따라
- ㉰ 노(연소실)의 위치에 따라
- ㉱ 통풍 방식에 따라

[해설] 통풍 방식에 따라 분류하지 않는다.

7. 보일러 본체의 구조가 아닌 것은?
- ㉮ 노통
- ㉯ 노벽
- ㉰ 수관
- ㉱ 절탄기

[해설] 보일러 본체는 동(胴), 수관(강수관 및 승수관), 노벽으로 구성되어 있고, 절탄기는 폐열(여열) 회수 장치로서 연소 가스의 폐열(여열)을 이용하여 급수를 예열하는 장치이다.

정답 1. ㉮ 2. ㉱ 3. ㉱ 4. ㉮ 5. ㉯ 6. ㉱ 7. ㉱

8. 다음 중 외분식 보일러는 무엇인가?

㉮ 입형 보일러 ㉯ 노통 보일러
㉰ 노통 연관 보일러 ㉱ 수관 보일러

[해설] ① 내분식 보일러 : 입형 보일러, 노통 보일러, 노통 연관 보일러
② 외분식 보일러 : 횡(수평)연관 보일러, 수관 보일러, 관류 보일러

9. 외분식 보일러의 특징에 대한 설명으로 잘못된 것은?

㉮ 연소실의 크기나 형상을 자유롭게 할 수 있다.
㉯ 연소율이 좋다.
㉰ 사용 연료의 선택이 자유롭다.
㉱ 방사열의 흡수가 크다.

[해설] 내분식 보일러가 노내 방사열의 흡수가 크다.

10. 다음 중 일반적으로 열효율이 가장 높은 보일러는 무엇인가?

㉮ 수관식 보일러
㉯ 노통 연관 보일러
㉰ 연관 보일러
㉱ 노통 보일러

[해설] 보일러의 열효율이 좋은 순서
관류식 → 수관식 → 노통 연관식 → 연관식 → 노통식 → 입형식 보일러 순이다.

11. 입형 보일러의 특징에 대한 설명으로 틀린 것은?

㉮ 구조가 간단하고 튼튼하다.
㉯ 설치 장소가 좁아도 된다.
㉰ 습증기가 발생하지 않는다.
㉱ 전열 면적이 작고 소용량이다.

[해설] 소형이며 증기부가 좁아서 습증기가 발생하기 쉽다.

12. 수관 보일러와 비교한 원통 보일러의 특징에 대한 설명으로 틀린 것은?

㉮ 구조상 고압용 및 대용량에 적합하다.
㉯ 구조가 간단하고 취급이 비교적 용이하다.
㉰ 전열 면적당 수부의 크기는 수관 보일러에 비해 크다.
㉱ 형상에 비해서 전열 면적이 작고 열효율은 낮은 편이다.

[해설] 수관 보일러가 구조상 고압 및 대용량에 적당하다.

13. 다음 중 원통형 보일러의 특징이 아닌 것은 어느 것인가?

㉮ 구조가 간단하고 취급이 용이하다.
㉯ 부하 변동에 의한 압력 변화가 적다.
㉰ 보유 수량이 적어 파열 시 피해가 적다.
㉱ 고압 및 대용량에는 부적당하다.

[해설] 보유 수량이 많아 증발 속도가 느리며 파열 시 피해가 크다.

14. 보일러 형식에 따른 분류 중 원통 보일러에 해당되지 않는 것은?

㉮ 관류 보일러
㉯ 노통 보일러
㉰ 직립형 보일러
㉱ 노통 연관식 보일러

[해설] 관류 보일러(밴슨 보일러, 슐쳐 보일러)는 일종의 강제 순환식 수관 보일러이다.

15. 다음 중 횡형 보일러의 종류가 아닌 것은 어느 것인가?

㉮ 노통식 보일러
㉯ 연관식 보일러
㉰ 노통 연관식 보일러

[정답] 8. ㉱ 9. ㉱ 10. ㉮ 11. ㉰ 12. ㉮ 13. ㉰ 14. ㉮ 15. ㉱

라 수관식 보일러

[해설] 원통형 보일러 중 횡형 보일러에는 가, 나, 다 항이며 입형 보일러에는 입형 연관, 입형 횡관, 코크란 보일러가 있다.

16. 다음 중 노통 보일러에 해당되는 것은?
  가 랭커셔 보일러   나 베록스 보일러
  다 벤슨 보일러   라 타꾸마 보일러

[해설] 노통 보일러에는 노통이 1개인 코니시 보일러와 노통이 2개인 랭커셔 보일러가 있다.

17. 노통 보일러 중 원통형의 노통이 2개인 보일러는?
  가 라몬트 보일러   나 바브콕 보일러
  다 다우삼 보일러   라 랭커셔 보일러

[해설] 노통 보일러에는 노통이 1개인 코니시(cornish) 보일러와 노통이 2개인 랭커셔(lancashire) 보일러가 있다.

18. 코니시 보일러에서 노통을 중앙에서 편심되게 설치하는 이유는 무엇인가?
  가 제작이 용이하기 때문에
  나 전열 면적을 크게 하기 위해
  다 보일러 수의 순환을 돕기 위해
  라 노통의 보강을 위해

[해설] 노통 보일러에서 노통을 편심(한쪽으로 치우치게)으로 부착하는 이유는 물의 순환을 좋게 하기 위해서이다.

19. 다음 중 파형 노통의 종류가 아닌 것은?
  가 모리슨형   나 데이튼형
  다 파브스형   라 애덤슨형

[해설] 파형 노통의 종류에는 가, 나, 다 항 외에 폭스형, 리즈포지형, 브라운형이 있다.

20. 피치가 150 mm 이하이고, 골의 깊이가 38 mm 이상인 것의 파형 노통의 종류는?
  가 모리슨형   나 데이튼형
  다 폭스형   라 리즈포지형

[해설]

파형 노통 종류	피치(mm)	골의 깊이(mm)
모리슨형	200 이하	38 이상
데이튼형	200 이하	38 이상
폭스형	150 이하	38 이상
파브스형	230 이하	35 이상
리즈포지형	200 이하	57 이상
브라운형	230 이하	41 이상

21. 파형 노통 보일러의 특징을 설명한 것으로 옳은 것은?
  가 공작이 용이하다.
  나 내·외면의 청소가 용이하다.
  다 평형 노통보다 전열 면적이 크다.
  라 평형 노통보다 외압에 대하여 강도가 적다.

[해설] 파형 노통은 평형 노통에 비해,
  ① 신축 조절이 용이하다.
  ② 외압에 대한 강도가 크다.
  ③ 전열 면적이 크다.
  ④ 제작비가 비싸다.
  ⑤ 청소, 검사가 불편하다.
  ⑥ 통풍 저항이 크다.
  ⑦ 스케일(scale, 관석) 생성 우려가 크다.

22. 보일러에서 노통의 약한 단점을 보완하기 위해 설치하는 약 1 m 정도의 노통 이음을 무엇이라고 하는가?
  가 애덤슨 조인트   나 보일러 조인트
  다 브리징 조인트   라 라몬트 조인트

[해설] 노통의 원주 이음은 애덤슨 링을 사용하여 애덤슨 조인트를 한다.

정답 16. 가 17. 라 18. 다 19. 라 20. 다 21. 다 22. 가

23. 랭커셔 보일러에 브리딩 스페이스를 너무 적게 하면 다음 중 어느 현상이 일어나는가?

㉮ 발생 증기가 습하기 쉽다.
㉯ 수격 작용이 일어나기 쉽다.
㉰ 그루빙을 일으키기 쉽다.
㉱ 불량 연소가 되기 쉽다.

[해설] 브리딩 스페이스(breathing space, 완충 구역, 완충 폭): 노통 이음의 최상부와 거싯(gusset) 이음 최하부와의 거리를 말하며, 구식(그루빙, 도랑 모양의 선상 부식)을 방지하기 위하여 최소한 230 mm 이상은 되어야 한다.

24. 노통 보일러에 두께 13 mm 이하의 경판을 부착하였을 때 거싯스테이의 하단과 노통 상단과의 완충 폭(브레이징-스페이스)은 몇 mm 이상으로 하여야 하는가?

㉮ 230   ㉯ 260
㉰ 280   ㉱ 300

[해설]

경판 두께(mm)	브레이징 스페이스(mm)
13 이하	230 이상
15 이하	260 이상
17 이하	280 이상
19 이하	300 이상

25. 노통 보일러에서 경판 두께가 15 mm 이하인 경우 브레이징 스페이스(breathing space)는 얼마 이상이어야 하는가?

㉮ 230 mm   ㉯ 260 mm
㉰ 280 mm   ㉱ 300 mm

[해설] 260 mm 이상이어야 한다.

26. 노통 보일러에 2~3개의 겔로웨이 튜브(galloway tube)를 노통에 직각으로 설치하는 이유로 적당하지 못한 것은?

㉮ 보일러 수의 순환을 돕기 위해서
㉯ 전열 면적을 증가시키기 위해서
㉰ 워터 해머를 방지하기 위하여
㉱ 노통을 보강하기 위해서

[해설] 노통 보일러 노통에 겔로웨이 튜브를 설치하는 목적
① 전열 면적의 증가
② 보일러 수의 순환 촉진
③ 노통의 보강

27. 수관 보일러에 사용되는 수랭 노벽에 대한 설명으로 틀린 것은?

㉮ 노재의 과열을 방지한다.
㉯ 노내의 기밀을 유지한다.
㉰ 노벽을 보호하며, 수명을 연장한다.
㉱ 증기 중의 수분을 분류하여 효율을 증대시킨다.

[해설] 증기 중의 수분을 제거하는 것은 비수방지관과 기수 분리기이다.

28. 다음 중 연관 보일러에 속하지 않는 것은 어느 것인가?

㉮ 기관차 보일러
㉯ 횡형 연관 보일러
㉰ 박용 스코치 보일러
㉱ 케와니 보일러

[해설] 연관 보일러에는 기관차 보일러, 케와니 보일러(기관차 보일러를 개량시켜 육용으로 사용), 횡형(수평형) 연관 보일러가 있으며, 박용 스코치 보일러는 노통 연관 보일러에 속한다.

29. 횡연관식 보일러에서 연관의 배열을 바둑판 모양으로 하는 주된 이유는?

㉮ 보일러 강도상 유리하므로
㉯ 관의 배치를 많게 하기 위하여

정답 23. ㉰ 24. ㉮ 25. ㉯ 26. ㉰ 27. ㉱ 28. ㉰ 29. ㉰

㉓ 물의 순환을 양호하게 하기 위하여
㉣ 연소 가스의 흐름을 원활하게 하기 위하여

[해설] 연관을 바둑판 모양으로 배열하는 이유는 물의 순환을 양호하게 하기 위함이며 수관 보일러에서 수관을 마름모꼴로 배열하는 이유는 전열에 유리하기 때문이다.

30. 노통 연관식 보일러의 특징에 대한 설명으로 옳은 것은?

㉮ 보유 수량이 적어 파열 시 피해가 적다.
㉯ 내부 청소가 간단하므로 급수 처리가 필요 없다.
㉰ 보일러 크기에 비해 전열 면적이 크고 효율이 좋다.
㉱ 보유 수량이 적어 부하 변동에 대해 쉽게 대응할 수 있다.

[해설] 원통형 보일러 중에서 노통 연관식 보일러는 크기에 비해 전열 면적이 크고 효율이 좋다.

31. 다음 중 수관식 보일러의 장점이 아닌 것은 어느 것인가?

㉮ 드럼이 작아 구조상 고온 고압의 대용량에 적합하다.
㉯ 연소실 설계가 자유롭고 연료의 선택 범위가 넓다.
㉰ 보일러수의 순환이 좋고 전열면 증발률이 크다.
㉱ 보유 수량이 많아 부하 변동에 대하여 압력 변동이 적다.

[해설] 보유 수량이 적어 부하 변동에 의한 압력 변화가 적으며 파열 시 피해가 적다.

32. 수관식 보일러에 대한 설명 중 틀린 것은?

㉮ 증기 발생의 소요 시간이 짧다.
㉯ 보일러 순환이 좋고 효율이 높다.
㉰ 스케일 발생이 적고 청소가 용이하다.
㉱ 드럼이 작아 구조적으로 고압에 적당하다.

[해설] 스케일 생성의 우려가 크며 구조가 복잡하여 청소, 검사, 수리가 불편하다.

33. 다음 중 수관식 보일러가 아닌 것은?

㉮ 벤슨 보일러 ㉯ 라몬트 보일러
㉰ 코크란 보일러 ㉱ 슐처 보일러

[해설] 입형 보일러의 종류 : 입형 횡관 보일러, 입형 연관 보일러, 코크란 보일러

34. 다음 중 수관 보일러가 아닌 것은?

㉮ 벤슨 보일러 ㉯ 베록스 보일러
㉰ 라몬트 보일러 ㉱ 슈미트 보일러

[해설] 슈미트 보일러와 레플러 보일러는 특수 보일러로서 간접 가열식 보일러이다.
[참고] 벤슨 보일러(관류 보일러)는 일종의 강제 순환식 수관 보일러이다.

35. 강제 순환식 수관 보일러에서 순환비란?

㉮ 순환수량과 발생 증기량의 비율
㉯ 순환수량과 포화 증기량의 비율
㉰ 순환수량과 포화수의 비율
㉱ 포화 증기량과 포화수량의 비율

[해설] 순환비 : 순환수량과 발생 증기량과의 비를 말한다.

$$순환비 = \frac{순환수량}{발생 증기량(증발량)}$$

36. 강제 순환식 수관 보일러에 해당되는 보일러는 무엇인가?

㉮ 슈미트 보일러 ㉯ 배브콕 보일러
㉰ 라몬트 보일러 ㉱ 웰곡스 보일러

[해설] 라몬트 보일러와 벨록스 보일러가 있다.

정답 30. ㉰ 31. ㉱ 32. ㉰ 33. ㉰ 34. ㉱ 35. ㉮ 36. ㉰

37. 다음 중 드럼이 없는 보일러는?
㉮ 벤슨 보일러   ㉯ 슈미트 보일러
㉰ 벨록스 보일러   ㉱ 하이네 보일러

[해설] 벤슨 보일러, 슐처 보일러와 같은 관류 보일러는 순환비가 1이므로 드럼이 필요 없다.

38. 긴 관의 일단에서 가열, 증발, 과열을 한꺼번에 시켜 과열 증기로 내보내는 보일러로서 드럼이 없고, 관만으로 구성된 보일러는 어느 것인가?
㉮ 이중 증발 보일러
㉯ 특수 열매 보일러
㉰ 연관 보일러
㉱ 관류 보일러

[해설] 드럼이 없고, 관으로만 구성된 보일러는 관류 보일러이다.

39. 수직 증발관을 가열할 때 발생하는 2상 유동 형태의 순서로서 옳은 것은?
㉮ 기포류 → 환상류 → 슬러그류(slug flow) → 분무류
㉯ 기포류 → 슬러그류(slug flow) → 환상류 → 분무류
㉰ 기포류 → 분무류 → 슬러그류(slug flow) → 환상류
㉱ 기포류 → 분무류 → 환상류 → 슬러그류(slug flow)

[해설] 2상 유동 형태의 순서는 ㉯항이다.

40. 다음은 관류 보일러에 대한 특징이다. 틀린 것은?
㉮ 순환비가 1이므로 드럼이 필요 없다.
㉯ 급수량 및 연료량은 자동 제어로 해야 한다.
㉰ 부하 변동에 민감하며 초고압용으로 사용한다.
㉱ 전열 면적이 넓고 효율이 매우 좋으나 가동 시간이 길다.

[해설] 가동 시간이 짧다.

41. 수관식 보일러 중에서 곡관식 보일러는 어느 것인가?
㉮ 타구마 보일러   ㉯ 야로우 보일러
㉰ 스털링 보일러   ㉱ 가르베 보일러

[해설] 수관의 형태에 따라 직관식과 곡관식이 있으며, 곡관식 수관 보일러에는 스털링 보일러와 2동 D형 수관 보일러가 있다.

42. 보일러 설치 기술규격(KBI)상 단관식 보일러의 특징을 설명한 것으로 틀린 것은?
㉮ 관만으로 구성되어 기수 드럼을 필요로 하지 않고 관을 자유로이 배치할 수 있다.
㉯ 전열 면적의 보유 수량이 많아 기동에서 소요 증기 발생까지의 시간이 길다.
㉰ 부하 변동에 의해 압력 변동이 생기기 쉬워 응답이 빠르고 급수량 및 연료량의 자동 제어 장치가 필요하다.
㉱ 작고 가느다란 관내에서 급수의 전부 또는 거의가 증발되기 때문에 제대로 처리된 급수를 사용해야 한다.

[해설] 보유 수량이 아주 적기 때문에 기동에서 소요 증기 발생까지의 시간이 짧다.
[참고] 관류 보일러에는 단관식과 다관식이 있다.

43. 소형 관류 보일러(다관식 관류 보일러)를 구성하는 주요 구성 요소로 맞는 것은?
㉮ 노통과 연관   ㉯ 노통과 수관
㉰ 수관과 드럼   ㉱ 수관과 헤더

[해설] 관류 보일러는 수관과 관모음 헤드로 구성된다.

정답 37. ㉮ 38. ㉱ 39. ㉯ 40. ㉱ 41. ㉰ 42. ㉯ 43. ㉱

44. 주철제 보일러의 특징에 대한 설명으로 옳은 것은?

㉮ 부식되기 쉽다.
㉯ 고압 및 대용량으로 적합하다.
㉰ 섹션증감으로 용량을 조절할 수 있다.
㉱ 인장 및 충격에 강하다.

[해설] ① 부식에 강하다.
② 고압, 대용량으로 부적합하다.
③ 인장 및 충격에 약하다.

45. 여러 개의 섹션(section)을 조합하여 용량을 가감할 수 있으며, 효율이 좋으나 구조가 복잡하여 청소, 수리가 곤란한 보일러는 어느 것인가?

㉮ 연관 보일러   ㉯ 스코치 보일러
㉰ 관류 보일러   ㉱ 주철제 보일러

[해설] 주철제 보일러에 관한 설명이다.

46. 다음 중 간접 가열 보일러에 해당되는 것은 어느 것인가?

㉮ 슈미트 보일러   ㉯ 벨록스 보일러
㉰ 벤슨 보일러   ㉱ 하이네 보일러

[해설] 간접 가열식(2중 증발) 보일러에는 슈미트 보일러와 뢰플러 보일러가 있다.

47. 특수 열매체(특수 유체) 보일러에서 사용되는 열매체의 종류가 아닌 것은?

㉮ 수은   ㉯ 암모니아
㉰ 다우섬   ㉱ 카네크롤

[해설] 저압에서도 고온의 증기를 얻을 수 있는 보일러를 특수 열매체 보일러라고 하며, 사용되는 열매체의 종류에는 수은, 다우섬, 카네크롤, 모빌섬액이 있다.

48. 저압에서도 고온의 증기를 얻을 수 있는 보일러는 무엇인가?

㉮ 2중 증발 보일러
㉯ 하이네 보일러
㉰ 특수 열매체 보일러
㉱ 전기 보일러

[해설] 비점이 낮은 물질인 수은, 다우섬, 카네크롤, 모빌섬액을 열매체로 사용하는 보일러는 특수 열매체 보일러이다.

49. 폐열 보일러에 해당되는 보일러는?

㉮ 슈미트 보일러
㉯ 하이네 보일러
㉰ 벨록스 보일러
㉱ 스네기지 보일러

[해설] 폐열 보일러에는 하이네 보일러와 리 보일러가 있다.

50. 보일러 안전 장치의 종류가 아닌 것은?

㉮ 고·저수위 경보기   ㉯ 안전 밸브
㉰ 가용마개   ㉱ 드레인 콕

[해설] 안전 장치의 종류
① 안전 밸브
② 전자 밸브(솔레노이드 밸브, 긴급 연료 차단 밸브)
③ 압력 차단기(압력 제한기, 압력 차단 스위치)
④ 화염 검출기
⑤ 고·저수위 경보기(수위 검출기)
⑥ 가용마개(가용전, 용융 마개)
⑦ 방폭문(폭발문)

51. 다음 중 보일러 파열을 방지하기 위해 설치하는 안전 밸브의 분출 압력 조정 형식이 아닌 것은?

㉮ 레버(지렛대)식   ㉯ 중추식
㉰ 전자식   ㉱ 스프링식

[해설] ① 스프링식(용수철식)
② 중추식(추식)
③ 레버식(지렛대식)

정답 44. ㉰ 45. ㉱ 46. ㉮ 47. ㉯ 48. ㉰ 49. ㉯ 50. ㉱ 51. ㉰

52. 증기 보일러에는 특별한 경우를 제외하고 몇 개 이상의 안전 밸브를 부착해야 하는가?

㉮ 2개 ㉯ 3개 ㉰ 4개 ㉱ 5개

[해설] 증기 보일러에는 25 A 이상의 안전 밸브를 2개 이상 부착해야 한다 (고장 시 대비).

[참고] 전열 면적이 50 m² 이하인 경우에는 1개 이상 부착할 수 있다.

53. 증기 보일러의 안전 밸브에 관한 설명으로 틀린 것은?

㉮ 2개 이상 설치하는 것이 원칙이다.
㉯ 가능한 한 보일러의 동체에 직접 부착한다.
㉰ 호칭 지름 15 A 이상의 크기로 한다.
㉱ 스프링 안전 밸브를 주로 사용한다.

[해설] 증기 보일러에 부착하는 안전 밸브는 특별한 경우를 제외하고는 25 A 이상이어야 한다.

54. 증기 보일러에 부착하는 안전 밸브는 25 A 이상이어야 하나 조건에 맞으면 20 A 이상으로 할 수 있다. 다음 중 20 A 이상으로 할 수 있는 조건이 아닌 것은?

㉮ 최고 사용 압력이 0.1 MPa (1 kgf/cm²) 이하의 보일러
㉯ 최고 사용 압력이 0.5 MPa (5 kgf/cm²) 이하이고 동체의 안지름이 500 mm 이하, 길이가 1000 mm 이하의 보일러
㉰ 최고 사용 압력이 0.5 MPa (5 kgf/cm²) 이하이고 전열 면적이 2 m² 이하의 보일러
㉱ 최대 증발량이 5 t/h 이하의 수관 보일러

[해설] 최대 증발량이 5 t/h 이하의 관류 보일러와 소용량 보일러(최고 사용 압력이 0.35 MPa (3.5 kgf/cm²) 이하이고 전열 면적이 5 m² 이하인 보일러)인 경우이다.

55. 강철제 증기 보일러의 설치 검사 기준상 안전 밸브 작동 시험을 하는 경우 안전 밸브가 1개만 부착되어 있다면 그 분출 압력은?

㉮ 최고 사용 압력의 1.03배
㉯ 최고 사용 압력 이하
㉰ 최고 사용 압력의 1.2배
㉱ 최고 사용 압력의 1.25배

[해설] ① 1개만 설치된 경우 : 최고 사용 압력 이하에서 분출해야 한다.
② 2개가 설치된 경우 : 1개는 최고 사용 압력 이하에서, 나머지 1개는 최고 사용 압력의 1.03배 이하에서 분출해야 한다.

56. 강철제 또는 주철제 보일러의 설치 검사 시 안전 밸브 작동 시험을 한다. 안전 밸브가 2개 이상 설치된 경우 1개는 최고 사용 압력 이하에서 작동해야 하고, 기타는 최고 사용 압력의 몇 배에서 작동해야 하는가?

㉮ 0.93배 ㉯ 0.98배
㉰ 1.03배 ㉱ 1.06배

[해설] 2개 중 1개는 최고 사용 압력 이하에서 분출되어야 하고, 나머지 1개는 최고 사용 압력의 3 %를 더한 압력을 초과해서는 안된다. 또한 안전 밸브가 1개 설치된 경우에는 최고 사용 압력 이하에서 작동해야 한다.

57. 다음 중 안전 밸브의 누설 원인으로 잘못된 것은?

㉮ 공작 불량으로 밸브와 밸브 시트가 맞지 않을 경우
㉯ 스프링의 불량으로 밸브가 닫히지 않을 경우
㉰ 밸브와 밸브 시트 사이에 불순물이 끼

[정답] 52. ㉮ 53. ㉰ 54. ㉱ 55. ㉯ 56. ㉰ 57. ㉱

어 있을 때

㉣ 스프링의 탄성압이 너무 강할 때

[해설] 스프링의 탄성압이 너무 강하면 작동 불능의 원인이 된다.

58. 보일러 안전 밸브의 분출 면적은 고압일수록 저압일 때보다는 어떠해야 하는가?

㉮ 좁아야 한다.   ㉯ 넓어야 한다.
㉰ 일정하다.   ㉱ 무관하다.

[해설] 안전 밸브의 분출 면적은 압력에 반비례하고 전열 면적에 비례한다.

59. 온수 발생 보일러(액상식 열매체 보일러 포함)에는 안전 밸브 또는 방출 밸브를 몇 개 이상 부착해야 하는가?

㉮ 1개   ㉯ 2개   ㉰ 3개   ㉱ 4개

[해설] 최고 사용 온수 온도가 393 K (120℃) 이하인 경우에는 방출 밸브를 1개 이상, 최고 사용 온수 온도가 393 K (120℃) 초과인 경우에는 안전 밸브를 1개 이상 부착한다 (크기는 20 A 이상).

60. 온수 발생 보일러에서 안전 밸브를 설치해야 할 운전 온도는 얼마인가?

㉮ 100℃ 초과   ㉯ 110℃ 초과
㉰ 120℃ 초과   ㉱ 130℃ 초과

[해설] 최고 사용 온수 온도가 120℃ 초과인 온수 보일러에는 안전 밸브를, 120℃ 이하인 온수 보일러에는 방출 밸브를 1개 이상 설치해야 한다.

61. 전열 면적이 10 m² 이상 15 m² 미만인 강철제 온수 보일러 방출관의 안지름을 몇 mm 이상으로 해야 하는가?

㉮ 25 mm   ㉯ 30 mm
㉰ 40 mm   ㉱ 50 mm

[해설]

전열 면적(m²)	방출관의 안지름
10 미만	25 A 이상
10 이상~15 미만	30 A 이상
15 이상~20 미만	40 A 이상
20 이상	50 A 이상

[참고] A는 mm, B는 인치(in)를 나타낸다.

62. 보일러 연소실 내에서 미연소 가스 폭발 시 생성 가스를 외부로 배출시켜 보일러 손상 및 안전 사고를 예방하게 하는 안전 장치는?

㉮ 가용전   ㉯ 방폭문
㉰ 안전변   ㉱ 압력 차단 스위치

[해설] 방폭문(폭발문)에 관한 설명이다.

63. 압입 통풍 방식 보일러에 적합한 방폭문의 형식은?

㉮ 스윙식   ㉯ 리프트식
㉰ 지렛대식   ㉱ 스프링식

[해설] 강철제 보일러 및 압입 통풍 방식에 적합한 방폭문은 스프링식이며 주철제 보일러에 적합한 방식은 스윙식이다.

64. 다음 중 가용마개(가용전)의 합금 성분은 무엇인가?

㉮ 구리와 주석   ㉯ 주석과 납
㉰ 구리와 아연   ㉱ 주석과 아연

[해설] 가용마개(가용전, 용융마개)는 주석과 납의 합금으로서 용융점이 낮은 점을 이용한 안전 장치로서 합금 비율에 따라 용융점이 다르다.

[참고]

주석(Sn) : 납(Pb)	용융 온도(℃, K)
10 : 3	150℃, 423 K
3 : 3	200℃, 473 K
3 : 10	250℃, 523 K

정답 58. ㉮ 59. ㉮ 60. ㉰ 61. ㉯ 62. ㉯ 63. ㉱ 64. ㉯

65. 보일러 수위제어 검출 방식에 해당되지 않는 것은?

㉮ 마찰식 ㉯ 전극식
㉰ 차압식 ㉱ 열팽창식

[해설] ㉯, ㉰, ㉱항 외에 U자관식, 플로트식, 자석식 등이 있다.

66. 수위 제어 방식에서 수위와 증기 유량을 동시에 검출하여 제어하는 방식은?

㉮ 1요소식 ㉯ 2요소식
㉰ 3요소식 ㉱ 다요소식

[해설] 수위 제어 방식(방법)
① 1요소식(단요소식) : 수위만 검출하여 제어
② 2요소식 : 수위와 증기유량을 동시에 검출하여 제어
③ 3요소식 : 수위와 증기유량, 급수유량을 동시에 검출하여 제어

[참고] 3요소식은 고온, 고압, 대형 보일러에서 사용한다.

67. 보일러 급수 제어 방식 중 3요소식 검출 요소가 아닌 것은?

㉮ 수위 ㉯ 증기 유량
㉰ 급수 유량 ㉱ 급유 유량

[해설] ㉮, ㉯, ㉰ 항이 3요소식 검출 요소이다.

68. 고·저수위 경보기의 종류 중 플로트의 위치 변위에 따라 수은 스위치를 작동시켜 경보를 발하는 것은?

㉮ 기계식 경보기 ㉯ 자석식 경보기
㉰ 전극식 경보기 ㉱ 맥도널식 경보기

[해설] ① 기계식 : 부표(플로트)의 위치 변위에 따라 밸브가 열려 경보를 발한다.
② 자석식 : 부표(플로트)의 위치 변위에 따라 자석의 위치 변위로 수은 스위치를 작동시켜 경보를 발한다.

③ 전극식 : 보일러 수의 전기 전도성을 이용한다(전극봉은 3개월마다 청소한다).

69. 보일러의 화염 검출기 중 플레임 아이는 화염의 어떠한 성질을 이용하여 화염을 검출하는가?

㉮ 화염의 발광 ㉯ 화염의 스파크
㉰ 화염의 발열 ㉱ 화염의 이온화

[해설] 화염 검출기(불꽃 검출기)의 종류
① 플레임 아이 : 화염의 발광체를 이용 (광학적 성질 이용)
② 플레임 로드 : 화염의 이온화를 이용 (전기적 성질 이용)
③ 스택 스위치 : 화염의 발열을 이용 (열적 성질 이용)

70. 보일러 연소 시 화염 유무를 검출하는 플레임 아이에 사용되는 화염 검출 소자가 아닌 것은?

㉮ 광전관 ㉯ Pb S 셀
㉰ Cd S 셀 ㉱ Cu S 셀

[해설] 적외선 광전관, 자외선 광전관, Pb S 셀, Cd S 셀이 있다.

71. 수관 보일러에 설치하는 기수 분리기의 종류가 아닌 것은?

㉮ 스크러버형 ㉯ 사이클론형
㉰ 배플형 ㉱ 벨로스형

[해설]

기수 분리기의 종류	원리
사이클론형	원심력을 이용
스크러버형	파형의 강판을 다수 조합
건조 스크린형	금속망판을 이용
배플형	급격한 방향 전환을 이용

72. 기수 분리의 방법에 따라 분류하였을 때 다음 중 그 종류로서 가장 거리가 먼 것은?
㉮ 장애판을 이용한 것
㉯ 그물을 이용한 것
㉰ 방향 전환을 이용한 것
㉱ 압력을 이용한 것
[해설] ㉮, ㉯, ㉰ 항 외에 원심력을 이용한 것

73. 감압 밸브를 설치할 때 고압 측에 부착하는 장치가 아닌 것은?
㉮ 정지 밸브 ㉯ 안전 밸브
㉰ 압력계 ㉱ 여과기
[해설] ① 고압 측: 여과기, 정지 밸브, 압력계
② 저압 측: 안전 밸브, 정지 밸브, 압력계

74. 다음 중 증기 트랩 장치에 대하여 가장 옳게 설명한 것은?
㉮ 증기관의 도중에 설치하여 압력의 급상승 또는 급히 물이 들어가는 경우 다른 곳으로 빼내는 장치이다.
㉯ 증기관의 도중에 설치하여 증기의 일부가 드레인되어 고여 있을 때 응축수를 자동적으로 빼내는 장치이다.
㉰ 보일러 등에 설치하여 드레인을 빼내는 장치이다.
㉱ 증기관의 도중에 설치하여 증기를 함유한 침전물을 분리시키는 장치이다.
[해설] ㉯항이 증기 트랩의 역할이다.

75. 다음 중 증기와 응축수의 온도 차이를 이용하여 작동하는 증기 트랩은?
㉮ 바이메탈식 ㉯ 상향 버킷식
㉰ 플로트식 ㉱ 오리피스식
[해설] 온도 조절식 트랩에는 바이메탈식과 벨로스식이 있다.

76. 드레인(응축수) 양이 적을 때에는 밸브 시트를 눌러 멈추고 있으나, 어느 이상이 되면 적은 양의 드레인이 들어오더라도 그 양만큼 배출하는 트랩으로서 Air Vent가 내장된 트랩은?
㉮ 하향 버킷식 트랩
㉯ 플로트식 트랩
㉰ 디스크식 트랩
㉱ 바이메탈식 트랩
[해설] 기계식 트랩인 플로트식 트랩의 특징이다.

77. 구조상 고압에 적당하며 배압이 높아도 작용하며, 드레인 배출 온도를 변화시킬 수 있고 증기 누출이 없는 트랩은?
㉮ 디스크(disk)식
㉯ 플로트(float)식
㉰ 상향 버킷(bucket)식
㉱ 바이메탈(bimetal)식
[해설] 온도 조절식 트랩인 바이메탈식에 관한 설명이다.

78. 다음 보기에서 설명하는 증기 트랩(Trap)은 무엇인가?

┌─ 보기 ─────────────
• 다량의 드레인을 연속적으로 처리할 수 있다.
• 증기 누출이 거의 없다.
• 가동 시 공기빼기를 할 필요가 없다.
• 수격 작용에 약한 단점이 있다.
└────────────────

㉮ 열동식 트랩
㉯ 버킷형 트랩
㉰ 플로트식 트랩
㉱ 디스크식 트랩
[해설] 플로트식 트랩(float trap)은 응축 수량이 많은 곳에 적합하여 일명 다량 트랩이라고도 하며 워터 해머에는 약하다.

정답 72. ㉱ 73. ㉯ 74. ㉯ 75. ㉮ 76. ㉯ 77. ㉱ 78. ㉰

79. 다음 [보기]에서 설명하는 증기 트랩은?

┌─ 보기 ─────────────────────┐
• 가동 시 공기배출이 필요 없다.
• 작동이 빈번하여 내구성이 낮다.
• 작동확률이 높고 소형이며 워터해머에 강하다.
• 고압용에는 부적당하나 과열증기 사용에는 적합하다.
└───────────────────────────┘

㉮ 디스크식 트랩(disc type trap)
㉯ 버킷형 트랩(buchet type trap)
㉰ 플로트식 트랩(float type trap)
㉱ 바이메탈식 트랩(bimetal type trap)

[해설] 디스크식 증기트랩의 특징이다.

80. 일명 실로폰 트랩이라고도 부르며, 밸브 작동은 간헐적이고 저압용 방열기나 관말 트랩용으로 사용되는 트랩은 무엇인가?

㉮ 열동식 트랩   ㉯ 버킷식 트랩
㉰ 플로트식 트랩 ㉱ 충격식 트랩

[해설] 열동식 트랩은 방열기에 사용되는 트랩이며, 벨로스의 신축을 이용한 것이다.

81. 다음 중 증기 트랩의 고장 탐지 방법이 아닌 것은?

㉮ 작동음의 판단으로
㉯ 냉각 가열 상태로
㉰ 청진기 사용으로
㉱ 보일러의 부하 변동으로

[해설] 증기 트랩의 고장 탐지 방법
① 작동음 판단
② 냉각 가열 상태 파악
③ 청진기 사용

82. 다음 중 보일러 연소량을 일정하게 하고 수요처의 저부하 시 잉여 증기를 축적시켰다가 갑작스런 부하변동이나 저부하 등에 대처하기 위해 사용되는 장치는?

㉮ 탈기기   ㉯ 인젝터
㉰ 어큐뮬레이터   ㉱ 재열기

[해설] 증기 축열기(스팀 어큐뮬레이터) 장치이다.

83. 플래시 탱크(flash tank)의 기능을 옳게 설명한 것은?

㉮ 증기 건도를 높이는 장치이다.
㉯ 증기를 단순히 저장하는 장치이다.
㉰ 고압 응축수를 저압 증기로 이용하는 장치이다.
㉱ 저압 응축수를 고압 증기로 이용하는 장치이다.

[해설] 플래시 탱크는 탱크 외부로부터 탱크 내부보다 높은 압력의 열수를 받아들여 저압의 증기를 발생하는 제1종 압력 용기이다.

84. 입형 횡관 보일러의 안전 저수위로 가장 적당한 것은?

㉮ 하부에서 75 mm 지점
㉯ 횡관 전길이의 $\frac{1}{3}$ 높이
㉰ 화격자 하부에서 100 mm 지점
㉱ 화실 천장판에서 상부 75 mm 지점

[해설] 입형 보일러 및 입형 횡관 보일러의 안전 저수위는 ㉱항이다.

85. 노통 보일러의 수면계 부착 위치에 대하여 가장 옳은 것은?

㉮ 노통 최고 부위 50 mm
㉯ 노통 최고 부위 100 mm
㉰ 연관의 최고 부위 10 mm
㉱ 화실 천장판 최고 부위의 길이의 $\frac{1}{3}$

[해설] 수면계 유리관 최하부와 보일러 안전 저수위와 일치되도록 부착해야 하며 노통 보일러의 안전 저수위는 노통 최고 부위 100 mm 상방이다.

정답 79. ㉮ 80. ㉮ 81. ㉱ 82. ㉰ 83. ㉰ 84. ㉱ 85. ㉯

86. 보일러의 효율을 올리기 위한 3가지 부속 장치는 무엇인가?
㉮ 수면계, 압력계, 안전 밸브
㉯ 절탄기, 공기 예열기, 과열기
㉰ 버너, 댐퍼, 송풍기
㉱ 인젝터, 저수위 경보 장치, 유인 배풍기
[해설] 연소 가스의 폐열(여열)을 이용하여 보일러 효율을 올려주는 특수 부속 장치인 폐열 회수 장치의 종류를 설치 순서대로(연소실 가까이에서부터) 나열하면, 과열기 → 재열기 → 절탄기 → 공기 예열기 순이다.

87. 보일러에서 과열기의 역할을 옳게 설명한 것은?
㉮ 포화 증기의 압력을 높인다.
㉯ 포화 증기의 온도를 높인다.
㉰ 포화 증기의 압력과 온도를 높인다.
㉱ 포화 증기의 압력은 낮추고 온도를 높인다.
[해설] 과열기는 등압하에서 포화 증기의 온도만을 높여 과열 증기를 만들어 준다.

88. 과열기를 사용하였을 때의 장점이 아닌 것은?
㉮ 이론 열효율의 증가
㉯ 원동기 중의 열낙차의 감소
㉰ 증기 소비량을 감소
㉱ 수격 작용 방지
[해설] 원동기에서 열낙차가 증가하고 소형 고출력으로 할 수 있으며 수분에 의한 부식을 방지할 수 있다.

89. 과열기(super heater)에 대한 설명으로 틀린 것은?
㉮ 포화 증기를 과열 증기로 만드는 장치이다.
㉯ 포화 증기의 온도를 높이는 장치이다.
㉰ 고온 부식이 발생하지 않는다.
㉱ 연소 가스의 저항으로 압력 손실이 크다.
[해설] 바나듐(V) 성분이 과열기, 재열기에 고온 부식을 일으키기 쉽다.

90. 보일러 수냉관과 연소실벽 내에 설치된 복사 과열기의 특징은?
㉮ 보일러 부하 증대가 최대일 때 과열 온도가 최대
㉯ 보일러 부하 증대가 최대일 때 과열 온도는 일정
㉰ 보일러 부하 증대에 따라 과열 온도가 상승
㉱ 보일러 부하 증대에 따라 과열 온도가 강하
[해설] 보일러 부하 증대에 따라 과열온도가 강하한다.

91. 일반적으로 보일러 부하가 증가할수록 복사 과열기와 대류 과열기의 과열 온도는 어떻게 되는가?
㉮ 복사 과열기 온도는 상승하고, 대류과열기 온도는 하강한다.
㉯ 복사 과열기 온도는 하강하고, 대류과열기 온도는 상승한다.
㉰ 두 과열기 모두 온도가 상승한다.
㉱ 두 과열기 모두 온도가 하강한다.

92. 과열기 구조에 있어서 과열 온도가 약 600℃ 이상에서는 다음 중 어느 강을 주로 사용하는가?
㉮ 탄소강
㉯ 니켈강
㉰ 저망간강
㉱ 오스테나이트계 스테인리스강

정답 86. ㉯ 87. ㉯ 88. ㉯ 89. ㉰ 90. ㉱ 91. ㉯ 92. ㉱

해설 ① 탄소강 : 약 450℃ 이하
② 오스테나이트계 스테인리스강 및 몰리브덴강 : 약 600℃ 이상

93. 고압 증기 터빈에서 팽창되어 압력이 저하된 증기를 가열하는 보일러의 부속 장치는 어느 것인가?

㉮ 재열기   ㉯ 과열기
㉰ 절탄기   ㉱ 공기 예열기

해설 열회수 장치인 재열기(reheater)에 대한 내용이다.

94. 과열기가 설치된 경우 과열 증기의 온도 조절 방법으로 틀린 것은?

㉮ 열가스량을 댐퍼로 조절하는 방법
㉯ 화염의 위치를 변환시키는 방법
㉰ 고온의 가스를 연소실 내로 재순환 시키는 방법
㉱ 과열 저감기를 사용하는 방법

해설 절탄기 출구 측 저온의 가스를 재순환시키는 방법이 있으며 과열 저감기를 사용하는 방법이 가장 좋은 방법이다.

95. 절탄기에 열가스를 보낼 때 가장 주의할 점은 무엇인가?

㉮ 급수 온도
㉯ 절탄기 내의 물의 움직임
㉰ 연소 가스의 온도
㉱ 유리 수면계에서 물의 움직임

해설 절탄기 내에서 물의 유동이 없을 때 열가스를 보내면 절탄기 과열의 우려가 있으므로 열가스를 2차 연도(부연도)로 보내야 한다.

96. 배기가스의 폐열(여열)을 이용하여 급수를 예열하는 장치는?

㉮ 오토클레이브
㉯ 절탄기
㉰ 축열기
㉱ 플래시 탱크

해설 절탄기(=이코노마이즈=급수 예열기)이다.

97. 공기 예열기를 설치할 때의 장점이 아닌 것은?

㉮ 보일러 효율을 높인다.
㉯ 연료의 연소 효율을 높인다.
㉰ 통풍 저항을 줄일 수 있다.
㉱ 연료의 점화 조건이 개선된다.

해설 열회수 장치를 설치하면 통풍 저항이 증대하여 통풍력을 감소시킨다.

98. 다음 공기 예열기의 효과에 대한 설명 중 틀린 것은?

㉮ 연소 효율을 증가시킨다.
㉯ 과잉 공기가 적어도 된다.
㉰ 배기가스 저항이 줄어든다.
㉱ 저질탄 연소에 효과적이다.

해설 열회수 장치를 설치하면 배기가스 저항이 증대하여 통풍력을 감소시킨다.

99. B/C유 연소 보일러의 연소 배가스 온도를 측정한 결과 300℃였다. 여기에 공기 예열기를 설치하여 배가스 온도를 150℃까지 내렸다면 연료 절감률은 약 몇 %인가? (단, B/C 유의 발열량 9750 kcal/kg, 배가스량 13.6 Nm³/kg, 배가스의 비열 0.33 kcal/Nm³℃, 공기 예열기의 효율은 0.750이다.)

㉮ 4.3   ㉯ 5.2
㉰ 6.6   ㉱ 7.2

해설 $\dfrac{13.6 \times 0.33 \times (300-150) \times 0.75}{9750} \times 100$
$= 5.18\,\%$

정답 93. ㉮ 94. ㉰ 95. ㉯ 96. ㉯ 97. ㉰ 98. ㉰ 99. ㉯

100. 보일러 급수 장치의 설명 중 옳은 것은?
- ㉮ 인젝터는 급수 온도가 낮을 때는 사용하지 못한다.
- ㉯ 벌류트 펌프는 증기 압력으로 구동되므로 별도의 동력이 필요 없다.
- ㉰ 응축수 탱크는 급수 탱크로 사용하지 못한다.
- ㉱ 급수 내관은 안전 저수위보다 약 5 cm 아래에 설치한다.

[해설] ① 인젝터는 급수 온도가 높을 때 사용하지 못한다.
② 벌류트 펌프는 별도의 동력이 필요하다.
③ 응축수 탱크는 급수 탱크로 사용한다.

101. 회전식(원심식) 펌프의 한 종류로서 중·고압 보일러의 급수용으로 사용되며 급수량이 많은 펌프는 무엇인가?
- ㉮ 벌류트 펌프
- ㉯ 터빈 펌프
- ㉰ 플런저 펌프
- ㉱ 위어 펌프

[해설] 회전식(원심식) 펌프에는 벌류트 펌프와 터빈 펌프가 있으며, 벌류트 펌프에는 가이드 베인(안내 날개=안내 깃)이 없고 저압, 저양정용이며, 터빈 펌프에는 가이드 베인이 있고 중·고압용 및 고양정용으로 사용된다.

102. 급수 펌프 중 왕복식 펌프가 아닌 것은?
- ㉮ 워싱턴 펌프
- ㉯ 위어 펌프
- ㉰ 터빈 펌프
- ㉱ 플런저 펌프

[해설] 왕복식 펌프에는 워싱턴 펌프, 위어 펌프, 플런저 펌프가 있으며, 터빈 펌프는 원심식 펌프이다.

103. 매초당 20 L의 물을 송출시킬 수 있는 급수 펌프에서 양정이 7.5 m, 펌프 효율이 75%일 경우 펌프의 소요 동력은 몇 hp이어야 하는가?
- ㉮ 0.27 hp
- ㉯ 2.67 hp
- ㉰ 3.25 hp
- ㉱ 4.34 hp

[해설] $hp = \dfrac{\gamma QH}{75 \times \eta}$ 에서,

$\dfrac{1000 \times \dfrac{20}{1000} \times 7.5}{75 \times 0.75} = 2.67 \text{ hp}$

[참고] 물 $1 m^3 = 1000$ L이며, 물의 비중량 $= 1000 kg/m^3$이다.

104. 급수 밸브 및 체크 밸브의 크기는 전열 면적 $10 m^2$ 이하의 보일러에서는 관의 호칭(A) 이상, $10 m^2$를 초과하는 보일러에서는 관의 호칭(B) 이상의 것이어야 한다. (A), (B)에 알맞은 것은?
- ㉮ A : 10 A, B : 10 A
- ㉯ A : 15 A, B : 15 A
- ㉰ A : 15 A, B : 20 A
- ㉱ A : 15 A, B : 40 A

[해설] 급수 밸브 및 체크 밸브의 크기는 20 A 이상이어야 한다. 다만, 전열 면적이 $10 m^2$ 이하의 보일러에서는 15 A 이상으로 할 수 있다.

105. 전열 면적 $10 m^2$를 초과하는 보일러의 급수 밸브 및 체크 밸브는 관의 호칭 지름이 몇 mm 이상이어야 하는가?
- ㉮ 5
- ㉯ 10
- ㉰ 15
- ㉱ 20

[해설] ① 전열 면적 $10 m^2$ 이하 : 15 mm 이상
② 전열 면적 $10 m^2$ 초과 : 20 mm 이상

106. 최고 사용 압력 얼마 미만의 보일러에서는 급수 장치의 급수관에 체크 밸브를 생략해도 좋은가?
- ㉮ 1 MPa
- ㉯ 0.1 MPa
- ㉰ 0.5 MPa
- ㉱ 0.3 MPa

[해설] 보일러 동(드럼) 가까이에 급수 정지 밸브를, 이 가까이에 체크 밸브를 설치해야 하며,

[정답] 100. ㉱ 101. ㉯ 102. ㉰ 103. ㉯ 104. ㉰ 105. ㉱ 106. ㉯

최고 사용 압력이 0.1 MPa(1 kgf/cm²) 미만의 보일러에서는 체크 밸브를 생략할 수 있다.

107. 보일러의 급수 장치에서 인젝터의 특징 설명으로 틀린 것은?
㉮ 구조가 간단하고 소형이다.
㉯ 급수량의 조절이 가능하고 급수 효율이 높다.
㉰ 증기와 물이 혼합해 급수가 예열된다.
㉱ 인젝터가 과열되면 급수가 곤란하다.
[해설] 급수량 조절이 어렵고 급수 효율이 낮다.

108. 다음 중 인젝터의 시동 순서로 가장 옳은 것은?

[보기]
① 핸들을 연다.
② 증기 밸브를 연다.
③ 급수 밸브를 연다.
④ 급수 출구관에 정지 밸브가 열렸는가를 확인한다.

㉮ ④→③→②→①
㉯ ②→③→①→④
㉰ ③→②→①→④
㉱ ④→③→①→②

[해설] 시동 순서 : ④→③→②→①
[참고] 정지 순서 : 핸들을 닫는다.→급수 밸브를 닫는다.→증기 밸브를 닫는다.→출구측 정지 밸브를 닫는다.

109. 다음 중 인젝터의 구성 노즐이 아닌 것은 어느 것인가?
㉮ 증기 노즐   ㉯ 혼합 노즐
㉰ 토출(배출) 노즐   ㉱ 급수 노즐
[해설] 인젝터의 구성 노즐은 ㉮, ㉯, ㉰ 항 3가지이다.

110. 보일러 수(水)의 분출의 목적이 아닌 것은?
㉮ 물의 순환을 촉진한다.
㉯ 가성취화를 방지한다.
㉰ 프라이밍 및 포밍을 촉진한다.
㉱ 관수의 pH를 조절한다.
[해설] 수면 분출의 목적은 수면에 떠 있는 유지분, 부유물을 제거하여, 프라이밍 및 포밍 현상을 방지하기 위함이다.

111. 보일러 수저 분출 장치의 주된 기능으로 가장 올바른 것은?
㉮ 보일러 상부 수면에 떠 있는 유지분등을 배출한다.
㉯ 보일러 동내 온도를 조절한다.
㉰ 보일러 하부에 있는 슬러지나 농축된 관수를 밖으로 배출한다.
㉱ 보일러에 발생한 수격 작용을 위하여 응축수를 배출한다.
[해설] ㉮ 항은 수면 분출 장치의 기능이며, ㉰ 항은 수저 분출 장치의 기능이다.
[참고] 수면 분출 장치는 연속 분출 장치이며 수저 분출 장치는 단속 분출 장치이다.

112. 강철제 또는 주철제 증기 보일러의 분출 밸브의 크기는 원칙적으로 호칭 얼마 이상이어야 하는가?
㉮ 12 A   ㉯ 20 A
㉰ 25 A   ㉱ 32 A
[해설] 분출 밸브는 25 A 이상 ~ 65 A 이하이며, 전열 면적이 10 m² 이하인 보일러에는 20 A 이상으로 할 수 있다.

113. 강철제 증기 보일러의 분출 밸브 최고 사용 압력은 최소 몇 MPa 이상이어야 하는가?

[정답] 107. ㉯ 108. ㉮ 109. ㉱ 110. ㉰ 111. ㉰ 112. ㉰ 113. ㉰

㉮ 0.5 MPa   ㉯ 0.7 MPa
㉰ 1.3 MPa   ㉱ 1.9 MPa

[해설] 분출 밸브는 보일러 최고 사용 압력의 1.25배 또는 1.5 MPa를 더한 압력 중 작은 쪽의 압력에 견디고 어떠한 경우에도 0.7 MPa 이상의 압력에는 견디는 것이어야 한다.

[참고] 주철제는 최고 사용 압력 1.3 MPa 이하, 흑심 가단 주철제는 1.9 MPa 이하의 보일러에 사용할 수 있다.

114. 어느 보일러의 관수의 농도가 3000 ppm, 1일 가동 시간 8시간, 시간당 급수량이 1300 L, 회수된 응축 수량이 시간당 450 L, 급수 중의 경도 성분이 35 ppm일 때 분출률(%)과 분출량(L/d)을 구하면?

㉮ 1.2 %, 803 L/d   ㉯ 12 %, 80.3 L/d
㉰ 1.2 %, 80.3 L/d   ㉱ 12 %, 803 L/d

[해설] ① 분출률 $= \dfrac{d}{\gamma-d} \times 100[\%]$에서,

$\dfrac{35}{3000-35} \times 100\% = 1.2\%$

② 분출량 $= \dfrac{W(1-R)d}{\gamma-d}$ [L/d]에서,

$\dfrac{1300 \times 8 \times \left(1-\dfrac{450}{1300}\right) \times 35}{3000-35}$

$= 80.27$ [L/d]

115. 유체의 흐름 방향에 따른 열교환기의 종류가 아닌 것은?

㉮ 향류형   ㉯ 혼류형
㉰ 병류형   ㉱ 직교류형

[해설] ㉮, ㉰, ㉱항이 있다.

116. 동일 조건에서 열교환기의 온도 효율이 높은 순으로 바르게 나열한 것은?

㉮ 향류>직교류>병류
㉯ 병류>직교류>향류
㉰ 직교류>향류>병류
㉱ 직교류>병류>향류

[해설] 향류형>직교류형>병류형 순이다.

117. 관형 열교환기 중 다관식 열교환기의 종류가 아닌 것은?

㉮ 고정관판식   ㉯ 유동두식
㉰ u자관식   ㉱ 2중관식

[해설] 형상에 따라 ㉮, ㉯, ㉰항 3가지가 있다.

118. 판형 열교환기의 특징에 대한 설명 중 틀린 것은?

㉮ 구조상 압력 손실이 적고 내압성도 낮다.
㉯ 판의 매수 조절이 가능하여 전열 면적 증감이 용이하다.
㉰ 전열면의 청소나 조립이 간단하고, 고점도에도 적용할 수 있다.
㉱ 다수의 파형이나 반구형의 돌기를 프레스 성형하여 판을 조합하였다.

[해설] 판형 열교환기는 압력 손실이 크며 내압성은 큰 편이다.

[참고] 압력 손실을 줄인 라멜러식 열교환기가 있다.

119. 오염 저항 및 저유량에서 심한 난류 등이 유발되는 곳에 사용되고 큰 열팽창을 감소시킬 수 있으며 열전달률이 크고 고형물이 함유된 유체나 고점도 유체에 사용이 적합한 판형 열교환기는?

㉮ 플레이트식   ㉯ 플레이트핀식
㉰ 스파이럴형   ㉱ 케틀형

[해설] 스파이럴형 열교환기의 특징 : ① 열팽창에 대한 염려가 적다.
② 고점도 유체에 적합하다.
③ 내부 청소 및 보수가 용이하다.

정답 114. ㉰   115. ㉯   116. ㉮   117. ㉱   118. ㉮   119. ㉰

120. 전열 계수가 비교적 낮으므로 열교환만을 목적으로 한 용도에는 부적당하나 구조가 간단하고 제작이 쉬워서 내부 유체의 보온을 목적으로 하는 경우에 적합한 열교환기는?

㉮ 단관식 열교환기
㉯ 이중관식 열교환기
㉰ 플레이트식 열교환기
㉱ 재킷식 열교환기

[해설] 재킷식 열교환기는 용기의 보랭, 보온용에 적합한 열교환기이다.
[참고] ① 이중관식 열교환기 : 구조가 간단하고 고압용에 적합하다.
② 플레이트식 열교환기 : 화학 공업용으로 많이 사용한다.

121. 매연 분출 장치에서 보일러의 고온부인 과열기나 수관부용으로 고온의 열가스 통로에 사용할 때만 사용되는 매연 분출 장치는?

㉮ 정치 회전형
㉯ 롱 레트랙터블형(장발형)
㉰ 쇼트 레트랙터블형(단발형)
㉱ 이동 회전형

[해설] 매연 분출 장치(수트 블로어 : soot blower)의 종류 및 용도
① 롱 레트랙터블형(장발형) : 고온부인 과열기나 수관 등 고온의 열가스 통로 부분에 사용한다.
② 쇼트 레트랙터블형(단발형) : 연소실 노벽 등에 타고 남은 연사(찌꺼기)가 많은 곳에 사용된다.
③ 로터리형(정치회전형) : 보일러 전열면, 절탄기 같은 곳에 사용한다.
④ 에어히터 클리너(공기 예열기 클리너) : 관형 공기 예열기용으로 사용한다.

122. 주로 보일러 전열면이나 절탄기에 고정 설치해 두며 분사관은 다수의 작은 구멍이 뚫려 있고 이곳에서 분사되는 증기로 매연을 제거하는 것으로서 분사관은 구조상 고온 가스의 접촉을 고려해야 하는 매연 분출 장치는?

㉮ 롱 레트랙터블형(장발형)
㉯ 쇼트 레트랙터블형(단발형)
㉰ 정치 회전형
㉱ 공기 예열기 클리너

123. 다음 중 미분탄 및 폐열 보일러와 같은 연재가 많은 보일러에 사용되는 수트 블로어는?

㉮ 정치 회전형   ㉯ 장발형
㉰ 단발형   ㉱ 건형

[해설] 건형 수트 블로어에 대한 내용이다.

124. 다음 중 수트 블로어의 분사 형식이 아닌 것은?

㉮ 증기 분사식   ㉯ 물 분사식
㉰ 공기 분사식   ㉱ 기름 분사식

[해설] 분사 형식에는 ㉮, ㉯, ㉰항이 있다.

125. 수트 블로어의 설명으로 잘못된 것은?

㉮ 전열면 외측의 그을음 등을 제거하는 장치이다.
㉯ 분출기 내의 응축수를 배출시킨 후 사용한다.
㉰ 블로어 시에는 댐퍼를 열고 흡입 통풍을 증가시킨다.
㉱ 부하가 50 % 이하인 경우에만 블로어 한다.

[해설] 부하가 50 % 이하인 경우에는 수트 블로어 사용을 금한다.

정답 120. ㉱ 121. ㉯ 122. ㉰ 123. ㉱ 124. ㉱ 125. ㉱

126. 다음 중 거싯 스테이(gusset stay)를 사용하는 보일러는?
㉮ 수관 보일러 ㉯ 주철제 보일러
㉰ 노통연관 보일러 ㉱ 직립형 보일러
[해설] 거싯 스테이는 경판 보강용 버팀이며 노통 보일러의 평경판, 노통연관 보일러의 경판을 보강하는 데 사용한다.

127. 보일러에 설치되는 스테이의 종류가 아닌 것은?
㉮ 바 스테이 ㉯ 경사 스테이
㉰ 관 스테이 ㉱ 본체 스테이
[해설] ㉮, ㉯, ㉰항 외에 거싯 스테이, 볼트 스테이, 거더 스테이, 도그 스테이가 있다.

128. 보일러 스테이(stay)의 종류 중 주로 경판의 강도를 보강할 목적으로 경판과 동판 사이에 설치되는 판 모양의 스테이는 무엇인가?
㉮ 볼트 스테이 ㉯ 튜브 스테이
㉰ 바 스테이 ㉱ 거싯 스테이
[해설] 거싯(gusset) 스테이는 평경판을 보강하기 위하여 삼각 철판을 동판에 비스듬히 연결시킨 버팀이다.

129. 연관 보일러, 노통 연관 보일러에서 관판을 보강할 목적으로 설치되는 관 모양의 스테이는 무엇인가?
㉮ 볼트 스테이 ㉯ 튜브 스테이
㉰ 바 스테이 ㉱ 거싯 스테이
[해설] 앞 관판과 뒷 관판을 보강할 목적으로 사용되는 스테이는 튜브 스테이(tube stay, 관 버팀)이며 연관 구실도 한다.

130. 스테이(stay, 버팀)의 부착에 관한 설명으로 틀린 것은?

㉮ 접시형 경판에는 거싯 스테이를 부착한다.
㉯ 거싯 스테이는 평경판에서만 사용한다.
㉰ 반구형 경판에는 스테이를 부착하지 않는다.
㉱ 관판을 보강하기 위하여 튜브 스테이를 부착한다.
[해설] 강도가 제일 약한 평경판에서만 스테이를 부착한다.
[참고] 경판의 강도가 큰 순서: 반구경>반타원형>접시형>평형

131. 증기 보일러 용량 표시 방법이 아닌 것은 어느 것인가?
㉮ 상당 증발량 ㉯ 연료 사용량
㉰ 보일러 마력 ㉱ 전열 면적
[해설] 증기 보일러의 용량 표시 방법
① 최대 연속 증발량
② 매시 실제 증발량(가장 많이 사용)
③ 상당(환산) 증발량
④ 보일러 마력
⑤ 전열 면적
⑥ 최고 사용 압력
⑦ 과열 증기 온도(과열기 설치 시)

132. 급수 온도 20℃인 보일러에서 증기 압력이 10 kg/cm²이며 이때 온도 300℃의 증기가 매시간당 1ton씩 발생된다고 할 때 상당 증발량은 약 몇 kg/h인가? (단, 증기 압력 10 kg/cm²에 대한 300℃의 증기 엔탈피는 662 kcal/kg, 20℃에 대한 급수 엔탈피는 20 kcal/kg이다.)
㉮ 1191 ㉯ 2048
㉰ 2247 ㉱ 3232
[해설] 상당(환산) 증발량
$= \dfrac{1000 \times (662 - 20)}{539} = 1191 \ \text{kg/h}$

정답 126. ㉰ 127. ㉱ 128. ㉱ 129. ㉯ 130. ㉮ 131. ㉯ 132. ㉮

133. 상당 증발량이 2000 kg/h인 보일러를 가동할 때, 저위 발열량 9500 kcal/kg의 경유를 연소시킬 경우 필요한 버너의 연소 용량은 약 얼마인가? (단, 경유의 비중은 0.9, 연소 효율은 90 %로 봄)

㉮ 80.6 L/h   ㉯ 100.81 L/h
㉰ 120.5 L/h   ㉱ 140.1 L/h

[해설] $2000 \times \dfrac{539}{9500} \times 0.9 \times 0.9 = 140.09 \, \text{L/h}$

134. 보일러 성능 표시 방법의 하나인 레이팅(rating)에 대한 설명으로 옳은 것은?

㉮ 급수 온도가 100°F이고 압력 70 psing의 증기를 매시간 30 lb 발생하는 능력을 말한다.
㉯ 급수 온도가 10°C이고 압력 4.9 kg/cm²g의 증기를 매시간 13.6 kg 발생하는 능력을 말한다.
㉰ 1 ft²당의 상당 증발량 34.5 lb/h를 기준으로 해 이것을 100 % 레이팅이라 한다.
㉱ 1 m²당의 상당 증발량 3.45 kg/h를 기준으로 하여 이것을 100 % 레이팅이라 한다.

[해설] 레이팅: 전열면의 성능을 나타내는 방법이며 전열 면적 1 ft²당 상당 증발량 34.5 lb/h를 100 % 레이팅이라 한다.
[참고] 전열 면적 1 m²당 16.85 kg/h의 상당 증발량을 100 % 정격이라고 한다.

135. 어떤 보일러에서 포화 증기 엔탈피가 632 kcal/kg인 증기를 매시 150 kg을 발생하며, 급수 엔탈피가 22 kcal/kg, 매시 연료 소비량이 800 kg이라면 이때의 증발 계수는 약 얼마인가?

㉮ 1.01   ㉯ 1.13
㉰ 1.24   ㉱ 1.35

[해설] 증발 계수(증발력)
$= \dfrac{(632 - 22)}{539} = 1.13$

136. 보일러 마력에 대한 설명으로 맞는 것은 어느 것인가?

㉮ 0°C의 물 539 kg을 1시간에 100°C의 증기로 바꿀 수 있는 능력이다.
㉯ 100°C의 물 539 kg을 1시간에 같은 온도의 증기로 바꿀 수 있는 능력이다.
㉰ 100°C의 물 15.65 kg을 1시간에 같은 온도의 증기로 바꿀 수 있는 능력이다.
㉱ 0°C의 물 15.65 kg을 1시간에 100°C의 증기로 바꿀 수 있는 능력이다.

[해설] 1 atm 하에서 100°C의 물 15.65 kg을 1시간 동안에 같은 온도의 포화 증기로 바꿀 수 있는 능력의 보일러는 1보일러 마력이다.

137. 보일러 1마력을 상당 증발량으로 환산하면 약 몇 kg/h가 되는가?

㉮ 3.05   ㉯ 15.65
㉰ 30.05   ㉱ 34.55

[해설] 보일러 1마력일 때 상당 증발량 값은 15.65 kg/h이며 열출력은 8435 kcal/h이다.

138. 1보일러 마력을 열량으로 환산하면 몇 kcal/h인가?

㉮ 15.65 kcal/h   ㉯ 8435 kcal/h
㉰ 539 kcal/h   ㉱ 639 kcal/h

[해설] 열출력
= 상당 증발량 (kg/h) × 539 kcal/kg
= 15.65 kg/h × 539 kcal/kg
= 8435 kcal/h

139. 15°C의 물을 보일러에 급수하여 엔탈피 655.15 kcal/kg인 증기를 한 시간에 150

정답   133. ㉱   134. ㉰   135. ㉯   136. ㉰   137. ㉯   138. ㉯   139. ㉯

kg을 만들 때의 보일러 마력은 얼마인가?

㉮ 10.29 마력　　㉯ 11.38 마력
㉰ 13.64 마력　　㉱ 19.25 마력

[해설] 보일러 마력
$= \dfrac{\text{상당 증발량}}{15.65} = \dfrac{G_a(h_2-h_1)}{539 \times 15.65}$
$= \dfrac{150 \times (655.15-15)}{539 \times 15.65} = 11.38$ (보일러 마력)

140. 보일러의 증발량이 20 ton/h이고, 보일러 본체의 전열 면적이 450 m²일 때 보일러의 증발률은 약 몇 kg/m²·h인가?

㉮ 24　　㉯ 34
㉰ 44　　㉱ 54

[해설] 전열면 증발률(증발률)
$= \dfrac{\text{매시 실제 증발량(kg/h)}}{\text{전열 면적(m}^2\text{)}}$ [kg/m²h]에서
$\dfrac{20 \times 1000}{450} = 44 \text{ kg/m}^2\text{h}$

141. 증발량 2 ton/h, 최고 사용 압력 10 kg/cm², 급수 온도 20℃, 최대 증발률 25 kg/m²·h인 원통 보일러에서 평균 증발률을 최대 증발률의 90 %로 할 때 평균 증발량(kg/h)은?

㉮ 1200　　㉯ 1500
㉰ 1800　　㉱ 2100

[해설] $\dfrac{2000 \times 25 \times 0.9}{25} = 1800 \text{ kg/h}$

142. 보일러의 성능 계산 시 사용되는 증발률(kg/m²h)에 대하여 가장 옳게 나타낸 것은 어느 것인가?

㉮ 실제증발량에 대한 발생증기 엔탈피와의 비
㉯ 연료 소비량에 대한 상당증발량과의 비
㉰ 상당증발량에 대한 실제증발량과의 비
㉱ 전열 면적에 대한 실제증발량과의 비

[해설] 증발률(전열면 증발률)
$= \dfrac{\text{매시 실제 증발량}}{\text{전열 면적}}$ [kg/m²h]

143. 어떤 보일러의 실제 증발량이 3000 kg/h, 증기의 엔탈피가 670 kcal/kg, 급수의 엔탈피가 20 kcal/kg, 연료 사용량이 200 kg/h이었다. 증발 배수는 몇 kg/kg인가?

㉮ 1.2 kg/kg　　㉯ 3.25 kg/kg
㉰ 15 kg/kg　　㉱ 3617 kg/kg

[해설] 증발 배수(= 실제 증발 배수)
$= \dfrac{\text{매시 실제 증발량(kg/h)}}{\text{매시 연료 사용량(kg/h)}}$
$= \dfrac{3000}{200} = 15 \text{ kg/kg}$

[참고] 위의 문제에서 환산(상당) 증발 배수를 구하면, 환산(상당) 증발 배수
$= \dfrac{\text{환산(상당) 증발량(kg/h)}}{\text{매시 연료 사용량(kg/h)}}$
$= \dfrac{3000(670-20)}{539 \times 200} = 18.09 \text{ kg/kg}$

144. 증발량 1200 kg/h이며 상당 증발량이 1400 kg/h일 때 사용 연료가 140 kg/h이고, 비중이 0.8 kg/L이면 증발 배수는 얼마인가?

㉮ 8.6　　㉯ 10
㉰ 10.7　　㉱ 12.5

[해설] 증발 배수(실제 증발 배수)
$= \dfrac{\text{실제 증발량(kg/h)}}{\text{연료 사용량(kg/h)}} = \dfrac{1200}{140} = 8.6$

[참고] 상당 증발 배수 $= \dfrac{\text{상당 증발량(kg/h)}}{\text{연료 사용량(kg/h)}}$

145. 어떤 수관보일러에서 미분탄을 연료로 사용하고 있다. 연소실의 열발생률을 0.20×10^6

[정답] 140. ㉰　141. ㉰　142. ㉱　143. ㉰　144. ㉮　145. ㉮

kcal/m³h로 볼 때, 연소실 체적이 3.4 m³이면 연료 소비량은 약 몇 kg/h인가? (단, 연료의 저위 발열량은 6000 kcal/kg로 하고, 이 보일러 장치는 공기 예열기가 없다.)

㉮ 113 ㉯ 138 ㉰ 179 ㉱ 190

[해설] 연소실 열발생률 $= \dfrac{G_f \times H_l}{V}$ 에서

$G_f = \dfrac{0.2 \times 10^6 \times 3.4}{6000} = 113.3$ kg/h

146. 온수 보일러에 있어서 급탕량이 500 kg/h이고 공급주관의 온수 온도가 80℃, 환수 주관의 온수 온도가 50℃라 할 때 이 보일러의 출력은 약 몇 kcal/h인가? (단, 물의 평균 비열은 1 kcal/kg·℃이다.)

㉮ 10000 ㉯ 12500
㉰ 15000 ㉱ 17500

[해설] 열출력 $= 500 \times 1 \times (80 - 50)$
$= 15000$ kcal/h

147. 보일러 정격 출력이 300000 kcal/h, 연료 발열량이 10000 kcal/kg 보일러 효율이 80%일 때, 연료 소비량은?

㉮ 30.0 kg/h ㉯ 35.5 kg/h
㉰ 37.5 kg/h ㉱ 45.0 kg/h

[해설] $\dfrac{300000 \times 100}{10000 \times 80} = 37.5$ kg/h

148. 상당 증발량이 6.0 t/h, 연료 소비량이 0.4 t/h인 보일러의 효율은 몇 %인가? (단, 연료의 저위 발열량은 9750 kcal/kg으로 한다.)

㉮ 81% ㉯ 83%
㉰ 85% ㉱ 79%

[해설] 상당(환산) 증발량 값으로 보일러 효율을 구하는 식

보일러 효율 $= \dfrac{\text{상당 증발량(kg/h)} \times 539}{\text{매시 연료 사용량} \times \text{연료의 저위 발열량}} \times 100\%$ 에서,

∴ 보일러 효율 $= \dfrac{6 \times 1000 \times 539}{400 \times 9750} \times 100\%$
$= 83\%$

149. 다음 보일러 관련 계산식 중 틀린 것은 어느 것인가?

㉮ 증발 계수 $= \dfrac{(\text{발생 증기의 엔탈피} - \text{급수의 엔탈피})}{539}$

㉯ 보일러 마력 $= \dfrac{\text{실제 증발량}}{539}$

㉰ 보일러 효율 = 연소 효율 × 전열 효율

㉱ 화격자 연소율 $= \dfrac{\text{매시간 석탄 소비량}}{\text{화격자 면적}}$

[해설] 보일러 마력 $= \dfrac{\text{상당(환산) 증발량}}{15.65}$

150. 증기 보일러 효율이 83%, 연료 소비량은 35 kg/h, 연료의 저위 발열량은 9800 kcal/kg이다. 손실열량은 몇 kcal/h인가?

㉮ 58310 kcal/h ㉯ 24870 kcal/h
㉰ 48750 kcal/h ㉱ 284690 kcal/h

[해설] 보일러 효율이 83%이면 열손실률은 17%이므로 $35 \times 9800 \times 0.17 = 58310$ kcal/h이다.

[참고] 위의 문제에서 유효 열량을 구하면,
$35 \times 9800 \times 0.83 = 284690$ kcal/h

151. 매시간 160 kg의 연료를 연소시켜 1878 kg/h의 증기를 발생시키는 보일러의 효율은 몇 %인가? (단, 연료의 발열량은 10000 kcal/kg, 증기의 엔탈피는 740 kcal/kg, 급수의 엔탈피는 20 kcal/kg이다.)

정답 146. ㉰ 147. ㉰ 148. ㉯ 149. ㉯ 150. ㉮ 151. ㉮

㉮ 84.5 % ㉯ 74.5 %
㉰ 64.5 % ㉱ 54.5 %

[해설] 보일러 효율
$= \dfrac{1878(740-20)}{160 \times 10000} \times 100\% = 84.5\%$

152. 보일러 효율이 85 %, 실제 증발량이 5 t/h이고 발생 증기의 엔탈피 656 kcal/kg, 급수 온도 56℃, 연료의 저위 발열량이 9750 kcal/kg일 때 시간당 연료 소비량은 얼마인가?

㉮ 298 kg/h ㉯ 362 kg/h
㉰ 389 kg/h ㉱ 405 kg/h

[해설] $\eta = \dfrac{G_a(h_2 - h_1)}{G_f \times H_l} \times 100\%$ 에서,

$G_f = \dfrac{G_a(h_2 - h_1) \times 100}{\eta \times H_l}$

$= \dfrac{5 \times 1000 \times (656-56) \times 100}{85 \times 9750}$

$= 362 \text{ kg/h}$

153. 최대 연속 증발량이 10 t/h이고, 매시 실제 증발량이 8000 kg일 때 보일러 부하율은 몇 %인가?

㉮ 80 % ㉯ 75 %
㉰ 90 % ㉱ 85 %

[해설] 보일러 부하율

$= \dfrac{\text{매시 실제 증발량}}{\text{매시 최대 증발량}} \times 100\%$

$= \dfrac{8000}{10 \times 1000} \times 100 = 80\%$

154. 보일러의 성능에 관한 설명으로 틀린 것은?

㉮ 연소실로 공급된 연료가 완전 연소 시 발생된 열량과 드럼 내부에 있는 물이 그 열을 흡수하여 증기를 발생하는 데 이용된 열량과의 비율을 보일러 효율이라 한다.

㉯ 전열면 1 m²당 1시간 동안 발생되는 증발량을 상당 증발량으로 표시한 것을 증발률이라고 한다.

㉰ 27.25 kg/h의 상당 증발량을 1보일러 마력이라 한다.

㉱ 상당 증발량 G_e와 실제 증발량 G_a의 비 즉 $\dfrac{G_e}{G_a}$를 증발 계수라고 한다.

[해설] 15.65 kcal/h의 상당 증발량을 1보일러 마력이라 한다.

155. 매시 증발량 2500 kg, 발생 증기의 엔탈피 640 kcal/kg, 급수의 엔탈피 40 kcal/kg, 전열 면적이 40 m²일 때 전열 면 열 부하는 얼마인가?

㉮ 40000 kcal/h·m²
㉯ 375000 kcal/h·m²
㉰ 400000 kcal/h·m²
㉱ 37500 kcal/h·m²

[해설] 전열면 열부하(열발생률)

$= \dfrac{G_a(h_2 - h_1)}{\text{전열면적}} [\text{kcal/h·m}^2]$ 에서

∴ 전열면 열부하 $= \dfrac{2500 \times (640-40)}{40}$

$= 37500 \text{ kcal/h·m}^2$

156. 열 보일러가 800 W/m²의 비율로 열을 흡수한다. 열효율이 9 %인 장치로 12 kW의 동력을 얻으려면 전열 면적의 최소 크기는 몇 m²인가?

㉮ 0.17 ㉯ 16.6
㉰ 17.8 ㉱ 166.7

[해설] $\dfrac{12 \times 860}{0.8 \times 860 \times 0.09} = 166.7 \text{ m}^2$

[참고] 1 kWh = 860 kcal/h

[정답] 152. ㉯ 153. ㉮ 154. ㉰ 155. ㉱ 156. ㉱

157. 압력 10 kg/cm²의 포화수가 증기 트랩으로부터 대기압으로 방출될 때, 포화수 1 kg당 몇 kg의 증기가 발생하는가? (단, 10 kg/cm²의 포화 온도는 179℃, 760 mmHg에서 증발열은 539 kcal/kg이다.)

㉮ 0.015 ㉯ 0.147
㉰ 0.25   ㉱ 2.5

[해설] 760 mmHg (표준 대기압) 하에서 포화 온도가 100℃ (100 kcal/kg) 이므로
$$\frac{(179-100)}{539} = 0.147 \text{ kg}$$

158. 24500 kW의 증기 원동소에 사용하고 있는 석탄의 발열량이 7200 kcal/kg이고, 원동소의 열효율을 23 %라 하면 매 시간당 필요한 석탄의 양(t/h)은? (단, 1 kW는 860 kcal/h로 한다.)

㉮ 10.5 ㉯ 12.7
㉰ 15.3 ㉱ 18.2

[해설] $\frac{24500 \times 860}{7200 \times 0.23} = 12723 \text{ kg/h}$
$= 12.723 \text{ t/h}$

159. 횡(수평)연관 보일러에서 연관의 길이가 3000mm, 연관의 내경 75mm, 보일러 동의 외경이 2000mm, 연관의 개수가 100개일 때 보일러 전열 면적(m²)은?

㉮ 67 ㉯ 78
㉰ 84 ㉱ 92

[해설] 동의 길이 l [m], 동의 외경 D [m], 연관의 내경 d_1 [m], 연관의 개수 n이라면 횡연관 보일러의 전열 면적
$= \pi l \left(\frac{D}{2} + d_1 n\right) + D^2$ 에서
$3.14 \times 3 \times \left(\frac{2}{2} + 0.075 \times 100\right) + 2^2$
$= 84.07 \text{ m}^2$

[참고] 전력 최대 설비 용량을 K [kWh]라 하면 전기 보일러 전열 면적 $= 0.05 \times K$ [m²]

160. 동의 안지름 2500mm, 동판의 두께 18mm, 동의 길이 5300mm인 코르니쉬 보일러의 전열 면적은 약 몇 m²가 되는가?

㉮ 34.3 ㉯ 42.2 ㉰ 59.8 ㉱ 70.1

[해설] 동의 외경을 D [m], 동의 길이를 L [m]이라 하면 코르니쉬 보일러의 전열 면적
$= \pi DL$ [m²]에서
$3.14 \times 2.536 \times 5.3 = 42.2 \text{ m}^2$

161. 보일러 등의 외경이 800mm이고 동의 길이가 2500mm인 랭커셔 보일러의 전열 면적은?

㉮ 6.28m² ㉯ 8m²
㉰ 2m²   ㉱ 4.8m²

[해설] 동의 외경을 D [m], 동의 길이를 L [m]이라 하면 랭커셔 보일러의 전열 면적 $= 4DL$ [m²]에서
$4 \times 0.8 \times 2.5 = 8 \text{ m}^2$

162. 그림과 같이 수냉로벽에 있는 수관에 열이 흡수하는 전열 면적의 표시는? (단, d : 수관의 바깥지름, l : 수관의 길이, n : 수관의 수, A : 전열 면적)

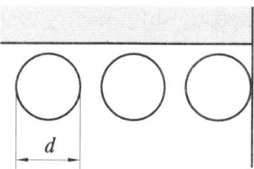

㉮ $A = \frac{\pi}{2} dln$ ㉯ $A = \frac{\pi}{4} dln$
㉰ $A = \pi dln$ ㉱ $A = dln$

[해설] 수관의 외경을 d [m], 수관의 길이를 l [m], 수관의 개수를 n이라 하면 전열 면적 $A = \pi dln$ [m²]이다.

[참고] 수관의 전열 면적 계산에서는 외경을 기준으로, 연관의 전열 면적 계산에서는 내경을 기준으로 한다.

163. 수관의 안지름이 40mm, 수관의 길이 4500mm, 수관의 두께가 5mm인 수관 150개를 갖는 수관 보일러의 전열 면적 (m^2)은?

㉮ $85m^2$ ㉯ $106m^2$
㉰ $142m^2$ ㉱ $167m^2$

[해설] $3.14 \times 0.05 \times 4.5 \times 150 = 105.975 \, m^2$

164. 수평 연관 보일러의 연관의 바깥 지름은 75mm, 살의 두께는 4mm, 길이 5m인 관을 50개 설치한 경우 연관부의 전열 면적은?

㉮ $41m^2$ ㉯ $53m^2$ ㉰ $65m^2$ ㉱ $79m^2$

[해설] 연관의 내경 D' [m], 연관의 길이 L [m], 연관의 개수 n이라면
전열 면적 $= \pi D' L n$ [m^2]에서
$3.14 \times 0.067 \times 5 \times 50 = 52.595 \, m^2$

165. 육용강제 보일러에서 동체의 최소 두께에 대하여 옳지 않게 나타낸 것은?

㉮ 안지름이 900 mm 이하의 것은 6 mm (단, 스테이를 부착할 경우)
㉯ 안지름이 900 mm 초과 1350 mm 이하인 것은 8 mm
㉰ 안지름이 1350 mm 초과 1850 mm 이하의 것은 10 mm
㉱ 안지름이 1850 mm 초과 시 12 mm

[해설] 안지름이 900 mm 이하일 때 스테이를 부착할 경우 동체 최소 두께는 8 mm

166. 지름이 d, 두께가 t인 얇은 살두께의 밀폐된 원통 안에 압력 P가 작용할 때 원통에 발생하는 원주 방향의 인장 응력을 구하는 식은?

㉮ $\dfrac{\pi d P}{2t}$ ㉯ $\dfrac{\pi d P}{4t}$
㉰ $\dfrac{dP}{2t}$ ㉱ $\dfrac{dP}{4t}$

[해설] ① 원주 방향의 인장 응력(kg/cm^2) $= \dfrac{Pd}{2t}$
② 길이 방향의 인장 응력(kg/cm^2) $= \dfrac{Pd}{4t}$

167. 보일러의 강도 계산에서 동체 속에 압력이 생기는 경우 원주 방향의 응력은 축 방향 응력의 몇 배 정도인가?

㉮ 2배 ㉯ 4배 ㉰ 8배 ㉱ 16배

[해설] 최고 사용 압력이 P [kg/cm^2], 동체의 내경이 D [cm], 동체의 두께가 t [cm]라면
① 원주 방향의 인장 응력 $= \dfrac{PD}{2t}$ [kg/cm^2]
② 축 방향의 인장 응력 $= \dfrac{PD}{4t}$ [kg/cm^2]
∴ 원주 방향 응력은 축 방향 응력의 2배

168. 동체의 안지름 2000 mm, 최고 사용 압력 12 kgf/cm^2인 원통보일러 동판의 두께는 약 몇 mm인가? (단, 강판의 인장 강도 40 kgf/mm^2, 안전율 4.5, 이음 효율 (η) 0.71, 부식 여유는 2 mm이다.)

㉮ 12 ㉯ 16
㉰ 19 ㉱ 21

[해설] 동판 두께 t [mm] $= \dfrac{PDS}{200 \cdot \delta \cdot \eta} + \alpha$
$= \dfrac{12 \times 2000 \times 4.5}{200 \times 40 \times 0.71} + 2 = 21 \, mm$

169. 내경 250 mm의 주철제 원통을 6 kg/cm^2의 내압에 견디게 할 때 두께(mm)는? (단, 허용 응력은 1.5 kg/mm^2로 한다.)

[정답] 163. ㉯ 164. ㉯ 165. ㉮ 166. ㉰ 167. ㉮ 168. ㉱ 169. ㉰

㉮ 3.5　　㉯ 4.0　　㉰ 5.0　　㉱ 6.5

[해설] 두께 = $\frac{6 \times 250}{200 \times 1.5} = 5$ mm

170. 육용강제 보일러에 있어서 접시 모양 경판으로 노통을 설치할 경우, 경판의 최소 두께 t [mm]를 구하는 식은? (단, P : 최고 사용 압력(kgf/cm²), R : 접시 모양 경판의 중앙부에서의 내면 반지름(mm), σ_a : 재료의 허용 인장 응력(kgf/mm²), η : 경판 자체의 이음 효율, A : 부식 여유(mm))

㉮ $t = \frac{PR}{150\sigma_a\eta} + A$　㉯ $t = \frac{150PR}{(\sigma_a + \eta)A}$

㉰ $t = \frac{PA}{150\sigma_a\eta} + R$　㉱ $t = \frac{AR}{\sigma_a\eta} + 150$

[해설] 접시 모양 경판으로 노통을 설치할 경우

$t = \frac{PR}{150 \cdot \sigma_a\eta} + A$

[참고] A는 부식 여유 두께로 1 mm 정도이다.

171. 연관 보일러에서 연관의 최소 피치를 계산하는 데 사용하는 식은? (단, P는 연관의 피치(mm), t는 연관판의 두께(mm), d는 관 구멍의 지름(mm)이다.)

㉮ $P = \left(1 + \frac{t}{4.5}\right)d$　㉯ $P = (1+d)\frac{4.5}{t}$

㉰ $P = \left(1 + \frac{4.5}{t}\right)d$　㉱ $P = \left(1 + \frac{d}{4.5}\right)t$

[해설] 연관의 최소 피치 $P = \left(1 + \frac{4.5}{t}\right) \times d$ 이다.

172. 관판의 두께가 10 mm이고 관구멍의 직경이 30 mm인 연관 보일러의 연관의 최소 피치는 약 몇 mm인가?

㉮ 37.0　　㉯ 43.5
㉰ 53.2　　㉱ 64.9

[해설] 관판 두께가 t [mm], 관 구멍의 직경이 d [mm]라면,

연관의 최소 피치(mm) = $\left(1 + \frac{4.5}{t}\right) \times d$

$= \left(1 + \frac{4.5}{10}\right) \times 30$

$= 43.5$ mm

173. 보일러의 파형 노통에서 노통의 평균 지름을 1000 mm, 최고 사용 압력을 11 kg/cm²라 할 때 노통의 최소 두께는 몇 mm인가? (단, 정수 C는 1100이다.)

㉮ 5　　㉯ 8　　㉰ 10　　㉱ 13

[해설] 파형 노통에서 그 끝의 평행부의 길이가 230 mm 미만인 경우 최고 사용 압력이 P [kg/cm²], 노통의 평균 지름이 D [mm], 정수가 C라면 최소 두께 t [mm] = $\frac{PD}{C}$ 에서

$t = \frac{11 \times 1000}{1100} = 10$ mm

[참고] 최고 사용 압력 P [kg/cm²] = $\frac{C \cdot t}{D}$

174. 최고 사용 압력 1.5 MPa, 파형 형상에 따른 정수(C)를 1100으로 할 때 노통의 평균 지름이 1100 mm인 파형 노통의 최소 두께는 약 몇 mm인가?

㉮ 10　　㉯ 15　　㉰ 20　　㉱ 25

[해설] 최고 사용 압력이 P [kg/cm²], 노통의 평균지름이 D [mm], 정수가 C라면

최소 두께 t [mm] = $\frac{PD}{C}$

$= \frac{15 \times 1100}{1100} = 15$ mm

[참고] 1.5 MPa = 15 kg/cm²

175. 노통 연관 보일러의 노통 바깥면과 이것에 가장 가까운 연관의 면과는 몇 mm 이상의 틈새를 두어야 하는가?

㉮ 30 ㉯ 50
㉰ 60 ㉱ 100

[해설] 노통 바깥면과 가장 가까운 연관의 면과는 50 mm 이상의 틈새를 두어야 한다.

176. 파이프의 내경 D [mm]를 유량 Q [m³/s]와 평균 속도 V [m/s]로 표시한 식으로 옳은 것은?

㉮ $D = 1128\sqrt{\dfrac{Q}{V}}$ ㉯ $D = 1128\sqrt{\dfrac{\pi V}{Q}}$

㉰ $D = 1128\sqrt{\dfrac{Q}{\pi V}}$ ㉱ $D = 1128\sqrt{\dfrac{V}{Q}}$

[해설] $Q = \dfrac{\pi}{4} \cdot \left(\dfrac{D}{1000}\right)^2 \cdot V$ 에서

$\left(\dfrac{D}{1000}\right)^2 = \dfrac{4Q}{\pi V}$ 이므로

$D = 2000 \cdot \sqrt{\dfrac{Q}{\pi V}} = 2000 \cdot \sqrt{\dfrac{1}{\pi}} \cdot \sqrt{\dfrac{Q}{V}}$

$= 1128 \cdot \sqrt{\dfrac{Q}{V}}$ [mm]

177. 유량 7 m³/s의 주철제 도수관의 지름은 약 몇 mm인가? (단, 평균 유속(V)은 3 m/s이다.)

㉮ 680   ㉯ 1312
㉰ 1723 ㉱ 2163

[해설] $Q = \dfrac{\pi D^2}{4} \times V$ 에서

$D = \sqrt{\dfrac{4Q}{\pi V}} = \sqrt{\dfrac{4 \times 7}{\pi \times 3}} \times 1000 = 1724$ mm

178. 내경이 220 mm이고, 강판 두께가 10 mm인 파이프의 허용 인장 응력이 6 kg/mm²일 때, 이 파이프의 유량이 40 L/s이다. 이때 평균 유속은 약 몇 m/s인가? (단, 유량 계수는 1이다.)

㉮ 0.92 ㉯ 1.05 ㉰ 1.23 ㉱ 1.78

[해설] Q [m³/s] $= A$ [m²] $\times V$ [m/s]

$= \dfrac{\pi D^2}{4} \times V$ 에서

$V = \dfrac{0.04}{\dfrac{\pi \times (0.22)^2}{4}} = 1.053$ m/s

179. 지름이 5 cm의 파이프를 사용하여 매시 4톤의 물을 공급하는 수도관이 있다. 이 수도관에서의 물의 속도는 몇 m/s인가? (단, 물의 비중은 1이다.)

㉮ 0.12 ㉯ 0.28
㉰ 0.56 ㉱ 8.1

[해설] 중량 유량이 Q [kg/s], 관경이 D [m], 유속이 V [m/s], 비중량이 ρ [kg/m³]라면

$Q = \rho \times \dfrac{\pi D^2}{4} \times V$ 에서

$V = \dfrac{\dfrac{4000}{3600}}{1000 \times \dfrac{\pi \times (0.05)^2}{4}} = 0.566$ m/s

180. 유속을 일정하게 하고 관의 직경을 2배로 증가시켰을 경우 일반적으로 유량은 어떻게 변하는가?

㉮ 2배로 증가   ㉯ 4배로 증가
㉰ 8배로 증가   ㉱ 16배로 증가

[해설] $Q = \dfrac{\pi D^2}{4} \times V$ 에서 $\dfrac{\dfrac{\pi 2D^2}{4}}{\dfrac{\pi D^2}{4}} = 4$

181. 유체의 압력손실은 배관설계 시 중요한 인자이다. 다음 중 압력손실과의 관계로서 틀린 것은?

㉮ 압력손실은 관마찰계수에 비례한다.
㉯ 압력손실은 유속의 제곱에 비례한다.
㉰ 압력손실은 관의 길이에 반비례한다.

정답 176. ㉮ 177. ㉰ 178. ㉯ 179. ㉰ 180. ㉯ 181. ㉰

㉣ 압력손실은 관의 내경에 반비례한다.

[해설] 압력손실 ΔP [kg/m^2], 관 내경 d [m], 관 길이 l [m], 유속 V [m/s], 중력 가속도 g [m/s^2], 관마찰 계수 λ, 유체의 비중량 γ [kg/m^3]이라면

$$\Delta P = \lambda \cdot \frac{l}{d} \cdot \frac{V^2}{2g} \cdot \gamma \text{ 이다.}$$

182. 안지름이 150 mm, 살 두께가 5 mm인 연동제(軟銅製)파이프의 허용 응력이 8 kg/mm^{2}일 때 이 파이프에 약 몇 kg/cm^{2}의 내압을 가할 수 있는가? (단, 이음 효율은 1이며, 부식 여유는 1 mm이다.)

㉮ 14.0　　　㉯ 19.7
㉰ 31.4　　　㉱ 42.7

[해설] 최고 사용 압력이 P [kg/cm^2], 관 내경이 D [mm], 허용 응력이 δ_a [kg/mm^2], 이음 효율이 η, 부식 여유가 C라면

관 두께 t [mm] $= \dfrac{PD}{200 \times \delta_a \times \eta} + C$ 에서

$$P = \frac{200 \times 8 \times (5-1)}{150}$$
$$= 42.7 \text{ kg/cm}^2$$

183. 바깥지름이 10 mm이고 두께가 2.6 mm인 내통이 없는 직립형 보일러의 연돌관의 강도를 계산하고자 한다. 최고 사용 압력은 약 몇 kg/cm^{2}인가?

㉮ 2.0　　　㉯ 4.3
㉰ 15.6　　　㉱ 27.7

[해설] 내통이 없는 경우

$$P = \frac{227(t-1.6)}{D} = \frac{227(2.6-1.6)}{10}$$
$$= 22.7 \text{ kg/cm}^2$$

[참고] 내통이 있는 경우

$$P = \frac{52000(t-0.8)^2}{D(l+610)} \text{ [kg/cm}^2\text{]}$$

184. 배관용 탄소강관을 압력 용기의 부분에 사용할 때에는 설계 압력이 몇 MPa 이하일 때 가능한가?

㉮ 0.5　㉯ 1　㉰ 1.5　㉱ 2

[해설] 배관용 탄소강관을 압력 용기에 사용할 때 압력은 1 MPa 이하이다.

185. 보일러 설계 시 크리프 영역에 달하지 않는 온도에서의 철강 재료 허용 인장 응력은 어느 것인가?

㉮ 상온에서의 최소 인장 강도의 $\dfrac{1}{4}$

㉯ 상온에서의 최소 인장 강도의 $\dfrac{1}{3}$

㉰ 상온에서의 최소 인장 강도의 $\dfrac{1}{2}$

㉱ 상온에서의 최소 인장 강도의 $\dfrac{1}{1.6}$

[해설] 허용 인장 응력은 상온에서의 최소 인장 강도의 $\dfrac{1}{4}$

186. 외경이 150mm, 안지름이 100mm의 대포가 발사될 때 화약의 폭발에 의한 압력이 920kg/cm^{2}이라면 포신에 생기는 최대 응력은 몇 kg/mm^{2}인가?

㉮ 12.3　　　㉯ 18.9
㉰ 23.9　　　㉱ 42.9

[해설] $\sigma = \dfrac{P}{100} \times \dfrac{\gamma_2^2 + \gamma_1^2}{\gamma_2^2 - \gamma_1^2}$ 에서

$$\frac{920}{100} \times \frac{75^2 + 50^2}{75^2 - 50^2} = 23.9 \text{ kg/mm}^2$$

187. 열교환기 설계에 있어서 열교환유체의 압력 강하는 중요한 설계 인자이다. 이 압력강하는 관의 내경, 길이 및 평균 유속을 각각 Di, l, U라 할 때 압력 강

[정답] 182. ㉱　183. ㉱　184. ㉯　185. ㉮　186. ㉰　187. ㉮

하량 ΔP와 이들 사이의 관계식 중 옳은 것은?

㉮ $\Delta P \propto \dfrac{l}{Di} \dfrac{1}{2g} U^2$

㉯ $\Delta P \propto \dfrac{Di}{l} \dfrac{1}{2g} U^2$

㉰ $\Delta P \propto \dfrac{1}{2g} U^2 l D i$

㉱ $\Delta P \propto l D i / \dfrac{1}{2g} U^2$

[해설] 압력 강하는 마찰 계수 λ, 유체의 비중량 γ, 관의 길이 l에 비례하고 유속의 제곱 V^2에 비례하며 관의 직경 d에는 반비례한다.

즉, $\Delta P = \lambda \cdot \dfrac{l}{Di} \cdot \dfrac{U^2}{2g} \cdot \gamma$

$\therefore \Delta P \propto \dfrac{l}{Di} \cdot \dfrac{1}{2g} \cdot U^2$

188. 리벳 이음에 비하여 용접 이음의 장점을 옳게 설명한 것은?

㉮ 이음 효율이 좋다.
㉯ 잔류 응력이 발생되지 않는다.
㉰ 진동에 대한 감쇠력이 높다.
㉱ 응력 집중에 대하여 민감하지 않다.

[해설] 용접 이음의 장점
① 이음 효율이 높고 제작비가 싸다.
② 사용판 두께에 제한이 없다.
③ 기밀성, 수밀성이 좋다.

189. 두께 15 mm 강판을 맞대기 용접 이음 할 때 적당한 끝벌림 형식은?

㉮ V형   ㉯ X형
㉰ H형   ㉱ 양면 W형

[해설]

판 두께(mm)	형식
1 이상~5 이하	I형
5 이상~16 이하	V형
12 이상~38 이하	X형, U형
19 이상	H형

190. 용접봉 피복제의 역할이 아닌 것은?

㉮ 용융 금속의 정련 작용을 하며 탈산제 역할을 한다.
㉯ 용융 금속의 급랭을 촉진시킨다.
㉰ 용융 금속에 필요한 원소를 보충해 준다.
㉱ 피복제의 강도를 증가시킨다.

[해설] 용융 금속의 급랭을 방지하며 비산도 방지해 준다.

191. 다음 [그림]의 용접이음에서 생기는 인장응력은 약 몇 kgf/cm²인가?

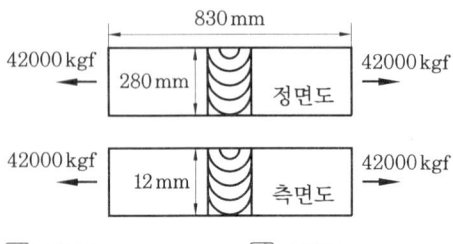

㉮ 1250   ㉯ 1450
㉰ 1650   ㉱ 1850

[해설] 인장 응력(kg/mm²) $= \dfrac{W}{t \cdot l}$ 에서

$\dfrac{42000}{280 \times 12} = 12.5 \text{ kg/mm}^2 = 1250 \text{ kgf/cm}^2$

192. 맞대기 용접 이음에서 하중 120 kg, 용접부의 길이 3 cm, 판의 두께를 2 mm 라 할 때 용접부의 인장 응력은 몇 kg/mm² 인가?

㉮ 0.5   ㉯ 2
㉰ 20   ㉱ 50

[해설] 하중 W[kg], 목부의 두께 t [mm], 용접부 길이 l [mm], 모재의 두께 h [mm], 인장 응력 σ [kg/mm²]일 때

$\delta = \dfrac{W}{t \cdot l} = \dfrac{W}{hl}$ 에서

$\delta = \dfrac{120}{2 \times 30} = 2 \text{ kg/mm}^2$

193. 막대기 이음 용접에서 하중(W)이 3000 kg, 용접 높이(h)가 8 mm일 때, 용접 길이는 몇 mm로 설계하여야 하는가? (단, 재료의 허용 인장 응력(σ)은 5 kg/mm²로 한다.)

㉮ 52   ㉯ 75
㉰ 82   ㉱ 100

[해설] $W = \dfrac{t}{\delta} = hl\delta$ 에서

$\delta = \dfrac{W}{tl} = \dfrac{W}{hl}$

$\therefore l = \dfrac{W}{h\delta} = \dfrac{3000}{8 \times 5} = 75$ mm

194. 그림과 같이 폭 150 mm, 두께 10 mm의 맞대기 용접 이음에 작용하는 인장 응력은 약 몇 kg/cm²인가?

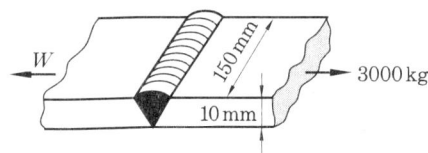

㉮ 2   ㉯ 15   ㉰ 100   ㉱ 200

[해설] 인장 응력(kg/mm²) = $\dfrac{W}{t \cdot l}$ 에서

$\dfrac{3000}{10 \times 150} = 2$ kg/mm² $= 200$ kg/cm²

하중 : W[kg], 모재 두께 : t[mm], 용접 길이 : l[mm]

195. 그림과 같은 V형 용접 이음의 인장 응력(σ)의 식은?

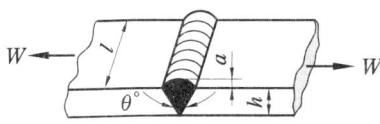

㉮ $\sigma = \dfrac{W}{hl}$

㉯ $\sigma = \dfrac{W}{h \cdot \operatorname{cosec}\theta \cdot \dfrac{1}{2}l}$

㉰ $\sigma = \dfrac{W}{h + a}$

㉱ $\sigma = \dfrac{W}{(h+a) \cdot \operatorname{cosec}\theta \cdot \dfrac{1}{2}l}$

[해설] 하중이 W[kg], 모재 두께가 h[mm], 목부 두께가 t[mm], 용접 길이가 l[mm]이라면

응력 = $\dfrac{W}{t \cdot l} = \dfrac{W}{h \cdot l}$

196. 그림과 같은 V형 용접이음에 굽힘모멘트(M)가 작용할 때의 굽힘 응력(σ_b)의 식은?

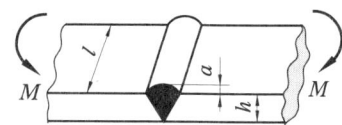

㉮ $\dfrac{12M}{h^2 l}$ ㉯ $\dfrac{6M}{h^2 l}$

㉰ $\dfrac{12M}{(h+a)\operatorname{cosec}\dfrac{l}{2}}$ ㉱ $\dfrac{6M}{(h+a)^2 l}$

[해설] 굽힘 응력(kg/mm²) = $\dfrac{6M}{h^2 l}$

h : 모재의 두께(mm), l : 용접 길이(mm)

197. 테르밋(thermit) 용접의 테르밋이란 무엇과 무엇의 혼합물인가?

㉮ 붕사와 붕산의 분말
㉯ 탄소와 규소의 분말
㉰ 알루미늄과 산화철의 분말
㉱ 알루미늄과 납의 분말

[해설] 테르밋 용접(thermit welding)이란 외부에서 열을 가하지 않고 산화철(Fe_3O_4)과 알루미늄 분말을 3 : 1로 혼합한 혼합체의 테르

밋 반응에 의해서 생기는 강렬한 발열 반응에 의해서 용접을 행하는 것으로 치차, 축, 프레임(frame)의 수리나 마멸 부분의 보수, 레일의 접합 등에 이용된다.

198. 용접 이음에서 실제 용접 이음 효율 η를 바르게 표시한 식은?

㉮ η = 사용 계수×형상 계수
㉯ η = 형상 계수×안전 계수
㉰ η = 용접 계수×형상 계수
㉱ η = 사용 계수×형상 계수×용접 계수

[해설] 용접 이음의 효율은 모재의 인장 강도에 대한 용접부의 강도의 비율을 말하는데, 이음의 형상 치수에 의한 형상 계수 K_1과 용접의 좋고 나쁜 것을 표시하는 용접 계수 K_2의 곱으로써 실제 이음 효율 η를 표시한다.
실제 이음 효율 (η) = 형상 계수 (K_1)×용접 계수 (K_2)

199. 용접에서 발생한 잔류 응력을 제거하기 위한 열처리는 다음 중 어느 것인가?

㉮ tempering ㉯ annealing
㉰ quenching ㉱ normalizing

[해설] 용접을 할 때에는 고열이 발생하여 용착부와 모재에 이 열의 영향으로 잔류 응력이 생기게 된다. 이 잔류 응력을 제거하기 위하여 600~650℃로 가열한 다음 서서히 냉각시키는데 이러한 열처리 조작을 풀림(annealing)이라고 한다.

200. 보일러에 다음 그림과 같은 1줄 겹치기 리벳 이음을 하였다. 여기에 3000kg의 인장 하중이 작용하고 있을 때 리벳에 생기는 전단 응력은 얼마인가?(단, 강판 두께는 10mm, 폭 70mm, 리벳 구멍의 지름 16.8mm이다.)

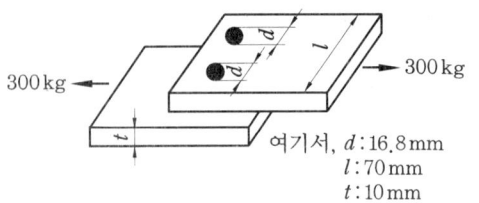

여기서, $d : 16.8$ mm
$l : 70$ mm
$t : 10$ mm

㉮ 6.8kg/mm²
㉯ 7.2kg/mm²
㉰ 7.4kg/mm²
㉱ 7.6kg/mm²

[해설] $\tau = \dfrac{F}{A}$ 에서

$$\dfrac{3000}{2 \times \dfrac{3.14}{4} \times (16.8)^2} = 6.8 \text{kg/mm}^2$$

201. 강판의 두께 12mm, 리벳의 직경 22.2mm, 피치 48mm의 1줄 겹치기 리벳 조인트가 있다. 1피치마다의 하중을 1200kg이라 할 때 리벳에 생기는 전단 응력은 얼마인가?

㉮ 3.1kg/mm²   ㉯ 16.3kg/mm²
㉰ 34.5kg/mm² ㉱ 53.0kg/mm²

[해설] $W = \dfrac{\pi}{4} d^2 \tau$ 에서 $\tau = \dfrac{4W}{\pi d^2}$ 이므로

$$\tau = \dfrac{4 \times 1200}{3.14 \times 22.2^2} = 3.1 \text{kg/mm}^2$$

202. 보일러의 리벳 이음 시 양쪽 이음매 판의 두께를 구하는 식으로 옳은 것은?(단, t_o는 양쪽 이음매판의 최소 두께(mm), t는 드럼판의 두께(mm)이다.)

㉮ $t_o = 0.1t + 2$ ㉯ $t_o = 0.6t + 2$
㉰ $t_o = 0.1t + 10$ ㉱ $t_o = 0.6t + 10$

[해설] 양쪽 이음매판의 최소 두께 t_o [mm]는 다음 식에 의한다.
$t_o = 0.6t + 2$

203. 10 ton의 인장 하중을 받는 양쪽 덮개판 맞대기 리벳 이음이 있다. 리벳의 지름이 16 mm, 리벳의 허용 전단 응력이 6 kg/mm²일 때 최소 몇 개의 리벳이 필요한가?

㉮ 3 ㉯ 5 ㉰ 7 ㉱ 10

[해설] 인장 하중 $W[\text{kg}] = \dfrac{\pi d^2}{4} \times 2n\tau$에서

$n = \dfrac{2W}{\pi d^2 \tau} = \dfrac{2 \times 10^4}{2 \times 16^2 \times 6} = 4.15$

따라서, 최소 5개의 리벳이 필요하다.

204. 강판의 두께가 20 mm이고, 리벳의 직경이 28.2 mm이며 피치 50.1 mm의 1줄 겹치기 리벳 조인트가 있다. 이 강판의 효율은 몇 %인가?

㉮ 34.2 ㉯ 43.7 ㉰ 61.4 ㉱ 70.1

[해설] 관 구멍의 피치가 동일한 경우 리벳 이음의 강판의 효율 피치 $\eta = \dfrac{P-d}{P}$에서

$\dfrac{50.1 - 28.2}{50.1} \times 100 = 43.7\%$

205. 리벳 이음의 계산에 사용하는 강판 재료의 허용 전단 응력은?

㉮ 허용 인장 응력과 같게 잡는다.
㉯ 허용 인장 응력의 85%로 한다.
㉰ 허용 인장 응력의 50%로 한다.
㉱ 허용 인장 응력의 38%로 한다.

[해설] 리벳 이음에 관한 규정에서 재료의 강도
① 계산에 사용하는 강판 재료의 허용 압축 응력은 허용 인장 응력과 같게 잡는다.
② 계산에 사용하는 강판 재료의 허용 전단 응력은 허용 인장 응력의 85%로 한다.
③ 계산에 사용하는 리벳 재료의 압축 응력은 인장 응력의 38%로 한다.
④ 계산에 사용하는 리벳 재료의 전단 응력은 인장 응력의 21%로 한다. 다만, 인장 강도가 불명한 경우는 7kg/mm²으로 한다.

206. 어느 가열로에서 노벽의 상태가 다음과 같을 때 노벽을 관류하는 열량은 약 몇 kcal/h인가? (단, 노벽의 상하 및 둘레가 균일한 것으로 보며 평균 방열 면적 : 120.5 m², 노벽 두께 45 cm, 내벽 표면 온도 : 1300℃, 외벽 표면 온도 : 175℃, 노벽 재질의 열전도율 : 0.1kcal/m·h·℃이다.)

㉮ 301.25 ㉯ 30125
㉰ 394.97 ㉱ 39497

[해설] $Q = 0.1 \times 120.5 \times \dfrac{(1300-175)}{0.45}$
$= 30125 \text{ kcal/h}$

207. 두께 4 mm 강의 평판에서 고온측 면의 온도가 100℃고, 저온측 면의 온도가 80℃이며 단위 m²에 대하여 매분당 30000 kJ의 전열을 한다고 하면, 이 강판의 열전도율은 약 몇 W/m℃인가?

㉮ 50 ㉯ 100 ㉰ 150 ㉱ 200

[해설] $Q[\text{kcal/h}] = \lambda \cdot F[\text{m}^2] \cdot \dfrac{\Delta t[℃]}{b[\text{m}]}$에서

$\lambda = \dfrac{Q \cdot b}{F \cdot \Delta t}[\text{kcal/m·h·℃}]$이므로

$\lambda = \dfrac{30000 \times 0.24 \times 60 \times 0.004}{20}$
$= 86.4 \text{ kcal/m·h·℃}$
$= 100.5 \text{ W/m℃}$

208. 석면판과 내화 벽돌, 보온 벽돌이 3층으로 형성된 노벽이 있다. 그 두께가 각각 10 cm, 20 cm, 10 cm이고, 열전도도는 각각 8, 1, 0.2kcal/m·h·℃이다. 노내벽 온도는 1100℃이고 외벽 온도는 60℃일 때 벽면 1m²에서 매시간 약 얼마의 열손실이 있는가?

㉮ 150 kcal ㉯ 1320 kcal
㉰ 1460 kcal ㉱ 1640 kcal

정답 203. ㉯ 204. ㉯ 205. ㉯ 206. ㉯ 207. ㉯ 208. ㉰

[해설] $Q = F \times \dfrac{\Delta t}{\dfrac{b_1}{\lambda_1} + \dfrac{b_2}{\lambda_2} + \dfrac{b_3}{\lambda_3}}$ 에서

$1 \times \dfrac{1040}{\dfrac{0.1}{8} + \dfrac{0.2}{1} + \dfrac{0.1}{0.2}} = 1460 \text{ kcal}$

209. 내화 벽돌이 두께 140 mm 적벽돌 및 100 mm 단열 벽돌로 되어 있는 노벽이 있다. 이것의 열전도율은 각각 1.2, 0.06 kcal/m·h·℃이다. 노내 벽면의 온도가 1000℃이고, 외벽면의 온도가 100℃일 때 손실 열량은 약 몇 kcal/m²·h인가?

㉮ 204 ㉯ 289 ㉰ 442 ㉱ 505

[해설] 손실 열량 $= F \times \dfrac{\Delta t}{\dfrac{d_1}{\lambda_1} + \dfrac{d_2}{\lambda_2}}$ 에서

$\dfrac{900}{\dfrac{0.14}{1.2} + \dfrac{0.1}{0.06}} = 504.67 \text{ kcal/m}^2\text{h}$

210. 다음 열전달 법칙과 이에 관련된 내용으로 틀린 것은?

㉮ 뉴턴의 냉각 법칙-대류열 전달
㉯ 퓨리에의 법칙-전도열 전달
㉰ 스테판·볼츠만의 법칙-복사열 전달
㉱ 보일·샤를의 법칙-전도열 전달

[해설] 보일·샤를의 법칙
압력, 체적, 온도와의 관계를 규정한 것으로 보일의 법칙과 샤를의 법칙을 결합시킨 것이다.

211. 다음 중 복사 열전달에 적용되는 법칙은 어느 것인가?

㉮ 뉴턴의 냉각 법칙
㉯ 퓨리에의 법칙
㉰ 스테판-볼츠만의 법칙
㉱ 돌턴의 법칙

[해설] ① 전도 : 퓨리에의 법칙
② 대류 : 뉴턴의 냉각 법칙

212. 외기 온도가 20℃일 때 표면 온도 70℃인 관표면에서의 복사에 의한 열전달률은 약 몇 kcal/m²·h·K인가? (단, 관의 방사율은 0.8로 할 것)

㉮ 0.2 ㉯ 5 ㉰ 10 ㉱ 12

[해설] $a_r = \dfrac{4.88 \times \epsilon \times \left\{\left(\dfrac{T_1}{100}\right)^4 - \left(\dfrac{T_2}{100}\right)^4\right\}}{T_1 - T_2}$ 에서

$\dfrac{4.88 \times 0.8 \times \{(3.43)^4 - (2.93)^4\}}{(343 - 293)}$
$= 5.05 \text{ kcal/m}^2\text{·h·K}$

213. 운동량의 퍼짐도와 열적 퍼짐도의 비를 근사적으로 표현하는 무차원수는?

㉮ Nusselt (Nu) 수 ㉯ Prandtl (pr) 수
㉰ Grashof (Gr) 수 ㉱ Schmidt (Sc) 수

[참고] Nusselt 수는 열전달 계수를 표시하는 데 관계되는 수이다.
Prandtl 수는 열유체의 물성을 표시하는 무차원수이다.

214. 다음 무차원 수에 대한 설명 중 틀린 것은?

㉮ Nusselt 수는 열전달계수와 관계가 있다.
㉯ Prandtl 수는 동점성계수와 관계가 있다.
㉰ Reynolds 수는 층류 및 난류와 관계가 있다.
㉱ Stanton 수는 확산계수와 관계가 있다.

[해설] ① Nusselt 수 $= \dfrac{\text{열전달률} \times \text{관지름}}{\text{열전도율}}$

② Prandtl 수 $= \dfrac{\text{동점성계수}}{\text{열전달률}}$

③ Eckert 수 $= \dfrac{\text{운동에너지}}{\text{엔탈피}}$

정답 209. ㉱ 210. ㉱ 211. ㉰ 212. ㉯ 213. ㉯ 214. ㉱

215. 열확산 계수에 대한 설명 중 틀린 것은?

㉮ 단위는 m²/s이다.
㉯ 열전도성을 나타낸다.
㉰ 온도에 대한 함수이다.
㉱ 열용량 계수에 비례한다.

[해설] 열확산 계수 = $\dfrac{\text{열전도율}}{\text{비열} \times \text{밀도}}$

216. "어떤 주어진 온도에서 최대 복사 강도에서의 파장 λ_{max}는 절대 온도에 반비례한다."는 법칙은?

㉮ Wien의 법칙
㉯ Planck의 법칙
㉰ Fourier의 법칙
㉱ Stefan-Boltzmann의 법칙

[해설] 최대 복사 강도에서의 파장 λ_{max}는 절대온도에 반비례한다는 법칙은 Wien의 법칙이다.

217. 상변화를 수반하는 물 또는 유체의 가열 변화 과정 중 전열면에 비등기포가 생겨 열유속이 급격히 증대되고, 가열면 상에서로 다른 기포의 발생이 나타나는 비등 과정은?

㉮ 자연 대류 비등   ㉯ 핵비등
㉰ 천이비등   ㉱ 막비등

[해설] 핵비등(nucteate boiling)
전열면에 비등 기포가 생겨 열유속이 급격히 증대되고 가열면 상에 서로 다른 기포의 발생이 나타나는 비등 과정을 말한다.

[참고] ① 천이비등(transition boiling) : 전열면의 온도가 매우 높아지는 극대열 부하점에서 막비등에로의 이행이 일어나는 부분
② 막비등(film boiling) : 전열면 표면에 증기막이 덮여 과열도를 높이면 열유속이 증대, 과열도를 낮추면 극소열 유속점에 이르는 과정

218. 열의 이동에 대한 설명 중 틀린 것은?

㉮ 열의 전도란 정지하고 있는 물체 속을 열이 이동하는 현상을 말한다.
㉯ 대류란 유동 물체가 고온 부분에서 저온 부분으로 이동하는 현상을 말한다.
㉰ 복사란 전자파의 에너지 형태로 열이 고온 물체에서 저온 물체로 이동하는 현상을 말한다.
㉱ 열관류란 유체가 열을 받으면 밀도가 작아져서 부력이 생기기 때문에 상승 현상이 일어나는 것을 말한다.

[해설] 열관류(열통과)란 열전달→열전도→열전달 과정을 통하여 고온의 유체에서 고체를 통과하여 저온의 유체로 열이 이동되는 것을 말한다.

219. 어느 병류 열교환기에서 고온 유체가 90℃로 들어가 50℃로 나오고 이와 열교환되는 유체는 20℃에서 40℃까지 가열되었다. 열관류율이 50 kcal/m²·h·℃이고, 시간당 전열량이 8000 kcal일 때 이 열교환기의 전열 면적은 약 몇 m²인가?

㉮ 5.2   ㉯ 6.2   ㉰ 7.2   ㉱ 8.2

[해설] $Q = K \cdot F \cdot \Delta t_m$ 에서

$$F = \dfrac{Q}{K \cdot \Delta t_m} = \dfrac{8000}{50 \times \dfrac{(70-10)}{\ln\left(\dfrac{70}{10}\right)}} = 5.19 \text{ m}^2$$

220. 지름이 0.2 m인 원관의 외벽 온도가 550 K로 유지되고 주위 온도가 300 K에 노출되어 있을 때 외벽으로부터 주위로의 열손실은 약 몇 W인가? (단, 외벽 표면의 흡수율과 방사율은 0.9이고 스테판-볼츠만 상수는 5.67×10^{-8} W/m²K⁴이다.)

㉮ 133.7   ㉯ 155.5
㉰ 175.7   ㉱ 195.3

[정답] 215. ㉱   216. ㉮   217. ㉯   218. ㉱   219. ㉮   220. ㉮

[해설] $5.67 \times 10^{-8} \times 0.9 \times \left\{ \dfrac{\pi \times (0.2)^2}{4} \right\}$
$\times (550^4 - 300^4) = 133.65$ W

221. 열교환기에서 입구·출구의 대수 평균 온도차가 300℃, 열관류율이 15 kcal/m²·h·℃, 전열 면적이 8 m²일 때 전열량은 몇 kcal/h인가?

㉮ 16000　　㉯ 26000
㉰ 36000　　㉱ 46000

[해설] $Q = K \cdot F \cdot \Delta t_m$
$= 15 \times 8 \times 300$
$= 36000 \, \text{kcal/h}$

222. 외경 30 mm의 철관에 두께 15 mm의 보온재를 감은 증기관이 있다. 관 표면의 온도가 100℃, 보온재의 표면 온도가 20℃인 경우 관의 길이가 15 m인 관의 표면으로부터의 열손실은 약 몇 kcal/h인가? (단, 보온재의 열전도율은 0.05 kcal/m·h·℃이다.)

㉮ 244　㉯ 344　㉰ 444　㉱ 544

[해설] $Q = \lambda \times \dfrac{2\pi l (t_1 - t_2)}{\ln\left(\dfrac{\gamma_2}{\gamma_1}\right)}$ [kcal/h]에서

$0.05 \times \dfrac{2 \times \pi \times 15 \times (100 - 20)}{\ln\left(\dfrac{30}{15}\right)}$

$= 544 \, \text{kcal/h}$

223. 대향류 열교환기에서 가열 유체는 260℃에서 120℃로 나오고 수열 유체는 70℃에서 110℃로 가열될 때 전열 면적은 약 몇 m²인가? (단, 열관류율은 125 W/m²·℃이고 총 열부하는 160000 W이다.)

㉮ 7.24　　㉯ 14.06

㉰ 16.04　　㉱ 23.32

[해설] $Q = K \cdot F \cdot \Delta t_m$에서
$F = \dfrac{Q}{K \times \Delta t_m}$ 이고
$\Delta t_m = \dfrac{150 - 50}{\ln\left(\dfrac{150}{50}\right)} = 91 \, ℃$

$\therefore F = \dfrac{160000}{125 \times 91} = 14.06 \, \text{m}^2$

224. 3겹층으로 되어 있는 평면벽의 평균 열전도율을 구하면 약 몇 kcal/m·h·℃ 인가? (단, 열전도율은 $\lambda_A = 1.0$ kcal/m·h·℃, $\lambda_B = 2.0$ kcal/m·h·℃, $\lambda_C = 1.0$ kcal/m·h·℃)

㉮ 0.94　　㉯ 1.14
㉰ 1.24　　㉱ 2.44

[해설] 평균 열전도율 $= \dfrac{b_A + b_B + b_C}{\dfrac{b_A}{\lambda_A} + \dfrac{b_B}{\lambda_B} + \dfrac{b_C}{\lambda_C}}$ 에서

$\dfrac{0.03 + 0.02 + 0.03}{\dfrac{0.03}{1.0} + \dfrac{0.02}{2.0} + \dfrac{0.03}{1.0}} = 1.14 \, \text{kcal/m·h·℃}$

225. 열교환기의 대수 평균 온도차($LMTD$)를 옳게 나타낸 것은? (단, Δ_1은 고온 유체의 입구측에서의 유체 온도차, Δ_2는 고온 유체의 출구측에서의 유체 온도차이다.)

㉮ $\dfrac{\Delta_1 - \Delta_2}{\ln\left(\dfrac{\Delta_1}{\Delta_2}\right)}$　　㉯ $\dfrac{\Delta_1 + \Delta_2}{\ln\left(\dfrac{\Delta_1}{\Delta_2}\right)}$

㉰ $\dfrac{(\Delta_2 - \Delta_1)^2}{\ln\left(\dfrac{\Delta_2}{\Delta_1}\right)}$　　㉱ $\dfrac{(\Delta_2 + \Delta_1)^2}{\ln\left(\dfrac{\Delta_2}{\Delta_1}\right)}$

[해설] $LMTD \, [\Delta t_m] = \dfrac{\Delta_1 - \Delta_2}{\ln\left(\dfrac{\Delta_1}{\Delta_2}\right)}$ 이다.

정답 221. ㉰　222. ㉱　223. ㉯　224. ㉯　225. ㉮

226. 2중관 단일통과 열교환기의 외관에서 고온 유체의 입구 온도는 140℃이며, 출구의 온도는 90℃이었다. 또한 내관의 저온 유체의 입구 온도는 40℃이며, 출구 온도는 70℃이었을 때 향류인 경우 평균 온도차는 약 얼마인가? (단, 열교환 중 응축은 발생하지 않는다.)

㉮ 49.7 ㉯ 59.4
㉰ 69.7 ㉱ 79.4

[해설] $\Delta t_m = \dfrac{\Delta t_1 - \Delta t_2}{\ln\left(\dfrac{\Delta t_1}{\Delta t_2}\right)} = \dfrac{70-50}{\ln\left(\dfrac{70}{50}\right)} = 59.4\,℃$

227. 열교환기(heat exchanger)에서 입구와 출구의 온도차가 각각 Δt_1, Δt_2일 때 대수 평균 온도차 $\Delta\theta$의 관계식으로 적합한 것은? (단, $\Delta t_1 > \Delta t_2$이다.)

㉮ $\dfrac{\dfrac{\Delta t_1}{\Delta t_2}}{\Delta t_1 - \Delta t_2}$ ㉯ $\dfrac{\Delta t_1 - \Delta t_2}{\ln\left(\dfrac{\Delta t_1}{\Delta t_2}\right)}$

㉰ $\dfrac{\Delta t_1 - \Delta t_2}{\ln\left(\dfrac{\Delta t_2}{\Delta t_1}\right)}$ ㉱ $\dfrac{\Delta t_2}{\dfrac{\Delta t_1}{\Delta t_1 - \Delta t_2}}$

[해설] ① $\Delta t_1 > \Delta t_2$ 일 때 $\Delta\theta = \dfrac{\Delta t_1 - \Delta t_2}{\ln\left(\dfrac{\Delta t_1}{\Delta t_2}\right)}$

② $\Delta t_1 < \Delta t_2$ 일 때 $\Delta\theta = \dfrac{\Delta t_2 - \Delta t_1}{\ln\left(\dfrac{\Delta t_2}{\Delta t_1}\right)}$

228. 이중 열교환기의 총괄 전열 계수가 69 kcal/m²·h·℃일 때 더운 액체와 찬 액체를 향류로 접속시켰더니 더운 면의 온도가 65℃에서 25℃로 내려가고 찬 면의 온도가 20℃에서 53℃로 올라갔다. 단위 면적당의 열교환량은 약 몇 kcal/m²·h인가?

㉮ 498   ㉯ 552
㉰ 2415 ㉱ 2760

[해설] $69 \times \dfrac{(12-5)}{\ln\left(\dfrac{12}{5}\right)} = 551.7\,\text{kcal/m}^2\text{h}$

229. 방열 유체의 전열 유닛수(NTU)가 3.5, 온도차가 105℃이고, 열교환기의 전열 효율이 1인 $LMTD$ [℃]는?

㉮ 0.03 ㉯ 22.03 ㉰ 30 ㉱ 62

[해설] $NTU = \dfrac{KF}{GC} = \dfrac{\Delta t}{\Delta t_m (LMTD)}$ 에서

$\Delta t_m (LMTD) = \dfrac{105}{3.5} = 30\,℃$

230. 열교환기에서 전열 면적 A [m²]과 전열량 Q [kcal/h] 사이에는 어떠한 관계가 있는가? (단, $\Delta\theta_m$는 대수 평균 온도차이고, K는 열관류율이다.)

㉮ $Q = A\Delta\theta_m$ ㉯ $A = K\Delta\theta_m$

㉰ $K = \dfrac{A\Delta\theta_m}{Q}$ ㉱ $\Delta\theta_m = \dfrac{Q}{AK}$

[해설] $Q = K \cdot A\Delta\theta_m$ 에서

$\Delta\theta_m = \dfrac{Q}{AK}$ 이다.

231. 다음은 병류식 열교환기 내의 온도 변화를 그래프로 나타낸 것이다. 병류식 열교환기에서 작용되는 Δt_m에 관한 식은? (단, h는 고온측, c는 저온측, 1은 입구, 2는 출구를 의미한다.)

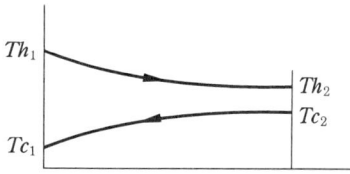

㉮ $\dfrac{(Th_1 - Tc_1) - (Th_2 - Tc_2)}{\ln \dfrac{Th_2 - Tc_1}{Th_2 - Tc_1}}$

㉯ $\dfrac{(Th_2 - Tc_2) - (Th_1 - Tc_1)}{\ln \dfrac{Th_2 - Th_1}{Th_1 - Tc_1}}$

㉰ $\dfrac{(Th_1 - Tc_1) - (Th_2 - Tc_2)}{\ln \dfrac{Th_1 - Tc_1}{Th_2 - Tc_2}}$

㉱ $\dfrac{(Th_2 - Tc_2) - (Th_1 - Tc_1)}{\ln \dfrac{Th_1 - Tc_1}{Th_2 - Tc_2}}$

232. 보일러 효율 시험 시 열 계산 기준에 대한 설명으로 틀린 것은?
㉮ 사용 연료 1 kg에 대하여 한다.
㉯ 연료의 비중은 0.963 kg/L로 한다.
㉰ 벙커C유의 발열량은 9750 kcal/kg로 한다.
㉱ 압력 변동은 ±10 % 이내로 한다.
[해설] 압력 변동은 ±7 % 이내로 하며, 증기의 건도는 0.98로 한다.

233. 강제 증기 보일러의 증기 건도는 얼마 이상을 기준으로 하는가?
㉮ 0.97   ㉯ 0.98
㉰ 0.99   ㉱ 1.00
[해설] ① 강제 증기 보일러 : $x = 0.98$
② 주철제 증기 보일러 : $x = 0.97$

234. 다음 중 열정산(열수지)의 목적과 거리가 먼 것은?
㉮ 열의 손실을 파악하기 위하여
㉯ 열설비 성능과 열의 행방을 파악하기 위하여
㉰ 조업 방법을 개선하고 연료의 경제를 도모하기 위하여
㉱ 연료의 발열량을 알기 위하여
[해설] 연료의 발열량 측정 방법
① 열량계에 의한 방법
② 원소 분석에 의한 방법
③ 공업 분석에 의한 방법

235. 보일러 열정산 시 측정 대상이 아닌 것은 어느 것인가?
㉮ 외기의 온도
㉯ 보일러실의 온도
㉰ 급수의 온도
㉱ 연소용 공기의 온도
[해설] ㉮, ㉰, ㉱항 외에 연료의 온도, 증기의 온도 및 증기 압력 등이다.

236. 보일러 열효율 시험 시 기준에 대한 설명으로 틀린 것은?
㉮ 사용한 연료 1 kg에 대하여 한다.
㉯ 측정 시 압력 변동은 ±7 % 이내로 한다.
㉰ 측정 시간은 2시간 이상으로 하되, 측정은 10분마다 한다.
㉱ 증기의 건도는 0.963으로 한다.
[해설] ① 강철제 증기 보일러의 증기 건도는 0.98로 하며, 주철제 증기 보일러의 증기 건도는 0.97로 한다.
② 연료의 비중은 0.963으로 한다.
③ 연료의 발열량(B-C 유)은 9750 kcal/kg으로 한다.

237. 보일러 열정산의 조건과 관련된 설명으로 틀린 것은?
㉮ 기준 온도는 시험 시의 실내 온도를 기준으로 한다.
㉯ 보일러의 정상 조업 상태에서 적어도 2시간 이상의 운전 결과에 따른다.

정답 232. ㉱ 233. ㉯ 234. ㉱ 235. ㉯ 236. ㉱ 237. ㉮

㉰ 최대 출열량을 시험할 경우에는 반드시 정격 부하에서 시험을 한다.
㉱ 시험은 시험 보일러를 다른 보일러와 무관한 상태로 하여 실시한다.
[해설] 기준 온도는 시험 시의 외기 온도를 기준으로 한다.

238. 다음 중 열정산에서 입열과 출열의 관계는 어떠한가?

㉮ 꼭 같아야 한다.
㉯ 관계가 없다.
㉰ 입열량이 많아야 한다.
㉱ 출열량이 많아야 한다.
[해설] 입열량 합계와 출열량 합계는 꼭 같아야 한다.

239. 보일러 열정산의 조건과 측정 방법을 설명한 것 중 틀린 것은?

㉮ 열정산 시 기준 온도는 시험 시의 외기 온도를 기준으로 하나, 필요에 따라 주위 온도로 할 수 있다.
㉯ 급수량 측정은 중량 탱크식 또는 용량 탱크식 혹은 용적식 유량계, 오리피스 등으로 한다.
㉰ 공기 온도는 공기 예열기의 입구 및 출구에서 측정한다.
㉱ 발생 증기의 일부를 연료 가열, 노내 취입하거나 공기예열기를 사용하는 경우에는 그 양을 측정하여 급수량에 더한다.
[해설] 발생 증기의 일부를 연료 가열, 노내 흡입하거나 공기 예열기를 사용하는 경우에는 그 양을 측정하여 급수량에서 뺀다.

240. 다음 중 보일러의 열정산에 관한 설명으로 옳은 것은?

㉮ 열정산과 열수지와는 서로 다른 의미를 지니고 있다.
㉯ 열정산 시 연료의 기준 발열량은 저(진)발열량이다.
㉰ 열정산은 다른 열설비와 무관한 상태에서 행한다.
㉱ 열정산 시 압력 변동값은 ±15 % 이내로 한다.
[해설] ① 열정산과 열수지는 서로 같은 의미를 지니고 있다.
② 열정산 시 연료의 기준 발열량은 고(총)발열량이다.
③ 열정산 시 압력 변동값은 ±7 % 이내로 한다.
④ 열정산 시 기준 온도는 외기 온도를 기준으로 한다.
⑤ 시험 부하는 원칙적으로 정격 부하로 한다.
⑥ 정상 조업 상태에서 적어도 2시간 이상의 운전 결과에 따른다.

241. 열정산에 대한 설명으로 틀린 것은?

㉮ 원칙적으로 정격 부하 이상에서 정상 상태로 적어도 2시간 이상의 운전 결과에 따른다.
㉯ 발열량은 원칙적으로 사용 시 연료의 고발열량으로 한다.
㉰ 최대 출열량을 시험할 경우에는 반드시 최대 부하에서 시험을 한다.
㉱ 증기의 건도는 98 % 이상인 경우에 시험함을 원칙으로 한다.
[해설] 최대 출열량을 시험할 경우에는 정격 부하에서 시험을 한다.

242. 보일러의 성능 시험 시 측정은 매 몇 분마다 실시하여야 하는가?

㉮ 10분   ㉯ 20분
㉰ 30분   ㉱ 60분
[해설] 보일러 열정산 시 성능 시험 시 측정은 10분마다 실시해야 한다.

정답 238. ㉮   239. ㉱   240. ㉰   241. ㉰   242. ㉮

243. 보일러 열정산 시 입열 항목에 속하지 않는 것은?
- ㉮ 연료의 연소열
- ㉯ 연료의 현열
- ㉰ 공기의 현열
- ㉱ 발생 증기 보유열

[해설] 발생 증기의 보유열은 유효 출열 항목이다.

244. 보일러 열정산 시 출열 항목에 속하지 않는 것은?
- ㉮ 발생 증기의 보유열
- ㉯ 배기가스의 보유열
- ㉰ 미연분에 의한 열손실
- ㉱ 공기의 현열

[해설] 공기의 현열은 입열 항목이다.

245. 다음 중 보일러의 열손실에 해당되지 않는 것은?
- ㉮ 불완전 연소에 의한 손실
- ㉯ 미연소 연료에 의한 손실
- ㉰ 과잉 공기에 의한 손실
- ㉱ 연료의 현열에 의한 손실

[해설] 연료의 현열은 입열 항목에 해당된다.

246. 보일러 가동 시 일반적으로 열손실이 가장 큰 것은?
- ㉮ 배기가스에 의한 열손실
- ㉯ 미연탄소분에 의한 열손실
- ㉰ 복사 및 전도에 의한 열손실
- ㉱ 발생 증기 보유 열손실

[해설] 열손실 항목 중에서 가장 큰 비중을 차지하며, 극소화시키기에 가장 어려운 것은 배기가스 보유열에 의한 열손실이다.

247. 보일러 열효율 정산 방법에서 열정산을 위한 급수량을 측정할 때 그 오차는 일반적으로 몇 %로 하여야 하는가?
- ㉮ ±1.0
- ㉯ ±3.0
- ㉰ ±5.0
- ㉱ ±7.0

[해설] ① 급수량 측정: 허용 오차 ±1.0 %
② 연료 사용량 측정
- 고체 연료: 허용 오차 ±1.5 %
- 액체 연료: 허용 오차 ±1.0 %
- 기체 연료: 허용 오차 ±1.6 %

수질 관리

1. 급수의 성질

1-1. 수질의 기준

(1) 미량 물질의 농도 단위

① PPM (parts per million) : 백만분율을 의미하며, 수용액 1 L 중에 함유하는 불순물의 양을 mg으로 표시한다. 즉, mg/L로 1000 L 중에 1 g에 상당하고 물 1 L를 근사적으로 1 kg으로 간주하면 $\frac{1}{1000000}$에 해당하므로 이것을 1 ppm (parts per million)이라 한다 (mg/kg, mg/L, g/t, g/m^3).

② PPB (parts per billion) : 10억분율을 의미하며, 고압 및 초고압 보일러의 관리와 같이 미소한 불순물량을 엄밀히 할 필요가 있을 때는 수용액 1000 kg 중에 불순물량 1 mg을 단위로 취하고, 이것을 1 ppb (parts per billion)라 한다 (mg/t, mg/m^3).

③ EPM (equivalents per million) : 당량 농도라고도 하며, 용액 1 kg 중의 용질 1 mg 당량, 즉 100만 단위 중량 중의 1단위 중량 당량을 말한다 (상온 수용액일 경우 ppm과 같이 1 L 중에 mg 당량이라 해도 무방하다.)

(2) 수질의 판정 기준

① 탁도 : 현탁성 물질(점토) 등에 의하여 물이 탁해진 정도로서 증류수 1 L 중에 포함된 카올린 (Al_2O_3, $2SiO_2$, $2H_2O$) 1 mg이 함유되었을 때를 탁도 1이라 한다.

② 경도 (degree of hardness, haztegrad) : 수중에 함유하고 있는 칼슘(Ca) 및 마그네슘(Mg)의 농도를 나타낼 때의 척도이며, 이것에 대응하는 탄산칼슘($CaCO_3$) 및 탄산마그네슘($MgCO_3$)의 함유량을 편의상 ppm으로 환산하여 나타낸다.

참고 ○ 경도의 표시 단위

① $CaCO_3$ 경도 : 수중의 Ca 양과 Mg 양을 $CaCO_3$ (탄산칼슘)으로 환산해서 ppm 단위로 나타낸다.

  [예] 물 1 L 속에 $CaCO_3$이 10 mg 함유되어 있을 때를 탄산칼슘 경도 10이라 한다.

② 독일 경도(dH) : 수중의 Ca 양과 Mg 양을 CaO (산화칼슘)으로 환산해서 나타낸다.

  [예] 독일 경도 1° dH란 물 100 cc 중에 CaO 1 mg이 함유되어 있을 때를 말한다.

  [예] 수중에 Ca과 Mg이 함유되어 있을 때 Mg을 MgO (산화마그네슘)으로 Mg 양에다 1.4배하여 CaO으로 환산한다.

  1.4 Mg → CaO

  [해설] 예를 들어, Mg이 2 mg이 함유되어 있다고 할 때에 CaO으로 환산하자면 1.4×2=2.8 즉, Mg 2mg은 Ca 2.8mg과 같다는 말이다.

③ 수중의 경도 성분 함량에 따른 구분

  (가) 경수 : 경도 10.5 이상의 물을 센물이라고 한다.

  (나) 적수 : 경도 9.5 이상 10.5 이하의 물을 적수라고 한다.

  (다) 연수 : 경도 9.5 이하의 물을 단물이라고 한다.

1-2 · 불순물의 형태 및 장해

(1) 불순물의 종류 및 장해

불순물의 종류는 염류, 산분, 알칼리분, 유지분, 가스분으로 나눌 수 있으며, 보일러에 미치는 영향은 다음과 같다.

① 염류의 해 : 천연수에 포함되는 주된 염류는 탄산칼슘, 탄산마그네슘, 황산칼슘, 황산마그네슘, 염화마그네슘 등인데, 이들 대부분은 스케일을 만들고 과열의 원인이 된다. 탄산칼슘의 침전된 것은 진흙 모양의 침전물이 된다.

② 산분의 해 : 물은 다소의 탄산을 포함하고 있으나 하천의 물은 여러 가지 배수가 흘러드는 관계로 각종 산이 포함되어 있고, 우물물은 인조 비료에서 나오는 어떠한 산이라도 산화력이 있는 것은 철과 화합하여 녹을 만들고 보일러 판을 부식한다.

③ 알칼리분의 해 : 알칼리성의 물은 청동을 부식한다. 알칼리성의 농도가 높아지면 가성취화를 일으켜 크랙(갈라짐)의 원인이 된다고 말하고 있다.

④ 유지분의 해 : 급수 속에 유지가 함유되어 있으면 보일러 판이나 관 표면에 엷은 막이 되어 부착해서 열의 전도를 방해하고 과열을 일으킨다. 또한 유지는 가열되면 분해되어 유기산이 생기므로 보일러 판을 부식한다.

⑤ 가스분의 해 : 급수 속에 산소 및 탄산가스가 포함되어 있으면 부식의 원인이 된다. 특히 산소의 영향이 크다. 급수 속에 공기가 포함되어 있으면 이러한 가스가 존재하여 열을 받고 분리한다.

참고

293 K (20℃)에서 산소는 약 6 ppm이 용존하고 있다.

⑥ 용해 고형분의 해 : 관수 중에 용해하고 있는 물질로서 탄산염, 중탄산염, 규산염, 황산염, 수산화물, 염화물 등으로 증발건조시켰을 때 농축하고 잔류 물질로서 진흙 모양의 침전물이 된다.

참고

보일러 본체 저부에 침전하여 스케일(scale) 및 슬러지(sludge)를 만들어 열전도가 좋지 못하여 과열 및 부식의 원인이 된다.

⑦ 불순물 현탁질(고형 협잡물) : 수중에 부유하고 있다든가 용해하지 않는 물질로서 점토, 모래, 진흙탕, 수산화철, 유기 미생물, 콜로이드상의 규산염 등을 일컫는다.

참고

수면에 부유하고 있는 물질은 포밍, 프라이밍, 부식을 일으키고, 침전하는 물질은 열의 전도를 방해하며 과열과 부식의 원인이 된다.

⑧ 스케일(scale, 관석) : 보일러 수중의 불순물의 가열 증발에 따라 농축하여 관내에 석출하고 금속 표면에 단단하게 부착하는 퇴적물을 말하며, 주성분은 칼슘, 마그네슘의 탄산염과 황산염, 규산염 등이다.
  (가) 연질 스케일
    ㉮ 탄산염 : 탄산칼슘($CaCO_3$), 탄산마그네슘($MgCO_3$), 산화철
    ㉯ 중탄산염 : 탄산수소칼슘[$Ca(HCO_3)_2$], 탄산수소마그네슘[$Mg(HCO_3)_2$]
  (나) 경질(악질) 스케일
    ㉮ 황산염 : 황산칼슘($CaSO_4$), 황산 마그네슘($MgSO_4$)
    ㉯ 규산염 : 규산칼슘($CaSiO_3$), 규산 마그네슘($MgSiO_3$)
  (다) 스케일로 인한 해
    ㉮ 전열량이 감소되며 보일러 효율을 저하시킨다.
    ㉯ 연료 소비량이 증대된다 (전열 방해로 인하여).
    ㉰ 배기가스 온도를 상승시킨다 (전열 방해로 인하여).

㉔ 과열로 인한 파열 사고를 유발시킨다.
㉕ 보일러 수의 순환 악화 및 통수공을 차단시킨다.
㉖ 전열면 국부과열 현상을 일으킨다.
(라) 스케일 생성 방지법
  ㉮ 급수 처리를 철저히 한다.
  ㉯ 적절한 청관제를 사용하여 스케일 생성을 방지한다.
  ㉰ 수질 분석을 하여 한계값을 유지한다.
  ㉱ 슬러지는 적당한 분출(blow)로 제거시킨다.
(마) 스케일의 생성 원인
  ㉮ 온도의 상승에 의해 용해도가 저하하여 석출하는 경우
  ㉯ 이온화 경향이 적은 물질이 보일러에 유입하여 석출하는 경우
  ㉰ 알칼리성 용액에서 용해도가 저하하여 석출하는 경우
  ㉱ 농축에 의하여 과포화 상태로부터 석출하는 경우
  ㉲ 높은 온도에 의해 용해도가 낮은 형태로 변하여 석출하는 경우
⑨ 슬러지(sludge) : 보일러 동 내의 바닥에 침전하여 앙금을 이루며 쌓여지는 연질의 것이며, 스케일과 같이 부착하지 않으므로 분출 시에 어느 정도 배출된다. 슬러지의 주성분은 인산칼슘, 탄산마그네슘, 수산화마그네슘이다.
⑩ 부유물 : 부유물에는 인산칼슘 등의 불용성 물질, 먼지(dust), 에멀션화된 광물유 등이 있으며 비수의 원인이 된다.

참고

① 실리카(SiO_2) : 급수 중의 칼슘 성분과 결합하여 규산칼슘을 생성해 스케일을 만든다.
② 보일러 수중의 용해 고형물로부터 생성되어 관이나 드럼에 고착된 것을 스케일, 고착되지 않고 드럼의 밑바닥에 침전되어 있는 연질의 침전물을 슬러지, 보일러 수중에 부유되어 있는 불용물을 부유물(현탁물)이라 한다.

2. 급수 처리

2-1 보일러 외처리법

보일러 용수 처리 방법은 외처리(1차 처리)와 내처리(2차 처리)로 나누며, 그 나누는 성질에 따라 화학적 처리법, 물리적 처리법, 전기적 처리법으로 나눈다.

(1) 보일러 수의 외처리(1차 처리)

보일러 급수 중에 포함된 현탁질 고형물을 여과법, 침전법(침강법), 응집법으로 처리 제거하고 용존 고형물을 증류법, 약품첨가법, 이온교환법으로 처리 제거하며 용존 가스를 탈기법, 기폭법으로 제거하는 것을 말하며 1차 처리라고도 한다.

① 현탁질 고형물 제거법
  (가) 여과법 : 여과기 내로 급수를 보내어 불순물을 제거하는 방법으로서 침전 속도가 느린 경우에 사용한다. 이 경우에는 완속 여과기와 급속 여과기(개방형 : 중력식, 밀폐형 : 압력식) 등이 사용된다.

> **참고**
> 분리 입경은 0.01~0.1 mm 정도이고 여과재(노상재)로는 모래, 자갈, 활성탄소, 엔드라사이트 등이 사용된다.

  (나) 침전법(침강법) : 탱크 속에 물을 담그고 물보다 비중이 큰 0.1 mm 이상의 고형물이 비중차에 의한 침전으로 분리된다. 이 방법에는 자연 침전법과 기계적 침전법(원심력에 의한 급속 침전 처리 장치)의 두 가지가 있으며 침전을 촉진시키기 위해서는 명반을 사용한다.
  (다) 응집법 : 급수 중에 콜로이드와 같은 미세한 입자들은 여과법이나 침전법으로 분리가 곤란하므로, 이런 경우에는 응집제(황산알루미늄, 폴리염화알루미늄)를 첨가하여 콜로이드와 같은 미세한 물질들을 흡착 응집시켜 제거하는 방법이다.

② 용존 고형물의 처리법
  (가) 증류법 : 급수를 가열하여 증기를 발생시킨 후 다시 이것을 냉각시켜 응축수로 만드는 법으로서 좋은 수질을 얻을 수 있으나 비경제적이라 박용 보일러에서는 많이 사용되지만 일반적인 보일러에서는 사용되지 않고 있다.
  (나) 약품 첨가법 : 칼슘이나 마그네슘과 같은 화합물을 화학 약품을 첨가해서 불용성 화합물(소다 화합물)로 만들어 여과 침전의 방법으로 제거하며, 사용하는 약품으로는 석회소다, 가성소다, 인산소다, 제올라이트 등이 있다.

(다) 이온 교환법 : 용해 고형물을 제거하는 데 가장 좋은 방법이며, 특히 고압 보일러 용수에 대해서는 결함이 없는 처리 방법이다. 즉, 유기 물질을 센물 속에 용해시키면 전기적 변화가 일어나 센물 속의 광물질이 분리되어 불순물을 간단히 제거하는 방법이다.

③ 용존 가스의 처리법

(가) 탈기법 : 급수 중에 용존되어 있는 O_2나 CO_2 제거에 사용되지만, 주목적은 O_2 제거에 사용되며 그 방법에는 진공 탈기법과 가열 탈기법이 있다.

㉠ 진공 처리법 : 급수를 감압 용기 내에 넣어 수온에 대응하는 물의 증기압 정도까지 기내를 진공으로 하여 탈기하는 방법이다.
- 탈기 효율
  - 진공도가 물의 증기압에 가까울수록 높다.
  - 처리하는 급수가 미세하게 될수록 높다.
- 잔류 용존 산소 : 0.1~0.3 ppm 정도이다.

㉡ 가열 탈기법 : 기내에 보내는 급수를 증기로 가열하고, 물의 온도를 기내압력의 포화 온도까지 상승시켜 기화하는 기체를 증기와 함께 기 밖으로 배출하여 분리하는 방법이다.
- 잔류 용존 가스 : 기내에 외기가 들어가지 않으므로 0.007 ppm 정도까지 된다.

(나) 기폭법 : 수중에서 기체가 용해되는 주위에 대기 중의 가스의 분압에 비례한다는 헨리의 법칙을 적용한 것으로서 급수 중의 CO_2, Fe, Mn, NH_3, H_2S 등을 제거하는 데 사용한다.

2-2. 보일러 내처리법

(1) 보일러 수의 내처리(2차 처리)

보일러 본체에 청관제 약품을 사용하는 방법을 말하며, 청관제의 사용 목적에 따라 다음과 같이 나눌 수 있다.

① pH 및 알칼리 조정제 : pH값이 낮아져 산성에 가까우면 부식을 일으킬 염려가 많으므로 조정제를 첨가하여 pH 값을 높여줌으로써 스케일 고착과 부식을 막을 수 있으며, 종류에는 탄산나트륨 (탄산소다), 인산나트륨 (인산소다), 수산화나트륨 (가성소다), 암모니아, 히드라진 등이 있으며, 특히 탄산나트륨 (탄산소다)은 수온이 높아지면 가수분해하여 탄산가스와 산화나트륨을 생성하므로 고온·고압 보일러에는 사용하지 않는다.

> **참고**
>
> 탄산소다 (Na_2CO_3)는 압력이 $10\,kgf/cm^2$를 넘으면 가수분해하여 CO_2를 생성하여 보일러를 부식시킨다.
>
> $$Na_2CO_3 + H_2O \xrightarrow{\text{가열}} 2NaOH + CO_2$$

② 연화제 : 용수 중의 경도 성분을 슬러지화하여 경질 스케일의 부착을 방지하기 위해 사용되는 약품으로 탄산나트륨(탄산소다), 인산나트륨(인산소다), 수산화나트륨(가성소다) 등이 있다(인산나트륨이 많이 사용된다.).

③ 슬러지 조정제 : 용수 중의 스케일 성분을 슬러지로 만들어 분출에 의해 쉽게 배출될 수 있도록 하는 약품으로 탄닌, 리그린, 전분 등이 있다.

④ 탈산소제 : 용수 중에 산소(6 ppm)가 함유되어 있으면 점식 발생의 원인이 되므로 산소를 제거하기 위하여 아황산소다, 탄닌, 히드라진 등의 약품이 사용된다.

> **참고**
>
> 아황산소다는 저압 보일러용이며, 히드라진은 고압 보일러용이다.

⑤ 가성취화 억제제 : 가성취화 현상을 방지하기 위하여 인산나트륨, 탄닌, 리그린, 질산나트륨 등을 사용한다.

> **참고**
>
> 가성취화란 알칼리도가 너무 높아져서(pH 13 정도) 생기는 현상이며, 강재의 결정 입계에 Na, H 등이 침투하여 재질을 열화시키는 현상이다(응력부식으로 강재가 갈라짐).

⑥ 기포 방지제 : 고급 지방산 알코올, 고급 지방산 에스테르, 폴리아미드, 프탈산아미드 등이 사용된다.

2-3 보일러수의 분출

(1) 분출의 목적

① 포밍, 프라이밍을 방지하기 위하여
② 스케일 고착 및 슬러지 생성을 방지하기 위하여
③ 보일러 수의 pH를 조절하기 위하여
④ 불순물로 인한 보일러 수의 농축을 방지하고 물의 순환을 양호하게 하기 위하여
⑤ 고수위를 방지하기 위하여

⑥ 보일러 세관 후 폐액을 배출시키기 위하여

(2) 분출 시기
① 포밍, 프라이밍 현상을 일으킬 때
② 야간에 쉬는 보일러는 매일 아침 가동 전
③ 주야 연속 사용하는 보일러인 경우에는 부하가 가장 가벼울 때
④ 고수위일 때
⑤ 보일러 수가 정지해서 불순물이 침전하였을 때

(3) 분출 시 유의 사항
① 1회 분출량이 아무리 많아도 안전 저수위 이하로 분출시키지 말 것
② 2인 1조가 되어 분출 작업을 할 것
③ 2대의 보일러를 동시에 분출시키지 말 것

예상문제 및 기출문제

1. 수질(水質)을 나타내는 ppm의 단위는?

㉮ 1만분의 1단위 ㉯ 십만분의 1단위
㉰ 백만분의 1단위 ㉱ 1억분의 1단위

[해설] ppm(parts per million) : 백만분율을 의미하며 수용액 1 l 중에 함유하는 불순물의 양을 mg으로 표시한다 (mg/kg, mg/l, g/ton, g/m^3).

2. 다음 중 ppm 단위로서 틀린 것은?

㉮ mg/kg   ㉯ g/ton
㉰ mg/L   ㉱ kg/m^3

[해설] ppm의 단위로는 mg/kg, mg/L, g/ton, g/m^{3}이 있다.

3. 보일러수 1500 kg 중에 불순물이 30 g 검출되었다. 이는 몇 ppm인가? (단, 보일러수의 비중은 1이다.)

㉮ 20   ㉯ 30
㉰ 50   ㉱ 60

[해설] 보일러 수의 비중이 1이므로 1500kg = 1500 L이다.
∴ $\dfrac{30 \times 1000}{1500} \times 10^6 = 20$ ppm

4. 보일러 급수 중에 함유되어 있는 칼슘(Ca) 및 마그네슘(Mg)의 농도를 나타내는 척도는?

㉮ 탁도   ㉯ 경도
㉰ BOD   ㉱ 수온 이온 농도

[해설] 경도 1도란 물 100 cc 속에 광물질(Ca, Mg)이 1 mg 포함된 경우이다.

5. 물의 탁도(turbidity)에 대한 설명으로 옳은 것은?

㉮ 증류수 1 L 속에 정제카올린 1 mg을 함유하고 있는 색과 동일한 색의 물을 탁도 1의 물로 한다.
㉯ 증류수 1 L 속에 정제카올린 1 g을 함유하고 있는 색과 동일한 색의 물을 탁도 1의 물로 한다.
㉰ 증류수 1 L 속에 황산칼슘 1 mg을 함유하고 있는 색과 동일한 색의 물을 탁도 1의 물로 한다.
㉱ 증류수 1 L 속에 황산칼슘 1 g을 함유하고 있는 색과 동일한 색의 물을 탁도 1의 물로 한다.

[해설] 증류수 1 L 속에 카올린(Al$_2$O$_3$, 2H$_2$O, 2SiO$_2$) 1 mg이 함유되었을 때를 탁도 1이라 한다.

6. 보일러 급수 중에 함유되어 있는 칼슘(Ca) 및 마그네슘(Mg)의 농도를 나타내는 척도는 무엇인가?

㉮ 탁도   ㉯ 수소 이온 농도
㉰ 경도   ㉱ 산도

[해설] 경도란 수중에 함유하고 있는 칼슘(Ca) 및 마그네슘(Mg)의 농도를 나타내는 척도이며, 이것에 대응하여 탄산칼슘 및 탄산 마그네슘의 함유량을 편의상 ppm으로 나타낸다.

7. 수질(水質)에서 탄산칼슘 경도 1 ppm이란 물 1 L 속에 탄산칼슘(CaCO$_3$)이 얼마 포함된 경우인가?

㉮ 1 mg   ㉯ 10 mg

정답 1. ㉰ 2. ㉱ 3. ㉮ 4. ㉯ 5. ㉮ 6. ㉰ 7. ㉮

㉰ 100 mg ㉱ 1 g

[해설] 탄산칼슘 경도 1도(=탄산칼슘 경도 1 ppm) 물 1 L 속에 $CaCO_3$이 1 mg 포함된 경우이다.

8. 급수의 경도 1度란?
㉮ 물 10 cc 속에 광물질 1 mg이 포함된 경우
㉯ 물 100 cc 속에 광물질 1 mg이 포함된 경우
㉰ 물 100 cc 속에 광물질 1 g이 포함된 경우
㉱ 물 1000 cc 속에 광물질 1 mg이 포함된 경우

[해설] 독일 경도 1°dH란 물 100 cc 속에 CaO 1 mg이 함유되어 있을 때를 말한다.

9. 일반적으로 연수와 경수는 경도 얼마를 기준으로 나누는가?
㉮ 7 ㉯ 10 ㉰ 12 ㉱ 14

[해설] ① 경수 : 경도 10.5 이상 (센물)
② 연수 : 경도 9.5 이하 (단물)

10. 보일러 수 100 cc 속에 산화칼슘 (CaO) 2 mg, 산화마그네슘 (MgO) 1 mg이 포함되어 있는 경우 경도(°dH)는 얼마인가?
㉮ 1 ㉯ 2
㉰ 3 ㉱ 3.4

[해설] 1°dH : 물속의 Ca 양과 Mg 양을 CaO으로 환산해서 나타내며, MgO을 CaO으로 환산할 때는 MgO×1.4배를 해야 하므로, $2+1×1.4=3.4°dH$

11. 급수 속의 불순물 중 스케일을 만들고 과열의 원인이 되는 것은?

㉮ 염류 ㉯ 산분
㉰ 알칼리분 ㉱ 가스분

[해설] ① 염류 : 스케일 생성 및 과열의 원인
② 산분 : 부식의 원인
③ 알칼리분 : 가성취화 및 크랙(갈라짐)의 원인
④ 유지분 : 포밍 및 과열의 원인
⑤ 가스분 : 부식의 원인 (특히, O_2는 점식의 원인)

12. 다음 스케일(scale)에 대한 설명 중 틀린 것은?
㉮ 스케일로 인하여 연료소비가 많아진다.
㉯ 스케일은 규산칼슘, 황산칼슘이 주성분이다.
㉰ 스케일로 인하여 배기가스의 온도가 낮아진다.
㉱ 스케일은 보일러에서 열전도의 방해 물질이다.

[해설] 스케일은 열전도를 방해하여 배기가스 온도가 높아진다.

13. 보일러 급수 중의 불순물 및 그 장해에 대한 설명으로 잘못된 것은?
㉮ 염류는 스케일 발생의 주요 원인이다.
㉯ 유지분은 포밍의 원인이다.
㉰ 용존 산소 등의 가스체는 점식의 원인이다.
㉱ 산분은 pH를 증가시켜 전면식의 원인이다.

[해설] 산분은 pH를 감소시켜 전면식의 원인이 된다.

14. 스케일(관석)에 대한 설명으로 틀린 것은?
㉮ 규산칼슘, 황산칼슘이 주성분이다.
㉯ 관석의 열전도도는 아주 높아 각종 부작용을 일으킨다.

정답 8. ㉯ 9. ㉯ 10. ㉱ 11. ㉮ 12. ㉰ 13. ㉱ 14. ㉯

㉰ 배기가스의 온도를 높인다.
㉱ 전열면의 국부과열현상을 일으킨다.
[해설] 스케일의 열전도도가 매우 낮아 전열면 과열 등 각종 부작용을 일으킨다.

15. 다음 중 연질 스케일을 생성시킬 수 있는 성분이 아닌 것은?
㉮ 탄산마그네슘　㉯ 규산칼슘
㉰ 산화철　㉱ 탄산칼슘
[해설] ① 연질 스케일 성분 : 탄산염(탄산칼슘, 탄산마그네슘), 산화철
② 경질 스케일 성분
㉠ 황산염(황산칼슘, 황산마그네슘)
㉡ 규산염(규산칼슘, 규산마그네슘), 실리카

16. 다음 중 열전도율이 가장 낮은 것은?
㉮ 니켈　㉯ 탄소강
㉰ 스케일　㉱ 그을음
[해설] ① 그을음의 열전도율 : $0.05 \sim 0.1$ kcal/mh℃
② 스케일의 열전도율 : $0.2 \sim 0.6$ kcal/mh℃

17. 유기 물질을 센물 속에 용해시키면 전기적 변화가 일어나 센물 속의 광물질이 분리되어 불순물을 간단히 제거하는 방법은 무엇인가?
㉮ 여과법　㉯ 가열법
㉰ 이온 교환법　㉱ 침전법
[해설] 용존 고형물 처리법 중 이온 교환법에 대한 설명이다.

18. 다음 중 보일러 급수 중의 현탁질 고형물을 제거하기 위한 외처리 방법으로 적합하지 못한 것은?
㉮ 여과법　㉯ 기폭법
㉰ 침전법　㉱ 응집법
[해설] 보일러 수의 외처리(1차 처리) 방법에서 현탁질 고형물 제거법에는 여과법, 침전법(침강법), 응집법이 있다.

19. 보일러 급수 중의 용존 가스체를 제거하는 방법으로 적합한 것은?
㉮ 여과법　㉯ 응집법
㉰ 기폭법　㉱ 침전법
[해설] 보일러 수의 외처리(1차 처리) 방법에서 용존 가스체 제거법에는 탈기법(O_2, CO_2 제거, 특히 O_2 제거)과 기폭법(CO_2, Fe, Mn, NH_3, H_2S 제거)이 있다.

20. 급수 처리에 있어서 양질의 급수를 얻을 수 있는 반면에 비용이 많이 들어 보급수의 양이 적은 보일러에 주로 사용하는 급수 처리 방법은?
㉮ 증류법　㉯ 여과법
㉰ 탈기법　㉱ 이온 교환법
[해설] 증류법은 좋은 수질을 얻을 수 있으나 비경제적이라 보급수의 양이 적거나 박용 보일러에서 사용되는 용존 고형물 급수 처리법이다.

21. 보일러수에 녹아있는 기체를 제거하는 탈기기(脫氣機)가 제거하는 대표적인 용존 가스는?
㉮ O_2　㉯ N_2　㉰ H_2S　㉱ SO_2
[해설] ① 탈기법 : O_2 및 CO_2 제거(주로 O_2 제거)
② 기폭법 : CO_2, Fe, Mn, NH_3, H_2S 제거

22. 다음 급수 처리 방법 중 화학적 처리 방법은?
㉮ 이온 교환법　㉯ 가열 연화법
㉰ 증류법　㉱ 여과법
[해설] 이온 교환법
용존 고형물을 제거하는 데 가장 좋은 방법

정답 15. ㉰　16. ㉱　17. ㉰　18. ㉯　19. ㉰　20. ㉮　21. ㉮　22. ㉮

이며 유기 물질을 센물 속에 용해시키면 전기적 변화가 일어나 광물질이 분리되어 불순물을 제거하는 방법

23. 보일러 급수를 처리하는 방법의 하나로 보일러수에 녹아 있는 기체를 제거하는 탈기기(deaerator)가 있다. 여기에서 분리, 제거하는 대표적인 용존 가스는?

㉮ O_2와 CO_2 ㉯ NO_3와 CO
㉰ NO_2와 CO ㉱ SO_2와 CO

[해설] ① 탈기법 : O_2 및 CO_2 제거
② 기폭법 : CO_2, NH_3, H_2S, Mn, Fe 제거

24. 이온 교환 수지 재생에서의 재생 방법으로 적합한 것은?

㉮ 양이온 교환 수지는 가성소다, 암모니아로 재생한다.
㉯ 양이온 교환 수지는 소금 또는 염화수소, 황산으로 재생한다.
㉰ 음이온 교환 수지는 소금 또는 황산으로 재생한다.
㉱ 음이온 교환 수지는 암모니아 또는 황산으로 재생한다.

[해설] 양이온 교환 수지는 HCl, H_2SO_4, $NaCl$으로 재생하며, 음이온 교환 수지는 $NaOH$, NH_4OH으로 재생한다.

25. 보일러 수처리의 약제로서 pH를 조절하여 스케일을 방지하는 데 주로 사용되는 것은?

㉮ 히드라진   ㉯ 인산나트륨
㉰ 아황산나트륨   ㉱ 탄닌

[해설] pH 및 알칼리 조정제의 종류 : 탄산나트륨, 인산나트륨, 수산화나트륨(가성소다), 암모니아
[참고] ㉮, ㉰, ㉱ 항은 탈산소제이다.

26. 보일러 급수 처리 방법 중 보일러 내 처리에 해당하는 것은?

㉮ 이온 교환 수지법
㉯ 여과법
㉰ 청관제에 의한 방법
㉱ 증류법

[해설] 보일러 내 처리(2차 처리)란 청관제 약품으로 처리하는 방법을 말한다.

27. 다음 중 pH 조정제가 아닌 것은?

㉮ 수산화나트륨   ㉯ 탄닌
㉰ 암모니아   ㉱ 탄산소다

[해설] pH 및 알칼리 조정제의 종류에는 ㉮, ㉰, ㉱항 외에 인산소다, 히드라진이 있다.
[참고] 슬러지 조정제의 종류 : 탄닌, 리그린, 전분

28. 다음 청관제 중 고온, 고압 보일러에 사용하지 않는 것은?

㉮ 가성소다
㉯ 인산소다
㉰ 탄산소다
㉱ 암모니아

[해설] 탄산소다는 수온이 높아지면 가수분해하여 탄산가스와 산화나트륨이 생성되므로 고온, 고압 보일러에서 사용하지 않는다.
[참고] $Na_2CO_3 + H_2O \longrightarrow 2NaOH + CO_2$

29. 용존산소와 반응하여 질소와 물이 되며 용해 고형물 농도가 상승하지 않아 고압 보일러에 주로 사용되는 탈산소제는?

㉮ 탄산나트륨
㉯ 탄닌
㉰ 히드라진
㉱ 아황산소다

[해설] 탈산소제의 종류 : 아황산소다(저압 보일러용), 탄닌, 히드라진(고압 보일러용)

정답 23. ㉮   24. ㉰   25. ㉯   26. ㉰   27. ㉯   28. ㉰   29. ㉰

30. 보일러 청관제 중 보일러 수의 연화제로 사용되지 않는 것은?

㉮ 수산화나트륨
㉯ 탄산나트륨
㉰ 인산나트륨
㉱ 황산나트륨

[해설] 보일러 용수 연화제의 종류 : 탄산나트륨, 인산나트륨, 수산화나트륨

31. 보일러 수(水)의 청관제 약품 중 탈산소제가 아닌 것은?

㉮ 탄닌
㉯ 리그린
㉰ 전분
㉱ 히드라진

[해설] 슬러지 조정제는 ㉮, ㉯, ㉰항 약품이다.

32. 보일러 수(水)의 청관제 약품 중 탈산소제가 아닌 것은?

㉮ 탄닌
㉯ 히드라진
㉰ 암모니아
㉱ 아황산소다

[해설] 탈산소제의 종류 : 아황산나트륨(저압 보일러용), 탄닌, 히드라진(고압 보일러용)

33. 알칼리 세관을 하면 가성취화가 발생하기 쉽다. 이것을 방지하기 위하여 사용되는 약품은 무엇인가?

㉮ 수산화나트륨
㉯ 탄산나트륨
㉰ 질산나트륨
㉱ 황산나트륨

[해설] 가성취화 억제제의 종류 : 인산나트륨, 질산나트륨, 탄닌, 리그린

정답 30. ㉱ 31. ㉱ 32. ㉰ 33. ㉰

Chapter 3 안전 관리

1. 보일러 정비

1-1. 보일러의 분해 및 정비

보일러를 사용하다 보면 전열면에 그을음(soot), 재 등이 부착하고 그 이면에 급수로 인해 스케일, 슬러지 등으로 열전도가 방해되어 열효율 저하 및 과열로 인한 파열사고와 부식을 유발시키므로 이를 제거해야 하며, 또한 연도에 재가 고이면 통풍을 방해하며 연소를 저해시킨다. 이들을 제거하는 방법에는 내부 청소와 외부 청소로 대별할 수 있으며, 기계적인 방법에 의해서 하는 기계적 청소법과 화학 약품으로 제거하는 화학적 청소법이 있다.

(1) 보일러의 청소 시기

① 내부 청소의 시기
  (개) 보일러의 계속 사용 안전 검사가 연 1회이므로 이때는 내·외면의 완벽한 청소와 효율 유지를 위해 실시한다.
  (내) 일반적으로 급수 처리를 하지 않는 저압 보일러에서는 연 2회 이상의 내면 청소를 하여야 한다.
  (대) 본체, 노통, 수관, 연관 등에 부착한 스케일 두께가 1~1.5 mm 정도에 달했을 때 스케일을 제거해야 한다.
  (라) 보일러 내 처리만의 보일러에서는 스케일이 고착할 염려가 있으므로 사용 시간 1500~2000 시간 정도에서 청소한다.

② 외부 청소의 시기
  (개) 연도의 배기가스 온도, 통풍력을 기록해 두고, 청소 전, 청소 직후와 비교하여 차가 크면 실시한다 (전열면에 그을음이 부착하면 배기가스 온도가 상승한다).
  (내) 전열면의 그을음 부착 상태 연도 내에서 재의 쌓임 등이 많아 통풍력이 떨어질 경우에 청소한다.

(2) 내부 청소법

보일러 내부 청소법에는 기계적인 세관법과 화학적인 세관법이 있다.

① 기계적 세관법
  ㈎ 리벳 이음에 무리가 생기지 않도록 서서히 냉각시키고 댐퍼를 열어서 외부 공기에 의하여 냉각시키며 내부는 급수와 배수를 반복하여 냉각시킨다.
  ㈏ 다른 보일러와 연락을 차단한다.
  ㈐ 압력이 없으면 안전 밸브를 열어서 보일러 내부의 진공 상태를 파악한 후 맨홀을 열고 2~3시간 공기를 통한 후 보일러 내부를 청소한다.
  ㈑ 보일러 수를 완전히 배수시킨 후 분출 밸브를 잠그고 맨홀 및 청소 뚜껑을 개방한채 2~3시간 방치하여 공기의 유통을 좋게 해 충분히 환기시켜 유독가스가 없도록 해야 한다.
  ㈒ 동 내부로 들어가기 전에 다시 증기관, 급수관, 분출관 등이 다른 보일러에 연락되어 있을 때는 그들의 밸브나 콕을 닫아 증기나 물이 역류해 오지 않도록 해야 한다.
  ㈓ 보일러 안에서 조명에 전등을 사용할 때에는 전구에 철사 망을 씌우고 전선을 충분히 절연시켜 누전이나 연락이 끊어지는 것을 막아야 한다.
  ㈔ 스케일 해머, 스크레이퍼 등으로 판(板)이 손상되지 않도록 관석을 제거한다.
  ㈕ 부식 부분 손상이 일어나기 쉬운 부분은 깨끗이 청소하여 판별이 쉽도록 한다.
  ㈖ 각종 밸브, 콕 등을 떼어내고 깨끗이 정비하여 사용 중 증기 등이 누설되지 않도록 하고 급수내관 구멍 또는 각종 계기 연락관이 스케일에 막힌 곳은 없는가를 확인한다.
  ㈗ 불의의 사고를 방지하기 위해서 반드시 2명 이상이 작업을 하여야 한다.

② 화학적 세관법 : 화학 세관에는 산 세관, 알칼리 세관, 유기산 세관법이 있으나 산 세관이 가장 많이 이용되고 있다.
  ㈎ 산 세관 : 산의 종류 중 염산이 많이 사용되고, 일반적으로 염산 5~10 % (물에 염산을 용해 혼합할 때의 농도)에 부식 억제제(inhibitor)를 0.2~0.6 % 정도 혼합하여 온도를 333±5 K로 유지하고 약 4~6시간 정도 순환시켜 스케일을 제거한다.
    ㉮ 사용되는 산의 종류에는 염산(HCl), 황산(H_2SO_4), 인산(H_3PO_4), 질산(HNO_3)이 있으며 염산이 가장 많이 사용된다.
    ㉯ 부식을 억제하기 위하여 부식 억제제를 사용하며 경질 스케일(황산염, 규산염)제거 시에는 용해 촉진제(HF)를 소량 첨가한다.

> **참고**
>
> (1) 염산의 특징
> ① 취급이 용이하며 위험성이 적다.
> ② 스케일 용해 능력이 비교적 크다.
> ③ 부식 억제제의 종류가 다양하다.
> ④ 가격이 싸서 경제적이며 물에 대한 용해도가 크기 때문에 세척이 용이하다.
> (2) ① 규산염이나 황산염을 많이 포함한 경질 스케일은 염산에 잘 용해되지 않으므로 이때는 용해 촉진제인 불화수소산(HF)을 소량 첨가하면 된다.
> ② 중화방청 처리 공정 : 산 세척 작업 후 씻은 물의 pH가 5 이상이 될 때까지 충분히 물로 씻은 후 중화 및 방청 처리를 하며 중화공정과 방청공정을 따로 할 경우와 같이 할 경우가 있다.
>   ㈎ 사용 약품 : 탄산나트륨(Na_2CO_3), 수산화나트륨(NaOH), 인산나트륨(Na_3PO_4), 아질산나트륨(Na_2NO_3), 히드라진(N_2H_2), 암모니아(NH_3)
>   ㈏ 방법 : 약액의 온도를 80~100℃로 가열하여 약 24시간 정도 순환 유지하고 pH 9~10에 유지하여 천천히 냉각 후 배출한다. 처리는 필요에 따라서 물로 씻는다.
>
> ③ 부식 억제제의 종류 : 케톤톡, 알코올류, 수지계 물질, 아민 유도체, 알데히드류
> ④ 부식 억제제의 구비 조건
>   ㈎ 부식 억제 능력이 클 것
>   ㈏ 점식 발생이 없을 것
>   ㈐ 물에 대한 용해도가 클 것
>   ㈑ 세관액의 온도 농도에 대한 영향이 적을 것
>   ㈒ 시간적으로 안정할 것
>
> (3) 보일러 산 세관 시 주의 사항
> ① 기기 각 부분의 뚜껑은 새지 않도록 블라인드 패치를 붙인다.
> ② 기기 본체 안에 철 시험편을 넣어 두고 산 세관이 끝난 다음 꺼내서 부식 유무를 조사한다.
> ③ 기기 본체 안 세관액을 넣을 때는 액체 온도(60~80℃)와 기기 본체의 온도는 거의 같은 온도를 유지한다.
> ④ 산 세관 중에는 가스(CO_2 또는 H_2)가 발생하므로 위험하지 않은 실외로 배출하도록 유도관을 부착한다.
>   ㈎ 유기산 세관
>   ㉮ 다른 세관 방법은 부식발생이 쉬워 부식 억제제를 사용하나 유기산 또는 암모늄은 거의 중성에 가까워 부식 억제제가 필요 없으며 안전한 세관법이다.

㈏ 유기산의 종류에는 구연산, 옥살산, 설파민산 등이 있으며 가격이 고가이다.
㈐ 유기산의 경우 수용액 온도는 363±278 K가 적당하다.
㈑ 구연산의 농도는 3 % 정도가 적당하며, 특히 오스테나이트계 스테인리스강 세관에 쓰인다.

㈏ 알칼리 세관
㈎ 암모니아(NH_3), 가성소다(NaOH), 탄산소다(Na_2CO_3), 인산소다(Na_3PO_4) 등을 단독 또는 혼합하며, 알칼리 농도를 0.1~0.5 % 정도 유지하여 물의 온도를 70℃ 정도로 가열순환시켜 유지류 및 규산계 스케일 제거에 사용한다.
㈏ 알칼리 세관 시 가성 취화에 의한 부식을 방지하기 위하여 질산나트륨($NaNO_3$) 또는 인산나트륨(Na_3PO_4) 등을 첨가한다.

(4) 외부 청소법

보일러 외부에 부착한 그을음, 재 등을 제거하는 것으로 대개 기계적인 방법이 많이 사용되고 있다.

① 수트 블로어(soot bolwer, 그을음 제거기) : 보일러의 전열면 외부나 수관 주위에 부착해 있는 그을음이나 재를 불어 제거시키는 장치이며 증기나 압축 공기가 주로 사용된다. 압축공기식이 편리하지만 설비비, 운전비 면에서 증기분사식이 유리하다.
② 스크레이퍼(scraper)
③ 와이어 브러시(wire brush) : 연관 내부 그을음 제거 시 사용한다.
④ 튜브 클리너(tube cleaner) : 수관 내에 부착한 스케일 제거에 사용하며 한 장소에서 3초 이상 머물지 않도록 해야 한다.
⑤ 스케일링 해머(scaling hammer)
⑥ 스케일 커터(scale cutter)

1-2 보일러의 보존

보일러 사용 기술 규격에서 보일러의 휴지(휴관) 보존법에는 보통 만수 보존법, 가열 건조법과 같은 단기 보존법과 소다 만수 보존법, 석회 밀폐 건조법, 질소 가스 봉입법과 같은 장기 보존법이 있다.

(1) 단기 보존법(2~3개월 이내)

① 보통 만수 보존법 : 내부 청소를 완전히 한 후 보일러의 정상부까지 만수하고 공기를 빼내고 휴관시킨다(만수 보존법은 겨울에는 절대로 사용해서는 안된다.) → 보일러 수가 결빙하면 보일러가 파괴된다.

② 가열 건조법 : 보일러 내부의 물을 완전히 빼내고 약간 분화를 한 후 밀폐시켜 휴관한다.

(2) 장기 보존법(2~3개월 이상)

① 소다 만수 보존법(청관 보존법) : 알칼리도 약 300 ppm (NaOH)의 수용액을 사용하여 보통 만수 보존법과 같은 요령으로 한다.
② 석회 밀폐 건조법 : 휴관 기관이 6개월이 이상 (최장기 보존법)이며 청소 및 건조 후 내부에 흡습제(건조제)를 넣어 놓은 후 밀폐시킨다.
③ 질소(N_2) 가스 봉입법 : 건조 보존법에서 질소 가스 (압력은 0.06 MPa 정도)를 넣어 봉입한다.

> **참고**
>
> (1) 흡습제(건조제)의 종류
>   ① 생석회(산화칼슘, CaO)
>   ② 실리카 겔
>   ③ 염화칼슘 ($CaCl_2$)
>   ④ 오산화인 (P_2O_5)
>   ⑤ 활성 알루미나
>   ⑥ 기화성 방청제
> (2) 특수 보존법 : 보일러 동 내면에 도료 (주성분이 흑연, 아스팔트, 타르)를 칠한다.

2. 사고 예방 및 진단

2-1 · 보일러 및 압력 용기 사고 원인 및 대책

1 사고 원인 및 예방 대책

(1) 보일러 사고 (2대 사고)

① 파열 사고 : 저수위, 압력 초과, 과열, 부식, 미연소 가스 폭발, 급수 처리 불량, 부속 기기 정비 불량 및 점검 불충분 등으로 인한 취급상의 부주의와 재료 불량, 강도 부족, 구조 불량, 용접 불량, 설계 불량, 부속 기기 설비 미비 등으로 인한 제작상의 원인으로 발생되는 가장 큰 사고이다.

② 미연소 가스 폭발 사고 : 연소실 또는 연도 같은 연소 계통의 미연소 가스로 인한 연소로 인해 발생되는 사고이다.

   [참고] 미연소 가스(unburned gas) : 연소 배기가스 중에 포함된 CO, H_2, CH_4 등의 가연성 가스, 완전 연소하지 않은 가스의 총칭

(2) 보일러 사고의 원인

① 취급상의 원인 : 저수위, 압력 초과, 과열, 부식, 급수 처리 불량, 미연소 가스 폭발, 부속 기기 정비 불량 및 점검 불충분 등

② 제작상의 원인 : 재료 불량, 강도 부족, 구조 불량, 용접 불량, 설계 불량, 부속 기기 설비 미비 등

> **참고**
> 보일러 사고 원인의 약 90% 정도가 취급상의 원인이며, 그 중에서 가장 큰 원인은 이상 감수와 압력 초과이다.

(3) 보일러 사고 예방 대책

① 수위 관리

　㈎ 1회에 다량의 급수를 피하고 연속적으로 일정량씩 급수를 하여 일정 수위를 유지시키고, 수면계 수위가 40~60% 정도 되도록 한다 (수면계 유리관 $\frac{1}{2}$ 정도).

　㈏ 급수 장치 및 급수 조절 장치 기능을 완전하게 유지한다.

　㈐ 수면계와 압력계는 항상 감시의 대상이 되어야 하고 2개의 수면계 수위 또는 압력계 지시도가 상이한 경우가 생긴다면 즉시 그 원인을 제거한다.

㈜ 관수 분출 작업과 저수위 경보 장치 계통의 장애물 제거, 분출 작업 시는 각종 밸브의 조작 순서에 주의한다.
㈝ 관수 분출 작업은 2명이 동시에 실시하되 1명은 전면의 수위를 감시한다.
㈞ 연소기 및 연소 상태의 음향, 송풍기 및 급수 펌프의 작동음에 이상이 있다면 그 원인을 규명, 제거한다.
㈟ 부하 변동은 사용처와 수시로 사전에 통지되도록 한다.
㈠ 자동 장치에 의존하여 조종자가 정위치에서 이탈해서는 안 된다.

② 연소 관리
㈎ 연료의 점도는 적정 점도를 유지할 수 있도록 연료의 예열 온도를 유지하고, 연료는 일정 유량이 계속적으로 공급되어야 한다.
㈏ 프리퍼지와 포스트퍼지를 행하고 송풍 조작 시에는 댐퍼의 조작 순서와 열림에 주의해야 한다.
㈐ 점화 후의 화염 감시를 한다. 소화 현상이 있는 경우는 반드시 그 원인을 제거한 후 다시 점화한다.
㈑ 저수위 현상이 있다고 판정될 때는 즉시 연소를 중지한다.
㈒ 연소량의 급격한 증대와 감소의 조업은 억제한다.
㈓ 점화, 소화 작업의 빈도가 적도록 조업을 한다.

③ 용수 관리 : 보일러의 급수는 순수 또는 연수로 처리된 처리수를 사용해야 하며, 불순물 농도를 허용 농도 이하로 유지하도록 수질 검사 및 점검을 하고 적당한 시기에 적정량의 관수와 분출 작업을 행한다. 또한, 급수로는 회수된 응축수를 사용하는 것이 가장 좋은 방법이다 (응축수는 양질의 열수이다).

2 보일러 부식의 종류 및 방지 대책

(1) 부식의 종류

부식을 크게 두 가지로 나누면 외부 부식과 내부 부식으로 나눌 수 있으며, 외부 부식에는 고온 부식과 저온 부식이 있고 (산화 부식도 있음), 내부 부식에는 점식(pitting), 구식(grooving), 전면식(全面植), 알칼리 부식이 있다.

(2) 외부 부식(외면 부식) → (전열면에서 부식)

① 발생 원인
㈎ 보일러 외면의 습기나 수분 등과 접촉할 때
㈏ 보일러 이음부나 맨홀, 청소구, 수관 등에서 물이 누설할 때
㈐ 연료 내의 황분(S)이나 회분 등에 의하여(회분 중에 포함된 바나듐)

② 종류

㈎ 고온 부식 : 고온 부식이란 중유의 연소에 있어서 중유 중에 포함되어 있는 바나듐(V)이 연소에 의하여 산화하고 오산화바나듐(V_2O_5)으로 되어 고온의 전열면에 융착하여 그 부분을 부식시키는 것을 말한다. 방지 대책은 다음과 같다.

㉮ 중유 중에 포함되어 있는 바나듐(V) 성분을 제거한다.
㉯ 바나듐의 융점을 높인다(첨가제를 사용).
㉰ 전열면의 온도가 높아지지 않게끔 설계한다.
㉱ 연소 가스의 온도를 항상 바나듐의 융점(943 K(670℃) 정도) 이하가 되도록 유지시킨다.
㉲ 고온의 전열면에 보호 피막을 씌운다.
㉳ 고온의 전열면에 내식 재료를 사용한다.

> **참고**
> ① 오산화바나듐(V_2O_5)의 융점이 893~943 K(620~670℃) 정도이므로 이 온도가 바로 고온 부식을 일으키는 온도이다.
> ② 폐열 회수 장치 중 과열기, 재열기에서 고온 부식을 많이 일으킨다.

㈏ 저온 부식 : 연료 중의 유황(S)이 연소해서 아황산가스(SO_2)로 되고, 그 일부는 다시 산화해서 무수황산(SO_3)으로 된다. 이것이 가스 중의 수분(H_2O)과 화합하여 황산(H_2SO_4)으로 되고 보일러의 저온 전열면에 융착하여 그 부분을 부식시키는 것을 말한다. 그 방지 대책은 다음과 같다.

㉮ 연료 중의 황분(S)을 제거한다.
㉯ 저온의 전열면 표면에 내식 재료를 사용한다.
㉰ 저온의 전열면에 보호 피막을 씌운다.
㉱ 배기가스의 온도를 노점 이상으로 유지시키기 위하여 저온의 공기 누입을 방지하고 전열면의 온도 저하를 방지시킨다.
㉲ 배기가스 중의 CO_2 함유량을 높여 황산가스의 노점을 내린다.
㉳ 과잉 공기량을 줄여 배기가스 중의 산소(O_2) 함유량을 감소시켜 아황산가스의 산화를 방지한다.

> **참고**
>
> ① 무수황산(SO_3)의 노점은 423 K(150℃)이다.
> ② 폐열 회수 장치인 공기 예열기, 절탄기에서 저온 부식을 많이 일으킨다.
> ③ 저온 부식에서 연료 속의 유황(S)이 연소하면 아황산가스(SO_2)가 된다.
>   즉, $S + O_2 \rightarrow SO_2$로, SO_2가 연소 가스 중의 산소와 화합하여 무수황산(SO_3)이 된다. 즉, $SO_2 + \frac{1}{2}O_2 \rightarrow SO_3$이다.
>
>   또한, 연소 중의 수소(H_2)는 수분(H_2O)을 발생한다. 즉, $H_2 + \frac{1}{2}O_2 \rightarrow H_2O$가 되며, 무수황산($SO_3$)이 다시 수분($H_2O$)과 결합하여 황산($H_2SO_4$)이 된다.
>   즉, $H_2O + SO_3 \rightarrow H_2SO_4$이 된다.

　　(다) 산화 부식 : 금속이 연소 가스와 산화하여 표면에 산화피막을 형성하는 것을 말하며, 산화 현상은 금속의 표면 온도가 높을수록, 금속 표면이 거칠수록 강하게 나타난다.

(3) 내부 부식(내면 부식) → 수(水) 면적에서 부식

① 발생 원인

　(가) 급수 중에 포함된 산소(O_2), 탄산가스(CO_2), 유지분 등에 의해 발생한다.

　(나) 급수 처리가 부적당하여 수질이 불량할 경우(유지분, 산류, 탄산가스 함유)에 발생한다.

　(다) 강재에 포함된 인(P), 유황(S) 등이 온도 상승과 함께 산화하며 산을 만들어 부식시킨다.

　(라) 강은 포금이나 동(Cu)에 대해 양극(+)이 되며, 온도 상승과 더불어 그 반응이 활발하여 부식된다. 강재가 다른 금속과 접하면 전류가 흐르고 양극이 된다.

　(마) 공장에서 전기의 누전에 의하여 보일러로 통하면 부식이 증가된다.

　(바) 보일러에서 국부적인 온도차가 생기면 전류가 흘러 높은 온도가 양극(+)이 되어 부식이 된다.

　(사) 굽힘에 의하여 조직이 변화하고 굽힘이 없는 부분과 전위차가 생겨 전류가 흘러 부식이 된다.

　(아) 보일러 판의 표면에 녹이 부착하면 국부적으로 전위차가 생기고 전류가 흘러서 양극(+)이 된 부분이 부식된다.

② 종류

　(가) 점식(pitting) : 점식은 내부 부식의 대표적인 것이며, 보일러 수중의 용존가스체(산소, 탄산가스)가 용해하면 부식을 일으키고(특히, 고온에서의 산소의 용해

는 심하다), 점이 점상(點狀)으로 군데군데 떼를 지어 발생하며 크기는 쌀알 크기에서 손가락 머리 크기까지 있다. 점식이 밀생(密生)하면 반식(班植)이 되고 이것이 군생(群生)하면 전면식(全面植)으로 발전한다.

> **참고**
> ① pH란 수소 이온 농도를 표시하는 지수이며, 물이 산성인가 알칼리성인가를 나타내는 척도이다.
> ② pH = 0~7 미만 → 산성
>   pH = 7 → 중성
>   pH = 7 초과 ~ 14 → 알칼리성
> ③ 보일러 수의 pH는 10.5~11.5 (단, 원통형 보일러 pH는 11~11.8) 정도 (약알칼리성)가 적당하다.
> ④ 가성 취화란 보일러 수중에 농축된 강알칼리(pH 13 정도)의 영향으로 철강 조직이 취약하게 되고 입계 균열을 일으키는 현상이다.

   ㉮ 점식이 발생하기 쉬운 곳
- 산화철 피막이 파괴되어 있는 곳
- 표면의 성분이 고르지 못한 강재
- 표면에 돌출부가 많은 강재
- 물의 순환이 불량하고, 화염이 접촉하는 곳
- 연관의 외면, 노통의 상부, 입형 보일러의 화실 관판 부근

   ㉯ 점식의 방지법
- 아연판을 매달아 둘 것 (전류 작용 방지 역할)
- 도료를 칠할 것
- 산이나 용존 가스체(O_2, CO_2)를 제거하기 위하여 청관제를 사용할 것

(나) 구식(grooving) : 단면이 V형 또는 U형으로 어느 범위의 길이의 도랑 모양으로 발생하는 부식이다. 보일러판 등의 연결 부분이 열로 인하여 신축함으로써 발생되는 응력의 반복에 의하여 재질이 피로하여 생기는 도랑 모양의 선상 부식이 된다.

   ㉮ 구식을 일으키는 부분
- 입형 보일러의 화실 천장판의 연돌관을 부착하는 플랜지 만곡 또는 화실 하단의 플랜지 만곡부
- 노통 보일러(코니시 보일러, 랭커셔 보일러)에 있어서 경판의 노통과 접합하는 부분이나 거싯 스테이(gusset stay) 부착부
- 노통의 경판과의 부착 만곡부 및 애덤슨 조인트의 만곡부
- 보일러 동의 길이 겹친 조인트 부분

- 리벳 이음의 판의 겹친 가장자리 부분
㉯ 구식 방지법
- 플랜지 만곡부의 반지름을 작게 하지 말 것
- 나사 버팀의 경우에는 양단부 이외의 나사 산(山)을 깎아내어 탄력성을 줄 것
- 공작 시에는 노통의 전장이 동의 길이보다 길게 된 것을 무리하게 끼워 넣지 말 것
- 취급 시에 스케일로 인하여 노통의 열팽창을 일으키지 않도록 할 것
- 적당한 브리딩 스페이스(breathing space)를 만들 것 (최소한 230 mm 이상 유지할 것)

㈐ 알칼리 부식 : 보일러 수(水) 속에 수산화나트륨(가성소다) 등의 유리 알칼리 농도가 너무 높아지고 pH가 너무 상승하면 증발관 등에서 수산화나트륨(가성소다)이 농축하여 이 고농도의 알칼리와 고온의 작용으로 강재를 부식시킨다.

3 보일러 판의 손상

(1) 래미네이션(lamination)

강괴 속에 잔류된 가스체가 강철판을 압연할 때에 압축되어 2장의 층을 형성하고 있는 홈을 말하며, 일종의 재료의 결함이다.

(2) 블리스터(blister)

래미네이션의 결함을 가진 재료가 외부로부터 강한 열을 받아 소손되어 부풀어 오르는 현상을 말한다.

(3) 균열(crack)

균열이 생기기 쉬운 곳은 끊임없이 반복적인 응력을 받아 무리를 받고 있는 부분에 생긴다. 즉, 열응력이 모여 있는 부분은 이음 부분, 리벳 구멍 부분, 스테이(stay, 버팀)를 가지는 부분이다.

(4) 심 립스(seam rips)

리벳 이음에서 리벳의 둘레(주위) 부분은 강도가 약하므로, 균열(금이 가는 것)이 생기게 되어 리벳에서 리벳으로 금이 나가는 현상을 말한다.

4 팽출과 압궤

(1) 팽출 (bulge)

인장 응력을 받는 수관이나 동 저부에서 스케일이 부착하였을 때 이 부분에 고열이 접하면 부동팽창으로 인해 내부 압력에 견디지 못하고 외부로 부풀어 나오는 현상이다.

(2) 압궤(collapse)

압축 응력을 받는 노통이나 연관에서 스케일로 인하여 과열되어 부동 팽창으로 인해 외부 압력에 견디지 못하고 내부로 들어가는 현상

5 보일러 파열 사고의 원인 및 방지 대책

(1) 보일러 파열 사고의 원인

① 취급 부주의 : 이상감수, 최고 사용 압력(제한압력) 초과, 미연소 가스 폭발 사고 등
② 제작상의 결함 : 설계 불량, 구조 불량, 용접 불량, 재료 불량 등

(2) 보일러 과열의 원인 및 방지 대책

과열의 원인	과열 방지 대책
① 보일러 이상 감수 시	① 보일러 수위를 너무 낮게 하지 말 것
② 동 내면에 스케일 생성 시	② 보일러 동 내면에 스케일 고착을 방지할 것
③ 보일러 수가 농축되어 있을 때	③ 보일러 수를 농축시키지 말 것
④ 보일러 수의 순환이 불량할 때	④ 보일러 수의 순환을 좋게 할 것
⑤ 전열면에 국부적인 열을 받았을 때	⑤ 전열면에 국부적인 과열을 피할 것

(3) 압력 초과의 원인

① 압력계 주시를 태만히 했을 때
② 압력계의 기능에 이상이 있을 때
③ 수면계의 수위를 오판했을 때
④ 수면계 연락관이 막혔을 때
⑤ 분출 장치 계통에서 누수가 발생할 때
⑥ 급수 펌프가 고장 났을 때
⑦ 안전 밸브의 기능에 이상이 있을 때
⑧ 급수 내관에 이상이 생겼을 때
⑨ 이상 감수 시에

(4) 이상 감수의 원인

① 수면계 수위를 오판했을 때
② 수면계 주시를 태만히 했을 때
③ 수면계 연락관이 막혔을 때
④ 급수 펌프가 고장일 때
⑤ 분출 장치 계통에서 누수가 발생했을 때

> **참고**◦ 이상 감수 시 응급 조치 순서
>
> ① 연료의 공급 정지　② 노내 환기
> ③ 연소용 공기 정지　④ 주증기 밸브 차단
> ⑤ 자연 냉각　　　　　⑥ 원인 분석 및 수위 확인
> ⑦ 수위 유지 도모

6 보일러 운전 중의 사고의 종류 및 방지 대책

(1) 역화 (back fire)

연소실에서 화염이 연소실 밖으로 되돌아 나오는 현상을 말한다.

① 역화의 원인
　㈎ 점화 시에 착화가 늦을 경우 (착화는 5초 이내에 신속히)
　㈏ 점화 시에 공기보다 연료를 먼저 노내에 공급했을 경우
　㈐ 압입 통풍이 너무 강할 경우와 흡입 통풍이 부족할 경우
　㈑ 실화 시 노내의 여열로 재점화할 경우
　㈒ 연료 밸브를 급개하여 과다한 양을 노내에 공급했을 경우
　㈓ 노내에 미연소 가스가 충만해 있을 때 점화했을 경우 (프리퍼지 부족)

② 역화 방지 대책
　㈎ 점화 방법이 좋을 것 (점화 시 착화는 신속하게)
　㈏ 공기를 노내에 먼저 공급하고 다음에 연료를 공급할 것
　㈐ 노 및 연도 내에 미연소 가스가 발생하지 않도록 취급에 유의할 것
　㈑ 점화 시 댐퍼를 열고 미연소 가스를 배출시킨 뒤 점화할 것 (프리퍼지 실시)
　㈒ 실화 시 재점화를 할 때는 노내를 충분히 환기시킨 후 점화할 것
　㈓ 통풍력을 적절히 유지시킬 것

(2) 포밍, 프라이밍, 캐리오버, 워터해머

① 포밍(forming, 물거품 솟음) : 유지분, 부유물 등에 의하여 보일러 수의 비등과 함께 수면부에 거품을 발생시키는 현상

② 프라이밍(priming, 비수 현상) : 관수의 격렬한 비등에 의하여 기포가 수면을 파괴하고 교란시키며 수적이 비산하는 현상
③ 캐리오버(carry over, 기수공발) : 용수 중의 용해물이나 고형물, 유지분 등에 의하여 수적이 증기에 혼입되어 운반되는 현상을 말하며, 포밍, 프라이밍에 의해 발생한다.

포밍, 프라이밍의 발생 원인과 방지 대책

발생 원인	방지 대책
① 주증기 밸브를 급히 개방 시 ② 고수위로 운전할 때 ③ 증기 부하가 과대할 때 ④ 보일러 수가 농축되었을 때 ⑤ 보일러 수중에 부유물, 유지분, 불순물이 많이 함유되어 있을 때 ⑥ 보일러수 표면적이 적을 때	① 주증기 밸브를 천천히 개방할 것 ② 정상 수위로 운전할 것 ③ 과부하가 되지 않도록 운전할 것 ④ 보일러 수의 농축을 방지할 것 ⑤ 보일러 수 처리를 철저히 하여 부유물, 유지분, 불순물을 제거할 것

  (가) 물리적 원인
    ㉮ 증발부 면적이 불충분할 때
    ㉯ 증기실이 좁든지 보일러 수면이 높을 때
    ㉰ 증기 정지 밸브를 급히 열든지 또는 부하가 돌연 증가하였을 때
    ㉱ 압력의 급강하가 일어나 격렬한 자기 증발을 일으켰을 때
  (나) 화학적 원인
    ㉮ 나트륨 염류가 많고, 특히 인산나트륨이 많이 존재할 때
    ㉯ 유지류가 많을 때
    ㉰ 부유 고형물 및 용해 고형물이 많이 존재할 때
④ 수격 작용(water hammer, 물망치 작용) : 증기 계통에 고여 있던 응축수가 송기 시 고온·고압의 증기에 이끌려 배관을 강하게 치는 현상이다 (이로 인하여 배관에 무리를 가져오며 심지어는 파열을 초래한다). 다음과 같은 방법으로 방지할 수 있다.
  (가) 송기 시 주증기 밸브를 서서히 개방할 것
  (나) 증기 배관 보온을 철저히 할 것
  (다) 드레인 빼기를 철저히 할 것
  (라) 증기 트랩을 설치할 것
  (마) 포밍, 프라이밍 현상을 방지할 것
  (바) 송기 전에 소량의 증기로 난관을 시킬 것

2-2 보일러 및 압력 용기 취급 요령

1 보일러 가동 전(前) 준비 사항

(1) 보일러 가동 전(前) 점검 사항

① 수면계의 수위 및 수면계를 점검한다.
② 압력계의 이상 유무, 각종 계기와 자동 제어 장치를 확인한다.
③ 연료 계통, 급수 계통 등을 확인 점검한다.
④ 연료 예열기(oil preheater)를 작동시켜 연료를 예열시킬 수 있도록 한다.
⑤ 각 밸브의 개폐 상태를 확인한다.
⑥ 댐퍼를 개방하고 프리 퍼지를 행한다.

> **참고**
> ① 프리 퍼지(pre-purge) : 점화 전 댐퍼를 열고 노내와 연도에 체류하고 있는 가연성 가스를 송풍기로 취출시키는 것을 말한다 (30~40초 정도이나 대용량에서는 3분까지도 행한다).
> ② 포스트 퍼지(post-purge) : 보일러 운전이 끝난 후 노내와 연도에 체류하고 있는 가연성 가스를 송풍기로 취출시키는 것을 말한다 (30~40초 정도이나 대용량에서는 3분까지도 행한다).
> ③ 프리 퍼지를 할 때 댐퍼는 연돌에서 가까운 것부터 열고 평형 통풍 방식인 경우 통풍기는 흡입 송풍기를 먼저 가동시킨 후 압입 송풍기를 나중에 가동시킨다.

2 보일러 점화, 운전 및 조작 요령

(1) 자동 점화

점화 전 점검 사항을 이행한 후 보일러 패널 모든 스위치를 자동으로 해 두고 메인 스위치를 켜고 기동 스위치를 켜면 시퀀스 제어(순차 제어)와 인터로크로 행해지며, 그 순서는 다음과 같다.

① 송풍기 가동
② 연료 펌프 가동 (주버너 동작)
③ 프리 퍼지 실시
④ 노내압 조정
⑤ 점화 (파이로트)버너 가동
⑥ 화염 검출기 작동
⑦ 주버너 점화
⑧ 점화 버너 가동 중지
⑨ 공기 댐퍼 및 메털링 펌프 (자동유량 조절장치)가 작동하여 저연소에서 고연소로 조정된 부하까지 자동으로 조정

(2) 수동 점화

점화전에 점검 사항을 충분히 이행한 후 다음 순서에 따라 점화를 해야 한다.
① 수면계 수위가 정상 수위인가를 확인한다.
② 댐퍼를 개방하고 프리 퍼지를 실시한다 (송풍기 가동).
③ 주버너를 동작시키고, (연료 펌프 가동) 댐퍼를 줄여서 노내압을 조정한다.
④ 파일럿 버너 스위치와 화염 검출기의 스위치를 켠다.
⑤ 투시구로 점화 버너에서 정상적인 점화가 이루어졌는가를 확인하고 정상이면 주버너 스위치를 켠다.
⑥ 투시구로 주버너에서 정상적인 점화가 이루어졌는가를 확인하고 정상이면 파일럿 버너 스위치를 끈다.
⑦ 공기 댐퍼(1차 및 2차)를 먼저 조금 더 열어 두고 기름 조절 밸브를 조금 더 열어 가면서 연소량을 조정해 나간다.

3 보일러 운전 중 조작 요령

(1) 연소 초기의 취급

① 급격한 연소를 피해야 한다 : 전열면의 부동 팽창, 내화물의 스폴링 현상 그루빙이나 균열을 초래한다 (특히, 주철제 보일러에서는 결정적인 손상의 원인이 될 수 있다).
② 압력 상승은 천천히 한다.
  (가) 본체의 온도차가 크게 되지 않도록 한다.
  (나) 국부 과열이나 균열, 누설 등이 생기지 않도록 충분한 시간을 주고 연소시킨다.
  (다) 초기의 가동 시간은 보일러의 구조, 용량의 크기, 벽돌쌓기, 보일러 수의 온도, 급수 온도 등에 따르지만, 패키지형 보일러와 같이 벽돌쌓기가 적은 보일러는 1~2시간 만에 정상 압력으로 되도록 한다.

(2) 증기압이 오르기 시작할 때의 취급

① 공기빼기, 밸브 닫기
② 수면계, 압력계, 분출 장치의 기능 점검 후에 더욱 조인다.
③ 맨홀, 청소구, 검사구를 더욱 조여 준다.
④ 압력계 감시와 연소의 조정
⑤ 급수 장치의 기능 확인
⑥ 절탄기, 공기 예열기는 부연도를 이용한다 (저온 부식, 과열 방지를 위해서).

(3) 증기압이 올랐을 때의 취급

① 안전 밸브는 증기 압력이 75 % 이상될 때 분출 시험한다.

② 수위를 감시한다.
③ 압력계를 감시한다.
④ 분출 밸브, 수면계, 드레인 밸브의 누설 유무를 확인한다.
⑤ 제어 장치의 작동 상태를 점검한다.

(4) 송기 및 증기 사용 중 유의 사항

① 점화 전 주증기관 내의 응축수를 배출시킨다.
② 점화 후 증기 발생 시까지는 가능한 한 서서히 가열시킨다.
③ 주증기 밸브 개방 시에는 압력계의 압력을 확인하면서 3분 이상 지속하여 서서히 개방한다 (주증기관의 무리를 피하고 기수공발을 방지하기 위하여).
④ 2조의 수면계를 주시하여 항상 정상 수면을 유지하도록 한다.
⑤ 항상 일정한 압력을 유지하기 위하여 연소율을 가감한다.
⑥ 보일러 수의 누수 부분을 점검해야 한다 (분출 장치 계통 및 밸브).
⑦ 항상 수면계, 압력계, 연소실의 연소 상태 등을 잘 감시하면서 운전하도록 해야 한다.

4 보일러 정지 순서

(1) 일반적인 보일러 정지 순서

① 연소율 (연료량과 공기량)을 낮춘다.
② 연료 밸브를 닫아 소화시킨다.
③ 송풍기로 포스트 퍼지를 행한다.
④ 송풍기 가동을 중단 (공기 공급 중단)한다.
⑤ 공기 댐퍼를 닫는다.
⑥ 주증기 밸브를 닫고 드레인 밸브를 연다.
⑦ 보일러 주전원 스위치를 끈다.

(2) 보일러 비상정지 순서

① 연료의 공급 밸브를 잠가 소화한다.
② 송풍기를 가동시켜 노내 환기를 시킨다.
③ 버너와 송풍기 가동을 중지시킨다.
④ 연소용 공기 댐퍼를 닫는다.
⑤ 압력은 서서히 하강시키고 보일러를 자연 냉각시킨다. → (40℃ 이하, 벽돌이 쌓여 있는 보일러는 적어도 1일 이상 냉각)
⑥ 이상 유무 (과열 부분 확인 등) 확인 및 비상 사태(이상감수, 압력 초과 등) 원인을 조사하고 조치한다.

5 보일러 수압 시험

(1) 수압 시험의 목적
① 이음부의 누설 유무 조사
② 설계 구조의 양부 판단
③ 구조상 검사가 곤란한 부분의 이상유무
④ 수리를 한 경우 그 부분의 강도나 이상 유무 판단
⑤ 손상이 생긴 부분의 강도 확인

(2) 수압 시험 압력
① 강철제 보일러
  ㈎ 보일러의 최고 사용 압력이 0.43 MPa 이하일 때에는 그 최고 사용 압력의 2배의 압력으로 한다. 다만, 그 시험 압력이 0.2 MPa 미만인 경우에는 0.2 MPa로 한다.
  ㈏ 보일러의 최고 사용 압력이 0.43 MPa 초과 1.5 MPa 이하일 때에는 그 최고 사용 압력의 1.3배에 0.3 MPa를 더한 압력으로 한다.
  ㈐ 보일러의 최고 사용 압력이 1.5 MPa를 초과할 때에는 그 최고 사용 압력의 1.5배의 압력으로 한다.
② 가스용 온수 보일러 : 강철제인 경우에는 ①의 ㈎에서 규정한 압력
③ 주철제 보일러
  ㈎ 보일러의 최고 사용 압력이 0.43 MPa 이하일 때는 그 최고 사용 압력의 2배의 압력으로 한다. 다만, 시험 압력이 0.2 MPa 미만인 경우에는 0.2 MPa로 한다.
  ㈏ 보일러의 최고 사용 압력이 0.43 MPa를 초과할 때는 그 최고 사용 압력의 1.3배에 0.3 MPa을 더한 압력으로 한다.

(3) 수압 시험 방법
① 공기를 빼고 물을 채운 후 천천히 압력을 가하여 규정된 수압에 도달한 후 30분이 경과된 뒤에 검사를 실시하여 끝날 때까지 그 상태를 유지한다.
② 시험 수압은 규정된 압력의 6 % 이상을 초과하지 않도록 모든 경우에 대한 적절한 제어를 마련하여야 한다.
③ 수압 시험 중 또는 시험 후에도 물이 얼지 않도록 하여야 한다.

예상문제 및 기출문제

1. 보일러 유기산 세관에 사용되는 산의 종류는 무엇인가?
- ㉮ 염산
- ㉯ 황산
- ㉰ 구연산
- ㉱ 인산

[해설] ① 산 세관 : 염산(HCl), 황산(H_2SO_4), 인산(H_3PO_4), 질산(HNO_3)
② 유기산 세관 : 구연산, 설파민산, 옥살산
③ 알칼리 세관 : 암모니아(NH_3), 가성소다(NaOH), 탄산소다(Na_2CO_3), 인산소다(Na_3PO_4)

2. 염산을 사용하여 보일러 산 세관을 하는 경우의 특징 설명으로 잘못된 것은?
- ㉮ 위험성이 적고 취급이 용이하다.
- ㉯ 물에 대한 용해도가 낮다.
- ㉰ 스케일 용해 능력이 크다.
- ㉱ 부식 억제제의 종류가 다양하다.

[해설] 염산은 물에 대한 용해도가 높아 세척이 용이하다. 또한, 스케일 용해 능력이 크므로 가장 많이 사용한다.

3. 보일러 세관 작업 시 염산에 잘 녹지 않는 규산염의 용해 촉진제로 적합한 것은?
- ㉮ 불화수소산
- ㉯ 탄산소다
- ㉰ 히드라진
- ㉱ 암모니아

[해설] 규산염이나 황산염을 포함한 스케일은 염산에 잘 용해되지 않으므로 용해 촉진제인 불화수소산(HF)을 소량 첨가한다.

4. 보일러 내면의 세정으로 염산을 사용하는 경우 세정액의 처리 온도와 처리 시간으로 맞는 것은?

- ㉮ 60±5℃, 2~4시간
- ㉯ 60±5℃, 4~6시간
- ㉰ 90±5℃, 2~4시간
- ㉱ 90±5℃, 4~6시간

[해설] 물에 염산(HCl)을 5~10% 혼합하여 부식 억제제인 인히비터를 0.2~0.6% 정도 혼합해서 온도 60±5℃로 유지하고 약 4~6시간 정도 순환시켜 스케일을 제거한다.

5. 보일러의 내부를 화학 청정할 때 인히비터를 사용하는 이유는 무엇인가?
- ㉮ 스케일의 용해 속도 촉진
- ㉯ 스케일 부착 방지
- ㉰ 보일러 용수의 연화
- ㉱ 보일러 강판의 부식 억제

[해설] 부식 억제제의 종류
케톤록, 알코올류, 수지계 물질, 아민 유도체, 알데히드류

6. 수관 보일러를 외부 청소할 때 사용하는 작업 방법에 속하지 않는 것은?
- ㉮ 에어쇼킹법
- ㉯ 스팀쇼킹법
- ㉰ 워터쇼킹법
- ㉱ 통풍쇼킹법

[해설] ① 에어쇼킹법(압축공기분무제거법)
② 스팀쇼킹법(증기분무제거법)
③ 워터쇼킹법(물분무제거법)
④ 샌드블로법(모래사용제거법)

7. 보일러의 산 세척 처리 순으로 옳은 것은?
- ㉮ 전처리 → 산액처리 → 수세 → 중화방청 → 수세
- ㉯ 전처리 → 수세 → 산액처리 → 수세 → 중화방청

[정답] 1. ㉰ 2. ㉯ 3. ㉮ 4. ㉯ 5. ㉱ 6. ㉱ 7. ㉯

㉰ 산액처리 → 수세 → 전처리 → 중화방청 → 수세
㉱ 산액처리 → 전처리 → 수세 → 중화방청 → 수세

[해설] 보일러의 산 세척 처리 순서
전처리 → 수세 → 산 세척 → 산액처리 → 수세 → 중화방청처리

[참고] 전처리
실리카분이 많은 경질 스케일을 약액으로 스케일을 팽창시켜 다음의 산액 처리를 효과적으로 하기 위한 것

8. 보일러 건조 보존에 쓰이는 건조제가 아닌 것은?

㉮ 염화칼슘($CaCl_2$)　㉯ 실리카 겔
㉰ 탄산칼슘　　　　　㉱ 생석회(CaO)

[해설] 흡습제(건조제)의 종류
생석회(CaO), 실리카 겔, 염화칼슘($CaCl_2$), 오산화인(P_2O_5), 활성알루미나, 기화성 방청제

9. 보일러 휴지 시 건조 보존법으로 기체를 넣어 봉입하는 경우 다음 중 어떤 기체를 사용하는가?

㉮ 이산화탄소　　　㉯ 질소
㉰ 아황산가스　　　㉱ 메탄가스

[해설] 건조 보존법에 질소(N_2) 가스 봉입법이 있다(질소 가스의 압력 : 0.06 MPa 정도)이다.

10. 보일러 사용 기술 규격에서 보일러의 휴지 보존법 중 장기 보존법이 아닌 것은?

㉮ 석회 밀폐 건조법
㉯ 질소 가스 봉입법
㉰ 가열 건조법
㉱ 소다 만수 보존법

[해설] ㉮, ㉯, ㉱항은 장기 보존법이며 가열 건조법과 보통 만수 보존법은 단기 보존법이다.

11. 보일러의 휴관 보존법 중 그 기간이 가장 긴 방법은 무엇인가?

㉮ 보통 만수 보존법
㉯ 보통 밀폐 건조 보존법
㉰ 석회 밀폐 건조 보존법
㉱ 나트륨 만수 보존법

[해설] 석회 밀폐 건조 보존법이 최장기(6개월 이상) 보존법이다.

12. [보기]에서 설명하는 보일러 보존 방법은?

┌─ 보기 ─────────────────┐
• 보존 기간이 6개월 이상인 경우 적용한다.
• 1년 이상 보존할 경우 방청 도료를 도포한다.
• 약품의 상태는 1~2주 마다 점검하여야 한다.
• 동 내부의 산소 제거는 숯불을 이용한다.
└──────────────────────┘

㉮ 건조 보존법　　㉯ 만수 보존법
㉰ 질소 건조법　　㉱ 특수 보존법

[해설] 최장기 보존법인 석회 밀폐 건조 보존법이다.

13. 보일러의 만수 보존법에 대한 설명으로 틀린 것은?

㉮ 밀폐 보존 방식이다.
㉯ 겨울철 동결에 주의하여야 한다.
㉰ 2~3개월의 단기 보존에 사용된다.
㉱ 보일러 수는 pH가 6정도로 유지되도록 한다.

[해설] 만수 보존 시 보일러 수는 pH 12 정도를 유지해야 한다.

14. 보일러 파열 사고의 원인 중 제작상의 원인과 무관한 것은?

정답 8. ㉰　9. ㉯　10. ㉰　11. ㉰　12. ㉮　13. ㉱　14. ㉱

㉮ 용접 불량
㉯ 구조 불량
㉰ 설계 불량
㉱ 기기 정비 불량

[해설] 보일러 파열 사고의 원인은 취급상 원인과 제작상 원인으로 분류하며, 대부분 취급상 부주의에 기인한다.
① 취급상의 원인 : 저수위, 압력 초과, 급수처리 미비, 과열, 부식, 미연소 가스 폭발, 부속 기기 정비 불량 및 점검 미비
② 제작상의 원인 : 재료 불량, 강도 부족, 설계 불량, 구조 불량, 용접 불량, 부속 기기 설비의 미비

15. 보일러 사고의 원인 중 제작상의 원인으로 볼 수 없는 것은?

㉮ 재료 불량
㉯ 구조 및 설계 불량
㉰ 용접 불량
㉱ 급수 처리 불량

[해설] 급수 처리 불량은 취급상의 원인이다.

16. 보일러의 고온 부식은 어느 성분이 원인이 되는가?

㉮ 황(S)　　㉯ 바나듐(V)
㉰ 산소(O_2)　㉱ 탄산가스(CO_2)

[해설] 고온 부식 : V, 저온 부식 : S

17. 고온 부식의 방지 대책이 아닌 것은?

㉮ 중유 중의 황성분을 제거한다.
㉯ 연소 가스의 온도를 낮게 한다.
㉰ 고온의 전열면에 보호 피막을 씌운다.
㉱ 고온의 전열면에 내식 재료를 사용한다.

[해설] 중유 중의 바나듐(V) 성분을 제거해야 고온 부식을 방지할 수 있으며 황(S) 성분을 제거하면 저온 부식을 방지할 수 있다.

18. 보일러 고온 부식의 방지 대책에 해당되지 않는 것은?

㉮ 연료 중의 바나듐 성분을 제거한다.
㉯ 첨가제를 사용하여 회분의 용점을 낮춘다.
㉰ 전열면을 내식 처리한다.
㉱ 전열면의 온도를 설계 온도 이하로 유지한다.

[해설] 첨가제를 사용하여 회분의 용점을 높여야 한다.

19. 보일러 외부 부식의 일종인 저온 부식의 방지 대책으로 잘못된 것은?

㉮ 연료 중의 황분(S)을 제거한다.
㉯ 저온의 전열면에 보호피막을 씌운다.
㉰ 배기가스의 온도를 노점 이상으로 유지한다.
㉱ 배기가스 중의 CO_2 함유량을 낮추어 준다.

[해설] CO_2 함유량을 높여 황산가스의 노점을 내려야 한다.

20. 폐열 회수 장치 중 고온 부식을 가장 많이 일으키는 것은?

㉮ 과열기
㉯ 재열기
㉰ 절탄기
㉱ 공기 예열기

[해설] ① 고온 부식을 가장 많이 일으키는 것은 과열기이며 그 다음이 재열기이다.
② 저온 부식을 가장 많이 일으키는 것은 공기 예열기이며 그 다음이 절탄기이다.

21. 보일러를 만수로 보존할 때, 관수(보일러수)의 pH는 얼마로 유지하는 것이 가장 적당한가?

정답 15. ㉱ 16. ㉯ 17. ㉮ 18. ㉯ 19. ㉱ 20. ㉮ 21. ㉰

㉮ 7 ㉯ 9 ㉰ 12 ㉱ 14

[해설] 청관 만수 보존법에서 관수의 pH는 12 정도로 유지해야 한다.

22. 보일러수를 pH 10.5~11.5의 약알칼리로 유지하는 이유는?

㉮ 첨가된 염산이 강재를 보호하기 때문이다.
㉯ 보일러수 중에 적당량의 수산화나트륨을 포함시켜 보일러의 부식 및 스케일 부착을 방지하기 위함이다.
㉰ 과잉 알칼리성이 더 좋으나 약품이 많이 소요되므로 원가면에서 pH 10.5~11.8로 권장하고 있다.
㉱ 표면에 딱딱한 스케일이 생성되어 부식을 완전 방지하기 때문이다.

[해설] 보일러 수를 약 알칼성(pH 10.5~11.5)으로 유지하여 부식을 방지하기 위함이며 알칼리도가 너무 높으면 가성 취화 현상을 일으키기 때문이다.

23. 점식(Pitting) 부식에 대한 설명으로 가장 옳은 것은?

㉮ 연료 내의 유황 성분이 연소할 때 발생하는 부식이다.
㉯ 연료 중에 함유된 바나듐에 의해서 발생하는 부식이다.
㉰ 산소 농도차에 의한 전기적 화학적으로 발생하는 부식이다.
㉱ 급수 중에 함유된 암모니아 가스에 의해 발생하는 부식이다.

[해설] 점식(pitting)은 용존 가스체에 의한 화학적으로 발생하는 부식이다.

24. 점식(pitting)에 대한 설명으로 틀린 것은 어느 것인가?

㉮ 전기 화학적으로 일어나는 부식이다.
㉯ 국부부식으로서 그 진행 상태가 느리다.
㉰ 보호 피막이 파괴되었거나 고열을 받은 수열면 부분에 발생되기 쉽다.
㉱ 수중 용존 산소를 제거하면 점식 발생을 방지할 수 있다.

[해설] 내부 부식의 대표적인 점식(핏팅)은 반식 → 전면식으로 빠르게 진행된다.

25. 보일러에서 점식이 많이 발생하는 부분은 어느 것인가?

㉮ 연소실 내부   ㉯ 보일러 동 저부
㉰ 연관 내부   ㉱ 과열기

[해설] 보일러 동(드럼) 저부에서 농축물이 가장 많이 침전한다.

26. 보일러 내부 부식의 발생을 방지하는 방법으로 잘못된 것은?

㉮ 보일러 수 내의 용존산소를 제거한다.
㉯ 적당한 청관제를 사용한다.
㉰ 아연판을 매달아 둔다.
㉱ 보일러 수의 pH를 약산성으로 유지해야 한다.

[해설] 보일러 수의 pH를 약알칼리성으로 유지해야 한다.

27. 보일러에서 구식(grooving)이 발생하기 쉬운 곳이 아닌 것은?

㉮ 경판의 구석이 둥근 부분
㉯ 리벳 이음의 판이 겹친 부분
㉰ 노통 보일러의 노통 플랜지 둥근 부분
㉱ 경판과 동체를 연결하는 거싯 스테이

[해설] 스테이 볼트 부분에서 구식이 발생하기 쉽다.

정답 22. ㉯ 23. ㉰ 24. ㉯ 25. ㉯ 26. ㉱ 27. ㉱

28. 보일러 내부 부식 중 구식(grooving) 발생의 방지 대책이 아닌 것은?
- ㉮ 재료의 온도가 급격하게 변화하지 않도록 한다.
- ㉯ 브리딩 스페이스(breathing space)를 적게 한다.
- ㉰ 노통 플랜지 둥근 부분의 굽힘 반지름을 크게 한다.
- ㉱ 열응력을 크게 받지 않도록 한다.

[해설] 구식(grooving)을 방지하기 위하여 브리딩 스페이스(breathing space)를 크게 해야 한다 (최소한 230 mm 이상).

29. 래미네이션(lamination)은 무엇인가?
- ㉮ 보일러 강판이나 관이 2매의 층을 형성한 것을 말한다.
- ㉯ 보일러 강판이 화염에 닿아 볼록 튀어나온 것을 말한다.
- ㉰ 보일러 본체에 화염이 접촉하여 내부의 압력에 견딜 수 없어 외부로 튀어나온 것을 말한다.
- ㉱ 보일러 강판이 화염에 접촉하여 점식되어 가는 것을 말한다.

[해설] ① 래미네이션(lamination) : 보일러 강판이나 관 속에 2장의 층을 형성하고 있는 홈
② 블리스터(blister) : 래미네이션의 결함을 갖고 있는 재료가 강하게 열을 받아 소손되어 부풀어 오른 현상

30. 보일러의 과열에 의한 압궤(collapse) 발생 부분이 아닌 것은?
- ㉮ 노통 상부
- ㉯ 화실 천장
- ㉰ 연관
- ㉱ 거싯스테이

[해설] 압궤가 발생하기 쉬운 부분은 압축 응력을 받는 노통, 연관, 화실 천장판이다.
[참고] 팽출이 발생하기 쉬운 부분은 인장 응력을 받는 보일러 동저부, 수관이다.

31. 원통 보일러의 노통은 주로 어떤 열응력을 받는가?
- ㉮ 압축 응력
- ㉯ 인장 응력
- ㉰ 굽힘 응력
- ㉱ 전단 응력

[해설] 노통, 연관은 압축 응력을 받으며, 동 저부, 수관은 인장 응력을 받는다.

32. 보일러의 과열에 의한 압궤(collapse) 발생 부분이 아닌 것은?
- ㉮ 노통 상부
- ㉯ 화실 천장
- ㉰ 연관
- ㉱ 거싯스테이

[해설] 문제 30 해설 및 참고 참조

33. 보일러의 노통이나 화실과 같은 원통 부분이 외측으로부터의 압력에 견딜 수 없게 되어 눌려 찌그러져 찢어지는 현상을 무엇이라 하는가?
- ㉮ 블리스터
- ㉯ 압궤
- ㉰ 응력부식균열
- ㉱ 래미네이션

[해설] ① 압궤(collapse) : 압축 응력을 받는 노통, 연관, 연소실 천장판이 찌그러져 들어가는 현상
② 팽출(bulge) : 인장 응력을 받는 수관, 동(드럼) 저부에서 외부로 부풀어 나오는 현상

34. 다음 중 팽출 현상이 일어나기 쉬운 곳은?
- ㉮ 노통
- ㉯ 수관
- ㉰ 연관
- ㉱ 동 상부

[해설] ① 인장 응력을 받는 수관이나 동 저부에서는 팽출 현상이 일어나기 쉽다.
② 압축 응력을 받는 노통이나 연관에서는 압궤 현상이 일어나기 쉽다.

정답 28. ㉯ 29. ㉮ 30. ㉱ 31. ㉮ 32. ㉱ 33. ㉯ 34. ㉯

35. 다음 중 역화의 원인이 아닌 것은?
   ㉮ 흡입 통풍이 부족한 경우
   ㉯ 연료의 양이 부족한 경우
   ㉰ 연료 밸브를 급히 열었을 경우
   ㉱ 점화 시 착화가 늦어졌을 경우
   [해설] 연료의 양이 과다한 경우에 역화가 발생한다.

36. 보일러 점화 시 역화가 발생하는 경우와 가장 거리가 먼 것은?
   ㉮ 댐퍼를 너무 조인 경우나 흡입 통풍이 부족할 경우
   ㉯ 압입 통풍이 약할 경우
   ㉰ 공기보다 먼저 연료를 공급했을 경우
   ㉱ 점화할 때 착화가 늦어졌을 경우
   [해설] 압입 통풍이 강할 경우와 흡입 통풍이 약할 경우에 역화가 일어날 수 있다.

37. 다음 중 프라이밍과 포밍의 원인이 아닌 것은?
   ㉮ 증기 부하가 적을 때
   ㉯ 보일러수에 불순물, 유지분이 많이 포함되어 있을 때
   ㉰ 수면과 증기 취출구가 작을 때
   ㉱ 수증기변을 급히 열었을 때
   [해설] 증기 부하(보일러 부하)가 과대할 때 프라이밍과 포밍이 발생한다.

38. 캐리오버(carry-over)의 발생 원인으로 가장 거리가 먼 것은?
   ㉮ 프라이밍 또는 포밍의 발생
   ㉯ 보일러수의 농축
   ㉰ 밸브의 급개방
   ㉱ 저수위 운전
   [해설] 고수위 운전 시에 캐리오버가 발생한다.

39. 프라이밍 및 포밍 발생 시의 조치에 대한 설명 중 틀린 것은?
   ㉮ 안전 밸브를 전개하여 압력을 강하시킨다.
   ㉯ 수위가 출렁거리면 조용히 취출한다.
   ㉰ 연소를 억제한다.
   ㉱ 보일러수에 대하여 검사한다.
   [해설] 심할 경우에는 연소를 중단하고 주증기 밸브를 잠구어야 한다.

40. 다음 중 보일러 드럼 내의 수면에 부유물, 유지분 등으로 인한 거품이 발생하는 현상은 무엇인가?
   ㉮ 프라이밍   ㉯ 포밍
   ㉰ 캐리오버   ㉱ 워터해머
   [해설] 수면에 유지분, 부유물 등으로 물거품이 발생하는 현상을 포밍(forming)이라 한다.

41. 보일러 부하의 급변으로 인하여 기포가 보일러 수면에서 파괴될 때 거품 상태로 다량 발생하여 증기와 함께 송출되는 현상을 무엇이라 하는가?
   ㉮ 캐리오버   ㉯ 포밍
   ㉰ 프라이밍   ㉱ 역화
   [해설] 비수현상(priming)에 대한 문제이다.

42. 보일러 증기 배관 내에 드레인을 생성하여 워터해머를 유발하고, 과열기나 엔진, 터빈 등을 부식시키는 직접적인 원인이 되는 것은?
   ㉮ 역화   ㉯ 캐리오버
   ㉰ 포밍   ㉱ 프라이밍
   [해설] 워터해머(water hammer, 수격 작용)의 직접적인 원인은 캐리오버(기수 공발)이다.

정답 35. ㉯ 36. ㉯ 37. ㉮ 38. ㉱ 39. ㉮ 40. ㉯ 41. ㉰ 42. ㉯

43. 보일러 운전 중에 발생하는 기수 공발 (carry over) 현상의 발생 원인이 아닌 것은 어느 것인가?
- ㉮ 인산나트륨이 많을 때
- ㉯ 증발 수면적이 넓을 때
- ㉰ 증기 정지 밸브를 급히 개방했을 때
- ㉱ 보일러 내의 수면이 비정상적으로 높을 때

[해설] 증발 수면적이 좁거나 증기부가 작을 때 캐리오버 현상이 일어난다.

44. 수격 작용을 방지하기 위한 방법과 관련이 없는 것은?
- ㉮ 증기관의 보온
- ㉯ 증기관 말단에 트랩 설치
- ㉰ 비수방지관 설치
- ㉱ 급수 내관의 설치

[해설] 급수 내관의 설치 목적은 부동 팽창 방지 및 보일러 수의 순환을 좋게 하기 위해서이다.
[참고] 급수 내관은 보일러의 안전 저수위보다 50 mm 아래에 설치한다.

45. 보일러 가동 중 프라이밍이나 포밍이 발생할 경우 적절한 조치가 아닌 것은?
- ㉮ 증기 밸브를 열고 수면계 수위의 안정을 기다린다.
- ㉯ 연소량을 가볍게 한다.
- ㉰ 수면 분출 장치가 있는 경우 분출을 행한다.
- ㉱ 보일러 수의 일부를 취출하여 새로운 물을 넣는다.

[해설] 증기 밸브를 닫고 수면계 수위의 안정을 기다려야 한다.

46. 보일러 운전 중 수격 작용이 발생하는 경우와 가장 거리가 먼 것은?
- ㉮ 증기관이 과열되었을 때
- ㉯ 주증기 밸브를 급히 열었을 때
- ㉰ 증기관 속에 응축수가 고여 있을 때
- ㉱ 다량의 증기를 갑자기 송기할 때

[해설] 증기관이 냉각되어 응축수가 생기면 수격 작용이 발생한다.

47. 다음 중 보일러 파열 사고의 직접적 원인이 아닌 것은?
- ㉮ 안전 밸브의 기능 불량
- ㉯ 저수위 안전 장치의 고장
- ㉰ 최고 사용 압력의 초과
- ㉱ 공기비의 과대

[해설] 공기비가 과대하면 노내 온도 저하 및 연소 가스량의 증대로 열손실이 증대한다.

48. 보일러 압력 초과의 원인이 아닌 것은?
- ㉮ 압력계에 이상이 있을 때
- ㉯ 수면계 수위를 오판했을 때
- ㉰ 급수 펌프가 고장 났을 때
- ㉱ 보일러 동 내면에 스케일이 고착했을 때

[해설] ㉱항은 과열의 원인이다.

49. 다음 중 보일러의 과열 방지 대책과 관계가 없는 것은?
- ㉮ 보일러 수위를 너무 높게 하지 말 것
- ㉯ 보일러 동 내면에 스케일 고착을 방지할 것
- ㉰ 보일러 수를 농축시키지 말 것
- ㉱ 보일러 수의 순환을 원활히 할 것

[해설] 보일러 수위를 너무 낮게 하지 말아야 한다.

50. 다음 중 보일러 저수위 사고의 원인과 무관한 것은?

[정답] 43. ㉯ 44. ㉱ 45. ㉮ 46. ㉮ 47. ㉱ 48. ㉱ 49. ㉮ 50. ㉱

㉮ 저수위 제어기의 고장
㉯ 수위의 오판
㉰ 급수 역지 밸브의 고장
㉱ 연료 공급 노즐의 막힘

[해설] ㉱항은 실화 및 점화 불능의 원인이다.

51. 보일러의 안전 사고의 종류에 해당되지 않는 것은?

㉮ 노통, 수관, 연관 등의 파열 및 균열
㉯ 보일러 내의 스케일 부착
㉰ 동체, 노통, 화실의 압궤(collpse) 및 수관, 연관 등 전열면의 팽출(bulge)
㉱ 연도나 노내의 가스 폭발, 역화 그 외의 이상 연소

[해설] 스케일(관석)은 1차적으로 전열면 과열 및 연료 손실의 원인이 된다.

52. 보일러 결함이나 사고의 원인과 결과가 서로 틀리게 연결된 것은?

㉮ 급수 처리 불량 – 스케일 퇴적
㉯ 증기 밸브의 급개 – 동체의 팽출
㉰ 연도가스 423 K(150℃) 이하 – 저온부식
㉱ 보일러 수의 감소 – 과열 폭발

[해설] 증기 밸브의 급개는 캐리오버 및 워터 해머의 원인이 된다.

53. 보일러 점화 시 노내 미연소 가스 폭발에 대비하여 실시하는 조작은?

㉮ 수저 분출   ㉯ 수트 블로어
㉰ 댐퍼 밀폐   ㉱ 프리 퍼지

[해설] 노내 미연소 가스 폭발 사고를 방지하기 위하여 프리퍼지(pre-purge)와 포스트 퍼지(post-purge)를 실시해야 한다.

[참고] ① 프리 퍼지(pre-purge): 점화전에 노내를 환기시키는 작업
② 포스트 퍼지(post-purge): 소화 후에 노내를 환기시키는 작업

54. 보일러 급수의 pH는 어느 정도 하는 것이 적합한가?

㉮ 4~5   ㉯ 6~7
㉰ 8~9   ㉱ 10~12

[해설] 보일러의 부식을 방지하기 위하여 보일러 급수 및 보일러 수의 pH 한계값은 다음과 같다.

구분 \ 보일러의 종류	원통형 보일러	수관 보일러
보일러 급수 pH	7~9	8~9
보일러 수 pH	11~11.8	10.5~11.5

[참고] 보일러 급수의 pH 값과 보일러 수의 pH 값 구분을 철저히 할 것

55. 원통 보일러의 점화 전 준비사항으로 옳지 않은 것은?

㉮ 수면계의 수위를 확인한다.
㉯ 댐퍼를 열고 미연 가스를 취출한다.
㉰ 주중기 밸브를 개방한다.
㉱ 연료 계통 및 급수 계통을 점검한다.

[해설] 점화하기 전에는 주증기 밸브를 닫아 두고 송기 시에 서서히 개방한다 (완전 개방 시에 3분 이상 지속되게).

56. 상용 보일러의 점화 전 준비 사항(점검 사항)과 관계없는 것은?

㉮ 수면계의 수위 확인
㉯ 노내 환기, 통풍의 확인
㉰ 부속품 및 부속 장치의 확인
㉱ 소다 끓이기 및 내부 부식 확인

[해설] 소다 끓이기 및 내부 부식 확인은 사전 점검 사항이다.

57. 점화하기 전에 보일러 내에 급수하려고 한다. 주의사항 중 잘못된 것은?

㉮ 과열기의 공기 밸브를 닫는다.

[정답] 51. ㉯ 52. ㉯ 53. ㉱ 54. ㉰ 55. ㉰ 56. ㉱ 57. ㉮

대 절탄기가 있는 경우는 드레인 밸브로 공기를 빼고 물을 채운다.
다 열매체 보일러인 경우에는 열매를 넣기 전에 보일러 내에 수분이 없음을 확인한다.
라 동 상부의 공기 밸브를 열어둔다.
[해설] 과열기의 공기 밸브를 열어 놓는다.

58. 다음 중 점화 불량의 원인이 아닌 것은?
가 프리 퍼지 과대
나 노즐 막힘
다 통풍 불량
라 1차 공기압 과대
[해설] 나, 다, 라항 외에, ① 노즐이 막혔을 때, ② 점화 플러그가 더러워져 있을 때, ③ 노즐과 점화 플러그와의 간격이 맞지 않을 때, ④ 공기비 조정 불량, ⑤ 보염기의 위치 불량 등이 점화 불량의 원인이 된다.

59. 보일러 자동 점화 시 가장 먼저 이루어지는 작업은 무엇인가?
가 프리 퍼지
나 파일럿 버너 작동
다 노내압 조정
라 화염 검출
[해설] 자동 점화 순서
① 프리 퍼지→② 버너 동작→③ 노내압 조정→④ 파일럿 버너(점화 버너) 작동→⑤ 화염 검출기 작동→⑥ 전자 밸브 열림→⑦ 주버너에서 점화→⑧ 파일럿 버너 정지→⑨ 공기 댐퍼 및 메털링 펌프(자동 유량 조절 장치) 작동→⑩ 저연소에서 고연소로 자동으로 조정

60. 다음 보기를 보고 기름 보일러의 수동 조작 점화 요령 순서로 가장 적절한 것은?

보기
① 연료 밸브를 연다.
② 버너를 기동한다.
③ 노내 통풍압을 조절한다.
④ 점화봉에 점화하여 연소실 내 버너 끝의 전방하부 10 cm 정도에 둔다.

가 ③-④-②-①
나 ①-②-③-④
다 ②-①-④-③
라 ④-②-③-①

61. 다음 중 보일러의 운전 정지 시 가장 뒤에 조작하는 작업은?
가 연료의 공급을 정지시킨다.
나 연소용 공기의 공급을 정지시킨다.
다 댐퍼를 닫는다.
라 급수 펌프를 정지시킨다.
[해설] 연소율을 낮춘다→가→포스트 퍼지→나→라→다

62. 신설 보일러에서 소다 끓임(soda boiling)은 무엇을 제거하기 위하여 행하는가?
가 유지분
나 산소
다 고형물
라 소석회
[해설] 동(드럼) 내부에 부착된 유지분, 페인트류를 제거하기 위하여 탄산소다를 0.1 % 첨가하여 끓인다.

63. 보일러 가동 중의 점검 사항으로 가장 자주 점검해야 하는 사항은?
가 급수 수질 상태
나 배기가스 성분
다 수위 상태
라 연료의 온도
[해설] 수위 상태, 압력 상태, 연소실 화염의 상태는 자주 점검해야 한다.

정답 58. 가 59. 가 60. 가 61. 다 62. 가 63. 라

64. 보일러에서 송기 및 증기 사용 중 유의 사항으로 틀린 것은?

㉮ 항상 수면계, 압력계, 연소실의 연소 상태 등을 잘 감시하면서 운전하도록 할 것
㉯ 점화 후 증기 발생 시까지는 가능한 한 서서히 가열시킬 것
㉰ 2조의 수면계를 주시하여 항상 정상수면을 유지하도록 할 것
㉱ 점화 후 주증기관 내의 응축수를 배출시킬 것

[해설] 점화전에 주증기관 내의 응축수를 배출시켜야 한다.

65. 증기 사용 중의 보일러 취급 주의사항으로 틀린 것은?

㉮ 수면계의 수위를 항시 주시하여 보일러 수가 항시 일정 수위(상용수위)가 되도록 한다.
㉯ 압력이 가능한 한 일정하게 보존되도록 보일러 부하에 응해서 연소율을 가감한다.
㉰ 댐퍼에 의해 통풍량을 조절하는 경우 여는 것은 느리게, 닫는 것은 빠르게 한다.
㉱ 보일러 수의 농축을 방지하기 위해 물의 일부를 분출시켜 새로운 급수를 보급하여 신진대사를 꾀한다.

[해설] 여는 것은 빠르게, 닫는 것은 느리게 한다.

66. 보일러를 비상 정지시키는 경우의 조치 사항으로 잘못된 것은?

㉮ 압입 통풍을 멈춘다.
㉯ 댐퍼를 개방하고 노내가스를 배출한다.
㉰ 주증기 밸브를 열어 놓는다.
㉱ 연료의 공급을 중단한다.

[해설] 보일러의 비상 정지 순서
① 연료의 공급을 중단한다.
② 댐퍼를 개방하고 노내가스를 배출한다.
③ 압입 통풍을 멈춘다.
④ 주증기 밸브를 닫는다.

67. 보일러 연소 가스 폭발의 주된 원인은 무엇인가?

㉮ 보일러 수가 지나치게 많을 때
㉯ 증기 압력이 지나치게 높을 때
㉰ 연료에 황분이 많이 포함되어 있을 때
㉱ 연소실 내에 미연소 가스가 차 있을 때

[해설] 연소 가스 폭발사고 및 역화(back fire)의 주된 원인은 연소실 또는 연도에 체류하고 있는 미연소 가스(CO) 때문이다.

68. 다음은 가스 폭발을 방지하는 방법이다. 옳지 않은 것은?

㉮ 점화전에 노내를 환기시킨다.
㉯ 점화 시에 공기 공급을 먼저 한다.
㉰ 연료 공급을 감소시킬 때 공기 공급을 줄이고 연료 공급을 감소시킨다.
㉱ 연소 중 불이 꺼졌을 경우 노내를 환기시킨 후 재점화한다.

[해설] ① 연소량을 증가시킬 때에는 먼저 공기 공급을 증대한 후 연료 공급을 증대시켜야 한다.
② 연소량을 감소시킬 때에는 먼저 연료 공급을 감소하고 공기 공급을 감소시킨다.

69. 보일러 사용 기술 규격(KBO)에 규정된 보일러의 가스 폭발 방지 대책으로 틀린 것은 어느 것인가?

㉮ 점화할 때에는 미리 충분한 프리 퍼지를 할 것
㉯ 점화전에는 중유를 가열하여 필요 점도로 해 둘 것

정답 64. ㉱ 65. ㉰ 66. ㉰ 67. ㉱ 68. ㉰ 69. ㉱

㉰ 연료 속의 수분이나 슬러지 등은 충분히 배출할 것
㉱ 댐퍼는 굴뚝에서 먼 쪽부터 가까운 쪽으로 순서대로 열 것

[해설] 프리 퍼지(pre-purge)를 할 때는 댐퍼는 굴뚝에서 가까운 것부터 열고 통풍기는 흡입 송풍기를 먼저 압입 송풍기는 나중에 운전을 시작한다.

70. 가스 연소 장치의 점화 요령으로 맞는 것은 어느 것인가?

㉮ 점화전에 연소실 용적의 약 $\frac{1}{4}$배 이상 공기량으로 환기한다.
㉯ 기름 연소 장치와 달리 자동 재점화가 되지 않도록 한다.
㉰ 가스 압력이 소정 압력보다 2배 이상 높은지를 확인하고 착화는 2회에 이루어지도록 한다.
㉱ 착화 실패나 갑작스런 실화 시 원인을 조사한 후 연료 공급을 중단한다.

[해설] ① 점화전에 연소실 용적 4배 이상의 공기량으로 환기(프리 퍼지)를 행한다.
② 착화는 1회에 이루어지도록 한다.
③ 착화 실패나 갑작스런 실화 시에는 연료 공급을 즉시 차단한 후 원인을 조사한다.

71. 보일러 설치 기술 규격(KBI)에서 규정된 내용으로 저수위 차단 장치의 통수관 크기는 호칭지름 몇 mm 이상이 되도록 하여야 하는가?

㉮ 10 mm 이상   ㉯ 15 mm 이상
㉰ 20 mm 이상   ㉱ 25 mm 이상

[해설] 저수위 차단 장치는 가급적 2개를 별도의 통수관에 각기 연결하여 사용하는 것이 좋으며 통수관 크기는 호칭 지름 25 mm 이상이 되도록 하여야 한다.

72. 보일러 설치 기술규격(KBI)에서 보일러 가스 누설 경보기의 특징 설명으로 틀린 것은 어느 것인가?

㉮ 충분한 강도를 가지며 취급과 정비가 용이할 것
㉯ 검지부가 다점식인 경우에는 경보가 울릴 때 경보부에서 가스의 검지 장소를 알 수 있는 구조이어야 할 것
㉰ 경보기의 경보부와 검지부는 분리 설치가 불가능한 것일 것
㉱ 경보는 램프의 점등 또는 점멸과 동시에 경보를 울리는 것일 것

[해설] 경보기의 경보부와 검지부는 분리 설치가 가능한 것이어야 한다.

73. 보일러 사용 기술 규격(KBO)에 규정된 보일러에서 수압 시험을 하는 목적으로 틀린 것은?

㉮ 구조상 내부 검사를 하기 어려운 곳에는 그 상태를 판단하기 위하여
㉯ 분출 증기 압력을 측정하기 위하여
㉰ 각종 덮개를 장치한 후의 기밀도를 확인하기 위하여
㉱ 수리한 경우 그 부분의 강도나 이상 유무를 판단하기 위하여

[해설] 수압 시험의 목적은 (㉮, ㉰, ㉱ 항 외)
① 손상이 생긴 부분의 강도 확인
② 보일러 각부의 균열, 부식, 각종 이음부의 누설 유무 확인

74. 최고 사용 압력 0.08 MPa (0.8 kgf/cm²)인 강철제 증기 보일러의 수압 시험 압력은 얼마로 해야 하는가?

㉮ 0.08 MPa   ㉯ 0.16 MPa
㉰ 0.2 MPa   ㉱ 0.25 MPa

정답 70. ㉯ 71. ㉱ 72. ㉰ 73. ㉯ 74. ㉰

[해설] 강철제 보일러의 최고 사용 압력이 0.43 MPa(4.3 kgf/cm²) 이하일 때에는 그 최고 사용 압력의 2배 압력으로 한다. 다만, 그 시험 압력이 0.2 MPa(2 kgf/cm²) 미만인 경우에는 0.2 MPa(2 kgf/cm²)로 한다.

75. 강철제 보일러의 최고 사용 압력이 0.43 MPa(4.3 kgf/cm²) 초과 1.5 MPa(15 kgf/cm²) 이하인 경우 수압 시험 압력은 최고 사용 압력의 몇 배로 하는가?

㉮ 2배
㉯ 1.5배
㉰ 1.3배 + 0.3 MPa(3 kgf/cm²)
㉱ 2.5배

[해설] 0.43 MPa(4.3 kgf/cm²) 초과 1.5 MPa(15 kgf/cm²) 이하인 경우에는 최고 사용 압력의 1.3배에 0.3 MPa(3 kgf/cm²)를 더한 압력으로 한다.

76. 최고 사용 압력이 7 kgf/cm²인 증기용 강제 보일러의 수압 시험 압력은 몇 kgf/cm²으로 하여야 하는가?

㉮ 10
㉯ 10.5
㉰ 12.1
㉱ 14

[해설] 강제 보일러 수압 시험 압력에서 최고 사용 압력이 0.43 MPa 초과 1.5 MPa 이하일 때는 최고 사용 압력의 1.3배에 0.3 MPa을 더한 압력으로 한다.

77. 최고 사용 압력이 1.5 MPa을 넘는 강철제 보일러의 수압 시험 압력은 최고 사용 압력의 몇 배로 하여야 하는가?

㉮ 1.5
㉯ 2
㉰ 2.5
㉱ 3

[해설] 최고 사용 압력이 P일 때 강철제 보일러 수압 시험 압력
① P가 0.43 MPa 이하 : $P \times 2$배
② P가 0.43 MPa 초과 ~ 1.5 MPa 이하 : $P \times 1.3$배 + 0.3 MPa
③ P가 1.5 MPa 초과 : $P \times 1.5$배

78. 주철제 증기 보일러의 최고 사용 압력이 0.4 MPa인 경우 수압 시험압력은?

㉮ 0.8 MPa
㉯ 0.2 MPa
㉰ 1.2 MPa
㉱ 0.6 MPa

[해설] 주철제 보일러 최고 사용 압력이 0.43 MPa 이하인 경우에는 최고 사용 압력의 2배의 압력으로, 0.43 MPa 초과인 경우에는 최고 사용 압력의 1.3배에 0.3 MPa을 더한 압력으로 한다.

79. 전열 면적 14 m² 이하인 온수 보일러 설치 후 수압 시험은 다음 중 최고 사용 압력의 몇 배로 하는가?

㉮ 1.03배
㉯ 1.3배
㉰ 1.5배
㉱ 2배

[해설] 최고 사용 압력의 2배의 수압을 가하여 누설 및 변형이 없어야 한다(단, 0.2 MPa(2 kgf/cm²) 미만인 경우에는 0.2 MPa(2 kgf/cm²)로 해야 한다).

80. 압력 용기에 대한 수압 시험 압력의 기준으로 옳은 것은?

㉮ 최고 사용 압력이 0.1 MPa 이상의 주철제 압력 용기는 최고 사용 압력의 3배이다.
㉯ 비철금속제 압력 용기는 최고 사용 압력의 1.5배의 압력에 온도 보정한 압력이다.
㉰ 최고 사용 압력이 1 MPa 이하의 주철제 압력 용기는 0.1 MPa이다.
㉱ 법랑 또는 유리 라이닝한 압력 용기는 최고 사용 압력의 1.5배의 압력이다.

[해설] ① 최고 사용 압력이 0.43 MPa 이하인 주철제 압력 용기 : 최고 사용 압력×2배

정답 75. ㉰ 76. ㉰ 77. ㉮ 78. ㉮ 79. ㉱ 80. ㉯

② 최고 사용 압력이 0.43 MPa 초과인 주철제 압력 용기 : 최고 사용 압력×1.3배+0.3 MPa
③ 법랑 또는 유리 라이닝한 압력 용기 → 최고 사용 압력

81. 수압 시험에서 시험 수압은 규정된 압력의 몇 % 이상 초과하지 않도록 하여야 하는가?

㉮ 3 % ㉯ 6 %
㉰ 9 % ㉱ 12 %

[해설] 수압 시험 압력은 규정된 압력의 6 % 이상을 초과하지 않도록 모든 경우에 대한 적절한 제어를 해야 한다.

82. 보일러의 내부 수압 시험을 실시할 때 규정된 시험 수압에 도달한 후 몇 분 경과 후 검사를 하여야 하는가?

㉮ 10 ㉯ 20
㉰ 30 ㉱ 60

[해설] 규정된 수압에 도달한 후 30분이 경과된 뒤에 검사를 실시하여 끝날 때까지 그 상태를 유지한다.

[참고] 시험 수압은 규정된 압력의 6 % 이상을 초과하지 않도록 해야 한다.

정답 81. ㉯ 82. ㉰

부록 과년도 기출문제

Engineer Energy Management

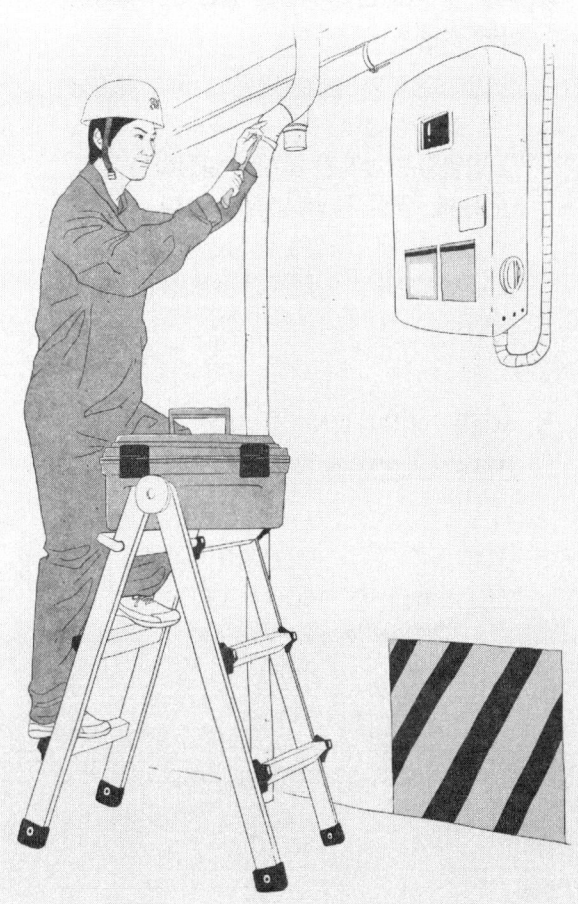

2009.3.1 시행

제1과목 연소 공학

1. 질량 조성비가 탄소 60 %, 질소 13 %, 황 0.8 %, 수분 5 %, 수소 8.6 %, 산소 5 %, 회분 7.6 %인 고체연료 5 kg을 공기비 1.1로 완전 연소시키고자 할 때의 실제 공기량은 약 몇 Nm^3인가?

㉮ 9.6 ㉯ 41.2
㉰ 48.4 ㉱ 75.5

[해설] $A_0[Nm^3/kg]$
$= \dfrac{1}{0.21} \times \left\{ \dfrac{22.4}{12} \times 0.6 + \dfrac{11.2}{2}\left(0.086 - \dfrac{0.05}{8}\right) \right.$
$\left. + \dfrac{22.4}{32} \times 0.008 \right\}$
$= 7.486 \, Nm^3/kg$
$A'[Nm^3] = A \times G_f = mA_0 \times G_f$
$= 1.1 \times 7.486 \, [Nm^3/kg] \times 5 \, kg = 41.17 \, Nm^3$

2. 연소로에서의 흡출(吸出) 통풍에 대한 설명으로 옳지 않은 것은?

㉮ 노 안은 항시 부압(-)으로 유지된다.
㉯ 흡출기로 배기가스를 방출하므로 연돌의 높이에 관계없이 연소할 수 있다.
㉰ 송풍기의 재질이 고온가스에 견딜 수 있어야 한다.
㉱ 가열 연소용 공기를 사용하며 경제적이다.

[해설] 압입(가압) 통풍방식에서 연소용 공기를 예열 사용할 수 있다.

3. 보일러 등의 연소장치에서 질소산화물(NO_x)의 생성을 억제할 수 있는 연소방법이 아닌 것은?

㉮ 2단 연소
㉯ 저산소(저공기비) 연소
㉰ 배기의 재순환 연소
㉱ 연소용 공기의 고온 예열

[해설] 연소실 온도가 너무 높으면 질소 산화물 생성의 우려가 크다.

4. 다음 중 액체연료가 갖는 일반적인 특징이 아닌 것은?

㉮ 연소온도가 높기 때문에 국부과열을 일으키기 쉽다.
㉯ 발열량은 높지만 품질이 일정하지 않다.
㉰ 화재, 역화 등의 위험이 크다.
㉱ 연소할 때 소음이 발생한다.

[해설] 액체연료는 고체연료에 비해 품질이 일정하다.

5. 프로판(C_3H_8) 5 Nm^3를 이론 산소량으로 완전 연소시켰을 때 건연소 가스량(Nm^3)은?

㉮ 5 ㉯ 10
㉰ 15 ㉱ 20

[해설] $C_3H_8 + 5O_2 \rightarrow 3CO_2 + 4H_2O$
 22.4Nm^3 3×22.4Nm^3
 5Nm^3 $x \, Nm^3$
$x = \dfrac{5 \times 3 \times 22.4}{22.4} = 15 \, Nm^3$

[정답] 1. ㉯ 2. ㉱ 3. ㉱ 4. ㉯ 5. ㉰

6. 분젠 버너를 사용할 때 가스의 유출 속도를 점차 빠르게 하면 불꽃 모양은 어떻게 되는가?

㉮ 불꽃이 엉클어지면서 짧아진다.
㉯ 불꽃이 엉클어지면서 길어진다.
㉰ 불꽃의 형태는 변화 없고 밝아진다.
㉱ 매연을 발생하면서 연소한다.

[해설] 1차 공기와 가스의 속도를 빠르게 하면 화염이 짧아진다.

7. 연소가스 부피조성이 CO_2 13%, O_2 8%, N_2 79%일 때 공기과잉계수(공기비)는?

㉮ 1.2 ㉯ 1.4 ㉰ 1.6 ㉱ 1.8

[해설] $m = \dfrac{N_2}{N_2 - 3.76 O_2}$ 에서

$m = \dfrac{79}{79 - 3.76 \times 8} = 1.6$

8. 액체연료의 유동점은 응고점보다 몇 ℃ 높은가?

㉮ 1.5 ㉯ 2.0 ㉰ 2.5 ㉱ 3.0

[해설] 유동점 = 응고점 + 2.5℃이므로 유동점은 응고점보다 2.5℃ 높다.

9. 보일러의 열정산 시 출열에 해당하지 않는 것은?

㉮ 연소 배기가스 중 수증기의 보유열
㉯ 건연소 배기가스의 현열
㉰ 불완전 연소에 의한 손실열
㉱ 급수의 현열

[해설] 입열 항목: 연료의 연소열(연료의 발열량), 연료의 현열, 공기의 현열, 급수의 현열, 노내 분입 증기의 보유열

10. 탄소 84%, 수소 13%, 유황 2%의 조성으로 되어 있는 경유의 이론 공기량은 약 몇 Nm^3/kg 인가?

㉮ 8 ㉯ 9 ㉰ 10 ㉱ 11

[해설] $A_o [Nm^3/kg]$

$= \dfrac{1}{0.21} \times \left\{ \dfrac{22.4}{12} \times 0.84 + \dfrac{11.2}{2} \left(0.13 - \dfrac{0}{8} \right) \right.$

$\left. + \dfrac{22.4}{32} \times 0.02 \right\}$

$= 11 Nm^3/kg$

11. 원소 분석 결과 C, S와 연소 가스 분석으로 $CO_{2\,max}$를 알고 있을 때의 건연소 가스량(G')을 구하는 식은?

㉮ $G' = \dfrac{1.867C + 0.7S}{CO_{2\,max}}$

㉯ $G' = \dfrac{CO_{2\,max}}{1.867C + 0.7S}$

㉰ $G' = \dfrac{1.867C + 3.3S}{CO_{2\,max}}$

㉱ $G' = \dfrac{CO_{2\,max}}{1.867C + 3.3S}$

[해설] $CO_{2\,max} [\%]$

$= \dfrac{\dfrac{22.4}{12}C + \dfrac{22.4}{32}S \, [Nm^3/kg]}{G_{od} [Nm^3/kg]} \times 100$

$\therefore G_{od} = \dfrac{\dfrac{22.4}{12}C + \dfrac{22.4}{32}S \, [Nm^3/kg]}{CO_{2\,max} [\%]} \times 100$

12. 다음 연료 중 단위 중량당 발열량이 가장 높은 것은?

㉮ LPG ㉯ 무연탄
㉰ LNG ㉱ 중유

[해설] 고위 발열량 기준으로
① 메탄: 15400 kcal/kg
② 프로판: 12040 kcal/kg
③ 부탄: 11840 kcal/kg
④ 프로필렌: 11770 kcal/kg

정답 6. ㉮ 7. ㉰ 8. ㉰ 9. ㉱ 10. ㉱ 11. ㉮ 12. ㉰

[참고] 단위 체적당 발열량
① 메탄 : 11000 kcal/Nm³
② 프로판 : 24370 kcal/Nm³
③ 부탄 : 32010 kcal/Nm³
④ 프로필렌 : 22540 kcal/Nm³

13. 열기관이 135 kW의 출력으로 10시간 운전하여 390 kg의 연료를 소비하였다. 연료의 발열량을 40 MJ/kg이라고 할 때 기관으로부터 방출된 열량은 약 몇 MJ인가?

㉮ 4860 ㉯ 10740
㉰ 15600 ㉱ 20460

[해설] $Q_1 - Q_2 = AW$, $Q_2 = Q_1 - AW$
방출된 열량 = $G_f \times Hl - AW$
$= 390 \text{kg} \times 40 [\text{MJ/kg}] - 135 \text{kW}$
$\times 10^{-3} \left[\dfrac{\text{MJ/s}}{\text{kW}}\right] \times 10 \text{hr} \times 3600 \text{s/hr}$
$= 10740 \text{ MJ}$

14. 부탄의 연소 반응에 대한 설명으로 틀린 것은?

㉮ 부탄 1 kg을 연소시키기 위해서는 2.51 Nm³의 산소가 필요하다.
㉯ 부탄을 완전 연소시키기 위해서는 질량으로 6.5배의 산소가 필요하다.
㉰ 부탄 1 m³를 연소시키면 4 m³의 탄산가스가 발생한다.
㉱ 부탄과 산소의 질량의 합은 탄산가스와 수증기의 질량의 합과 같다.

[해설] $C_4H_{10} + 6.5O_2 \rightarrow 4CO_2 + 5H_2O$
부탄을 완전 연소시키기 위해서는 체적으로 6.5배의 산소가 필요하다.

15. 연료의 연소 시 $CO_{2\max}$ [%]는 어느 때의 값인가?

㉮ 이론 공기량으로 연소 시
㉯ 실제 공기량으로 연소 시
㉰ 과잉 공기량으로 연소 시
㉱ 이론량보다 적은 공기량으로 연소 시

[해설] $CO_{2\max}$ [%]는 이론 공기량으로 연소 시 CO_2 체적을 백분율로 표시한 것이다.

16. 95 % 효율을 가진 집진 장치 계통을 요구하는 어느 공장에서 35 % 효율을 가진 장치를 이미 설치하였다. 주처리 장치는 몇 % 효율을 가진 것이어야 하는가?

㉮ 60.00 ㉯ 85.76
㉰ 92.31 ㉱ 95.45

[해설] $\eta_t = 1 - (1-\eta_1) \times (1-\eta_2)$
$0.95 = 1 - (1-0.35) \times (1-x)$
$x = 1 - \dfrac{1-0.95}{1-0.35} = 0.92307 = 92.307 \%$

17. 가연성 혼합기의 공기비(또는 공기 과잉률)가 1.0일 때 당량비는 얼마인가?

㉮ 0 ㉯ 0.5 ㉰ 1.0 ㉱ 1.5

[해설] 공기비와 당량비는 서로 반비례한다. 그래서 공기비가 1.0일 때 당량비도 1.0이다.

18. 체적이 0.3 m³인 용기 안에 메탄(CH_4)과 공기 혼합물이 들어 있다. 공기는 메탄을 연소시키는 데 필요한 이론 공기량보다 20 %가 더 들어 있고, 연소 전 용기의 압력은 300 kPa, 온도는 90℃이다. 연소 전 용기 안에 들어 있는 메탄의 질량은 약 몇 g인가?

㉮ 27.6 ㉯ 33.7 ㉰ 38.4 ㉱ 42.1

[해설] $CH_4 + 2O_2 \rightarrow CO_2 + 2H_2O$
$A_0 = \dfrac{1}{0.21} \times 2 = 9.523 \text{ Nm}^3/\text{Nm}^3$
$A = 1.2 \times 9.523 = 11.427 \text{ Nm}^3/\text{Nm}^3$
$0.3 \text{m}^3 : 1 + 11.427$
$x : 1$

[정답] 13. ㉯ 14. ㉯ 15. ㉮ 16. ㉰ 17. ㉰ 18. ㉰

$$x = \frac{0.3}{1+11.427} = 0.0241 \text{ m}^3 = 24.1 \text{ L}$$

이상기체 상태 방정식을 이용하면

$$PV = \frac{W}{M}RT$$

$$W = \frac{PVM}{RT}$$

$$= \frac{\frac{300}{101.325}\text{atmL} \times 24.1\text{L} \times 16\text{g/mol}}{0.082[\text{atm}\cdot\text{L/mol}\cdot\text{K}] \times (273+90)\text{K}}$$

$$= 38.35 \text{ g}$$

19. 프로판 가스 1 Nm³를 공기 과잉률 1.1로 완전 연소시켰을 때의 건연소 가스량은 약 몇 Nm³인가?

㉮ 14.9 ㉯ 18.6
㉰ 24.2 ㉱ 29.4

[해설] $C_3H_8 + 5O_2 \rightarrow 3CO_2 + 4H_2O$
           1   5   3

$$G_{od} = 3 + 0.79 A_0 = 3 + 0.79 \times \frac{1}{0.21} \times 5$$
$$= 21.809 \text{ Nm}^3/\text{Nm}^3$$

$$G_d = G_{od} + (m-1)A_0$$
$$= 21.809 + (1.1-1) \times \frac{1}{0.21} \times 5$$
$$= 24.18 \text{ Nm}^3/\text{Nm}^3$$

20. 산소 1 m³를 이용하려면 공기 몇 m³가 필요한가?

㉮ 1.9 ㉯ 2.8 ㉰ 3.7 ㉱ 4.8

[해설] $A_0 = \frac{1}{0.21} \times O_0 = \frac{1}{0.21} \times 1 = 4.76 \text{ m}^3$

제2과목 열역학

21. 물 1 kg이 50℃의 포화액 상태로부터 동일 압력하에서 건포화 증기로 증발할 때까지 2280 kJ을 흡수하였다. 이때 엔트로피의 증가는 몇 kJ/K인가?

㉮ 7.06 ㉯ 15.3 ㉰ 22.3 ㉱ 47.6

[해설] 엔트로피 증가= $\frac{dQ}{T}$

$$\frac{2280}{(273+50)} = 7.058 \text{ kJ/K}$$

22. 스로틀링(throttling) 밸브를 이용하여 Joule–Thomson 효과를 보고자 한다. 이때 압력이 감소함에 따라 온도가 감소하는 경우는 Joule–Thomson 계수 μ가 어떤 값을 가질 때인가?

㉮ $\mu = 0$ ㉯ $\mu > 0$
㉰ $\mu < 0$ ㉱ $\mu = -0$

[해설] 압력이 감소함에 따라 온도가 감소하는 경우는 $\mu > 0$ 값을 가질 때이다.

[참고] $\mu = \frac{\Delta T}{\Delta P} = \frac{T_2 - T_1}{P_2 - P_1}$

23. 실제 기체의 거동이 이상 기체 법칙으로 표현될 수 있는 상태는?

㉮ 압력이 낮고 온도가 임계 온도 이상인 상태
㉯ 압력과 온도가 모두 낮은 상태
㉰ 압력은 임계온도 이상이고 온도가 낮은 상태
㉱ 압력과 온도가 모두 임계점 이상인 상태

[해설] 실제 기체가 이상 기체에 가까이 되는 것을 거동 상태라 하며, 압력이 낮고 온도가 임계 온도 이상인 상태이어야 한다.

24. 다음 중 가스터빈의 사이클로 가장 많이 사용되는 사이클은?

㉮ 오토 사이클   ㉯ 디젤 사이클
㉰ 랭킨 사이클   ㉱ 브레이턴 사이클

정답 19. ㉰ 20. ㉱ 21. ㉮ 22. ㉯ 23. ㉮ 24. ㉱

[해설] 브레이턴 사이클(Brayton cycle)은 가스 터빈의 이상 사이클로서 가스 터빈 사이클이다.

25. 1기압 30℃의 물 2 kg을 1기압 건포화 증기로 만들려면 약 몇 kJ의 열량을 가하여야 하는가? (단, 30℃와 100℃ 사이의 물의 평균 정압 비열은 4.19 kJ/kg·K, 1기압 100℃에서의 증발 잠열은 2257 kJ/kg, 1기압 30℃ 물의 엔탈피는 126 kJ/kg이다.)

㉮ 2250 ㉯ 4510
㉰ 5100 ㉱ 9460

[해설] $Q = GC\Delta t + Gr$
$= 2\text{kg} \times 4.19 \text{kJ/kg·K} \times (100-30)℃$
$+ 2\text{kg} \times 2257 \text{kJ/kg}$
$= 5100.6 \text{ kJ}$

26. 열기관의 효율을 면적의 비로 표시할 수 있는 선도는?

㉮ $H-S$ 선도 ㉯ $T-S$ 선도
㉰ $T-V$ 선도 ㉱ $P-T$ 선도

[해설] Carnot cycle의 $T-S$ 선도

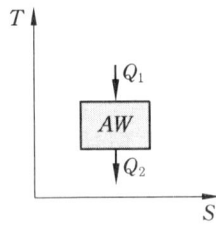

[참고] 열효율 $= \dfrac{AW}{Q_1}$

27. 가열량 및 압축비가 같을 경우 사이클의 효율이 큰 것부터 작은 순서대로 옳게 나타낸 것은?

㉮ 오토 사이클>디젤 사이클>사바테 사이클
㉯ 사바테 사이클>오토 사이클>디젤 사이클
㉰ 디젤 사이클>오토 사이클>사바테 사이클
㉱ 오토 사이클>사바테 사이클>디젤 사이클

[해설] 가열량 및 압축비가 같을 경우 사이클의 열효율이 큰 순서 : 오토 사이클>사바테 사이클>디젤 사이클

28. 다음 중 보일러 열정산에서 입열 항목이 아닌 것은?

㉮ 연료의 보유열량
㉯ 연소용 공기의 현열
㉰ 냉각수의 보유 현열량
㉱ 발열반응에 의한 반응열

[해설] 입열 항목에는 ㉮, ㉯, ㉱항 외에 연료의 현열, 노내 분입 증기의 보유열이 있다.

29. 이상 및 실제 사이클 과정 중 항상 성립하는 것은? (단, Q는 시스템에 가해지는 열량, T는 절대온도이다.)

㉮ $\oint \dfrac{dQ}{T} = 0$ ㉯ $\oint \dfrac{dQ}{T} > 0$
㉰ $\oint \dfrac{dQ}{T} \geq 0$ ㉱ $\oint \dfrac{dQ}{T} \leq 0$

[해설] 클라우시우스의 부등식 : $\oint \dfrac{dQ}{T} \leq 0$

[참고] 엔트로피 변화 $ds = \oint \dfrac{dQ}{T} \geq 0$으로 표시된다. (엔트로피는 항상 상승하는 쪽으로 반응한다.)

30. 온도 30℃, 압력 350 kPa에서 비체적이 0.449 m³/kg인 이상기체의 기체 상수는 몇 kJ/kg·K인가?

㉮ 0.143 ㉯ 0.287
㉰ 0.518 ㉱ 2.077

[해설] $Pv = RT$

$R = \dfrac{Pv}{T} = \dfrac{350[\text{kN/m}^2] \times 0.449[\text{m}^3/\text{kg}]}{(273+30)\text{K}}$

$= 0.5186 \text{ kJ/kg} \cdot \text{K}$

31. 전체 체적이 5660 L일 때 산소 4.54 kg, 질소 6.80 kg, 수소 2.27 kg으로 이루어지는 기체 혼합물 60℃에서의 전압은 약 몇 kPa인가? (단, 분자량은 산소 32, 질소 28, 수소 2이고 이상기체 혼합물이라 가정한다.)

㉮ 134　　　　㉯ 268
㉰ 743　　　　㉱ 6655

[해설] 이상기체 상태 방정식을 이용하면

$PV = \left(\dfrac{W_1}{M_1} + \dfrac{W_2}{M_2} + \dfrac{W_3}{M_3} \right) RT$

$P = \dfrac{\left(\dfrac{W_1}{M_1} + \dfrac{W_2}{M_2} + \dfrac{W_3}{M_3} \right) RT}{V}$

$= \dfrac{\left[\left(\dfrac{4.54}{32} + \dfrac{6.80}{28} + \dfrac{2.27}{2} \right) \text{kmol} \times 0.082[\text{atm} \cdot \text{m}^3/\text{kmol} \cdot \text{K}] \times (273+60)\text{K} \right]}{5.66 \text{m}^3}$

$= 7.331 \text{ atm}$

$1 \text{ atm} : 101.325 \text{ kPa}$
$7.331 \text{ atm} : x \text{ kPa}$

$\therefore x = \dfrac{7.331 \times 101.325}{1} = 742.8 \text{ kPa}$

32. 열역학 제2법칙과 관계가 먼 것은?

㉮ 열은 온도가 높은 곳에서 낮은 곳으로 흐른다.
㉯ 전열선에 전기를 가하면 열이 나지만 전열선을 가열하여도 전력을 얻을 수 없다.
㉰ 열기관의 효율에 대한 이론적인 한계를 결정한다.
㉱ 전체 에너지양은 항상 보존된다.

[해설] 열역학 제1법칙은 에너지 보존의 법칙이다.

33. 다음 중 절탄기에 관한 설명으로 옳은 것은 어느 것인가?

㉮ 석탄의 절약을 목적으로 하는 부속장치이다.
㉯ 연도가스의 열로 급수를 예열하는 장치이다.
㉰ 연도가스의 열로 고온의 공기를 만드는 장치이다.
㉱ 연도가스의 열로 고온의 증기를 만드는 장치이다.

[해설] 절탄기(節炭器) = economizer = 급수예열기

34. 그림과 같은 $T-S$ 선도를 갖는 사이클은?

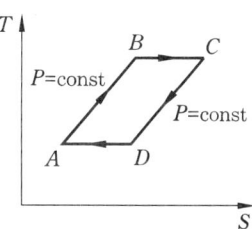

㉮ Brayton 사이클　㉯ Ericsson 사이클
㉰ Carnot 사이클　　㉱ Stirling 사이클

[해설] Brayton 사이클의 단열압축 및 단열팽창을 각각 등온압축 및 등온팽창으로 바꾸어 놓은 사이클이 Ericsson 사이클이다.

35. 어느 기체가 압력이 500 kPa일 때의 체적이 50 L였다. 이 기체의 압력을 2배로 증가시키면 체적은 몇 L인가? (단, 온도는 일정한 상태이다.)

㉮ 100　㉯ 50　㉰ 25　㉱ 12.5

[해설] 보일의 법칙을 이용하면
$P_1 V_1 = P_2 V_2$

$$V_2 = V_1 \times \frac{P_1}{P_2} = 50 \times \frac{500}{500 \times 2} = 25\,L$$

36. 다음은 열역학적 사이클에서 일어나는 여러 가지의 과정이다. 이상적인 카르노 (Carnot) 사이클에서 일어나는 과정을 옳게 나열한 것은?

① 등온압축 과정 ② 정적팽창 과정
③ 정압압축 과정 ④ 단열팽창 과정

㉮ ①, ② ㉯ ②, ③
㉰ ③, ④ ㉱ ①, ④

[해설] Carnot cycle $P-V$ 선도에서

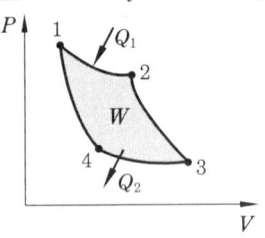

① 4→1 : 단열압축
② 1→2 : 등온팽창
③ 2→3 : 단열팽창
④ 3→4 : 등온압축

37. 이상적인 증기압축식 냉동장치에서 압축기 입구를 1, 응축기 입구를 2, 팽창밸브 입구를 3, 증발기 입구를 4로 나타낼 때 $T-S$ 선도(수직축 T, 수평축 S)에서 수직선으로 나타나는 과정은?

㉮ 1-2 ㉯ 2-3 ㉰ 3-4 ㉱ 4-1

[해설] 냉동 cycle $T-S$ 선도에서

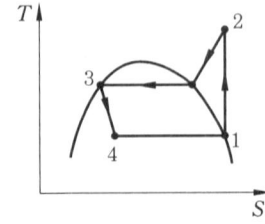

① 1→2 : 단열압축
② 2→3 : 등압냉각
③ 3→4 : 등엔탈피팽창
④ 4→1 : 등온·등압팽창

38. 이상적인 사이클로서 카르노(Carnot) 사이클에 관한 설명으로 옳은 것은?

㉮ 효율이 카르노 사이클보다 더 높은 사이클이 있다.
㉯ 과정 중에 등엔트로피 과정이 있다.
㉰ 카르노 사이클은 외부에서 열을 받고 일을 하지만 열을 방출하지는 않는다.
㉱ 외부와의 열교환 과정은 유한 온도차에 의한 열전달을 통해 이루어진다.

[해설] 카르노 사이클은 열기관의 이상 사이클로서 최고의 열효율을 가지며 단열과정에서 등엔트로피 과정이 있다.

39. 폐쇄계에서 경로 A→C→B를 따라 100J의 열이 계로 들어오고 40J의 일을 외부에 할 경우 B→D→A를 따라 계가 되돌아올 때 계가 30J의 일을 받는다면 이 과정에서 계는 얼마의 열을 방출 또는 흡수하는가?

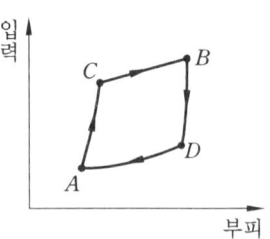

㉮ 30J 흡수 ㉯ 30J 방출
㉰ 90J 흡수 ㉱ 90J 방출

[해설] $Q = (100-40) + 30 = 90J$ (방출)

40. 가역과정에서 열역학적 비동유계 에너지의 일반식은?

㉮ $dQ = dU + PV$ ㉯ $dQ = dU - PV$
㉰ $dQ = dU + PdV$ ㉱ $dQ = dU - PdV$

[해설] 외부에서 열량 dQ를 받으면 내부에너지 dU가 증가하고 외부에서 dW의 일을 하였다면 $dQ = dU + Adw$가 성립하여 가역변화인 경우 $dW = PdV$이므로 $dQ = dU + PdV$

제3과목   계측 방법

41. 탱크의 액위를 제어하는 방법으로 주로 이용되며 뱅뱅제어라고도 하는 것은?

㉮ PD 동작   ㉯ PI 동작
㉰ P 동작   ㉱ 온·오프 동작

[해설] 불연속 동작인 2위치(on - off) 동작을 뱅뱅제어라고도 한다.

42. 방사 고온계는 다음 중 어느 이론을 응용한 것인가?

㉮ 제베크 효과
㉯ 필터 효과
㉰ 스테판 - 볼츠만의 법칙
㉱ 윈 - 프랑크의 법칙

[해설] 방사 고온계는 방사 에너지가 절대온도의 4제곱에 비례한다는 스테판 - 볼츠만 법칙을 응용한 온도계이다.

43. 고체의 열팽창 계수가 다른 특성을 응용한 온도계는?

㉮ 백금 저항 온도계
㉯ 열전쌍 온도계
㉰ 광학 온도계
㉱ 바이메탈 온도계

[해설] 바이메탈 온도계는 열팽창 계수가 다른 2종의 금속을 1개의 금속판으로 결합시켜 온도에 따라 굽히는 정도가 다른 점을 이용한 온도계이다.

44. 전자(電磁) 유량계로 유량을 구하기 위해서 직접 계측하는 것은?

㉮ 유체 내에 생기는 자속(磁束)
㉯ 유체에 생기는 과전류(過電流)에 의한 온도상승
㉰ 유체에 생기는 압력상승
㉱ 유체에 생기는 기전력

[해설] 전자 유량계는 페러데이(Faraday)의 전자 유도 법칙에 의해 발생되는 기전력을 계측한다.

45. 부표(float)와 관의 단면적 차이를 이용하여 측정하는 면적식 유량계는?

㉮ 오리피스미터
㉯ 피토관
㉰ 벤투리미터
㉱ 로터미터

[해설] 면적식 유량계 중에서 float형에 속하는 로터미터(rotameter)가 일반적으로 사용된다.

46. 방사 온도계의 특징에 대한 설명으로 옳은 것은?

㉮ 측정대상의 온도에 영향이 크다.
㉯ 이동 물체에 대한 온도측정이 가능하다.
㉰ 저온도에 대한 측정에 적합하다.
㉱ 응답속도가 느리다.

[해설] 방사 온도계는 고온 및 이동 물체의 온도 측정이 용이하다.

47. 열전대 보호관 중 다공질로서 급랭, 급열에 강하며 방사온도계용 단망관, 2중 보호관의 외관으로 주로 사용되는 것은?

㉮ 카보런덤관   ㉯ 자기관
㉰ 석영관   ㉱ 황동관

[해설] 보호관 중 급열, 급랭에 강한 것은 카보런덤관이며 급열, 급랭에 약한 것은 자기관이다.

[정답] 41. ㉱ 42. ㉰ 43. ㉱ 44. ㉱ 45. ㉱ 46. ㉯ 47. ㉮

48. 제어장치 중 기본입력과 검출부 출력의 차를 조작부에 신호로 전하는 부분은?
㉮ 조절부   ㉯ 검출부
㉰ 비교부   ㉱ 제어부

[해설] 기준입력과 검출부 출력과의 차로 주어지는 동작신호에 따라 조작부에 신호를 보내는 부분은 조절부이다.

49. 표준대기압 760 mmHg을 SI 단위로 변환하면 몇 kPa인가?
㉮ 1.0132   ㉯ 10.132
㉰ 101.32   ㉱ 1013.2

[해설] 1atm=760 mmHg=101325 Pa=101.325 kPa=101325 N/m²

50. 석유화학, 화약공장과 같은 화기의 위험성이 있는 곳에 사용되며 신뢰성이 높은 입력신호 전송방식은?
㉮ 공기압식
㉯ 유압식
㉰ 전기식
㉱ 유압식과 전기식의 결합방식

[해설] 화기의 위험성이 있는 곳에 사용되는 신호 전송방식은 공기압식이다.

51. 가스크로마토그래피의 특징에 대한 설명으로 옳지 않은 것은?
㉮ 1대의 장치로는 여러 가지 가스를 분석할 수 없다.
㉯ 미량성분의 분석이 가능하다.
㉰ 분리성능이 좋고 선택성이 우수하다.
㉱ 응답속도가 다소 느리고 동일한 가스의 연속측정이 불가능하다.

[해설] 다성분의 전분석을 1대의 장치로 할 수 있다.

52. 가스미터의 표준기로도 이용되는 가스미터의 형식은?
㉮ 오벌(oval)형
㉯ 드럼(drum)형
㉰ 다이어프램(diaphragm)형
㉱ 로터리 피스톤(rotary piston)형

[해설] 가스미터의 기본형은 드럼형이다.

53. 수위(水位)의 역응답(逆應答)에 대한 설명 중 틀린 것은?
㉮ 증기유량이 증가하면 수위가 약간 상승하는 현상
㉯ 증기유량이 감소하면 수위가 약간 하강하는 현상
㉰ 보일러 물속에 점유하고 있는 기포의 체적변화에 의해 발생하는 현상
㉱ 프라이밍(priming)이나 포밍(forming)에 의해 발생하는 현상

[해설] 보일러수 중에 기체의 체적은 발열량에 거의 비례하므로 보일러 부하에 따라 기체의 체적도 변한다. 보일러 수위가 거의 역방향으로 변하는 현상을 보일러 수위의 역응답이라고 하며 포밍, 프라이밍 현상과는 관계가 없다.

54. 다음 중 정상편차(offset) 현상이 발생하는 제어동작은?
㉮ 온-오프(on-off)의 2위치 동작
㉯ 비례동작 (P 동작)
㉰ 비례적분동작 (PI 동작)
㉱ 비례적분미분동작 (PID 동작)

[해설] 비례(P)동작에서는 offset이 발생되고 적분(I)동작에서는 offset을 제거해 준다.

55. 열선식 유량계에 대한 설명으로 틀린 것은 어느 것인가?

정답 48. ㉮ 49. ㉰ 50. ㉮ 51. ㉮ 52. ㉯ 53. ㉱ 54. ㉯ 55. ㉰

㉮ 열선의 전기저항이 감소하는 것을 이용한 유량계를 열선풍속계라 한다.
㉯ 유체가 필요로 하는 열량이 유체의 양에 비례하는 것을 이용한 유량계는 토마스식 유량계이다.
㉰ 기체의 종류가 바뀌거나 조성이 변해도 정도가 높다.
㉱ 기체의 질량유량을 직접 측정이 가능하다.

[해설] 기체의 종류가 바뀌거나 조성이 변하면 정도가 낮아진다.
[참고] 열선식 유량계 종류
미풍계, 토마스계, 서멀 유량계

56. 다음 중 가장 높은 압력을 측정할 수 있는 압력계는?

㉮ 부르동관(Bourdon tube) 압력계
㉯ 다이어프램(diaphragm) 압력계
㉰ 벨로스(bellows) 압력계
㉱ 링밸런스(ring balance) 압력계

[해설] 부르동관식 압력계는 가장 높은 압력(1~2000 kg/cm² 정도)을 측정할 수 있으나 정확도(±1~3%)는 나쁘다.

57. 단요소식(單要素式) 수위제어에 대한 설명으로 옳은 것은?

㉮ 발전용 고압 대용량 보일러의 수위제어에 사용된다.
㉯ 보일러의 수위만을 검출하여 급수량을 조절하는 방식이다.
㉰ 수위조절기의 제어동작에는 PID 동작이 채용된다.
㉱ 부하 변동에 의한 수위의 변화 폭이 아주 적다.

[해설] 단요소식(1요소식) 수위제어 방식은 수위만을 검출하여 제어하는 방식이다.

58. 수은 압력계를 사용하여 어떤 탱크 내의 압력을 측정한 결과 압력계의 눈금 차가 800 mmHg이었다. 만일 대기압이 750 mmHg라면 실제 탱크 내의 압력은 몇 mmHg인가?

㉮ 50   ㉯ 750   ㉰ 800   ㉱ 1550

[해설] $750 + 800 = 1550$ mmHg

59. 다음 중 가장 높은 온도의 측정에 사용되는 열전대의 형식은?

㉮ T형   ㉯ K형   ㉰ R형   ㉱ J형

[해설] ① 백금 – 백금 로듐 (R형) : 0 ~ 1600℃
② 크로멜 – 알루멜 (K형) : -20 ~ 1200℃
③ 철 – 콘스탄탄 (J형) : -20 ~ 800℃
④ 구리 – 콘스탄탄 (T형) : -180 ~ 300℃

60. 열전대(thermocouple)의 구비조건으로 틀린 것은?

㉮ 열전도율이 작을 것
㉯ 전기저항과 온도계수가 클 것
㉰ 기계적 강도가 크고 내열성, 내식성이 있을 것
㉱ 온도상승에 따른 열기전력이 클 것

[해설] 열전대는 전기저항 온도계수와 열전도율이 작아야 한다.

제4과목 열설비 재료 및 설계

61. 다음 중 내화 모르타르의 분류에 속하지 않는 것은?

㉮ 열결성   ㉯ 화경성
㉰ 기경성   ㉱ 수경성

[해설] 내화 모르타르는 경화시키는 방법에 따라 열경성, 기경성, 수경성으로 분류한다.

정답 56. ㉮ 57. ㉯ 58. ㉱ 59. ㉰ 60. ㉯ 61. ㉯

62. 스폴링(spalling)의 발생원인으로 가장 거리가 먼 것은?
㉮ 온도 급변에 의한 열응력
㉯ 로재의 불순 성분 함유
㉰ 화학적 슬래그 등에 의한 부식
㉱ 장력이나 전단력에 의한 내화벽돌의 강도 저하

[해설] 스폴링(박락 현상)
㉮항은 열적 스폴링, ㉰항은 조직적 스폴링, ㉱항은 기계적 스폴링

63. 상온(20℃)에서 공기의 열전도율은 몇 kcal/mh℃인가?
㉮ 0.022 ㉯ 0.22
㉰ 0.055 ㉱ 0.55

[해설] 상온에서 공기의 열전도율은 0.0216kcal/mh℃이다.

64. 에너지이용합리화법에서 정한 에너지관리기준이란?
㉮ 에너지다소비업자가 에너지관리 현황에 대한 조사에 필요한 기준
㉯ 에너지다소비업자가 에너지를 효율적으로 관리하기 위하여 필요한 기준
㉰ 에너지다소비업자가 에너지 사용량 및 제품 생산량에 맞게 에너지를 소비하도록 만든 기준
㉱ 에너지다소비업자가 에너지관리 진단 결과 손실요인을 줄이기 위해 필요한 기준

[해설] 에너지이용합리화법 제32조 ①항 참조

65. 열사용기자재의 정의에 대한 내용이 아닌 것은?
㉮ 연료를 사용하는 기기
㉯ 열을 사용하는 기기
㉰ 열을 단열하는 자재 및 축열식 전자기기
㉱ 폐열회수장치 및 전열장치

[해설] 에너지 기본법 제2조 9 참조

66. 다음 중 유기질 보온재가 아닌 것은?
㉮ 우모펠트 ㉯ 우레탄 폼
㉰ 암면   ㉱ 탄화코르크

[해설] 유기질 보온재의 종류
㉮, ㉯, ㉱항 외에 양모펠트, 염화비닐 폼 등이 있다.

67. 국가에너지절약추진위원회는 위원장을 포함하여 몇 명으로 구성되는가?
㉮ 10인 이내 ㉯ 15인 이내
㉰ 20인 이내 ㉱ 25인 이내

[해설] 에너지이용 합리화법 제5조 ②항 참조

68. 에너지 저장의무를 부과할 수 있는 대상자가 아닌 것은?
㉮ 전기사업법에 의한 전기사업자
㉯ 도시가스사업법에 의한 도시가스사업자
㉰ 풍력사업법에 의한 풍력사업자
㉱ 석탄산업법에 의한 석탄가공업자

[해설] 에너지이용 합리화법 시행령 제3조 ①항 참조

69. 지식경제부장관은 에너지이용합리화를 위하여 필요하다고 인정하는 경우에는 효율관리기자재로 정하여 고시할 수 있다. 효율관리기자재가 아닌 것은? (단, 지식경제부장관이 그 효율의 향상이 특히 필요하다고 인정하여 고시하는 기자재 및 설비는 제외한다.)
㉮ 전기냉방기 ㉯ 전기세탁기
㉰ 백열전구   ㉱ 전자레인지

정답 62. ㉱ 63. ㉮ 64. ㉯ 65. ㉱ 66. ㉰ 67. ㉱ 68. ㉰ 69. ㉱

[해설] 에너지이용 합리화법 시행규칙 제8조 ① 항 참조

70. 용접검사가 면제되는 대상기기가 아닌 것은?

㉮ 용접이음이 없는 강관을 동체로 한 헤더
㉯ 최고사용압력이 0.3 MPa이고 동체의 안지름이 580 mm인 전열교환식 1종 압력용기
㉰ 전열면적이 5.9 m²이고, 최고사용압력이 0.5 MPa인 강철제보일러
㉱ 전열면적이 16.9 m²이고, 최고사용압력이 0.3 MPa인 온수보일러

[해설] 에너지이용 합리화법 시행규칙 제31조의 13 별표3의 6 참조

71. 에너지다소비업자의 연간에너지 사용량의 기준은?

㉮ 1천 티오이 이상인 자
㉯ 2천 티오이 이상인 자
㉰ 3천 티오이 이상인 자
㉱ 5천 티오이 이상인 자

[해설] 에너지이용 합리화법 시행령 제22조 참조

72. 용선로(cupola)에 대한 설명으로 틀린 것은?

㉮ 대량생산이 가능하다.
㉯ 용해 특성상 용탕에 탄소, 황, 인 등의 불순물이 들어가기 쉽다.
㉰ 동합금, 경합금, 동 비철금속 용해로로 주로 사용된다.
㉱ 다른 용해로에 비해 열효율이 좋고 용해시간이 빠르다.

[해설] 용선로(큐폴로)는 주물 용해로의 한 종류이다.

73. 볼밸브(ball valve)의 특징에 대한 설명으로 틀린 것은?

㉮ 유로가 배관과 같은 형상으로 유체의 저항이 적다.
㉯ 밸브의 개폐가 쉽고 조작이 간편하고 자동조작밸브로 활용된다.
㉰ 이음쇠 구조가 없기 때문에 설치공간이 작아도 되고 보수가 쉽다.
㉱ 밸브대가 90° 회전하므로 패킹과 원주 방향 움직임이 크기 때문에 기밀성이 약하다.

[해설] 볼밸브(ball valve)를 구형밸브라고 하며 핸들을 90°로 움직여 개폐하므로 개폐시간이 짧고 저압에서는 기밀성이 크며 가스배관에 많이 사용한다.

74. 연속 가열로를 강제의 이동방식에 따라 분류할 때 이에 해당되지 않는 것은?

㉮ 전기 저항식
㉯ 회전 노상식
㉰ 푸셔(pusher)식
㉱ 워킹 빔(walking beam) 식

[해설] 강제의 이동방식에 따라 ㉯, ㉰, ㉱항 외에 워킹 하스(walking hearse)식, 롤러 하스(roller hearse)식이 있다.

75. 요로(窯爐)의 정의를 설명한 것으로 가장 적절한 것은?

㉮ 물을 가열해 수증기를 만드는 장치이다.
㉯ 열을 이용하여 물체를 가열시켜 소성 또는 용융시키는 공업적 장치이다.
㉰ 금속을 녹이는 장치이다.
㉱ 도자기를 굽는 장치이다.

[해설] ① 요(kiln) : 물체를 가열시켜 소성하여 생활용품 제조
② 노(로, furnance) : 물체를 가열, 용융시켜 공업용품 제조

정답 70. ㉰ 71. ㉯ 72. ㉰ 73. ㉱ 74. ㉮ 75. ㉯

76. 보온재의 열전도율에 대한 설명으로 옳은 것은?

㉮ 열전도율이 클수록 좋은 보온재이다.
㉯ 온도에 관계없이 일정하다.
㉰ 온도가 높아질수록 작아진다.
㉱ 온도가 높아질수록 커진다.

[해설] 온도가 높아질수록 열전도율이 증가하여 보온능력이 감소한다.

77. 마그네시아 벽돌에 대한 설명으로 틀린 것은?

㉮ 마그네사이트 또는 수산화마그네슘을 주원료로 한다.
㉯ 산성벽돌로서 비중과 열전도율이 크다.
㉰ 열팽창성이 크며 스폴링이 약하다.
㉱ 1500℃ 이상으로 가열하여 소성한다.

[해설] 마그네시아 벽돌은 대표적인 염기성 내화물로서 비중과 열전도율이 크다.

78. 다음 중 열사용기자재에 해당되는 축열식 전기보일러는?

㉮ 정격소비전력이 50 kW 이하이며 최고사용압력이 0.35 MPa 이하인 것
㉯ 정격소비전력이 30 kW 이하이며 최고사용압력이 0.35 MPa 이하인 것
㉰ 정격소비전력이 50 kW 이하이며 최고사용압력이 0.5 MPa 이하인 것
㉱ 정격소비전력이 30 kW 이하이며 최고사용압력이 0.5 MPa 이하인 것

[해설] 에너지이용 합리화법 시행규칙 제1조의 2 별표 참조

79. 열사용기자재 중 2종 압력용기의 적용범위로 옳은 것은?

㉮ 최고사용압력이 0.1 MPa을 초과하는 기체보유 용기로서 내용적이 0.05 m³ 이상인 것
㉯ 최고사용압력이 0.2 MPa을 초과하는 기체보유 용기로서 내용적이 0.04 m³ 이상인 것
㉰ 최고사용압력이 0.3 MPa을 초과하는 기체보유 용기로서 내용적이 0.03 m³ 이상인 것
㉱ 최고사용압력이 0.4 MPa을 초과하는 기체보유 용기로서 내용적이 0.02 m³ 이상인 것

[해설] 에너지이용 합리화법 시행규칙 제1조의 2 별표 1참조

80. 입형 보일러의 특징에 대한 설명으로 틀린 것은?

㉮ 구조가 간단하고 튼튼하다.
㉯ 설치장소가 좁아도 된다.
㉰ 습증기가 발생하지 않는다.
㉱ 전열면적이 작고 소용량이다.

[해설] 소형이며 증기부가 좁아서 습증기가 발생하기 쉽다.

제5과목　열설비 설계

81. 열정산에 대한 설명으로 틀린 것은?

㉮ 원칙적으로 정격부하 이상에서 정상상태로 적어도 2시간 이상의 운전결과에 따른다.
㉯ 발열량은 원칙적으로 사용 시 연료의 고발열량으로 한다.
㉰ 최대출열량을 시험할 경우에는 반드시 최대부하에서 시험을 한다.

정답　76. ㉱　77. ㉯　78. ㉰　79. ㉯　80. ㉰　81. ㉰

㉣ 증기의 건도는 98 % 이상인 경우에 시험함을 원칙으로 한다.

[해설] 최대 출열량을 시험할 경우에는 정격부하에서 시험을 한다.

82. 육용강제 보일러에 있어서 접시모양 경판으로 노통을 설치할 경우, 경판의 최소 두께 t [mm]를 구하는 식은? (단, P : 최고 사용압력(kgf/cm^2), R : 접시모양 경판의 중앙부에서의 내면 반지름(mm), σ_a : 재료의 허용 인장응력(kgf/mm^2), η : 경판 자체의 이음효율, A : 부식여유(mm))

㉮ $t = \dfrac{PR}{150\sigma_a\eta} + A$ ㉯ $t = \dfrac{150PR}{(\sigma_a + \eta)A}$

㉰ $t = \dfrac{PA}{150\sigma_a\eta} + R$ ㉱ $t = \dfrac{AR}{\sigma_a\eta} + 150$

[해설] 접시모양 경판으로 노통을 설치할 경우
$$t = \dfrac{PR}{150 \cdot \sigma_a\eta} + A$$

[참고] A는 부식여유 두께로 1 mm 정도이다.

83. 맞대기 용접이음에서 하중 120 kg, 용접부의 길이 3 cm, 판의 두께를 2 mm라 할 때 용접부의 인장응력은 몇 kg/mm^{2}인가?

㉮ 0.5 ㉯ 2
㉰ 20 ㉱ 50

[해설] 하중 W [kg], 목부의 두께 t [mm], 용접부 길이 l [mm], 모재의 두께 h [mm], 인장응력 σ [kg/mm^2]일 때

$\sigma = \dfrac{W}{t \cdot l} = \dfrac{W}{hl}$ 에서

$\sigma = \dfrac{120}{2 \times 30} = 2 \text{ kg/mm}^2$

84. 최고사용압력이 7 kgf/cm^{2}인 증기용 강제 보일러의 수압시험압력은 몇 kgf/cm^{2}으로 하여야 하는가?

㉮ 10 ㉯ 10.5
㉰ 12.1 ㉱ 14

[해설] 강제 보일러 수압시험압력에서 최고사용압력이 0.43 MPa 초과 1.5 MPa 이하일 때는 최고사용압력의 1.3배에 0.3 MPa을 더한 압력으로 한다.

85. 육용강제 보일러에서 동체의 최소 두께에 대하여 옳지 않게 나타낸 것은?

㉮ 안지름이 900 mm 이하의 것은 6 mm (단, 스테이를 부착할 경우)
㉯ 안지름이 900 mm 초과 1350 mm 이하의 것은 8 mm
㉰ 안지름이 1350 mm 초과 1850 mm 이하의 것은 10 mm
㉱ 안지름이 1850 mm 초과 시 12 mm

[해설] 안지름이 900 mm 이하일 때 스테이를 부착할 경우 동체 최소 두께는 8 mm이다.

86. 강판의 두께가 20 mm이고, 리벳의 직경이 28.2 mm이며 피치 50.1 mm의 1줄 겹치기 리벳조인트가 있다. 이 강판의 효율은 몇 %인가?

㉮ 34.2 ㉯ 43.7
㉰ 61.4 ㉱ 70.1

[해설] 관 구멍의 피치가 동일한 경우 리벳이음의 강판의 효율
$\eta = \dfrac{P - d}{P}$ 에서 $\dfrac{50.1 - 28.2}{50.1} \times 100 = 43.7\%$

87. 어느 병류열교환기에서 [그림]과 같이 고온 유체가 90℃로 들어가 50℃로 나오고 이와 열교환되는 유체는 20℃에서 40℃까지 가열되었다. 열관류율이 50 kcal/m^{2}h℃이고, 시간당 전열량이 8000 kcal일 때 이 열교환기의 전열면적은 약 몇 m^{2}인가?

[정답] 82. ㉮ 83. ㉯ 84. ㉰ 85. ㉮ 86. ㉯ 87. ㉮

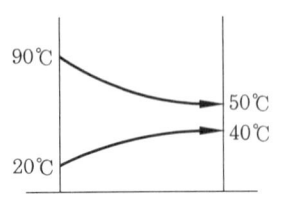

㉮ 5.2 ㉯ 6.2 ㉰ 7.2 ㉱ 8.2

[해설] $Q = K \cdot F \cdot \Delta t_m$ 에서

$$F = \frac{Q}{K \cdot \Delta t_m} = \frac{8000}{50 \times \frac{(70-10)}{\ln\left(\frac{70}{10}\right)}}$$

$= 5.19 \, \text{m}^2$

88. 보일러의 리벳이음 시 양쪽 이음매 판의 두께를 구하는 식으로 옳은 것은? (단, t_0는 양쪽 이음매판의 최소 두께(mm), t는 드럼판의 두께(mm)이다.)

㉮ $t_0 = 0.1t + 2$ ㉯ $t_0 = 0.6t + 2$
㉰ $t_0 = 0.1t + 10$ ㉱ $t_0 = 0.6t + 10$

[해설] 양쪽 이음매판의 최소 두께 t_0 [mm]는 다음 식에 의한다.
$t_0 = 0.6t + 2$

89. 오염저항 및 저유량에서 심한 난류 등이 유발되는 곳에 사용되고 큰 열팽창을 감쇠시킬 수 있으며 열전달률이 크고 고형물이 함유된 유체나 고점도 유체에 사용이 적합한 판형 열교환기는?

㉮ 플레이트식   ㉯ 플레이트핀식
㉰ 스파이럴형   ㉱ 케틀형

[해설] 스파이럴형 열교환기의 특징
① 열팽창에 대한 염려가 적다.
② 고점도 유체에 적합하다.
③ 내부청소 및 보수가 용이하다.

90. 태양열 보일러가 800 W/m²의 비율로 열을 흡수한다. 열효율이 9 %인 장치로 12kW의 동력을 얻으려면 전열 면적의 최소 크기는 몇 m²인가?

㉮ 0.17   ㉯ 16.6
㉰ 17.8   ㉱ 166.7

[해설] $\frac{12 \times 860}{0.8 \times 860 \times 0.09} = 166.7 \, \text{m}^2$

[참고] 1 kWh = 860 kcal/h

91. 노통연관 보일러의 노통의 바깥면과 이에 가장 가까운 연관과의 사이에는 몇 mm 이상의 틈새를 두어야 하는가?

㉮ 10 ㉯ 20 ㉰ 30 ㉱ 50

[해설] 50 mm 이상의 틈새를 두어야 한다.

92. 이온교환수지 재생에서의 재생방법으로 적합한 것은?

㉮ 양이온교환수지는 가성소다, 암모니아로 재생한다.
㉯ 양이온교환수지는 소금 또는 염화수소, 황산으로 재생한다.
㉰ 음이온교환수지는 소금 또는 황산으로 재생한다.
㉱ 음이온교환수지는 암모니아 또는 황산으로 재생한다.

[해설] 양이온교환수지는 HCl, H₂SO₄, NaCl로 재생하며 음이온교환수지는 NaOH, NH₄OH로 재생한다.

93. 증발량 2 ton/h, 최고사용압력 10 kg/cm², 급수온도 20℃, 최대증발률 25kg/m²·h인 원통 보일러에서 평균 증발률을 최대 증발률의 90 %로 할 때 평균 증발량(kg/h)은?

㉮ 1200 ㉯ 1500
㉰ 1800 ㉱ 2100

[해설] $\dfrac{2000 \times 25 \times 0.9}{25} = 1800$ kg/h

94. 방열 유체의 전열유닛수(NTU)가 3.5, 온도차가 105℃이고, 열교환기의 전열효율이 1인 $LMTD$ [℃]는?

㉮ 0.03   ㉯ 22.03
㉰ 30   ㉱ 62

[해설] $NTU = \dfrac{KF}{GC} = \dfrac{\Delta t}{\Delta t_m (LMTD)}$ 에서

$\Delta t_m (LMTD) = \dfrac{105}{3.5} = 30℃$

95. 압력 10 kg/cm²의 포화수가 증기트랩으로부터 대기압으로 방출될 때, 포화수 1 kg 당 몇 kg의 증기가 발생하는가? (단, 10 kg/cm²의 포화온도는 179℃, 760 mmHg에서 증발열은 539 kcal/kg이다.)

㉮ 0.015   ㉯ 0.147
㉰ 0.25   ㉱ 2.5

[해설] 760 mmHg (표준 대기압) 하에서 포화온도가 100℃ (100 kcal/kg)이므로
$\dfrac{(179-100)}{539} = 0.147$ kg

96. 스케일(관석)에 대한 설명으로 틀린 것은 어느 것인가?

㉮ 규산칼슘, 황산칼슘이 주성분이다.
㉯ 관석의 열전도도는 아주 높아 각종 부작용을 일으킨다.
㉰ 배기가스의 온도를 높인다.
㉱ 전열면의 국부과열현상을 일으킨다.

[해설] 스케일(scale)은 열전도도가 매우 낮아 전열면 과열 등 각종 부작용을 일으킨다.

97. 보일러 형식에 따른 분류 중 원통 보일러에 해당되지 않는 것은?

㉮ 관류보일러
㉯ 노통보일러
㉰ 직립형 보일러
㉱ 노통연관식 보일러

[해설] 관류보일러(벤슨 보일러, 슐처 보일러)는 일종의 강제순환식 수관보일러이다.

98. 고온부식의 방지대책이 아닌 것은?

㉮ 중유 중의 황 성분을 제거한다.
㉯ 연소가스의 온도를 낮게 한다.
㉰ 고온의 전열면에 보호피막을 씌운다.
㉱ 고온의 전열면에 내식재료를 사용한다.

[해설] 중유 중의 바나듐(V) 성분을 제거해야 고온부식을 방지할 수 있으며 황(S) 성분을 제거하면 저온부식을 방지할 수 있다.

99. 고압 증기터빈에서 팽창되어 압력이 저하된 증기를 가열하는 보일러의 부속장치는 어느 것인가?

㉮ 재열기   ㉯ 과열기
㉰ 절탄기   ㉱ 공기예열기

[해설] 열회수장치인 재열기(reheater)에 대한 내용이다.

100. 온수발생보일러에서 안전밸브를 설치해야 할 운전온도는 얼마인가?

㉮ 100℃ 초과   ㉯ 110℃ 초과
㉰ 120℃ 초과   ㉱ 130℃ 초과

[해설] 최고사용 온수 온도가 120℃ 초과인 온수 보일러에는 안전밸브를 1개 이상 설치해야 하며 120℃ 이하인 온수 보일러에는 방출 밸브를 1개 이상 설치할 수 있다.

정답 94. ㉰ 95. ㉯ 96. ㉯ 97. ㉮ 98. ㉮ 99. ㉮ 100. ㉰

2009년 2회 에너지관리기사
2009.5.10 시행

제1과목 연소 공학

1. 탄소 86 %, 수소 11 %, 황 3 %인 중유를 연소하여 분석한 결과 $CO_2 + SO_2$ 13 %, O_2 3 %, CO 0 %이었다면 중유 1 kg당 소요 공기량은 약 몇 Nm^3인가?

㉮ 10.1   ㉯ 11.2   ㉰ 12.3   ㉱ 13.4

[해설] 우선 공기비(m)를 구하면
$N_2 = 100 - (13+3) = 84$
$m = \dfrac{N_2}{N_2 - 3.76 O_2} = \dfrac{84}{84 - 3.76 \times 3} = 1.155$

$A_0 = \dfrac{1}{0.21} \times \left\{ \dfrac{22.4}{12} \times 0.86 \right.$
$\left. + \dfrac{11.2}{2}\left(0.11 - \dfrac{0}{8}\right) + \dfrac{22.4}{32} \times 0.03 \right\}$
$= 10.677 \, Nm^3/kg$
$\therefore A = m A_0 = 1.155 \times 10.677$
$= 12.33 \, Nm^3/kg$

2. 탄소 12 kg 과잉공기계수 1.4의 공기로 완전연소시킬 때 발생하는 연소가스량은 약 몇 Nm^3 인가?

㉮ 84   ㉯ 107   ㉰ 129   ㉱ 149

[해설] C + O_2 → CO_2
  12kg   22.4Nm^3 22.4Nm^3

$A_0 = \dfrac{1}{0.21} \times O_0 = \dfrac{1}{0.21} \times 22.4$
$= 106.666 \, Nm^3$
$G_{od} = 22.4 + 0.79 A_0$
$= 22.4 + 0.79 \times 106.666 = 106.666 \, Nm^3$
$\therefore G_d = G_{od} + (m-1) A_0$
$= 106.666 + (1.4 - 1) \times 106.666$
$= 149.3 \, Nm^3$

3. 시간당 1584 kg의 석탄을 연소시켜 11200 kg/h의 증기를 발생시키는 보일러의 효율은 약 몇 %인가? (단, 석탄의 발열량은 6040 kcal/kg이고, 증기의 엔탈피는 742 kcal/kg, 급수의 엔탈피는 23 kcal/kg이다.

㉮ 64   ㉯ 74   ㉰ 84   ㉱ 94

[해설] $\eta = \dfrac{G_a \times (h_2 - h_1)}{G_f \times H_l} \times 100$
$= \dfrac{11200 kg/h \times (742-23) kcal/kg}{1584 kg/h \times 6040 kcal/kg} \times 100$
$= 84.1 \%$

4. 물의 증발잠열이 2.5 MJ/kg일 때, 프로판 1 kg의 완전연소 시 고위발열량은 약 몇 MJ/kg인가? (단, $C + O_2 \rightarrow CO_2 + 360 MJ$, $H_2 + \dfrac{1}{2} O_2 \rightarrow H_2O + 280 MJ$이다.)

㉮ 50   ㉯ 54   ㉰ 58   ㉱ 62

[해설] $C_3H_8 + 5O_2 \rightarrow 3CO_2 + 4H_2O$
C_3H_8 1kg당 발열량
= C 1kg당 발열량 × $\dfrac{C_3H_8 \, 중 \, C의 \, 양}{C_3H_8 \, 분자량}$
+ H 1kg당 발열량 × $\dfrac{C_3H_8 \, 중 \, H의 \, 양}{C_3H_8 \, 분자량}$ + 잠열

정답 1. ㉰ 2. ㉱ 3. ㉰ 4. ㉯

$$= 360\,\text{MJ}/12\,\text{kg} \times \frac{12 \times 3}{44} + 280\,\text{MJ}/2\,\text{kg}$$
$$\times \frac{1 \times 8}{44} + 2.5\,\text{MJ/kg} \times \frac{4 \times 18}{44}$$
$$= 54.0\,\text{MJ/kg}$$

5. 도시가스의 호환성을 판단하는 데 사용되는 지수는?

㉮ 웨베지수 (Webbe index)
㉯ 듀롱지수 (Dulong index)
㉰ 릴리지수 (Lilly index)
㉱ 제이도비흐지수 (Zeldovich index)

[해설] 웨베지수 (WI)
가스의 발열량을 비중의 평방근으로 나눈 것이며 가스의 연소성을 판단하는 데 중요한 수치이다.

[참고] $WI = \dfrac{Q}{\sqrt{d}}$

6. 99 % 집진을 요구하는 어느 공장에서 70 %의 효율을 가진 전처리 장치를 이미 설치하였다. 주처리 장치는 약 몇 %의 효율을 가진 것이어야 하는가?

㉮ 95.7 ㉯ 96.7
㉰ 97.7 ㉱ 98.7

[해설] $\eta_t = 1 - (1-\eta_1) \times (1-\eta_2)$
$0.99 = 1 - (1-0.7) \times (1-x)$
$\therefore x = 1 - \dfrac{(1-0.99)}{(1-0.7)}\,\%$
$= 0.9666 = 96.7$

7. 연소 시 생성되는 열생성 NO_x (thermal NO_x)의 억제 방법이 아닌 것은?

㉮ 물 분사법
㉯ 2단 연소법
㉰ 배기가스 재순환법
㉱ 수증기 분사법

[해설] 질소산화물(NO_x) 생성 억제 방법
① 과잉공기량 감소(저산소 연소)법
② 공기온도조절 (저온도 연소)법
③ 배기가스 재순환연소법
④ 2단 연소법
⑤ 수증기 분무법
⑥ 물 분무법
⑦ 농담 연소법
⑧ 버너 및 연소실 구조 개량법
⑨ 연소로의 부분 냉각법

[참고] 위의 ㉮, ㉯, ㉰, ㉱ 중 수증기 분사법은 흔히 사용하는 방법이 아니다.

8. 프로판 가스 1 Nm^3를 연소시키는 데 소요되는 이론 산소량은 몇 Nm^3인가?

㉮ 1 ㉯ 3 ㉰ 5 ㉱ 7

[해설] $C_3H_8 + 5O_2 \rightarrow 3CO_2 + 4H_2O$
$1\,Nm^3 \quad 5\,Nm^3$

9. 다음 중 분젠식 가스버너가 아닌 것은?

㉮ 링 버너 ㉯ 적외선 버너
㉰ 슬릿 버너 ㉱ 블라스트 버너

[해설] 분젠식 가스 버너의 종류
① 링(ring) 버너
② 슬릿(slit) 버너
③ 적외선 버너
④ 중압 분젠 버너

10. 고체 연료의 일반적인 연소형태로 볼 수 없는 것은?

㉮ 증발 연소 ㉯ 유동층 연소
㉰ 표면 연소 ㉱ 분해 연소

[해설] 고체 연료의 일반적인 연소 형태 : 표면 연소, 분해 연소, 증발 연소

[참고] 고체 연료를 공업적으로 연소시키는 방식에 따라 분류하면
① 유동층 연소 ② 화격자 연소
③ 미분탄 연소

정답 5. ㉮ 6. ㉯ 7. ㉱ 8. ㉰ 9. ㉱ 10. ㉯

11. 기체 연료의 연소 속도에 대한 설명으로 틀린 것은?

㉮ 연소 속도는 가연한계 내에서 혼합기체의 농도에 영향을 크게 받는다.
㉯ 연소 속도는 메탄의 경우 당량비 농도 근처에서 최저가 된다.
㉰ 보통의 탄화수소와 공기의 혼합기체 연소 속도는 약 40~50 cm/s 정도로 느린 편이다.
㉱ 혼합기체의 초기 온도가 올라갈수록 연소 속도도 빨라진다.

[해설] ㉮, ㉰, ㉱항이 기체 연료의 연소 속도의 특징이다.

12. 연소 시 100℃에서 500℃로 온도가 상승하였을 경우 500℃의 열복사 에너지는 100℃에서의 열복사 에너지의 약 몇 배가 되겠는가?

㉮ 16.2 ㉯ 17.1
㉰ 18.5 ㉱ 19.3

[해설] 열복사 에너지는 절대온도 4승에 비례하므로
$1 : (273+100)^4$
$x : (273+500)^4$
$\therefore x = \dfrac{(273+500)^4}{(273+100)^4} = 18.44$ 배

13. 연소에서 유효수소를 옳게 나타낸 것은 어느 것인가?

㉮ $\left(H + \dfrac{O}{8}\right)$ ㉯ $\left(H + \dfrac{C}{12}\right)$
㉰ $\left(H - \dfrac{O}{8}\right)$ ㉱ $\left(H - \dfrac{C}{12}\right)$

[해설] 유효수소 $= \left(H - \dfrac{O}{8}\right)$, 무효수소 $= \dfrac{O}{8}$

14. 부탄가스의 폭발하한값은 1.8 v%이다. 크기가 10×20×3 m인 실내에서 부탄의 질량이 최소 약 몇 kg일 때 폭발할 수 있는가? (단, 실내 온도는 25℃이다.)

㉮ 24.1 ㉯ 26.1
㉰ 28.5 ㉱ 30.5

[해설] $0.018 = \dfrac{x}{(10 \times 20 \times 3) \times \dfrac{273}{(273+25)} + x}$

$x = \dfrac{0.018 \times (10 \times 20 \times 3) \times \dfrac{273}{273+25}}{1 - 0.018}$
$= 10.075 \text{ Nm}^3$

$22.4 \text{ Nm}^3 : 58 \text{ kg}$
$10.075 \text{ Nm}^3 : x \text{ kg}$
$\therefore x = \dfrac{10.075 \times 58}{22.4} = 26.08 \text{ kg}$

15. 각종 천연가스(유전가스, 수용성가스, 탄전가스 등)의 성분 중 대부분을 차지하는 것은?

㉮ CH_4 ㉯ C_2H_6
㉰ C_3H_8 ㉱ C_4H_{10}

[해설] 천연가스(NG) 및 액화천연가스(LNG)의 주성분은 메탄(CH_4)이다.

16. 표준상태에 있는 공기 1 m³에는 산소가 약 몇 g이 함유되어 있는가?

㉮ 100 ㉯ 200
㉰ 300 ㉱ 400

[해설] $22.4 \text{ L} : 32 \text{ g}$
$1000 \text{L} \times 0.21 : x \text{ g}$
$x = \dfrac{1000 \times 0.21 \times 32}{22.4} = 300 \text{ g}$

17. 수분이나 회분을 많이 함유한 저품위 탄을 사용할 수 있으며 구조가 간단하고 소

요동력이 적게 드는 연소 장치는?

㉮ 슬래그탭식 ㉯ 클레이머식
㉰ 사이클론식 ㉱ 각우식

[해설] 특수미분탄 연소 장치에는 클레이머(cramer) 식과 사이클론(cyclone) 식이 있으며 클레이머식 연소 장치는 저품위탄 사용이 가능하며 소요 동력이 적게 드는 장치이다.

18. $CO_{2\,max}$ [%]는 어느 때 값을 말하는가?

㉮ 실제공기량으로 연소시켰을 때
㉯ 이론공기량으로 연소시켰을 때
㉰ 과잉공기량으로 연소시켰을 때
㉱ 부족공기량으로 연소시켰을 때

[해설] $CO_{2\,max}$ [%]는 이론공기량으로 연소시켰을 때 연소가스 중의 CO_2 체적을 백분율로 표시한 것이다.

19. 석탄을 연료 분석한 결과 다음과 같은 결과를 얻었다면 고정탄소분은 약 몇 %인가?

- 수분 : 시료량 – 1.0030 g,
  건조감량 – 0.0232 g
- 회분 : 시료량 – 1.0070 g,
  잔류회분량 – 0.2872 g
- 휘발분 : 시료량 – 0.9998 g,
  가열감량 – 0.3432 g

㉮ 21.72 ㉯ 32.53
㉰ 37.15 ㉱ 53.17

[해설] ① 수분 (%) = $\dfrac{건조감량}{시료량} \times 100$

$= \dfrac{0.0232}{1.0030} \times 100 = 2.313\%$

② 회분 (%) = $\dfrac{잔류회분량}{시료량} \times 100$

$= \dfrac{0.2872}{1.0070} \times 100 = 28.52\%$

③ 휘발분 (%) = $\dfrac{가열감량}{시료량} \times 100 - 수분(\%)$

$= \dfrac{0.3432}{0.9998} \times 100 - 2.313$

$= 32.01\%$

④ 고정탄소 (%)
$= 100 - (수분(\%) + 회분(\%) + 휘발분(\%))$
$= 100 - (2.313 + 28.52 + 32.01)$
$= 37.15\%$

[참고] 위 문제에서

연료비 = $\dfrac{고정탄소(\%)}{휘발분(\%)} = \dfrac{37.15}{32.01} = 1.16$

20. 다음 연료 중 저위발열량 (MJ/kg)이 가장 높은 것은?

㉮ 가솔린 ㉯ 등유
㉰ 경유 ㉱ 중유

[해설] ① 가솔린 : 약 11300 kcal/kg
② 등유 : 약 11000 kcal/kg
③ 경유 : 약 10500 kcal/kg
④ 중유 : 약 10000 kcal/kg

제2과목   열역학

21. 정압과정(constant pressure process) 에서 한 계(system)에 전달된 열량은 그 계의 어떠한 성질 변화와 같은가?

㉮ 내부에너지 ㉯ 엔트로피
㉰ 엔탈피 ㉱ 퓨개시티

[해설] 전달된 열량은 엔탈피 변화량과 같다.

22. 용적 0.01 m³의 실린더 속에 압력 1 MPa, 온도 25℃의 공기가 들어 있다. 이것이 일정 온도하에서 압력 100 kPa까지 팽창하였을 경우 공기가 행한 일의 양은 약 몇 kJ인가? (단, 공기는 이상기체이다.)

㉮ 0.009 ㉯ 0.023

다 9
라 23

[해설] 등온변화에서 $W_a = W_t = P_1 V_1 \ln \dfrac{P_1}{P_2}$
$= 1 \times 10^3 \times 0.01 \times \ln \dfrac{1000}{100} = 23.03 \text{ kJ}$

23. 1 MPa, 200℃와 1 MPa, 300℃의 과열증기의 엔탈피는 각각 2827 kJ/kg, 3050 kJ/kg이다. 이 구간에서의 평균 정압비열은 몇 kJ/kg·K 인가?

가 0.598
나 2.23
다 5.98
라 223

[해설] $q = C_p \Delta t$
$(3050 - 2827) \text{kJ/kg} = C_p \times (300 - 200)℃$
$\therefore C_p = \dfrac{(3050 - 2827) \text{kJ/kg}}{(300 - 200) \text{K}}$
$= 2.23 \text{ kJ/kg·K}$

24. 물의 임계 압력에서의 잠열은 몇 kJ/kg 인가?

가 2260
나 418
다 333
라 0

[해설] ① 임계 압력 = 225.65 kg/cm² (22 MPa)
② 임계 온도 = 374.15℃
③ 임계점에서 증발잠열 = 0 kJ/kg

25. 실내의 기압계는 1.013 bar를 지시하고 있다. 진공도가 20 %인 용기 내의 절대 압력은 몇 kPa인가?

가 20.26
나 64.72
다 81.04
라 121.56

[해설] ① 진공도 = $\dfrac{\text{진공압}}{\text{대기압}} \times 100 \%$
② 절대 압력 = 대기압 − 진공압
$= 101.3 - 101.3 \times 0.2 = 81.04 \text{ kPa}$
[참고] 1.013 bar = 101.3 kPa

26. 압력이 1.2 MPa이고 건도가 0.6인 습포화증기 10 m³의 질량은 약 몇 kg인가? (단, 1.2 MPa에서 포화액과 포화증기의 비체적은 각각 0.0011373 m³/kg, 0.1662 m³/kg이다.)

가 87.83
나 89.25
다 99.83
라 103.25

[해설] 습포화증기 비체적
$v = v' + (v'' - v')x$
$= 0.0011373 + (0.1662 - 0.0011373) \times 0.6$
$= 0.100174 \text{ m}^3/\text{kg}$
$\therefore 질량 = \dfrac{체적}{비체적} = \dfrac{10 \text{ m}^3}{0.100174 \text{ m}^3/\text{kg}}$
$= 99.826 \text{ kg}$

27. 1 kgf/cm², 60℃에서 질소 2.3 kg, 산소 1.8 kg의 기체 혼합물이 등엔트로피 상태로 압축되어 3.5 kgf/cm²로 되었다. 이때 내부에너지 변화는 약 몇 kcal인가? (단, 정적비열은 0.17 kcal/kg·℃이고, 비열비는 1.4이다.)

가 80
나 100
다 110
라 120

[해설] 등엔트로피 상태는 단열변화를 뜻한다. 우선 나중 상태의 절대온도(T_2)를 구하면
$T_2 = T_1 \times \left(\dfrac{P_2}{P_1}\right)^{\frac{k-1}{k}}$
$= (273 + 60) \times \left(\dfrac{3.5}{1}\right)^{\frac{1.4-1}{1.4}}$
$= 476.3 \text{K} = 203.3℃$
$\Delta U = G C_V dT$
$= (2.3 + 1.8) \text{kg} \times 0.17 \text{kcal/kg·℃}$
$\times (203.3 - 60)℃$
$= 99.8 \text{ kcal}$

28. 압력이 1000 kPa이고 온도가 380℃인 과열증기의 엔탈피는 약 몇 kJ/kg인가?

정답 23. 나 24. 라 25. 다 26. 다 27. 나 28. 가

(단, 압력이 1000 kPa일 때 포화온도는 179.1℃, 포화증기의 엔탈피는 2775 kJ/kg 이고 평균비열은 2.2 kJ/kg·K이다.)

㉮ 3217 ㉯ 2324
㉰ 1607 ㉱ 445

[해설] 과열증기의 엔탈피 = 포화증기의 엔탈피 + 과열도 × 과열증기의 비열
= 2775 + (380 − 179.1) × 2.2
= 3216.98 kJ/kg

29. 피스톤이 장치된 단열 실린더에 300 kPa, 건도 0.4인 포화액 – 증기 혼합물 0.1 kg이 들어 있고 실린더 내에는 전열기가 장치되어 있다. 220 V의 전원으로부터 0.5A의 전류를 5분 동안 흘려 보냈을 때 이 혼합물의 건도는 약 얼마인가? (단, 이 과정은 정압과정이고 300 kPa에서 포화액의 엔탈피는 561.43 kJ/kg이고 포화증기의 엔탈피는 2724.9 kJ/kg이다.)

㉮ 0.553 ㉯ 0.568
㉰ 0.571 ㉱ 0.587

[해설]

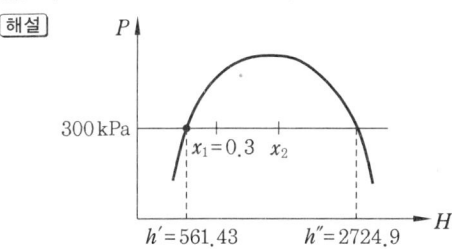

① 가열량
= 0.5 × 220 × 5 × 60 = 33000 J = 33 kJ
② 0.1kg의 증발잠열
= 0.1 × (2724.9 − 561.43) = 216.347 kJ
③ 변한 후의 건도
= 0.4 + $\frac{33}{216.347}$ = 0.5525

30. 온도가 각각 −20℃, 30℃인 두 열원 사이에서 작동하는 냉동사이클이 이상적인 역카르노사이클(reverse carnot cycle)을 이루고 있다. 냉동기에 공급된 일이 15 kW 이면 냉동용량(냉각열량)은 약 몇 kW인가?

㉮ 2.5 ㉯ 3.0 ㉰ 76 ㉱ 91

[해설] $COP = \frac{T_2}{T_1 - T_2} = \frac{Q_2}{Q_1 - Q_2}$
$= \frac{273 - 20}{30 - (-20)} = \frac{x}{15}$
∴ $x = \frac{273 - 20}{30 - (-20)} \times 15 = 75.9$ kW

31. 이상기체 1 kg이 A상태(T_A, P_A)에서 B상태(T_B, P_B)로 변화하였다. 정압비열 C_P가 일정할 경우 엔트로피의 변화 $\triangle S$를 옳게 나타낸 것은?

㉮ $\triangle S = C_P \ln \frac{T_A}{T_B} + R \ln \frac{P_B}{P_A}$

㉯ $\triangle S = C_P \ln \frac{T_B}{T_A} + R \ln \frac{P_B}{P_A}$

㉰ $\triangle S = C_P \ln \frac{T_A}{T_B} - R \ln \frac{P_B}{P_A}$

㉱ $\triangle S = C_P \ln \frac{T_B}{T_A} - R \ln \frac{P_B}{P_A}$

[해설] $\triangle S = S_2 - S_1 = C_P \ln \frac{T_B}{T_A} - R \ln \frac{P_B}{P_A}$

32. 1 MPa의 포화증기가 등온상태에서 압력이 700 kPa까지 내려갈 때 최종상태는?

㉮ 과열증기 ㉯ 습증기
㉰ 포화증기 ㉱ 불포화증기

[해설] 압력을 내리면 비등점이 낮아지므로 최종상태는 과열증기이다.

33. 액화공정을 나타낸 그래프에서 ①, ②, ③ 과정 중 액화가 불가능한 공정을 나타낸 것은?

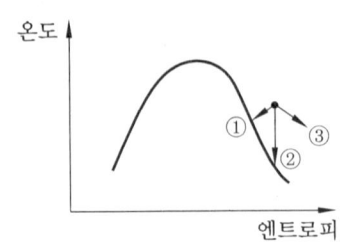

- 가 ①
- 나 ②
- 다 ③
- 라 ①, ②, ③

[해설] ①, ②선은 포화증기선이며 액화가 가능한 공정이지만 ③영역은 액화가 불가능하다.

34. 이상기체법칙에 해당되지 않는 것은? (단, a, b는 상수이다.)

- 가 등온상태에서 $PV = $ 일정
- 나 보일(Boyle)의 법칙
- 다 보일-샤를(Boyle – Charles)의 법칙
- 라 $(P + \dfrac{a}{V^2})(V - b) = RT$

[해설] 이상기체 (완전가스)는 보일의 법칙, 샤를의 법칙, 줄의 법칙이 적용되는 가상적인 가스 중 비열이 일정한 것으로 완전가스상태 방정식($PV = RT$)을 만족하는 가스이며 보일의 법칙 (등온법칙)에서 $PV = C$이다.

35. 열역학 제1법칙에 대한 설명이 아닌 것은 어느 것인가?

- 가 일과 열 사이에는 에너지 보존의 법칙이 성립한다.
- 나 에너지는 따로 생성되지도 소멸되지도 않는다.
- 다 열은 그 자신만으로는 저온 물체에서 고온 물체로 이동할 수 없다.
- 라 일과 열 사이의 에너지는 한 형태에서 다른 형태로 바뀔 뿐이다.

[해설] 다항은 열역학 제2법칙에서 클라우시우스의 표현이다.

36. 임의의 가역 사이클에서 성립되는 Clausius의 적분은 어떻게 표현되는가?

- 가 $\oint \dfrac{dQ}{T} > 0$
- 나 $\oint \dfrac{dQ}{T} < 0$
- 다 $\oint \dfrac{dQ}{T} = 0$
- 라 $\oint \dfrac{dQ}{T} \geq 0$

[해설] ① 가역 cycle에서 $\oint \dfrac{dQ}{T} = 0$

② 비가역 cycle에서 $\oint \dfrac{dQ}{T} < 0$이고, $ds > \dfrac{dQ}{T}$가 되어 $\oint \dfrac{dQ}{T} < 0$이 된다.

37. 다음 그림은 어떤 사이클에 가장 가까운 것인가?

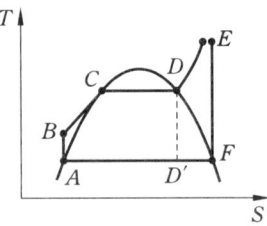

- 가 디젤 사이클
- 나 냉동사이클
- 다 오토 사이클
- 라 랭킨사이클

[해설] ① A→B : 단열압축
② B→C→D : 등압가열
③ D→E : 등압가열
④ E→F : 단열팽창
⑤ F→A : 등압냉각

38. 다음과 같은 압축비와 차단비를 가지고 공기로 작동되는 디젤 사이클 중에서 효율이 가장 높은 것은? (단, 공기의 비열비는 1.4이다.)

- 가 압축비 11, 차단비 2
- 나 압축비 11, 차단비 3
- 다 압축비 13, 차단비 2
- 라 압축비 13, 차단비 3

정답 34. 라 35. 다 36. 다 37. 라 38. 다

[해설] 디젤 사이클에서는 압축비가 크고, 차단비가 작을수록 효율이 높다.
[참고] 디젤 사이클 열효율
$$= 1 - \left(\frac{1}{\varepsilon}\right)^{k-1} \cdot \frac{\rho^k - 1}{k(\rho - 1)}$$
단, ε : 압축비, ρ : 차단비, k : 비열비

39. 압력이 200 kPa, 체적 1.66 m³의 상태에 있는 기체를 등압하에서 열을 제거하였다. 최종 체적이 처음 체적의 반이라면 이 기체에 의하여 행하여진 일은 몇 kJ인가?

㉮ -256 ㉯ -188.5
㉰ -166 ㉱ -125.5

[해설] $W_{12} = \int_1^2 PdV = P(V_2 - V_1)$
$= 200 \times (1.66 \times 0.5 - 1.66)$
$= -166 \text{ kJ}$

40. 그림과 같은 열펌프(heat pump) 사이클에서 성능계수는? (단, P는 압력, H는 엔탈피이다.)

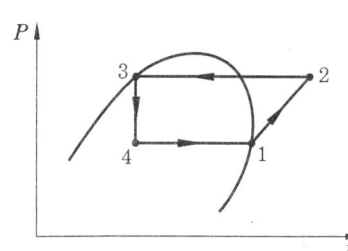

㉮ $\dfrac{H_2 - H_3}{H_2 - H_1}$ ㉯ $\dfrac{H_1 - H_4}{H_2 - H_1}$

㉰ $\dfrac{H_1 - H_3}{H_2 - H_1}$ ㉱ $\dfrac{H_3 - H_4}{H_2 - H_1}$

[해설] 열펌프의 성능계수 (COP)
$= \dfrac{Q_1}{AW_c} = \dfrac{H_2 - H_3}{H_2 - H_1}$

[참고] 냉동기의 성능계수 (COP)
$= \dfrac{Q_2}{AW_c} = \dfrac{H_1 - H_3}{H_2 - H_1}$

제3과목 계측 방법

41. 다음 중 가장 높은 진공도를 측정할 수 있는 계기는?

㉮ Mcleed 진공계 ㉯ Pirani 진공계
㉰ 열전대 진공계 ㉱ 전리 진공계

[해설] ① Mcleed 진공계 : $10^{-4} \sim 10^{-6}$ mmHg
② Pirani 진공계 : $10 \sim 10^{-6}$ mmHg
③ 열전대 진공계 : $1 \sim 10^{-3}$ mmHg
④ 전리 진공계 : $10^{-3} \sim 10^{-8}$ mmHg

42. 다음 중 구리로 되어 있는 열전대의 소선(素線)은?

㉮ R형 열전대의 ⊖단자
㉯ K형 열전대의 ⊕단자
㉰ J형 열전대의 ⊖단자
㉱ T형 열전대의 ⊕단자

[해설]

종류	⊕ 단자	⊖ 단자
T형(C-C)	구리	콘스탄탄
J형(I-C)	순철	콘스탄탄
K형(C-A)	크로멜	알루멜
R형(P-R)	백금 로듐	백금

43. 200°C는 화씨온도로 몇 °F인가?

㉮ 79 ㉯ 93
㉰ 392 ㉱ 473

[해설] $200 \times \dfrac{9}{5} + 32 = 392 \text{ °F}$

44. 공기압식 조절계에 대한 설명으로 틀린 것은?

㉮ 신호로 사용되는 공기압은 약 0.2~1.0 kg/cm²이다.

[정답] 39. ㉰ 40. ㉮ 41. ㉱ 42. ㉱ 43. ㉰ 44. ㉰

㉯ 관로저항으로 전송지연이 생길 수 있다.
㉰ 실용상 2000 m 이내에서는 전송지연이 없다.
㉱ 신호 공기압은 충분히 제습, 제진한 것이 요구된다.
[해설] 공기압식 전송 거리는 100~150 m 이내이다.

45. 자동제어에서 다음 그림과 같은 조작량 변화를 나타내는 동작은?

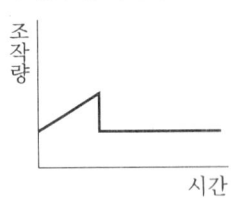

㉮ PD동작 ㉯ D동작
㉰ P동작   ㉱ PID동작

[해설] 조작량이 갑자기 증가하였다가 감소되는 것은 D동작을, 조작량이 일정한 것은 P동작을 나타낸다.

[참고]

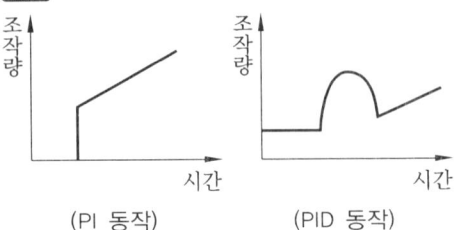

(PI 동작)   (PID 동작)

46. 도시가스미터에서 일반적으로 사용되는 계량기의 형태는?

㉮ oval type   ㉯ drum type
㉰ diaphragm type ㉱ nozzle type

[해설] 격막식 가스미터는 (건식 가스미터) 도시가스계량기로 사용되며, 드럼형 가스미터(습식 가스미터)는 건식 가스미터 검사 및 대량 가스계량에 사용된다.

47. 다음 그림과 같은 수은을 넣은 차압계를 이용하는 액면계에 있어서 수은면의 높이 차(h)가 50.0 mm일 때 상부의 압력 취출구에서 탱크 내 액면까지의 높이(H)는 약 몇 mm인가? (단, 액의 밀도(r)는 999kg/m³, 수은의 밀도(r_0)는 13550kg/m³이다.)

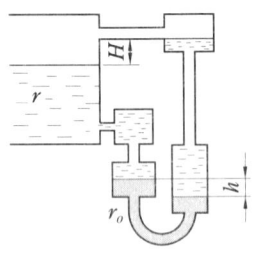

㉮ 578 ㉯ 628
㉰ 678 ㉱ 728

[해설] $(13550 \times 0.05 - 999 \times 0.05)$
$= 627.55 \text{ kg/m}^2$

$\therefore H = \dfrac{627.55}{999} = 0.6282 \text{m} = 628.2 \text{ mm}$

48. 베르누이 방정식을 적용할 수 있는 가정으로 옳게 나열된 것은?

㉮ 무마찰, 압축성유체, 정상상태
㉯ 비점성유체, 등유속, 비정상상태
㉰ 뉴튼유체, 비압축성유체, 정상상태
㉱ 비점성유체, 비압축성유체, 정상상태

[해설] ① 내부마찰 및 점성 저항이 없는 유체일 것
② 비압축성 유체일 것
③ 유동은 변함이 없을 것
④ 외력은 중력만 작용할 것

49. 다음은 증기 압력제어의 병렬제어방식의 구성을 나타낸 것이다. ( ) 안에 알맞은 용어는?

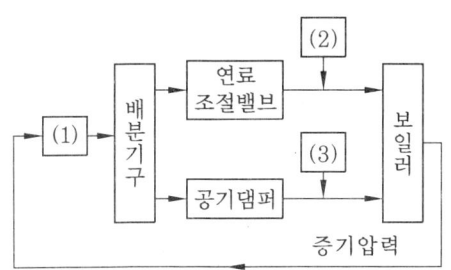

㉮ (1) 동작신호 (2) 목표치 (3) 제어량
㉯ (1) 조작량 (2) 설정신호 (3) 공기량
㉰ (1) 압력조절기 (2) 연료공급량 (3) 공기량
㉱ (1) 압력조절기 (2) 공기량 (3) 연료공급량

50. 보일러 증기압력의 자동제어는 어느 것을 제어하여 작동하는가?

㉮ 연료량과 증기압력
㉯ 연료량과 보일러 수위
㉰ 연료량과 공기량
㉱ 증기압력과 보일러 수위

[해설] 증기압력은 연료량과 공기량을 제어하고 증기 온도는 전열량을 제어한다.

51. 시스(sheath) 열전대의 특징이 아닌 것은?

㉮ 응답속도가 빠르다.
㉯ 국부적인 온도측정에 적합하다.
㉰ 피측온체의 온도저하 없이 측정할 수 있다.
㉱ 매우 가늘어서 진동이 심한 곳에는 사용할 수 없다.

[해설] 시스(sheath) 열전대는 열전대의 보호관 중에 마그네시아, 알루미나를 넣고 다져서 길게 만든 것으로 진동이 심한 곳에 사용된다.

52. 부자(float)식 액면계의 특징으로 틀린 것은?

㉮ 원리 및 구조가 간단하다.
㉯ 고온, 고압에도 사용할 수 있다.
㉰ 액면이 심하게 움직이는 곳에 사용하기 좋다.
㉱ 액면 상, 하한계 경보용 리미트 스위치를 설치할 수 있다.

[해설] 부자식 액면계는 측정범위를 크게 할 수 있으며 액면이 심하게 움직이는 곳에는 사용하기 곤란하다.

53. 다음 [보기]의 특징을 가지는 가스분석계는 어느 것인가?

┌─ 보기 ─
- 가동부분이 없고 구조도 비교적 간단하며, 취급이 쉽다.
- 가스의 유량, 압력, 점성의 변화에 대하여 지시오차가 거의 발생하지 않는다.
- 열선은 유리로 피복되어 있어 측정가스 중의 가연성 가스에 대한 백금의 촉매작용을 막아 준다.

㉮ 연소식 O_2계
㉯ 적외선 가스분석계
㉰ 자기식 O_2계
㉱ 밀도식 CO_2계

54. 전자유량계에서 안지름이 4 cm인 파이프에 3 L/s의 액체가 흐르고, 자속밀도 1000 gauss의 평등자계 내에 있다면 이때 검출되는 전압은 약 몇 mV인가? (단, 자속분포의 수정계수는 1이고, 액체의 비중은 1이다.)

㉮ 5.5 ㉯ 7.5
㉰ 9.5 ㉱ 11.5

[해설] 자속분포의 수정계수가 ε, 자속밀도가 B [gauss], 유체의 속도가 V [cm/s], 관경이 D [cm]라면

정답 50. ㉰ 51. ㉱ 52. ㉰ 53. ㉰ 54. ㉰

기전력 $E(V)=\varepsilon BDV\times 10^{-8}$에서, 먼저 유속 V를 구하면

$$V=\frac{0.003}{\frac{\pi\times(0.04)^2}{4}}=2.38\,\text{m/s}=238\,\text{cm/s}$$

$$\therefore E=1\times 1000\times 4\times 238\times 10^{-8}$$
$$=0.00952\,V=9.52\,\text{mV}$$

55. 단요소식 수위 제어에 대한 설명으로 옳은 것은?

㉮ 보일러의 수위만을 검출하여 급수량을 조절하는 방식이다.
㉯ 발전용 고압 대용량 보일러의 수위제어에 사용되는 방식이다.
㉰ 수위 조절기의 제어 동작은 PID 동작이다.
㉱ 부하변동에 의한 수위변화 폭이 대단히 적다.

[해설] 단요소식(1요소식) : 수위만을 검출하여 급수량을 조절하는 방식이며 부하 변화가 적은 중·소형 보일러에서 사용된다.

56. 속도의 수두차를 측정하는 유량계가 아닌 것은?

㉮ 피토관 (pitot tube)
㉯ 로터미터(rota meter)
㉰ 오리피스미터(orifice meter)
㉱ 벤투리미터(venturi meter)

[해설] 로터미터는 면적식 유량계이다.

57. 가스크로마토그래피법에서 사용되는 검출기 중 물에 대하여 감도를 나타내지 않기 때문에 자연수 중에 들어있는 오염물질을 검출하는 데 유용한 검출기는?

㉮ 불꽃이온화 검출기
㉯ 열전도도 검출기
㉰ 전자포획 검출기
㉱ 원자방출 검출기

[해설] 오염물질을 검출하는 데 유용한 검출기는 불꽃이온화 검출기이다.

58. 국제적인 실용온도 눈금 중 평형수소의 3중점은 얼마인가?

㉮ 0 K   ㉯ 13.81 K
㉰ 54.36 K   ㉱ 273.16 K

[해설] ① 평형 수소의 3중점 $=-259.34\,℃$
$=13.81\,\text{K}$
② 물의 3중점 $=0.01\,℃=273.16\,\text{K}$

59. 열전대 온도계에 사용되는 열전대의 구비조건이 아닌 것은?

㉮ 열기전력이 커야 한다.
㉯ 내식성이 높아야 한다.
㉰ 열전도율이 커야 한다.
㉱ 재생도(再生度)가 커야 한다.

[해설] 전기저항 온도계수가 적고 열전도율이 작아야 한다.

60. 다음 중 압력의 값이 1 atm이 아닌 것은?

㉮ 101302 Pa   ㉯ 1013 mbar
㉰ 29.92 inHg   ㉱ 760 mmH$_2$O

[해설] 1 atm = 760 mmHg = 10.332 mH$_2$O

:: **제4과목 열설비 재료 및 설계**

61. 에너지 관리의 효율적인 수행을 위한 시공업의 기술인력 등에 대한 교육 과정과 그 기간이 틀린 것은?

㉮ 난방시공업 제1종기술자 과정 : 1일

정답 55. ㉮ 56. ㉯ 57. ㉮ 58. ㉯ 59. ㉰ 60. ㉱ 61. ㉱

㉯ 난방시공업 제2종기술자 과정 : 1일
㉰ 소형보일러·압력용기조종자 과정 : 1일
㉱ 중·대형 보일러조종자 과정 : 3일
[해설] 에너지이용 합리화법 시행규칙 제32의 2 참조

62. 경화 건조 후 부피 비중이 가장 큰 캐스터블 내화물은?

㉮ 점토질 ㉯ 고알루미나질
㉰ 크롬질 ㉱ 내화단열질

[해설] 경화 건조 후 부피 비중
① 크롬질 : 2.7~2.9
② 고알루미나질 : 1.9~2.1
③ 내화단열질 : 1.0~1.3
④ 점토질 : 1.6~2.1
[참고] 고온용으로는 고알루미나질, 크롬질이 사용된다.

63. 다음 중 전기로에 해당되지 않는 것은?

㉮ 푸셔로 ㉯ 아크로
㉰ 저항로 ㉱ 유도로

[해설] 전기로를 가열 방식에 따라 분류하면 ㉯, ㉰, ㉱항 3가지가 있다.

64. 용광로에 장입하는 코크스의 역할이 아닌 것은?

㉮ 철광석 중의 황분을 제거
㉯ 가스상태로 선철 중에 흡수
㉰ 선철을 제조하는 데 필요한 열원을 공급
㉱ 연소 시 환원성 가스를 발생시켜 철의 환원을 도모

[해설] 탈황 및 탈산을 위해서 망간광석이 첨가된다.

65. 소형 온수보일러의 적용범위를 바르게 나타낸 것은? (단, 구멍탄용 온수보일러·축열식 전기 보일러 및 가스사용량이 17 kg/h 이하인 가스용 온수보일러는 제외)

㉮ 전열면적이 10 m² 이하이며, 최고사용압력이 0.35 MPa 이하의 온수를 발생하는 보일러
㉯ 전열면적이 14 m² 이하이며, 최고사용압력이 0.35 MPa 이하의 온수를 발생하는 보일러
㉰ 전열면적이 10 m² 이하이며, 최고사용압력이 0.45 MPa 이하의 온수를 발생하는 보일러
㉱ 전열면적이 14 m² 이하이며, 최고사용압력이 0.45 MPa 이하의 온수를 발생하는 보일러

[해설] 에너지이용 합리화법 시행규칙 제1조의 2 별표 1 참조

66. 내식성, 굴곡성이 우수하고 전기 및 열의 양도체이며 내압성도 있어서 열교환기용 관, 급수관 등 화학공업용으로 주로 사용되는 것은?

㉮ 주철관 ㉯ 동관
㉰ 강관   ㉱ 알루미늄관

67. 검사대상기기의 설치자가 변경된 경우에는 그 변경일로부터 며칠 이내에 신고하여야 하는가?

㉮ 7일   ㉯ 10일
㉰ 15일 ㉱ 20일

[해설] 에너지이용 합리화법 시행규칙 제31조의 25 참조

68. 진주암, 흑석 등을 소성, 팽창시켜 다공질로 하여 접착제와 3~15 %의 석면 등과 같은 무기질 섬유를 배합하여 성형한 고온용 무기질 보온재는?

[정답] 62. ㉰ 63. ㉮ 64. ㉮ 65. ㉯ 66. ㉯ 67. ㉰ 68. ㉱

㉮ 규산칼슘 보온재
㉯ 세라믹파이버
㉰ 유리섬유 보온재
㉱ 펄라이트

69. 다음 중 검사대상기기가 아닌 것은?
㉮ 정격용량 0.5 MW인 철금속가열로
㉯ 가스사용량이 18 kg/h인 소형온수보일러
㉰ 최고사용압력이 0.2 MPa이고, 전열면적이 10 m²인 주철제보일러
㉱ 최고사용압력이 0.2 MPa이고, 동체의 안지름이 450mm이며, 길이가 750mm인 강철제보일러
[해설] 에너지이용 합리화법 시행규칙 제31조의 6 별표 3의 3 참조

70. 축열식전기보일러는 심야전력을 사용하여 온수를 발생시켜 축열조에 저장한 후 난방에 이용하는 것으로 다음 중 그 적용 범위의 기준으로 옳은 것은?
㉮ 정격소비전력이 30 kW 이하이며, 최고사용압력이 0.25 MPa 이하인 것
㉯ 정격소비전력이 35 kW 이하이며, 최고사용압력이 0.35 MPa 이하인 것
㉰ 정격소비전력이 30 kW 이하이며, 최고사용압력이 0.35 MPa 이하인 것
㉱ 정격소비전력이 35 kW 이하이며, 최고사용압력이 0.25 MPa 이하인 것
[해설] 에너지이용합리화법 시행규칙 제1조의 2 별표 1 참조

71. 도자기의 소성 시 노내 분위기의 순서를 바르게 나타낸 것은?
㉮ 산화성 분위기 → 환원성 분위기 → 중성 분위기
㉯ 산화성 분위기 → 중성 분위기 → 환원성 분위기
㉰ 환원성 분위기 → 중성 분위기 → 산화성 분위기
㉱ 환원성 분위기 → 산화성 분위기 → 중성 분위기

72. SK 35~38의 내화도를 가지며 내식성, 내마모성이 매우 커서 소성가마 등에 사용되는 내화물은?
㉮ 고알루미나 벽돌 ㉯ 규석질 벽돌
㉰ 샤모트질 벽돌   ㉱ 마그네시아 벽돌
[해설] 중성 내화물인 고알루미나질 내화물의 특징이다.

73. 다음 강관의 표시기호 중 배관용 합금강 강관은?
㉮ SPPH   ㉯ SPHT
㉰ SPA   ㉱ STA
[해설] ① SPPH : 고압 배관용 탄소강 강관
② SPHT : 고온 배관용 탄소강 강관
③ STA : 구조용 합금강 강관

74. 보온면의 방산열량 1100 kJ/m², 나면의 방산열량 1600 kJ/m²일 때 보온재의 보온효율은 약 몇 %인가?
㉮ 25   ㉯ 31
㉰ 45   ㉱ 69
[해설] $\eta = \dfrac{1600 - 1100}{1600} \times 100 = 31.25\%$

75. 에너지이용합리화법에서 정한 자발적 협약의 평가 기준이 아닌 것은?
㉮ 계획대비 달성률 및 투자실적
㉯ 자원 및 에너지의 재활용 노력
㉰ 에너지 절약을 위한 연구개발 및 보급

촉진

㉣ 에너지 절감량 또는 에너지의 합리적인 이용을 통한 온실가스 배출 감축량

[해설] 에너지이용 합리화법 시행규칙 제6조의 2 ②항 참조

76. 다음 중 특정열사용기자재 및 설치·시공 범위에 해당하지 않는 것은?

㉮ 압력용기 ㉯ 태양열집열기
㉰ 전기보일러 ㉣ 금속요로

[해설] 에너지이용 합리화법 시행규칙 제31조의 5 별표3의 2 참조

77. 다음 중 스폴링(spalling)의 종류가 아닌 것은?

㉮ 열적 스폴링 ㉯ 기계적 스폴링
㉰ 화학적 스폴링 ㉣ 조직적 스폴링

[해설] 스폴링(spalling)의 종류에는 ㉮, ㉯, ㉣항 3가지가 있다.

78. 에너지 저장의무 부과대상자가 아닌 사람은?

㉮ 전기사업자
㉯ 석탄가공업자
㉰ 고압가스제조업자
㉣ 연간 2만 석유환산톤 이상의 에너지 사용자

[해설] 에너지이용 합리화법 시행령 제3조 ①항 참조

79. 연소가스 (화염)의 진행방향에 따라 요로를 분류한 것은?

㉮ 연속식 가마 ㉯ 도염식 가마
㉰ 직화식 가마 ㉣ 셔틀 가마

[해설] 화염의 진행방향에 따라 횡염식 가마, 승염식 가마, 도염식 가마로 분류한다.

80. 염기성 내화벽돌이 수증기의 작용을 받아 생성되는 물질이 비중변화에 의하여 체적변화를 일으키는 현상은?

㉮ 슬레이킹 (slaking)
㉯ 스폴링 (spalling)
㉰ 필링 (peeling)
㉣ 스웰링 (swelling)

[해설] 슬레이킹(소화성, slaking)
마그네시아 또는 돌로마이트를 원료로 하는 염기성 내화물이 수증기의 작용을 받아 $Ca(OH)_2$나 $Mg(OH)_2$를 생성하는데, 이때 큰 비중 변화에 의해 체적변화를 일으키는 현상

[참고] 버스팅(bursting): 크롬 철강을 원료로 하는 내화물이 고온(1600℃)에서 산화철을 흡수하여 표면이 부풀어 오르는 현상

제5과목 열설비 설계

81. 외기온도가 20℃일 때 표면온도 70℃인 관표면에서의 복사에 의한 열전달률은 약 몇 kcal/m²·h·k인가? (단, 관의 방사율은 0.8로 할 것)

㉮ 0.2 ㉯ 5
㉰ 10 ㉣ 12

[해설] $a_r = \dfrac{4.88 \times \varepsilon \times \left\{\left(\dfrac{T_1}{100}\right)^4 - \left(\dfrac{T_2}{100}\right)^4\right\}}{T_1 - T_2}$ 에서

$\dfrac{4.88 \times 0.8 \times [(3.43)^4 - (2.93)^4]}{(343 - 293)}$
$= 5.05 \, kcal/m^2 \cdot h \cdot K$

82. 두께 4 mm 강의 평판에서 고온측 면의 온도가 100℃이고, 저온측 면의 온도가 80℃

이며 단위 m²에 대하여 매분당 30000 kJ 의 전열을 한다고 하면, 이 강판의 열전도율은 약 몇 W/m℃인가?

㉮ 50　　㉯ 100
㉰ 150　　㉱ 200

[해설] $Q[\text{kcal/h}] = \lambda \cdot F[\text{m}^2] \cdot \dfrac{\Delta t[℃]}{b[\text{m}]}$ 에서

$\lambda = \dfrac{Q \cdot b}{F \cdot \Delta t} [\text{kcal/mh℃}]$ 이므로

$\lambda = \dfrac{30000 \times 0.24 \times 60 \times 0.004}{20}$

$= 86.4 \text{kcal/mh℃} = 100.5 \text{W/m℃}$

83. 입형 횡관 보일러의 안전저수위로 가장 적당한 것은?

㉮ 하부에서 75 mm 지점
㉯ 횡관 전길이의 $\dfrac{1}{3}$ 높이
㉰ 화격자 하부에서 100 mm 지점
㉱ 화실 천장판에서 상부 75 mm 지점

[해설] 화실 천장판 최고부위 75 mm 상부 지점이다.

84. 다음 [보기]에서 설명하는 증기트랩은?

[보기]
- 가동 시 공기배출이 필요 없다.
- 작동이 빈번하여 내구성이 낮다.
- 작동확률이 높고 소형이며 워터해머에 강하다.
- 고압용에는 부적당하나 과열증기 사용에는 적합하다.

㉮ 디스크식 트랩(disc type trap)
㉯ 버킷형 트랩(buchet type trap)
㉰ 플로트식 트랩(float type trap)
㉱ 바이메탈식 트랩(bimetal type trap)

85. 상변화를 수반하는 물 또는 유체의 가열변화과정 중 전열면에 비등기포가 생겨 열유속이 급격히 증대되고, 가열면 상에 서로 다른 기포의 발생이 나타나는 비등과정은?

㉮ 자연대류비등　　㉯ 핵비등
㉰ 천이비등　　㉱ 막비등

86. 지름이 d, 두께가 t인 얇은 살두께의 밀폐된 원통 안에 압력 P가 작용할 때 원통에 발생하는 원주방향의 인장응력을 구하는 식은?

㉮ $\dfrac{\pi dP}{2t}$　　㉯ $\dfrac{\pi dP}{4t}$
㉰ $\dfrac{dP}{2t}$　　㉱ $\dfrac{dP}{4t}$

[해설] ① 원주 방향의 인장응력(kg/cm²) = $\dfrac{pd}{2t}$

② 길이 방향의 인장응력(kg/cm²) = $\dfrac{pd}{4t}$

87. 다음 중 열전도율이 가장 낮은 것은?

㉮ 니켈　　㉯ 탄소강
㉰ 스케일　　㉱ 그을음

[해설] ① 그을음의 열전도율
$0.05 \sim 0.1 \text{ kcal/mh℃}$
② 스케일의 열전도율
$0.2 \sim 0.6 \text{ kcal/mh℃}$

88. 동체의 안지름 2000 mm, 최고사용압력 12 kgf/cm²인 원통보일러 동판의 두께는 약 몇 mm인가? (단, 강판의 인장강도 40 kgf/mm², 안전율 4.5, 이음효율(η) 0.71, 부식여유는 2 mm이다.)

㉮ 12　　㉯ 16　　㉰ 19　　㉱ 21

[해설] 동판 두께 $t[\text{mm}] = \dfrac{PDS}{200 \cdot \delta \cdot \eta} + \alpha$

$= \dfrac{12 \times 2000 \times 4.5}{200 \times 40 \times 0.71} + 2$

$= 21 \text{ mm}$

정답　82. ㉰　83. ㉱　84. ㉮　85. ㉯　86. ㉰　87. ㉱　88. ㉱

89. 보일러의 과열에 의한 압괴(collapse) 발생부분이 아닌 것은?

㉮ 노통 상부 ㉯ 화실 천장
㉰ 연관 ㉱ 거싯스테이

[해설] ① 압괴가 발생하기 쉬운 곳 : 노통, 연관, 화실 천장
② 팽출이 발생하기 쉬운 곳 : 수관, 동저부

90. 보일러의 만수보존법에 대한 설명으로 틀린 것은?

㉮ 밀폐 보존방식이다.
㉯ 겨울철 동결에 주의하여야 한다.
㉰ 2~3개월의 단기보존에 사용된다.
㉱ 보일러수는 pH가 6 정도로 유지되도록 한다.

[해설] 만수보존 시 보일러수는 pH 12 정도로 유지해야 한다.

91. 수관 보일러와 비교한 원통보일러의 특징에 대한 설명으로 틀린 것은?

㉮ 구조상 고압용 및 대용량에 적합하다.
㉯ 구조가 간단하고 취급이 비교적 용이하다.
㉰ 전열면적당 수부의 크기는 수관보일러에 비해 크다.
㉱ 형상에 비해서 전열면적이 작고 열효율은 낮은 편이다.

[해설] 수관 보일러가 구조상 고압 및 대용량에 적합하다.

92. 열팽창에 의한 배관의 이동을 구속 또는 제한하는 것을 리스트레이트(restraint)라 한다. 리스트레인트의 종류에 해당하지 않는 것은?

㉮ 앵커(anchor) ㉯ 스토퍼(stopper)
㉰ 리지드(rigid) ㉱ 가이드(guide)

[해설] 리스트레인트의 종류에는 ㉮, ㉯, ㉱항이 있으며 리지드는 행어(hanger)의 종류이다.

93. 다음 [그림]의 용접이음에서 생기는 인장응력은 약 몇 kgf/cm²인가?

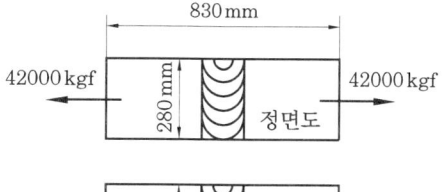
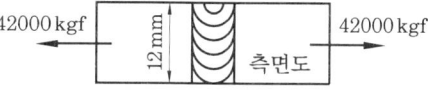

㉮ 1250 ㉯ 1450
㉰ 1650 ㉱ 1850

[해설] 인장응력(kg/mm²) = $\dfrac{W}{t \cdot L}$ 에서

$\dfrac{42000}{280 \times 12} = 12.5$ kg/mm² $= 1250$ kgf/cm²

94. 판형 열교환기의 일반적인 특징에 대한 설명으로 틀린 것은?

㉮ 구조상 압력손실이 적고 내압성은 크다.
㉯ 다수의 파형이나 반구형의 돌기를 프레스 성형하여 판을 조합한다.
㉰ 전열면의 청소나 조립이 간단하고, 고점도에도 적용할 수 있다.
㉱ 판의 매수 조절이 가능하여 전열면적 증감이 용이하다.

[해설] 판형 열교환기는 압력손실이 크고 내압성은 작다.

95. 보일러수를 pH 10.5~11.5의 약알칼리로 유지하는 주된 이유는?

㉮ 첨가된 염산이 강재를 보호하기 때문에
㉯ 보일러수 중에 적당량의 수산화나트륨

정답 89. ㉱ 90. ㉱ 91. ㉮ 92. ㉰ 93. ㉮ 94. ㉮ 95. ㉯

을 포함시켜 보일러의 부식 및 스케일 부착을 방지하기 위하여
㉰ 과잉 알칼리성이 더 좋으나 약품이 많이 소요되므로 원가를 절약하기 위하여
㉱ 표면에 딱딱한 스케일이 생성되어 부식을 방지하기 때문에

[해설] pH 값이 낮으면 부식이 일어나고 너무 높으면 기성취화 현상이 일어나므로 약 알칼리성으로 유지해야 한다.

96. 두께 15mm 강판을 맞대기 용접이음할 때 적당한 끝벌림 형식은?

㉮ V형   ㉯ X형
㉰ H형   ㉱ 양면 W형

[해설]

판 두께(mm)	형식
1 이상 ~ 5 이하	I형
5 이상 ~ 16 이하	V형
12 이상 ~ 38 이하	X형, U형
19 이상	H형

97. 보일러수에 녹아있는 기체를 제거하는 탈기기(脫氣機)가 제거하는 대표적인 용존 가스는?

㉮ O_2 ㉯ N_2
㉰ H_2S ㉱ SO_2

[해설] ① 탈기법 : O_2 및 CO_2 제거(주로 O_2 제거)
② 기폭법 : CO_2, Fe, Mn, NH_3, H_2S 제거

98. 2중관 단일통과 열교환기의 외관에서 고온유체의 입구온도는 140℃이며, 출구의 온도는 90℃이었다. 또한 내관의 저온유체의 입구온도는 40℃이며, 출구온도는 70℃이었을 때 향류인 경우 평균온도차는 약 얼마인가? (단, 열교환 중 응축은 발생하지 않는다.)

㉮ 49.7   ㉯ 59.4
㉰ 69.7   ㉱ 79.4

[해설] $\Delta t_m = \dfrac{\Delta t_1 - \Delta t_2}{\ln\left(\dfrac{\Delta t_1}{\Delta t_2}\right)} = \dfrac{70-50}{\ln\left(\dfrac{70}{50}\right)} = 59.4℃$

99. 보일러에서 과열기의 역할을 옳게 설명한 것은?

㉮ 포화증기의 압력을 높인다.
㉯ 포화증기의 온도를 높인다.
㉰ 포화증기의 압력과 온도를 높인다.
㉱ 포화증기의 압력은 낮추고 온도를 높인다.

[해설] 과열기는 등압하에서 포화증기의 온도만을 높여 과열증기를 만들어 준다.

100. 연돌의 통풍력에 대한 설명으로 틀린 것은?

㉮ 연돌이 높을수록 커진다.
㉯ 외부 온도가 낮을수록 커진다.
㉰ 연돌의 단면적이 클수록 커진다.
㉱ 배기가스 온도가 낮을수록 커진다.

[해설] 배기가스 온도가 높을수록, 외기의 온도가 낮을수록 통풍력은 커진다.

정답 96. ㉯ 97. ㉮ 98. ㉯ 99. ㉯ 100. ㉱

2009년 4회 에너지관리기사
2009.8.30 시행

제1과목 연소 공학

1. 석탄을 완전연소시키기 위하여 필요한 조건에 대한 설명 중 틀린 것은?

㉮ 공기를 적당하게 보내 피연물과 잘 접촉시킨다.
㉯ 연료를 착화온도 이하로 유지한다.
㉰ 통풍력을 좋게 한다.
㉱ 공기를 예열한다.

[해설] 연소실을 고온으로 유지하고 연료를 착화온도 이상으로 유지해야 한다.

2. 다음 중 단위중량당(kg) 연료의 저위발열량이 가장 큰 기체는?

㉮ 수소   ㉯ 프로판
㉰ 메탄   ㉱ 에틸렌

[해설] ① 수소 : 28600 kcal/kg
② 프로판 : 11070 kcal/kg
③ 메탄 : 11970 kcal/kg
④ 에틸렌 : 11360 kcal/kg
⑤ 부탄 : 10920 kcal/kg
⑥ 에탄 : 11330 kcal/kg

3. 수소 1 kg을 공기 중에서 연소시켰을 때 생성된 건연소 가스량은 약 몇 m³인가? (단, 공기 중의 산소와 질소의 함유비는 21 v %와 79 v %이다.)

㉮ 5.60   ㉯ 21.07   ㉰ 26.50   ㉱ 32.3

[해설] $H_2 + \dfrac{1}{2} O_2 \rightarrow H_2O$

2kg $\dfrac{1}{2} \times 22.4 \text{Nm}^3$
1kg x Nm³

$$G_{od} = 0.79 A_0$$
$$= 0.79 \times \dfrac{1}{0.21} \times O_0$$
$$= 0.79 \times \dfrac{1}{0.21} \times x$$
$$= 0.79 \times \dfrac{1}{0.21} \times \dfrac{\dfrac{1}{2} \times 22.4}{2}$$
$$= 21.066 \text{ Nm}^3/\text{kg}$$

4. 연소가스 중의 질소산화물 생성을 억제하게 위한 방법으로 틀린 것은?

㉮ 2단 연소
㉯ 고온 연소
㉰ 농담 연소
㉱ 배기가스 재순환 연소

[해설] 질소산화물 생성 억제 방법
① 과잉공기량 감소(저산소 연소)법
② 공기온도조절(저온도 연소)법
③ 배기가스 재순환 연소법
④ 2단 연소법
⑤ 수증기 분무법
⑥ 농담 연소법
⑦ 버너 및 연소실 구조 개량법
⑧ 연소로의 부분 냉각법
⑨ 물 분무법

정답 1. ㉯ 2. ㉮ 3. ㉯ 4. ㉯

5. 공기와 혼합 시 가연범위(폭발범위)가 가장 넓은 것은?

㉮ 메탄 ㉯ 프로판
㉰ 메틸알코올 ㉱ 아세틸렌

[해설] 가연(폭발) 범위
① 아세틸렌 : 2.5~81%
② 메탄 : 5~15%
③ 프로판 : 2.1~9.5%
④ 메틸알코올 : 7.3~36%
⑤ 에탄 : 3~12.5%
⑥ 일산화탄소 : 12.5~74%
⑦ 수소 : 4~75%

6. 분젠 버너의 가스유속을 빠르게 했을 때 불꽃이 짧아지는 이유는?

㉮ 층류 현상이 생기기 때문에
㉯ 난류 현상으로 연소가 빨라지기 때문에
㉰ 가스와 공기의 혼합이 잘 안되기 때문에
㉱ 유속이 빨라서 미처 연소를 못하기 때문에

[해설] 1차 공기유속과 가스의 유속을 빠르게 하면 난류 현상으로 연소 속도가 빨라져 불꽃이 짧아진다.

7. 유압분무식 버너의 특징에 대한 설명으로 틀린 것은?

㉮ 무화매체인 증기나 공기가 필요치 않다.
㉯ 보일러 가동 중 버너교환이 가능하다.
㉰ 유량조절범위가 좁다.
㉱ 연소의 제어범위가 넓다.

[해설] 연소의 제어 범위가 좁아서(1:3 정도) 부하변동이 큰 보일러에는 부적당하다.

8. 최소 점화에너지에 대한 설명으로 틀린 것은 어느 것인가?

㉮ 최소 점화에너지는 연소속도 및 열전도가 작을수록 큰 값을 갖는다.
㉯ 가연성 혼합기체를 점화시키는 데 필요한 최소 에너지를 최소 점화에너지라 한다.
㉰ 불꽃 방전 시 일어나는 에너지의 크기는 전압의 제곱에 비례한다.
㉱ 혼합기의 종류에 의해서 변한다.

[해설] 최소 점화에너지는 혼합가스의 종류, 압력, 농도에 따라 다르다.
[참고] 전기용량을 C, 전기전압을 V라고 할 때
에너지(E) $= \frac{1}{2} \times C \times V^2$

9. 숯이나 코크스 등에서 일어나는 일반적인 연소 형태는?

㉮ 표면 연소 ㉯ 분해 연소
㉰ 증발 연소 ㉱ 확산 연소

[해설] 고체 연료의 연소 형태
① 표면 연소 : 숯(목탄), 코크스
② 분해 연소 : 목재, 석탄

10. 연료의 황(S)분에 의한 저온부식을 방지하는 방법으로 옳은 것은?

㉮ 과잉공기를 적게 하면서 절탄기부의 배기가스 온도를 올린다.
㉯ 과잉공기를 적게 하면서 절탄기부의 배기가스 온도를 낮춘다.
㉰ 과잉공기를 많게 하면서 절탄기부의 배기가스 온도를 올린다.
㉱ 과잉공기를 많게 하면서 절탄기부의 배기가스 온도를 낮춘다.

[해설] 과잉공기를 많게 하여 배기가스 온도를 낮추면 저온부식을 일으키기 쉽다.

11. 보일러의 열정산에서 입열항목에 해당하는 것은?

㉮ 급수의 현열

정답 5. ㉱ 6. ㉯ 7. ㉱ 8. ㉮ 9. ㉮ 10. ㉮ 11. ㉮

㉯ 방산에 의한 손실열
㉰ 불완전연소에 의한 손실열
㉱ 연소잔재물 중 미연소분에 의한 손실열

[해설] 입열 항목
연료의 연소열(연료의 발열량), 공기의 현열, 급수의 현열, 연료의 현열, 노내 분입증기의 보유열.

12. 연소배기가스를 분석한 결과 O_2의 측정치가 4 %일 때 공기비(m)는?

㉮ 1.10 ㉯ 1.24 ㉰ 1.30 ㉱ 1.34

[해설] $m = \dfrac{21}{21-O_2} = \dfrac{21}{21-4} = 1.235$

13. 다음 중 분해 폭발성 물질이 아닌 것은?

㉮ 아세틸렌 ㉯ 에틸렌
㉰ 히드라진 ㉱ 수소

[해설] 분해 폭발성 물질
아세틸렌, 에틸렌, 히드라진, 산화에틸렌 등

14. 어떤 연소가스를 분석한 결과 질소 75 v %, 산소 8 v %, 이산화탄소 10 v %, 일산화탄소 7 v %이었다. 이 연소가스의 겉보기 분자량은 약 얼마인가?

㉮ 28.12 ㉯ 28.88
㉰ 29.22 ㉱ 29.92

[해설] 평균 분자량
$= \dfrac{75 \times 28 + 8 \times 32 + 10 \times 44 + 7 \times 28}{75+8+10+7}$
$= 29.92$

15. 액체연료 중 고온건류하여 얻은 타르계 중유에 특징에 대한 설명으로 틀린 것은?

㉮ 화염의 방사율이 크다.
㉯ 황의 영향이 적다.
㉰ 슬러지를 발생시킨다.
㉱ 단위 용적당 발열량이 극히 적다.

[해설] 타르(tar)계 종류의 특징
① 화염의 휘도가 높아서 방사율이 크다.
② 황의 영향이 적다 (S 0.5 % 이하).
③ 슬러지를 발생시킨다.
④ 탄소수비(C/H)가 높다.

16. 탄소(C) 86 %, 수소(H) 14 %의 중유를 완전연소시켰을 때 CO_{2max} [%]는?

㉮ 15.1 ㉯ 17.2 ㉰ 19.1 ㉱ 21.1

[해설] $CO_{2max}[\%] = \dfrac{\dfrac{22.4}{12}C}{G_{od}} \times 100$

$A_0 = \dfrac{1}{0.21} \times \left\{ \dfrac{22.4}{12} \times 0.86 \right.$
$+ \dfrac{11.2}{2}(0.14 - \dfrac{0}{8}) + \dfrac{22.4}{32} \times 0 \Big\}$
$= 11.377 \, Nm^3/kg$

$G_{od} = \dfrac{22.4}{12} \times 0.86 + \dfrac{22.4}{32} \times 0 + \dfrac{22.4}{28} \times 0$
$+ 0.79 \times 11.377 = 10.593 \, Nm^3/kg$

$\therefore CO_{2max}[\%] = \dfrac{\dfrac{22.4}{12} \times 0.86}{10.593} \times 100$
$= 15.15 \, \%$

17. 고체 연료의 일반적인 특징에 대한 설명으로 틀린 것은?

㉮ 회분이 많고 발열량이 적다.
㉯ 연소효율이 낮고 고온을 얻기 어렵다.
㉰ 점화 및 소화가 곤란하고 온도조절이 곤란하다.
㉱ 완전연소가 가능하고 연료의 품질이 균일하다.

[해설] 고체연료는 완전연소가 어렵고 품질이 불균일하다.

18. 체적이 일정한 상태에서 산소 1 kg을 20 ℃에서 220 ℃까지 높이는 데 필요한 열량

[정답] 12. ㉯ 13. ㉱ 14. ㉱ 15. ㉱ 16. ㉮ 17. ㉱ 18. ㉱

은 약 몇 kJ인가? (단, 산소의 정적비열 C_v는 0.879 J/g·℃이다.)

㉮ 22　㉯ 44　㉰ 88　㉱ 176

[해설] 정적과정에서
$Q = GC_V \Delta t$
$= 1\,kg \times 0.879\,kJ/kg℃ \times (220-20)\,℃$
$= 175.8\,kJ$

19. 환열실의 전열면적(m^2)과 전열량(kcal/h) 사이의 관계는? (단, 전열면적은 F, 전열량은 Q, 총괄전열계수는 V이며, Δt_m은 평균온도차이다.)

㉮ $Q = F \times V \times \Delta t_m$
㉯ $Q = \dfrac{F}{\Delta t_m}$
㉰ $Q = F \times \Delta t_m$
㉱ $Q = \dfrac{V}{F \times \Delta t_m}$

[해설] 전열량 $Q[kcal/h] = F \cdot V \cdot \Delta t_m$이다.

20. 메탄(CH_4) 32 kg을 연소시킬 때 이론적으로 필요한 산소량은 몇 kg-mol인가?

㉮ 1　㉯ 2　㉰ 3　㉱ 4

[해설] 　CH_4　+　$2O_2$　→　CO_2　+　$2H_2O$
　　　1 kmol　　2 kmol
　　　16 kg　　　2 kmol
　　　32 kg　　　x kmol
∴ $x = \dfrac{32 \times 2}{16} = 4\,kmol$

제2과목　열역학

21. 증기압축 냉동사이클에서 응축온도는 동일하고 증발온도가 다음과 같을 때 성능계수가 가장 큰 것은?

㉮ -20℃　㉯ -25℃
㉰ -30℃　㉱ -40℃

[해설] 응축온도 T_1, 증발온도를 T_2라 하면
성능계수 $= \dfrac{T_2}{T_1 - T_2}$ 이다.
T_1이 동일하므로 T_2가 높을수록 성능계수가 크다.

22. 60℃로 일정하게 유지되고 있는 항온조가 실내온도 26℃인 실험실에 설치되어 있다. 이때 항온조로부터 실험실 내의 실내공기로 1200 J의 열손실이 있는 경우에 대한 설명으로 틀린 것은?

㉮ 비가역 과정이다.
㉯ 실험실 전체(실험실 공기와 항온조 내의 물질)의 엔트로피 변화량은 7.6 J/K 이다.
㉰ 항온조 내의 물질에 대한 엔트로피 변화량은 -3.6 J/K이다.
㉱ 실험실 내에서 실내공기의 엔트로피 변화량은 4.0 J/K이다.

[해설] $\Delta s = \dfrac{dQ}{T}$ 이므로
① 항온조 내의 물질에 대한 엔트로피 변화량
$= \dfrac{-1200}{60+273} = -3.6\,J/K$
② 실험실 내 실내 공기의 엔트로피 변화량
$= \dfrac{1200}{26+273} = 4\,J/K$
③ 실험실 전체의 엔트로피 변화량
$= 4 - 3.6 = 0.4\,J/K$

23. 밀폐계가 300 kPa의 압력을 유지하면서 체적이 0.2 m^3에서 0.5 m^3로 증가하였고 이 과정에서 내부 에너지는 10 kJ 증가하였다. 이때 계가 받은 열량은 몇 kJ인가?

정답 19. ㉮　20. ㉱　21. ㉮　22. ㉯　23. ㉱

㉮ 9 ㉯ 80
㉰ 90 ㉱ 100

[해설] 정압과정에서
$Q = \Delta U + P\Delta V$
$= 10\,\text{kJ} + 300\,\text{kN/m}^2 \times (0.5 - 0.2)\,\text{m}^3$
$= 100\,\text{kJ}$

24. 엔탈피가 326 kJ/kg인 어떤 기체가 노즐을 통하여 단열적으로 팽창되어 엔탈피가 322 kJ/kg으로 되어 나간다. 유입 속도를 무시할 때 유출 속도는 몇 m/s인가?

㉮ 4.4 ㉯ 22.6
㉰ 64.7 ㉱ 89.4

[해설] $w_2 = \sqrt{2000(h_1 - h_2)\,\text{kJ/kg}}$
$= \sqrt{2000 \times (326 - 322)\,\text{kJ/kg}}$
$= 89.44\,\text{m/s}$

25. 기체 동력 사이클과 가장 거리가 먼 것은 어느 것인가?

㉮ 증기원동소
㉯ 가스터빈
㉰ 불꽃점화 자동차기관
㉱ 디젤기관

[해설] 랭킨 사이클은 증기 기관의 기본 사이클로서 증기와 물 사이의 상의 변화를 가진다.

26. 다음 $T-S$ 선도에서 냉동 사이클의 성능계수를 옳게 표시한 것은? (단, u는 내부에너지, h는 엔탈피를 나타낸다.)

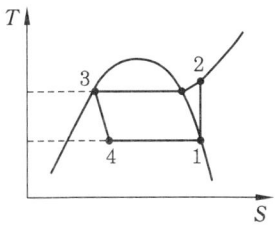

㉮ $\dfrac{h_2 - h_4}{h_2 - h_1}$ ㉯ $\dfrac{u_1 - u_4}{u_2 - u_1}$

㉰ $\dfrac{h_2 - h_1}{h_1 - h_4}$ ㉱ $\dfrac{u_2 - u_1}{u_1 - u_4}$

[해설] 냉동사이클의 성능계수 (COP)
$= \dfrac{T_2}{T_1 - T_2} = \dfrac{Q_2}{Q_1 - Q_2}$
$= \dfrac{Q_2}{AWc} = \dfrac{h_1 - h_4}{h_2 - h_1}$

27. 성능계수가 4.3인 냉동기가 시간당 30 MJ의 열을 흡수한다. 이 냉동기를 작동하기 위한 동력은 약 몇 kW인가?

㉮ 0.25 ㉯ 1.94
㉰ 6.24 ㉱ 10.4

[해설] $COP = \dfrac{Q_2}{AWc}$

$\therefore AWc = \dfrac{Q_2}{COP} = \dfrac{30000\,\text{kJ/h}}{4.3}$
$= 6976.7\,\text{kJ/hr}$

$\therefore 6976.7\,\text{kJ/h} \times \dfrac{1\,\text{kW}}{1\,\text{kJ/s} \times 3600\,\text{s/h}}$
$= 1.937\,\text{kW}$

28. 열펌프(heat pump)의 성능계수에 대한 설명으로 옳은 것은?

㉮ 냉동 사이클의 효율과 같다.
㉯ 저온체에서 흡수한 열량과 가해준 일의 비이다.
㉰ 고온체에 방출한 열량과 가해준 일의 비이다.
㉱ 저온체와 고온체의 절대온도만의 함수이다.

[해설] 열펌프의 성능계수
$= \dfrac{\text{고온체에 방출한 열량}}{\text{압축기의 일 열량}}$

[참고] ㉯항은 냉동기의 성능 계수이다.

정답 24. ㉱ 25. ㉮ 26. ㉮ 27. ㉯ 28. ㉰

29. 어떤 상태에서 질량이 반으로 줄면 강도성 (intensive property) 상태량의 값은?

㉮ 반으로 줄어든다.
㉯ 2배로 증가한다.
㉰ 4배로 증가한다.
㉱ 변하지 않는다.

[해설] ① 강도성 상태량이란 물질의 질량에 관계없이 크기가 결정되는 것 : 압력, 온도, 비체적
② 종량성 상태량이란 물질의 질량에 정비례하여 크기가 결정되는 것 : 엔탈피, 엔트로피, 체적, 내부에너지

30. 일반적으로 중간에 냉각기를 부착한 다단압축기와 일단압축기에 대한 설명으로 옳은 것은?

㉮ 동력 소요량은 서로 같다.
㉯ 동력 소요량은 다단압축기가 일단압축기의 2배이다.
㉰ 동력 소요량은 압축 단수에 비례한다.
㉱ 동력 소요량은 일단압축기가 더 크다.

[해설] 일단압축기의 경우 동력 소모량은 크고, 다단압축기는 동력 소모량이 작다.

31. CH_4의 기체상수는 약 몇 kJ/kg·K인가?

㉮ 0.016 ㉯ 0.132
㉰ 0.189 ㉱ 0.52

[해설] $\overline{R} = \dfrac{R}{M} = \dfrac{8.314}{16} = 0.52$ kJ/kg·K

[참고] R = 848 kg·m/kmol·K
= 1.987 kcal/kmol·K
= 8.314 kJ/kmol·K

32. 공기표준 브레이튼(Brayton) 사이클에서 등엔트로피 압축으로 1기압, 20℃의 공기를 다음 중 어느 압력까지 압축하였을 때 효율이 가장 높은가?

㉮ 2기압 ㉯ 3기압
㉰ 4기압 ㉱ 5기압

[해설] 브레이튼 사이클의 열효율
$$= 1 - \left(\dfrac{P_2}{P_1}\right)^{\frac{k-1}{k}}$$ 에서
압력비(r) $= \dfrac{P_2}{P_1}$ 가 클수록 효율이 좋아진다.

33. 질소 1.36 kg이 압력 600 kPa 하에서 팽창하여 체적이 0.01 m³ 증가하였다. 팽창과정에서 20 kJ의 열이 공급되었고 최종온도가 93℃였다면 초기 온도는 약 몇 ℃인가? (단, 정적 비열은 0.74 kJ/kg·℃이다.)

㉮ 112 ㉯ 107
㉰ 79   ㉱ 74

[해설] 정압과정에서 나중상태 $PV = GRT$에서
$600 \text{kN/m}^2 \times (x + 0.01) \text{m}^3$
$= 1.36 \text{kg} \times \dfrac{8.314}{28} \text{kJ/kg·K} \times (273+93) \text{K}$

$\therefore x = \dfrac{1.36 \times \dfrac{8.314}{28} \times (273+93)}{600} - 0.01$
$= 0.236$ m³ (처음 상태 체적)
나중상태 체적 $= 0.236 + 0.01 = 0.246$ m³
$\dfrac{V_1}{T_1} = \dfrac{V_2}{T_2}$ 에서
$T_1 = T_2 \times \dfrac{V_1}{V_2} = (273+93) \times \dfrac{0.236}{0.246}$
$= 351.12$ K
$\therefore t_1 = T_1 - 273 = 351.12 - 273 = 78.12℃$

34. 압축비 7로 운전되는 오토사이클의 효율은 약 몇 %인가? (단, 비열비는 1.4이다.)

㉮ 40.4 ㉯ 54.1
㉰ 85.7 ㉱ 93.4

[해설] 압축비가 ε, 비열비가 k라면,

정답 29. ㉱ 30. ㉱ 31. ㉱ 32. ㉱ 33. ㉰ 34. ㉯

오토 사이클 열효율 $= 1 - \left(\dfrac{1}{\varepsilon}\right)^{k-1}$

$1 - \left(\dfrac{1}{7}\right)^{1.4-1} = 0.541 = 54.1\%$

35. 보일러로부터 압력 10 kgf/cm² 로 공급되는 수증기의 건도가 0.95일 때 이 수증기 1 kg 당의 엔탈피는 약 몇 kcal인가? (단, 10 kgf/cm²에서 포화수의 엔탈피는 181.2 kcal/kg, 포화증기의 엔탈피는 662.9 kcal/kg이다.)

㉮ 457.6　　㉯ 638.8
㉰ 810.9　　㉱ 1120.5

[해설] 습포화증기 엔탈피=현열+잠열×건도
　　　 = 181.2 + (662.9 - 181.2) × 0.95
　　　 = 638.8 kcal/kg

36. 다음 중 과열수증기(superheated steam)의 상태가 아닌 것은?

㉮ 주어진 압력에서 포화증기 온도보다 높은 온도
㉯ 주어진 체적에서 포화증기 압력보다 높은 압력
㉰ 주어진 온도에서 포화증기 체적보다 낮은 체적
㉱ 주어진 온도에서 포화증기 엔탈피보다 큰 엔탈피

[해설] 과열수증기의 체적은 포화증기의 체적보다 큰 상태이다.

37. 동일한 최고 온도, 최저 온도 사이에 작동하는 사이클 중 최대의 효율을 나타내는 사이클은?

㉮ 오토 사이클
㉯ 디젤 사이클
㉰ 카르노 사이클
㉱ 브레이턴 사이클

[해설] 카르노 사이클(Carnot cycle) : 고·저 두 열원 사이에 작동하는 가역 사이클이며, 열기관 사이클 중 가장 효율을 높일 수 있다.

38. 400K로 유지되는 항온조 내의 기체에 100kJ의 열이 공급되었다. 이때 기체의 엔트로피 변화량이 0.3kJ/K이라면 생성엔트로피의 값은 몇 kJ/K인가?

㉮ 0.01　　㉯ 0.03
㉰ 0.05　　㉱ 0.30

[해설] $ds = \dfrac{dQ}{T}$ 에서 $ds = \dfrac{100}{400} = 0.25$ kJ/K

따라서 0.3 kJ/K - 0.25 kJ/K = 0.05 kJ/K

39. 비열이 일정하고 비열비가 k인 이상기체의 등엔트로피 과정에서 성립하지 않는 것은? (단, T, P, v는 각각 절대온도, 압력, 비체적이다.)

㉮ $Pv^k = $ 일정
㉯ $Tv^{k-1} = $ 일정
㉰ $PT^{\frac{k}{k-1}} = $ 일정
㉱ $TP^{\frac{1-k}{k}} = $ 일정

[해설] 단열과정에서는 $Pv^k = $ 일정
$Tv^{k-1} = $ 일정, $TP^{\frac{1-k}{k}} = $ 일정

40. 다음 중 물의 임계압력에 가장 가까운 값은 어느 것인가?

㉮ 1.03 kPa　　㉯ 100 kPa
㉰ 22 MPa　　㉱ 63 MPa

[해설] ① 임계압력 = 225.65 kgf/cm² = 22 MPa
② 임계온도 = 374.15℃ = 647 K
③ 임계점에서의 증발잠열 = 0 kcal/kg

정답 35. ㉯　36. ㉰　37. ㉰　38. ㉰　39. ㉰　40. ㉰

제3과목 계측 방법

41. 편차의 정(+), 부(−)에 의해서 조작신호가 최대, 최소가 되는 제어동작은?

㉮ 다위치동작 ㉯ 적분동작
㉰ 비례동작 ㉱ 온-오프동작

[해설] 2위치(on-off) 동작은 편차의 양과 음(+, −)에 의해 조작신호가 최대, 최소가 되는 대표적인 불연속 제어동작이다.

42. 다음 중 광고온계의 측정원리는?

㉮ 열에 의한 금속팽창을 이용하여 측정
㉯ 이종(異種)금속 접합점의 온도차에 따른 열기전력을 측정
㉰ 피측정물의 전파장의 복사에너지를 열전대로 측정
㉱ 피측정물의 휘도와 전구의 휘도를 비교하여 측정

[해설] 광고온계의 측정원리는 고온체로부터 방사되는 에너지와 표준온도의 고온 물체(전구의 필라멘트)의 휘도를 비교하여 측정하는 것이다.

43. 30℃를 랭킨온도로 나타내면 몇 °R인가?

㉮ 456 ㉯ 460
㉰ 546 ㉱ 640

[해설] $30 \times \dfrac{9}{5} + 32 = 86\,°F$
∴ $86 + 460 = 546\,°R$

44. 차압식 유량계에서 압력차가 처음보다 2배 커지고, 관의 직경이 $\dfrac{1}{2}$로 되었다면, 나중 유량(O_2)과 처음 유량(O_1)의 관계로 가장 옳은 것은? (단, 나머지 조건은 모두 동일하다.)

㉮ $Q_2 = 0.3535\,Q_1$ ㉯ $Q_2 = \dfrac{1}{4}Q_1$
㉰ $Q_2 = 1.4142\,Q_1$ ㉱ $Q_2 = 0.707\,Q_1$

[해설] $Q = AV = \dfrac{\pi d^2}{4} \times V$ 이고 $V \propto \sqrt{\Delta P}$ 이므로 유량 Q는 관지름의 제곱과 차압의 평방근에 비례하므로

$\dfrac{Q_1}{Q_2} = \dfrac{d_1^{\,2}}{d_2^{\,2}} \dfrac{\sqrt{\Delta P_1}}{\sqrt{\Delta P_2}}$ 에서

$\dfrac{Q_1}{Q_2} = \dfrac{d_1^{\,2}}{\left(\dfrac{d_1}{2}\right)^2} \times \dfrac{\sqrt{\Delta P_1}}{\sqrt{2\Delta P_1}} = \dfrac{4}{\sqrt{2}}$

∴ $Q_2 = \dfrac{\sqrt{2}}{4} \cdot Q_1 = 0.3536\,Q_1$

45. 다음 측정방법 중 화학적 가스분석 방법은 어느 것인가?

㉮ 열전도율법 ㉯ 도전율법
㉰ 적외선흡수법 ㉱ 연소열법

[해설] 화학적 가스분석 방법에는 연소열법과 오르샤트법이 있다.

46. 다음 중 그림과 같은 조작량 변화는?

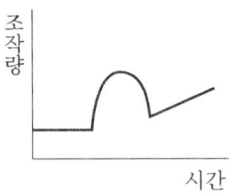

㉮ PI 동작 ㉯ 2위치 동작
㉰ PID 동작 ㉱ PD 동작

[해설]

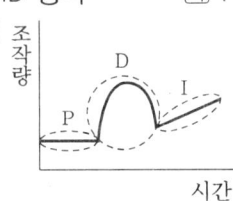

정답 41. ㉱ 42. ㉱ 43. ㉰ 44. ㉮ 45. ㉱ 46. ㉰

47. 다음 그림과 같은 경사관식 압력계에서 P_2는 50 kg/m² 일 때 측정압력 P_1은 약 몇 kg/m²인가? (단, 액체의 비중은 1이다.)

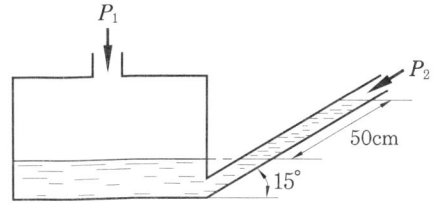

㉮ 130　　　　㉯ 180
㉰ 320　　　　㉱ 530

[해설] $P_1 = P_2 + rh$에서 $h = x \cdot \sin\theta$이므로
$P_1 = P_2 + \gamma \cdot x \cdot \sin\theta$이다.
$P_1 = 50 + 1000 \times 0.5 \times \sin 15°$
$= 179.4 \text{ kg/m}^2$

[참고] 비중량(r) = 비중 × 1000

48. 차압식 유량계의 압력 손실의 크기를 바르게 나열한 것은?

㉮ 오리피스 < 벤투리 < 플로노즐
㉯ 벤투리 < 플로노즐 < 오리피스
㉰ 플로노즐 < 벤투리 < 오리피스
㉱ 벤투리 < 오리피스 < 플로노즐

[해설] 차압식 유량계의 압력 손실이 큰 순서:
오리피스 > 플로노즐 > 벤투리

49. 연소가스의 통풍계로 주로 사용되는 압력계는?

㉮ 다이어프램식 압력계
㉯ 벨로스 압력계
㉰ 링밸런스식 압력계
㉱ 분동식 압력계

[해설] 다이어프램식(박막식) 압력계의 특징
① 감도가 좋고 정확성이 높다 (정도 : 1~2%).
② 측정 범위 : 20~5000 mmH₂O
③ 연소로의 통풍계(드래프트 게이지)로 많이 사용한다.

50. 1 kgf/cm²의 압력을 수주(mmH₂O)로 옳게 표시한 것은?

㉮ 10^3　　　　㉯ 10^{-3}
㉰ 10^4　　　　㉱ 10^{-4}

[해설] 1 kgf/cm² = 10 mH₂O = 10000 mmH₂O
$= 10^4$ mmH₂O

51. 개방형 마노미터로 측정한 공기의 압력은 150 mmH₂O이었다. 이 공기의 절대압력은 약 얼마인가?

㉮ 150 kg/m²　　　　㉯ 150 kg/cm²
㉰ 151.033 kg/cm²　　㉱ 10480 kg/m²

[해설] 절대압력 = 대기압 + 계기압이며
1atm = 10.332 mH₂O = 10332 mmH₂O
∴ 10332 + 150 = 10482 mmH₂O = 10482 kg/m²

52. 복사온도계에서 전복사에너지는 절대온도의 몇 승에 비례하는가?

㉮ 2　　㉯ 3　　㉰ 4　　㉱ 5

[해설] 복사(방사)온도계는 전복사에너지는 절대온도의 4승에 비례한다는 스테판-볼츠만 법칙을 이용한 온도계이다.

[참고] $Q = 4.88 \times \varepsilon \times \left(\dfrac{T}{100}\right)^4$ [kcal/m²h]
여기서 Q: 방사열, ε: 방사율,
T: 피측정체의 온도 (K)

53. 진공에 대한 폐관식 압력계로서, 측정하려고 하는 기체를 압축하여 수은주로 읽게 하여 그 체적 변화로부터 원래의 압력을 측정하는 형식의 진공계는?

㉮ 크누센(Knudsen)식
㉯ 피라니(Pirani)식
㉰ 맥클라우드(Macleod)식
㉱ 벨로스(Bellows)식

[해설] 맥클라우드식 진공계의 원리이며 표준 진공계로 사용된다. (측정 범위 : $10^{-4} \sim 10^{-6}$ mmHg)

54. 지름 400 mm인 관속을 5 kg/s로 공기가 흐르고 있다. 관속의 압력은 200 kPa, 온도는 23℃, 공기의 기체상수 R이 287 J/kg·K라 할 때 공기의 평균 속도는 약 몇 m/s인가?

㉮ 2.4 ㉯ 7.7 ㉰ 16.9 ㉱ 24.1

[해설] $PV = GRT$에서

$$V = \frac{5 \times 0.287 \times (23+273)}{200} = 2.1238 \text{ m}^3/s$$

$$\therefore 속도 = \frac{2.1238}{\frac{\pi \times (0.4)^2}{4}} = 16.91 \text{ m/s}$$

55. 열전대 온도계의 보호관으로 석영관을 사용하였을 때의 특징으로 틀린 것은?

㉮ 급랭, 급열에 잘 견딘다.
㉯ 기계적 충격에 약하다.
㉰ 산성에 대하여 약하다.
㉱ 알칼리에 대하여 약하다.

[해설] 석영관은 (최고 사용 온도 1050℃) 산성에는 강하며 환원가스에는 다소 기밀성이 떨어진다.

[참고] 자기관은 알칼리에 약하며 급랭, 급열에는 특히 약하다.

56. 폐(閉)루프를 형성하여 출력측의 신호를 입력측에 되돌리는 제어를 의미하는 것은 어느 것인가?

㉮ 시퀀스 ㉯ 뱅뱅
㉰ 피드백 ㉱ 리셋

[해설] feed back 제어를 의미한다.

[참고] 시퀀스 제어는 순차 제어를 의미하며, 뱅뱅 제어는 2위치(on-off) 동작을 의미한다.

57. U자관 압력계에 사용되는 액주의 구비 조건이 아닌 것은?

㉮ 열팽창 계수가 작을 것
㉯ 점도가 클 것
㉰ 모세관 현상이 적을 것
㉱ 화학적으로 안정될 것

[해설] 점도 및 밀도 변화가 적어야 하며 휘발성, 흡수성이 적어야 한다.

58. 다음 중 열전도율이 가장 적은 것은? (단, 0℃ 기준이다.)

㉮ H_2 ㉯ SO_2 ㉰ 공기 ㉱ O_2

[해설] 열전도율(단위 : $\times 10^{-4}$ cal/cm·s·deg)
① H_2 : 3.965 ② O_2 : 0.584
③ 공기 : 0.556 ④ SO_2 : 0.195

59. 보일러 공기예열기의 공기유량을 측정하는 데 가장 적합한 유량계는?

㉮ 면적식 유량계 ㉯ 열선식 유량계
㉰ 차압식 유량계 ㉱ 용적식 유량계

[해설] 연도와 같은 악조건에서 비산되는 재가 적을 때는 열선 풍속계식 유량계가 적합하다.

60. 다음 [보기]의 특징을 가지는 제어동작은?

> [보기]
> - 부하변화가 커도 잔류편차가 남지 않는다.
> - 전달느림이나 쓸모없는 시간이 크면 사이클링의 주기가 커진다.
> - 급변할 때는 큰 진동이 생긴다.
> - 반응속도가 빠른 프로세스나 느린 프로세스에 사용된다.

㉮ PID 동작 ㉯ On-Off 동작
㉰ PI 동작 ㉱ P 동작

[해설] PI (비례 적분) 동작의 특징이다.

정답 54. ㉰ 55. ㉰ 56. ㉰ 57. ㉯ 58. ㉯ 59. ㉯ 60. ㉰

제4과목 열설비 재료 및 관계법규

61. 진주암, 흑석 등을 소성, 팽창시켜 다공질로 하여 접착제와 3~15%의 석면 등과 같은 무기질 섬유를 배합하여 성형한 것은 어느 것인가?

㉮ 유리면 ㉯ 펄라이트
㉰ 석고   ㉱ 규산칼슘

[해설] 펄라이트(pearlite) 보온재의 설명이다.

62. 제강 평로에서 채용되고 있는 폐열회수 방법으로서 배기가스의 현열을 흡수하여 공기나 연료가스 예열에 이용될 수 있도록 한 장치는?

㉮ 축열기   ㉯ 환열기
㉰ 폐열 보일러 ㉱ 판형 열교환기

[해설] 평로에서 배기가스의 현열을 흡수하여 공기나 연소가스 예열에 이용할 수 있도록 한 장치를 축열기(축열실)라 한다.

63. 도염식 가마(down draft kiln)에서 불꽃의 진행방향으로 옳은 것은?

㉮ 불꽃이 올라가서 가마천장에 부딪쳐 가마바닥의 흡입공으로 빠진다.
㉯ 불꽃이 처음부터 가마바닥과 나란하게 흘러 굴뚝으로 나간다.
㉰ 불꽃이 연소실에서 위로 올라가 천장에 닿아서 수평으로 흐른다.
㉱ 불꽃의 방향이 일정하지 않으나 대개 가마 밑에서 위로 흘러나간다.

[해설] 불꽃이 소성실 내로 들어가 천장에 부딪친 다음 아래로 내려가 피가열체를 가열시키고 바닥의 흡입공으로 빠진다.

64. 다음 중 규산칼슘 보온재의 최고 사용 온도는?

㉮ 300℃   ㉯ 400℃
㉰ 500℃   ㉱ 650℃

[해설] 고온용 보온재의 종류 및 안전사용온도
① 규산칼슘(650℃)
② 펄라이트(650℃)
③ 세라믹 파이브(1300℃)

65. 알루미늄박 보온재는 어떤 특성을 이용한 것인가?

㉮ 복사열의 통과특성
㉯ 복사열의 대류특성
㉰ 복사열에 대한 반사특성
㉱ 복사열에 대한 흡수특성

[해설] 금속질 보온재는 금속의 복사열에 대한 반사특성을 이용한 것으로 알루미늄박(약 550℃)이 대표적인 것이다.

66. 동합금, 경합금 등의 비철금속 용해로로 사용되고 있으며 separate형, oven형 등으로 구분되는 것은?

㉮ 반사로   ㉯ 도가니로
㉰ 고리가마 ㉱ 회전가마

[해설] 도가니로는 동합금 경합금 등의 비철금속 용해로로 사용되고 있으며 종류로는 separate형, oven형, 금속 용융용, 유리 제조용 등이 있다.

67. 열처리로 경화된 재료를 변태점 이상의 적당한 온도로 가열한 다음 서서히 냉각하여 강의 입도를 미세화하여 조직을 연화, 내부응력을 제거하는 로는?

㉮ 머플로   ㉯ 소성로
㉰ 풀림로   ㉱ 소결로

[해설] 풀림로(소둔로, annealing furnace) : 조직을 연화하고 내부응력을 제거하는 로

정답 61. ㉯ 62. ㉮ 63. ㉮ 64. ㉱ 65. ㉰ 66. ㉯ 67. ㉰

68. 에너지공급자가 제출하여야 할 수요관리 투자계획에 포함되어야 할 사항이 아닌 것은? (단, 그 밖에 수요관리의 촉진을 위하여 필요하다고 인정하는 사항은 제외한다.)
  ㉮ 장·단기 에너지 수요전망
  ㉯ 수요관리의 목표 및 그 달성방법
  ㉰ 에너지 연구 개발내용
  ㉱ 에너지절약 잠재량의 추정내용
  [해설] 에너지이용 합리화법 시행령 제15조 ③항 참조

69. 다음 중 주원료의 종류에 따라 내화물을 분류한 것은?
  ㉮ 부정형내화물   ㉯ 소성내화물
  ㉰ 규석내화물   ㉱ 산성내화물
  [해설] 원료의 종류에 따른 분류 : 점토질, 규석질, 알루미나질, 석영질, 마그네시아질, 돌로마이트질
  [참고] 화학조성에 따라 산성, 중성, 염기성 내화물이 있으며 형상에 따라 표준형, 이형, 부정형 내화물이 있다.

70. 배관용 강관의 기호로서 틀린 것은?
  ㉮ SPP : 일반배관용 탄소강관
  ㉯ SPPS : 압력배관용 탄소강관
  ㉰ SPHT : 고온배관용 탄소강관
  ㉱ STS : 저온배관용 탄소강관
  [해설] ① SPLT : 저온배관용 탄소강관
  ② STS×TP : 배관용 스테인리스 강관
  ③ STS×TB : 보일러 열교환기용 스테인리스 강관

71. 에너지이용합리화법의 제정 목적으로 틀린 것은?
  ㉮ 에너지 소비로 인한 환경 피해를 줄이기 위하여
  ㉯ 에너지를 개발하고 촉진하기 위하여
  ㉰ 에너지의 수급안정을 기하기 위하여
  ㉱ 에너지의 합리적이고 효율적인 이용을 위하여
  [해설] 에너지이용 합리화법 제1조 참조

72. 에너지이용합리화법에 의한 에너지관리자의 기본교육과정 교육기간으로 옳은 것은 어느 것인가?
  ㉮ 4시간   ㉯ 1일
  ㉰ 5일   ㉱ 7일
  [해설] 에너지이용 합리화법 시행규칙 제32조 2 참조

73. 단열재, 보온재 및 보냉재는 무엇을 기준으로 분류하는가?
  ㉮ 열전도율   ㉯ 내화도
  ㉰ 안전 사용 온도 ㉱ 내압강도
  [해설] 내화재, 단열재, 보온재, 보냉재 구분은 안전 사용 온도로 한다.

74. 노재의 하중 연화점을 측정하는 방법으로 옳은 것은?
  ㉮ 소정의 온도에서 압축강도를 측정
  ㉯ 하중을 일정하게 하고 온도를 높이면서 그 하중에 견디지 못하고 변형하는 온도를 측정
  ㉰ 하중과 온도를 동시에 변화시키면서 변형을 측정
  ㉱ 하중과 온도를 일정하게 하고 일정시간 후의 변형을 측정
  [해설] 하중 연화점이란 일정한 하중하에서 가열할 때 연화 현상을 나타내는 온도를 말하며 시험 조건은 일반적으로 (T_2, 2 kg/cm^2)로 표시한다.

정답 68. ㉰ 69. ㉰ 70. ㉱ 71. ㉯ 72. ㉯ 73. ㉰ 74. ㉯

75. 에너지절약전문기업 등록의 취소요건이 아닌 것은?

㉮ 규정에 의한 등록기준에 미달하게 된 때
㉯ 보고를 하지 아니하거나 허위보고를 한 때
㉰ 정당한 사유 없이 등록 후 3년 이상 계속하여 사업수행 실적이 없는 때
㉱ 사업수행과 관련하여 다수의 민원을 일으킨 때

[해설] 에너지이용 합리화법 제26조 참조

76. 다음 중 검사대상기기에 해당되지 않는 것은?

㉮ 시간당 가스사용량이 18 kg인 소형온수보일러
㉯ 최고사용압력이 0.2 MPa, 전열면적이 6.4 m^2인 주철제 보일러
㉰ 최고사용압력이 1 MPa, 전열면적이 9.8 m^2인 관류보일러
㉱ 정격용량이 0.36 MW인 철금속가열로

[해설] 에너지이용 합리화법 시행규칙 제31조의 6 별표 3의 3 참조

77. 다음 중 전로법에 의한 제강 작업 시의 열원은?

㉮ 가스의 연소열
㉯ 코크스의 연소열
㉰ 석회석의 반응열
㉱ 용선 내의 불순원소의 산화열

[해설] 전로의 열원은 선철 중의 C, Si, Mn, P 등의 불순물이 산화될 때 나오는 산화열이다.

78. 소형온수보일러는 전열면적 얼마 이하를 열사용 기자재로 구분하는가?

㉮ 5 m^2 ㉯ 9 m^2 ㉰ 14 m^2 ㉱ 20 m^2

[해설] 에너지이용 합리화법 시행규칙 제1조의 2 별표 1 참조

79. 열사용기자재관리규칙에 의한 검사대상 기기에 대한 검사의 종류에 해당되지 않는 것은?

㉮ 구조검사   ㉯ 계속사용검사
㉰ 용접검사   ㉱ 이동검사

[해설] 에너지이용 합리화법 시행규칙 제31조의 7 별표 3의 4 참조

80. 길이 7 m, 외경 200 mm, 내경 190 mm의 탄소강관에 360°C 과열증기를 통과시키면 이때 늘어나는 관의 길이는 몇 mm인가? (단, 주위온도는 20°C이고, 관의 선팽창 계수는 0.0000130이다.)

㉮ 21.15   ㉯ 25.71
㉰ 30.94   ㉱ 36.48

[해설] 선팽창 계수=0.000013 mm/mm·°C
       =0.013 mm/m°C
∴ 7 m×0.013 mm/m°C×340°C=30.94 mm

제5과목   열설비 설계

81. 해수마그네시아 침전반응을 옳게 표현한 화학 반응식은?

㉮ $CaCO_3 + MgCO_3 \rightarrow CaMg(CO_3)_2$
㉯ $CaMg(CO_3)_2 + MgCO_3$
   $\rightarrow 2MgCO_3 + CaCO_3$
㉰ $MgCO_3 + Ca(OH)_2$
   $\rightarrow Mg(OH)_2 + CaCO_3$
㉱ $2MgO \cdot 2SiO_2 \cdot 2H_2O + 3CO_3$
   $\rightarrow 3MgCO_3 + 2SiO_2 + 2H_2O$

정답 75. ㉱ 76. ㉱ 77. ㉱ 78. ㉰ 79. ㉱ 80. ㉰ 81. ㉰

[해설] 해수 중의 Mg의 염에 소석회 또는 가소성 돌로마이트를 가하여 $Mg(OH)_2$를 침전시켜 수분을 제거한 후 1600~1900℃로 소성한 것이 마그네시아 클링커이다.

82. 열교환기의 대수평균온도차($LMTD$)를 옳게 나타낸 것은? (단, Δ_1은 고온유체의 입구측에서의 유체 온도차, Δ_2는 고온유체의 출구측에서의 유체 온도차이다.)

㉮ $\dfrac{\Delta_1 - \Delta_2}{\ln\left(\dfrac{\Delta_1}{\Delta_2}\right)}$ ㉯ $\dfrac{\Delta_1 + \Delta_2}{\ln\left(\dfrac{\Delta_1}{\Delta_2}\right)}$

㉰ $\dfrac{(\Delta_2 - \Delta_1)^2}{\ln\left(\dfrac{\Delta_2}{\Delta_1}\right)}$ ㉱ $\dfrac{(\Delta_2 + \Delta_1)^2}{\ln\left(\dfrac{\Delta_2}{\Delta_1}\right)}$

[해설] $LMTD\,(\Delta t_m) = \dfrac{\Delta_1 - \Delta_2}{\ln\left(\dfrac{\Delta_1}{\Delta_2}\right)}$ 이다.

83. 보일러 안전사고의 종류에 해당되지 않는 것은?

㉮ 노통, 수관, 연관 등의 파열 및 균열
㉯ 보일러 내의 스케일 부착
㉰ 동체, 노통, 화실의 압궤(collpse) 및 수관, 연관 등 전열면의 팽출(bulge)
㉱ 연도나 노내의 가스폭발, 역화 그 외의 이상연소

[해설] 스케일(관석)은 1차적으로 전열면 과열 및 연료 손실의 원인이 된다.

84. 전열계수가 비교적 낮으므로 열교환만을 목적으로 한 용도에는 부적당하나 구조가 간단하고 제작이 쉬워서 내부 유체의 보온을 목적으로 하는 경우에 적합한 열교환기는?

㉮ 단관식 열교환기
㉯ 이중관식 열교환기
㉰ 플레이트식 열교환기
㉱ 재킷식 열교환기

[해설] 재킷식 열교환기는 용기의 보랭, 보온용으로 적합하다.

85. 보일러 수(水)의 분출 목적이 아닌 것은?

㉮ 물의 순환을 촉진한다.
㉯ 가성취화를 방지한다.
㉰ 프라이밍 및 포밍을 촉진한다.
㉱ 관수의 pH를 조절한다.

[해설] 수면 분출의 목적은 수면에 떠 있는 유지분, 부유물을 제거하여 프라이밍 및 포밍 현상을 방지하기 위함이다.

86. 육용 강재 보일러의 구조에 있어서 동체의 최소 두께 기준으로 틀린 것은?

㉮ 안지름이 900 mm 이하의 것은 6 mm (단, 스테이를 부착하는 경우)
㉯ 안지름이 900 mm 초과 1350 mm 이하의 것은 8 mm
㉰ 안지름이 1350 mm 초과 1850 mm 이하의 것은 10 mm
㉱ 안지름이 1850 mm 초과하는 것은 12 mm

[해설] 안지름이 900 mm 이하일 때 스테이를 부착할 경우 동체 최소 두께는 8 mm이다.

87. 과열기(super heater)에 대한 설명으로 틀린 것은?

㉮ 포화증기를 과열증기로 만드는 장치이다.
㉯ 포화증기의 온도를 높이는 장치이다.
㉰ 고온부식이 발생하지 않는다.
㉱ 연소가스의 저항으로 압력손실이 크다.

정답 82. ㉮ 83. ㉯ 84. ㉱ 85. ㉰ 86. ㉮ 87. ㉰

[해설] 바나듐(V) 성분이 과열기, 재열기에 고온 부식을 일으키기 쉽다.

88. 운동량의 퍼짐도와 열적 퍼짐도의 비를 근사적으로 표현하는 무차원수는?

㉮ Nusselt (Nu) 수 ㉯ Prandtl (Pr) 수
㉰ Grashof (Gr) 수 ㉱ Schmidt (Sc) 수

[해설] Prandtl 수는 열유체의 물성을 표시하는 무차원수이다.
[참고] Nusselt 수는 열전달 계수를 표시하는 데 관계되는 수이다.

89. 다음 중 증기 트랩 장치에 대하여 가장 옳게 설명한 것은?

㉮ 증기관의 도중에 설치하여 압력의 급상승 또는 급히 물이 들어가는 경우 다른 곳으로 빼내는 장치이다.
㉯ 증기관의 도중에 설치하여 증기의 일부가 드레인되어 고여 있을 때 응축수를 자동적으로 빼내는 장치이다.
㉰ 보일러 등에 설치하여 드레인을 빼내는 장치이다.
㉱ 증기관의 도중에 설치하여 증기를 함유한 침전물을 분리시키는 장치이다.

[해설] ㉯항이 증기 트랩(steam trap)의 역할이다.

90. 다음 중 수관식 보일러가 아닌 것은?

㉮ 벤슨 보일러 ㉯ 라몬트 보일러
㉰ 코크란 보일러 ㉱ 슐저 보일러

[해설] 입형 보일러의 종류
입형 횡관 보일러, 입형 연관 보일러, 코크란 보일러

91. 수질(水質)을 나타내는 ppm의 단위는?

㉮ 1만분의 1단위 ㉯ 십만분의 1단위
㉰ 백만분의 1단위 ㉱ 1억분의 1단위

[해설] ppm (parts per million)
백만분율을 의미하며 수용액 1L 중에 함유하는 불순물의 양을 mg으로 표시한다 (mg/kg, mg/L, g/ton, g/m³).

92. 보일러의 성능시험 시 측정은 매 몇 분마다 실시하여야 하는가?

㉮ 10분 ㉯ 20분
㉰ 30분 ㉱ 60분

[해설] 보일러 성능시험시 측정은 10분마다 실시해야 한다.

93. 10 ton의 인장하중을 받는 양쪽 덮개판 맞대기 리벳이음이 있다. 리벳의 지름이 16 mm, 리벳의 허용전단력이 6 kg/mm² 일 때 최소 몇 개의 리벳이 필요한가?

㉮ 3 ㉯ 5
㉰ 7 ㉱ 10

[해설] $W = \dfrac{\pi d^2}{4} \times 2n\tau$ 에서
$n = \dfrac{2W}{\pi d^2 \tau}$ 이므로
$n = \dfrac{2 \times 10 \times 10^3}{\pi \times 16^2 \times 6} = 4.15$
따라서 최소 5개가 필요하다.

94. 유속을 일정하게 하고 관의 직경을 2배로 증가시켰을 경우 일반적으로 유량은 어떻게 변하는가?

㉮ 2배로 증가 ㉯ 4배로 증가
㉰ 8배로 증가 ㉱ 16배로 증가

[해설] $Q = \dfrac{\pi D^2}{4} \times V$ 에서
$\dfrac{\dfrac{\pi 2D^2}{4}}{\dfrac{\pi D^2}{4}} = 4$

95. 배관용 탄소강관을 압력용기의 부분에 사용할 때에는 설계 압력이 몇 MPa 이하일 때 가능한가?

㉮ 0.5 ㉯ 1
㉰ 1.5 ㉱ 2

[해설] 배관용 탄소강관을 압력용기에 사용할 때 압력은 1 MPa 이하이다.

96. 전열면에 비등기포가 생겨 열유속이 급격하게 증대하며, 가열면상에 서로 다른 기포의 발생이 나타나는 비등과정을 무엇이라고 하는가?

㉮ 단상액체 자연대류
㉯ 핵비등 (nucleate boiling)
㉰ 천이비등 (transition boiling)
㉱ 막비등 (film boiling)

97. 용접봉 피복제의 역할이 아닌 것은?

㉮ 용융 금속의 정련작용을 하며 탈산제 역할을 한다.
㉯ 용융 금속의 급랭을 촉진시킨다.
㉰ 용융 금속에 필요한 원소를 보충하여 준다.
㉱ 피복제의 강도를 증가시킨다.

[해설] 용융 금속의 급랭을 방지하며 비산도 방지해 준다.

98. 연관보일러에서 연관의 최소 피치를 계산하는 데 사용하는 식은? (단, P는 연관의 피치(mm), t는 연관판의 두께(mm), d는 관 구멍의 지름(mm)이다.)

㉮ $P = \left(1 + \dfrac{t}{4.5}\right)d$

㉯ $P = (1 + d)\dfrac{4.5}{t}$

㉰ $P = \left(1 + \dfrac{4.5}{t}\right)d$

㉱ $P = \left(1 + \dfrac{d}{4.5}\right)t$

[해설] 연관의 최소 피치 $P = \left(1 + \dfrac{4.5}{t}\right) \times d$ 이다.

99. 공식(pitting)에 대한 설명으로 틀린 것은 어느 것인가?

㉮ 진행 속도가 아주 느리다.
㉯ 스테인리스강에서 흔히 발생한다.
㉰ 양극반응의 독특한 형태이다.
㉱ 공식을 방지하는 가장 좋은 방법은 재료 선택을 잘하는 것이다.

[해설] 공식(점식, pitting)은 진행 속도가 빠르며 공식(점식) → 반식 → 구식 → 전면식으로 진행된다.

100. 보일러의 노통이나 화실과 같은 원통 부분이 외측으로부터의 압력에 견딜 수 없게 되어 눌려 찌그러져 찢어지는 현상을 무엇이라 하는가?

㉮ 블리스터 ㉯ 압궤
㉰ 응력부식균열 ㉱ 라미네이션

[해설] ① 압궤 (collapse) : 압축응력을 받는 노통, 연관, 연소실 천장판이 찌그러져 들어가는 현상
② 팽출 (bulge) : 인장응력을 받는 수관, 동(드럼)저부에서 외부로 부풀어 나오는 현상

2010년 1회 에너지관리기사

2010.3.7 시행

제1과목 연소 공학

1. 기체 옥탄(C_8H_{18})의 연소엔탈피는 반응물 중의 수증기가 응축되어 물이 되었을 때 25℃에서 −48220 kJ/kg이다. 이 상태에서 기체 옥탄의 저위발열량은 약 몇 kJ/kg인가? (단, 25℃에서 물의 증발 엔탈피는 2441.8 kJ/kg이다.)

㉮ 43250 ㉯ 44150
㉰ 44750 ㉱ 45778

[해설] $C_8H_{18} + 12.5O_2 \rightarrow 8CO_2 + 9H_2O$

$Hl = Hh - \sum H_2O$

= 48220 kJ/kg(옥탄)

$- 2441.8 \text{ kJ/kg(물)} \times \dfrac{9 \times 18 \text{kg(물)}}{114 \text{kg(옥탄)}}$

= 44750 kJ/kg(옥탄)

2. 다음 액체 연료 중 비중이 가장 낮은 것은?

㉮ 중유 ㉯ 등유
㉰ 경유 ㉱ 가솔린

[해설] ① 가솔린 : 0.7~0.8
② 등유 : 0.79~0.85
③ 경유 : 0.83~0.88
④ 중유 : 0.85~0.98

3. 보일러실에 자연환기가 안될 때 실외로부터 공급하여야 할 연소공기는 벙커C유 1 L당 최소한 몇 Nm^3가 필요한가? (단, 벙커C유의 이론 공기량은 10.24 Nm^3/kg, 비중은 0.96, 연소 장치의 공기비는 1.3으로 한다.)

㉮ 11 ㉯ 13
㉰ 15 ㉱ 17

[해설] $A = mA_0$
= $1.3 \times 10.24 Nm^3/kg \times 0.96 kg/L$
= $12.77 Nm^3/L$

4. 1차, 2차 연소 중 2차 연소란 어떤 것을 말하는가?

㉮ 공기보다 먼저 연료를 공급했을 경우 1차, 2차 반응에 의해서 연소하는 것
㉯ 불완전 연소에 의해 발생한 미연가스가 연도 내에서 다시 연소하는 것
㉰ 완전 연소에 의한 연소가스가 2차 공기에 의해서 폭발되는 현상
㉱ 점화할 때 착화가 늦었을 경우 재점화에 의해서 연소하는 것

[해설] $C + \dfrac{1}{2}O_2 \rightarrow CO$에서 $CO + \dfrac{1}{2}O_2 \rightarrow CO_2$

5. 다음 열정산 방식에 대한 설명 중 틀린 것은 어느 것인가?

㉮ 기준온도는 실내온도를 원칙으로 하며, 실내온도가 없는 경우는 25℃를 기준으로 한다.
㉯ 시험부하는 원칙적으로 정격부하로 하

[정답] 1. ㉰ 2. ㉱ 3. ㉰ 4. ㉯ 5. ㉮

고 필요에 따라 $\frac{3}{4}$, $\frac{1}{2}$, $\frac{1}{3}$ 등으로 시행한다.
㉰ 시험은 시험용 보일러를 다른 보일러와 무관한 상태에서 시행한다.
㉱ 연료의 발열량은 고위발열량으로 한다.

[해설] 열정산 시 기준온도는 시험 시의 외기온도로 한다.

[참고] 육상용 보일러의 열정산 방식 KSB 6205 참조

6. 통풍력이 수주 35 mm일 때 풍압은 약 몇 kgf/cm²인가?

㉮ 0.35 ㉯ 0.035
㉰ 0.0035 ㉱ 0.00035

[해설] 10332 mmH₂O : 1.0332 kgf/cm²
　　　35 mmH₂O : x kgf/cm²
∴ $x = \dfrac{35 \times 1.0332}{10332} = 0.0035$ kgf/cm²

7. 질량으로 C 84.1%, H 15.9%의 조성을 가지는 탄화수소 연료의 분자량은 114이다. 이 연료 1몰의 완전연소에 필요한 공기의 몰수는 약 얼마인가? (단, 원자량은 각각 C는 12, H는 1이다.)

㉮ 40 ㉯ 46
㉰ 60 ㉱ 64

[해설] $C_m H_n$에서
C에 대하여 : $\dfrac{114 \times 0.841}{12} = 7.98$
H에 대하여 : $\dfrac{114 \times 0.159}{1} = 18.12$ 이므로
분자식이 $C_8 H_{18}$인 옥탄이다.
$C_8 H_{18} + 12.5 O_2 \rightarrow 8 CO_2 + 9 H_2 O$
∴ $A_0 = \dfrac{1}{0.21} \times O_0 = \dfrac{1}{0.21} \times 12.5$
　　　$= 59.52$ mol/mol

8. 다음 연료 중 발열량(kcal/kg)이 가장 큰 것은?

㉮ 중유 ㉯ 프로판
㉰ 무연탄 ㉱ 코크스

[해설] ① 중유 : 10000 kcal/kg
② 프로판 : 12500 kcal/kg
③ 무연탄 : 7500 kcal/kg
④ 코크스 : 7000 kcal/kg

9. 각 공급 물질이나 생성 물질의 양을 직접 측정할 수 없는 경우에 원소분석이나 가스분석에 의해 계산하여 구하는 것을 통칭하여 무엇이라 하는가?

㉮ 물질정산 ㉯ 연료분석
㉰ 열정산 ㉱ 공업분석

[해설] 열정산 시에 각 공급 물질이나 생성 물질의 양을 직접 측정할 수 없는 경우에 원소분석이나 가스분석 결과로부터 물질 정산을 하여 계산으로 구한다.

10. 연소장치의 연돌통풍에 대한 설명 중 틀린 것은?

㉮ 연돌의 단면적은 연도의 경우와 마찬가지로 연소량과 가스 유속에 관계한다.
㉯ 연돌의 통풍력은 외기온도가 높아짐에 따라 통풍력이 감소하므로 주의가 필요하다.
㉰ 연돌의 통풍력은 공기의 습도 및 기압에 관계없이 외기온도에 따라 달라진다.
㉱ 연돌의 설계에서 연돌상부 단면적을 하부단면적 보다 작게 한다.

[해설] 공기의 습도, 기압, 외기온도에 따라 통풍력은 달라진다.

11. 다음 중 층류 연소 속도의 측정방법이 아닌 것은?

[정답] 6. ㉰ 7. ㉰ 8. ㉯ 9. ㉮ 10. ㉰ 11. ㉯

㉮ 슬롯노즐버너법   ㉯ 적하수은법
㉰ 비누거품법   ㉱ 평면화염버너법

[해설] 층류 연소 속도의 측정방법에는 ㉮, ㉰, ㉱항 3가지가 있다.

12. 도시가스의 조성을 조사하니 H_2 30v %, CO 6v %, CH_4 40v %, CO_2 24v % 이었다. 이 도시가스를 연소하기 위해 필요한 이론 산소량 보다 20 % 많게 공급했을 때 실제공기량은 약 몇 Nm^3/Nm^3인가? (단, 공기 중 산소는 21 v %이다.)

㉮ 2.6   ㉯ 3.6   ㉰ 4.6   ㉱ 5.6

[해설]
$$H_2 + \frac{1}{2}O_2 \to H_2O$$
$\quad 1 \quad 0.5$
$\quad 0.3 \quad x_1$

$$CO + \frac{1}{2}O_2 \to CO_2$$
$\quad 1 \quad 0.5$
$\quad 0.06 \quad x_2$

$$CH_4 + 2O_2 \to CO_2 + 2H_2O$$
$\quad 1 \quad 2$
$\quad 0.4 \quad x_3$

$A_0 = \frac{1}{0.21} \times O_0 = \frac{1}{0.21} \times (x_1 + x_2 + x_3)$
$= \frac{1}{0.21} \times (0.5 \times 0.3 + 0.5 \times 0.06 + 2 \times 0.4)$
$= 4.666 \; Nm^3/Nm^3$

∴ $A = mA_0 = 1.2 \times 4.666$
$= 5.599 \; Nm^3/Nm^3$

13. 연소에서 사용되고 있는 공기비는 흔히 m으로 표시한다. 다음 중 올바른 식은?

㉮ $\frac{실제공기량}{이론공기량}$ ㉯ $\frac{이론공기량}{실제공기량}$

㉰ $\frac{과잉공기량}{이론공기량}$ ㉱ $\frac{이론공기량}{과잉공기량}$

[해설] 공기비(m)란 이론공기량에 대한 실제공기량의 비를 말하며

공기비 $(m) = \frac{실제공기량}{이론공기량}$ 이다.

14. 기체연료의 연소방식을 크게 2가지로 분류한 것은?

㉮ 등심연소와 분산연소
㉯ 예혼합연소와 확산연소
㉰ 액면연소와 증발연소
㉱ 증발연소와 분해연소

[해설] 기체연료의 연소방식을 크게 2가지로 분류하면 확산연소와 예혼합연소가 있다.

15. 탄화수소인 $C_m H_n$ 1 Nm^3가 연소하였을 때 생성되는 H_2O의 양은 몇 Nm^3인가?

㉮ n ㉯ $2n$ ㉰ $\frac{n}{2}$ ㉱ $\frac{n}{4}$

[해설]
$$C_m H_n + \left(m + \frac{n}{4}\right)O_2 \to mCO_2 + \frac{n}{2}H_2O$$

16. 연소기의 배기가스 연도에 댐퍼를 부착하는 이유로 가장 거리가 먼 것은?

㉮ 통풍력을 조절한다.
㉯ 과잉공기를 조절한다.
㉰ 가스의 흐름을 차단한다.
㉱ 주연도, 부연도가 있는 경우에는 가스의 흐름을 바꾼다.

[해설] 연도 댐퍼의 설치목적
① 통풍량을 조절하여 통풍력을 좋게 한다.
② 가스의 흐름을 차단한다.
③ 주연도, 부연도가 있을 경우 가스의 흐름을 전환한다.

17. 과잉공기를 공급하여 어떤 연료를 연소시켜 건연소가스를 분석하였다. 그 결과 CO_2, O_2 및 N_2의 함유율이 각각 16 %, 1

% 및 82 %이었다면 이 연료의 최대탄산가스율은 몇 %인가?

㉮ 15.6 ㉯ 16.8 ㉰ 17.4 ㉱ 18.2

[해설] $(CO_2)_{max} = \dfrac{21 \times CO_2}{21 - O_2}$

$= \dfrac{21 \times 16}{21 - 1} = 16.8\ (\%)$

18. 연소 배기가스의 분석결과 CO_2의 함량이 13.4 % 이었다. 벙커C유(55 L/h)의 연소에 필요한 공기량은 약 몇 Nm^3/min 인가? (단, 벙커C유 이론공기량은 12.5 Nm^3/kg 이고, 밀도는 0.93 g/cm^3이며 CO_{2max}은 15.5 %이다.

㉮ 12.33 ㉯ 49.03
㉰ 63.12 ㉱ 73.99

[해설] $A = mA_0 \cdots ①$

$m = \dfrac{CO_{2max}[\%]}{CO_2[\%]} \cdots ②$

$\therefore A = \dfrac{CO_{2max}[\%]}{CO_2[\%]} \times A_0$

$= \dfrac{15.5}{13.4} \times 12.5 Nm^3/kg \times 55 L/hr$

$\times 0.93 kg/L \times hr/60 min$

$= 12.326\ Nm^3/min$

19. 석탄 저장 시 자연발화 및 풍화작용에 유의하여 저탄장을 설치 운용하여야 한다. 다음 중 저탄 관리상 옳지 않은 설명은?

㉮ 저탄장은 $\dfrac{1}{100} \sim \dfrac{1}{150}$의 경사를 두어 배수를 양호하게 하고 30 m^2 마다 1개소 이상의 통기구를 마련한다.

㉯ 자연발화를 억제하기 위해 탄층은 옥외 저탄 시 4 m 이상, 옥내 저탄 시 2 m 이상으로 가급적 높게 쌓는다.

㉰ 풍화작용을 억제하기 위해 가급적 수분과 휘발분이 적고 입자가 큰 석탄을 선택하여야 한다.

㉱ 풍화작용은 외기온도 및 저장기간의 영향을 크게 받으므로 저장일은 30일 이내로 한다.

[해설] 옥외 저탄 시 4 m 이하, 옥내 저탄 시 2 m 이하로 한다.

20. 프로판 1 Nm^3를 공기비 1.1로서 완전연소시킬 경우 건연소 가스량은 약 몇 Nm^3인가?

㉮ 20.2 ㉯ 24.2
㉰ 26.2 ㉱ 33.2

[해설] $C_3H_8 + 5O_2 \rightarrow 3CO_2 + 4H_2O$

$G_{od} = 3 + 0.79 A_0 = 3 + 0.79 \times \dfrac{1}{0.21} \times 5$

$= 21.809\ Nm^3/Nm^3$

$G_d = G_{od} + (m-1)A_0$

$= 21.809 + (1.1 - 1) \times \dfrac{1}{0.21} \times 5$

$= 24.18 Nm^3/Nm^3$

제2과목 열역학

21. 다음 중 단열과정(adiabatic process)은 어느 것인가?

㉮ 압력이 일정한 과정
㉯ 내부 에너지가 일정한 과정
㉰ 행한 일이 없는 과정
㉱ 경계를 통한 열전달이 없는 과정

[해설] 단열과정은 이론적으로 열전달이 없다고 가정한 과정을 말한다.

22. 엔탈피 25 kcal/kg인 물을 보일러에서 가열하여 엔탈피 756 kcal/kg인 증기로

[정답] 18. ㉮ 19. ㉯ 20. ㉯ 21. ㉱ 22. ㉰

만들어 10ton/h의 유량으로 증기터빈에 송입하였더니 출구 엔탈피는 596 kcal/kg 이었다. 보일러의 가열량은 약 몇 kcal/h 인가?

㉮ 2.6×10^6 ㉯ 7.3×10^6
㉰ 13.8×10^6 ㉱ 25.0×10^6

[해설] $Q = G(h_2 - h_1)$
$= 10000 \text{kg/hr} \times (756 - 25) \text{kcal/kg}$
$= 7.31 \times 10^6 \text{kcal/hr}$

23. 냉동기의 냉매로서 갖추어야 할 요구조건으로 적당하지 않은 것은?

㉮ 불활성이고 안정해야 한다.
㉯ 비체적이 커야 한다.
㉰ 증발온도에서 높은 잠열을 가져야 한다.
㉱ 열전도율이 커야 한다.

[해설] 냉매의 조건
① 임계온도가 높고 응고점이 낮을 것
② 비체적이 작을 것
③ 액체의 비열이 적고 증기의 비열이 클 것
④ 상온에서도 저압으로 응축할 수 있을 것

24. 80℃의 물 50 kg과 10℃의 물 100 kg을 혼합하면 이 혼합된 물의 온도는 약 몇 ℃ 인가? (단, 물의 비열은 4.2 kJ/kg·K 이다.)

㉮ 33℃ ㉯ 40℃
㉰ 45℃ ㉱ 50℃

[해설] $t_m = \dfrac{G_1 t_1 + G_2 t_2}{G_1 + G_2}$
(둘 다 물의 경우 비열이 같으므로)
$= \dfrac{50 \times 80 + 100 \times 10}{50 + 100} = 33.33℃$

25. 랭킨 사이클로 작동되는 발전소의 효율을 높이려고 할 때 증기터빈의 초압과 배압은 어떻게 하여야 하는가?

㉮ 초압과 배압 모두 올림
㉯ 초압을 올리고 배압을 낮춤
㉰ 초압은 낮추고 배압을 올림
㉱ 초압과 배압 모두 낮춤

[해설] 랭킨 사이클의 열효율은 초온(터빈의 입구 온도), 초압(터빈의 입구 압력)이 높고 배압(복수기의 입구 압력)이 낮을수록 효율이 커진다.

26. 등온과정에서 외부에 하는 일에 대한 표현으로 틀린 것은? (단, R은 기체상수, m은 계의 질량을 나타낸다.)

㉮ $P_1 V_1 \ln \dfrac{V_2}{V_1}$ ㉯ $P_1 V_1 \ln \left(\dfrac{P_2}{P_1}\right)^2$
㉰ $mRT_1 \ln \dfrac{P_1}{P_2}$ ㉱ $mRT_1 \ln \dfrac{V_2}{V_1}$

[해설] 등온 과정에서 절대일(외부에 하는 일)
$W_a = P_1 V_1 \ln \dfrac{V_2}{V_1} = P_1 V_1 \ln \dfrac{P_1}{P_2}$
$= mRT_1 \ln \dfrac{V_2}{V_1} = mRT_1 \ln \dfrac{P_1}{P_2}$

27. 다음 중 표준(이상) 사이클에서 동일 냉동 능력에 대한 냉매순환량(kg/h)이 가장 적은 것은?

㉮ NH_3 ㉯ $R-12$
㉰ $R-22$ ㉱ $R-113$

[해설] 냉동력(kcal/kg)이 큰 냉매일수록 냉매 순환량(kg/h)이 적다.

[참고] 냉매의 냉동력(kcal/kg)
① $NH_3 = 269$
② $R-11 = 38.6$
③ $R-12 = 29.6$
④ $R-21 = 50.9$
⑤ $R-22 = 40.2$
⑥ $R-113 = 30.9$

[정답] 23. ㉰ 24. ㉮ 25. ㉯ 26. ㉯ 27. ㉮

28. 성능계수(coefficient of performance)가 2.5인 냉동기가 있다. 15 냉동톤(refrigeration ton)의 냉동용량을 얻기 위해서 냉동기에 공급해야 할 동력(kW)은? (단, 1 냉동톤은 3.861 kW이다.)

㉮ 20.5 ㉯ 23.2
㉰ 27.5 ㉱ 29.7

[해설] $COP = \dfrac{Q_e}{AW}\eta_c \cdot \eta_m = \dfrac{Q_e}{N}$

여기서, COP : 성적계수, Q_e : 냉동능력(냉동용량), η_c : 압축효율, η_m : 기계효율, N : 축동력

$\therefore N = \dfrac{Q_e}{COP} = \dfrac{15\text{냉동톤} \times \dfrac{3.861\text{kW}}{1\text{냉동톤}}}{2.5}$
$= 23.166 \text{ kW}$

29. 이상기체의 단위 질량당 내부에너지 u, 엔탈피 h, 엔트로피 s에 관한 다음의 관계식 중에서 모두 옳은 것은? (단, T는 절대온도, p는 압력, v는 비체적을 나타낸다.)

㉮ $Tds = du - vdp$, $Tds = dh - pdv$
㉯ $Tds = du + pdv$, $Tds = dh - vdp$
㉰ $Tds = du - vdp$, $Tds = dh + pdv$
㉱ $Tds = du + pdv$, $Tds = dh + vdp$

[해설] $ds = \dfrac{dq}{T} = \dfrac{du + pdv}{T}$
$\therefore Tds = du + pdv$
$ds = \dfrac{dq}{T} = \dfrac{dh - vdp}{T}$
$\therefore Tds = dh - vdp$

30. 증기터빈에서 속도 조절에 사용되는 것은 어느 것인가?

㉮ 공기예열기 ㉯ 복수기
㉰ 증기 가감 밸브 ㉱ 증기노즐

[해설] 증기 가감 밸브란 증기터빈에 공급되는 증기의 양을 조절하는 밸브이다.

31. 카르노 사이클을 이루는 네 개의 가역과정이 아닌 것은?

㉮ 가역 단열팽창 ㉯ 가역 단열압축
㉰ 가역 등온압축 ㉱ 가역 등압팽창

[해설] 카르노 사이클에서 열을 받는 부분은 가역 등온팽창이다.

32. 다음 공기 표준 사이클(air standard cycle) 중 두 개의 등온과정과 두 개의 정압과정으로 구성된 사이클은?

㉮ 디젤(Diesel) 사이클
㉯ 사바테(Sabathe) 사이클
㉰ 에릭슨(Ericsson) 사이클
㉱ 스터링(Stirling) 사이클

[해설] 사이클의 각 과정
① 에릭슨 사이클 : 2개의 등온과정과 2개의 정압과정
② 스터링 사이클 : 2개의 등온과정과 2개의 정적과정
③ 디젤 사이클 : 2개의 단열과정과 1개의 등압과정, 1개의 등적과정
④ 사바테 사이클 : 오토 사이클과 디젤 사이클을 합성한 사이클

33. 직경 30 cm의 피스톤이 900 kPa의 압력에 대항하여 15 cm 움직였을 때 한 일은 약 몇 kJ인가?

㉮ 9.54 ㉯ 63.6
㉰ 254 ㉱ 1350

[해설] $W = PV = P \times \left(\dfrac{3.14 \times D^2}{4} \times L\right)$
$= 900000 \text{N/m}^2 \times \left(\dfrac{3.14 \times 0.3^2}{4} \times 0.15\right) \text{m}^3$
$= 9537.75 \text{N} \cdot \text{m} = 9537.75 \text{J} = 9.54 \text{ kJ}$

34. 이상기체의 내부 에너지 변화 dU를 옳게 나타낸 것은? (단, C_P는 정압비열, C_V

정답 28. ㉯ 29. ㉯ 30. ㉰ 31. ㉱ 32. ㉰ 33. ㉮ 34. ㉯

는 정적비열, T는 온도이다.)

㉮ $C_P dT$ ㉯ $C_V dT$

㉰ $\dfrac{C_P}{C_V} dT$ ㉱ $C_V C_P dT$

[해설] $du = C_V dT$
$dh = C_P dT$

35. 이상기체 1 kmol을 1.013 bar, 16℃에서 먼저 정압으로 냉각한 후 정적에서 가열하여 5.06 bar, 16℃가 되게 하였다. 이 기체의 마지막 상태에서 부피는 약 몇 m³인가?

㉮ 23.7   ㉯ 22.4
㉰ 10.74   ㉱ 4.74

[해설] ① 이상기체 1 kmol = 22.4 Nm³ (0℃ 1 atm에서)

정압과정 $\dfrac{V_1}{T_1} = \dfrac{V_2}{T_2}$ 에서 $\dfrac{22.4}{273} = \dfrac{x}{273+16}$

$x = \dfrac{22.4 \times (273+16)}{273} = 23.71 \text{ m}^3$

② 등온과정 $P_1 V_1 = P_2 V_2$

$V_2 = \dfrac{P_1 V_1}{P_2} = \dfrac{1.013 \text{bar} \times 23.71 \text{m}^3}{5.06 \text{bar}}$
$= 4.74 \text{ m}^3$

36. 포화증기를 단열 압축시켰을 때의 설명으로 옳은 것은?

㉮ 압력과 온도가 올라간다.
㉯ 압력은 올라가고 온도는 떨어진다.
㉰ 온도는 불변이며 압력은 올라간다.
㉱ 압력과 온도 모두 변하지 않는다.

[해설] 포화증기를 단열 압축시키면 압력과 온도가 높아져 과열 증기가 된다.

37. 이상적인 기본 랭킨(Rankine) 사이클의 열효율에 관한 다음 설명 중 옳은 것을 모두 나열한 것은?

① 보일러(boiler) 압력이 높을수록 열효율이 높아진다.
② 응축기(condenser) 압력이 낮을수록 열효율이 높아진다.

㉮ ①   ㉯ ②
㉰ ①, ②   ㉱ 모두 틀렸다.

[해설] 랭킨 사이클의 열효율은 초압(보일러 압력)이 높을수록, 배압(응축기 압력)이 낮을수록 좋아진다.

38. 다음 그림은 어떠한 사이클과 가장 가까운가?

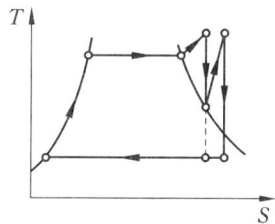

㉮ 디젤(diesel) 사이클
㉯ 재열(reheat) 사이클
㉰ 합성(composite) 사이클
㉱ 재생(regenerative) 사이클

[해설] 증기원동소의 랭킨 재열사이클의 T-S 선도이다.

39. 비열이 3.2 kJ/kg·℃인 액체 10 kg을 20℃로부터 80℃까지 전열기로 가열시키는 데 필요한 소요전력량은 몇 kWh인가? (단, 전열기의 효율은 90 %이다.)

㉮ 0.46   ㉯ 0.59
㉰ 480   ㉱ 530

[해설] $\eta = \dfrac{\text{유효하게 사용된 열}}{\text{입열}}$

입열 $= \dfrac{GC\Delta t}{\eta}$

정답 35. ㉱ 36. ㉮ 37. ㉰ 38. ㉯ 39. ㉯

$$= \frac{10\text{kg} \times 3.2\text{kJ/kg℃} \times (80-20)℃ \times \frac{1\text{kWh}}{3600\text{kJ}}}{0.9}$$

$= 0.59 \text{ kWh}$

[참고] 1 kWh = 860 kcal = 3600 kJ

40. 임계점(critical point)의 설명 중 옳지 않은 것은?

㉮ 임계점에서는 액상과 기상을 구분할 수 없다.
㉯ 임계온도 이상에서는 순수한 기체를 아무리 압축시켜도 액화되지 않는다.
㉰ 액상, 기상, 고상이 함께 존재하는 점을 말한다.
㉱ 액상과 기상이 평형 상태로 존재할 수 있는 최고온도 및 최고압력을 말한다.

[해설] ㉰항은 삼중점(triple point)에 대한 설명이다.
[참고] 물의 삼중점은 273.16 K, 0.6113 kPa이다.

제3과목 계측 방법

41. 색 온도계(color pyrometer)에 대한 설명으로 옳은 것은?

㉮ 온도에 따라 색이 변하는 일원적인 관계로부터 온도를 측정한다.
㉯ 바이메탈 온도계의 일종이다.
㉰ 유체의 팽창정도를 이용하여 온도를 측정한다.
㉱ 기전력의 변화를 이용하여 온도를 측정한다.

[해설] 색 온도계는 온도에 따라 색이 변하는 일원적인 관계로 보통 물체에서는 거의 이 관계가 비슷하기 때문에 온도를 측정할 수 있다.

42. 다음 중 가스크로마토그래피 분석기의 컬럼(column)에 쓰이는 흡착제가 아닌 것은 어느 것인가?

㉮ 활성탄   ㉯ 미분탄
㉰ 실리카 겔   ㉱ 활성알루미나

[해설] ① 흡착제 : 활성탄, 실리카 겔, 활성알루미나
② 캐리어 가스 : N_2, H_2, He, Ar

43. 다음 중 1차계 제어계에서 시간상수에 대한 관계식은? (단, τ : 시간상수, R : 저항, C : 캐피시턴스이다.)

㉮ $\tau = C \times R$ ㉯ $\tau = C \div R$
㉰ $\tau = R + C$ ㉱ $\tau = R - C$

44. 아르키메데스의 부력 원리를 이용한 액면측정 기기는?

㉮ 차압식 액면계   ㉯ 퍼지식 액면계
㉰ 기포식 액면계   ㉱ 편위식 액면계

[해설] 편위식 액면계는 아르키메데스의 부력 원리를 이용한 액면계이며 액 중에 잠겨있는 플로트(float)의 깊이에 따른 부력으로 액면을 측정한다.

45. 다음 중 오르사트식 가스분석계로 측정하기 곤란한 것은?

㉮ O_2 ㉯ CO_2
㉰ CH_4 ㉱ CO

[해설] 오르사트식 가스분석계는 $CO_2 \to O_2 \to$ CO 순으로 측정하며 N_2는 계산식에 의한다.

46. 가스온도를 열전대 온도계를 써서 측정할 때 주의해야 할 사항으로 틀린 것은?

㉮ 열전대는 측정하고자 하는 곳에 정확

[정답] 40. ㉰   41. ㉮   42. ㉯   43. ㉮   44. ㉱   45. ㉰   46. ㉰

히 삽입하며 삽입된 구멍에 냉기(冷氣)가 들어가지 않게 한다.
㉯ 주위의 고온체로부터의 복사열의 영향으로 인한 오차가 생기지 않도록 해야 한다.
㉰ 단자의 +, −를 보상도선의 −, +와 일치하도록 연결하여 감온부의 열팽창에 의한 오차가 발생하지 않도록 한다.
㉱ 보호관의 선택에 주의한다.
[해설] 단자의 +, −를 보상도선의 +, −와 일치하도록 연결해야 한다.

47. 측정온도범위가 −210~760℃ 정도이며, (−)측이 콘스탄탄으로 구성된 열전대는?

㉮ R형 ㉯ K형 ㉰ S형 ㉱ J형

[해설]

열전대 온도계의 종류	기호	열전대의 재료		측정 온도 범위 (℃)
		+측	−측	
백금− 백금로듐	PR (R형)	백금 로듐	순백금	0~ 1600
크로멜− 알루멜	CA (K형)	크로멜	알루멜	−20~ 1200
철− 콘스탄탄	IC (J형)	순철	콘스 탄탄	−20~ 800
동− 콘스탄탄	CC (T형)	순동	콘스 탄탄	−180~ 300

48. 조절기의 제어동작 중 비례 적분 동작을 나타내는 기호는?

㉮ P ㉯ PI ㉰ PID ㉱ PD

[해설] P : 비례 동작
PI : 비례 적분 동작
PID : 비례 적분 미분 동작
PD : 비례 미분 동작

49. 오벌(oval)식 유량계의 특징에 대한 설명으로 틀린 것은?

㉮ 타원형 치차의 맞물림을 이용하므로 비교적 측정정도가 높다.
㉯ 기체유량 측정은 불가능하다.
㉰ 유량계의 앞부분(前部)에 여과기(strainer)를 설치하지 않아도 된다.
㉱ 설치가 간단하고 내구력이 있다.

[해설] 유량계 앞부분에 여과기(스트레이너)를 반드시 설치해야 한다.

50. 가스분석계인 자동 화학식 CO_2계에 대한 설명으로 틀린 것은?

㉮ 조작은 모두 자동화되어 있다.
㉯ 구조상 튼튼하고 점검과 보수가 용이하다.
㉰ 흡수액 선정에 따라 O_2 및 CO의 분석계로도 사용할 수 있다.
㉱ 선택성이 비교적 좋다.

[해설] 유리 부분이 파손되기 쉽고 점검, 보수에 잔손이 많이 든다.

51. [그림]과 같은 U자관에서 유도되는 식은?

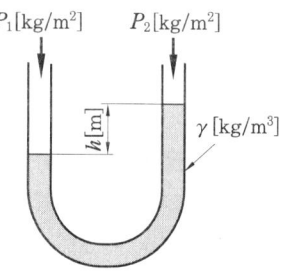

㉮ $P_1 = P_2 - h$ ㉯ $h = \gamma(P_1 - P_2)$
㉰ $P_1 + P_2 = \gamma h$ ㉱ $P_1 = P_2 + \gamma h$

[해설] 전압=정압+차압(동압)에서
$P_1 = P_2 + rh$ 이다.

정답 47. ㉱ 48. ㉯ 49. ㉰ 50. ㉯ 51. ㉱

52. 다음 중 적분 동작이 가장 많이 사용되는 제어는?

㉮ 증기압력　　㉯ 유량압력
㉰ 유량제어　　㉱ 레벨제어

[해설] 유량제어는 적분(I) 동작을 가장 많이 사용한다.

53. 자동 제어계에서 응답을 나타낼 때 목표치를 기준한 앞뒤의 진동으로 시간의 지연을 필요로 하는 시간적 동작의 특성을 의미하는 것은?

㉮ 동특성　　㉯ 스텝응답
㉰ 정특성　　㉱ 과도응답

[해설] ① 동특성(dynamic characteristic) : 입력을 변화시켰을 때 출력이 변화되는 성질
② 정특성(static characteristic) : 제어계를 완전히 평형상태로 유지할 때 조작량과 제어량과의 관계를 갖게 하는 성질

54. 금속식 다이어프램 압력계(diaphragm gauge)의 최고 측정 범위는?

㉮ 0.5 kg/cm²　　㉯ 6 kg/cm²
㉰ 10 kg/cm²　　㉱ 20 kg/cm²

[해설] ① 금속식 다이어프램식 압력계 측정 범위 : 10 mmH$_2$O ~ 20 kg/cm²
② 비금속식 다이어프램식 압력계 측정 범위 : 1 ~ 2000 mmH$_2$O

55. 다음 중 스로틀(throttle) 기구에 의하여 유량을 측정하지 않는 유량계는?

㉮ 오리피스미터　　㉯ 벤투리미터
㉰ 오벌미터　　㉱ 플로노즐

[해설] 스로틀 기구에 의하여 유량을 측정하는 차압식(조리개 기구식) 유량계의 종류에는 오리피스미터, 벤투리미터, 플로노즐 3가지가 있으며 오벌미터는 용적식 유량계이다.

56. 낮은 압력을 측정하는 데 사용되는 피라니 압력계(pirani gauge)의 원리는 압력에 따른 기체의 어떤 성질의 변화를 이용한 것인가?

㉮ 비중　　㉯ 열전도
㉰ 비열　　㉱ 압축인자

[해설] 피라니 압력계는 기체의 열전도는 저압에서는 압력에 비례함을 이용한 압력계이다.

57. 서미스터 온도계에 대한 설명으로 틀린 것은?

㉮ 응답이 빠르다.
㉯ 소형으로서 좁은 장소의 측온에 적합하다.
㉰ 일반적으로 소자의 온도 특성인 균일성을 얻기 쉽다.
㉱ 온도에 의한 저항변화를 이용한 것이다.

[해설] 서미스터 온도계는 소자의 온도 특성인 균일성을 얻기 힘들다.

58. 다음 중 질량유량 W[kg/s]에 대하여 옳게 표현한 식은? (단, V[m³/s]는 부피유량, ρ [kg/m³]는 유체의 밀도이다.)

㉮ $W = V \cdot \rho$　　㉯ $W = \dfrac{V}{\rho}$
㉰ $W = \dfrac{1}{V\rho}$　　㉱ $W = \dfrac{\rho}{V}$

[해설] 유로의 단면적을 A[m²], 평균유속을 V[m/s], 유체의 밀도를 ρ [kg/m³]라 하면
① 부피 유량 Q[m³/s] $= AV$
② 질량 유량 W[kg/s] $= \rho AV$
따라서, $W = V \cdot \rho$ 이다.

59. 링밸런스식 압력계에 대한 설명으로 옳은 것은?

㉮ 부식성가스나 습기가 많은 곳에서도

정답 52. ㉰　53. ㉮　54. ㉱　55. ㉰　56. ㉯　57. ㉰　58. ㉮　59. ㉱

정도가 좋다.
- 내 도압관은 가늘고 긴 것이 좋다.
- 대 측정 대상 유체는 주로 액체이다.
- 라 압력원에 접근하도록 계기를 설치해야 한다.

[해설] 링밸런스식 압력계 설치 시 도압관은 굵고 짧게 하며 될 수 있는 대로 압력원에 가깝도록 설치해야 한다.

60. 세라믹식 O_2계의 특징을 설명한 것 중 틀린 것은?
- 가 비교적 응답이 빠르며(5~30초) 측정 가스의 유량이나 설치장소의 주위온도 변화에 의한 영향이 적다.
- 내 주로 저농도가스 분석에 적합하다.
- 대 측정 범위도 ppm으로부터 %까지 광범위하게 측정할 수 있다.
- 라 측정부의 온도유지를 위하여 온도조절 전기로를 필요로 한다.

[해설] 저농도 가스 분석에 적합한 것은 적외선 가스 분석계이다.

제4과목 열설비 재료 및 관계법규

61. 폐열 발생사업장에서 이용하지 않는 폐열을 공동이용 또는 제3자에 대한 공급을 위한 당사자간 협의를 할 수 없을 경우 지식경제부에서 할 수 있는 조치는?
- 가 협조통지
- 내 벌금에 처함
- 대 과태료에 처함
- 라 조정안의 작성 및 수락 권고

[해설] 에너지이용합리화법 제36조 ②항 참조

62. 공업로의 에너지 절감 대책으로서 틀린 것은?
- 가 배열을 재료의 예열에 이용
- 내 노체 열용량의 증가
- 대 공연비의 개선
- 라 단열의 강화

[해설] 노체의 열용량을 감소시켜야 한다.

63. 열에너지의 손실을 적게 하기 위해서는 보온재의 선택조건을 고려해야 한다. 다음 중 보온재의 선택조건으로 가장 거리가 먼 것은?
- 가 노재의 수분 함유로 인한 급격한 승온(昇溫)의 고려
- 내 물리적 화학적 강도와 내용(耐用)년수
- 대 단위 체적당의 가격 및 불연성
- 라 사용온도 범위와 열전도도

[해설] 보온재는 흡습성, 흡수성이 없어야 한다.

64. 공공사업주관자의 에너지 사용 계획 제출 대상사업의 기준은?
- 가 연료 및 열 : 연간 5천 티.오.이 이상, 전력 : 연간 2천만 킬로왓트시 이상 사용하는 시설
- 내 연료 및 열 : 연간 2천오백 티.오.이 이상, 전력 : 연간 1천만 킬로왓트시 이상 사용하는 시설
- 대 연료 및 열 : 연간 5천 티.오.이 이상, 전력 : 연간 1천만 킬로왓트시 이상 사용하는 시설
- 라 연료 및 열 : 연간 2천오백 티.오.이 이상, 전력 : 연간 2천만 킬로왓트시 이상 사용하는 시설

[해설] 에너지이용 합리화법 시행령 제6조 ②항 참조

정답 60. 대 61. 라 62. 내 63. 가 64. 내

65. 지름이 1 m인 관속을 3600 m³/h로 흐르는 유체의 평균유속은 약 몇 m/s인가?

㉮ 0.24   ㉯ 1.27
㉰ 4.78   ㉱ 5.36

[해설] $Q[\text{m}^3/\text{s}] = \dfrac{\pi D^2}{4} \times V$ 에서

$$V = \dfrac{\dfrac{3600}{3600}}{\dfrac{\pi \times (1)^2}{4}} = 1.27 \text{ m/s}$$

66. 광석을 공기의 존재하에서 가열하여 금속산화물 또는 산소를 함유한 금속화합물로 바꾸는 조작을 무엇이라고 하는가?

㉮ 염화배소   ㉯ 환원배소
㉰ 산화배소   ㉱ 황산화배소

[해설] 광석이 용해되지 않을 정도로 가열하는 것을 배소라 하며, 광석을 공기 존재하에서 황이나 인 등을 포함한 광석을 가열하여 금속산화물로 만들어 광석을 제련상 유리한 상태로 바꾸는 조작을 산화배소라 한다.

67. 지식경제부장관은 에너지 사용자에 대한 에너지관리 상황을 조사한 결과, 에너지 관리 기준을 준수치 않았을 경우 에너지 기준의 이행을 위해 어떤 조치를 할 수 있는가?

㉮ 과태료   ㉯ 개선 권고
㉰ 영업정지   ㉱ 지도

[해설] 에너지이용 합리화법 제32조 ⑤항 참조

68. 터널요의 3개 구조부에 해당하지 않는 것은?

㉮ 용융부   ㉯ 예열부
㉰ 소성부   ㉱ 냉각부

[해설] ① 터널요의 구조 : 예열부, 소성부, 냉각부
② 터널요의 구성 : 푸셔(pusher), 대차(kiln car), 샌드 실(sand seal)

69. 벽돌을 105~120℃에서 건조시켰을 때 무게를 W, 이것을 물속에서 3시간 끓인 다음 물속에서 유지시켰을 때의 무게를 W_1, 물속에서 끄집어내어 표면에 묻은 수분을 닦은 후의 무게를 W_2라고 할 때 흡수율을 구하는 식은?

㉮ $\dfrac{W_2 - W}{W} \times 100$ (%)

㉯ $\dfrac{W_2 - W_1}{W} \times 100$ (%)

㉰ $\dfrac{W}{W_2 - W} \times 100$ (%)

㉱ $\dfrac{W}{W_2 - W_1} \times 100$ (%)

[해설] ① 부피 비중 = $\dfrac{W}{W_2 - W_1}$

② 겉보기 비중 = $\dfrac{W}{W - W_1}$

③ 흡수율 = $\dfrac{W_2 - W}{W} \times 100$ (%)

④ 겉보기 기공률 = $\dfrac{W_2 - W}{W_2 - W_1} \times 100$ (%)

70. 다음 중 관의 신축량에 대한 설명으로 옳은 것은?

㉮ 신축량은 관의 열팽창 계수, 길이, 온도차에 반비례한다.
㉯ 신축량은 관의 열팽창 계수, 길이, 온도차에 비례한다.
㉰ 신축량은 관의 길이, 온도차에는 비례하지만 열팽창 계수에는 반비례한다.
㉱ 신축량은 관의 열팽창 계수에 비례하고 온도차와 길이에 반비례한다.

[해설] 열팽창에 의한 관의 신축량 = 열팽창 계수 × 길이 × 온도차

71. 검사대상기기에 대한 설명 중 틀린 것은?

㉮ 개조검사 중 연료 또는 연소방법의 변경에 따른 개조검사의 경우에는 검사유효기간을 적용치 아니한다.
㉯ 검사대상기기 검사수수료 산정에 있어 온수 보일러의 용량산정은 697.8 kW를 1 t/h로 본다.
㉰ 가스사용량이 17 kg/h를 초과하는 가스용 소형온수보일러에서 면제되는 검사는 설치검사이다.
㉱ 에너지관리산업기사 자격소지자는 모든 검사대상기기에 대하여 조종이 가능하다.

[해설] 에너지이용 합리화법 시행규칙 제31조의 8 별표 3의 5 비고, 제31조의 13 별표 3의 6, 제31조의 26 별표 3의 9 비고 참조

72. 350℃ 이하에서 사용압력이 비교적 낮은 배관에 사용하며, 백관과 흑관으로 구분되는 강관의 종류는?

㉮ SPP ㉯ SPPH
㉰ SPPY ㉱ SPA

[해설] SPP(steel pipe piping : 배관용 탄소강관) : 350℃ 이하에서 사용압력이 비교적 낮은 증기, 물, 기름, 가스 및 용기 등의 배관에 사용하며 백관과 흑관이 있다.

73. 샤모트(Chamotte) 벽돌의 원료로서 샤모트 이외에 가소성 생점토(生粘土)를 가하는 주된 이유는?

㉮ 치수 안정을 위하여
㉯ 열전도성을 좋게 하기 위하여
㉰ 성형 및 소결성을 좋게 하기 위하여
㉱ 건조 소성, 수축을 미연에 방지하기 위하여

[해설] 샤모트 벽돌은 가소성이 없어 생점토를 10~20% 첨가해 성형 및 소결성을 좋게 한다.

74. 에너지이용합리화법상의 효율관리기자재에 속하지 않는 것은?

㉮ 전기철도 ㉯ 삼상유도전동기
㉰ 전기세탁기 ㉱ 자동차

[해설] 에너지이용 합리화법 시행규칙 제8조 ①항 참조

75. 규석질 벽돌의 특징에 대한 설명으로 틀린 것은?

㉮ 내화도가 높다.
㉯ 하중연화 온도변화가 크다.
㉰ 저온에서 스폴링이 발생되기 쉽다.
㉱ 내마모성이 좋고 열전도율은 비교적 크다.

[해설] 하중연화 온도변화가 적다.

76. 셔틀요(shuttle kiln)의 특징에 대한 설명으로 가장 거리가 먼 것은?

㉮ 가마의 보유열보다 대차의 보유열이 열 절약의 요인이 된다.
㉯ 급냉파가 안 생길 정도의 고온에서 제품을 꺼낸다.
㉰ 가마 1개당 2대 이상의 대차가 있어야 한다.
㉱ 가마의 보유열이 주로 제품의 예열에 쓰인다.

[해설] 대차의 보유열이 주로 제품의 예열에 사용된다.

77. 가스로 중 주로 내열강재의 용기를 내부에서 가열하고 그 용기 속에 열처리품을 장입하여 간접가열하는 노를 무엇이라고 하는가?

정답 71. ㉰ 72. ㉮ 73. ㉰ 74. ㉮ 75. ㉯ 76. ㉱ 77. ㉰

㉮ 레토르트로　　㉯ 오븐로
㉰ 머플로　　　　㉱ 라디안트튜브로

[해설] 머플로는 간접가열식로이다.

78. 용접검사가 면제되는 대상범위에 해당되지 않는 것은?

㉮ 강철제 보일러 중 전열면적이 5 m² 이하이고, 최고사용 압력이 0.35 MPa 이하인 것
㉯ 주철제 보일러
㉰ 압력용기 중 동체의 두께가 6 mm 미만으로서 최고사용압력(MPa)과 내용적(m³)을 곱한 수치가 0.02 이하인 것
㉱ 온수보일러로서 전열면적이 20 m² 이하이고, 최고사용압력이 0.3 MPa 이하인 것

[해설] 에너지이용 합리화법 시행규칙 제31조의 13 별표 3의 6 참조

79. 옥내온도 15℃, 외기온도 5℃일 때 콘크리트 벽(두께 10 cm, 길이 10 m 및 높이 5 m)을 통한 열손실이 1500 kcal/h라면 외부 표면 열전달 계수는 약 몇 kcal/m²·h·℃ 인가? (단, 내부표면 열전달 계수는 8.0 kcal/m²·h·℃이고 콘크리트 열전도율은 0.7443 kcal/m·h·℃이다.)

㉮ 11.5　　㉯ 13.5　　㉰ 15.5　　㉱ 17.5

[해설] $Q = \dfrac{1}{\dfrac{1}{\alpha_1} + \dfrac{b}{\lambda} + \dfrac{1}{\alpha_2}} \times \Delta t \times F$ 에서

$1500 = \dfrac{1}{\dfrac{1}{8} + \dfrac{0.1}{0.7443} + \dfrac{1}{\alpha_2}} \times (15-5) \times (10 \times 5)$

$\therefore \alpha_2 = 13.5 \text{ kcal/m}^2\text{h}℃$

80. 에너지 절약 전문기업의 등록 신청서는 누구에게 제출하여야 하는가?

㉮ 노동부 장관
㉯ 에너지관리공단이사장
㉰ 산업통상자원부 장관
㉱ 시, 도지사

[해설] 에너지이용 합리화법 시행령 제51조 ①항 및 8호 참조〈위탁사항〉

제5과목　열설비 설계

81. 저위발열량이 10000 kcal/kg인 연료를 사용하고 있는 실제 증발량 4 t/h 보일러에서 급수온도 40℃, 발생증기의 엔탈피가 650 kcal/kg일 때 연료 소비량은 약 몇 kg/h인가? (단, 보일러의 효율은 85 %이다.)

㉮ 251　　㉯ 287　　㉰ 361　　㉱ 397

[해설] $\dfrac{4000 \times (650-40)}{x[kg/h] \times 10000} \times 100 = 85\%$ 에서
$x = 287 \text{ kg/h}$

82. 관 스테이의 최소 단면적을 구하려고 한다. 이 때 적용하는 설계 계산식은? [단 S : 관 스테이의 최소 단면적(mm²), A : 1개의 관 스테이가 지시하는 면적(cm²) a : A 중에서 관구멍의 합계 면적(cm²) P : 최고 사용 압력(kgf/cm²)이다.]

㉮ $S = \dfrac{(A-a)P}{5}$　　㉯ $S = \dfrac{(A-a)P}{15}$

㉰ $S = \dfrac{5P}{(A-a)}$　　㉱ $S = \dfrac{15P}{(A-a)}$

[해설] 관 스테이의 최소 단면적
$S[\text{mm}^2] = \dfrac{(A-a)P}{5}$ 이다.

83. 원통형 보일러의 장점에 대한 설명 중 틀린 것은?

정답　78. ㉱　79. ㉯　80. ㉯　81. ㉯　82. ㉮　83. ㉯

㉮ 비교적 큰 동체를 가지고 있으므로 보유수량이 많다.
㉯ 고압보일러나 대용량에 적당하다.
㉰ 내부의 청소 및 검사가 용이하다.
㉱ 수부가 커 부하변동에 응하기가 용이하다.

[해설] 고압 및 대용량에는 부적당하다.

84. 노통의 파형부에서의 최대내경과 최소내경의 평균치가 500 mm인 파형 노통에서 두께가 15 mm이고 상수 C의 값이 985이면 최고사용압력은 약 몇 kgf/cm²인가?

㉮ 7.6　　　㉯ 9.8
㉰ 12.3　　㉱ 29.6

[해설] 파형노통의 평균 지름이 D [mm], 노통의 최소두께 t [mm], 상수를 C라 하면 최고사용압력 P [kgf/cm²]
$$= \frac{C \times t}{D} = \frac{985 \times 15}{500} = 29.6 \text{ kgf/cm}^2$$

85. 증기압력 1.2 kg/cm²의 포화증기(포화온도 104.25℃, 증발잠열 536.1 kcal/kg)를 내경 52.9 mm, 길이 50 m인 강관을 통해 이송하고자 한다. 이때 트랩 선정에 필요한 응축수량은 약 몇 kg인가? (단, 외부온도 0℃, 강관 총 중량 270 kg, 강관비열 0.115 kcal/kg·℃이다.)

㉮ 4　　㉯ 6　　㉰ 8　　㉱ 10

[해설] $\dfrac{270 \times 0.115 \times (104.25 - 0)}{536.1} = 6 \text{ kg}$

86. 캐리오버(carry-over)의 발생 원인으로 가장 거리가 먼 것은?

㉮ 프라이밍 또는 포밍의 발생
㉯ 보일러수의 농축
㉰ 밸브의 급개방
㉱ 저수위 운전

[해설] 고수위 운전 시 캐리오버 현상이 발생한다.

87. 다음 중 프라이밍과 포밍의 발생 원인이 아닌 것은?

㉮ 증기부하가 적을 때
㉯ 보일러수에 불순물, 유지분이 포함되어 있을 때
㉰ 수면과 증기 취출구와의 거리가 가까울 때
㉱ 수증기변을 급히 열었을 때

[해설] 증기부하가 클 때(과부하 운전 시)에 프라이밍과 포밍이 발생한다.

88. 압력이 20 kgf/cm², 건도가 95 %인 습포화 증기를 시간당 10 ton을 발생하는 보일러에서 급수온도가 50℃라면 상당증발량은 약 몇 kg/h 인가? (단, 20 kgf/cm²의 포화수와 건포화 증기의 엔탈피는 각각 215.82 kcal/kg, 668.5 kcal/kg이다.)

㉮ 11055　　㉯ 11474
㉰ 12025　　㉱ 12573

[해설]
$$\frac{10 \times 1000 \times [\{215.82 + (668.5 - 215.82) \times 0.95\} - 50]}{539}$$
$$= 11055 \text{ kg/h}$$

89. 플래시 탱크(flash tank)의 기능을 옳게 설명한 것은?

㉮ 증기 건도를 높이는 장치이다.
㉯ 증기를 단순히 저장하는 장치이다.
㉰ 고압 응축수를 저압증기로 이용하는 장치이다.
㉱ 저압 응축수를 고압증기로 이용하는 장치이다.

정답 84. ㉱　85. ㉯　86. ㉱　87. ㉮　88. ㉮　89. ㉰

[해설] 플래시 탱크(flash tank)는 고압 응축수를 감압시켜 저압의 증기로 이용하는 장치이다.

90. 증기트랩으로서 가져야 할 조건이 아닌 것은?

㉮ 압력, 유량이 소정 내에서 변화하지 않아야 한다.
㉯ 슬립, 율동 부분이 적고 마모, 부식에 견뎌야 한다.
㉰ 동작이 확실하고 내구력이 있어야 한다.
㉱ 마찰 저항이 적고 공기 배기가 좋아야 한다.

[해설] 압력 및 유량이 소정 내에서 변화해도 동작이 확실해야 한다.

91. 송풍기의 출구 풍압을 h [mmAq], 송풍량을 V [m³/min], 송풍기의 효율을 η으로 표기하면 송풍기 마력 N은 어떻게 표시되는가?

㉮ $N = \dfrac{h^2 V}{60 \times 75 \times \eta}$

㉯ $N = \dfrac{hV}{60 \times 75 \times \eta}$

㉰ $N = \dfrac{hV\eta}{60 \times 75}$

㉱ $N = \dfrac{\eta}{60 \times 75 \times hV}$

[해설] ① 송풍기 마력 = $\dfrac{hV}{60 \times 75 \times \eta}$ [HP][PS]

② 송풍기 동력 = $\dfrac{hV}{60 \times 102 \times \eta}$ [kW]

92. 일반적으로 보일러 부하가 증가할수록 복사 과열기와 대류 과열기의 과열온도는 어떻게 되는가?

㉮ 복사 과열기 온도는 상승하고, 대류 과열기 온도는 하강한다.
㉯ 복사 과열기 온도는 하강하고, 대류 과열기 온도는 상승한다.
㉰ 두 과열기 모두 온도가 상승한다.
㉱ 두 과열기 모두 온도가 하강한다.

[해설] 보일러 부하가 증가할수록 노벽에 설치된 복사 과열기 온도는 하강하고 연도에 설치된 대류 과열기 온도는 상승한다.

93. 수관식 보일러에서 휜패널식 튜브가 한쪽 면에 방사열, 다른 면에는 접촉열을 받을 경우 열전달 계수를 얼마로 하여 전열면적을 계산하는가?

㉮ 1.0 ㉯ 0.7 ㉰ 0.5 ㉱ 0.4

[해설] ① 휜패널

열전달의 종류	열전달 계수
양면에 접촉열을 받는 경우	0.4
한쪽 면에 방사열, 다른 면에 접촉열을 받는 경우	0.7
양면에 방사열을 받는 경우	1

② 매입 휜패널형

열전달의 종류	열전달 계수
접촉열을 받는 경우	0.2
방사열을 받는 경우	0.5

94. 트랩의 응축수량이 0.1 m³/s, 응축수의 배출속도가 0.05 m/s일 때 트랩입구의 관경은 몇 mm로 해야 하는가?

㉮ 974 ㉯ 1283
㉰ 1596 ㉱ 1366

[해설] $Q[\text{m}^3/\text{s}] = \dfrac{\pi D^2}{4} \times V$에서

$D[\text{m}] = \sqrt{\dfrac{4Q}{\pi V}} = \sqrt{\dfrac{4 \times 0.1}{\pi \times 0.05}}$
$= 1.596\text{m} = 1596\text{mm}$

정답 90. ㉮ 91. ㉯ 92. ㉯ 93. ㉯ 94. ㉰

95. 경수를 연수화하는 방법에서 Zeolite법의 장점이 아닌 것은?

㉮ 전(全) 경도를 제거할 수 있다.
㉯ 영구 경도 제거에 특히 효과가 좋다.
㉰ 넓은 장소를 차지하지 않고 침전물이 생기지 않는다.
㉱ 탁수에 사용하면 제거 효율이 좋다.

[해설] 현탁물질(탁수)을 함유한 물의 연수화에는 적용성이 낮다.
[참고] 가격이 고가이다.

96. 드럼에 타원형의 맨홀을 설치할 때에는 어떻게 설치해야 하는가?

㉮ 맨홀 단축 지름의 축을 동체의 축에 평행하게 둔다.
㉯ 맨홀 장축 지름의 축을 동체의 축에 평행하게 둔다.
㉰ 맨홀 단축을 동체의 축에 대해 45° 경사지게 한다.
㉱ 맨홀 장축을 동체의 원주방향, 길이방향의 어느 쪽에 내든 무관하다.

[해설] 단축 지름의 축을 동체의 축방향에, 장축 지름의 축을 원주방향에 둔다.

97. 원수(原水) 중의 용존 산소를 제거할 목적으로 사용되는 약제가 아닌 것은?

㉮ 탄닌   ㉯ 히드라진
㉰ 아황산나트륨   ㉱ 폴리아미드

[해설] 탈산소제의 종류
① 아황산나트륨 (저압보일러용)
② 탄닌
③ 히드라진 (고압보일러용)

98. 평노통, 파형노통, 화실 및 직립보일러 화실판의 최고 두께는 몇 mm 이하이어야 하는가? (단, 습식화실 및 조합노통 중 평노통은 제외한다.)

㉮ 11   ㉯ 22
㉰ 33   ㉱ 44

[해설] 평노통, 파형노통, 화실 및 입형 보일러의 화실판의 최소두께는 22 mm 이하가 되어야 한다.

99. 증기압이 10 ~ 20 $kg/cm^2 g$의 수관보일러에서 보일러수의 pH 값은 얼마가 가장 적정한가?

㉮ 7.0~9.0   ㉯ 8.0~9.0
㉰ 10.5~11.8   ㉱ 12.0~12.8

[해설]

구분 \ 보일러의 종류	원통형 보일러	수관 보일러
보일러의 급수 pH	7~9	8~9
보일러수의 pH	11~11.8	10.5~11.8

100. 다음 중 경판의 탄성(강도)을 높이기 위한 것은?

㉮ 아담슨 조인트   ㉯ 브리징 스페이스
㉰ 용접조인트   ㉱ 그루빙

[해설] breathing space (완충폭=완충구역)
노통 이음의 최상부와 거싯 스테이 최하부와의 거리를 말하며 경판의 강도 보강과 구식(그루빙)을 방지하기 위하여 최소한 230 mm 이상 유지해야 한다.

[정답] 95. ㉱   96. ㉮   97. ㉱   98. ㉯   99. ㉰   100. ㉯

2010년 2회 에너지관리기사

2010.5.9 시행

제1과목 연소 공학

1. 연료 연소 시 탄산가스 최대치($CO_{2\max}$)가 가장 높은 것은?

㉮ 연료유 ㉯ 코크스로 가스
㉰ 역청탄 ㉱ 탄소

[해설] 각 연료의 $CO_{2\max}$의 개략치
① 연료유 : 15~16%
② 코크스로 가스 : 20.6%
③ 역청탄 : 18.5%
④ 탄소 : 21%

[참고]
$$C + O_2 \rightarrow CO_2$$
$$12\text{kg} \quad 22.4\text{Sm}^3 \quad 22.4\text{Sm}^3$$
$$1\text{kg} \quad x_1 \quad x_2$$

$$CO_{2\max}(\%) = \frac{CO_2}{God} \times 100$$

$$= \frac{x_2}{x_2 + 0.79 \times \frac{1}{0.21} \times x_1} \times 100$$

$$= \frac{\frac{22.4}{12} \times 1}{\frac{22.4}{12} \times 1 + 0.79 \times \frac{1}{0.21} \times \frac{22.4}{12} \times 1} \times 100$$

$$= 21\%$$

2. 화염이 공급 공기에 의해 꺼지지 않게 보호하며 선회기 방식과 보염판 방식으로 대별되는 장치는?

㉮ 윈드박스 ㉯ 스테빌라이저
㉰ 버너타일 ㉱ 콤버스터

[해설] 보염 장치
연소용 공기의 흐름을 조절하여 착화를 확실히 해주고, 화염의 안정을 도모하며, 화염의 각도 및 형상을 조절하여 국부과열 또는 화염의 편류 현상을 방지하는 장치이다.
① 윈드 박스 : 노내에 연소용 공기를 균등하게 공급
② 버너 타일 : 불꽃의 최종 흐름 방향을 조정
③ 콤버스터 : 연료의 착화를 도모
④ 스테빌라이저(보염기) : 화염의 실화를 방지

3. 다음 중 착화온도(ignition temperature)가 가장 낮은 연료는?

㉮ 수소 ㉯ 목재
㉰ 코크스 ㉱ 프로판

[해설] 각종 연료의 착화온도
① 수소 : 580~600℃
② 목재 : 250~300℃
③ 코크스 : 650~750℃
④ 프로판 : 460~520℃

[참고] 착화 온도는 분자 구조가 복잡할수록 낮아진다.

4. 다음 기체 중 폭발 범위가 가장 넓은 것은?

㉮ 수소 ㉯ 메탄
㉰ 프로판 ㉱ 벤젠

[해설] 각종 연료의 폭발 범위
① 수소 : 4.0~75.0%
② 메탄 : 5.0~15.0%
③ 프로판 : 2.1~9.5%
④ 벤젠 : 1.4~7.1%

[정답] 1. ㉱ 2. ㉰ 3. ㉯ 4. ㉮

5. $CO_{2\max}$ [%]는 어느 때의 값인가?

㉮ 실제공기량으로 연소시킬 때
㉯ 이론공기량으로 연소시킬 때
㉰ 과잉공기량으로 연소시킬 때
㉱ 부족공기량으로 연소시킬 때

[해설] $CO_{2\max}$ [%]란 연료 중의 탄소를 이론적으로 완전히 연소시킬 때 발생한 이론 건연소가스에 대한 최대 CO_2 [%]를 말한다.

6. 착화온도(ignition temperature)에 대하여 가장 바르게 설명한 것은?

㉮ 연료과 인화하기 시작하는 온도이다.
㉯ 외부로부터 열을 받아 연료가 연소하기 시작하는 온도이다.
㉰ 외부로부터 열을 받지 않아도 연소를 개시할 수 있는 최저온도이다.
㉱ 연료가 발화하기 시작하는 온도이다.

[해설] 착화온도는 점화원(불씨) 없이도 스스로 불이 붙는 최저온도를 말한다.

7. 고체 연료의 일반적인 특징을 옳게 설명한 것은?

㉮ 완전연소가 가능하며 연소효율이 높다.
㉯ 연료의 품질이 균일하다.
㉰ 점화 및 소화가 쉽다.
㉱ 주성분은 C, H, O 이다.

[해설] 고체 연료의 일반적 특징
① 완전연소가 불가능하며 연소효율이 낮다.
② 연료의 품질이 균일하지 못하다.
③ 점화 및 소화가 어렵다.
④ 주성분은 C, H, O 이다.

8. 다음과 같은 조성을 갖는 석탄가스의 저위 발열량(kJ/Nm³)은?

성분	CO	CO_2	H_2	CH_4	N_2
부피(%)	8	1	50	37	4

$C(s) + O_2(g) = CO_2(g)$ 393.51 kJ/mol
$CO(g) + \frac{1}{2}O_2(g) = CO_2(g)$ 282.98 kJ/mol
$H_2(g) + \frac{1}{2}O_2(g) = H_2O(g)$ 241.82 kJ/mol
$CH_4(g) + 2O_2(g) = CO_2(g) + 2H_2O(g)$
　　　　　　　　　　　802.63 kJ/mol

㉮ 444　　㉯ 1327
㉰ 19666　㉱ 44052

[해설] $H_l = \frac{282.98}{0.0224} \text{kJ/Nm}^3 \times 0.08$
$+ \frac{241.82}{0.0224} \text{kJ/Nm}^3 \times 0.5$
$+ \frac{802.63}{0.0224} \text{kJ/Nm}^3 \times 0.37$
$= 19666 \text{ kJ/Nm}^3$

9. 석탄을 공업분석하여 휘발분 33.1%, 회분 14.8%, 수분 5.7%의 결과를 얻었다. 이 석탄의 연료비는?

㉮ 1.4　　㉯ 3.1
㉰ 8.1　　㉱ 46.4

[해설] 연료비 = $\frac{\text{고정탄소}}{\text{휘발분}}$,
고정탄소 = 100 - (휘발분 + 회분 + 수분)
　　　　= 100 - (33.1 + 14.8 + 5.7)
　　　　= 46.4%
연료비 = $\frac{46.4\%}{33.1\%} = 1.40$

10. 298.15 K, 0.1 MPa 상태의 일산화탄소를 같은 온도의 이론 공기량으로 하여 정상유동 과정으로 연소시킬 때 생성물의 단열화염 온도를 주어진 표를 이용하여 구하면 약 몇 K인가? (단, 이 조건에서 CO 및 CO_2의 생성엔탈피는 각각 -110529 kJ/kmol, -393522 kJ/kmol이다.)

[정답] 5. ㉰　6. ㉰　7. ㉱　8. ㉰　9. ㉮　10. ㉯

CO_2의 기준상태에서 각각의 온도까지 엔탈피 차

온도 (K)	엔탈피 차 (kJ/Kmol)
4800	266500
5000	279295
5200	292123

㉮ 4835 ㉯ 5058
㉰ 5194 ㉱ 5306

[해설] $CO + \frac{1}{2}O_2 \rightarrow CO_2 + Q$

$-110529 kJ/kmol = -393522 kJ/kmol + Q$

$\therefore Q = 393522 - 110529 = 282993 kJ/kmol$

비례식 : $5200 - 5000 : 292123 - 279295$

$x - 5000 : 282993 - 279295$

$\therefore x = \frac{(5200-5000) \times (282993-279295)}{(292123-279295)} + 5000$

$= 5057.6\ K$

11. 고체 연료를 사용하는 어떤 열기관의 출력이 3000 kW이고 연료소비율이 매시간 1400 kg일 때 이 열기관의 열효율은 약 몇 %인가? (단, 이 고체연료의 저위발열량은 28 MJ/kg이다.)

㉮ 28 ㉯ 38 ㉰ 48 ㉱ 58

[해설] $\eta = \frac{유효하게\ 사용된\ 열}{입열} \times 100$

$= \frac{3000 kW \times \frac{860 kcal/h}{kW}}{1400 kg/h \times 28 MJ/kg \times 10^3 kJ/MJ \times \frac{1}{4.187} kcal/kJ} \times 100$

$= 27.5\ \%$

12. 미분탄 연소의 일반적인 특징에 대한 설명 중 틀린 것은?

㉮ 사용연료의 범위가 좁다.
㉯ 소량의 과잉공기로 단시간에 완전연소가 되므로 연소효율이 높다.
㉰ 부하변동에 대한 적응성이 좋다.
㉱ 회(灰), 먼지 등이 많이 발생하여 집진장치가 필요하다.

[해설] 미분탄 연소는 저질 연료라도 연소가 가능하므로 사용 연료의 범위가 넓다.

13. 여과 집진 장치의 효율을 높이기 위한 조건이 아닌 것은?

㉮ 처리가스의 온도는 250℃를 넘지 않도록 한다.
㉯ 고온가스를 냉각할 때는 산노점 이하를 유지하여야 한다.
㉰ 미세입자포집을 위해서는 겉보기여과속도가 작아야 한다.
㉱ 높은 집진율을 얻기 위해서는 간헐식 털어내기 방식을 선택한다.

[해설] 여과 집진 장치에서는 산노점 이상을 유지해야 한다. 만약 산노점 이하이면 SO_3가 H_2SO_4로 되어 여과재의 재질을 손상시킨다.

14. 탄소(C) 86 %, 수소(H_2) 12 %, 황(S) 2 %의 조성을 갖는 중유 100 kg을 표준상태(0℃, 101.325 kPa)에서 완전연소시킬 때 C는 CO_2가 되고, H는 H_2O가 되며, S는 SO_2가 되었다고 하면 압력 101.325 kPa, 온도 590 K에서 연소가스의 체적은 약 몇 m^3인가?

㉮ 600 ㉯ 620
㉰ 1200 ㉱ 2500

[해설] $A_0 [Sm^3/kg] = \frac{1}{0.21} \times \left\{ \frac{22.4}{12} \times 0.86 \right.$

$\left. + \frac{11.2}{2} \left(0.12 - \frac{0}{8} \right) + \frac{22.4}{32} \times 0.02 \right\}$

$= 10.9111\ Sm^3/kg$

$G_{od} [Sm^3/kg] = \left\{ \frac{22.4}{12} \times 0.86 + \frac{22.4}{32} \times 0.02 \right.$

$\left. + \frac{22.4}{28} \times 0 \right\} + 0.79 \times 10.9111$

$$= 10.2391 \text{ Sm}^3/\text{kg}$$

$$G_{ow}[\text{Sm}^3/\text{kg}] = G_{od} + \frac{22.4}{18}(9H+W)$$

$$= 10.2391 + \frac{22.4}{18} \times (9 \times 0.12 + 0)$$

$$= 11.5831 \text{ Sm}^3/\text{kg}$$

100 kg에 대하여 $11.5831 \text{ Sm}^3/\text{kg} \times 100 \text{kg}$
$$= 1158.31 \text{ Sm}^3$$

샤를의 법칙에 의해 $\frac{V_1}{T_1} = \frac{V_2}{T_2}$

$$V_2 = V_1 \times \frac{T_2}{T_1} = 1158.31 \times \frac{590}{273}$$

$$= 2503.30 \text{ m}^3$$

15. 메탄(CH_4)의 완전연소 시 단위부피(Nm^3)당 이론 공기량(Nm^3)은?

㉮ 7.17 ㉯ 9.52 ㉰ 11.0 ㉱ 12.5

[해설] $CH_4 + 2O_2 \rightarrow CO_2 + 2H_2O$
        1   2

$$A_0 = \frac{1}{0.21} \times O_0 = \frac{1}{0.21} \times 2$$

$$= 9.52 \text{ Nm}^3/\text{Nm}^3$$

16. 연소가스가 30℃, 101.325 kPa에서 조성이 부피 %로 CO_2 30%, CO 5%, O_2 10%, N_2 55%로 되어 있다. 이것을 무게 %로 환산하면 CO_2는 약 몇 %인가?

㉮ 20 ㉯ 30 ㉰ 40 ㉱ 50

[해설] $CO_2 : 30 \times \frac{273}{273+30} \times \frac{44}{22.4} = 53.09 \text{ kg}$

$CO : 5 \times \frac{273}{273+30} \times \frac{28}{22.4} = 5.63 \text{ kg}$

$O_2 : 10 \times \frac{273}{273+30} \times \frac{32}{22.4} = 12.87 \text{ kg}$

$N_2 : 55 \times \frac{273}{273+30} \times \frac{28}{22.4} = 61.94 \text{ kg}$

CO_2 무게 (%)
$$= \frac{53.09}{53.09 + 5.63 + 12.87 + 61.94} \times 100$$
$$= 39.7 \%$$

17. 다음 연소 범위에 대한 설명 중 틀린 것은?

㉮ 연소 가능한 상한치와 하한치의 값을 가지고 있다.
㉯ 연소에 필요한 혼합 가스의 농도를 말한다.
㉰ 연소 범위가 좁으면 좁을수록 위험하다.
㉱ 연소 범위의 하한치가 낮을수록 위험도는 크다.

[해설] 연소 범위는 넓으면 넓을수록 위험하다.

18. 강재 가열로 열정산 시 출열에 해당하지 않는 것은?

㉮ 연소배가스 중 수증기의 보유열
㉯ 스케일의 현열
㉰ 스케일의 생성열
㉱ 방사 열손실

[해설] 열정산 시 출열에 스케일의 생성열은 없다.

19. 저탄장에서 석탄의 자연발화를 막기 위하여 탄층 내부 온도는 최대 몇 ℃ 이하로 유지하여야 하는가?

㉮ 30 ㉯ 60
㉰ 90 ㉱ 120

[해설] 탄층 내부 온도가 60℃를 넘을 때는 고쳐 쌓기를 한다.

20. 다음 기체연료 중 고발열량($kcal/Nm^3$)이 가장 큰 것은?

㉮ 고로가스   ㉯ 수성가스
㉰ 도시가스   ㉱ 액화석유가스

[해설] 기체연료의 고발열량($kcal/Nm^3$)
① 고로가스 : 900 $kcal/Nm^3$
② 수성가스 : 2700 $kcal/Nm^3$
③ 도시가스 : 4500 $kcal/Nm^3$
④ 액화석유가스 : 25000~30000 $kcal/Nm^3$

정답 15. ㉯ 16. ㉰ 17. ㉰ 18. ㉰ 19. ㉯ 20. ㉱

제2과목　열역학

21. 다음 중 교축(throttling) 과정을 통하여 일반적으로 변화하지 않은 물성치는?

㉮ 온도　　　㉯ 압력
㉰ 엔탈피　　㉱ 엔트로피

[해설] 팽창밸브에서 일어나는 교축작용은 단열 변화이므로 엔탈피 변화가 없다.

22. 피스톤이 설치된 실린더에 압력 0.3 MPa, 체적이 0.8 m³인 습증기 4 kg이 들어있다. 압력이 일정한 상태에서 가열하여 체적이 1.6 m³가 되었을 때 습증기의 건도는 얼마인가? (단, 0.3 MPa에서 포화액 비체적은 0.001 m³/kg, 건포화증기 비체적은 0.60 m³/kg이다.)

㉮ 0.334　　㉯ 0.425
㉰ 0.575　　㉱ 0.666

[해설] ① 변화한 기체의 비체적
$= \dfrac{1.6}{4} = 0.4 \text{ m}^3/\text{kg}$
② 건조도는 습증기 중에서 건가스가 차지하는 비율
③ 변화 후 건조도
$= \dfrac{\text{포화상태의 습증기 체적변화}}{\text{포화상태의 체적변화}}$
$= \dfrac{0.4 - 0.001}{0.6 - 0.001} = 0.6661$

23. 냉동기가 저온에서 80 kcal를 흡수하고 고온에서 120 kcal를 방출할 때 성능계수(COP)는 얼마인가?

㉮ 0　㉯ 1　㉰ 2　㉱ 3

[해설] $COP = \dfrac{T_2}{T_1 - T_2} = \dfrac{Q_2}{Q_1 - Q_2}$
$= \dfrac{80}{120 - 80} = 2$

24. 다음 중 에너지 보존의 법칙은?

㉮ 열역학 제0법칙　㉯ 열역학 제1법칙
㉰ 열역학 제2법칙　㉱ 열역학 제3법칙

[해설] 에너지 보존의 법칙은 열역학 제1법칙이다.

25. 다음과 같은 Van der Waals식에서 상수 a, b를 구할 때 어떠한 임계점 관계식을 사용하는가?

$$\left(P + \dfrac{a}{V^2}\right)(V-b) = RT$$

㉮ $\left(\dfrac{\partial P}{\partial T}\right)_{T_c} = RT,\ \left(\dfrac{\partial^2 P}{\partial V^2}\right)_{T_c} = 0$

㉯ $\left(\dfrac{\partial P}{\partial V}\right)_{T_c} = 0,\ \left(\dfrac{\partial^2 P}{\partial V^2}\right)_{T_c} = 0$

㉰ $\left(\dfrac{\partial P}{\partial T}\right)_{T_c} = \dfrac{R}{V},\ \left(\dfrac{\partial^2 P}{\partial T^2}\right)_{T_c} = 0$

㉱ $\left(\dfrac{\partial P}{\partial T}\right)_{T_c} = R,\ \left(\dfrac{\partial^2 P}{\partial T^2}\right)_{T_c} = 0$

[해설] 임계점에서 반데르 발스 상태식의 부피에 대한 압력의 1차, 2차 도함수는 0이 된다.
$\left(\dfrac{\partial P}{\partial V}\right)_{T_c} = 0,\ \left(\dfrac{\partial^2 P}{\partial V^2}\right)_{T_c} = 0$

26. 1.5 MPa, 250℃의 공기 5 kg이 $PV^{1.3}$ 값이 일정한 과정에 따라 팽창비가 5가 될 때까지 팽창하였다. 이때 내부 에너지의 변화는 약 몇 kJ인가? (단, 공기의 정적비열은 0.72 kJ/kg·K이다.)

㉮ -1002　　㉯ -721
㉰ -144　　　㉱ -72

[해설] $\Delta U = G C_V \Delta T$
폴리트로픽 변화에서 나중 온도를 알기 위해
$T_1 V_1^{n-1} = T_2 V_2^{n-1}$

정답　21. ㉰　22. ㉱　23. ㉰　24. ㉯　25. ㉯　26. ㉯

$$\therefore T_2 = T_1 \times \left(\frac{V_1}{V_2}\right)^{n-1}$$
$$= (273+250) \times \left(\frac{1}{5}\right)^{1.3-1}$$
$$= 322.7\text{K} = 49.7℃$$
$$\therefore \Delta U = GC_V(t_2 - t_1)$$
$$= 5\text{kg} \times 0.72\text{kJ/kg}\cdot\text{K} \times (49.7 - 250)\text{K}$$
$$= -721\text{kJ}$$

27. 온도가 400℃인 고온열원과 300℃인 저온열원 사이에서 작동하는 카르노 열기관이 있다. 이 열기관에서 방출되는 열은 또 다른 카르노 열기관으로 공급되고, 이 열기관은 300℃의 고온열원과 200℃인 저온열원 사이에서 작동한다. 이와 같은 복합 카르노 열기관의 효율은?

㉮ $\frac{200}{673}$ ㉯ $\frac{573}{673}$

㉰ $\frac{473}{673}$ ㉱ $\frac{473}{573}$

[해설]
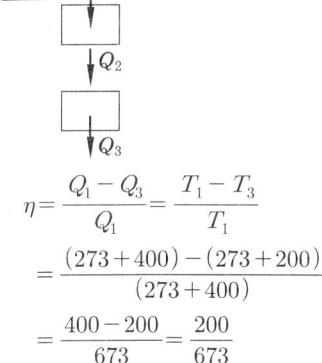
$$\eta = \frac{Q_1 - Q_3}{Q_1} = \frac{T_1 - T_3}{T_1}$$
$$= \frac{(273+400)-(273+200)}{(273+400)}$$
$$= \frac{400-200}{673} = \frac{200}{673}$$

28. 밀폐계의 등온과정에서 이상기체가 행한 단위 질량당 일은? (단, 압력 P, 부피 V는 1에서 2로 변하며 R은 기체상수, T는 절대온도이다.)

㉮ $RT\ln\left(\frac{P_1}{P_2}\right)$ ㉯ $\ln\left(\frac{V_1}{V_2}\right)$

㉰ $P(V_2 - V_1)$ ㉱ $R\ln\left(\frac{P_1}{P_2}\right)$

[해설] 등온과정에서 절대일
$$W_a = \int_1^2 PdV \ (P_1V_1 = PV\text{에서}$$
$$P = \frac{P_1V_1}{V} \text{을 대입하면})$$
$$= \int_1^2 \frac{P_1V_1}{V}\cdot dV = \int_1^2 P_1V_1\cdot\frac{dV}{V}$$
$$= \int_1^2 RT_1\cdot\frac{dV}{V} = RT_1\ln\left(\frac{V_2}{V_1}\right)$$
$$= RT_1\ln\left(\frac{P_1}{P_2}\right)$$
등온이므로 ($T_1 = T$이므로)
$$\therefore W_a = RT\ln\left(\frac{P_1}{P_2}\right)$$

29. 어떤 기체가 피스톤 고정장치에 의해 실린더 내부에 밀폐되어 있다. 초기 기체의 상태는 절대압력 700 kPa, 부피 20 L이며 실린더 외부는 완전 진공이다. 피스톤 고정장치를 갑자기 이완시켜 기체 용적이 2배가 될 때 다시 피스톤을 고정시킨다면 이 계의 내부에너지 변화량은 몇 kJ인가? (단, 이 계는 단열되어 있으며 마찰은 무시한다.)

㉮ 1400   ㉯ 700
㉰ 350   ㉱ 0

[해설] 단열변화에 내부에너지 변화는 절대일인데, 일을 하지 않았으므로 내부에너지 변화는 0 kJ이다.

30. 브레이턴(Brayton) 사이클은 어떤 기관의 사이클인가?

㉮ 가스터빈 기관   ㉯ 증기 기관
㉰ 가솔린 기관   ㉱ 디젤 기관

[해설] ㉮ 가스터빈의 이상 사이클 : 브레이턴

정답 27. ㉮ 28. ㉮ 29. ㉱ 30. ㉮

대 증기 기관의 이상 사이클 : 랭킨 사이클
대 가솔린 기관의 이상 사이클 : 오토 사이클
라 디젤 기관의 이상 사이클 : 디젤 사이클

31. 다음 중 가스의 액화과정과 가장 관계가 먼 것은?

가 압축 과정
나 등압 냉각 과정
다 최종 상태는 압축액 또는 포화 혼합물 상태이다.
라 등온 팽창 과정

[해설] 가스의 액화 과정은 임계온도 이하, 임계압력 이상이다. 등온팽창으로 액화시킬 수 없다.

32. 다음의 물의 압력-온도 선도를 나타낸다. 고체가 녹아 액체로 되는 상태를 가장 잘 나타내는 점 또는 선은?

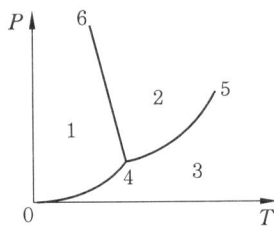

가 점 4 나 선 4-6
다 점 5 라 선 4-5

[해설] 4의 점은 3중점이다.

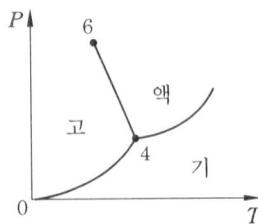

33. 비열이 0.473 kJ/kg·K인 10kg의 철을 온도 20℃에서 100℃까지 높이는 데 필요한 열량은 몇 kJ인가?

가 38 나 80 다 378 라 800

[해설] $Q = GC\Delta t$
$= 10\text{kg} \times 0.473\text{kJ/kg} \cdot \text{K} \times (100-20)℃$
$= 378.4 \text{kJ}$

34. 재생 사이클의 장점과 거리가 먼 것은?

가 공기 예열기(air pre-heater)가 필요 없다.
나 추기에 의하여 보일러 급수를 예열하므로 보일러에서 가열량을 감소시킨다.
다 터빈 저압부가 과대해지는 것을 막을 수 있다.
라 랭킨 사이클에 비해 효율이 증가한다.

[해설] 재생 사이클에서 공기 예열기를 설치하면 효율은 더 좋아진다.

35. 이상적인 가역 단열변화에서 엔트로피는 어떻게 되는가?

가 감소 나 증가
다 불변 라 일정하지 않음

[해설] 가역 단열변화에서는 엔트로피는 변화 없다. 그러나 비가역 단열변화에서는 항상 엔트로피가 증가한다.

36. 노즐에서 가역단열 팽창하여 분출하는 이상기체에 대한 유속의 계산식은 어떻게 표시되는가? (단, 노즐입구에서의 유속은 무시하고, 입·출구에서의 엔탈피(kJ/kg)는 각각 i_0, i_1이다.)

가 $\sqrt{(i_0-i_1)}$ 나 $\sqrt{(i_1-i_0)}$
다 $\sqrt{2(i_0-i_1)}$ 라 $\sqrt{2(i_1-i_0)}$

[해설] SI 단위에서 $w = \sqrt{2(i_0-i_1)}$
여기서, w : 노즐 출구의 유속(m/s)
i_0 : 노즐 입구에서의 엔탈피(J/kg)
i_1 : 노즐 출구에서의 엔탈피(J/kg)

정답 31. 라 32. 나 33. 다 34. 가 35. 다 36. 다

37. 외부에서 가열되는 수평코일 속을 물이 흐르고 있다. 입구의 압력과 온도가 2 MPa, 71℃이고 출구에서는 100 kPa, 105℃라면 물 1 kg 당 코일에 가하여진 열량은 몇 kJ 인가? (단, 입구 속도는 0.1524 m/s 이고 출구속도는 5.247 m/s 이며 산정 소요표는 다음과 같다.)

	71℃의 물	100 kPa, 105℃ 수증기
h [kJ/kg]	297	2680

㉮ 297 ㉯ 2383
㉰ 2680 ㉱ 2977

[해설] $q = h_2 - h_1 = 2680 - 297 = 2383$ kJ/kg

38. 다음 중 랭킨(Rankine) 사이클과 관계되는 것은?

㉮ 가스 터빈 ㉯ 증기 원동소
㉰ Carnot 열기관 ㉱ 가솔린 기관

[해설] 증기 사이클의 종류
① 랭킨 사이클
② 재열 사이클
③ 재생 사이클
④ 재열-재생 사이클

39. 압력 1 MPa, 온도 210℃인 증기는 어떤 상태의 증기인가? (단, 1 MPa에서의 포화온도는 179℃이다.)

㉮ 과열 증기 ㉯ 포화 증기
㉰ 건포화 증기 ㉱ 습증기

[해설] (P-V 선도: 액체, 증기, 과열 증기 영역)

40. 50℃ 물의 포화액체와 포화증기의 엔트로피는 각각 0.703 kJ/kg·K, 8.07 kJ/kg·K 이다. 50℃ 습증기의 엔트로피가 5.02 kJ/kg·K일 때 습증기의 건도는 몇 %인가?

㉮ 65.8 ㉯ 62.5
㉰ 58.6 ㉱ 53.4

[해설] 건도 = $\dfrac{\text{포화상태의 습증기 체적변화}}{\text{포화상태의 체적변화}}$
$= \dfrac{5.02 - 0.703}{8.07 - 0.703} \times 100\%$
$= 58.59$

제3과목 계측 방법

41. 면적식 유량계의 특징에 대한 설명 중 틀린 것은?

㉮ 측정치가 균등 눈금으로 얻어진다.
㉯ 고점도 유체의 측정이 가능하다.
㉰ 적은 유량도 측정이 가능하다.
㉱ 정도는 ±0.01 % 정도로 아주 좋다.

[해설] 면적식 유량계의 정도는 ±1 ~ 2 % 정도이다.

42. 다음 중 연소기체의 분석에 가장 적합한 기기는?

㉮ 핵자기공명(NMR)
㉯ 전자스핀공명(ESR)
㉰ 기체크로마토그래피(gas chromatography)
㉱ 질량분석기(mass spectroscopy)

[해설] 기체(가스)크로마토그래피는 CO_2, O_2, CO, N_2, H_2, CH_4, SO_2, NO_2가 주성분인 연소가스 중 O_2와 NO_2를 제외한 다른 성분의 가스를 모두 분석할 수 있다.

[정답] 37. ㉯ 38. ㉯ 39. ㉮ 40. ㉰ 41. ㉱ 42. ㉰

43. 열전대의 냉접점의 온도는 어느 온도를 유지해야 하는가?

㉮ 0℃ ㉯ 18℃ ㉰ 25℃ ㉱ 32℃

[해설] 냉접점의 온도를 0℃로 유지해야 한다. 0℃가 아닌 경우에는 보정을 해야 한다.

44. 알코올 온도계의 일반적인 특징에 대한 설명으로 틀린 것은?

㉮ 저온 측정에 적합하다.
㉯ 표면장력이 커서 모세관 현상이 작다.
㉰ 열팽창 계수가 크다.
㉱ 액주가 상승 후 하강하는 데 시간이 많이 걸린다.

[해설] 알코올 온도계는 모세관 현상이 크다.

45. 다음 가스 분석법 중 흡수식인 것은?

㉮ 오르자트법 ㉯ 밀도법
㉰ 자기법   ㉱ 음향법

[해설] 용액 흡수제를 사용하는 가스 분석계 종류
오르자트 가스 분석계, 헴펠식 가스 분석계, 자동화학식 CO_2계 등

46. 가스의 상자성(常磁性)을 이용하여 만든 가스 분석계는?

㉮ 가스크로마토그래피
㉯ O_2 가스계
㉰ CO_2 가스계
㉱ SO_2 가스계

[해설] 자기식 O_2계
O_2 가스가 다른 가스에 비해 강한 상자성체 이므로 자장에 흡인되는 특성을 이용한 가스 분석계이다.

47. 대칭성 2원자 분자를 제외한 CO_2, CH_4 등 거의 대부분 가스를 분석할 수 있으며, 선택성이 우수하고 연속적 분석이 가능한 가스 분석법은?

㉮ 적외선법   ㉯ 음향법
㉰ 열전도율법 ㉱ 도전율법

[해설] 적외선 가스분석계
H_2, N_2, O_2 등의 대칭성 2원자 분자 및 Ar 등의 단원자분자를 제외한 CO, CO_2, CH_4 등 대부분의 가스를 분석할 수 있으며, 선택성이 우수하고 연속 분석이 가능하나 측정 가스의 더스트(dust)나 습기 방지에 주의해야 한다.

48. 출력측의 신호를 입력측에 되돌려 비교하는 제어 방법은?

㉮ 인터록 (inter lock)
㉯ 시퀀스 (sequence)
㉰ 피드백 (feed back)
㉱ 리셋 (reset)

[해설] 피드백 제어(Feed back control)
폐회로를 형성하여 제어량과 목표치를 비교하여 그 값이 일치하도록 정정 동작을 행하는 제어 방식이다.

49. 다음 중 미압 측정용으로 가장 적절한 압력계는?

㉮ 부르돈관 압력계
㉯ 경사관식 액주형 압력계
㉰ U자관 압력계
㉱ 전기식 압력계

[해설] 경사관식 액주형 압력계의 특징
① U자관형을 변형시킨 것
② 정도가 가장 높다.
③ 정밀한 측정 및 미세한 압력의 측정에 사용한다.
④ 실험실에서 시험용으로 많이 사용한다.

50. 다음 액주계에서 r, r_1이 비중을 표시할

정답 43. ㉮ 44. ㉯ 45. ㉮ 46. ㉯ 47. ㉮ 48. ㉰ 49. ㉯ 50. ㉯

때 압력(Px)을 구하는 식은?

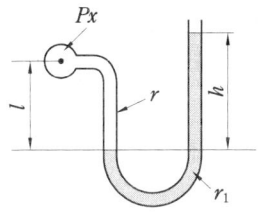

㉮ $Px = r_1h + rl$　㉯ $Px = r_1h - rl$
㉰ $Px = r_1l - rh$　㉱ $Px = r_1l + rh$

[해설] $Px + rl = r_1h$ 에서 $Px = r_1h - rl$ 이다.

51. 2요소식(二要素式)의 수위 제어에 대한 설명으로 옳은 것은?

㉮ 수위 쪽에 증기압력을 검출하여 급수량을 조절하는 방식이다.
㉯ 수위의 역응답을 제거하기 위하여 사용하는 방식이다.
㉰ 구성이 단요소식(單要素式)에 비해 복잡하므로 자력(自力)제어는 불가능하다.
㉱ 부하(負荷)가 변동할 때 수위가 변화하여 급수량이 조절되는 것으로 부하변동에 의한 수위의 변화폭이 적다.

[해설] 2요소식 수위 제어 방식은 부하 변동에 의한 수위 변화가 심한 수관식 보일러에 사용되며 수위 및 증기유량을 검출하여 조작부에 신호를 전달해 급수량을 조절하는 방식이다.

52. 제베크(Seebeck)효과에 대하여 가장 바르게 설명한 것은?

㉮ 어떤 결정체를 압축하면 기전력이 일어난다.
㉯ 성질이 다른 두 금속의 접점에 온도차를 두면 열기전력이 일어난다.
㉰ 고온체로부터 모든 파장의 전방사에너지는 절대온도의 4승에 비례하여 커진다.
㉱ 고체가 고온이 되면 단파장 성분이 많아진다.

[해설] 제베크효과(열전효과)
2종의 금속선 양단을 접합하여 온도차를 두면 열기전력이 발생하는 것

53. 전자 유량계의 특징에 대한 설명으로 가장 거리가 먼 것은?

㉮ 도전성 유체에 한하여 사용한다.
㉯ 압력손실은 거의 없다.
㉰ 점도 높은 유체는 사용하기 곤란하다.
㉱ 응답이 매우 빠르다.

[해설] 전자 유량계는 고점도 액체의 측정도 가능하다.

54. 열전대 온도계에서 보상도선(補償導線)의 구비조건에 대한 설명으로 틀린 것은?

㉮ 일반용은 비닐로 피복한 것으로 침수 시에도 절연이 저하되지 않을 것
㉯ 내열용은 글라스 울(glass wool)로 절연되어 있을 것
㉰ 절연은 500 V 직류전압하에서 3~10 MΩ정도일 것
㉱ 외부의 온도변화를 신속하게 열전대에 전달할 수 있을 것

[해설] ㉱항은 열전대 온도계에서 보호관의 구비조건이다.

55. 1500 K의 완전방사체 표면으로부터 방출되는 전방사에너지는 약 몇 W/cm²인가? (단, 스테판-볼츠만 상수는 5.67×10^{-12} W/cm²·K⁴이다.)

㉮ 26.7　㉯ 28.7　㉰ 30.7　㉱ 32.7

[해설] $Q = \alpha \cdot T^4$
$= 5.67 \times 10^{-12} \text{W/cm}^2 \cdot \text{K}^4 \times (1500K)^4$
$= 28.704 \text{ W/cm}^2$

[정답] 51. ㉱　52. ㉯　53. ㉰　54. ㉱　55. ㉯

56. 유체의 와류에 의해 측정하는 유량계는 어느 것인가?

㉮ 오벌(oval) 유량계
㉯ 델타(delta) 유량계
㉰ 로터리 피스톤(rotary piston) 유량계
㉱ 로터미터(rotarmeter)

[해설] 와류식(와) 유량계
유체에 와류(소용돌이)를 일으켜 소용돌이의 발생수, 즉 주파수가 유속에 비례한다는 것을 응용한 유량계이며 종류로는 델타 유량계, 스와르미터, 칼만 와 유량계가 있다.

57. 다음 제어방식 중 잔류편차(off set)를 제거하고 응답시간이 가장 빠르며 진동이 제거되는 제어방식은?

㉮ P ㉯ PI
㉰ I ㉱ PID

[해설] PID(비례적분미분) 동작
I동작으로 잔류편차(off-set)를 제거하고 D동작으로 제어의 안정과 진동을 제거시킨 가장 이상적인 연속동작이다.

58. 대기압 750 mmHg에서 계기압력이 3.25 kg/cm²이었다. 이때의 절대압력은?

㉮ 2.23 kg/cm²   ㉯ 3.27 kg/cm²
㉰ 4.27 kg/cm²   ㉱ 5 kg/cm²

[해설] $3.25 + 1.0332 \times \dfrac{750}{760} = 4.27 \text{ kg/cm}^2$

59. 세라믹(ceramic)식 O_2계의 세라믹 주원료는?

㉮ Cr_2O_3 ㉯ Pb
㉰ P_2O_5 ㉱ ZrO_2

[해설] 세라믹의 주원료는 지르코니아(ZrO_2)이다.

60. 비례-적분 제어동작에서 적분동작은 비례동작을 사용했을 때 발생하는 어떤 문제점을 제거하기 위한 것인가?

㉮ 오프셋(off-set)
㉯ 빠른응답(quick response)
㉰ 지연(delay)
㉱ 외란(disturbance)

[해설] 비례(P)동작에서 발생하는 잔류편차(off-set)를 적분(I)동작에서 제거해 준다.

제4과목 열설비 재료 및 관계법규

61. 반규석질 내화물의 특징에 대한 설명으로 옳은 것은?

㉮ 염기성 내화물이다.
㉯ 열에 의한 치수변동률이 작다.
㉰ 저온에서 강도가 작다.
㉱ MgO, ZnO를 50~80% 함유한다.

[해설] 반규석질 내화물의 특징
① 산성내화물이다.
② 열에 의한 치수변동률이 작고 내스폴링성이 크다.
③ 저온에서 강도가 크며 가격이 싸다.
④ 규석과 샤모트로 만들며 SiO_2를 50~80% 함유한다.

62. 보온재나 단열재 및 보냉재 등으로 구분하는 기준은?

㉮ 열전도율
㉯ 안전사용온도
㉰ 압력
㉱ 내화도

[해설] 내화물, 단열재, 보온재, 보냉재는 안전사용온도로 구분짓는다.

정답 56. ㉯ 57. ㉱ 58. ㉰ 59. ㉱ 60. ㉮ 61. ㉯ 62. ㉯

63. 85℃의 물 120 kg의 온탕에 10℃의 물 140 kg을 혼합하면 약 몇 ℃ 물이 되는가?

㉮ 44.6 ㉯ 56.6
㉰ 66.9 ㉱ 70.0

[해설] 85℃ 물이 빼앗긴 열량
$Q_1 = 120 \times 1 \times (85 - x)$
10℃ 물이 얻는 열량
$Q_2 = 140 \times 1 \times (x - 10)$
$Q_1 = Q_2$ 이므로
$120 \times 1 \times (85 - x) = 140 \times 1 \times (x - 10)$
∴ $x = 44.6\,℃$

64. 산업통상자원부장관은 에너지를 합리적으로 이용하게 하기 위하여 몇 년 마다 에너지이용합리화에 관한 기본계획을 수립하여야 하는가?

㉮ 2년 ㉯ 3년 ㉰ 5년 ㉱ 10년

[해설] 에너지이용 합리화법 시행령 제18조 ①항 참조

65. 크롬벽돌이나 크로-마그벽돌이 고온에서 산화철을 흡수하여 표면이 부풀어 오르고 떨어져 나가는 현상은?

㉮ 버스팅 ㉯ 큐어링
㉰ 슬래킹 ㉱ 스폴링

[해설] ① 버스팅 (bursting) : 크롬벽돌이나 크로-마그벽돌이 고온 (1600℃ 이상)에서 산화철을 흡수하여 표면이 부풀어 오르고 떨어져 나가는 현상
② 슬래킹 (slaking, 소화성) : 마그네시아 또는 돌로마이트를 원료로 하는 내화물이 수증기의 작용을 받아 $Ca(OH)_2$나 $Mg(OH)_2$를 생성하며, 이때 큰 비중 및 체적 변화를 일으켜 균열이 발생하고 붕괴되는 현상

66. 다음 중 보온층의 경제적 두께 결정에 영향을 크게 미치지 않는 것은?

㉮ 연료비 ㉯ 시공비
㉰ 예비비 ㉱ 상각(償却)비

[해설] 경제적 두께 상정은 시공비, 연료비, 상각비, 관리비 등이다.

67. 산업통상자원부령으로 정하는 광고매체를 이용하여 효율관리기자재의 광고를 하는 경우에 그 광고의 내용에 에너지소비효율등급 또는 에너지소비효율을 포함되도록 하여야 할 자가 아닌 것은?

㉮ 효율관리기자재의 제조업자
㉯ 효율관리기자재의 수입업자
㉰ 효율관리기자재의 판매업자
㉱ 효율관리기자재의 수리업자

[해설] 에너지이용 합리화법 제15조 ④항 참조

68. 산업통상자원부장관은 국내외 에너지 사정의 변동으로 에너지 수급에 중대한 차질이 발생할 우려가 있다고 인정되면 필요한 범위에서 에너지 사용자, 공급자 또는 에너지사용기자재의 소유자와 관리자 등에게 조정·명령 그 밖에 필요한 조치를 할 수 있다. 이에 해당되지 않는 항목은?

㉮ 에너지의 개발
㉯ 지역별 에너지 할당
㉰ 에너지의 비축
㉱ 에너지의 배급

[해설] 에너지 기본법 제8조 ③항 참조

69. 견요 (堅窯)의 특징에 대한 설명으로 틀린 것은?

㉮ 석회석 클링커 제조에 널리 사용된다.
㉯ 하부에서 연료를 장입하는 형식이다.
㉰ 제품의 예열을 이용하여 연소용 공기를 예열한다.

[정답] 63. ㉮ 64. ㉰ 65. ㉮ 66. ㉰ 67. ㉱ 68. ㉮ 69. ㉯

라 이동화상식이며 연속요에 속한다.
[해설] 견요(vertical shaft kiln : 선가마)는 요의 상부에다 석회석, 백운석 등의 원료를 장입하면 예열대, 소성대, 냉각대를 거쳐 생석회(CaO)를 제조한다.

70. 피가열물이 연소가스의 더러움을 받지 않는 가마는?

가 직화식 가마 (直火式 kiln)
나 반머플 가마 (半 muffle kiln)
다 머플 가마 (muffle kiln)
라 직접식 가마 (直接式 kiln)

[해설] 머플가마는 직화식이 아닌 간접가열식이므로 피열물이 연소가스의 더러움을 받지 않는다.

71. 단가마는 어떠한 형식의 가마인가?

가 불연속식
나 반연속식
다 연속식
라 불연속식과 연속식의 절충형식

[해설] 단가마는 불연속식 가마이다.

72. 탄화규소(SiC)질 내화물에 대한 설명으로 옳지 않은 것은?

가 내화도, 하중연화온도가 높다.
나 구조적 스폴링을 일으키기 쉽다.
다 열전도율이 크다.
라 고온에서 산화되기 쉽다.

[해설] 내식성, 내마모성, 내스폴링성이 크다.

73. 산업통상자원부령에서 정한 평균에너지소비효율 산출식은?

가 $\dfrac{\text{기자재 판매량}}{\sum\left[\dfrac{\text{기자재의 종류별 에너지소비효율}}{\text{기자재의 종류별 국내판매량}}\right]}$

나 $\dfrac{\sum\left[\dfrac{\text{기자재의 종류별 국내판매량}}{\text{기자재의 종류별 에너지소비효율}}\right]}{\text{기자재 판매량}}$

다 $\dfrac{\text{기자재의 종류별 에너지소비효율}}{\sum\left[\dfrac{\text{기자재의 종류별 국내판매량}}{\text{기자재 판매량}}\right]}$

라 $\dfrac{\text{기자재 판매량}}{\sum\left[\dfrac{\text{기자재의 종류별 국내판매량}}{\text{기자재의 종류별 에너지소비효율}}\right]}$

[해설] 에너지이용 합리화법 시행규칙 제9조의 3 별표 3 참조

74. 에너지사용계획을 수립하여 지식경제부장관과 협의를 하여야 하는 사업이 아닌 것은?

가 도시개발사업
나 항만건설사업
다 관광단지개발사업
라 박람회 조경사업

[해설] 에너지이용 합리화법 시행령 제6조 ①항 참조

75. 폴리스티렌폼의 최고 안전 사용온도는?

가 130℃   나 100℃
다 70℃   라 50℃

[해설] ① 염화비닐폼 : 60℃
② 폴리스티렌폼 : 70℃
③ 폴리우레탄폼 : 130℃

76. 보온재의 구비조건으로 가장 거리가 먼 것은?

가 밀도가 작을 것
나 열전도율이 작을 것
다 재료가 부드러울 것
라 내열, 내약품성이 있을 것

[해설] 가, 나, 라항 외에 흡습성이나 흡수성이 없어야 하고, 어느 정도의 기계적 강도를 가져야 하며, 불연성이어야 한다.

정답 70. 다 71. 가 72. 나 73. 라 74. 라 75. 다 76. 다

77. 유체의 역류를 방지하여 한쪽 방향으로만 흐르게 하는 것으로 리프트식과 스윙식으로 대별되는 밸브는?

㉮ 회전 밸브
㉯ 슬루우스 밸브
㉰ 체크 밸브
㉱ 앵글 밸브

78. 지식경제부장관이 고시하는 인력을 갖춘 경우 에너지사용 계획 수립대행기관으로 지정받을 수 있는 자는?

㉮ 정부투자기관
㉯ 정부출연기관
㉰ 대학부설 환경관계연구소
㉱ 기술사법에 의하여 기술사사무소의 개설등록을 한 기술사

[해설] 에너지이용 합리화법 시행령 제8조 ①항 참조

79. 터널가마(tunnel kiln)의 특징에 대한 설명 중 틀린 것은?

㉮ 연속식 가마이다.
㉯ 사용연료에 제한이 없다.
㉰ 대량 생산이 가능하고 유지비가 저렴하다.
㉱ 노내 온도조절이 용이하다.

[해설] 사용연료, 제품의 품질과 크기 등에 제한을 받는다.

80. 에너지이용합리화법상 에너지관리공단의 설립목적은?

㉮ 에너지이용합리화 사업을 효율적으로 추진하기 위하여
㉯ 에너지 전환사업을 추진하기 위하여
㉰ 에너지 절약형 기자재의 도입을 위하여
㉱ 에너지이용합리화를 위한 기술·지도를 위하여

[해설] 에너지이용 합리화법 제45조 ①항 참조

제5과목 　 열설비설계

81. 건조기의 열효율 표시를 옳게 나타낸 것은? (단, Q : 입열량, q_1 : 수분 증발에 소비된 열량, q_2 : 재료 가열에 소비된 열량, q_3 : 건조기의 손실 열량을 나타낸다.)

㉮ $\dfrac{q_1}{Q}$　　　㉯ $\dfrac{q_2}{Q}$

㉰ $\dfrac{q_1 + q_2}{Q}$　　　㉱ $\dfrac{q_1 + q_2 + q_3}{Q}$

[해설] 건조기의 열효율
$= \dfrac{\text{수분 증발에 소비된 열량} + \text{재료 가열에 소비된 열량}}{\text{입열량(공급열량)}}$

82. 평형노통과 비교한 파형노통의 장점이 아닌 것은?

㉮ 청소 및 검사가 용이하다.
㉯ 고열에 의한 신축과 팽창이 용이하다.
㉰ 전열면적이 크다.
㉱ 외압에 대한 강도가 크다.

[해설] 파형노통의 단점
① 청소 및 검사가 불편하다.
② 제작이 어렵고 가격이 비싸다.
③ 통풍저항이 증가한다.
④ 스케일(관석) 생성의 우려가 크다.

83. 외부 공기온도 300°C의 평면벽에 열전도율이 0.03 kcal/m·h·°C인 보온재가 두께 50 mm로 시공되어 있다. 평면벽으로부터 외부 공기로의 배출 열량은 약 몇

[정답] 77. ㉰　78. ㉱　79. ㉯　80. ㉮　81. ㉰　82. ㉮　83. ㉰

kcal/m²·h 인가? (단, 공기 온도는 20℃, 보온재 표면과 공기와의 열전달 계수는 8 kcal/m²·h·℃이다.)

㉮ 83 ㉯ 89
㉰ 156 ㉱ 502

[해설] $Q = K \cdot F \cdot \Delta t$
$= \dfrac{1}{\dfrac{1}{\alpha_1} + \dfrac{b}{\lambda}} \times F \times \Delta t$
$= \dfrac{1}{\dfrac{1}{8} + \dfrac{0.05}{0.03}} \times 1 \times (300-20)$
$= 156 \, kcal/m^2 h$

84. 내화벽의 열전도율이 0.9 kcal/m·h·℃인 재질로 된 평면벽의 양측 온도가 800℃와 100℃이다. 이 벽을 통한 단위면적당 열전달량이 1400 kcal/m²·h일 때 벽 두께는 약 몇 cm인가?

㉮ 25 ㉯ 35
㉰ 45 ㉱ 55

[해설] $Q[kcal/m^2 h]$
$= \lambda[kcal/mh℃] \times \dfrac{\Delta t[℃]}{b[m]}$ 에서
$b[m] = \dfrac{\lambda \times \Delta t}{Q}$
$= \dfrac{0.9 \times (800-100)}{1400}$
$= 0.45 m = 45 \, cm$

85. 해수 마그네시아 침전 반응을 바르게 나타낸 식은?

㉮ $3MgO \cdot 2SiO_2 \cdot 2H_2O + 3CO_2$
  $\rightarrow 3MgCO_3 + 2SO_2 + 2H_2O$
㉯ $CaCO_3 + MgCO_3 \rightarrow CaMg(CO_3)_2$
㉰ $CaMg(CO_3)_2 + MgCO_3$
  $\rightarrow 2MgCO_3 + CaCO_3$
㉱ $MgCO_3 + Ca(OH)_2$
  $\rightarrow Mg(OH)_2 + CaCO_3$

[해설] 해수 중의 마그네슘의 염에 소석회나 가소성 돌로마이트를 가하여 $Mg(OH)_2$를 침전, 여과한 후 수분을 제거하고 소성한 것이 마그네시아 크링커이며, 침전반응식은 $MgCO_3 + Ca(OH)_2 \rightarrow Mg(OH)_2 + CaCO_3$ 이다.

86. 노통식 보일러에서 파형부의 길이가 230 mm 미만인 파형 노통의 최소 두께(t)를 결정하는 식은? (단, P는 최고 사용압력(MPa), D는 노통의 파형부에서의 최대 내경과 최소 내경의 평균치(mm), C는 노통의 종류에 따른 상수이다.)

㉮ $10PD$ ㉯ $\dfrac{10P}{D}$
㉰ $\dfrac{C}{10PD}$ ㉱ $\dfrac{10PD}{C}$

[해설] $t[mm] = \dfrac{P[kg/cm^2] \times D[mm]}{C}$
$= \dfrac{10 \times P[MPa] \times D[mm]}{C}$

87. 보일러에서 발생하는 저온부식의 방지방법이 아닌 것은?

㉮ 연료 중의 황성분을 제거한다.
㉯ 배기가스의 온도를 노점온도 이하로 유지한다.
㉰ 과잉공기를 적게 하여 배기가스 중의 산소를 감소시킨다.
㉱ 저온의 전열면 표면에 내식재료를 사용한다.

[해설] 배기가스의 온도를 노점온도 이하로 유지시키면 저온부식이 발생되기 쉽다.

정답 84. ㉰ 85. ㉱ 86. ㉱ 87. ㉯

88. Shell & Tube 열교환기에 대한 설명으로 틀린 것은?

㉮ 현장 제작이 가능하여 좁은 공간에 설치가 가능하다.
㉯ 플레이트 열교환기에 비해서 열통과율이 낮다.
㉰ shell과 tube 내의 흐름은 직류보다 향류흐름의 성능이 더 우수하다.
㉱ 구조상 고온·고압에 견딜 수 있어 석유화학공업 분야 등에서 많이 이용된다.

[해설] 제작 회사에서 제작하여 현장에서 조립·설치가 가능하다.

89. 안전밸브의 작동시험에 대한 설명 중 틀린 것은?

㉮ 안전밸브의 분출압력은 1개일 경우 최고사용압력 이하이어야 한다.
㉯ 과열기의 안전밸브 분출압력은 증발부 안전밸브의 분출압력 이하이어야 한다.
㉰ 발전용 보일러에 부착하는 안전밸브의 분출정지압력은 최고사용압력 이하이어야 한다.
㉱ 재열기 및 독립과열기에 있어서는 안전밸브가 하나인 경우 최고사용압력 이하이어야 한다.

[해설] 발전용 보일러에 부착하는 안전밸브의 분출정지압력은 분출압력의 0.93배 이상이어야 한다.

90. 접근되어 있는 평행한 2매의 보일러판의 보강에 주로 사용하는 버팀은?

㉮ 시렁버팀
㉯ 관버팀
㉰ 경사버팀
㉱ 나사버팀

[해설] 나사버팀(bolt stay)은 보일러 화실 측판과 경판이 같이 접근되어 있는 평행한 2매의 판 보강에 주로 사용한다.

91. 보일러 방출관의 크기는 전열면적에 따라 정할 수 있다 전열면적 20 m² 이상인 방출관의 안지름은 몇 mm 이상이어야 하는가?

㉮ 25   ㉯ 30
㉰ 40   ㉱ 50

[해설]

전열면적 (m²)	방출관의 안지름 (mm)
10 미만	25 이상
10 이상~15 미만	30 이상
15 이상~20 미만	40 이상
20 이상	50 이상

92. 연관의 바깥지름이 75 mm인 연관보일러 관판의 최소두께는 얼마 이상이 되어야 하는가?

㉮ 8.5 mm
㉯ 9.5 mm
㉰ 12.5 mm
㉱ 13.5 mm

[해설] 연관의 바깥지름이 38 mm~102 mm일 때 관판의 최소두께 $t[\text{mm}] = 5 + \dfrac{d}{10}$ 에서

$t = 5 + \dfrac{75}{10} = 12.5 \text{ mm}$

93. 연소 가스의 성분 중 절탄기의 전열면을 부식시키는 성분은?

㉮ 질소산화물 (NO_2)
㉯ 탄소산화물 (CO_2)
㉰ 황산화물 (SO_2)

정답 88. ㉮ 89. ㉰ 90. ㉱ 91. ㉱ 92. ㉰ 93. ㉰

라 질소 (N_2)
[해설] 절탄기 및 공기예열기 전열면에서 저온부식을 일으키는 연료 중의 성분은 황(S)에 의한 황산화물(SO_2)이다.

94. 열매체 보일러의 특징에 대한 설명으로 틀린 것은?

가 저압으로 고온의 증기를 얻을 수 있다.
나 겨울철에도 동결의 우려가 적다.
다 물이나 스팀보다 전열특성이 좋으며, 사용온도한계가 일정하다.
라 다우삼, 모빌섬, 카네크롤 보일러 등이 이에 해당한다.

[해설] 사용 열매체의 종류에 따라 사용온도한계가 일정하지 않다.

95. 프라이밍(priming) 및 포밍(foaming)의 발생 원인이 아닌 것은?

가 보일러를 고수위로 운전할 때
나 증기부하가 적고 증발수면이 넓을 때
다 주증기변을 급히 열었을 때
라 보일러수에 불순물, 유지분이 많이 포함되어 있을 때

[해설] 증기부하가 크고 증발수면이 좁을 때 프라이밍 및 포밍이 발생한다.

96. 수관식 보일러의 특징에 대한 설명 중 틀린 것은?

가 고압, 대용량의 보일러 제작이 가능하다.
나 연소실의 크기 및 형태를 자유롭게 설계할 수 있다.
다 전열면에 비해 관수보유량이 많아 증기수요에 따른 압력의 변동이 적다.
라 관수의 순환이 좋아 열응력을 일으킬 염려가 적다.

[해설] 관수 보유량이 적어 압력의 변동이 크다.

97. 열교환기에 입구와 출구의 온도차가 각각 $\Delta\theta'$, $\Delta\theta''$일 때 대수 평균 온도차($\Delta\theta_m$)의 식은?

가 $\dfrac{\ln\dfrac{\Delta\theta'}{\Delta\theta''}}{\Delta\theta' - \Delta\theta''}$

나 $\dfrac{\ln\dfrac{\Delta\theta''}{\Delta\theta'}}{\Delta\theta' - \Delta\theta''}$

다 $\dfrac{\Delta\theta' - \Delta\theta''}{\ln\dfrac{\Delta\theta'}{\Delta\theta''}}$

라 $\dfrac{\Delta\theta' - \Delta\theta''}{\ln\dfrac{\Delta\theta''}{\Delta\theta'}}$

[해설] 열교환기에서 전열량을 구할 때에는 대수 평균 온도차($\Delta\theta_m$)를 이용한다. 전열량을 Q[kcal/h], 대수 평균 온도차를 $\Delta\theta m$, 열관류율을 K[kcal/m²h℃], 전열면적을 F[m²]라 하고, 고온 유체의 입구측 온도를 $\Delta\theta'$, 출구측 온도를 $\Delta\theta''$라 하면
$Q = K \cdot \Delta\theta_m \cdot F$ 이고
$\Delta\theta_m = \dfrac{\Delta\theta' - \Delta\theta''}{\ln\dfrac{\Delta\theta'}{\Delta\theta''}} = \dfrac{\Delta\theta' - \Delta\theta''}{2.3\log\dfrac{\Delta\theta'}{\Delta\theta''}}$ 이다.

98. 급수펌프인 인젝터의 특징에 대한 설명으로 틀린 것은?

가 구조가 간단하여 소형에 사용된다.
나 별도의 소요동력이 필요하지 않다.
다 송수량의 조절이 용이하다.
라 소량의 고압증기로 다량을 급수할 수 있다.

[해설] 인젝터는 송수량 조절이 용이하지 못하다.

정답 94. 다 95. 나 96. 다 97. 다 98. 다

99. 다음 중 복사 과열기에 대한 설명으로 틀린 것은?

㉮ 고온 고압 보일러에서 접촉 과열기와 조합하여 사용한다.
㉯ 연소실 내의 전열 면적의 부족을 보충한다.
㉰ 과열온도의 변동을 적게 하기 위하여 사용한다.
㉱ 포화증기의 온도를 일정하게 유지하면서 압력을 높이는 장치이다.

[해설] 과열기는 압력은 일정하게 유지하면서 포화증기의 온도를 높이는 장치이다.

100. "어떤 주어진 온도에서 최대 복사강도에서의 파장 λ_{max} 는 절대온도에 반비례한다"라는 법칙은?

㉮ Wien의 법칙
㉯ Planck의 법칙
㉰ Fourier의 법칙
㉱ Stefan – Boltzmann의 법칙

[해설] wien의 법칙
물체에서 나오는 열복사의 파장에 따른 강도분포는 물체의 절대온도에 의해 결정되며, 이때 최대 복사강도에서의 파장 λ_{max} (가장 센 복사선의 파장)는 절대온도에 반비례한다는 법칙

[정답] 99. ㉱ 100. ㉮

2010년 4회 에너지관리기사
2010.9.5 시행

제1과목 연소 공학

1. 어떤 기관의 출력은 100 kW이며 매 시간당 30 kg의 연료를 소모한다. 연료의 발열량이 8000 kcal/kg이라면 이 기관의 열효율은 약 몇 % 인가?

㉮ 15 ㉯ 36
㉰ 69 ㉱ 91

[해설] $\eta = \dfrac{\text{유효하게 사용된 열}}{\text{입열}} \times 100$

$= \dfrac{Q}{G_f \times H_l} \times 100$

$= \dfrac{100\,\text{kW} \times \dfrac{860\,\text{kcal/h}}{\text{kW}}}{30\,\text{kg/h} \times 8000\,\text{kcal/kg}} \times 100$

$= 35.8\,\%$

2. 경유에 포함된 탄화수소 중 세탄가가 높은 순서대로 나타낸 것은?

㉮ 노말 파라핀>나프텐>올레핀
㉯ 노말 파라핀>올레핀>나프텐
㉰ 올레핀>노말 파라핀>나프텐
㉱ 올레핀>나프텐>노말 파라핀

[해설] 세탄가란 디젤기관의 연료(경유)의 착화성을 표시하는 값으로 큰 것 일수록 착화성이 좋다. 노말 파라핀(포화탄화수소 : C_nH_{2n+2})이 세탄값이 가장 크고, 그 다음이 나프텐(시크로 파라핀=고리모양 탄화수소 : C_nH_{2n}), 가장 적은 것은 올레핀(불포화 탄화수소 : C_nH_{2n})이다.

3. 200 kg의 물체가 10.0 m의 높이에서 지면에 떨어졌다. 최초의 위치 에너지가 모두 열로 변했다면 약 몇 kcal의 열이 발생하겠는가?

㉮ 2.5 ㉯ 3.6
㉰ 4.7 ㉱ 5.8

[해설] $Q = AW$

$= \dfrac{1}{427}\,\text{kcal/kg} \cdot \text{m} \times 200\,\text{kg} \times 10\,\text{m}$

$= 4.68\,\text{kcal}$

4. 다음 연료 중 발열량(kcal/kg)이 가장 큰 것은?

㉮ 메탄 ㉯ 부탄
㉰ 경유 ㉱ 중유

[해설] 발열량(kcal/kg)을 나열하면

메탄 : $11000\,\text{kcal/Nm}^3 \times \dfrac{22.4\,\text{Nm}^3}{16\,\text{kg}}$

$= 15400\,\text{kcal/kg}$

부탄 : $30000\,\text{kcal/Nm}^3 \times \dfrac{22.4\,\text{Nm}^3}{58\,\text{kg}}$

$= 11586\,\text{kcal/kg}$

경유 : $11000 \sim 11500\,\text{kcal/kg}$
중유 : $10000 \sim 11000\,\text{kcal/kg}$

5. 건타입(gun type) 버너에 대한 설명으로 옳은 것은?

㉮ 연소가 다소 불량하다.
㉯ 비교적 대형이며 구조가 복잡하다.
㉰ 버너에 송풍기가 장치되어 있다.

정답 1. ㉰ 2. ㉮ 3. ㉰ 4. ㉮ 5. ㉰

라 보일러나 열교환기에는 사용할 수 없다.
[해설] 건타입 버너의 특징
① 유압식 버너와 기류식 버너를 합친 형식이다.
② 전자동이며 소형이다.
③ 연소상태가 안정적이다.
④ 보일러에 주로 사용된다.

6. 기름연소의 경우 공기량이 부족할 때 노내 화염의 색깔은 주로 어떤 색을 띠는가?
㉮ 청색   ㉯ 백색
㉰ 오렌지색   ㉱ 암적색
[해설] 공기량이 부족할 때 불완전 연소를 하며 화염의 온도는 낮고 화염은 어두운 색을 띤다.

7. 링겔만 매연농도표를 이용한 측정 방법에 대한 설명으로 틀린 것은?
㉮ 6개의 농도표와 배출 매연의 색을 연돌 출구에서 비교하는 것이다.
㉯ 농도표는 측정자로부터 23 m 떨어진 곳에 설치한다.
㉰ 연돌 출구로부터 30~40 cm 정도 떨어진 연기를 관측한다.
㉱ 연기의 흐르는 방향의 직각의 위치에서 측정한다.
[해설] 농도표는 측정자로부터 16 m 떨어진 곳에 설치한다.

8. 15℃의 공기 1 kg을 부피 $\frac{1}{4}$로 압축할 경우 등온 압축에서의 소요 일량은 약 몇 kg·m 인가? (단, 공기의 기체상수는 29.3 kg·m/kg·K이다.)
㉮ 265   ㉯ 610
㉰ 5080   ㉱ 11700
[해설] 등온변화에서

$$W_a = W_t = \int_1^2 PdV = \int_1^2 \frac{GRT}{V} \cdot dV$$
$$= GRT\ln\left(\frac{V_2}{V_1}\right)$$
$$= 1 \text{ kg} \times 29.3 \text{ kg·m/kg·K}$$
$$\times (273+15) \text{ K} \times \ln\left(\frac{\frac{1}{4}}{1}\right)$$
$$= -11698 \text{ kg·m (일을 받았음)}$$

9. 어떤 단일기체 10 Sm³의 연소가스 분석결과 H₂O : 20 Sm³, CO : 2 Sm³, CO₂ : 8 Sm³를 얻었다면 이 연료는 다음 중 어떤 기체에 해당하는가?
㉮ CH_4 ㉯ C_2H_2
㉰ C_2H_6 ㉱ C_3H_8
[해설] $10CH + O_2 \rightarrow 2CO + 8CO_2 + 20H_2O$이 므로 CH는 CH_4이다.

10. 공업적으로 가장 많이 이용하고 있는 액체연료의 연소 방식은?
㉮ 분무연소   ㉯ 액면연소
㉰ 심지연소   ㉱ 증발연소
[해설] 액체 연료의 연소방식에는 무화연소(분무연소)방식과 기화연소(증발연소) 방식이 있는데, 가격이 싼 중유를 공업적으로 많이 이용하므로 분무연소를 주로 사용한다.

11. 다음 [보기]와 같은 부피 조성을 가진 석탄가스의 연소 시 생성되는 이론 습연소 가스량은 약 몇 Sm³/Sm³인가? (H_2 26.5 %, CH_4 18.2 %, CO_2 5.2 %, CO 4.8 %, C_2H_4 13.1 %, O_2 6.0 %, N_2 26.2 %)
㉮ 0.89   ㉯ 3.01
㉰ 4.91   ㉱ 6.80

정답 6. ㉱   7. ㉯   8. ㉱   9. ㉮   10. ㉮   11. ㉰

[해설] ① $H_2 + \dfrac{1}{2}O_2 \rightarrow H_2O$
$\qquad\quad 1 \quad\;\; 0.5 \quad\;\; 1$
$\qquad 0.265 \quad x_1 \quad\;\; x_2$

② $CH_4 + 2O_2 \rightarrow CO_2 + 2H_2O$
$\quad\;\; 1 \qquad 2 \qquad 3$
$\;\; 0.182 \quad\;\; x_3 \qquad x_4$

③ $CO + \dfrac{1}{2}O_2 \rightarrow CO_2$
$\quad\;\; 1 \qquad 0.5 \qquad 1$
$\;\; 0.048 \quad\;\; x_5 \qquad x_6$

④ $C_2H_4 + 3O_2 \rightarrow 2CO_2 + 2H_2O$,
$\quad\;\; 1 \qquad 3 \qquad 4$
$\;\; 0.131 \quad\;\; x_7 \qquad x_8$

$A_0 = \dfrac{1}{0.21} \times O_0$
$\quad\;\; = \dfrac{1}{0.21} \times (x_1 + x_3 + x_5 + x_7 - O_2)$
$\quad\;\; = \dfrac{1}{0.21} \times (0.5 \times 0.265 + 2 \times 0.182 + 0.5$
$\qquad\;\; \times 0.048 + 3 \times 0.131 - 0.06)$
$\quad\;\; = 4.064\;Sm^3/Sm^3$

$G_{ow} = x_2 + x_4 + x_6 + x_8$
$\qquad\;\; + 0.79 A_0 + CO_2 + N_2$
$\quad\;\; = 1 \times 0.265 + 3 \times 0.182 + 1 \times 0.048 + 4$
$\qquad\;\; \times 0.131 + 0.79 \times 4.064$
$\qquad\;\; + 0.052 + 0.262$
$\quad\;\; = 4.907\;Sm^3/Sm^3$

12. 연소 장치의 연소 효율(E_c)식이 $E_c = \dfrac{Hc - H_1 - H_2}{Hc}$ 일 때 식에서 H_c는 연료의 발열량, H_1은 연재 중의 미연탄소에 의한 손실을 의미한다면 H_2는 무엇을 뜻하는가?

㉮ 연료의 저발열량
㉯ 전열손실
㉰ 불완전 연소에 따른 손실
㉱ 현열손실

[해설] H_2는 불완전 연소에 따른 손실이다.

13. "압력이 일정할 때 기체의 부피는 온도에 비례하여 변한다"라는 법칙은 무슨 법칙인가?

㉮ Boyle의 법칙
㉯ Gay Lussac의 법칙
㉰ Joule의 법칙
㉱ Boyle-Charle의 법칙

[해설] 이 법칙은 1802년 게이뤼삭이 발표하였으나 1787년의 샤를의 미발표 논문을 인용하였기 때문에 샤를의 법칙 또는 샤를-게이뤼삭의 법칙이라고 한다.

14. 연도가스 분석결과가 CO_2 13 %, O_2 8 %, CO 0 % 일 때 공기과잉계수(m)은 얼마인가? (단, $CO_{2\max}$ 는 21 %이다.)

㉮ 1.22 ㉯ 1.42 ㉰ 1.62 ㉱ 1.82

[해설] $m = \dfrac{CO_{2\max}}{CO_2} = \dfrac{21}{13} = 1.615$

또는 $N_2 = 100 - (CO_2 + O_2)$
$\qquad\;\; = 100 - (13 + 8)$
$\qquad\;\; = 79$

$m = \dfrac{N_2}{N_2 - 3.76 O_2}$
$\quad\;\; = \dfrac{79}{79 - 3.76 \times 8} = 1.614$

15. 예혼합연소의 특징에 대한 설명으로 옳은 것은?

㉮ 역화의 위험성이 없다.
㉯ 로(爐)의 체적이 커야 한다.
㉰ 연소실 부하율을 높게 얻을 수 있다.
㉱ 화염대에 해당하는 두께는 10~100 mm 정도로 두껍다.

[해설] 기체 연료의 연소 방법 중 예혼합연소는 역화의 위험성이 크고, 불꽃의 길이가 짧아 연소실의 체적은 적어도 되며 연소실 부하율이 크다.

정답 12. ㉰ 13. ㉯ 14. ㉰ 15. ㉰

16. 프로판 가스 1 Sm³를 완전연소시켰을 때의 건조연소가스량은 약 몇 Sm³인가? (단, 공기 중의 산소는 21v% 이다.)

㉮ 10 ㉯ 16 ㉰ 22 ㉱ 30

[해설] $C_3H_8 + 5O_2 \rightarrow 3CO_2 + 4H_2O$
  1   5   3

$G_{od} = 3 + 0.79 A_0 = 3 + 0.79 \times \dfrac{1}{0.21} \times 5$
$= 21.8 \ Sm^3/Sm^3$

17. 연료가 연소할 때 고온부식의 주원인이 되는 연료 성분은?

㉮ 황   ㉯ 수소
㉰ 바나듐 ㉱ 탄소

[해설] 고온부식의 인자는 V(바나듐)이고, 저온부식의 인자는 S(황)이다.

18. 공기와 연료의 혼합기체의 표시에 대한 설명 중 옳은 것은?

㉮ 공기비(excess air ratio)는 연공비의 역수와 같다.
㉯ 연공비(fuel air ratio)라 함은 가연 혼합기 중의 공기와 연료의 질량비로 정의된다.
㉰ 공연비(air fuel ratio)라 함은 가연 혼합기 중의 연료와 공기의 질량비로 정의된다.
㉱ 당량비(equivalence ratio)는 실제 연공비와 이론 연공비의 비로 정의된다.

[해설] 당량비(등가비)
$\phi = \dfrac{(실제의\ 연료량/산화제)의\ 비}{(완전연소\ 이상적\ 연료량/산화제)의\ 비}$
$= \dfrac{실제\ 연공비}{이론\ 연공비}$

19. 열효율이 압축비만으로 결정되며 등적사이클이라고도 하는 사이클은? (단, 비열비는 일정하다.)

㉮ 오토 사이클
㉯ 에릭슨 사이클
㉰ 스털링 사이클
㉱ 브레이튼 사이클

[해설] 오토 사이클은 정적 사이클이라 하며 2개의 정적과정과 2개의 단열과정으로 구성된다.

20. 폭굉(detonation) 현상에 대한 설명으로 옳지 않은 것은?

㉮ 확산이나 열전도의 영향을 주로 받는 기체역학적 현상이다.
㉯ 물질 내에 충격파가 발생하여 반응을 일으키고, 또한 반응을 유지하는 현상이다.
㉰ 충격파에 의해 유지되는 화학 반응 현상이다.
㉱ 반응의 전파속도가 그 물질 내에서 음속보다 빠른 것을 말한다.

[해설] ㉮의 경우는 폭굉보다는 연소에 관한 설명이다.

제2과목 열역학

21. 공기표준 브레이튼(Brayton) 사이클의 효율을 높이기 위한 방법으로 가장 적합한 것은?

㉮ 공기압축기의 압력비를 증가시킨다.
㉯ 압축기로 공급되는 공기의 온도를 높인다.
㉰ 연소기로 공급되는 공기의 온도를 낮춘다.
㉱ 터빈에서의 비가역성을 증대시킨다.

[해설] 브레이튼 사이클의 열효율

정답 16. ㉰ 17. ㉰ 18. ㉱ 19. ㉮ 20. ㉮ 21. ㉮

$$\eta_B = 1 - \frac{T_4 - T_1}{T_3 - T_2} = 1 - \left(\frac{P_1}{P_2}\right)^{\frac{k-1}{k}}$$
$$= 1 - \left(\frac{1}{\psi}\right)^{\frac{k-1}{k}}$$

여기서, $\psi(압력비) = \frac{P_2}{P_1}$ 이다.

22. 한 과학자가 자기가 만든 열기관이 80℃와 10℃ 사이에서 작동하면서 100 kJ의 열을 받아 20 kJ의 유용한 일을 할 수 있다고 주장한다. 이 과학자의 주장은 어떠한가?

㉮ 열역학 제0법칙에 어긋난다.
㉯ 열역학 제1법칙에 어긋난다.
㉰ 열역학 제2법칙에 어긋난다.
㉱ 열역학 제3법칙에 어긋난다.

[해설] 이상적 효율 $\eta = \frac{T_1 - T_2}{T_1}$
$= \frac{80 - 10}{273 + 80} = 0.198$

실제적 효율 $\eta = \frac{Q_1 - Q_2}{Q_1} = \frac{AW}{Q_1}$
$= \frac{20\text{kJ}}{100\text{kJ}} = 0.2$

실제적 효율이 이상적 효율보다 크므로 이 기관은 있을 수 없다. 즉, 열역학 제2법칙에 어긋난다.

23. Otto cycle에서 압축비가 8일 때 열효율은 약 몇 %인가? (단, 비열비는 1.4)

㉮ 26.4   ㉯ 36.4
㉰ 46.4   ㉱ 56.4

[해설] $\eta_0 = 1 - \left(\frac{1}{\psi}\right)^{k-1} = 1 - \left(\frac{1}{8}\right)^{1.4-1}$
$= 0.5647 = 56.47\%$

24. 다음 사이클(cycle) 중 수증기를 사용하는 동력 플랜트로 적합한 것은?

㉮ 오토 사이클   ㉯ 디젤 사이클
㉰ 브레이튼 사이클   ㉱ 랭킨 사이클

[해설] ㉮, ㉯, ㉰는 기체 사이클이고, 랭킨 사이클은 증기 사이클이다.

25. Carnot 사이클로 작동하는 가역기관이 800℃의 고열원으로부터 5000 kW의 열을 받고 70℃의 저열원에 열을 배출할 때 동력은 약 몇 kW인가?

㉮ 440   ㉯ 1600
㉰ 3400   ㉱ 4560

[해설] 카르노 사이클 $\eta = \frac{T_1 - T_2}{T_1}$
$= \frac{Q_1 - Q_2}{Q_1} = \frac{AW}{Q_1}$

$\therefore AW = \frac{T_1 - T_2}{T_1} \times Q_1$
$= \frac{800 - 70}{(273 + 800)} \times 5000 = 3401.6 \text{ kW}$

26. 기체의 상태방정식이 아닌 것은?

㉮ 오일러(Euler) 방정식
㉯ 비리얼(Virial) 방정식
㉰ 반데르발스(Van der Waals) 방정식
㉱ 비티－브릿지만(Beattie－Bridgeman) 방정식

[해설] 오일러 방정식은 유체의 에너지 보존 법칙이다.

27. 다음 중 상대습도(relative humidity)를 가장 쉽고 빠르게 측정할 수 있는 방법은?

㉮ 건구온도와 습구온도를 측정한 다음 습공기 선도에서 상대 습도를 읽는다.
㉯ 건구온도와 습구온도를 측정한 다음 두 값 중 큰 값으로 작은 값을 나눈다.

㉰ 건구온도와 습구온도를 측정한 다음 Mollier chart에서 읽는다.
㉱ 대기압을 측정한 다음 습도곡선에서 읽는다.
[해설] 상대습도는 습공기 선도에서 쉽게 구할 수 있다.

28. 다음 중 표준증기압축 냉동시스템과 비교하여 흡수식 냉동시스템의 주된 장점은 무엇인가?

㉮ 압축에 소요되는 일이 줄어든다.
㉯ 시스템의 효율이 상승한다.
㉰ 장치의 크기가 줄어든다.
㉱ 열교환기의 수가 줄어든다.

[해설] 흡수식 냉동시스템은 압축기가 없으므로 압축에 소요되는 일은 없다. 즉, 흡수식은 압축기 대신에 흡수기와 발생기(재생기)가 대신하고 공업일량에 해당하는 것은 순환 펌프뿐이다.

29. 온도 250℃, 질량 50 kg인 금속을 20℃의 물속에 넣었다. 최종 평형 상태에서의 온도가 30℃이면 물의 양은 약 몇 kg인가? (단, 열손실은 없으며, 금속의 비열은 0.5 kJ/kg·K, 물의 비열은 4.18 kJ/kg·K이다.)

㉮ 108.3   ㉯ 131.6
㉰ 167.7   ㉱ 182.3

[해설] 평균온도 $t_m = \dfrac{G_1 C_1 t_1 + G_2 C_2 t_2}{G_1 C_1 + G_2 C_2}$

$30 = \dfrac{50 \times 0.5 \times 250 + x \times 4.18 \times 20}{50 \times 0.5 + x \times 4.18}$

$\therefore x = \dfrac{(50 \times 0.5 \times 250 - 30 \times 50 \times 0.5)}{(30 \times 4.18 - 4.18 \times 20)}$

$= 131.57 \text{ kg}$

30. 높이 50 m인 폭포에서 물이 낙하할 때 위치에너지가 운동에너지로 변했다가 다시 열에너지로 변한다면 물의 온도는 얼마나 올라가는가?

㉮ 0.02℃   ㉯ 0.12℃
㉰ 0.22℃   ㉱ 0.32℃

[해설] 물의 무게를 1kg이라 할 때
$F \cdot S = GC\Delta t$
$1\text{kg} \times 50\text{m} \times \dfrac{1}{427} \text{kcal/kg} \cdot \text{m}$
$= 1\text{kg} \times 1\text{kcal/kg℃} \times \Delta t ℃$

$\therefore \Delta t = \dfrac{1 \times 50 \times \dfrac{1}{427}}{1 \times 1} = 0.117 ℃$

31. 1 MPa, 500℃인 큰 용기 속의 공기가 노즐을 통하여 100 kPa까지 등엔트로피 팽창을 한다. 출구속도는 약 몇 m/s 인가? (단, 비열비는 1.4이고, 정압비열은 1.0 kJ/kg·K이다.)

㉮ 735   ㉯ 864
㉰ 910   ㉱ 925

[해설] 등엔트로피 팽창(가역단열)에서 출구속도

$w_2 = \sqrt{2 \times \dfrac{k}{k-1} \cdot P_1 v_1 \left[1 - \left(\dfrac{P_2}{P_1}\right)^{\frac{k-1}{k}}\right]}$

또, $P_1 v_1 = RT$

$v_1 = \dfrac{RT}{P_1}$

$= \dfrac{287 \text{N} \cdot \text{m/kgK} \times (273+500)\text{K}}{10^6 \text{N/m}^2}$

$= 0.221 \text{ m}^3/\text{kg}$

$= \sqrt{2 \times \dfrac{1.4}{1.4-1} \times 10^6 \times 0.221 \times \left[1 - \left(\dfrac{10^5}{10^6}\right)^{\frac{1.4-1}{1.4}}\right]}$

$= 863.5 \text{ m/s}$

32. 그림과 같은 냉동기의 성능계수(COP)는 어떻게 나타낼 수 있겠는가?

[정답] 28. ㉮ 29. ㉯ 30. ㉯ 31. ㉯ 32. ㉰

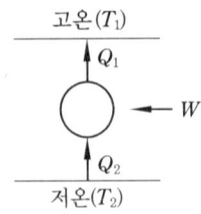

㉮ $\dfrac{W}{Q_1}$ ㉯ $\dfrac{Q_2}{W}$

㉰ $\dfrac{(T_1 - T_2)}{T_2}$ ㉱ $\dfrac{T_1}{(T_2 - T_1)}$

[해설] 냉동기 성능계수 $(COP) = \dfrac{T_2}{T_1 - T_2}$
$= \dfrac{Q_2}{AW}$

33. 온도와 관련된 설명으로 틀린 것은?

㉮ 온도 측정의 타당성에 대한 근거는 열역학 제0법칙이다.
㉯ 온도가 10℃ 올라가면 절대온도는 283.15 K 올라간다.
㉰ 섭씨온도는 물의 어는점과 끓는점을 기준으로 삼는다.
㉱ SI 단위계에서 열역학적 온도 눈금(scale)으로는 켈빈 눈금을 사용한다.

[해설] 온도가 10℃ 올라가면 절대온도도 10K 올라간다.

34. 피스톤이 설치된 실린더에 압력 0.3 MPa, 체적 0.8 m³인 습증기 4 kg이 들어 있다. 압력이 일정한 상태에서 가열하여 습증기의 건도가 0.8이 되었을 때 수증기에 의한 일은 몇 kJ인가? (단, 0.3 MPa에서 포화액, 건포화증기의 비체적은 0.001 m³/kg, 0.60 m³/kg이다.)

㉮ 205.5   ㉯ 237.2
㉰ 305.5   ㉱ 336.2

[해설] 나중 체적 $V = \{v' + (v'' - v')x\} \times G$
$= \{0.001 + (0.6 - 0.001) \times 0.8\} \times 4$
$= 1.9208 \text{ m}^3$
$_1W_2 = P \times (V_2 - V_1)$
$= 0.3 \times 10^3 \text{kPa} \times (1.9208 - 0.8)\text{m}^3$
$= 336.24 \text{ kJ}$

35. 하나의 실린더 안에 기체가 피스톤으로 갇혀 있다. 이 기체가 체적 V_1에서 V_2로 팽창할 때 피스톤에 해준 일은 $W = \int_{V_1}^{V_2} PdV$로 표시될 수 있다. 이 기체는 이 과정을 통하여 $PV^2 = C$(상수)의 관계를 만족시켜 준다면 W를 옳게 나타낸 것은?

㉮ $P_2V_2^2 - P_1V_1^2$ ㉯ $P_1V_1^2 - P_2V_2^2$
㉰ $P_1V_1 - P_2V_2$ ㉱ $P_2V_2 - P_1V_1$

[해설] 공업일 $\Delta W = -\int_1^2 PdV$
$= -(P_2V_2 - P_1V_1)$
$= P_1V_1 - P_2V_2$

36. 임의의 과정에 대한 가역성과 비가역성을 논의하는 데 적용되는 법칙은?

㉮ 열역학 제0법칙   ㉯ 열역학 제1법칙
㉰ 열역학 제2법칙   ㉱ 열역학 제3법칙

[해설] 열역학 제2법칙에서 가역 단열의 경우 $\Delta S = 0$, 비가역 단열의 경우 $\Delta S > 0$이다.

37. 오토(Otto) 사이클을 온도-엔트로피 $(T-S)$ 선도로 표시하면 그림과 같다. 작동유체가 열을 방출하는 과정은?

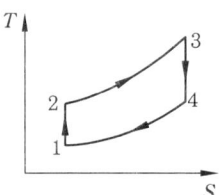

㉮ 1-2과정 ㉯ 2-3과정
㉰ 3-4과정 ㉱ 4-1과정

[해설] 열이 들어오는 과정은 2-3과정이고 열을 방출하는 과정은 4-1과정이다.

38. 실제 기체가 이상기체(ideal gas)에 가깝게 될 조건은?

㉮ 압력이 낮고 온도가 높을 때
㉯ 압력이 높고 온도가 낮을 때
㉰ 온도, 압력이 모두 높을 때
㉱ 온도, 압력이 모두 낮을 때

[해설] 이상기체는 자신이 차지하는 부피를 무시하고 분자 간의 인력을 무시하므로 실제기체가 압력이 낮고, 온도가 높을 때 이상기체에 가까워진다.

39. 압력 3000 kPa, 온도 400℃인 증기의 비체적은 0.1015 m³/kg이고, 엔탈피는 3230 kJ/kg이다. 이 상태에서 내부에너지는 약 몇 kJ/kg 인가?

㉮ 304 ㉯ 2501
㉰ 2926 ㉱ 3231

[해설] $h = u + Pv$ 에서
$u = h - Pv$
$= 3230 \text{kJ/kg} - 3000 \text{kN/m}^2 \times 0.1015 \text{m}^3/\text{kg}$
$= 2925.5 \text{ kJ/kg}$

40. 15℃의 물로부터 0℃의 얼음을 시간당 40 kg 드는 냉동기의 냉동톤은 약 얼마인가? (단, 얼음의 융해열은 80 kcal/kg이고, 냉동톤은 3320 kcal/h로 한다.

㉮ 0.14 ㉯ 1.14
㉰ 2.14 ㉱ 3.14

[해설] 냉동톤 = $\dfrac{GC\Delta t + Gr}{\dfrac{3320 \text{kcal/h}}{1\text{냉동톤}}}$

$= \dfrac{\begin{bmatrix} 40\text{kg/hr} \times 1\text{kcal/kg℃} \times (15-0)\text{℃} \\ + 40\text{kg/hr} \times 80\text{kcal/kg} \end{bmatrix}}{\dfrac{3320\text{kcal/h}}{1\text{냉동톤}}}$

= 1.14 냉동톤

:: **제3과목 계측 방법**

41. 600 R을 절대온도로 나타내면 약 몇 K 인가?

㉮ 273 ㉯ 333
㉰ 372 ㉱ 393

[해설] $°R \times \dfrac{5}{9} = K$ 에서 $600 \times \dfrac{5}{9} ≒ 333$ K

[참고] $K \times \dfrac{9}{5} = °R$

42. 다음 중 1000℃ 이상의 고온체의 연속 측정에 가장 적합한 온도계는?

㉮ 열전 온도계
㉯ 방사식 온도계
㉰ 바이메탈식 온도계
㉱ 액체 압력 온도계

[해설] 비접촉식 온도계인 방사(복사) 온도계가 1000℃ 이상 고온 측정용으로 적합하다.

43. 분동식 압력계에서 측정범위가 3000 kg/cm² 이상 측정할 수 있는 것에 사용되는 액체로 가장 적합한 것은?

㉮ 경유 ㉯ 스핀들유
㉰ 피마자유 ㉱ 모빌유

[해설] ① 모빌유 : 3000 kg/cm² 이상
② 경유 : 40~100 kg/cm²
③ 피마자유 및 스핀들유 : 100~1000 kg/cm²

정답 38. ㉮ 39. ㉰ 40. ㉯ 41. ㉯ 42. ㉯ 43. ㉱

44. 관로의 유속을 피토관으로 측정할 때 수주의 높이가 30 cm이었다. 이때 유속은 약 몇 m/s 인가?

㉮ 1.88　　㉯ 2.42
㉰ 3.88　　㉱ 5.88

[해설] $V = \sqrt{2gh}$ 에서
$V = \sqrt{2 \times 9.8 \times 0.3} = 2.42$ m/s

45. 다음 중 보일러의 자동제어에 해당되지 않는 것은?

㉮ 연소제어　　㉯ 온도제어
㉰ 급수제어　　㉱ 위치제어

[해설] 보일러 자동제어(ABC)에는 증기온도제어(STC), 급수제어(FWC), 연소제어(ACC)가 있다.

46. 제어시스템에서 응답이 계단변화가 도입된 후에 얻게 될 최종적인 값을 얼마나 초과하게 되는지를 나타내는 척도는?

㉮ 오프셋　　㉯ 응답시간
㉰ 오버슈트　　㉱ 쇠퇴비

[해설] 오버슈트(over shoot : 최대 편차량)
제어량이 목표값을 초과하여 최초로 나타내는 최대값

[참고] ① 오버슈트 = $\dfrac{\text{최대 초과량}}{\text{최종 목표값}} \times 100$ (%)
② 오프셋(off-set : 잔류편차) : 설정값과 최종 출력과의 차

47. 어떤 보일러 냉각기의 진공도가 730 mmHg일 때 절대압력으로 표시하면 약 몇 kgf/cm²·a인가?

㉮ 0.02　　㉯ 0.04
㉰ 0.08　　㉱ 0.12

[해설] $760 - 730 = 30$ mmHg
∴ $1.0332 \times \dfrac{30}{760} = 0.04$ kgf/cm²·a

48. 다음 각 신호의 전송방식과 신호전송거리로서 틀린 것은?

㉮ 공기압전송식 : 100 m 정도
㉯ 전기전송식 : 300~수 km 까지
㉰ 유압전송식 : 300 m 이내
㉱ 수증기압전송식 : 100 m 정도

[해설] 신호전송방식에는 공기압식, 유압식, 전기식이 있다.

49. 광고온계의 온도 측정 범위를 가장 잘 나타낸 것은?

㉮ 100~300℃　　㉯ 100~500℃
㉰ 700~2000℃　　㉱ 4000~5000℃

[해설] 광고온계의 온도 측정 범위는 700~2000℃이며 900℃ 이하에서는 휘도가 떨어져 오차가 발생한다.

50. 다음 기계식 압력계 중 정밀도가 가장 좋은 것은?

㉮ U자관형 액주압력계
㉯ 경사관식 액주압력계
㉰ 단관형 액주압력계
㉱ 링밸런스식 액주압력계

[해설] 경사관식 압력계
미세압 측정에 사용하며 정도(정확도, 정밀도)가 높아 실험실에서 시험용으로 사용한다.

51. -200~500℃의 측정범위를 가지며 측온저항체 소선으로 주로 사용되는 저항소자(抵抗素子)는?

㉮ 구리선(銅線)
㉯ 백금선(白金線)
㉰ Ni선(nickel線)
㉱ 서미스터(thermistor)

[해설] ① 구리선 : 0~120℃
② 니켈선 : -50~150℃
③ 서미스터 : -100~300℃

정답　44. ㉯　45. ㉱　46. ㉰　47. ㉯　48. ㉱　49. ㉰　50. ㉯　51. ㉯

52. 열전대를 보호하기 위해 사용되는 보호관 중 상용 사용 온도가 가장 높으며, 급랭, 급열에 강하고, 방사고온계의 단망관이나 2중 보호관의 외관으로 주로 사용되는 것은 어느 것인가?

㉮ 카보런덤관　　㉯ 자기관
㉰ 내열강관　　　㉱ 석영관

[해설]

보호관의 종류	상용 온도 (℃)	최고 사용도 (℃)	특성
카보 런덤관	1600	1700	급랭, 급열에 강하다.
자기관	1600	1700	Al_2O_3가 99% 이상에서 급랭, 급열에 특히 약하다.
내열 강관	1050	1200	내식성, 내열성이 크고 기계적 강도가 크다.
석영관	1000	1050	급랭, 급열에 견디고 알칼리에 약하고 산에는 강하다.

53. 램, 실린더, 기름탱크, 가압펌프 등으로 구성된 압력계는?

㉮ 액주형 압력계
㉯ 부르동관식 압력계
㉰ 환상스프링식 압력계
㉱ 분동식 압력계

[해설]

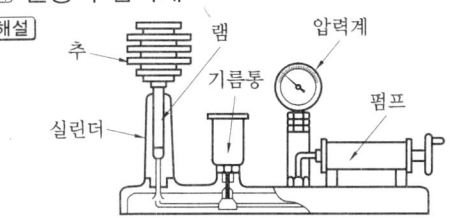

54. 정전 용량식 액면계의 특징에 대한 설명 중 틀린 것은?

㉮ 측정범위가 넓다.
㉯ 구조가 간단하고 보수가 용이하다.
㉰ 유전율이 온도에 따라 변화되는 곳에도 사용할 수 있다.
㉱ 습기가 있거나 전극에 피측정체를 부착하는 곳에는 부적당하다.

[해설] 유전율이 온도에 따라 변화되는 곳에도 사용이 불가능하다.

55. 다음 중 유량 측정과 관계가 없는 것은?

㉮ 벤투리미터　　㉯ 전자유량계
㉰ 로터미터　　　㉱ 제겔콘

[해설] 제겔콘 온도계는 내화도 측정에 사용한다.

56. 층류와 난류를 판정할 때 레이놀즈수를 사용한다. 층류와 난류의 기준이 되는 임계 레이놀즈수는 얼마인가?

㉮ 23　　　　　㉯ 232
㉰ 2320　　　　㉱ 23200

[해설] 레이놀즈수 Re가 2320 이상일 때를 난류, 이 보다 작으면 층류로 간주하며 Re 2320을 한계 레이놀즈수라 한다.

57. 오리피스(orifice)유량계에 대한 설명으로 틀린 것은?

㉮ 베르누이(bernoulli)의 정리를 응용한 계기이다.
㉯ 기체와 액체에 모두 사용이 가능하다.
㉰ 유량계수 C는 유체의 흐름이 층류이거나 와류의 경우 모두 같고 일정하며 레이놀즈수에 무관하다.
㉱ 오리피스의 교축기구를 기하학적으로 닮은 꼴이 되도록 정밀하게 끝맺음질하면 정확한 측정값을 얻을 수 있다.

[정답] 52. ㉮　53. ㉱　54. ㉰　55. ㉱　56. ㉰　57. ㉰

[해설] Re 가 10^5 정도 이하에서는 유량계수가 변화한다.

58. 그림에서 파이프의 지름이 각각 0.6 m, 0.4 m이고 (1)에서의 유속이 8 m/s이면 (2)에서의 유속은 약 몇 m/s인가?

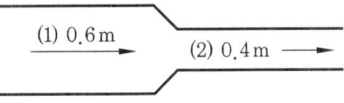

㉮ 16　　　　　㉯ 18
㉰ 20　　　　　㉱ 22

[해설] 완전유체의 연속방정식에서
$Q = A_1 V_1 = A_2 V_2$ 이므로
$$\frac{\pi \times (0.6)^2}{4} \times 8 = \frac{\pi \times (0.4)^2}{4} \times V_2$$
$$\therefore V_2 = \frac{(0.6)^2 \times 8}{(0.4)^2} = 18 \text{ m/s}$$

59. 색으로써 온도를 측정하고자 한다. 눈부신 황백색으로 나타날 때의 온도로서 가장 적합한 것은?

㉮ 800℃　　　　㉯ 1000℃
㉰ 1200℃　　　 ㉱ 1500℃

[해설] 600℃ : 어두운색, 800℃ : 붉은색,
1000℃ : 오렌지색, 1200℃ : 노란색,
1500℃ : 눈부신 황백색,
2000℃ : 매우눈부신 흰색

60. 화염검출기 중 화염의 이온화를 이용한 것으로 가스 점화 버너에 주로 사용하는 것은?

㉮ CdS 광전도 셀　　㉯ 플레임 아이
㉰ 스택스위치　　　　㉱ 플레임 로드

[해설] ① 플레임 아이 : 화염의 발광체를 이용한 것으로 기름 및 가스버너에 사용
② 플레임 로드 : 화염의 이온화를 이용한 것으로 가스용 점화버너에 사용

제4과목 열설비 재료 및 관계법규

61. 로내 강의 산화를 다소 감소시킬 수 있는 연소 가스는?

㉮ O_2　　　　　㉯ CO
㉰ CO_2　　　　㉱ H_2O

[해설] CO와 O_2가 반응하여 CO_2를 생성시키며 이때 O_2 감소로 산화를 다소 감소시킬 수 있다.

62. 다음 중 에너지이용 합리화법 기본계획에 포함될 사항이 아닌 것은?

㉮ 열사용기자재의 안전관리
㉯ 에너지 절약형 경제구조로의 전환
㉰ 에너지이용 합리화를 위한 기술개발
㉱ 에너지관리공단의 운영 계획

[해설] 에너지이용 합리화법 제4조 ②항 참조

63. 온수탱크의 나면과 보온면으로부터 방산 열량을 측정한 결과 각각 1000 kcal/m²·h, 300 kcal/m²·h 이었을 때 이 보온재의 보온효율은 몇 %인가?

㉮ 30　　㉯ 70　　㉰ 93　　㉱ 333

[해설] $\left(\frac{1000 - 300}{1000}\right) \times 100 = 70\%$

64. 에너지수급 차질에 대비하기 위하여 지식경제부장관이 에너지저장 의무를 부과할 수 있는 대상에 해당되는 자의 기준은?

㉮ 연간 1천 TOE 이상 에너지사용자
㉯ 연간 5천 TOE 이상 에너지사용자
㉰ 연간 1만 TOE 이상 에너지사용자
㉱ 연간 2만 TOE 이상 에너지사용자

[해설] 에너지이용 합리화법 시행령 제3조 ①항 참조

정답 58. ㉯　59. ㉱　60. ㉱　61. ㉯　62. ㉱　63. ㉯　64. ㉱

65. 고압 증기의 옥외배관에 가장 적당한 신축이음 방법은?

㉮ 오프셋형 ㉯ 벨로우즈형
㉰ 루프형 ㉱ 슬리브형

[해설] 루프형(곡관형) 신축 이음
고압, 옥외배관에 많이 사용하며 신축 허용 길이가 가장 길다.

66. 폴스테라이트에 대한 설명으로 옳은 것은 어느 것인가?

㉮ 주성분은 $2MgO \cdot SiO_2$이다.
㉯ 내식성은 나쁘나 기공율은 적다.
㉰ 온도상승에 따라 열전도율이 내려간다.
㉱ 하중 연화점은 크나 내화도는 28로 적다.

[해설] ① 폴스테라이트의 주성분은 $2MgO \cdot SiO_2$ 이다.
② 내식성이 좋으며 기공율이 크다.
③ 온도 상승에 따라 열전도율이 올라간다.
④ 하중 연화점과 내화도(SK 36 정도)가 크다.

67. 특별시장·광역시장 또는 도지사는 관할 구역의 지역적 특성을 고려하여 기본계획의 효율적인 달성과 지역경제의 발전을 위한 지역 에너지 계획을 몇 년 단위로 수립·시행하여야 하는가?

㉮ 2 ㉯ 3
㉰ 5 ㉱ 10

[해설] 에너지 기본법 제7조 ①항 참조

68. 보통벽돌은 점토(粘土)를 주원료로 하여 점성(粘性)이 적은 흙이나 강모래를 배합하여 만든다. 다음 보통벽돌에 대한 설명 중 틀린 것은?

㉮ 흡수율은 약 4~23% 정도이다.
㉯ 겉보기 비중은 약 2.60~3.87 정도이다.
㉰ 압축강도는 약 100~300 kg/cm² 정도이다.
㉱ 원료에는 약 5%의 산화철을 함유하며, 적갈색이다.

[해설] 겉보기 비중은 약 2 정도이다.

69. 보일러 등의 검사유효기간에 대한 설명으로 옳은 것은?

㉮ 설치 후 3년이 경과한 보일러로서 설치장소 변경검사를 받은 기기는 검사 후 1개월 이내에 운전성능검사를 받아야 한다.
㉯ 보일러의 계속사용검사 중 운전성능검사에 대한 검사 유효기간은 지식경제부 장관이 고시하는 기준에 적합한 경우에는 3년으로 한다.
㉰ 개조검사 중 보일러의 연료 또는 연소방법의 변경에 따른 개조검사의 경우에는 검사유효기간을 1년으로 한다.
㉱ 철금속가열로의 재사용검사는 1년으로 한다.

[해설] 에너지이용 합리화법 시행규칙 제31조의 8 별표 3의 5 참조

70. 회전가마(rotary kiln)에 대한 설명으로 틀린 것은?

㉮ 일반적으로 시멘트, 석회석 등의 소성에 사용된다.
㉯ 온도에 따라 소성대, 가소대, 예열대, 건조대 등으로 구분된다.
㉰ 소성대에는 황산염이 함유된 클링커가 용융되어 내화벽돌을 침식시킨다.
㉱ 원료와 연소가스는 서로 반대방향으로 이동함으로써 열교환이 일어난다.

[해설] 균일한 클링커를 소성해 내기 쉽고 클링커의 냉각이 충분해서 시멘트 품질이 양호하다.

정답 65. ㉰ 66. ㉮ 67. ㉰ 68. ㉯ 69. ㉮ 70. ㉰

71. 감압밸브에 대한 설명으로 틀린 것은?

㉮ 작동방식에는 직동식과 파일럿 작동식이 있다.
㉯ 증기용 감압밸브의 유입측에는 안전밸브를 설치하여야 한다.
㉰ 감압밸브를 설치할 때는 직관부를 호칭경의 10배 이상으로 하는 것이 좋다.
㉱ 감압밸브를 2단으로 설치할 경우에는 1단의 설정압력을 2단보다 높게 하는 것이 좋다.

[해설] 유입측에는 여과기를, 유출측에는 안전밸브를 설치하여야 한다.

72. 연속식 가마로서 피열물을 정지시켜 놓고 소성대의 위치를 바꾸어 가며 주로 벽돌, 기와 등의 건축 재료를 소성하는 가마는 어느 것인가?

㉮ 오름가마   ㉯ 꺽임불꽃식가마
㉰ 터널가마   ㉱ 고리가마

[해설] 윤요(ring kiln)
고리가마라고 불리우며 건축재료 소성에 널리 사용되며 피열물을 정지시켜 놓고 소성대의 위치를 바꾸어 가며 소성시키는 일종의 연속요이다.

73. 보온재의 구비조건으로 옳은 설명은?

㉮ 무거워야 한다.
㉯ 흡수성이 커야 한다.
㉰ 내화도가 적어야 한다.
㉱ 열전도도가 적어야 한다.

[해설] ① 가벼워야 한다 (비중이 작을 것).
② 흡수성이나 흡습성이 없어야 한다.
③ 내화도가 커야 한다.
④ 열전도도 (열전도율)가 적어야 한다.

74. 검사대상기기의 설치자가 그 사용 중인 검사대상기기를 폐기한 때에는 그 폐기한 날로부터 며칠 이내에 에너지 관리공단 이사장에게 신고하여야 하는가?

㉮ 7일   ㉯ 10일
㉰ 15일   ㉱ 20일

[해설] 에너지이용 합리화법 시행규칙 제31조의 23 ①항 참조

75. 소성내화물의 제조공정으로 가장 적절한 것은?

㉮ 분쇄 → 혼련 → 건조 → 성형 → 소성 → 제품
㉯ 분쇄 → 혼련 → 성형 → 건조 → 소성 → 제품
㉰ 분쇄 → 건조 → 혼련 → 성형 → 소성 → 제품
㉱ 분쇄 → 건조 → 성형 → 소성 → 혼련 → 제품

[해설] 일반적으로 분쇄 → 혼련 → 성형 → 건조 → 소성 → 제품 기본공정에 의해 제조된다.

76. 에너지이용 합리화법에 의한 목표 에너지 원단위(原單位)란?

㉮ 제품의 단위당 에너지 사용 목표량
㉯ 에너지 사용자가 정한 1년 연간 목표 사용량
㉰ 에너지관리공단 이사장이 정한 사용 에너지의 단위
㉱ 건축물의 연간 가동 에너지 사용 목표량

[해설] 에너지이용 합리화법 제35조 ①항 참조

77. 에너지이용 합리화법상 검사의 종류가 아닌 것은?

㉮ 설계검사   ㉯ 제조검사
㉰ 계속사용검사   ㉱ 개조검사

[해설] 에너지이용 합리화법 시행규칙 제31조의 7 별표 3의 4 참조

정답 71. ㉯ 72. ㉱ 73. ㉱ 74. ㉰ 75. ㉯ 76. ㉮ 77. ㉮

78. 밸브의 몸통이 둥근 달걀형 밸브로서 유체의 압력 감소가 크므로 압력이 필요로 하지 않을 경우나 유량 조절용이나 차단용으로 적합한 밸브는?

㉮ 글로브 밸브 ㉯ 체크 밸브
㉰ 버터플라이 밸브 ㉱ 슬루스 밸브

[해설] 유량 조절용으로는 글로브 밸브가 적합하며 슬루스(게이트) 밸브는 유로 개폐용으로 적합하다.

79. 유리 용융용으로 대량 생산 시 사용하는 가마(요)는?

㉮ 탱크요 ㉯ 회전요
㉰ 등요 ㉱ 터널요

[해설] 유리 용융용으로 사용되는 가마(요)는 탱크요와 도가니요가 있다.

80. 내화물에서 내화도는 다음 어떤 상태에 따라 좌우되는가?

㉮ 연화변형 상태
㉯ 기계적 강도의 상태
㉰ 내식성의 상태
㉱ 용융성의 상태

[해설] 미분쇄한 내화물로 시험콘을 만들어 표준 제겔콘과 받침대에 세우고 일정 속도로 가열하여 시험콘의 끝이 굽혀져서 접촉될 경우 이에 가장 가까운 변형상태의 표준제겔콘의 번호로 내화도를 표시한다.

제5과목 열설비 설계

81. 저위발열량이 9750 kcal/kg인 B-C유를 사용하는 보일러에서 실제증발량이 4 t/h이고 보일러 효율이 85%, 급수엔탈피는 70 kcal/kg, 발생증기의 엔탈피가 656 kcal/kg이라면 연료 소비량은 약 몇 kg/h인가?

㉮ 263 ㉯ 283
㉰ 303 ㉱ 314

[해설] $\dfrac{4 \times 1000 \times (656-70)}{x[\text{kg/h}] \times 9750} \times 100 = 85\%$
$x = 283 \text{ kg/h}$

82. 보일러 가동 시 환경오염에 문제가 되는 매연이 발생하게 되는 원인으로 볼 수 없는 것은?

㉮ 연소실 용적이 작을 때
㉯ 연소실 온도가 높을 때
㉰ 무리하게 연소하였을 때
㉱ 통풍력이 부족하거나 과대할 때

[해설] 연소실 온도가 낮을 때 불완전 연소로 매연이 발생한다.

83. 보일러 운전 중에 발생하는 기수 공발 (carry over) 현상의 발생 원인이 아닌 것은 어느 것인가?

㉮ 인산나트륨이 많을 때
㉯ 증발수면적이 넓을 때
㉰ 증기 정지밸브를 급히 개방했을 때
㉱ 보일러 내의 수면이 비정상적으로 높을 때

[해설] 증발수면적이 좁을 때 기수공발 및 워터해머 현상이 일어난다.

84. 보일러 부대장치 중 공기예열기의 적정 온도는?

㉮ 30~50℃ ㉯ 50~100℃
㉰ 100~180℃ ㉱ 180~350℃

85. 방열 유체의 전열유닛수(NTU)가 3.5, 온도차가 105℃이고 열교환기의 전열효율이 1일 때의 대수평균온도차($LMTD$)는 약 몇 ℃ 인가?

㉮ 0.03　㉯ 22.03　㉰ 30　㉱ 62

[해설] 방열유체의 유량 G, 비열 C, 온도강하를 Δt, 열관류율 K, 전열면적 F, 대수평균온도차를 Δt_m 이라고 하면
$$Q = G \cdot C \cdot \Delta t = K \cdot F \cdot \Delta t_m$$
$$\therefore \frac{KF}{GC} = \frac{\Delta t}{\Delta t_m}$$
여기서 $\frac{KF}{GC}$를 NTU라고 한다.
$$\therefore \Delta t = (NTU) \cdot \Delta t_m$$
$$\Delta t_m = \frac{\Delta t}{NTU} = \frac{105}{3.5} = 30℃$$

86. 재킷 타입의 농축기에 가열증기가 150℃로 공급되고 있는데 농축기에 스케일이 부착되어 열관류 계수가 $\frac{1}{4}$ 로 되었다면 동등한 능력을 발생하기 위한 공급 증기의 온도는? (단, 액의 비점은 100℃이다.)

㉮ 200℃　㉯ 250℃
㉰ 300℃　㉱ 350℃

[해설] $Q = K \cdot F \cdot \Delta t$ 에서
$1 \times 1 \times (150 - 100) = 0.25 \times 1 \times (x - 100)$
$\therefore x = 300℃$

87. 전기저항로에 발열체 저항이 $R[\Omega]$, 여기에 $I[A]$의 전류를 흘렸을 때 발생하는 이론 열량은 시간당 얼마인가?

㉮ $864\,IR$ [cal]　㉯ $846\,IR$ [cal]
㉰ $864\,I^2R$ [cal]　㉱ $846\,I^2R$ [cal]

[해설] 전력 $P = I^2R$ [J/s][W]에서
$P = 1\text{J/s} \times 0.24\,\text{cal} \times 3600\,\text{s} = 864\,\text{cal/h}$
[참고] 1J/s = 1W = 0.24 cal/s

88. 연소실 내의 통풍력이 과대(過大)할 때의 현상에 대한 설명으로 틀린 것은?

㉮ 과잉공기량이 많아진다.
㉯ 배기가스에 의한 열손실이 커진다.
㉰ 연소실 내부의 온도가 떨어진다.
㉱ 불완전 연소가 된다.

[해설] 통풍력이 과소할 때 연료가 불완전 연소되기 쉽다.

89. 열팽창에 의한 배관의 이동을 구속 또는 제한하는 것을 레스트레인트(restraint)라 한다. 레스트레인트의 종류에 해당하지 않는 것은?

㉮ 앵커(anchor)　㉯ 스토퍼(stopper)
㉰ 리지드(rigid)　㉱ 가이드(guide)

[해설] 레스트레인트의 종류에는 앵커, 스토퍼, 가이드 3가지가 있다.

90. 파이프의 내경 D [mm]를 유량 Q [m³/s]와 평균속도 V [m/s]로 표시한 식으로 옳은 것은?

㉮ $D = 1128 \sqrt{\dfrac{Q}{V}}$

㉯ $D = 1128 \sqrt{\dfrac{\pi V}{Q}}$

㉰ $D = 1128 \sqrt{\dfrac{Q}{\pi V}}$

㉱ $D = 1128 \sqrt{\dfrac{V}{Q}}$

[해설] $Q = A \cdot V = \dfrac{\pi}{4} \cdot \left(\dfrac{D}{1000}\right)^2 \cdot V$ 에서
$D = 1128 \cdot \sqrt{\dfrac{Q}{V}}$ 이다.

91. 다음 중 열관류율의 단위는?

㉮ kcal/m · h · ℃

정답 85. ㉰　86. ㉰　87. ㉰　88. ㉱　89. ㉰　90. ㉮　91. ㉯

㉰ kcal/m² · h · ℃
㉰ kcal/m³ · h · ℃
㉱ kcal/m⁴ · h · ℃

[해설] ① 열전달률 및 연관류율 : kcal/m² · h · ℃
② 열전도율 : kcal/m · h · ℃

92. 보일러의 열정산 시 출열 항목이 아닌 것은 어느 것인가?

㉮ 배기가스에 의한 손실열
㉯ 발생증기 보유열
㉰ 불완전연소에 의한 손실열
㉱ 공기의 현열

[해설] 공기의 현열은 입열 항목이며 출열 항목에는 미연분에 의한 손실열이 있다.

93. 보일러의 전열 면적이 10 m² 이상, 15 m² 미만인 것은 방출관의 안지름이 몇 mm 이상이어야 하는가?

㉮ 10   ㉯ 20
㉰ 30   ㉱ 50

[해설]

전열면적 (m²)	방출관의 안지름 (mm)
10 미만	25 이상
10 이상 15 미만	30 이상
15 이상 20 미만	40 이상
20 이상	50 이상

94. 긴관의 일단에서 급수를 펌프로 압입하여 도중에서 가열, 증발, 과열을 한꺼번에 시켜 과열증기로 내보내는 보일러로서 드럼이 없고, 관만으로 구성된 보일러는?

㉮ 이중 증발보일러
㉯ 특수 열매 보일러
㉰ 연관 보일러
㉱ 관류 보일러

95. 연소실에서 연도까지 배치된 보일러 부속 설비의 순서를 바르게 나타낸 것은?

㉮ 절탄기 → 과열기 → 공기 예열기
㉯ 과열기 → 절탄기 → 공기 예열기
㉰ 공기 예열기 → 과열기 → 절탄기
㉱ 과열기 → 공기 예열기 → 절탄기

[해설] 증발관 → 과열기 → 재열기 → 절탄기 → 공기 예열기 순으로 배치한다.

96. 노통 연관 보일러의 노통의 바깥면과 이에 가장 가까운 연관의 면과는 얼마 이상의 틈새를 두어야 하는가?

㉮ 5 mm   ㉯ 10 mm
㉰ 20 mm   ㉱ 50 mm

[해설] 노통 연관 보일러의 노통이 바깥면과 이에 가장 가까운 연관의 면과는 50 mm 이상의 틈새를 두어야 하며, 노통에 돌기를 설치하는 경우에는 30 mm 이상의 틈새를 두어야 한다.

97. 보일러의 부대장치 중 공기 예열기 사용 시의 장점이 아닌 것은?

㉮ 연료의 착화열을 줄인다.
㉯ 연소 효율이 증가한다.
㉰ 보일러 효율이 높아진다.
㉱ 과잉공기가 많아진다.

[해설] 과잉 공기량을 줄일 수 있다.

98. 수관 보일러에서 수랭 노벽의 설치 목적으로 가장 거리가 먼 것은?

㉮ 고온의 연소열에 의해 내화물이 연화 변형되는 것을 방지하기 위하여
㉯ 물의 순환을 좋게 하고 수관의 변형을 방지하기 위하여
㉰ 복사열을 흡수시켜 복사에 의한 열손실을 줄이기 위하여
㉱ 전열면적을 증가시켜 전열효율을 상승

[정답] 92. ㉱   93. ㉰   94. ㉱   95. ㉯   96. ㉱   97. ㉱   98. ㉯

시키고, 보일러 효율을 높이기 위하여
[해설] 수랭 노벽(노벽에 수냉관을 설치)의 설치 목적은 ㉮, ㉯, ㉱항 외에 연소실 열부하를 증가시키기 위해서다.

99. 프라이밍(priming) 및 포밍(forming)이 발생한 경우에 취하는 조치로서 옳지 않은 것은?

㉮ 연소량을 가볍게 한다.
㉯ 보일러수의 일부를 분출하고 새로운 물을 넣는다.
㉰ 증기 밸브를 열고 수면계의 수위의 안정을 기다린다.
㉱ 안전밸브, 수면계의 시험과 압력계 연락관을 취출하여 본다.

[해설] 증기 밸브를 닫고 수면계의 수위안정을 기다려야 한다.

100. 급수의 순도 표시방법에 대한 설명으로 틀린 것은?

㉮ ppm의 단위는 100만분의 1의 단위이다.
㉯ epm은 당량농도라 하고 용액 1 kg 중의 용질 1 mg 당량을 의미한다.
㉰ 보일러수에서는 재료의 부식을 방지하기 위하여 pH가 7인 중성을 유지하여야 한다.
㉱ 알칼리도는 물속에 녹아 있는 알칼리분을 중화시키기 위해 필요한 황산의 양을 말한다.

[해설] 보일러수에서는 재료의 부식을 방지하기 위하여 pH가 10.5~11.8 정도인 약알칼리성을 유지하여 한다.

정답 99. ㉰ 100. ㉰

2011년 1회 에너지관리기사

2011.3.20 시행

제1과목 연소 공학

1. 탄소(C) 84 w%, 수소(H) 12 w%, 수분 4 w%의 중량조성을 갖는 액체연료에서 수분을 완전히 제거한 다음 1시간당 5 kg을 완전연소시키는 데 필요한 이론 공기량은 약 몇 Nm^3/h 인가?

㉮ 55.6 ㉯ 65.8
㉰ 73.5 ㉱ 89.2

[해설] $A_0 = \dfrac{1}{0.21} \times \left\{ \dfrac{22.4}{12}C + \dfrac{11.2}{2}\left(H - \dfrac{O}{8}\right) \right.$
$\left. + \dfrac{22.4}{32}S \right\} \times \dfrac{1}{(1-수분)}$
$= \dfrac{1}{0.21} \times \left\{ \dfrac{22.4}{12} \times 0.84 + \dfrac{11.2}{2}\left(0.12 - \dfrac{0}{8}\right) \right.$
$\left. + \dfrac{22.4}{32} \times 0 \right\} \times \dfrac{1}{(1-0.04)}$
$= 11.111 Nm^3/kg$
$\therefore A_0' = A_0 \times G_f$
$= 11.111 Nm^3/kg \times 5 kg/h$
$= 55.5 Nm^3/h$

2. 연돌에 의한 통풍력에 대한 설명으로 옳은 것은?

㉮ 연돌 높이의 평방근에 비례한다.
㉯ 연돌 높이의 제곱에 비례한다.
㉰ 연돌 높이에 반비례한다.
㉱ 연돌 높이에 비례한다.

[해설] $Z[mmH_2O] = 335 \times H\left\{\dfrac{1}{T_a} - \dfrac{1}{T_g}\right\}$

3. 일반적인 정상연소에 있어서 연소 속도를 지배하는 주된 요인은?

㉮ 화학반응의 속도
㉯ 공기 중 산소의 확산속도
㉰ 연료의 착화온도
㉱ 배기가스 중의 CO_2 농도

[해설] 연소속도는 산소의 확산속도에 비례한다.

4. 어떤 수성가스의 조성은 용적 %로 H_2 50 %, CO 40 %, CO_2 5 %, N_2 5 %이다. 0℃, 1 atm의 수성가스 $1m^3$의 발열량을 아래식을 이용하여 구하면 약 몇 kcal인가?

- $H_2 + \dfrac{1}{2}O_2 \rightarrow H_2O[L]$
  $\Delta H = -68.32 kcal/mol$
- $CO + \dfrac{1}{2}O_2 \rightarrow CO_2$
  $\Delta H = -67.63 kcal/mol$

㉮ 2733 ㉯ -2733
㉰ 135.95 ㉱ -135.95

[해설] $Q = 68.32 kcal/0.0224 m^3 \times 0.5$
$+ 67.63 kcal/0.0224 m^3 \times 0.4$
$= 2732.6 kcal/m^3$

5. 공기비(m)에 대한 식으로 옳은 것은?

㉮ $\dfrac{실제\ 공기량}{이론\ 공기량}$

㉯ $\dfrac{이론\ 공기량}{실제\ 공기량}$

정답 1. ㉮ 2. ㉱ 3. ㉯ 4. ㉮ 5. ㉮

㉰ $1 - \dfrac{\text{과잉 공기량}}{\text{이론 공기량}}$

㉱ $\dfrac{\text{실제 공기량}}{\text{과잉 공기량}} - 1$

[해설] $m = \dfrac{A}{A_0}$

6. 증기운 폭발의 특징에 대한 설명으로 틀린 것은?

㉮ 폭발보다 화재가 많다.
㉯ 연소 에너지의 약 20 % 만 폭풍파로 변한다.
㉰ 증기운의 크기가 클수록 점화될 가능성이 커진다.
㉱ 점화 위치가 방출점에서 가까울수록 폭발위력이 크다.

[해설] 증기운 폭발은 액체상태로 저장되어 있던 인화성 물질이 인화성가스로 공기 중에 누출되어 있다가 정전기와 같은 점화원이 접촉하여 폭발하는 현상이므로 점화 위치가 방출점에서 멀수록 폭발위력이 크다.

7. 연소 배기가스 중의 O_2나 CO_2 함유량을 측정하는 경제적인 이유로 가장 적당한 것은 어느 것인가?

㉮ 연소 배기가스량 계산을 위하여
㉯ 공기비를 조절하여 열효율을 높이고 연료 소비량을 줄이기 위해서
㉰ 환원염의 판정을 위하여
㉱ 완전 연소가 되는지 확인하기 위해서

[해설] 연소 배기가스 중 O_2나 CO_2 함유량을 알면 공기비(m)를 구할 수 있다.

8. 다음 가스 중 저위 발열량(kcal/kg)이 가장 낮은 것은?

㉮ 수소
㉯ 메탄
㉰ 아세틸렌
㉱ 에탄

[해설] 각 연료의 발열량
① 수소
$$3035 \text{kcal/Nm}^3 \times \dfrac{22.4 \text{Nm}^3}{2\text{kg}}$$
$$= 33992 \text{kcal/kg}$$
② 메탄
$$11000 \text{kcal/Nm}^3 \times \dfrac{22.4 \text{Nm}^3}{16\text{kg}}$$
$$= 15400 \text{kcal/kg}$$
③ 아세틸렌 : 11800 kcal/kg
④ 에탄 : 11880 kcal/kg

9. 분진을 포함하고 있는 가스를 선회시켜 입자에 원심력을 주어 분리시키는 방법으로서 고성능집진장치의 전처리용으로 주로 사용되는 것은?

㉮ 전기식 집진장치
㉯ 벤투리스크러버
㉰ 사이클론 집진장치
㉱ 백필터 집진장치

[해설] 사이클론 집진장치 = 원심력 집진장치

10. 저위발열량 93766 kJ/Nm³의 C_3H_8을 공기비 1.2로 연소시킬 때의 이론연소온도는 약 몇 K인가? (단, 배기가스의 평균비열은 1.653 kJ/Nm³·K이고 다른 조건은 무시한다.)

㉮ 1656 ㉯ 1756
㉰ 1856 ㉱ 1956

[해설] $C_3H_8 + 5O_2 \rightarrow 3CO_2 + 4H_2O$

$$G_{ow} = 3 + 4 + 0.79 \times \dfrac{1}{0.21} \times 5$$
$$= 25.809 \text{Nm}^3/\text{Nm}^3$$
$$G_w = G_{ow} + (m-1)A_0$$
$$= 25.809 + (1.2-1) \times \dfrac{1}{0.21} \times 5$$
$$= 30.57 \text{Nm}^3/\text{Nm}^3$$

정답 6. ㉱ 7. ㉯ 8. ㉰ 9. ㉰ 10. ㉰

$$t_2 = \frac{H_l}{GC} + t_1$$
$$= \frac{93766 \text{kJ/Nm}^3}{30.57 \text{Nm}^3/\text{Nm}^3 \times 1.653 \text{kJ/Nm}^3 \cdot \text{K}} + 0\text{K}$$
$$= 1855.5 \text{ K}$$

11. 어떤 열설비에서 연료가 완전 연소하였을 경우에 배기가스 내의 잉여 산소농도가 10 % 이었다. 이때 이 연소기기의 공기비는 약 얼마인가?

㉮ 1.0 ㉯ 1.5 ㉰ 1.9 ㉱ 2.5

[해설] $m = \dfrac{21}{21 - O_2} = \dfrac{21}{21 - 10} = 1.90$

12. 고위발열량이 9000 kcal/kg인 연료 3 kg이 연소할 때의 총저위발열량은 약 몇 kcal인가? (단, 이 연료 1 kg당 수소분은 15 %, 수분은 1 %의 비율로 들어 있다.)

㉮ 12300 ㉯ 24550
㉰ 43880 ㉱ 51800

[해설] $H_l = H_h - 600(9H + W)$
$= 9000 \text{kcal/kg} - 600 \text{kcal/kg}$
$\times (9 \times 0.15 + 0.01) \text{kg/kg}$
$= 8184 \text{ kcal/kg}$
∴ $H_l' = H_l \times G_f = 8184 \text{kcal/kg} \times 3\text{kg}$
$= 24552 \text{ kcal}$

13. 폐열회수에 있어서 검토해야 할 사항이 아닌 것은?

㉮ 폐열의 증가 방법에 대해서 검토한다.
㉯ 폐열회수의 경제적 가치에 대해서 검토한다.
㉰ 폐열의 양 및 질과 이용 가치에 대해서 검토한다.
㉱ 폐열회수 방법과 이용 방안에 대해서 검토한다.

[해설] 폐열을 증가시킬 방법은 없다. 연소시킨 연료의 양에 대해 정해진 열량만큼 생긴다.

14. 프로판 1 Nm³의 완전연소에 필요한 이론산소량 (Nm³)은?

㉮ 1 ㉯ 2 ㉰ 4 ㉱ 5

[해설] $C_3H_8 + 5O_2 \rightarrow 3CO_2 + 4H_2O$
  1   5   3   4
$O_0[\text{Nm}^3/\text{Nm}^3] = 5 \text{ Nm}^3/\text{Nm}^3$

15. 고위발열량과 저위발열량의 차이는 어떤 성분때문인가?

㉮ 황 ㉯ 탄소 ㉰ 질소 ㉱ 수소

[해설] $H_l = H_h - 600 \times (9H + W)$

16. 기체연료의 일반적인 특징에 대한 설명 중 틀린 것은?

㉮ 화염온도의 상승이 비교적 용이하다.
㉯ 연소 후 유해성분의 잔류가 거의 없다.
㉰ 연소장치의 온도 및 온도분포의 조절이 어렵다.
㉱ 다량으로 사용하는 경우 수송 및 저장이 어렵다.

[해설] 버너를 이용하므로 연소 제어가 쉽다.

17. 석탄의 저장 시 자연발화를 방지하기 위하여 탄층 1 m 깊이의 온도를 측정하여 몇 ℃ 이하가 되도록 하는 것이 가장 적당한가?

㉮ 40 ㉯ 60 ㉰ 80 ㉱ 100

[해설] 탄층의 내부온도가 60℃를 넘을 때는 고쳐 쌓기를 한다.

18. 실제기체가 이상기체의 방정식을 근사적으로 만족하는 경우는?

㉮ 압력이 높고 온도가 낮을 때
㉯ 압력과 온도가 낮을 때

정답 11. ㉰ 12. ㉯ 13. ㉮ 14. ㉱ 15. ㉱ 16. ㉰ 17. ㉯ 18. ㉰

대 압력이 낮고 온도가 높을 때
라 압력과 온도가 높을 때

[해설] 이상기체는 자신이 차지하는 부피를 무시하고, 분자간의 인력을 무시하므로 실제기체가 압력이 낮고, 온도가 높을 때 이상기체에 가까워진다.

19. 질소산화물의 생성을 억제하는 방법이 아닌 것은?

가 물분사법
나 2단 연소법
다 배출가스 재순환법
라 고농도(高濃度)산소 연소법

[해설] 저산소 연소법이 있다.

20. 연소 시 배기가스량을 구하는 식으로 옳은 것은? (단, G : 배기가스량, G_0 : 이론 배기가스량, A_0 : 이론공기량, m : 공기비이다.)

가 $G = G_0 + (m-1)A_0$
나 $G = G_0 + (m+1)A_0$
다 $G = G_0 - (m+1)A_0$
라 $G = G_0 + (1-m)A_0$

[해설] $G_w = G_{ow} + (m-1)A_0$

제2과목   열역학

21. 어떤 기체의 정압비열이 다음 식으로 표현될 때 32℃와 800℃ 사이에서의 이 기체의 평균 정압 비열(C_p)은? (단, C_p의 단위는 kJ/mol·℃, T의 단위는 ℃이다)

$$C_p = 35.35 + 2.409 \times 10^{-2}T - 0.9033 \times 10^{-5}T^2$$

가 35.35 나 43.36 다 57.43 라 95.84

[해설] ① 32℃일 때
$$C_p = 35.35 + 2.409 \times 10^{-2} \times 32 - 0.9033 \times 10^{-5} \times 32^2$$
$$= 36.111 \text{ kJ/mol·℃}$$

② 800℃일 때
$$C_p = 35.35 + 2.409 \times 10^{-2} \times 800 - 0.9033 \times 10^{-5} \times 800^2$$
$$= 48.840 \text{ kJ/mol·℃}$$

산술평균 $Cp_m = \dfrac{36.111 + 48.840}{2}$
$$= 42.47 \text{ kJ/mol·℃}$$

22. 증기의 기본적 성질에 대한 설명으로 틀린 것은?

가 물의 3중점은 물과 얼음과 증기의 3상이 공존하는 점이며 이 점의 온도는 0.01℃(273.16 K)이다.
나 임계점에서는 액상과 기상의 구분이 없다.
다 임계 압력하에서 증발열은 0이 된다.
라 증발 잠열은 포화 압력이 높아질수록 커진다.

[해설] 증발 잠열은 포화 압력이 높아질수록 적어진다.

23. 포화액의 온도를 유지하면서 압력을 높이면 어떤 상태가 되는가?

가 습증기   나 압축(과랭)액
다 과열증기   라 포화액

[해설]

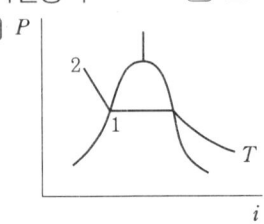

그림에서 따지면 압축(과랭)액이 된다. 즉, 1에서 2로 이동된다.

정답 19. 라 20. 가 21. 나 22. 라 23. 나

24. 간극체적이 피스톤 행정 체적의 8 %인 피스톤 기관의 압축비는?

㉮ 13.5 ㉯ 12.5 ㉰ 1.08 ㉱ 0.08

[해설] 압축비 $\varepsilon = \dfrac{\text{실린더 체적}}{\text{간극 체적}(V_c)}$

$= \dfrac{V_c + V_s}{V_c} = \dfrac{\dfrac{V_c}{V_s} + \dfrac{V_s}{V_s}}{\dfrac{V_c}{V_s}}$

$= \dfrac{\lambda + 1}{\lambda} = \dfrac{0.08 + 1}{0.08} = 13.5$

여기서, ε : 압축비, V_c : 간극 체적, V_s : 행정 체적, λ : 간극비

25. 저 발열량 11000 kcal/kg인 연료를 연소시켜서 900 kW의 동력을 얻기 위해서는 매 분당 약 몇 kg의 연료를 연소시켜야 하는가? (단, 연료는 완전 연소되며 발생한 열량의 50 %가 동력으로 변환된다고 가정한다.)

㉮ 1.37 ㉯ 2.34 ㉰ 3.82 ㉱ 4.17

[해설] $\eta = \dfrac{Q}{G_f \times H_l}$

$0.5 = \dfrac{900\text{kW} \times \dfrac{860\text{kcal/h}}{1\text{kW}}}{G_f \times 11000\text{kcal/kg}}$

$\therefore G_f = \dfrac{900 \times \dfrac{860}{1}}{0.5 \times 11000} = 140.727 \text{ kg/h}$

$\therefore 140.727\text{kg/h} \times 1\text{h}/60\text{min}$
$= 2.345 \text{ kg/min}$

26. 랭킨 사이클의 순서를 차례대로 옳게 나열한 것은?

㉮ 단열압축 – 정압가열 – 단열팽창 – 정압 냉각
㉯ 단열압축 – 등온가열 – 단열팽창 – 정적 냉각
㉰ 단열압축 – 등적가열 – 등압팽창 – 정압 냉각
㉱ 단열압축 – 정압가열 – 단열팽창 – 정적 냉각

[해설] 랭킨사이클은 2개의 단열변화와 2개의 정압변화로 이루어지는 사이클이다.

27. 액화공정을 나타낸 그래프에서 ①, ②, ③ 과정 중 액화가 불가능한 공정을 나타낸 것은?

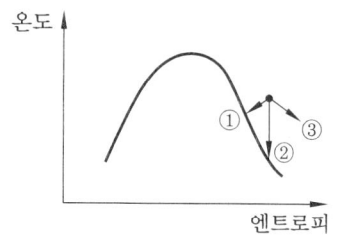

㉮ ① ㉯ ②
㉰ ③ ㉱ ①, ②, ③

[해설]

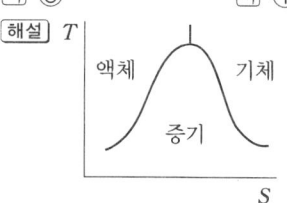

③은 액체가 될 수 없는 공정이다.

28. 온도가 T_1인 이상기체를 가역단열과정으로 압축하였다. 압력이 P_1에서 P_2로 변하였을 때, 압축 후의 온도 T_2를 옳게 나타낸 것은? (단, k는 이상기체의 비열비를 나타낸다.)

㉮ $T_2 = T_1 \left(\dfrac{P_2}{P_1}\right)^{\dfrac{k}{(k-1)}}$

㉯ $T_2 = T_1 \left(\dfrac{P_2}{P_1}\right)^{\dfrac{k}{(1-k)}}$

정답 24. ㉮ 25. ㉯ 26. ㉮ 27. ㉰ 28. ㉰

㉰ $T_2 = T_1 \left(\dfrac{P_2}{P_1}\right)^{\frac{(k-1)}{k}}$

㉱ $T_2 = T_1 \left(\dfrac{P_2}{P_1}\right)^{\frac{(1-k)}{k}}$

[해설] 가역 단열 과정에서

$\dfrac{T_2}{T_1} = \left(\dfrac{V_1}{V_2}\right)^{k-1} = \left(\dfrac{P_2}{P_1}\right)^{\frac{k-1}{k}}$ 에서

$T_2 = T_1 \times \left(\dfrac{P_2}{P_1}\right)^{\frac{k-1}{k}}$

29. 등온 압축 계수 k를 옳게 표시한 것은?

㉮ $K = -\dfrac{1}{V}\left(\dfrac{dP}{dT}\right)_V$

㉯ $K = -\dfrac{1}{V}\left(\dfrac{dV}{dP}\right)_T$

㉰ $K = \dfrac{1}{V}\left(\dfrac{dP}{dT}\right)_V$

㉱ $K = \dfrac{1}{V}\left(\dfrac{dV}{dP}\right)_T$

[해설] 등온 압축 계수 $K = -\dfrac{1}{V}\left(\dfrac{dV}{dP}\right)_T$ 로 표현하며 일정한 온도에서 압력의 변화량에 따른 부피의 변화량을 부피로 나눈 값이며 음수인 이유는 압력을 조금 높였을 경우 부피가 감소하여 음의 값이 되기 때문이다.

30. 압력이 100 kPa인 공기를 가열하여 200 kPa이 되었다. 초기 상태 공기의 비체적을 1 m³/kg, 최종 상태 공기의 비체적을 2 m³/kg이라고 할 때, 이 과정 동안의 엔트로피 변화량을 약 몇 kJ/kg·K인가? (단, 공기의 정적비열은 0.7 kJ/kg·K, 정압비열은 1.0 kJ/kg·K이다.)

㉮ 0.3   ㉯ 0.52
㉰ 1.0   ㉱ 1.18

[해설] $dq = dh - vdP = C_p dT - vdP$

$dS = C_P \dfrac{dT}{T} - \dfrac{v}{T}dP$

$= C_P \dfrac{dT}{T} - R\dfrac{dP}{P} \left(Pv = RT, \dfrac{v}{T} = \dfrac{R}{P}\right)$

$\Delta S = S_1 - S_2 = C_P \ln \dfrac{T_2}{T_1} - R \ln \dfrac{P_2}{P_1}$

$= C_P \ln \dfrac{T_2}{T_1} - (C_P - C_V) \cdot \ln \dfrac{P_2}{P_1}$

$= C_P \ln \dfrac{T_2}{T_1} \times \dfrac{P_2}{P_1} + C_V \ln \dfrac{P_2}{P_1}$

$= C_P \ln \dfrac{v_2}{v_1} + C_V \ln \dfrac{P_2}{P_1}$

$= 1 \times \ln \dfrac{2}{1} + 0.7 \times \ln \dfrac{200}{100}$

$= 1.178$

31. 공기의 기체상수 R이 0.287 kJ/kg·K일 때 표준상태(0℃, 1기압)에서 밀도는 약 몇 kg/m³인가?

㉮ 1.29   ㉯ 1.87
㉰ 2.14   ㉱ 2.48

[해설] $PV = GRT$에서

$\dfrac{G}{V} = \dfrac{P}{RT}$

$= \dfrac{101.325 \text{kN/m}^2}{0.287 \text{kN·m/kgK} \times (273+0)\text{K}}$

$= 1.29 \text{ kg/m}^3$

32. 무차원이 아닌 것은?

㉮ 비리얼 계수   ㉯ 마하수
㉰ 임계 압력비   ㉱ 노즐 효율

[해설] 비리얼 계수의 단위는 cm³/mol이다.

33. 엔탈피가 3140 kJ/kg인 과열증기가 노즐에 저속상태로 들어와 출구에서 엔탈피가 3010 kJ/kg인 상태로 나갈 때 출구에서의 수증기 속도(m/s)는?

정답 29. ㉯ 30. ㉱ 31. ㉮ 32. ㉮ 33. ㉱

㉮ 8 ㉯ 25
㉰ 160 ㉱ 510

[해설] $w_2 = \sqrt{2(h_2 - h_1)}$ (h : J/kg일 때)
$= \sqrt{2000(h_2 - h_1)}$ (h : kJ/kg일 때)
$= \sqrt{2000 \times (3140 - 3010)}$
$= 509.9$ m/s

34. 가역적으로 움직이는 열기관이 260℃에서 200 kJ의 열을 흡수하여 40℃로 배출한다. 40℃의 열저장조로 배출한 열량을 약 몇 kJ 인가?

㉮ 0 ㉯ 33 ㉰ 47 ㉱ 117

[해설] $\eta = \dfrac{Q_1 - Q_2}{Q_1} = \dfrac{T_1 - T_2}{T_1}$ 에서

$\dfrac{200 - x}{200} = \dfrac{(273 + 260) - (273 + 40)}{(273 + 260)}$

$\therefore x = 200 - \dfrac{(260 - 40) \times 200}{(273 + 260)} = 117.4$ kJ

35. 이상기체 1mol이 그림의 a 과정을 따를 때 내부에너지의 변화량을 약 몇 J인가? (단, 정적비열 C_v는 1.5R이고, 기체상수 R 값은 8.314 kJ/kmol·℃이다.)

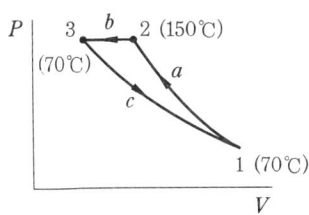

㉮ 498 ㉯ 760
㉰ 998 ㉱ 1013

[해설] $dU = C_V dT = 1.5R(T_2 - T_1)$
$= 1.5 \times 8.314$ J/mol·℃ $\times (150 - 70)$℃
$= 997.6$ J/mol

36. 냉장고가 저온체에서 30 kW의 열을 흡수하여 고온체로 40 kW의 열을 방출한다. 이 냉장고의 성능계수는?

㉮ 2 ㉯ 3 ㉰ 4 ㉱ 5

[해설] 냉동기 성적계수(COP)
$= \dfrac{T_2}{T_1 - T_2} = \dfrac{Q_2}{Q_1 - Q_2}$
$= \dfrac{30}{40 - 30} = 3$

37. 냉동사이클의 $T-s$ 선도에서 냉매단위질량당 냉각열량 q_L과 압축기의 소요동력 W를 옳게 나타낸 것은? (단, h는 엔탈피를 나타낸다.)

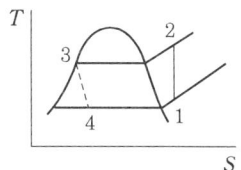

㉮ $q_L = h_3 - h_4$, $W = h_2 - h_1$
㉯ $q_L = h_1 - h_4$, $W = h_2 - h_1$
㉰ $q_L = h_2 - h_3$, $W = h_1 - h_4$
㉱ $q_L = h_3 - h_4$, $W = h_1 - h_4$

[해설] 그림에서 냉각 열량 $q_L = h_1 - h_4$, 압축기의 소요동력 $W = h_2 - h_1$

38. 실제기체를 이상기체로 근사시키기 가장 좋은 조건은?

㉮ 고압, 저온 ㉯ 고압, 고온
㉰ 저압, 저온 ㉱ 저압, 고온

[해설] 이상기체는 자신이 차지하는 부피를 무시하고, 분자 간의 인력을 무시하므로 실제기체가 압력이 낮고 온도가 높을 때 이상기체에 가까워진다.

39. 개방시스템 내의 이상기체에 대한 등온압축 과정에서 단위 질량당 일(W)을 표시하는 식은? (단, R은 기체상수, T는 절대

정답 34. ㉱ 35. ㉰ 36. ㉯ 37. ㉯ 38. ㉱ 39. ㉮

온도, P는 압력, V는 체적, 첨자 1은 처음 상태, 첨자 2는 나중상태이다.)

㉮ $RT\ln\dfrac{P_1}{P_2}$ ㉯ $RT=\ln\left(\dfrac{V_1}{V_2}\right)^2$

㉰ $RT\ln\dfrac{T_2}{T_1}$ ㉱ $P(V_2-V_1)$

[해설] 등온변화에서 절대일과 공업일은 서로 같다.
$$W_a=W_t=\int_1^2 PdV=\int_1^2 \dfrac{RT}{V}\cdot dV$$
$$=RT\ln\left(\dfrac{V_2}{V_1}\right)=RT\ln\left(\dfrac{P_1}{P_2}\right)$$

40. 30~600℃에서 작동하는 카르노사이클의 열효율은 몇 %인가?

㉮ 60.7 % ㉯ 65.3 %
㉰ 66.7 % ㉱ 68.5 %

[해설] $\eta=\dfrac{T_1-T_2}{T_1}=\dfrac{600-30}{(273+600)}$
$=0.6529=65.29\%$

제3과목 계측 방법

41. 다음 중 파스칼의 원리를 가장 바르게 설명한 것은?

㉮ 밀폐 용기 내의 액체에 압력을 가하면 압력은 모든 부분에 동일하게 전달된다.
㉯ 밀폐 용기 내의 액체에 압력을 가하면 압력은 가한 점에만 전달된다.
㉰ 밀폐 용기 내의 액체에 압력을 가하면 압력은 가한 반대편으로만 전달된다.
㉱ 밀폐 용기 내의 액체에 압력을 가하면 압력은 가한점으로부터 일정 간격을 두고 차등적으로 달라진다.

[해설] 파스칼의 원리란 밀폐된 공간에 채워진 액체에 압력을 가하면 내부에 전달된 압력은 밀폐된 공간의 각 면에 동일한 압력으로 작용한다는 원리다.

42. 다음 중 탄성식 압력계가 아닌 것은?

㉮ 부르동관 압력계
㉯ 벨로우즈 압력계
㉰ 다이어프램 압력계
㉱ 경사관 압력계

[해설] ① 탄성식(탄성체) 압력계의 종류 : 부르동관식 압력계, 벨로우즈식 압력계, 다이어프램식 압력계
② 액주식 압력계의 종류 : U자관식 압력계, 경사관식 압력계, 환상천평식(링 밸런스식) 압력계

43. 경보 및 액면 제어용으로 널리 사용되는 액면계는?

㉮ 유리관식 액면계
㉯ 차압식 액면계
㉰ 부자식 액면계
㉱ 퍼지식 액면계

[해설] 부자(float)식 액면계
경보 및 고압밀폐탱크의 액면제어용으로 널리 사용되며 기구가 간단하고 고장이 적다 (측정 범위는 0.35~4.5 m 정도이고, 정도는 1~2 %이다).

44. 다음 중 기체크로마토그래피와 관련이 없는 것은?

㉮ 컬럼(column)
㉯ 캐리어가스 (carrier gas)
㉰ 불꽃광도검출기(FPD)
㉱ 속빈 음극등 (hollow cathode lamp)

[해설] 기체크로마토그래피법은 컬럼(분리관), 검출기, 기록계가 주요장치이며 He, H_2, N_2, Ar 등의 캐리어 가스가 필요하다.

정답 40. ㉯ 41. ㉮ 42. ㉱ 43. ㉰ 44. ㉱

45. 열전대 온도계의 보호관 중 상용 사용온도가 약 1000℃이며 내열성, 내산성이 우수하나 환원성가스에 기밀성이 약간 떨어지는 것은?

㉮ 카보런덤관 ㉯ 자기관
㉰ 석영관 ㉱ 황동관

46. 1차 지연요소에서 시정수(T)가 클수록 어떻게 되는가?

㉮ 응답속도가 느려진다.
㉯ 응답속도가 빨라진다.
㉰ 응답속도가 일정해진다.
㉱ 시정수와 응답속도는 상관이 없다.

[해설] 시정수란 1차 지연요소에서 출력이 최대 출력의 63%에 도달할 때까지의 시간을 말하며 시정수(T)가 클수록 응답속도가 느려진다.

47. 다음 [보기]에서 설명하는 제어동작은?

[보기]
- 부하변화가 커도 잔류편차가 생기지 않는다.
- 급변할 때 큰 진동이 생긴다.
- 전달느림이나 쓸모없는 시간이 크면 사이클링의 주기가 커진다.

㉮ PD 동작 ㉯ 뱅뱅 동작
㉰ PI 동작 ㉱ P 동작

[해설] PI(비례적분)동작
P(비례) 동작에서 생기는 잔류편차(offset)를 제거하지만 진동이 발생하고 제어의 안정성이 떨어지는 동작이다.

48. Rankine의 온도가 671.07일 때 Kelvin 온도는 약 몇 도인가?

㉮ 211 ㉯ 300 ㉰ 373 ㉱ 460

[해설] °R × $\frac{5}{9}$ = K 에서
671.07 × $\frac{5}{9}$ = 373K

49. 다음 중 접촉법으로 측정되는 온도계는?

㉮ 광고온계 ㉯ 열전대온도계
㉰ 방사온도계 ㉱ 색온도계

[해설] 비접촉식 온도계의 종류
광고온계, 방사온도계, 색온도계, 광전관식 온도계

50. 탄성식 압력계의 일반 교정에 주로 사용되는 압력계는?

㉮ 액주식 압력계 ㉯ 격막식 압력계
㉰ 전기식 압력계 ㉱ 분동식 압력계

[해설] 탄성식 압력계의 교정용, 시험용으로 사용되는 압력계는 분동식(=기준 분동식=정하중 시험기) 압력계이다.

51. 압력식 온도계를 이용하는 방법으로 가장 거리가 먼 것은?

㉮ 고체 팽창식 ㉯ 액체 팽창식
㉰ 기체 팽창식 ㉱ 증기 팽창식

[해설] 고체 팽창식 온도계는 압력식 온도계가 아니며 고체의 선팽창 차이를 이용한 온도계이다.

52. 월트만(Waltman)식에 대한 설명으로 옳은 것은?

㉮ 전자식 유량계의 일종이다.
㉯ 용적식 유량계 중 박막식이다.
㉰ 유속식 유량계 중 터빈식이다.
㉱ 차압식 유량계 중 노즐식과 벤투리식을 혼합한 것이다.

[해설] 유속식 유량계에는 임펠러식 유량계와 터빈식 유량계가 있으며, 터빈식 유량계에는 워싱턴식과 월트만식(수도미터와 같은 대유량 측정)이 있다.

정답 45. ㉰ 46. ㉮ 47. ㉰ 48. ㉰ 49. ㉯ 50. ㉱ 51. ㉮ 52. ㉰

53. 보일러를 자동 운전할 경우 송풍기가 작동되지 않으면 연료공급 전자 밸브가 열리지 않는 인터록의 종류는?

㉮ 송풍기 인터록
㉯ 전자밸브 인터록
㉰ 프리퍼지 인터록
㉱ 불착화 인터록

[해설] 프리퍼지(pre purge) 인터록
송풍기가 작동되지 않으면 pre-purge(점화 전 노내 환기)가 이루어지지 않을 때 전자밸브가 열리지 않는 인터록

54. 유체의 흐름 중에 전열선을 넣고 유체의 온도를 높이는 데 필요한 에너지를 측정하여 유체의 질량 유량을 알 수 있는 것은?

㉮ 토마스식 유량계
㉯ 정전압식 유량계
㉰ 정온도식 유량계
㉱ 마그네틱식 유량계

[해설] 열선식 유량계의 종류
토마스식 유량계, 미풍계, thermal 유량계

55. 면적식 유량계에 대한 설명으로 틀린 것은 어느 것인가?

㉮ 정도가 높아 정밀 측정에 적합하다.
㉯ 측정하려는 유체의 밀도를 미리 알아야 한다.
㉰ 압력손실이 적고 균등 유량을 얻을 수 있다.
㉱ 슬러리나 부식성 액체의 측정이 가능하다.

[해설] 면적식 유량계의 정도는 ±1~2% 정도이며 정밀측정에 부적합하다.

56. 다음 압력계 중 정도(精度)가 가장 높은 것은 어느 것인가?

㉮ 경사관 압력계
㉯ 분동식 압력계
㉰ 부르동관식 압력계
㉱ 다이어프램 압력계

[해설] 경사관식 압력계의 특징
① U자관식을 변형시킨 것
② 저압 측정용이다 (10~50mmH$_2$O).
③ 정도가 ±0.05 mmH$_2$O로서 매우 높다.
④ 미세압 측정이 가능하다.

57. 차압식 유량계에서 압력차가 처음보다 4배 커지고 관의 지름이 $\frac{1}{2}$로 되었다면 나중 유량(Q_2)과 처음 유량(Q_1)의 관계를 옳게 나타낸 것은?

㉮ $Q_2 = 0.25 \times Q_1$　㉯ $Q_2 = 0.35 \times Q_1$
㉰ $Q_2 = 0.5 \times Q_1$　㉱ $Q_2 = 0.71 \times Q_1$

[해설] $Q_1 : d^2 \times \sqrt{\Delta P} = Q_2 : \left(\frac{d}{2}\right)^2 \times \sqrt{4\Delta P}$ 에서

$$Q_2 = \frac{\left(\frac{d}{2}\right)^2 \times \sqrt{4\Delta P}}{d^2 \times \sqrt{\Delta P}} \times Q_1$$

$$= \frac{\frac{1}{4} \times \sqrt{4}}{1} \times Q_1 = 0.5 \times Q_1$$

58. 벨로우즈(Bellows) 압력계에서 Bellows 탄성의 보조로 코일 스프링을 조합하여 사용하는 주된 이유는?

㉮ 측정압력 범위를 넓히기 위하여
㉯ 감도를 증대시키기 위하여
㉰ 히스테리시스 현상을 없애기 위하여
㉱ 측정지연 시간을 없애기 위하여

[해설] 벨로우즈 압력계는 구조가 간단하며 히스테리시스 현상을 없애기 위하여 스프링을 조합하여 사용한다.

정답 53. ㉰　54. ㉮　55. ㉮　56. ㉮　57. ㉰　58. ㉰

59. 열전도율형 CO_2 분석계의 사용 시 주의사항에 대한 설명 중 틀린 것은?

㉮ 브리지의 공급 전류의 점검을 확실하게 한다.
㉯ 셀의 주위 온도와 측정가스 온도는 거의 일정하게 유지시키고 온도의 과도한 상승을 피한다.
㉰ H_2를 혼입시키면 정확도를 높이므로 같이 사용한다.
㉱ 가스의 유속을 일정하게 하여야 한다.

[해설] H_2의 혼입은 정확도를 떨어 뜨린다.

60. 자동제어에서 미분동작을 가장 바르게 설명한 것은?

㉮ 조절계의 출력 변화가 편차에 비례하는 동작
㉯ 조절계의 출력 변화의 속도가 편차에 비례하는 동작
㉰ 조절계의 출력 변화가 편차의 변화 속도에 비례하는 동작
㉱ 조작량이 어떤 동작 신호 값을 경계로 하여 완전히 전개 또는 전폐되는 동작

[해설] ㉮항은 비례(P) 동작에 대한 설명이며, ㉯항은 미분(D) 동작에 대한 설명이다.

제4과목 열설비 재료 및 관계법규

61. 석면 보온재(石綿 保溫材)의 최고 안전사용 온도는?

㉮ 100℃   ㉯ 600℃
㉰ 800℃   ㉱ 1000℃

[해설] 석면(asbestos) 보온재의 최고 사용 온도는 석면과 접착제의 온도에 따라 다르지만 400℃ 이하의 파이프, 탱크, 노벽 등의 보온에 일반적으로 사용한다(최고사용온도:600℃).

62. 검사대상기기 조종자의 신고사유가 발생한 경우 발생한 날로부터 며칠 이내에 신고하여야 하는가?

㉮ 7일   ㉯ 15일
㉰ 30일   ㉱ 60일

[해설] 에너지이용 합리화법 시행규칙 제31조의 28의 ②항 참조

63. 평균에너지 소비효율의 산정방법에 대한 내용 중 틀린 것은?

㉮ 산정방법, 개선기간, 공표방법 등 필요한 사항은 지식경제부령으로 정한다.
㉯ 산정방법은
$$\dfrac{\text{기자재 판매량}}{\Sigma\left(\dfrac{\text{기자재 종류별 국내판매량}}{\text{기자재 종류별 에너지소비효율}}\right)}$$
이다.
㉰ 평균에너지 소비효율의 개선기간은 개선명령으로부터 다음해 1월 31일까지로 한다.
㉱ 개선명령을 받은 자는 개선명령일부터 60일 이내에 개선명령 이행계획을 수립하여 지식경제부장관에게 제출하여야 한다.

[해설] 에너지이용 합리화법 시행규칙 제8조의 3 참조

64. 요로를 균일하게 가열하는 방법이 아닌 것은?

㉮ 노내 가스를 순환시켜 연소 가스량을 많게 한다.
㉯ 가열시간을 되도록 짧게 한다.
㉰ 장염이나 축차연소를 행한다.

정답 59. ㉰ 60. ㉰ 61. ㉯ 62. ㉰ 63. ㉰ 64. ㉯

라 벽으로부터의 방사열을 적절하게 이용한다.

[해설] 가열시간을 길게 하고 (연속가열) 연소가스의 대류가 균일하게 이루어지도록 하며 피열물에 화염이 직접 닿지 않게 간접가열을 해야 한다.

65. 다음 중 산성 슬래그와 접촉하여 가장 쉽게 침식되는 내화물은?

- 가 납석질 내화물
- 나 규석질 내화물
- 다 탄소질 내화물
- 라 마그네시아질 내화물

[해설] 마그네시아질 내화물은 염기성 내화물로서 염기성 슬래그에 강하며 산성 슬래그와 접촉하면 쉽게 침식된다.

66. 다음 중 고로(blast furnace)의 특징에 대한 설명이 아닌 것은?

- 가 축열실, 탄화실, 연소실로 구분되며 탄화실에는 석탄장 입구와 가스를 배출시키는 상승관이 있다.
- 나 산소의 제거는 CO 가스에 의한 간접 환원반응과 코크스에 의한 직접 환원반응으로 이루어진다.
- 다 철광석 등의 원료는 노의 상부에서 투입되고 용선은 노 하부에서 배출된다.
- 라 노 내부의 반응을 촉진시키기 위해 압력을 높이거나 열풍의 온도를 높이는 경우도 있다.

[해설] 용광로(일명 고로)
열풍로, 연소대, 열흡수대, 용융대, 환원대, 제진실, 송풍구 등으로 구성되어 있다.

67. 자발적 협약체결 기업의 지원 등에 따른 자발적 협약의 평가기준의 항목이 아닌 것은 어느 것인가?

- 가 에너지 절감량 또는 온실가스 배출 감축량
- 나 계획대비 달성률 및 투자실적
- 다 자원 및 에너지의 재활용 노력
- 라 에너지이용 합리화 자금 활용 실적

[해설] 에너지이용 합리화법 시행규칙 제6조의 22항 참고

68. 한국산업표준에서 규정하고 있는 「내화물」의 내화도 하한치(下限値)는?

- 가 SK16
- 나 SK18
- 다 SK26
- 라 SK28

[해설] 내화물이란 SK26(1580℃) 이상의 내화도를 갖는 재료로 규정한다.

69. 요·로의 열효율을 높이는 방법으로 가장 거리가 먼 것은?

- 가 요·로의 적정 압력 유지
- 나 폐가스의 폐열회수
- 다 발열량이 높은 연료 사용
- 라 적정한 연소장치 선택

[해설] 요·로의 열효율을 높이기 위해서 가, 나, 라항 외에 과잉 공기량을 되도록 적게 사용한다.

70. 에너지절약전문기업의 등록이 취소된 에너지절약전문기업은 원칙적으로 등록 취소일로부터 얼마의 기간이 지나면 다시 등록을 할 수 있는가?

- 가 1년
- 나 2년
- 다 3년
- 라 5년

[해설] 에너지이용 합리화법 제27조 참조

71. 고압 배관용 탄소강관에 대한 설명 중 틀린 것은?

- 가 관의 제조는 킬드강을 사용하여 이음매 없이 제조한다.

정답 65. 라 66. 가 67. 라 68. 다 69. 다 70. 다 71. 나

㉯ KS 규격기호로 SPPS라고 표기한다.
㉰ 350℃ 이하, 100 kg/cm² 이상의 압력 범위에서 사용이 가능하다.
㉱ NH₃ 합성용 배관, 화학공업의 고압유체 수송용에 사용한다.

[해설] 고압 배관용 탄소강관의 KS 규격 기호로 SPPH (steel pipe pressure high)라고 표기한다.

[참고] 압력 배관용 탄소강관 : SPPS (steel pipe pressure service)

72. 에너지이용 합리화법에 의한 에너지관리자의 기본교육과정 교육기간으로 옳은 것은 어느 것인가?

㉮ 4시간 ㉯ 1일 ㉰ 3일 ㉱ 5일

[해설] 에너지이용 합리화법 시행규칙 제32조 참조

73. 고온용 무기질 보온재로서 석영을 녹여 만들며, 내약품성이 뛰어나고, 최고사용온도가 1100℃ 정도인 것은?

㉮ 유리섬유 (glass wool)
㉯ 석면 (asbestos)
㉰ 펄라이트 (pearlite)
㉱ 세라믹 파이버 (ceramic fiber)

[해설] 고온용 무기질 보온재
① 세라믹 파이버 : 1100℃
② 규산 칼슘 : 650℃
③ 펄라이트 : 650℃

74. 캐스터블 (castable) 내화물에 대한 설명으로 틀린 것은?

㉮ 사용현장에서 필요한 형상이나 치수로 자유롭게 성형할 수 있다.
㉯ 시공 후 약 24시간 후에 건조, 승온이 가능하고 경화제로 알루미나시멘트를 사용한다.
㉰ 잔존수축과 열팽창이 크고 노내 온도가 변화하면 스폴링을 잘 일으킨다.
㉱ 점토질이 많이 사용되고 용도에 따라 고알루미나질이나 크롬질도 사용된다.

[해설] 캐스터블은 잔존수축이 크고 열팽창이 작으며 노내 온도가 변화해도 스폴링을 일으키지 않는 특징을 갖고 있다.

75. 에너지절약전문기업 등록의 취소요건이 아닌 것은?

㉮ 규정에 의한 등록기준에 미달된 때
㉯ 보고를 하지 아니하거나 허위보고를 한 때
㉰ 정당한 사유 없이 등록 후 3년 이상 계속하여 사업수행 실적이 없는 때
㉱ 사업수행과 관련하여 다수의 민원을 일으킨 때

[해설] 에너지이용 합리화법 제26조 참조

76. 내화물의 구비조건으로 옳지 않은 것은?

㉮ 상온에서 압축강도가 작을 것
㉯ 내마모성 및 내침식성을 가질 것
㉰ 재가열 시 수축이 적을 것
㉱ 사용온도에서 연화변형하지 않을 것

[해설] 상온에서 압축강도가 클수록 좋다.

77. 다음 중 개조검사에 해당되지 않는 경우는 어느 것인가?

㉮ 증기보일러를 온수보일러로 개조하는 경우
㉯ 보일러 섹션의 증감에 의하여 용량을 변경하는 경우
㉰ 보일러 본체를 단열재로 보강하는 경우
㉱ 연료 또는 연소방법을 변경하는 경우

[해설] 에너지이용 합리화법 시행규칙 제31조의 7 별표 3의 4 참조

[정답] 72. ㉯ 73. ㉱ 74. ㉰ 75. ㉱ 76. ㉮ 77. ㉰

78. 마그네시아질 내화물이 수증기에 의해서 조직이 약화되는 현상은?

㉮ 슬래킹(slaking) 현상
㉯ 더스팅(dusting) 현상
㉰ 침식 현상
㉱ 스폴링(spalling) 현상

[해설] 슬래킹(소화성, slaking) : 마그네시아질 또는 돌로마이트질 내화물이 수증기에 의해서 $Ca(OH)_2$나 $Mg(OH)_2$를 생성하게 되며 이때 큰 비중차에 의하여 조직이 약화되는 현상을 말한다.

79. 산(酸) 등의 화학약품을 차단하는 데 주로 사용하는 밸브로서 내약품성, 내열성의 고무로 만든 것을 밸브시트에 밀어붙여서 유량을 조절하는 밸브는?

㉮ 다이어프램 밸브   ㉯ 슬루스 밸브
㉰ 버터플라이 밸브   ㉱ 체크 밸브

[해설] 다이어프램 밸브는 내약품성, 내열성을 갖는 고무로 만든 다이어프램을 사용하여 산 등의 화학약품을 차단하는 데 사용되는 밸브이다.

80. 에너지이용 합리화 기본계획에 대한 설명으로 틀린 것은?

㉮ 지식경제부장관은 매 5년 마다 수립하여야 한다.
㉯ 에너지절약형 경제구조로의 전환에 관한 사항이 포함되어야 한다.
㉰ 지식경제부장관은 시행결과를 평가하고, 해당 관계 행정기관의 장과 시, 도지사에게 그 평가 내용을 통보하여야 한다.
㉱ 관련행정기관의 장은 매년 실시 계획을 수립하고 그 결과를 반기별로 지식경제부장관에게 제출하여야 한다.

[해설] 에너지이용 합리화법 시행령 제18조 참조

제5과목   열설비 설계

81. 열확산 계수에 대한 설명 중 틀린 것은?

㉮ 단위는 m^2/s이다.
㉯ 열전도성을 나타낸다.
㉰ 온도에 대한 함수이다.
㉱ 열용량 계수에 비례한다.

[해설] ① 열확산 계수
$$= \frac{열전도율(kcal/mh℃)}{비열(kcal/kg℃) \times 밀도(kg/m^3)}$$
② 열전도 계수에 비례한다.

82. 노통 보일러 중 원통형의 노통이 2개인 보일러는?

㉮ 라몬트 보일러   ㉯ 바브콕 보일러
㉰ 다우삼 보일러   ㉱ 랭커셔 보일러

[해설] 노통 보일러의 종류
코르니시 보일러(노통 1개), 랭커셔 보일러(노통 2개)

83. 보일러동의 외경이 800 mm이고 길이가 2500 mm인 랭커셔 보일러의 전열면적은?

㉮ 2.0 m^2 ㉯ 4.8 m^2
㉰ 6.3 m^2 ㉱ 8.0 m^2

[해설] $4 \times 0.8 \times 2.5 = 8 \, m^2$

[참고] 동(드럼)의 외경을 D[m], 동(드럼)의 길이를 l[m]이라 하면
① 코르니시 보일러 전열면적(m^2) = πDl
② 랭커셔 보일러 전열면적(m^2) = $4Dl$

84. 보일러 재료로 이용되는 대부분의 강철제는 200~300℃에서 최대의 강도를 유지하나 몇 ℃ 이상이 되면 재료의 강도가 급

정답 78. ㉮ 79. ㉮ 80. ㉱ 81. ㉱ 82. ㉱ 83. ㉱ 84. ㉮

격히 저하되는가?

㉮ 350℃ ㉯ 400℃
㉰ 450℃ ㉱ 500℃

[해설] 강철재 재료의 강도가 급격히 저하되는 온도는 약 350℃ 이상이다.

85. 노통 보일러에서 사용하는 스테이(버팀)에 대한 설명으로 틀린 것은?

㉮ 도그 스테이는 맨홀 뚜껑의 보강재 버팀이다.
㉯ 경사 버팀은 화실천장과 과열부분의 압궤현상을 방지하는 버팀이다.
㉰ 가세트 버팀은 평형경판을 사용하여 경판, 동판 또는 관판이나 동판의 지지보강재이다.
㉱ 튜브 스테이는 연관의 팽창에 따른 관판이나 경판의 팽출에 대한 보강재이다.

[해설] 경사 버팀(oblique stay)은 둥근 막대를 경판에서 동판에다 경사지게 부착시켜 경판을 보강하는 버팀이다.

86. 노통 연관식 보일러의 특징에 대한 설명으로 옳은 것은?

㉮ 외분식이므로 방산손실열량이 크다.
㉯ 고압이나 대용량보일러로 적당하다.
㉰ 내부청소가 간단하므로 급수처리가 필요 없다.
㉱ 보일러의 크기에 비하여 전열면적이 크고 효율이 좋다.

[해설] 노통 연관식(혼식) 보일러의 특징
① 내분식이므로 방산열량 손실이 적다.
② 고압, 대용량 보일러로 부적당하다.
③ 내부청소가 까다롭고 급수처리가 반드시 필요하다.

87. 보일러 1마력을 상당 증발량으로 확산하면 약 몇 kg/h가 되는가?

㉮ 3.05 ㉯ 15.65 ㉰ 30.05 ㉱ 34.55

[해설] 보일러 1마력일 때 상당(환산) 증발량은 15.65 kg/h, 열출력은 8435 kcal/h (15.65kg/h × 539 kcal/kg)이다.

88. 다음 중 보일러의 탈산소제로 사용되지 않는 것은?

㉮ 아황산나트륨 ㉯ 히드라진
㉰ 탄닌 ㉱ 수산화나트륨

[해설] 탈산소제의 종류
아황산나트륨(저압보일러용), 탄닌, 히드라진(고압보일러용)

89. 열의 이동에 대한 설명 중 틀린 것은?

㉮ 전도란 정지하고 있는 물체 속을 열이 이동하는 현상을 말한다.
㉯ 대류란 유동물체가 고온부분에서 저온부분으로 이동하는 현상을 말한다.
㉰ 복사란 전자파의 에너지 형태로 열이 고온물체에서 저온물체로 이동하는 현상을 말한다.
㉱ 열관류란 유체가 열을 받으면 밀도가 작아져서 부력이 생기기 때문에 상승현상이 일어나는 것을 말한다.

[해설] 열관류(열통과)
열전달 → 열전도 → 열전달 과정을 통하여 고온의 유체에서 고체를 통과하여 저온의 유체로 열이 이동되는 것을 말한다 (단위 : $kcal/m^2h℃$).

90. 노벽의 두께가 200 mm 이고, 그 외측은 75 mm의 석면판으로 보온되어 있다. 노벽의 내부온도가 400℃이고, 외측온도가 38℃일 경우 노벽의 면적이 10 m^2라면 열손실은 약 몇 kcal/h 인가?(단, 노벽과 석면판의 평균 열전도도는 각 3.3, 0.13 kcal/m·h·℃ 이다.)

정답 85. ㉯ 86. ㉱ 87. ㉯ 88. ㉱ 89. ㉱ 90. ㉯

㉮ 4674　　　㉯ 5674
㉰ 6674　　　㉱ 7674

[해설] $Q(\text{kcal/h}) = \dfrac{(t_1 - t_2)}{\dfrac{b_1}{\lambda_1} + \dfrac{b_2}{\lambda_2}} \times F$

$= \dfrac{(400 - 38)}{\dfrac{0.2}{3.3} + \dfrac{0.075}{0.13}} \times 10$

$= 5678 \text{kcal/h}$

91. 물의 탁도(濁度)에 대한 설명으로 옳은 것은?

㉮ 카올린 1 g이 증류수 1 L 속에 들어 있을 때의 색과 같은 색을 가지는 물을 탁도 1도의 물이라 한다.

㉯ 카올린 1 mg이 증류수 1 L 속에 들어 있을 때의 색과 같은 색을 가지는 물을 탁도 1도의 물이라 한다.

㉰ 탄산칼슘 1 g이 증류수 1 L 속에 들어 있을 때의 색과 같은 색을 가지는 물을 탁도 1도의 물이라 한다.

㉱ 탄산칼슘 1 mg이 증류수 1 L 속에 들어 있을 때의 색과 같은 색을 가지는 물을 탁도 1도의 물이라 한다.

[해설] 탁도
현탁성 물질 등에 의하여 물이 탁해진 정도로, 증류수 1 L 중에 포함된 카올린(Al_2O_3, $2SiO_2$, $2H_2O$) 1 mg이 함유되었을 때를 탁도 1이라 한다.

92. 어떤 원통형 탱크가 압력 3 kg/cm², 직경 5 m, 강판 두께 10 mm이다. 탱크의 이음 효율을 75 %로 할 때 강판의 인장강도는 약 몇 kg/mm²로 하여야 하는가? (단, 탱크의 반경방향으로 두께에 응력이 유기되지 않는 이론값을 계산한다.)

㉮ 10　㉯ 20　㉰ 300　㉱ 400

[해설] 동판의 두께 $t[\text{mm}]$
$= \dfrac{\text{최고사용압력 } P[\text{kg/cm}^2] \times \text{동체의 안지름 } D[\text{mm}]}{200 \times \text{인장강도 } \delta[\text{kg/mm}^2] \times \text{이음효율 } \eta}$

$10 = \dfrac{3 \times 5000}{200 \times \delta \times 0.75}$ 에서

$\delta = \dfrac{3 \times 5000}{10 \times 200 \times 0.75} = 10 \text{ kg/mm}^2$

93. 복사능 0.5, 전열면적 2 m²인 물질이 복사능 0.8, 전열면적 10 m²인 물질 속에 둘러싸여 복사전열이 일어날 때의 총괄호환인자(F_{12})는 약 얼마인가?

㉮ 0.4　㉯ 0.5　㉰ 0.6　㉱ 0.7

[해설] $\dfrac{1}{F_{12}} = \dfrac{1}{\varepsilon_1} + \dfrac{F_1}{F_2} \times \left(\dfrac{1}{\varepsilon_2} - 1\right)$ 에서

$\dfrac{1}{F_{12}} = \dfrac{1}{0.5} + \dfrac{2}{10} \times \left(\dfrac{1}{0.8} - 1\right)$

$\therefore F_{12} = \dfrac{1}{2.05} = 0.49$

94. 노통 보일러에 2~3개의 겔로웨이관(Galloy tube)을 직각으로 설치하는 이유로서 가장 거리가 먼 것은?

㉮ 노통을 보강하기 위하여
㉯ 보일러수의 순환을 돕기 위하여
㉰ 전열 면적을 증가시키기 위하여
㉱ 수격작용(water hammer)를 방지하기 위하여

[해설] 겔로웨이관 설치이유(설치목적)는 ㉮, ㉯, ㉰항 3가지이다.

95. 열정산의 기준온도로서 어느 것을 사용하는 것이 가장 편리한가?

㉮ 0℃　　　㉯ 15℃
㉰ 18℃　　　㉱ 25℃

[해설] 열정산의 기준온도는 원칙적으로 외기온도이다. 편의상 0℃를 사용한다.

96. 어떤 연료 1 kg의 발열량이 6320 kcal 이다. 이 연료 50 kg을 연소시킬 때 발생하는 열을 모두 일로 전환한다면 이때 발생하는 동력은 약 몇 PS인가?

㉮ 300　　　㉯ 400
㉰ 500　　　㉱ 600

[해설] $\dfrac{6320 \times 50}{\dfrac{1}{427} \times 75 \times 3600} = 500 \text{ PS}$

97. 코르시니 보일러의 노통을 한쪽으로 편심 부착시키는 가장 큰 이유는?

㉮ 강도상 유리하므로
㉯ 전열면적을 크게 하기 위하여
㉰ 내부청소를 간편하게 하기 위하여
㉱ 보일러 물의 순환을 좋게 하기 위하여

[해설] 노통을 편심으로 부착하는 이유는 물의 순환을 양호하게 하기 위해서이다.

98. 수평가열관 중에 정상상태로 흐르고 있는 액체가 40℃에서 질량유속 2 kg/s로 유입되어 140℃로 배출된다. 액체의 평균 열용량은 4.2 kJ/kg·℃일 때 관 벽을 통하여 전달되는 열전달 속도는 약 몇 kW인가?

㉮ 105　　　㉯ 210
㉰ 420　　　㉱ 840

[해설] $2\text{kg/s} \times 4.2\text{kJ/kg℃} \times (140℃ - 40℃)$
$= 840 \text{kJ/S} = 840 \text{ kW}$

99. 기수분리기를 설치하는 주된 목적은?

㉮ 폐증기를 회수하여 재사용하기 위하여
㉯ 과열증기의 순환을 빠르게 하기 위해
㉰ 보일러에 녹아 있는 불순물을 제거하기 위하여
㉱ 발생된 증기 속에 남은 물방울을 제거하기 위하여

[해설] 비수방지관 또는 기수분리기 설치목적은 ㉱항이다.

100. 보일러 사용 중 이상 감수(저수위 사고)의 원인으로 가장 거리가 먼 것은?

㉮ 급수펌프가 고장이 났을 때
㉯ 수면계연락관이 막혀 수위를 모를 때
㉰ 증기의 발생량이 많을 때
㉱ 방출콕 또는 분출장치에서 누설될 때

[정답] 96. ㉰　97. ㉱　98. ㉱　99. ㉱　100. ㉰

2011년 2회 에너지관리기사

2011.6.12 시행

제1과목　연소 공학

1. 고온부식을 방지하기 위한 대책이 아닌 것은 어느 것인가?

㉮ 연료에 첨가제를 사용하여 바나듐의 융점을 낮춘다.
㉯ 연료를 전처리하여 바나듐, 나트륨, 황분을 제거한다.
㉰ 배기가스 온도를 550℃ 이하로 유지한다.
㉱ 전열면을 내식재료로 피복한다.

[해설] 바나듐의 융점을 높인다.

2. 옥탄(C_8H_{18}) 1몰을 공기과잉률 2로 연소시킬 때 연소가스 중 산소의 몰분율은?

㉮ 0.065　　㉯ 0.073
㉰ 0.086　　㉱ 0.101

[해설] $C_8H_{18} + 12.5O_2 \rightarrow 8CO_2 + 9H_2O$

$G_{ow} = 8 + 9 + 0.79 \times \dfrac{1}{0.21} \times 12.5$
$\phantom{G_{ow}} = 64.02\,\text{mol/mol}$

$G_w = G_{ow} + (m-1)A_0$
$ = 64.02 + (2-1) \times \dfrac{1}{0.21} \times 12.5$
$ = 123.54\,\text{mol/mol}$

산소 몰분율 $= \dfrac{12.5}{123.54} = 0.1011$

3. 기체연료가 다른 연료에 비하여 연소용 공기가 적게 소요되는 가장 큰 이유는?

㉮ 인화가 용이하므로
㉯ 착화온도가 낮으므로
㉰ 열전도도가 크므로
㉱ 확산연소가 되므로

[해설] 기체 연료는 다른 연료에 비하여 확산 속도가 빠르므로 산소와의 접촉이 원활하여 연소용 공기가 적게 소요된다.

4. 중유를 A급, B급, C급으로 구분하는 기준은 무엇인가?

㉮ 발열량　　㉯ 인화점
㉰ 착화점　　㉱ 점도

[해설] 중유는 점도(끈적 끈적한 정도)에 따라 A중유, B중유, C중유로 구분한다.

5. 목재를 가열할 때 가열온도 160~360℃에서 가장 많이 발생되는 기체는?

㉮ 일산화탄소　　㉯ 수소가스
㉰ 이산화탄소　　㉱ 유화수소가스

[해설] 목재는 160~360℃에서 불완전 연소에 의해 CO 가스가 가장 많이 발생한다.

6. 연소가스에 들어 있는 성분을 CO_2, C_mH_n, O_2, CO의 순서로 흡수 분리시킨 후 체적 변화로 조성을 구하고, 이어 잔류가스에 공기나 산소를 혼합, 연소시켜 성분을 분석하는 기체연료 분석 방법은?

㉮ 치환법　　㉯ 헴펠법
㉰ 리비히법　㉱ 에슈카법

정답　1. ㉮　2. ㉱　3. ㉱　4. ㉱　5. ㉮　6. ㉯

7. 다음 기체연료의 발열량(kcal/m³) 순서로 옳은 것은?

㉮ 수성가스>석탄가스>발생로가스>고로가스
㉯ 수성가스>석탄가스>고로가스>발생로가스
㉰ 석탄가스>수성가스>발생로가스>고로가스
㉱ 석탄가스>수성가스>고로가스>발생로가스

[해설] 각 기체연료의 발열량
① 석탄가스 : 5000 kcal/Nm³
② 수성가스 : 2700 kcal/Nm³
③ 발생로가스 : 1000~1600 kcal/Nm³
④ 고로가스 : 900 kcal/Nm³

8. 액화석유가스를 저장하는 가스설비의 내압성능에 대한 설명으로 옳은 것은?

㉮ 최대압력의 1.2배 이상의 압력으로 내압시험을 실시해 이상이 없어야 한다.
㉯ 최대압력의 1.5배 이상의 압력으로 내압시험을 실시해 이상이 없어야 한다.
㉰ 상용압력의 1.2배 이상의 압력으로 내압시험을 실시해 이상이 없어야 한다.
㉱ 상용압력의 1.5배 이상의 압력으로 내압시험을 실시해 이상이 없어야 한다.

[해설] 내압시험은 상용압력의 1.5배 이상의 압력으로 실시하여 이상이 없어야 한다.

9. 다음 연소에 대한 설명 중 가장 적합한 것은 어느 것인가?

㉮ 연소는 응고상태 또는 기체상태의 연료가 관계된 자발적인 발열반응 과정이다.
㉯ 폭발은 연소과정이 개방상태에서 진행됨으로써 압력이 상승하는 현상이다.
㉰ 발화점은 물질이 공기 중에서 산소를 공급받아 산화를 일으키는 현상이다.
㉱ 연소점은 가연성 액체가 개방된 용기에서 증기를 계속 발생하며 연소가 지속될 수 있는 최고 온도를 말한다.

[해설] ① 연소는 자발적인 발열반응 과정이다.
② 폭발은 연소과정이 밀폐상태에서 진행됨으로써 압력이 상승하는 현상이다.
③ 발화점은 점화원 없이 스스로 연소가 일어나는 최저온도이다.
④ 연소점은 연소가 지속될 수 있는 인화점보다 10℃ 높은 온도를 말한다.

10. C_3H_8 1 Nm³를 완전연소했을 때의 건연소가스량은 약 몇 m³인가? (단, 공기 중 산소는 21v %이다.)

㉮ 17.4   ㉯ 19.8
㉰ 21.8   ㉱ 24.4

[해설] $C_3H_8 + 5O_2 \rightarrow 3CO_2 + 4H_2O$
    1   5   3

$G_{od} = 3 + 0.79 \times \dfrac{1}{0.21} \times 5 = 21.8 \, Nm^3/Nm^3$

11. 연료의 발열량이 H_L, 피열물에 준 열량이 Q_P일 때 열효율(E_t)은 다음 중 어느 식으로 나타낼 수 있는가?

㉮ $1 - \dfrac{Q_P}{H_L}$ ㉯ $H_L - Q_P$

㉰ $\dfrac{H_L}{H_L - Q_P}$ ㉱ $\dfrac{Q_P}{H_L}$

[해설] 열효율 = $\dfrac{\text{유효하게 사용된 열}}{\text{입열}}$

= $\dfrac{Q_P}{H_L}$

12. 고체연료의 연료비(fuel ratio)를 옳게 나타낸 것은?

㉮ $\dfrac{휘발분}{고정탄소}$ ㉯ $\dfrac{고정탄소}{휘발분}$

㉰ $\dfrac{탄소}{수소}$ ㉱ $\dfrac{수소}{탄소}$

[해설] 연료비 = $\dfrac{고정탄소(\%)}{휘발분(\%)}$

13. 링겔만 농도표는 어떤 목적으로 사용되는가?

㉮ 연돌에서 배출되는 매연농도 측정
㉯ 보일러수의 pH 측정
㉰ 연소가스 중의 탄산가스 농도 측정
㉱ 연소가스 중의 SO_x 농도 측정

[해설] 링겔만 농도표는 연돌에서 배출 되는 매연의 농도를 측정하는 6가지 카드이다.

14. 부탄가스(C_4H_{10}) 2 m³을 완전연소하는 데 필요한 이론 공기량은 약 몇 m³인가?

㉮ 32 ㉯ 42
㉰ 52 ㉱ 62

[해설] $C_4H_{10} + 6.5O_2 \rightarrow 4CO_2 + 5H_2O$
  1   6.5   4

$A_0[Nm^3/Nm^3] = \dfrac{1}{0.21} \times O_0 = \dfrac{1}{0.21} \times 6.5$
$= 30.95\ Nm^3/Nm^3$

$A_0'[Nm^3] = A_0 \times G_f$
$= 30.95 Nm^3/Nm^3 \times 2 Nm^3$
$= 61.9\ Nm^3$

15. 다음 연료 중 저위발열량(MJ/kg)이 가장 높은 것은?

㉮ 가솔린 ㉯ 등유
㉰ 경유   ㉱ 중유

[해설] 가솔린, 등유, 경유, 중유의 저위 발열량 순은 가솔린 > 등유 > 경유 > 중유 순이다.

16. 액체 연료의 미립화 특성 결정 시 반드시 고려하여야 할 사항이 아닌 것은?

㉮ 분무압력 ㉯ 분무입경
㉰ 입경분포 ㉱ 분산도

[해설] 분무 압력은 미립화되기 전의 내용이다.

17. 연도가스 분석결과 CO_2 12.0 %, O_2 6.0 %, CO 0.0 %이라면 CO_{2max}는 몇 %인가?

㉮ 13.8 ㉯ 14.8
㉰ 15.8 ㉱ 16.8

[해설] $CO_{2max}(\%) = CO_2(\%) \times \dfrac{21}{21-O_2}$
$= 12 \times \dfrac{21}{21-6} = 16.8\%$

18. 다음 중 천연가스(LNG)의 주성분은?

㉮ CH_4 ㉯ C_2H_6
㉰ C_3H_8 ㉱ C_4H_{10}

[해설] 천연가스(LNG)의 주성분은 CH_4(메탄)이다.

19. 통풍방식 중 평형통풍에 대한 설명으로 틀린 것은?

㉮ 안정한 연소를 유지할 수 있다.
㉯ 노내 정압을 임의로 조절할 수 있다.
㉰ 중형 이상 보일러에는 사용할 수 없다.
㉱ 통풍력이 커서 소음이 심하다.

[해설] 평형통풍은 중형 이상의 보일러에 주로 사용한다.

20. 메탄의 고발열량 40 MJ/kg라 할 때 메탄의 저발열량은 약 몇 MJ/Nm³인가?

㉮ 22.1 ㉯ 24.5
㉰ 26.3 ㉱ 28.6

정답 13. ㉮ 14. ㉱ 15. ㉮ 16. ㉮ 17. ㉱ 18. ㉮ 19. ㉰ 20. ㉯

[해설] $CH_4 + 2O_2 \rightarrow CO_2 + 2H_2O$
　　　　1　　2　　　1　　2

$$H_l = H_h - 480\text{kcal/Nm}^3 \times 4.187\text{kJ/kcal}$$
$$\times 10^{-3}\text{MJ/kJ} \times \sum H_2O\ \text{Nm}^3/\text{Nm}^3$$
$$= 40\text{MJ/kg} \times \frac{16\text{kg}}{22.4\text{Nm}^3} - 480\text{kcal/Nm}^3$$
$$\times 4.187\text{kJ/kcal} \times 10^{-3}\text{MJ/kJ}$$
$$\times 2\text{Nm}^3/\text{Nm}^3$$
$$= 24.55\ \text{MJ/Nm}^3$$

제2과목　열역학

21. 동일한 압력하의 과열증기와 포화증기의 온도 차이를 무엇이라 하는가?

㉮ 건조도　　㉯ 포화도
㉰ 과열도　　㉱ 습도

[해설] 과열도＝과열증기온도－포화증기온도

22. 다음은 열역학적 사이클에서 일어나는 여러 가지의 과정이다. 이상적인 카르노(Carnot) 사이클에서 일어나는 과정을 옳게 나열한 것은?

① 등온 압축 과정　② 정적 팽창 과정
③ 정압 압축 과정　④ 단열 팽창 과정

㉮ ①, ②　　㉯ ②, ③
㉰ ③, ④　　㉱ ①, ④

[해설] 카르노 사이클에서 일어나는 과정은 등온 팽창, 단열팽창, 등온압축, 단열압축 과정이 있다.

23. 증기가 압력 2 MPa, 온도 300℃에서 노즐을 통하여 압력 300 kPa으로 단열 팽창할 때 증기의 분출속도는 몇 m/s가 되는가? (단, 입구와 출구 엔탈피 $h_1 = 3022$ kJ/kg, $h_2 = 2636$ kJ/kg이고, 입구속도는 무시한다.)

㉮ 220　㉯ 330　㉰ 672　㉱ 879

[해설] $w_2 = \sqrt{2(h_2 - h_1)}$ (h : J/kg일 때)
$= \sqrt{2000(h_2 - h_1)}$ (h : kJ/kg일 때)
$= \sqrt{2000 \times (3022 - 2636)}$
$= 878.6$ m/s

24. 압력이 200 kPa로 일정한 상태로 유지되는 실린더 내의 이상기체가 체적 0.3 m³에서 0.4 m³로 팽창될 때 이상기체가 한 일의 양은 몇 kJ인가?

㉮ 20　㉯ 40　㉰ 60　㉱ 80

[해설] $W_a = \int_1^2 PdV = P \times (V_2 - V_1)$
$= 200\text{kN/m}^2 \times (0.4 - 0.3)\text{m}^3$
$= 20\text{kN} \cdot \text{m} = 20\ \text{kJ}$

25. 성능계수가 4인 증기 압축 냉동 사이클에서 냉동용량이 4 kW일 때 소요일은 몇 kW인가?

㉮ $\frac{1}{16}$　㉯ 1　㉰ 16　㉱ 64

[해설] 냉동기 성능계수 $COP = \frac{Q_2}{Q_1 - Q_2}$
$= \frac{Q_2}{AW}$
$\therefore AW = \frac{Q_2}{COP} = \frac{4\text{kW}}{4} = 1\text{kW}$

26. 초기체적 V_i 상태에 있는 피스톤이 외부로 일을 하여 최종적으로 체적이 V_f인 상태로 되었다. 다음 중 외부로 가장 많은 일을 한 과정(process)은? (단, n은 폴리트로픽 지수이다.)

㉮ 등온과정
㉯ 등압과정
㉰ 단열과정
㉱ 폴리트로픽과정($n > 0$)

[해설] 가장 많은 일을 하는 과정은 등압과정(비경제적)이고 가장 적은 일을 하는 과정은 등온과정(경제적)이다.

27. 이상기체의 상태방정식에 해당하는 것은 어느 것인가? (단, 압력 P, 체적 V, 비체적 v, 절대온도 T, 질량 m, 기체상수 R [kJ/kg·K]이다.)

㉮ $Pv = RT$ ㉯ $PV = RT$
㉰ $PV = vRT$ ㉱ $Pv = mRT$

[해설] 이상기체 상태 방정식
$$PV = GRT$$
$$Pv = RT$$

28. 열역학 제1법칙은 무엇에 관한 내용인가?

㉮ 열의 전달   ㉯ 온도의 정의
㉰ 엔탈피의 정의   ㉱ 에너지의 보존

[해설] 열역학 제1법칙은 에너지 보존의 법칙이다.

29. 기체가 단열 팽창을 할 경우 실제의 엔트로피 변화는?

㉮ 증가한다.
㉯ 감소한다.
㉰ 일정하다.
㉱ 감소하다가 일정해진다.

[해설] 가역단열과정은 $\Delta S = 0$이고, 비가역단열과정은 $\Delta S > 0$이다.

30. 고열원의 온도가 400°C, 저열원의 온도가 15°C인 두 열원 사이에서 작동하는 카르노 사이클이 있다. 사이클에 가해지는 열량이 120 kJ이면 사이클 일은 몇 kJ인가?

㉮ 68.6   ㉯ 73.1   ㉰ 81.5   ㉱ 87.3

[해설] $\eta = \dfrac{T_1 - T_2}{T_1} = \dfrac{Q_1 - Q_2}{Q_1} = \dfrac{AW}{Q_1}$

$AW = \dfrac{T_1 - T_2}{T_1} \times Q_1 = \dfrac{400 - 15}{(273 + 400)} \times 120$
$= 68.64 \text{ kJ}$

31. 대기압이 100 kPa인 도시에서 두 지점의 계기압력비가 5 : 2라면 절대압력비는?

㉮ 1.5 : 1
㉯ 1.75 : 1
㉰ 2 : 1
㉱ 주어진 정보로는 알 수 없다.

[해설] 절대압력 = 대기압 + 게이지압 이므로 한 지점의 게이지압이라도 주어지면 구할 수 있는데, 현재 주어진 조건으로는 구할 수 없다.

32. 압축비가 5인 Otto cycle 기관이 있다. 이 기관이 15~1700°C의 온도범위에서 작동할 때 최고압력은 약 몇 kPa인가? (단, 최저압력은 100 kPa, 비열비는 1.4이다.)

㉮ 3428   ㉯ 2650   ㉰ 1961   ㉱ 1247

[해설] $\dfrac{T_2}{T_1} = \left(\dfrac{v_1}{v_2}\right)^{k-1} = \left(\dfrac{P_2}{P_1}\right)^{\frac{k-1}{k}}$

$\dfrac{P_2}{P_1} = \left(\dfrac{v_1}{v_2}\right)^k$ …… ①

$P_2 = P_1 \times \left(\dfrac{v_1}{v_2}\right)^k = 100 \times 5^{1.4} = 951.82 \text{ kPa}$

$\dfrac{T_2}{T_1} = \left(\dfrac{v_1}{v_2}\right)^{k-1}$ …… ②

$T_2 = T_1 \times \left(\dfrac{v_1}{v_2}\right)^{k-1} = (273 + 15) \times 5^{1.4-1}$
$= 548.25 \text{ K}$

$P_3 = P_{\max} = P_2 \times \left(\dfrac{T_3}{T_2}\right)$

정답 27. ㉮   28. ㉱   29. ㉮   30. ㉮   31. ㉱   32. ㉮

$$= 951.82 \times \left(\frac{273+1700}{548.25}\right)$$
$$= 3425.3 \text{ kPa}$$

33. 전열기를 사용하여 물 5L의 온도를 15℃에서 80℃까지 올리려고 한다. 전열기의 용량은 0.7kW이고 투입된 에너지가 모두 물에 전달된다고 하면 가열에 요구되는 시간은 약 몇 분인가? (단, 가열 중에 외부로의 열손실은 없다고 가정하며, 물의 비열은 4.179 kJ/kg·K이다.)

㉮ 17.26 ㉯ 21.74
㉰ 27.52 ㉱ 32.34

[해설] $\eta = \dfrac{\text{유효하게 사용된 열}}{\text{입열}}$

효율이 100%라 간주하면

$$1 = \dfrac{5\text{kg} \times 4.179 \text{KJ/kg·K} \times (80-15)\text{℃}}{\left[\begin{array}{c}0.7\text{kW} \times \dfrac{860\text{kcal/h}}{1\text{kW}} \times 1\text{h/60min} \\ \times x[\text{min}] \times 4.187 \text{kJ/kcal}\end{array}\right]}$$

$$\therefore x = \dfrac{5 \times 4.179 \times (80-15)}{0.7 \times 860 \times \dfrac{1}{60} \times 4.187} = 32.33 \text{ min}$$

34. 이상기체의 경우 $C_P - C_V = R$이다. 다음 중 옳은 것은? (단, C_P는 정압비열, C_V는 정적비열, R은 기체상수이고, k는 비열비이다.)

㉮ $k = \dfrac{C_V}{C_P}$ ㉯ $C_P = \dfrac{k}{k-1}R$

㉰ $C_V = \dfrac{k}{k+1}R$ ㉱ $k = \dfrac{C_V}{C_P}R$

[해설] $C_P - C_V = R$ ········ ①

$k = \dfrac{C_P}{C_V}$ ·············· ②

식 ②에서 $C_V = \dfrac{C_P}{k}$ 이고,

식 ①에 이를 대입하면 $C_P - \dfrac{C_P}{k} = R$

$$C_P\left(1 - \dfrac{1}{k}\right) = R$$
$$C_P\left(\dfrac{k-1}{k}\right) = R$$
$$C_P = \dfrac{k}{k-1} \cdot R$$

35. 디젤 사이클에서 압축비가 20, 단절비(cut-off ratio)가 1.7일 때 열효율은 약 몇 %인가? (단, 비열비는 1.4이다.)

㉮ 43 ㉯ 66
㉰ 72 ㉱ 84

[해설] 디젤 사이클에서 열효율

$$\eta_d = 1 - \left(\dfrac{1}{\varepsilon}\right)^{k-1} \cdot \dfrac{\sigma^k - 1}{k(\sigma - 1)}$$
$$= 1 - \left(\dfrac{1}{20}\right)^{1.4-1} \cdot \dfrac{1.7^{1.4} - 1}{1.4 \times (1.7 - 1)}$$
$$= 0.6607 = 66.07 \%$$

36. 80℃의 물(h = 335 kJ/kg)과 100℃의 건포화수증기(h = 2676 kJ/kg)를 질량비 1:1, 열손실 없는 정상유동과정으로 혼합하여 95℃의 포화액-증기 혼합물 상태로 내보낸다. 95℃ 포화상태에서 h_f = 398 kJ/kg, h_g = 2668 kJ/kg이라면 혼합실 출구 건도는 얼마인가?

㉮ 0.46 미만
㉯ 0.46 이상 0.48 미만
㉰ 0.48 이상 0.5 미만
㉱ 0.5 이상

[해설]
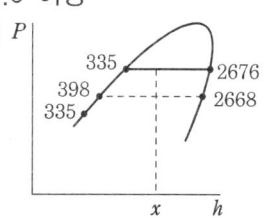

정답 33. ㉱ 34. ㉯ 35. ㉯ 36. ㉰

$$(x-335) = (2676-x)$$
$$2x = 2676 + 335$$
$$\therefore x = \frac{2676+335}{2} = 1505.5$$
$$h = h' + (h''-h')x$$
$$1505.5 = 398 + (2668-398) \times x$$
$$\therefore x = \frac{(1505.5-398)}{(2668-398)} = 0.487$$

37. Gibbs 자유에너지의 정의와 직접 관련이 없는 것은?

㉮ 엔탈피 ㉯ 온도
㉰ 엔트로피 ㉱ 열전달 계수

[해설] Gibbs 자유에너지
$G = H - TS$
여기서, G : Gibbs 자유에너지
H : 엔탈피
T : 열역학적 온도
S : 엔트로피

38. 이상기체로 구성된 밀폐계의 과정을 표시한 것으로 틀린 것은? (단, Q는 열량, H는 엔탈피, W는 일, U는 내부에너지이다.)

㉮ 등온과정에서 $Q = W$
㉯ 단열과정에서 $Q = -W$
㉰ 정압과정에서 $Q = \Delta H$
㉱ 정적과정에서 $Q = \Delta U$

[해설] 단열과정에서 $\delta q = 0$ 이므로 열의 이동이 없다.

39. 노즐(nozzle)에 관한 설명으로 옳은 것은 어느 것인가?

㉮ 단면적의 변화로 유량을 증가시키는 장치이다.
㉯ 단면적의 변화로 위치에너지를 증가시키는 장치이다.
㉰ 단면적의 변화로 엔탈피를 증가시키는 장치이다.
㉱ 단면적의 변화로 운동에너지를 증가시키는 장치이다.

[해설] 노즐은 단면적의 변화로 운동에너지(속도에너지)를 증가시키는 장치이다.

40. 수증기의 증발잠열과 관련하여 옳은 것은 어느 것인가?

㉮ 포화압력이 감소하면 증가한다.
㉯ 포화온도가 감소하면 감소한다.
㉰ 건포화증기와 포화액의 내부에너지 차이다.
㉱ 540 kcal/kg (2257 kJ/kg)으로 항상 일정하다.

[해설] 증발잠열은 압력이 증가하면 감소하고 압력이 감소하면 증가한다.

제3과목 계측 방법

41. 피토관으로 측정한 동압이 10 mmH$_2$O일 때 유속이 15 m/s이었다면 동압이 20 mmH$_2$O일 때의 유속은 약 몇 m/s인가? (단, 중력 가속도는 9.8 m/s^{2}이다)

㉮ 18 ㉯ 21.2 ㉰ 30 ㉱ 40.2

[해설] 유량은 차압(동압)의 평방근에 비례하므로 $Q = A \cdot V$에서 A가 일정하면 V는 차압(동압)의 평방근에 비례한다.
$\sqrt{10} : 15 = \sqrt{20} : x$에서
$x = 21.2 \text{ m/s}$

42. 비례동작에 대하여 가장 바르게 설명한 것은?

㉮ 조작부를 측정값의 크기에 비례하여 움직이게 하는 것

정답 37. ㉱ 38. ㉯ 39. ㉱ 40. ㉮ 41. ㉯ 42. ㉯

☷ 조작부를 편차의 크기에 비례하여 움직이게 하는 것
☷ 조작부를 목표값의 크기에 비례하여 움직이게 하는 것
☷ 조작부를 외란의 크기에 비례하여 움직이게 하는 것

[해설] 비례(P)동작
조작부(조작량)를 편차의 크기에 비례하여 움직이게 하는 연속동작이다.

43. 고온 물체가 방사되는 에너지 중 특정 파장의 방사 에너지, 즉 휘도를 표준 온도의 고온 물체와 필라멘트의 휘도를 비교하여 온도를 측정하는 것은?

㉮ 방사고온계   ㉯ 광고온계
㉰ 색온도계   ㉱ 서미스터온도계

[해설] 광고온계
고온 물체에서 방사되는 에너지 중에서 특정한 파장(보통 0.65μ인 적외선)의 방사에너지, 즉 휘도를 표준온도의 고온 물체로 사용되는 전구의 필라멘트의 휘도와 비교하여 온도를 측정한다.

44. 실온 22℃, 습도 45 %, 기압 765 mmHg 인 공기의 증기분압(Pw)은 약 몇 mmHg 인가? (단, 공기의 가스상수는 29.27 kg·m/kg·K, 22℃에서 포화압력(Ps)은 18.66 mmHg이다.)

㉮ 4.1   ㉯ 8.4   ㉰ 14.3   ㉱ 20.7

[해설] 상대습도 = $\dfrac{수증기\ 압력}{포화\ 수증기\ 압력}$ 에서
수증기 압력 = $0.45 \times 18.66 = 8.4$ mmHg

45. 200℃는 화씨온도로 몇 ℉인가?

㉮ 79   ㉯ 93   ㉰ 392   ㉱ 473

[해설] $200 \times \dfrac{9}{5} + 32 = 392$℉

46. 화학적 가스분석계인 연소식 O_2계의 특징이 아닌 것은?

㉮ 원리가 간단하다.
㉯ 취급이 용이하다.
㉰ 가스의 유량 변동에도 오차가 없다.
㉱ O_2측정 시 팔라듐(palladium)계가 이용된다.

[해설] 가스의 유량 변동은 그대로 오차에 연관이 된다.

47. 다이어프램 압력계에 대한 설명으로 틀린 것은?

㉮ 공업용의 측정범위는 10~300 mm H_2O이다.
㉯ 연소 로의 드래프트(draft)계로서 사용된다.
㉰ 다이어프램으로는 고무, 양은, 인청동 등의 박판이 사용된다.
㉱ 감도가 좋고 정도(精度)는 1~2 % 정도로 정확성이 높다.

[해설] 공업용의 측정범위는 20~5000 mmH_2O이다.

48. 밀폐된 관에 수은 등과 같은 액체나 기체를 봉입한 것으로서 온도에 따라 체적변화를 일으켜 관내에 생기는 압력의 변화를 이용하여 온도를 측정하는 방식이 아닌 것은 어느 것인가?

㉮ 차압식   ㉯ 기포식
㉰ 부자식   ㉱ 액저압식

[해설] 부자식(플로트식)은 액면(액위)측정 및 압력 측정 방식이다.

49. 다음 중 측정범위가 가장 넓은 압력계는?

㉮ 플로트 압력계   ㉯ U자 관형 압력계

[정답] 43. ㉯ 44. ㉯ 45. ㉰ 46. ㉰ 47. ㉮ 48. ㉰

㉰ 단관형 압력계   ㉱ 침종 압력계

[해설] ① 플로트 압력계 : 500~6000 mmH₂O
② U자 관형 압력계 : 5~2000 mmH₂O
③ 단관형 압력계 : 5~2000 mmH₂O
④ 경사관식 압력계 : 10~50 mmH₂O
⑤ 침종식 압력계 : 5~20 mmH₂O

50. 가스크로마토그래피의 특징에 대한 설명으로 옳지 않은 것은?

㉮ 1대의 장치로는 여러 가지 가스를 분석할 수 없다.
㉯ 미량성분의 분석이 가능하다.
㉰ 분리성능이 좋고 선택성이 우수하다.
㉱ 응답속도가 다소 느리고 동일한 가스의 연속측정이 불가능하다.

[해설] 다성분의 전분석을 1대의 장치로 여러 가지 가스를 분석할 수 있다.

51. 1차 제어 장치가 제어량을 측정하여 제어명령을 발하고, 2차 제어 장치가 이 명령을 바탕으로 제어량을 조절하는 자동 제어는 어느 것인가?

㉮ 캐스케이드 제어   ㉯ 프로그램 제어
㉰ 정치 제어   ㉱ 비율 제어

[해설] 캐스케이드 제어
측정 제어라고도 하며 2개의 제어계를 조합하여 제어량을 1차 조절계로 측정하고, 그 조작 출력으로 2차 조절계의 목표값을 설정한다.

52. 고체 팽창식 온도계는 2개의 선팽창 계수가 다른 물질을 넣어준다. 다음 중 선팽창 계수가 큰 재질로 주로 사용되는 것은?

㉮ 인바 (invar)   ㉯ 황동
㉰ 석영봉   ㉱ 산화철

[해설] ① 선팽창 계수가 큰 재질로 사용 : 황동

② 선팽창 계수가 작은 재질로 사용 : 인바, 석영봉

53. 다음 중 속도 수두 측정식 유량계는?

㉮ Delta 유량계   ㉯ Annulbar 유량계
㉰ Oval 유량계   ㉱ Thermal 유량계

[해설] Annulbar 유량계는 평균속도를 검출하는 속도 측정식 유량계이다.

54. 액주형 압력계 중 경사관식 압력계의 특징에 대한 설명으로 옳은 것은?

㉮ 일반적으로 정도가 낮다.
㉯ 눈금을 확대해 읽을 수 있는 구조이다.
㉰ 통풍계로는 사용할 수 없다.
㉱ 미세압 측정이 불가능하다.

[해설] 경사관식 압력계
정도가 높고 미세한 압력 측정이 가능하며, 통풍계로 사용할 수 있다.

55. 제어계의 난이도가 큰 경우 가장 적합한 제어동작은?

㉮ 헌팅동작   ㉯ PID동작
㉰ PD동작   ㉱ ID동작

[해설] PID (비례적분미분)동작은 I동작으로 잔류편차를 제거하고 D동작으로 제어의 안정화를 시킨 연속동작으로 제어계의 난이도가 큰 경우에 적합한 가장 이상적인 제어동작이다.

56. 오리피스에 의한 유량측정에서 유량과 압력과의 관계는?

㉮ 압력차에 비례한다.
㉯ 압력차에 반비례한다.
㉰ 압력차의 평방근에 비례한다.
㉱ 압력차의 평방근에 반비례한다.

[해설] 오리피스 유량계는 차압식 유량계로서 유량이 오리피스 전후의 압력차의 평방근에 비례한다.

정답 49. ㉮ 50. ㉮ 51. ㉮ 52. ㉯ 53. ㉯ 54. ㉯ 55. ㉯ 56. ㉰

57. 데드타임(dead time) L과 시정수 T와의 비 $\dfrac{L}{T}$는 제어난이도와 어떤 관계가 있는가?

㉮ 무관하게 일정하다.
㉯ 클수록 제어가 용이하다.
㉰ 조작 정도에 따라 다르다.
㉱ 작을수록 제어가 용이하다.

[해설] $\dfrac{L}{T}$이 커지면 응답속도가 느려지므로 편차의 수정동작이 느려지므로 $\dfrac{L}{T}$이 작을수록 제어가 용이하다.

58. 열전대 온도계 사용 시 주의사항으로 틀린 것은?

㉮ 계기의 부착은 수평 또는 수직으로 바르게 달고 먼지와 부식성 가스가 없는 장소에 부착한다.
㉯ 기계적 진동이나 충격은 피한다.
㉰ 사용 온도에 따라 적당한 보호관을 선정하고 바르게 부착한다.
㉱ 열전대를 배선할 때에는 접속에 의한 절연 불량은 고려하지 않아도 된다.

[해설] 열전대를 배선할 때에는 접속에 의한 절연 불량을 반드시 고려해야 한다.

59. 구조와 원리가 간단하여 고압 밀폐탱크의 액면제어용으로 주로 사용되는 액면계는 어느 것인가?

㉮ 편위식 액면계
㉯ 차압식 액면계
㉰ 부자식 액면계
㉱ 기포식 액면계

[해설] 부자식(플로트식) 액면계
① 고압밀폐탱크, 진공탱크에 주로 사용한다.
② 정도는 최대눈금 범위의 ±2 %이다.

60. 침종식 압력계에 대한 설명으로 틀린 것은?

㉮ 봉입액은 자주 세정 혹은 교환하여 청정하도록 유지한다.
㉯ 측정범위는 복종식이 단종식보다 넓다.
㉰ 계기 설치는 똑바로 수평으로 하여야 한다.
㉱ 액체측정에는 부적당하고, 기체의 압력측정에는 적당하다.

[해설] 복종식의 측정범위는 5~30 mmH$_2$O이고 단종식은 100 mmH$_2$O이다.

제4과목 열설비 재료 및 관계법규

61. 진주암, 흑석 등을 소성, 팽창시켜 다공질로 하여 접착제와 3~15 %의 석면 등과 같은 무기질 섬유를 배합하여 성형한 고온용 무기질 보온재는?

㉮ 규산칼슘 보온재 ㉯ 세라믹 파이버
㉰ 유리섬유 보온재 ㉱ 펄라이트

[해설] 고온용 무기질 보온재의 종류
① 펄라이트(pearlite) : 진주암, 흑석 등을 소성, 팽창시켜 다공질로 하여 접착제와 3~15 %의 석면 등과 같은 무기질 섬유를 배합하여 성형한 것이다. 경량이고 흡습성이 적으며 열전도율이 적고 내열성이 높다. 최고사용온도는 650℃ 정도이다.
② 규산칼슘 보온재 : 규산에 석회 및 3~15 %의 석면 섬유를 섞어서 성형하고 다시 수증기로 처리하여 만든 것으로 경량이고 기계적 강도가 크고 내산성, 내열성이 크며 최고사용온도는 650℃ 정도이다.
③ 세라믹 파이버(ceramic fiber) : 실리카 물이나 고석회질의 규산유리로 융점이 높고 내약품성이 우수하며 최고사용온도는 1100℃ 정도이다.

[정답] 57. ㉱ 58. ㉱ 59. ㉰ 60. ㉯ 61. ㉱

62. 다음 중 강관의 이음으로 가장 적절하지 않은 것은?
- ㉮ 나사이음
- ㉯ 용접이음
- ㉰ 플랜지이음
- ㉱ 소켓이음

[해설] 강관의 이음 방법에는 ㉮, ㉯, ㉰항이 있으며, 소켓이음은 주철관 이음 방법이다.

63. 다음 중 개조검사를 받아야 하는 경우가 아닌 것은?
- ㉮ 증기보일러를 온수보일러로 개조하는 경우
- ㉯ 보일러의 섹션 증감에 의해 용량을 변경하는 경우
- ㉰ 보일러 수관과 연관을 교체하는 경우
- ㉱ 연료 또는 연소방법을 변경하는 경우

[해설] 에너지이용 합리화법 시행규칙 제31조의 7 별표 3의 4 참조

64. 다음 중 1년 이하 징역 또는 1천만원 이하의 벌금에 해당하는 것은?
- ㉮ 검사대상기기의 검사를 받지 아니한 자
- ㉯ 검사를 거부·방해 또는 기피한 자
- ㉰ 검사대상기기조종자를 선임하지 아니한 자
- ㉱ 효율관리기자재에 대한 에너지사용량의 측정결과를 신고하지 아니한 자

[해설] 에너지이용 합리화법 제73조 참조

65. 탄화 규소질 내화물의 특징에 대한 설명으로 옳은 것은?
- ㉮ 마그네사이트를 주원료로 하는 천연광물이다.
- ㉯ 고온의 중성 및 환원염 분위기에서는 안정하지만 산화염 분위기에서는 산화되기 쉽다.
- ㉰ 화학적으로 산성이고 열전도율이 작다.
- ㉱ 내식성은 우수하나 내스폴링성, 내열성이 약하다.

[해설] ① 탄화규소(SiC)를 주원료로 한다.
② 화학적으로 중성이고 열전도율이 크며 내화도가 높다.
③ 내식성, 내마모성, 내스폴링성이 크다.

66. 캐스터블(castable) 내화물의 특징이 아닌 것은?
- ㉮ 소성할 필요가 없다.
- ㉯ 접합부 없이 노체를 구축할 수 있다.
- ㉰ 사용 현장에서 필요한 형상으로 성형할 수 있다.
- ㉱ 온도의 변동에 따라 스폴링(spalling)을 일으키기 쉽다.

[해설] 내스폴링성이 크고 열전도율이 작다.

67. 다음 중 에너지원별 에너지열량환산기준으로 틀린 것은? (단, 총발열량기준이다.)
- ㉮ 원유 – 10750 kcal/kg
- ㉯ 천연가스 – 10550 kcal/Nm³
- ㉰ 실내 등유 – 8800 kcal/L
- ㉱ 전력 – 860 kcal/kWh

[해설] 에너지법 시행규칙 제5조 ①항 별표 1 참조

68. 에너지이용 합리화법의 목적이 아닌 것은 어느 것인가?
- ㉮ 에너지의 합리적인 이용 증진
- ㉯ 국민경제의 건전한 발전에 이바지
- ㉰ 지구온난화 최소화에 이바지
- ㉱ 에너지자원의 보전 및 관리와 에너지 수급 안정

[해설] 에너지이용 합리화법 제1조 참조

정답 62. ㉱ 63. ㉰ 64. ㉮ 65. ㉯ 66. ㉱ 67. ㉱ 68. ㉱

69. 공업용 로에 단열시공을 하였을 때 얻을 수 있는 효과가 아닌 것은?

㉮ 내화재의 내구력을 증가시킬 수 있다.
㉯ 노내의 온도를 균일하게 유지할 수 있다.
㉰ 열손실을 방지하여 연료 사용량을 줄일 수 있다.
㉱ 축열용량을 증가시킬 수 있다.
[해설] 축열용량을 감소시킬 수 있다.

70. 다음 중 열사용 기자재로 분류되지 않는 것은?

㉮ 연속식 유리 용융가마
㉯ 셔틀가마
㉰ 태양열 집열기
㉱ 철도차량용보일러
[해설] 에너지이용 합리화법 시행규칙 제1조의 2 별표 1 참조

71. 요의 구조 및 형상에 의한 분류가 아닌 것은?

㉮ 터널요 ㉯ 셔틀요
㉰ 횡요   ㉱ 승염식요
[해설] 횡염식 요, 승염식 요, 도염식 요는 화염(불꽃)의 진행 방법에 의한 분류이다.

72. 단열재의 기본적인 필요 요건으로 옳은 것은?

㉮ 유효 열전도율이 커야 한다.
㉯ 유효 열전도율이 작아야 한다.
㉰ 소성이나 유효 열전도율과 무관하다.
㉱ 소성(燒成)에 의하여 생긴 큰 기포(氣泡)를 가진 것이어야 한다.
[해설] 열전도율이 작아야 단열(보온) 효과가 크다.

73. 공공사업주관자는 에너지사용계획의 조정 등 조치 요청을 받은 경우에 지식경제부령으로 정하는 바에 따라 이행 계획을 작성하여 제출하여야 한다. 이행계획에 반드시 포함되어야 하는 항목이 아닌 것은?

㉮ 이행 주체   ㉯ 이행 방법
㉰ 이행 예산   ㉱ 이행 시기
[해설] 에너지이용 합리화법 시행규칙 제4조 참조

74. 터널가마(tunnel kiln)의 장점이 아닌 것은?

㉮ 소성이 균일하여 제품의 품질이 좋다.
㉯ 온도조절과 자동화가 용이하다.
㉰ 열효율이 좋아 연료비가 절감된다.
㉱ 사용 연료의 제한을 받지 않고 전력 소비가 적다.
[해설] 터널가마의 단점
① 사용 연료에 제한을 받고 전력 소비가 많다.
② 건설비가 비싸고 소량 생산에 부적합하다.
③ 제품의 품질, 크기, 형상 등에 제한을 받는다.

75. 에너지 저장의무 부과대상자가 아닌 것은 어느 것인가?

㉮ 연간 1만 석유환산톤 이상의 에너지를 사용하는 자
㉯ 석탄산업법에 의한 석탄 가공업자
㉰ 집단에너지사업법에 의한 집단에너지사업자
㉱ 도시가스사업법에 의한 도시가스사업자
[해설] 에너지이용 합리화법 시행령 제3조 1항 참조

76. 마그네시아 또는 돌로마이트를 원료로 하는 내화물이 수증기의 작용을 받아 $Ca(OH)_2$나 $Mg(OH)_2$를 생성하는데,

정답 69. ㉱ 70. ㉱ 71. ㉱ 72. ㉯ 73. ㉰ 74. ㉱ 75. ㉮ 76. ㉰

이 때 큰 비중변화에 의하여 체적변화를 일으키기 때문에 노벽에 균열이 발생하거나 붕괴하는 현상을 무엇이라고 하는가?

㉮ 버스킹(bursting)
㉯ 스폴링(spalling)
㉰ 슬래킹(slaking)
㉱ 에로존(erosion)

[해설] 슬래킹(소화성)에 대한 문제이며 버스팅(bursting)이란 크롬철광을 원료로 하는 내화물이 고온(1600℃ 이상)에서 산화철을 흡수하여 표면이 부풀어 오르고 떨어져 나가는 현상이다.

77. 연속가열로에 대한 강제이동 방식이 아닌 것은?

㉮ pusher type
㉯ walking beam type
㉰ roller hearse type
㉱ batch type

[해설] 연속가열로
강괴를 압연 온도까지 가열하기 위해 사용하며 강재의 이동방식에는 ㉮, ㉯, ㉰항 외에 walking hearth type, 회전 노상식이 있다.

78. 다음 중 전기로에 해당되지 않는 것은?

㉮ 푸셔로   ㉯ 아크로
㉰ 저항로   ㉱ 유도로

[해설] 전기로는 가열방식에 따라 전기 저항로, 아크로(호광로), 유도로로 분류한다.

79. 인정검사대상기기 조종자의 교육을 이수한 사람의 조종범위는 증기보일러로서 최고사용압력이 1 MPa 이하이고 전열면적이 얼마 이하일 때 가능한가?

㉮ $1\,m^2$ ㉯ $2\,m^2$ ㉰ $5\,m^2$ ㉱ $10\,m^2$

[해설] 에너지이용 합리화법 시행규칙 제31조의 26 별표 3의 9 참조

80. 보온재의 열전도율에 대한 설명으로 틀린 것은?

㉮ 재료의 두께가 두꺼울수록 열전도율이 작아진다.
㉯ 재료의 밀도가 클수록 열전도율이 작아진다.
㉰ 재료의 온도가 낮을수록 열전도율이 작아진다.
㉱ 재질내 수분이 작을수록 열전도율이 작아진다.

[해설] 재료의 밀도가 작을수록 열전도율이 작아진다.

제5과목 열설비 설계

81. 소용량 주철제 보일러란 주철제 보일러 중 전열면적이 몇 m^2 이하이고 최고사용압력이 몇 MPa 이하인 것을 말하는가?

㉮ $3\,m^2$, 0.1 MPa ㉯ $5\,m^2$, 0.1 MPa
㉰ $3\,m^2$, 0.2 MPa ㉱ $5\,m^2$, 0.2 MPa

[해설] 소용량 주철제 보일러
최고사용압력이 0.1 MPa 이하이고 전열면적이 $5\,m^2$ 이하인 보일러

82. 다음 [보기]의 특징을 가지는 증기트랩의 종류는?

[보기]
- 다량의 드레인을 연속적으로 처리할 수 있다.
- 증기누출이 거의 없다.
- 가동 시 공기빼기를 할 필요가 없다.
- 수격작용에 다소 약하다.

㉮ 플로트식 트랩   ㉯ 버켓형 트랩
㉰ 바이메탈식 트랩 ㉱ 디스크식 트랩

정답 77. ㉱ 78. ㉮ 79. ㉱ 80. ㉯ 81. ㉯ 82. ㉮

[해설] 플로트식 트랩은 기계식 트랩이며 다량의 드레인을 연속적으로 처리할 수 있는 트랩으로서 일명 다량 트랩이라고도 한다.

83. 안쪽 반지름이 5 cm, 바깥쪽 반지름이 15 cm인 원통의 열전도도는 0.1 kcal/mh℃이다. 외기온도 0℃, 내면온도 100℃일 경우 이 원통의 1m 당 열손실은 몇 kcal/h 인가?

㉮ 55.3 ㉯ 56.2
㉰ 57.2 ㉱ 58.4

[해설] $Q = \dfrac{2\pi L \lambda (t_1 - t_2)}{\ln\left(\dfrac{r_2}{r_1}\right)}$ [kcal/h]에서

$Q = \dfrac{2 \times 3.14 \times 1 \times 0.1 \times (100 - 0)}{\ln\left(\dfrac{0.15}{0.05}\right)}$

$= 57.2$ kcal/h

84. 육용강제 보일러에서 봉 스테이 또는 경사 스테이를 핀이음으로 부착할 경우, 스테이 링부의 단면적을 스테이 소요 단면적의 얼마 이상으로 하여야 하는가?

㉮ 1배 ㉯ 1.25배
㉰ 1.75배 ㉱ 2배

[해설] 봉 스테이 또는 경사 스테이를 핀이음으로 부착할 경우 스테이 링부의 단면적은 스테이 소요 단면적의 1.25배 이상으로 해야 한다.

85. 노통 보일러에 두께 13 mm 이하의 경판을 부착하였을 때 거싯 스테이의 하단과 노통 상단과의 완충폭(브레이징 스페이스)은 몇 mm 이상으로 하여야 하는가?

㉮ 230 ㉯ 260
㉰ 280 ㉱ 300

[해설]

경판의 두께(mm)	완충폭
13 mm 이하	230 mm 이상
15 mm 이하	260 mm 이상
17 mm 이하	280 mm 이상
19 mm 이하	300 mm 이상
19 mm 초과	320 mm 이상

86. 압력용기에 대한 수압시험 압력의 기준으로 옳은 것은?

㉮ 최고 사용압력이 0.1 MPa 이상의 주철제 압력용기는 최고 사용압력의 3배이다.
㉯ 비철금속제 압력용기는 최고 사용압력의 1.5배의 압력에 온도를 보정한 압력이다.
㉰ 최고 사용압력이 1 MPa 이하의 주철제 압력용기는 0.1 MPa이다.
㉱ 법랑 또는 유리 라이닝한 압력용기는 최고 사용압력의 1.5배의 압력이다.

[해설] ① 최고 사용 압력이 0.1 MPa 이하의 주철제 압력용기는 0.2 MPa의 압력이다.
② 최고 사용 압력이 0.1 MPa 초과의 주철제 압력용기는 최고 사용압력의 2배의 압력이다.
③ 법랑 또는 유리 라이닝한 압력용기는 최고 사용압력이다.

87. 보일러의 안전사고의 종류로서 가장 거리가 먼 것은?

㉮ 노통, 수관, 연관 등의 파열 및 균열
㉯ 보일러 내의 스케일 부착
㉰ 동체, 노통, 화실의 압궤(collapse) 및 수관, 연관 등 전열면의 팽출(bulge)
㉱ 연도나 노내의 가스폭발, 역화 그 외의 이상연소

[해설] 보일러 내의 스케일(관석) 부착은 전열면 과열의 원인이다.

정답 83. ㉰ 84. ㉯ 85. ㉮ 86. ㉯ 87. ㉯

88. 보일러 동체, 드럼 및 일반적인 원통형 고압용기의 강도 계산식(두께 계산식)은? (단 t는 원통판 두께, P는 내부 압력, D는 원통 안지름, σ는 인장응력(원통 단면의 원형접선방향)이다.)

㉮ $t = \dfrac{PD}{\sqrt{2\sigma}}$ ㉯ $t = \dfrac{PD}{\sigma}$

㉰ $t = \dfrac{PD}{2\sigma}$ ㉱ $t = \dfrac{PD}{4\sigma}$

[해설] 원주 방향의 인장응력 $\sigma = \dfrac{PD}{2t}$ 에서

$t = \dfrac{PD}{2\sigma}$

89. 삽입형으로 보일러의 고온전열면 또는 과열기 등에 사용되고 증기 및 공기를 동시에 분사시켜 취출작업을 하는 슈트 블로어의 종류는?

㉮ 로터리형
㉯ 에어 히터 크리너형
㉰ 쇼트 리트랙터블형
㉱ 롱 리트랙터블형

[해설] ① 롱 리트랙터블형(장발형) : 고온의 전열면이나 과열기 등에 사용
② 쇼트 리트랙터블형(단발형) : 연소실 노벽에 부착된 그을음 제거에 사용
③ 로터리형(회전형) : 절탄기, 공기예열기에 사용
④ 에어 히터 크리너형 : 관형 공기예열기에 사용

90. 수관 보일러가 원통 보일러에 비해 가지는 장점이 아닌 것은?

㉮ 구조가 간단하고 청소가 용이하다.
㉯ 고압증기의 발생에 적합하다.
㉰ 증발률이 크고 열효율이 높아 대용량에 적합하다.
㉱ 시동시간이 짧고 과열위험성이 적다.

[해설] 수관 보일러는 구조가 복잡하고 청소, 검사가 불편하다.

91. 보일러 성능표시 방법의 하나인 레이팅(rating)에 대한 설명으로 옳은 것은?

㉮ 급수온도가 100°F이고 압력 70 psig의 증기를 매시간 30 lb 발생하는 능력을 말한다.
㉯ 급수온도가 10°C이고 압력이 4.9 kgf/cm²g의 증기를 매시간 13.6 kg 발생하는 능력을 말한다.
㉰ 1 ft² 당 상당증발량 34.5 lb/h를 기준으로 하여 이것을 100 % 레이팅이라 한다.
㉱ 1 m² 당의 상당증발량 3.45 kg/h를 기준으로 하여 이것을 100 % 레이팅이라 한다.

[해설] 레이팅(rating)
전열면의 성능을 나타내는 방법이며 전열면적 1 ft² 당 34.5 lb/h (15.65 kg/h)을 100 % 레이팅(정격)이라 한다.

92. 2중관 열교환기에 있어서의 열관류율(K)의 근사식은? (단 F_i : 내관 내면적, F_0 : 내관 외면적, α_i : 내관 내면과 유체 사이의 경막계수, α_0 : 내관 외면과 유체 사이의 경막계수이며, 전열계산은 내관 외면기준일 때이다.)

㉮ $\dfrac{1}{\left(\dfrac{1}{\alpha_i F_i} + \dfrac{1}{\alpha_0 F_0}\right)}$

㉯ $\dfrac{1}{\left(\dfrac{1}{\alpha_i \dfrac{F_i}{F_0}} + \dfrac{1}{\alpha_0}\right)}$

정답 88. ㉰ 89. ㉱ 90. ㉮ 91. ㉰ 92. ㉮

㉢ $\dfrac{1}{\left(\dfrac{1}{\alpha_i}+\dfrac{1}{\alpha_0}\dfrac{F_i}{F_0}\right)}$

㉣ $\dfrac{1}{\left(\dfrac{1}{\alpha_0 F_i}+\dfrac{1}{\alpha_i F_0}\right)}$

[해설] 열관류율의 근사식 = $\dfrac{1}{\left(\dfrac{1}{\alpha_i F_1}+\dfrac{1}{\alpha_0 F_2}\right)}$

93. 다음 중 ppm 단위로서 틀린 것은?

㉠ mg/kg ㉡ g/ton
㉢ mg/L   ㉣ kg/m³

[해설] ppm의 단위
mg/kg, g/ton, mg/L, g/m³

94. 어느 병류열교환기에서 그림과 같이 고온 유체가 90℃로 들어가 50℃로 나오고 이와 열교환되는 유체의 20℃에서 40℃까지 가열되었다. 열관류율이 50 kcal/m²·h·℃이고, 시간당 전열량이 8000 kcal일 때 이 열교환기의 전열면적은 약 몇 m²인가?

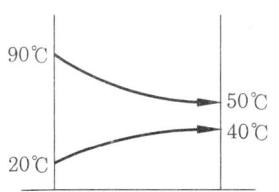

㉠ 5.2 ㉡ 6.2 ㉢ 7.2 ㉣ 8.2

[해설] $Q = K \cdot F \cdot \Delta t_m$에서

$F = \dfrac{Q}{K \cdot \Delta t_m} = \dfrac{Q}{K \times \dfrac{(\Delta t_1 - \Delta t_2)}{\ln\left(\dfrac{\Delta t_1}{\Delta t_2}\right)}}$ 이므로

$F = \dfrac{8000}{50 \times \dfrac{(70-10)}{\ln\left(\dfrac{70}{10}\right)}} = 5.2 \text{ m}^2$

95. 유속을 일정하게 하고 관의 직경을 2배로 증가시켰을 경우 일반적으로 유량은 어떻게 변하는가?

㉠ 2배로 증가   ㉡ 4배로 증가
㉢ 8배로 증가   ㉣ 16배로 증가

[해설] $Q = \dfrac{\pi D^2}{4} \times V$에서

$\dfrac{\dfrac{\pi (2D)^2}{4}}{\dfrac{\pi D^2}{4}} = 4$

단, Q: 유량, D: 환경, V: 유속

96. 다음 중 보일러 플랜트(boiler plant)에 발생하는 부식과 가장 거리가 먼 것은?

㉠ 일반 부식
㉡ 점식(pitting)
㉢ 알칼리 부식
㉣ 응력부식(전단부식)

[해설] 보일러 프랜트에 발생하는 내면부식에는
① 일반부식, ② 점식(Pitting), ③ 가성취화, ④ 알칼리 부식, ⑤ 염화마그네슘에 의한 부식이 있다.

97. 매시간 1600 kg의 석탄을 연소시켜 12000 kg/h의 증기를 발생시키는 보일러의 효율은? (단, 석탄의 저위발열량 6000 kcal/kg, 급수온도는 20℃, 증기의 엔탈피는 700 kcal/kg이다.)

㉠ 75 %   ㉡ 80 %
㉢ 85 %   ㉣ 90 %

[해설] $\dfrac{12000 \times (700-20)}{1600 \times 6000} \times 100 = 85\%$

98. 고온부식의 방지대책이 아닌 것은?

㉠ 중유 중의 황성분을 제거한다.
㉡ 연소가스의 온도를 낮게 한다.

[정답] 93. ㉣ 94. ㉠ 95. ㉡ 96. ㉣ 97. ㉢ 98. ㉠

㉰ 고온 전열면에 보호피막을 씌운다.
㉱ 고온 전열면에 내식재료를 사용한다.
[해설] ㉮항은 저온부식 방지대책이다.

99. 코프식 자동급수 조정장치는 다음 중 어느 것을 이용하는가?

㉮ 공기의 열팽창
㉯ 금속관의 열팽창
㉰ 액체의 열팽창
㉱ 증기압력의 변화

[해설] ① 코프식 : 금속관의 열팽창 이용
② 베일리식 : 액체의 열팽창 이용

100. 열관류율에 대한 설명으로 옳은 것은 어느 것인가?

㉮ 인위적인 장치를 설치하여 강제로 열이 이동되는 현상이다.
㉯ 유체의 밀도 차에 의한 열의 이동현상이다.
㉰ 고체의 벽을 통하여 고온 유체에서 저온의 유체로 열이 이동되는 현상이다.
㉱ 어떤 물질을 통하지 않는 열의 직접 이동을 말하며 정지된 공기층에 열 이동이 가장 적다.

[해설] 열관류율(열통과율)
열전달 → 열전도 → 열전달 과정을 거쳐 열이 이동되는 비율이며 단위는 $kcal/m^2h℃$ 이다.

2011년 4회 에너지관리기사
2011.10.2 시행

제1과목 연소 공학

1. 내화재로 만든 화구에서 공기와 가스를 따로 연소실에 송입하여 연소시키는 방식으로 대형가마에 적합한 가스 연료 연소장치는?

㉮ 포트형 버너 ㉯ 방사형 버너
㉰ 건타입형 버너 ㉱ 선회형 버너

[해설] 확산연소방식에 사용되는 포트형 버너에 대한 설명이다.

2. 프로판 가스 1 kg을 연소시킬 때 필요한 이론공기량은 약 몇 Sm^3인가?

㉮ 10.2 ㉯ 11.3
㉰ 12.1 ㉱ 13.2

[해설] $C_3H_8 + 5O_2 \rightarrow 3CO_2 + 4H_2O$
1kmol   5kmol
44kg $5 \times 22.4 Sm^3$
1kg $x\,Sm^3$

$A_0 = \dfrac{1}{0.21} \times O_0 = \dfrac{1}{0.21} \times x$

$= \dfrac{1}{0.21} \times \dfrac{5 \times 22.4}{44} = 12.12\,Sm^3/kg$

3. 중유의 성질에 대한 설명 중 옳은 것은?

㉮ 점도에 따라서 1, 2, 3급 중유로 구분한다.
㉯ 원소 조성은 H가 가장 많다.
㉰ 비중은 약 0.72~0.76 정도이다.
㉱ 인화점은 약 60~150℃ 정도이다.

[해설] 중유의 성질
① 점도에 따라 A, B, C 중유로 구분한다.
② 원소 조성은 C가 가장 많다. 즉, C=84~87%, H=10%, O=1~2% 정도이다.
③ 비중은 0.85~0.98 정도이다.
④ 착화점은 530~580℃ 정도이다.
⑤ 인화점은 60~150℃ 정도이다.

4. 다음 중 열효율 향상 대책으로 볼 수 없는 것은?

㉮ 되도록 불연속으로 조업할 수 있도록 한다.
㉯ 손실열을 가급적 적게 한다.
㉰ 장치의 설치조건과 운전조건을 일치시키도록 노력한다.
㉱ 전열량이 증가되는 방법을 취한다.

[해설] 열효율 향상 대책은 되도록 연속으로 조업할 수 있도록 한다.

5. 습식집진방식으로서 집진율은 비교적 우수하나 압력손실이 큰 집진형식은?

㉮ 다단침강식 ㉯ 가압수식
㉰ 백필터식 ㉱ 코트렐식

[해설] 습식집진방식에는 가압수식, 유수식, 회전식이 있다. 가압수식 중 가장 압력 손실이 큰 벤투리 스크러버(300~800 mmH₂O)가 집진율이 우수하다.

6. 표준 상태인 공기 중에서 완전 연소비로 아세틸렌이 함유되어 있을 때 이 혼합기체

[정답] 1. ㉮ 2. ㉰ 3. ㉱ 4. ㉮ 5. ㉯ 6. ㉯

1 L당 발열량은 몇 kJ인가? (단, 아세틸렌의 발열량은 1308 kJ/mol이다.)

㉮ 4.1 ㉯ 4.6 ㉰ 5.1 ㉱ 5.6

[해설] $C_2H_2 + 2.5O_2 \rightarrow 2CO_2 + H_2O$
  1   2.5

$A_0 = \dfrac{1}{0.21} \times 2.5 = 11.90 \text{ L/L}$

$1 \text{mol} = 22.4\text{L} : 1308\text{kJ}$
$C_2H_2 \quad 1\text{L} : x\text{kJ}$

$\therefore x = \dfrac{1 \times 1308}{22.4} = 58.392 \text{ kJ}$

$\therefore$ 혼합기체 발열량 $= \dfrac{58.392\text{kJ}}{(1+11.9)\text{L}}$
$= 4.52 \text{kJ/L}$

7. 과잉공기량이 많을 때 일어나는 현상으로 옳은 것은?

㉮ 배기가스에 의한 열손실이 감소한다.
㉯ 연소실의 온도가 높아진다.
㉰ 연료 소비량이 작아진다.
㉱ 불완전 연소물의 발생이 적어진다.

[해설] 과잉 공기량이 많을 때
① 배기가스에 의한 열손실이 증가한다.
② 연소실의 온도가 낮아진다.
③ 연료소비량과 관계 없다.
④ 불완전연소물의 발생이 적어진다.

8. 연소관리에 있어서 과잉공기량 조절 시 다음 중 최소가 되게 조절해야 할 것은? (단, L_s: 배기가스에 의한 열손실량, L_i: 불완전연소에 의한 열손실량, L_c: 연소에 의한 열손실량, L_r: 열복사에 의한 열손실량일 때를 나타낸다.)

㉮ L_i ㉯ $L_s + L_r$
㉰ $L_s + L_i$ ㉱ $L_i + L_c$

[해설] 연소효율 $\eta_c = \dfrac{H_l - (L_C + L_i)}{H_l} \times 100$

9. CH_4 1mol이 완전 연소할 때의 AFR은 얼마인가?

㉮ 9.5 ㉯ 11.2
㉰ 15.8 ㉱ 21.3

[해설] $CH_4 + 2O_2 \rightarrow CO_2 + 2H_2O$
  1   2

$AFR(\text{mol 기준}) = \dfrac{\dfrac{2}{0.21}\text{mol}}{1\text{mol}} = 9.52$

10. 가연성 액체에서 발생한 증기의 공기 중 농도가 연소범위 내에 있을 경우 불꽃을 접근시키면 불이 붙는데 이때 필요 최저 온도를 무엇이라고 하는가?

㉮ 기화온도 ㉯ 인화온도
㉰ 착화온도 ㉱ 임계온도

[해설] 인화온도(인화점)란 불씨(점화원)에 의해서 비로소 불이 붙는 최저온도이다.

11. 연료비가 크면 나타나는 일반적인 현상이 아닌 것은?

㉮ 고정탄소량이 증가한다.
㉯ 불꽃은 짧은 단염이 된다.
㉰ 매연의 발생이 적다.
㉱ 착화온도가 낮아진다.

[해설] 연료비 $= \dfrac{\text{고정탄소}(\%)}{\text{휘발분}(\%)}$

연료비가 크면 착화온도는 높아진다 (즉, 안전하다).

12. 디젤엔진에서 흡기온도가 상승하면 착화지연시간은 어떻게 되는가?

㉮ 감소한다.
㉯ 증가한다.
㉰ 감소한 후 증가한다.
㉱ 불변이다.

정답 7. ㉱ 8. ㉰ 9. ㉮ 10. ㉯ 11. ㉱ 12. ㉮

13. 비중이 0.98 (60°F / 60°F)인 액체연료의 API도는?

㉮ 10.157 ㉯ 10.958
㉰ 11.857 ㉱ 12.888

[해설] API도 $= \dfrac{141.5}{\text{비중}\left(\dfrac{60}{60}°F\right)} - 131.5$

$= \dfrac{141.5}{0.98} - 131.5$

$= 12.8877$

[해설] 디젤엔진은 압축점화이므로 흡기온도가 높으면 착화가 잘 된다.

14. 중유의 점도(粘度)가 높아질수록 연소에 미치는 영향에 대한 설명 중 틀린 것은?

㉮ 기름탱크로부터 버너까지의 송유가 곤란해진다.
㉯ 버너의 연소상태가 나빠진다.
㉰ 기름의 분무현상 (atomization)이 양호해진다.
㉱ 버너 화구(火口)에 탄소(C)가 생긴다.

[해설] 점도가 높아질수록 분무현상 및 무화현상이 불량해진다.

15. 석탄보일러에서 회분의 부착손상이 가장 심한 곳은?

㉮ 과열기 ㉯ 공기예열기
㉰ 절탄기 ㉱ 보일러 본체

[해설] 회분 속의 V(바나듐)은 고온부식을 일으키므로 과열기에서 가장 문제가 된다.

16. 다음 조성의 발생로 가스를 15%의 과잉공기로 완전 연소시켰을 때의 건연소 가스량 (Sm^3/Sm^3)은? (단, 발생로 가스의 조성은 CO 31.3%, CH_4 2.4%, H_2 6.3%, CO_2 0.7%, N_2 59.3%이다.)

㉮ 1.99 ㉯ 2.54
㉰ 2.87 ㉱ 3.01

[해설]
$CO + \dfrac{1}{2}O_2 \rightarrow CO_2$
 1   0.5   1
 0.313 x_1 x_2

$CH_4 + 2O_2 \rightarrow CO_2 + 2H_2O$
 1   2   1
 0.024 x_3 x_4

$H_2 + \dfrac{1}{2}O_2 \rightarrow H_2O$
 1   0.5
 0.063 x_5

$A_0 = \dfrac{1}{0.21} \times (x_1 + x_3 + x_5)$

$= \dfrac{1}{0.21} \times (0.5 \times 0.313 + 2 \times 0.024 + 0.5 \times 0.063)$

$= 1.1238 \, Sm^3/Sm^3$

$God = x_2 + x_4 + 0.79 A_0 + $ 연료 속 CO_2 + 연료 속 N_2

$= 1 \times 0.313 + 1 \times 0.024 + 0.79 \times 1.1238 + 0.007 + 0.593$

$= 1.8248 \, Sm^3/Sm^3$

$Gd = God + (m-1)A_0$

$= 1.8248 + (1.15 - 1) \times 1.1238$

$= 1.993 \, Sm^3/Sm^3$

17. 발열량이 5000 kcal/kg인 고체연료를 연소할 때 불완전연소에 의한 열손실이 5%, 연소재에 의한 열손실이 5%이었다면 연소효율은 약 몇 %인가?

㉮ 80% ㉯ 85%
㉰ 90% ㉱ 95%

[해설] 연소효율

$\eta_c = \dfrac{Hl - (L_c + L_i)}{Hl} \times 100$

$= \dfrac{1 - (0.05 + 0.05)}{1} \times 100 = 90\%$

정답 13. ㉱ 14. ㉰ 15. ㉮ 16. ㉮ 17. ㉰

18. 일산화탄소(CO) 1 Sm³를 이론공기량으로 완전연소시켰을 때의 연소가스량(Sm³)은 어느 것인가?

㉮ 1.8 ㉯ 2.9
㉰ 3.4 ㉱ 4.2

[해설] $CO + \dfrac{1}{2}O_2 \rightarrow CO_2$
  1   0.5   1

$G_{od} = 1 + 0.79 A_0$
$= 1 + 0.79 \times \dfrac{1}{0.21} \times 0.5$
$= 2.88 \text{ Sm}^3/\text{Sm}^3$

19. 다음 중 액체연료가 갖는 일반적인 특징이 아닌 것은?

㉮ 연소온도가 높기 때문에 국부과열을 일으키기 쉽다.
㉯ 발열량은 높지만 품질이 일정치 않다.
㉰ 화재, 역화 등의 위험이 크다.
㉱ 연소할 때 소음이 발생한다.

[해설] 액체 연료는 탱크에 보관하기 때문에 고체연료보다 품질이 비교적 일정하고, 발열량이 높다.

20. 다음 기체연료 중 고발열량(kcal/Sm³)이 가장 큰 것은?

㉮ 고로가스
㉯ 수성가스
㉰ 도시가스
㉱ 액화석유가스

[해설] 각 연료의 고발열량
① 고로가스 : 900 kcal/Sm³
② 수성가스 : 2700 kcal/Sm³
③ 도시가스 : 4500 kcal/Sm³
④ 액화석유가스 : 28000 kcal/Sm³

제2과목　열역학

21. 어느 습증기(wet steam)의 상태를 다음과 같은 상태량으로 표시하였다. 습증기의 상태를 나타내지 못하는 것은?

㉮ 온도와 압력 ㉯ 온도와 비체적
㉰ 압력과 비체적 ㉱ 압력과 건도

[해설] 온도와 압력 선도로는 습증기 상태를 나타낼 수 없다.

22. 카르노(Carnot) 냉동 사이클의 설명 중 틀린 것은?

㉮ 성능계수가 가장 좋다.
㉯ 실제적인 냉동 사이클이다.
㉰ 카르노(Carnot) 열기관 사이클의 역이다.
㉱ 냉동 사이클의 기준이 된다.

[해설] 카르노 냉동 사이클은 이론적 냉동 사이클이다.

23. 랭킨(Rankine) 사이클에서 응축기의 압력을 낮출 때 나타나는 현상으로 옳은 것은 어느 것인가?

㉮ 이론 열효율이 낮아진다.
㉯ 터빈 출구의 증기건도가 낮아진다.
㉰ 응축기의 포화온도가 높아진다.
㉱ 응축기 내의 절대압력이 증가한다.

[해설]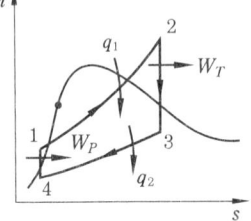

여기서, q_1 : 가열량, q_2 : 방열량,
W_T : 터빈일, W_P : 펌프일

랭킨사이클에서 응축기의 압력을 낮추면
① 이론 열효율이 높아진다.
② 터빈 출구의 증기건도가 낮아진다.
③ 응축기의 포화온도와는 관계없다.
④ 응축기 내의 절대압력은 낮아진다.

24. 공기 표준 디젤 사이클에서 압축비가 20이고 단절비(cut-off ratio)가 3일 때의 열효율은 몇 %인가? (단, 공기의 비열비는 1.4이다.)

㉮ 60.6 ㉯ 64.8
㉰ 69.8 ㉱ 70.6

[해설] 디젤 사이클에서 열효율

$$\eta_d = 1 - \left(\frac{1}{\varepsilon}\right)^{k-1} \cdot \frac{\sigma^k - 1}{k(\sigma - 1)}$$

$$= 1 - \left(\frac{1}{20}\right)^{1.4-1} \cdot \frac{3^{1.4} - 1}{1.4(3-1)}$$

$$= 0.6061 = 60.61 \%$$

25. 체적 V와 온도 T를 유지하고 있는 고압 용기에 이상기체가 들어 있다. 면적이 A인 아주 작은 구멍을 통해 기체가 새고 있을 때 시간에 따른 용기 압력을 옳게 나타낸 것은? (단, 외기압은 충분히 낮다.)

㉮ 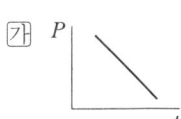 ㉯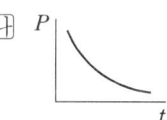

㉰ 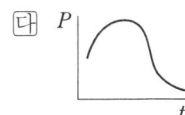 ㉱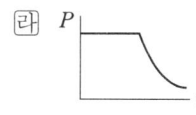

[해설] 용기 내 압력(P)은 시간(t)이 지남에 따라 점점 낮아질 것이다.

26. 어떤 열기관이 열펌프와 냉동기로 작동될 수 있다. 동일한 고온열원과 저온열원에서 작동될 때, 열펌프(heat pump)와 냉동기의 성능계수 COP는 다음과 같은 관계식으로 표시될 수 있다. ( ) 안에 알맞은 값은 어느 것인가?

$$COP_{열펌프} = COP_{냉동기} + (\quad)$$

㉮ 0.0 ㉯ 1.0 ㉰ 1.5 ㉱ 2.0

[해설] 열펌프의 성능계수 $COP = \dfrac{T_1}{T_1 - T_2}$

냉동기의 성능계수 $COP = \dfrac{T_2}{T_1 - T_2}$

$$\therefore \frac{T_1}{T_1 - T_2} = \frac{T_1 - T_2 + T_2}{T_1 - T_2}$$

$$= \frac{T_2}{T_1 - T_2} + \frac{T_1 - T_2}{T_1 - T_2} = \frac{T_2}{T_1 - T_2} + 1$$

의 관계가 있다.

27. 압력을 일정하게 유지하면서 15 kg의 이상 기체를 300 K에서 500 K까지 가열하였다. 엔트로피 변화는 몇 kJ/K인가? (단, 기체상수는 0.189 kJ/kg·K, 비열비는 1.289이다.)

㉮ 5.273 ㉯ 6.459
㉰ 7.441 ㉱ 8.175

[해설] $ds = \dfrac{dq}{T}$

$$\therefore S = \int_1^2 \frac{dQ}{T} = \int_1^2 ds$$

$$= \int_1^2 \frac{m C_p dT}{T} = m C_p \ln \frac{T_2}{T_1} \cdots\cdots ①$$

$C_P - C_V = R \cdots\cdots ②$

$k = \dfrac{C_P}{C_V} \cdots\cdots ③$

③식에서 $C_V = \dfrac{C_P}{k}$를 ②식에 대입하면

$C_P - \dfrac{C_P}{k} = R$, $C_P \left(1 - \dfrac{1}{k}\right) = R$

$C_P \left(\dfrac{k-1}{k}\right) = R$

정답 24. ㉮ 25. ㉰ 26. ㉯ 27. ㉯

$$\therefore C_P = R \times \frac{k}{k-1} = 0.189 \times \frac{1.289}{1.289-1}$$
$$= 0.8429 \text{ kJ/kg}°\text{K}$$

①식에 대입하면

$$\therefore S = mC_P \ln \frac{T_2}{T_1}$$
$$= 15\text{kg} \times 0.8429 \text{kJ/kg} \cdot \text{K} \times \ln \frac{500}{300}$$
$$= 6.4586 \text{ kJ/K}$$

28. 교축과정(throttling process)에서 생기는 현상과 무관한 것은?

㉮ 엔탈피 일정
㉯ 압력 강하
㉰ 온도 강하 또는 상승
㉱ 엔트로피 일정

[해설] 엔트로피가 일정한 경우는 가역단열과정이고, 교축과정에서는 엔트로피가 항상 0보다 크다.(증가)

29. 랭킨사이클에서 각 지점과 엔탈피가 다음과 같을 때 사이클의 효율은 약 얼마가 되는가?

- 펌프 입구 : 190 kJ/kg,
  보일러 입구 : 200 kJ/kg
- 터빈 입구 : 2800 kJ/kg,
  응축기 입구 : 2000 kJ/kg

㉮ 0.1   ㉯ 0.25   ㉰ 0.3   ㉱ 0.5

[해설]

$$\eta_R = \frac{(h_4 - h_5) - (h_2 - h_1)}{h_4 - h_2} \text{ (펌프일 고려)}$$
$$= \frac{(2800 - 2000) - (200 - 190)}{2800 - 200}$$
$$= 0.303$$

30. 피스톤이 장치된 용기 속의 온도 T_1 [K], 압력 P_1 [Pa], 체적 V_1 [m³]의 이상기체 m [kg]이 압력이 일정한 과정으로 체적이 원래의 2배로 되었다. 이때 이상기체로 전달된 열량은? (단, C_v는 정적비열이다.)

㉮ $mC_V T_1$ ㉯ $2mC_V T_1$
㉰ $mC_V T_1 + P_1 V_1$ ㉱ $mC_V T_1 + 2P_1 V_1$

[해설] $Q = \Delta U + AW$
$= mC_V T_1 + P_1(2V_1 - V_1)$
$= mC_V T_1 + P_1 V_1$

31. 정압과정(constant pressure process)에서 한 계(system)에 전달된 열량은 그 계의 어떠한 성질 변화와 같은가?

㉮ 내부에너지   ㉯ 엔트로피
㉰ 엔탈피   ㉱ 퓨개시티

[해설] 정압과정에서 가열량은 모두 엔탈피 변화로 나타낸다.
$\delta q = du + APdv = dh - AvdP$
여기서, $dP=0$이므로
$\therefore {}_1q_2 = \Delta h = h_2 - h_1$

32. 방안의 온도가 25℃인데 온도를 낮추어 20℃에서 물방울이 생성되었다고 하면 방안의 온도가 25℃일 때의 상대습도는? (단, 20℃, 25℃에서의 포화 수증기압은 각각 2.23 kPa, 3.15 kPa이다.)

㉮ 0.708   ㉯ 0.724
㉰ 0.735   ㉱ 0.832

정답 28. ㉱   29. ㉰   30. ㉰   31. ㉰   32. ㉮

[해설] 상대습도(ϕ) = $\dfrac{r_w}{r_s}$

= $\dfrac{\text{습공기 중의 증기의 비중량}}{\text{이 공기의 온도에 상당하는 포화증기의 비중량}}$

보일의 법칙으로부터

$\dfrac{P_w}{r_w} = \dfrac{P_s}{r_s}$

상대습도(ϕ) = $\dfrac{r_w}{r_s} = \dfrac{P_w}{P_s} = \dfrac{2.23}{3.15} = 0.7079$

33. 카르노 사이클을 온도(T)-엔트로피(S) 선도 및 압력(P)-체적(V) 선도로 표시하였을 때, 각 선도의 한 사이클에 대한 적분식들의 관계가 옳은 것은?

㉮ $\oint TdS = 0$

㉯ $\oint TdS > \oint PdV$

㉰ $\oint TdS < \oint PdV$

㉱ $\oint TdS = \oint PdV$

[해설] 카르노 사이클에서 유효일량은

$AWa = A\oint PdV = q_1 - q_2$ [kcal/kg]이므로

$dS = \dfrac{dQ}{T}$

$TdS = dQ$

$TdS = PdV$이므로

$\oint TdS = \oint PdV$

34. 헬륨의 기체상수는 2.08 kJ/kg·K이고 정압비열 C_P는 5.24 kJ/kg·K일 때 이 가스의 정적비열 C_V의 값은?

㉮ 7.20 kJ/kg·K ㉯ 5.07 kJ/kg·K
㉰ 3.16 kJ/kg·K ㉱ 2.18 kJ/kg·K

[해설] $C_P - C_V = R$

$C_V = C_P - R = 5.24 - 2.08$

     $= 3.16$ kJ/kg·K

35. 표에 나타낸 물성치를 갖는 기체 0.1 kmol의 온도를 298 K에서 308 K로 일정 압력 하에서 증가시키는 데 필요한 에너지는 몇 J 인가?

온도 (K)	내부에너지 (J/Kmol)	엔탈피 (J/Kmol)
298	0	24.78×10^5
308	2.917×10^5	28.53×10^5

㉮ 2.75×10^4 ㉯ 2.917×10^4
㉰ 3.75×10^4 ㉱ 4.325×10^4

[해설] 정압 과정에서 가열량은 모두 엔탈피 변화로 나타낸다.

$Q = h_2 - h_1$

  $= (28.53 \times 10^5 - 24.78 \times 10^5)$ J/kmol $\times 0.1$ kmol

  $= 3.75 \times 10^4$ J

36. 그림은 공기 표준 Otto cycle이다. 효율 η에 관한 식으로 틀린 것은? (단, r은 압축비, k는 비열비이다.)

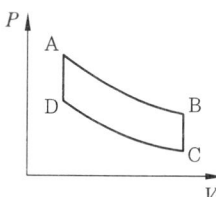

㉮ $\eta = 1 - \left(\dfrac{T_B - T_C}{T_A - T_D}\right)$

㉯ $\eta = 1 - r\left(\dfrac{1}{r}\right)^k$

㉰ $\eta = 1 - \left(\dfrac{P_B - P_C}{P_A - P_D}\right)$

㉱ $\eta = 1 - \left(\dfrac{T_B}{T_A}\right)$

정답 33. ㉱ 34. ㉰ 35. ㉰ 36. ㉰

[해설] 오토 사이클에서 땐의 경우는 효율이 될 수 없다.

37. 다음 중 보일러수의 pH 범위로 가장 적당한 것은?

㉮ 3 이하   ㉯ 5∼6
㉰ 10∼11   ㉱ 13 이상

[해설] 보일러 수는 약 알칼리성이 좋다.

38. 이상기체를 가역단열 팽창시킨 후의 온도는?

㉮ 처음상태보다 낮게 된다.
㉯ 처음상태보다 높게 된다.
㉰ 변함이 없다.
㉱ 높을 때도 있고 낮을 때도 있다.

[해설] 이상기체를 단열 팽창시키면 온도가 낮아진다. (카르노 사이클 참조)

39. 카르노사이클에서 공기 1 kg이 1사이클마다 하는 일이 100 kJ이고 고온 227℃, 저온 27℃ 사이에서 작용한다. 이 사이클의 열공급 과정 중에서 고온 열원에서의 엔트로피의 변화는 몇 kJ/K인가?

㉮ 0.2   ㉯ 0.44
㉰ 0.5   ㉱ 0.83

[해설] $dS = \dfrac{dq}{T}$

$$\therefore S = \int_1^2 \dfrac{dQ}{T} = \int_1^2 dS = \int_1^2 \dfrac{mC_P dT}{T}$$

$$= mC_P \ln \dfrac{T_2}{T_1}$$

$$= 1\text{kg} \times 1\text{kJ/kg·K} \times \ln\left(\dfrac{273+227}{273+27}\right)$$

$$= 0.51 \text{ kJ/K}$$

40. 성능계수가 5이며, 30 kW의 냉동능력을 가진 냉동장치의 이론 소요동력은 몇 kW인가?

㉮ 5   ㉯ 6
㉰ 30   ㉱ 150

[해설] 냉동기의 성능계수(COP)

$$= \dfrac{T_2}{T_1 - T_2} = \dfrac{Q_2}{Q_1 - Q_2} = \dfrac{Q_2}{AW}$$

$$\therefore 5 = \dfrac{30}{x} \therefore x = \dfrac{30}{5} = 6$$

제3과목 계측 방법

41. 열전대 온도계의 보호관으로 사용되는 다음 재료 중 상용 사용 온도가 높은 순으로 옳게 나열된 것은?

㉮ 석영관＞자기관＞동관
㉯ 석영관＞동관＞자기관
㉰ 자기관＞석영관＞동관
㉱ 동관＞자기관＞석영관

[해설] ① 자기관 : 1450℃ (알루미나 Al_2O_3가 99% 이상에서는 1600℃)
② 석영관 : 1000℃
③ 황동관 : 400℃

42. 고온 물체가 발산한 특정 파장의 휘도가 비교용 표준전구의 필라멘트 휘도와 같을 때 필라멘트에 흐른 전류로부터 온도를 측정하는 것은?

㉮ 열전온도계   ㉯ 광고온계
㉰ 색온도계   ㉱ 방사온도계

43. 압력계의 게이지압력과 절대압력에 관한 식을 표시한 것으로 옳은 것은? (단, 게이지압력은 A, 절대압력은 B, 대기압은 C

정답 37. ㉰ 38. ㉮ 39. ㉰ 40. ㉯ 41. ㉰ 42. ㉯ 43. ㉱

이다.)

㉮ $B = C \div A$ ㉯ $B = C \times A$
㉰ $B = A - C$ ㉱ $B = A + C$

[해설] 절대압력 = 대기압 + 게이지압력

44. 단요소식(單要素式), 수위제어에 대한 설명으로 옳은 것은?

㉮ 발전용 고압 대용량 보일러의 수위제어에 사용된다.
㉯ 보일러의 수위만을 검출하여 급수량을 조절하는 방식이다.
㉰ 수위조절기의 제어동작에는 PID 동작이 채용된다.
㉱ 부하 변동에 의한 수위의 변화 폭이 아주 적다.

[해설] ① 단요소식(1요소식) : 보일러의 수위만을 검출하여 급수량을 조절
② 2요소식 : 수위와 증기유량을 검출하여 급수량을 조절
③ 3요소식 : 수위와 증기유량 외에 급수유량을 검출하여 급수량을 조절

45. 부르동관 압력계로 측정한 압력이 5 kg/cm²이었다. 이때 부유피스톤 압력계 추의 무게가 10 kg이고, 펌프 실린더의 직경이 8 cm, 피스톤 지름이 4 cm라면 피스톤의 무게는 약 몇 kg인가?

㉮ 38.2   ㉯ 52.8
㉰ 72.9   ㉱ 99.4

[해설] $\dfrac{\pi \times (4)^2}{4} \times 5 - 10 = 52.8 \text{ kg}$

46. 차압식 유량계에 있어 조리개 전후의 압력 차이가 처음보다 2배 커졌을 때 유량은 어떻게 되는가? (단, Q_1은 처음 유량, Q_2는 나중 유량이다.)

㉮ $Q_2 = Q_1$ ㉯ $Q_2 = \sqrt{2}\, Q_1$
㉰ $Q_2 = 2Q_1$ ㉱ $Q_2 = 4Q_1$

[해설] 유량(Q)은 차압(P)의 제곱근에 비례하므로
$Q_1 : \sqrt{P} = Q_2 : \sqrt{2P}$ 에서
$Q_2 = \dfrac{Q_1 \cdot \sqrt{2P}}{\sqrt{P}} = \sqrt{2} \cdot Q_1$ 이다.

47. 온도의 정의 정점 중 평형수소의 삼중점은 얼마인가?

㉮ 13.80 K   ㉯ 17.04 K
㉰ 20.24 K   ㉱ 27.10 K

[해설] ① 평형수소의 삼중점 = 13.81 K
② 물의 삼중점 = 273.16 K
③ 산소의 삼중점 = 54.361 K

48. 다음 그림과 같이 수은을 넣은 차압계를 이용하는 액면계에 있어 수은면의 높이차(h)가 50.0 mm일 때 상부의 압력 취출구에서 탱크 내 액면까지의 높이(H)는 약 몇 mm인가? (단, 액의 밀도(r)는 999 kg/m³이고, 수은의 밀도(r_0)는 13550 kg/m³이다.)

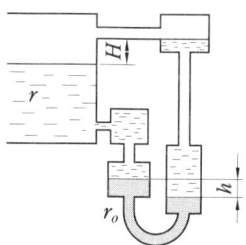

㉮ 578   ㉯ 628
㉰ 678   ㉱ 728

[해설] $(13550 \times 0.05 - 999 \times 0.05)$
$= 627.55 \text{ kg/m}^2$
$\therefore H = \dfrac{627.55}{999} = 0.6282 \text{ m}$
$= 628.2 \text{ mm}$

정답 44. ㉯ 45. ㉯ 46. ㉯ 47. ㉮ 48. ㉯

49. 다음 중 정상편차에 대하여 옳게 나타낸 것은?
  ㉮ 목표치와 제어량의 차
  ㉯ 2개 이상의 양 사이에 어떤 비례관계를 갖는 편차
  ㉰ 과도응답에 있어서 충분한 시간이 경과하여 제어편차가 일정한 값으로 안정되었을 때의 값
  ㉱ 입력의 시간 미분값에 비례하는 편차
  [해설] 정상편차
  과도응답에 있어서 시간이 경과하여 목표치와 제어량의 차, 즉 제어편차가 일정한 값으로 안정되었을 때의 값

50. 조절계의 동작에는 연속, 불연속 동작을 이용한다. 다음 중 불연속 동작을 이용하는 것은?
  ㉮ 뱅뱅동작   ㉯ 비례동작
  ㉰ 적분동작   ㉱ 미분동작
  [해설] 뱅뱅동작은 불연속 동작인 2위치(on-off)동작을 의미한다.

51. 주로 낮은 압력을 측정하는 데 사용되는 피라니 게이지(pirani gauge)의 원리는 압력에 따른 기체의 어떤 성질의 변화를 이용한 것인가?
  ㉮ 비중   ㉯ 열전도
  ㉰ 비열   ㉱ 압축인자
  [해설] 피라니 게이지
  기체의 열전도율이 저압에서 거의 진공도에 비례하는 것을 이용한 진공계이다.

52. 자동연소 장치의 광전관 화염검출기가 정상적으로 작동하고 있는지를 간단히 점검할 수 있는 가장 좋은 방법은?
  ㉮ 광전관 회로의 전류를 측정해 본다.
  ㉯ 화염검출기(火炎檢出器) 앞을 가려본다.
  ㉰ 광전관 회로의 연결선을 제거해 본다.
  ㉱ 파일럿 버너(Pilot burner)에 점화하여 본다.
  [해설] 광전관에 불꽃을 가려 전자밸브를 작동케 하여 점검을 한다.

53. 보일러 공기예열기의 공기유량을 측정하는 데 가장 적합한 유량계는?
  ㉮ 면적식 유량계   ㉯ 열선식 유량계
  ㉰ 차압식 유량계   ㉱ 용적식 유량계
  [해설] 열선식 유량계
  유체에 의한 가열선의 냉각도나 유체의 흡수 열량을 측정하여 유량을 측정하며 공기예열기의 공기유량을 측정하는 데 적합한 유량계

54. 다음 중 접촉식 온도계가 아닌 것은?
  ㉮ 저항온도계   ㉯ 방사온도계
  ㉰ 열전온도계   ㉱ 유리온도계
  [해설] 비접촉식 온도계의 종류
  방사온도계, 광고온계, 색 온도계, 광전관식 온도계

55. 열전대 온도계의 재료로 사용되는 콘스탄탄(constantan)은 어떤 금속의 합금인가?
  ㉮ 철과 구리   ㉯ 로듐과 백금
  ㉰ 구리와 니켈 ㉱ 철과 니켈
  [해설] 콘스탄탄은 구리(55%)와 니켈(45%)의 합금이다.

56. 바이메탈 온도계의 특징에 대한 설명으로 틀린 것은?
  ㉮ 히스테리시스 오차가 발생하지 않는다.
  ㉯ 온도변화에 대하여 응답이 빠르다.
  ㉰ 작용하는 힘이 크다.

정답 49. ㉰ 50. ㉮ 51. ㉯ 52. ㉯ 53. ㉯ 54. ㉯ 55. ㉰ 56. ㉮

라 온도자동 조절이나 온도보정 장치에 이용된다.

[해설] 바이메탈 온도계는 히스테리시스 오차가 발생한다.

57. 유량계의 교정방법 중 기체 유량계의 교정에 가장 적합한 방법은?

㉮ 배런스를 사용하여 교정한다.
㉯ 기준 탱크를 사용하여 교정한다.
㉰ 기준 유량계를 사용하여 교정한다.
㉱ 기준 체적관을 사용하여 교정한다.

[해설] 기체 유량계의 교정에는 기준 체적관을 사용하며, 기준 체적관은 대형유량계 시험 및 교정용이다.

58. 산소의 농도를 측정할 때 기전력을 이용하여 분석, 계측하는 분석계는?

㉮ 자기식 O_2계   ㉯ 세라믹식 O_2계
㉰ 연소식 O_2계   ㉱ 밀도식 O_2계

[해설] 세라믹식 O_2계는 온도를 높이면 산소 이온만을 통과시키는 성질(기전력을 이용)을 이용한 분석계이다.

59. 다음 전자 유량계에 대한 설명 중 틀린 것은 어느 것인가?

㉮ 도전성 유체에만 사용한다.
㉯ 미소한 측정전압에 대하여 고성능 증폭기를 필요로 한다.
㉰ 압력손실이 높고 점도가 높은 유체나 슬러리(slurry)에는 사용할 수 없다.
㉱ 유량계의 관내에 적당한 재료를 라이닝(lining)하므로 높은 내식성을 유지할 수 있다.

[해설] 전자 유량계는 압력손실이 전혀 없고 슬러리가 들어 있거나 고점도 액체 측정이 가능하다.

60. 다음 중 사하중계(dead weight gauge)의 주된 용도는?

㉮ 압력계 보정   ㉯ 온도계 보정
㉰ 유체 밀도 측정   ㉱ 기체 무게 측정

[해설] 사하중계(중추식 압력계)
분동식 압력계라고도 하며 압력계 보정용으로 사용된다. 또한 정밀도가 높은 측정이 가능하며 표준압력계이다.

제4과목 열설비 재료 및 관계법규

61. 제강 평로에서 채용되고 있는 배열회수 방법으로서 배기 가스의 현열을 흡수하여 공기나 연료가스 예열에 이용될 수 있도록 한 장치는?

㉮ 축열기   ㉯ 환열기
㉰ 폐열 보일러   ㉱ 판형 열교환기

[해설] 평로
상부는 용해실이며 하부는 양쪽에 축열기를 설치하여 배기가스의 현열을 흡수하여 공기나 연료가스를 예열시킬 수 있도록한 일종의 반사로이다.

62. 석유환산계수란 에너지원별 발열량을 1 kg 당 몇 kcal로 환산한 값을 말하는가?

㉮ 1000   ㉯ 10000
㉰ 100000   ㉱ 1000000

[해설] 석유 1kg 당 발열량을 10000kcal를 기준으로 환산한 값이다.

63. 다음 중 터널요에 대한 설명으로 옳은 것은 어느 것인가?

㉮ 예열, 소성, 냉각이 연속적으로 이루어지며 대차의 진행방향과 같은 방향으로

정답 57. ㉱ 58. ㉯ 59. ㉰ 60. ㉮ 61. ㉮ 62. ㉯ 63. ㉱

연소가스가 진행된다.
㉯ 소성시간이 길기 때문에 소량생산에 적합하다.
㉰ 인건비, 유지비가 많이 든다.
㉱ 온도조절의 자동화가 쉽지만 제품의 품질, 크기, 형상 등에 제한을 받는다.

[해설] ① 터널요의 구성은 예열대, 소성대, 냉각대로 되어 있으며 예열, 소성, 냉각이 연속적으로 이루어지며 대차의 진행방향과 반대방향으로 연소가스가 진행된다.
② 소성시간이 짧기 때문에 대량생산에 적합하다.
③ 인건비, 유지비가 적게 들며 열효율이 높고 연료가 절약된다.

64. 염기성 슬래그에 대한 내침식성이 가장 큰 내화물은?

㉮ 샤모트질 내화로재
㉯ 마그네시아질 내화로재
㉰ 납석질 내화로재
㉱ 고알루미나질 내화로재

[해설] 염기성 슬래그와 접촉되면 염기성 내화로재를 사용해야 하며 염기성 슬래그에 대한 내침식성이 가장 큰 내화물은 마그네시아질 내화물이다.

65. 구리합금 용해용 도가니로에 사용될 도가니의 재료로 가장 적합한 것은?

㉮ 흑연질   ㉯ 점토질
㉰ 구리   ㉱ 크롬질

[해설] 도가니로에서 도가니 재료는 일반적으로 흑연이 사용되며 경합금용에는 내면에 라이닝을 한 철제도가니가 사용된다

66. 에너지 관련법에서 정의하는 용어에 대한 설명 중 틀린 것은?

㉮ 에너지 사용자란 에너지 사용시설의 소유자 또는 관리자를 말한다.
㉯ 에너지 사용 시설이라 함은 에너지를 사용하는 공장, 사업장 등의 시설이나 에너지를 전환하여 사용하는 시설을 말한다.
㉰ 에너지 공급자라 함은 에너지를 생산, 수입, 전환, 수송, 저장 판매하는 사업자를 말한다.
㉱ 연료라 함은 석유, 석탄, 대체에너지 기타 열 등으로 제품의 원료로 사용되는 것을 말한다.

[해설] 에너지법 제2조 참조

67. 다음 중 에너지 사용 계획의 수립대상 사업이 아닌 것은?

㉮ 항만건설사업
㉯ 고속도로건설사업
㉰ 철도건설사업
㉱ 관광단지개발사업

[해설] 에너지이용 합리화법 시행령 제20조 ①항 참조

68. 에너지 총 조사는 몇 년을 주기로 시행하는가?

㉮ 2년   ㉯ 3년
㉰ 4년   ㉱ 5년

[해설] 에너지법 시행령 제15조 ③항 참조

69. 두께 230 mm의 내화벽돌이 있다. 내면의 온도가 320℃이고 외면의 온도가 150℃일 때 이 벽면 10 m² 에서 매 시간당 손실되는 열량은 약 몇 kcal 인가? (단, 내화벽돌의 열전도율은 0.96kcal/m·h·℃ 이다.)

㉮ 710   ㉯ 1632
㉰ 7096   ㉱ 14391

[해설] $Q[\text{kcal}]$

정답 64. ㉯ 65. ㉮ 66. ㉱ 67. ㉯ 68. ㉯ 69. ㉰

$$= \lambda[\text{kcal/mh℃}] \times \frac{\Delta t[\text{℃}]}{b[\text{m}]} \times F[\text{m}^2]$$
$$= 0.96 \times \frac{(320-150)}{0.23} \times 10 = 7096 \text{ kcal}$$

70. 샤모트(chamotte) 벽돌에 대한 설명으로 옳은 것은?

㉮ 일반적으로 기공률이 크고 비교적 낮은 온도에서 연화되며 내스폴링성이 좋다.
㉯ 흑연질 등을 사용하며 내화도와 하중연화점이 높고 열 및 전기 전도도가 크다.
㉰ 내식성, 내마모성이 크며 내화도는 SK 35 이상으로 주로 고온부에 사용된다.
㉱ 하중 연화점이 높고 가소성이 커 염기성 제강로에 주로 사용된다.

[해설] ① 하중연화점이 낮다.
② 내화도는 SK 28~34 정도이다.
③ 가소성이 없어 생점토를 첨가한다.

71. 다음 중 내화물의 구비조건으로 틀린 것은 어느 것인가?

㉮ 사용 시 변형이 일어나지 않아야 한다.
㉯ 내마모성과 내침식성이 뛰어나야 한다.
㉰ 재가열 시에 수축이 크게 일어나야 한다.
㉱ 상온에서 압축강도가 커야 한다.

[해설] 재가열 시 수축이 크게 일어나면 스폴링의 원인이 된다.

72. 보온재의 시공방법에 대한 설명으로 틀린 것은?

㉮ 물로 반죽하여 시공하는 보온재의 1차 시공 시 보온재의 두께는 50 mm가 적당하다.
㉯ 판상 보온재를 사용할 경우 두께가 75 mm를 초과하는 경우에는 층을 두 개로 나누어 시공한다.
㉰ 물로 반죽하는 보온재의 2차 시공시는 수분이 보온재의 1~1.5배 정도 남도록 건조시킨 후 바른다.
㉱ 내화벽돌을 사용할 경우 일반보온재를 내층에, 내화벽돌은 외층으로 하여 밀착, 시공한다.

[해설] 물로 반죽하여 시공하는 보온재의 1차 시공 시 보온재의 두께는 25 mm가 적당하다.

73. 노재의 하중연화점을 측정하는 방법으로 옳은 것은?

㉮ 소정의 온도에서 압축강도를 측정한다.
㉯ 하중을 일정하게 하고 온도를 높이면서 그 하중에 견디지 못하고 변형하는 온도를 측정한다.
㉰ 하중과 온도를 동시에 변화시키면서 변형을 측정한다.
㉱ 하중과 온도를 일정하게 하고 일정시간 후의 변형을 측정한다.

[해설] 하중연화점이란 내화벽돌을 일정한 하중 하에서 가열하면 연화 현상을 나타내는 온도이다.

[참고] 하중연화점 시험조건에 일반적인 표시 방법은 T_2 (2 kg/cm^2)이다.

74. 글로브 밸브(globe valve)에 대한 설명 중 틀린 것은?

㉮ 유량조절이 용이하므로 자동조절밸브 등에 응용시킬 수 있다.
㉯ 유체의 흐름방향이 밸브몸통 내부에서 변한다.
㉰ 디스크 형상에 따라 앵글밸브, Y형밸브, 니들밸브 등으로 분류된다.
㉱ 조작력이 적어 고압의 대구경 밸브에 적합하다.

[해설] 글로브 밸브는 유체의 저항이 작아 고압의 대구경 밸브에 적합하다.

정답 70. ㉮ 71. ㉰ 72. ㉮ 73. ㉯ 74. ㉱

75. SK 34는 몇 도까지 견딜 수 있는가?

㉮ 1350℃ ㉯ 1580℃
㉰ 1750℃ ㉱ 1930℃

[해설] ① SK 26 : 1580℃, SK 27 : 1610℃, SK 28 : 1630℃
② SK 29 : 1650℃, SK 30 : 1670℃, SK 31 : 1690℃
③ SK 32 : 1710℃, SK 33 : 1730℃, SK 34 : 1750℃
④ SK 35 : 1770℃, SK 36 : 1790℃

76. 냉, 난방온도 제한 온도의 기준으로 판매시설 및 공항의 경우 냉방온도는 몇 ℃ 이상으로 하여야 하는가?

㉮ 24 ㉯ 25
㉰ 26 ㉱ 27

[해설] 에너지이용 합리화법 시행규칙 제31조의 2 참조

77. 에너지 사용 계획에 대한 검토결과 공공사업주관자가 조치 요청을 받은 경우, 이를 이행하기 위하여 제출하는 이행계획에 포함되어야 할 내용이 아닌 것은?

㉮ 이행 주체 ㉯ 이행 방법
㉰ 이행 장소 ㉱ 이행 시기

[해설] 에너지이용 합리화법 시행규칙 제5조 참조

78. 에너지관리기사의 자격을 가진 자가 운전할 수 있는 범위의 기준은?

㉮ 용량이 10 t/h를 초과하는 보일러
㉯ 용량이 30 t/h를 초과하는 보일러
㉰ 용량이 50 t/h를 초과하는 보일러
㉱ 용량이 100 t/h를 초과하는 보일러

[해설] 에너지이용 합리화법 시행규칙 제31조의 26 별표 3의 9 참조

79. 에너지이용 합리화 기본계획에 포함되지 않은 것은?

㉮ 에너지이용 합리화를 위한 기술개발
㉯ 에너지의 합리적인 이용을 통한 공해성분(SO_x, NO_x)의 배출을 줄이기 위한 대책
㉰ 에너지이용 합리화를 위한 가격 예고제의 시행에 관한 사항
㉱ 에너지이용 합리화를 위한 홍보 및 교육

[해설] 에너지이용 합리화법 제4조 참조

80. 열사용기자재 관리규칙에 대한 내용 중 틀린 것은?

㉮ 계속 사용 검사는 해당 연도 말까지 연기할 수 있으며 검사의 연기를 받으려는 자는 검사 대상기기 검사 연기 신청서를 에너지관리공단이사장에게 제출하여야 한다.
㉯ 에너지관리공단이사장은 검사에 합격한 검사 대상기기에 대해서 검사 신청인에게 검사일로부터 7일 이내에 검사증을 발급하여야 한다.
㉰ 검사대상기기 조종자의 선임신고는 신고 사유가 발생한 날로부터 20일 이내에 하여야 한다.
㉱ 검사 대상기기에 대한 폐기 신고는 폐기한 날로부터 15일 이내에 에너지관리공단이사장에게 신고하여야 한다.

[해설] 에너지이용 합리화법 시행규칙 제31조의 28 ②항 참조

정답 75. ㉰ 76. ㉯ 77. ㉰ 78. ㉯ 79. ㉯ 80. ㉰

제5과목　열설비 설계

81. 랭커셔 보일러에 대한 설명으로 틀린 것은 어느 것인가?

㉮ 노통이 2개이다.
㉯ 부하변동 시 압력변화가 적다.
㉰ 전열면적이 적어 효율이 비교적 낮다.
㉱ 급수처리가 까다롭고 가동 후 증기발생시간이 길다.

[해설] 수관 보일러에 비해 급수처리가 덜 까다롭다.

82. 원통보일러에서 동체의 내경이 2300 mm라 할 때 동체의 최소 두께는 얼마 이상이어야 하는가?

㉮ 6mm　　㉯ 8mm
㉰ 10mm　　㉱ 12mm

[해설] 동체의 최소 두께는 다음 값 이상이어야 한다.
① 내경 900 mm 이하: 6 mm 이상 (단, 스테이 부착 시: 8 mm 이상)
② 내경 900 mm 초과 1350 mm 이하: 8 mm 이상
③ 내경 1350 mm 초과 1850 mm 이하: 10 mm 이상
④ 내경 1850 mm 초과: 12 mm 이상

83. 이온교환수지 재생에서의 재생방법으로 적합한 것은?

㉮ 양이온교환수지는 가성소다, 암모니아로 재생한다.
㉯ 양이온교환수지는 소금 또는 염화수소, 황산으로 재생한다.
㉰ 음이온교환수지는 소금 또는 황산으로 재생한다.
㉱ 음이온교환수지는 암모니아 또는 황산으로 재생한다.

[해설] 양이온교환수지는 $HCl, H_2SO_4, NaCl$으로 재생하며 음이온교환수지는 $NaOH, NH_4OH$로 재생한다.

84. 다음 [보기]에서 설명하는 보일러 보존방법은?

[보기]
- 보존기간이 6개월 이상인 경우 적용한다.
- 1년 이상 보존할 경우 방청도료를 도포한다.
- 약품의 상태는 1~2주 마다 점검하여야 한다.
- 동 내부의 산소제거는 숯불 등을 이용한다.

㉮ 건조보존법　　㉯ 만수보존법
㉰ 질소건조법　　㉱ 특수보존법

[해설] [보기]는 장기 보존법인 건조 보존법이다.

85. 보일러 드럼(drum)의 내압을 받는 동체에 생기는 응력 중 길이 방향의 인장응력과 원둘레 방향의 인장응력의 비는?

㉮ 2:1　　㉯ 1:2
㉰ 4:1　　㉱ 1:4

[해설] ① 길이 방향의 인장응력과 원둘레 방향의 인장응력의 비는 1:2이다.
② 원주 이음부 응력과 길이 이음부 응력의 비는 1:2이다.

86. 보일러의 용기에 판 두께가 12 mm, 용접길이가 230 cm인 판을 맞대기 용접했을 때 45000 kg의 인장하중이 작용한다면 인장응력은 약 몇 kg/cm^2인가?

㉮ 100　　㉯ 145

[정답] 81. ㉱　82. ㉱　83. ㉯　84. ㉮　85. ㉯　86. ㉰

| 탄 163 | 랜 255 |

[해설] $\dfrac{45000}{12 \times 2300} = 1.63\,\text{kg/mm}^2$
$= 163\,\text{kg/cm}^2$

87. 외기온도가 20℃일 때 표면온도 70℃인 관표면에서의 복사에 의한 열전달율은 약 몇 kcal/m²·h·K인가? (단, 복사율은 0.8 이다.)

| 갠 0.2 | 낸 5 |
| 댄 10 | 랜 12 |

[해설] $a_r = \dfrac{4.88 \times \varepsilon \times \left\{\left(\dfrac{T_1}{100}\right)^4 - \left(\dfrac{T_2}{100}\right)^4\right\}}{T_1 - T_2}$ 에서

$\dfrac{4.88 \times 0.8 \times \{(3.43)^4 - (2.93)^4\}}{343 - 293}$
$= 5.05\,\text{kcal/m}^2\text{hK}$

88. 어느 가열로에서 노벽의 상태가 다음과 같을 때 노벽을 관류하는 열량은 약 몇 kcal/h 인가? (단, 노벽의 상하 및 둘레가 균일한 것으로 보며 평균방열면적 : 120.5 m², 노벽 두께 : 45cm, 내벽표면온도 : 1300℃, 외벽표면온도 : 175℃, 노벽재질의 열전도율 : 0.1 kcal/m·h·℃이다.)

| 갠 301.25 | 낸 30125 |
| 댄 394.97 | 랜 39497 |

[해설] $Q = 0.1 \times 120.5 \times \dfrac{(1300-175)}{0.45}$
$= 30125\,\text{kcal/h}$

89. 급수에서 ppm 단위를 사용할 때 이에 대하여 가장 잘 나타낸 것은?

갠 물 1 cc 중에 함유한 시료의 양을 mg 으로 표시한 것
낸 물 100 cc 중에 함유한 시료의 양을 mg으로 표시한 것
댄 물 1 L 중에 함유한 시료의 양을 g으로 표시한 것
랜 물 1 L 중에 함유한 시료의 양을 mg으로 표시한 것

[해설] ppm의 단위
mg/L, mg/kg, g/t, g/m³

90. 보일러의 부속장치 중 여열장치가 아닌 것은?

| 갠 과열기 | 낸 송풍기 |
| 댄 재열기 | 랜 절탄기 |

[해설] 여열장치(폐열 회수장치)에는 갠, 댄, 랜 항 외에 공기예열기가 있다.

91. 2중관 단일통과 열교환기의 외관에서 고온유체의 입구온도는 140℃이며, 출구의 온도는 90℃이었다. 또한, 내관의 저온유체의 입구온도는 40℃이며 출구온도는 70℃이었을 때 향류인 경우 평균온도차는 약 얼마인가? (단, 열교환 중 응축은 발생하지 않는다.)

| 갠 49.7 | 낸 59.4 |
| 댄 69.7 | 랜 79.4 |

[해설] $\Delta t_m = \dfrac{\Delta t_1 - \Delta t_2}{\ln\left(\dfrac{\Delta t_1}{\Delta t_2}\right)} = \dfrac{70-50}{\ln\left(\dfrac{70}{50}\right)} = 59.4℃$

92. 금속판을 전열체로 하여 유체를 가열하는 방식으로 열팽창에 대한 염려가 없고 플랜지이음으로 되어 있어 내부수리가 용이한 열교환기 형식은?

| 갠 유동두식 | 낸 플레이트식 |
| 댄 융그스크럼식 | 랜 스파이럴식 |

[해설] 스파이럴식 열교환기
2장의 금속판을 나선형으로 감고 양쪽 통로

정답 87. 낸 88. 낸 89. 랜 90. 낸 91. 낸 92. 랜

에 유체를 통과시켜 가열하는 방식으로 열팽창에 대한 염려가 없고 플렌지이음으로 되어 있어 내부 수리가 용이하며 20 kg/cm² 이하에 사용된다.

93. 구조상 고압에 적당하여 배압이 높아도 작동하며, 드레인 배출온도를 변화시킬 수 있고 증기누출이 없는 트랩은?

㉮ 디스크 (disk)식
㉯ 플로트 (float)식
㉰ 상향 버킷 (bucket)식
㉱ 바이메탈 (bimetal)식

[해설] 바이메탈식 트랩의 특징
① 온도조절식 트랩이다.
② 고압에 적당하며 증기누출이 없다.
③ 드레인 배출온도를 변화시킬 수 있으며 배압력이 높아도 작동한다.

94. 열정산에 대한 설명으로 틀린 것은?

㉮ 원칙적으로 정격부하 이상에서 정상상태로 적어도 2시간 이상의 운전결과에 따른다.
㉯ 발열량은 원칙적으로 사용 시 연료의 고발열량으로 한다.
㉰ 최대출열량을 시험할 경우에는 반드시 최대부하에서 시험을 한다.
㉱ 증기의 건도는 98 % 이상인 경우에 시험함을 원칙으로 한다.

[해설] 최대출열량을 시험할 경우에는 반드시 정격부하에서 시험을 한다.

95. 과열증기의 특징에 대한 설명으로 옳은 것은?

㉮ 관내 마찰저항이 증가한다.
㉯ 응축수로 되기 어렵다.
㉰ 표면에 고온부식이 발생하지 않는다.
㉱ 표면의 온도를 일정하게 유지한다.

[해설] ① 관내 마찰저항이 감소한다.
② 표면에 고온부식이 발생하기 쉽다.
③ 표면 온도를 일정하게 유지하기 어렵다.

96. 입형 횡관 보일러의 안전저수위로 가장 적당한 것은?

㉮ 하부에서 75 mm 지점
㉯ 횡관 전길이의 $\frac{1}{3}$ 높이
㉰ 화격자 하부에서 100 mm 지점
㉱ 화실 천장판에서 상부 75 mm 지점

[해설] 입형 보일러(입형 횡관 보일러 포함)의 안전저수위는 화실 천장판 최고부에서 75 mm 상방 지점이다.

97. 보일러에서 발생할 수 있는 손실 중 가장 큰 것은?

㉮ 그을음 (soot)에 의한 손실
㉯ 미연가스에 의한 손실
㉰ 복사 및 전도에 의한 손실
㉱ 배기 손실

[해설] 배기가스 보유열에 의한 열손실이 가장 크며 줄이기에도 가장 어렵다.

98. 노내의 온도가 900℃에 달했을 때 300×600 mm의 노 문을 열었다. 이때 노문을 통한 방사전열 손실 열량은 약 몇 kcal/h인가? (단, 실내온도는 25℃, 화염의 방사율은 0.9이다.)

㉮ 12900 ㉯ 13900
㉰ 14900 ㉱ 15900

[해설] $Q[\text{kcal/h}]$
$= 4.88 \times \varepsilon \times \left\{ \left(\frac{T_1}{100}\right)^4 - \left(\frac{T_2}{100}\right)^4 \right\} \times F$ 에서
$4.88 \times 0.9 \times \left\{ \left(\frac{1173}{100}\right)^4 - \left(\frac{298}{100}\right)^4 \right\} \times 0.18$
$= 14904.38 \text{ kcal/h}$

[정답] 93. ㉱ 94. ㉰ 95. ㉯ 96. ㉱ 97. ㉱ 98. ㉰

99. 이온 교환체에 의한 경수의 연화 원리를 가장 잘 설명한 것은?
- ㉮ 수지의 성분과 Na형의 양이온이 결합하여 경도성분이 제거되기 때문이다.
- ㉯ 산소 원자와 수지가 결합하여 경도 성분이 제거되기 때문이다.
- ㉰ 물속의 음이온과 양이온이 동시에 수지와 결합하여 제거되기 때문이다.
- ㉱ 수지의 물 속의 모든 이물질과 결합하기 때문이다.

[해설] 이온교환수지(R : resin)를 충전한 교환탑에 경수를 통과시키면 Ca^{2+}, Mg^{2+} 등이 수지 내의 Na^+와 교환되어 경도 성분이 제거된다.

100. 다음 중 역화의 원인이 아닌 것은?
- ㉮ 흡입통풍이 부족한 경우
- ㉯ 연료의 양이 부족한 경우
- ㉰ 연료밸브를 급히 열었을 경우
- ㉱ 점화 시 착화가 늦어졌을 경우

[해설] 연료의 양이 과다한 경우에 역화(back fire)의 원인이다.

정답 99. ㉮ 100. ㉯

2012년 1회 에너지관리기사
2012.3.5 시행

제1과목 연소 공학

1. 액체연료에 대한 가장 적당한 연소방법은?

㉮ 화격자 연소   ㉯ 스토커 연소
㉰ 버너 연소   ㉱ 확산 연소

[해설] ① 고체연료 연소방법 : 화격자 연소, 스토커 연소
② 액체연료 연소방법 : 버너 연소
③ 기체연료 연소방법 : 확산 연소

2. 연소온도에 영향을 주는 여러 원인 중 변화가 없는 것은?

㉮ 연료의 발열량
㉯ 공기비
㉰ 연소용 공기 중의 산소 농도
㉱ 연소효율

[해설] 연소온도에 영향을 주는 인자 중 연료의 발열량은 연소온도가 낮을 때는 비례하다가 점차 연소온도가 높아지면 발열량에 관계 없이 일정해진다.

3. 액체연료 중 고온건류하여 얻은 타르계 중유의 특징에 대한 설명으로 틀린 것은?

㉮ 화염의 방사율이 크다.
㉯ 황의 영향이 적다.
㉰ 슬러지를 발생시킨다.
㉱ 단위 용적당의 발열량이 극히 적다.

[해설] 타르계 중유는 단위 용적당 발열량이 크다.

4. 가스시설에 대한 위험 장소의 분류에 속하지 않은 것은?

㉮ 0종 장소   ㉯ 1종 장소
㉰ 2종 장소   ㉱ 3종 장소

[해설] 가스의 위험 장소 등급 구분에는 0종 장소, 1종 장소, 2종 장소로 구분한다.

5. 공기비 1.3에서 메탄을 연소시킨 경우 단열 연소온도는 약 몇 K인가? (단, 메탄의 저발열량은 49 MJ/kg, 배기가스의 평균비열은 1.29 kJ/Sm³·K이고 고온에서의 열분해는 무시하고, 연소전 온도는 25℃이다.)

㉮ 1663   ㉯ 1932
㉰ 2052   ㉱ 2230

[해설] 우선 습배기 가스(G_w)를 구하면

$$CH_4 + 2O_2 \rightarrow CO_2 + 2H_2O$$
$$1 \quad 2 \quad\quad 1 \quad 2$$

$$G_{ow} = 1 + 2 + 0.79 \times \frac{1}{0.21} \times 2$$
$$= 10.5238 \text{ Sm}^3/\text{Sm}^3$$

$$G_w = G_{ow} + (m-1)A_0$$
$$= 10.5238 + (1.3-1) \times \frac{1}{0.21} \times 2$$
$$= 13.3809 \text{ Sm}^3/\text{Sm}^3$$

$$t_2 = \frac{H_l}{G \cdot C} + t_1$$
$$= \frac{49 \text{MJ/kg} \times 10^3 \text{kJ/MJ}}{\left[13.3809 \text{ Sm}^3/\text{Sm}^3 \times \frac{22.4 \text{Sm}^3}{16 \text{kg}} \times 1.29 \text{kJ/Sm}^3 \cdot \text{K}\right]} + 25$$
$$= 2052 \text{K}$$

정답 1. ㉰ 2. ㉮ 3. ㉱ 4. ㉱ 5. ㉰

6. 메탄의 반응식이 다음과 같을 때 총(고위) 발열량은 약 몇 kcal/Sm³인가?

$$CH_4 + 2O_2 = CO_2 + 2H_2O[L] + 213500\,cal$$

㉮ 5720 ㉯ 9500
㉰ 12300 ㉱ 16100

[해설] H_2O가 liquid로 표기되었으므로 총(고위) 발열량이다.
$213500\,cal/mol$
$= 213500\,kcal/kmol \times 1kmol/22.4\,Sm^3$
$= 9531.25\,kcal/Sm^3$

7. 어떤 연료의 성분이 다음과 같을 때 이론 공기량(Sm³/kg)은?

$$C = 0.85,\ H = 0.13,\ O = 0.02$$

㉮ 8.24 ㉯ 9.32
㉰ 10.96 ㉱ 11.98

[해설] $A_0[Sm^3/kg]$
$= \dfrac{1}{0.21} \times \left\{ \dfrac{22.4}{12}C + \dfrac{11.2}{2}\left(H - \dfrac{O}{8}\right) + \dfrac{22.4}{32}S \right\}$
$= \dfrac{1}{0.21} \times \left\{ \dfrac{22.4}{12} \times 0.85 + \dfrac{11.2}{2}\left(0.13 - \dfrac{0.02}{8}\right) + \dfrac{22.4}{32} \times 0 \right\}$
$= 10.955\ Sm^3/kg$

8. 온도가 293 K인 이상기체를 단열 압축하여 체적을 $\dfrac{1}{6}$로 하였을 때 가스의 온도는 약 몇 K인가? (단, 가스의 정적비열(C_V)은 0.7 kJ/kg·K, 정압비열(C_P)은 0.98 kJ/kg·K이다.)

㉮ 393 ㉯ 493 ㉰ 558 ㉱ 600

[해설] 우선 비열비(k)를 구하면
$k = \dfrac{C_P}{C_V} = \dfrac{0.98}{0.7} = 1.4$
단열변화에서
$\dfrac{T_2}{T_1} = \left(\dfrac{V_1}{V_2}\right)^{k-1}$ 이므로
$T_2 = T_1 \times \left(\dfrac{V_1}{V_2}\right)^{k-1} = 293 \times \left(\dfrac{1}{\frac{1}{6}}\right)^{1.4-1}$
$= 599.9K$

9. 다음 연소장치 중 연소부하율이 가장 높은 것은?

㉮ 중유 연소 보일러
㉯ 가스터빈
㉰ 마플로
㉱ 미분탄 연소 보일러

[해설] 연소부하율(kcal/m³h) 순서
가스터빈 > 미분탄 연소 보일러 > 중유 연소 보일러 > 마플로

10. "압력이 일정할 때 기체의 부피는 온도에 비례하여 변한다."라는 법칙은?

㉮ Boyle의 법칙
㉯ Gay Lussac의 법칙
㉰ Joule의 법칙
㉱ Boyle – Charle의 법칙

[해설] 이 법칙은 1802년 게이뤼삭이 발표하였으나 1787년의 샤를의 미발표 논문을 인용하였기 때문에 샤를의 법칙 또는 샤를–게이뤼삭의 법칙이라고 한다.

11. 어떤 중유연소 가열로의 발생가스를 분석했을 때 체적비로 CO_2가 12%, O_2가 8.0%, N_2가 80%인 결과를 얻었다. 이 경우의 공기비는? (단, 연료 중에는 질소가 포함되어 있지 않다.)

정답 6. ㉯ 7. ㉰ 8. ㉱ 9. ㉯ 10. ㉯ 11. ㉰

㉮ 1.2　　　㉯ 1.4
㉰ 1.6　　　㉱ 1.8

[해설] $m = \dfrac{N_2}{N_2 - 3.76\,O_2} = \dfrac{80}{80 - 3.76 \times 8}$
　　　　$= 1.60$

12. 석탄을 연료분석한 결과 다음과 같은 결과를 얻었다면 고정탄소분은 약 몇 %인가?

> [수분] – 시료량 : 1.0030g,
> 　　　　건조감량 : 0.0232g
> [회분] – 시료량 : 1.0070g,
> 　　　　잔류 회분량 : 0.2872g
> [휘발분] – 시료량 : 0.9998g,
> 　　　　가열감량 : 0.3432g

㉮ 21.72　　㉯ 32.53
㉰ 37.15　　㉱ 53.17

[해설] 수분(%) $= \dfrac{0.0232}{1.0030} \times 100 = 2.313\,\%$

회분(%) $= \dfrac{0.2872}{1.0070} \times 100 = 28.520\,\%$

휘발분(%) $= \dfrac{0.3432}{0.9998} \times 100 - 2.313$
　　　　$= 32.013\,\%$

고정탄소 (%) = 100 − (수분 + 휘발분 + 회분)
　　　　= 100 − (2.313 + 32.013 + 28.520)
　　　　= 37.154 %

13. 어떤 굴뚝가스가 50 mol % N_2, 20 mol % CO_2, 10 mol % O_2와 나머지가 H_2O인 조성을 가지고 있다. 이 기체 중 CO_2 가스의 건기준 몰분율은?

㉮ 0.125　　㉯ 0.2
㉰ 0.25　　㉱ 0.55

[해설] CO_2 mol분율 $= \dfrac{CO_2\,\text{mol수}}{\text{전몰수}}$
　　　　$= \dfrac{20}{50 + 20 + 10} = 0.25 = 0.25$

14. 전기식 집진장치에 대한 설명 중 틀린 것은 어느 것인가?

㉮ 포집입자의 직경은 30~50 μm 정도이다.
㉯ 집진효율이 90~99.9 %로서 높은 편이다.
㉰ 광범위한 온도범위에서 설계가 가능하다.
㉱ 낮은 압력손실로 대량의 가스처리가 가능하다.

[해설] 전기집진장치에서 처리 입경은 0.05~20 μm (0.1~0.5 μm 입경에서 효율이 최대가 된다.)이다.

15. 메탄가스 8 kg을 연소시키는 데 소요되는 이론공기량은 약 몇 Sm^3인가?

㉮ 46　　㉯ 69
㉰ 86　　㉱ 107

[해설] $CH_4\ +\ 2O_2\ \rightarrow\ CO_2\ +\ 2H_2O$
　1kmol　2kmol
　16kg　$2 \times 22.4\,Sm^3$
　8kg　$x\,Sm^3$

$A_0 = \dfrac{1}{0.21} \times O_0 = \dfrac{1}{0.21} \times x$

$= \dfrac{1}{0.21} \times \dfrac{8 \times 2 \times 22.4}{16}$

$= 106.6\,Sm^3$

16. 중유의 탄수소비가 증가함에 따른 발열량의 변화는?

㉮ 감소한다.
㉯ 증가한다.
㉰ 무관하다.
㉱ 초기에는 증가하다가 점차 감소한다.

[해설] 중유의 C/H비가 증가한다는 것은 H에 비해 C가 증가한다는 뜻이므로 전체 발열량은 감소한다.

정답 12. ㉰　13. ㉰　14. ㉮　15. ㉱　16. ㉮

17. 다음 중 과잉 공기가 너무 많을 때 발생하는 현상은?

㉮ 연소 속도가 빨라진다.
㉯ 연소 온도가 높아진다.
㉰ 보일러 효율이 높아진다.
㉱ 배기가스의 열손실이 많아진다.

[해설] 과잉공기가 너무 많으면 연소실 온도가 떨어지고 배기가스의 열손실이 증가하여 열효율이 감소한다.

18. 부생(副生)가스 중 CH_4와 H_2가 주성분인 가스는?

㉮ 수성 가스
㉯ 코크스로 가스
㉰ 고로 가스
㉱ 전로 가스

[해설] CH_4와 H_2가 많은 가스는 코크스로 가스이다.

19. 고체 및 액체연료의 발열량을 측정할 때 정압 열량계가 주로 사용된다. 이 열량계 중에 2 L의 물이 있는데 5 g의 시료를 연소시킨 결과 물의 온도가 20℃ 상승하였다. 이 열량계의 열손실율을 10 %라고 가정할 때의 발열량은 약 몇 cal/g인가?

㉮ 4800
㉯ 6800
㉰ 8800
㉱ 10800

[해설] $\eta = \dfrac{GC\Delta t}{G_f \times H_l}$

$\therefore H_l = \dfrac{GC\Delta t}{\eta \times G_f}$

$= \dfrac{2000g \times 1cal/g℃ \times 20℃}{0.9 \times 5g}$

$= 8888 \ cal/g$

20. 연소가스 중의 질소산화물 생성을 억제하기 위한 방법으로 틀린 것은?

㉮ 2단 연소
㉯ 고온 연소
㉰ 농담 연소
㉱ 배가스 재순환 연소

[해설] 연소가스 중의 질소산화물 생성을 억제하기 위한 방법으로 저온연소가 있다.

제2과목　열역학

21. 100 kPa, 20℃의 공기를 5 kg/min의 유량으로 공기압축기를 통과시켜 1000 kPa까지 등온 압축시킨다. 이때 필요한 동력을 구하면? (단, 공기의 기체상수는 0.287 kJ/kg·K이다.)

㉮ 16.1 kW
㉯ 77.3 kW
㉰ 450 kW
㉱ 900 kW

[해설] 등온변화에서

$W_a = GRT_1 \ln \dfrac{P_1}{P_2}$

$= 5kg/min \times 0.287kJ/kg·K \times (273+20)K \times \ln \dfrac{100}{1000}$

$= -968.13 \ kJ/min$

$= -968.13kJ/60s = -16.13kJ/s$

$= -16.13kW$ (일을 받았음)

22. 30℃에서 150 L의 이상기체를 20 L로 가역 단열압축시킬 때 온도가 230℃로 상승하였다. 이 기체의 정적 비열은 약 몇 kJ/kg·K인가? (단, 기체상수는 0.287 kJ/kg·K이다.)

㉮ 0.17
㉯ 0.24
㉰ 1.14
㉱ 1.47

[해설] 단열변화에서

$\dfrac{T_2}{T_1} = \left(\dfrac{V_1}{V_2}\right)^{k-1}$

$\dfrac{273+230}{273+30} = \left(\dfrac{50}{20}\right)^{k-1}$

정답 17. ㉱　18. ㉯　19. ㉰　20. ㉯　21. ㉮　22. ㉰

$$\ln\frac{(273+230)}{(273+30)}=(k-1)\cdot\ln\left(\frac{50}{20}\right)$$

$$k=\frac{\ln\left(\frac{273+230}{273+30}\right)}{\ln\left(\frac{50}{20}\right)}+1=1.251$$

$$C_V=\frac{1}{k-1}\cdot R=\frac{1}{1.251-1}\times 0.287=1.148$$

23. 엔트로피에 대한 설명으로 틀린 것은?

㉮ 엔트로피는 분자들의 무질서도 척도가 된다.
㉯ 엔트로피는 상태함수이다.
㉰ 우주의 모든 현상은 총 엔트로피가 증가하는 방향으로 진행되고 있다.
㉱ 자유팽창. 종류가 다른 가스의 혼합, 액체 내의 분자 확산 등의 과정에서 엔트로피가 변하지 않는다.

[해설] 엔트로피는 가역단열과정에서 변하지 않는다. 즉 $dS=0$ 이다.

24. 성능계수 3.4인 냉동기에서 냉동 능력 1 kW당 압축기의 구동 동력은 약 몇 kW인가?

㉮ 0.29   ㉯ 1.14
㉰ 2.37   ㉱ 3.06

[해설] 냉동기성능계수 $COP=\dfrac{T_2}{T_1-T_2}$

$COP=\dfrac{냉동\ 능력}{압축기의\ 구동\ 능력}$

$3.4=\dfrac{1}{x}$

$\therefore x=\dfrac{1}{3.4}=0.294$

25. 다음 중 랭킨 사이클을 개선한 사이클은 어느 것인가?

㉮ 재열 사이클   ㉯ 오토 사이클
㉰ 디젤 사이클   ㉱ 사바테 사이클

[해설] 랭킨 사이클에서 열효율을 높이기 위해 개선시킨 사이클은 재열 사이클이다.

26. 냉동능력을 나타내는 단위로 0℃의 물을 24시간 동안 0℃의 얼음으로 만드는 능력을 무엇이라고 하는가?

㉮ 냉동효과   ㉯ 냉동마력
㉰ 냉동톤   ㉱ 냉동률

[해설] 냉동톤(RT)의 설명이다.

27. 실제기체가 이상기체의 상태방정식을 근사적으로 만족시키는 조건으로 가장 관계가 먼 것은?

㉮ 분자 간의 인력이 작아야 한다.
㉯ 압력이 낮아야 한다.
㉰ 비체적이 커야 한다.
㉱ 온도가 낮아야 한다.

[해설] 온도는 높여야 한다.

28. CO_2 50 kg을 50℃에서 250℃로 가열할 때 내부에너지의 변화는 몇 kJ인가? (단, 정적비열 C_V는 0.67 kJ/kg·K이다.)

㉮ 134   ㉯ 168   ㉰ 3200   ㉱ 6700

[해설] $\Delta U=GC_V dT$
$=50\text{kg}\times 0.67\text{kJ/kg}\cdot\text{K}\times(250-50)\text{K}$
$=6700\text{kJ}$

29. 교축(throttling) 과정을 전후하여 일반적으로 변화하지 않는 열역학적 양은?

㉮ 내부에너지   ㉯ 엔탈피
㉰ 엔트로피   ㉱ 압력

[해설] 교축 과정은
① 비가역 현상이다.
② 엔트로피는 증가한다.

정답 23. ㉱ 24. ㉮ 25. ㉮ 26. ㉰ 27. ㉱ 28. ㉱ 29. ㉯

③ 엔탈피는 변화 없다.
④ 압력은 감소한다.
⑤ 내부에너지가 변한다.

30. 저열원 10℃, 고열원 600℃ 사이에 작용하는 카르노사이클에서 사이클당 방열량이 3.5 kJ이면 사이클당 실제 일의 양은 약 몇 kJ인가?

㉮ 3.5 ㉯ 5.7 ㉰ 6.8 ㉱ 7.3

[해설] $\eta = \dfrac{T_1 - T_2}{T_1} = \dfrac{Q_1 - Q_2}{Q_1} = \dfrac{AW}{T_1}$ 에서

Q_1을 구하면

$\dfrac{T_1 - T_2}{T_1} = 1 - \dfrac{Q_2}{Q_1}$

$\dfrac{Q_2}{Q_1} = 1 - \dfrac{T_1 - T_2}{T_1}$

$Q_1 = \dfrac{Q_2}{1 - \dfrac{T_1 - T_2}{T_1}} = \dfrac{35}{1 - \dfrac{600 - 10}{(273 + 600)}}$

$= 10.79 \text{ kJ}$

$AW = Q_1 - Q_2 = 10.79 - 3.5 = 7.29 \text{ kJ}$

31. 어느 과열 증기의 온도가 325℃일 때 과열도를 구하면 약 몇 ℃인가? (단, 이 증기의 포화온도는 495 K이다.)

㉮ 93 ㉯ 103 ㉰ 113 ㉱ 123

[해설] 과열도 = 과열 증기 온도 - 포화 증기 온도
= 325℃ - (495 - 273)℃
= 103℃

32. 그림의 열기관 사이클(cycle)에 해당하는 것은?

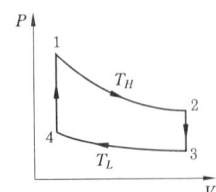
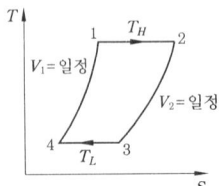

㉮ 스털링(Stirling) 사이클
㉯ 오토(Otto) 사이클
㉰ 브레이튼(Brayton) 사이클
㉱ 랭킨(Rankine) 사이클

[해설] 가스터빈 사이클 중 하나인 스털링 사이클은 2개의 등온과정과 2개의 정적과정을 거치는 이론적 사이클이다. 즉, 1→2 : 등온팽창, 2→3 : 정적방열, 3→4 : 등온압축, 4→1 : 정적가열과정이다.

33. 체적 4 m³, 온도 290 K의 어떤 기체가 가역 단열과정으로 압축되어 체적 2 m³, 온도 340 K로 되었다. 이상기체라고 가정하면 기체의 비열비는 약 얼마인가?

㉮ 1.091 ㉯ 1.229
㉰ 1.407 ㉱ 1.667

[해설] 가역단열과정에서

$\dfrac{T_2}{T_1} = \left(\dfrac{V_1}{V_2}\right)^{k-1}$, $\dfrac{340}{290} = \left(\dfrac{4}{2}\right)^{k-1}$

$\ln\left(\dfrac{340}{290}\right) = (k-1) \times \ln\left(\dfrac{4}{2}\right)$

$\therefore k = \dfrac{\ln\left(\dfrac{340}{290}\right)}{\ln\left(\dfrac{4}{2}\right)} + 1 = 1.2294$

34. 질량 m[kg]의 어떤 기체로 구성된 밀폐계가 A[kJ]의 열을 받아 $0.5 A$[kJ]의 일을 하였다면, 이 기체의 온도변화는 몇 K인가? (단, 이 기체의 정적비열은 C_V[kJ/kg·K], 정압비열은 C_P[kJ/kg·K]이다.)

㉮ $\dfrac{A}{m C_V}$ ㉯ $\dfrac{A}{m C_P}$

㉰ $\dfrac{A}{2 m C_V}$ ㉱ $\dfrac{A}{2 m C_P}$

[해설] $\Delta H = \Delta U + \Delta W$
$A = m C_V \Delta T + 0.5 A$
$A - 0.5 A = m C_V \Delta T$

정답 30. ㉱ 31. ㉯ 32. ㉮ 33. ㉯ 34. ㉰

$$\Delta T = \frac{A}{2mC_V}$$

35. 30℃와 100℃ 사이에서 냉동기를 가동시키는 경우 최대의 성능계수(COP)는 약 얼마인가?

㉮ 2.33 ㉯ 3.33
㉰ 4.33 ㉱ 5.33

[해설] 냉동기 성능계수(COP)
$$= \frac{T_2}{T_1 - T_2} = \frac{(30+273)}{100-30} = 4.328$$

36. 비열비 $k=1.3$이고 정적비열이 $0.65\,kJ/kg\cdot K$이면 이 기체의 기체상수는 얼마인가?

㉮ $0.195\,kJ/kg\cdot K$ ㉯ $0.5\,kJ/kg\cdot K$
㉰ $0.845\,kJ/kg\cdot K$ ㉱ $1.345\,kJ/kg\cdot K$

[해설] $C_P - C_V = R$ …… ①
$k = \dfrac{C_P}{C_V}$ …… ②
$C_P = kC_V$ 이므로
$\therefore R = 1.3 \times 0.65 - 0.65 = 0.195\,kJ/kg\cdot K$

37. 정압과정으로 5 kg의 공기에 20 kcal의 열이 전달되어, 공기의 온도가 10℃에서 30℃로 올랐다. 이 온도범위에서 공기의 평균 비열(kJ/kg·K)을 구하면?

㉮ 0.152 ㉯ 0.321
㉰ 0.463 ㉱ 0.837

[해설] $Q = GC_P(t_2 - t_1)$
$$C_P = \frac{Q}{G(t_2-t_1)} = \frac{20kcal \times \dfrac{4187kJ}{1kcal}}{5kg \times (30-10)K}$$
$= 0.8374\,kJ/kg\cdot K$

38. 공기를 작동 유체로 하는 그림과 같은 Diesel Cycle의 온도범위가 40~1000℃일 때 압축비는 약 얼마인가? (단, 비열비는 1.4, 최고압력 P_2는 5 MPa, 최저압력 P_1는 100 kPa이다.)

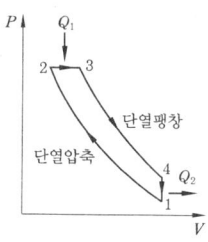 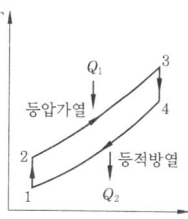

㉮ 4.8 ㉯ 16.4
㉰ 27.3 ㉱ 39.5

[해설] 디젤 사이클에서 단열압축과정이므로
$$\frac{T_2}{T_1} = \left(\frac{v_1}{v_2}\right)^{k-1} = \left(\frac{P_2}{P_1}\right)^{\frac{k-1}{k}}$$
$$\frac{v_1}{v_2} = \left(\frac{P_2}{P_1}\right)^{\frac{1}{k}},\ \varepsilon = \frac{v_1}{v_2}\text{이므로}$$
$$\varepsilon = \left(\frac{P_2}{P_1}\right)^{\frac{1}{k}} = \left(\frac{5000}{100}\right)^{\frac{1}{1.4}} = 16.35$$

39. 엔탈피에 대한 설명 중 잘못된 것은?

㉮ 열역학적으로 경로함수이다.
㉯ 정압과정에서는 엔탈피 변화량이 열량을 나타낸다.
㉰ $H = U + PV$로 정의된다.
㉱ 이상기체의 엔탈피는 온도만의 함수이다.

[해설] 엔탈피는 증기, 공기, 연소가스 등이 가진 열에너지를 표시하는 열역학 상태량이다.

40. 물의 삼중점(triple point)의 온도는?

㉮ 0 K ㉯ 273.16℃
㉰ 73 K ㉱ 273.16 K

[해설] 물의 삼중점은 4.579 mmHg, 0.0098℃이므로 절대온도로 고치면 273.15 + 0.0098 = 273.1598K이다.

[정답] 35. ㉰ 36. ㉮ 37. ㉱ 38. ㉯ 39. ㉮ 40. ㉱

제3과목 계측 방법

41. 방사온도계로 흑체가 아닌 피측정체의 실제온도 T를 구하는 식은? (단, E : 전방사에너지, εt : 전방사율이다.)

㉮ $T = \dfrac{E}{\sqrt[4]{\varepsilon t}}$ ㉯ $T = \dfrac{E}{\sqrt[3]{\varepsilon t}}$

㉰ $T = \dfrac{E}{\sqrt[2]{\varepsilon t}}$ ㉱ $T = \dfrac{E}{\varepsilon t}$

[해설] 전방사에너지 E는 전방사율 εt와 절대온도 T의 4제곱에 비례하므로 절대온도 T는 전방사율 εt의 4제곱근에 반비례하게 된다.
따라서 $T = \dfrac{E}{\sqrt[4]{\varepsilon t}}$

42. 차압식 유량계에서 교축 상류 및 하류에서의 압력이 P_1, P_2일 때 체적 유량이 Q_1이라면, 압력이 각각 처음보다 2배만큼씩 증가했을 때의 Q_2는 얼마인가?

㉮ $Q_2 = \sqrt{2}\, Q_1$

㉯ $Q_2 = 2 Q_1$

㉰ $Q_2 = \dfrac{1}{2} Q_1$

㉱ $Q_2 = \dfrac{1}{\sqrt{2}} Q_1$

[해설] 유량 Q = 차압 ΔP의 평방근에 비례하므로
$\dfrac{Q_1}{Q_2} = \dfrac{\sqrt{P_1 - P_2}}{\sqrt{2 \times (P_1 - P_2)}}$ 에서
$Q_2 = Q_1 \times \dfrac{\sqrt{2 \times (P_1 - P_2)}}{\sqrt{P_1 - P_2}} = \sqrt{2} \cdot Q_1$ 이다.

43. 압력게이지에 나타내는 압력은 어느 것인가?

㉮ 절대압력
㉯ 대기압
㉰ 절대압력 - 대기압
㉱ 절대압력 + 대기압

[해설] 압력게이지가 나타내는 압력은 게이지 압력이다. 절대압력 = 대기압 + 게이지압력에서 게이지압력 = 절대압력 - 대기압

44. CO, CO_2, CH_4를 함유한 어떤 기체를 분석 시 Gaschromato-graphy를 사용하여 그림과 같은 스트립 차트를 얻었다. 이들 3가지 물질에 대한 CO : CH_4 : CO_2의 몰분율 비는?

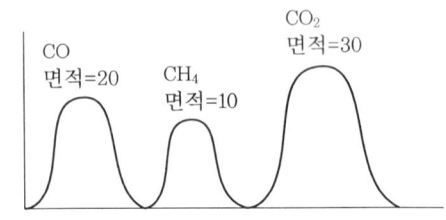

㉮ 2 : 1 : 3   ㉯ 4 : 1 : 9
㉰ 8 : 1 : 27 ㉱ 14 : 16 : 15

[해설] 20 : 10 : 30 = 2 : 1 : 3
[참고] 기체의 농도는 가스크로마토그래피 면적에 비례한다.

45. 다음 열전대 보호관 재질 중 상용온도가 가장 높은 것은?

㉮ 유리   ㉯ 자기
㉰ 구리   ㉱ Ni-Cr stainless

[해설]

보호관	상용온도(℃)	보호관	상용온도(℃)
황동관	400	내열강 SEH-5	1050
연강광	600	석영관	1000
13 Cr 강관	800	자기관	1450
SUS-27 / SUS-32	850	카보런덤관	1600

정답 41. ㉮ 42. ㉮ 43. ㉰ 44. ㉮ 45. ㉯

46. 적분동작(1동작)에 가장 많이 사용되는 제어는?

㉮ 증기압력제어　㉯ 유량압력제어
㉰ 증기속도제어　㉱ 유량속도제어

[해설] 편차의 크기와 지속시간에 비례하여 응답하는 제어동작인 적분(I) 동작에 가장 많이 사용되는 제어는 유량압력제어이다.

47. 유체의 와류에 의해 측정하는 유량계는 어느 것인가?

㉮ 오벌(oval) 유량계
㉯ 델타(delta) 유량계
㉰ 로터리 피스톤(rotary piston) 유량계
㉱ 로터미터(rotameter)

[해설] 와류식(와) 유량계
유체에 와류(소용돌이)를 일으켜 소용돌이의 발생수(주파수)가 유속에 비례한다는 것을 응용한 것이며 종류로는 델타 유량계, 스와르미터, 카르만 유량계가 있다.

[참고] 연도와 같이 재나 부식성이 있는 유체의 유량 측정에는 퍼거식 와 유량계가 사용된다.

48. 경유를 사용한 분동식 압력계의 사용압력(kg/cm²) 범위는?

㉮ 40~100　　㉯ 100~300
㉰ 300~500　㉱ 500~1000

[해설] 기름의 종류별 사용압력(kg/cm²)
① 경유 : 40~100
② 스핀들유, 피마자유, 머신유 : 100~1000
③ 모빌유 : 3000 이상

49. 기준입력과 주 피드백 신호와의 차에 의해서 일정한 신호를 조작요소에 보내는 제어장치는?

㉮ 조절기(controller)
㉯ 전송기(transmitter)
㉰ 조작기(actuator)
㉱ 계측기(measuring meter)

[해설] 기준입력과 주 피드백 신호와의 차(검출부 출력의 차)에 의해서 일정한 신호를 조작부에 보내는 제어장치는 조절기이다.

50. 열선식 유량계에 대한 설명으로 틀린 것은 어느 것인가?

㉮ 열선의 전기저항이 감소하는 것을 이용한 유량계를 열선풍속계라 한다.
㉯ 유체가 필요로 하는 열량이 유체의 양에 비례하는 것을 이용한 유량계는 토마스식 유량계이다.
㉰ 기체의 종류가 바뀌거나 조성이 변해도 정도가 높다.
㉱ 기체의 질량유량을 직접 측정이 가능하다.

[해설] 열선식 유량계는 기체의 종류가 바뀌거나 조성이 변할 경우에는 정도가 낮아지며 종류로는 열선풍속계, 토마스식 유량계, Thermal 유량계가 있다.

51. 다음 [보기]의 특징을 가지는 가스분석계는 어느 것인가?

┌─ 보기 ─
- 가동부분이 없고 구조도 비교적 간단하며 취급이 용이하다.
- 가스의 유량, 압력, 점성의 변화에 대하여 지시오차가 거의 발생하지 않는다.
- 열선은 유리로 피복되어 있어 측정가스 중의 가연성 가스에 대한 백금의 촉매작용을 막아준다.

㉮ 연소식 O_2계
㉯ 적외선 가스분석계
㉰ 자기식 O_2계
㉱ 밀도식 CO_2계

[해설] 자기식 O_2계는 측정 가스 중에 가연가스가 포함되면 사용할 수 없는 특징이 있다.

정답　46. ㉯　47. ㉰　48. ㉮　49. ㉮　50. ㉰　51. ㉰

52. 냉접점의 온도가 0℃가 아닐 때 지시온도의 보정이 필요한 온도계는?

㉮ 압력 온도계 ㉯ 광 고온계
㉰ 열전대 온도계 ㉱ 저항 온도계

[해설] 열전대 온도계에서 두 금속선의 조합을 열전대라 하며 일정한 온도로 유지되는 한 끝을 냉접점(기준접점)이라 하는데 0℃가 아닌 때에는 보정을 해야 한다.

53. 다음 [보기]의 특징을 가지는 제어동작은 어느 것인가?

보기
- 부하변화가 커도 잔류편차가 남지 않는다.
- 전달느림이나 쓸모없는 시간이 크면 사이클링의 주기가 커진다.
- 급변할 때는 큰 진동이 생긴다.
- 반응속도가 빠른 프로세스나 느린 프로세스에 주로 사용된다.

㉮ PID 동작 ㉯ 뱅뱅 동작
㉰ PI 동작 ㉱ P 동작

[해설] PI (비례적분) 동작은 1동작으로 잔류편차를 제거하지만 진동을 일으키거나 전달느림이나 쓸모없는 시간이 길면 사이클링의 주기가 커진다.

54. 관로에 설치한 오리피스 전, 후의 차압이 1936 mmH₂O일 때 유량이 22 m³/h이었다. 차압이 1024 mmH₂O이었을 때의 유량은 얼마인가?

㉮ 15.4 m³/h ㉯ 16 m³/h
㉰ 25 m³/h ㉱ 28 m³/h

[해설] 유량은 차압의 평방근에 비례하므로
$\sqrt{1.936} : 22 = \sqrt{1.024} : x$ 에서
$x = \dfrac{22 \times \sqrt{1.024}}{\sqrt{1.936}} = 16$ m³/h

55. 액주에 의한 압력측정에서 정밀측정을 위한 보정으로 적당하지 않은 것은?

㉮ 모세관 현상의 보정
㉯ 높이의 보정
㉰ 중력의 보정
㉱ 온도의 보정

[해설] 액체의 밀도 변화는 액주 높이에 직접 영향을 주며 모세관 현상에 의해 오차를 유발하므로 정밀측정을 위해서는 온도의 보정, 중력의 보정, 모세관 현상의 보정이 필요하다.

56. 0℃에서 저항이 80Ω이고 저항온도계수가 0.002인 저항온도계를 노 안에 삽입했더니 저항이 160Ω이 되었을 때 노 안의 온도는 약 몇 ℃이겠는가?

㉮ 160℃ ㉯ 320℃
㉰ 400℃ ㉱ 500℃

[해설] $R = R_0(1 + \alpha \cdot t)$ 에서
$t = \dfrac{(R - R_0)}{(R_0 \cdot \alpha)}$
$= \dfrac{160 - 80}{80 \times 0.002}$
$= 500℃$

[참고] ① R : t℃에서의 저항
② R_0 : 0℃에서의 저항
③ α : 저항온도계수
④ t : 측정온도 (℃)

57. 방사온도계의 특징에 대한 설명 중 옳지 않은 것은?

㉮ 방사율에 대한 보정량이 크다.
㉯ 측정거리에 따라 오차발생이 적다.
㉰ 발기기의 온도가 상승하지 않게 필요에 따라 냉각한다.
㉱ 노벽과의 사이에 수증기, 탄산가스 등이 있으면 오차가 생기므로 주의해야 한다.

정답 52. ㉰ 53. ㉰ 54. ㉯ 55. ㉯ 56. ㉱ 57. ㉯

[해설] 계기에 의해 거리 계수가 정해지므로 측정거리에 제한이 있으며 거리에 따라 오차 발생이 크다.

58. 액주식 압력계에 사용되는 액체의 구비 조건이 아닌 것은?

㉮ 점도가 적을 것
㉯ 열팽창 계수가 적을 것
㉰ 모세관 현상이 클 것
㉱ 화학적으로 안정할 것

[해설] 모세관 현상이 작아야 하며 온도 변화에 대한 밀도 변화가 적어야 한다.

59. 면적식 유량계(variable area flow meter)의 구성장치로만 바르게 나열된 것은 어느 것인가?

㉮ 테이퍼관(taper tube), U자관
㉯ U자관, 플로트(float)
㉰ 수평관, 조리개
㉱ 테이퍼관(taper tube), 플로트

[해설] 면적식 유량계의 종류에는 플로우트식, 피스톤식, 게이트식이 있으며 플로우트식에 속하는 로터미터가 주로 사용되며 테이퍼관과 플로트로 구성되어 있다.

60. 자기가열(自己加熱) 현상이 있는 온도계는 어느 것인가?

㉮ 열전대 온도계
㉯ 압력식 온도계
㉰ 서미스터 온도계
㉱ 광고온계

[해설] 저항 온도계에서 측온 저항체에 큰 전류가 흐르면 줄열에 의해 측정하고자 하는 온도보다 높아지는데, 이를 자기가열 현상이라 하며 오차를 발생시키므로 보정이 필요하다.

제4과목 열설비 재료 및 관계법규

61. 두께 230 mm의 내화벽돌, 114 mm의 단열벽돌, 230 mm의 보통벽돌로 된 노의 평면벽에서 내벽면의 온도가 1200℃이고 외벽면의 온도가 120℃일 때 노벽 1 m²당 열손실은 매 시간당 약 몇 kcal인가? (단, 벽돌의 열전도도는 각각 1.2, 0.12, 0.6 kcal/m·h·℃이다.)

㉮ 376
㉯ 563
㉰ 708
㉱ 1,688

[해설] $Q = F \times \dfrac{\Delta t}{\dfrac{b_1}{\lambda_1} + \dfrac{b_2}{\lambda_2} + \dfrac{b_3}{\lambda_3}}$

$= 1 \times \dfrac{(1200-120)}{\dfrac{0.23}{1.2} + \dfrac{0.114}{0.12} + \dfrac{0.23}{0.6}}$

$= 708 \, \text{kcal}$

62. 민간사업 주관자 중 에너지 사용계획을 수립하여 지식경제부장관에게 제출하여야 하는 사업자의 기준은?

㉮ 연간 연료 및 열을 2천 TOE 이상 사용하거나 전력을 5백만 kWh 이상 사용하는 시설을 설치하고자 하는 자
㉯ 연간 연료 및 열을 3천 TOE 이상 사용하거나 전력을 1천만 kWh 이상 사용하는 시설을 설치하고자 하는 자
㉰ 연간 연료 및 열을 5천 TOE 이상 사용하거나 전력을 2천만 kWh 이상 사용하는 시설을 설치하고자 하는 자
㉱ 연간 연료 및 열을 1만 TOE 이상 사용하거나 전력을 4천만 kWh 이상 사용하는 시설을 설치하고자 하는 자

[해설] 에너지이용 합리화법 시행령 제20조 3항 참조

정답 58. ㉰ 59. ㉱ 60. ㉰ 61. ㉰ 62. ㉰

63. 열전도율이 낮은 재료에서 높은 재료 순으로 된 것은?

㉮ 물 – 유리 – 콘크리트 – 석고보드 – 스티로폼 – 공기
㉯ 공기 – 스티로폼 – 석고보드 – 물 – 유리 – 콘크리트
㉰ 스티로폼 – 유리 – 공기 – 석고보드 – 콘크리트 – 물
㉱ 유리 – 스티로폼 – 물 – 콘크리트 – 석고보드 – 공기

[해설] ① 공기 : 0.22 kcal/m·h·℃
② 물 : 0.51 kcal/m·h·℃
③ 유리 : 0.5~0.8 kcal/m·h·℃
④ 콘크리트 : 0.6~0.7 kcal/m·h·℃

64. 다음 중 조직의 화학변화를 동반하는 소성, 가소를 목적으로 하는 로는?

㉮ 고로   ㉯ 균열로
㉰ 용해로   ㉱ 소성로

[해설] ① 고로(용광로) : 조직의 화학변화를 동반하는 소성, 가소를 목적으로 한다.
② 용해로 : 피열물의 용융을 목적으로 한다.
③ 균열로 : 강괴를 압연이 가능한 온도까지 균일하게 가열하기 위한 로이다.

65. 감압밸브에 대한 설명으로 틀린 것은?

㉮ 작동방식에는 직동식과 파일럿 작동식이 있다.
㉯ 증기용 감압밸브의 유입 측에는 안전밸브를 설치하여야 한다.
㉰ 감압밸브를 설치할 때는 직관부를 호칭경의 10배 이상으로 하는 것이 좋다.
㉱ 감압밸브를 2단으로 설치할 경우에는 1단의 설정압력을 2단보다 높게 하는 것이 좋다.

[해설] 감압밸브 유입 측에는 여과기를, 유출 측에는 안전밸브를 설치해야 한다.

66. 에너지 절약 전문기업의 등록 신청 시 신청서 첨부서류가 아닌 것은?

㉮ 사업계획서
㉯ 등기부등본(법인인 경우)
㉰ 보유장비 명세서 및 기술인력 명세서 (자격증명서 사본 포함)
㉱ 감정평가업자가 행한 자산에 대한 감정평가서(법인인 경우)

[해설] 에너지이용 합리화법 시행규칙 제24조 ② 항 참조

67. 용광로에서 선철을 만들 때 사용되는 주원료가 아닌 것은?

㉮ 규선석(珪線石)   ㉯ 석회석(石灰石)
㉰ 철광석(鐵鑛石)   ㉱ 코크스(cokes)

[해설] 용광로(고로) 장입물
철광석, 코크스(열원으로 사용), 석회석(매용제 역할), 망간광석(탈황 및 탈산)

68. 다음 강관의 표시기호 중 배관용 합금강 강관은?

㉮ SPPH   ㉯ SPHT   ㉰ SPA   ㉱ STA

[해설] ① SPA (steel pipe alloy) : 배관용 합금강 강관
② STA (steel tube alloy) : 구조용 합금강 강관
③ SPPH (steel pipe pressure high) : 고압 배관용 탄소강 강관
④ SPHT (steel pipe high temperature) : 고온 배관용 탄소강 강관

69. 다음 중 대기전력 경고표지 대상 제품이 아닌 것은?

㉮ 디지털 카메라   ㉯ 텔레비전
㉰ 셋톱박스   ㉱ 유무선전화기

[해설] 에너지이용 합리화법 시행규칙 제14조 ① 항 참조

정답 63. ㉯   64. ㉮   65. ㉯   66. ㉱   67. ㉮   68. ㉰   69. ㉮

70. 연소가스 (화염)의 진행방향에 따라 요로를 분류한 것은?

㉮ 연속식 가마   ㉯ 도염식 가마
㉰ 직화식 가마   ㉱ 셔틀 가마

[해설] ① 도염식 가마 (꺾임불꽃식 가마)
② 승염식 가마 (오름 불꽃식 가마)
③ 횡염식 가마 (옆 불꽃식 가마)

71. 연속식 가마로서 피열물을 정지시켜 놓고 소성대의 위치를 바꾸어 가며 주로 벽돌, 기와 등의 건축재료를 소성하는 가마는?

㉮ 오름 가마
㉯ 꺾임불꽃식 가마
㉰ 터널 가마
㉱ 고리 가마

[해설] 윤요 (고리가마, ring kiln) : 대표적인 연속식 가마이며 고리 주위에 12~18개 정도의 소성실을 두어 종이 칸막이를 옮겨 가면서 소성을 연속적으로 진행시키며 주로 건축자재 (벽돌, 기와, 타일) 소성에 널리 쓰인다.

72. 에너지 사용계획의 내용이 아닌 것은?

㉮ 사업일정
㉯ 에너지 수급예측 및 공급계획
㉰ 에너지 이용효율 향상 방안
㉱ 사후 관리계획

[해설] 에너지이용 합리화법 시행령 제21조 ①항 참조

73. 다음 중 최고사용온도가 가장 낮은 보온재는?

㉮ 폴리우레탄폼   ㉯ 페놀폼
㉰ 펄라이트보온재 ㉱ 폴리에틸렌폼

[해설] 최고사용온도가 가장 낮은 보온재는 폴리에틸렌 (70℃ 이하)이며 가장 높은 보온재는 펄라이트 보온재 (650℃)이다.

74. 최고사용압력(MPa)과 내용적(m^3)을 곱한 수치가 0.004를 초과하는 압력용기 중 1종 압력용기에 해당되지 않는 것은?

㉮ 증기를 발생시켜 액체를 가열하며 용기 안의 압력이 대기압을 초과하는 압력용기
㉯ 용기 안의 화학반응에 의하여 증기를 발생하는 것으로 용기 안의 압력이 대기압을 초과하는 압력용기
㉰ 용기 안의 액체 성분을 분리하기 위하여 해당 액체를 가열하는 것으로 용기 안의 압력이 대기압을 초과하는 압력용기
㉱ 용기 안의 액체의 온도가 대기압에서의 비점을 초과하지 않는 압력용기

[해설] 에너지이용 합리화법 시행규칙 제1조의 2 별표 1 참조

75. 다음 중 계속 사용검사에 해당하는 것은?

㉮ 개조검사   ㉯ 구조검사
㉰ 설치검사   ㉱ 운전성능검사

[해설] 에너지이용 합리화법 시행규칙 제31조의 7 별표 3의 4 참조

76. 인정검사 대상기기 조종자의 교육을 이수한 자의 조종범위에 해당되지 않는 것은 어느 것인가?

㉮ 용량이 3 t/h인 노통 연관식 보일러
㉯ 압력용기
㉰ 온수를 발생하는 보일러로서 용량이 300 kW인 것
㉱ 증기 보일러로서 최고사용압력이 0.5 MPa이고 전열면적이 9 m^2인 것

[해설] 에너지이용 합리화법 시행규칙 제31조의 26 별표 3의 9 참조

정답 70. ㉯   71. ㉱   72. ㉮   73. ㉱   74. ㉱   75. ㉱   76. ㉮

77. 단열재, 보온재 및 보냉재는 무엇을 기준으로 분류하는가?

㉮ 열전도율　　㉯ 내화도
㉰ 안전사용온도　㉱ 내압강도

[해설] 내화물(1580℃ 이상), 단열재(800~1200℃), 보온재(200~800℃), 보냉재(100℃ 이하)를 구분 짓는 것은 안전사용온도이다.

78. 고 알루미나질 내화물의 특징에 대한 설명으로 틀린 것은?

㉮ 중성 내화물이다.
㉯ 내식성, 내마모성이 적다.
㉰ 내화도가 높다.
㉱ 고온에서 부피변화가 적다.

[해설] ㉮, ㉰, ㉱항 외에
① 내식성, 내마모성이 매우 크다.
② 열전도율이 좋고 하중 연화 온도가 높다.
③ 산성 및 염기성 슬래그에 대한 내침식성이 크다.

79. 보온재 시공 시 주의하여야 할 사항으로 가장 거리가 먼 것은?

㉮ 사용개소의 온도에 적당한 보온재를 선택한다.
㉯ 보온재의 열전도성 및 내열성을 충분히 검토한 후 선택한다.
㉰ 사용처의 구조 및 크기 또는 위치 등에 적합한 것을 선택한다.
㉱ 가격이 가장 저렴한 것을 선택한다.

[해설] ㉮, ㉯, ㉰항 외에
① 보온재의 기계적 강도 및 내구성을 고려할 것
② 배관의 진동, 신축 등에 대비해 보강할 것

80. 소성 가마 내의 열 전열방법에 포함되지 않는 것은?

㉮ 복사　㉯ 전도　㉰ 전이　㉱ 대류

[해설] 열의 전열방법(전열방식)에는 전도, 대류, 복사 3가지가 있다.

제5과목　열설비 설계

81. 보일러 연소량을 일정하게 하고 수요처의 저부하 시 잉여증기를 축적시켰다가 급작한 부하변동이나 과부하 등에 대처하기 위해 사용되는 장치는?

㉮ 탈기기　　　㉯ 인젝터
㉰ 어큐뮬레이터　㉱ 재열기

[해설] 스팀 어큐뮬레이터(steam accumulator, 증기 축열기)
저부하 시에 잉여증기를 저장하였다가 과부하 시에 증기를 방출하여 증기 부족을 보충시키는 장치이다.

82. 벤졸의 혼합액을 증류하여 메시 1000 kg의 순 벤졸을 얻은 정류탑이 있다. 그 환류비는 2.5이다. 이 정류탑의 환류비가 1.5로 되었다면 1시간 안에 몇 kcal의 열량을 절약할 수 있는가? (단, 벤졸의 증발열은 95 kcal/kg이다.)

㉮ 950 kcal　　㉯ 9500 kcal
㉰ 95000 kcal　㉱ 950000 kcal

[해설] $95 \times 1000 \times (2.5 - 1.5) = 95000$ kcal

83. 보일러 급수 중에 함유되어 있는 칼슘(Ca) 및 마그네슘(Mg)의 농도를 나타내는 척도는?

㉮ 탁도　㉯ 경도
㉰ BOD　㉱ pH

[해설] ① 탁도 : 증류수 1L 중에 카올린이 1mg

[정답] 77. ㉰　78. ㉯　79. ㉱　80. ㉰　81. ㉰　82. ㉰　83. ㉯

함유되었을 때를 탁도 1이라 한다.
② 경도 : 수중의 칼슘 및 마그네슘의 농도를 나타내는 척도
③ pH : 수소 이온 농도를 표시하는 지수

84. 이중관 열교환기(double-pipe heat exchanger) 중 병류식, 단류 교환기를 향류식과 비교할 때의 설명으로 옳지 않은 것은?

㉮ 전열량이 적다.
㉯ 일반적으로 거의 사용되지 않는다.
㉰ 한 유체의 출구온도가 다른 유체의 입구온도까지 접근이 불가능하다.
㉱ 전열면적이 많이 필요하다.

[해설] 병류식은 향류식에 비해 전열면적이 많이 필요하지 않다.

85. 용량이 몇 t/h 이상의 증기보일러에 수질관리를 위한 급수처리 또는 스케일 부착방지나 제거를 위한 시설을 하여야 하는가?

㉮ 0.5　　㉯ 1　　㉰ 3　　㉱ 5

[해설] 용량 1 t/h 이상의 증기 보일러에는 급수처리 시설을 하여야 한다 (유량계도 반드시 설치해야 한다).

86. 소형 보일러를 옥내에 설치 시 보일러 외측으로부터 보일러실 벽과의 거리는 얼마 이상이어야 하는가?

㉮ 0.1 m　　㉯ 0.3 cm
㉰ 0.45 m　　㉱ 0.6 cm

[해설] 보일러 동체에서 벽, 배관, 기타 보일러 측부에 있는 구조물까지의 거리는 0.45 m 이상이어야 한다 (단, 소형 보일러는 0.3 m 이상으로 할 수 있다.).

87. 다음 중 사이펀 관(siphon tube)과 관련이 있는 것은?

㉮ 수면계　　㉯ 안전밸브
㉰ 압력계　　㉱ 어큐뮬레이터

[해설] 부르동관식 압력계는 고온의 증기가 부르동관에 직접 들어가는 것을 방지하기 위하여 물로 채운 안지름 6.5 mm 이상의 사이폰 관을 입구에 반드시 부착한다.

88. 지름이 d, 두께가 t인 얇은 살두께의 원통 안에 압력 P가 작용할 때 원통에 발생하는 길이 방향의 인장 응력은?

㉮ $\dfrac{\pi dP}{4t}$　　㉯ $\dfrac{\pi dP}{t}$

㉰ $\dfrac{dP}{4t}$　　㉱ $\dfrac{dP}{2t}$

[해설] 길이 방향 응력과 둘레 방향 응력의 비는 1 : 2가 되며

① 길이 방향 응력 = $\dfrac{dP}{4t}$

② 둘레 방향 응력 = $\dfrac{dP}{2t}$

89. 판형 열교환기의 일반적인 특징에 대한 설명으로 틀린 것은?

㉮ 구조상 압력손실이 적고 내압성은 크다.
㉯ 다수의 파형이나 반구형의 돌기를 프레스 성형하여 판을 조합한다.
㉰ 전열면의 청소나 조립이 간단하고, 고점도에도 적용할 수 있다.
㉱ 판의 매수 조절이 가능하여 전열면적 증감이 용이하다.

[해설] 판형(플레이트형) 열교환기는 구조상 압력손실이 크다.

90. 노통 보일러에 있어 원통 연소실 또는 노통의 길이 이음에 가장 적합한 용접방법은 어느 것인가?

정답 84. ㉱　85. ㉯　86. ㉯　87. ㉰　88. ㉰　89. ㉮　90. ㉰

㉮ 필렛 용접　　㉯ 플러그 용접
㉰ 맞대기 양쪽 용접　㉱ 비트 용접

[해설] 겹치기 용접을 하는 경우도 있지만 보통 맞대기 용접이음으로 한다.

91. 관 스테이의 최소 단면적을 구하려고 한다. 이때 적용하는 설계 계산식은? (단, S : 관 스테이의 최소 단면적(mm^2), A : 1개의 관 스테이가 지시하는 면적(cm^2), a : A 중에서 관구멍의 합계 면적(cm^2), P : 최고사용압력(kgf/cm^2)이다.)

㉮ $S = \dfrac{(A-a)P}{5}$　　㉯ $S = \dfrac{(A-a)P}{15}$

㉰ $S = \dfrac{5P}{(A-a)}$　　㉱ $S = \dfrac{15P}{(A-a)}$

[해설] 관 스테이의 최소 단면적 $S\,[mm^2]$는 다음 식에 따른다.
$$S = \dfrac{(A-a)P}{5}$$

92. 열교환기의 기본형을 크게 병류(parallel flow)형, 향류(counter flow)형, 직교류(crossflow)형으로 구분하여 같은 조건에서 비교할 때 온도효율의 크기를 옳게 나타낸 것은?

㉮ 직교류＝병류＝향류
㉯ 향류＞직교류＞병류
㉰ 직교류＞병류＞향류
㉱ 병류＞향류＞직교류

[해설] 두 유체의 흐름 방향에 따라 열교환기를 병류형, 향류형, 직교류형(병류와 향류의 병용)으로 나누며 같은 조건에서 비교한다면 온도효율에 있어서 향류＞직교류＞병류 순으로 된다.

93. 육용강제 보일러에서 동체의 최소 두께에 대하여 옳지 않게 나타낸 것은?

㉮ 안지름이 900 mm 이하의 것은 6 mm (단, 스테이를 부착할 경우) 이상
㉯ 안지름이 900 mm 초과 1350 이하의 것은 8 mm 이상
㉰ 안지름이 1350 초과 1850 이하의 것은 10 mm 이상
㉱ 안지름이 1850 초과 시 12 mm 이상

[해설] 안지름이 900 mm 이하인 것 중에서 스테이를 부착하지 않은 경우에는 6 mm 이상, 스테이를 부착한 경우에는 8 mm 이상이어야 한다.

94. 다음 [그림]과 같이 열전도계수 K가 25 W/m·℃인 중공구(中空球)가 있다. 이때 온도는 r_i가 3 cm일 때 T_i는 300 K, r_o가 6 cm일 때 T_o는 200 K로 나타났다. 중공구를 통한 열이동량은?

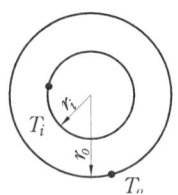

㉮ 177 W　　㉯ 1885 W
㉰ 1993 W　　㉱ 2827 W

[해설] $25 \times \dfrac{4\times\pi\times\{27-(-73)\}}{\dfrac{1}{0.03}-\dfrac{1}{0.06}} = 1885\,W$

95. 가스용접에서 사용하는 불꽃에 산소량이 많으면 어떤 결과를 가져오는가?

㉮ 용접봉이 많이 소모된다.
㉯ 아세틸렌이 많이 소비된다.
㉰ 용착금속이 산화, 탈탄된다.
㉱ 용제의 사용이 필요 없게 된다.

[해설] 불꽃에 산소량이 많으면 산성염으로 용착금속이 산화, 탈탄된다.

정답 91. ㉮　92. ㉯　93. ㉮　94. ㉯　95. ㉰

96. 향류 열교환기에서의 저온 측의 온도효율 E_c를 옳게 나타낸 것은? (단, 아래 첨자 c는 저온측, 1은 입구, h는 고온측, 2는 출구를 나타낸다.)

㉮ $\dfrac{Tc_2 - Tc_1}{Th_1 - Tc_1}$ ㉯ $\dfrac{Tc_1 - Tc_2}{Th_1 - Tc_1}$

㉰ $\dfrac{Tc_1 - Tc_2}{Th_1 - Tc_2}$ ㉱ $\dfrac{Tc_2 - Tc_1}{Th_1 - Tc_2}$

[해설] $E_c = \dfrac{Tc_1 - Tc_2}{Th_1 - Tc_2}$

97. 증기 및 온수보일러를 포함한 주철보일러의 경우 최고사용압력이 0.43 MPa 이하일 경우의 수압시험압력은?

㉮ 0.2 MPa로 한다.
㉯ 최고사용압력의 2.0배의 압력으로 한다.
㉰ 최고사용압력의 2.5배의 압력으로 한다.
㉱ 최고사용압력의 1.3배에 0.3 MPa를 더한 압력으로 한다.

[해설] 주철체 보일러의 수압시험압력
① 최고사용압력이 0.43 MPa 이하 : 최고사용압력의 2배의 압력
② 최고사용압력이 0.43 MPa 초과 : 최고사용압력의 1.3배에 0.3 MPa을 더한 압력

98. 송풍기의 출구 풍압을 h [mmAq], 송풍량을 V [m³/min], 송풍기 효율을 η으로 표기하면 송풍기 마력 N은 어떻게 표시되는가?

㉮ $N = \dfrac{h^2 V}{60 \times 75 \times \eta}$

㉯ $N = \dfrac{hV}{60 \times 75 \times \eta}$

㉰ $N = \dfrac{hV\eta}{60 \times 75}$

㉱ $N = \dfrac{\eta}{60 \times 75 \times hV}$

[해설] $N = \dfrac{V[\text{m}^3/\text{s}] \times h}{75[\text{kg} \cdot \text{m}/\text{s}] \times \eta}$ 에서
$= \dfrac{V \times h}{60 \times 75 \times \eta} = \dfrac{hV}{60 \times 75 \times \eta}$

99. 증기실 부하를 600 m³/m³·h로 할 때 증기압력 45 kg/cm²·g 증발량 60 t/h의 수관보일러의 기수드럼의 증기부 용적은 얼마인가? (단, 45 kg/cm²·g의 포화증기의 비체적은 0.044 m³/kg이다.)

㉮ 4.4 m³ ㉯ 15.84 m³
㉰ 26.4 m³ ㉱ 100 m³

[해설] $\dfrac{60 \times 10^3 \times 0.044}{600} = 4.4 \text{ m}^3$

100. 저위발열량이 10000 kcal/kg인 연료를 사용하고 있는 실제증발량이 4 t/h인 보일러에서 급수온도 40℃, 발생증기의 엔탈피가 650 kcal/kg일 때 연료소비량은 약 몇 kg/h인가? (단 보일러의 효율은 85%이다.)

㉮ 251 ㉯ 287
㉰ 361 ㉱ 397

[해설] $\eta = \dfrac{G_a(h_2 - h_1)}{G_f \times H_l} \times 100$ 에서

$G_f = \dfrac{G_a(h_2 - h_1) \times 100}{\eta \times H_l}$

$= \dfrac{4000 \times (650 - 40) \times 100}{85 \times 10000} = 287 \text{ kg/h}$

정답 96. ㉰ 97. ㉯ 98. ㉯ 99. ㉮ 100. ㉯

2012년 3회 에너지관리기사

2012.5.22 시행

제1과목 연소 공학

1. 다음 기체연료에 대한 설명 중 틀린 것은?
㉮ 연소조절 및 점화, 소화가 용이하다
㉯ 연료의 예열이 쉽고 전열효율이 좋다.
㉰ 고온연소에 의한 국부가열의 염려가 크다.
㉱ 적은 공기로 완전연소시킬 수 있으며 연소효율이 높다.

[해설] 고온 연소에 의한 국부가열의 염려가 큰 연료는 액체 연료이다.

2. 압력이 0.1 MPa, 체적이 3 m³인 273.15 K의 공기가 이상적으로 단열압축되어 그 체적이 $\frac{1}{3}$로 되었다. 엔탈피의 변화량은 약 몇 kJ인가? (단, 공기의 기체상수 = 0.287 kJ/kg·K, 비열비는 1.4이다.)

㉮ 480   ㉯ 580
㉰ 680   ㉱ 780

[해설] 단열변화에서
$$\frac{T_2}{T_1} = \left(\frac{V_1}{V_2}\right)^{k-1}$$
우선 질량부터 구하면
$PV = GRT$
$G = \frac{PV}{RT} = \frac{0.1 \times 10^3 \times \text{kN/m}^2 \times 3\text{m}^3}{0.287 \text{kJ/kg·K} \times 273.15\text{K}}$
$= 3.826 \text{ kg}$
또 나중상태의 절대온도를 구하면

$T_2 = T_1 \times \left(\frac{V_1}{V_2}\right)^{k-1} = 273.15 \times \left(\frac{1}{\frac{1}{3}}\right)^{1.4-1}$
$= 423.88 \text{K}$

엔탈피 변화량
$\Delta H = GC_p dT \cdots ①$
$C_P - C_V = R \cdots ②$
$k = \frac{C_P}{C_V}$, $C_V = \frac{C_P}{k}$ 를 ②식에 대입하면
$C_P - \frac{C_P}{k} = R$, $C_P\left(1 - \frac{1}{k}\right) = R$
$C_P = \frac{R}{\left(1 - \frac{1}{k}\right)} = \frac{0.287 \text{kJ/kg·K}}{\left(1 - \frac{1}{1.4}\right)}$
$= 1.0045 \text{ kJ/kg·K}$

①식에 대입하면
ΔH
$= 3.826 \text{kg} \times 1.0045 \text{kJ/kg·K} \times (423.88 - 273.15)\text{K}$
$= 579.2 \text{ kJ}$

3. 중유 연소과정에서 발생하는 그을음의 주원인은?
㉮ 연료 중 미립탄소의 불완전 연소 때문에 발생
㉯ 연료 중 불순물의 연소 때문에 발생
㉰ 연료 중 회분과 수분의 중합으로 발생
㉱ 중유 중의 파라핀 성분 때문에 발생

[해설] 그을음은 연소 시 발생하는 유리 탄소이므로 불완전 연소 시 생기는 것이다.

4. 공기가 n이 1.25인 폴리트로픽 과정으로 500 kPa에서 300 kPa까지 압축하면 과정

[정답] 1. ㉰ 2. ㉯ 3. ㉮ 4. ㉯

간에 열과 온도는 어떻게 변하는가? (단, 공기의 비열비는 1.4, 정적비열은 0.718 kJ/kg·K이다.)

㉮ 열을 방출하고 온도는 내려간다.
㉯ 열을 흡열하고 온도는 내려간다.
㉰ 열을 방출하고 온도는 올라간다.
㉱ 열을 흡열하고 온도는 올라간다.

[해설] 폴리트로픽 과정에서

온도 : $T_1^n P_1^{1-n} = T_2^n P_2^{1-n}$

$\left(\dfrac{T_2}{T_1}\right)^n = \left(\dfrac{P_1}{P_2}\right)^{1-n}$

$\dfrac{T_2}{T_1} = \left(\dfrac{P_1}{P_2}\right)^{\frac{1-n}{n}} = \left(\dfrac{500}{300}\right)^{\frac{1-1.25}{1.25}}$

$= 0.90$ (온도는 내려간다.)

열량 : $\delta q = du + Pdv = C_n(T_2 - T_1)$
$= \left(\dfrac{n-k}{n-1}\right) \cdot C_V \cdot (T_2 - T_1)$

+값이 나오므로 열을 흡열했다.

5. 수분이나 회분을 많이 함유한 저품위 탄을 사용할 수 있으며 구조가 간단하고 소요동력이 적게 드는 연소장치는?

㉮ 슬래그탭식   ㉯ 클레이머식
㉰ 사이크론식   ㉱ 각우식

[해설] 클레이머식 연소장치의 설명이다.

6. 고체연료의 공업분석에서 고정탄소를 산출하는 식은?

㉮ 고정탄소(%) = 100 − [수분(%) + 회분(%) + 휘발분(%)]
㉯ 고정탄소(%) = 100 − [수분(%) + 회분(%) + 질소(%)]
㉰ 고정탄소(%) = 100 − [수분(%) + 회분(%) + 황분(%)]
㉱ 고정탄소(%) = 100 − [수분(%) + 황분(%) + 휘발분(%)]

[해설] 고정탄소(%) = 100 − [수분(%) + 회분(%) + 휘발분(%)]

7. 다음 중 중유의 인화점은?

㉮ 40~50℃ 이상
㉯ 60~70℃ 이상
㉰ 80~90℃ 이상
㉱ 100~110℃ 이상

[해설] 중유의 인화점은 60~70℃ 이상이다.

8. 체적비 CH_4 94%, C_2H_6 4%, CO_2 2%인 어떤 혼합기체 연료의 10℃, 3기압하에서의 고위발열량은 약 얼마인가? (단, 20℃, 1기압에서 CH_4 및 C_2H_6의 고위발열량은 각각 37204 kJ/m³ 및 65727 kJ/m³이다.)

㉮ 116700 kJ/m³   ㉯ 166700 kJ/m³
㉰ 225600 kJ/m³   ㉱ 255600 kJ/m³

[해설] 20℃, 1atm에서

고위발열량 $= 37204 \times 0.94 + 65727 \times 0.04$
$= 37600.84$ kJ/m³

10℃, 3atm에서

고위발열량 $= \dfrac{37600.84 \text{kJ}}{m^3 \times \dfrac{(273+10)}{(273+20)} \times \dfrac{1}{3}}$

$= 116788$ kJ/m³

9. 고체 연료의 일반적인 특징을 옳게 설명한 것은?

㉮ 완전 연소가 가능하며 연소 효율이 높다.
㉯ 연료의 품질이 균일하다.
㉰ 점화 및 소화가 쉽다.
㉱ 주성분은 C, H, O이다.

[해설] 고체 연료의 단점
① 완전 연소가 잘 되지 못하며 연소 효율이 낮다.
② 연료의 품질이 균일하지 못하다 (노천에

정답 5. ㉯ 6. ㉮ 7. ㉯ 8. ㉮ 9. ㉱

③ 점화 및 소화가 어렵다 (버너를 사용하지 않으므로).

10. 어떤 기체연료 1 Sm³의 고위발열량이 14160 kcal/Sm³이고 질량이 2.59 kg이었다. 다음 중 이 기체는?

㉮ 메탄   ㉯ 에탄
㉰ 프로판   ㉱ 부탄

[해설] 1 Sm³ = 2.59 kg
22.4 Sm³ = x kg
$x = \dfrac{22.4 \times 2.59}{1} = 58.016$ (분자량이다.)

11. 연소효율은 실제의 연소에 의한 열량을 완전연소했을 때의 열량으로 나눈 것으로 정의할 때, 실제의 연소에 의한 열량을 계산하는 데 필요한 요소가 아닌 것은?

㉮ 연소가스 유출 단면적
㉯ 연소가스 밀도
㉰ 연소가스 열량
㉱ 연소가스 비열

[해설] $Q = G_w \cdot C \cdot \Delta t$
여기서, G_w : 연소가스 질량 (kg/s) (유출단면적×유출속도×연소가스밀도)
C : 연소가스 비열 (kcal/kg℃)
Δt : 연소가스 온도 변화 (℃)

12. 탄소의 발열량은 약 몇 kcal/kg인가?

$$C + O_2 \rightarrow CO_2 \rightarrow 97,600 \text{ kcal/kmol}$$

㉮ 8133   ㉯ 9760
㉰ 48800   ㉱ 97600

[해설] 97600 kcal/kmol = 97600 kcal/12 kg
= 8133 kcal/kg

13. 여과집진장치의 효율을 높이기 위한 조건이 아닌 것은?

㉮ 처리가스의 온도는 250℃를 넘지 않도록 한다.
㉯ 고온가스를 냉각할 때는 산노점 이하를 유지하여야 한다.
㉰ 미세입자포집을 위해서는 겉보기여과속도가 작아야 한다.
㉱ 높은 집진율을 얻기 위해서는 간헐식 털어내기 방식을 선택한다.

[해설] 고온가스를 냉각할 때는 산노점 이상을 유지하여야 한다. 그 이유는 산노점 이하에서는 SO_3와 H_2O가 반응해 H_2SO_4 (황산) 되어 장치를 부식시키기 때문이다.

14. 시간당 100 mol의 부탄(C_4H_{10})과 5000 mol의 공기를 완전 연소시키는 경우에 과잉공기 백분율은?

㉮ 51.6 %   ㉯ 61.6 %
㉰ 71.6 %   ㉱ 100 %

[해설] 우선 이론 공기량을 구하면
$C_4H_{10} + 6.5O_2 \rightarrow 4CO_2 + 5H_2O$
1   6.5

$A_0 = \dfrac{1}{0.21} \times 6.5 \text{ mol/mol} \times 100 \text{ mol}$
$= 3095 \text{ mol}$

공기비 $(m) = \dfrac{A}{A_0} = \dfrac{5000}{3095} = 1.6155$

∴ 과잉공기율(%) = $(m-1) \times 100$
= $(1.6155 - 1) \times 100$
= 61.55%

15. 다음 연료의 발열량에 대한 설명으로 옳지 않은 것은?

㉮ 기체 연료는 그 성분으로부터 발열량을 계산할 수 있다.
㉯ 발열량의 단위는 고체와 액체 연료는

단위중량당(통상 연료 kg당) 발열량으로 표시한다.
㉰ 연료 중의 수소가 연소하여 생긴 수증기의 잠열을 포함할 때는 고위발열량, 혹은 총발열량이라 한다.
㉱ 일반적으로 액체 연료는 비중이 크면 체적당 발열량은 감소하고, 중량당 발열량은 증가한다.

[해설] 체적당 발열량(kcal/L)=중량당 발열량(kcal/kg)×비중(kg/L)이므로 비중이 크면 체적당 발열량은 커진다. 그리고 중량당 발열량은 감소하다.

16. N_2와 O_2의 가스정수는 각각 30.26 kgf·m/kg·K, 26.49 kgf·m/kg·K이다. N_2가 70 %인 N_2와 O_2의 혼합가스의 가스정수는 얼마인가?

㉮ 19.24　　㉯ 23.24
㉰ 29.13　　㉱ 34.47

[해설] 산술평균하면
$$R = \frac{70 \times 30.26 \times + 30 \times 26.49}{70 + 30}$$
$$= 29.129 \text{ kgf} \cdot \text{m/kg} \cdot \text{K}$$

17. 다음 중 이론 공기량에 대하여 가장 바르게 설명한 것은?

㉮ 완전 연소에 필요한 1차 공기량이다.
㉯ 완전 연소에 필요한 2차 공기량이다.
㉰ 완전 연소에 필요한 최대 공기량이다.
㉱ 완전 연소에 필요한 최소 공기량이다.

[해설] 이론 공기량(A_0)은 완전연소에 필요한 최소 공기량이다.

18. 연돌에서의 배기가스 분석결과 CO_2 14.2 %, O_2 4.5 %, CO 0 %일 때 $[CO_2]_{max}$ (%)는?

㉮ 10.5　㉯ 15.5　㉰ 18.0　㉱ 20.5

[해설] $CO_{2\max}(\%) = CO_2(\%) \times \frac{21}{21 - O_2}$
$$= 14.2 \times \frac{21}{21 - 4.5}$$
$$= 18.07\%$$

19. 보일러의 연소가스를 분석하는 주된 이유는?

㉮ 연료 사용량을 알기 위하여
㉯ 매연의 성분을 알기 위하여
㉰ 발열량을 알기 위하여
㉱ 과잉 공기비를 알기 위하여

[해설] 연소가스 성분을 알면 공기비를 구할 수 있다.
$$m = \frac{N_2}{N_2 - 3.76 O_2}$$

20. 메탄올(CH_3OH) 1 kg을 완전 연소하는데 필요한 이론 공기량(Sm^3)은 약 얼마인가?

㉮ 1.67　㉯ 8.89　㉰ 5.00　㉱ 152.4

[해설] $CH_3OH + 1.5 O_2 \rightarrow CO_2 + 2H_2O$
　　　1 kmol　　1.5 kmol
　　　32 kg　　$1.5 \times 22.4 Sm^3$
　　　1 kg　　$x Sm^3$

$\therefore A_0 = \frac{1}{0.21} \times O_0 = \frac{1}{0.21} \times x$
$$= \frac{1}{0.21} \times \frac{1.5 \times 22.4}{32}$$
$$= 5 \text{ Sm}^3/\text{kg}$$

제2과목　　열역학

21. 110 kPa, 20°C의 공기가 정압과정으로 온도가 50°C 상승한 다음, 등온과정으로

압력이 반으로 줄어들었다. 최종 비체적은 최초 비체적의 약 몇 배인가?

㉮ 0.585 ㉯ 1.17
㉰ 1.71   ㉱ 2.34

[해설] 정압과정 : $\dfrac{V_1}{T_1} = \dfrac{V_2}{T_2}$, $\dfrac{T_2}{T_1} = \dfrac{V_2}{V_1}$

$\dfrac{273+50}{273+20} = 1.1023$

등온과정 : $P_1 V_1 = P_2 V_2$, $\dfrac{P_1}{P_2} = \dfrac{V_2}{V_1}$

$\dfrac{1}{0.5} = \dfrac{x}{1.1023}$

$\therefore x = \dfrac{1}{0.5} \times 1.1023 = 2.204$

22. 디젤 사이클 과정에 대한 설명 중 잘못된 것은?

㉮ 효율은 압축비만의 함수이다.
㉯ 일정한 압력에서 열공급을 한다.
㉰ 일정체적에서 열을 방출한다.
㉱ 등엔트로피 압축과정이 있다.

[해설] 디젤 사이클에서 효율은 압축비와 단절비의 함수이다. 열효율에 압축비는 비례하고 단절비는 반비례한다.

$\eta_d = 1 - \left(\dfrac{1}{\varepsilon}\right)^{k-1} \cdot \dfrac{\sigma^k - 1}{k(\sigma - 1)}$

23. 카르노 사이클을 이루는 네 개의 가역과정이 아닌 것은?

㉮ 가역 단열팽창   ㉯ 가역 단열압축
㉰ 가역 등온압축   ㉱ 가역 등압팽창

[해설] 카르노 사이클은 등온팽창 → 단열팽창 → 등온압축 → 단열압축 과정을 거친다.

24. 이상기체와 실제기체를 진공 속으로 단열팽창시킨다. 이 과정으로 온도는 어떻게 변화되겠는가?

㉮ 이상기체의 온도는 변하지 않고, 실제기체의 온도는 변화된다.
㉯ 이상기체의 온도는 상승하고 실제기체의 온도는 내려간다.
㉰ 이상기체의 온도는 내려가고 실제기체의 온도는 상승한다.
㉱ 이상기체와 실제기체의 온도가 모두 내려간다.

[해설] 이상기체는 온도가 변하지 않고, 실제기체는 온도가 하강한다.

25. 열펌프(heat pump) 사이클에 대한 성능계수(COP)는 다음 중 어느 것을 입력일(work input)로 나누어 준 것인가?

㉮ 저온부 압력   ㉯ 고온부 온도
㉰ 고온부 방출열 ㉱ 저온부 부피

[해설] 열펌프 성능계수(COP) = $\dfrac{T_1}{T_1 - T_2}$

$= \dfrac{Q_1}{Q_1 - Q_2} = \dfrac{\text{고온부 방출열(응축기 부하)}}{\text{입력 일(압축기 부하)}}$

26. 엔탈피는 내부에너지와 무엇을 더한 것인가?

㉮ 엑서지   ㉯ 엔트로피
㉰ 유동일   ㉱ 잠열

[해설] 엔탈피 (H) = $U + APV = U + AW$
= 내부에너지 + 유동에너지(유동일)

27. 온도가 800 K이고 질량이 10 kg인 구리를 온도 290 K인 100 kg의 물속에 넣었을 때 이 계 전체의 엔트로피 변화는 몇 kJ/K인가? (단, 구리와 물의 비열은 각각 0.39 kJ/kg·K, 4.185 kJ/kg·K이고, 물은 단열된 용기에 담겨있다.)

㉮ −3.973 ㉯ 2.897
㉰ 4.424   ㉱ 6.870

정답 22. ㉮ 23. ㉱ 24. ㉮ 25. ㉰ 26. ㉰ 27. ㉯

[해설] 우선 평균 온도(혼합 후 온도)는 산술평균하여 구한다.

$$t_m = \frac{G_1 C_1 t_1 + G_2 C_2 t_2}{G_1 C_1 + G_2 C_2}$$

$$= \frac{\begin{bmatrix} 10 \times 0.39 \times (800-273) + 100 \\ \times 4.185 \times (290-273) \end{bmatrix}}{10 \times 0.39 + 100 \times 4.185}$$

$$= 21.708\,℃$$

엔트로피 변화량$(\Delta S) = \frac{dQ}{T} = \frac{GC_P dT}{T}$

$$= GC_P \ln \frac{T_2}{T_1}$$

$$\therefore \Delta S = 10 \times 0.39 \times \ln \frac{(21.708+273)}{800}$$
$$+ 100 \times 4.185 \ln \frac{(21.708+273)}{290}$$
$$= 2.84\,kJ/K$$

28. 실내의 기압계는 1.013 bar를 지시하고 있다. 진공도가 20 %인 용기 내의 절대 압력은 몇 kPa인가?

㉮ 20.26 ㉯ 64.72
㉰ 81.04 ㉱ 121.56

[해설] 진공도 $= \frac{진공압}{대기압} \times 100$ ……①

절대압력 = 대기압 - 진공압 ……②

①식에서

진공압 $= \frac{진공도 \times 대기압}{100}$

$= \frac{20 \times 1.013}{100} = 0.2026\,bar$

②식에서

절대압력 = 1.013 - 0.2026
= 0.8104 bar = 81.04 kPa

29. 그림의 압력 P에서 물 1 kg이 압축액 1의 상태로부터 과열증기 4의 상태까지 가열되고 있다. 흡수한 전체 열량 중 과열에 소요된 열량을 표시하는 면적을 옳게 나타낸 것은?

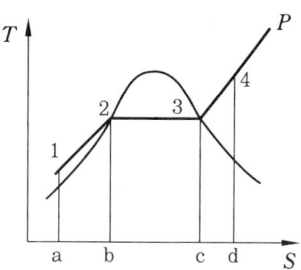

㉮ 12 ba ㉯ 23 cb
㉰ 34 dc ㉱ 123 ca

[해설] 그림에서 과열에 소요된 열량은 3-4-d-c 면적이다.

30. 랭킨 사이클로 작동되는 증기원동소에 500℃, 60 kgf/cm²의 증기가 공급되고 응축기 압력은 0.5 kgf/cm²일 때 이론열효율은 몇 %인가? (단, 터빈입구 엔탈피 h_3는 820.6 kcal/kg, 터빈출구 엔탈피 h_4는 508.4 kcal/kg, 급수펌프 입구 엔탈피(응축기 출구) h_1은 32.55 kcal/kg, 0.5 kgf/cm²에서 급수의 비체적은 0.01 m³/kg이다.)

㉮ 28.6 ㉯ 38.5
㉰ 45.4 ㉱ 49.9

[해설] 펌프일을 무시했을 때

$$\eta_R = \frac{터빈입구엔탈피 - 터빈출구엔탈피}{터빈입구엔탈피 - 응축기 출구 엔탈피}$$

$$= \frac{820.6 - 508.4}{820.6 - 32.55} = 0.396 = 39.6\,\%$$

31. 27℃, 100 kPa에 있는 이상기체 1 kg을 1 MPa까지 가역단열압축하였다. 이때 소요된 일의 크기는 몇 kJ인가? (단, 이 기체의 비열비는 1.4, 기체상수는 0.287 kJ/kg·K 이다.)

㉮ 100 ㉯ 200
㉰ 300 ㉱ 400

[정답] 28. ㉰ 29. ㉰ 30. ㉯ 31. ㉯

[해설] 공업일 $W_t = -\int_1^2 VdP \left(V = \dfrac{GRT}{P} \text{이므로}\right)$

$\qquad = -\int_1^2 \dfrac{GRT\,dP}{P} = -GRT\ln\left(\dfrac{P_2}{P_1}\right)$

$\qquad = -1\,\text{kg} \times 0.287\,\text{kJ/kg·K}$
$\qquad\quad \times (273+27)\text{K} \times \ln\left(\dfrac{1000}{100}\right)$

$\qquad = -198.25\,\text{kJ}$

32. 800 kPa의 포화증기에서 물의 포화온도는 169.61℃, 포화수의 비엔탈피는 717 kJ/kg, 포화증기의 비엔탈피는 2765 kJ/kg이다. 800 kPa에서 물의 포화액이 포화증기로 변하는 과정의 엔트로피 증가량은 약 몇 kJ/kg·K인가?

㉮ 1.38   ㉯ 2.54   ㉰ 3.31   ㉱ 4.63

[해설] 엔트로피 증가$(\Delta S) = \dfrac{dQ}{T}$

$\qquad = \dfrac{2765 - 717}{169.61 + 273}$

$\qquad = 4.627\,\text{kJ/kg·K}$

33. 카르노(Carnot) 사이클에 관한 설명으로 옳은 것은?

㉮ 효율이 카르노 사이클보다 더 높은 사이클이 있다.
㉯ 과정 중에 등엔트로피 과정이 있다.
㉰ 카르노 사이클은 외부에서 열을 받고 일을 하지만 열을 방출하지는 않는다.
㉱ 외부와의 열교환 과정은 유한 온도차에 의한 열전달을 통해 이루어진다.

[해설] 카르노 사이클에서
① 카르노 사이클보다 효율이 높은 것은 없다.
② 단열 과정$(dQ=0)$은 등엔트로피 과정이다.
③ 외부에서 열을 받고 일을 하면서 열을 방출한다.
④ 외부에서 등온과정에서 열을 받는다.

34. 101.3 kPa에서 건구온도 20℃, 상대습도 55%인 습공기에 대한 절대습도는 몇 kg/kg인가? (단, 20℃에서 수증기의 포화압력은 2.24 kPa이다.)

㉮ 0.0066   ㉯ 0.0077
㉰ 0.0088   ㉱ 0.0099

[해설] 절대습도 (kg/kg)

$= 0.622 \times \dfrac{\phi P_s}{P - \phi P_s}$

$= 0.622 \times \dfrac{0.55 \times 2.24}{101.3 - 0.55 \times 2.24}$

$= 0.00765\,\text{kg/kg}$

35. 증기압축 냉동사이클에서 응축온도는 동일하고 증발온도가 다음과 같을 때 성능계수가 가장 큰 것은?

㉮ -20℃   ㉯ -25℃
㉰ -30℃   ㉱ -40℃

[해설] 냉동사이클 $COP = \dfrac{T_2}{T_1 - T_2}$ 에서

T_1: 응축 절대온도, T_2: 증발 절대온도
고로 응축온도가 같다면 증발온도가 높을수록 성능계수는 커진다.

36. 기체 2 kg을 압력이 일정한 과정으로 50℃에서 150℃로 가열할 때, 필요한 열량은 몇 kJ인가? (단, 이 기체의 정적비열은 3.1 kJ/kg·K이고, 기체상수는 2.1 kJ/kg·K이다.)

㉮ 210   ㉯ 310   ㉰ 620   ㉱ 1040

[해설] $Q = GC_P \Delta t \cdots\cdots$ ① (정압과정에서)
$\qquad C_P - C_V = R \cdots\cdots$ ②

②식에서
$\qquad C_P = R + C_V = 2.1 + 3.1 = 5.2\,\text{kJ/kg·K}$

①식에서
$\qquad Q = 2\,\text{kg} \times 5.2\,\text{kJ/kg·K} \times (150-50)\text{K}$
$\qquad\quad = 1040\,\text{kJ}$

37. 2.4 MPa, 450℃인 과열증기를 160 kPa이 될 때까지 단열적으로 분출시킬 때, 출구속도는 1060 m/s이었다. 속도 계수는 얼마인가? (단, 초속은 무시하고 입구와 출구 엔탈피는 각각 $h_1 = 3350$ kJ/kg, $h_2 = 2692$ kJ/kg이다.)

㉮ 0.225 ㉯ 0.543
㉰ 0.769 ㉱ 0.924

[해설] $w_2 = K\sqrt{2000(h_1 - h_2)\text{kJ/kg}}$

$$\therefore K = \frac{w_2}{\sqrt{2000(h_1 - h_2)}}$$
$$= \frac{1060}{\sqrt{2000 \times (3350 - 2692)}}$$
$$= 0.924$$

38. 온도 30℃, 압력 350 kPa에서 비체적이 0.449 m³/kg인 이상기체의 기체상수는 몇 kJ/kg·K인가?

㉮ 0.143 ㉯ 0.287
㉰ 0.518 ㉱ 2.077

[해설] $Pv = RT$

$$\therefore R = \frac{Pv}{T} = \frac{350 \text{kN/m}^2 \times 0.449 \text{m}^3/\text{kg}}{(273 + 30)\text{K}}$$
$$= 0.518 \text{ kJ/kg} \cdot \text{K}$$

39. 다음 $h-s$ 선도를 이용하여 재열 랭킨(Ranking) 사이클의 효율을 바르게 표시한 것은?

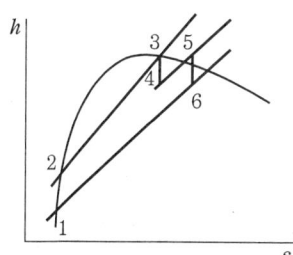

㉮ $\dfrac{h_3 - h_2}{(h_6 - h_1) + (h_5 - h_4)}$

㉯ $1 - \dfrac{h_3 - h_2}{(h_6 - h_1) + (h_5 - h_4)}$

㉰ $\dfrac{(h_3 - h_4) + (h_5 - h_6) - (h_2 - h_1)}{(h_3 - h_2) + (h_5 - h_4)}$

㉱ $\dfrac{(h_3 - h_4) + (h_5 - h_6) + (h_2 - h_1)}{(h_3 - h_2) + (h_5 - h_4)}$

[해설] 재열 랭킨 사이클의 효율

$$\eta = \frac{(h_3 - h_4) + (h_5 - h_6) - (h_2 - h_1)}{(h_3 - h_2) + (h_5 - h_4)}$$

40. 가스 터빈에 의한 발전기에서 발전기 출력이 14070 kW, 열교환기 입구가스온도는 470℃, 출구가스온도는 170℃이고 열효율은 22%이다. 만약 저위발열량이 40000 kJ/kg인 C 중유를 연료로 사용한다면 C 중유의 소요량은 몇 kg/h인가?

㉮ 279   ㉯ 752
㉰ 4752 ㉱ 5756

[해설] $\eta = \dfrac{Q}{G_f \times H_l}$ 에서

$$G_f = \frac{Q}{\eta \times H_l} = \frac{14070 \text{kW} \times \frac{3600 \text{kJ/h}}{1 \text{kW}}}{0.22 \times 40000 \text{kJ/kg}}$$
$$= 5755.9 \text{ kg/h}$$

제3과목 계측 방법

41. 다음 중 적분동작(I동작)을 가장 바르게 설명한 것은?

㉮ 출력변화의 속도가 편차에 비례하는 동작
㉯ 출력변화가 편차의 제곱근에 비례하는

동작
㉢ 출력변화가 편차의 제곱근에 반비례하는 동작
㉣ 조작량이 동작신호의 값을 경계로 완전 개폐되는 동작

[해설] 적분(I)동작은 조작량이 동작신호의 적분 값에 비례하는 동작이므로 출력변화의 속도가 편차에 비례하는 동작이다.

42. 계측기의 성능을 나타내는 용어로서 가장 거리가 먼 것은?

㉮ 정도 ㉯ 감도
㉰ 정밀도 ㉱ 편차

[해설] 계측기의 성능을 나타내는 용어
정도, 감도, 정확도, 정밀도, 오차 등

43. 비접촉식 온도측정 방법 중 가장 정확한 측정을 할 수 있으나 기록, 경보, 자동제어가 불가능한 단점이 있는 온도계는?

㉮ 압력식 온도계 ㉯ 방사 온도계
㉰ 열전 온도계 ㉱ 광고온계

[해설] 광고온계의 특징
① 비접촉식 온도측정방법 중 정도가 가장 높다.
② 연속측정이나 자동제어가 불가능하다.
③ 측정에 시간 지연이 있고 개인오차가 크다.
④ 방사 온도계에 비해 방사율에 대한 보정량이 적다.

44. 물탱크에서 수두높이가 10 m, 오리피스의 지름이 10 cm일 때 오리피스의 유량(Q)은 약 몇 m³/s인가?

㉮ 0.11 m³/s ㉯ 0.15 m³/s
㉰ 0.24 m³/s ㉱ 0.52 m³/s

[해설] ① 유속(V) = $\sqrt{2gh}$ = $\sqrt{2 \times 9.8 \times 10}$ = 14 m/s

② 유량(Q) = $\frac{\pi D^2}{4} \times V = \frac{\pi \times 0.1^2}{4} \times 14$ = 0.11 m³/s

45. 부르동관 압력계에서 부르동관의 재질로서 저압용으로 사용하는 것은?

㉮ 구리 ㉯ 인청동
㉰ 니켈강 ㉱ 스테인리스강

[해설] ① 고압용 : 스테인리스강, 합금강, 베릴륨 구리
② 저압용 : 황동, 인청동, 알루미늄 브론즈

46. 압력 측정범위가 0.1~1000 kPa 정도인 탄성식 압력계로서 진공압 및 차압 측정용으로 주로 사용되는 것은?

㉮ 벨로우즈식 ㉯ 부르동관식
㉰ 금속 격막식 ㉱ 비금속 격막식

[해설] 벨로우즈식 압력계
① 압력 측정범위 : 0.1~100 kPa
② 탄성식 압력계 (벨로우즈의 신축이용)
③ 구조가 간단하며 진공압 및 차압 측정으로 사용
④ 벨로우즈의 재질 : 인청동, 스테인리스

47. 정전 용량식 액면계의 특징에 대한 설명 중 틀린 것은?

㉮ 측정범위가 넓다.
㉯ 구조가 간단하고 보수가 용이하다.
㉰ 유전율이 온도에 따라 변화되는 곳에도 사용할 수 있다.
㉱ 습기가 있거나 전극에 피측정체를 부착하는 곳에는 부적당하다.

[해설] 유전율이 온도에 따라 변화되는 곳에는 사용할 수 없다.

48. 다음 중 2개의 수온 온도계를 사용하는 습도계는?

[정답] 42. ㉱ 43. ㉱ 44. ㉮ 45. ㉯ 46. ㉮ 47. ㉰ 48. ㉯

㉮ 모발 습도계　㉯ 건습구 습도계
㉰ 냉각식 습도계　㉱ 건도계

[해설] 건습구 습도계
2개의 수은 유리 온도계를 사용하여 한쪽은 건구로 다른 쪽은 습구로 하여 양쪽 온도로부터 상대습도표를 이용하여 상대습도를 구한다.

49. 기전력을 이용한 것으로서 응답이 빠르고 급격히 변화하는 압력의 측정에 적당한 압력계는?

㉮ 스트레인게이지(strain gauge)형
㉯ 포텐시오메트릭(potentiometric)형
㉰ 캐피시턴스(capacitance)형
㉱ 피에조 일렉트릭(piezoelectric)형

[해설] 피에조 일렉트릭형(압전식) 압력계
① 기전력이 발생하는 압전현상을 이용한 압력계이다.
② 구조가 간단하다.
③ 원격측정이 용이하고 응답이 빠르다.
④ 급격히 변화하는 압력 측정에 적당하다.

50. 벤투리관(Venturi tube)에서 얻은 압력차 ΔP와 흐르는 유체의 체적유량 W $[m^3/s]$와의 관계는? (단, K는 정수, r은 비중량을 나타낸다.)

㉮ $W = K \cdot \sqrt{\dfrac{\Delta P}{r}}$

㉯ $W = K \cdot \sqrt{\dfrac{r}{P}}$

㉰ $W = K \cdot \sqrt{\dfrac{2g}{\Delta P}}$

㉱ $W = K \cdot \sqrt{\dfrac{r \Delta P}{2g}}$

[해설] 교축기구의 체적유량 $W[m^3/s]$
$= 0.01252 \cdot \alpha \cdot m \cdot \varepsilon \cdot D^2 \sqrt{\dfrac{P_1 - P_2}{r}}$

$= K \cdot \sqrt{\dfrac{\Delta P}{r}}$

51. 피토관에 대한 설명으로 틀린 것은?

㉮ 5m/s 이하의 기체에서는 적용할 수 없다.
㉯ dust나 mist가 많은 유체에는 부적당하다.
㉰ 피토관의 머리 부분은 유체의 방향에 대하여 수직으로 부착한다.
㉱ 흐름에 대하여 충분한 강도를 가져야 한다.

[해설] ① 피토관의 두부를(머리 부분) 유체의 흐름 방향에 대하여 평형(수평)으로 부착해야 한다.
② 피토관 앞에는 관지름 20배 이상 거리의 직관부가 필요하다.

52. 다음 중 온도의 계량단위는?

㉮ 보조단위　㉯ 유도단위
㉰ 특수단위　㉱ 기본단위

[해설] 기본단위(=계량단위=기본계량단위)란 없어서는 안될 기본적인 양의 단위로서 현재 국제적으로 7가지가 정해져 있다.
[참고] 길이(m), 질량(kg), 시간(s), 온도(K), 전류(A), 광도(cd), 물질량(몰)

53. 폐(閉)루프를 형성하여 출력측의 신호를 입력측에 되돌리는 제어를 의미하는 것은 어느 것인가?

㉮ 시퀀스　㉯ 뱅뱅
㉰ 피드백　㉱ 리셋

[해설] 피드백(feed back) 제어
출력측의 신호를 입력측으로 되돌려 정정동작을 행하는 제어

54. 다음 [그림]은 피드백 제어계의 구성을 나타낸 것이다. ( ) 안에 가장 적절한 것은?

[정답] 49. ㉱　50. ㉮　51. ㉰　52. ㉱　53. ㉰　54. ㉯

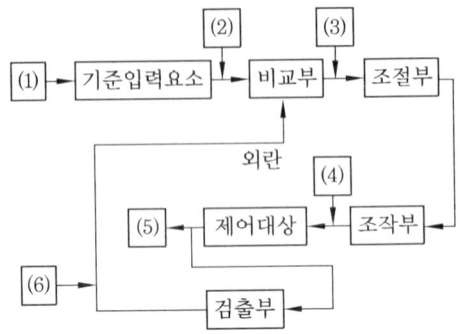

㉮ (1)조작량 (2)동작신호 (3)목표치 (4)기준입력신호 (5)제어편차 (6)제어량
㉯ (1)목표치 (2)기준입력신호 (3)동작신호 (4)조작량 (5)제어량 (6)주피드백신호
㉰ (1)동작신호 (2)오프셋 (3)조작량 (4)목표치 (5)제어량 (6)설정신호
㉱ (1)목표치 (2)설정신호 (3)동작신호 (4)오프셋 (5)제어량 (6)주피드백 신호

[해설]

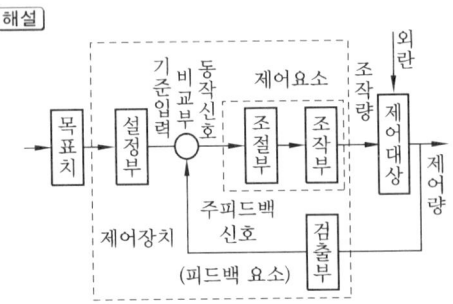

55. 가스크로마토그래피법에서 사용되는 검출기 중 물에 대하여 감도를 나타내지 않기 때문에 자연수 중에 들어있는 오염물질을 검출하는 데 유용한 검출기는?

㉮ 불꽃이온화 검출기
㉯ 열전도도 검출기
㉰ 전자포획 검출기
㉱ 원자방출 검출기

[해설] ① 불꽃 이온화 검출기 : 자연수 중에 포함된 오염물질을 검출하는 데 사용한다.
② 열전도도 검출기 : 가장 많이 사용되며 운반가스 이외의 모든 성분 검출이 가능하다.
③ 전자포획 검출기 : 유기할로겐 화합물, 니트로 화합물 및 유기금속 화합물을 선택적으로 검출할 수 있다.

56. 수은 온도계의 상용 온도 범위는?

㉮ $-60℃\sim200℃$
㉯ $-35℃\sim350℃$
㉰ $-15℃\sim300℃$
㉱ $0℃\sim400℃$

[해설] 수은 온도계
① 상용 온도 범위 : $-35\sim350℃$
② 최고사용 온도 범위 : $-60\sim700℃$

57. 가스 크로마토 그래피(GC)는 다음 중 어떤 원리를 응용한 것인가?

㉮ 증발
㉯ 증류
㉰ 건조
㉱ 흡착

[해설] 가스 크로마토 그래피(gas chromatograph) 가스분석법
흡착성 고체분말 (활성탄, 실리카겔, 알루미나 등)을 충전한 관에 시료를 보내면 흡착제에 각 성분을 이동하면서 분리되어 나오는 시료를 열전도율로 이용하여 측정하는 분석계이다.

58. 액체와 고체연료의 열량을 측정하는 열량계의 종류로 맞는 것은?

㉮ 봄브식
㉯ 융커스식
㉰ 글리브랜드식
㉱ 타그식

[해설] 고체 및 액체연료의 발열량 측정에는 봄브식 열량계가 기체연료의 발열량 측정에는 융커스식 유수형 열량계와 시그마 열량계가 사용된다.

정답 55. ㉮ 56. ㉯ 57. ㉱ 58. ㉮

59. U자관 압력계에 대한 설명으로 틀린 것은 어느 것인가?

㉮ 주로 통풍력을 측정하는 데 사용된다.
㉯ 정밀측정에 주로 사용된다.
㉰ 수은, 물, 기름 등을 넣어 한쪽 또는 양쪽 끝에 측정 압력을 도입한다.
㉱ 크기는 특수한 용도를 제외하고 2 m 이내의 것이 사용된다.

[해설] 측정 정도는 모세관 현상 등의 영향을 받으므로 정밀 측정을 위해서는 온도, 압력 및 모세관 현상에 대한 보정이 필요하다. 따라서, 정밀 측정 사용에는 불편하다.

60. 백금 측온 저항체 온도계에서 표준 측온 저항체로 주로 사용되는 것은? (단, 0℃ 기준이다.)

㉮ 0.1 Ω ㉯ 10 Ω
㉰ 100 Ω ㉱ 1,000 Ω

[해설] 백금 측온 저항체 온도계에서 측온 저항체의 저항을 공칭저항이라 하는데, 0℃에서의 저항소자의 값이 25 Ω, 50 Ω, 100 Ω이 주로 사용된다.

[참고] 니켈저항 온도계의 공칭저항 값은 500 Ω이다.

제4과목 열설비 재료 및 관계법규

61. 열처리로의 구조에 따른 분류가 아닌 것은 어느 것인가?

㉮ 상형로
㉯ 대차로
㉰ 진공로
㉱ 회전로

[해설] 열처리로를 구조에 따라 상형로, 대차로, 회전로로 분류한다.

62. 철금속가열로는 정격용량이 얼마를 초과하는 경우에 검사 대상기기에 해당되는가?

㉮ 0.48 MW ㉯ 0.58 MW
㉰ 0.68 MW ㉱ 0.78 MW

[해설] 에너지이용 합리화법 시행규칙 제31조의 6 별표 3의 3 참조

63. 산업통상자원부장관은 에너지수급 안정을 위한 조치를 하고자 할 때에는 그 사유, 기간 및 대상자 등을 정하여 그 조치예정일 며칠 이전에 예고하여야 하는가?

㉮ 5일 ㉯ 7일
㉰ 10일 ㉱ 15일

[해설] 에너지이용 합리화법 시행령 제13조 ①항 참조

64. 셔틀요(shuttle kiln)의 특징에 대한 설명으로 가장 거리가 먼 것은?

㉮ 가마의 보유열보다 대차의 보유열이 열 절약의 요인이 된다.
㉯ 급냉파가 생기지 않을 정도의 고온에서 제품을 꺼낸다.
㉰ 가마 1개당 2대 이상의 대차가 있어야 한다.
㉱ 가마의 보유열이 주로 제품의 예열에 쓰인다.

[해설] 가마의 보유열이 주로 제품의 예열에 사용되는 가마는 터널가마(예열대)이다.

65. 85℃의 물 120 kg의 온탕에 10℃의 물 140 kg을 혼합하면 약 몇 ℃의 물이 되는가?

㉮ 44.6 ㉯ 56.6
㉰ 66.9 ㉱ 70.0

[해설] ① 10℃ 물이 얻은 열량

정답 59. ㉯ 60. ㉰ 61. ㉰ 62. ㉯ 63. ㉯ 64. ㉱ 65. ㉮

$$Q_1 = 140 \times 1 \times (x-10)$$

② 85℃ 물이 빼앗긴 열량
$$Q_2 = 120 \times 1 \times (85-x)$$

$Q_1 = Q_2$ 이므로
$$140 \times 1 \times (x-10) = 120 \times 1 \times (85-x)$$
$$140x - 1400 = 10200 - 120x$$
$$260x = 11600$$
$$\therefore x = \frac{11600}{260} = 44.6\,℃$$

66. 크롬벽돌이나 크롬-마그벽돌이 고온에서 산화철을 흡수하여 표면이 부풀어 오르고 떨어져 나가는 현상은?

㉮ 버스팅 ㉯ 큐어링
㉰ 슬래킹 ㉱ 스폴링

[해설] ① 버스팅(bursting) : 크롬철광(크롬-마그벽돌)을 원료로 하는 내화물은 고온(1600℃ 이상)에서 산화철을 흡수하여 표면이 부풀어 오르고 떨어져 나가는 현상
② 슬래킹(소화성, slaking) : 마그네시아 또는 돌로마이트를 원료로 하는 내화물이 수증기의 작용을 받아 $Ca(OH)_2$나 $Mg(OH)_2$를 생성하는데, 이때 비중 변화에 의해 체적 변화를 일으켜 균열이 발생하고 붕괴되는 현상

67. 에너지사용계획을 수립하여 지식경제부 장관에게 제출하여야 하는 민간사업주관자는 연간 얼마 이상의 연료 및 열을 사용하는 시설을 설치하는 자로 정해져 있는가?

㉮ 2500티오이 ㉯ 5000티오이
㉰ 10000티오이 ㉱ 25000티오이

[해설] 에너지이용 합리화법 시행령 제20조 3항 참조

68. 그림의 균열로에서 리큐퍼레이터는 어느 곳인가?

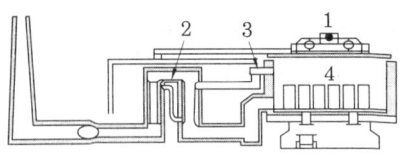

㉮ 1 ㉯ 2 ㉰ 3 ㉱ 4

[해설] 균열실에서 배출된 연소가스는 환열기(리큐퍼레이터)를 통하여 열회수되며 연소용 공기 등을 예열시킨다.

69. 냉난방 온도의 제한온도를 정하는 기준 중 난방 온도는 몇 ℃ 이하로 정해져 있는가?

㉮ 18 ㉯ 20 ㉰ 22 ㉱ 26

[해설] 에너지이용 합리화법 시행규칙 제31조의 2참조

70. 다음 ( ) 안에 알맞은 것은?

> 급수밸브 및 체크밸브의 크기는 전열면적 10 m^2 이하인 보일러에서는 관의 호칭 (A) 이상의 것이어야 하고, 10 m^2를 초과하는 보일러는 관의 호칭 (B) 이상의 것이어야 한다.

㉮ A : 5 A, B : 10 A
㉯ A : 10 A, B : 15 A
㉰ A : 15 A, B : 20 A
㉱ A : 20 A, B : 30 A

[해설] 보일러 급수밸브 및 급수 체크 밸브의 크기
① 전열면적 10 m^2 이하 : 15 A 이상
② 전열면적 10 m^2 초과 : 20 A 이상

[참고] 보일러 최고 사용 압력이 0.1 MPa 미만 시에는 급수 체크 밸브를 생략할 수 있다.

71. 공단이사장 또는 검사기관의 장이 검사를 받는 자에게 그 검사의 종류에 따라 필요한 사항에 대한 조치를 하게 할 수 있는 사항이 아닌 것은?

정답 66. ㉮ 67. ㉰ 68. ㉯ 69. ㉰ 70. ㉰ 71. ㉮

㉮ 검사수수료의 준비
㉯ 기계적 시험의 준비
㉰ 운전성능 측정의 준비
㉱ 검사대상기기조종자에게 검사 시 참여토록 조치

[해설] 에너지이용 합리화법 시행규칙 제31조의 22 ①항 참조

72. 다음 중 제강로가 아닌 것은?

㉮ 고로　　㉯ 전로
㉰ 평로　　㉱ 전기로

[해설] 제강로는 고로(용광로)에서 나온 선철 중의 불순물을 제거하고 탄소량을 감소시켜 강을 만드는 로이며 종류로는 평로, 전기로, 전로 등이 있다.

73. 효율기자재의 제조업자는 효율관리시험기관으로부터 측정 결과를 통보받은 날로부터 며칠 이내에 그 측정결과를 에너지관리공단에 신고하여야 하는가?

㉮ 15일　　㉯ 30일
㉰ 60일　　㉱ 90일

[해설] 에너지이용 합리화법 시행규칙 제9조 참조

74. 에너지 총조사는 몇 년을 주기로 실시하는가?

㉮ 2년　　㉯ 3년
㉰ 5년　　㉱ 7년

[해설] 에너지법 시행령 제15조 ③항 참조

75. 설치 후 3년이 지난 보일러로서 설치장소 변경검사를 받은 보일러는 검사 후 얼마 이내에 운전 성능 검사를 받아야 하는가?

㉮ 7일 이내　　㉯ 15일 이내
㉰ 1개월 이내　　㉱ 3개월 이내

[해설] 에너지이용 합리화법 시행규칙 제31조의 8 별표 3의 5 비고란 2 참조

76. 내화물이 가져야 할 물리, 화학적 특성을 설명한 것이다. 거리가 가장 먼 것은?

㉮ 사용 온도에 충분히 견디는 강도가 있을 것
㉯ 급격한 온도 변화에 견딜 것
㉰ 팽창, 수축이 적을 것
㉱ 열전도율이 단열재 이하로 작을 것

[해설] 내화물은 내마모성, 내침식성을 가져야 하며 사용목적에 따라 적당한 열전도율을 가져야 한다.

77. 버터플라이 밸브(butterfly valve)의 특징에 대한 설명으로 옳지 않은 것은?

㉮ 90°회전으로 개폐가 가능하다.
㉯ 유량조절이 가능하다.
㉰ 완전 열림 시 유체저항이 크다.
㉱ 개구경의 관로에 적용되며 조름밸브(throttle valve)로 사용된다.

[해설] 기밀을 완전하게 유지하기는 곤란하지만 완전 열림 시 유체저항이 적은 편이다.

78. 에너지저장시설의 보유 또는 저장의무의 부과시 정당한 사유 없이 이를 거부하거나 이행하지 아니한 자에 대한 벌칙 기준은?

㉮ 500만원 이하로 벌금
㉯ 1천만원 이하의 벌금
㉰ 1년 이하의 징역 또는 1천만원 이하의 벌금
㉱ 2년 이하의 징역 또는 2천만원 이하의 벌금

[해설] 에너지이용 합리화법 제72조 참조

정답 72. ㉮　73. ㉰　74. ㉯　75. ㉰　76. ㉱　77. ㉰　78. ㉱

79. 최고안전사용온도가 600℃ 이상의 고온용 무기질 보온재는?

㉮ 펄라이트(pearlite)
㉯ 폼 유리(foam glass)
㉰ 석면보온재
㉱ 규조토

[해설] ① 펄라이트 : 650℃
② 폼 유리 : 300℃
③ 석면 보온재 : 400℃
④ 규조토 : 500℃

80. 배관의 경제적 보온 두께 선정 시 고려 대상으로 가장 거리가 먼 것은?

㉮ 열량가격
㉯ 배관공사비
㉰ 감가상각년수
㉱ 연간사용시간

[해설] 고려 대상
시공비, 감가상각비, 열손실에 상당하는 연료비, 관리비, 보온효과, 연간사용시간

제5과목 열설비 설계

81. 보일러를 옥내에 설치하는 경우에 대한 설명으로 틀린 것은?

㉮ 불연성 물질의 격벽으로 구분된 장소에 설치된다.
㉯ 보일러 동체 최상부로부터 천정, 배관 등 보일러 상부에 있는 구조물까지의 거리는 0.3 m 이상으로 한다.
㉰ 연도의 외측으로부터 0.3 m 이내에 있는 가연성 물체에 대하여는 금속 이외의 불연성 재료로 피복한다.
㉱ 연료를 저장할 때에는 소형 보일러의 경우 보일러 외측으로부터 1m 이상 거리를 두거나 반격벽으로 할 수 있다.

[해설] 보일러 동체 최상부로부터 천정, 배관 등 보일러 상부에 있는 구조물까지 거리는 1.2 m 이상으로 한다(단, 소형 보일러 및 주철제 보일러인 경우에는 0.6 m 이상으로 할 수 있다).

82. 내, 외경이 각각 0.16 m, 0.166 m 길이가 30 m인 강관으로 포화증기(170℃)를 이송하고자 한다. 강관 둘레에 두께 5 cm의 마그네시아($k = 0.06$ kcal/m·h·℃) 피복을 하였더니 피복 표면온도는 40℃가 되었다. 이때 피복을 통한 열 손실은 약 몇 kcal/h인가? (단, 강관의 외경 온도는 증기온도와 동일하다고 가정한다.)

㉮ 1620.3   ㉯ 1830.7
㉰ 3118.2   ㉱ 3971.7

[해설] $Q = K \times \dfrac{2\pi L(t_1 - t_2)}{\ln\left(\dfrac{r_2}{r_1}\right)}$ [kcal/h]에서

$0.06 \times \dfrac{2 \times \pi \times 30 \times (170 - 40)}{\ln\left(\dfrac{0.133}{0.083}\right)}$

$= 3118.2$ kcal

[참고] $r_1 = 0.166 \div 2 = 0.083$
$r_2 = (0.166 + 0.1) \div 2 = 0.133$

83. 연소가스량이 1500 m³/min이고, 송풍기에 의한 압력수두가 10 mmH₂O, 송풍기 효율이 0.6인 경우 송풍기 소요동력은 약 몇 PS인가?

㉮ 2.23   ㉯ 5.56
㉰ 8.56   ㉱ 10.23

[해설] $\dfrac{Q[\text{m}^3/\text{s}] \times H[\text{kg/m}^2][\text{mmH}_2\text{O}]}{75 \text{kg} \cdot \text{m/s} \times \eta}$ [PS]

에서 $\dfrac{\dfrac{1500}{60} \times 10}{75 \times 0.6} = 5.56$ PS

84. 다음 그림과 같이 길이가 L인 원통 벽을 전도에 의한 전열량(q)은 다음 식으로 나타낼 수 있다. $q = kA_c$ (단, k = 원통벽의 열전도도이다.) 위 식 중의 $\overline{A_c}$를 그림에 주어진 r_0, r_i, L 값으로 표시하면?

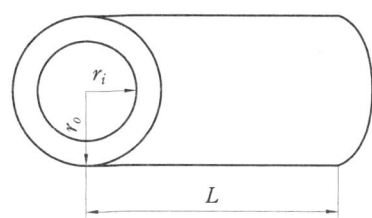

㉮ $\dfrac{\ln(r_0 - r_i)}{2\pi L(r_0 - r_i)}$ ㉯ $\dfrac{\ln(r_0 - r_i)}{(r_0 - r_i)}$

㉰ $\dfrac{2\pi L(r_0 - r_i)}{\ln(r_0/r_i)}$ ㉱ $\dfrac{(r_0 - r_i)}{\ln(r_0 - r_i)}$

85. 관 스테이를 용접으로 부착하는 경우에 대한 설명으로 옳은 것은?

㉮ 용접의 다리길이는 10 mm 이상으로 한다.
㉯ 스테이의 끝은 판의 외면보다 안쪽에 있어야 한다.
㉰ 관 스테이의 두께는 4 mm 이상으로 한다.
㉱ 스테이의 끝은 화염에 접촉하는 판의 바깥으로 5 mm를 초과하여 돌출해서는 안된다.

[해설] ① 봉 스테이인 경우 용접의 다리길이는 10 mm 이상으로 한다.
② 스테이 끝은 외면에 돌출해야 한다.
③ 스테이 끝은 화염에 접촉하는 판의 바깥으로 10 mm를 초과하여 돌출해서는 안된다.

86. 노통연관 보일러의 노통 바깥면과 이것에 가장 가까운 연관의 면과는 몇 mm 이상의 틈새를 두어야 하는가?

㉮ 30   ㉯ 50
㉰ 60   ㉱ 100

[해설] 노통 바깥면과 이것에 가장 가까운 연관의 면과는 50 mm 이상의 틈새를 두어야 한다.

87. 원통 보일러의 노통은 주로 어떤 열응력을 받는가?

㉮ 압축 응력   ㉯ 인장 응력
㉰ 굽힘 응력   ㉱ 전단 응력

[해설] 노통, 연관은 압축 응력을 받으며 수관, 횡관, 겔로웨이관, 동저부는 인장 응력을 받는다.

88. 다음 중 연질 스케일을 생성시킬 수 있는 성분이 아닌 것은?

㉮ 탄산마그네슘   ㉯ 규산칼슘
㉰ 산화철   ㉱ 탄산칼슘

[해설] (1) 연질 스케일 : 탄산염(탄산칼슘, 탄산마그네슘), 산화철
(2) 경질 스케일
① 황산염(황산칼슘, 황산마그네슘)
② 규산염(규산칼슘, 규산마그네슘)

[참고] 실리카(SiO_2)
급수 중의 칼슘 성분과 결합하여 규산칼슘을 생성해 경질 스케일이 된다.

89. 다음 무차원수에 대한 설명 중 틀린 것은 어느 것인가?

㉮ Nusselt수는 열전달 계수와 관계있다.
㉯ Prandtl수는 동점성계수와 관계있다.
㉰ Reynolds수는 층류 및 난류와 관계있다.
㉱ Stanton수는 확산계수와 관계있다.

[해설] ① Nusselt수는 열전달 계수를 표시하는 데 관계되는 수이다.
② Prandtl수는 열유체의 물성을 표시하는 무차원 수이다.
③ Reynolds수는 유체의 흐름이 층류인가 난류인가를 판정하는 기준이다.

[참고] Stanton수

[정답] 84. ㉰   85. ㉰   86. ㉯   87. ㉮   88. ㉯   89. ㉱

$$= \frac{열전달률}{유체의 밀도 \times 유체의 비열 \times 유체의 속도}$$

90. 보일러의 형식에 따른 보일러의 명칭이 바르지 않게 짝지어진 것은?

㉮ 노통식 원통보일러 – 코니시(Cornish) 보일러
㉯ 노통연관식 원통보일러 – 라몬트(Lamont) 보일러
㉰ 자연순환식 수관보일러 – 다쿠마(Takuma) 보일러
㉱ 관류식 수관보일러 – 슐저(Sulzer) 보일러

[해설] ① 노통연관식 원통보일러 : 스코치 보일러, 하우덴 존슨 보일러
② 강제순환식 수관보일러 : 라몬트 보일러, 벨록스 보일러

91. 증발량 2 ton/h, 최고 사용압력 10 kg/cm², 급수온도 20℃, 최대 증발률 25 kg/m²·h인 원통 보일러에서 평균 증발율을 최대 증발률의 90 %로 할 때 평균 증발량(kg/h)은?

㉮ 1200 ㉯ 1500
㉰ 1800 ㉱ 2100

[해설] ① 최대 증발률 $25 = \frac{2000}{전열면적}$ 에서
전열면적 $= 80 \, m^2$ 이며
② 평균 증발률 $= 25 \times 0.9 = 22.5 \, kg/m^2 h$
$\frac{평균 증발량}{80} = 22.5$ 에서
평균 증발량 $= 1800 \, kg/h$

92. 다음 중 열전도율이 가장 낮은 것은?

㉮ 니켈   ㉯ 탄소강
㉰ 스케일 ㉱ 그을음

[해설] ① 그을음 : 0.06~0.1 kcal/m·h·℃
② 스케일 : 0.7~3 kcal/m·h·℃
③ 니켈 : 50 kcal/m·h·℃

93. 나사식 파이프 조인트에 대한 설명으로 옳은 것은?

㉮ 소구경(小口徑)이고 저압의 파이프에 사용한다.
㉯ 관로방향을 일정하게 할 때 사용한다.
㉰ 저압, 대구경(大口徑)의 파이프에 사용한다.
㉱ 파이프의 분기점에는 사용해서는 안 된다.

[해설] 나사식 파이프 조인트는 소구경(50 mm 이하)저압 파이프에 사용한다.

94. 보일러에는 내부의 청소와 검사에 필요한 맨홀을 설치하여야 한다. 맨홀의 크기는 안지름 몇 mm 이상의 원형으로 하여야 하는가?

㉮ 275 ㉯ 300 ㉰ 375 ㉱ 400

[해설] 맨홀(인공 : 人空)의 크기
① 원형 : 375 mm 이상
② 타원형 : 장경 375 mm 이상, 단경 275 mm 이상

95. 물을 사용하는 설비에서 부식을 초래하는 인자가 아닌 것은?

㉮ 용존산소   ㉯ 용존 탄산가스
㉰ pH   ㉱ 실리카(SiO_2)

[해설] 실리카(SiO_2)
급수 중의 칼슘 성분과 결합하여 규산칼슘을 생성해 경질 스케일을 만든다.

96. 성적계수 $(COP)_R$가 5.2인 증기압축 냉동기의 1냉동톤당 이론압축기 구동마력(PS)은 약 얼마인가?

정답 90. ㉯ 91. ㉰ 92. ㉱ 93. ㉮ 94. ㉰ 95. ㉱ 96. ㉮

㉮ 1　　㉯ 2
㉰ 3　　㉱ 4

[해설] $PS = \dfrac{AW}{632.3} \times G$에서

성적계수 $= \dfrac{Q_2}{AW}$ 이므로

$AW = \dfrac{3320}{5.2} = 638.46$ kcal/kg이다.

$\therefore PS = \dfrac{638.46}{632.3} = 1.01 PS$

97. 최고사용압력이 0.1 MPa이하인 주철제 압력용기의 수압시험은 몇 MPa로 실시하여야 하는가?

㉮ 0.12　　㉯ 0.15
㉰ 0.2　　㉱ 0.25

[해설] ① 최고사용압력이 0.1 MPa 이하인 주철제 압력용기 → 0.2 MPa
② 최고사용압력이 0.1 MPa을 넘는 주철제 압력용기 → 최고사용압력의 2배

98. 수증기관에 만곡관을 설치하는 주된 목적은?

㉮ 증기관 속의 응결수를 배제하기 위하여
㉯ 열팽창에 의한 관의 팽창작용을 허용하기 위하여
㉰ 증기의 통과를 원활히 하고 급수의 양을 조절하기 위하여
㉱ 강수량의 순환을 좋게 하고 급수량의 조절을 쉽게 하기 위하여

[해설] 수증기관에 만곡관(신축이음장치) 설치 목적은 ㉯항이다.

99. 두께가 3 mm인 탄소 강판으로 제조된 노벽에서 내측으로부터 외측으로 전열현상이 발생될 때의 열확산계수는 약 몇 m²/s인가? (단, $K = 43$ W/m·℃, $C_P = 0.473$ kg·℃, $\rho = 7800$ kg/m³이다.)

㉮ 1.17×10^{-5}　　㉯ 1.17×10^{-2}
㉰ 2.23×10^{-5}　　㉱ 2.23×10^{-2}

[해설] 열확산계수 $= \dfrac{열전도율}{비열 \times 밀도}$ 에서

$\dfrac{43}{0.473 \times 7800} = 0.011655011 = 1.17 \times 10^{-5}$

100. 가스용 보일러의 배기가스 중 일산화탄소의 이산화탄소에 대한 비는 얼마 이하이어야 하는가?

㉮ 0.001　　㉯ 0.002
㉰ 0.003　　㉱ 0.005

[해설] 일산화탄소의 이산화탄소에 대한 $\left(\dfrac{CO}{CO_2}\right)$ 비는 0.002 이하이어야 한다.

정답 97. ㉰　98. ㉯　99. ㉮　100. ㉯

2012년 4회 에너지관리기사

2012.9.15 시행

제1과목 연소 공학

1. 가열실의 이론효율(E_1)을 옳게 나타낸 식은? (단, t_r : 이론연소온도, t_i : 피열물의 온도)

㉮ $E_1 = \dfrac{t_r + t_i}{t_r}$ ㉯ $E_1 = \dfrac{t_r - t_i}{t_r}$

㉰ $E_1 = \dfrac{t_i - t_r}{t_i}$ ㉱ $E_1 = \dfrac{t_i + t_r}{t_i}$

[해설] 가열실의 이론효율
$$E_1 = \dfrac{t_r - t_i}{t_r}$$

2. 다음 기체연료 중 단위질량당 고위발열량(MJ/kg)이 가장 큰 것은?

㉮ 메탄 ㉯ 에탄 ㉰ 프로판 ㉱ 수소

[해설] 각 연료의 고위발열량

① 메탄 : $11000 \text{kcal/Nm}^3 \times \dfrac{22.4 \text{Nm}^3}{16 \text{kg}}$
  $= 15400 \text{kcal/kg}$

② 에탄 : $15000 \text{kcal/Nm}^3 \times \dfrac{22.4 \text{Nm}^3}{30 \text{kg}}$
  $= 11200 \text{kcal/kg}$

③ 프로판 : $25000 \text{kcal/Nm}^3 \times \dfrac{22.4 \text{Nm}^3}{44 \text{kg}}$
  $= 12727 \text{kcal/kg}$

④ 수소 : $3050 \text{kcal/Nm}^3 \times \dfrac{22.4 \text{Nm}^3}{2 \text{kg}}$
  $= 34160 \text{kcal/kg}$

3. 인화점이 50℃ 이상인 원유, 경유 등에 사용되는 인화점 시험방법은?

㉮ 태그 밀폐식
㉯ 아벨펜스키 밀폐식
㉰ 클리브렌드 개방식
㉱ 펜스키마텐스 밀폐식

[해설] 펜스키마텐스 밀폐식 인화점 시험방법의 설명이다.

4. 이론공기량에 대한 설명으로 가장 거리가 먼 것은?

㉮ 연소에 필요한 최소한의 공기량이다.
㉯ 연료를 완전히 연소할 수 있는 공기량이다.
㉰ 연료의 연소 시 이론적으로 필요한 공기량이다.
㉱ 실제공기량과 이론공기량의 비를 공기비라 한다.

[해설] 연료를 완전히 연소할 수 있는 공기량은 실제 공기량이다.

5. 다음 중 열전도율의 단위는?

㉮ kcal/m·h·℃
㉯ kcal/m²·h·℃
㉰ kcal/m·h²·℃
㉱ kcal/m·h·℃²

[해설] ① 열전도율의 단위 : kcal/m·h·℃
② 열전달률 혹은 열관류율의 단위 : kcal/m²·h·℃

[정답] 1. ㉯ 2. ㉱ 3. ㉱ 4. ㉯ 5. ㉮

6. 프로판(C_3H_8) 및 부탄이 혼합된 LPG 1Nm³을 완전연소시킨 결과 배기가스 중의 CO_2 생성량은 3.2Nm³이었다. LPG 중의 프로판과 부탄의 부피비는?

㉮ 1 : 1   ㉯ 2 : 1
㉰ 3 : 1   ㉱ 4 : 1

[해설]
$$C_3H_8 + 5O_2 \to 3CO_2 + 4H_2O$$
$$\begin{array}{cc} 1 & 3 \\ x & 3x \end{array}$$
$$C_4H_{10} + 6.5O_2 \to 4CO_2 + 5H_2O$$
$$\begin{array}{cc} 1 & 4 \\ 1-x & 4\times(1-x) \end{array}$$
$3.2 = 3x + 4\times(1-x) = 3x + 4 - 4x$
$-x = 3.2 - 4 = -0.8$
$\therefore x = 0.8,\ 1-x = 0.2$이므로
$C_3H_8 : C_4H_{10} = 0.8 : 0.2 = 4 : 1$

7. 공기비 2.3으로 연소시키는 석탄연소로에서 실제공기량이 11.96 Sm³/kg일 때 이론공기량은 약 몇 Sm³/kg인가?

㉮ 5.2   ㉯ 10.4
㉰ 13.8   ㉱ 27.5

[해설] $m = \dfrac{A}{A_0}$에서
$A_0 = \dfrac{A}{m} = \dfrac{11.96}{2.3} = 5.2\ Sm^3/kg$

8. 액체연료의 미립화 방법이 아닌 것은?

㉮ 고속기류   ㉯ 충돌식
㉰ 와류식   ㉱ 혼합식

[해설] 액체연료의 미립화에는 ① 고속기류식, ② 충돌식, ③ 와류식, ④ 회전식이 있다.

9. 다음 연료 중 발열량(kcal/kg)이 가장 큰 것은?

㉮ 중유   ㉯ 프로판
㉰ 무연탄 ㉱ 코크스

[해설] 각종 연료의 발열량
① 중유 : 10000 kcal/kg
② 프로판 : 12500 kcal/kg
③ 무연탄 : 4500 kcal/kg
④ 코크스 : 7000 kcal/kg

10. 다음 중 중유연소의 장점이 아닌 것은?

㉮ 발열량이 석탄보다 크고, 과잉공기가 적어도 완전 연소시킬 수 있다.
㉯ 점화 및 소화가 용이하며, 화력의 가감이 자유로워 부하 변동에 적용이 용이하다.
㉰ 재가 적게 남으며 발열량, 품질 등이 고체연료에 비해 일정하다.
㉱ 회분을 전혀 함유하지 않으므로 이것으로 인한 장해는 없다.

[해설] 중유에는 V(바나듐)이 있어 고온 부식을 유발한다.

11. 연소가스와 외부공기의 밀도차에 의해서 생기는 압력차를 이용하는 통풍방법은?

㉮ 자연통풍   ㉯ 평행통풍
㉰ 압입통풍   ㉱ 유인통풍

[해설] 자연 통풍의 통풍력(Z)
$= 355 \times H \times \left\{ \dfrac{1}{T_a} - \dfrac{1}{T_g} \right\}$

12. 다음과 같은 조성을 가진 석탄의 완전 연소에 필요한 이론공기량(kg/kg)은 약 얼마인가?

C : 64.0 %, H : 5.3 %, S : 0.1 %,
O : 8.8 %, N : 0.8 %, Ash : 12.0 %,
Water : 9.0 %

㉮ 7.5   ㉯ 8.8
㉰ 9.7   ㉱ 10.4

[해설] $A_o[kg/kg]$

정답 6. ㉱ 7. ㉮ 8. ㉱ 9. ㉯ 10. ㉱ 11. ㉮ 12. ㉯

$$= \frac{1}{0.232} \times \left\{ \frac{32}{12}C + \frac{16}{2}\left(H - \frac{O}{8}\right) + \frac{32}{32}S \right\}$$

$$= \frac{1}{0.232} \times \left\{ \frac{32}{12} \times 0.64 + \frac{16}{2}\left(0.053 - \frac{0.088}{8}\right) + \frac{32}{32} \times 0.001 \right\}$$

$$= 8.808 \text{ kg/kg}$$

13. 프로판(propane)가스 1 kg을 완전연소 시킬 때 필요한 이론공기량(Sm^3/kg)은?

㉮ 6 ㉯ 8
㉰ 10 ㉱ 12

[해설]
$$C_3H_8 + 5O_2 \rightarrow 3CO_2 + 4H_2O$$
1 kmol   5 kmol
44 kg $5 \times 22.4 Sm^3$
1 kg $x\, Sm^3$

$$A_0[Sm^3/kg] = \frac{1}{0.21} \times O_0 = \frac{1}{0.21} \times x$$

$$= \frac{1}{0.21} \times \frac{5 \times 22.4}{44} = 12.1\, Sm^3/kg$$

14. 다음 연소가스의 성분 중 대기오염 물질이 아닌 것은?

㉮ 입자상 물질   ㉯ 이산화탄소
㉰ 황산화물   ㉱ 질소산화물

[해설] 이산화탄소(CO_2)는 대기오염물질이라 볼 수 없다.

15. 다음 연소방법 중 기체연료의 연소방법에 해당하는 것은?

㉮ 증발연소   ㉯ 표면연소
㉰ 분무연소   ㉱ 확산연소

[해설] 기체 연료의 연소 방법에는 확산연소와 예혼합연소가 있다.

16. 연료의 연소 시 $CO_{2\max}$ [%]는 어느 때의 값인가?

㉮ 이론공기량으로 연소 시
㉯ 실제공기량으로 연소 시
㉰ 과잉공기량으로 연소 시
㉱ 이론량보다 적은 공기량으로 연소 시

[해설] $CO_{2\max}$ [%]란 연료 중의 탄소를 이론적으로 완전히 연소시킬 때 발생한 이론 건연소 가스에 대한 최대 CO_2 [%]를 말한다.

17. 연소 배출가스 중 CO_2 함량을 분석하는 이유로 가장 거리가 먼 것은?

㉮ 연소상태를 판단하기 위하여
㉯ 공기비를 계산하기 위하여
㉰ CO 농도를 판단하기 위하여
㉱ 열효율을 높이기 위하여

[해설] CO_2 함량을 분석하는 이유는 공기비를 판단하여 연소 상태와 열효율을 판단하기 위함이다.

18. 세정식 집진장치에서 분리되는 원리로서 가장 거리가 먼 것은?

㉮ 액방울, 액막과 같은 작은 매진과 관성에 의한 충돌 부착
㉯ 큰 매진의 확산에 의한 부착
㉰ 습기 증가로 입자의 응집성 증가에 의한 부착
㉱ 매진을 핵으로 한 증기의 응결

[해설] 집진 원리에는 확산에 의한 부착이 없다.

19. 랭킨 사이클에서 높은 압력으로 열효율을 증가시키고 저압 측에서 과도한 습도를 피하는 한편 터빈일을 증가시키는 목적으로 고안된 사이클은?

㉮ 브레이턴 사이클
㉯ 재생 사이클
㉰ 재열 사이클
㉱ 카르노 사이클

[정답] 13. ㉱ 14. ㉯ 15. ㉱ 16. ㉮ 17. ㉰ 18. ㉯ 19. ㉰

20. 다음 중 이론공기량 (Sm³/Sm³)이 가장 큰 것은?

㉮ 오일가스
㉯ 석탄가스
㉰ 천연가스
㉱ 액화석유가스

[해설] ① 오일가스 : 수소, 메탄이 주성분
② 석탄가스 : 수소, 메탄이 주성분
③ 천연가스 : 메탄이 주성분
④ 액화석유가스 : 프로판, 부탄이 주성분
여기서, 산소의 mol수가 가장 크게 필요한 것은 프로판, 부탄이다.

제2과목 열역학

21. 기체를 압축기를 통하여 P_1에서 P_2까지 압축하는 데 필요한 일을 최소로 하려면 다음 중 어느 과정이 가장 적합한가?

㉮ 가역 단열 압축 ($k=1.4$)
㉯ 폴리트로픽 압축 ($PV^{1.2}$ = 일정)
㉰ 비가역 단열 압축
㉱ 등온 압축

[해설] 일의 소요값 크기 순서
단열 압축 > 폴리트로픽 압축 > 등온 압축

22. 냉난방 겸용의 열펌프 사이클을 구성하기 위한 주요 요소가 아닌 것은?

㉮ 전기구동 압축기
㉯ 4방 밸브
㉰ 매니폴드 게이지
㉱ 전자팽창밸브

[해설] 열펌프 사이클의 구성 요소
압축기, 4방 밸브, 팽창밸브, 응축기

23. 비엔탈피가 326 kJ/kg인 어떤 기체가 노즐을 통하여 단열적으로 팽창되어 322 kJ/kg으로 되어나간다. 유입속도를 무시할 때 유출속도는 몇 m/s인가?

㉮ 4.4
㉯ 22.6
㉰ 64.7
㉱ 89.4

[해설] $w_2 = \sqrt{2000(h_1-h_2)\text{kJ/kg}}$
$= \sqrt{2000 \times (326-322)}$
$= 89.44$ m/s

24. 수증기의 내부에너지 및 엔탈피가 터빈 입구에서 각각 2900 kJ/kg, 3200 kJ/kg이고, 터빈 출구에서 2300 kJ/kg, 2500 kJ/kg일 때 터빈의 출력은 몇 kW인가? (단, 터빈은 단열되어 있으며, 발생되는 수증기의 질량 유량은 2 kg/s이다.)

㉮ 600
㉯ 700
㉰ 1200
㉱ 1400

[해설] 터빈출력 = $G(h_1-h_2)$
$= 2\text{kg/s} \times 3600\text{s/h} \times (3200-2500)\text{kJ/kg}$
$\times \dfrac{1\text{kW}}{3600\text{kJ/h}}$
$= 1400$ kW

25. 0℃물의 증발잠열 값에 가장 가까운 것은 어느 것인가?

㉮ 330 kJ/kg
㉯ 420 kJ/kg
㉰ 2250 kJ/kg
㉱ 2500 kJ/kg

[해설] 0℃ 물의 잠열 = $\dfrac{600\text{kcal}}{\text{kg}} \times \dfrac{4.187\text{kJ}}{1\text{kcal}}$
$= 2512$ kJ/kg

26. 다음 중 절탄기에 관한 설명으로 옳은 것은 어느 것인가?

㉮ 과열증기의 일부로 급수를 예열하는 장치이다.
㉯ 연도가스의 열로 급수를 예열하는 장치이다.
㉰ 연도가스의 열로 고온의 공기를 만드는 장치이다.

정답 20. ㉱ 21. ㉱ 22. ㉰ 23. ㉱ 24. ㉱ 25. ㉱ 26. ㉯

㉣ 연도가스의 열로 고온의 증기를 만드는 장치이다.

[해설] 절탄기
연도가스의 폐열을 이용하여 보일러 급수를 예열하는 장치이다.

27. 포화증기를 일정한 압력 아래에서 가열하면 어떤 상태가 되는가?

㉮ 과열증기 ㉯ 건포화증기
㉰ 습증기   ㉱ 포화액

[해설] 포화증기를 가열하면 과열 증기가 된다.

28. 기체상수가 R인 이상기체가 일정 온도 하에서 가역 팽창하여 압력이 처음 상태의 $\frac{1}{2}$배로 되었다. 단위질량당 엔트로피 변화량은?

㉮ $\frac{R}{2}\ln 2$ ㉯ $R\ln 2$
㉰ $2R$ ㉱ $2R\ln 2$

[해설] $\Delta S = \dfrac{dQ}{T}$ 이고
P와 v의 함수에서
$dq = dh - vdP$
$ds = \dfrac{dh}{T} - \dfrac{v}{T}dP$
$\quad = C_P\dfrac{dT}{T} - R\dfrac{dP}{P}\left(Pv=RT,\ \dfrac{v}{T}=\dfrac{R}{P}\right)$
$\Delta S = S_2 - S_1 = C_P\ln\dfrac{T_2}{T_1} - R\cdot\ln\dfrac{P_2}{P_1}$
등온과정에서 $T_1 = T_2$ 이므로
$\ln\dfrac{T_2}{T_1} = \ln 1 = 0$
$\therefore \Delta S = -R\ln\dfrac{P_2}{P_1} = R\ln\dfrac{P_1}{P_2} = R\ln\dfrac{1}{\frac{1}{2}} = R\ln 2$

29. 일반적으로 사용되는 냉매로 가장 거리가 먼 것은?

㉮ 암모니아   ㉯ 프레온
㉰ 이산화탄소 ㉱ 오산화인

[해설] 오산화인은 냉매가 아니고 흡습제이다.

30. 이상기체가 V_1, P_1으로부터 V_2, P_2까지 등온팽창하였다. 이 과정 중에 일어난 내부 에너지 변화량 ΔU, 엔탈피 변화량 ΔH, 엔트로피 변화량 ΔS를 옳게 나타낸 것은?

㉮ $\Delta U > 0,\ \Delta H > 0,\ \Delta S > 0$
㉯ $\Delta U = 0,\ \Delta H = 0,\ \Delta S < 0$
㉰ $\Delta U = 0,\ \Delta H > 0,\ \Delta S < 0$
㉱ $\Delta U = 0,\ \Delta H = 0,\ \Delta S > 0$

[해설] 등온변화에서
$du = C_V dT$ 에서 $du = 0$
$dh = C_P dT$ 에서 $dh = 0$
$\Delta S > 0$

31. 60℃로 일정하게 유지되고 있는 항온조가 실내온도 26℃인 실험실에 설치되어 있다. 이때 항온조로부터 실험실 내의 실내공기로 1200 J의 열손실이 있는 경우에 대한 설명으로 틀린 것은?

㉮ 비가역 과정이다.
㉯ 실험실 전체(실험실 공기와 항온조 내의 물질)의 엔트로피 변화량은 약 7.6 J/K이다.
㉰ 항온조 내의 물질에 대한 엔트로피 변화량은 약 -3.6 J/K이다.
㉱ 실험실 내에서 실내공기의 엔트로피 변화량은 약 4.0 J/K이다.

[해설] $\Delta S = \dfrac{dQ}{T} = \dfrac{1200\text{J}}{(273+60)\text{K}} = 3.6\text{J/K}$
$\Delta S = \dfrac{dQ}{T} = \dfrac{1200\text{J}}{(273+26)\text{K}} = 4.0\text{J/K}$
외부에 열을 방출하면 (−), 외부에서 열을 받으면 (+)가 된다.

정답 27. ㉮ 28. ㉯ 29. ㉱ 30. ㉱ 31. ㉯

32. 표준증기압축 냉동시스템에 비교하여 흡수식 냉동시스템의 주된 장점은?

㉮ 압축에 소요되는 일이 줄어든다.
㉯ 시스템의 효율이 상승한다.
㉰ 장치의 크기가 줄어든다.
㉱ 열교환기의 수가 줄어든다.

[해설] 흡수식 냉동시스템은 장치의 형상이 대형이고 효율이 나쁘며 열교환기가 많다. 또한 압축기가 없는 대신에 흡수기와 발생기(재생기)가 있다.

33. 다음 중 에너지 보존의 법칙은?

㉮ 열역학 제0법칙
㉯ 열역학 제1법칙
㉰ 열역학 제2법칙
㉱ 열역학 제3법칙

[해설] 열역학 제1법칙 : 에너지 보존의 법칙
열역학 제2법칙 : 영구기관 제작 불가능법칙
열역학 제0법칙 : 열평형의 법칙

34. 이상기체 1몰이 23℃에서 부피가 23 L에서 45 L로 등온가역 팽창하였을 때 엔트로피 변화는 몇 J/K인가? (단, $\overline{R}$ = 8.314 kJ/kmol·K)

㉮ −5.58 ㉯ 5.58
㉰ −1.67 ㉱ 1.67

[해설] 엔트로피 변화 (등온변화에서)
$$\Delta S = S_2 - S_1 = \frac{q_{12}}{T} = \frac{RT}{T}\ln\frac{v_2}{v_1} = R\ln\frac{v_2}{v_1}$$
$$= 8.314 \text{J/mol·K} \times \ln\left(\frac{45}{23}\right) = 5.58 \text{ J/K}$$

35. 600℃의 고열원과 200℃의 저열원 사이에서 작동하는 카르노 사이클의 효율은?

㉮ 0.666 ㉯ 0.542
㉰ 0.458 ㉱ 0.333

[해설] $\eta = \dfrac{T_1 - T_2}{T_1} = \dfrac{600-200}{273+600} = 0.458$

36. 피스톤이 장치된 용기 속의 온도가 30℃, 압력 200 kPa 체적 V_1[m³]의 이상기체가 압력이 일정한 과정으로 체적이 원래의 3배로 되었을 때 이 기체의 온도는 약 몇 ℃인가?

㉮ 30   ㉯ 90
㉰ 636 ㉱ 910

[해설] 샤를의 법칙을 이용하면
$$\frac{V_1}{T_1} = \frac{V_2}{T_2}, \quad \frac{V_1}{(273+30)} = \frac{3V_1}{(273+x)}$$
$$273 + x = \frac{3V_1 \times (273+30)}{V_1}$$
$$x = \frac{3V_1 \times (273+30)}{V_1} - 273 = 636 ℃$$

37. 열역학 사이클에 대한 설명으로 틀린 것은 어느 것인가?

㉮ 오토 사이클의 효율은 압축비만의 함수이다.
㉯ 압축비가 증가하면 일반적으로 오토 사이클의 효율은 증가한다.
㉰ 디젤 사이클의 효율은 압축비와 차단비(cut-off ratio)의 함수이다.
㉱ 동일한 압축비에서는 디젤 사이클의 효율이 오토 사이클의 효율보다 높다.

[해설] 동일한 압축비에서 열효율 크기는 오토 사이클>사바테 사이클>디젤 사이클이다.

38. 압력이 1200 kPa인 탱크에 저장된 건포화 증기가 노즐로부터 100 kPa로 분출되고 있다. 임계압력 P_c는 약 몇 kPa인가? (단, 비열비는 1.135이다.)

㉮ 693 ㉯ 643

정답 32.㉮ 33.㉯ 34.㉯ 35.㉰ 36.㉰ 37.㉱ 38.㉮

㉰ 582 ㉱ 525

[해설] 임계압력 $P_c = P_1 \times \left(\dfrac{2}{k+1}\right)^{\frac{k}{k-1}}$

$= 1200 \times \left(\dfrac{2}{1.135+1}\right)^{\frac{1.135}{1.135-1}}$

$= 692.9 \text{ kPa}$

39. 그림과 같은 카르노 열기관의 사이클 $P-V$ 선도에서 $d \to a$ 과정이 나타내는 것은?

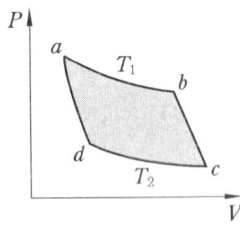

㉮ 등적 과정
㉯ 등엔탈피 과정
㉰ 등엔트로피 과정
㉱ 등온 과정

[해설] $d \to a$ 과정은 단열 압축 과정이므로 등엔트로피 과정이다.

40. 300 K, 100 kPa에서 어떤 기체의 부피가 500 m³라면, 400 K, 150 kPa에서의 부피는 약 얼마인가?

㉮ 666 m³ ㉯ 444 m³
㉰ 333 m³ ㉱ 222 m³

[해설] 보일-샤를 법칙을 이용하면

$\dfrac{P_1 V_1}{T_1} = \dfrac{P_2 V_2}{T_2}$

$V_2 = V_1 \times \dfrac{T_2}{T_1} \times \dfrac{P_1}{P_2}$

$= 500 \times \dfrac{400}{300} \times \dfrac{100}{150}$

$= 444 \text{ m}^3$

제3과목 계측 방법

41. 다음 중 면적식 유량계는?

㉮ 오리피스(orifice)미터
㉯ 로터미터(rotameter)
㉰ 벤투리(venturi)미터
㉱ 플로노즐(flow-nozzle)

[해설] 면적식 유량계의 종류
① 로터미터(플로트식에 속하며 일반적으로 사용)
② 피스톤식
③ 게이트식

42. 복사온도계에서 전복사에너지는 절대온도의 몇 승에 비례하는가?

㉮ 2 ㉯ 3
㉰ 4 ㉱ 5

[해설] 전복사에너지는 절대온도의 4승에 비례한다(스테판 볼츠만 법칙).

[참고] 계기의 지시온도를 S, 전방사율을 Et, 피측정체의 온도를 T라고 할 때, $S = Et \cdot T^4$ 에서

$T = \dfrac{S}{\sqrt[4]{Et}}$

43. 아르키메데스의 부력원리를 이용한 액면 측정기기는?

㉮ 차압식 액면계 ㉯ 퍼지식 액면계
㉰ 기포식 액면계 ㉱ 편위식 액면계

[해설] 편위식 액면계
디스플레이스먼트 액면계라고도 하며 아르키메데스의 부력의 원리를 이용한 액면계이다.

44. 노내압(爐內壓)을 제어하는 데 필요하지 않은 조작은?

㉮ 공기량 조작

정답 39. ㉰ 40. ㉯ 41. ㉯ 42. ㉰ 43. ㉱ 44. ㉰

㉯ 연소가스 배출량 조작
㉰ 급수량 조작
㉱ 댐퍼의 조작

[해설] 급수량 조작은 수위를 제어하는 조작이다.

45. PR 열전대에 사용하는 보상도선의 허용 오차는 몇 % 이내인가?

㉮ 0.5 ㉯ 3 ㉰ 5 ㉱ 10

[해설] ① PR 열전대 및 IC 열전대에 사용하는 보상도선의 허용오차 : 0.5%
② CA 열전대 및 CC 열전대에 사용하는 보상도선의 허용오차 : 0.75%

46. 다이어프램식 압력계의 압력증가현상에 대한 설명으로 옳은 것은?

㉮ 다이어프램에 가해진 압력에 의해 격막이 팽창한다.
㉯ 링크가 아래 방향으로 회전한다.
㉰ 섹터기어가 시계방향으로 회전한다.
㉱ 피니언은 시계방향으로 회전한다.

[해설]

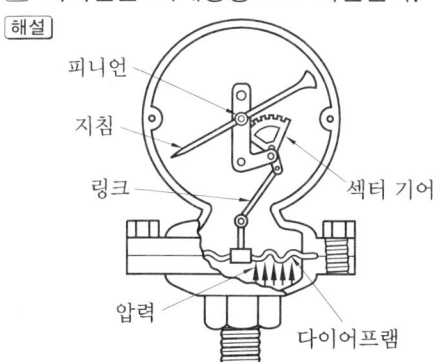

① 다이어프램에 가해진 압력에 의해 격막이 수축한다.
② 링크가 위 방향으로 회전한다.
③ 섹터기어가 시계반대방향으로 회전한다.

47. 차압식 유량계에 대한 설명 중 틀린 것은 어느 것인가?

㉮ 관로에 오리피스, 플로노즐 등이 설치되어 있다.
㉯ 정도(精度)가 좋으나 측정범위가 좁다.
㉰ 유량은 압력차의 평방근에 비례한다.
㉱ 레이놀즈수 10^5 이상에서 유량계수가 유지된다.

[해설] 벤투리관은 정도가 좋으나 오리피스 및 플로노즐은 압력손실이 커서 정도가 높지 않다.

48. 다음 중 기본단위의 정의가 잘못된 것은 어느 것인가?

㉮ "미터"는 빛이 진공에서 $\dfrac{1}{299792458}$ 초 동안 진행한 경로의 길이
㉯ "초"는 세슘 133 원자의 바닥상태에 있는 두 초미세 준위 사이의 전이에 대응하는 복사선의 9192631770 주기의 지속시간
㉰ "켈빈"은 물의 삼중점에 해당하는 열역학적 온도의 $\dfrac{1}{273.16}$
㉱ "몰"은 수소 2의 0.012 킬로그램에 있는 원자의 개수와 같은 수의 구성요소를 포함한 어떤 계의 물질량

[해설] "몰"은 수소 2의 0.002 킬로그램에 있는 분자의 개수와 같은 수의 구성요소를 포함한 어떤 계의 물질량이다.

49. 내경 10 cm의 관에 물이 흐를 때 피토관에 의하여 측정한 결과 유속이 5 m/s임을 알았다. 이때의 유량은?

㉮ 19 kg/s ㉯ 29 kg/s
㉰ 39 kg/s ㉱ 49 kg/s

[해설] 질량 유량 (kg/s)
= 비중량 (kg/m³) × 단면적 (m²) × 유속 (m/s)
= $1000 \times \left(\dfrac{\pi}{4} \times 0.1^2\right) \times 5 = 39$ kg/s

[정답] 45. ㉮ 46. ㉱ 47. ㉯ 48. ㉱ 49. ㉰

50. 액주에 의한 압력측정에서 정밀한 측정을 할 때 다음 중 필요로 하지 않는 보정은 어느 것인가?

㉮ 온도의 보정
㉯ 중력의 보정
㉰ 높이의 보정
㉱ 모세관 현상의 보정

[해설] 액체의 밀도 변화는 액주 높이에 직접 영향을 주며 모세관 현상에 의해 오차를 유발하므로 정밀 측정을 위해서는 온도의 보정, 중력의 보정, 모세관 현상의 보정이 필요하다.

51. 가스 채취 시 주의하여야 할 사항에 대한 설명으로 틀린 것은?

㉮ 가스의 구성 성분의 비중을 고려하여 적정 위치에서 측정하여야 한다.
㉯ 가스 채취구는 외부에서 공기가 잘 유통할 수 있도록 하여야 한다.
㉰ 채취된 가스의 온도, 압력의 변화로 측정오차가 생기지 않도록 한다.
㉱ 가스성분과 화학반응을 일으키지 않는 관을 이용하여 채취한다.

[해설] 가스 채취구의 위치에 주의하고 공기의 침입이 없도록 해야 한다.

52. 다음 중 기체 비점 300℃ 이하의 액체를 측정하는 물리적 가스 분석계로 선택성이 우수한 가스 분석계는?

㉮ 밀도법
㉯ 기체크로마토그래피법
㉰ 세라믹법
㉱ 오르사트법

[해설] 가스(기체)크로마토그래피법은 기체 및 300℃ 이하의 비점을 가진 액체를 분석하는 가스분석방법으로 분리능력이 우수하며 선택성이 뛰어난 분석방법이며 여러 가지 성분을 1대의 장치로 분석할 수 있다.

53. 헴펠식(Hempel type) 가스분석장치에 흡수되는 가스와 사용하는 흡수제의 연결이 잘못된 것은?

㉮ CO – 차아황산소다
㉯ O_2 – 알칼리성 피로갈롤용액
㉰ CO_2 – 30 % KOH 수용액
㉱ C_mH_n – 진한 황산

[해설] CO의 흡수제는 암모니아성 염화제 1구리 용액이다.

54. 백금·로듐-백금 열전대 온도계의 특성이 아닌 것은?

㉮ 정밀 측정용으로 주로 사용된다.
㉯ 다른 열전대 온도계보다 안정성이 우수하여 고온 측정에 적합하다.
㉰ 가격이 비싸다.
㉱ 열기전력이 다른 열전대에 비하여 가장 크다.

[해설] PR (백금·백금 로듐)열전대는 다른 열전대에 비하여 열기전력이 가장 작다.

[참고] 열전대의 열기전력의 크기 : IC>CC>CA>PR

55. 압력센서인 스트레인 게이지의 응용원리로 옳은 것은?

㉮ 온도의 변화
㉯ 전압의 변화
㉰ 저항의 변화
㉱ 금속선의 굵기 변화

[해설] 대표적인 저항선 압력계인 스트레인 게이지(strain gauge)는 저항선 변형소자를 이용한 압력계이다.

56. 그림과 같은 U자 관에서 유도되는 식은 어느 것인가?

정답 50. ㉰ 51. ㉯ 52. ㉯ 53. ㉮ 54. ㉱ 55. ㉰ 56. ㉱

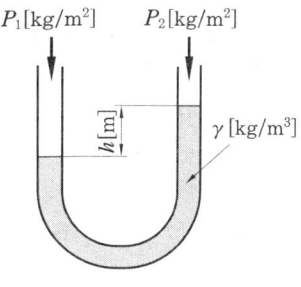

㉮ $P_1 = P_2 - h$ ㉯ $h = \gamma(P_1 - P_2)$
㉰ $P_1 + P_2 = \gamma h$ ㉱ $P_1 = P_2 + \gamma h$

[해설] 동일 수평평면 상태에서 받는 압력은 같으므로
$P_1 = P_2 + rh$ 이다. 또한 $h = \dfrac{(P_1 - P_2)}{r}$ 이다.

57. 다음 물리적 인자 중 빛과 흡수율과 크기가 같은 것은?

㉮ 반사율   ㉯ 복사율
㉰ 투과율   ㉱ 굴절률

[해설] 빛의 흡수율과 복사율의 크기는 같다.

58. 다음 [그림]과 같은 Tank 내 기체의 압력을 측정할 때 수은을 넣은 U자관 압력계를 사용한다. 대기압이 756 mmHg일 때 수은면의 높이차가 124 mm이면 Tank 내 기체의 절대압 P_0는 몇 kg/cm²인가? (단, 수은의 비중량은 13.8g/cm³이다.)

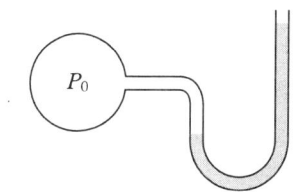

㉮ 1.21   ㉯ 1.12
㉰ 0.17   ㉱ 0.13

[해설] $\dfrac{(756 + 124) \times 13.8}{10^4} = 1.2144$ kg/cm²

59. 제어계가 불안정해서 제어량이 주기적으로 변화하는 좋지 못한 상태를 무엇이라 하는가?

㉮ 오버슈트
㉯ 헌팅
㉰ 외란
㉱ 스탭응답

[해설] ① 오버슈트(최대 편차량) : 제어량이 목표값을 초과하여 최초로 나타나는 최댓값
② 헌팅(난조) : 제어계가 불안정해서 제어량이 변화하는 상태
③ 외란 : 제어계의 상태에 영향을 주는 외적 작용
④ 스탭응답(인디셜 응답) : 스탭입력에 의한 출력변화의 상태

60. 유속 측정을 위해 피토관을 사용하는 경우 양쪽 관 높이의 차(Δh)를 측정하여 유속(V)을 구하는데, 이때 V는 Δh와 어떤 관계가 있는가?

㉮ Δh에 비례   ㉯ Δh제곱에 비례
㉰ $\sqrt{\Delta h}$에 비례   ㉱ $\dfrac{1}{\Delta h}$에 비례

[해설] $V = \sqrt{2g\Delta h}$ 이므로 $V = \sqrt{\Delta h}$에 비례한다.

제4과목 열설비 재료 및 관계법규

61. 실리카(silica) 전이특성에 대한 설명으로 옳은 것은?

㉮ 규석(quartz)은 상온에서 가장 안정된 광물이며 상압하, 573℃ 이하 온도에서는 안정된 형이다.
㉯ 실리카(silica)의 결정형은 규석(quartz), 트리디마이트(tridymite), 크리스토발라

이트 (cristobalite), 카올린 (kaoline)의 4가지 주형으로 구성된다.
㉰ 결정형이 바뀌는 것을 전이라고 하며 전이속도를 빠르게 작용토록 하는 성분을 광화제라 한다.
㉱ 크리스토발라트 (cristobalite)에서 용융실리카 (fused silica)로 전이에 따른 부피변화 시 20 %가 수축한다.

[해설] 전이란 결정모양이 변화되는 것을 말하며 전이를 촉진시키기 위하여 용제나 광화제를 첨가하기도 하는데, 일반적으로 CaO가 주로 쓰이며 철분, 탄산 바륨 등이 쓰인다.

62. 다음 중 제강로가 아닌 것은?

㉮ 전기로 ㉯ 평로
㉰ 전로   ㉱ 고로

[해설] 제강로는 고로 (용광로)에서 나온 선철 중의 불순물을 제거하고 탄소량을 감소시켜 강을 만드는 로이며 평로, 전기로, 전로 등이 있다.

63. 다음 [보기]에서 설명하는 내화물은?

┌─ 보기 ─────────────┐
· 용융점은 약 2710℃이다.
· 내식성이 크고 열전도율은 적다.
· 고온에서 전기저항이 작다.
· 용융주조 내화물로 주로 사용된다.
└──────────────────┘

㉮ 베릴리아 내화물
㉯ 내화 모르타르
㉰ 캐스터블 내화물
㉱ 지르코니아 내화물

[해설] 지르코니아 내화물의 특징
① 2400℃의 고온에서도 사용이 가능하다 (용융점 약 2710℃).
② 내식성, 내스폴링이 우수하다.
③ 열팽창 및 열전도율이 적다.
④ 용융주조 내화물로 많이 사용한다.
⑤ 염기성 슬래그에는 다소 약하다.

64. 다이어프램 밸브 (diaphragm valve)의 특징이 아닌 것은?

㉮ 유체 흐름이 주는 영향이 비교적 적다.
㉯ 기밀을 유지하기 위한 패킹이 불필요하다.
㉰ 주된 용도가 유체의 역류를 방지하기 위한 것이다.
㉱ 산 등의 화학약품을 차단하는 데 사용하는 밸브이다.

[해설] 유체의 역류 방지용으로 사용되는 밸브는 체크 밸브 (역지변)이다.
[참고] 다이어프램 밸브는 산 등의 화학약품을 차단하는 데 사용된다.

65. 좋은 슬래그가 갖추어야 할 구비조건으로 틀린 것은?

㉮ 유가금속의 비중이 낮을 것
㉯ 유가금속의 용해도가 클 것
㉰ 유가금속의 용융점이 낮을 것
㉱ 점성이 낮고 유동성이 좋을 것

[해설] 좋은 슬래그는 유가금속의 용해도가 적어야 한다.

66. 에너지를 사용하여 만드는 제품의 단위당 에너지사용 목표량 또는 건축물의 단위면적당 에너지 사용 목표량을 정하여 고시하는 자는?

㉮ 국토해양부장관
㉯ 에너지관리공단이사장
㉰ 대통령
㉱ 산업통상자원부장관

[해설] 에너지이용 합리화법 제35조 ① 항 참조

67. 유체가 관로 내를 흐를 때 유체가 갖고 있는 에너지 일부가 유체 상호 간 혹은 유체와 내벽과의 마찰로 인해 소모되는 것을

정답 62. ㉱ 63. ㉱ 64. ㉰ 65. ㉯ 66. ㉱ 67. ㉰

마찰 손실이라 하는데, 다음 마찰 손실 중 국부저항 손실수두가 아닌 것은?

㉮ 배관 중의 밸브와 이음쇠류 등에 의한 것
㉯ 관의 굴곡 부분에 의한 것
㉰ 관 내에서 유체와 관 내벽과의 마찰에 의한 것
㉱ 관의 축소, 확대에 의한 것

[해설] 관 내에서 유체의 관 내벽과의 마찰에 의한 것은 국부저항 손실수두가 아니다.

68. 일정 규모 이상의 에너지를 사용하게 되면 시·도지사에게 에너지 사용량을 신고하여야 한다. 다음 중 에너지 사용량 신고를 하여야 하는 것은?

㉮ 염색공장에서 벙커 c유 1300000L/년, 경유 500 L/년을 사용하고, 계약전력 500 kW 전기 2백만 kWh/년을 사용한다.
㉯ 의류공장에서 천연가스를 1200000 Sm^3/년을 사용하고, 계약전력 300 kW 전기 1백만 kWh/년을 사용한다.
㉰ 호텔에서 도시가스를 1000000 Sm^3/년을 사용하고, 계약전력 500 kW 전기 3백만 kWh/년을 사용한다.
㉱ 목욕탕에서 경유를 1500000L/년을 사용하고, 계약전력 300 kW 전기 3백만 kWh/년을 사용한다.

[해설] 에너지이용 합리화법 시행령 제35조 및 에너지이용 합리화법 제31조 및 에너지법 시행규칙 제5조 별표 참조

69. 다음 중 최고 안전 사용온도(℃)가 가장 낮은 보온재는?

㉮ 염화비닐 폼 ㉯ 폼 글라스
㉰ 암면   ㉱ 규산칼슘

[해설] ① 염화비닐 폼 : 60℃
② 폼 글라스 : 300℃
③ 암면 : 500℃
④ 규산칼슘 : 650℃

70. 산업통상자원부장관이 에너지 관리 대상자에게 개선명령을 할 수 있는 경우는 에너지관리지도 결과 몇 % 이상의 에너지 효율 개선이 기대될 때로 규정하고 있는가?

㉮ 50 % ㉯ 30 % ㉰ 20 % ㉱ 10 %

[해설] 에너지이용 합리화법 시행령 제40조 ①항 참조

71. 다음 중 샤모트질계 내화물의 주성분은 어느 것인가?

㉮ 마그네사이트 ($MgCO_3$)
㉯ 카올리나이트 ($Al_2O_3 \cdot 2SiO_2 \cdot 2H_2O$)
㉰ 납석 ($Al_2O_3 \cdot 4SiO_2 \cdot H_2O$)
㉱ 크로마이트 ($Cr_2O_3 \cdot FeO$)

[해설] 샤모트질 내화물 : 내화점토를 SK10~13 정도로 하소하여 분쇄한 것을 샤모트라고 하며 이 점토의 주성분은 카올리나이트이다.

72. 가열방법에 따른 노의 분류 중 직접가열식이 아닌 것은?

㉮ 평로 ㉯ 용광로 ㉰ 용선로 ㉱ 전로

[해설] 평로는 구조상 상부와 하부로 나누어지며 상부는 용해실이며 하부는 공기를 예열하는 축열기능이나 배기가스의 유도 기능을 가지며 양쪽에 축열실을 가지고 있으며 일종의 반사로이다.

73. 보온재나 단열재 및 보냉재 등으로 구분하는 기준은?

㉮ 열전도율   ㉯ 안전사용온도
㉰ 압력   ㉱ 내화도

정답 68. ㉱ 69. ㉮ 70. ㉱ 71. ㉯ 72. ㉮ 73. ㉯

[해설] 내화물, 단열재, 보온재, 보냉재를 구분 짓는 것은 안전사용온도이다.

74. 규조토질 단열재의 안전사용온도는?
㉮ 300℃~500℃ ㉯ 500℃~800℃
㉰ 800℃~1200℃ ㉱ 1200℃~1500℃

[해설] ① 규조토질 단열재의 안전사용온도 : 800~1200℃ 정도
② 점토질 내화 단열재의 안전사용온도 : 1200~1500℃ 정도

75. 도자기 소성 시 노내 분위기의 순서를 바르게 나타낸 것은?
㉮ 산화성 분위기 → 환원성 분위기 → 중성 분위기
㉯ 산화성 분위기 → 중성 분위기 → 환원성 분위기
㉰ 환원성 분위기 → 중성 분위기 → 산화성 분위기
㉱ 환원성 분위기 → 산화성 분위기 → 중성 분위기

[해설] 도자기 소성 시 분위기 순서
① 산화성 분위기(유기물을 연소시키고 금속염을 산화시키는 분위기)
② 환원성 분위기
③ 중성 분위기

76. 제련에서 중금속 비화물이 균일하게 녹아 있는 인공적인 혼합물이며, 원료 중에 As, Sb 등이 다량으로 들어 있고 이것이 환원분위기에서 산화제거되지 않을 때 생기는 것은?
㉮ 스파이스 ㉯ 매트
㉰ 플럭스 ㉱ 슬래그

[해설] 스파이스(speiss) : 금속 광석을 정련할 때 생기는 비소 화합물

77. 고온용 무기질 보온재로서 경량이고 기계적 강도가 크며 내열성·내수성이 강하고, 내마모성이 있어 탱크, 노벽 등에 적합한 보온재는?
㉮ 암면 ㉯ 석면
㉰ 규산칼슘 ㉱ 탄산마그네슘

[해설] 규산칼슘 보온재
① 안전사용온도가 650℃ 정도이다.
② 경량이며 기계적 강도가 크다.
③ 내열성, 내수성, 내마모성이 크다.
④ 탱크, 노벽 보온재로 적합하다.

78. 다음 중 배소(roasting)에 대한 설명으로 틀린 것은?
㉮ 화합수와 탄산염을 분해한다.
㉯ 황, 인 등의 유해성분을 제거한다.
㉰ 산화배소는 일반적으로 흡열반응이다.
㉱ 산화도를 변화시켜 자력선광을 할 수 있도록 한다.

[해설] 배소란 광석을 융해점 이하까지 가열하여 화학적 조성을 변화시키는 야금상의 준비 조작이며 산화배소는 일반적으로 발열반응이다.

79. 다음 중 중성 내화물은?
㉮ 규석 벽돌 ㉯ 마그네시아 벽돌
㉰ 크롬질 벽돌 ㉱ 납석 벽돌

[해설] ① 산성 내화물 : 점토질 벽돌(납석 벽돌, 샤모트 벽돌), 규석 벽돌
② 중성 내화물 : 고알루미나 벽돌, 크롬질 벽돌, 탄화규소질 벽돌, 질화규소질 벽돌
③ 염기성 내화물 : 마그네시아 벽돌, 돌로마이트 벽돌, 포스테라이트질 벽돌

80. 에너지이용 합리화를 위한 계획 및 조치에 대한 설명으로 틀린 것은?
㉮ 에너지이용 합리화 기본계획은 5년 주기로 수립하여야 한다.

[정답] 74. ㉰ 75. ㉮ 76. ㉮ 77. ㉰ 78. ㉰ 79. ㉰ 80. ㉰

㉯ 에너지이용 합리화 기본계획에는 열사용기자재의 안전관리에 관한 내용을 포함하여야 한다.
㉰ 에너지이용 합리화 기본계획 수립 시 국회에 상정해 심의를 거쳐 확정한다.
㉱ 에너지절약정책의 수립 및 추진에 관한 사항을 심의하기 위하여 국가에너지절약추진위원회를 두어야 한다.

[해설] 에너지이용 합리화법 제4조 ②항, 제5조 및 시행령 제3조 참조

제5과목 열설비 설계

81. 과열기(super heater)에 대한 설명 중 틀린 것은?

㉮ 보일러에서 발생한 포화증기를 가열하여 증기의 온도를 높이려는 장치이다.
㉯ 저압 보일러의 효율을 상승시키기 위하여 주로 사용된다.
㉰ 증기의 열에너지가 커 열손실이 많아질 수 있다.
㉱ 고온부식의 우려와 연소가스의 저항으로 압력손실이 크다.

[해설] 과열기는 고압 대용량 보일러의 효율을 상승시키기 위하여 주로 사용된다.

82. 보일러의 급수를 예열하는 방법 중 증기터빈에서 추기된 증기에 의해 가열하는 것은 어느 것인가?

㉮ 환열기   ㉯ 급수가열기
㉰ 과열기   ㉱ 재열기

[해설] 증기터빈에서 추기된 증기로 급수를 예열하는 것은 급수가열기(=절탄기=이코노마이저)이다.

83. 공기비가 1.3일 때 100 Sm³의 공기로 완전연소시킬 수 있는 황(S)의 양은 약 몇 kg인가?

㉮ 11.5   ㉯ 23.1
㉰ 27.6   ㉱ 34.5

[해설] S 32 kg 연소 시 실제공기량
$= 22.4 \times \dfrac{1}{0.21} \times 1.3 = 138.67 \text{ Sm}^3$
$138.67 : 32 = 100 : x$
$\therefore x = 23.1 \text{ kg}$

84. 그림과 같은 V형 용접이음의 인장응력(σ)을 구하는 식은?

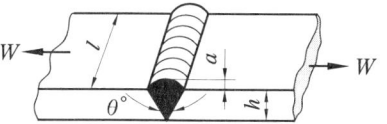

㉮ $\sigma = \dfrac{W}{hl}$

㉯ $\sigma = \dfrac{W}{h \cdot \csc\theta \cdot \dfrac{1}{2}l}$

㉰ $\sigma = \dfrac{W}{h+a}$

㉱ $\sigma = \dfrac{W}{(h+a) \cdot \csc\theta \cdot \dfrac{1}{2}l}$

[해설] $W = tl\sigma$
$\sigma = \dfrac{W}{tl} = \dfrac{W}{hl}$

85. 평노통, 파형노통, 화실 및 직립보일러 화실판의 최고 두께는 몇 mm 이하이어야 하는가? (단, 습식화실 및 조합노통 중 평노통은 제외한다.)

㉮ 11   ㉯ 22
㉰ 33   ㉱ 44

86. 보일러의 급수처리방법에 해당되지 않는 것은?

㉮ 이온교환법 ㉯ 응집법
㉰ 희석법 ㉱ 여과법

[해설] ① 고형협잡물 제거법 : 여과법, 침전법, 응집법
② 용존고형물 제거법 : 이온교환법, 증류법, 약품첨가법
③ 용존가스체 제거법 : 탈기법, 기폭법

87. 보일러의 동 내부와 수관 내의 부착된 스케일을 제거하기 위해 화학적인 방법 중 염산을 이용한 산세관법을 많이 쓰고 있다. 염산을 쓰는 이유로 가장 거리가 먼 것은?

㉮ 스케일이 용해능력이 우수하여
㉯ 위험성이 적고 취급이 용이하여
㉰ 가격이 저렴하고 경제적이어서
㉱ 세관 후 물과 분리가 쉬워서

[해설] 염산은 물에 대한 용해도가 크기 때문에 세척이 용이하다.

88. 다음 중 보일러의 안전장치가 아닌 것은 어느 것인가?

㉮ 저수위 경보기 ㉯ 화염검출기
㉰ 방폭문 ㉱ 댐퍼

[해설] 댐퍼는 통풍장치에 해당된다.

89. 보일러의 성능시험방법에 대한 설명으로 옳은 것은?

㉮ 증기건도는 강설제 또는 주철제로 나누어 정해져 있다.
㉯ 측정은 매 1시간마다 실시한다.
㉰ 수위는 최초 측정치에 비해서 최종 측정치가 적어야 한다.
㉱ 측정기록 및 계산양식은 제조사에 정해진 것을 사용한다.

[해설] ① 강철제 증기 보일러의 증기건도 : 0.98
② 주철제 증기 보일러의 증기건도 : 0.97
[참고] 측정시간은 2시간 이상으로 하되 측정은 매 10분마다 한다.

90. 급수처리에 있어서 양질의 급수를 얻을 수 있으나 비용이 많이 들어 보급수의 양이 적은 보일러에 주로 사용하는 급수처리 방법은?

㉮ 증류법 ㉯ 여과법
㉰ 탈기법 ㉱ 이온교환법

[해설] 용존고형물 제거법에서 증류법은 양질의 급수를 얻을 수 있으나 처리 비용이 많이 들어 보급수의 양이 적은 보일러에서 사용한다.

91. 보일러 장치에 대한 설명으로 옳지 않은 것은?

㉮ 절탄기는 연료공급을 적당히 분배하여 완전연소를 돕는 장치이다.
㉯ 공기예열기는 연소가스의 여열로 공급 공기를 가열시키는 장치이다.
㉰ 과열기는 포화증기를 가열시키는 장치이다.
㉱ 재열기는 원동기에서 팽창한 포화증기를 재가열시키는 장치이다.

[해설] 절탄기(節炭器, economizer)는 연소가스의 여열로 급수를 예열하는 장치이다.

92. 보일러 설계 시 크리프 영역에 달하지 않는 설계온도에서의 철강재료 허용인장응력은 어느 것인가?

㉮ 상온에서 최소 인장강도의 $\frac{1}{4}$
㉯ 상온에서 최소 인장강도의 $\frac{1}{3}$
㉰ 상온에서 최소 인장강도의 $\frac{1}{2}$

정답 86. ㉰ 87. ㉱ 88. ㉱ 89. ㉮ 90. ㉮ 91. ㉮ 92. ㉮

라 상온에서 최소 인장강도의 $\frac{1}{\sqrt{2}}$

[해설] 철강재료 허용인장응력은 상온에서 최소 인장강도의 $\frac{1}{4}$이다.

93. 열사용 설비는 많은 전열면을 가지고 있는데 이러한 전열면이 오손되면 전열량이 감소하고 또 열설비의 손상을 초래한다. 이에 대한 방지대책으로 틀린 것은?

㉮ 황분이 적은 연료를 사용하여 저온부식을 방지한다.
㉯ 첨가제를 사용하여 배기가스의 노점을 상승시킨다.
㉰ 과잉공기를 적게 하여 저공기비 연소를 시킨다.
㉱ 내식성이 강한 재료를 사용한다.

[해설] 첨가제(회분 개질제)를 사용하여 바나듐(V)의 융점을 높여 고온부식을 방지한다.

94. 보일러의 안전밸브에 대한 설명 중 옳지 않은 것은?

㉮ 안전밸브는 가능한 한 동체에 직접 부착시켜야 한다.
㉯ 전열면적 50 m² 이하의 증기보일러에는 1개 이상의 안전밸브를 설치한다.
㉰ 안전밸브 및 압력 방출장치의 크기는 호칭지름 25 mm 이상으로 해야 한다.
㉱ 안전밸브와 안전밸브가 부착된 동체 사이에는 차단밸브를 1개 이상 설치해야 한다.

[해설] 안전밸브와 안전밸브가 부착된 동체 사이에는 차단밸브를 설치해서는 안된다.

95. 보일러의 부대장치 중 공기예열기의 적정온도는?

㉮ 30~50℃ ㉯ 50~100℃
㉰ 100~180℃ ㉱ 180~350℃

[해설] 공기예열기의 적정온도는 180~350℃ 정도이며, 절탄기 입구의 급수온도는 60~70℃ 정도가 적당하다.

96. 내경이 220 mm이고, 강판두께가 10 mm인 파이프의 허용인장응력이 6 kg/mm²일 때, 이 파이프의 유량이 40 L/s이다, 이때, 평균유속은 약 몇 m/s인가? (단, 유량계수는 1이다.)

㉮ 0.92 ㉯ 1.05
㉰ 1.23 ㉱ 1.78

[해설] $Q[m^3/s] = \frac{\pi d^2}{4} \times V$에서

$$V = \frac{Q}{\frac{\pi d^2}{4}} = \frac{\frac{40}{1000}}{\frac{\pi \times (0.22)^2}{4}} = 1.05 \text{ m/s}$$

97. 열팽창에 의한 배관의 이동을 구속 또는 제한하는 것을 레스트레인트(restraint)라 한다. 레스트레인트의 종류에 해당하지 않는 것은?

㉮ 앵커(anchor) ㉯ 스토퍼(stopper)
㉰ 리지드(rigid) ㉱ 가이드(guide)

[해설] ① 레스트레인트의 종류 : 앵커, 스토퍼, 가이드
② 서포트의 종류 : 스프링 서포트, 리지드 서포트, 롤러 서포트, 파이프 슈
③ 행거의 종류 : 스프링 행거, 리지드 행거, 콘스탄트 행거

98. 보일러수에 녹아있는 기체를 제거하는 탈기기(脫氣機)가 제거하는 대표적인 용존 가스는?

㉮ O_2 ㉯ N_2

㉰ H_2O ㉱ SO_2

[해설] 탈기기가 제거하는 용존가스는 O_2, CO_2 이지만 주로 O_2를 제거한다.

99. 내화벽돌이 두께 140 mm 적벽돌 및 100 mm 단열벽돌로 되어 있는 노벽이 있다. 이것의 열전도율은 각각 1.2, 0.06 kcal/m·h·℃이다. 이때 손실열량은 약 몇 kcal/m²·h인가? (단, 노내 벽면의 온도는 1000℃이고, 외벽면의 온도는 100℃이다.)

㉮ 289 ㉯ 442
㉰ 505 ㉱ 635

[해설] $\dfrac{(1000-100)}{\dfrac{0.14}{1.2}+\dfrac{0.1}{0.06}} = 505 \text{ kcal/m}^2\text{h}$

100. 내압 60kgf/cm²가 작용하는 외경 150 mm, 두께 5 mm의 파이프에 작용하는 축 방향의 인장력은 약 몇 kgf인가?

㉮ 2450 ㉯ 7625
㉰ 9566 ㉱ 19133

[해설] $\dfrac{\pi \times (14)^2}{4} \times 60 = 9236 \text{ kgf}$

정답 99. ㉰ 100. ㉰

2013년 1회 에너지관리기사

2013.3.10 시행

제1과목 연소 공학

1. 다음 액체 연료 중 비중이 가장 낮은 것은 어느 것인가?

㉮ 중유 ㉯ 등유 ㉰ 경유 ㉱ 가솔린

[해설] ① 중유의 비중 : 0.85~0.98
② 등유의 비중 : 0.79~0.85
③ 경유의 비중 : 0.83~0.88
④ 휘발유의 비중 : 0.7~0.8

2. 유효 굴뚝높이(He)와 지표상의 최고농도(C_{max})와의 관계에 있어서 일반적으로 He가 2배가 될 때 C_{max}는?

㉮ 2배 ㉯ 4배 ㉰ $\dfrac{1}{2}$ ㉱ $\dfrac{1}{4}$

[해설] $C_{max} = \dfrac{2Q}{\pi e u He^2}\left(\dfrac{C_z}{C_y}\right)$

$C_{max} \propto \dfrac{1}{He^2}$

$1 : \dfrac{1}{1^2}$

$x : \dfrac{1}{2^2}$

$\therefore x = \dfrac{1}{2^2} = \dfrac{1}{4}$

여기서, C_{max} : 지표상의 최고 농도(ppm)
Q : 물질의 양 (m³/s×ppm)
e : 2.72
u : 굴뚝높이에서의 풍속 (m/s)
He : 유효굴뚝 높이(m)
C_z : 수직방향의 연기 폭(m)
C_y : 수평방향의 연기 폭(m)

3. 프로판(C_3H_8) 5 Sm³를 이론산소량으로 완전연소시켰을 때의 건연소 가스량은 몇 Sm³인가?

㉮ 5 ㉯ 10 ㉰ 15 ㉱ 20

[해설] $C_3H_8 + 5O_2 \rightarrow 3CO_2 + 4H_2O$
  1Sm³   5Sm³   3Sm³
  5Sm³ x Sm³

$\therefore x = 3 \times 5 = 15$ Sm³

4. 다음 중 이론 공기량에 대하여 가장 옳게 나타낸 것은?

㉮ 완전연소에 필요한 1차 공기량
㉯ 완전연소에 필요한 2차 공기량
㉰ 완전연소에 필요한 최대공기량
㉱ 완전연소에 필요한 최소공기량

[해설] 이론 공기량(A_0)은 어떤 연료를 완전 연소시키는 데 필요한 최소한의 공기량이다.

5. 유류용 연소방법과 장치에 대한 설명으로 틀린 것은?

㉮ 버너팁의 탄화물의 부착은 불완전 연소, 버너팁 폐색의 원인이 된다.
㉯ 연소실 측벽의 탄소상 물질이 부착되는 것은 버너 무화의 불량이다.
㉰ 화염이 스파크 모양의 섬광이 발생되는 것은 무화의 불량, 연료의 비중이 낮

[정답] 1. ㉱ 2. ㉱ 3. ㉰ 4. ㉱ 5. ㉰

은 연료이다.
[라] 화염의 불안정은 무화용 스팀공급의 부적정이 원인이다.

[해설] 비중이 높은 연료일 때 화염이 스파크 모양의 섬광이 발생한다.

6. 보일러 흡인 통풍(induced draft) 방식에 가장 많이 사용하는 송풍기의 형식은?
[가] 터보형   [나] 플레이트형
[다] 축류형   [라] 다익형

[해설] 플레이트형 송풍기는 효율이 비교적 좋고 (50~60%), 풍량이 많고, 흡인 송풍기로 가장 많이 사용한다.

7. 최소 점화 에너지에 대한 설명으로 틀린 것은 어느 것인가?
[가] 최소 점화에너지는 연소속도 및 열전도가 작을수록 큰 값을 갖는다.
[나] 가연성 혼합기체를 점화시키는 데 필요한 최소 에너지를 최소 점화에너지라 한다.
[다] 불꽃 방전 시 일어나는 에너지의 크기는 전압의 제곱에 비례한다.
[라] 혼합기의 종류에 의해서 변한다.

[해설] 최소 점화에너지는 열전도도와 비례하는 값을 가진다.

8. 연소가스량 $10\,Sm^3/kg$, 비열 $0.32\,kcal/Sm^3°C$인 어떤 연료의 저위 발열량이 $6500\,kcal/kg$이었다면 이론 연소온도는 약 몇 °C가 되겠는가?
[가] 1000 [나] 1500 [다] 2000 [라] 2500

[해설] $t_2 = \dfrac{Hl}{GC} + t_1$

$= \dfrac{6500\,kcal/kg}{10\,Sm^3/kg \times 0.32\,kcal/Sm^3 \cdot °C} + 0$

$= 2031.25\,°C$

9. 기체연료의 특징에 대한 설명 중 가장 거리가 먼 것은?
[가] 연소효율이 높다.
[나] 단위용적당 발열량이 크다.
[다] 고온을 얻기 쉽다.
[라] 자동제어에 의한 연소에 적합하다.

[해설] 기체연료는 고체나 액체연료보다 단위 중량당 발열량은 크지만 단위 용적당 발열량은 적다.

10. 상온, 상압에서 프로판-공기의 가연성 혼합기체를 완전 연소시킬 때 프로판 1 kg을 연소시키기 위하여 공기는 몇 kg이 필요한가? (단, 공기 중 산소는 23.15 wt%이다.)
[가] 3.6   [나] 15.7
[다] 17.3   [라] 19.2

[해설] $C_3H_8 + 5O_2 \rightarrow 3CO_2 + 4H_2O$
44 kg   5×32 kg
1 kg   x kg

$A_0 = \dfrac{1}{0.2315} \times O_0 = \dfrac{1}{0.2315} \times x$

$= \dfrac{1}{0.2315} \times \dfrac{1 \times 5 \times 32}{44}$

$= 15.7\,kg/kg$

11. 기체연료가 다른 연료보다 과잉공기가 적게 드는 가장 큰 이유는?
[가] 착화가 용이하기 때문에
[나] 착화 온도가 낮기 때문에
[다] 열전도도가 크기 때문에
[라] 확산으로 혼합이 용이하기 때문에

[해설] 기체 연료는 고체, 액체 연료보다 확산이 빠르다.

12. 경유 1000 L를 연소시킬 때 발생하는 탄소량은 얼마인가? (단, 경유의 석유 환산

정답 6.[나] 7.[가] 8.[다] 9.[나] 10.[나] 11.[라] 12.[다]

계수는 0.92 TOE / kL, 탄소 배출 계수는 0.837TC / TOE이다.)

㉮ 77 TC ㉯ 7.7 TC
㉰ 0.77 TC ㉱ 0.077 TC

[해설] 1kL × 0.92 TOE/kL × 0.837 TC/TOE = 0.77 TC

13. 프로판 가스 (C_3H_8) 1 m³를 공기비 1.15로 완전연소시키는 데 필요한 공기량은 몇 m³인가?

㉮ 20.23 m³ ㉯ 23.8 m³
㉰ 27.37 m³ ㉱ 30.7 m³

[해설]
$C_3H_8 + 5O_2 \rightarrow 3CO_2 + 4H_2O$
22.4m³   5×22.4m³
1m³   x m³

$A = mA_0 = m \times \dfrac{1}{0.21} \times O_0$

$= m \times \dfrac{1}{0.21} \times x$

$= 1.15 \times \dfrac{1}{0.21} \times \dfrac{5 \times 22.4}{22.4}$

$= 27.38 \, m^3/m^3$

14. 다음 중 착화온도가 낮아지는 요인이 아닌 것은?

㉮ 산소농도가 높을수록
㉯ 분자구조가 간단할수록
㉰ 압력이 높을수록
㉱ 발열량이 높을수록

[해설] 분자구조가 복잡할수록 착화온도가 낮아진다.

15. 피해범위의 산정 절차 중 일반 공정위험의 penalty 계산에서 일반적인 흡열반응인 경우에는 어떤 수치를 적용하는가?

㉮ 0.2 ㉯ 0.75
㉰ 1.0 ㉱ 1.25

[해설] 흡열반응의 경우 발열반응의 경우보다 위험성이 적다.

16. 다음 중 연소효율(η_c)을 옳게 나타낸 식은? (단, H_L : 저위발열량, L_i : 불완전 연소에 따른 손실열, L_C : 탄찌꺼기 속의 미연탄소분에 의한 손실열이다.)

㉮ $\dfrac{H_L - (L_C + L_i)}{H_L}$

㉯ $\dfrac{H_L + (L_C - L_i)}{H_L}$

㉰ $\dfrac{H_L}{H_L + (L_C + L_i)}$

㉱ $\dfrac{H_L}{H_L - (L_C - L_i)}$

[해설] $\eta_C = \dfrac{H_L - (L_C + L_i)}{H_L} \times 100\,\%$

여기서, H_L : 저위발열량 (kcal)
L_C : 미연탄소에 의한 손실(kcal)
L_i : 불완전 연소에 의한 손실(kcal)

17. 유압분무식 버너의 특징에 대한 설명으로 틀린 것은?

㉮ 구조가 간단하다.
㉯ 유량조절 범위가 넓다.
㉰ 소음 발생이 적다.
㉱ 보일러 기동 중 버너 교환이 용이하다.

[해설] 유압 분무식 버너는 다른 식의 버너보다 유량 조절 범위가 가장 좁다 (1 : 1.5).

18. 미분탄 연소의 특징이 아닌 것은?

㉮ 큰 연소실이 필요하다.
㉯ 분쇄 시설이나 분진 처리 시설이 필요하다.
㉰ 중유연소기에 비해 소요 동력이 적게

정답 13. ㉰ 14. ㉯ 15. ㉮ 16. ㉮ 17. ㉯ 18. ㉰

필요하다.

㉣ 마모부분이 많아 유지비가 많이 든다.

[해설] 미분탄 연소는 버너를 이용하여 연료를 분출시켜 연소시키므로 소요 동력이 크다.

19. 보일러의 연소용 공기 압입 터보형 송풍기가 풍압이 부족하여 송풍기의 회전수를 1800 rpm에서 2100 rpm으로 올렸다. 이때 회전수 증가에 의한 풍압은 약 몇 % 상승하겠는가?

㉠ 14 % ㉡ 16 %
㉢ 36 % ㉣ 42 %

[해설] 풍압 $H_2 = H_1 \times \left(\dfrac{n_2}{n_1}\right)^2$

$= 100\% \times \left(\dfrac{2100}{1800}\right)^2$

$= 136\%$ (즉, 36 % 상승)

20. 다음 중 고체연료의 공업분석에서 계산으로 산출되는 것은?

㉠ 회분 ㉡ 수분
㉢ 휘발분 ㉣ 고정탄소

[해설] 고정탄소(%) = 100 − (수분% + 휘발분% + 회분%)

:: **제2과목**   **열역학**

---

21. 지름 4 cm의 피스톤 위에 추가 올려져 있고, 기체가 실린더 속에 가득차 있다. 기체를 가열하여 피스톤과 추가 50 cm 위로 올라간다면 기체가 한 일은 몇 J 인가? (단, 추와 피스톤의 무게를 합하면 30 N이고, 마찰은 없다.)

㉠ 1.53 ㉡ 7.5 ㉢ 15 ㉣ 147

[해설] $W = F \cdot S = 30\text{N} \times 0.5\text{m}$
$= 15\text{N} \cdot \text{m} = 15\text{J}$

22. 정상상태(steady state) 흐름에 대한 설명으로 옳은 것은?

㉠ 특정 위치에서만 물성값을 알 수 있다.
㉡ 모든 위치에서 열역학적 함숫값이 같다.
㉢ 열역학적 함숫값은 시간에 따라 변하기도 한다.
㉣ 입구와 출구에서의 유체 물성이 시간에 따라 변하지 않는다.

[해설] 정상류란 어떤 한 점에서 측정한 압력(P), 온도(T), 속도(w), 밀도(ρ)의 값이 시간이 지남에도 불구하고 값이 변하지 않는 흐름을 말한다.

23. 실린더 속에 250 g의 기체가 들어 있다. 피스톤에 의해 기체를 압축했더니 300 kJ의 일이 필요하였고, 외부로 200 kJ의 열을 방출했다면 이 기체 1 kg당 내부에너지의 증가량은 몇 kJ/kg 인가?

㉠ 100 ㉡ 200
㉢ 300 ㉣ 400

[해설] ΔU = 압축일 − 방출한 열
$= 300 - 200 = 100$ kJ

250 g : 100 kJ
1000 g : x kJ

∴ $x = \dfrac{1000 \times 100}{250} = 400$ kJ

24. 다음 이상기체에 대한 Carnot cycle 중 등엔트로피 과정을 나타내는 것은?

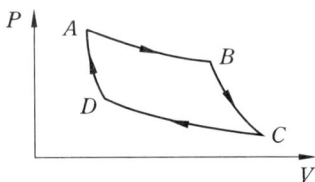

[정답] 19. ㉢ 20. ㉣ 21. ㉢ 22. ㉣ 23. ㉣ 24. ㉢

㉮ A-B, B-C ㉯ B-C, C-D
㉰ D-A, B-C ㉱ A-B, D-C

[해설] 엔트로피 = $\frac{dQ}{T}$ 이므로 등엔트로피란 $\frac{dQ}{T}$ = 0이므로 열량변함이 없는 단열변화가 등엔트로피 과정이다. B→C는 단열팽창과정, D→A는 단열압축과정이다.

25. 오토(Otto) 사이클의 열효율에 대한 설명으로 옳은 것은?

㉮ 압축비가 증가하면 열효율은 증가한다.
㉯ 압축비가 증가하면 열효율은 감소한다.
㉰ Carnot cycle의 열효율보다 높다.
㉱ 압축비는 열효율과 무관하다.

[해설] 오토 사이클 $\eta_0 = 1 - \left(\frac{1}{\varepsilon}\right)^{k-1}$ 이므로 압축비(ε)가 증가하면 열효율(η_0)이 커진다. 여기서, $\varepsilon = \frac{v_1}{v_2}$ 이다.

26. 랭킨(Rankine) 사이클에서 재열을 사용하는 목적은?

㉮ 응축기 온도를 높이기 위해서
㉯ 터빈 압력을 높이기 위해서
㉰ 보일러 압력을 낮추기 위해서
㉱ 열효율을 개선하기 위해서

[해설] 재열의 목적은 습도를 안전한 값으로 감소시켜 기계 수명을 연장하고 열효율을 개선하는 데 있다.

27. 불꽃점화 기관의 이상 사이클인 오토 사이클에 대한 설명으로 틀린 것은?

㉮ 등엔트로피 압축, 정적 가열, 등엔트로피 팽창, 정적방열의 네 과정으로 구성된다.
㉯ 작동유체의 비열기가 클수록 열효율이 높아진다.
㉰ 압축비가 높을수록 열효율이 높다.
㉱ 2행정 기관이 4행정 기관보다 효율이 높다.

[해설] 4행정 기관이 2행정 기관보다 효율이 높다.

28. 이상기체를 가역단열과정으로 압축하여 그 체적이 $\frac{1}{2}$로 감소하였다. 이때 최종압력의 최초압력에 대한 비(ratio)는? (단, 비열비는 1.4이다.)

㉮ 2.80 ㉯ 2.64
㉰ 2.00 ㉱ 1.40

[해설] 단열과정 $\frac{T_2}{T_1} = \left(\frac{V_1}{V_2}\right)^{k-1} = \left(\frac{P_2}{P_1}\right)^{\frac{k-1}{k}}$

$\therefore \frac{P_2}{P_1} = \left\{\left(\frac{V_1}{V_2}\right)^{k-1}\right\}^{\frac{k}{k-1}} = \left(\frac{V_1}{V_2}\right)^k$

$= \left(\frac{1}{\frac{1}{2}}\right)^{1.4} = 2^{1.4} = 2.639$

29. 제1종 영구 운동기관이 불가능한 것과 관계있는 법칙은?

㉮ 열역학 제0법칙 ㉯ 열역학 제1법칙
㉰ 열역학 제2법칙 ㉱ 열역학 제3법칙

[해설] 제1종 영구 운동기관(에너지 공급없이 영구히 운동을 지속할 수 있는 기계)은 있을 수 없다라고 한 법칙은 열역학 제1법칙이다.

30. 다음 내용과 관계있는 법칙은?

"실제 기체를 다공물질을 통하여 고압에서 저압측으로 연속적으로 팽창시킬 때 온도는 변화한다."

㉮ 헨리의 법칙
㉯ 샤를의 법칙

정답 25. ㉮ 26. ㉱ 27. ㉱ 28. ㉯ 29. ㉯ 30. ㉱

㉰ 톨턴의 법칙
㉱ 줄·톰슨의 법칙

[해설] 기체 또는 액체가 가는 관을 통과할 때에 온도가 급강하는 현상을 줄·톰슨 효과라 한다.

31. 온도 250℃, 질량 50 kg인 금속을 20℃의 물속에 넣었다. 최종 평형 상태에서의 온도가 30℃이면 물의 양은 약 몇 kg 인가? (단, 열손실은 없으며, 금속의 비열은 0.5 kJ/kg·K, 물의 비열은 4.18 kJ/kg·K 이다.)

㉮ 108.3   ㉯ 131.6
㉰ 167.7   ㉱ 182.3

[해설] 산술평균 $t_m = \dfrac{G_1 C_1 T_1 + G_2 C_2 T_2}{G_1 C_1 + G_2 C_2}$

$30℃ = \dfrac{\begin{bmatrix} 50\text{kg} \times 0.5\text{kJ/kg·K} \times 250℃ \\ + x\text{kg} \times 4.18\text{kJ/kg·K} \times 20℃ \end{bmatrix}}{\begin{bmatrix} 50\text{kg} \times 0.5\text{kJ/kg·K} + \\ x\text{kg} \times 4.18\text{kJ/kg·K} \end{bmatrix}}$

$30 \times 50 \times 0.5 + 30 \times x \times 4.18$
$= 50 \times 0.5 \times 250 + x \times 4.18 \times 20$

$x = \dfrac{(50 \times 0.5 \times 250 - 30 \times 50 \times 0.5)}{(30 \times 4.18 - 4.18 \times 20)}$
$= 131.57℃$

32. 온도가 각각 −20℃, 30℃인 두 열원 사이에서 작동하는 냉동 사이클이 이상적인 역카르노 사이클(reverse Carnot cycle)을 이루고 있다. 냉동기에 공급된 일이 15 kW이면 냉동용량(냉각열량)은 약 몇 kW 인가?

㉮ 2.5   ㉯ 3.0
㉰ 76   ㉱ 91

[해설] $COP = \dfrac{T_2}{T_1 - T_2} = \dfrac{Q_e}{N}$

$Q_e = \dfrac{T_2}{T_1 - T_2} \times N$
$= \dfrac{(273-20)}{(273+30)-(273-20)} \times 15$
$= 75.9 \text{ kW}$

33. 다음 중 냉동 사이클의 운전특성을 잘 나타내고, 사이클의 해석을 하는 데 가장 많이 사용되는 선도는?

㉮ 온도−체적 선도
㉯ 압력−엔탈피 선도
㉰ 압력−체적 선도
㉱ 압력−온도 선도

[해설] 냉동 사이클에서 가장 많이 사용하는 선도는 $P-i$ 선도이다.

34. 40 m³의 실내에 있는 공기의 질량은 몇 kg인가? (단, 이 공기의 압력은 100 kPa, 온도는 27℃이며, 공기의 기체상수는 0.287 kJ/kg·K이다.)

㉮ 93   ㉯ 46
㉰ 10   ㉱ 2

[해설] $PV = GRT$

$G = \dfrac{PV}{RT}$
$= \dfrac{100000 \text{N/m}^2 \times 40\text{m}^3}{287 \text{N·m/kg·K} \times (273+27)\text{K}}$
$= 46.45 \text{ kg}$

35. Rankine cycle의 4개 과정으로 옳은 것은 어느 것인가?

㉮ 가역단열팽창 → 정압방열 → 가역단열압축 → 정압가열
㉯ 가역단열팽창 → 가역단열압축 → 정압가열 → 정압방열
㉰ 정압가열 → 정압방열 → 가역단열팽창 → 가역단열압축

[정답] 31. ㉯   32. ㉰   33. ㉯   34. ㉯   35. ㉮

라 정압방열 → 정압가열 → 가역단열압축 → 가역단열팽창

[해설] 랭킨 사이클은 2개의 단열변화와 2개의 정압변화로 이루어지는 사이클이다.

36. 카르노사이클로 작동하는 냉동기를 사용하여 냉동실의 온도를 −8℃로 유지하는데 5.4×10^6 J/h의 일이 소비되었다. 외기의 온도가 5℃라 할 때, 이 냉동기의 냉동톤 (RT)은 약 얼마인가? (단, 1RT = 3320 kcal/h이다.)

㉮ 2.4 ㉯ 5.8 ㉰ 7.9 ㉱ 12.4

[해설] $COP = \dfrac{T_2}{T_1 - T_2} = \dfrac{RT \times 3320}{N}$

$RT = \dfrac{T_2 \times N}{(T_1 - T_2) \times 3320}$

$= \dfrac{(273-8) \times \dfrac{5.4 \times 10^6}{4187}}{\{(273+5) - (273-8)\} \times 3320}$

$= 7.918 \, RT$

37. Rankine cycle로 작동되는 증기원동소에서 터빈 입구의 과열증기 온도는 500℃, 압력은 2 MPa이며, 터빈 출구의 압력은 5 kPa이다. 펌프일을 무시하는 경우, 이 cycle의 열효율은 몇 %인가? (단, 터빈 입구의 과열증기 엔탈피는 3465 kJ/kg이고, 터빈 출구의 엔탈피는 2556 kJ/kg이며, 5 kPa일 때 급수엔탈피는 135 kJ/kg이다.)

㉮ 21.7 ㉯ 27.3
㉰ 36.7 ㉱ 43.2

[해설] $\eta = \dfrac{\text{일량}}{\text{가열량}} = \dfrac{(h_4 - h_5) - (h_2 - h_1)}{h_4 - h_2}$

$\fallingdotseq \dfrac{h_4 - h_5}{h_4 - h_1} = \dfrac{3465 - 2556}{3465 - 135} = 0.2729$

$= 27.3\%$

38. 보일러의 게이지 압력이 800 kPa일 때 수은기압계가 856 mmHg를 지시했다면 보일러 내의 절대압력은 약 몇 kPa인가?

㉮ 810 ㉯ 914
㉰ 1320 ㉱ 1656

[해설] 절대압력 = 대기압 + 게이지압

$= \dfrac{856}{760} \times 101.325 \, kPa + 800 \, kPa = 914 \, kP$

39. $PV^n = \text{const}$인 과정에서 밀폐계가 하는 일을 나타낸 것은?

㉮ $\dfrac{P_2 - P_1}{n-1}$

㉯ $\dfrac{P_1 V_1 - P_2 V_2}{n-1}$

㉰ $P_1 V_1^n (V_2 - V_1)$

㉱ $\dfrac{P_1 V_1^n - P_2 V_2^n}{n-1}$

[해설] 폴리트로픽 변화에서 절대일

$Wa = \dfrac{1}{n-1}(P_1 V_1 - P_2 V_2)$ 이다.

40. 한 용기 내에 적당량의 순수 물질 액체가 갇혀 있을 때, 어느 특정 조건 하에서 이 물질의 액체상과 기체상의 구별이 없어질 수 있다. 이러한 상태가 유지되기 위한 필요충분조건으로 옳은 것은?

㉮ 임계압력보다 높은 압력, 임계온도보다 낮은 온도
㉯ 임계압력보다 낮은 압력
㉰ 임계온도보다 낮은 온도
㉱ 임계압력보다 높은 압력, 임계온도보다 높은 온도

[해설] 임계점에서는 액체상과 기체상의 구분이 없어질 수 있다.

정답 36. ㉰ 37. ㉯ 38. ㉯ 39. ㉯ 40. ㉱

제3과목　계측 방법

41. 측정범위가 넓고 안정성과 재현성이 우수하며 고온에서 열화가 적으나 저항온도계수가 비교적 낮은 측온 저항체로서 일반적으로 가장 많이 사용되는 금속은?

㉮ Cu　　㉯ Fe
㉰ Ni　　㉱ Pt

[해설] 백금(Pt) 측온 저항체 온도계의 특징
① 측정범위 : -200~500℃
② 측정범위가 저항체 중에서 가장 넓다.
③ 안정성과 재현성이 우수하다.
④ 측온 저항체 소선으로 가장 많이 사용된다.
⑤ 저항 온도 계수가 비교적 낮고 측온 시간의 지연이 크다.

42. 다음 계측기 중 열관리용에 사용되지 않는 것은?

㉮ 유량계　　㉯ 온도계
㉰ 부르동관 압력계　　㉱ 다이얼 게이지

[해설] 다이얼 게이지는 계측용에 사용된다.

43. 다음 중 차압식 유량계에 속하지 않는 것은 어느 것인가?

㉮ 플로트형 유량계
㉯ 오리피스 유량계
㉰ 벤투리관 유량계
㉱ 플로노즐 유량계

[해설] 차압식(조리개 기구식) 유량계의 종류는 ㉯, ㉰, ㉱항 3가지가 있다.

44. 온도 15℃, 기압 760 mmHg인 대기 속의 풍속을 피토관으로 측정하였더니 전압(全壓)이 대기압보다 52 mmH₂O 높았다. 이때 풍속은 약 몇 m/s인가? (단, 피토관의 속도계수 C는 0.9, 공기의 기체상수 R은 29.27 m/K이다.)

㉮ 16　　㉯ 26
㉰ 33　　㉱ 37

[해설] $V = C\sqrt{\dfrac{2g\Delta P}{r}}$ 에서 비중량 r을 계산하면
$PV = RT$에서 비체적 V는 비중량 r의 역수이므로 $P \cdot \dfrac{1}{r} = RT$이다.

$$\therefore r = \dfrac{P}{RT} = \dfrac{760 \times 13.6}{29.27 \times (273+15)}$$
$$= 1.226 \, kg/m^3$$
$$V = 0.9 \times \sqrt{\dfrac{2 \times 9.8 \times 52}{1.226}} = 25.95 \, m/s$$

45. 단요소식 수위제어에 대한 설명으로 옳은 것은?

㉮ 보일러의 수위만을 검출하여 급수량을 조절하는 방식이다.
㉯ 발전용 고압 대용량 보일러의 수위제어에 사용되는 방식이다.
㉰ 수위 조절기의 제어동작은 PID 동작이다.
㉱ 부하변동에 의한 수위변화폭이 대단히 적다.

[해설] 단요소식(1요소식)은 보일러 수위만을 검출하여 급수량을 조절하는 방식이다.
[참고] ① 2요소식 : 수위와 증기유량을 검출하여 제어한다.
② 3요소식 : 수위, 증기유량, 급수유량을 검출하여 제어한다.

46. 다음 중 그림과 같은 조작량 변화는?

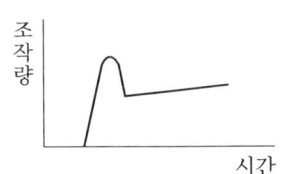

정답　41. ㉱　42. ㉱　43. ㉮　44. ㉯　45. ㉮　46. ㉰

㉮ PI 동작　　㉯ 2위치 동작
㉰ PID 동작　㉱ PD 동작

[해설] ① PI동작

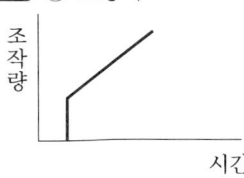

② PD 동작

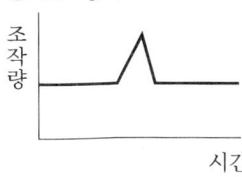

47. 다음 중 보일러 자동제어를 의미하는 약칭은?

㉮ A.B.C　　㉯ A.C.C
㉰ F.W.C　　㉱ S.T.C

[해설] ① A.B.C : 보일러 자동제어
② A.C.C : 연소제어
③ F.W.C : 급수제어
④ S.T.C : 증기온도제어

48. 전자유량계의 특징에 대한 설명 중 틀린 것은?

㉮ 압력손실이 거의 없다.
㉯ 내식성 유지가 곤란하다.
㉰ 전도성 액체에 한하여 사용할 수 있다.
㉱ 미소한 측정전압에 대하여 고성능의 증폭기가 필요하다.

[해설] 전자유량계는 응답이 매우 빠르며 관 내면에 유리, 네오프렌 등으로 라이닝(lining)하여 내식성을 유지할 수 있다.

49. 액주식 압력계에 사용되는 액체의 구비조건이 아닌 것은?

㉮ 온도 변화에 의한 밀도 변화가 커야 한다.
㉯ 액면은 항상 수평이 되어야 한다.
㉰ 점도와 팽창계수가 작아야 한다.
㉱ 모세관 현상이 적어야 한다.

[해설] 화학적으로 안정되고 일정한 화학성분을 가져야 하며 온도변화에 의한 밀도변화가 적어야 한다.

50. 베르누이 정리를 응용하여 유량을 측정하는 방법은?

㉮ 로터미터(rotameter)
㉯ 피토관(pitot-tube)
㉰ 임펠러(impeller)
㉱ 휘트스톤 브리지(wheatstone bridge)

[해설] 피토관(pitot-tube)식 유량계와 아뉴바(annualvar) 유량계는 유체의 전압과 정압의 차이를 베르누이 법칙에 따라 속도 수두를 계산하여 유량을 측정한다.

51. 편차의 정(+), 부(-)에 의해서 조작신호가 최대, 최소가 되는 제어동작은?

㉮ 미분 동작　　㉯ 적분 동작
㉰ 온오프 동작　㉱ 비례 동작

[해설] 온오프(on-off : 2위치) 동작이 조작 신호가 최대 및 최소가 되는 불연속 동작이다.

52. 열전대 온도계 보호관 중 내열강 SEH-5에 대한 설명으로 틀린 것은?

㉮ 내식성, 내열성 및 강도가 좋다.
㉯ 상용온도는 800℃이고 최고 사용 온도는 950℃까지 가능하다.
㉰ 유황가스 및 산화염에도 사용이 가능하다.
㉱ 비금속관에 비해 비교적 저온측정에 사용된다.

[해설] 상용온도는 1050℃이고 최고사용온도는 1200℃이다.

53. 서미스터(thermistor)는 어떤 현상을 이용한 온도계인가?

㉮ 밀도의 변화
㉯ 전기저항의 변화
㉰ 치수의 변화
㉱ 압력의 변화

[해설] 서미스터 저항 온도계는 전기 저항이 온도에 따라 크게 변화하는 현상을 이용한 온도계이다.

54. 기체크로마토그래피는 기체의 어떤 특성을 이용하여 분석하는 장치인가?

㉮ 분자량 차이
㉯ 부피 차이
㉰ 분압 차이
㉱ 확산속도 차이

[해설] 각 가스의 이동 속도 차이(확산 속도 차이)를 이용한 가스분석계이다.

55. 평형수소의 온도 20.28K는 약 몇 °R에 해당되는가?

㉮ −254.87
㉯ −252.87
㉰ 36.8
㉱ 253.87

[해설] ① $20.28 - 273.15 = -252.87℃$
② $-252.87 \times \dfrac{9}{5} + 32 = -423.166°F$
③ $-423.166 + 460 = 36.8°R$

56. 다음 중 와류식 유량계가 아닌 것은?

㉮ 델타 유량계
㉯ 스와르메타 유량계
㉰ 칼만 유량계
㉱ 월터만 유량계

[해설] 와류식(와) 유량계의 종류에는 ㉮, ㉯, ㉰ 항 3가지가 있다.

57. 표준대기압 760 mmHg를 SI 단위로 변환하면 몇 kPa인가?

㉮ 1.0132
㉯ 10.132
㉰ 101.32
㉱ 1013.2

[해설] 1atm = 760 mmHg = 101325Pa
= 101.325 kPa = 0.101325 MPa

58. 석유화학, 화약공장과 같은 화기의 위험성이 있는 곳에 사용되며 신뢰성이 높은 입력신호 전송방식은?

㉮ 공기압식
㉯ 유압식
㉰ 전기식
㉱ 유압식과 전기식의 결합방식

[해설] 화기의 위험성이 있는 곳에는 공기압식이 사용된다(배관이 용이하고 누설 시 위험성이 적다).

59. 특정파장을 온도계 내에 통과시켜 온도계 내의 전구 필라멘트의 휘도를 육안으로 직접 비교하여 온도를 측정하므로 정도는 높지만 측정인력이 필요한 비접촉 온도계는 어느 것인가?

㉮ 광고온도계 ㉯ 방사온도계
㉰ 열전대온도계 ㉱ 저항온도계

[해설] 비접촉식 온도계인 광고온도계에 대한 특징이다.

60. 보일러 수위를 육안으로 직접 확인할 수 있는 계측기는?

㉮ 평형 반사식 ㉯ 부자식
㉰ 다이어프램식 ㉱ 차압식

[해설] 보일러에서 가장 많이 사용하는 계측기는 육안으로 직접 측정이 가능한 평형 반사식 수면계이다.

정답 53. ㉯ 54. ㉱ 55. ㉰ 56. ㉱ 57. ㉰ 58. ㉮ 59. ㉮ 60. ㉮

제4과목 열설비 재료 및 관계법규

61. 다음 중 노체 상부로부터 노구(throat), 샤프트(shaft), 보시(bosh), 노상(hearth) 으로 구성된 노(爐)는?

㉮ 평로 ㉯ 고로
㉰ 전로 ㉱ 코크스로

[해설] 노체 상부로부터 노구, 샤프트, 보시(샤프트 하중을 지지), 노상으로 구성된 노는 용광로(일명 : 고로)이다.

62. 보온재의 열전도율에 영향을 미치는 인자로서 가장 거리가 먼 것은?

㉮ 외부온도 ㉯ 보온재의 밀도
㉰ 함유수분 ㉱ 외부압력

[해설] 열전도율에 영향을 미치는 인자로는 ㉮, ㉯, ㉰항 외에 보온재 두께 등이 있다.

63. 내화물 사용 중 온도의 급격한 변화 혹은 불균일한 가열 등으로 균열이 생기거나 표면이 박리되는 현상을 무엇이라 하는가?

㉮ 스폴링 ㉯ 버스팅
㉰ 연화 ㉱ 수화

[해설] 스폴링(spalling) 현상에서 열적 스폴링 현상이다.

[참고] 스폴링에는 열적 스폴링, 기계적 스폴링, 조직적(화학적) 스폴링이 있다.

64. 다음 [보기]에서 설명하는 배관의 종류는 어느 것인가?

┌─ 보기 ─
-350℃ 이하의 온도에 압력 $9.8N/mm^2$ 이상의 배관에서 사용한다.
-고압배관용 탄소강관이다.

㉮ SPPH ㉯ SPPS
㉰ SPHT ㉱ SPPW

[해설] ① SPPH : 고압배관용 탄소강관
② SPPS : 압력배관용 탄소강관
③ SPHT : 고온배관용 탄소강관
④ SPPW : 수도용 아연도금 강관

65. 윤요(ring kiln)에 대한 설명으로 옳은 것은?

㉮ 불연속식 가마이다.
㉯ 열효율이 나쁘다.
㉰ 소성이 균일하다.
㉱ 종이 칸막이가 있다.

[해설] 윤요(고리 가마)
① 연속식 가마이며 열효율이 좋다.
② 종이 칸막이가 있으며 건축자재(타일 등)에 널리 사용된다.
③ 소성실이 12~18개 정도이며 소성이 균일하지 못하다.

66. 연소실의 연도를 축조하려 할 때의 유의사항으로 가장 거리가 먼 것은?

㉮ 넓거나 좁은 부분의 차이를 줄인다.
㉯ 가스 정체 공극을 만들지 않는다.
㉰ 가능한 한 굴곡 부분을 여러 곳에 설치한다.
㉱ 댐퍼로부터 연도까지의 길이를 짧게 한다.

[해설] 통풍저항을 줄이기 위하여 가능한 한 굴곡 부분을 적게 해야 한다.

67. 터널 가마에서 샌드 실(sand seal) 장치가 마련되어 있는 주된 이유는?

㉮ 내화벽돌 조각이 아래로 떨어지는 것을 막기 위하여
㉯ 열 절연의 역할을 하기 위하여
㉰ 찬바람이 가마 내로 들어가지 않도록 하기 위하여

[정답] 61. ㉯ 62. ㉱ 63. ㉮ 64. ㉮ 65. ㉱ 66. ㉰ 67. ㉯

라 요차를 잘 움직이게 하기 위하여
[해설] 샌드 실 장치를 마련하는 이유는 고온부의 열이 레일 위치부(저온부)로 이동하지 않도록 하기 위함이다.

68. 국가에너지 기본계획 및 에너지 관련시책의 효과적인 수립, 시행을 위한 에너지 총조사는 몇 년을 주기로 실시하는가?

   가 1년마다   나 2년마다
   다 3년마다   라 4년마다

[해설] 에너지법 시행령 제15조 3항 참조

69. 다음 주철관에 대한 설명 중 틀린 것은 어느 것인가?

   가 제조방법은 수직법과 원심력법이 있다.
   나 수도용, 배수용, 가스용으로 사용된다.
   다 인성이 풍부하여 나사이음과 용접이음에 적합하다.
   라 탄소함량이 약 2% 이상인 것을 주철로 분류한다.

[해설] 주철관은 내식성, 내마모성은 우수하지만 인성은 나쁘며 소켓이음, 플랜지 이음, 기계식 이음에 적합하다.

[참고] 주철관 제조방법
   ① 수직법 : 주형을 관의 소켓쪽 아래로 하여 수직으로 세우고 여기에 용선을 부어 만드는 방법
   ② 원심력법 : 주형을 회전시키면서 용융 선철을 부어 만드는 방법

70. 알루미늄박(箔)과 같은 금속 보온재는 주로 어떤 특성을 이용하여 보온효과를 얻는가?

   가 복사열에 대한 대류
   나 복사열에 대한 반사
   다 복사열에 대한 흡수
   라 전도, 대류에 대한 흡수

[해설] 금속 보온재는 금속 특유의 복사열에 대한 반사특성을 이용하여 보온효과를 얻는 것으로 대표적인 것은 알루미늄박이다.

71. 에너지 사용량을 신고하여야 하는 에너지관리대상자의 기존으로 옳은 것은?

   가 연간 에너지 사용량이 1천 TOE 이상인 자
   나 연간 에너지 사용량이 2천 TOE 이상인 자
   다 연간 에너지 사용량이 5천 TOE 이상인 자
   라 연간 에너지 사용량이 1만 TOE 이상인 자

[해설] 에너지이용 합리화법 시행령 제35조 참조

72. 다음 중 부정형 내화물이 아닌 것은?

   가 내화 모르타르
   나 병형(竝型) 내화물
   다 플라스틱 내화물
   라 캐스터블 내화물

[해설] 부정형 내화물의 종류에는 가, 다, 라항 3가지가 있다.

73. 다음 중 특정 열사용 기자재가 아닌 것은 어느 것인가?

   가 주철제 보일러   나 금속 소둔로
   다 2종 압력용기   라 석유 난로

[해설] 에너지이용 합리화법 시행규칙 제 31조의 5 별표 3의 2참조

74. 다음 중 증기 배관용으로 사용되지 않는 것은?

   가 인라인 증기믹서
   나 시스탄 밸브
   다 사일런서

정답 68. 다   69. 다   70. 나   71. 나   72. 나   73. 라   74. 나

라 벨로즈형 신축관 이음

[해설] ① 시스탄 밸브 : 시스탄 플러시라고도 하며 하이탱크처럼 대변기를 연결하고 있는 세척관 중간에 설치하는 밸브이다.
② 인라인 증기믹서 : 액체가 통과되는 노즐 주위의 작은 구멍을 통하여 증기가 분사되어 가열되는 액체 가열기이다.
③ 사일런서 : 증기 분출구에 사용하는 소음기의 일종이다.

75. 에너지 공급자의 수요관리 투자계획 대상이 아닌 자는?

가 한국전력공사법에 따른 한국전력공사
나 한국가스공사법에 따른 한국가스공사
다 도시가스사업법에 따른 한국가스안전공사
라 집단에너지사업법에 따른 한국지역난방공사

[해설] 에너지이용 합리화법 시행령 제16조 ①항 참조

76. 공공사업 주관자는 에너지 사용계획의 조정 또는 보완 등의 요청받은 조치에 대하여 이의가 있는 경우 며칠 이내에 이의를 신청할 수 있는가?

가 7일   나 14일   다 30일   라 60일

[해설] 에너지이용 합리화법 시행령 제24조 참조

77. 상온(20℃)에서 공기의 열전도율은 몇 kcal/m·h·℃인가?

가 0.022   나 0.22
다 0.055   라 0.55

[해설] 상온(20℃)에서 열전도율이 0.1 kcal/mh℃ 이하인 것을 단열재 또는 보온재라 한다. 또한, 상온에서 공기의 열전도율은 0.022 kcal/mh℃이고 0℃에서 물의 열전도율은 0.48 kcal/mh℃이다.

78. 효율관리기자재에 대한 에너지소비효율 등급을 허위로 표시하였을 때의 과태료는 얼마인가?

가 2천만원 이하의 과태료
나 1천만원 이하의 과태료
다 5백만원 이하의 과태료
라 3백만원 이하의 과태료

[해설] 에너지이용 합리화법 제78조 ③항 참조

79. 다음 중 2종 압력용기에 해당하는 것은 어느 것인가?

가 보유하고 있는 기체의 최고사용압력이 0.1 MPa이고, 내용적이 0.05 m³인 압력용기
나 보유하고 있는 기체의 최고사용압력이 0.2 MPa이고, 내용적이 0.02 m³인 압력용기
다 보유하고 있는 기체의 최고사용압력이 0.3 MPa이고, 동체의 안지름이 350 mm이고, 그 길이가 1050 mm인 증기헤더
라 보유하고 있는 기체의 최고사용압력이 0.4 MPa이고 동체의 안지름이 150 mm이고, 그 길이가 1500 mm인 압력용기

[해설] 에너지이용 합리화법 시행규칙 제1조의 2 별표 1 참조

80. 다음 중 1천만원 이하의 벌금에 처할 대상자에 해당되는 자는?

가 검사대상기기조종자를 정당한 사유 없이 선임하지 아니한 자
나 검사대상기기의 검사를 정당한 사유 없이 받지 아니한 자
다 검사에 불합격한 검사대상기기를 임의로 사용한 자

정답 75. 다 76. 다 77. 가 78. 다 79. 다 80. 가

라 최저소비효율기준에 미달된 효율관리 기자재를 생산한 자
[해설] 에너지이용 합리화법 제73조, 제74조, 제75조 참조

제5과목 열설비 설계

81. 열교환기의 효율을 향상시키기 위한 방법으로 틀린 것은?

㉮ 유체의 흐름 방향을 병류로 한다.
㉯ 열전도율이 높은 재질을 사용한다.
㉰ 전열면적을 크게 한다.
㉱ 유체의 유속을 빠르게 한다.
[해설] 유체의 흐름 방향을 향류로 해야 한다.

82. 연관의 바깥지름이 100 mm이고 최고사용압력이 10 MPa인 경우 연관의 최소 두께는 얼마로 하여야 하는가?

㉮ 14.2   ㉯ 15.8
㉰ 17.0   ㉱ 19.2

[해설] $t = \dfrac{P[\text{kg/cm}^2] \times d[\text{mm}]}{700} + 1.5$ 에서

$\dfrac{\dfrac{1.0332 \times 10}{0.101325} \times 100}{700} + 1.5 = 16\ \text{mm}$

83. 테르밋(thermit) 용접의 테르밋이란 무엇과 무엇의 혼합물인가?

㉮ 붕사와 붕산의 분말
㉯ 탄소와 규소의 분말
㉰ 알루미늄과 산화철의 분말
㉱ 알루미늄과 납의 분말
[해설] 테르밋이란 미세한 알루미늄 분말과 산화철 분말(Fe_3O_4)을 약 1 : 3~4의 중량비로 혼합한 것이다.

84. 맞대기 용접은 용접방법에 따라서 그루브를 만들어야 한다. 판의 두께는 19 mm 이상인 경우 그루브의 형상은?

㉮ V형   ㉯ H형
㉰ R형   ㉱ K형
[해설] 그루브는 용접방법 및 판두께에 따라 적당한 형상을 선정해야 한다.

판의 두께(mm)	그루브 형상
6 이상 ~ 16 이하	V형, J형
12 이상 ~ 38 이하	K형, X형
19 이상	H형

85. 다음 중 안전밸브에 대한 설명으로 틀린 것은?

㉮ 안전밸브는 보일러 동체에 직접 부착시킨다.
㉯ 안전밸브의 방출관은 단독으로 설치하여야 한다.
㉰ 증기보일러는 2개 이상의 안전밸브를 설치해야 한다.
㉱ 안전밸브 및 압력방출장치의 크기는 호칭 지름 50 mm 이상으로 해야 한다.
[해설] 증기 보일러에 부착하는 안전밸브 및 압력방출장치의 크기는 호칭 지름 25 mm 이상으로 하여야 한다.

86. 스케일(scale)에 대한 설명 중 틀린 것은 어느 것인가?

㉮ 스케일로 인하여 연료소비가 많아진다.
㉯ 스케일은 규산칼슘, 황산칼슘이 주성분이다.
㉰ 스케일로 인하여 배기가스의 온도가 낮아진다.
㉱ 스케일은 보일러에서 열전도의 방해물질이다.

정답 81. ㉮   82. ㉰   83. ㉰   84. ㉯   85. ㉱   86. ㉰

[해설] 스케일로 인하여 전열면에서 열전도가 방해되므로 배기가스의 온도가 높아져 열손실이 증대한다.

87. 공기예열기의 효과에 대한 설명 중 틀린 것은?
㉮ 연소효율을 증가시킨다.
㉯ 과잉공기가 적어도 된다.
㉰ 배기가스 저항이 줄어든다.
㉱ 저질탄 연소에 효과적이다.
[해설] 연도에 열회수장치(과열기, 재열기, 절탄기, 공기예열기)를 설치하면 배기가스의 저항이 증가하여 통풍력을 감소시킨다.

88. 대형 보일러를 옥내에 설치할 때 보일러 동체 최상부에서 보일러실 상부에 있는 구조물까지의 거리는 얼마 이상이 되어야 하는가?
㉮ 60 cm ㉯ 1 m ㉰ 1.2 m ㉱ 1.5 m
[해설] 1.2 m 이상이어야 하며 단, 소형 보일러 및 주철제 보일러의 경우에는 0.6 m 이상으로 할 수 있다.

89. 보일러 수처리의 약제로서 pH를 조절하여 스케일을 방지하는 데 주로 사용되는 것은?
㉮ 히드라진 ㉯ 인산나트륨
㉰ 아황산나트륨 ㉱ 탄닌
[해설] pH 조정제(알칼리 조정제)의 종류
① 탄산나트륨
② 인산나트륨
③ 수산화나트륨
④ 암모니아
⑤ 히드라진
[참고] 탈산소제의 종류
아황산나트륨(저압 보일러용), 탄닌, 히드라진(고압 보일러용)

90. 다이어프램 밸브(diaphragm valve)에 대한 설명으로 틀린 것은?
㉮ 역류를 방지하기 위한 것이다.
㉯ 유체의 흐름에 주는 저항이 작다.
㉰ 기밀(氣密)할 때 패킹이 불필요하다.
㉱ 화학약품을 차단하여 금속부분의 부식을 방지한다.
[해설] 역류 방지용 밸브는 체크밸브(역지변)이다.

91. 부분 방사선투과시험의 검사 길이 계산은 몇 mm 단위로 하는가?
㉮ 50 ㉯ 100
㉰ 200 ㉱ 300
[해설] 검사 길이 계산은 300 mm 단위로 한다.

92. 수질(水質)을 나타내는 ppm의 단위는?
㉮ 1만분의 1단위
㉯ 십만분의 1단위
㉰ 백만분의 1단위
㉱ 1억분의 1단위
[해설] ppm(parts per million)
백만분율을 의미한다(mg/kg, mg/L, g/t, g/m^3).

93. 노통 보일러에서 브레이징 스페이스란 무엇을 말하는가?
㉮ 거싯 스테이를 부착할 경우 경판과의 부착부 하단과 노통상부 사이의 거리
㉯ 관군과 거싯 스테이 사이의 거리
㉰ 동체의 노통 사이의 최소거리
㉱ 거싯 스테이 간의 거리
[해설] 브레이징 스페이스(완충 구역)
거싯 스테이 최하부와 노통이음의 최상부와의 거리를 말하며 구식(그루빙)을 방지하기 위하여 최소 230 mm 이상 거리를 두어야 한다.

정답 87. ㉰ 88. ㉰ 89. ㉯ 90. ㉮ 91. ㉱ 92. ㉰ 93. ㉮

94. 강판의 두께 12 mm, 리벳의 직경 22.2 m, 피치 48 mm의 1줄 겹치기 리벳 조인트가 있다. 1피치당 하중이 1200 kg이라 할 때 리벳에 생기는 전단응력은 약 몇 kg/mm² 인가?

㉮ 3.1 ㉯ 16.3
㉰ 34.5 ㉱ 53.0

[해설] $W = \dfrac{\pi}{4} \cdot d^2 \cdot \tau$ 에서

$\tau = \dfrac{4W}{\pi d^2} = \dfrac{4 \times 1200}{\pi \times 22.2} = 3.1\,\text{kg/mm}^2$

95. 수관 보일러의 특징에 대한 설명으로 옳은 것은?

㉮ 10bar 이하의 중소형 보일러에 적용이 일반적이다.
㉯ 연소실 주위에 수관을 배치하여 구성한 수냉벽을 노에 구성한다.
㉰ 수관의 특성상 기수분리의 필요가 없는 드럼리스 보일러의 특징을 갖는다.
㉱ 열량을 전열면에서 잘 흡수시키기 위해 2-패스, 3-패스, 4-패스 등의 흐름구성을 갖도록 설계한다.

[해설] 수관 보일러 및 관류 보일러와 같은 외분식 보일러는 수냉노벽을 갖는다.

96. 10kg/cm²의 압력하에 2000 kg/h로 증발하고 있는 보일러의 급수온도가 20℃일 때 환산증발량(kg/h)은? (단, 발생증기의 엔탈피는 600 kcal/kg이다.)

㉮ 2152 ㉯ 3124
㉰ 4562 ㉱ 5260

[해설] $Ge = \dfrac{Ga(h_2 - h_1)}{539}\,[\text{kg/h}]$

$= \dfrac{2000 \times (600 - 20)}{539} = 2152\,\text{kg/h}$

97. 프라이밍이나 포밍의 방지대책에 대한 설명으로 틀린 것은?

㉮ 주증기 밸브를 급히 개방한다.
㉯ 보일러수를 농축시키지 않는다.
㉰ 보일러수 중의 불순물을 제거한다.
㉱ 과부하가 되지 않도록 한다.

[해설] 주증기 밸브를 서서히 개방해야 한다 (만 개시 3분 이상 지속).

98. 다음 중 강제 순환식 수관 보일러는?

㉮ 라몬트(Lamont) 보일러
㉯ 타쿠마(Takuma) 보일러
㉰ 슐처(Sulzer) 보일러
㉱ 벤슨(Benson) 보일러

[해설] 강제 순환식 수관 보일러에는 라몬트 보일러와 벨록스 보일러가 있다.

99. 보일러의 과열에 의한 압괴(collapse) 발생부분이 아닌 것은?

㉮ 노통 상부 ㉯ 화실 천장
㉰ 연관 ㉱ 거싯 스테이

[해설] ① 압괴가 발생하기 쉬운 부분: 노통 상부, 연관, 화실 천장
② 팽출이 발생하기 쉬운 부분: 수관, 동저부, 횡관, 겔로웨이관
③ 균열(크랙)이 발생하기 쉬운 부분: 리벳 구멍 부분, 스테이를 가지는 부분, 열응력이 모여 있는 부분

100. 보일러에서 폐열회수 장치가 아닌 것은 어느 것인가?

㉮ 과열기 ㉯ 재열기
㉰ 복수기 ㉱ 공기예열기

[해설] 폐열회수(열교환) 장치를 연도 입구에서부터 설치 순서대로 나열하면 과열기-재열기-절탄기(급수예열기)-공기예열기 순이다.

2013년 2회 에너지관리기사

2013.6.2 시행

제1과목 연소 공학

1. 액체를 미립화하기 위해 분무를 할 때 분무를 지배하는 요소로서 가장 거리가 먼 것은?

㉮ 액류의 운동량
㉯ 액류와 기체의 표면적에 따른 저항력
㉰ 액류와 액공 사이의 마찰력
㉱ 액체와 기체 사이의 표면장력

[해설] 액체를 미립화하는 데 액공(액체공기)과의 마찰력은 상관없다.

2. 옥탄(C_8H_{18})이 공기과잉률 2로 연소 시 연소가스 중 산소의 몰분율은?

㉮ 0.0647
㉯ 0.1012
㉰ 0.1294
㉱ 0.2024

[해설] $C_8H_{18} + 12.5O_2 \rightarrow 8CO_2 + 9H_2O$
　　　　1　　　12.5　　　8　　　9

① $Gow = 8 + 9 + 0.79 \times \dfrac{1}{0.21} \times 12.5$
　　　$= 64.02$

② $Gw = Gow + (m-1)A_0$
　　　$= 64.02 + (2-1) \times \dfrac{1}{0.21} \times 12.5$
　　　$= 123.54$

③ 연소가스 중 산소의 몰분율
$= \dfrac{0.21 \times (m-1)A_0}{Gw}$
$= \dfrac{0.21 \times (2-1) \times \dfrac{1}{0.21} \times 12.5}{123.54} = 0.10118$

3. 수소 4 kg을 과잉공기계수 1.4의 공기로 완전 연소시킬 때 발생하는 연소가스 중의 산소량은 약 몇 kg인가?

㉮ 3.20
㉯ 4.48
㉰ 6.40
㉱ 12.8

[해설] $H_2 + \dfrac{1}{2}O_2 \rightarrow H_2O$
　　2kg　$\dfrac{1}{2} \times 32$kg　18kg
　　4kg　　x_1　　　x_2

$A_0 = \dfrac{1}{0.232} \times x_1 = \dfrac{1}{0.232} \times \dfrac{4 \times \dfrac{1}{2} \times 32}{2}$
　　$= 137.93$ kg

∴ 연소가스 중의 산소량 (kg)
$= 0.232 \times (m-1) A_0$
$= 0.232 \times (1.4-1) \times 137.93$
$= 12.79$ kg

4. 수소 1 kg을 공기 중에서 연소시켰을 때 생성된 건연소 가스량은 약 몇 Sm^3인가? (단, 공기 중의 산소와 질소의 함유비는 21 v%와 79 v%이다.)

㉮ 5.60
㉯ 21.07
㉰ 26.50
㉱ 32.32

[해설] $H_2 + \dfrac{1}{2}O_2 \rightarrow H_2O$
　　2kg　$\dfrac{1}{2} \times 22.4 Sm^3$
　　1kg　　$x Sm^3$

$Gd = God$ (m에 대한 말이 없으므로 $m=1$로 간주한다.)

[정답] 1. ㉰　2. ㉯　3. ㉱　4. ㉰

$$G_{od} = 0.79 A_0 = 0.79 \times \frac{1}{0.21} \times O_0$$
$$= 0.79 \times \frac{1}{0.21} \times x$$
$$= 0.79 \times \frac{1}{0.21} \times \frac{1 \times \frac{1}{2} \times 22.4}{2}$$
$$= 21.066 \, \text{Sm}^3/\text{kg}$$

5. 액화석유가스의 성질에 대한 설명 중 틀린 것은?

㉮ 가스의 비중은 공기보다 무겁다.
㉯ 상온, 상압에서는 액체이다.
㉰ 천연고무를 잘 용해시킨다.
㉱ 물에는 잘 녹지 않는다.

[해설] LPG는 상온, 상압에서 기체이다.

6. 다음 중 분젠식 가스버너가 아닌 것은?

㉮ 링 버너
㉯ 적외선 버너
㉰ 슬릿 버너
㉱ 블라스트 버너

[해설] 분젠식 가스버너의 종류
링(ring) 버너, 적외선 버너, 슬릿(slit) 버너, 중압분젠 버너

7. 저위발열량 93766 kJ/Sm³의 C_3H_8을 공기비 1.2로 연소시킬 때의 이론연소온도는 약 몇 K인가? (단, 배기가스의 평균비열은 1.653 kJ/Sm³·K이고 다른 조건은 무시한다.)

㉮ 1563   ㉯ 1672   ㉰ 1783   ㉱ 1856

[해설] $t_2 = \frac{H_l}{GC} + t_1$

$$= \frac{93766 \, \text{kJ/Sm}^3}{30.57 \, \text{Sm}^3/\text{Sm}^3 \times 1.653 \, \text{kJ/Sm}^3 \cdot \text{K}}$$
$$= 1855.5 \, \text{K}$$

[참고] $C_3H_8 + 5O_2 \rightarrow 3CO_2 + 4H_2O$
    1   5   3   4

$$Gow = 3 + 4 + 0.79 \times \frac{1}{0.21} \times 5$$
$$= 25.809 \, \text{Sm}^3/\text{Sm}^3$$
$$Gw = Gow + (m-1)A_0$$
$$= 25.809 + (1.2-1) \times \frac{1}{0.21} \times 5$$
$$= 30.57 \, \text{Sm}^3/\text{Sm}^3$$

8. 연료의 중량분율이 다음 조성과 같은 갈탄을 연소시키기 위한 이론공기량은 약 몇 Sm³/(kg갈탄)인가?

[조성]
탄소 : 0.30, 수소 : 0.025, 산소 : 0.10,
질소 : 0.005, 황 : 0.01, 회분 : 0.06,
수분 : 0.50

㉮ 2.37   ㉯ 2.67
㉰ 3.03   ㉱ 3.92

[해설] $A_0 [\text{Sm}^3/\text{kg}]$
$$= \frac{1}{0.21} \times \left\{ \frac{22.4}{12}C + \frac{11.2}{2}\left(H - \frac{O}{8}\right) + \frac{22.4}{32}S \right\}$$
$$= \frac{1}{0.21} \times \left\{ \frac{22.4}{12} \times 0.3 + \frac{11.2}{2}\left(0.025 - \frac{0.1}{8}\right) + \frac{22.4}{32} \times 0.01 \right\}$$
$$= 3.033 \, \text{Sm}^3/\text{kg}$$

9. 다음 중 연소 온도에 가장 큰 영향을 미치는 것은?

㉮ 연료의 착화온도
㉯ 연료의 고위발열량
㉰ 연료의 휘발분
㉱ 연소용 공기의 공기비

[해설] 공기비(m)가 너무 크면 연소 온도는 낮아진다.

10. 가연성 혼합가스의 폭발한계 측정에 영향을 주는 요소로서 가장 거리가 먼 것은?

정답 5. ㉰ 6. ㉱ 7. ㉱ 8. ㉰ 9. ㉱ 10. ㉰

㉮ 점화에너지 ㉯ 온도
㉰ 용기의 두께 ㉱ 산소농도

[해설] 폭발한계 측정에서 용기의 두께는 영향을 주지 않는다.

11. 연소장치의 연소효율(Ec)식이 $Ec = \dfrac{Hc - H_1 - H_2}{Hc}$ 일 때 식에서 Hc는 연료의 발열량, H_1은 연재 중의 미연탄소에 의한 손실을 의미한다면 H_2는 무엇을 뜻하는가?

㉮ 연료의 저발열량
㉯ 전열손실
㉰ 불완전 연소에 따른 손실
㉱ 현열손실

[해설] H_2는 불완전 연소에 따른 손실이다.

12. 환열실의 전열면적(m^2)과 전열량(kcal/h) 사이의 관계는? (단, 전열면적은 F, 전열량은 Q, 총괄전열계수는 V이며, Δt_m은 평균온도차이다.)

㉮ $Q = F \times V \times \Delta t_m$
㉯ $Q = \dfrac{F}{\Delta t_m}$
㉰ $Q = F \times \Delta t_m$
㉱ $Q = \dfrac{V}{F \times \Delta t_m}$

[해설] 전열량 = 총괄전열계수 × 전열면적 × 온도차 = $V \times F \times \Delta t_m$이다.

13. 가스버너로 연료가스를 연소시키면서 가스의 유출속도를 점차 빠르게 하였다. 이때 어떤 현상이 발생하겠는가?

㉮ 불꽃이 엉클어지면서 짧아진다.
㉯ 불꽃이 엉클어지면서 길어진다.
㉰ 불꽃형태는 변함없으나 밝아진다.
㉱ 별다른 변화를 찾기 힘들다.

[해설] 가스의 유출속도가 빠르면 난류가 되므로 불꽃의 형태가 깨지면서 불꽃 길이가 짧아진다.

14. 배기가스의 분석값이 CO_2 : 11.5%, O_2 : 2.0%, N_2 : 86.5%이었다. 이때 공기비(m)는 얼마인가?

㉮ 1.1   ㉯ 1.2   ㉰ 1.3   ㉱ 1.4

[해설] $m = \dfrac{N_2}{N_2 - 3.76 O_2} = \dfrac{86.5}{86.5 - 3.76 \times 2}$
$= 1.095$

15. 가연성 혼합기의 폭발방지를 위한 방법으로 가장 거리가 먼 것은?

㉮ 산소농도의 최소화
㉯ 불활성 가스 치환
㉰ 불활성 가스의 첨가
㉱ 이중용기 사용

[해설] 가연성 혼합기의 폭발방지 방법으로 이중용기 사용은 상관없다.

16. 고체연료의 일반적인 연소형태로 볼 수 없는 것은?

㉮ 증발연소   ㉯ 유동층연소
㉰ 표면연소   ㉱ 분해연소

[해설] 고체연료의 연소형태에는 표면연소, 분해연소, 증발연소, 자기연소가 있다.

17. 연소가스의 조성에서 O_2를 옳게 나타낸 식은? (단, Lo : 이론 공기량, G : 실제 습연소가스량, m : 공기비이다.)

㉮ $\dfrac{Lo}{G} \times 100$

㉯ $\dfrac{0.21 \, Lo}{G} \times 100$

㊌ $\dfrac{(m-1)Lo}{G} \times 100$

㊍ $\dfrac{0.21(m-1)Lo}{G} \times 100$

[해설] 연소가스 중
$O_2(\%) = \dfrac{0.21 \times (m-1)A_0}{G_w}$ 이다.
여기서, G_w : 실제습연소가스량
A_0 : 이론공기량

18. 공기와 연료의 혼합기체의 표시에 대한 설명 중 옳은 것은?

㊂ 공기비(excess air ratio)는 연공비의 역수와 같다.
㊌ 연공비(fuel air ratio)라 함은 가연 혼합기 중의 공기와 연료의 질량비로 정의된다.
㊍ 공연비(air fuel ratio)라 함은 가연 혼합기 중의 연료와 공기의 질량비로 정의된다.
㊏ 당량비(equivalence ratio)는 실제연공비와 이론연공비의 비로 정의된다.

[해설] 당량비(ϕ)
$= \dfrac{\left(\dfrac{\text{실제의 연료량}}{\text{산화제}}\right)\text{의 비}}{\left(\dfrac{\text{완전연소 이상적 연료량}}{\text{산화제}}\right)\text{의 비}}$
$= \dfrac{\left(\dfrac{F}{A}\right)_a}{\left(\dfrac{F}{A}\right)_s}$

여기서, F : 연료의 질량
A : 공기의 질량(산화제의 질량)

19. 연소계산에서 열정산에 대한 정의로 옳은 것은?

㊂ 발생하는 모든 발열량의 합계
㊌ 발생하는 모든 입열과 출열의 수지계산
㊍ 발생하는 모든 열의 이용 효율
㊏ 연소장치에서 손실되는 모든 열량의 합계

[해설] 열정산이란 열장치에 공급된 열량(총입열)과 소비된 열량(출열)과의 관계를 명백히 하는 것이며, 어떠한 경우에도 입열의 총량과 출열의 총량은 같아야 한다.

20. 다음 기체연료 중 고위 발열량(MJ/Sm³)이 가장 큰 것은?

㊂ 고로가스 ㊌ 천연가스
㊍ 석탄가스 ㊏ 수성가스

[해설] 고로가스 : 900 kcal/Sm³, 천연가스 : 11000 kcal/Sm³, 석탄가스 : 5000 kcal/Sm³, 수성가스 : 2700 kcal/Sm³

제2과목　　　열역학

21. 20℃, 500 kPa의 공기가 들어있는 2 m³ 체적인 탱크가 있다. 탱크속의 공기 압력을 일정하게 유지하면서 온도 40℃가 되도록 하려면 몇 kg의 공기를 밖으로 내보내야 하는가? (단, 공기의 기체상수는 0.287 kJ/kg·K이다.)

㊂ 0.76　㊌ 0.99　㊍ 1.14　㊏ 11.9

[해설] 처음상태 $PV = GRT$ 에서
$G = \dfrac{PV}{RT} = \dfrac{500000 \text{N/m}^2 \times 2\text{m}^3}{287\text{N}\cdot\text{m/kg}\cdot\text{K} \times (273+20)\text{K}}$
$= 11.89$ kg

나중상태 $PV = G'RT'$ 에서
$G' = \dfrac{PV}{RT'}$
$= \dfrac{500000 \text{N/m}^2 \times 2\text{m}^3}{287\text{N}\cdot\text{m/kg}\cdot\text{K} \times (273+40)\text{K}}$
$= 11.13$ kg

∴ 내보내야 할 공기 $= 11.89 - 11.13$
$= 0.76$ kg

정답 18. ㊏　19. ㊌　20. ㊌　21. ㊂

22. $W = mRT \ln \dfrac{V_2}{V_1}$의 식은 이상기체의 밀폐계에 대한 압축 일을 나타낸다. 이 식이 적용될 수 있는 과정으로 옳은 것은?

㉮ 등온과정(isothermal process)
㉯ 등압과정(constant pressure process)
㉰ 단열과정(adiabatic process)
㉱ 등적과정(constant volume process)

[해설] 등온과정에서

절대일 $Wa = \int_1^2 Pdv$

($P_1 v_1 = Pv$에서 $P = \dfrac{P_1 v_1}{v}$ 을 대입하면)

$= \int_1^2 P_1 v_1 \dfrac{dv}{v}$ ($P_1 v_1 = RT_1$ 이므로)

$= \int_1^2 RT_1 \dfrac{dv}{v} = RT_1 \ln \dfrac{v_2}{v_1}$

$= mRT_1 \ln \dfrac{V_2}{V_1}$

여기서, 등온과정이므로 ($T_1 = T_2 = T$)

$W_a = mRT \ln \dfrac{V_2}{V_1}$ 가 된다.

23. 상법칙(phase rule)에 대한 설명 중 틀린 것은?

㉮ 평형에서만 존재하는 관계식이다.
㉯ 평형이든 비평형이든 무관하게 존재하는 관계식이다.
㉰ 각 상의 상대적인 양에 대한 것은 알 수 없다.
㉱ 단일성분 2상의 경우 강성적 상태량의 자유도는 1 이다.

[해설] 상법칙이란 여러 종류의 물질로 구성된 혼합물에서 성분의 수(n), 상의 수(r), 자유도(f)에 관한 규칙이다.
관계식은 $f = n - r + 2$이며, 이 식은 평형에서만 존재한다. 단일 성분계($n = 1$)의 경우에 하나의 상($r = 1$)만 존재하면 온도, 압력, 부피 중 두 개를 독립적으로 변화시킬 수 있다는 뜻에서 자유도가 2가 된다.

24. 그림과 같이 2개의 단열변화와 2개의 등압변화로 되어 있는 가스터빈의 이상적 사이클 효율은?

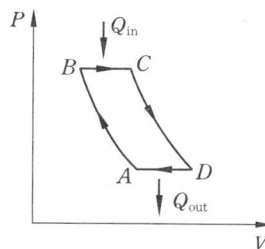

㉮ $1 - \dfrac{T_C - T_D}{T_B - T_A}$ ㉯ $1 - \dfrac{T_D - T_A}{T_C - T_B}$

㉰ $1 - \dfrac{T_D - T_C}{T_B - T_A}$ ㉱ $1 - \dfrac{T_A - T_D}{T_C - T_B}$

[해설] 2개의 단열변화와 2개의 등압변화로 되어 있는 가스터빈은 브라이턴 사이클이다.

① 가열량

$Q_{in} = \int_B^C dq = \int_B^C dh = \int_B^C C_P dT$

$= C_P(T_C - T_B)$

② 방열량

$Q_{out} = \int_A^D C_P dT = C_P(T_D - T_A)$

③ 유효일의 열당량 : $AWa = Q_{in} - Q_{out}$

④ 열효율

$\eta_B = \dfrac{AWa}{Q_{in}} = \dfrac{Q_{in} - Q_{out}}{Q_{in}} = 1 - \dfrac{Q_{out}}{Q_{in}}$

$= 1 - \dfrac{C_P(T_D - T_A)}{C_P(T_C - T_B)} = 1 - \dfrac{T_D - T_A}{T_C - T_B}$

25. 일정정압비열(C_P = 1.0 kJ/kg·K)을 가정하고, 공기 100 kg을 400℃에서 120℃로 냉각할 때 엔탈피 변화는?

㉮ -24000 kJ ㉯ -26000 kJ
㉰ -28000 kJ ㉱ -30000 kJ

[해설] $Q = GC_P(T_2 - T_1)$
$= 100\text{kg} \times 1.0\text{kJ/kg·K} \times (120 - 400)\text{K}$
$= -28000\text{kJ}$

26. 다음 랭킨 사이클(Rankine cycle)의 $T-S$ 선도에서 사선부분 4-5-6-7-4는 무엇을 나타내는가?

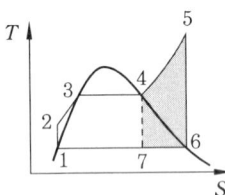

㉮ 수증기의 과열에 의한 추가적 일(work)
㉯ 수증기 과열을 위한 추가적 열량
㉰ 응축기에서 제거되어야 할 열량
㉱ 보일러(boiler)의 열부하

[해설] 4→5 선도는 '건포화 증기→과열 증기'의 선도이며, 면적은 일량이다.

27. 증기 터빈 노즐에서 분출하는 수증기의 이론 속도와 실제 속도를 각각 C_t, C_a로 표시할 때 초속을 무시하면 노즐 효율 η_n과의 어떠한 관계가 있는가?

㉮ $\eta_n = \dfrac{C_a}{C_t}$ ㉯ $\eta_n = \left(\dfrac{C_a}{C_t}\right)^2$

㉰ $\eta_n = \sqrt{\dfrac{C_a}{C_t}}$ ㉱ $\eta_n = \left(\dfrac{C_a}{C_t}\right)^3$

[해설] 노즐 효율
$\eta_n = \dfrac{\text{유효열낙차}(h_1 - h_2')}{\text{단열열낙차}(h_1 - h_2)}$ 이고,
분출 속도 $w \propto \sqrt{\Delta h}$ 이므로 $\Delta h \propto w^2$이 된다. 그러므로 노즐 효율 $\propto \Delta h \propto w^2$가 된다.
따라서, $\eta_n = \left(\dfrac{C_a}{C_t}\right)^2$ 이다.

28. 유동하는 기체의 압력을 P, 속력을 V, 밀도를 ρ, 중력 가속도를 g, 높이를 Z, 절대온도를 T, 정적비열을 C_V라고 할 때, 기체의 단위질량당 역학적 에너지에 포함되지 않는 것은?

㉮ $\dfrac{P}{\rho}$ ㉯ $\dfrac{V^2}{2}$ ㉰ gZ ㉱ $C_V T$

[해설] 베르누이 방정식에서
$H = \dfrac{P}{r} + \dfrac{V^2}{2g} + Z = \dfrac{P}{\rho \cdot g} + \dfrac{V^2}{2g} + Z$
양변에 중력 가속도를 곱하면
$H \cdot g = \dfrac{P}{\rho} + \dfrac{V^2}{2} + Z \cdot g$가 된다.
여기서, H : 전수두(m), P : 압력(kgf/m^2)
r : 비중량(kgf/m^3), V : 유속(m/s)
g : 중력 가속도(m/s^2), Z : 위치수두(m)
ρ : 밀도(kg/m^3)

29. 건도 X인 습증기 1 kg을 동일한 압력에서 가열하여 과열증기를 얻었다. 가열하여야 하는 열량은 얼마인가? (단, 이 압력에서 포화액의 엔탈피는 h_f, 포화증기의 엔탈피는 h_g, 증기의 평균 정압비열은 C_P, 과열도는 A이다.)

㉮ $(1-x)(h_g - h_f) + C_P A$
㉯ $x(h_g - h_f) + C_P A$
㉰ $(1-x)h_g + C_P A$
㉱ $xh_g + C_P A$

[해설] 정압에서

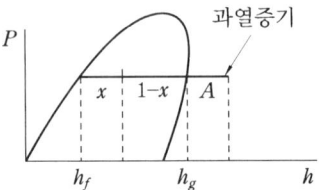

그림과 같은 과열증기를 얻기 위해 가열해야 하는 열량 $q = (1-x)(h_g - h_f) + C_P A$ 이다.

정답 26. ㉮ 27. ㉯ 28. ㉱ 29. ㉮

30. $T-S$ 선도에서 그림과 같은 사이클은 어느 사이클인가? (단, 2-3, 4-1 과정에서는 압력이 일정하다.)

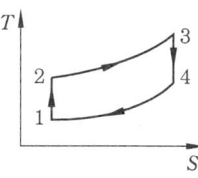

㉮ 오토 사이클
㉯ 디젤 사이클
㉰ 브레이턴 사이클
㉱ 랭킨 사이클

[해설] 2개의 단열변화와 2개의 등압변화로 되어 있는 가스터빈은 브레이턴 사이클이다.

31. 온도와 관련된 설명으로 틀린 것은?

㉮ 온도 측정의 타당성에 대한 근거는 열역학 제 0 법칙이다.
㉯ 온도가 10℃ 올라가면 절대온도는 283.15K 올라간다.
㉰ 섭씨온도는 물의 어는점과 끓는점을 기준으로 삼는다.
㉱ SI 단위계에서 열역학적 온도 눈금(scale)으로는 켈빈눈금을 사용한다.

[해설] 시작되는 온도가 정해져 있지 않기 때문에 ㉯는 틀린 말이다.

32. 유체가 담겨 있는 밀폐계가 어떤 과정을 거칠 때 그 에너지식은 $\Delta U_{12} = Q_{12}$ 으로 표현된다. 이 밀폐계와 관련된 일은 팽창일 또는 압축일 뿐이라고 가정할 경우 이 계가 거쳐간 과정에 해당하는 것은? (단, U는 내부 에너지를, Q는 전달된 열량을 나타낸다.)

㉮ 등온과정(isothermal process)
㉯ 정압과정(constant pressure process)
㉰ 정적과정(constant volume process)
㉱ 단열과정(adiabatic process)

[해설] $\delta q = du + APdv$ 정적변화에서 $dv = 0$이므로 $\delta q = du$
즉, $Q_{12} = \Delta U_{12}$이다.

33. 일반적으로 팽창밸브(expansion valve)에서의 냉매 상태변화는 다음 중 어디에 속하는가?

㉮ 등온팽창과정
㉯ 정압팽창과정
㉰ 등엔트로피과정
㉱ 등엔탈피과정

[해설] 팽창밸브는 단열교축작용을 하기 때문에 엔탈피 변화가 없다.

34. 열역학 제2법칙에 대한 설명이 아닌 것은 어느 것인가?

㉮ 제2종 영구기관의 제작은 불가능하다.
㉯ 고립계의 엔트로피는 감소하지 않는다.
㉰ 열은 자체적으로 저온에서 고온으로 이동이 곤란하다.
㉱ 열과 일은 변환이 가능하며, 에너지 보존 법칙이 성립한다.

[해설] ㉱의 경우는 열역학 제1법칙의 설명이다.

35. 10℃와 80℃ 사이에서 작동되는 카르노(Carnot) 냉동기의 성능계수(COP)는 얼마인가?

㉮ 8.00   ㉯ 6.51
㉰ 5.64   ㉱ 4.04

[해설] 성능계수(=성적계수)(COP)
$= \dfrac{T_2}{T_1 - T_2}$
$= \dfrac{(273+10)}{(273+80)-(273+10)} = 4.04$

36. 정압과정에서 −20℃의 탄산가스의 체적은 0℃에서 체적의 얼마가 되는가?

㉮ 0.632　　㉯ 0.714
㉰ 0.832　　㉱ 0.927

[해설] 샤를의 법칙 (정압과정)을 이용하면
$$\frac{V_1}{T_1} = \frac{V_2}{T_2}$$
$$\frac{V_1}{V_2} = \frac{T_1}{T_2} = \frac{(273-20)}{(273+0)} = 0.9267$$

37. 다음 중 어떤 압력 상태의 과열 수증기 엔트로피가 가장 작은가? (단, 온도는 동일하다고 가정한다.)

㉮ 5기압　　㉯ 10기압
㉰ 15기압　　㉱ 20기압

[해설] $P-V$ 선도에서 보면 과열 수증기 엔트로피는 압력이 높을수록 작아진다.

38. 비가역 사이클에 대한 클라우시우스의 적분은?

㉮ $\oint \frac{dQ}{T} > 0$　　㉯ $\oint \frac{dQ}{T} < 0$
㉰ $\oint \frac{dQ}{T} = 0$　　㉱ $\oint \frac{dQ}{T} \geq 0$

[해설] $\oint \frac{dQ}{T} = 0$: 가역 사이클
$\oint \frac{dQ}{T} < 0$: 비가역 사이클

39. 비열 4.184 kJ/kg·K인 물 15kg을 0℃에서 80℃까지 가열할 때, 물의 엔트로피 상승은 약 몇 kJ/K인가?

㉮ 9.5　　㉯ 18.4
㉰ 21.9　　㉱ 30.8

[해설] $dS = \frac{dQ}{T} = \frac{GC(t_2-t_1)}{T}$
$$= \frac{15\text{kg} \times 4.184\text{kJ/kg·K} \times (80-0)\text{K}}{(273+0)\text{K}}$$
$$= 18.39 \text{ kJ/K}$$

40. 냉동 사이클을 비교하여 설명한 것으로 잘못된 것은?

㉮ 이상적인 Carnot 사이클이 최고 COP를 나타낸다.
㉯ 가역 팽창 엔진을 가진 증기 압축 냉동 사이클의 성능 계수는 최고값에 접근한다.
㉰ 보통의 증기압축 사이클은 이론치보다 약간 낮은 효율을 갖는다.
㉱ 공기 사이클은 최고의 효율을 가진다.

[해설] 역카르노 사이클이 이론적 냉동 사이클이므로 최고의 효율을 가진다.

제3과목　계측 방법

41. 다음 중 미세한 압력차를 측정하기에 적합한 압력계는?

㉮ 경사 마노미터
㉯ 부르동 게이지
㉰ 수직 마노미터
㉱ 파이로미터(pyrometer)

[해설] 경사 마노미터(경사관식 압력계)의 특징
① 액주식 압력계이며 압력계 중에서 정도 (±0.5 mmH₂O)가 가장 좋다 (측정 범위 : 10~50 mmH₂O).
② 미세한 압력차를 측정하기에 가장 적합하며 실험실에서 시험용으로 사용한다(통풍계로도 사용한다).

42. 유효 숫자를 고려하여 52.2 + 0.032 + 3.5171을 계산할 때 맞는 것은?

[정답] 36. ㉱　37. ㉱　38. ㉯　39. ㉯　40. ㉱　41. ㉮　42. ㉱

㉮ 55.74 ㉯ 55.75
㉰ 55.7   ㉱ 55.8

[해설] 52.2 + 0.032 + 3.5171 = 55.7491이지만 52.2는 단지 하나의 소수자리가 있으므로 55.7491을 보정해서 55.8이 답이 된다.

[참고] ① 일련의 계산을 할 때에는 결과를 계산할 때까지 여분의 숫자를 남겨 놓은 후에 반올림한다.
② 5보다 작은 경우에는 앞에 있는 숫자는 그대로 두고 5보다 크거나 같으면 앞에 있는 숫자는 1이 증가한다.

43. 측정하고자 하는 상태량과 독립적 크기를 조정할 수 있는 기준량과 비교하여 측정, 계측하는 방법은?

㉮ 보상법 ㉯ 편위법 ㉰ 치환법 ㉱ 영위법

[해설] ① 편위법: 측정량을 순서적으로 그것과 관계되는 양으로 변화시키고 확대 지시하며 최종적으로 변위량으로부터 지침에 의하여 직접 측정값을 구하는 방법
② 치환법: 지시량과 미리 알고 있는 양으로부터 측정량을 알아내는 방법

44. 용적식 유량계의 일반적인 특징에 대한 설명으로 틀린 것은?

㉮ 정도(精度)가 높다.
㉯ 고점도의 유체측정이 가능하다.
㉰ 맥동에 의한 영향이 없다.
㉱ 구조가 간단하다.

[해설] 압력손실이 적으며 설치가 간단하지만 구조가 복잡하다.

45. 피토관의 전압을 P_t [kgf/m²], 정압을 P_s [kgf/m²], 유체의 비중량을 r [kg/m³], 중력 가속도를 g [9.8 m/s²]라고 하면 유속 V [m/s]를 구하는 식은?

㉮ $V = \sqrt{2g(P_s - P_t)/r}$
㉯ $V = \sqrt{2g(P_t - P_s)/r}$
㉰ $V = \sqrt{2g(P_s - P_t) \cdot r}$
㉱ $V = \sqrt{2g(P_t - P_s) \cdot r}$

[해설] 전압(P_t)과 정압(P_s)이 측정될 경우 $V = \sqrt{\dfrac{2g(P_t - P_s)}{r}}$ 이다.

46. 다음 각 습도계의 특징에 대한 설명으로 틀린 것은?

㉮ 노점 습도계는 저습도를 측정할 수 있다.
㉯ 모발 습도계는 2년마다 모발을 바꾸어 주어야 한다.
㉰ 통풍 건습구 습도계는 3~5 m/s의 통풍이 필요하다
㉱ 저항식 습도계는 직류전압을 사용하여 측정한다.

[해설] 저항식 습도계는 교류전압을 사용하여 저항치를 재어 상대습도를 표시한다.

47. 연소분석법으로서 산소와 시료가스를 피펫에 천천히 넣고 백금선 등으로 연소시키는 방법으로 우일클레법이라고도 하는 방법은?

㉮ 분별연소법   ㉯ 폭발법
㉰ 완만연소법   ㉱ 흡수분석법

[해설] ① 연소분석법: 시료가스를 공기, 산소 등에 의해 연소하고 그 결과 가스성분을 산출하는 방법이며, 완만연소법, 분별연소법, 폭발법이 있다.
② 흡수분석법: 흡수약제를 이용한 분석법이며 오르잣트법, 헴펠법이 있다.

48. 물을 함유한 공기와 건조공기의 열전도율의 차이를 이용하여 습도를 측정하는 것은 어느 것인가?

㉮ 염화리튬 습도센서

[정답] 43. ㉱ 44. ㉱ 45. ㉯ 46. ㉱ 47. ㉰ 48. ㉰

㉯ 고분자 습도센서
㉰ 서미스터 습도센서
㉱ 수정진동자 습도센서

[해설] ① 서미스터 습도센서 : 수분을 함유한 공기와 건조공기의 열전도율 차이를 이용하여 습도를 측정한다.
② 염화리튬 습도센서 : 염화리튬의 포화수용액의 수증기압이 포화 수증기압 보다 낮다는 점을 이용하여 습도를 측정한다.

49. 열전대의 냉접점에 대한 설명으로 옳은 것은?

㉮ 측온 물체에 닿는 접점이다.
㉯ 냉각하여 항상 0℃를 유지한 점이다.
㉰ 감온접점이라고도 한다.
㉱ 자동평형 계기에서의 냉접점은 0℃ 이하로 유지한다.

[해설] 냉접점 : 기준접점이라고도 하며 열전대와 도선 또는 보상도선과 접합점을 일정한 온도로 유지하도록 한 점으로, 듀워병에 얼음과 증류수 등의 혼합물을 채운 냉각기를 사용하여 0℃로 유지한다.

50. 색(色) 온도계의 색깔에 따른 온도가 옳게 짝지어진 것은?

㉮ 붉은색 – 600℃
㉯ 오렌지색 – 800℃
㉰ 매우 눈부신 흰색 – 2000℃
㉱ 황색 – 2500℃

[해설]

온도(℃)	색깔
600	어두운 색
800	붉은색
1000	오렌지색
1200	노란색
1500	눈부신 황백색
2000	매우 눈부신 흰색
2500	푸른기가 있는 흰빛색

51. 바이메탈 온도계에서 자유단위 변위거리 δ의 값을 구하는 식은? (단, K는 정수, t는 온도변화, α는 선팽창 계수이다.)

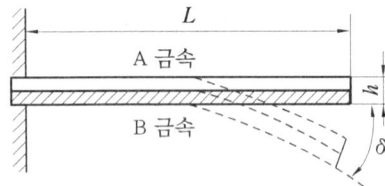

㉮ $\delta = K(\alpha_A - \alpha_B)L^2 t^2/h$
㉯ $\delta = K(\alpha_A - \alpha_B)L^2 t/h$
㉰ $\delta = K(\alpha_A - \alpha_B)L^2 t^2 h$
㉱ $\delta = K(\alpha_A - \alpha_B)L^2 t h$

[해설] 각 금속의 두께비와 영률의 비가 모두 1일 때 처짐 $\delta = 0.75L^2(d_A - d_B)t/h$ 이다.

52. 서미스터(thermistor)의 재질로서 부적당한 것은?

㉮ Ni   ㉯ Co
㉰ Mn   ㉱ Al

[해설] 서미스터 저항 온도계에서 사용되는 저항체 : Ni, Cu, Mn, Fe, Co

53. 오리피스(orifice), 벤투리관(venturi tube)을 이용하여 유량을 측정하고자 할 때 다음 중 필요한 것은?

㉮ 측정기구 전, 후의 압력차
㉯ 측정기구 전, 후의 온도차
㉰ 측정기구 입구에 가해지는 압력
㉱ 측정기구의 출구 압력

[해설] 차압식 유량계
관로에 오리피스, 플로노즐, 벤투리관을 이용하여 측정기구 전·후의 압력차를 측정하고 베르누이 정리를 이용하여 유량을 측정한다.

54. 피드백 제어에 대한 설명으로 틀린 것은?
- ㉮ 설비비의 고액투입이 요구된다.
- ㉯ 운영에 있어 고도의 기술이 요구된다.
- ㉰ 일부 고장이 있어도 전생산에 영향이 없다.
- ㉱ 수리가 어렵다.

[해설] 일부 고장이 있으면 전생산에 영향이 크다.

55. 점도 단위인 1Pa·s와 같은 값을 가지는 단위는?
- ㉮ kg/m·s
- ㉯ P
- ㉰ kgf·s/m^2
- ㉱ cP

[해설] $1\text{kg/m·s} = 1\text{Pa·s} = 10\text{P} = 1000\text{cP}$

[참고] 점도 = $\dfrac{질량}{길이 \times 시간}$ (kg/m·s)

56. 다음 중 간접식 액면측정 방법이 아닌 것은 어느 것인가?
- ㉮ 방사선식 액면계
- ㉯ 초음파식 액면계
- ㉰ 플로트식 액면계
- ㉱ 저항전극식 액면계

[해설] 유리관식 액면계, 플로트식 액면계, 검척식 액면계는 직접식 액면계이다.

57. 다음 중 유량측정의 원리와 유량계를 바르게 연결한 것은?
- ㉮ 유체에 작용하는 힘 – 터빈 유량계
- ㉯ 유속변화로 인한 압력차 – 용적식 유량계
- ㉰ 흐름에 의한 냉각효과 – 전자기 유량계
- ㉱ 파동의 전파 시간차 – 조리개 유량계

[해설] 터빈 유량계는 유체에 작용하는 힘으로 터빈의 회전수로부터 유량을 측정한다.

58. 적분동작의 특징에 대한 설명으로 틀린 것은?
- ㉮ 잔류편차가 제어된다.
- ㉯ 제어의 안전성이 떨어진다.
- ㉰ 일반적으로 진동하는 경향이 있다.
- ㉱ 편차의 크기와 지속시간이 반비례하는 동작이다.

[해설] 적분동작은 편차의 크기와 지속시간이 비례하는 동작이다.

59. 전자유량계의 측정원리는?
- ㉮ 베르누이(Bernoulli) 법칙
- ㉯ 패러데이(Faraday) 법칙
- ㉰ 레더포드(Rutherford) 법칙
- ㉱ 줄(Joule) 법칙

[해설] 전자유량계는 패러데이의 전자 유도 법칙을 이용한 온도계이다.

60. 다음 중 온도계의 분류가 다른 하나는?
- ㉮ 열팽창식
- ㉯ 압력식
- ㉰ 광전관식
- ㉱ 제겔콘

[해설] 광전관식 온도계는 비접촉식 온도계이며 ㉮, ㉯, ㉱항 온도계는 접촉식 온도계이다.

제4과목 열설비 재료 및 관계법규

61. 반규석질 내화물의 특징에 대한 설명으로 옳은 것은?
- ㉮ 염기성 내화물이다.
- ㉯ 열에 의한 치수 변동률이 작다.
- ㉰ 저온에서 강도가 작다.
- ㉱ MgO, ZnO를 50~80% 함유한다.

[해설] 반규석질 내화물의 특징
① 산성 내화물이다.
② 열에 의한 치수 변동율이 작고 내스폴링성이 크다.
③ 저온에서 강도가 크다.

[정답] 54. ㉰ 55. ㉮ 56. ㉰ 57. ㉮ 58. ㉱ 59. ㉯ 60. ㉰ 61. ㉯

④ SiO_2를 50~80% 함유한다.

62. 열매체를 가열하는 보일러의 용량은 몇 kW를 1 t/h로 계산하는가?
- ㉮ 477.8
- ㉯ 581.5
- ㉰ 697.8
- ㉱ 789.5

[해설] 에너지이용 합리화법 시행규칙 제31조 26 별표 3의 9 참조

63. 효율관리기자재의 제조업자는 효율관리 시험기관으로부터 측정결과를 통보받은 날로부터 며칠 이내에 그 측정결과를 에너지관리공단에 신고하여야 하는가?
- ㉮ 7일
- ㉯ 15일
- ㉰ 30일
- ㉱ 60일

[해설] 에너지이용 합리화법 시행규칙 제9조 참조

64. 다음 중 평균효율관리기자재에 해당하는 것은?
- ㉮ 전기냉방기
- ㉯ 승용자동차
- ㉰ 삼상유도전동기
- ㉱ 조명기기

[해설] 에너지이용 합리화법 시행규칙 제11조 참조

65. 터널요의 3개 구조부에 해당하지 않는 것은?
- ㉮ 용융부
- ㉯ 예열부
- ㉰ 소성부
- ㉱ 냉각부

[해설] ① 터널요의 구조부 : 예열부, 소성부, 냉각부
② 터널요의 구성 부분 : 푸셔(pusher), 대차(kiln car), 샌드 실(sand seal)

66. 샤모트질(chamotte) 벽돌의 주성분은?
- ㉮ Al_2O_3, $2SiO_2$, $2H_2O$
- ㉯ Al_2O_3, $7SiO_2$, H_2O
- ㉰ FeO, Cr_2O_3
- ㉱ $MgCO_3$

[해설] 샤모트질 벽돌의 주성분은 카올린(Al_2O_3, $2SiO_2$, $2H_2O$)이다.

67. 용융석영을 방사하여 제조하며 융점이 높고 내약품성이 우수하며 최고 사용온도가 약 1100℃인 단열재는?
- ㉮ 석면
- ㉯ 폼글라스
- ㉰ 펄라이트
- ㉱ 세라믹 파이버

[해설] 세라믹 파이버 : 용융석영을 섬유상으로 만든 실리카울이나 고석회질로 만든 탄산글라스로부터 섬유를 산처리해서 고규산으로 만든 것이며 융점이 높고(약 1100℃) 내약품성이 우수하다.

68. 에너지 사용계획의 검토기준에 해당되지 않는 것은?
- ㉮ 폐열의 회수·활용 및 폐기물 에너지이용 기술개발의 적절성
- ㉯ 부문별·용도별 에너지 수요의 적절성
- ㉰ 연료·열 및 전기의 공급체계, 공급원 선택 및 관련시설 건설계획의 적절성
- ㉱ 고효율 에너지이용 시스템 및 설비 설치의 적절성

[해설] 에너지이용 합리화법 시행규칙 제3조 ① 항 참조

69. 관의 신축량에 대한 설명으로 옳은 것은 어느 것인가?
- ㉮ 신축량은 관의 열팽창 계수, 길이, 온도차 등에 반비례한다.
- ㉯ 신축량은 관의 길이, 온도차에는 비례하지만 열팽창 계수에는 반비례한다.
- ㉰ 신축량은 관의 열팽창 계수, 길이, 온

정답 62. ㉰ 63. ㉱ 64. ㉯ 65. ㉮ 66. ㉮ 67. ㉱ 68. ㉮ 69. ㉰

도차 등에 비례한다.
㉣ 신축량은 관의 열팽창 계수에 비례하고 온도차와 길이에 반비례한다.

[해설] 열팽창 길이(mm)
$= 관의 길이(mm) \times \left\{ 열팽창\ 계수 \times \dfrac{온도차(℃)}{1000} \right\}$

70. 보온재의 열전도 계수에 대한 설명 중 틀린 것은?

㉮ 보온재의 함수율이 크게 되면 열전도 계수도 증가한다.
㉯ 보온재의 기공률이 클수록 열전도 계수는 작아진다.
㉰ 보온재는 열전도 계수가 작을수록 좋다.
㉱ 온도가 상승하면 열전도 계수는 감소된다.

[해설] 온도가 상승하면 보온재의 열전도 계수는 증가한다.

71. 강관의 특징에 대한 설명으로 틀린 것은 어느 것인가?

㉮ 내충격성이 크다.
㉯ 인장강도가 크다.
㉰ 부식에 강하다.
㉱ 관의 접합이 쉽다.

[해설] 강관은 부식에 약하다.

72. 작업이 간편하고 조업주기가 단축되며 요체의 보유열을 이용할 수 있어 경제적인 반연속식요는?

㉮ 셔틀요   ㉯ 윤요
㉰ 터널요   ㉱ 도염식요

[해설] 반연속식요에는 셔틀요와 동요가 있다.

73. 시공업자단체에 대한 설명으로 틀린 것은 어느 것인가?

㉮ 관련 주무부처 장관의 인가를 받아 설립한다.
㉯ 단체는 개인으로 한다.
㉰ 시공업자는 시공업자단체에 가입할 수 있다.
㉱ 단체는 시공업에 관한 사항을 정부에 건의할 수 있다.

[해설] 에너지이용 합리화법 제41조, 제42조, 제43조 참조

74. 보온면의 방산열량이 1100 kJ/m²이고, 나면의 방산열량이 1600 kJ/m² 일 때, 보온재의 보온 효율은 약 몇 % 인가?

㉮ 25   ㉯ 31
㉰ 45   ㉱ 69

[해설] $\left(\dfrac{1600 - 1100}{1600} \right) \times 100 = 31.25\,\%$

75. 연간 에너지 사용량이 30만 티오이인 자가 구역별로 나누어 에너지 진단을 하고자 할 때 에너지진단주기는?

㉮ 1년   ㉯ 2년
㉰ 3년   ㉱ 5년

[해설] 에너지이용 합리화법 시행령 제36조 별표 3 참조

76. 용선로(cupola)에 대한 설명으로 틀린 것은?

㉮ 대량생산이 가능하다.
㉯ 용해 특성상 용탕에 탄소, 황, 인 등의 불순물이 들어가기 쉽다.
㉰ 동합금, 경합금 등 비철금속 용해로로 주로 사용된다.
㉱ 다른 용해로에 비해 열효율이 좋고 용해시간이 빠르다.

[정답] 70. ㉱ 71. ㉰ 72. ㉮ 73. ㉯ 74. ㉯ 75. ㉰ 76. ㉰

[해설] 용선로(큐폴라)는 주철 용해로로 사용한다.
[참고] 동합금, 경합금 등 비철금속 용해로로 주로 사용되는 로는 도가니로이다.

77. 다음 그림에 맞는 노의 명칭은?

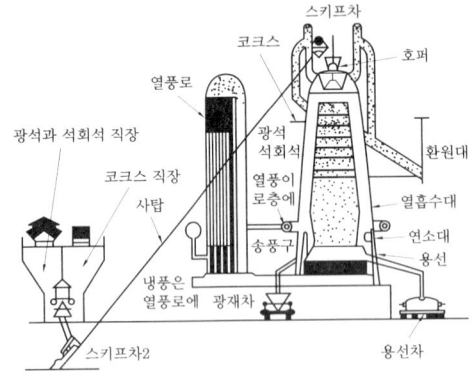

㉮ 배소로 ㉯ 고로
㉰ 평로 ㉱ 용선로

[해설] 용광로(일명 고로) : 선철을 제조하는 노로이며 열풍로에서 예열된 공기가 송풍구로 들어오고, 철광석을 노정에서 코크스, 석회석, 망간광석과 함께 장입하여 코크스 연소열에 의해 철광석이 용해된다.

78. 보일러에 부착하는 안전밸브에 대한 설명으로 틀린 것은?

㉮ 스프링식 안전밸브는 고압, 대용량 보일러에 적합하다.
㉯ 지렛대식 안전밸브는 추의 이동에 따라 증기의 취출압력을 조정한다.
㉰ 스프링식 안전밸브는 스프링의 신축으로 증기의 취출압력을 조절한다.
㉱ 중추식 안전밸브는 밸브 위에 추를 올려놓아 증기압력과 수직이 되게 하여 고압용으로 적합하다.

[해설] 중추식(추식) 안전밸브는 고압용으로 부적합하다.

79. 특정열사용 기자재 설치·시공범위가 아닌 것은?

㉮ 강철제보일러 세관
㉯ 철금속가열로의 시공
㉰ 태양열 집열기 배관
㉱ 금속균열로의 배관

[해설] 에너지이용 합리화법 시행규칙 제31조의 5 별표 3의 2 참조

80. 배관설비의 지지에 필요한 조건을 설명한 것 중 틀린 것은?

㉮ 온도의 변화에 따른 배관신축을 충분히 고려하여야 한다.
㉯ 배관 시공 시 필요한 배관기울기를 용이하게 조정할 수 있어야 한다.
㉰ 배관설비의 진동과 소음을 외부로 쉽게 전달할 수 있어야 한다.
㉱ 수격현상 및 외부로부터 진동과 힘에 대하여 견고하여야 한다.

[해설] 배관설비의 진동과 소음을 외부로 전달해서는 안된다.

제5과목 열설비 설계

81. 보일러 내에서 물을 강제 순환시키는 이유로 옳은 것은?

㉮ 보일러의 성능을 양호하게 하기 위해
㉯ 보일러의 압력이 상승하면 포화수와 포화증기의 비중량의 차가 점점 줄어들기 때문에
㉰ 관의 마찰 저항을 줄이기 위하여
㉱ 보일러 드럼이 1개이기 때문에

[해설] 압력이 상승하면 포화수의 온도가 높아져 비중량 차가 줄어들어 물의 순환이 나빠지므로 순환 펌프로 강제 순환시킨다.

정답 77. ㉰ 78. ㉱ 79. ㉱ 80. ㉰ 81. ㉯

82. 보일러와 압력용기에서 일반적으로 사용되는 계산식에 의해 산정되는 두께로 부식여유를 포함한 두께를 무엇이라 하는가?

㉮ 계산 두께 ㉯ 실제 두께
㉰ 최소 두께 ㉱ 최대 두께

[해설] 최소두께는 부식여유를 포함한 두께이다.

83. 보일러 성능계산 시 사용되는 증발률(kg/m²h)에 대하여 가장 옳게 나타낸 것은?

㉮ 실제증발량에 대한 발생증기 엔탈피와의 비
㉯ 연료소비량에 대한 상당증발량과의 비
㉰ 상당증발량에 대한 실제증발량과의 비
㉱ 전열면적에 대한 실제증발량과의 비

[해설] 증발률(전열면 증발률)
$= \dfrac{\text{매시 실제증발량(kg/h)}}{\text{전열면적(m}^2)}$ (kg/m²h)

84. 유체의 압력손실은 배관 설계 시 중요한 인자이다. 다음 중 압력손실과의 관계로서 틀린 것은?

㉮ 압력손실은 관마찰계수에 비례한다.
㉯ 압력손실은 유속의 제곱에 비례한다.
㉰ 압력손실은 관의 길이에 반비례한다.
㉱ 압력손실은 관의 내경에 반비례한다.

[해설] 압력손실은 관의 길이에 비례한다.
[참고] 관의 마찰계수률 λ, 관의 내경을 d[m], 관의 길이를 l[m], 유속을 V[m/s], 중력 가속도를 g[m/s²], 유체의 비중량을 r[kg/m³]이라할 때
압력손실(kg/m²) $= \lambda \times \dfrac{l}{d} \times \dfrac{V^2}{2g} \times r$ 이다.

85. 송풍기 압력이 20kPa, 연소가스량이 1500m³/min, 송풍기 효율이 0.7일 때, 송풍기의 실제 소요동력은 몇 kW인가?(단, 송풍기의 여유율은 0.1이다.)

㉮ 550 ㉯ 700
㉰ 714 ㉱ 786

[해설] $\dfrac{\dfrac{1500}{60} \times \dfrac{10332 \times 20}{101.325}}{102 \times 0.7} \times 1.1 = 786$ kW

86. 다음 열설비에 사용되는 관 중 관내 유속이 30~80 m/s 정도로서 가장 빠른 관은 어느 것인가?

㉮ 응축수관 ㉯ 펌프 토출관
㉰ 포화 증기관 ㉱ 과열 증기관

[해설] 수증기관의 포화증기의 유속은 20~40 m/s 정도이며, 과열증기의 유속은 30~50 m/s가 적당하다.

87. 보일러 실내에 설치하는 배관에 대한 설명으로 틀린 것은?

㉮ 배관은 외부에 노출하여 시공하여야 한다.
㉯ 배관의 이음부와 전기계량기와의 거리는 30 cm 이상의 거리를 유지하여야 한다.
㉰ 관경 50 mm인 배관은 3 m 마다 고정장치를 설치하여야 한다.
㉱ 배관을 나사접합으로 하는 경우에는 관용 테이퍼나사에 의하여야 한다.

[해설] 가스배관의 이음부와 전기계량기 및 전기개폐기와의 거리는 60 cm 이상, 전기점멸기 및 전기접속기와의 거리는 30 cm 이상을 유지하여야 한다.

88. 노통식 보일러에서 파형부의 길이가 230 mm 미만인 파형노통의 최소 두께(t)를 결정하는 식은? (단, P는 최고 사용 압력(MPa), D는 노통의 파형부에서의 최대 내경과 최소 내경의 평균치(mm), C는 노통의 종류에 따른 상수이다.)

[정답] 82. ㉰ 83. ㉱ 84. ㉰ 85. ㉱ 86. ㉱ 87. ㉯ 88. ㉱

㉮ $10PD$ ㉯ $\dfrac{10P}{D}$

㉰ $\dfrac{C}{10PD}$ ㉱ $\dfrac{10PD}{C}$

[해설] 파형 노통에서 파형부의 길이가 230 mm 미만인 파형 노통의 최소 두께와 최고 사용 압력
① 최소 두께(mm)
$= \dfrac{10 \times P[\text{MPa}] \times D[\text{mm}]}{C}$
② 최고 사용 압력(MPa)$= \dfrac{c \times t}{10 \times D}$

89. 맞대기 용접은 용접 방법에 따라 그루브를 만들어야 한다. 판의 두께 20 mm의 강판을 맞대기 용접 이음할 때 적합한 그루브의 형상은?

㉮ I 형 ㉯ J 형
㉰ X 형 ㉱ H 형

[해설] 그루브는 용접 방법 및 판두께에 따라 적당한 형상을 선정해야 한다.

판의 두께(mm)	그루브 형상
6 이상 ~ 16 이하	V형, J형
12 이상 ~ 38 이하	K형, X형
19 이상	H형

90. shell & tube 열교환기에 대한 설명으로 틀린 것은?

㉮ 현장제작이 가능하여 좁은 공간에 설치가 가능하다.
㉯ 플레이트 열교환기에 비해서 열통과율이 낮다.
㉰ shell 과 tube 내의 흐름은 직류보다 향류흐름의 성능이 더 우수하다.
㉱ 구조상 고온·고압에 견딜 수 있어 석유 화학 공업 분야 등에서 많이 이용된다.

[해설] 좁은 공간에 설치가 불가능하다.

91. 최고 사용 압력이 1.5 MPa을 넘는 강철제보일러의 수압 시험 압력은 최고 사용 압력의 몇 배로 하여야 하는가?

㉮ 1.5 ㉯ 2 ㉰ 2.5 ㉱ 3

[해설] 강철제 보일러의 수압 시험 압력(P: 최고 사용 압력이라면)
① P가 0.43 MPa 이하: $P \times 2$배(단, 2배 해도 0.2 MPa 미만 시에는 0.2 MPa로 한다.)
② P가 0.43 MPa 초과 ~ 1.5 MPa 이하: $P \times 1.3$배 + 0.3 MPa
③ P가 1.5 MPa 초과: $P \times 1.5$배

92. 벽돌을 105℃~120℃ 사이에서 건조시킨 무게를 W, 이것을 물속에서 3시간 끓인 이후 유지시킨 무게를 W_1, 물속에서 꺼내어 표면수분을 닦은 무게를 W_2라고 할 때 부피 비중을 구하는 식은?

㉮ $\dfrac{W}{(W_2-W_1)}$ ㉯ $\dfrac{(W-W_1)}{(W_2-W_1)}$

㉰ $\dfrac{W}{(W_1-W_2)}$ ㉱ $\dfrac{(W-W_2)}{(W_2-W_1)}$

[해설] ① 부피 비중 $= \dfrac{W}{W_2-W_1}$
② 겉보기 비중 $= \dfrac{W}{W-W_1}$
③ 흡수율 $= \dfrac{W_2-W}{W} \times 100$ [%]
④ 겉보기 기공률 $= \dfrac{W_2-W}{W_2-W_1} \times 100$ [%]

93. 보일러 계속 사용 검사 기준의 순수 처리 기준이 아닌 것은?

㉮ 총경도 (mg $CaCO_3$/L) : 0
㉯ pH [298K(25℃)에서] : 7 ~ 9
㉰ 실리카 (mg SiO_2/L) : 흔적이 나타나지 않음

정답 89. ㉱ 90. ㉮ 91. ㉮ 92. ㉮ 93. ㉱

라 전기 전도율 [298K(25℃)에서] : 0.05 μs/cm 이하

[해설] 전기 전도율(298K(25℃)에서의) 0.5μs/cm 이하이어야 한다.

94. 압력용기를 옥내에 설치하는 경우에 대한 설명으로 옳은 것은?

가 압력용기의 천정과의 거리는 압력용기 본체상부로부터 1 m 이상이어야 한다.
나 압력용기 본체와 벽과의 거리는 1 m 이상이어야 한다.
다 인접한 압력용기와의 거리는 1 m 이상이어야 한다.
라 유독성 물질을 취급하는 압력용기는 1개 이상의 출입구 및 환기장치가 있어야 한다.

[해설] ① 압력용기 본체와 벽과의 거리는 0.3 m 이상이어야 한다.
② 인접한 압력용기와의 거리는 0.3 m 이상이어야 한다.
③ 유독성 물질을 취급하는 압력용기는 2개 이상의 출입구와 환기장치가 있어야 한다.

[참고] ① 압력용기는 1개소 이상 접지되어 있어야 한다.
② 압력용기 본체는 바닥보다 100 mm 이상 높게 설치되어야 한다.
③ 횡령 제1종 압력용기의 지지대의 본체 원 둘레의 $\frac{1}{3}$ 이상이 받쳐져야 한다.

95. 입형 보일러의 특징에 대한 설명으로 틀린 것은?

가 설치 면적이 좁다.
나 전열면적이 적고 효율이 낮다.
다 증발량이 적으며 습증기가 발생한다.
라 증기실이 커서 내부 청소 및 검사가 쉽다.

[해설] 보일러가 소형이므로 내부 청소 및 검사가 어렵다.

96. 전열면에 비등기포가 생겨 열유속이 급격하게 증대하며, 가열면상에 서로 다른 기포의 발생이 나타나는 비등과정을 무엇이라고 하는가?

가 단상액체 자연대류
나 핵비등 (nucleate boiling)
다 천이비등 (transition boiling)
라 막비등 (film boiling)

[해설] ① 천이비등 : 전열면의 온도가 매우 높아지는 극대 열부하점에서 막비등에로의 이행이 일어나는 부분
② 막비등 : 전열면 표면에 증기막이 덮여 과열도를 높이면 열유속이 증대, 과열도를 낮추면 극소열 유속점에 이르는 과정

97. 리벳이음에 대한 설명으로 옳은 것은?

가 기밀작업 시 리베팅하고 냉각된 후 가장자리에 코킹작업을 한다.
나 열간 리베팅은 작업 완료 후 수축이 없어 판을 죄는 힘이 없고 마찰 저항도 없다.
다 보일러 제작 시 과거에는 용접이음을 통한 작업이 주류였으나 최근에는 리벳이음이 대분분이다.
라 리벳 재료는 전기적 부식을 막기 위해 판재와 다른 종류의 재질계통을 쓰게 하는 것을 원칙으로 한다.

[해설] ① 열간 리베팅은 작업 완료 후 수축이 있어 판을 죄는 힘이 있다.
② 과거에는 리벳이음을 통한 작업이 주류였으나 최근에는 용접이음이 대부분이다.
③ 리벳 재료는 전기적 부식을 막기 위해 판재와 같은 종류의 재질계통을 쓰게 하는 것을 원칙으로 한다.

정답 94. 가 95. 라 96. 나 97. 가

98. 수관 1개의 길이가 2500 mm, 수관의 내경이 60 mm, 수관의 두께가 5 mm인 수관 100개를 갖는 수관 보일러의 전열면적은 약 몇 m²인가?

㉮ 40 ㉯ 79
㉰ 471 ㉱ 55

[해설] 내경이 60 mm이면, 외경은 70 mm이다.
수관 1개의 전열 면적 = 지름 × π × 수관길이
= 0.07m × π × 2.5m
∴ 0.07 × π × 2.5 × 100개 = 55 m²

99. 다음 중 원통형 보일러가 아닌 것은?

㉮ 코니시 보일러   ㉯ 랭커셔 보일러
㉰ 케와니 보일러   ㉱ 타쿠마 보일러

[해설] 타쿠마 보일러는 자연순환식 수관 보일러이다.

100. 1시간당 35 kg의 연료를 연소하여 열이 전부 일로 변환된다면 발생하는 동력은 몇 마력(PS)인가? (단, 연료 1 kg의 발열량이 6800 kcal이다.)

㉮ 376 ㉯ 474
㉰ 525 ㉱ 555

[해설] $\dfrac{35 \times 6800}{\dfrac{1}{427} \times 75 \times 3600} = 376 \text{ PS}$

2013년 4회 에너지관리기사
2013.9.28 시행

제1과목 연소 공학

1. 고체연료를 사용하는 어느 열기관의 출력이 3000 kW이고 연료소비율이 매시간 1400 kg일 때 이 열기관의 열효율은 약 몇 %인가? (단, 고체연료의 중량비는 C = 73 %, H = 4.5 %, O = 8 %, S = 2 %, W = 4 %이다.)

㉮ 26.7 ㉯ 28.8
㉰ 30.3 ㉱ 32.3

[해설] $H_l = 8100 \times 0.73 + 34000$
$\times \left(0.045 - \dfrac{0.08}{8}\right) + 2500 \times 0.02$
$- 600 \times (9 \times 0.045 + 0.04)$
$= 6886 \text{ kcal/kg}$

$\eta = \dfrac{Q}{G_f \times H_l} \times 100$

$= \dfrac{3000 \text{kW} \times \dfrac{860 \text{kcal/h}}{\text{kW}}}{1400 \text{kg/h} \times 6886 \text{kcal/kg}} \times 100$

$= 26.7 \%$

2. 고열원이 400℃, 저열원이 15℃인 카르노 열기관에서 저열원의 온도를 15℃로 유지하면서 열효율을 70 %로 증가시키려면 고열원의 온도는 몇 ℃가 되어야 하는가?

㉮ 587 ㉯ 687
㉰ 787 ㉱ 887

[해설] $\eta = \dfrac{T_1 - T_2}{T_1} \times 100 = \left(1 - \dfrac{T_2}{T_1}\right) \times 100$

$0.7 = 1 - \dfrac{273 + 15}{T_1}$

$T_1 = \dfrac{273 + 15}{1 - 0.7} = 960 \text{K}$

$t[\text{℃}] = 960 - 273 = 687 \text{℃}$

3. 로터리 버너를 장시간 사용하였더니 노벽에 카본이 많이 붙어 있었다. 다음 중 주된 원인은?

㉮ 공기비가 너무 컸다.
㉯ 화염이 닿는 곳이 있었다.
㉰ 연소실 온도가 너무 높았다.
㉱ 중유의 예열 온도가 너무 높았다.

[해설] 화염이 노벽에 닿는다면 불완전 연소로 인해 노벽에 카본이 많이 붙게 된다.

4. 연료 1 kg 당 소요 이론공기량이 10.25 Sm³, 이론 배기가스량이 10.77Sm³, 공기비가 1.4일 때 실제 배기가스량은 약 몇 Sm³/kg인가? (단, 수증기량은 무시한다.)

㉮ 13 ㉯ 14 ㉰ 15 ㉱ 16

[해설] $G_w = G_{ow} + (m-1)A_0$
$= 10.77 + (1.4 - 1) \times 10.25$
$= 14.87 \text{ Sm}^3/\text{kg}$

5. 산포식 스토커로 석탄을 연소시킬 때 연소층은 어떤 순서로 형성되는가?

㉮ 건조층 → 환원층 → 산화층 → 회층
㉯ 환원층 → 건조층 → 산화층 → 회층

정답 1. ㉮ 2. ㉯ 3. ㉰ 4. ㉰ 5. ㉮

㉰ 회층 → 건조층 → 환원층 → 산화층
㉱ 산화층 → 환원층 → 건조층 → 회층

[해설] (1) 산포식 스토커(散布式 stoker)는 탄층 상부로 석탄을 산포시키는 상입식 연소이다. 회층구성은 위에서부터 새로운 석탄층 - 건조층 - 환원층 - 산화층 - 회층으로 구성되어 있다. 또한, 하입식 연소에서 화층구성(위에서부터)은 회층 - 환원층 - 산화층 - 건조층 - 새로운 석탄층으로 구성되어 있다.
(2) ① 상입연소(upper feed-combustion): 1차 공기 공급방향과 급탄방향이 반대인 연소방식 (산포식 스토커)
② 하입연소(under feed-combustion): 1차 공기 공급방향과 급탄방향이 동일한 연소방식 (하입식 스토커)

6. 불꽃연소(flaming combustion)에 대한 설명으로 틀린 것은?

㉮ 연소사면체에 의한 연소이다.
㉯ 연소속도가 느리다.
㉰ 연쇄반응을 수반한다.
㉱ 가솔린 등의 연소가 이에 해당한다.

[해설] 불꽃연소는 표면연소(불꽃이 없는 연소)보다 연소속도가 빠르다.

7. 다음 중 부생 가스가 아닌 것은?

㉮ 코크스로 가스   ㉯ 고로 가스
㉰ 발생로 가스   ㉱ 전로 가스

[해설] 발생로 가스는 석탄, 코크스, 목재 등을 화상에 넣고 공기 또는 수증기 혼합기체를 공급하여 불완전 연소시켜 만드는 가스이다.

8. 증기의 성질에 대한 설명으로 틀린 것은?

㉮ 증기의 압력이 높아지면 증발열이 커진다.
㉯ 증기의 압력이 높아지면 현열이 커진다.
㉰ 증기의 압력이 높아지면 엔탈피가 커진다.
㉱ 증기의 압력이 높아지면 포화온도가 높아진다.

[해설] 증기의 압력이 높아지면 증발열은 적어진다.

9. 연료의 성분이 어떤 경우에 총(고위)발열량과 진(저위)발열량이 같아지는가?

㉮ 수소만인 경우
㉯ 수소와 일산화탄소인 경우
㉰ 일산화탄소와 메탄인 경우
㉱ 일산화탄소와 유황의 경우

[해설] 고위발열량과 저위발열량의 차이는 수소 때문이다. 그러므로 수소가 전혀 없는 연료는 고위발열량과 저위발열량이 같다.

10. 다음 중 기상 폭발에 해당되지 않는 것은 어느 것인가?

㉮ 가스 폭발   ㉯ 분무 폭발
㉰ 분진 폭발   ㉱ 수증기 폭발

[해설] 기상 폭발은 가연성 가스의 폭발이다.

11. 최소 착화 에너지(MIE)의 특징에 대한 설명으로 옳은 것은?

㉮ 최소 착화 에너지는 압력 증가에 따라 감소한다.
㉯ 질소 농도의 증가는 최소 착화 에너지를 감소시킨다.
㉰ 산소 농도가 많아지면 최소 착화 에너지는 증가한다.
㉱ 일반적으로 분진의 최소 착화 에너지는 가연성 가스보다 작다.

[해설] 압력이 증가하면 가연성 가스의 활발성이 커지므로 최소 착화 에너지가 감소한다.

정답 6. ㉯ 7. ㉰ 8. ㉮ 9. ㉱ 10. ㉱ 11. ㉮

12. 프로판(C_3H_8) 1 Sm^3의 연소에 필요한 이론 공기량(Sm^3)은?

㉮ 13.9 ㉯ 15.6
㉰ 19.8 ㉱ 23.8

[해설] $C_3H_8 + 5O_2 \rightarrow 3CO_2 + 4H_2O$

$A_0 = \dfrac{1}{0.21} \times 5 = 23.8 \ Sm^3/Sm^3$

13. 중유연료의 연소 시 무화에 수증기를 사용하는 경우에 대한 설명으로 틀린 것은?

㉮ 고압 무화가 가능하므로 무화 효율이 좋다.
㉯ 고압 무화할수록 무화 매체량이 적어도 되므로 대용량 보일러가 사용된다.
㉰ 고점도 기름도 쉽게 무화시킬 수 있다.
㉱ 소형보일러 및 중소요로(窯爐)용에는 공기무화보다 유리하다.

[해설] 고압 기류식 버너에서 무화용 매체 종류
① 수증기 : 고압 무화가 가능하므로 대용량 보일러에 적합하며 고점도 중유 연소에 사용한다.
② 공기 : 소형 보일러에 유리하다.

14. 열병합 발전소에서 쓰레기 소각열을 이용하는 곳이 많다. 우리나라 쓰레기(도시폐기물)의 발열량은 얼마 정도인가?

㉮ 500~1000 kcal/kg
㉯ 1000~2000 kcal/kg
㉰ 2000~5000 kcal/kg
㉱ 5000~11000 kcal/kg

[해설] 도시 폐기물의 발열량은 1000~2000 kcal/kg 정도이며 석탄의 발열량은 4600 kcal/kg 정도이다.

15. 연소에서 고온부식의 발생에 대한 설명으로 옳은 것은?

㉮ 연료 중 황분의 산화에 의해 일어난다.
㉯ 연료의 연소 후 생기는 수분이 응축해서 일어난다.
㉰ 연료 중 수소의 산화에 의해 일어난다.
㉱ 연료 중 바나듐의 산화에 의해서 일어난다.

[해설] 고온부식의 원인 인자는 바나듐(V)이다.

16. 석탄 연소 시 발생하는 버드네스트(bird-nest) 현상은 주로 어느 전열면에서 가장 많은 피해를 일으키는가?

㉮ 과열기 ㉯ 공기예열기
㉰ 급수예열기 ㉱ 화격자

[해설] 버드네스트 현상은 연소가스에 의한 고온의 전열면인 과열기에 부식의 피해를 가장 크게 일으킨다.

17. 어떤 연도가스의 조성을 분석하였더니 CO_2 : 11.9%, CO : 1.6%, O_2 : 4.1%, N_2 : 82.4%이었다. 이때 과잉공기의 백분율은 얼마인가? (단, 공기 중 질소와 산소의 부피비는 79 : 21이다)

㉮ 15.7% ㉯ 17.7%
㉰ 19.7% ㉱ 21.7%

[해설] $m = \dfrac{N_2}{N_2 - 3.76(O_2 - 0.5CO)}$

$= \dfrac{82.4}{82.4 - 3.76(4.1 - 0.5 \times 1.6)}$

$= 1.177$

과잉공기율 $= (m-1) \times 100$
$= (1.177 - 1) \times 100$
$= 17.7\%$

18. 연소를 계속 유지시키는 데 필요한 조건을 가장 바르게 설명한 것은?

㉮ 연료에 산소를 공급하고 착화온도 이

[정답] 12. ㉱ 13. ㉱ 14. ㉯ 15. ㉱ 16. ㉮ 17. ㉯ 18. ㉰

하로 억제한다.
㉯ 연료에 발화온도 미만의 저온 분위기를 유지시킨다.
㉰ 연료에 산소를 공급하고 착화온도 이상으로 유지한다.
㉱ 연료에 공기를 접촉시켜 연소속도를 저하시킨다.

[해설] 착화온도는 스스로 불이 붙는 최저 온도이므로 이 온도 이상에서는 연소가 계속 유지된다.

19. 1mol의 이상기체($C_V = \frac{3}{2}R$)가 40℃, 35 atm으로부터 1 atm까지 단열 가역적으로 팽창하였다. 최종 온도는 약 몇 K이 되는가?

㉮ 75 ㉯ 88
㉰ 98 ㉱ 107

[해설] $\frac{T_2}{T_1} = \left(\frac{P_2}{P_1}\right)^{\frac{k-1}{k}}$

$C_P = C_V + R,\ C_V = \frac{3}{2}R$

$k = \frac{C_P}{C_V} = \frac{\frac{3}{2}R + R}{\frac{3}{2}R} = \frac{\frac{5}{2}R}{\frac{3}{2}R} = 1.666$

$\therefore\ T_2 = (273 + 40) \times \left(\frac{1}{35}\right)^{\frac{1.666-1}{1.666}}$
$= 75\,\text{K}$

20. $CO_{2\,max} = 19.0\%$, $CO_2 = 10.0\%$, $O_2 = 3.0\%$ 일 때 과잉 공기 계수(m)는 얼마인가?

㉮ 1.25 ㉯ 1.35
㉰ 1.46 ㉱ 1.90

[해설] $\therefore\ m = \frac{CO_{2\,max}}{CO_2} = \frac{19}{10.0} = 1.90$

제2과목 열역학

21. 이상기체에서 엔탈피의 미소변화 dh는 어떻게 표시되는가?

㉮ $dh = C_V dT$
㉯ $dh = \sqrt{C_P C_V}\,dT$
㉰ $dh = C_P dT$
㉱ $dh = \frac{C_P}{C_V} dT$

[해설] $dh = C_P dT$

22. 냉동기가 저온에서 80 kcal를 흡수하고, 고온에서 120 kcal를 방출할 때 성능계수(COP)는 얼마인가?

㉮ 0 ㉯ 1
㉰ 2 ㉱ 3

[해설] 냉동기 성능계수 $= \frac{T_2}{T_1 - T_2}$
$= \frac{Q_2}{Q_1 - Q_2}$
$= \frac{80}{120 - 80} = 2$

23. 이상적인 증기동력 사이클인 랭킨 사이클을 이루는 과정이 아닌 것은?

㉮ 펌프에서의 등엔트로피 압축
㉯ 보일러에서의 정압 가열
㉰ 터빈에서의 등온 팽창
㉱ 응축기에서의 정압 방열

[해설] 랭킨 사이클은 2개의 단열변화와 2개의 정압변화로 이루어지는 사이클이다.

24. 그림의 열기관 사이클(cycle)에 해당되는 것은?

정답 19. ㉮ 20. ㉱ 21. ㉰ 22. ㉰ 23. ㉰ 24. ㉯

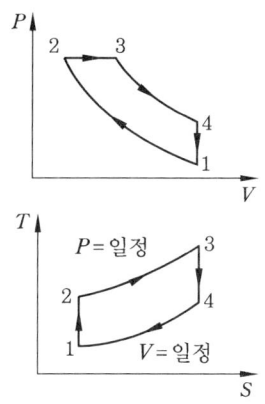

㉮ 오토(Otto) 사이클
㉯ 디젤(Diesel) 사이클
㉰ 랭킨(Rankine) 사이클
㉱ 스털링(Stirling) 사이클

[해설] 디젤 사이클은 2개의 단열 과정과 1개의 정적 과정, 1개의 등압 과정으로 구성된 사이클이다.

25. 다음 그림은 Rankine 사이클의 $h-s$ 선도이다. 등엔트로피 팽창과정을 나타내는 것은 어느 것인가?

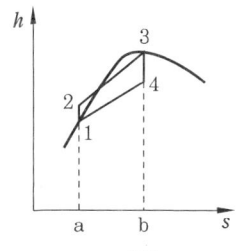

㉮ $1 \rightarrow 2$ ㉯ $2 \rightarrow 3$
㉰ $3 \rightarrow 4$ ㉱ $4 \rightarrow 1$

[해설] 등엔트로피 팽창과정은 $3 \rightarrow 4$이다.

26. 열역학 제2법칙의 내용과 직접적인 관련이 없는 것은?

㉮ 엔트로피의 정의
㉯ 비가역 과정의 생성 엔트로피
㉰ 자연 발생적인 열의 흐름 방향
㉱ 내부 에너지의 정의

[해설] 내부 에너지의 정의는 열역학 제1법칙에 의하여 정의된다.

27. 과열 온도 조절법에 대한 설명으로 틀린 것은?

㉮ 과열저감기를 사용하는 방식
㉯ 댐퍼에 의한 열가스 조절에 의한 방식
㉰ 버너의 위치변경 또는 사용버너의 변경에 의한 방식
㉱ 연소용 공기의 접촉을 가감하는 방식

[해설] 연소 배기가스를 재순환하여 과열온도를 조절할 수 있다.

28. 고체 용기가 압력 300 kPa, 온도 31℃의 가스로 충만되어 있다. 그 가스의 일부를 빼내었더니 용기 내의 압력이 100 kPa이고, 온도는 10℃가 되었다면, 빠져나간 가스량은 전체 가스량의 약 몇 %인가? (단, 가스는 이상기체로 간주한다.)

㉮ 36 ㉯ 52
㉰ 64 ㉱ 73

[해설] $PV = \dfrac{W}{M}RT$

$W = \dfrac{PVM}{RT} = \dfrac{300 \cdot V \cdot M}{R \times (273+31)}$

$W' = \dfrac{100 \times V \cdot M}{R \times (273+10)}$

∴ 빠져나간 가스량 $= \dfrac{W-W'}{W} \times 100$

$= \dfrac{\dfrac{300 \cdot V \cdot M}{R \times (273+31)} - \dfrac{100 \cdot V \cdot M}{R \times (273+10)}}{\dfrac{300 \cdot V \cdot M}{R \times (273+31)}} \times 100$

$= 64.19 \%$

29. 그림과 같은 열펌프(heat pump) 사이클에서 성능계수는? (단, P는 압력, H는

엔탈피이다.)

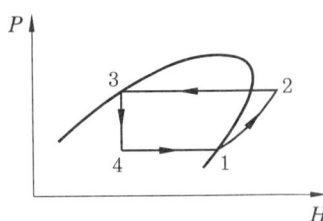

㉮ $\dfrac{H_2-H_3}{H_2-H_1}$ ㉯ $\dfrac{H_1-H_4}{H_2-H_1}$

㉰ $\dfrac{H_1-H_3}{H_2-H_1}$ ㉱ $\dfrac{H_3-H_4}{H_2-H_1}$

[해설] 열펌프 성능계수 $=\dfrac{q_c(\text{방열량})}{A_w(\text{압축일})}$

$=\dfrac{H_2-H_3}{H_2-H_1}$

30. 압력 200 kPa, 온도 25℃의 물이 시간당 200 kg씩 혼합실에 들어가 압력 200 kPa의 건포화 수증기와 혼합되어 45℃의 물로 배출된다. 시간당 수증기 공급량을 몇 kg으로 하여야 하는가? (단, 압력 200 kPa에서 포화온도가 120℃, 포화수증기의 증발잠열은 2703kJ/kg이고 열손실은 없으며 액체상태 물의 평균비열은 4.184 kJ/kg·K 이다.)

㉮ 7.25 ㉯ 5.55
㉰ 5.13 ㉱ 4.25

[해설] $GC\Delta t = G'(C\Delta t' + r)$
$200 \times 4.184 \times (45-25)$
$= x \times \{4.184 \times (120-45) + 2703\}$
$\therefore x = 5.547$ kg

31. 어떤 상태에서 질량이 반으로 줄면 강도성질(intensive property) 상태량의 값은?

㉮ 반으로 줄어든다.
㉯ 2배로 증가한다.
㉰ 4배로 증가한다.
㉱ 변하지 않는다.

[해설] 강도성질은 질량에 상관없이 일정한 값이다.

32. 15 Nm³의 공기가 동일한 압력으로 0℃에서 100℃로 되었다면 엔탈피 변화량은 약 몇 kJ인가? (단, 공기의 기체 상수는 0.287 kJ/kg·K, 정압비열은 1.0 kJ/kg·K로 한다.)

㉮ 1530 kJ ㉯ 1940 kJ
㉰ 4660 kJ ㉱ 10440 kJ

[해설] $dH = GC_p dT$
$= 15\text{Nm}^3 \times \dfrac{29\text{kg}}{22.4\text{Nm}^3} \times 1.0\text{kJ/kg}\cdot\text{K} \times (100-0)\text{℃}$
$= 1941.96$ kJ

33. 어떤 압력의 포화수를 가열하여 동일한 압력의 건포화증기로 만들고자 한다. 이때 소요되는 증발열이 가장 큰 포화수는 다음 중 어떤 압력일 경우인가?

㉮ 0.5 kgf/cm² ㉯ 1.0 kgf/cm²
㉰ 10 kgf/cm² ㉱ 100 kgf/cm²

[해설] 압력이 낮을수록 증발열은 커진다.

34. Carnot 사이클은 2개의 등온과정과 또다른 2개의 어느 과정으로 구성되는가?

㉮ 정압과정 ㉯ 등적과정
㉰ 단열과정 ㉱ 폴리트로픽과정

[해설] 카르노 사이클은 2개의 등온과정과 2개의 단열과정으로 구성된다.

35. 높이 50 m인 폭포에서 물이 낙하할 때 위치에너지가 운동에너지로 변했다가 다시 열에너지로 변한다면 물의 온도는 대략 얼마나 올라가는가?

㉮ 0.02℃ ㉯ 0.12℃
㉰ 0.22℃ ㉱ 0.32℃

[해설] 물을 1 kg이라 가정하면
$1\text{kg} \times 50\text{m} \times \frac{1}{427} \text{kcal/kg·m}$
$= 1\text{kg} \times 1\text{kcal/kg℃} \times \Delta t [℃]$
$\therefore \Delta t = 0.117℃$

36. 브레이턴 사이클(Brayton cycle)은 어떤 기관에 대한 이상적인 cycle인가?

㉮ 가스터빈 기관 ㉯ 증기 기관
㉰ 가솔린 기관   ㉱ 디젤 기관

[해설] 브레이턴 사이클은 2개의 단열과정과 2개의 등압과정으로 이루어진 가스터빈의 이상적인 사이클이다.

37. 성능계수(coefficient of performance)가 2.5인 냉동기가 있다. 15냉동톤(refrigeration ton)의 냉동 용량을 얻기 위해서 냉동기에 공급해야 할 동력(kW)은? (단, 1 냉동톤은 3.861 kW이다.)

㉮ 20.5 ㉯ 23.2
㉰ 27.5 ㉱ 29.7

[해설] 냉동기 성능계수 $= \frac{Q_2}{Q_1 - Q_2} = \frac{Q_2}{AW}$
$2.5 = \frac{15 \times 3.861}{x}$
$\therefore x = 23.16 \text{ kW}$

38. 500 K의 고온 열저장조와 300 K의 저온 열저장조 사이에서 작동되는 열기관이 낼 수 있는 최대 효율은?

㉮ 100 % ㉯ 80 %
㉰ 60 %   ㉱ 40 %

[해설] $\eta = \frac{T_1 - T_2}{T_1} \times 100 = \frac{500 - 300}{500} \times 100 = 40 \%$

39. 30℃에서 기화잠열이 173kJ/kg인 어떤 냉매의 포화액-포화증기 혼합물 4 kg을 가열하여 건도가 20 %에서 30 %로 증가되었다. 이 과정에서 냉매의 엔트로피 증가량은 몇 kJ/K인가?

㉮ 69.2 ㉯ 2.31
㉰ 0.228 ㉱ 0.057

[해설] $\Delta S = \frac{\Delta Q}{T} = \frac{4 \times 173 \times (0.3 - 0.2)}{273 + 30}$
$= 0.228 \text{kJ/K}$

40. 온도 100℃, 압력 200 kPa의 공기(이상기체)가 정압과정으로 최종온도가 200℃가 되었을 때 공기의 부피는 처음 부피의 약 몇 배가 되는가?

㉮ 1.12 ㉯ 1.27
㉰ 1.52 ㉱ 2

[해설] $\frac{P_1 V_1}{T_1} = \frac{P_2 V_2}{T_2}$ 에서 $\frac{V_1}{T_1} = \frac{V_2}{T_2}$ (정압에서)
$\frac{V_1}{(273+100)} = \frac{V_2}{(273+200)}$
$\therefore V_2 = \frac{(273+200)}{(273+100)} V_1 = 1.268 V_1$

제3과목 계측 방법

41. 과열증기의 온도조절 방법이 아닌 것은?

㉮ 습증기 일부를 과열기로 보내는 방법
㉯ 연소가스의 유량을 가감하는 방법
㉰ 과열기 전용화로를 설치하는 방법
㉱ 과열증기의 일부를 배출하는 방법

[해설] 과열증기 온도조절 방법(㉮항, ㉯항, ㉰항 외에)
① 과열 저감기를 사용하는 방법
② 연소실 내의 화염의 위치를 바꾸는 방법

정답 36. ㉮ 37. ㉯ 38. ㉱ 39. ㉰ 40. ㉯ 41. ㉱

③ 절탄기 출구 측 저온의 가스를 재순환시키는 방법

42. 다음 각 물리량에 대한 SI 유도단위의 기호로 틀린 것은?

㉮ 압력 – 파스칼(pascal)
㉯ 에너지 – 칼로리(calorie)
㉰ 일률 – 와트(watt)
㉱ 광선속 – 루멘(lumen)

[해설] ① 에너지, 일, 열량 → 줄(J)
② 주파수 → 헤르츠(Hz)
③ 힘 → 뉴턴(N)
④ 전압 → 볼트(V)
⑤ 전도율 → 지멘스(s)

43. 속도의 수두차를 측정하는 유량계가 아닌 것은?

㉮ 피토관(Pitot tube)
㉯ 로터미터(Rota meter)
㉰ 오리피스미터(Orifice meter)
㉱ 벤투리미터(Venturi meter)

[해설] 속도의 수두차를 측정하는 유량계
피토관, 오리피스미터, 벤투리미터, 플로노즐

44. 염화리튬 공기 수증기압과 평형을 이룰 때 생기는 온도저하를 저항온도계로써 측정하여 습도를 알아내는 습도계는?

㉮ 아스만 습도계
㉯ 듀셀 노점계
㉰ 전기저항식 습도계
㉱ 광전관식 노점계

[해설] 듀셀 노점계
염화리튬 노점계라고도 하며 감온부에 염화리튬의 포화수용액의 증기압과 수증기의 압력을 평형시켜 이때의 염화리튬의 온도에 의해 노점을 측정한다.

45. 오차의 정의로서 맞는 것은?

㉮ 오차 = 측정값 – 참값
㉯ 오차 = 참값/측정값
㉰ 오차 = 참값 + 측정값
㉱ 오차 = 측정값 × 참값

[해설] 오차(error) = 측정값(측정치) – 참값(진실치)

46. 다음 금속 중 측온(測溫) 저항체로 쓰이지 않는 것은?

㉮ Cu ㉯ Fe
㉰ Ni ㉱ Pt

[해설] 측온 저항체의 종류
Cu, Ni, Pt, 서미스터

47. 액주에 의한 압력측정에서 정밀 측정을 위한 보정(補正)으로 반드시 필요로 하지 않는 것은?

㉮ 모세관 현상의 보정
㉯ 중력의 보정
㉰ 온도의 보정
㉱ 높이의 보정

[해설] 액주식 압력계에서 모세관 현상에 의한 오차를 유발하므로 정밀한 측정을 위해서는 온도의 보정, 모세관 현상의 보정, 높이의 보정이 필요하다.

48. 관로(管路)에 설치된 오리피스 전후의 압력차는?

㉮ 유량의 제곱에 비례한다.
㉯ 유량의 제곱근에 비례한다.
㉰ 유량의 제곱에 반비례한다.
㉱ 유량의 제곱근에 반비례한다.

[해설] ① 유량은 차압의 제곱근에 비례한다.
② 차압은 유량의 제곱에 비례한다.

[정답] 42. ㉯ 43. ㉯ 44. ㉯ 45. ㉮ 46. ㉯ 47. ㉱ 48. ㉮

49. 미리 정해진 순서에 따라 순차적으로 진행하는 제어방식은?

㉮ 시퀀스 제어(sequence control)
㉯ 피드백 제어(feedback control)
㉰ 피드포워드 제어(feed forward control)
㉱ 적분 제어(integral control)

50. 다음 중 SI 기본단위를 바르게 표현한 것은 어느 것인가?

㉮ 길이 – 밀리미터
㉯ 질량 – 그램
㉰ 시간 – 분
㉱ 전류 – 암페어

[해설] ① 길이 – 미터(m)
② 질량 – 킬로그램(kg)
③ 시간 – 초 (s)
④ 전류 – 암페어 (A)
⑤ 온도 – 캘빈 (K)
⑥ 물질량 – 몰 (mol)
⑦ 광도 – 칸델라 (cd)

51. 시스(sheath)형 측온 저항체의 특성이 아닌 것은?

㉮ 응답성이 빠르다.
㉯ 진동에 강하다.
㉰ 가소성이 없다.
㉱ 국부적인 측온에 사용된다.

[해설] 시스
보호관 속에 마그네시아, 알루미나를 넣고 다져 만든 것으로 가소성이 있다.

52. 원인을 알 수 없는 오차로서 측정할 때마다 측정값이 일정하지 않고 분포현상을 일으키는 오차는?

㉮ 계량기 오차   ㉯ 과오에 의한 오차
㉰ 계통적 오차   ㉱ 우연 오차

[해설] ① 우연 오차 : 흩어짐의 원인이 되는 오차를 말하며 원인을 알 수도 없고 제거할 수도 없으며 분포현상을 일으키는 오차
② 과오에 의한 오차 : 측정자의 부주의로 일어나는 오차
③ 계통적 오차 : 쏠림의 원인이 되는 오차이며 원인을 알 수 있으므로 제거 및 보정을 할 수 있다.

53. 내경 300 mm인 원관 내에 3 kg/s의 공기가 유입되고 있다. 이때 관내의 압력 200 kPa, 온도 25℃, 공기기체상수는 287 J/kg·K이라고 할 때 공기평균속도는 약 몇 m/s인가?

㉮ 1.8   ㉯ 2.4
㉰ 18.2   ㉱ 23.5

[해설] $PV = \frac{W}{M} \cdot RT$에서 $V = \frac{WRT}{P \cdot M}$

$= \frac{3 \text{kg/s} \times 0.287 \text{K} \cdot \text{N} \cdot \text{m/kg} \cdot \text{K} \times (273+25) \text{K}}{200 \text{K} \cdot \text{N/m}^2 \times 29 \text{kg/kg}}$

$= 1.28289 \text{ m}^3/\text{s}$이고

$v = \frac{Q}{A} = \frac{1.28289 \text{ m}^3/\text{s}}{\frac{3.14 \times 0.3^2}{4} \text{m}^2} = 18.15 \text{ m/s}$

54. 물이 흐르고 있는 공정 상의 두 지점에서 압력 차이를 측정하기 위해 그림과 같은 압력계를 사용하였다. 압력계 내 액의 비중은 1.1이고 양쪽 관의 높이가 그림과 같을 때 지점(1)과 (2)에서의 압력 차이는 몇 dyne/cm²인가?

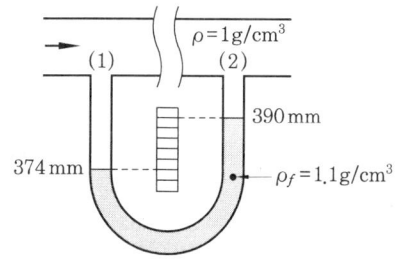

㉮ 5   ㉯ 48
㉰ 157 ㉱ 1568

[해설] $P_1 + r_1 h_1 = P_2 + r_2 h_2$에서
$P_1 - P_2 = r_2 h_2 - r_1 h_1$ 이므로
$1.1 \text{g/cm}^3 \times (39-37.4)\text{cm} - 1\text{g/cm}^3 \times (39-37.4)\text{cm}$
$= 0.16 \text{g/cm}^2 = \dfrac{0.16\text{g} \times 980\text{cm/s}^2}{\text{cm}^2}$
$= 156.8 \text{dyne/cm}^2$

55. 다음 중 용적식 유량계가 아닌 것은?
㉮ 습식 가스미터
㉯ 원판식 유량계
㉰ 아뉴바 유량계
㉱ 오벌식 유량계

[해설] 용적식 유량계의 종류
오벌식, 루트식, 습식 가스미터, 건식 가스미터, 로터리 벤, 로터리 피스톤 미터, 원판식

56. 다음 중 비접촉식 온도계가 아닌 것은?
㉮ 광고 온도계(optical pyrometer)
㉯ 바이메탈 온도계(bimetal pyrometer)
㉰ 방사 온도계(radiat pyrometer)
㉱ 광전관식 온도계(photoeletric pyrometer)

[해설] 비접촉식 온도계의 종류로는 ㉮항, ㉰항, ㉱항 및 색 온도계가 있다.

57. 전자유량계의 특징에 대한 설명 중 틀린 것은?
㉮ 압력손실이 거의 없다.
㉯ 응답이 매우 빠르다.
㉰ 높은 내식성을 유지할 수 있다.
㉱ 모든 액체의 유량 측정이 가능하다.

[해설] 전자 유량계의 특징(㉮, ㉯, ㉰항 외에)
① 도전성 액체의 유량 측정에만 가능하다.
② 슬러지가 있거나 고점도 액체의 측정이 가능하며 미소한 측정 전압에 대하여 고성능 증폭기가 필요하다.

58. 계측에 있어 측정의 참값을 판단하는 계의 특성 중 동특성에 해당하는 것은?
㉮ 감도
㉯ 직선성
㉰ 히스테리시스 오차
㉱ 시간지연과 동오차

[해설] ① 참값: 동특성에 의한 시간지연 요인으로 주위 환경에 따라 복잡하게 결정된다.
② 감도: 측정량의 변화에 따른 지시량의 변화 비율을 말한다.
③ 히스테리시스 오차 (측정기의 오차): 기기 고유의 오차를 말한다.

59. 다음 각 압력계에 대한 설명으로 틀린 것은 어느 것인가?
㉮ 벨로스 압력계는 탄성식 압력계이다.
㉯ 다이어프램 압력계의 박판재료로 인청동, 고무를 사용할 수 있다.
㉰ 침종식 압력계는 압력이 낮은 기체의 압력 측정에 적당하다.
㉱ 탄성식 압력계의 일반 교정용 시험기로는 전기식 표준압력계기가 주로 사용된다.

[해설] 탄성식 압력계의 일반 교정용으로 분동식 압력계가 사용된다.

60. 오벌(oval)식 유량계의 특징에 대한 설명으로 틀린 것은?
㉮ 타원형 치차의 맞물림을 이용하므로 비교적 측정정도가 높다.
㉯ 기체유량 측정은 불가능하다.
㉰ 유량계의 앞부분(前部)에 여과기(strainer)를 설치하지 않아도 된다.
㉱ 설치가 간단하고 내구력이 우수하다.

[해설] 유량계의 앞부분에 여과기를 설치하여야 한다.

정답 55. ㉰ 56. ㉯ 57. ㉱ 58. ㉱ 59. ㉱ 60. ㉰

제4과목 열설비 재료 및 관계법규

61. 다음 중 열전도율이 가장 적은 것은?

㉮ 철   ㉯ 고무
㉰ 물   ㉱ 공기

[해설] 상온에서 열전도율이 큰 순서
은＞구리＞알루미늄＞니켈＞철＞물＞공기
[참고] 철 : 40 ~ 50 kcal/mh℃
물 : 0.48 kcal/mh℃
공기 : 0.22 kcal/mh℃

62. 터널가마(tunnel kiln)의 특징에 대한 설명 중 틀린 것은?

㉮ 연속식 가마이다.
㉯ 사용연료에 제한이 없다.
㉰ 대량 생산이 가능하고 유지비가 저렴하다.
㉱ 노내 온도조절이 용이하다.

[해설] 터널가마의 특징
① 사용연료, 제품의 품질, 크기, 형상에 제한을 받는다.
② 대량생산이 가능하며 소량생산에 부적합하다.
③ 건설비가 비싸고 전력 소모가 많다.

63. 에너지이용 합리화 관련법에서 정한 검사를 받아야 하는 소형온수보일러의 기준은 어느 것인가?

㉮ 가스사용량이 15 kg/h를 초과하는 보일러
㉯ 가스사용량이 17 kg/h를 초과하는 보일러
㉰ 가스사용량이 19 kg/h를 초과하는 보일러
㉱ 가스사용량이 21 kg/h를 초과하는 보일러

[해설] 에너지이용 합리화법 시행규칙 제31조의 6 별표 3의 3 참조

64. 에너지이용 합리화법에 명시된 에너지관리공단의 설립목적은?

㉮ 시, 도의 기능을 대신하기 위하여
㉯ 정부의 과대한 업무를 일부 분담키 위하여
㉰ 에너지수급 및 동향을 효율적인 방안으로 관리하기 위하여
㉱ 에너지이용합리화 사업을 효율적으로 추진하기 위하여

[해설] 에너지이용 합리화법 제45조 ①항 참조

65. 에너지이용 합리화 관련법상 열사용 기자재에 해당하는 것은?

㉮ 선박용 보일러
㉯ 고압가스 압력용기
㉰ 철도차량용 보일러
㉱ 금속요로

[해설] 에너지이용 합리화법 시행규칙 제1조의 2 별표 참조

66. 다음 보온재 중 가장 낮은 온도에서 사용될 수 있는 것은?

㉮ 석면   ㉯ 규조토
㉰ 우레탄 폼   ㉱ 탄산마그네슘

[해설] ① 석면 : 약 400℃
② 규조토 : 약 500℃
③ 우레탄 폼 : 약 130℃
④ 탄산마그네슘 : 약 250℃

67. 에너지이용 합리화법상의 "목표에너지원단위"란?

㉮ 열사용기기당 단위시간에 사용할 열의 사용 목표량

정답 61. ㉱ 62. ㉯ 63. ㉯ 64. ㉱ 65. ㉱ 66. ㉰ 67. ㉰

㉯ 각 회사마다 단위기간 동안 사용할 열의 사용 목표량
㉰ 에너지를 사용하여 만드는 제품의 단위당 에너지사용 목표량
㉱ 보일러에서 증기 1톤을 발생할 때 사용할 연료의 사용 목표량

[해설] 에너지이용 합리화법 제35조 ①항 참조

68. 실리카(silica)의 특징에 대한 설명으로 틀린 것은?

㉮ 온도변화에 따라 결정형이 달라진다.
㉯ 광화제가 전이를 촉진시킨다.
㉰ 고온전이형이 되면 비중이 작아진다.
㉱ 규석은 가정 안정한 광물로서 온도변화의 영향을 받지 않는다.

[해설] 규석은 가열하면 결정 구조가 전이하여 팽창한다.

69. 효율관리기자재 중 최저 소비효율기준에 미달하거나 최대 사용량 기준을 초과한 것의 생산 또는 판매 금지 명령을 위반한 자에 해당하는 벌칙은?

㉮ 2000만원 이하의 벌금
㉯ 500만원 이하의 벌금
㉰ 1000만원 이하의 과태료
㉱ 500만원 이하의 과태료

[해설] 에너지이용 합리화법 제74조 참조

70. 옥내온도는 15℃, 외기온도가 5℃일 때 콘크리트 벽(두께 10 cm, 길이 10 m 및 높이 5m)을 통한 열손실이 1500 kcal/h라면 외부 표면 열전달 계수는 약 몇 kcal/m²·h·℃인가? (단, 내부표면 열전달 계수는 8.0 kcal/m²·h·℃이고 콘크리트 열전도율은 0.7443 kcal/m·h·℃이다.)

㉮ 11.5 ㉯ 13.5
㉰ 15.5 ㉱ 17.5

[해설] ① 열통과율 $K = \dfrac{1500}{(10 \times 5)(15-5)}$
$= 3 \text{kcal/m}^2\text{h℃}$

② 열저항 $R = \dfrac{1}{3} = \dfrac{1}{8} + \dfrac{0.1}{0.7443} + \dfrac{1}{\alpha_0}$

$\dfrac{1}{\alpha_0} = \dfrac{1}{3} - \dfrac{1}{8} - \dfrac{0.1}{0.7443}$

∴ 외부 표면열전달 계수 α_0
$= 13.517 \text{ kcal/m}^2\text{h℃}$

71. 신축이음에 대한 설명 중 틀린 것은?

㉮ 슬리브형은 단식과 복식의 2종류가 있으며 고온, 고압에 사용한다.
㉯ 루프형은 고압에 잘 견디며 주로 고압증기의 옥외 배관에 사용한다.
㉰ 벨로스형은 신축으로 인한 응력을 받지 않는다.
㉱ 스위블형은 온수 또는 저압증기의 배관에 사용하며 큰 신축에 대하여는 누설의 염려가 있다.

[해설] 슬리브형은 10 kg/cm², 180℃ 정도의 저압, 저온에 사용한다.

72. 다음 중 에너지 저장의무 부과 대상자가 아닌 자는?

㉮ 전기사업법에 의한 전기사업자
㉯ 석유사업법에 의한 석유정제업자
㉰ 액화가스사업법에 의한 액화가스사업자
㉱ 연간 2만 석유환산톤의 에너지 다소비사업자

[해설] 에너지이용 합리화법 시행령 제12조 ①항 참조

73. 에너지절약 전문기업의 등록이 취소된 에너지절약 전문기업은 원칙적으로 등록

[정답] 68. ㉱ 69. ㉮ 70. ㉯ 71. ㉮ 72. ㉰ 73. ㉯

취소일로부터 얼마의 기간이 지나면 다시 등록을 할 수 있는가?
㉮ 1년   ㉯ 2년
㉰ 3년   ㉱ 5년
[해설] 에너지이용 합리화법 제27조 1항 참조

74. 볼 밸브(ball valve)의 특징에 대한 설명으로 틀린 것은?
㉮ 유로가 배관과 같은 형상으로 유체의 저항이 적다.
㉯ 밸브의 개폐가 쉽고 조작이 간편하여 자동조작밸브로 활용된다.
㉰ 이음쇠 구조가 없기 때문에 설치공간이 작아도 되고 보수가 쉽다.
㉱ 밸브대가 90° 회전하므로 패킹과의 원주방향 움직임이 크기 때문에 기밀성이 약하다.
[해설] 볼 밸브를 구형 밸브라고 하며 핸들을 90°로 움직여 개폐하므로 개폐시간이 짧고 저압에서는 기밀성이 크며 가스배관에 많이 사용한다.

75. 검사대상기기 설치자가 해당기기를 검사받지 않고 사용하였을 경우의 벌칙으로 맞는 것은?
㉮ 2년 이하의 징역 또는 2천만원 이하의 벌금
㉯ 1년 이하의 징역 또는 1천만원 이하의 벌금
㉰ 2천만원 이하의 과태료
㉱ 1천만원 이하의 과태료
[해설] 에너지이용 합리화법 제73조 참조

76. 염기성 슬래그나 용융금속에 대한 내침식성이 크므로 염기성 제강로의 노재로 주로 사용되는 내화벽돌은?

㉮ 마그네시아질 벽돌
㉯ 규석 벽돌
㉰ 샤모트 벽돌
㉱ 알루미나질 벽돌
[해설] 염기성 슬래그와 접촉되므로 염기성 내화물을 사용해야 하고 염기성 슬래그 및 용융금속에 대한 내침식성이 큰 것은 마그네시아질 내화물이다.

77. 국가에너지절약추진위원회의 구성에 해당하지 않는 자는?
㉮ 해양수산부차관
㉯ 교육부차관
㉰ 한국지연난방공사 사장
㉱ 한국가스안전공사 사장
[해설] 에너지이용 합리화법 시행령 제4조 ①항 참조

78. 용광로의 원료 중 코크스의 역할로 옳은 것은?
㉮ 탈황작용   ㉯ 흡탄작용
㉰ 매용제(媒熔劑)   ㉱ 탈산작용
[해설] ① 용제로 사용되는 석회석이나 형석 : 철과 불순물을 분리, 염기성 슬래그 조성
② 망간 광석 : 탈산, 탈황작용
③ 코크스 : 흡탄작용

79. 효율관리기자재의 제조업자가 효율관리시험기관으로부터 측정결과를 통보받은 날 또는 자체측정을 완료한 날부터 며칠 이내에 에너지관리공단에 신고하여야 하는가?
㉮ 15일   ㉯ 30일
㉰ 60일   ㉱ 90일
[해설] 에너지이용 합리화법 시행규칙 제9조 참조

정답 74. ㉱   75. ㉯   76. ㉮   77. ㉱   78. ㉯   79. ㉰

80. 다이어프램 밸프(diaphragm valve)에 대한 설명이 아닌 것은?

㉮ 화학약품을 차단함으로써 금속부분의 부식을 방지한다.
㉯ 기밀을 유지하기 위한 패킹을 필요로 하지 않는다.
㉰ 저항이 적어 유체의 흐름이 원활하다.
㉱ 유체가 일정 이상의 압력이 되면 작동하여 유체를 분출시킨다.

[해설] 다이어프램 밸브는 내열성, 내약품성의 고무로 만든 다이어프램을 밸브 시이트에 밀어 부쳐서 유량을 조절한다.

제5과목 열설비 설계

81. 대류 열전달에서 대류 열전달 계수(경막계수)의 단위는?

㉮ kcal/℃
㉯ kcal/kg·℃
㉰ kcal/m·h·℃
㉱ kcal/m²·h·℃

[해설] ① 대류열전달계수 및 열관류율 : kcal/m²·h·℃
② 열전도율 : kcal/m·h·℃

82. 보일러의 부속장치인 이코노마이저에 대한 설명으로 틀린 것은?

㉮ 통풍손실이 발생할 수 있다.
㉯ 저온부식이 발생할 수 있다.
㉰ 증발능력을 상승시킨다.
㉱ 열응력을 증가시킨다.

[해설] 이코노마이저(=절탄기=급수가열기)로 급수를 예열시켜 사용하므로 보일러 동체의 열응력을 감소시킨다.

83. 보일러 수(水)의 분출 목적이 아닌 것은 어느 것인가?

㉮ 물의 순환을 촉진한다.
㉯ 가성취화를 방지한다.
㉰ 프라이밍 및 포밍을 촉진한다.
㉱ 관수의 pH를 조절한다.

[해설] 프라이밍 및 포밍을 방지하며 스케일 생성을 억제한다.

84. 맞대기 용접은 용접방법에 따라 그루브를 만들어야 한다. 판 두께 10 mm에 할 수 있는 그루브의 형상이 아닌 것은?

㉮ V형   ㉯ R형
㉰ H형   ㉱ J형

[해설] ① 판 두께 1 mm 이상~5 mm 이하 : I형
② 판 두께 5 mm 이상~16 mm 이하 : V형, R형, J형
③ 판 두께 12 mm 이상~38 mm 이하 : X형, U형, K형, 양면 J형
④ 판 두께 19 mm 이상 : H형

85. 피치가 150 mm 이하이고, 골의 깊이가 38 mm 이상인 파형 노통의 종류는?

㉮ 모리슨형   ㉯ 데이톤형
㉰ 폭스형   ㉱ 리즈포지형

[해설]

파형 노통 종류	피치 (mm)	골의 깊이 (mm)
모리슨형	200 이하	38 이상
데이톤형	200 이하	38 이상
폭스형	150 이하	38 이상
파브스형	230 이하	35 이상
리즈포지형	200 이하	57 이상
브라운형	230 이하	41 이상

86. 흑체로부터의 복사전열량은 절대온도(T)의 몇 제곱에 비례하는가?

정답 80. ㉱ 81. ㉱ 82. ㉱ 83. ㉰ 84. ㉰ 85. ㉰ 86. ㉱

㉮ $\sqrt{2}$　㉯ 2　㉰ 3　㉱ 4

[해설] 복사전열량은 절대온도의 4제곱에 비례한다.

87. 최고사용압력 1.5 MPa, 파형 형상에 따른 정수(C)를 1100으로 할 때 노통의 평균지름이 1100mm인 파형노통의 최소 두께는 약 몇 mm인가?

㉮ 10　㉯ 15
㉰ 20　㉱ 25

[해설] 파형노통의 최소 두께(mm)
$$= \frac{10 \times P[\text{MPa}] \times D[\text{mm}]}{\text{정수 } C[\text{mm}]}$$
$$= \frac{10 \times 1.5 \times 1100}{1100} = 15 \text{ mm}$$

88. 다음 중 증기와 응축수의 온도 차이를 이용하여 작동하는 증기트랩은?

㉮ 바이메탈식　㉯ 상향버켓식
㉰ 플로트식　㉱ 오리피스식

[해설] 온도조절식 트랩의 종류
바이메탈식, 벨로스식

89. 두께 4 mm 강의 평판에서 고온측 면의 온도가 100℃이고 저온측 면의 온도가 80℃이며 매분당 30000 kJ/m²의 전열을 한다고 하면 이 강판의 열전도율은 약 몇 W/m인가?

㉮ 50　㉯ 100
㉰ 150　㉱ 200

[해설] $q = \frac{\lambda}{l} \cdot \Delta t = \frac{\lambda}{0.004} \times (100-80)$
$$= \frac{30000 \times 1000}{60} \text{ J/m}^2\text{s}$$
∴ 열전도율 $\lambda = \frac{0.004 \times 30{,}000 \times 1000}{20 \times 60}$
$$= 100 \text{ (W/m=J/ms)}$$

[참고] 1 J/s = 1 W

90. 횡연관식 보일러에서 연관의 배열을 바둑판 모양으로 하는 주된 이유는?

㉮ 보일러 강도상 유리하므로
㉯ 관의 배치를 많게 하기 위하여
㉰ 물의 순환을 양호하게 하기 위하여
㉱ 연소가스의 흐름을 원활하게 하기 위하여

[해설] ① 연관을 바둑판 모양으로 배열하는 이유 : 물의 순환을 양호하게 하기 위하여
② 수관을 마름모 모양으로 배열하는 이유 : 전열을 양호하게 하기 위하여

91. 계산에 사용하는 재료의 허용전단응력은 허용인장응력의 얼마로 하는가?

㉮ 허용전단응력은 허용인장응력의 70%로 한다.
㉯ 허용전단응력은 허용인장응력의 80%로 한다.
㉰ 허용전단응력은 허용인장응력의 90%로 한다.
㉱ 허용전단응력은 허용인장응력과 같게 한다.

[해설] ① 강판 재료의 허용전단응력은 허용인장응력의 85%로 한다.
② 강판 재료의 허용압축응력은 허용인장응력과 같게 취한다.

92. 동일 조건에서 열교환기의 온도효율이 높은 순으로 바르게 나열한 것은?

㉮ 향류 > 직교류 > 병류
㉯ 병류 > 직교류 > 향류
㉰ 직교류 > 향류 > 병류
㉱ 직교류 > 병류 > 향류

[해설] 열교환기의 온도 효율이 높은 순서
향류식 > 직교류식 > 병류식

정답 87. ㉯　88. ㉮　89. ㉯　90. ㉰　91. ㉯　92. ㉮

93. 연소실의 체적을 결정할 때 고려하여야 하는 사항으로 가장 거리가 먼 것은?

㉮ 연소실의 열발생률
㉯ 연소실의 열부하(熱負荷)
㉰ 내화벽돌의 내압강도
㉱ 연료의 연소량

[해설] 연소실 열발생률(연소실 열부하)
$= \dfrac{\text{연료의 연소량}}{\text{연소실 체적}}$ 에서

연소실 체적 $= \dfrac{\text{연료의 연소량}}{\text{연소실 열발생률}}$

94. [보기]에서 제시하는 절단기용 주철관의 최소두께는?

┌─ 보기 ─────────────────┐
│ - 릴리프 밸브의 분출압력(P) : 2 MPa │
│ - 주철관의 안지름(D) : 200 mm │
│ - 재료의 허용인장응력(σ_a) : 100 N/mm² │
│ - 핀을 부착하지 않은 구조(σ)이다. │
└────────────────────────┘

㉮ 3 mm ㉯ 4 mm
㉰ 5 mm ㉱ 6 mm

[해설] $t[\text{mm}] = \dfrac{10 \times 2 \times 200}{200 \times \dfrac{100}{9.8} - 1.2 \times 10 \times 2} + 4$

$= 6 \text{mm}$

95. 압력 35 kg/cm², 온도 241.41℃인 물 1 kg이 증발하는 동안 비체적이 0.00123 m³/kg에서 0.0582 m³/kg로 증가하고 엔탈피의 값은 420.25 kcal/kg 증가하였다. 1kg의 물로 구성되는 정지계의 내부에너지 변화(kcal/kg)는?

㉮ 352.53 ㉯ 373.55
㉰ 397.26 ㉱ 408.87

[해설] 가열량 $q = \Delta u + AP\Delta V$ 에서
내부에너지 $\Delta u = q - AP\Delta V$
$= 420.25 - \dfrac{1}{427} \times 35 \times 10^4 \times (0.0582 - 0.00123)$
$= 373.553 \text{kcal/kg}$

96. 연소실에서 연도까지 배치된 보일러 부속 설비의 순서를 바르게 나타낸 것은?

㉮ 과열기 → 절탄기 → 공기 예열기
㉯ 절탄기 → 과열기 → 공기 예열기
㉰ 공기 예열기 → 과열기 → 절탄기
㉱ 과열기 → 공기 예열기 → 절탄기

[해설] 과열기-재열기-절탄기-공기 예열기 순으로 설치한다.

97. 10 ton의 인장하중을 받는 양쪽 덮개판 맞대기 리벳이음이 있다. 리벳의 지름이 15 mm, 리벳의 허용전단력이 6 kg/mm² 일 때 최소 몇 개의 리벳이 필요한가?

㉮ 3 ㉯ 5
㉰ 7 ㉱ 10

[해설] $W = \dfrac{\pi d^2}{4} \times 2n\tau$ 에서

$n = \dfrac{2W}{\pi d^2 \tau} = \dfrac{2 \times 10^4}{\pi \times 15^2 \times 6} = 4.8$

따라서, 최소 5개의 리벳이 필요하다.

98. 과열기의 구조에 있어서 과열온도가 약 600℃ 이상에서는 다음 중 어느 강을 주로 사용하는가?

㉮ 탄소강
㉯ 니켈강
㉰ 저망간강
㉱ 오스테나이트계 스테인리스강

[해설] ① 탄소강 : 약 450℃ 이하
② 오스테나이트계 스테인리스강 및 몰리브덴강 : 약 600℃ 이상

정답 93. ㉰ 94. ㉱ 95. ㉯ 96. ㉮ 97. ㉯ 98. ㉱

99. 노통 보일러에서 경판 두께가 15 mm 이하인 경우 브레이징 스페이스(breathing space)는 얼마 이상이어야 하는가?

㉮ 230 mm
㉯ 260 mm
㉰ 280 mm
㉱ 300 mm

[해설]

경판 두께 (mm)	브레이징 스페이스 (mm)
13 이하	230 이상
15 이하	260 이상
17 이하	280 이상
19 이하	300 이상

100. 기수 분리의 방법에 따라 분류하였을 때 다음 중 그 종류로서 가장 거리가 먼 것은 어느 것인가?

㉮ 장애판을 이용한 것
㉯ 그물을 이용한 것
㉰ 방향전환을 이용한 것
㉱ 압력을 이용한 것

[해설]

기수 분리기 종류	기수 분리의 방법
사이클론형	원심력을 이용한 것
스크러버형	장애판을 이용한 것
건조 스크린형	그물을 이용한 것
배플형	방향전환을 이용한 것

정답 99. ㉯ 100. ㉱

2014년 1회 에너지관리기사

2014.3.2 시행

제1과목　연소 공학

1. 연료 사용 설비의 배기가스에 의한 대기오염을 방지하는 방법으로 가장 거리가 먼 것은?

㉮ 집진 장치를 설치한다.
㉯ 공기비를 높인다.
㉰ 연료유의 불순물을 제거한다.
㉱ 연소 장치를 정기적으로 청소한다.

[해설] 공기비를 높이면 CO는 줄지만 NO_x는 많아지고 연소실 온도가 떨어져 열손실이 크다.

2. 저질탄 또는 조분탄의 연소 방식이 아닌 것은?

㉮ 분무식　　㉯ 산포식
㉰ 쇄상식　　㉱ 계단식

[해설] 분무식(무화식)은 액체 연료의 연소 방법이다.

3. 9.8N의 물체가 100m의 높이에서 지상으로 떨어졌을 때 발생하는 열량은 약 몇 J인가?

㉮ 834　　㉯ 980
㉰ 1034　　㉱ 1234

[해설] 일 = 중량 × 거리
= 9.8 N × 100 m
= 980 N · m
= 980 J

4. 과잉 공기량이 연소에 미치는 영향으로 가장 거리가 먼 것은?

㉮ 열효율　　㉯ CO 배출량
㉰ 노 내 온도　　㉱ 연소 시 와류 형성

[해설] 과잉 공기량을 크게 하면
① 열효율이 나빠진다.
② CO 배출량이 줄어든다.
③ 노 내 온도가 낮아진다.

5. 경유에 포함된 탄화수소 중 세탄가가 높은 순서대로 나타낸 것은?

㉮ 노말 파라핀 > 나프텐 > 올레핀
㉯ 노말 파라핀 > 올레핀 > 나프텐
㉰ 올레핀 > 노말 파라핀 > 나프텐
㉱ 올레핀 > 나프텐 > 노말 파라핀

[해설] 세탄가
세탄가는 경유(디젤 연료)의 발화성을 나타내는 값이다. 세탄가가 높은 연료는 그만큼 발화성이 좋다. 발화성이 좋은 순서는 노말 파라핀 > 나프텐 > 올레핀 순이다.

6. 액체의 인화점에 영향을 미치는 요인으로 가장 거리가 먼 것은?

㉮ 온도
㉯ 압력
㉰ 발화 지연 시간
㉱ 용액의 농도

[해설] 인화점(인화 온도)은 점화원에 의하여 비로소 불이 붙는 최저 온도이다. 인화점에 영향을 주는 것은 온도, 압력, 농도이다.

정답 1. ㉯　2. ㉮　3. ㉯　4. ㉱　5. ㉮　6. ㉰

7. 기체 연료가 다른 연료에 비하여 연소용 공기가 적게 소요되는 가장 큰 이유는?

㉮ 인화가 용이하므로
㉯ 착화 온도가 낮으므로
㉰ 열전도가 크므로
㉱ 확산 연소가 되므로

[해설] 기체 연료는 가장 활발한 연료이므로 화학적 반응이 양호하다. 그래서 적은 공기량이라도 연소가 잘 된다.

8. 액체 연료의 발열량 산출식으로 옳은 것은?(단, H_L: 저위 발열량, H_h: 고위 발열량, 연료 1kg 중의 C, H, O, S이다.)

㉮ $H_h = 33.9C + 144\left(H - \dfrac{O}{8}\right) + 10.5S \text{[MJ/kg]}$

㉯ $H_h = 33.9C + 119.6\left(H - \dfrac{O}{8}\right) + 9.3S \text{[MJ/kg]}$

㉰ $H_L = 33.9C + 119.6\left(H + \dfrac{O}{8}\right) + 9.3S \text{[MJ/kg]}$

㉱ $H_L = 33.9C + 142.0\left(H + \dfrac{O}{8}\right) + 9.3S \text{[MJ/kg]}$

[해설] $H_h = \{8100C + 34000\left(H - \dfrac{O}{8}\right) + 2500S\}\text{[kcal/kg]} \times 4184 \text{ J/kcal} \times 10^{-6} \text{ MJ/J}$
$= 33.89C + 142.2\left(H - \dfrac{O}{8}\right) + 10.46S \text{[MJ/kg]}$

9. 전압은 분압의 합과 같다는 법칙은?

㉮ 아마겟의 법칙   ㉯ 뤼삭의 법칙
㉰ 돌턴의 법칙   ㉱ 헨리의 법칙

[해설] 돌턴의 분압 법칙

$P_t = P_A + P_B + P_C$
여기서, P_t: 전압, P_A: A의 분압, P_B: B의 분압, P_C: C의 분압

10. 석탄에 함유되어 있는 성분 중 ㉮ 수분, ㉯ 휘발분, ㉰ 황분이 연소에 미치는 영향으로 가장 적합하게 각각 나열한 것은?

㉮ ㉮ 매연 발생, ㉯ 대기오염, ㉰ 착화 및 연소 방해
㉯ ㉮ 발열량 감소, ㉯ 매연 발생, ㉰ 연소 기관의 부식
㉰ ㉮ 연소 방해, ㉯ 발열량 감소, ㉰ 매연 발생
㉱ ㉮ 매연 발생, ㉯ 발열량 감소, ㉰ 점화 방해

[해설] ㉮ 수분: 발열량을 감소시킨다.
㉯ 휘발분: 매연을 발생시킨다.
㉰ 황분: 연소 기관을 부식시킨다.

11. 저탄장 바닥의 구배와 실외에서의 탄층 높이로 가장 적절한 것은?

㉮ 구배 $\dfrac{1}{50} \sim \dfrac{1}{100}$, 높이 2m 이하
㉯ 구배 $\dfrac{1}{100} \sim \dfrac{1}{150}$, 높이 4m 이하
㉰ 구배 $\dfrac{1}{150} \sim \dfrac{1}{200}$, 높이 2m 이하
㉱ 구배 $\dfrac{1}{200} \sim \dfrac{1}{250}$, 높이 4m 이하

[해설] 석탄의 저탄장 바닥의 구배는 $\dfrac{1}{100} \sim \dfrac{1}{150}$로 하고, 실외에서의 탄층 높이는 4m 이하로 한다. 실내에서는 2m 이하로 할 수 있다.

12. 95% 효율을 가진 집진 장치 계통을 요구하는 어느 공장에서 35% 효율을 가진 전처리 장치를 이미 설치하였다. 주처리 장

정답 7. ㉱ 8. ㉮ 9. ㉰ 10. ㉯ 11. ㉯ 12. ㉰

치는 몇 % 효율을 가진 것이어야 하는가?

㉮ 60.00　　㉯ 85.76
㉰ 92.31　　㉱ 95.45

[해설] $\eta_t = 1-(1-\eta_1)\times(1-\eta_2)$
$0.95 = 1-(1-0.35)\times(1-x)$
$x = 1-\dfrac{1-0.95}{1-0.35} = 0.92307 = 92.307\%$

13. 온도가 높고 압력이 커질수록 연소 속도는 어떻게 변하는가?

㉮ 빨라진다.　　㉯ 느려진다.
㉰ 불변이다.　　㉱ 상관없다.

[해설] 온도가 높고 압력이 커질수록 연소 속도는 빨라진다.

14. 연소 온도는 다음 중 어느 것의 영향을 가장 많이 받는가?

㉮ 1차 공기와 2차 공기의 비율
㉯ 공기비
㉰ 공급되는 연료의 현열
㉱ 연료의 조성

[해설] 공기비가 크면 클수록 연소실 온도는 낮아진다.

15. 연도 가스를 분석한 결과 값이 각각 CO_2 12.6%, O_2 6.4%일 때 $(CO_2)_{max}$ 값은?

㉮ 15.1%　　㉯ 18.1%
㉰ 21.1%　　㉱ 24.1%

[해설] $(CO_2)_{max}[\%] = \dfrac{CO_2(\%)\times 21}{21-O_2}$
$= \dfrac{12.6\times 21}{21-6.4} = 18.1$

16. 액체 연료를 연소시키는 데 필요한 이론 공기량을 옳게 표시한 것은?

㉮ $L_0 = \dfrac{1}{0.232}\left\{2.667C+8\left(H-\dfrac{O}{8}\right)+S\right\}$ [kg/kg]

㉯ $L_0 = \dfrac{1}{0.232}(2.667C+8H-O+S)$ [Nm³/kg]

㉰ $L_0 = \dfrac{1}{0.21}(1.867C+5.6H-0.7O+0.7S)$ [kg/kg]

㉱ $L_0 = \dfrac{1}{0.21}(1.867C+5.6H-0.7O+0.7S)$ [Nm³/Nm³]

[해설] 액체 연료 이론 공기량
$L_0 = \dfrac{1}{0.232}\left\{\dfrac{32}{12}C+\dfrac{16}{2}\left(H-\dfrac{O}{8}\right)+\dfrac{32}{32}S\right\}$ [kg/kg]

$L_0 = \dfrac{1}{0.21}\left\{\dfrac{22.4}{12}C+\dfrac{11.2}{2}\left(H-\dfrac{O}{8}\right)+\dfrac{22.4}{32}S\right\}$ [Nm³/kg]

17. 출력 20000kW의 화력 발전소에 사용되는 중유의 발열량이 9900kcal/kg일 때 중유 1kg의 출력(kWh)은?(단, 열효율은 34%이다.)

㉮ 3.91　㉯ 39.1　㉰ 5.2　㉱ 52

[해설] $\eta = \dfrac{\text{유효하게 사용된 열}}{\text{입열}}\times 100$
$= \dfrac{Q}{G_f \times H_l}\times 100$
$34 = \dfrac{x\,\text{kW}\times 860}{1\times 9900}\times 100$
$\therefore x = 3.91\,\text{kW}$

18. 연료 중에 회분이 많을 경우 연소에 미치는 영향으로 옳은 것은?

㉮ 발열량이 증가한다.
㉯ 연소 상태가 고르게 된다.
㉰ 클링커의 발생으로 통풍을 방해한다.
㉱ 완전 연소되어 잔류물을 남기지 않는다.

정답　13. ㉮　14. ㉯　15. ㉯　16. ㉮　17. ㉮　18. ㉰

[해설] 회분(재)은 열량을 만들지 못하므로 연소 상태가 불량하고 잔류물을 남긴다. 그리고 클링커를 발생시켜 통풍을 방해한다.

19. 다음 중 석유 제품에 포함된 황분에 대한 시험 방법이 아닌 것은?

㉮ 램프식   ㉯ 봄브식
㉰ 연소관식 ㉱ 타그식

[해설] 타그식은 인화점을 측정하는 시험 방법이다.

20. 수소 $1Nm^3$를 이론 공기량으로 완전 연소시켰을 때 생성되는 이론 습윤 연소 가스량(Nm^3)은?

㉮ 1.88   ㉯ 2.88
㉰ 3.88   ㉱ 4.88

[해설] $H_2 + \dfrac{1}{2}O_2 \rightarrow H_2O$
　　　 1　　 0.5　　 1

$G_{ow} = 1 + 0.79 A_0$
$\quad = 1 + 0.79 \times \dfrac{1}{0.21} \times 0.5$
$\quad = 2.880 \; Nm^3/Nm^3$

제2과목　열역학

21. 오토사이클에서 동작 가스의 가열 전·후 온도가 600K, 1200K이고 방열 전·후의 온도가 800K, 400K일 경우의 이론 열효율은 몇 %인가?

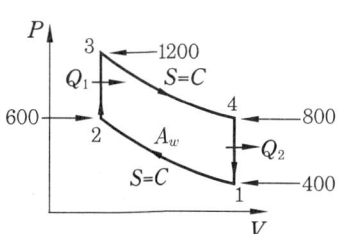

㉮ 28.6   ㉯ 33.3
㉰ 39.4   ㉱ 42.6

[해설] 오토 사이클의 이론 열효율

$= \dfrac{AW}{Q_1} = \dfrac{Q_1 - Q_2}{Q_1} = 1 - \dfrac{Q_2}{Q_1}$

$= 1 - \dfrac{T_4 - T_1}{T_3 - T_2} = 1 - \dfrac{800 - 400}{1200 - 600}$

$= 0.333 = 33.3\%$

22. 압력 200kPa, 체적 $1.66m^3$의 상태에 있는 기체를 정압하에서 열을 제거하였다. 최종 체적이 처음 체적의 반이라면 이 기체에 의하여 행하여진 일은 몇 kJ인가?

㉮ −256   ㉯ −188.5
㉰ −166   ㉱ −125.5

[해설] 정압(등압) 변화

$W_a(일량) = \int P dV = P(V_2 - V_1)$
$\quad = 200 kN/m^2 \times (0.83 - 1.66) m^3$
$\quad = -166 kN \cdot m = -166 kJ$

23. 어떤 열기관이 열펌프와 냉동기로 작동될 수 있다. 동일한 고온열원과 저온열원에서 작동될 때, 열펌프(heat pump)와 냉동기의 성능 계수 COP는 다음과 같은 관계식으로 표시될 수 있다. (　) 안에 알맞은 값은?

$\boxed{COP_{열펌프} = COP_{냉동기} + (\quad\quad)}$

㉮ 0.0   ㉯ 1.0
㉰ 1.5   ㉱ 2.0

[해설] $COP_{열펌프} = \dfrac{Q_1}{Q_1 - Q_2} = \dfrac{Q_1}{AW}$

$\quad\quad = \dfrac{Q_2 + AW}{AW} = \dfrac{Q_2}{AW} + 1$

$\quad\quad = COP_{냉동기} + 1$

$COP_{냉동기} = \dfrac{Q_2}{Q_1 - Q_2} = \dfrac{Q_2}{AW}$

24. 동일한 압축비 및 연료 단절비에서 열효율이 큰 순서는?

㉮ Otto cycle > Sabathe cycle > Diesel cycle
㉯ Sabathe cycle > Diesel cycle > Otto cycle
㉰ Diesel cycle > Sabathe cycle > Otto cycle
㉱ Sabathe cycle > Otto cycle > Diesel cycle

[해설] 동일한 압축비 및 연료 단절비일 때 열효율 순서는 오토 사이클 > 사바테 사이클 > 디젤 사이클 순이다.

25. 96.9℃로 유지되고 있는 항온 탱크가 온도 26.9℃의 방안에 놓여 있다. 어떤 시간 동안에 1000J의 열이 항온 탱크로부터 방안 공기로 방출됐다. 항온 탱크 속 물질의 엔트로피의 변화는 몇 J/K인가?

㉮ −0.27   ㉯ −2.70
㉰ 270   ㉱ 2700

[해설] $\Delta S = \dfrac{dQ}{T} = \dfrac{-1000\text{J}}{(273+96.5)\text{K}}$
$= -2.70 \text{J/K}$

26. 이상기체의 정압 비열(C_P)과 정적 비열(C_V)의 관계로 옳은 것은?(단, R은 기체 상수)

㉮ $C_P + C_V = R$ ㉯ $C_P - C_V = R$
㉰ $\dfrac{C_P}{C_V} = R$ ㉱ $C_P C_V = R$

[해설] 정압 비열 = 정적 비열 + 기체 상수
($C_P = C_V + R$)

27. 다음의 공정도를 갖는 사이클의 명칭은?

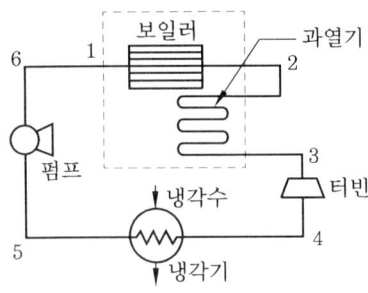

㉮ Diesel cycle   ㉯ Carnot cycle
㉰ Otto cycle   ㉱ Rankine cycle

[해설] 과열기가 있는 것은 증기 원동소 사이클(랭킨 사이클, 재열 사이클 등)이다.

28. 성능 계수가 4.3인 냉동기가 시간당 30MJ의 열을 흡수한다. 이 냉동기를 작동하기 위한 동력은 약 몇 kW인가?

㉮ 0.25   ㉯ 1.94
㉰ 6.24   ㉱ 10.4

[해설] 냉동기 성적 계수 $= \dfrac{Q_2}{AW}$

$\therefore AW = \dfrac{Q_2}{\text{냉동기 성적 계수}}$

$= \dfrac{30\text{MJ/h}}{4.3} = \dfrac{\dfrac{30 \times 10^6 \text{J}}{3600\text{s}}}{4.3}$

$= 1937 \text{J/s} = 1.937 \text{ kW}$

29. 압력이 200kPa로 일정한 상태로 유지되는 실린더 내의 이상 기체가 체적 0.3m³에서 0.4m³로 팽창될 때 이상 기체가 한 일의 양은 몇 kJ인가?

㉮ 20   ㉯ 40
㉰ 60   ㉱ 80

[해설] 정압(등압) 변화
$W_a (\text{일량}) = \int P dV = P(V_2 - V_1)$
$= 200 \text{kN/m}^2 \times (0.4 - 0.1) \text{m}^3$
$= 20 \text{kN} \cdot \text{m} = 20 \text{kJ}$

[정답] 24. ㉮ 25. ㉯ 26. ㉯ 27. ㉱ 28. ㉯ 29. ㉮

30. 밀폐계에서 비가역 단열 과정에 대한 엔트로피 변화를 옳게 나타내는 식은?

㉮ $dS = 0$
㉯ $dS > 0$
㉰ $dS = C_P \dfrac{dT}{T} = R \dfrac{dP}{P}$
㉱ $dS = \dfrac{\delta Q}{T}$

[해설] 밀폐계에서 비가역 단열 과정에 대한 엔트로피 변화는 항상 0보다 크다. 그리고 가역 단열 과정에서는 0이다.

31. 어느 밀폐계와 주위 사이에 열의 출입이 있다. 이것으로 인한 계와 주위의 엔트로피의 변화량을 각각 ΔS_1, ΔS_2로 하면 엔트로피 증가의 원리를 나타내는 식은?

㉮ $\Delta S_1 > 0$
㉯ $\Delta S_2 > 0$
㉰ $\Delta S_1 + \Delta S_2 > 0$
㉱ $\Delta S_1 - \Delta S_2 > 0$

[해설] 문제 30번 해설 참조

32. 기체 상수가 0.287kJ/kg·K인 이상 기체의 정압 비열이 1.0kJ/kg·K이다. 온도가 10℃만큼 상승하면 내부에너지는 얼마나 증가하는가?

㉮ 0.287kJ/kg
㉯ 1.0kJ/kg
㉰ 2.87kJ/kg
㉱ 7.13kJ/kg

[해설] 내부 에너지 변화량
$\Delta U = C_V(T_2 - T_1)$
$= (C_P - R)(T_2 - T_1)$
$= (1.0 - 0.287)\,\text{kJ/kg·K} \times (283 - 273)\,\text{K}$
$= 7.13\,\text{kJ/kg}$

33. 폴리트로픽 지수가 $n > k$(비열비)인 경우에 팽창에 의한 열량은 어떠한가?

㉮ 0이 된다.
㉯ 일량이 된다.
㉰ 가열량이 된다.
㉱ 방열량이 된다.

[해설] $n > k$의 경우는 외부 에너지 변화량 만큼 커진다.
내부 에너지 + 외부 에너지 = 방열량
($\Delta U + AW = Q$)

34. 체적 0.4m³인 단단한 용기 안에 100℃의 물 2kg이 들어 있다. 이 물의 건도는 얼마인가?(단, 100℃의 물에 대해 $v_t = 0.00104\,\text{m}^3/\text{kg}$, $v_g = 1.672\,\text{m}^3/\text{kg}$이다.)

㉮ 11.9%
㉯ 10.4%
㉰ 9.9%
㉱ 8.4%

[해설] $v = v' + x(v'' - v')$
$\dfrac{0.4}{2} = 0.00104 + x(1.672 - 0.00104)$
$x = \dfrac{\left(\dfrac{0.4}{2} - 0.00104\right)}{1.672 - 0.00104}$
$= 0.119 = 11.9\%$

35. 직경이 일정한 수평관에 교축 밸브가 장치되어 있으며 공기가 흐른다. 밸브 상류의 공기는 800kPa, 30℃이고 밸브 하류의 압력은 600kPa이다. 밸브가 잘 단열되어 있을 때 밸브 하류에서의 공기 온도는 얼마인가?(단, 공기를 이상 기체로 가정한다.)

㉮ 70℃
㉯ 30℃
㉰ 20℃
㉱ 0℃

[해설] 교축 단열 변화의 경우는 온도 변화가 없다.($\Delta Q = 0$)

36. 물의 경우 고온, 고압에서 포화액과 포화 증기의 구분이 없어지는 상태가 나타난다. 이 상태를 무엇이라 하는가?

㉮ 삼중점
㉯ 포화점
㉰ 임계점
㉱ 비등점

[정답] 30. ㉯ 31. ㉰ 32. ㉱ 33. ㉱ 34. ㉮ 35. ㉯ 36. ㉰

[해설] 포화액과 포화 증기의 구분이 없는 점을 임계점이라 한다.

37. 냉장고가 저온체에서 30kW의 열을 흡수하여 고온체로 40kW의 열을 방출한다. 이 냉장고의 성능 계수는?

㉮ 2 ㉯ 3
㉰ 4 ㉱ 5

[해설] 냉동기 성적 계수 $= \dfrac{Q_2}{Q_1 - Q_2}$
$= \dfrac{30}{40 - 30} = 3$

38. 압력 300kPa인 이상 기체 150kg이 있다. 온도를 일정하게 유지하면서 압력을 100kPa로 변화시킬 때 엔트로피(kJ/K) 변화는?(단, 기체의 정적 비열은 1.735kJ/kg·K, 비열비는 1.299이다.)

㉮ 62.7 ㉯ 73.1
㉰ 85.5 ㉱ 97.2

[해설] 등온 변화에서 엔트로피 변화
$\Delta S = R \ln \dfrac{P_1}{P_2} = (C_P - C_V) \ln \dfrac{P_1}{P_2}$
$= (1.735 \times 1.299 - 1.735) \times \ln\left(\dfrac{300}{100}\right)$
$= 0.569 \text{ kJ/kg} \cdot \text{K}$
$\therefore 0.569 \text{ kJ/kg} \cdot \text{K} \times 150 \text{kg} = 85.48 \text{ kJ/K}$

39. 이상 기체 1kg이 A상태(T_A, P_A)에서 B상태(T_B, P_B)로 변화하였다. 정압 비열 C_P가 일정할 경우 엔트로피의 변화 ΔS를 옳게 나타낸 것은?

㉮ $\Delta S = C_P \ln \dfrac{T_A}{T_B} + R \ln \dfrac{P_B}{P_A}$

㉯ $\Delta S = C_P \ln \dfrac{T_B}{T_A} + R \ln \dfrac{P_B}{P_A}$

㉰ $\Delta S = C_P \ln \dfrac{T_A}{T_B} - R \ln \dfrac{P_B}{P_A}$

㉱ $\Delta S = C_P \ln \dfrac{T_B}{T_A} - R \ln \dfrac{P_B}{P_A}$

[해설] $dq = dh - vdP$
$= C_P dT - vdP = T \cdot dS$ 에서
$dS = C_P \cdot \dfrac{dT}{T} - \dfrac{v}{T} \cdot dP$
$= C_P \cdot \dfrac{dT}{T} - R\dfrac{dP}{P}$
$\Delta S = S_2 - S_1 = \int_1^2 dS$
$= C_P \ln \dfrac{T_2}{T_1} - R \cdot \ln \dfrac{P_2}{P_1}$

40. 그림 중 A 점에서는 어떠한 상태가 공존하는가?

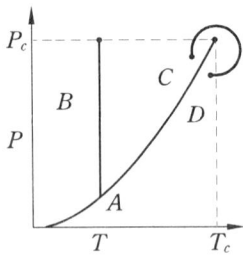

㉮ 기상, 액상 ㉯ 고상, 액상
㉰ 기상, 고상 ㉱ 기상, 액상, 고상

[해설] A점은 삼중점을 의미한다.

제3과목　계측 방법

41. 열전대 온도계의 열기전력은 무엇으로 측정하는가?

㉮ 전위차계 ㉯ 파고계
㉰ 전력계   ㉱ 저항계

[해설] 열전대 온도계는 열기전력을 직류 밀리볼트계 또는 전위차계로 측정한다.

정답　37. ㉯　38. ㉰　39. ㉱　40. ㉱　41. ㉮

42. 다음 중 피토관의 유속 V [m/s]를 구하는 식은?(단, g : 중력 가속도(9.8m/s²), P_t : 전압(kg/m²), P_s : 정압(kg/m²), r : 유체의 비중량(kg/m³))

㉮ $V = \sqrt{\dfrac{2g(P_t \times P_s)}{r}}$

㉯ $V = \sqrt{\dfrac{2g(P_s + P_t)}{r}}$

㉰ $V = \sqrt{\dfrac{2g(P_t - P_s)}{r}}$

㉱ $V = \sqrt{\dfrac{2g(P_s - P_t)}{r}}$

[해설] 전압(P_t)과 정압(P_s)이 측정될 경우 $V = \sqrt{\dfrac{2g(P_t - P_s)}{r}}$ 이다.

43. 비례 동작 제어 장치에서 비례대(帶)가 40%일 경우 비례 감도는 얼마인가?

㉮ 0.5 ㉯ 1
㉰ 2.5 ㉱ 4

[해설] 비례 감도 $= \dfrac{100}{\text{비례대}(\%)} = \dfrac{100}{40} = 2.5$

44. 다음 중 실제 값이 나머지 3개와 다른 값을 갖는 것은?

㉮ 273.15K ㉯ 0℃
㉰ 460°R   ㉱ 32°F

[해설] ① 0℃ = 273.15K = 32°F = 492°R
② 100℃ = 373.15K = 212°F = 672°R

45. 방사 온도계의 특징에 대한 설명으로 옳은 것은?

㉮ 측정 대상의 온도에 영향이 크다.
㉯ 이동 물체에 대한 온도 측정이 가능하다.
㉰ 저온도에 대한 측정에 적합하다.
㉱ 응답 속도가 느리다.

[해설] 방사 온도계는 응답 속도가 빠르며 주로 고온 및 이동 물체의 온도 측정이 가능하다.

46. 다음 중 자동 제어계와 직접 관련이 없는 장치는?

㉮ 기록부 ㉯ 검출부
㉰ 조절부 ㉱ 조작부

[해설] 피드백 제어에서 제어부는 설정부, 비교부, 조절부, 조작부, 검출부가 있다.

47. 다음 [보기]에서 설명하는 온도계는?

[보기]
- 이동 물체의 온도 측정이 가능하다.
- 응답 시간이 매우 빠르다.
- 온도의 연속 기록 및 자동 제어가 용이하다.
- 비교 증폭기가 부착되어 있다. 수분을 측정하였을 때의 시료의 양은 2.0030 g이고, 감량은 0.0432 g

㉮ 광전관식 온도계 ㉯ 광 온도계
㉰ 색 온도계   ㉱ 게겔콘 온도계

[해설] 비접촉식 온도계인 광전관식 온도계에 대한 특징이다.

48. 열전대 온도계의 기전력은 온도에 따라 변한다. 다음 중 일정 온도에서 열기전력의 값이 가장 큰 것은?

㉮ 크로멜 – 알루멜
㉯ 구리 – 콘스탄탄
㉰ 철 – 콘스탄탄
㉱ 백금 – 백금·로듐

[해설] 구리 – 콘스탄탄(CC) 열전대 온도계는 열기전력이 가장 크고 저항 및 온도 계수가 작다.

[정답] 42. ㉰ 43. ㉰ 44. ㉰ 45. ㉯ 46. ㉮ 47. ㉮ 48. ㉯

49. 오리피스(Orifice)는 어떤 형식의 유량계인가?
- ㉮ 터빈식
- ㉯ 면적식
- ㉰ 용적식
- ㉱ 차압식

[해설] 차압식 유량계의 종류
오리피스, 플로 노즐, 벤투리

50. 다음 중 화학적 가스 분석계에 해당하는 것은?
- ㉮ 고체 흡수제를 이용하는 것
- ㉯ 가스의 밀도와 점도를 이용하는 것
- ㉰ 흡수 용액의 전기 전도도를 이용하는 것
- ㉱ 가스의 자기적 성질을 이용하는 것

[해설] 고체 흡수제를 이용한 오르사트 및 헴펠식 가스 분석기는 화학적 가스 분석기이다.

51. 다음 중 하겐-푸아죄유의 법칙을 이용한 점도계는?
- ㉮ 낙구식 점도계
- ㉯ 스토머 점도계
- ㉰ 맥미첼 점도계
- ㉱ 세이볼트 점도계

[해설] 스토크스의 법칙을 이용한 점도계는 낙구식 점도계이며, 하겐-푸아죄유의 법칙을 이용한 점도계는 세이볼트(모관) 점도계이다.

52. 다음 각 가스별 시험 방법 등의 연결이 잘못된 것은?
- ㉮ 암모니아 - 리트머스 시험지 - 청색
- ㉯ 시안화수소 - 질산구리벤젠지 - 청색
- ㉰ 염소 - 염화파라듐지 - 적색
- ㉱ 황화수소 - 연당지 - 흑갈색

[해설] 염소 - KI 전분지 - 청색

53. 다음 중 방전을 이용하는 진공계는?
- ㉮ 피라니
- ㉯ 가이슬러관
- ㉰ 휘트스톤브리지
- ㉱ 서미스터

[해설] 방전을 이용한 전리 진공계
진공의 인디게이터로서 널리 이용되고 있는 것으로 가이슬러관이 있다.

[참고] 피라니 진공계와 서미스터 진공계는 열전도를 이용하는 진공계이다.

54. 조리개부가 유선형에 가까운 형상으로 설계되어 축류의 영향을 비교적 적게 받게 하고 조리개에 의한 압력 손실을 최대한으로 줄인 조리개 형식의 유량계는?
- ㉮ 원판(disc)
- ㉯ 벤투리(Venturi)
- ㉰ 노즐(nozzle)
- ㉱ 오리피스(Orifice)

[해설] 차압식 유량계 중에서 벤투리 유량계에 대한 문제이다.

55. 불꽃 이온화식 검출기에 대한 설명으로 옳은 것은?
- ㉮ 시료를 파괴한다.
- ㉯ 감도가 낮다.
- ㉰ 선형감응범위가 좁다.
- ㉱ 잡음이 많다.

[해설] 불꽃 이온화 검출기는 오염 물질을 검출하는 데 유용하며 시료를 파괴한다.

56. 전자 유량계의 특징에 대한 설명으로 가장 거리가 먼 것은?
- ㉮ 응답이 매우 빠르다.
- ㉯ 압력 손실이 거의 없다.
- ㉰ 도전성 유체에 한하여 사용한다.
- ㉱ 점도가 높은 유체는 사용하기 곤란하다.

[해설] 전자 유량계는 슬러지가 들어 있거나 고점도 액체의 측정에도 사용 가능하다.

57. 제어량에 편차가 생겼을 경우 편차의 적분차를 가감해서 조작량의 이동 속도가 비례하는 동작으로서 잔류 편차가 제거되나

정답 49. ㉱ 50. ㉮ 51. ㉱ 52. ㉰ 53. ㉯ 54. ㉯ 55. ㉮ 56. ㉱ 57. ㉯

제어 안정성은 떨어지는 특징을 가진 동작은 무엇인가?
- ㉮ 비례 동작
- ㉯ 적분 동작
- ㉰ 미분 동작
- ㉱ 뱅뱅 동작

[해설] 비례(P) 동작에서는 잔류 편차(off set)가 발생되며 적분(I) 동작에서는 잔류 편차가 제거되나 제어의 안전성이 떨어지며 진동을 일으키는 경향이 있다.

58. 열전대에 사용하는 보상도선은 다음 중 어느 원리에 해당하는가?
- ㉮ 제베크(Seebeck) 효과
- ㉯ 톰슨(Thomson) 효과
- ㉰ 중간 금속의 법칙
- ㉱ 중간 온도의 법칙

[해설] 보호관 단자에서 냉접점까지 값이 비싼 열전대 대신에 동선이나 동니켈 합금선 등의 보상도선을 사용하는 원리는 중간 금속의 법칙에 해당한다.

59. 막식 가스미터의 고장 현상인 부동의 원인과 거리가 먼 것은?
- ㉮ 계량막의 파손, 밸브의 탈락
- ㉯ 밸브와 밸브 시트 틈새 불량
- ㉰ 지시 기어 장치의 물림 불량
- ㉱ 계량실의 체적 변화

[해설] 부동(不動)이란 가스는 미터를 통과하나 미터 지침이 작동하지 않는 고장을 말하며 원인은 ㉮, ㉯, ㉰항이다.

60. 보일러의 통풍계 등에도 사용되며 미세압을 측정하는 데 가장 적당한 압력계는?
- ㉮ 경사관식 액주형 압력계
- ㉯ 분동식 액주형 압력계
- ㉰ 부르동관식 압력계
- ㉱ 단관식 압력계

[해설] 경사관식 액주형 압력계의 특징
① 통풍계로 사용한다.
② 정도가 가장 높다.
③ 미세압 측정에 가장 적합하다.

제4과목 열설비 재료 및 관계 법규

61. 다음은 요로의 정의에 대한 설명이다. ( ) 안 ㉮~㉱에 들어갈 용어로서 틀린 것은?

요로란 물체를 가열하여 (㉮)시키거나 (㉯)을 통하여 가공 생산하는 공업 장치로서 (㉰)에 따라 연료의 발열 반응을 이용하는 장치, 전열을 이용하는 장치 및 연료의 (㉱) 반응을 이용하는 장치의 3종류로 크게 구분할 수 있다.

- ㉮ ㉮ – 용융
- ㉯ ㉯ – 소성
- ㉰ ㉰ – 열원
- ㉱ ㉱ – 산화

[해설] ㉱ – 환원

62. 열처리로 경화된 재료를 변태점 이상의 적당한 온도로 가열한 다음 서서히 냉각하여 강의 입도를 미세화하여 조직을 연화, 내부 응력을 제거하는 로는?
- ㉮ 머플로
- ㉯ 소성로
- ㉰ 풀림로
- ㉱ 소결로

[해설] 풀림로(소둔로)
조직을 연화, 내부 응력을 제거하는 노이다.

63. 다음 중 캐스터블 내화물의 특성이 아닌 것은?
- ㉮ 현장에서 필요한 형상으로 성형이 가능하다.

[정답] 58. ㉰ 59. ㉱ 60. ㉮ 61. ㉱ 62. ㉰ 63. ㉰

내 내스폴링성이 우수하고 열전도율이 작다.
다 열팽창이 크나 잔존 수축이 작다.
라 소성할 필요가 없고 가마의 열손실이 적다.

[해설] 열팽창이 작고 건조 소성 시 수축이 작다.

64. 다음 내화물의 특성 중 비중과 관계있는 것은?

가 슬레이킹 나 압축 강도
다 기공률   라 내화도

[해설] 슬레이킹(slaking : 소화성)
염기성 내화물이 수증기의 작용을 받아 생성되는 물질이 비중 변화에 의하여 체적 변화를 일으키는 현상

65. 태양 전지에서 가장 널리 쓰이는 재료는 어느 것인가?

가 유황   나 탄소
다 규소   라 인

[해설] 태양 전지에서 사용되는 실리콘(단결정, 다결정, 비정질) 재료로 규소(Si)가 가장 널리 쓰인다.

66. 검사대상기기 조종자에 대한 교육 기관으로서 맞는 것은?

가 에너지관리공단
나 한국산업인력공단
다 전국보일러설비협회
라 한국보일러공업협동조합

[해설] 에너지이용 합리화법 시행규칙 제32조의 2에 의한 별표 4의 2 참조

67. 단열재를 사용하지 않는 경우의 방출열량이 300kcal/h이고, 단열재를 사용할 경우의 방출열량이 0.1kW라 하면 이때의 보온 효율은 약 몇 %인가?

가 61   나 71
다 81   라 91

[해설] $\left(\dfrac{300-86}{300}\right) \times 100 = 71\%$

68. 산업통상자원부장관은 에너지 사정 등의 변동으로 에너지 수급에 중대한 차질이 발생할 우려가 있다고 인정되면 필요한 범위에서 에너지 사용자, 공급자 등에게 조정·명령 그 밖에 필요한 조치를 할 수 있다. 이에 해당되지 않는 항목은?

가 에너지 개발
나 지역별 주요 수급자별 에너지 할당
다 에너지의 비축
라 에너지의 배급

[해설] 에너지이용 합리화법 제7조 ②항 참조

69. 고압 배관용 탄소강관에 대한 설명 중 틀린 것은?

가 관의 제조는 킬드강을 사용하여 이음매 없이 제조한다.
나 KS 규격 기호로 SPPS라고 표기한다.
다 350℃ dlgk, 100kg/cm² 이상의 압력 범위에서 사용이 가능하다.
라 NH₃ 합성용 배관, 화학 공업의 고압유체 수송용에 사용한다.

[해설] KS 규격 기호로 SPPH(steel pipe pressure high)라고 표기한다.

70. 벽돌, 기와, 보도 타일 등 건축 재료를 소성하는 데 주로 사용되는 가마는?

가 고리가마 나 회전가마
다 선가마   라 탱크가마

[해설] 고리가마(윤요)는 연속식 가마로서 건축 재료(벽돌, 타일 등) 소성에 주로 사용된다.

정답 64. 가 65. 다 66. 가 67. 나 68. 가 69. 나 70. 가

71. 에너지이용합리화법에서의 양벌규정 사항에 해당되지 않는 것은?
㉮ 에너지저장시설의 보유 또는 저장의무의 부과 시 정당한 이유 없이 이를 거부하거나 이행하지 아니한 자
㉯ 검사대상기기의 검사를 받지 아니한 자
㉰ 검사대상기기 조종자를 선임하지 아니한 자
㉱ 개선 명령을 정당한 사유 없이 이행하지 아니한 자
[해설] 에너지이용 합리화법 제77조 참조

72. 에너지이용합리화법에서 정한 검사대상기기에 대한 검사의 종류가 아닌 것은?
㉮ 계속 사용 검사
㉯ 개방 검사
㉰ 개조 검사
㉱ 설치장소 변경검사
[해설] 에너지이용 합리화법 시행규칙 제31조의 7에 의한 별표 3의 4 참조

73. 알루미늄박 보온재의 열전도율 값으로 가장 옳은 것은?
㉮ 0.014~0.024kcal/m·℃
㉯ 0.028~0.048kcal/m·℃
㉰ 0.14~0.24kcal/m·℃
㉱ 0.28~0.48kcal/m·℃
[해설] 알루미늄박은 금속질 보온재로 열전도율은 0.028~0.048kcal/m·℃이며 안전 사용 온도는 약 550℃ 정도이다.

74. 다음 중 내화 단열 벽돌의 안전 사용 온도는?
㉮ 1300~1500℃   ㉯ 800~1200℃
㉰ 500~800℃   ㉱ 100~500℃
[해설] ① 내화재 : 1580℃ 이상
② 내화 단열재 : 1300~1500℃
③ 단열재 : 800~1200℃
④ 보온재 : 200~800℃

75. 검사대상기기조종자의 해임 신고는 신고 사유가 발생한 날로부터 며칠 이내에 해야 하는가?
㉮ 15일   ㉯ 20일
㉰ 30일   ㉱ 60일
[해설] 에너지이용 합리화법 시행규칙 제31조의 26 ②항 참조

76. 에너지사용량신고에 대한 설명으로 옳은 것은?
㉮ 에너지관리대상자는 매년 12월 31일까지 사무소가 소재하는 지역을 관할하는 시·도지사에게 신고하여야 한다.
㉯ 에너지사용량의 신고를 받은 시·도지사는 이를 매년 2월 말일까지 산업통상자원부장관에게 보고하여야 한다.
㉰ 에너지사용량신고에는 에너지를 사용하여 만드는 제품·부가가치 등의 단위당 에너지 이용 효율 향상 목표 또는 이산화탄소 배출 감소 목표 및 이행 방법을 포함하여야 한다.
㉱ 에너지관리대상자는 연료 및 열의 연간 사용량이 2천 티오이 이상이고 전력의 연간 사용량이 4백만킬로 와트시 이상인 자로 한다.
[해설] 에너지이용 합리화법 제31조 참조

77. 에너지법에서 정한 에너지에 해당하지 않는 것은?
㉮ 열   ㉯ 연료
㉰ 전기   ㉱ 원자력
[해설] 에너지법 제2조 1호 참조

정답 71. ㉱ 72. ㉯ 73. ㉯ 74. ㉮ 75. ㉰ 76. ㉯ 77. ㉱

78. 용광로에 장입하는 코크스의 역할이 아닌 것은?

㉮ 철광석 중의 황분을 제거
㉯ 가스 상태로 선철 중에 흡수
㉰ 선철을 제조하는 데 필요한 열원을 공급
㉱ 연소 시 환원성 가스를 발생시켜 철의 환원을 도모

[해설] 철광석 중의 탈산, 탈황 작용은 망간 광석이며 철과 불순물을 분리하여 염기성 슬래그 조성 역할을 하는 것은 석회석(생석회)이다.

79. 다음 중 주물 용해로가 아닌 것은?

㉮ 반사로 ㉯ 큐폴라
㉰ 용광로 ㉱ 도가니로

[해설] 용광로(일명 고로)는 철광석을 환원하여 선철을 제조하는 설비이다.
[참고] 주물 용해로에는 용선로(큐폴라), 반사로, 도가니로, 회전로가 있다.

80. 고효율 에너지 인증대상기자재에 해당하지 않는 것은?

㉮ 펌프
㉯ 무정전 전원 장치
㉰ 가정용 가스보일러
㉱ 발광다이오드 등 조명 기기

[해설] 에너지이용 합리화법 시행규칙 제20조 ①항 참조

제5과목 열설비 설계

81. 다음 급수 처리 방법 중 화학적 처리 방법은?

㉮ 이온 교환법 ㉯ 가열 연화법
㉰ 증류법   ㉱ 여과법

[해설] 이온 교환법은 용존 고형물을 제거하는 데 가장 좋은 화학적 처리 방법이다.

82. 보일러 경판의 강도가 큰 순서로 바르게 나열된 것은?

㉮ 반구형 경판 > 반타원형 경판 > 접시형 경판 > 평경판
㉯ 반구형 경판 > 접시형 경판 > 반타원형 경판 > 평경판
㉰ 반타원형 경판 > 반구형 경판 > 접시형 경판 > 평경판
㉱ 반타원형 경판 > 접시형 경판 > 반구형 경판 > 평경판

83. 압력 1MPa인 포화수가 압력 0.4MPa인 재증발기(flash vessel)에 들어올 때, 포화수 100kg당 약 몇 kg의 증기가 발생하는가?(단, 1MPa에서 포화수 엔탈피는 775.1 kJ/kg, 0.4MPa에서 포화수 엔탈피는 636.8kJ/kg이고, 0.4MPa의 증기 엔탈피는 2748.4kJ/kg이다.)

㉮ 5.0   ㉯ 6.5
㉰ 28.2 ㉱ 36.7

[해설] $\dfrac{775.1 - 636.8}{2748.4 - 636.8} \times 100 = 6.5\,kg$

84. 급수에서 ppm 단위를 사용할 때 이에 대하여 가장 잘 나타낸 것은?

㉮ 물 1mL 중에 함유한 시료의 양을 g으로 표시한 것
㉯ 물 100mL 중에 함유한 시료의 양을 mg으로 표시한 것
㉰ 물 1000mL 중에 함유한 시료의 양을 g으로 표시한 것
㉱ 물 1000mL 중에 함유한 시료의 양을 mg으로 표시한 것

정답 78. ㉮ 79. ㉰ 80. ㉰ 81. ㉮ 82. ㉮ 83. ㉯ 84. ㉱

[해설] 1ppm은 $\frac{1}{10^6}$을 의미한다(mg/kg, mg/L, g/t, g/m³).

85. 보일러의 용량을 산출하거나 표시하는 양으로서 적합하지 않은 것은?

㉮ 상당 증발량 ㉯ 증발률
㉰ 연소율 ㉱ 재열계수

[해설] ① 정격 출력(정격 용량)
② 상당(환산) 증발량
③ 증발 계수(증발력)
④ 증발 배수
⑤ 증발률(전열면 증발률)
⑥ 연소율(화격자 연소율)
⑦ 보일러 마력
⑧ 전열 면적

86. 다음 중 열관류율의 표시 단위는?

㉮ kJ/m·h·K ㉯ kJ/m²·h·K
㉰ kJ/m³·h·K ㉱ kJ/m⁴·h·K

[해설] ① 열관류율 및 열전달률의 단위 : kJ/m²·h·K
② 열전도율의 단위 : kJ/m·h·K

87. 연소실 연도의 단면적 크기를 정할 때 중요성이 가장 적게 강조되는 것은?

㉮ 연도 내부를 통과하는 연소 가스량
㉯ 연소 가스의 통과 속도
㉰ 연돌의 통풍력
㉱ 대기 온도

[해설] 연소 가스량, 연소 가스의 통과 속도, 연돌의 통풍력, 노내 압력, 배기가스 온도의 중요성이 강조된다.

88. 노통 연관식 보일러의 수면계 부착 위치 기준에 대하여 가장 옳은 것은?

㉮ 노통 최고 부위 50mm
㉯ 노통 최고 부위 100mm
㉰ 연관의 최고 부위 10mm
㉱ 화실 천정판 최고 부위 길이의 $\frac{1}{3}$

[해설] 수면계 유리관 최하부와 보일러 안전 저수위와 일치되도록 부착해야 하며 노통 연관식 보일러의 안전 저수위는 노통 최고 부위 100mm 상방이다. 단, 최고부 연관이 노통보다 위에 있을 경우에는 최고부 연관 75mm 상방이 안전 저수위이다.

89. 내경이 150mm이고, 강판 두께가 10mm인 파이프의 허용 인장 응력 6kg/mm²일 때, 이 파이프의 유량이 40L/s이다. 이때 평균 유속은 약 몇 m/s인가?(단, 유량 계수는 1이다.)

㉮ 0.92 ㉯ 1.05 ㉰ 1.78 ㉱ 2.26

[해설] $V = \dfrac{4 \times \dfrac{40}{1000}}{\pi \times (0.15)^2} = 2.26 \, m/s$

90. 물의 탁도(濁度)에 대한 설명으로 옳은 것은?

㉮ 카올린 1g이 증류수 1L 속에 들어 있을 때의 색과 같은 색을 가지는 물을 탁도 1도의 물이라 한다.
㉯ 카올린 1mg이 증류수 1L 속에 들어 있을 때의 색과 같은 색을 가지는 물을 탁도 1도의 물이라 한다.
㉰ 탄산칼슘 1g이 증류수 1L 속에 들어 있을 때의 색과 같은 색을 가지는 물을 탁도 1도의 물이라 한다.
㉱ 탄산칼슘 1mg 증류수 1L 속에 들어 있을 때의 색과 같은 색을 가지는 물을 탁도 1도의 물이라 한다.

[해설] 증류수 1L 속에 포함된 카올린(Al_2O_3, $2SiO_2$, $2H_2O$) 1mg이 함유되었을 때를 탁도 1이라 한다.

정답 85. ㉱ 86. ㉯ 87. ㉱ 88. ㉯ 89. ㉱ 90. ㉯

91. 보일러에 설치된 기수 분리기에 대한 설명으로 틀린 것은?

㉮ 발생된 증기 중에서 수분을 제거하고 건포화증기에 가까운 증기를 사용하기 위한 장치이다.
㉯ 증기부의 체적이나 높이가 작고 수면의 면적이 증발량에 비해 작은 때는 기수 공발이 일어날 수 있다.
㉰ 압력이 비교적 낮은 보일러의 경우는 압력이 높은 보일러보다 증기와 물의 비중량 차이가 극히 작아 기수분리가 어렵다.
㉱ 사용 원리는 원심력을 이용한 것, 스크러버를 지나게 하는 것, 스크린을 사용하는 것 또는 이들의 조합을 이루는 것 등이 있다.

[해설] 보일러 압력에 관계 없이 기수 공발 현상이 발생하므로 기수 분리가 가능하다.

92. 완전 흑체의 복사열량(E_b)과 절대 온도(T)와의 관계식으로 옳은 것은?

㉮ $E_b = \sigma\left(\dfrac{T}{100}\right)^2$ ㉯ $E_b = \sigma\left(\dfrac{T}{100}\right)^4$

㉰ $E_b = \sigma\left(\dfrac{T}{100}\right)^6$ ㉱ $E_b = \sigma\left(\dfrac{T}{100}\right)^8$

[해설] 흑도(복사능)가 σ라면 $E_b = \sigma\left(\dfrac{T}{100}\right)^4$ 이다.

93. 보일러 부하의 급변으로 인하여 동 수면에서 작은 입자의 물방울이 증기와 혼입하여 튀어 오르는 현상을 무엇이라고 하는가?

㉮ 캐리오버   ㉯ 포밍
㉰ 프라이밍   ㉱ 피팅

[해설] ① 포밍 : 수면에서 물거품이 솟는 현상
② 프라이밍 : 수면에서의 비수 현상
③ 캐리오버(기수 공방) : 발생 증기 속에 수분이 혼입되어 발생되는 현상

94. 인젝터의 작동 순서로서 가장 적절한 것은 어느 것인가?

| ㉮ 인젝터의 정치변을 연다.
| ㉯ 증기변을 연다.
| ㉰ 급수변을 연다.
| ㉱ 인젝터의 핸들을 연다. |

㉮ ㉮ → ㉯ → ㉰ → ㉱
㉯ ㉮ → ㉰ → ㉯ → ㉱
㉰ ㉱ → ㉯ → ㉰ → ㉮
㉱ ㉱ → ㉰ → ㉯ → ㉮

[해설] (1) 작동 순서 : ㉮→㉰→㉯→㉱
(2) 정지 순서
① 인젝터의 핸들을 닫는다.
② 급수변을 닫는다.
③ 증기변을 닫는다.
④ 인젝터의 정지변을 닫는다.

95. 20℃ 상온에서 재료의 열전도율(kJ/m·h·K)이 큰 순서가 바르게 나열된 것은?

㉮ 알루미늄 > 철 > 구리 > 고무 > 물
㉯ 알루미늄 > 구리 > 철 > 물 > 고무
㉰ 구리 > 알루미늄 > 철 > 고무 > 물
㉱ 구리 > 알루미늄 > 철 > 물 > 고무

[해설] 은 > 구리 > 금 > 알루미늄 > 마그네슘 > 아연 > 니켈 > 백금 > 철 > 물 > 고무

96. 줄-톰슨 계수(Joule-Thomson coefficient, μ)에 대한 설명으로 옳은 것은?

㉮ μ가 (−)일 때 기체가 팽창함에 따라 온도는 내려간다.
㉯ μ가 (+)일 때 기체가 팽창함에 따라 온도는 일정하다.

정답 91. ㉰ 92. ㉯ 93. ㉰ 94. ㉯ 95. ㉱ 96. ㉰

㉰ μ의 부호는 온도의 함수이다.
㉱ μ의 부호는 열량의 함수이다.

[해설] 줄–톰슨 계수(μ)
$= \dfrac{T_2 - T_1}{P_2 - P_1} = \dfrac{\Delta T}{\Delta P} = \left(\dfrac{\sigma T}{\sigma P}\right) \cdot H$ 에서
μ의 부호는 온도의 함수이다.

97. 화격자 크기가 1.5m×2m인 보일러에서 5시간 동안 3ton의 석탄을 사용하였다면 이 보일러의 화격자 연소율은 약 몇 kg/m² · h인가?

㉮ 100 ㉯ 200
㉰ 300 ㉱ 1000

[해설] $\dfrac{3000}{5 \times (1.5 \times 2)} = 200 \, \text{kg/m}^2 \cdot \text{h}$

98. 보일러 효율을 나타낸 식 중 틀린 것은?(단, G_e : 상당 증발량, G_f : 연료 소비량(kg/h), G_a : 실제 증발량(kg/h), h_2, h_1 : 각각 발생 증기 및 급수의 엔탈피(kcal/kg), Hl : 연료의 저발열량, η_c : 연소 효율, η_h : 전열 효율이다.)

㉮ $\dfrac{539 \times G_e}{G_f \times Hl} \times 100\%$

㉯ $\eta_c \times \eta_h$

㉰ $\dfrac{G_a(h_2 - h_1)}{G_f \times Hl} \times 100\%$

㉱ $\dfrac{G_a}{G_f} \times 100\%$

[해설] 실제 증발 배수 $= \dfrac{G_a}{G_f}$ [kg/kg]

99. 다음 중 경판의 탄성(강도)을 높이기 위한 것은?

㉮ 아담슨 조인트 ㉯ 브리징 스페이스
㉰ 용접 조인트 ㉱ 그루빙

[해설] 브리징 스페이스(완충 구역)란 노통 이음의 최상부와 거싯 스테이 최하부와의 거리를 말하며 경판의 탄성을 높이기 위하여 최소한 230mm 이상이어야 한다.

100. 보일러의 노통이나 화실과 같은 원통 부분이 외측으로부터의 압력에 견딜 수 없게 되어 눌려 찌그러져 찢어지는 현상을 무엇이라 하는가?

㉮ 블리스터 ㉯ 압궤
㉰ 응력 부식 균열 ㉱ 라미네이션

[해설] 압궤 현상에 대한 문제이며 내부의 압력으로 튀어 나오는 현상은 팽출 현상이다.

정답 97. ㉯ 98. ㉱ 99. ㉯ 100. ㉯

2014년 2회 에너지관리기사

2014.5.25 시행

제1과목 연소 공학

1. H$_2$ 50%, CO 50%인 기체 연료의 연소에 필요한 이론 공기량(Sm^3/Sm^3)은 얼마인가?

㉮ 0.50 ㉯ 1.00
㉰ 2.38 ㉱ 3.30

[해설] $A_0 = \dfrac{1}{0.21} \times (0.5H_2 + 0.5CO)$
$= \dfrac{1}{0.21} \times (0.5 \times 0.5 + 0.5 \times 0.5)$
$= 2.380 \, Sm^3/Sm^3$

2. 석탄을 분석하니 다음과 같았다면 연료비는 약 얼마인가?

| 휘발분 : 30%, 회분 : 10%, 수분 : 5% |

㉮ 1.4 ㉯ 1.6
㉰ 1.8 ㉱ 2.0

[해설] 연료비 $= \dfrac{\text{고정탄소}}{\text{휘발분}}$ … ①
고정탄소 $= 100 - (\text{휘발분} + \text{회분} + \text{수분})$ … ②
$= 100 - (30 + 10 + 5) = 55\%$
∴ 연료비 $= \dfrac{55}{30} = 1.83$

3. 물 500L를 10℃에서 60℃로 1시간 가열하는 데 발열량이 50.232 MJ/kg인 가스를 사용할 때 가스는 몇 kg/h가 필요한가? (단, 연소 효율은 75%이다.)

㉮ 2.61 ㉯ 2.78
㉰ 2.91 ㉱ 3.07

[해설] 연소 효율 $= \dfrac{\text{유효하게 사용된 열}}{\text{입열}} \times 100$
$= \dfrac{GC\Delta t}{G_f \times H_l} \times 100$
$75 = \dfrac{500 \text{kg} \times 1 \text{kcal/kg℃} \times (60-10)℃}{\begin{bmatrix} G_f \times 50.232 \text{MJ/kg} \\ \times 10^3 \text{kJ/MJ} \times \text{kcal}/4.2\text{kJ} \end{bmatrix}} \times 100$
∴ $G_f = 2.787 \, \text{kg/h}$

4. 연소 과정에 대한 설명으로 틀린 것은?

㉮ 무연탄은 주로 증발 연소를 한다.
㉯ 석탄, 목재 같은 연료가 연소 초기에 화염을 내면서 연소하는 과정을 분해 연소라 한다.
㉰ 표면 연소는 연소 반응이 고체 표면에서 일어난다
㉱ 연소 속도는 산화 반응이 속도라고도 할 수 있다.

[해설] 무연탄은 주로 분해 연소를 한다.

5. 로터리 버너를 사용하였더니 로벽에 카본이 붙었다. 그 주원인은?

㉮ 연소실 온도가 너무 높다.
㉯ 공기비가 너무 크다.
㉰ 화염이 닿는 곳이 있다.
㉱ 중유의 예열 온도가 높다.

[해설] 버너의 연소는 공간 연소가 되어야 하며 화염이 닿는 곳이 있다면 불완전 연소가 된다.

정답 1. ㉰ 2. ㉰ 3. ㉰ 4. ㉮ 5. ㉰

6. 프로판(C_3H_8) 및 부탄(C_4H_{10})이 혼합된 LPG를 건조 공기로 연소시킨 가스를 분석하였더니 CO_2 11.32%, O_2 3.76%, N_2 84.92%의 조성을 얻었다. LPG 중의 프로판의 부피는 부탄의 약 몇 배인가?

㉮ 8배　㉯ 11배　㉰ 15배　㉱ 20배

[해설]
$$C_3H_8 + 5O_2 \rightarrow 3CO_2 + 4H_2O$$
$$\quad 1 \qquad 5 \qquad\quad 3$$
$$1-x \quad 5\times(1-x) \quad 3\times(1-x)$$
$$C_4H_{10} + 6.5O_2 \rightarrow 4CO_2 + 5H_2O$$
$$\quad 1 \qquad 6.5 \qquad\quad 4$$
$$\quad x \qquad 6.5\times x \qquad 4\times x$$

$$A_0 = \frac{1}{0.21} \times \{5\times(1-x) + 6.5x\}$$
$$\quad = 23.8 + 7.14\,x \ \ Sm^3/Sm^3$$

$$m = \frac{N_2}{N_2 - 3.76O_2} = \frac{84.92}{84.92 - 3.76\times 3.76} = 1.2$$

$$G_{od} = 3 - 3x + 4x + 0.79\times(23.8 + 7.14x)$$
$$\quad = 3 + x + 18.8 + 5.64x$$
$$\quad = 21.8 + 6.64x$$

$$G_d = G_{od} + (m-1)A_0$$
$$\quad = 21.8 + 6.64x + (1.2-1)\times(23.8 + 7.14x)$$
$$\quad = 26.56 + 8.07x \ Sm^3/Sm^3$$

$$CO_2[\%] = \frac{CO_2}{G_d}\times 100$$
$$11.32\% = \frac{3 - 3x + 4x}{26.56 + 8.07x}\times 100$$
$$300.66 + 91.35x = 300 + 100x$$
$$\therefore x = \frac{(300.66 - 300)}{(100 - 91.35)} = 0.076 \fallingdotseq 0.08$$

프로판 = $\frac{1 - 0.08}{0.08}$ = 11.5배

7. CH_4 $1Sm^3$를 완전 연소시키는데 필요한 공기량은?

㉮ 9.52 Sm^3　㉯ 11.5 Sm^3
㉰ 13.5 Sm^3　㉱ 15.52 Sm^3

[해설] $CH_4 + 2O_2 \rightarrow CO_2 + 2H_2O$
$\quad\quad\quad 1 \qquad 2$

$$A_0 = \frac{1}{0.21}\times O_0 = \frac{1}{0.21}\times 2 = 9.52\,Sm^3/Sm^3$$

8. 링겔만 농도표는 어떤 목적으로 사용되는가?

㉮ 연돌에서 배출되는 매연 농도 측정
㉯ 보일러 수의 pH 측정
㉰ 연소 가스 중의 탄산가스 농도 측정
㉱ 연소 가스 중의 SOx 농도 측정

[해설] 링겔만 농도표는 0~5까지 6가지 종류의 카드를 이용하여 매연 농도를 %로 나타낸다.

9. 대기오염 방지를 위한 집진 장치 중 습식 집진 장치에 해당하지 않는 것은?

㉮ 백필터
㉯ 충전탑
㉰ 벤투리 스크러버
㉱ 사이클론 스크러버

[해설] 백필터는 건식(물을 사용하지 않는) 집진 장치이다.

10. 800K의 고열원과 400K의 저열원 사이에서 작동하는 카르노 사이클에 공급하는 열량이 사이클 당 400kJ이라 할 때 1사이클 당 외부에 하는 일은 몇 kJ인가?

㉮ 150　　㉯ 200
㉰ 250　　㉱ 300

[해설] $\eta = \dfrac{T_1 - T_2}{T_1} = \dfrac{AW}{Q_1}$

$$\therefore AW = \frac{T_1 - T_2}{T_1}\times Q_1$$
$$= \frac{(800 - 400)K}{800K}\times 400kJ = 200kJ$$

11. 다음 중 역화의 원인이 아닌 것은?

㉮ 통풍이 불량할 때
㉯ 기름이 과열되었을 때
㉰ 기름에 수분, 공기 등이 혼입되었을 때
㉱ 버너타일이 과열되었을 때

정답 6. ㉯　7. ㉮　8. ㉮　9. ㉮　10. ㉯　11. ㉱

[해설] 버너 타일(보염 장치)의 과열이 아니고 버너 과열의 경우 역화의 원인이다.

12. 액체 연료의 연소 방법으로 틀린 것은?

㉮ 유동층 연소 ㉯ 등심 연소
㉰ 분무 연소 ㉱ 증발 연소

[해설] 유동층 연소는 고체 연료의 연소 방법으로 화격자 연소 방법과 미분탄 연소 방법의 중간 형태로 연소시키는 방식이다.

13. 매연 생성에 가장 큰 영향을 미치는 것은 어느 것인가?

㉮ 연소 속도 ㉯ 발열량
㉰ 공기비 ㉱ 착화 온도

[해설] 공기비가 적을 때 불완전 연소되어 매연이 발생한다.

14. 다음 연소 범위에 대한 설명 중 틀린 것은 어느 것인가?

㉮ 연소 가능한 상한치와 하한치의 값을 가지고 있다.
㉯ 연소에 필요한 혼합 가스의 농도를 말한다.
㉰ 연소 범위가 좁으면 좁을수록 위험하다.
㉱ 연소 범위의 하한치가 낮을수록 위험도는 크다.

[해설] 연소 범위가 넓으면 넓을수록 위험한 연료이다.

15. 액체 연료의 미립화 시 평균 분무 입경에 직접적인 영향을 미치는 것이 아닌 것은?

㉮ 액체 연료의 표면 장력
㉯ 액체 연료의 점성 계수
㉰ 액체 연료의 탁도
㉱ 액체 연료의 밀도

[해설] 탁도는 탁한 정도를 의미하며 분무 입경의 미립화와 관계 없다.

16. 부탄의 연소 반응에 대한 설명으로 틀린 것은?

㉮ 부탄 1kg을 연소시키기 위해서는 2.51 Sm^3의 산소가 필요하다.
㉯ 부탄을 완전 연소시키기 위해서는 질량으로 6.5배의 산소가 필요하다.
㉰ 부탄 $1m^3$를 연소시키면 $4m^3$의 탄산가스가 발생한다.
㉱ 부탄과 산소의 질량의 합은 탄산가스와 수증기의 질량의 합과 같다.

[해설] $C_4H_{10} + 6.5O_2 \rightarrow 4CO_2 + 5H_2O$
1kmol 6.5kmol
58kg 6.5×3.2kg

∴ 배수 = $\frac{6.5 \times 32}{58}$
= 3.58배의 산소

17. 증기운폭발의 특징에 대한 설명으로 틀린 것은?

㉮ 폭발보다 화재가 많다.
㉯ 연소 에너지의 약 20%만 폭풍파로 변한다.
㉰ 증기운의 크기가 클수록 점화될 가능성이 커진다.
㉱ 점화 위치가 방출점에서 가까울수록 폭발 위력이 크다.

[해설] 저온 액화 가스의 저장 탱크나 고압의 가연성 액체 용기가 파괴되어 다량의 가연성 증기가 대기 중으로 급격히 방출되어 공기 중에 분산 확산되어 있는 상태를 증기운이라 한다. 이때 가연성 증기운에 점화원이 주어지면 폭발하여 fire ball을 형성하는데, 이를 증기운폭발이라 한다. 점화 위치가 방출점에서 멀다는 것은 그만큼 그 가연성 증기운이 점화원에 예민한 것이라는 뜻이다.

정답 12. ㉮ 13. ㉰ 14. ㉰ 15. ㉰ 16. ㉯ 17. ㉱

18. 어느 용기에서 압력(P)과 체적(V)의 관계는 $P=(50V+10)\times 10^2$ kPa과 같을 때 체적이 2m³에서 4m³로 변하는 경우 일량은 몇 MJ인가? (단, 체적의 단위는 m³)

㉮ 32　㉯ 34　㉰ 36　㉱ 38

[해설]
$$_1W_2 = \int_1^2 PdV$$
$$= \int_1^2 (50V+10)\times 10^2$$
$$= \left\{\frac{50}{2}(V_2^2 - V_1^2) + 10(V_2 - V_1)\right\}\times 10^2$$
$$= \left\{\frac{50}{2}\times(4^2 - 2^2) + 10\times(4-2)\right\}\times 10^2$$
$$= 32000 \text{kJ} = 32 \text{MJ}$$

19. 포화탄화수소계의 기체 연료에서 탄소 원자수(C₁~C₄)가 증가할 때에 대한 설명으로 옳은 것은?

㉮ 연료 중의 수소분이 증가한다.
㉯ 연소 범위가 넓어진다.
㉰ 발열량(J/m³)이 감소한다.
㉱ 발화 온도가 낮아진다.

[해설] 분자 구조가 복잡할수록 발화 온도(착화 온도)는 낮아지며, 발열량은 커진다. 또한 연소 범위는 좁아진다.

20. 중량비로 C(86%), H(14%)의 조성을 갖는 액체 연료를 매 시간당 100kg 연소시켰을 때 생성되는 연소 가스의 조성이 체적비로 CO₂(12.5%), O₂(3.7%), N₂(83.8%)일 때 1시간당 필요한 연소용 공기량(Sm³)은?

㉮ 11.4　㉯ 1140　㉰ 13.7　㉱ 1370

[해설]
$$m = \frac{N_2}{N_2 - 3.76 O_2}$$
$$= \frac{83.8}{83.8 - 3.76\times 3.7} = 1.2$$
$$A_0 = \frac{1}{0.21}\times\left\{\frac{22.4}{12}\times 0.86 + \frac{11.2}{2}\times\left(0.14 - \frac{O}{8}\right)\right.$$
$$\left. + \frac{22.4}{32}\times 0\right\}$$
$$= 11.37 \text{Sm}^3/\text{kg}$$
$$\therefore A = mA_0 = 1.2\times 11.37$$
$$= 13.644 \text{Sm}^3/\text{kg}$$
$$A' = A\times G_f = 13.644\times 100$$
$$= 1364.4 \text{Sm}^3/\text{h}$$

제2과목　열역학

21. 압력 500kPa, 온도 250℃의 과열 증기 500kg에 동일 압력의 주입수량 x[kg]의 포화수를 주입하여 동일 압력의 건도 93%의 습공기를 얻었을 때, 주입수량 x는 약 얼마인가?(단, 압력 500kPa, 온도 250℃의 과열 증기 엔탈피는 3347kJ/kg, 동일 압력에서 포화수의 엔탈피는 758kJ/kg이며, 이때의 증발 잠열은 2108kJ/kg이다.)

㉮ 80.6　㉯ 160.1
㉰ 230.7　㉱ 268.7

[해설]
$$h = h' + x\cdot r$$
$$= 758 + 0.93\times 2108 = 2718.44 \text{kJ/kg}$$
$$500\times(3347 - 2718.44) = x\times(2718.44 - 758)$$
$$\therefore x = \frac{500\times(3347 - 2718.44)}{(2718.44 - 758)} = 160.3 \text{kg}$$

22. 다음 중 열역학 제2법칙의 표현이 될 수 없는 내용은?

㉮ 진공 중에서의 가스의 확산은 비가역적이다.
㉯ 제2종 영구 기관은 존재할 수 없다.
㉰ 사이클에 의하여 발생시킬 때는 고온체만 필요하다.
㉱ 열은 외부 동력 없이 저온체에서 고온체로 이동할 수 없다.

[해설] 열은 고온에서 저온으로 이동한다.

정답 18. ㉮　19. ㉱　20. ㉱　21. ㉯　22. ㉰

23. 온도 0℃에서 공기의 음속은 몇 m/s인가?(단, 공기의 기체 상수는 0.287kJ/kg·K이고 비열비는 1.4이다.)

㉮ 312 ㉯ 331
㉰ 348 ㉱ 352

[해설] $w = \sqrt{kRT} = \sqrt{1.4 \times 287 \times 273}$
$= 331.1 \text{m/s}$

24. 밀폐 시스템 내의 이상 기체에 대하여 단위 질량당 일(w)이 다음과 같은 식으로 표시될 때 이 식은 어떤 과정에 대하여 적용할 수 있는가? (단, R은 기체 상수, T는 온도, V는 체적이다.)

$$W = RT \ln \frac{V_2}{V_1}$$

㉮ 단열 과정 ㉯ 등압 과정
㉰ 등온 과정 ㉱ 등적 과정

[해설] 등온 과정에서
절대일 $Wa = \int_1^2 P dV$
$\left(P_1 V_1 = PV \text{에서 } P = \frac{P_1 V_1}{V}\right)$
$= \int_1^2 P_1 V_1 \cdot \frac{dV}{V} (P_1 V_1 = RT_1)$
$= RT_1 \ln \frac{V_2}{V_1} (T_1 = T)$

25. 이상기체에 대한 가역 단열 과정에서 온도(T), 압력(P), 부피(V)의 관계를 표시한 것으로 옳은 것은?(단, r는 비열비이다.)

㉮ $\frac{T_1}{T_2} = \left(\frac{P_1}{P_2}\right)^{\frac{r-1}{r}}$ ㉯ $\frac{P_1}{P_2} = \left(\frac{V_1}{V_2}\right)^2$

㉰ $\frac{T_1}{T_2} = \left(\frac{V_1}{V_2}\right)^{r-1}$ ㉱ $\frac{P_1}{P_2} = \frac{V_2}{V_1}$

[해설] 단열 과정에서

$\frac{T_2}{T_1} = \left(\frac{V_1}{V_2}\right)^{k-1} = \left(\frac{P_2}{P_1}\right)^{\frac{k-1}{k}}$

26. 공기를 작동 유체로 하는 Diesel cyle의 온도 범위가 32℃ ~ 3200℃이고 이 cycle의 최고 압력 6.5MPa, 최초 압력 160kPa일 경우 열효율은?(단, 비열비는 1.4이다.)

㉮ 14.1% ㉯ 39.5%
㉰ 50.9% ㉱ 87.8%

[해설] 압축비 $\epsilon = \frac{v_1}{v_2} = \left(\frac{P_2}{P_1}\right)^{\frac{1}{k}}$
$= \left(\frac{6500}{160}\right)^{\frac{1}{1.4}} = 14.09$

단절비 $\sigma = \frac{v_3}{v_2} = \frac{T_3}{T_2} = \frac{T_3}{T_1 \cdot \epsilon^{k-1}}$
$= \frac{(273 + 3200)}{(273 + 32) \times 14.09^{1.4-1}} = 3.95$

$\eta_d = 1 - \left(\frac{1}{\epsilon}\right)^{k-1} \cdot \frac{\sigma^k - 1}{k(\sigma - 1)}$
$= 1 - \left(\frac{1}{14.09}\right)^{1.4-1} \times \frac{3.95^{1.4} - 1}{1.4 \times (3.95 - 1)}$
$= 0.5089 = 50.89\%$

27. 건포화 증기의 건도는 얼마인가?

㉮ 0 ㉯ 0.5 ㉰ 0.7 ㉱ 1.0

[해설] 건포화 증기란 습도가 0이므로 건도가 1이다.

28. 그림과 같은 냉동기의 성능 계수(COP)는 어떻게 나타낼 수 있는가?

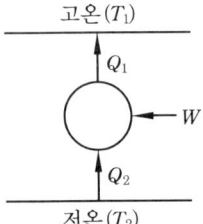

[정답] 23. ㉯ 24. ㉰ 25. ㉮ 26. ㉰ 27. ㉱ 28. ㉯

㉮ $\dfrac{W}{Q_1}$ ㉯ $\dfrac{Q_2}{W}$

㉰ $\dfrac{T_1 - T_2}{T_2}$ ㉱ $\dfrac{T_1}{T_2 - T_1}$

[해설] 냉동기의 성능계수(COP)
$$= \dfrac{T_2}{T_1 - T_2} = \dfrac{Q_2}{Q_1 - Q_2} = \dfrac{Q_2}{W}$$

29. 이상 기체로 구성된 밀폐계의 과정을 표시한 것으로 틀린 것은?(단, Q는 열량, H는 엔탈피, W는 일, U는 내부 에너지이다.)

㉮ 등온 과정에서 $Q = W$
㉯ 단열 과정에서 $Q = -W$
㉰ 정압과정에서 $Q = \Delta H$
㉱ 정적과정에서 $Q = \Delta U$

[해설] 단열과정에서 $Q = 0$이다.

30. Rankine 사이클의 이론 열효율을 향상시키는 방안으로 볼 수 없는 것은?

㉮ 보일러 압력을 낮춘다.
㉯ 증기를 고온으로 과열시킨다.
㉰ 응축기 압력을 낮춘다.
㉱ 응축기 온도를 낮춘다.

[해설] 랭킨 사이클의 열효율은 초온 (터빈 입구 온도), 초압(터빈의 입구 압력)이 높을수록, 배압(복수기의 입구 압력)이 낮을수록 효율이 커진다.

31. 등온 압축 계수 K를 옳게 표시한 것은?

㉮ $K = -\dfrac{1}{V}\left(\dfrac{dP}{dT}\right)_V$

㉯ $K = -\dfrac{1}{V}\left(\dfrac{dV}{dP}\right)_T$

㉰ $K = \dfrac{1}{V}\left(\dfrac{dP}{dT}\right)_V$

㉱ $K = \dfrac{1}{V}\left(\dfrac{dV}{dP}\right)_T$

[해설] 등온 압축 계수 $K = -\dfrac{1}{V}\left(\dfrac{dV}{dP}\right)_T$

즉, 일정한 온도에서 압력의 변화량에 따라 부피의 변화량을 부피로 나눈 값이며, 음수인 이유는 압력을 약간 높였을 경우 부피가 감소한다는 뜻이다.

32. 열역학 제2법칙과 관계가 가장 먼 것은?

㉮ 열은 온도가 높은 곳에서 낮은 곳으로 흐른다.
㉯ 전열선에 전기를 가하면 열이 나지만 전열선을 가열하여도 전력을 얻을 수 없다.
㉰ 열기관의 효율에 대한 이론적인 한계를 결정한다.
㉱ 전체 에너지양은 항상 보존된다.

[해설] ㉱의 경우 에너지 제1법칙의 설명이다.

33. 다음 중 수증기를 사용하는 발전소의 열역학 사이클과 가장 관계 깊은 것은?

㉮ 랭킨 사이클 ㉯ 오토 사이클
㉰ 디젤 사이클 ㉱ 브레이턴 사이클

[해설] 증기 사이클의 종류에는 랭킨 사이클, 재열 사이클, 재생 사이클, 재열-재생 사이클이 있다.

34. 15℃의 물로부터 0℃의 얼음을 시간당 40kg 만드는 냉동기의 냉동톤은 약 얼마인가?(단, 얼음의 융해열은 80kcal/kg이고, 1냉동톤은 3320kcal/h로 한다.)

㉮ 0.14 ㉯ 1.14
㉰ 2.14 ㉱ 3.14

[해설] $Q = GC\Delta t + Gr$
$= 40 \times 1 \times (15 - 0) + 40 \times 80$
$= 3800 \text{kcal/kg}$

정답 29. ㉯ 30. ㉮ 31. ㉯ 32. ㉱ 33. ㉮ 34. ㉯

냉동톤 = $\frac{3800}{3320}$ = 1.14

35. 매 시간 2000kg의 포화수증기를 발생하는 보일러가 있다. 보일러 내의 압력은 200kPa이고, 이 보일러에는 매시간 150kg의 연료가 공급된다. 이 보일러의 효율은 약 얼마인가?(단, 보일러에 공급되는 물의 엔탈피는 84kJ/kg이고, 200kPa에서의 포화증기의 엔탈피는 2700kJ/kg이며, 연료의 발열량은 42000kJ/kg이다.)

㉮ 77%   ㉯ 80%
㉰ 83%   ㉱ 86%

[해설] $\eta = \frac{G_a \times (h_2 - h_1)}{G_f \times H_l} \times 100$
$= \frac{2000 \times (2700 - 84)}{150 \times 42000} \times 100 = 83.04\%$

36. 카르노 사이클의 과정에 해당하는 것은?

㉮ 등온 과정과 등압 과정
㉯ 등온 과정과 단열 과정
㉰ 등압 과정과 단열 과정
㉱ 등적 과정과 단열 과정

[해설] 카르노 사이클은 등온 팽창, 단열 팽창, 등온 압축, 단열 압축을 거친다.

37. 순수물질로 된 밀폐계가 가역 단열 과정 동안 수행한 일의 양에 대한 설명으로 옳은 것은?

㉮ 엔탈피의 변화량과 같다.
㉯ 내부에너지의 변화량과 같다.
㉰ 0이다.
㉱ 정압 과정에서의 일과 같다.

[해설] 단열 변화에서는 $dq = du + Pdv = 0$에서 $Pdv = -du$이다.

38. 압력 P_1, 온도 T_1인 이상기체를 압력 P_2까지 단열 압축하였다. 이때 나중 온도 T_2에 대하여 다음의 식으로 계산할 수 있는 경우는?(단, r는 비열비이다.)

$$T_2 = T_1 \left(\frac{P_2}{P_1}\right)^{\frac{r-1}{r}}$$

㉮ 가역 단열 압축이고 r은 일정
㉯ 비가역 단열 압축이고 r은 온도에 따라 변화
㉰ 가역 단열 압축이고 r은 온도에 따라 변화
㉱ 비가역 단열 압축이고 r은 일정

[해설] 가역 단열 변화에서
$\frac{T_2}{T_1} = \left(\frac{V_1}{V_2}\right)^{k-1} = \left(\frac{P_2}{P_1}\right)^{\frac{k-1}{k}}$
여기서 k는 비열비이고 일정한 값이다.

39. 다음 중 교축(throttling) 과정을 통하여 일반적으로 변화하지 않는 물성치는?

㉮ 온도   ㉯ 압력
㉰ 엔탈피   ㉱ 엔트로피

[해설] 교축 과정에서는 엔탈피는 항상 일정하고 온도와 압력은 내려간다.

40. 다음 중 표준(이상) 사이클에서 동일 냉동 능력에 대한 냉매 순환량(kg/h)이 가장 작은 것은?

㉮ NH_3 ㉯ R-12
㉰ R-22   ㉱ R-113

[해설] ① 냉매 순환량(G) = $\frac{냉동능력(Q_e)}{냉동효과(q_e)}$ 식에서 냉동효과가 클수록 냉매 순환량은 적다.
② 냉동효과(kcal/kg) : 기준 냉동 사이클에서 NH_3 : 269, R-12 : 29.6, R-22 : 40.2, R-113 : 30.9

정답 35. ㉰ 36. ㉯ 37. ㉯ 38. ㉮ 39. ㉰ 40. ㉮

제3과목 계측 방법

41. 유량 측정 기기 중 유체가 흐르는 단면적이 변함으로서 직접 유체의 유량을 읽을 수 있는 기기, 즉 압력차를 측정할 필요가 없는 장치는?

㉮ 오리피스 미터   ㉯ 벤투리 미터
㉰ 로터 미터   ㉱ 피토 튜브

[해설] 면적식 유량계
교축 기구 전후의 압력차를 일정하게 하고 교축 기구의 면적을 변화시켜 유량을 측정하며 플로트식, 피스톤식, 로터 미터가 있다.

42. 서미스터(thermistor) 저항체 온도계의 특성에 대한 설명으로 옳은 것은?

㉮ 재현성이 좋다.
㉯ 응답이 느리다.
㉰ 저항온도계수가 부특성(負特性)이다.
㉱ 저항온도계수는 섭씨온도의 제곱에 비례한다.

[해설] 서미스터 저항체 온도계의 특성
㉮ 재현성이 나쁘다.
㉯ 응답이 빠르다(시간 지연이 매우 적다.).
㉰ 저항온도계수가 부특성이며 절대온도의 제곱에 반비례한다.

43. 다음 연소가스 중 미연소 가스계로 측정 가능한 것은?

㉮ CO   ㉯ CO_2
㉰ NH_3 ㉱ CH_4

[해설] 미연소 가스계(H_2+CO계)
연소가스 중의 미연성분 중 H_2와 CO를 측정한다.

44. 열전대 보호관 중 최고 사용 온도가 가장 낮은 것은?

㉮ 황동관   ㉯ 연강관
㉰ 자기관   ㉱ 석영관

[해설] 황동관 : 650℃, 연강관 : 800℃, 자기관 : 1550℃, 석영관 : 1050℃, 내열강 : 1200℃, 카보런덤관 : 1700℃

45. 화씨(℉)와 섭씨(℃)의 눈금이 같게 되는 온도는 몇 ℃인가?

㉮ 40   ㉯ 20   ㉰ −20   ㉱ −40

[해설] $℃ \times \frac{9}{5} + 32 = ℉$에서 ℉와 ℃를 x로 두면
$\frac{9}{5}x = x - 32$이므로 $x = -40$

46. 명판에 Ni450이라 쓰여 있는 측온저항체의 100℃ 점에서의 저항값은 얼마인가? (단, Ni의 저항온도계수는 +0.0067이다.)

㉮ 752mΩ   ㉯ 752Ω
㉰ 301mΩ   ㉱ 301Ω

[해설] $450 \times (1 + 0.0067 \times 100) = 752Ω$

47. 다음 중 압력식 온도계가 아닌 것은?

㉮ 액체 팽창식 온도계
㉯ 열전 온도계
㉰ 증기압식 온도계
㉱ 가스압력식 온도계

[해설] 압력식 온도계의 종류
액체 팽창식, 증기압식, 가스압력식

48. 조절계의 동작에는 연속, 불연속 동작을 이용한다. 다음 중 불연속 동작을 이용하는 것은?

㉮ ON-OFF 동작   ㉯ 비례 동작
㉰ 적분 동작   ㉱ 미분 동작

[해설] 불연속 동작에는 ON-OFF(2위치) 동작, 다위치 동작, 불연속 속도 동작이 있다.

정답 41. ㉰ 42. ㉰ 43. ㉮ 44. ㉮ 45. ㉱ 46. ㉯ 47. ㉯ 48. ㉮

49. 금속의 전기 저항 값이 변화되는 것을 이용하여 압력을 측정하는 전기 저항 압력계의 특성으로 맞는 것은?

㉮ 응답 속도가 빠르고 초고압에서 미압까지 측정한다.
㉯ 구조가 간단하여 압력 검출용으로 사용한다.
㉰ 먼지의 영향이 적고 변동에 대한 적응성이 적다.
㉱ 가스 폭발 등 급속한 압력 변화를 측정하는데 사용한다.

[해설] 검출부가 소형이며 응답 속도가 빠르고 저압에서 초고압까지($0.01 \sim 100 kg/cm^2$) 측정한다.

50. 중력 단위계에서 물리량을 차원으로 표시한 것으로 틀린 것은?

㉮ 질량 : M ㉯ 중량 : F
㉰ 길이 : L ㉱ 시간 : T

[해설] 힘 : F

51. 액주식 압력계에 사용되는 액체의 특징이 아닌 것은?

㉮ 점성이 적을 것
㉯ 팽창 계수가 클 것
㉰ 모세관 현상이 적을 것
㉱ 일정한 화학 성분을 가질 것

[해설] 팽창 계수가 작아야 하며 온도 변화에 대한 밀도 변화가 적을 것

52. 전기저항 온도계의 측온 저항체의 공칭 저항치라고 하는 것은 온도 몇 ℃일 때의 저항소자의 저항을 말하는가?

㉮ 20℃   ㉯ 15℃
㉰ 10℃   ㉱ 0℃

[해설] 0℃에서의 측온 저항체의 저항을 공칭 저항치라고 하며 0℃에서 저항소자의 저항값이 25Ω, 50Ω, 100Ω이 주로 사용된다.

53. 관유동에서 층류와 난류를 판정할 때 레이놀즈수를 사용한다. 층류와 난류의 기준이 되는 임계 레이놀즈수는 약 얼마인가?

㉮ 23   ㉯ 232
㉰ 2320   ㉱ 23200

[해설] 임계 레이놀즈수(Re)는 2320이며
① $Re < 2320$: 층류
② $Re > 4000$: 난류
③ $2320 < Re < 4000$: 천이(임계) 구역

54. 다음 가스 분석계 중 산소를 분석할 수 없는 것은?

㉮ 연소식   ㉯ 자기식
㉰ 적외선식   ㉱ 지르코니아식

[해설] 단체로 이루어진 2원자 분자, 즉 H_2, N_2, O_2 등은 적외선 가스 분석계로 분석이 불가능하다.

55. 고온의 노(爐) 내 온도 측정에 사용되는 것이 아닌 것은?

㉮ seger cones   ㉯ 백금저항온도계
㉰ 방사온도계   ㉱ 광고온계

[해설] ㉮ seger cones : $600 \sim 2000℃$
㉯ 백금저항온도계 : $-200 \sim 500℃$
㉰ 방사온도계 : $50 \sim 3000℃$
㉱ 광고온계 : $700 \sim 2000℃$

56. 다음 중 미압 측정용으로 가장 적절한 압력계는?

㉮ 부르동관식 압력계
㉯ 경사관식 압력계
㉰ 분동식 압력계

정답 49. ㉮ 50. ㉯ 51. ㉯ 52. ㉱ 53. ㉰ 54. ㉰ 55. ㉯ 56. ㉯

라 전기식 압력계

[해설] 경사관식 압력계의 특징
    가 미압 측정용이며 저압 측정용이다.
    나 가장 정확하다.
    다 실험실에서 시험용으로 많이 사용한다.

57. 국제적인 실용 온도는 눈금 중 평형 수소의 3중점은 얼마인가?

가 0K 나 13.81K
다 54.36K 라 273.16K

[해설] 가 평형수소의 3중점=13.81K
    나 산소의 3중점=54.361K
    다 물의 3중점=273.16K

58. 다음 [보기]에서 설명하는 제어 동작은?

[보기]
- 부하 변화가 커도 잔류편차가 생기지 않는다.
- 급변할 때 큰 진동이 생긴다.
- 전달느림이나 쓸모없는 시간이 크면 사이클링의 주기가 커진다.

가 PD 동작 나 PID 동작
다 PI 동작 라 P 동작

[해설] PI(비례 적분) 동작의 특징은 [보기] 외에 반응 속도가 빠른 프로세스와 느린 프로세스에 사용된다.

59. 어떤 관속을 흐르는 유체의 한 점에서의 속도를 측정하고자 할 때 가장 적당한 유속 측정 장치는?

가 orifice meter
나 pitot tube
다 rotameter
라 venturi meter

[해설] 피토관(pitot tube)
    한 점에서의 속도를 측정하여 유량을 알 수 있다.

60. 제어계의 각부에 전달되는 모든 신호가 시간의 연속함수인 귀환 제어계는?

가 sample값 제어계
나 relay형
다 개회로 제어계
라 연속 데이터 제어계

[해설] 가 sample값 제어계 : 디지털 제어라고도 하며 제어 시스템 내부의 전부 혹은 일부 신호가 디지털 신호로 처리되는 제어이다.
    나 relay형 제어계 : 주접점(주제어 장치)의 보조 접점으로 a접점(NO)과 b접점(NC)으로 구성되며 순시 동작 제어이다.
    다 개회로 제어계 : 제어 동작이 출력과 관계없이 신호의 통로가 열려 있는 제어이다.
    라 연속 데이터 제어계 : 비례(P) 제어, 비례 적분(PI) 제어, 비례 적분 미분(PID) 제어계의 각부에서 전달되는 모든 신호가 시간의 연속함수인 귀환 제어계이다.

제4과목 열설비 재료 및 관계법규

61. 다음 보온재 중 저온용이 아닌 것은?

가 우모펠트 나 염화비닐 폼
다 폴리우레탄 폼 라 세라믹 파이버

[해설] 고온용 보온재
    세라믹 파이버(1300℃), 규산칼슘(650℃), 펄라이트(650℃)

62. 에너지다소비사업자에게 에너지손실요인의 개선 명령을 할 수 있는 자는?

가 산업통상자원부장관
나 시·도지사
다 에너지관리공단이사장
라 에너지관리진단기관협회장

[해설] 에너지이용 합리화법 제34조 ①항 참조

정답 57. 나 58. 다 59. 나 60. 라 61. 라 62. 가

63. 공업용 로에 있어서 폐열회수장치로 가장 적합한 것은?
㉮ 댐퍼　　㉯ 백필터
㉰ 바이패스 연도　　㉱ 레큐퍼레이터

[해설] 공업용 로에 있어서 공기 가열, 가스의 가열에 사용하는 폐열 회수 장치에는 ㉮ 환열실(recuperator)과 ㉯ 축열실(regenrator)이 있다.

64. 매끈한 원관 속을 흐르는 유체의 레이놀즈수(Re)가 1800일 때의 관마찰계수(f)는?
㉮ 0.013　　㉯ 0.015
㉰ 0.036　　㉱ 0.053

[해설] $f = \dfrac{64}{Re}$에서 $f = \dfrac{64}{1800} = 0.036$

65. 납석벽돌의 특성에 대한 설명으로 틀린 것은?
㉮ 비교적 저온에서의 소결이 용이하다.
㉯ 흡수율이 작고 압축 강도가 크다.
㉰ 내식성이 우수하다.
㉱ 내화도는 SK 34 이상이다.

[해설] 납석벽돌의 내화도는 SK 26~34 정도이다.

66. 에너지원별 에너지열량환산기준으로 총 발열량(kcal)이 가장 높은 연료는?(단, 1L 또는 1kg 기준이다.)
㉮ 휘발유　　㉯ 항공유
㉰ B-C유　　㉱ 천연가스

[해설] 에너지법 시행규칙 제5조에 따른 별표 참조

67. 가스배관의 관경이 13mm 이상, 33mm 미만일 때 관의 고정 장치 설치 간격으로 옳은 것은?
㉮ 1m 마다　　㉯ 2m 마다
㉰ 3m 마다　　㉱ 4m 마다

[해설] ① 13mm 미만 : 1m 마다
② 33mm 이상 : 3m 마다

68. 국가에너지절약 추진위원회의 위원에 해당되지 않는 자는?
㉮ 한국전력공사사장
㉯ 국무조정실 국무2차장
㉰ 고용노동부차관
㉱ 에너지관리공단이사장

[해설] 에너지 이용 합리화법 시행령 제4조 ①항 참조

69. 내화도가 높고 용융점 부근까지 하중에 견디기 때문에 각종 가마의 천정에 주로 사용되는 내화물은?
㉮ 규석내화물　　㉯ 납석내화물
㉰ 샤모트내화물　　㉱ 마그네시아내화물

[해설] 규석내화물
내화도가 SK 31~33 정도이며 하중 연화점이 1750℃로 높고 가마의 천정에 주로 사용된다.

70. 산업통상자원부장관이 정한 에너지 이용 합리화를 위한 효율관리기자재에 해당되지 않는 것은?(단, 산업통상자원부장관이 따로 고시하는 기자재 및 설비는 제외한다.)
㉮ 전기냉장고　　㉯ TV
㉰ 자동차　　㉱ 조명기기

[해설] 에너지이용 합리화법 시행규칙 제7조 ①항 참조

71. 폐열회수 방식에 의한 요의 분류에 해당하는 것은?
㉮ 연속식　　㉯ 환열식
㉰ 횡염식　　㉱ 반연속식

정답　63. ㉱　64. ㉰　65. ㉱　66. ㉱　67. ㉯　68. ㉰　69. ㉮　70. ㉯　71. ㉯

[해설] 폐열회수 방식에 따라 환열식과 축열식이 있다.

72. 내식성, 굴곡성이 우수하고 양도체이며 내압성도 있어서 열교환기용 전열관, 급수관 등 화학 공업용으로 주로 사용되는 것은 어느 것인가?

㉮ 주철관　　　　㉯ 동관
㉰ 강관　　　　　㉱ 알루미늄관

[해설] 동관의 특징
① 내식성과 굴곡성이 우수하다.
② 열전도율이 크다(열교환기용으로 사용).
③ 가공이 쉽고 시공이 용이하다.
④ 알칼리성에는 강하나 산성에는 심하게 침식된다.

73. 정부가 에너지 이용 합리화를 촉진하기 위하여 지원하는 사업에 해당하지 않는 것은 어느 것인가?

㉮ 에너지원의 기술 홍보
㉯ 에너지원의 연구개발사업
㉰ 기술용역 및 기술지도사업
㉱ 에너지이용합리화를 위한 에너지기술개발사업

74. 신·재생에너지 중 의무 공급량이 지정되어 있는 에너지원은?

㉮ 해양에너지　　㉯ 지열에너지
㉰ 태양에너지　　㉱ 바이오에너지

[해설] 신에너지 개발, 이용, 보급 촉진법 시행령 제18조의 4 ③항에 의한 별표 참조

75. 다음 중 평균효율관리 기자재에 해당하는 것은?

㉮ 승용자동차　　㉯ 가전제품
㉰ 산업용 보일러　㉱ 조명기기

[해설] 에너지이용 합리화법 시행규칙 제11조 참조

76. 다음 중 노 속에 목탄이나 코크스와 침탄촉진제를 이용하여 강의 표면에 탄소를 침입시켜 표면을 경화시키기 위한 노 내의 가열 온도는?

㉮ 650~750℃　　㉯ 750~850℃
㉰ 850~950℃　　㉱ 950~1050℃

[해설] 강의 침탄법에는 침탄재를 노 속에 넣고 850~950℃까지 가열하여 침탄시키는 고체 침탄법과 CH_4, CO 등의 가스를 노 내에 충전시켜 침탄하는 가스 침탄법이 있다.

77. 에너지관리공단의 임원에 관한 내용 중 틀린 것은?

㉮ 감사 1명
㉯ 본부장 3명
㉰ 이사장 1명
㉱ 이사장, 부이사장을 제외한 이사 9명 이내(6명 이내의 비상임 이사를 포함한다.)

[해설] 에너지이용 합리화법 제 51조 참조

78. 인정검사대상기기 조종자 교육을 이수한 자가 조종할 수 없는 것은?

㉮ 최고 사용 압력(MPa)과 내용적(m^3)을 곱한 수치가 0.02을 초과하는 1종 압력용기
㉯ 용량이 581킬로와트인 열매체를 가열하는 보일러
㉰ 용량이 700킬로와트의 온수발생 보일러
㉱ 최고 사용 압력이 1MPa 이하이고 전열 면적이 10m^2 이하인 증기 보일러

[해설] 에너지이용 합리화법 시행규칙 제31조의 26 별표 참조

정답 72. ㉯　73. ㉮　74. ㉰　75. ㉮　76. ㉰　77. ㉯　78. ㉰

79. 에너지 공급을 제한하고자 할 경우 산업통상자원부장관은 공급제한일 며칠 전에 이를 에너지공급자 및 에너지 사용제한 대상자에게 예고하여야 하는가?

㉮ 3일　㉯ 7일
㉰ 10일　㉱ 15일

[해설] 에너지이용 합리화법 시행령 제14조 ③항 참조

80. 공업로의 에너지절감 대책으로 틀린 것은 어느 것인가?

㉮ 배열을 재료의 예열로 사용
㉯ 노체 열용량의 증가
㉰ 공연비의 개선
㉱ 단열의 강화

[해설] 노체 열용량을 감소시켜야 한다.

제5과목　열설비 설계

81. 다음 각 보일러의 특징에 대한 설명 중 틀린 것은?

㉮ 입형 보일러는 좁은 장소에도 설치할 수 있다.
㉯ 노통 보일러는 보유 수량이 적어 증기 발생 소요 시간이 짧다.
㉰ 수관 보일러는 구조상 대용량 및 고압용에 적합하다.
㉱ 관류 보일러는 드럼이 없어 초고압 보일러에 적합하다.

[해설] 노통 보일러는 보유 수량이 많아 증기 발생 소요 시간이 길다.

82. 지름 5cm의 파이프를 사용하여 매시 4톤의 물을 공급하는 수도관이 있다. 이 수도관에서의 물의 속도는 몇 m/s인가?(단, 물의 비중은 1이다.)

㉮ 0.12　㉯ 0.28
㉰ 0.56　㉱ 8.1

[해설] 중량 유량 $Q[\text{kg/s}]$
$= 비중량 \rho[\text{kg/m}^3] \times \dfrac{\pi D^2}{4} \times V$에서

$V = \dfrac{\dfrac{4000}{3600}}{1000 \times \dfrac{\pi \times (0.05)^2}{4}} = 0.56\,\text{m/s}$

83. 일반적인 강관에서 스케줄 넘버(schedule number)는 무엇을 의미하는가?

㉮ 파이프의 외경
㉯ 파이프의 두께
㉰ 파이프의 내경
㉱ 파이프의 단면적

[해설] 관의 호칭법은 호칭경 및 관의 두께(스케줄 넘버)에 의해 나타낸다.

84. 보일러 또는 노의 연도를 흐르는 연소가스는 연도 내면과의 마찰로 압력이 강하한다. 이 압력 강하 $p_1[\text{mmAq}]$는 어떻게 표시되는가?(단, L : 연도의 길이(m), ρ : 연소가스의 밀도(kg/m³), D : 연도 단면형의 수력 반경(m), f : 마찰 저항 계수, U : 연소가스의 유속(m/s), g : 중력가속도(m/s²)이다.)

㉮ $p_1 = 4f\dfrac{\rho U^2}{2g}\dfrac{L}{D}$

㉯ $p_1 = 2f\dfrac{\rho U^2}{2g}\sqrt{\dfrac{L}{D}}$

㉰ $p_1 = 4f\dfrac{\rho U^2}{2g}\dfrac{D}{L}$

㉱ $p_1 = 4f\dfrac{\rho U^2}{2g}\dfrac{L^2}{D^2}$

[정답] 79. ㉰　80. ㉯　81. ㉯　82. ㉰　83. ㉯　84. ㉮

[해설] ① 팬닝식 : $p_1 = 4f \dfrac{\rho U^2}{2g} \cdot \dfrac{L}{D}$

② 달시위버 공식 : $p_1 = \lambda \dfrac{\rho U^2}{2g} \dfrac{L}{D}$

85. 전기저항로에 발열체 저항이 $R[\Omega]$, 여기에 $I[A]$의 전류를 흘렸을 때 발생하는 이론 열량은 시간당 얼마인가?

㉮ $864\ IR$ [cal]   ㉯ $846\ IR$ [cal]
㉰ $864\ I^2R$ [cal]   ㉱ $846\ I^2R$ [cal]

[해설] ① 1W = 1J/S

② $1J = \dfrac{1}{4.187}$ cal ≒ 0.24cal

③ $Q = Pt = I^2Rt$ [J/S]
 $= 0.24 I^2 R \times 3600 ≒ 864 I^2 R$ [cal]

86. flash tank의 역할을 가장 옳게 설명한 것은?

㉮ 고압응축수로 저압증기를 만든다.
㉯ 저압응축수로 고압증기를 만든다.
㉰ 증기의 건도를 높인다.
㉱ 증기를 저장한다.

[해설] 플래시 탱크는 외부로부터 탱크 내부보다 높은 압력 또는 열수를 받아 들여 고압 응축수로 저장하였다가 감압시켜 저압의 증기를 만든다.

87. 저온 부식의 방지 방법이 아닌 것은?

㉮ 과잉 공기를 적게 하여 연소한다.
㉯ 발열량이 높은 황분을 사용한다.
㉰ 연료첨가제(수산화마그네슘)를 이용하여 노점 온도를 낮춘다.
㉱ 연소 배기가스의 온도가 너무 낮지 않게 한다.

[해설] 황분(S)를 제거한 연료를 사용해야 한다.

88. 다음 중 절탄기를 설치하는 장소로서 가장 적합한 곳은?

㉮ 연도   ㉯ 과열기 상부
㉰ 가압송풍기 입구   ㉱ 연소실

[해설] 절탄기(이코노마이즈=급수 예열기)는 연도에 설치한다.

89. 다음 그림과 같이 서로 다른 고체 물질 A, B, C 3개의 평판이 서로 밀착되어 복합체를 이루고 있다. 정상 상태에서의 온도 분포가 그림과 같다면 A, B, C 중 어느 물질이 열전도도가 가장 작은가?

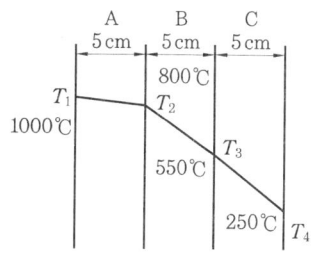

㉮ A   ㉯ B
㉰ C   ㉱ 모두 같다.

[해설] 열전도도 $\lambda = \dfrac{Qb}{\Delta t}$ 에서 두께 b와 열량 Q가 일정하므로 온도차 Δt가 클수록 열전도도 λ가 작아진다.

90. 유체의 동점성 계수와 유체온도 전파속도의 비를 표현하는 무차원수는?

㉮ Nusselt(Nu) 수   ㉯ Prandtl(Pr) 수
㉰ Grashof(Gr) 수   ㉱ Schmidt(Sc) 수

[해설] Prandtl(Pr) 수 = $\dfrac{동점성 계수}{열전달률}$

91. 직경 600mm, 압력 12kgf/cm²의 보일러의 세로이음을 설계하고자 한다. 강판의 인장강도를 35kgf/mm²으로 하고 안전율

[정답] 85. ㉰ 86. ㉮ 87. ㉯ 88. ㉮ 89. ㉰ 90. ㉯ 91. ㉰

을 4.75이라 할 때 강판의 두께는 몇 mm 인가?(단, 리벳의 이음 효율은 0.6이고, 부식여유는 1mm로 한다.)

㉮ 7.2 ㉯ 8.1
㉰ 9.1 ㉱ 10.2

[해설] $t = \dfrac{PDS}{200 \cdot \delta \cdot \eta} + \alpha$ 에서

$t = \dfrac{12 \times 600 \times 4.75}{200 \times 35 \times 0.6} + 1 = 9.1 \text{mm}$

92. 연도 등의 저온의 전열면에 주로 사용되는 슈트 블로어의 종류는?

㉮ 삽입형 ㉯ 예열기 클리너형
㉰ 로터리형 ㉱ 건형(gun type)

[해설] 로터리형 슈트 블로어는 연도에 설치되는 절탄기, 공기 예열기 등의 저온의 전열면에 주로 사용하는 정치 회전식이다.

93. 난방 및 급탕용으로 보일러를 선정할 때의 순서이다. 가장 바르게 된 것은?

㉮ 방열기 용량 → 배관 열손실 → 정격출력 → 상용출력
㉯ 상용출력 → 정격출력 → 방열기 용량 → 배관 열손실
㉰ 정격출력 → 상용출력 → 방열기 용량 → 배관 열손실
㉱ 방열기 용량 → 배관 열손실 → 상용출력 → 정격출력

[해설] 보일러 정격출력(kcal/h) = [상용출력(난방부하) + 급탕부하 + 배관부하)] + 예열부하

[참고] 부하 계산 순서
① 난방부하 ② 급탕부하 ③ 배관부하 ④ 예열(시동)부하

94. 노통보일러에서 일어나는 열팽창을 흡수하는 역할을 하는 것은?

㉮ 엔드플레이트 ㉯ 애덤슨조인트
㉰ 가셋스테이 ㉱ 프라이밍 방지기

[해설] 노통 보일러에서 노통의 원주이음은 열팽창의 흡수를 위하여 애덤슨조인트를 한다.

95. 다음 [보기]에서 설명하는 증기 트랩(trap)은?

[보기]
- 다량의 드레인을 연속적으로 처리할 수 있다.
- 증기 누출이 거의 없다.
- 가동 시 공기 빼기를 할 필요가 없다.

㉮ 플로트식 트랩
㉯ 버킷형 트랩
㉰ 열동식 트랩
㉱ 디스크식 트랩

[해설] 플로트식 트랩은 워터 해머에 약하며 겨울철에 동파 위험성이 있다.

96. 수관식보일러의 수질을 측정한 결과, 급수 중 불순물의 농도가 60mg/L, 관수 중 불순물의 농도가 2500mg/L로 나타났다. 시간당 급수량이 2400L이고 응축수 회수율이 50%일 때 분출량은 약 몇 L/h인가?

㉮ 25.4 ㉯ 27.3
㉰ 29.5 ㉱ 32.2

[해설] $\dfrac{2400 \times (1-0.5) \times 60}{2500 - 60} = 29.5 \text{L/h}$

97. 열매체 보일러의 특징이 아닌 것은?

㉮ 낮은 압력에서도 고온의 증기를 얻을 수 있다.
㉯ 물 처리 장치나 청관제 주입 장치가 필요하다.
㉰ 겨울철 동결의 우려가 적다.
㉱ 안전관리상 보일러 안전밸브는 밀폐식 구조로 한다.

정답 92. ㉰ 93. ㉱ 94. ㉯ 95. ㉮ 96. ㉰ 97. ㉯

[해설] 열매체 보일러는 물 처리 장치나 청관제 주입 장치가 필요 없다.

98. 보일러의 열정산 시 출열 항목이 아닌 것은?

㉮ 배기가스에 의한 손실열
㉯ 발생증기 보유열
㉰ 불완전 연소에 의한 손실열
㉱ 공기의 현열

[해설] 공기의 현열, 연료의 현열, 연료의 연소열은 입열 항목이다.

99. 건조기의 열효율 표시를 옳게 나타낸 것은?(단, Q : 입열량, q_1 : 수분 증발에 소비된 열량, q_2 : 재료 가열에 소비된 열량, q_3 : 건조기의 손실 열량을 나타낸다.)

㉮ $\dfrac{q_1}{Q}$
㉯ $\dfrac{q_2}{Q}$
㉰ $\dfrac{q_1+q_2}{Q}$
㉱ $\dfrac{q_1+q_2+q_3}{Q}$

[해설] 건조기 열효율
$= \dfrac{\text{재료 가열에 소비된 열량}+\text{수분증발에 소비된 열량}}{\text{입열량(공급열량)}}$

100. 최고 사용 압력(P) 20kgf/cm², 안지름이 (Di) 600mm의 구형 용기의 최소 두께는 약 몇 mm인가? (단, 용접 이음 효율 (η)은 1, 부식여유 (α)는 2.5mm, 재료의 허용인장강도(σ_a)는 8kgf/mm²이다.)

㉮ 6.3
㉯ 8.2
㉰ 9.6
㉱ 13.0

[해설] $t = \dfrac{PDi}{400\delta - 0.4P} + \alpha$ 에서

$t = \dfrac{20 \times 600}{400 \times 8 - 0.4 \times 20} + 2.5 = 6.3\text{mm}$

[정답] 98. ㉱ 99. ㉰ 100. ㉮

2014.9.20 시행

제1과목 연소 공학

1. 기체 연료의 저장 방식이 아닌 것은?

㉮ 유수식 ㉯ 고압식
㉰ 가열식 ㉱ 무수식

[해설] 기체 연료의 저장 방법에는 유수식 홀더, 무수식 홀더, 고압 홀더가 있다.

2. 보일러의 급수 및 발생 증기의 엔탈피를 각각 150, 670kcal/kg이라고 할 때 20000 kg/h의 증기를 얻으려면 공급 열량은 약 몇 kcal/h인가?

㉮ 9.6×10^6 ㉯ 10.4×10^6
㉰ 11.7×10^6 ㉱ 12.2×10^6

[해설] $Q = G(h_2 - h_1)$
$= 20000 \, \text{kg/h} \times (670 - 150) \, \text{kcal/kg}$
$= 10.4 \times 10^6 \, \text{kcal/h}$

3. 일산화탄소 $1Sm^3$을 완전 연소시키는 데 필요한 이론 공기량(Sm^3)은?

㉮ 2.38 ㉯ 2.67
㉰ 4.31 ㉱ 4.76

[해설] $CO + 0.5O_2 \rightarrow CO_2$
$1Sm^3 \quad 0.5Sm^3$
$A_0 = \dfrac{1}{0.21} \times 0.5 = 2.38 \, Sm^3/Sm^3$

4. 고로 가스의 주요 가연분(可燃分)은?

㉮ 수소 ㉯ 탄소
㉰ 탄화수소 ㉱ 일산화탄소

[해설] 고로 가스의 주성분은 $N_2(57\%)$, $CO(27\%)$, $CO_2(15\%)$ 정도이다. 이 중 가연분은 일산화탄소 뿐이다.

5. 제조 기체 연료에 포함된 성분이 아닌 것은 어느 것인가?

㉮ C ㉯ H_2 ㉰ CH_4 ㉱ N_2

[해설] C(탄소)는 기체가 아니다.

6. 로트에서 고체 연료 시료 채취 방법이 아닌 것은?

㉮ 이단 시료 채취
㉯ 계통 시료 채취
㉰ 층별 시료 채취
㉱ 계단 시료 채취

[해설] 고체 연료 시료 채취 방법에는 층별 시료 채취, 2단 시료 채취, 계층(계통) 시료 채취가 있다.

7. 다음 기체 중 폭발 범위가 가장 넓은 것은 어느 것인가?

㉮ 수소 ㉯ 메탄
㉰ 프로판 ㉱ 벤젠

[해설] 폭발 범위
㉮ 수소 (H_2) : 4.0 ~ 75.0%
㉯ 메탄 (CH_4) : 5.0 ~ 15.0%
㉰ 프로판 (C_3H_8) : 2.1 ~ 9.5%
㉱ 벤젠 (C_6H_6) : 1.4 ~ 7.1%

정답 1. ㉰ 2. ㉯ 3. ㉮ 4. ㉱ 5. ㉮ 6. ㉱ 7. ㉮

8. 어느 기체 혼합물을 10kPa, 20℃, 0.2m³인 초기 상태로부터 0.1m³로 실린더 내에서 가역 단열 압축할 때 최종 상태의 온도는 약 몇 K 인가? (단, 이 혼합 가스의 정적 비열은 0.7157kJ/kg·K, 기체 상수는 0.2695 kJ/kg·K이다.)

㉮ 381　㉯ 387　㉰ 397　㉱ 400

[해설] 단열 변화

$$\frac{T_2}{T_1} = \left(\frac{V_1}{V_2}\right)^{k-1} \cdots\cdots ①$$

$$C_V = \frac{1}{k-1} \cdot A \cdot R \cdots\cdots ②$$

$$k = \frac{A \cdot R}{C_V} + 1$$

$$= \frac{0.2695\,\text{kJ/kg}\cdot\text{K}}{0.7157\,\text{kJ/kg}\cdot\text{K}} + 1$$

$$= 1.3765$$

$$T_2 = T_1 \times \left(\frac{V_1}{V_2}\right)^{k-1}$$

$$= (273 + 20) \times \left(\frac{0.2}{0.1}\right)^{1.3765-1}$$

$$= 380.3\,\text{K}$$

9. 질량비로 프로판 45%, 공기 55%인 혼합 가스가 있다. 프로판 가스의 발열량이 100MJ/m³일 때 혼합 가스의 발열량은 몇 MJ/m³인가?

㉮ 29　㉯ 31　㉰ 33　㉱ 35

[해설] 혼합 가스 발열량

$$= \frac{45 \times \frac{22.4}{44} \times 100 + 55 \times \frac{22.4}{29} \times 0}{45 \times \frac{22.4}{44} + 55 \times \frac{22.4}{29}}$$

$$= 35.03\,\text{MJ/m}^3$$

10. 다음 조성의 액체 연료를 완전 연소시키기 위해 필요한 이론 공기량은 약 몇 Sm³/kg인가?

C : 0.70kg,　H : 0.10kg,　O : 0.05kg
S : 0.05kg,　N : 0.09kg,　ash : 0.01kg

㉮ 8.9　㉯ 11.5　㉰ 15.7　㉱ 18.9

[해설] $A_0 = \frac{1}{0.21} \times \left\{ \frac{22.4}{12}C + \frac{11.2}{2}\left(H - \frac{O}{8}\right) + \frac{22.4}{32}S \right\}$

$$= \frac{1}{0.21} \times \left\{ \frac{22.4}{12} \times 0.7 + \frac{11.2}{2}\left(0.1 - \frac{0.05}{8}\right) + \frac{22.4}{32} \times 0.05 \right\}$$

$$= 8.88\,\text{Sm}^3/\text{kg}$$

11. 고위 발열량이 9000kcal/kg인 연료 3kg이 연소할 때의 총 저위 발열량은 몇 kcal인가? (단, 이 연료 1kg당 수소분은 15%, 수분은 1%의 비율로 들어있다.)

㉮ 12300　㉯ 24552　㉰ 43882　㉱ 51888

[해설] $H_l = \{H_h - 600(9H + W)\} \times G_f$

$$= \{9000 - 600(9 \times 0.15 + 0.01)\} \times 3$$

$$= 24552\,\text{kcal}$$

12. 중량비로 조성이 C : 87%, H : 10%, S : 3%인 중유 1kg을 연소시킬 때 필요한 이론 공기량은 얼마인가?

㉮ 5.8 Sm³　㉯ 10.5 Sm³
㉰ 23.8 Sm³　㉱ 34.5 Sm³

[해설] $A_0 = \frac{1}{0.21} \times \left\{ \frac{22.4}{12}C + \frac{11.2}{2}\left(H - \frac{O}{8}\right) + \frac{22.4}{32}S \right\}$

$$= \frac{1}{0.21} \times \left\{ \frac{22.4}{12} \times 0.87 + \frac{11.2}{2}\left(0.1 - \frac{0}{8}\right) + \frac{22.4}{32} \times 0.03 \right\}$$

$$= 10.5\,\text{Sm}^3/\text{kg}$$

∴ $10.5\,\text{Sm}^3/\text{kg} \times 1\text{kg} = 10.5\,\text{Sm}^3$

정답 8. ㉮　9. ㉱　10. ㉮　11. ㉯　12. ㉯

13. C중유 사용 시 그을음이 많이 나오기 때문에 원인을 체크하고 있다. 다음 방법 중 틀린 것은?

㉮ 화염이 닿고 있지 않은지 점검한다.
㉯ 연소실 온도가 너무 높지 않은지 점검한다.
㉰ 연소실 열부하가 많지 않은지 점검한다.
㉱ 통풍력이 부족하지 않은지 점검한다.

[해설] 연소실 온도가 너무 낮지 않은지 점검한다.

14. 석탄, 코크스, 목재 등을 적열 상태로 가열하고, 공기로 불완전 연소시켜 얻는 연료는 어느 것인가?

㉮ 석탄 가스   ㉯ 수성 가스
㉰ 발생로 가스 ㉱ 증열 수성 가스

15. 다음 중 석탄을 연료로 하는 보일러에서 회(ash)의 부착이 가장 잘 생기는 곳은?

㉮ 보일러 본체 ㉯ 공기 예열기
㉰ 절탄기   ㉱ 과열기

[해설] 고온 부식이 잘 일어나는 곳은 과열기 쪽이다.

16. 과잉 공기량이 증가할 때 나타나는 현상이 아닌 것은?

㉮ 연소실의 온도 저하
㉯ 배기가스에 의한 열손실 증가
㉰ 불완전 연소에 의한 매연 증가
㉱ 연소 가스 중의 N_2O 발생이 심하여 대기오염 초래

[해설] 불완전 연소는 공기가 부족할 때 생긴다.

17. 연소기의 배기가스 연도에 댐퍼를 부착하는 이유로 가장 거리가 먼 것은?

㉮ 통풍력을 조절한다.
㉯ 과잉 공기를 조절한다.
㉰ 가스의 흐름을 차단한다.
㉱ 주연도, 부연도가 있는 경우에는 가스의 흐름을 바꾼다.

[해설] 과잉 공기량 조절은 공기 댐퍼로 한다.

18. $(CO_2)_{max}$에 대한 식으로 맞는 것은?

㉮ $(CO_2)_{max} = \dfrac{21(O_2)}{(CO_2)-21}$

㉯ $(CO_2)_{max} = \dfrac{21(CO_2)}{21-(O_2)}$

㉰ $(CO_2)_{max} = \dfrac{21(O_2)}{21-(CO_2)}$

㉱ $(CO_2)_{max} = \dfrac{21(CO_2)}{(O_2)-21}$

[해설] $(CO_2)_{max} = m \times (CO_2)$
$= \dfrac{21}{21-(O_2)} \times (CO_2)$

19. 연소 반응에서 수소와 연소용 산소 및 연소 가스(물)의 몰수비(mol) 관계가 옳은 것은?

㉮ 1 : 1 : 1   ㉯ 1 : 2 : 1
㉰ 2 : 1 : 2   ㉱ 2 : 1 : 3

[해설] $H_2 + 0.5O_2 \rightarrow H_2O$
$2H_2 + O_2 \rightarrow 2H_2O$
2mol   1mol   2mol

20. SO_x에 관한 설명으로 틀린 것은?

㉮ 대기 중에서는 SO_2가 SO_3로, SO_3는 SO_2로 다시 변한다.
㉯ 액체 연료 연소 시 온도가 높을수록 SO_3의 생산량은 적다.
㉰ 대기 중에 존재하는 황화합물 중에서 가장 많은 것은 SO_2이다.

[정답] 13. ㉯ 14. ㉰ 15. ㉱ 16. ㉰ 17. ㉯ 18. ㉯ 19. ㉰ 20. ㉰

라 SO_x는 연소 시 직접 생기는 수도 있고, SO_2가 산화하여 생기는 수도 있다.

제2과목 열역학

21. 스로틀링(throttling) 밸브를 이용하여 Joule-Thomson 효과를 보고자 한다. 이때 압력이 감소함에 따라 온도가 감소하는 경우는 Joule-Thomson 계수 μ가 어떤 값을 가질 때인가?

가 $\mu = 0$
나 $\mu > 0$
다 $\mu < 0$
라 $\mu = -1$

[해설] 줄-톰슨 계수가 0보다 작다(-)는 것은 압력이 내려갈 때 온도가 올라가서 전체적으로 (-)가 된다는 것을 말하며 이때 기체는 팽창되면서 가열 효과를 수반한다(히터, 엔진, 기관 등). 줄-톰슨 계수가 0보다 크다(+)는 것은 압력이 내려갈 때 온도도 같이 내려가 전체적으로 (+)가 된다는 것을 말하며, 이때 이러한 기체가 팽창될 때 냉각 효과를 수반한다(냉장고, 에어컨 등).

22. 다음 과정 중 가역적인 과정이 아닌 것은 어느 것인가?

가 마찰로 인한 손실이 없다.
나 작용 물체는 전 과정을 통하여 항상 평형 상태에 있다.
다 과정은 이를 조절하는 값을 무한소만큼씩 변화시켜도 역행할 수는 없다.
라 과정은 어느 방향으로나 진행될 수 있다.

[해설] 가역 과정이란 한 번 진행된 과정이 역으로 진행될 수 있으며 그 때 시스템이나 주위에 아무런 변화를 남기지 않는 이상적인 과정을 말한다.

23. 200℃의 고온 열원과 30℃의 저온 열원 사이에서 작동하는 카르노 사이클이 하는 일이 10kJ이라면 저온에서 방출되는 열은 얼마인가?

가 10.0kJ
나 15.6kJ
다 17.8kJ
라 27.8kJ

[해설] $\dfrac{T_2}{T_1 - T_2} = \dfrac{Q}{AW}$

$\dfrac{273+30}{200-30} = \dfrac{x\,\text{kJ}}{10\,\text{kJ}}$

$\therefore x = 17.8 \text{ kJ}$

24. 다음의 4행정 사이클 구성에서 틀린 것은 어느 것인가?

가 오토 사이클 : 가역 단열 압축, 가역 정적 가열, 가역 단열 팽창, 가역 정적 방열
나 디젤 사이클 : 가역 단열 압축, 가역 정압 가열, 가역 단열 팽창, 가역 정압 방열
다 스털링 사이클 : 가역 등온 압축, 가역 정적 가열, 가역 등온 팽창, 가역 정적 방열
라 브레이튼 사이클 : 가역 단열 압축, 가역 정압 가열, 가역 단열 팽창, 가역 정압 방열

[해설] 디젤 사이클은 2개의 단열 과정과 1개의 정적 과정, 1개의 등압 과정으로 구성된 사이클이다(단열 압축 → 정압 가열 → 단열 팽창 → 정적 방열).

25. 중간 냉각기를 사용하여 다단 압축을 하는 이유로서 다음 중 가장 타당한 것은?

가 공기가 너무 뜨거워지면 위험하기 때문이다.
나 압축기의 일을 적게 할 수 있기 때문이다.
다 압축기의 크기가 제한되어 있기 때문이다.

[정답] 21. 나 22. 다 23. 다 24. 나 25. 나

라 1단 압축을 할 경우 위험하기 때문이다.
[해설] 다단 압축의 목적
① 압축 일량을 분배하여 감소시킨다.
② 토출 가스 온도 상승을 피할 수 있다.
③ 각종 이용 효율(압축, 체적, 기계)을 향상시킬 수 있다.

26. 기계 동력 사이클과 가장 거리가 먼 것은 어느 것인가?

가 증기 원동소
나 가스 터빈
다 불꽃 점화 자동차 기관
라 디젤 기관

[해설] 증기 원동소는 증기 동력 사이클이다.

27. 이상 기체의 단위 질량당 내부 에너지 u, 엔탈피 h, 엔트로피 s에 관한 다음의 관계식 중에서 모두 옳은 것은?(단, T는 절대 온도, p는 압력, v는 비체적을 나타낸다.)

가 $Tds = du - vdp$, $Tds = dh - pdv$
나 $Tds = du + pdv$, $Tds = dh - vdp$
다 $Tds = du - vdp$, $Tds = dh + pdv$
라 $Tds = du + pdv$, $Tds = dh + vdp$

[해설] $dq = du + pdv$
$dq = dh - vdp$
$ds = \dfrac{dq}{T}$ 이므로
$Tds = dq$
즉, $Tds = du + pdv$
$Tds = dh - vdp$

28. 다음은 열역학적 사이클에서 일어나는 여러 가지의 과정이다. 이상적 카르노(Carnot) 사이클에서 일어나는 과정을 옳게 나열한 것은?

(a) 등온 압축 과정 (b) 정적 팽창 과정
(c) 정압 압축 과정 (d) 단열 팽창 과정

가 (a), (b)　　나 (b), (c)
다 (c), (d)　　라 (a), (d)

[해설] 카르노 사이클은 등온 팽창, 단열 팽창, 등온 압축, 단열 압축을 거친다.

29. 증기 동력 사이클의 효율을 높이기 위하여 취하는 조치 중 가장 거리가 먼 것은?

가 작동 유체의 순환량을 증가시킨다.
나 고온측의 압력을 높인다.
다 고온측과 저온측의 온도차를 크게 한다.
라 필요에 따라서는 2유체 사이클로 한다.

[해설] 증기 동력 사이클의 효율을 향상시키는 방법
① 초온, 초압(터빈 입구)을 높이고 배압(터빈 출구압)을 낮춘다.
② 2유체 사이클은 카르노 사이클에 가까운 정도의 효율을 높일 수 있다.

30. 아음속 유동에서 유체가 가속되려면 노즐 단면적은 유동 방향에 따라 어떻게 되어야 하는가?

가 감소되어야 한다.
나 변화없이 유지되어야 한다.
다 커져야 한다.
라 단면적과는 무관하다.

[해설] $Q = A \cdot v$, $v = \dfrac{Q}{A}$
노즐의 단면적이 감소하면 유속은 빨라진다.

31. 다음 중 물의 증발 잠열에 관한 사항은?

가 포화 압력이 낮으면 증가한다.
나 포화 압력이 높으면 증가한다.
다 포화 온도가 높으면 증가한다.
라 온도와 압력에 무관하다.

정답 26. 가　27. 나　28. 라　29. 가　30. 가　31. 가

[해설] 포화 압력이 낮으면 물의 증발 잠열은 증가한다.

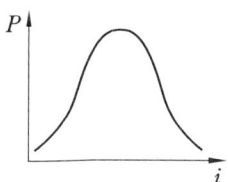

32. 냉장고가 저온에서 400kcal/h의 열을 흡수하고, 고온체에 560kcal/h로 열을 방출한다. 이 냉장고의 성능 계수는?

㉮ 0.5 ㉯ 1.5
㉰ 2.5 ㉱ 20

[해설] 냉장고의 성능 계수
$$= \frac{T_2}{T_1-T_2} = \frac{Q_2}{Q_1-Q_2}$$
$$= \frac{400}{560-400} = 2.5$$

33. 단열 비가역 변화를 할 때 전체 엔트로피는 어떻게 변하는가?

㉮ 감소한다.
㉯ 증가한다.
㉰ 변화가 없다.
㉱ 주어진 조건으로는 알 수 없다.

[해설] 가역 변화의 엔트로피는 변화 전후의 값이 일정하나 비가역 변화의 경우는 엔트로피가 항상 증가한다.

34. 냉동 사이클에서 압축기 입구의 냉매 엔탈피가 h_1, 응축기 입구의 냉매 엔탈피가 h_2, 증발기 입구의 엔탈피가 h_3라고 할 때, 냉동 사이클의 성능 계수는 어떻게 표시되는가?

㉮ $\dfrac{h_1-h_3}{h_2-h_1}$ ㉯ $\dfrac{h_2-h_3}{h_2-h_1}$

㉰ $\dfrac{h_2-h_1}{h_2-h_3}$ ㉱ $\dfrac{h_2-h_3}{h_1-h_3}$

[해설] 냉동기 성적 계수$(\epsilon_R) = \dfrac{q_2}{W_c}$
$$= \dfrac{h_1-h_3}{h_2-h_1}$$

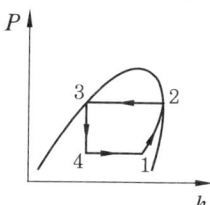

35. 과열 수증기(superheated steam)의 상태가 아닌 것은 어느 것인가?

㉮ 주어진 압력에서 포화 증기 온도보다 높은 온도
㉯ 주어진 체적에서 포화 증기 압력보다 높은 압력
㉰ 주어진 온도에서 포화 증기 체적보다 낮은 체적
㉱ 주어진 온도에서 포화 증기 엔탈피보다 큰 엔탈피

[해설] ① 과열도 = 과열 증기 온도 － 포화 증기 온도
② 과열 증기 비체적이 포화 증기보다 비체적이 크다.

36. 발전소 보일러실에서 소비되는 석탄의 양이 6시간 동안 20톤이라고 한다. 석탄 1kg의 연소에 의한 발열량은 29300kJ이다. 석탄에서 얻을 수 있는 열의 20%가 전기 에너지로 변한다고 하면 이 발전소에서 발전되는 전력은 몇 kW인가?

㉮ 5426   ㉯ 10862
㉰ 23220 ㉱ 32560

정답 32. ㉰ 33. ㉯ 34. ㉮ 35. ㉰ 36. ㉮

[해설] $\dfrac{29300\text{kJ/kg} \times 20000\text{kg} \times 0.2}{6\text{h}}$

$\times \dfrac{1\text{kcal}}{4.187\text{kJ}} \times \dfrac{1\text{kWh}}{860\text{kcal}} = 5424.6\text{kW}$

37. $k=1.4$의 공기를 작동 유체로 하는 디젤 엔진의 최고 온도(T_3) 2500K, 최저 온도(T_1)가 300K, 최고 압력(P_3)이 4MPa, 최저 압력(P_1)이 100kPa일 때, 차단비(cut off ratio : r_c)는 얼마인가?

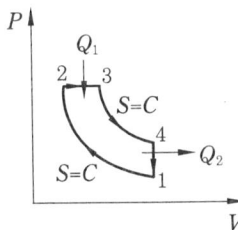

㉮ 2.4　㉯ 2.9　㉰ 3.1　㉱ 3.6

[해설] 차단비(단절비) $\sigma = \dfrac{T_3}{T_1 \cdot \epsilon^{k-1}}$

압축비 $\epsilon = \left(\dfrac{P_3}{P_1}\right)^{\frac{1}{k}} = \left(\dfrac{4000}{100}\right)^{\frac{1}{1.4}}$

$= 13.942$

$\sigma = \dfrac{2500}{300 \times 13.942^{1.4-1}}$

$= 2.90$

38. 그림은 랭킨 사이클의 온도-엔트로피($T-S$) 선도이다. $h_1 = 192$kJ/kg, $h_2 = 194$kJ/kg, $h_3 = 2802$kJ/kg, $h_4 = 2010$kJ/kg이라면 열효율은 약 얼마인가?

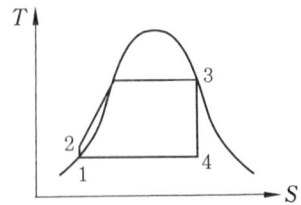

㉮ 25.3%　㉯ 30.3%
㉰ 43.6%　㉱ 49.7%

[해설] $\eta = \dfrac{h_3 - h_4}{h_3 - h_2} \times 100$

$= \dfrac{2802 - 2010}{2802 - 194} \times 100$

$= 30.36\%$

39. 카르노 사이클을 온도(T) - 엔트로피(S) 선도 및 압력(P)-체적(V) 선도로 표시하였을 때, 각 선도의 한 사이클에 대한 적분식들의 관계가 옳은 것은?

㉮ $\oint TdS = 0$

㉯ $\oint TdS > \oint PdV$

㉰ $\oint TdS < \oint PdV$

㉱ $\oint TdS = \oint PdV$

[해설] $dS = \dfrac{dQ}{T} = \dfrac{PdV}{T}$

$TdS = PdV$

40. 비열이 일정한 이상 기체 1kg이 팽창할 때 성립하는 식은?(단, P는 압력, V는 체적, T는 온도, C_P는 정압 비열, C_V는 정적 비열, U는 내부 에너지)

㉮ $\Delta U = C_P \Delta T$
㉯ $\Delta U = C_P \Delta V$
㉰ $\Delta U = C_V \Delta T$
㉱ $\Delta U = C_V \Delta P$

[해설] ① $\Delta U = C_V dT$ (내부 에너지는 정적 변화이다.)
② $\Delta H = C_P dT$ (엔탈피는 정압 변화이다.)

정답 37. ㉯　38. ㉯　39. ㉱　40. ㉰

제3과목　계측 방법

41. 측정하고자 하는 액면을 직접 자로 측정, 자의 눈금을 읽음으로서 액면을 측정하는 방법의 액면계는?

㉮ 검척식 액면계　㉯ 기포식 액면계
㉰ 직관식 액면계　㉱ 플로트식 액면계

42. 다음 중 가장 높은 온도를 측정할 수 있는 온도계는?

㉮ 저항 온도계　㉯ 광전관 온도계
㉰ 열전대 온도계　㉱ 유리제 온도계

[해설] 광전관 온도계의 온도 측정 범위
700~3000℃

43. 열전 온도계의 열전대 중 사용 온도가 가장 높은 것은?

㉮ 동 – 콘스탄탄 (CC)
㉯ 철 – 콘스탄탄 (IC)
㉰ 크로멜 – 알루멜 (CA)
㉱ 백금 – 백금로듐 (PR)

[해설]　CC : $-180 \sim 300℃$
　　IC : $-20 \sim 800℃$
　　CA : $-20 \sim 1200℃$
　　PR : $0 \sim 1600℃$

44. 제어계가 불안정하여 제어량이 주기적으로 변하는 상태를 무엇이라고 하는가?

㉮ 외란　㉯ 헌팅
㉰ 오버슈트　㉱ 오프셋

[해설] 제어량이 주기적으로 변하는 상태를 헌팅(난조)이라 한다.
[참고] 오버슈트(최대 편차량)
제어량이 목표값을 초과하여 최초로 나타내는 최댓값

45. 광고온계의 발신부를 설치할 때 다음 중 어떠한 식이 성립하여야 하는가?(단, l : 렌즈로부터 수열판까지의 거리, d : 수열판의 직경, L : 렌즈로부터 물체까지의 거리, D : 물체의 직경이다.)

㉮ $\dfrac{L}{D} < \dfrac{l}{d}$　㉯ $\dfrac{L}{D} > \dfrac{l}{d}$
㉰ $\dfrac{L}{D} = \dfrac{l}{d}$　㉱ $\dfrac{L}{l} < \dfrac{d}{D}$

[해설] 광고온계 발신부는 $\dfrac{L}{D} < \dfrac{l}{d}$ 이 되도록 설치해야 한다.

46. 시스(sheath) 열전대의 특징이 아닌 것은 어느 것인가?

㉮ 응답 속도가 빠르다.
㉯ 국부적인 온도 측정에 적합하다.
㉰ 피측온체의 온도저하 없이 측정할 수 있다.
㉱ 매우 가늘어서 진동이 심한 곳에는 사용할 수 없다.

[해설] 시스 열전대는 열전대의 보호관 중에서 마그네시아, 알루미나를 넣고 다져서 길게 만든 것으로 진동이 심한 곳에 사용된다.

47. 다음 중 정상 편차에 대한 설명으로 옳은 것은?

㉮ 목표치와 제어량의 차
㉯ 입력의 시간 미분값에 비례하는 편차
㉰ 2개 이상의 양 사이에 어떤 비례 관계를 갖는 편차
㉱ 과도 응답에 있어서 충분한 시간이 경과하여 제어 편차가 일정한 값으로 안정되었을 때의 값

[해설] ㉮항은 제어 편차, ㉱항은 정상 편차(off set)에 대한 설명이다.

정답　41. ㉮　42. ㉯　43. ㉱　44. ㉯　45. ㉮　46. ㉱　47. ㉱

48. 가스 분석계에 대한 설명으로 틀린 것은 어느 것인가?
- ㉮ 미연소 가스계는 일산화탄소와 수소 분석에 사용된다.
- ㉯ 세라믹 산소계는 기전력을 측정하여 산소 농도를 측정한다.
- ㉰ 이산화탄소계는 가스의 상자성을 이용하여 이산화탄소의 농도를 측정한다.
- ㉱ 적외선 가스 분석계를 사용하면 일산화탄소와 메탄가스를 분석하는 것이 가능하다.

[해설] O_2 가스계는 O_2 가스의 상자성을 이용하여 O_2 농도를 측정한다.

49. 전자 유량계의 특징이 아닌 것은?
- ㉮ 유속 검출에 지연 시간이 없다.
- ㉯ 유체의 밀도와 점성의 영향을 받는다.
- ㉰ 유로에 장애물이 없고 압력 손실, 이물질 부착의 염려가 없다.
- ㉱ 다른 물질이 섞여있거나 기포가 있는 액체도 측정이 가능하다.

[해설] 전자 유량계는 고점도 액체의 측정이 가능하다.

50. 열전대를 보호하기 위해 사용되는 보호관 중 상용 사용 온도가 가장 높으며, 급랭, 급열에 강하고 방사 고온계의 단망관이나 2중 보호관의 외관으로 주로 사용되는 것은?
- ㉮ 석영관
- ㉯ 자기관
- ㉰ 내열 강관
- ㉱ 카보런덤관

[해설] ㉮ 석영관 : 급열, 급랭에 견디고 알칼리에 약하며 상용 온도는 1000℃이다.
㉯ 자기관 : 급열, 급랭, 알칼리에 약하며 상용 온도는 1450~1600℃이다.
㉰ 내열 강관 : 내식성, 내열성, 기계적 강도가 크고 상용 온도는 1050℃이다.
㉱ 카보런덤관 : 급열, 급랭에 강하고 상용 온도는 1600℃이다.

51. 보일러를 자동 운전할 경우 송풍기가 작동되지 않으면 연료 공급 전자 밸브가 열리지 않는 인터로크의 종류는?
- ㉮ 송풍기 인터로크
- ㉯ 불착화 인터로크
- ㉰ 프리퍼지 인터로크
- ㉱ 전자 밸브 인터로크

[해설] 송풍기의 작동 유무와 관계되는 인터로크는 프리퍼지 인터로크이다.

52. 오리피스의 압력을 측정하기 위하여 관 지름에 관계없이 오리피스 판벽으로부터 상, 하류 25mm 위치에 압력 탭을 설치하는 것은?
- ㉮ 베너탭
- ㉯ 베벨탭
- ㉰ 모서리탭
- ㉱ 플랜지탭

[해설] 탭(tap)의 종류 및 특징
① 코너 탭(coner tap) : 교축 기구 직전 직후의 정합 P_1, P_2를 뽑아내는 방식
② 플랜지 탭(flange tap) : 교축 기구로부터 차압 취출 위치가 각각 25mm 전후인 곳에서 차압을 취출하는 방식으로 비교적 작은 관에 이용되고 있다(75mm 이하 관).
③ 베너 탭(vena tap) : 교축 기구를 중심으로 유입측은 배관 안지름 만큼의 거리에서, 유출측 위치는 가장 낮은 압력이 되는 위치(0.2~$0.8D$)에서 취출하는 방식으로 교축탭이라고도 한다. 주로 관지름이 큰 배관에 사용된다.

정답 48. ㉰ 49. ㉯ 50. ㉱ 51. ㉰ 52. ㉱

53. 압력식 온도계가 아닌 것은?

㉮ 고체 팽창식   ㉯ 기체 팽창식
㉰ 액체 팽창식   ㉱ 증기 팽창식

[해설] 압력식 온도계의 종류 3가지는 ㉯, ㉰, ㉱항이다.

54. 레이놀즈수를 나타낸 식으로 옳은 것은?(단, D는 관의 내경, μ는 유체의 점도, ρ는 유체의 밀도, U는 유체의 속도이다.)

㉮ $\dfrac{D\mu U}{\rho}$ ㉯ $\dfrac{DU\rho}{\mu}$

㉰ $\dfrac{D\mu\rho}{U}$ ㉱ $\dfrac{\rho\mu U}{D}$

[해설] ① Re
$= \dfrac{\left[\begin{array}{l}\text{관의 내경}(\mathrm{m})\times\text{유체의 속도}(\mathrm{m/s})\\ \times\text{유체의 밀도}(\mathrm{kg/m^3})\end{array}\right]}{\text{유체의 절대 점도}(\mathrm{kg/m\cdot s})}$

② $Re = \dfrac{\text{유체의 속도}(\mathrm{m/s})\times\text{관의 내경}(\mathrm{m})}{\text{유체의 동점도}(\mathrm{m^2/s})}$

55. 가스 분석 방법 중 CO_2의 농도를 측정할 수 없는 방법은?

㉮ 자기법   ㉯ 도전율법
㉰ 적외선법   ㉱ 열도전율법

[해설] 자기법 : O_2 측정
도전율법 : CO_2 측정
적외선법 : CO, CO_2, CH_4 측정
열전도율법 : CO_2 측정

56. 다음 중 응답성이 가장 빠른 온도계는?

㉮ 색 온도계
㉯ 압력식 온도계
㉰ 저항식 온도계
㉱ 바이메탈 온도계

[해설] 색 온도계는 광로 도중의 흡수에 영향을 받지 않고 응답이 빠르다.

57. 국소 대기압이 740mmHg인 곳에서 게이지 압력이 $0.4\mathrm{kgf/cm^2}$일 때 절대 압력($\mathrm{kgf/cm^2}$)은?

㉮ 1.0   ㉯ 1.2
㉰ 1.4   ㉱ 1.6

[해설] $\dfrac{1.0332\times 740}{760}+0.4=1.4(\mathrm{kgf/cm^2})$

58. 가스크로마토그래피의 구성 요소가 아닌 것은?

㉮ 유량 측정기   ㉯ 칼럼 검출기
㉰ 직류 증폭 장치   ㉱ 캐리어 가스통

[해설] 구성 요소는 ㉮, ㉯, ㉱항이다.

59. 저항 온도계에 대한 설명으로 옳은 것은?

㉮ 저항체로서 주로 Fe가 사용된다.
㉯ 저항체는 저항 온도 계수가 적어야 한다.
㉰ 일정 온도에서 일정한 저항을 가져야 한다.
㉱ 일반적으로 온도가 증가함에 따라 금속의 전기 저항이 감소하는 현상을 이용한 것이다.

[해설] 저항 온도계는 0℃에서 저항값이 50Ω 또는 100Ω의 것이 표준적인 측온 저항체로 사용된다.

60. 기체 연료의 시험 방법 중 CO의 흡수액은 어느 것인가?

㉮ 발연 황산액
㉯ 수산화칼륨 30% 수용액
㉰ 알칼리성 피로카롤 용액
㉱ 암모니아성 염화 제1동 용액

[해설] ㉮항 : $C_m H_n$ 흡수액
㉯항 : CO_2 흡수액
㉰항 : O_2 흡수액

정답 53. ㉮   54. ㉯   55. ㉮   56. ㉮   57. ㉰   58. ㉰   59. ㉰   60. ㉱

제4과목 열설비 재료 및 관계 법규

61. 파형 노통에 대한 설명으로 틀린 것은?
㉮ 강도가 크다.
㉯ 제작비가 비싸다.
㉰ 스케일의 생성이 쉽다.
㉱ 열의 신축에 의한 탄력성이 나쁘다.
[해설] 평형 노통에 비하여 열의 신축에 의한 탄력성이 좋다.

62. 용광로를 고로라고도 하는데 무엇을 제조하는 데 사용되는가?
㉮ 주철   ㉯ 주강
㉰ 선철   ㉱ 포금
[해설] 용광로(고로)는 철광석을 환원하여 선철을 만드는 주요 설비이다.

63. 에너지이용 합리화법에서 목표 에너지원 단위란 무엇인가?
㉮ 연료의 단위당 제품 생산 목표량
㉯ 제품의 단위당 에너지 사용 목표량
㉰ 제품의 생산 목표량
㉱ 목표량에 맞는 에너지 사용량
[해설] 에너지이용 합리화법 제35조 ①항 참조

64. 냉난방 온도의 제한 대상인 건물에 해당하는 것은?
㉮ 연간에너지사용량이 5백 티오이 이상인 건물
㉯ 연간에너지사용량이 1천 티오이 이상인 건물
㉰ 연간에너지사용량이 1천 5백 티오이 이상인 건물
㉱ 연간에너지사용량이 2천 티오이 이상인 건물
[해설] 에너지이용 합리화법 시행령 제42조의 2 ①항 참조

65. 에너지 공급자가 제출하여야 할 수요 관리 투자 계획에 포함되어야 할 사항이 아닌 것은?(단, 그 밖에 수요 관리의 촉진을 위하여 필요하다고 인정하는 사항은 제외한다.)
㉮ 장·단기 에너지 수요 전망
㉯ 수요 관리의 목표 및 그 달성 방법
㉰ 에너지 연구 개발 내용
㉱ 에너지 절약 잠재량의 추정 내용
[해설] 에너지이용합리화법 시행령 제16조 ③항 참조

66. 연속식 요가 아닌 것은?
㉮ 등요   ㉯ 윤요
㉰ 터널요   ㉱ 고리가마
[해설] ① 연속식 요 : 윤요(고리 가마), 터널요
② 반연속식 요 : 등요, 샤틀요
③ 불연속식 요 : 횡염식요, 도염식요, 승염식요

67. 산성 내화물이 아닌 것은?
㉮ 규석질 내화물
㉯ 납석질 내화물
㉰ 샤모트질 내화물
㉱ 마그네시아 내화물
[해설] 산성 내화물
점토질(샤모트질, 납석질), 규석질, 반규석질, 석영질

68. 중유 소성을 하는 평로에서 축열실의 역할로서 가장 옳은 것은?
㉮ 연소용 공기를 예열한다.

정답 61. ㉱ 62. ㉰ 63. ㉯ 64. ㉱ 65. ㉰ 66. ㉮ 67. ㉱ 68. ㉮

㉯ 연소용 중류를 가열한다.
㉰ 원료를 예열한다.
㉱ 제품을 가열한다.

[해설] 평로는 구조상 상부와 하부로 나누어져 있으며 상부는 용해 정련을 하는 용해실, 하부는 공기를 예열하는 축열실 기능을 가지고 있다.

69. 국가에너지절약추진위원회에 대한 설명으로 틀린 것은?

㉮ 국무총리실 소속이다.
㉯ 위촉위원의 임기는 3년이다.
㉰ 에너지절약정책의 수립 및 추진에 관한 사항을 심의한다.
㉱ 위원회는 위원장을 포함하여 25명 이내의 위원으로 구성한다.

[해설] 에너지이용 합리화법 제5조 참조
[참고] 국가에너지절약추진위원회는 산업통상자원부 장관 소속이다.

70. 내화물의 부피 비중을 바르게 표현한 것은?(단, W_1 : 시료의 건조중량(kg), W_2 : 함수 시료의 수중 중량(kg), W_3 : 함수 시료의 중량(kg)이다.)

㉮ $\dfrac{W_1}{W_3 - W_2}$ ㉯ $\dfrac{W_1}{W_2 - W_3}$

㉰ $\dfrac{W_3 - W_2}{W_1}$ ㉱ $\dfrac{W_2 - W_3}{W_1}$

[해설] ① 부피 비중 = $\dfrac{W_1}{W_3 - W_2}$

② 겉보기 비중 = $\dfrac{W_1}{W_1 - W_2}$

71. 보온재는 일반적으로 상온(20℃)에서 열전도율이 약 몇 kJ/mhK인 것을 말하는가?

㉮ 0.04 ㉯ 0.4
㉰ 4   ㉱ 40

[해설] 열전도율이 0.4 kJ/mhK(0.1 kcal/mh℃) 이하인 것을 단열재 또는 보온재라 한다.

72. 바이오에너지가 아닌 것은?

㉮ 식물의 유지를 변환시킨 바이오디젤
㉯ 생물 유기체를 변환시켜 얻어지는 연료
㉰ 폐기물의 소각열을 변환시킨 고체의 연료
㉱ 쓰레기 매립장의 유기성 폐기물을 변환시킨 매립지 가스

[해설] 신에너지 개발·이용·보급 촉진법 시행령 제2조에 의한 별표 1 참조

73. 열사용기자재에 해당하지 않는 것은?

㉮ 연료를 사용하는 기기
㉯ 열을 사용하는 기기
㉰ 단열성 자재
㉱ 축전식 전기 기기

[해설] 에너지법 제2조 9 참조
[참고] 축열식 전기 기기가 해당된다.

74. 에너지 관련 용어의 정의로 틀린 것은?

㉮ 에너지사용자라 함은 에너지사용시설의 소유자 또는 관리자를 말한다.
㉯ 에너지사용기자재라 함은 열사용기자재나 그 밖에 에너지를 사용하는 기자재를 말한다.
㉰ 에너지공급설비라 함은 에너지를 생산·전환·수송·저장·판매하기 위하여 설치하는 설비를 말한다.
㉱ 에너지공급자라 함은 에너지를 생산·수입·전환·수송·저장 또는 판매하는 사업자를 말한다.

[해설] 에너지법 제2조 참조

[정답] 69. ㉮ 70. ㉮ 71. ㉯ 72. ㉰ 73. ㉱ 74. ㉰

75. 전기와 열의 양도체로서 내식성, 굴곡성이 우수하고 내압성도 있어 열교환기의 내관(tube) 및 화학 공업용으로 사용되는 관(pipe)은?

㉮ 주철관　　㉯ 강관
㉰ 알루미늄관　㉱ 동관

76. 폴리스틸렌 폼의 최고 안전 사용 온도(K)는?

㉮ 323　　㉯ 343
㉰ 373　　㉱ 3230

[해설] ① 폴리스틸렌 폼 : 343K
② 염화비닐 폼 : 333K
③ 우레탄 폼 : 403K
④ 리바 폼 : 323K

77. 밸브의 몸통이 둥근 달걀형 밸브로서 유체의 압력 감소가 크므로 압력이 필요로 하지 않을 경우나 유량 조절용이나 차단용으로 적합한 밸브는?

㉮ 글로브 밸브　㉯ 체크 밸브
㉰ 버터플라이 밸브　㉱ 슬루스 밸브

[해설] 유량 조절용 밸브는 글로브 밸브이며 유로 개폐용 밸브는 슬루스(게이트) 밸브이다.

78. 배관의 경제적 보온 두께 산정 시 고려 대상으로 가장 거리가 먼 것은?

㉮ 열량 가격　　㉯ 배관 공사비
㉰ 감가상각년수　㉱ 연간 사용 시간

[해설] ㉮, ㉰, ㉱항 외에 보온재 시공비 및 관리비 등이다.

79. 축요(築窯) 시 가장 중요한 것은 적합한 지반(地盤)을 고르는 것이다. 다음 중 지반의 적부 결정과 가장 거리가 먼 것은?

㉮ 지내력 시험　㉯ 토질 시험
㉰ 팽창 시험　　㉱ 지하 탐사

[해설] 축요 시 지반의 적부 결정 때에는 ㉮, ㉯, ㉱항 3가지를 고려한다.

80. 에너지사용계획을 수립하여 산업통상자원부장관에게 제출하여야 하는 민간사업주관자의 규모는?

㉮ 연간 5백만 킬로와트시 이상의 전력을 사용하는 시설
㉯ 연간 1천만 킬로와트시 이상의 전력을 사용하는 시설
㉰ 연간 1천 5백만 킬로와트시 이상의 전력을 사용하는 시설
㉱ 연간 2천만 킬로와트시 이상의 전력을 사용하는 시설

[해설] 에너지이용 합리화법 시행령 제20조 ③항 참조

제5과목　열설비 설계

81. 전열 면적 $10m^2$를 초과하는 보일러에서의 급수 밸브 및 체크 밸브는 관의 호칭 지름이 몇 mm 이상이어야 하는가?

㉮ 10　㉯ 15　㉰ 20　㉱ 25

[해설] ① 전열 면적 $10m^2$ 초과 : 20mm 이상
② 전열 면적 $10m^2$ 이하 : 15mm 이상

[참고] 분출 밸브의 호칭 지름
① 전열 면적 $10m^2$ 초과 : 25mm 이상
② 전열 면적 $10m^2$ 이하 : 20mm 이상

82. 육용강제 보일러에 있어서 접시 모양 경판으로 노통을 설치할 경우, 경판의 최소 두께 t[mm]를 구하는 식은?(단, P : 최고 사용 압력(kgf/cm^2), R : 접시 모양 경판

[정답] 75. ㉱　76. ㉯　77. ㉮　78. ㉰　79. ㉰　80. ㉱　81. ㉰　82. ㉮

의 중앙부에서의 내면 반지름(mm), σ_a : 재료의 허용 인장 응력(kgf/mm²), η : 경판 자체의 이음 효율, A : 부식 여유(mm))

㉮ $t = \dfrac{PR}{150\sigma_a\eta} + A$ ㉯ $t = \dfrac{150PR}{(\sigma_a + \eta)A}$

㉰ $t = \dfrac{PA}{150\sigma_a\eta} + R$ ㉱ $t = \dfrac{AR}{\sigma_a\eta} + 150$

[해설] 접시 모양 경판으로 노통을 설치할 경우 경판의 최소 두께 $t[mm] = \dfrac{PR}{150 \cdot \delta_a \cdot \eta} + A$

[참고] A는 부식 여유 두께로 1mm 정도이다.

83. 다음 중 인젝터의 시동 순서로 가장 옳은 것은?

㉮ 핸들을 연다.
㉯ 증기 밸브를 연다.
㉰ 급수 밸브를 연다.
㉱ 급수 출구관에 정지 밸브가 열렸는가 확인한다.

㉮ ㉱ → ㉰ → ㉯ → ㉮
㉯ ㉯ → ㉰ → ㉮ → ㉱
㉰ ㉰ → ㉯ → ㉮ → ㉱
㉱ ㉱ → ㉰ → ㉮ → ㉯

[해설] ① 시동 순서 : ㉱ → ㉰ → ㉯ → ㉮
② 정지 순서 : 핸들을 닫는다. → 급수 밸브를 닫는다. → 증기 밸브를 닫는다. → 급수 출구관 정지 밸브를 닫는다.

84. 코르니시 보일러에서 노통은 몇 개인가?

㉮ 1 ㉯ 2 ㉰ 3 ㉱ 4

[해설] 노통 보일러에는 노통이 1개인 코르니시 보일러와 노통이 2개인 랭커셔 보일러가 있다.

85. 파형 노통의 특징에 대한 설명으로 옳은 것은?

㉮ 외압에 약하다.
㉯ 전열 면적이 좁다.
㉰ 열에 의한 신축에 대하여 탄력성이 적다.
㉱ 내부 청소 및 제작이 어렵다.

[해설] 파형 노통의 특징
① 외압에 강하다.
② 전열 면적이 넓다.
③ 열에 의한 신축에 대하여 탄력성이 크다.
④ 스케일 생성의 우려가 크다.
⑤ 통풍 저항을 일으키기 쉽다.
⑥ 점검, 청소가 곤란하다.

86. 보일러의 안전 사고의 종류로서 가장 거리가 먼 것은?

㉮ 노통, 수관, 연관 등의 파열 및 균열
㉯ 보일러 내의 스케일 부착
㉰ 동체, 노통, 화실의 압궤(collapse) 및 수관, 연관 등 전열면의 팽출(bulge)
㉱ 연도나 노내의 가스 폭발, 역화 그 외의 이상 연소

[해설] 스케일(관석) 부착은 열의 전도를 방해하여 과열의 원인이다.

87. 5kg/cm²·g의 응축수열을 회수하여 재사용하기 위하여 설치한 다음 조건의 flash tank의 재증발 증기량(kg/h)은 얼마인가?

┌ 조건 ┐
응축 수량 : 2 t/h
응축수 엔탈피 : 159 kcal/kg
flash tank에서의 재증발 증기 엔탈피 : 646 kcal/kg
flash tank 배출 응축수 엔탈피 : 120 kcal/kg

㉮ 26974.3   ㉯ 2024
㉰ 1851.7   ㉱ 148.3

[해설] $2000 \times (159 - 120) = x \times (646 - 120)$
에서

$$x = \frac{2000 \times (159-120)}{(646-120)} = 148.3 \, \text{kg/h}$$

88. 보일러용 급수 1L를 분석한 결과 탄산칼슘이 2mg이 포함되어 있다. 이 급수의 탄산칼슘($CaCO_3$) 경도는 몇 ppm인가?

㉮ 0.5 ppm   ㉯ 2 ppm
㉰ 4 ppm   ㉱ 10 ppm

[해설] 탄산칼슘 경도 1ppm(탄산칼슘 경도 1도) 이란 물 1L 속에 탄산칼슘($CaCO_3$)이 1mg 포함된 경우이다.

89. 관의 분해, 조립 시 사용하는 이음 장치는 어느 것인가?

㉮ 행거   ㉯ 플랜지
㉰ 밴드   ㉱ 팽창 이음

[해설] 관의 분해, 조립 시에 사용하는 이음 장치는 플랜지와 유니언이다.

90. 유류 연소버너의 노즐 압력이 증가하였을 때 발생하는 현상이 아닌 것은?

㉮ 분사각이 명백해진다.
㉯ 유입자가 약간 안쪽으로 가는 현상이 나타난다.
㉰ 유량이 증가한다.
㉱ 유입자가 커진다.

[해설] 노즐 압력이 증가하게 되면 유입자가 작아진다.

91. 연관의 바깥지름이 75mm인 연관 보일러 관판의 최소 두께는 얼마 이상이어야 하는가?

㉮ 8.5 mm   ㉯ 9.5 mm
㉰ 12.5 mm   ㉱ 13.5 mm

[해설] $5 + \dfrac{75}{10} = 12.5 \, \text{mm}$

92. 보일러 용수 처리법 중 관외처리법(1차)에 속하지 않는 것은?

㉮ 청관제 투입법   ㉯ 탈기법
㉰ 기폭법   ㉱ 이온 교환법

[해설] 청관제 투입법은 관내 처리법(2차 처리법)이다.

93. 24500 kW의 증기 원동소에 사용하고 있는 석탄의 발열량이 7200kcal/kg이고, 원동소의 열효율을 23%라 하면 매 시간당 필요한 석탄의 양(t/h)은?(단, 1kW는 860 kcal/h로 한다.)

㉮ 10.5   ㉯ 12.7
㉰ 15.3   ㉱ 18.2

[해설] $x \times 7200 \times 0.23 = 24500 \times 860$ 에서
$$x = \frac{24500 \times 860}{7200 \times 0.23} = 12723.43 \, \text{kg/h}$$
$= 12.7 \, \text{t/h}$

94. 온수 보일러에서의 안전 밸브에 대한 설명을 틀린 것은?

㉮ 안전 밸브는 보일러 상부에 설치해야 한다.
㉯ 안전 밸브는 보일러 내부의 관에 연결하여서는 안된다.
㉰ 안전 밸브는 중심선을 수직으로 하여 설치해야 한다.
㉱ 안전 밸브 연결 시에 나사로 된 연결관을 사용하여서는 안된다.

[해설] 안전 밸브 접속 형식에는 플랜지 접합식, 나사 접합식, 용접식이 있다.

95. 감압 밸브 설치 시 주의 사항에 대한 설명으로 틀린 것은?

㉮ 감압 밸브는 부하 설비에 가깝게 설치한다.

정답 88. ㉯   89. ㉯   90. ㉱   91. ㉰   92. ㉮   93. ㉯   94. ㉱   95. ㉰

㈐ 감압 밸브는 반드시 스트레이너를 설치한다.
㈑ 감압 밸브 1차측에는 동심 리듀서가 설치되어야 한다.
㈒ 감압 밸브 앞에는 기수 분리기 또는 스팀 트랩에 의해 응축수가 제거되어야 한다.

[해설] 감압 밸브 1차측(앞)에는 편심 리듀서가 설치되어야 한다.

96. 전열 면적이 50m²인 연관 보일러를 5시간 연소시킨 결과 10000kg의 증기가 발생하였다면 이 보일러의 전열면 증발률은?

㈎ 20 kg/m²h ㈏ 30 kg/m²h
㈐ 40 kg/m²h ㈑ 50 kg/m²h

[해설] $\dfrac{2000\,\text{kg/h}}{50\,\text{m}^2} = 40\,\text{kg/m}^2\text{h}$

97. 두께 20mm 강판을 맞대기 용접 이음할 때 적당한 끝벌림 형식은?

㈎ V형   ㈏ X형
㈐ H형   ㈑ 양면 W형

[해설]

판 두께(mm)	형식
1 이상 ~ 5 이하	I형
5 이상 ~16 이하	V형
12 이상 ~ 38 이하	X형, U형
19 이상	H형

98. 어느 보일러의 2시간 동안 증발량이 3600kg이고, 증기압이 5kg/cm², 급수 온도는 80℃라고 한다. 이 압력에서 증기의 엔탈피는 640kcal/kg, 급수 엔탈피 80 kcal/kg일 때 증발 계수는 얼마인가?(단, 물의 잠열은 539kcal/kg이다.)

㈎ 0.89   ㈏ 1.04
㈐ 1.41   ㈑ 1.62

[해설] 증발 계수(증발력) $= \dfrac{640-80}{539} = 1.04$

99. 전열 요소가 회전하는 재생식 공기 예열기는?

㈎ 판형 공기 예열기
㈏ 관형 공기 예열기
㈐ 융스트룀(Ljungström) 공기 예열기
㈑ 로테뮬(Rothemuhle) 공기 예열기

[해설] 융스트룀형 공기 예열기는 재생식(축열식) 공기 예열기 중에서 대표적인 회전식이다.

100. 보일러 사용 중 이상 감수(저수위 사고)의 원인으로 가장 거리가 먼 것은?

㈎ 급수 펌프가 고장이 났을 때
㈏ 수면계의 연락관이 막혀 수위를 모를 때
㈐ 증기의 발생량이 많을 때
㈑ 분출 장치에서 누설이 될 때

[해설] 증기의 발생량이 많을 때는 이상 감수의 원인과 거리가 멀다.

[정답] 96. ㈐ 97. ㈏ 98. ㈏ 99. ㈐ 100. ㈐

2015년 1회 에너지관리기사
2015.3.8 시행

제1과목 연소 공학

1. 착화열에 대한 설명으로 옳은 것은?

㉮ 연료가 착화해서 발생하는 전 열량
㉯ 외부로부터의 점화에 의하지 않고 스스로 연소하여 발생하는 열량
㉰ 연료 1kg이 착화하여 연소할 때 발생하는 총 열량
㉱ 연료를 최초의 온도부터 착화 온도까지 가열하는 데 사용된 열량

2. 기계분(機械焚) 연소에 대한 설명으로 틀린 것은?

㉮ 설비비 및 운전비가 높다.
㉯ 산포식 스토커는 호퍼, 회전익차, 스크루피더가 주요 구성요소이다.
㉰ 고정화격자 연소의 경우 효율이 떨어진다.
㉱ 저질연료를 사용하여도 유효한 연소가 가능하다.
[해설] ㉰의 설명은 수분식 연소에 대한 설명이다.

3. 액체연료가 갖는 일반적인 특징이 아닌 것은?

㉮ 연소온도가 높기 때문에 국부과열을 일으키기 쉽다.
㉯ 발열량은 높지만 품질이 일정하지 않다.
㉰ 화재, 역화 등의 위험이 크다.
㉱ 연소할 때 소음이 발생한다.
[해설] 액체연료는 고체연료보다 발열량이 높고 품질이 일정하다.

4. 고체연료의 전황분 측정방법에 해당되는 것은?

㉮ 에슈카법   ㉯ 쉐필드 고온법
㉰ 중량법   ㉱ 리비히법
[해설] 에슈카법 : 시료를 에슈카 합제와 함께 공기 기류 중에서 가열하여 시료 중의 전유황을 황산염으로 고정시켜 황산바륨의 침전으로 정량한다.

5. 다음 중 연소 온도에 가장 많은 영향을 주는 것은?

㉮ 외기온도
㉯ 공기비
㉰ 공급되는 연료의 현열
㉱ 열매체의 온도
[해설] 공기비가 클 때 연소실 온도(연소온도)는 감소한다.

6. 프로판(propane)가스 2 kg을 완전연소시킬 때 필요한 이론공기량은?

㉮ 약 6 Nm³   ㉯ 약 8 Nm³
㉰ 약 16 Nm³ ㉱ 약 24 Nm³
[해설] $C_3H_8 + 5O_2 \rightarrow 3CO_2 + 4H_2O$
1 kmol 5 kmol
44 kg : $5 \times 22.4 \, Nm^3$
2 kg : O_0

정답 1. ㉯ 2. ㉰ 3. ㉯ 4. ㉮ 5. ㉯ 6. ㉱

$$A_0 = \frac{1}{0.21} \times O_0 = \frac{1}{0.21} \times \frac{5 \times 22.4 \times 2}{44}$$
$$= 24 \, \text{Nm}^3$$

7. 메탄 1Nm³를 이론산소량으로 완전연소시 켰을 때의 습연소 가스의 부피는 몇 Nm³인가?

㉮ 1 ㉯ 2
㉰ 3 ㉱ 4

[해설] $CH_4 + 2O_2 \rightarrow CO_2 + 2H_2O$
  1   2   1   2
$G_{ow} = 1 + 2 = 3 \, \text{Nm}^3$

8. 연소실에서 연소된 연소가스의 자연통풍력을 증가시키는 방법으로 틀린 것은?

㉮ 연돌의 높이를 높게 하면 증가한다.
㉯ 배기가스의 비중량이 클수록 증가한다.
㉰ 배기가스 온도가 높아지면 증가한다.
㉱ 연도의 길이가 짧을수록 증가한다.

[해설] 자연통풍력
$$Z = 273 \times H \times \left(\frac{r_{ao}}{T_a} - \frac{r_{go}}{T_g} \right)$$
즉, 배기가스의 비중량이 클수록 자연통풍력은 감소한다.

9. 미분탄연소의 일반적인 특징에 대한 설명으로 틀린 것은?

㉮ 사용연료의 범위가 좁다.
㉯ 소량의 과잉공기로 단시간에 완전연소가 되므로 연소효율이 높다.
㉰ 부하변동에 대한 적응성이 좋다.
㉱ 회(灰), 먼지 등이 많이 발생하여 집진장치가 필요하다.

[해설] 미분탄 연소에서는 사용 연료의 범위가 넓다 (저질 연료를 사용하여도 유효한 연소가 가능하다).

10. 백 필터(bag-filter)에 대한 설명으로 틀린 것은?

㉮ 여과면의 가스 유속은 미세한 더스트 일수록 적게 한다.
㉯ 더스트 부하가 클수록 집진율은 커진다.
㉰ 여포재에 더스트 일차 부착층이 형성되면 집진율은 낮아진다.
㉱ 백의 밑에서 가스백 내부로 송입하여 집진한다.

[해설] 백 필터는 여포재에 더스트 일차 부착층이 형성되어 효율이 증가한다.

11. 1차, 2차 연소 중 2차 연소란 어떤 것을 말하는가?

㉮ 공기보다 먼저 연료를 공급했을 경우 1차, 2차 반응에 의해서 연소하는 것
㉯ 불완전 연소에 의해 발생한 미연가스가 연도 내에서 다시 연소하는 것
㉰ 완전연소에 의한 연소가스가 2차 공기에 의해서 폭발되는 것
㉱ 점화할 때 착화가 늦었을 경우 재점화에 의해서 연소하는 것

[해설] 1차 연소에서 불완전연소에 의해 발생한 CO 등의 미연소가스가 재차 연소하는 것.

12. 석탄을 완전연소시키기 위하여 필요한 조건에 대한 설명 중 틀린 것은?

㉮ 공기를 적당하게 보내 피연물과 잘 접촉시킨다.
㉯ 연료를 착화온도 이하로 유지한다.
㉰ 통풍력을 좋게 한다.
㉱ 공기를 예열한다.

[해설] 완전연소시키기 위하여 연소실의 온도를 착화온도 이상으로 유지시킨다.

정답 7. ㉰ 8. ㉯ 9. ㉮ 10. ㉰ 11. ㉯ 12. ㉯

13. 연소가스 중의 질소산화물 생성을 억제하기 위한 방법으로 틀린 것은?

㉮ 2단 연소
㉯ 고온 연소
㉰ 농담 연소
㉱ 배기가스 재순환 연소

[해설] 질소산화물 생성을 억제시키는 방법 중에는 저온 연소법이 있다.

14. 연소 시 배기가스량을 구하는 식으로 옳은 것은? (단, G : 배기가스량, G_0 : 이론배기가스량, A_0 : 이론공기량, m : 공기비이다.)

㉮ $G = G_0 + (m-1)A_0$
㉯ $G = G_0 + (m+1)A_0$
㉰ $G = G_0 - (m+1)A_0$
㉱ $G = G_0 + (1-m)A_0$

15. 연소 배기가스 중 가장 많이 포함된 기체는?

㉮ O_2 ㉯ N_2
㉰ CO_2 ㉱ SO_2

[해설] 연소 배기가스 중 N_2는
$0.79A_0 + 0.79(m-1)A_0 + \dfrac{22.4}{28}N$만큼 포함되어 있다.

16. 고체연료의 연소가스 관계식으로 옳은 것은? (단, G : 연소가스량, G_0 : 이론연소가스량, A : 실제공기량, A_0 : 이론공기량, a : 연소생성수증기량)

㉮ $G_0 = A_0 + 1 - a$
㉯ $G = G_0 - A + A_0$
㉰ $G = G_0 + A - A_0$
㉱ $G_0 = A_0 - 1 + a$

[해설] $G = G_0 + (m-1)A_0$
$= G_0 + A - A_0$

17. 액체연료 중 고온 건류하여 얻은 타르계 중유의 특징에 대한 설명으로 틀린 것은?

㉮ 화염의 방사율이 크다.
㉯ 황의 영향이 적다.
㉰ 슬러지를 발생시킨다.
㉱ 단위 용적당의 발열량이 적다.

[해설] 타르계 중유의 특징은 ㉮, ㉯, ㉰항 외에 탄수소비가 크다.

18. 벙커 C유 연소배기가스를 분석한 결과 CO_2의 함량이 12.5%이었다. 이때 벙커 C유 500 L/h 연소에 필요한 공기량은? (단, 벙커 C유 이론공기량은 10.5 Nm³/kg, 비중 0.96, CO_{2max}는 15.5%로 한다.)

㉮ 약 105 Nm³/min
㉯ 약 150 Nm³/min
㉰ 약 180 Nm³/min
㉱ 약 200 Nm³/min

[해설] $CO_{2max} = CO_2 \times m$ ·········· ①
$15.5\% = 12.5\% \times m$
$m = \dfrac{15.5}{12.5} = 1.24$
$A' = mA_0 \times G_f$ ·········· ②
$= 1.24 \times 10.5 \,\text{Nm}^3/\text{kg} \times 500 \,\text{L/h}$
$\times 0.96 \,\text{kg/L} \times \text{h}/60\,\text{min}$
$= 104.16 \,\text{Nm}^3/\text{min}$

19. C(85%), H(15%)의 조성을 가진 중유를 10 kg/h의 비율로 연소시키는 가열로가 있다. 오르사트 분석 결과가 다음과 같았다면 연소 시 필요한 시간당 실제공기량은? (단, CO_2 = 12.5%, O_2 = 3.2%, N_2 = 84.3%이다.)

정답 13.㉯ 14.㉮ 15.㉯ 16.㉰ 17.㉱ 18.㉮ 19.㉰

㉮ 약 121 Nm³   ㉯ 약 124 Nm³
㉰ 약 135 Nm³   ㉱ 약 143 Nm³

[해설] $m = \dfrac{N_2}{N_2 - 3.76 O_2}$ ……………… ①

$= \dfrac{84.3}{84.3 - 3.76 \times 3.2} = 1.166$

$A = m A_0$ ……………… ②

$= m \times \dfrac{1}{0.21} \times \left\{ \dfrac{22.4}{12} C + \dfrac{11.2}{2}\left(H - \dfrac{O}{8}\right) \right.$

$\left. + \dfrac{22.4}{32} S \right\} \times G_f$

$= 1.166 \times \dfrac{1}{0.21} \times \left\{ \dfrac{22.4}{12} \times 0.85 \right.$

$\left. + \dfrac{11.2}{2} \times 0.15 \right\} Nm^3/kg \times 10 kg/h$

$= 134.7 \, Nm^3/h$

20. 건조한 석탄층을 공기 중에 오래 방치할 때 일어나는 현상 중에서 틀린 것은?

㉮ 공기 중 산소를 흡수하여 서서히 발열량이 감소한다.
㉯ 점결탄의 경우 점결성이 감소한다.
㉰ 불순물이 증발하여 발열량이 증가한다.
㉱ 산소에 의하여 산화와 직사광선으로 열을 발생하여 자연발화할 수도 있다.

[해설] 석탄의 풍화현상이란 석탄을 오랫동안 저장하면 공기 중의 산소와 산화작용에 의해 질이 저하(변질)되며 발열량이 감소하는 현상을 말한다.

제2과목 열역학

21. 이상적인 단순 랭킨사이클로 작동되는 증기원동소에서 펌프 입구, 보일러 입구, 터빈 입구, 응축기 입구의 비엔탈피를 각각 h_1, h_2, h_3, h_4라고 할 때 열효율은?

㉮ $1 - \dfrac{h_4 - h_1}{h_3 - h_2}$ ㉯ $1 - \dfrac{h_4 - h_2}{h_3 - h_2}$

㉰ $1 - \dfrac{h_4 - h_2}{h_3 - h_1}$ ㉱ $1 - \dfrac{h_4 - h_1}{h_3 - h_1}$

[해설] 랭킨사이클

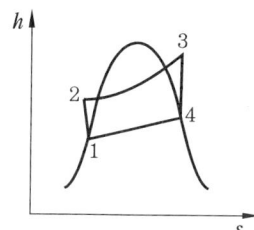

열효율 $\eta = \dfrac{(h_3 - h_4) - (h_2 - h_1)}{h_3 - h_2}$

$= \dfrac{h_3 - h_4 - h_2 + h_1}{h_3 - h_2}$

$= \dfrac{h_3 - h_2}{h_3 - h_2} - \dfrac{h_4 - h_1}{h_3 - h_2}$

$= 1 - \dfrac{h_4 - h_1}{h_3 - h_2}$

22. 용적 0.02 m³의 실린더 속에 압력 1 MPa, 온도 25℃의 공기가 들어 있다. 이 공기가 일정 온도 하에서 압력 200 kPa까지 팽창하였을 경우 공기가 행한 일의 양은 약 몇 kJ인가? (단, 공기는 이상기체이다.)

㉮ 2.3   ㉯ 3.2
㉰ 23.1   ㉱ 32.2

[해설] 등온변화에서 $P_1 V_1 = P_2 V_2$ ……………… ①

$1000 \times 0.02 = 200 \times V_2$

$\therefore V_2 = \dfrac{1000 \times 0.2}{200} = 0.1 \, m^3$

$W_a = \int_1^2 P dV = \int_1^2 P_1 V_1 \dfrac{dV}{V}$

$= P_1 V_1 \ln \dfrac{V_2}{V_1} = 1000 \times 0.02 \times \ln\left(\dfrac{0.1}{0.02}\right)$

$= 32.2 \, kN \cdot m = 32.2 \, kJ$

[정답] 20. ㉰ 21. ㉮ 22. ㉱

23. 물을 20℃에서 50℃까지 가열하는 데 사용된 열의 대부분은 무엇으로 변환되었는가?
㉮ 물의 내부에너지
㉯ 물의 운동에너지
㉰ 물의 유동에너지
㉱ 물의 위치에너지
[해설] U(내부에너지)$=C_v dT$로 온도만의 함수이다.

24. 포화액의 온도를 유지하면서 압력을 높이면 어떤 상태가 되는가?
㉮ 습증기 ㉯ 압축(과랭)액
㉰ 과열증기 ㉱ 포화액
[해설] 포화액의 온도를 유지하면서 압력을 높이면 압축액이 된다.

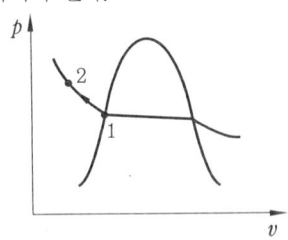

25. 교축(스로틀) 과정에서 일정한 값을 유지하는 것은?
㉮ 압력 ㉯ 비체적
㉰ 엔탈피 ㉱ 엔트로피
[해설] 교축(throttling) 과정이란 가스가 급격히 좁은 통로를 통과할 때는 외부에 아무런 일도 하지 않고 압력이 강하되는데 이러한 과정을 말하며, 비가역과정이다. 또 교축 과정에서는 가스의 엔탈피가 변화하지 않는다.

26. 공기 표준 디젤 사이클에서 압축비가 17이고 단절비(cut-off ratio)가 3일 때의 열효율은 약 몇 %인가? (단, 공기의 비열비는 1.4이다.)
㉮ 52 ㉯ 58 ㉰ 63 ㉱ 67
[해설] $\eta = 1 - \dfrac{1}{\epsilon^{k-1}} \cdot \dfrac{\sigma^k - 1}{k(\sigma - 1)}$
$= 1 - \dfrac{1}{17^{1.4-1}} \cdot \dfrac{3^{1.4} - 1}{1.4 \times (3-1)} = 0.579$

27. 열역학적 사이클에서 사이클의 효율이 고열원과 저열원의 온도만으로 결정되는 것은?
㉮ 카르노 사이클 ㉯ 랭킨 사이클
㉰ 재열 사이클 ㉱ 재생 사이클
[해설] 카르노 사이클에서 열펌프의 효율
$= \dfrac{Q_1 - Q_2}{Q_1} = \dfrac{T_1 - T_2}{T_1}$

28. 다음 상태 중에서 이상기체 상태방정식으로 공기의 비체적을 계산할 때 오차가 가장 작은 것은?
㉮ 1 MPa, -100℃
㉯ 1 MPa, 100℃
㉰ 0.1 MPa, -100℃
㉱ 0.1 MPa, 100℃
[해설] 이상기체에 가까운 기체는 온도가 높고 압력이 낮은 기체이다.

29. 질량 m[kg]의 이상기체로 구성된 밀폐계가 A[kJ]의 열을 받아 $0.5A$[kJ]의 일을 하였다면, 이 기체의 온도변화는 몇 K인가? (단, 이 기체의 정적비열은 C_v[kJ/kg·K], 정압비열은 C_p[kJ/kg·K]이다.)
㉮ $\dfrac{A}{mC_v}$ ㉯ $\dfrac{A}{mC_p}$
㉰ $\dfrac{A}{2mC_v}$ ㉱ $\dfrac{A}{2mC_p}$
[해설] 단열변화에서 절대일 $W_a = mC_v \Delta T$

[정답] 23. ㉮ 24. ㉯ 25. ㉰ 26. ㉯ 27. ㉮ 28. ㉱ 29. ㉰

$$\Delta T = \frac{W_a}{mC_v} = \frac{A - 0.5A}{mC_v} = \frac{0.5A}{mC_v} = \frac{A}{2mC_v}$$

30. 다음 중 상대습도(relative humidity)를 가장 쉽고 빠르게 측정할 수 있는 방법은?

㉮ 건구온도와 습구온도를 측정한 다음, 습공기선도에서 상대습도를 읽는다.
㉯ 건구온도와 습구온도를 측정한 다음, 두 값 중 큰 값으로 작은 값을 나눈다.
㉰ 건구온도와 습구온도를 측정한 다음, Mollier chart에서 읽는다.
㉱ 대기압을 측정한 다음, 습도곡선에서 읽는다.

31. 열펌프(heat pump) 사이클에 대한 성능계수(COP)는 다음 중 어느 것을 입력일(work input)로 나누어 준 것인가?

㉮ 저온부 압력　　㉯ 고온부 온도
㉰ 고온부 방출열　㉱ 저온부 부피

[해설] 열펌프 성적계수(COP)
$$COP = \frac{Q_1}{Q_1 - Q_2} = \frac{Q_1}{AW}$$

32. 300℃, 200 kPa인 공기가 탱크에 밀폐되어 대기 공기로 냉각되었다. 이 과정에서 탱크 내 공기 엔트로피의 변화량을 ΔS_1, 대기 공기의 엔트로피의 변화량을 ΔS_2라 할 때 엔트로피 증가의 원리를 옳게 나타낸 것은?

㉮ $\Delta S_1 + \Delta S_2 \leq 0$
㉯ $\Delta S_1 + \Delta S_2 < 0$
㉰ $\Delta S_1 + \Delta S_2 > 0$
㉱ $\Delta S_1 + \Delta S_2 = 0$

[해설] 열량 변화가 있는 비가역이므로 엔트로피는 증가한다.

즉, $\Delta S_1 + \Delta S_2 > 0$이다.

33. $H = H(T, P)$로부터 $dH = \left(\frac{\partial H}{\partial P}\right)_T dP + \left(\frac{\partial H}{\partial T}\right)_P dT$를 유도할 수 있다. 다음 중 옳은 것은?

㉮ $\left(\frac{\partial H}{\partial T}\right)_P$는 P의 함수, $\left(\frac{\partial H}{\partial P}\right)_T$는 T의 함수이다.

㉯ $\left(\frac{\partial H}{\partial P}\right)_T$는 P의 함수, $\left(\frac{\partial H}{\partial T}\right)_P$는 T의 함수이다.

㉰ $\left(\frac{\partial H}{\partial T}\right)_P$, $\left(\frac{\partial H}{\partial P}\right)_T$ 모두 T, P의 함수이다.

㉱ $\left(\frac{\partial H}{\partial T}\right)_P$, $\left(\frac{\partial H}{\partial P}\right)_T$ 둘다 P만의 함수이다.

34. 400 K, 1 MPa의 이상기체 1 kmol이 700 K, 1 MPa으로 팽창할 때 엔트로피 변화는 몇 kJ/K인가? (단, 정압비열 C_p는 28 kJ/kmol·K이다.)

㉮ 15.7　㉯ 19.4　㉰ 24.3　㉱ 39.4

[해설] $\Delta S = \frac{\Delta Q}{T} = \frac{C_p dT}{T} = C_p \ln\left(\frac{T_2}{T_1}\right)$
$= 28\,\text{kJ/kmol·K} \times 1\,\text{kmol} \times \ln\left(\frac{700}{400}\right)$
$= 15.66\,\text{kJ/K}$

35. 물 1 kg이 50℃의 포화액 상태로부터 동일 압력에서 건포화증기로 증발할 때까지 2280 kJ을 흡수하였다. 이때 엔트로피의 증가는 몇 kJ/K인가?

㉮ 7.06　　㉯ 15.3
㉰ 22.3　　㉱ 47.6

[정답] 30. ㉮　31. ㉰　32. ㉰　33. ㉰　34. ㉮　35. ㉮

[해설] $\Delta S = \dfrac{\Delta Q}{T} = \dfrac{2280\,\text{kJ}}{(273+50)\,\text{K}}$
$= 7.058\,\text{kJ/K}$

36. 다음 중 부피 팽창계수 β에 관한 식은?
(단, P는 압력, V는 부피, T는 온도이다.)

㉮ $\beta = -\dfrac{1}{V}\left(\dfrac{\partial V}{\partial T}\right)_P$

㉯ $\beta = -\dfrac{1}{V}\left(\dfrac{\partial V}{\partial P}\right)_T$

㉰ $\beta = \dfrac{1}{V}\left(\dfrac{\partial V}{\partial T}\right)_P$

㉱ $\beta = \dfrac{1}{V}\left(\dfrac{\partial V}{\partial P}\right)_T$

[해설] β는 압력이 일정한 상태에서 온도변화에 의한 기체의 체적변화를 나타낸 계수이다.

37. 일반적으로 사용되는 냉매로 가장 거리가 먼 것은?

㉮ 암모니아　㉯ 프레온
㉰ 이산화탄소　㉱ 오산화인

[해설] 일반적으로 사용되는 냉매는 프레온계 냉매, 암모니아, 이산화탄소 등이고 특수한 분야에는 메탄, 에탄, 프로판, 부탄 등이 있다.

38. 임의의 가역 사이클에서 성립되는 Clausius의 적분은 어떻게 표현되는가?

㉮ $\oint \dfrac{dQ}{T} > 0$　㉯ $\oint \dfrac{dQ}{T} < 0$

㉰ $\oint \dfrac{dQ}{T} = 0$　㉱ $\oint \dfrac{dQ}{T} \geq 0$

[해설] 클라우지우스 적분은 0이다. 즉, 가역 사이클이므로 $\oint \dfrac{dQ}{T} = 0$이다.

39. 표준증기압축 냉동시스템에 비교하여 흡수식 냉동시스템의 주된 장점은 무엇인가?

㉮ 압축에 소요되는 일이 줄어든다.
㉯ 시스템의 효율이 상승한다.
㉰ 장치의 크기가 줄어든다.
㉱ 열교환기의 수가 줄어든다.

[해설] 흡수식 냉동시스템은 압축기 대신에 발생기(재생기)와 흡수기가 있으므로 압축에 소요되는 일이 줄어든다.

40. 다음 중 열역학 2법칙과 관련된 것은?

㉮ 상태변화 시 에너지는 보존된다.
㉯ 일을 100 % 열로 변환시킬 수 있다.
㉰ 사이클 과정에서 시스템(계)이 한 일은 시스템이 받은 열량과 같다.
㉱ 열은 저온부로부터 고온부로 자연적으로(저절로) 전달되지 않는다.

[해설] ㉮, ㉯, ㉰는 열역학 제 1법칙의 설명이다.

제3과목　　계측 방법

41. 열전대(thermo couple)의 구비조건으로 틀린 것은?

㉮ 열전도율이 작을 것
㉯ 전기저항과 온도계수가 클 것
㉰ 기계적 강도가 크고 내열성, 내식성이 있을 것
㉱ 온도 상승에 따른 열기전력이 클 것

[해설] 전기저항과 온도계수가 작을 것

42. 오르사트식 가스분석계에서 CO_2 측정을 위해 일반적으로 사용하는 흡수제는?

㉮ 수산화칼륨 수용액
㉯ 암모니아성 염화제1구리 용액
㉰ 알칼리성 피로갈롤 용액
㉱ 발연 황산액

정답 36. ㉰　37. ㉱　38. ㉰　39. ㉮　40. ㉱　41. ㉯　42. ㉮

[해설] ① CO_2 흡수액 : 30 % 수산화칼륨(KOH) 수용액
② O_2 흡수액 : 알칼리성 피로갈롤 용액
③ CO 흡수액 : 암모니아성 염화제1구리 용액

43. 150°F는 몇 °C인가?
㉮ 65.5°C ㉯ 88.5°C
㉰ 118.5°C ㉱ 123.5°C

[해설] $(150-32) \times \frac{5}{9} = 65.56$ °C

44. 편차의 정(+), 부(−)에 의해서 조작신호가 최대, 최소가 되는 제어 동작은?
㉮ 다위치 동작 ㉯ 적분 동작
㉰ 비례 동작 ㉱ 온·오프 동작

[해설] ON−OFF(2위치) 동작은 편차의 정(+), 부(−)에 의해서 조작신호가 최대, 최소가 되는 대표적인 불연속 동작이다.

45. 내경이 50 mm인 원관에 20°C 물이 흐르고 있다. 층류로 흐를 수 있는 최대 유량은?(단, 20°C일 때 동점성계수(ν) = 1.0064×10^{-6} m²/s이고, 레이놀즈(Re)수는 2320이다.)
㉮ 약 5.33×10^{-5} m³/s
㉯ 약 7.33×10^{-5} m³/s
㉰ 약 9.22×10^{-5} m³/s
㉱ 약 15.23×10^{-5} m³/s

[해설] $\frac{\pi \times (0.05)^2}{4} \times \frac{2320 \times 1.0064 \times 10^{-6}}{0.05}$
$= 9.22 \times 10^{-5}$ m³/s

[참고] 레이놀즈(Re)수 = $\frac{유속 \times 관경}{동점성계수}$

46. 응답이 빠르고 감도가 높으며, 도선저항에 의한 오차를 작게 할 수 있으나 특성을 고르게 얻기가 어려우며, 흡습 등으로 열화되기 쉬운 특징을 가진 온도계는?
㉮ 광고온계
㉯ 열전대 온도계
㉰ 서미스터 저항체 온도계
㉱ 금속 측온 저항체 온도계

[해설] 서미스터 저항체 온도계
(1) 장점 : ① 응답이 빠르다. ② 감도가 높다. ③ 저항은 온도 상승에 따라 감소한다.
(2) 단점 : ① 균일성을 얻기 힘들다. ② 재현성이 없다. ③ 흡습 등으로 열화되기 쉽다.

47. U자관에 수은이 채워져 있다. 여기에 어떤 액체를 넣었는데 이 액체 20 cm와 수은 4 cm가 평형을 이루었다면 이 액체의 비중은?(단, 수은의 비중은 13.6이다.)
㉮ 6.82 ㉯ 0.59
㉰ 2.72 ㉱ 3.44

[해설] $20x = 13.6 \times 4$
∴ $x = \frac{13.6 \times 4}{20} = 2.72$

48. 체적유량 $\overline{V}$[m³/s]의 올바른 표현식은? (단, A[m²]는 유로의 단면적, $\overline{U}$[m/s]는 유로단면의 평균선속도이다.)
㉮ $\overline{V} = \frac{\overline{U}}{A}$ ㉯ $\overline{V} = \overline{U}A$
㉰ $\overline{V} = \frac{A}{\overline{U}}$ ㉱ $\overline{V} = \frac{1}{\overline{U}A}$

[해설] ㉮ 체적유량(m³/s) = 유로의 단면적(m²) × 유속(m/s)
㉯ 중량유량(kg/s) = 유체의 밀도(kg/m³) × 유로의 단면적(m²) × 유속(m/s)

49. 열전대 보호관의 구비조건으로 틀린 것은?

정답 43. ㉮ 44. ㉱ 45. ㉰ 46. ㉰ 47. ㉰ 48. ㉯ 49. ㉱

㉮ 기밀(氣密)을 유지할 것
㉯ 사용온도에 견딜 것
㉰ 화학적으로 강할 것
㉱ 열전도율이 낮을 것
[해설] 보호관은 열전도율이 높아야 외부의 온도 변화를 신속히 열전대에 전할 수 있다.

50. 열관리 측정기기 중 오벌(oval)미터는 주로 무엇을 측정하기 위한 것인가?

㉮ 온도 ㉯ 액면
㉰ 위치 ㉱ 유량

[해설] 오벌미터는 용적식 유량계이다.

51. 다음 중 사용온도 범위가 넓어 저항온도계의 저항체로서 가장 우수한 재질은?

㉮ 백금 ㉯ 니켈
㉰ 동   ㉱ 철

[해설] 백금 저항체의 특징
① 측정 범위가 넓다(-200~500℃).
② 안전성, 재현성이 우수하다.
③ 측온저항체 소선으로 널리 쓰인다.
④ 고온에서 열화가 적다.
⑤ 온도계수가 비교적 낮으며 측온시간의 지연이 크다.

52. 백금-백금·로듐 열전대 온도계에 대한 설명으로 옳은 것은?

㉮ 측정 최고온도는 크로멜-알루멜 열전대보다 낮다.
㉯ 다른 열전대에 비하여 정밀 측정용에 사용된다.
㉰ 열기전력이 다른 열전대에 비하여 가장 높다.
㉱ 200℃ 이하의 온도측정에 적당하다.

[해설] 백금-백금·로듐 열전대 온도계
① 측정 최고온도(1600℃)가 크로멜-알루멜 열전대 온도계(1200℃)보다 높다.
② 열기전력이 다른 열전대에 비하여 낮다.
③ 고온 측정에 적당하며 정도가 높아 정밀 측정용이다.

53. 접촉식 온도계에 대한 설명으로 틀린 것은?

㉮ 일반적으로 1000℃ 이하의 측온에 적합하다.
㉯ 측정오차가 비교적 적다.
㉰ 방사율에 의한 보정을 필요로 한다.
㉱ 측온 소자를 접촉시킨다.

[해설] 비접촉식 온도계가 방사율에 의한 보정을 필요로 한다.

54. 다이어프램 재질의 종류로 가장 거리가 먼 것은?

㉮ 가죽   ㉯ 스테인리스강
㉰ 구리   ㉱ 탄소강

[해설] 다이어프램의 재질 : 가죽, 고무, 구리, 양은, 인청동, 스테인리스강

55. 다음 중 차압식 유량계가 아닌 것은?

㉮ 오리피스(orifice)
㉯ 로터미터(rotameter)
㉰ 벤투리관(venturi)
㉱ 플로-노즐(flow-nozzle)

[해설] 로터미터는 면적식 유량계이다.

56. 적분동작(I동작)을 가장 바르게 설명한 것은?

㉮ 출력변화의 속도가 편차에 비례하는 동작
㉯ 출력변화가 편차의 제곱근에 비례하는 동작
㉰ 출력변화가 편차의 제곱근에 반비례하는 동작

[정답] 50. ㉱ 51. ㉮ 52. ㉯ 53. ㉰ 54. ㉱ 55. ㉯ 56. ㉮

라 조작량이 동작신호의 값을 경계로 완전 개폐되는 동작

57. 공기압식 조절계에 대한 설명으로 틀린 것은?

가 신호로 사용되는 공기압은 약 0.2~1.0 kg/cm²이다.
나 관로저항으로 전송지연이 생길 수 있다.
다 실용상 2000 m 이내에서는 전송지연이 없다.
라 신호 공기압은 충분히 제습, 제진한 것이 요구된다.

[해설] 공기압식 조절계는 신호 전송에 시간 지연이 있다.

58. 열전대 온도계의 구성 부분으로 가장 거리가 먼 것은?

가 보상도선
나 저항코일과 저항선
다 감온접점
라 보호관

[해설] 열전대 온도계의 구성 : 열전대, 보상도선, 감온접점(열접점), 기준접점(냉접점), 보호관

59. 탄성체의 탄성변형을 이용하는 압력계가 아닌 것은?

가 단관식
나 부르동관식
다 벨로즈식
라 다이어프램식

[해설] 단관식, 경사관식, 환상천평식(링 밸런스식)은 액주식 압력계이다.

60. 다음 중 액체의 온도팽창을 이용한 온도계는?

가 저항 온도계
나 색 온도계
다 유리제 온도계
라 광학 온도계

[해설] 액체의 팽창을 이용한 온도계는 유리제 온도계(수은, 알코올)이다.

제4과목 열설비 재료 및 관계법규

61. 에너지 사용계획 협의대상 사업으로 맞는 것은? (단, 기준면적 적용)

가 택지개발사업 중 면적이 10만 m² 이상
나 도시개발사업 중 면적이 30만 m² 이상
다 국가산업단지개발사업 중 면적이 5만 m² 이상
라 공항개발사업 중 면적이 20만 m² 이상

[해설] 에너지이용 합리화법 제10조 ①항 참조

62. 크롬벽돌이나 크롬-마그벽돌이 고온에서 산화철을 흡수하여 표면이 부풀어 오르고 떨어져 나가는 현상은?

가 버스팅
나 큐어링
다 슬래킹
라 스폴링

[해설] 버스팅(bursting) : 크롬 철강을 원료로 하는 내화물이 고온(1600℃)에서 산화철을 흡수하여 표면이 부풀어 오르고 떨어져 나가는 현상

63. 사용연료를 변경함으로써 검사대상이 아닌 보일러가 검사대상으로 되었을 경우에 해당되는 검사는?

가 구조검사
나 설치검사
다 개조검사
라 재사용검사

[해설] 에너지이용 합리화법 시행규칙 제31조의 7 별표 3의 4 참조

64. 고압배관용 탄소강 강관(KS D 3564)의 호칭지름의 기준이 되는 것은?

㉮ 배관의 안지름 기준
㉯ 배관의 바깥지름 기준
㉰ 배관의 $\dfrac{\text{안지름} + \text{바깥지름}}{2}$ 기준
㉱ 배관나사의 바깥지름 기준

65. 검사대상기기 설치자가 검사대상기기 조종자를 선임 또는 해임한 경우 산업통상자원부령에 따라 시·도지사에게 해야 하는 행정 사항은?

㉮ 승인 ㉯ 보고 ㉰ 지정 ㉱ 신고

[해설] 에너지이용 합리화법 제40조 ③항 참조

66. 에너지사용안정을 위한 에너지저장의무 부과대상자에 해당되지 않는 사업자는?

㉮ 전기사업법에 따른 전기사업자
㉯ 석탄산업법에 따른 석탄가공업자
㉰ 집단에너지사업법에 따른 집단에너지사업자
㉱ 액화석유가스사업법에 따른 액화석유가스사업자

[해설] 에너지이용 합리화법 시행령 제12조 ①항 참조

67. 에너지사용자가 수립하여야 할 자발적 협약 이행계획에 포함되지 않는 것은?

㉮ 협약 체결 전년도의 에너지소비 현황
㉯ 에너지관리체제 및 관리방법
㉰ 전년도의 에너지사용량·제품생산량
㉱ 효율향상목표 등의 이행을 위한 투자계획

[해설] 에너지이용 합리화법 시행규칙 제26조 ①항 참조

68. 보온재로서 구비하여야 할 일반적인 조건이 아닌 것은?

㉮ 불연성일 것
㉯ 비중이 작을 것
㉰ 열전도율이 클 것
㉱ 어느 정도의 강도가 있을 것

[해설] 열전도율이 낮고 흡습성이나 흡수성이 없어야 한다.

69. 요로(窯爐)의 정의를 설명한 것으로 가장 적절한 것은?

㉮ 물을 가열하여 수증기를 만드는 장치
㉯ 물체를 가열시켜 소성 또는 용융하는 장치
㉰ 금속을 녹이는 장치
㉱ 도자기를 굽는 장치

[해설] ① 요(kiln) : 물체를 가열시켜 소성하여 생활용품 제조
② 노(farnace) : 물체를 가열·용융시켜 공업용품 제조

70. 효율관리기자재에 해당되지 않는 것은?

㉮ 전기냉장고   ㉯ 자동차
㉰ 삼상유도전동기 ㉱ 전동차

[해설] 에너지이용 합리화법 시행규칙 제7조 ①항 참조

71. 유체의 역류를 방지하기 위한 것으로 밸브의 무게와 밸브의 양면 간 압력차를 이용하여 밸브를 자동으로 작동시켜 유체가 한쪽 방향으로만 흐르도록 한 밸브는?

㉮ 슬루스밸브   ㉯ 회전밸브
㉰ 체크밸브   ㉱ 버터플라이밸브

72. 진주암, 흑석 등을 소성, 팽창시켜 다공질로 하여 접착제와 3~15 %의 석면 등과 같은 무기질 섬유를 배합하여 성형한 고온용 무기질 보온재는?

정답 65. ㉱ 66. ㉱ 67. ㉰ 68. ㉰ 69. ㉯ 70. ㉱ 71. ㉰ 72. ㉱

㉮ 규산칼슘 보온재
㉯ 세라믹 파이버
㉰ 유리섬유 보온재
㉱ 펄라이트

[해설] 펄라이트 보온재 : 진주암, 흑석 등을 1000℃ 정도에서 소성, 팽창시켜 다공질로 하고 접착제와 석면 등을 배합하여 판상, 통상으로 제작한 고온용(650℃) 무기질 보온재이다.

73. 보온재 내 공기 이외의 가스를 사용하는 경우 가스분자량이 공기의 분자량보다 적으면 보온재의 열전도율의 변화는?

㉮ 동일하다.
㉯ 적게 된다.
㉰ 크게 된다.
㉱ 크다가 적어진다.

74. 에너지법에서 정의한 용어의 설명으로 틀린 것은?

㉮ 열사용기자재라 함은 핵연료를 사용하는 기기, 축열식 전기기기와 단열성 자재로서 기획재정부령이 정하는 것을 말한다.
㉯ 에너지사용기자재라 함은 열사용기자재 그 밖에 에너지를 사용하는 기자재를 말한다.
㉰ 에너지공급설비라 함은 에너지를 생산·전환·수송·저장하기 위하여 설치하는 설비를 말한다.
㉱ 에너지사용시설이라 함은 에너지를 사용하는 공장·사업장 등의 시설이나 에너지를 전환하여 사용하는 시설을 말한다.

[해설] 에너지법 제2조 참조

75. 단가마는 어떠한 형식의 가마인가?

㉮ 불연속식
㉯ 반연속식
㉰ 연속식
㉱ 불연속식과 연속식의 절충형식

[해설] ① 연속식 : 윤요, 터널요
② 반연속식 : 등요, 셔틀요

76. 플라스틱 내화물의 설명으로 틀린 것은?

㉮ 소결력이 좋고 내식성이 크다.
㉯ 캐스터블 소재보다 고온에 적합하다.
㉰ 내화도가 높고 하중 연화점이 낮다.
㉱ 팽창 수축이 적다.

[해설] 내화도(SK 35~37) 및 하중 연화점이 높다.

77. 에너지이용 합리화법의 목적이 아닌 것은?

㉮ 에너지의 합리적인 이용 증진
㉯ 국민경제의 건전한 발전에 이바지
㉰ 지구온난화의 최소화에 이바지
㉱ 에너지자원의 보전 및 관리와 에너지 수급 안정

[해설] 에너지이용 합리화법 제1조 참조

78. 에너지이용 합리화법에서 규정한 수요관리 전문기관은?

㉮ 한국가스안전공사
㉯ 에너지관리공단
㉰ 한국전력공사
㉱ 전기안전공사

[해설] 에너지이용 합리화법 시행령 제18조 참조

79. 검사대상기기의 검사유효기간의 기준으로 틀린 것은?

㉮ 검사에 합격한 날의 다음날부터 계산한다.

정답 73. ㉰ 74. ㉮ 75. ㉮ 76. ㉰ 77. ㉱ 78. ㉯ 79. ㉯

⑭ 검사에 합격한 날이 검사유효기간 만
  료일 이전 60일 이내인 경우 검사유효
  기간 만료일의 다음 날부터 계산한다.
⑮ 검사를 연기한 경우의 검사유효기간은
  검사유효기간 만료일의 다음 날부터 계
  산한다.
㉣ 산업통상자원부장관은 검사대상기기
  의 안전관리 또는 에너지효율 향상을
  위하여 부득이 하다고 인정할 때에는
  검사유효기간을 조정할 수 있다.
[해설] 에너지이용 합리화법 시행규칙 제31조의
8 ②항 참조

80. 에너지관리공단 이사장에게 권한이 위탁된 것이 아닌 것은?

㉮ 에너지사용계획의 검토
㉯ 에너지관리지도
㉰ 효율관리기자재의 측정 결과 신고의 접수
㉱ 열사용기자재 제조업의 등록

[해설] 에너지이용 합리화법 시행령 제51조 ①항 참조

제5과목 열설비 설계

81. 열매체 보일러의 특징에 대한 설명으로 틀린 것은?

㉮ 저압으로 고온의 증기를 얻을 수 있다.
㉯ 겨울철에도 동결의 우려가 적다.
㉰ 물이나 스팀보다 전열특성이 좋으며, 사용온도 한계가 일정하다.
㉱ 다우삼, 모빌섬, 카네크롤 보일러 등이 이에 해당한다.

[해설] 열매체 보일러는 사용온도 한계가 일정하지 않다.

82. 용존고형물이 증가하면 전기 전도도는 어떻게 되는가?

㉮ 커지다 작아진다.   ㉯ 관계 없다.
㉰ 작아진다.   ㉱ 커진다.

83. 보일러의 리벳 이음 시 양쪽 이음매 판의 최소 두께를 구하는 식으로 옳은 것은? (단, t_0는 양쪽 이음매 판의 최소 두께(mm), t는 드럼판의 두께(mm)이다.)

㉮ $t_0 = 0.1t + 2$ ㉯ $t_0 = 0.6t + 2$
㉰ $t_0 = 0.1t + 5$ ㉱ $t_0 = 0.6t + 5$

84. 보일러에 설치된 과열기의 역할로 틀린 것은?

㉮ 포화증기의 압력 증가
㉯ 마찰저항 감소 및 관내부식 방지
㉰ 엔탈피 증가로 증기소비량 감소 효과
㉱ 과열증기를 만들어 터빈의 효율 증대

[해설] 과열기는 포화증기의 압력은 일정하게 하고 과열증기로 만들어 준다.

85. 다음 그림과 같은 V형 용접이음의 인장 응력(σ)을 구하는 식은?

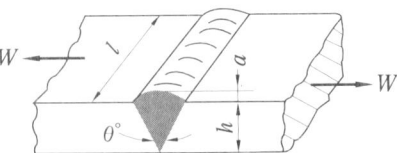

㉮ $\sigma = \dfrac{W}{hl}$ ㉯ $\sigma = \dfrac{2W}{hl}$
㉰ $\sigma = \dfrac{W}{ha}$ ㉱ $\sigma = \dfrac{W}{2hl}$

[해설] 하중 W[kg], 모재 두께 h[mm], 목부두께 t[mm], 용접 길이 l [mm]라면
응력 $= \dfrac{W}{t \cdot l} = \dfrac{W}{h \cdot l}$ 이다.

[정답] 80. ㉱ 81. ㉰ 82. ㉱ 83. ㉯ 84. ㉮ 85. ㉮

86. 노통 연관 보일러의 노통 바깥 면은 가장 가까운 연관의 면과 몇 mm 이상의 틈새를 두어야 하는가?
- ㉮ 20 mm
- ㉯ 30 mm
- ㉰ 40 mm
- ㉱ 50 mm

87. 보일러 안전장치의 종류가 아닌 것은?
- ㉮ 방폭문
- ㉯ 안전밸브
- ㉰ 체크밸브
- ㉱ 고저수위경보기

88. 인젝터의 특징으로 틀린 것은?
- ㉮ 급수온도가 높으면 작동이 불가능하다.
- ㉯ 소형 저압보일러용으로 사용된다.
- ㉰ 구조가 간단하다.
- ㉱ 열효율은 좋으나 별도의 소요 동력이 필요하다.

[해설] 급수효율이 낮으며(40~50 % 정도), 증기는 필요하나 별도의 동력이 필요 없다.

89. 자연순환식 수관보일러에서 물의 순환에 관한 설명으로 틀린 것은?
- ㉮ 순환을 높이기 위하여 수관을 경사지게 한다.
- ㉯ 순환을 높이기 위하여 수관 직경을 크게 한다.
- ㉰ 순환을 높이기 위하여 보일러수의 비중차를 크게 한다.
- ㉱ 발생 증기의 압력이 높을수록 순환력이 커진다.

[해설] 발생 증기의 압력이 높을수록 순환력이 작아진다.

90. 보일러 동체, 드럼 및 일반적인 원통형 고압용기 두께의 계산식은? (단, t는 원통판 두께, P는 내부 압력, D는 원통 안지름, σ는 허용인장응력(원통 단면의 원형접선방향)이다.)
- ㉮ $t = \dfrac{PD}{\sqrt{2}\sigma}$
- ㉯ $t = \dfrac{PD}{\sigma}$
- ㉰ $t = \dfrac{PD}{2\sigma}$
- ㉱ $t = \dfrac{PD}{3\sigma}$

91. 급수 펌프 중 원심 펌프는 어느 것인가?
- ㉮ 워싱턴 펌프
- ㉯ 웨어 펌프
- ㉰ 벌류트 펌프
- ㉱ 플런저 펌프

[해설] 원심 펌프에는 벌류트 펌프와 터빈 펌프가 있다.

92. 보일러의 용접 설계에서 두께가 다른 판을 맞대기 이음할 때 중심선을 일치시킬 경우 얼마 이하의 기울기로 가공하여야 하는가?
- ㉮ $\dfrac{1}{2}$
- ㉯ $\dfrac{1}{3}$
- ㉰ $\dfrac{1}{4}$
- ㉱ $\dfrac{1}{5}$

93. 보일러에서 발생하는 저온부식의 방지방법이 아닌 것은?
- ㉮ 연료 중의 황 성분을 제거한다.
- ㉯ 배기가스의 온도를 노점온도 이하로 유지한다.
- ㉰ 과잉공기를 적게 하여 배기가스 중의 산소를 감소시킨다.
- ㉱ 전열면 표면에 내식재료를 사용한다.

[해설] 배기가스의 온도를 노점온도 이상으로 유지해야 한다.

94. 다음과 같은 결과의 수관식 보일러에서 시간당 증발량(a)과 시간당 연료사용량(b)은? (단, 증기압력 0.7 MPa, 급유량 1000kg, 급수온도 24℃, 급수량 30000kg, 시험시간 5시간이다.)

[정답] 86. ㉱ 87. ㉰ 88. ㉱ 89. ㉱ 90. ㉰ 91. ㉰ 92. ㉯ 93. ㉯ 94. ㉱

㉮ (a) 3000 kg/h, (b) 100 kg/h
㉯ (a) 6000 kg/h, (b) 100 kg/h
㉰ (a) 3000 kg/h, (b) 200 kg/h
㉱ (a) 6000 kg/h, (b) 200 kg/h

[해설] (a) $\dfrac{30000}{5} = 6000 \, kg/h$

(b) $\dfrac{1000}{5} = 200 \, kg/h$

95. 다음 중 ppm의 환산 단위로 가장 거리가 먼 것은?

㉮ mg/kg ㉯ g/ton
㉰ mg/L   ㉱ kg/s

[해설] mg/kg, g/ton, mg/L, g/cm^3

96. 원통형 보일러의 노통이 편심으로 설치되어 관수의 순환작용을 촉진시켜 줄 수 있는 보일러는?

㉮ 코르니시 보일러
㉯ 라몬트 보일러
㉰ 케와니 보일러
㉱ 기관차 보일러

[해설] 코르니시 보일러(노통/개)에서 노통을 편심으로 설치하여 관수의 순환을 촉진시킨다.

97. 프라이밍(priming)과 포밍(foaming)의 발생 원인이 아닌 것은?

㉮ 증기부하가 적을 때
㉯ 보일러수에 불순물, 유지분이 포함되어 있을 때
㉰ 수면과 증기 취출구와의 거리가 가까울 때
㉱ 주증기 밸브를 급히 열었을 때

[해설] 증기부하가 클 때 포밍, 프라이밍 현상이 발생한다.

98. 다음 [보기]에서 설명하는 증기트랩은?

┌─보기─
- 가동 시 공기배출이 필요 없다.
- 작동이 빈번하여 내구성이 낮다.
- 작동확률이 높고 소형이며 워터해머에 강하다.
- 고압용에는 부적당하나 과열증기 사용에는 적합하다.

㉮ 디스크식 트랩(disc type trap)
㉯ 버킷형 트랩(bucket type trap)
㉰ 플로트식 트랩(float type trap)
㉱ 바이메탈식 트랩(bimetal type trap)

[해설] 열역학식 트랩인 디스크식 트랩의 특징이다.

99. 압력이 20 kgf/cm^2, 건도가 95 %인 습포화증기를 시간당 5 ton을 발생하는 보일러에서 급수온도가 50℃라면 상당증발량은? (단, 20 kgf/cm^{2}의 포화수와 건포화증기의 엔탈피는 각각 215.82 kcal/kg, 668.5 kcal/g이다.)

㉮ 5528 kg/h   ㉯ 8345 kg/h
㉰ 10258 kg/h ㉱ 12573 kg/h

[해설]
$\dfrac{5000 \times \left[\left\{ \begin{matrix} 215.82 + (668.5 - 215.82) \\ \times 0.95 \end{matrix} \right\} - 50 \right]}{539}$

$= 5528 \, kg/h$

100. 내경 2000 mm, 사용압력 10 kgf/cm^{2}의 보일러 강판의 두께는 몇 mm로 해야 하는가? (단, 강판의 인장강도 40 kgf/mm^2, 안전율 4.5, 이음효율 $\eta = 70\, \%$, 부식여유 2 mm를 가산한다.)

㉮ 16 mm ㉯ 18 mm
㉰ 20 mm ㉱ 24 mm

[해설] $\dfrac{10 \times 2000 \times 4.5}{200 \times 40 \times 0.7} + 2 = 18 \, mm$

정답 95. ㉱ 96. ㉮ 97. ㉮ 98. ㉮ 99. ㉮ 100. ㉯

에너지관리 기사 필기

2015년 4월 20일 인쇄
2015년 4월 25일 발행

저　자 : 김영배·김증식·손금두
펴낸이 : 이정일

펴낸곳 : 도서출판 **일진사**
　　　　　www.iljinsa.com
140-896 서울시 용산구 효창원로 64길 6
전화 : 704-1616 / 팩스 : 715-3536
등록 : 제1979-000009호 (1979.4.2)

값 32,000원

ISBN : 978-89-429-1445-6

● 불법복사는 지적재산을 훔치는 범죄행위입니다.
　저작권법 제97조의 5(권리의 침해죄)에 따라 위반자는
　5년 이하의 징역 또는 5천만원 이하의 벌금에 처하거
　나 이를 병과할 수 있습니다.